Frick/Knöll/Neumann/Weinbrenner

Baukonstruktionslehre Teil 2

Von Professor Dipl.-Ing. Dietrich Neumann
und Professor Ulrich Weinbrenner
Fachhochschule Darmstadt

28., neubearbeitete und erweiterte Auflage
Mit 658 Bildern, 76 Tabellen und 15 Beispielen

B. G. Teubner Stuttgart 1988

CIP-Titelaufnahme der Deutschen Bibliothek

Baukonstruktionslehre / Frick ... Von Dietrich Neumann u.
Ulrich Weinbrenner. – [Ausg.
Frick/Knöll/Neumann/Weinbrenner]. – Stuttgart: Teubner.
Früher u.d.T.: Neumann, Friedrich: Baukonstruktionslehre
NE: Frick, Otto [Begr.]; Neumann, Dietrich [Bearb.]
Teil 2. – 28., neubearb. u. erw. Aufl. – 1988
ISBN 3-519-05251-2

Printed in Germany
Gesamtherstellung: Passavia Druckerei GmbH Passau
Umschlaggestaltung: W. Koch, Sindelfingen

Vorwort

Im Juni 1909 erschien bei Teubner in Leipzig und Berlin die erste Auflage der Baukonstruktionslehre von Frick und Knöll als Leitfaden und als „Hilfsmittel für den Vortragsunterricht und die Wiederholungen" im Baukonstruktionsunterricht der Königlich Preußischen Baugewerkschulen. Ab der 18. bzw. 19. Auflage wurde das Werk von Herrn Professor Dr.-Ing. W. Neumann in neuer Form und mit weiter gesteckten Zielen mehr als 25 Jahre betreut und zu seiner heute weithin anerkannten Bedeutung entwickelt.

Mit der 27. Auflage von Teil 1 und der 26. Auflage von Teil 2 haben die jetzigen Verfasser die weitere Bearbeitung übernommen und in den Grundzügen die alte Zielsetzung weiterverfolgt.

Nach wie vor wird von einer Baukonstruktionslehre erwartet, daß sie die wichtigsten Aufgabengebiete des Bauens erfaßt, die unterschiedlichen Konstruktionsprinzipien in den Bereichen des Rohbaues, Innenausbaues und teilweise auch des Technischen Ausbaues berücksichtigt und dabei die sich ständig weiterentwickelnden Herstellungsverfahren aufzeigt. Schließlich sind alle Baukonstruktionen abhängig von statischen Bedingungen, bauphysikalischen Einflüssen, Baustoffeigenschaften, von den Baukosten und der Bauabwicklung sowie von behördlichen Bestimmungen.

Bei der umfassenden Neubearbeitung der beiden Teile erschien es notwendig, das Gesamtwerk an verschiedenen Stellen zu ergänzen und durch die Berücksichtigung neuer Baubereiche, Konstruktionsweisen, Baustoffe und Herstellungsmethoden, aber auch durch die notwendige Beachtung der sehr umfangreichen Fortschreibung der Baunormung zu aktualisieren.

In **Teil 2** des Werkes wurden alle Abschnitte gründlich überarbeitet und ergänzt. Dabei wurden aktuelle Ergebnisse der Bauforschung und zahlreiche neue Normen berücksichtigt sowie neuartige Konstruktionsbeispiele eingearbeitet.

Vollständig neu bearbeitet wurden die Abschnitte über Ingenieurmäßige Holzdachkonstruktionen, Ausbau von Dachräumen, Fenster, Überkopfverglasungen, Türen, horizontal verschiebbare Wandelemente, Mineral- und Kunstharzputze, Wärmedämmsysteme sowie Beschichtungen und Wandbekleidungen auf Putzgrund.

Bei der Auswahl der Bildbeispiele blieben die Bearbeiter bemüht, nur Konstruktionen zu erwähnen, die einen kritisch beobachteten Reifeprozeß aufweisen können.

Allen, die durch die Bereitstellung von Informationen oder ihre Mitarbeit wertvolle Hilfe geleistet haben, danken wir.

Unser besonderer Dank gilt Herrn Dipl.-Ing. J. Schmid und dem Institut für Fenstertechnik e.V., Rosenheim, sowie Herrn Prof. H. Bendfeld für die Bearbeitung des Abschnittes über Ingenieurmäßige Holzdachkonstruktionen.

Vor allem aber verdienen Frau Dipl.-Ing. B. Bendfeld mit Mitarbeitern und Frau Dipl.-Ing. S.-R. Krüger für die Bearbeitung der zahlreichen neuen Abbildungen unseren Dank.

Möge diese Neuauflage beim Studium und in der Baupraxis sich wieder als brauchbare und zuverlässige Hilfe erweisen.

Darmstadt, im Frühjahr 1988 D. Neumann U. Weinbrenner

Inhalt

1 Dächer

1.1 Allgemeines ... 11
1.1.1 Dachformen ... 11
1.1.2 Bezeichnungen von Dachteilen ... 12
1.1.3 Konstruktionsgrundregeln ... 13
1.1.4 Zeichnerische Darstellung ... 14
1.2 Dachtragwerke aus Holz ... 15
1.2.1 Allgemeines ... 15
1.2.2 Baustoff Holz ... 15
1.2.3 Dachtragwerke als Zimmermannskonstruktionen ... 21
1.2.4 Ingenieurmäßige Holzdachkonstruktionen ... 53
1.3 Dachtragwerke aus Stahl ... 85
1.3.1 Allgemeines ... 85
1.3.2 Korrosionsschutz ... 85
1.3.3 Profilträger ... 86
1.3.4 Profilblechkonstruktionen ... 87
1.3.5 Gittertragwerke ... 88
1.3.6 Raumtragwerke ... 90
1.4 Dachtragwerke aus Stahlbeton ... 91
1.4.1 Stahlbetonträger ... 91
1.4.2 Stahlbeton-Plattenkonstruktionen ... 91
1.4.3 Faltwerke und Schalen ... 92
1.5 Dachdeckungen ... 94
1.5.1 Allgemeines ... 94
1.5.2 Ziegeldeckungen ... 96
1.5.3 Betondachstein-Deckung ... 109
1.5.4 Schieferdeckung ... 110
1.5.5 Asbestzement-Wellplattendeckung ... 116
1.5.6 Schindeldeckung ... 121
1.5.7 Bitumenschindeldeckung ... 122
1.5.8 Stroh- und Rohrdeckung ... 122
1.5.9 Metalldeckungen ... 123
1.5.10 Dachpappedeckungen ... 135
1.6 Dachrinnen und Regenfallrohre ... 137
1.6.1 Bemessung ... 137
1.6.2 Hängedachrinnen ... 139
1.6.3 Standrinnen ... 144
1.6.4 Regenfallrohre ... 147
1.7 Dachzubehör und Anschlüsse an Dachdeckungen ... 149
1.7.1 Schornstein- und Wandanschlüsse ... 149
1.7.2 Schneefanggitter und Dachhaken ... 150
1.7.3 Sanitärentlüftungen und Antennendurchgänge ... 151
1.8 Ausbau von Dachräumen ... 152
1.8.1 Allgemeines ... 152
1.8.2 Wärmeschutz ... 153

1.8.3 Schallschutz . . . 159
1.8.4 Brandschutz . . . 160
1.8.5 Innenflächen . . . 160
1.9 Dachfenster und Dachgauben . . . 160
1.9.1 Flächenverglasungen . . . 160
1.9.2 Dachflächenfenster . . . 161
1.9.3 Dachgauben . . . 164
1.10 Flachdächer . . . 170
1.10.1 Allgemeines . . . 170
1.10.2 Baustoffe . . . 179
1.10.3 Einschalige Flachdächer (Warmdächer) mit nicht genutzter Oberfläche . . . 183
1.10.4 Einschalige Flachdächer mit genutzter Oberfläche . . . 194
1.10.5 Zweischalige belüftete Flachdachkonstruktionen (Kaltdächer) . . 199
1.10.6 Flachdachzubehör . . . 203
1.11 DIN-Normen . . . 206
1.12 Literatur . . . 208

2 Schornsteine (Kamine) und Lüftungsschächte
2.1 Allgemeines . . . 210
2.1.1 Allgemeine Bauvorschriften . . . 211
2.1.2 Brandschutz . . . 214
2.1.3 Wärmeschutz . . . 215
2.1.4 Schornsteinkopf . . . 216
2.2 Schornsteine aus Formsteinen . . . 219
2.2.1 Allgemeines . . . 219
2.2.2 Einschalige Schornsteine aus Formteilen . . . 219
2.2.3 Mehrschalige Schornsteine aus Formteilen . . . 221
2.2.4 Gemauerte Schornsteine . . . 225
2.2.5 Abgasschornsteine . . . 226
2.3 Lüftungsschächte . . . 227
2.4 DIN-Normen . . . 230

3 Baugerüste und Abstützungen
3.1 Gerüste . . . 231
3.2 Absteifungen von Bauwerken . . . 240
3.3 DIN-Normen . . . 244
3.4 Literatur . . . 244

4 Treppen
4.1 Allgemeines . . . 245
4.1.1 Begriffe . . . 245
4.1.2 Vorschriften . . . 248
4.1.3 Planung . . . 254
4.2 Treppenbauarten . . . 260
4.2.1 Gemauerte Treppen . . . 261
4.2.2 Werksteintreppen . . . 262

4.2.3 Stahlbetontreppen ... 265
4.2.4 Holztreppen ... 270
4.2.5 Stahltreppen ... 284
4.2.6 Sonderformen ... 288
4.3 Geländer ... 291
4.3.1 Vorschriften ... 291
4.3.2 Ausführung ... 292
4.4 DIN-Normen ... 296
4.5 Literatur ... 296

5 Fenster
5.1 Allgemeines ... 297
5.2 Anforderungen an Fenster ... 301
5.2.1 Fugendurchlässigkeit ... 301
5.2.2 Schlagregendichtheit ... 303
5.2.3 Wärmeschutz ... 303
5.2.4 Schallschutz ... 305
5.2.5 Bauwerksanschlüsse ... 308
5.2.6 Sonnen-, Sicht- und Einbruchschutz ... 316
5.3 Verglasungen ... 324
5.3.1 Glasarten und Lieferformen ... 324
5.3.2 Bemessung der Glasscheiben ... 328
5.3.3 Einbau von Verglasungen ... 329
5.3.4 Schrägverglasungen (Überkopfverglasungen) ... 337
5.3.5 Hängende Verglasungen ... 341
5.4 Beschläge ... 342
5.4.1 Allgemeines ... 342
5.4.2 Fensterbänder ... 343
5.4.3 Fensterverschlüsse ... 344
5.4.4 Funktionsbeschläge ... 346
5.5 Ausführungsarten und Konstruktionsbeispiele ... 354
5.5.1 Allgemeines ... 354
5.5.2 Holzfenster ... 354
5.5.3 Aluminiumfenster ... 365
5.5.4 Aluminium-Holz-Fenster ... 376
5.5.5 Stahlfenster ... 377
5.5.6 Kunststoff-Fenster ... 379
5.6 DIN-Normen ... 384
5.7 Literatur ... 386

6 Türen
6.1 Allgemeines ... 387
6.2 Einteilung und Benennung: Überblick ... 388
6.3 Allgemeine Anforderungen ... 391
6.3.1 Schallschutz ... 391
6.3.2 Wärmeschutz ... 395
6.3.3 Feuchteschutz ... 396

6.3.4 Geometrische und maßliche Festlegungen . . . 399
6.3.5 Montagetechnische Anforderungen . . . 404
6.4 Türbeschläge für Holzzargen und Holztürblätter . . . 407
6.4.1 Türbänder . . . 408
6.4.2 Türschlösser . . . 415
6.4.3 Türgarnituren . . . 422
6.4.4 Türdichtungen . . . 425
6.5 Türelemente aus Holz und Holzwerkstoffen . . . 428
6.5.1 Türrahmen (Türzargen) . . . 428
6.5.2 Türblattkonstruktionen aus Holz und Holzwerkstoffen . . . 434
6.6 Türelemente aus Metall . . . 447
6.6.1 Türzargen . . . 447
6.6.2 Türblattkonstruktionen aus Metall . . . 456
6.7 Sondertüren (Schutztüren) . . . 462
6.7.1 Feuerschutztüren (Feuerschutzabschlüsse) . . . 462
6.7.2 Rauchschutztüren . . . 471
6.7.3 Schallschutztüren . . . 471
6.7.4 Strahlenschutztüren . . . 474
6.7.5 Einbruchhemmende Türen . . . 475
6.7.6 Wohnungsabschlußtüren . . . 476
6.8 Ganzglastüren und Ganzglasanlagen . . . 477
6.9 DIN-Normen . . . 483
6.10 Literatur . . . 485

7 Horizontal verschiebbare Tür- und Wandelemente
7.1 Schiebetüren . . . 487
7.1.1 Schiebetüren aus Holz oder Holzwerkstoffen . . . 487
7.1.2 Ganzglas-Schiebetüren . . . 492
7.1.3 Automatische Schiebetüranlagen . . . 492
7.2 Harmonikatüren und Harmonikawände . . . 494
7.3 Falttüren und Faltwände . . . 495
7.4 Bewegliche Elementwände . . . 499
7.5 Literatur . . . 502

8 Mineralputze, Kunstharzputze und Wärmedämmsysteme
8.1 Allgemeines . . . 503
8.2 Einteilung und Benennung: Überblick . . . 504
8.3 Ausgangsstoffe . . . 506
8.3.1 Mineralische Bindemittel . . . 506
8.3.2 Organische Bindemittel . . . 508
8.3.3 Zuschläge . . . 508
8.3.4 Zusätze für Putzmörtel . . . 509
8.4 Putzmörtel und Beschichtungsstoffe . . . 510
8.4.1 Putzmörtel . . . 510
8.4.2 Beschichtungsstoffe . . . 513
8.5 Putzaufbau . . . 514
8.6 Putzsysteme . . . 515

8.7 Putze mit mineralischen Bindemitteln: Mineralputz als Außen- und Innenputz 518
8.7.1 Putzgrund 518
8.7.2 Putzbewehrung und Putzträger 521
8.7.3 Putzausführung 525
8.7.4 Putzweise 526
8.7.5 Mineralisch gebundene Außenputze 528
8.7.6 Mineralisch gebundene Innenputze 532
8.8 Putze mit organischen Bindemitteln: Kunstharzputz als Außen- und Innenputz 537
8.9 Brandschutztechnisch wirksame Putzbekleidungen 538
8.10 Schallschutztechnisch wirksame Putzbekleidungen 542
8.11 Wärmegedämmte und verputzte Außenbauteile 544
8.11.1 Außendämmung von Wänden 545
8.11.2 Innendämmung von Wänden 545
8.11.3 Wärmedämmverbundsysteme 547
8.11.4 Wärmedämmputzsysteme 552
8.12 DIN-Normen 554
8.13 Literatur 557

9 Beschichtungen (Anstriche) und Wandbekleidungen (Tapeten) auf Putzgrund
9.1 Beschichtungen: Allgemeine Grundbegriffe 558
9.2 Besondere Merkmale einiger Beschichtungsstoffe 560
9.3 Beschichtungen (Anstriche) auf mineralischen Außenputzen 562
9.4 Beschichtungen (Anstriche) auf mineralischen Innenputzen 565
9.5 Wandbekleidungen (Tapeten) auf mineralischen Innenputzen 567
9.6 DIN-Normen 568
9.7 Literatur 569

Sachverzeichnis 570

Hinweise auf DIN-Normen in diesem Werk entsprechen dem Stand der Normung bei Abschluß des Manuskripts. Maßgebend sind die jeweils neuesten Ausgaben der Normblätter des DIN Deutsches Institut für Normung e. V. im Format A4, die durch den Beuth-Verlag GmbH, Berlin und Köln, zu beziehen sind. – Sinngemäß gilt das gleiche für alle in diesem Buch angezogenen amtlichen Richtlinien, Bestimmungen, Verordnungen usw.

1 Dächer

1.1 Allgemeines

Dächer sollen Bauwerke vor Witterungseinflüssen und meistens auch vor Wärmeverlust schützen. Die Dachflächen mit der Dachdeckung können dabei auf die verschiedenste Weise hergestellt werden.

Dachdeckungen (Abschn. 1.5) erfordern deutlich geneigte Dachflächen, die in der Regel von einem Dachtragwerk (Dachgerüst) getragen werden.

Dachabdichtungen (Abschn. 1.11) können ohne oder mit geringer Neigung auf entsprechenden Tragwerken oder direkt auf Bauwerken oder Bauteilen aufliegen.

Zur eindeutigen Kennzeichnung eines Daches gehören Angaben über

— Dachform

— Dachgrundriß

— Dachtragwerk

— Dachneigung

— Dachdeckungsmaterial

— Dachdeckungsart.

1.1.1 Dachformen

Dachform, Dachneigung, Dachdeckung und Dachüberstände mit Ortgang- und Traufenausbildung haben entscheidenden Einfluß auf die äußere Gesamtwirkung eines Bauwerks. Sie sollen im Einklang stehen mit dessen Funktion und sind damit weitgehend abhängig von Grundriß, Konstruktionsart und Höhe eines Gebäudes. Herstellungs- und Unterhaltungskosten eines Daches können von der Gestaltung stark beeinflußt werden. Komplizierte Dachformen erfordern meist aufwendige Detaillösungen, bei denen oft schon geringfügige Planungs- oder Ausführungsfehler zu schwerwiegenden Bauschäden führen können. So sollten allein aus diesen Gründen großzügige, zusammenhängende Dachflächen bei der Planung bevorzugt werden, bei denen Dachaufbauten und Unterbrechungen der Dachhaut durch Belichtungsöffnungen, Dachaufbauten, Installationen und ähnliches auf das unbedingt Notwendige beschränkt bleiben.

1.1.1.1 Bezeichnung der Dachformen

Die Grundformen von Dächern zeigt Bild **1**.1. Varianten, Misch- und Sonderformen dieser Grundformen sind möglich. Sie können z.B. auch entstehen, wenn geneigte Dachflächen auf nicht rechtwinkligen Baukörpern vorgesehen werden. Dabei können zwar sehr reizvolle Dachformen mit vorspringenden und geneigten Traufen- und Firstlinien entstehen, die jedoch besondere Aufmerksamkeit hinsichtlich aller Detailpunkte und der Wasserableitung erfordern.

Spezielle Dachformen ergeben sich durch neuere Konstruktionstechniken wie Hängekonstruktionen, pneumatische Konstruktionen, Faltwerke und andere mehr (s. Bild **1**.15 und **1**.19 in Teil 1 dieses Werkes), die in diesem Zusammenhang nicht behandelt werden können und für die auf Spezialliteratur verwiesen werden muß.

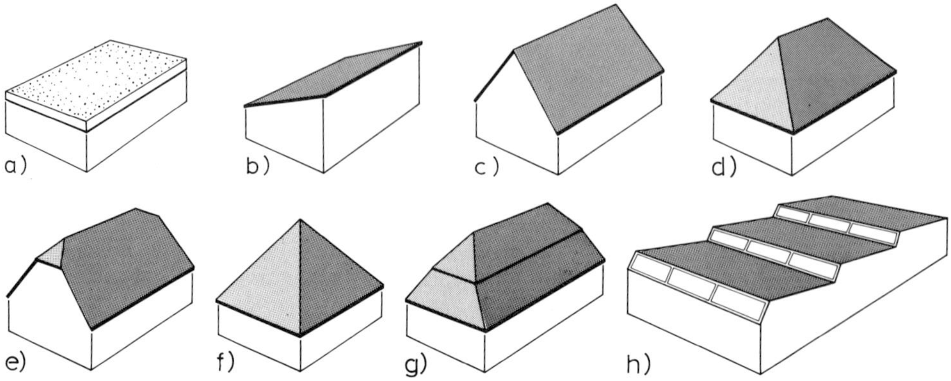

1.1 Dachformen

a) Flachdach
b) Pultdach
c) Satteldach
d) Walmdach
e) Satteldach mit Krüppelwalm
f) Zeltdach
g) Mansarddach
h) Sheddach

1.1.2 Bezeichnung von Dachteilen (Bild **1**.2)

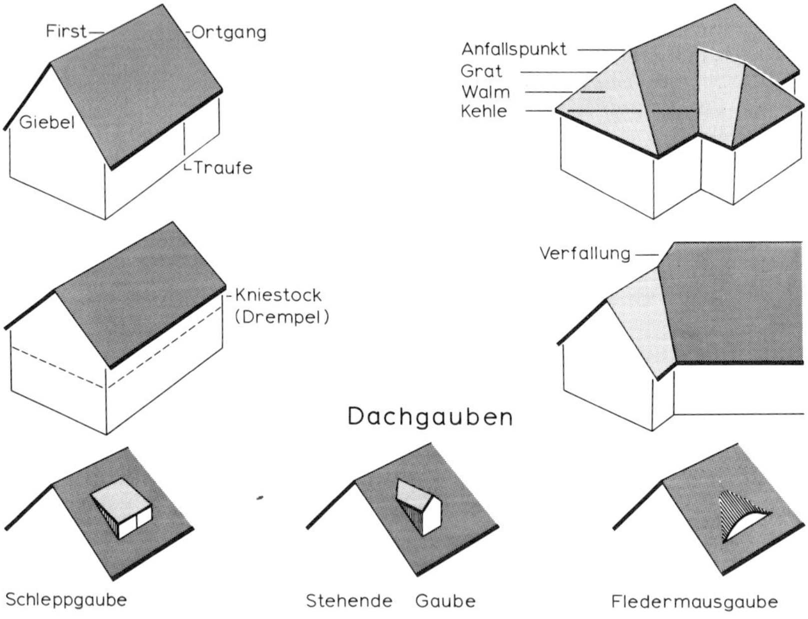

1.2 Bezeichnung von Dachteilen

1.1.3 Konstruktionsgrundregeln

Dachflächen können auf Bauwerken so aufliegen, daß sie bei senkrechter Belastung nur Belastungen mit vertikalen Auflagerkräften bewirken (Bild **1**.3a und b). Sie können sich jedoch auch so gegeneinander abstützen, daß an den Auflagern vertikale und horizontale Kräfte auftreten (Bild **1**.3c).

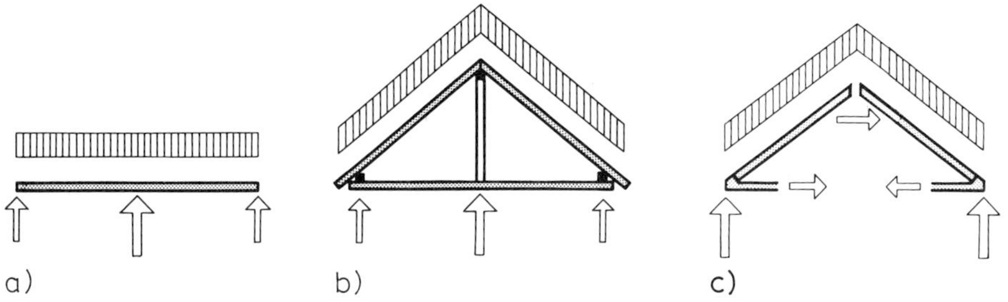

1.3 Auflagerkräfte von Dachkonstruktionen
a) Flachdächer
b) vertikale Auflagerkräfte bei Pfettendächern
c) vertikale und horizontale Auflagerkräfte bei Sparrendächern

Die Grundformen für Dachkonstruktionen, die sich seit ältester Zeit herausgebildet haben, werden bezeichnet als

– Pfettendächer (Bild **1**.3b, **1**.4b und Abschn. 1.2.3),

– Sparrendächer (Bild **1**.3c und Abschn. 1.2.4).

Die aus dem Eigengewicht der Dachkonstruktionen, aus Wind- und Schneelasten und aus Nutzlast resultierenden Gesamtlasten können abgetragen werden auf Außenwände, Außen- und Innenwände bzw. -stützen und punktweise auf Stützen (Bild **1**.4).

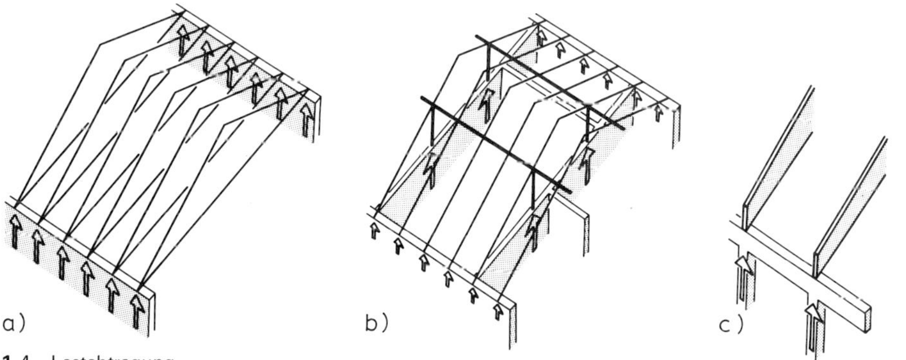

1.4 Lastabtragung
a) Abtragung der Dachlast auf die Außenwände
b) Lastabtragung auf Außen- und Innenwände
c) Lastabtragung punktweise

Gegen die Auswirkung horizontal angreifender Kräfte – (das sind besonders Windkräfte) – müssen Dachkonstruktionen für sich allein oder in Verbindung mit dem übrigen Bauwerk unverschiebbar ausgebildet sein. Das kann erreicht werden durch die

Wirkung scheibenartiger Konstruktionsteile (z. B. durch Schalungsflächen oder Fußbodenflächen) oder durch Dreiecksverbände (z. B. durch Kopfbänder oder Windrispen, Bild **1**.5). Alle Dachkonstruktionen müssen gegen Abheben oder Kippen infolge Winddruck oder -sog durch entsprechendes Eigengewicht oder durch Verankerung mit dem übrigen Bauwerk gesichert sein (Bild **1**.14 und **1**.26).

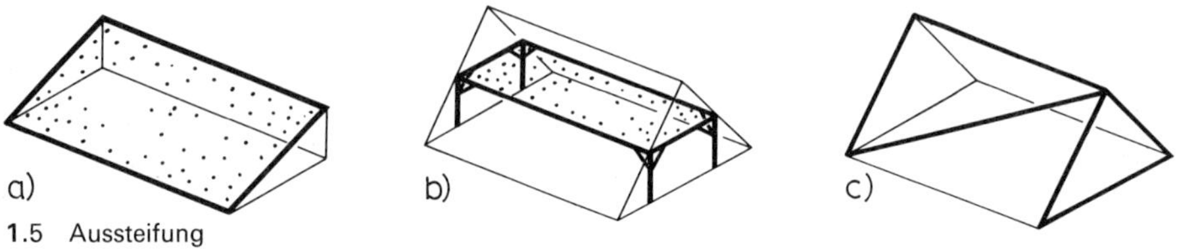

1.5 Aussteifung
a) durch Scheibenwirkung der Dachschale
b) durch biegesteifen Eckverband der Kopfbänder und Scheibenwirkung der Zwischendecke
c) durch Dreieckverbände, z. B. Windrispen (s. Bild **1**.17)

1.1.4 Zeichnerische Darstellung

Dachkonstruktionen sind in Quer- und Längsschnitten, Grundrissen und Detailzeichnungen darzustellen. Sie dienen zur

- Klarstellung der Konstruktion
- Grundlage der statischen Berechnung
- Preisermittlung
- Bauausführung.

Grundrißzeichnungen sollen zeigen

- Lage aller tragenden Bauteile wie Tragwände, Unterzüge, Stützen, Pfosten
- Lage der Binder, Pfetten, Zangen, Sparren
- Lage von Dachaufbauten, Schornsteinen, Dachfenstern oder Lichtöffnungen, Dachausstiegen und sonstigen Aussparungen mit den evtl. erforderlichen Auswechslungen
- Lage von Firstlinien, Graten und Kehlen mit Darstellung des geplanten Regenwasserablaufes
- Dachüberstände und Dachrandausbildungen.

Querschnitte sollen insbesondere den Dachbinder zeigen, d. h. den Teil des Dachtragwerkes, in dem alle Glieder der Konstruktion in ihrem Zusammenwirken erkennbar werden. Das sind z. B. beim

- Sparrendach: Sparren, Kehlbalken, Deckenbalken oder Deckenkonstruktion
- Pfettendach: Stuhlsäulen (Stiele, Pfosten), Pfetten, Streben, Sparren und ggf. Zangen, Streben, Kopfbänder.

Bei ingenieurmäßig konstruierten und berechneten Tragwerken sollen neben dem Überblick über die Gesamtkonstruktion mit allen Verbänden die Ausbildung der Knotenpunkte mit allen Maßen und Verbindungselementen in großem Maßstab deutlich gemacht werden.

In Detailzeichnungen sind Ortgang – und Traufenabschlüsse an aufgehende Wände, Lichtöffnungen, Regenrohre usw. im Zusammenhang mit Dachdeckung und Wärmeschutz darzustellen.

1.2 Dachtragwerke aus Holz

1.2.1 Allgemeines

Holz gilt nach wie vor als hervorragend geeigneter Baustoff für Dachkonstruktionen. Die hergebrachten, handwerklich hergestellten Dachtragwerke sind ständig weiterentwickelt worden, so daß es heute möglich ist, auch statisch-konstruktiv sehr anspruchsvolle Bauaufgaben gerade mit Holzkonstruktionen wirtschaftlich und formal ansprechend zu lösen. Moderne Holzschutzmittel haben die ohnehin große Lebensdauer von Holzkonstruktionen noch bedeutend verbessert, die Gestaltungsmöglichkeiten ausgeweitet und die Unterhaltung wesentlich vereinfacht. Als Konstruktionsregel ist jedoch auch heute noch zu beachten, daß Hölzer, die Feuchtigkeitseinwirkungen ausgesetzt sind, leicht wieder trocknen können müssen. Vor ständiger Einwirkung von wechselnder Erdfeuchtigkeit, vor Spritzwasser (z. B. in Geländenähe) oder vor Tauwasser (z. B. bei unmittelbarer Berührung mit Mauerwerk, Beton oder größeren Metallflächen) muß Holz durch konstruktive Maßnahmen geschützt sein. Die Widerstandsfähigkeit von Holzkonstruktionen gegen Feuer kann durch Anstrich, Imprägnierungen oder Ummantelungen erheblich verbessert werden. Verleimte Konstruktionen (z. B. Brettschichtträger, s. Bild **1**.110), Sperrholz und Spanplatten sind gegen Entflammung besonders widerstandsfähig. Für kleinere und konstruktiv einfache Dächer werden auch heute noch Konstruktionen nach handwerklichen Erfahrungsgrundsätzen ausgeführt. In der Regel ist aber eine statische Berechnung für das Baugenehmigungsverfahren notwendig, wobei Mindestabmessungen der einzelnen Bauteile und ihre konstruktive Verbindung untereinander untersucht und festgelegt werden. Für einfachere Konstruktionen werden diese Ermittlungen nach Bemessungstabellen auf Grund von Mustertypen vorgenommen.

1.2.2 Baustoff Holz

1.2.2.1 Allgemeines

Für Zimmerarbeiten werden hauptsächlich N a d e l h ö l z e r verwendet:

— Kiefer (sehr harzreich, daher dauerhaft)
— Fichte (Rottanne)
— Weißtanne (Edeltanne)
— Lärche.

Hölzer mit größeren Querschnitten (Balken, Dachverband) bestehen meist aus Kiefern- oder Fichtenholz.

Durch Anwenden der Gütevorschriften, volles Ausnutzen der Tragfähigkeit, sachgemäßen Einbau und geeigneten Holzschutz kann Holz gespart werden; ferner dadurch, daß alle Balken- und Dachverbandhölzer nach der DIN 1052 „Holzbauwerke, Berechnung und Ausführung" berechnet werden und die DIN 18334 „Zimmerarbeiten" beachtet wird.

1.2.2.2 Mängel und Fehler des Holzes

Nachteilig ist die Neigung des Holzes zum Q u e l l e n und S c h w i n d e n (bei Wasseraufnahme bzw. -abgabe), zum R e i ß e n (bei ungleichmäßigem Austrocknen von

Kern- und Splintholz) und zum Werfen (ungleichmäßiges Quellen oder Schwinden von Schnittholz mit einer Kernholz- und einer Splintholzseite).

Trocken- und Schwindrisse, von außen nach innen verlaufend und kaum zu vermeiden, beeinträchtigen die Holzfestigkeit nur wenig. Dagegen wird die Tragfähigkeit durch Kernrisse, von innen nach außen gehend, bedeutend vermindert. Auch Ringschäle, in der Richtung der Jahresringe verlaufende Risse, sowie Blitzrisse und Frostrisse sind für erstklassiges Holz nicht zulässig.

Gesunde, festverwachsene Äste sind kein Fehler, beeinträchtigen jedoch die Tragfähigkeit des Bauholzes, und zwar bei Zugbeanspruchung mehr als bei Druckbeanspruchung. Drehwüchsiges Holz, das ist solches, mit schraubenförmig verlaufenden Fasern, läßt sich schlecht bearbeiten und wirft sich leicht. Faserverlauf schräg zu den Längskanten vermindert die Festigkeit.

Bläue und harte rote Streifen sind bei Verwendung im Trockenen zulässig, nicht aber, wenn das Holz getränkt werden soll.

Rot- und Weißfäule, die den lebenden Baum befallen, beeinträchtigen die Güte des Holzes wenig. Befallenes trockenes Holz ist nur im Trockenen verwendbar. Das gleiche gilt für Holz mit Wurmfraß, falls die Bohrgänge der Käfer und Holzwespen sich nur an der Oberfläche befinden und das Holz sorgfältig mit Holzschutzmitteln imprägniert wird.

1.2.2.3 Holzschutz

Eingebautes Holz muß vor Fäulnis (Pilzwucherungen, besonders Hausschwamm), tierischen Schädlingen (Holzwurm, Hausbock, Meerwasserschädlingen usw.) und vor Entflammen geschützt werden (s. auch Abschn. „Besondere bauliche Schutzmaßnahmen"). Holzschutz ist bauaufsichtlich vorgeschrieben und unentbehrlich geworden, weil aus wirtschaftlichen Gründen tragende Hölzer in statisch errechneten Mindestabmessungen verwendet werden und verkürzte Bauzeiten hölzerne Bauteile besonderen Beanspruchungen unterwerfen. Die Güte des eingebauten Holzes darf während der gesamten Lebensdauer des Bauwerks nicht herabgemindert werden.

Der Holzschutz (s. DIN 68800 und 52175) unterscheidet Vorbeugung und Bekämpfung. Die insbesondere für Neubauten in Betracht kommenden vorbeugenden Maßnahmen sind baulicher und chemischer Art.

Zu den baulichen Maßnahmen zählen u. a. Wahl der zweckentsprechenden Holzart, Trockenhalten und Belüften hölzerner Bauteile sowie die Einhaltung der richtigen Holzfeuchte bei Verarbeitung und Einbau der Hölzer. An Auflagern oder Berührungsstellen sind die Holzbauteile durch Zwischenlagen (z. B. aus Bitumenbahnen) gegen die aus angrenzenden Bauteilen herrührende Feuchtigkeit zu schützen. Durch Hinterlüftung ist der Tauwasserbildung entgegenzuwirken. Während der Bauzeit müssen nötigenfalls provisorische Abdeckungen eingeplant werden.

Besonders ist aber bereits bei der Planung von Holzkonstruktionen darauf zu achten, daß diese nicht durch exponierte Lage übermäßiger Bewitterung ausgesetzt sind. Wenn das nicht zu vermeiden ist, sollen komplizierte Profilierungen unterbleiben und sollen notwendige Verbindungen so konstruiert sein, daß keine Feuchtigkeitsnester entstehen können. Hirnholzflächen sind durch zusätzliche Bauteile abzudecken.

Holz, das nicht durch Schädlinge gefährdet ist wie z. B. Treppen, Verkleidungen im Innenbereich, Einbaumöbel usw., wird lediglich mit Holzveredlungsmitteln behandelt, die das Holz in natürlicher Farbe belassen und einen Oberflächenschutz gegen Verschmutzung bilden.

Hölzer, die der Bewitterung ausgesetzt sind, müssen vor allem gegen zerstörende und verfärbende Pilze geschützt werden. Außerdem muß das Holz durch lichtechte Pigmente vor ultravioletter Strahlung des Sonnenlichtes geschützt werden und eine möglichst wasserabweisende Oberfläche erhalten. Hierfür kommen biozidfreie Grundierungs- und Anstrichmittel in Frage.

Für tragende und aussteifende hölzerne Konstruktionsteile ist Holzschutz bauaufsichtlich vorgeschrieben.

Chemische Holzschutzmittel müssen biozide, toxische Wirkstoffe enthalten.

Die früher verwendeten Wirkstoffe PCP, Lindan und Dioxin sind wegen der Gesundheitsrisiken bei unsachgemäßer Anwendung durch andere Stoffe ersetzt. Alle Holzschutzmittel müssen auf Grund strenger Prüfungen vom Institut für Bautechnik in Berlin zugelassen sein und das amtliche Prüfzeichen, das Überwachungszeichen (Bild **1**.6), den Prüfbescheid und Anwendungsbereich sowie Hinweise zur Verarbeitung (S = Sicherheitsratschläge bzw. R = Risikohinweise) auf den Gebinden tragen.

1.6
Kennzeichnung von Holzschutzmitteln
a) Überwachungszeichen
b) Gütezeichen

a)

b)

Verarbeitungshinweise sind genau zu beachten. Bei der Anwendung dürfen Holzschutzmittel nicht in das Erdreich, Gewässer oder die Kanalisation gelangen.

Die **Beseitigung** von leeren Gebinden ist je nach Art und Menge der Mittel auf üblichen Mülldeponien bzw. gemäß vorgeschriebenem Hinweis der Hersteller ggf. nur über die Sondermüll-Beseitigung durchzuführen.

Die chemischen Schutzmaßnahmen werden angewendet gegen Verfärben, Pilzbefall, tierische Holzzerstörer und gegen leichte Entflammbarkeit. Sie gliedern sich in der Hauptsache in wasserlösliche und ölige Mittel, Öl-Salz-Gemische und Emulsionen. Das Holz kann mit den Schutzmitteln behandelt werden u.a. durch

- Streichen, Sprühen (Spritzen)
- Kurztauchen (Sek. und Min.)
- Tauchen (30 Min. bis mehrere Std.)
- Trogtränkung (mehrere Std. bis Tage)
- Kesseldrucktränkung (Schutzflüssigkeit wird in die Hohlräume des Holzes gedrückt)
- Diffusionstränkung (Schutzpaste wandert durch monatelange Diffusion in saftfrisches Holz ein).

Je nach Schutzmittelverteilung entsteht

- Deckenschutz (an der Oberfläche)
- Randschutz (Eindringtiefe <1 cm)
- Tiefschutz (Eindringtiefe >1 cm)
- Vollschutz (völlige Durchsetzung)
- Teilschutz (Behandlung besonders gefährdeter Teile).

Anwendungsbereiche. Einen Überblick über die erforderlichen Schutzmaßnahmen für die jeweiligen Anwendungsbereiche gibt Tabelle **1**.7.

Tabelle 1.7 Schutzklassen und Anwendungsbereiche[1])

Schutz-klasse	Anwendungsbereiche und Beispiele	notwendiger Schutz
1	**Innenbauteile** in geheizten oder/und gut gelüfteten Räumen. Mittlere relative Feuchte der umgebenden Luft bis zu 70%, max. Holzfeuchte somit 18%. Holzoberfläche kommt mit Spritzwasser nicht in Berührung. Soweit bei Küchen, Bädern und dergleichen sowie unter nicht ausgebauten Dachgeschossen eine unzulässige Feuchtigkeitseinwirkung nicht auszuschließen ist, gilt Schutzklasse 2.	bei tragenden Bauteilen gegen Insekten
2	Dächer belüftet oder nicht belüftet **Innenbauteile** von Naßräumen (Schwimmbäder, Duschräume, Ställe usw.) mit wasserabweisender Abdeckung oder Beschichtung der Holzteile, jeweils ohne Erdkontakt. **Außenbauteile** ohne Erdkontakt mit baulichem Wetterschutz, daher keine direkte Berührung mit Niederschlägen (Holz in offenen Hallen, Fassaden-Unterkonstruktionen, überdachte Außenwände).	gegen Fäulnispilze, Insekten
3	**Innenbauteile** von Naßräumen (Schwimmbäder, Duschräume, Ställe usw.) ohne wasserabweisende Abdeckung oder Beschichtung der Holzbauteile, jeweils ohne Erdkontakt. **Außenbauteile** ohne Erdkontakt, wetterbeansprucht (Pergolen, Hallentragwerke usw.).	witterungsbeständig gegen Fäulnispilze, Insekten
4	**Innen- und Außenbauteile** mit Erdkontakt oder in ständiger Berührung mit Wasser (Grundschwellen, Stützen, Pfosten, Kühltürme, Pfahlkonstruktionen).	witterungsbeständig gegen Fäulnispilze, Insekten, Moderfäule[2]) (bei Erdkontakt)

[1]) Fa. Desowag-Bayer Holzschutz GmbH (in E DIN 68800 soll der Begriff „Gefährdungsklasse" eingeführt werden).

[2]) Schutz gegen Moderfäule nur durch Verfahren wie Kesseldruck-, DV- oder Trogtränkung zu erzielen.

Einbringverfahren und Wirksamkeit der Mittel sind in DIN 68800[3]) erläutert. Außerdem sind dort Vorschriften und Empfehlungen für den Holzschutz zusammengestellt.

Für tragende Bauteile dürfen nur Mittel verwendet werden, die ein Prüfzeichen erhalten haben. Es gibt folgende Kennzeichnungen:

- P = wirksam gegen **P**ilze
- Iv = **v**orbeugend wirksam gegen **I**nsekten
- Ib = wirksam bei **I**nsekten**b**ekämpfung
- S = geeignet zum **S**treichen, **S**prühen, Spritzen und Tauchen
- (S) = zum Spritzen sowie Tauchen von Bauholz in stationären Anlagen geeignet, nicht zum Streichen
- W = auch für Holz, das der **W**itterung ausgesetzt ist, jedoch nicht in Erdkontakt oder Gewässern
- E = auch für Holz, das extremer Beanspruchung ausgesetzt ist (**E**rdkontakt, fließendes Wasser o.ä.)
- M = geeignet zur Bekämpfung von Schwamm im **M**auerwerk
- F = Holzschutz gegen **F**euer (durch Verkieselung der Holzfasern, Entwicklung einer Schutzzone aus sauerstoffabsperrenden Gasen oder Bildung von Schmelz- bzw. Schaumschichten auf der Holzoberfläche kann Holz schwerentflammbar gemacht werden)
- KL = behandeltes Holz führt bei Chrom-Nickel-Stählen nicht zu Lochkorrosion
- L = Verträglichkeit mit bestimmten Klebstoffen (**L**eimen) entsprechend den Angaben im Prüfbescheid nachgewiesen.

[3]) z.Z. in Neubearbeitung

Beispiel IvSW bedeutet: Mittel ist geeignet zum vorbeugenden Schutz gegen Insekten für Streich-, Sprüh-, Kurztauch- und Tauchverfahren und für der Witterung ausgesetztes Holz.

Bei der Neufassung von DIN 68800 T3 werden künftig „Gefährdungsklassen" unterschieden. Die erforderliche Schutzbehandlung wird nach Verfahren, Einbringmengen und Nachweis festgelegt werden.

Hölzer für Dachkonstruktionen werden in der Regel mit Salzimprägnierungen im Tauch- oder Tränkverfahren behandelt. Wichtig ist, daß durch lange Tränkzeiten eine ausreichende Eindringtiefe der Schutzsalze erreicht wird. An der Baustelle dürfen die Imprägnierungen nicht durch Regenwasser ausgewaschen werden. Die fixierenden, meistens grün gekennzeichneten Schutzmitteln sind den vielfach üblichen einfacheren rot oder orange gekennzeichneten ggf. vorzuziehen. Beim Einbau etwa entstehende frische Schnitt- oder Bearbeitungsstellen ggf. auch größere Schwindrisse sind nachzuimprägnieren. Mit schaumbildenden, einen Oberflächenfilm bildenden Feuerschutzmitteln behandelte Hölzer müssen gegen mechanische Beschädigungen und gegen Feuchtigkeit besonders geschützt werden.

„Biologische Holzschutzmittel" auf der Basis pechhaltiger Substanzen, Bienenwachs, Holzessig u. ä. werden vielfach als Alternative für den Holzschutz angepriesen. In allen bisher durchgeführten Untersuchungen haben sie sich – zumindest auf Dauer – als praktisch wirkungslos erwiesen. Bauaufsichtliche Zulassungen wurden bisher nicht erteilt.

1.2.2.4 Zurichten des Bauholzes

Nach dem Fällen sollte das Holz zwei bis drei Jahre lang austrocknen. Leider erzwingt die Marktlage oft kürzere Fristen. Deshalb wird häufig Holz verarbeitet, das nach dem Einbau durch Austrocknen noch stark schwindet. Dabei entstehen u. a. klaffende Fugen, Putzrisse und häufig Pilzbefall. Holz darf nur dann halbtrocken eingebaut werden, wenn es in Kürze für dauernd austrocknen kann. Hochwertiges Holz wird künstlich getrocknet.

Durch Schneiden des Stammes im Sägegatter entsteht Schnittholz verschiedener Abmessungen. Kanthölzer sind besonders günstig geschnitten, wenn das Kernholz im Schnittpunkt der Querschnittachsen liegt. Ebenso sind Bretter mit stehenden Jahresringen (Kernbretter, Herzdielen) wertvoller als Seitenbretter (Bild **1**.8).

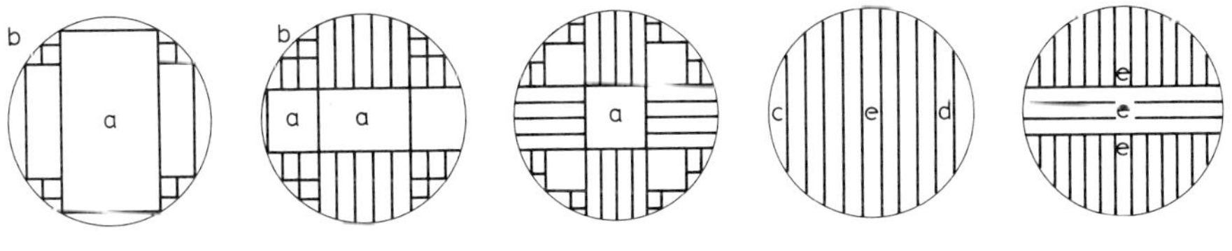

1.8 Sägeschnitte
a Kanthölzer
b Latten
c Schwarten
d Seitenbretter
e Kernbretter (Herzdielen)

günstigstes Widerstandsmoment für Vollbalken bei Seitenverhältnis ≈ 5 : 7
günstigstes Trägheitsmoment für Vollbalken bei Seitenverhältnis ≈ 4 : 7

Im gewöhnlichen Hoch- und Tiefbau genügt fehlkantiges Bauholz (Bild **1**.9B), vollkantiges soll nur für besondere Ingenieurbauten verlangt werden. Für einfache Bauten (Schuppen, Scheunen u. ä.) sind Rund- und Halbrundhölzer ohne weiteres verwendbar.

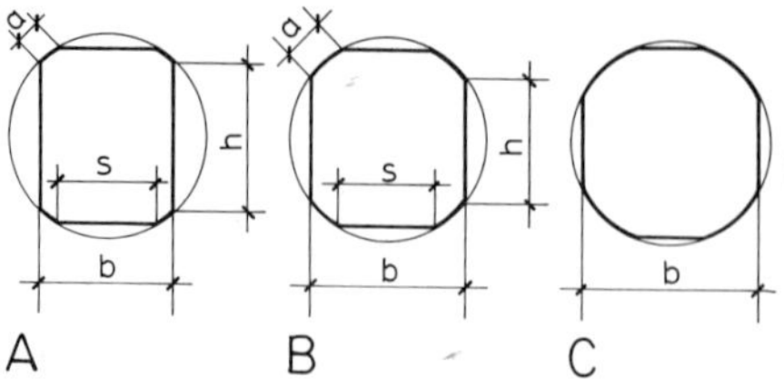

Schnittklassen

S scharfkantig; Baumkanten nicht zulässig
A vollkantig; $a \leqq h/8$ $s \geqq 2/3\, b$
B fehlkantig; $a \leqq h/3$ $s \geqq 1/3\, b$
C sägegestreift; an allen Seiten durchlaufend gestreift

1.9 Bauschnittholz

1.2.2.5 Holzabmessungen

In DIN 4070 bis 4073 sind die Schnittholzabmessungen festgelegt.

Tabelle **1.10** Holzabmessungen für Nadelschnittholz nach DIN 4070 T1 (die Maße gelten für halbtrockenes [verladetrockenes] Holz in rauhem Zustande)

Kantholz in cm/cm						Balken in cm/cm				Latten in mm/mm			
8/8	6/10	6/12	6/14	8/16	8/18	8/20	10/22	12/24	12/26	24/48	30/50	40/60	50/80
	8/10	8/12	8/14	10/16	10/18	10/20	16/22	16/24	20/26				
	10/10	10/12	10/14	12/16	14/18	12/20	18/22	18/24					
		12/12	12/14	14/16	18/18	14/20		20/24					
			14/14	16/16		16/20							
						20/20							

Längenstufung innerhalb eines Meters 0,0 0,25 0,50 0,75 1,00 m

Bretterdicken

rauhe Bretter (besäumt und unbesäumt) nach DIN 4071:

Dicke 10 12 15 18 20 22 24 26 28 30 35 und 40 mm;

Längenstufung innerhalb eines Meters für Nadelholz wie vor, für Laubholz von 10 zu 10 cm

gehobelte Bretter (besäumt und unbesäumt) nach DIN 4073 für lufttrockenes Nadelholz:

Dicke 7 9 12 15 17 21 23 27 32 und 36 mm (Brett- und Bohlenbreiten $\geqq$ 8 cm).

Bohlen

rauhe Bohlen (besäumt und unbesäumt) nach DIN 4071:

Dicke 45 50 55 60 65 70 80 90 und 100 mm; Längenstufung wie vor
gehobelte Bohlen (besäumt und unbesäumt) nach DIN 4073 für lufttrockenes Nadelholz:

Dicke 40 45 50 55 60 65 und 75 mm.

Wegen der Dicke der künstlich getrockneten gehobelten Bretter und Bohlen (Nadelholz und Laubholz) s. DIN 4073.

1.2.2.6 Gütebedingungen

Die Normung für die Prüfung des Holzes wird z.Z. überarbeitet.

Der Feuchtigkeitsgehalt ist von Einfluß auf das Volumen und auf die Festigkeit des Holzes. Es wird nach dem Feuchtigkeitsgehalt unterschieden:

- frisches Holz mit > 35% Feuchtigkeit
- halbtrockenes (verladetrockenes Holz)
  bei Querschnitten ≧ 200 cm^2 mit 35% Feuchtigkeit
  bei Querschnitten ≦ 200 cm^2 mit 30% Feuchtigkeit
- lufttrockenes Holz (trockenes Holz) mit 10 bis 20% Feuchtigkeit
  (Prozentsätze bezogen auf das Darrgewicht, d. h. auf das Gewicht völlig ausgetrockneten Holzes).

Die Dichte in kg/dm^3 des Holzes in lufttrockenem Zustand (s. DIN 52182) bei

- weichen Hölzern (Fichte, Tanne) 0,55
- halbharten Hölzern (Kiefer, Lärche) 0,60
- harten Hölzern (Buche, Eiche) 0,75 bis 0,80

Die Beurteilung des Schnittholzes wird durch Einteilung in 3 Güteklassen erleichtert (DIN 4074 T1): Es besitzt Bauschnittholz der

- Güteklasse I besonders hohe Tragfähigkeit
- Güteklasse II gewöhnliche Tragfähigkeit
- Güteklasse III geringe Tragfähigkeit

Beurteilt werden nach DIN 4074 allgemeine Beschaffenheit (Risse, Verfärbungen, Schädlingsbefall usw.), Schnittklasse, Maßhaltigkeit, Feuchtigkeitsgehalt, Mindestdichte, Jahrringbreite, Äste nach Durchmesser, Lage und Größenverhältnis zu Schnittholzabmessungen, Drehwuchs, Faserabweichungen und Krümmung des Schnittholzes. Bauschnittholz der Güteklasse I ist an sichtbar bleibender Stelle deutlich und einheitlich zu kennzeichnen.

1.2.2.7 Zulässige Spannungen

In Bauwerken aus Bauholz nach DIN 4074 sind die zulässigen Spannungen nach DIN 1052[1]) zu berücksichtigen. Die zulässige Spannung richtet sich nach der Güteklasse des Holzes. Nadelholz ist nach DIN 4074 auszuwählen und zu beurteilen. Für Zugglieder darf Holz der Güteklasse III nicht verwendet werden.

1.2.3 Dachtragwerke als Zimmermannskonstruktionen

Nachfolgend werden herkömmliche, nach Erfahrungsregeln gestaltete und bemessene Dachkonstruktionen besprochen, wie sie noch ausgeführt werden. Die aufwendigeren in diesem Zusammenhang dargestellten Zimmermannskonstruktionen werden heute jedoch vielfach ersetzt durch Tragwerke, in denen vorgefertigte Holzbauelemente mit weitaus günstigeren statischen Eigenschaften als das übliche Bauholz wirtschaftlichere Lösungen ermöglichen. Im Hinblick aber auf die immer wichtiger werdenden Gebiete der Bauerhaltung und -sanierung sowie der Denkmalspflege erscheinen auch Kenntnis und Beurteilungsvermögen älterer Konstruktionen nötig.

1.2.3.1 Sparrendächer

Sparrendächer bilden einen stützenfreien Dachraum und erleichtern die Nutzung von Dachgeschossen (Bild **1**.11). Beim Sparrendach bilden zwei Sparren mit einem Dekkenbalken oder dem dazugehörigen Streifen einer Massivdecke ein unverschiebliches

[1]) z.Z. in Neubearbeitung

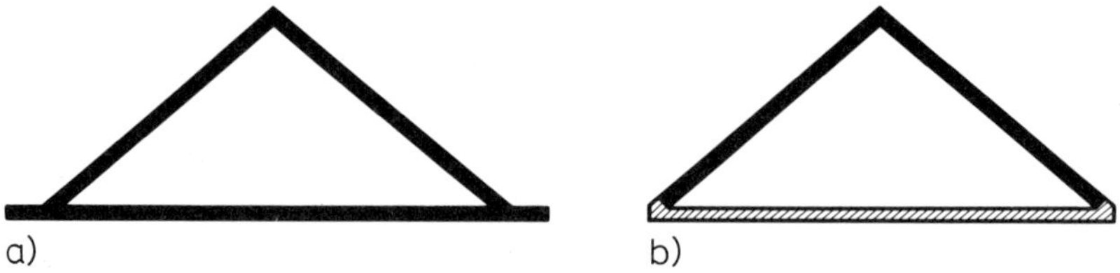

1.11 Prinzip des Sparrendaches
a) Sparrendach in Verbindung mit Holzbalkendecke
b) Sparrendach in Verbindung mit Stahlbetondecke

Dreieck („Gespärre"). Die gesamte Dachlast wird – ohne die Decke zu belasten – auf die Außenwände übertragen. Decke oder Deckenbalken werden auf Zug beansprucht. Größere Öffnungen in Decken erfordern daher besondere konstruktive Aufwendungen. Ebenso sind größere Öffnungen in der Dachfläche für Dachfenster oder Gauben zu vermeiden. Dabei sollte möglichst nur ein Gespärre „ausgewechselt" werden (Bild **1**.12).

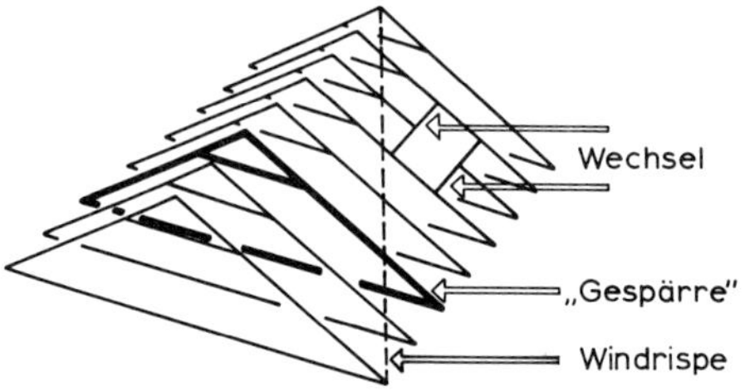

1.12 Gefüge des Sparrendaches

In Längsrichtung des Daches muß die Standfestigkeit der Gespärre durch „Windrispen" gewährleistet werden, schräg unter die Sparren genagelte Bretter, die in der Dachfläche einen Dreiecksverband ergeben (Bild **1**.13, Längsschnitt). Es ist auch möglich, die Wirkung der Windrispen durch eine aussteifende Verschalung zu erzielen (vgl. Abschn. 1.1.3, Bild **1**.5a). Wenn Windrispen den

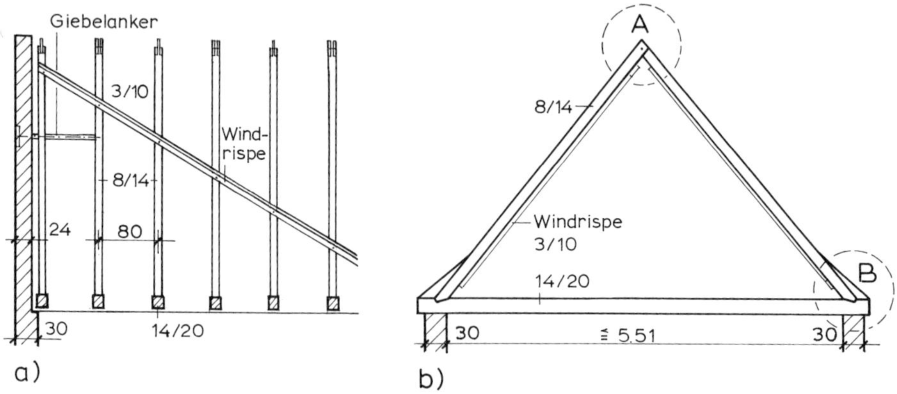

1.13 Einfaches Sparrendach auf Holzbalkendecke (Fortsetzung s. nächste Seite)
a) Längsschnitt, b) Querschnitt

A First
A1 Sparrenverbindung mit Scherzapfen (alte Technik)
A2 Sparrenverbindung mit Lasche und Firstbohle
A3 Sparrenverbindung mit Sperrholzlasche und innenliegende Firstbohlen

B Fußpunkt
B1 Sparrenanschluß mit Stirnversatz und Aufschiebling
B2 Sparrenanschluß mit Doppelversatz und Aufschiebling
B3 Sparrenanschluß mit aufgenagelter Knagge und Laschen
B4 Sparrenanschluß mit Stahl-Sparrenschuh

Bild **1**.13, Fortsetzung

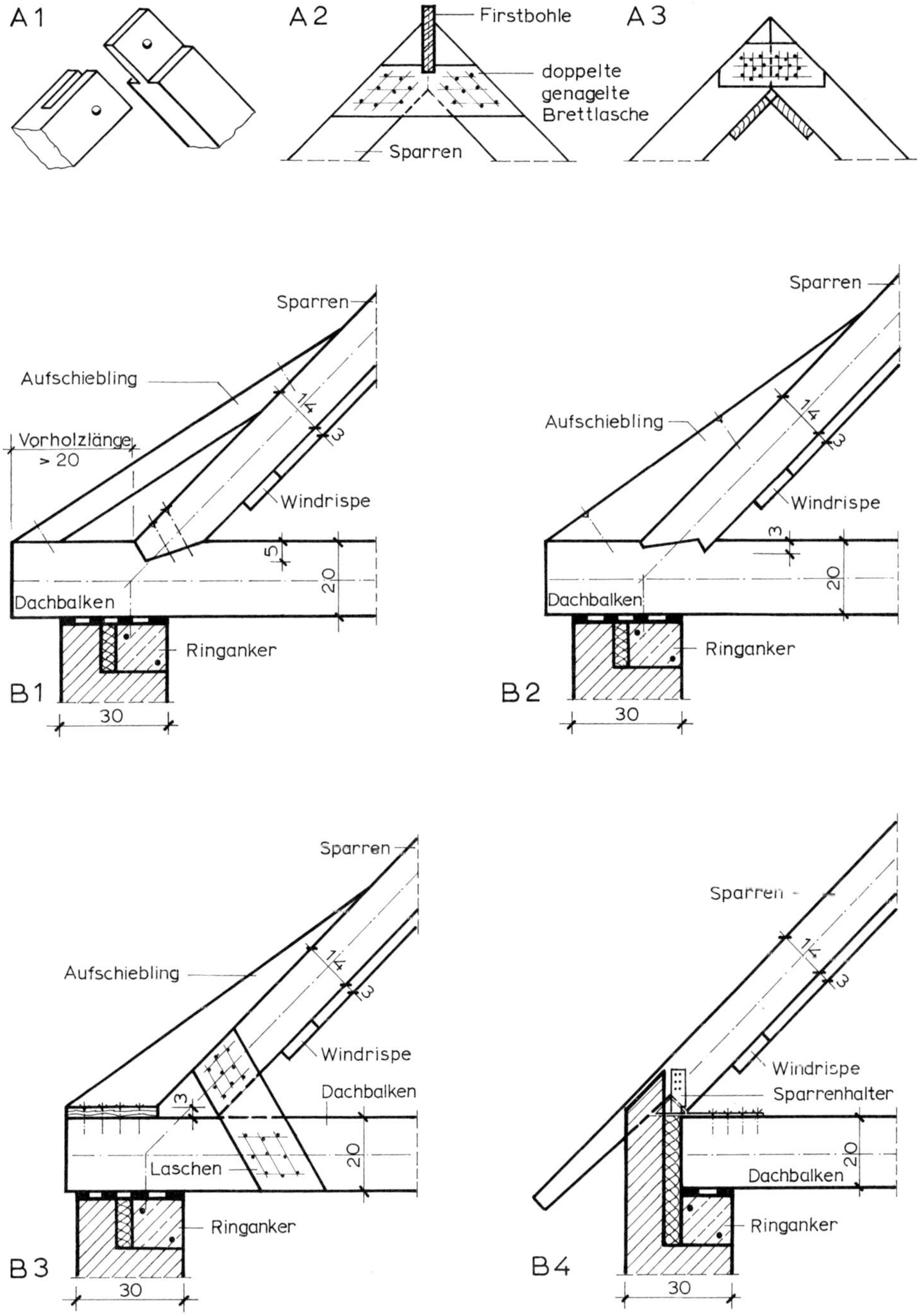

Ausbau eines Dachgeschosses behindern, kann ein Windverband statt dessen durch Bandeisen hergestellt werden, die mit jedem Sparren durch Nagelung oder Schrauben verbunden sind.

Die gleiche aussteifende Wirkung wird mit Rispenbändern aus verzinktem gelochtem Stahlband 4/40 mm erzielt, die diagonal oben auf die Sparren genagelt werden. Da solche dünnen Stahlbänder nur Zugkräfte übertragen können, müssen sie auf jeder Dachseite über Kreuz ausgeführt werden.

Die Giebelscheiben bilden beim Sparrendach lediglich den Abschluß des Dachraums und sind nicht Bestandteile der Dachkonstruktion. Sie müssen daher mit den ersten Gespärren durch Anker verbunden und damit gegen Kippen gesichert werden.

Am First wurden die Sparren nach alter, handwerklicher Art durch „Scherzapfen" mit Hartholznagel von quadratischem Querschnitt in entsprechender Bohrung gesichert (Bild **1**.13, Punkt A1). Heute bildet man die Firstverbindung jedoch meist mit einer Firstbohle und mit doppelten, genagelten Brettlaschen aus. Dadurch wird nicht nur der arbeitsaufwendige Scherzapfen vermieden, sondern auch ein einfacheres Ausrichten des gesamten Daches ermöglicht. Die Firstbohle hat keine tragende Funktion im Dachverband, ist jedoch ein Bauteil zur Stabilisierung des Daches in Längsrichtung.

Die am Fußpunkt des Sparrens auftretenden Schubkräfte werden bei Holzbalkendecken durch „Versatz" in die Deckenbalken übertragen. Der Sparrenanschluß muß gegen das Balkenende zurückgesetzt werden, damit eine ausreichend große Scherfläche („Vorholz") entsteht, die errechnet werden muß und keinesfalls weniger als 20 cm lang sein soll. Die handwerkliche Ausführung mit „Stirnversatz" und Zapfen (Bild **1**.13 B1) wird wegen des hohen Arbeitsaufwandes in dieser Form nicht mehr ausgeführt. Auch die Ausführung ohne Zapfen erfordert aber eine relativ große Vorholzlänge. Diese kann reduziert werden, wenn der „Fersenversatz" oder „Doppelversatz" angewendet wird (Bild **1**.13 B2). Eine einfachere Lösung ergibt sich, wenn eine längs auf die Balkenenden aufgenagelte Bohle die Horizontalkräfte der Sparren aufnimmt und diese durch Laschen angeschlossen werden (Bild **1**.13 B3). Bei diesen Ausführungsarten ergibt sich der für derartige Sparrendächer typische Knick in der Dachebene, der durch einen „Aufschiebling" gemildert wird. Aufschieblinge, die meist aus einer dicken Bohle geschnitten und durch Nägel auf Balken und Sparren befestigt werden, sind eine besondere Eigenart des Sparrendaches in Verbindung mit Holzbalkendecken.

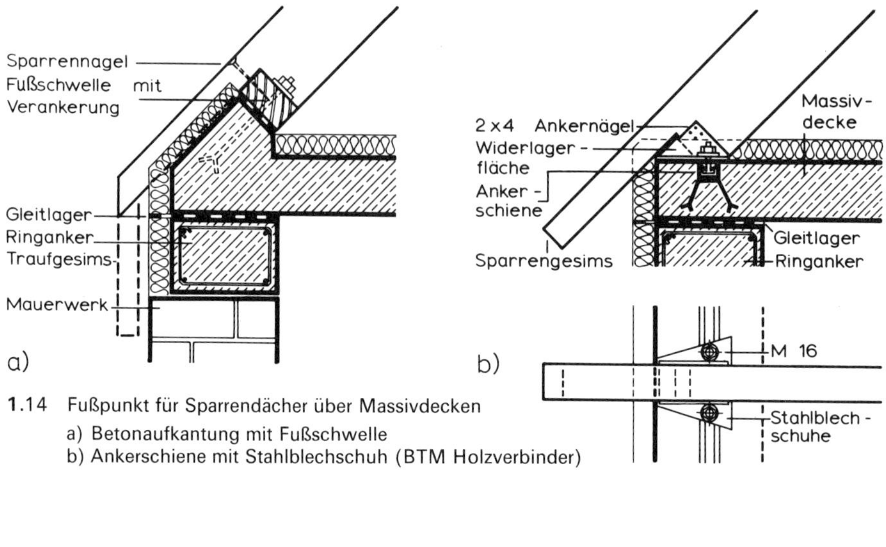

1.14 Fußpunkt für Sparrendächer über Massivdecken
a) Betonaufkantung mit Fußschwelle
b) Ankerschiene mit Stahlblechschuh (BTM Holzverbinder)

Stahlblech-Sparrenhalter (Bild **1**.13 B4) ermöglichen es, einen versatzähnlichen Sparrenanschluß so weit nach außen zu verlegen, daß keine Aufschieblinge erforderlich sind und die Sparrenenden sogar überstehen können.

Die am Sparrenfuß auftretenden Horizontalkräfte können natürlich auch von Massivdecken – am einfachsten von Stahlbetonplatten – aufgenommen werden. Die Sparren werden entweder mit einer Fußschwelle auf eine Deckenaufkantung gesetzt (Bild **1**.14a) oder mit Stahlblech-Sparrenschuhen in Verbindung mit einbetonierten Ankerschienen am Deckenrand angeschlossen (Bild **1**.14b).

Auf ausreichende Verankerung der Dachkonstruktion mit den Wänden oder mit Massivdecken muß in jedem Fall besonders geachtet werden (vgl. Bild **1**.26).

Beim Sparrendach sind größere Dachüberstände an der Traufe statisch ungünstig, weil dabei zusätzliche Biegebeanspruchungen für Dachbalken oder -decke am Auflager entstehen (Bild **1**.15).

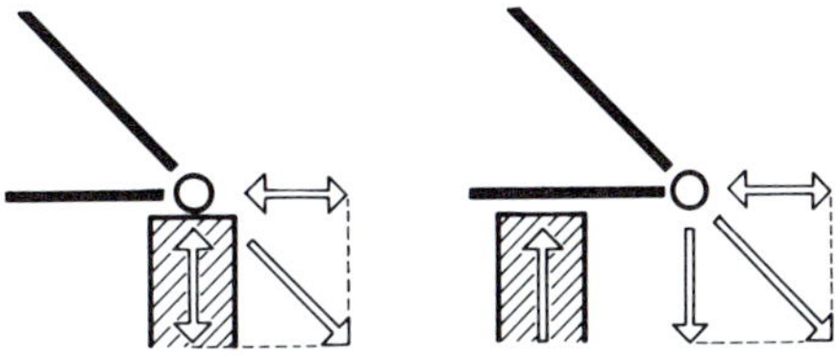

1.15 Konstruktive Überlegungen bei Dachüberstand an Sparrendächern

Dachüberstände am Ortgang sind konstruktiv nicht zu begründen, und es wird in der Regel lediglich die Dachhaut bis über die Giebelscheiben hinweggezogen.

Sparrendächer in der beschriebenen Konstruktion (ohne Kehlbalken) sind möglich für Sparrenlängen bis etwa 4,50 m und damit für Gebäudetiefen bis zu etwa 8,00 m. Der Sparrenabstand beträgt mit Rücksicht auf Dachlattung oder Verschalung in der Regel 70 bis 80 cm.

Sparrendächer mit Kehlbalken

Bei größeren Gebäudetiefen, d. h. bei Sparrenlängen über etwa 4,50 m, sind die Sparren gegen Durchbiegen zu sichern. Das geschieht durch Einfügen eines Kehlbalkens, der je zwei Sparren gegeneinander abstützt. Der Kehlbalken liegt eigentlich richtig in der Mitte des Sparrens, wo die Durchbiegung am größten ist (Bild **1**.16a). Bei ausgebautem Dachgeschoß wird die Lage der Kehlbalken aber durch die Höhe der Dachgeschoßräume bestimmt. Das über dem Kehlbalken liegende Sparrenende kann bis etwa 3,50 m lang werden, da die gegenüberliegenden Sparren sich im First gegenseitig stützen.

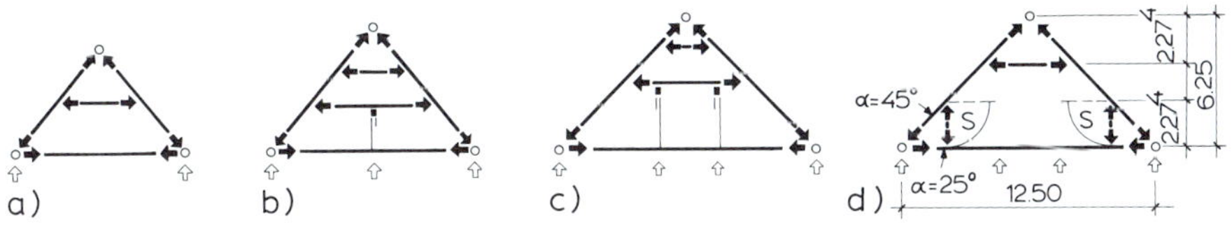

1.16 Kehlbalken-Dachtragewerke

a) Sparrendach mit Kehlbalken in Sparrenmitte
b) Sparrendach mit zwei Kehlbalken (oberster Kehlbalken „Hahnenbalken") und Abstützung des unteren langen Kehlbalkens (s. unter c)
c) Sparrendach mit zwei Kehlbalken. Rähme unter dem Kehlbalken stellen nur Längsverband her und erleichtern das Richten (kein echter „Stuhl", da er nur den Kehlbalken unterstützt, aber keine Dachlasten aufnimmt!). Lösung ist unwirtschaftlich
d) dreifach ausgesteiftes holzsparendes Sparrendach (S = Stiele 6/10, mit Laschen unter jedem Sparren befestigt)

Wird das obere Sparrenende länger, so ist eine zweite Kehlbalkenlage (Hahnenbalkenlage Bild **1**.16b und c) anzuordnen. Die untere Kehlbalkenlage kann durch lotrechte schwache Stiele (6/6 bis 8/8) unter jedem Sparren ergänzt werden (Bild **1**.16d). Es entsteht so das sehr wirtschaftliche und dreifach ausgesteifte Kehlbalkendach (Bild **1**.19).

Unbelastete Kehlbalken erhalten nur Druck in der Faserrichtung. Wird das Dachgeschoß ausgebaut und der Raum über den Kehlbalken als Dachbodenraum ausgenutzt, wie es bei ausgebauten Dächern meist der Fall ist, so wird der Kehlbalken durch Deckengewicht und Nutzlast auch auf Biegung beansprucht.

Müssen belastete, lange Kehlbalken durch Rähme und Stiele gegen Durchhängen gesichert werden, entstehen statisch unklare Verhältnisse, weil die durch die Stiele auf die Geschoßdecke mit übertragenen Dach- und Windlasten rechnerisch nicht erfaßbar sind. Um Schäden zu vermeiden, müßten hier Holzabmessungen gewählt werden, die Kehlbalkendächer nach Bild **1**.16c unwirtschaftlich machen.

Den Längsverband stellen meist, wie beim einfachen Sparrendach, unter die Sparren genagelte, schräg aufsteigende Windrispen her.

Ein Sparrendach mit freiem, für den Ausbau geeignetem Dachraum über einer Massivdecke ist in Bild **1**.17 dargestellt. Der stützen- und strebenlose Verband besteht aus Hölzern mit verhältnismäßig schmalem, hohem Querschnitt. Die Verbindungen sind genagelt. Die Sparren stehen auf einer Fußschwelle, die mit Bolzen im Deckenbeton befestigt ist. Der Sparrenfuß ist gegen Abheben durch Nagelung gesichert.

Der Längsverband ist in diesem Beispiel oberhalb der Kehlbalkenlage durch eine Windrispe, darunter durch kurze Brettstreben hergestellt, die zwischen die Sparren gesetzt

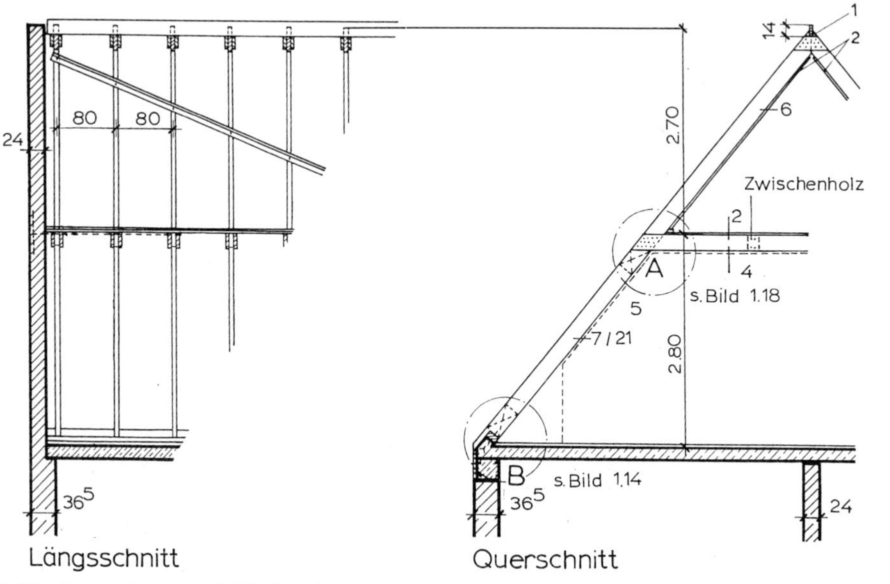

1.17 Sparrendach mit Kehlbalken bei ausgebautem Dachgeschoß. Massivdecke. Dachneigung 50°. Windrispen im unteren Teil zwischen die Sparren gesetzt

1 Firstbohle 3/14
2 Windrispe 3/14
3 Längsverband
4 Kehlbalken aus 2 × 3,5/21
5 Laschen, nur zusätzlich
6 Sparren 7/21

sind, damit die Sparrenunterfläche für das Anbringen von Ausbauelementen glatt bleibt. Der früher übliche Kehlbalkenanschluß mit Versatz und Zapfen (Bild **1**.18a) wird heute nicht mehr angewandt. Diese Verbindung ist nicht nur handwerklich aufwendig herzustellen, sie ist auch falsch, weil sie den Sparren an der am stärksten beanspruchten Stelle schwächt. Kehlbalkenanschlüsse werden daher heute meist mit Hilfe von Knaggen hergestellt, die an die Sparren genagelt werden und so eine Versatzfläche bilden; seitlich werden Brettlaschen angenagelt (Bild **1**.18b). Bei größeren Spannweiten der Kehlbalken oder bei Belastung durch Ausbau oder Nutzung des Dachraumes oberhalb des Kehlbalkens wird die Kehlbalkenkonstruktion vielfach durch zwei zangenartige, gegeneinander mit Futterklötzen ausgesteifte Holzprofile gebildet, die mit dem Sparren durch Nagelung oder Dübelung verbunden werden (Bild **1**.18c).

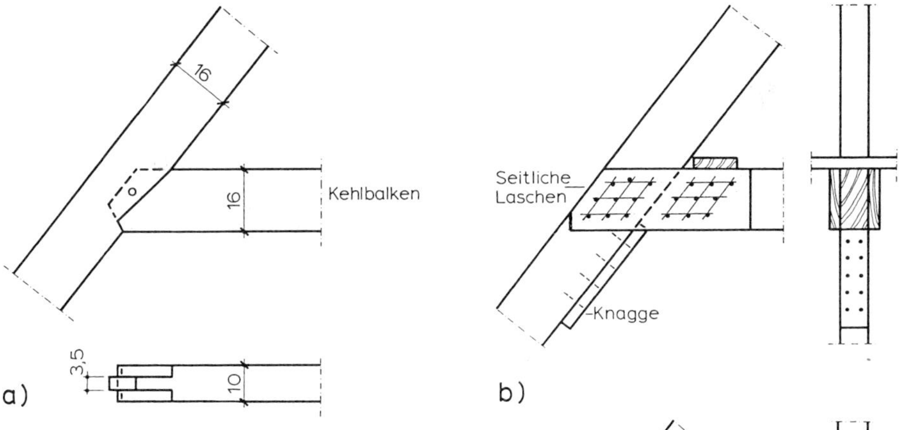

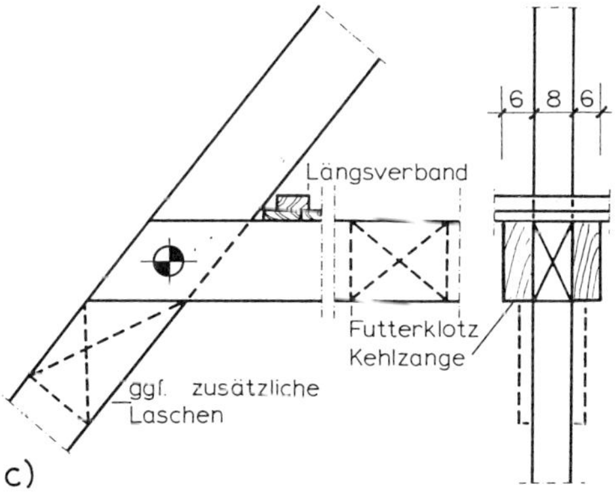

1.18
Kehlbalkenanschlüsse
a) Veralteter Kehlbalkenanschluß mit Versatz und Zapfen
b) Kehlbalkenanschluß mit genagelter Knagge und Laschen
c) Kehlbalkenkonstruktion für große Spannweiten und Belastungen

Bild **1**.19 zeigt ein dreifach ausgesteiftes Kehlbalkendach, dessen unterer langer Kehlbalken gewissermaßen durch kurze Stiele ersetzt worden ist (s. auch Bild **1**.16d). Der Holzbedarf für dieses Dachtragwerk ist gering, die Verbindung der Hölzer einfach. Die Kehlriegel können hier keine senkrechten Lasten aufnehmen.

Nachteilig ist die Belastung der Decke durch die Stiele, die auch zugfest mit der Decke verbunden werden müssen.

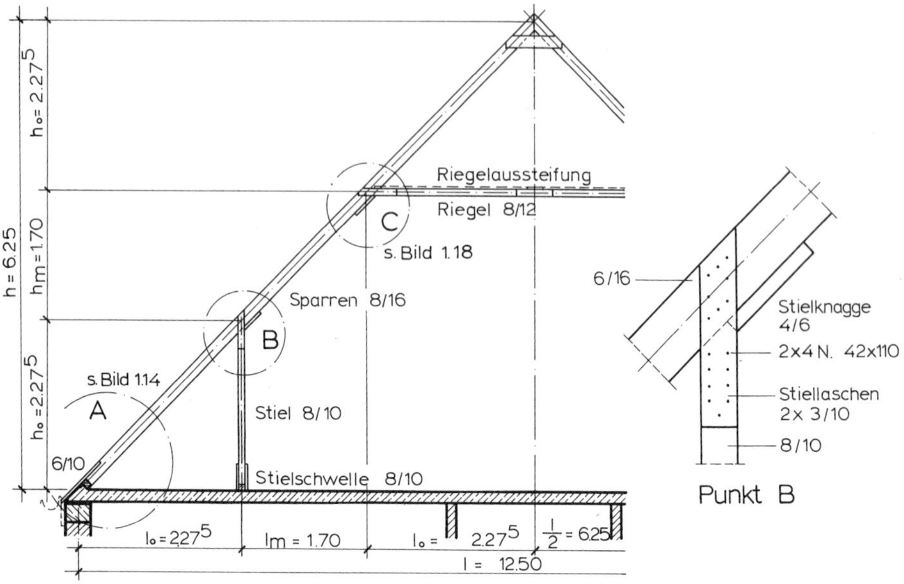

1.19 Dreifach ausgesteiftes Kehlbalkendach

1.2.3.2 Pfettendächer

Beim Pfettendach werden die Dachlasten nicht nur von den Außenwänden aufgenommen, sondern können auch über Längsträger – Pfetten – mit Pfosten und Streben auf tragende Bauteile im Gebäudeinnern abgetragen werden. Pfettendächer können über beliebig geformten und bemessenen Grundrissen errichtet werden. Sparrenauswechslungen sind leicht möglich. Bei ausgebauten Dachgeschossen muß die Anordnung von Pfosten und Streben in der Grundrißgestaltung berücksichtigt werden.

Bild **1**.20 zeigt eine Reihe von Pfettendachformen in schematischer Darstellung. Die erste Gruppe Bild **1**.20a bis e zeigt einfache Konstruktionen mit freigespannten oder abgestützten Pfetten. Die zweite Gruppe (Bild **1**.20f bis j) besteht aus Pfettendächern, die steiler als 40° oder mit Sparrenlängen größer als 7 m durch Streben gegen Windkräfte abgesichert sind. Wenn Decken die durch Stiele übertragenen Dachlasten nicht aufnehmen können, werden mit Hilfe von Streben Sprengwerke gebildet. Die dritte Gruppe (Bild **1**.20k bis n) bilden Pfettendächer mit liegendem Stuhl. Hier übernehmen die Stuhlsäulen (schräg liegende Pfosten) gleichzeitig die Aufgabe der Streben.

Pfettendächer ohne Stuhl

Der einfachste Fall für Pfettenkonstruktionen ergibt sich, wenn bei kleineren Spannweiten entsprechend standsichere Giebelwände eines Gebäudes als Auflager für freigespannte Pfetten dienen können (Bild **1**.21). Derartige Konstruktionen sind insbesondere günstig für großflächige Eindeckungsmaterialien wie z. B. Wellasbestzementplatten. Die Pfetten bestehen aus einfachen Balken, bei größeren Spannweiten können andere Trägerarten (z. B. Wellstegträger, Brettschicht- oder Holzgitterträger, s. Abschn.

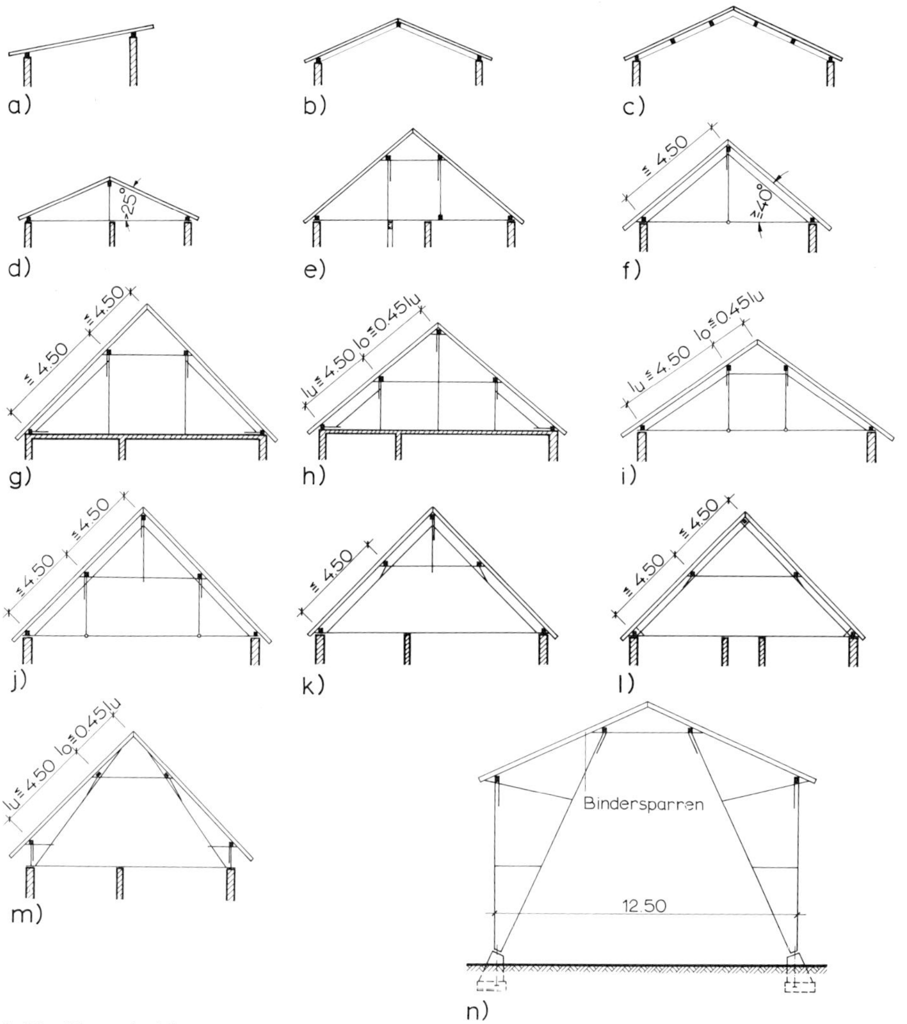

1.20 Pfettendachformen

a) Pultdach, Ausgangsform des Pfettendaches (Wandpfette)
b) Firstpfette ruht auf Giebelwand
c) Mittelpfetten, auf Giebelwände gelegt
d) Einfach stehender Stuhl, Stiel unter Firstpfette. Bei Neigung > 25° Zange erforderlich
e) Doppelt stehender Dachstuhl auf unterstützter Dachbalkenlage. Zange erforderlich bei Neigungen > 25°
f) Einfaches Sprengwerk. Hängesäule mit Schwebezapfen
g) Doppelt stehender Stuhl mit Windstreben auf Massivdecke
h) Dreifach stehender Stuhl mit First- und Mittelpfetten und Windstreben auf Massivdecke
i) Doppeltes Sprengwerk (Decke wird nicht belastet). Bei steilen Dächern zusätzlich Zange unter den Mittelpfetten erforderlich
j) Sprengwerk für Mittel- und Firstpfette
k) Sprengwerk, bei dem die Stiele unter den Mittelpfetten gleichzeitig die Sprengwerkstreben sind
l) Stuhlsäulen (Streben) kreuzen sich im First
m) Liegender Stuhl mit Mittelpfetten und Kniestock (Drempel)
n) Scheunendach mit liegendem Stuhl

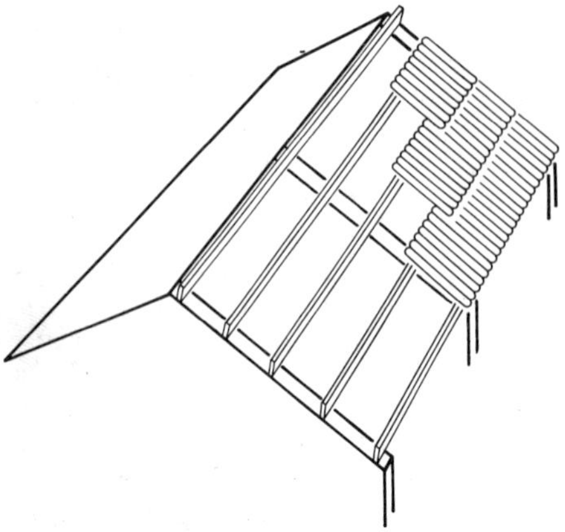

1.21 Pfetten auf ausgesteiften Giebelwänden, Wellplattendeckung

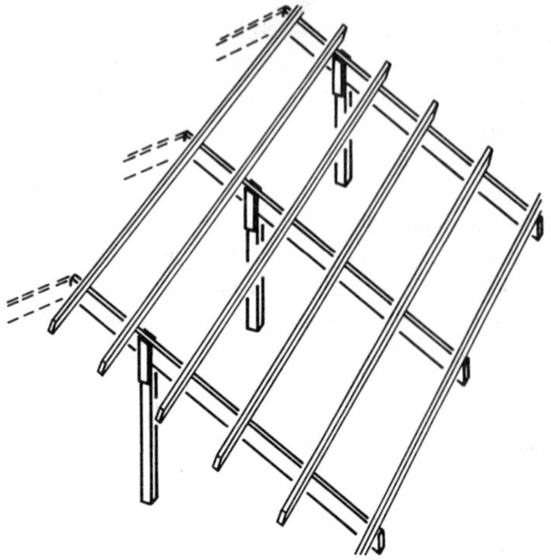

1.22 Pfetten auf Bindern bzw. Unterzügen

1.2.5.3) in Frage kommen. Bei größeren Dächern können die Pfetten statt auf Querwände auf Binder oder Unterzüge aufgelegt werden (Bild 1.22). Sind für die Dachdeckung Dachlatten erforderlich, kann auf eine zusätzliche Sparrenlage nicht verzichtet werden.

Pfettendächer mit stehendem Stuhl

Zum herkömmlichen Pfettendach gehört der Dachstuhl, auf den die Pfetten aufgelegt werden. In der Regel besteht der Dachstuhl (Bild 1.23) aus den Stuhlsäulen oder Stielen von quadratischem Querschnitt und den Pfetten, die auf die Stuhlsäulen aufgezapft sind. Quer zur Firstlinie werden je zwei Stiele unterhalb der Pfetten durch Doppelzangen miteinander verbunden. Die Doppelzangen fassen außer den Stielen

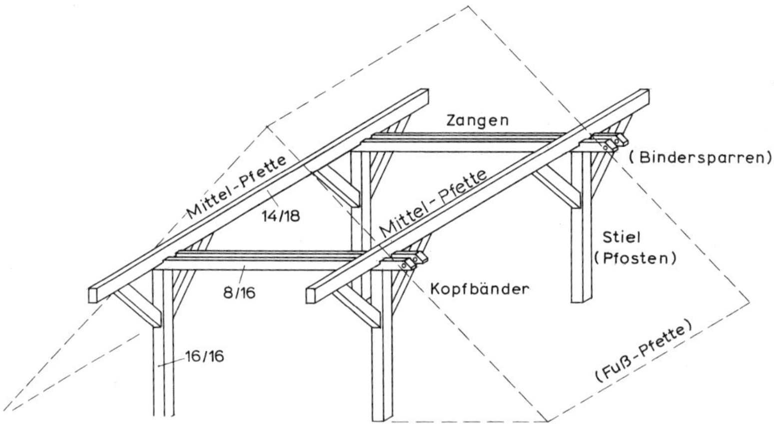

1.23 Doppelt stehender Stuhl

und den aufgekämmten Pfetten ein Sparrenpaar (Bindersparren). Die Längsaussteifung wird von den Kopfbändern übernommen, die Queraussteifung von den Zangen und den auf die Pfetten aufgeklauten und aufgenagelten Sparren, die im Binder mit den Zangen verbolzt sind. Die jeweils in derselben Ebene quer zum First stehenden Stiele mit Doppelzange und Sparrenpaar bilden den Binder. Ein Dachbalken gehört beim Pfettendach über Holzbalkendecken nur dann zum Binder, wenn der Balken als Zugstab für ein Sprengwerk dienen muß. Die Entfernung der Binder voneinander beträgt ≈ 4,00 bis 4,50 m. Zwischen den Bindern liegen die Leergebinde. Die Sparren der Leergebinde brauchen (Gegensatz zum Sparrendach!) nicht paarweise einander gegenüberzuliegen, auch nicht von der Fußpfette bis zum First in einem Stück durchzulaufen, vorausgesetzt, daß außer der Mittelpfette eine Firstpfette vorhanden ist. Ebenso ist das Leergebinde unabhängig von Balkenlagen in Geschoßdecken, da die unterste Unterstützung des Pfettendachsparrens die Fußpfette ist. Die Leergebinde sind je nach Art der Dachdeckung und nach Lattendicke 65 bis 125 cm voneinander entfernt.

Jeder Sparren ist auf die Pfetten aufgeklaut und durch Sparrennägel gegen Abheben gesichert. Über einer Firstpfette werden die Sparren stumpf gestoßen. Sind die Sparren nicht länger als 4,50 m, genügen Fußpfette und Firstpfette (Pfettendach mit einfach stehendem Stuhl), werden sie länger als 4,50 m, werden sie durch eine Mittelpfette unterstützt (doppelt stehender Stuhl Bild **1**.24). Auch die Sparrenlänge vom Fußpunkt bis zur Mittelpfette soll nicht größer sein als 4,50 m.

Ist die Länge von der Mittelpfette bis zum First nicht größer als 0,45mal der Sparrenlänge zwischen den Pfetten, so stützen sich die Sparren auf die Fuß- und Mittelpfette und kragen bis zum First frei aus (Berechnung erforderlich!). Dabei ist, um die Sparren an der Mittelpfette nicht zu schwächen, ein Sparrenauflager nach Bild **1**.25 der Aufklauung vorzuziehen.

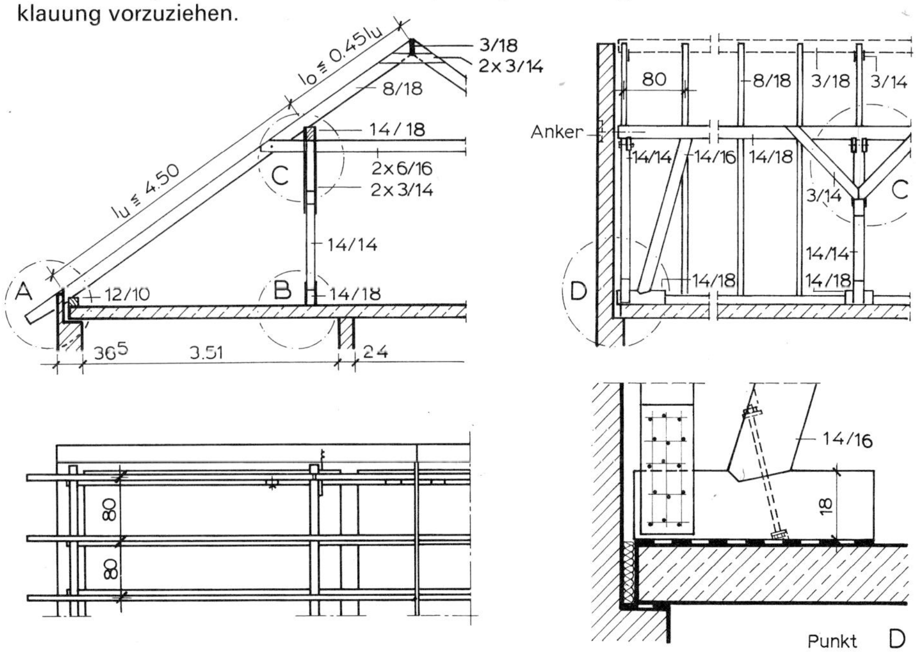

1.24 Pfettendach mit doppelt stehendem Stuhl und Windstreben (Dachneigung > 35°), Fortsetzung s. S. 32

Bild **1**.24, Fortsetzung

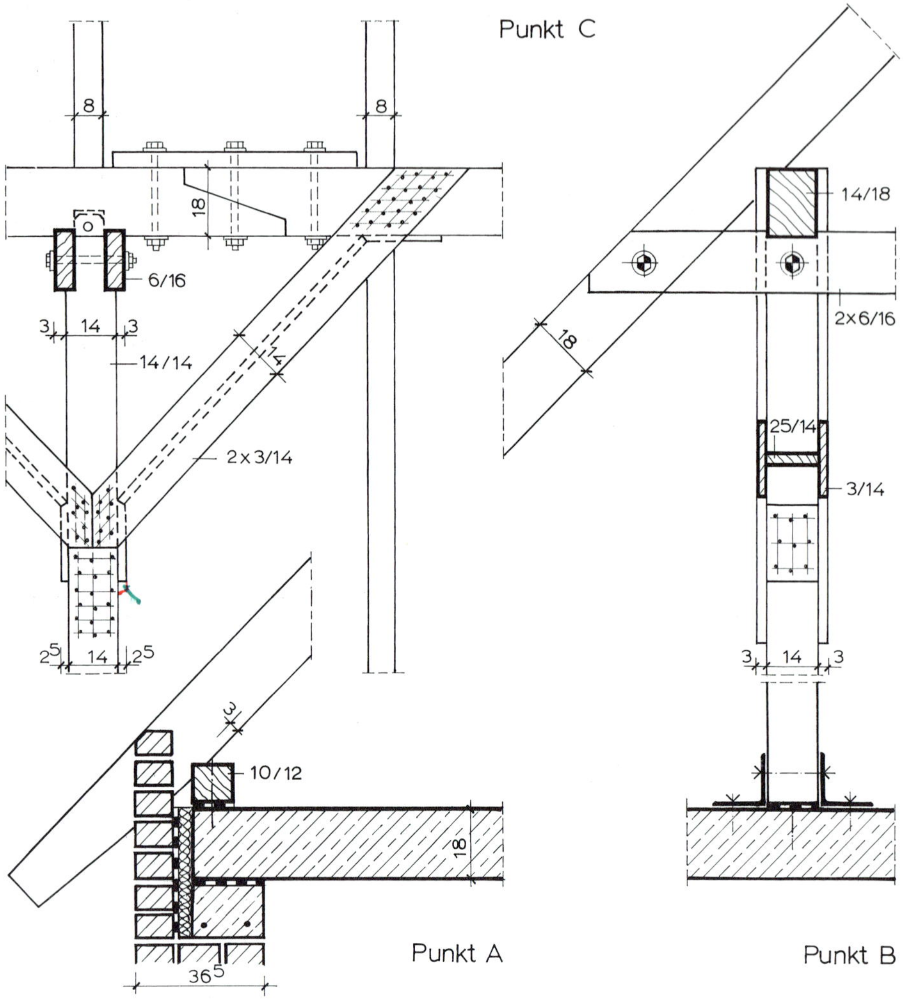

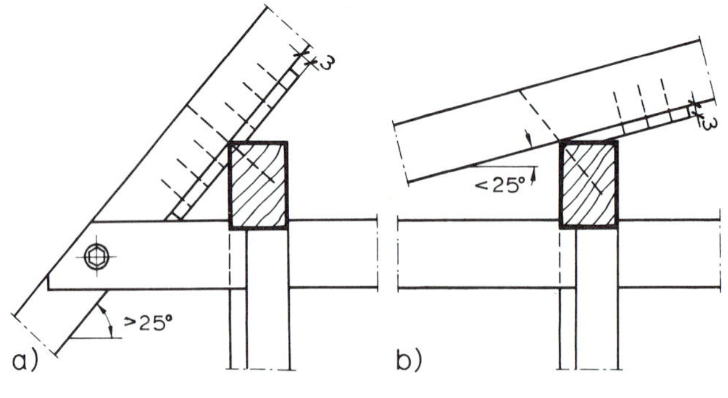

1.25
Sparrenbefestigung auf der Mittelpfette bei auskragendem, oberem Sparrenende (ohne Querschnittsminderung des Sparrens)

a) für Neigungen > 25°
b) für Neigungen < 25°

Die auskragenden Sparren bedürfen aus statischen Gründen keiner Verbindung im First. Um jedoch Schäden in der Dachdeckung zu vermeiden, die durch ungleichmäßige Bewegungen in den oben auskragenden Sparrenenden auftreten können, ist eine Verbindung durch Anlehnen an eine Firstbohle (insbesondere bei nicht gegenüberliegenden Sparren) zweckmäßig.

Wenn die die oberste Pfette überragenden Sparrenenden so lang sind ($\geqq 0{,}45\, l_u$), daß sie sich gegenseitig abstützen müssen und zu diesem Zweck miteinander verbunden werden, stellen die Sparren Träger auf 3 Stützen dar mit Längskräften, die in den Pfetten, insbesondere bei größeren Binderentfernungen, durch Verdrehungen Längsrisse hervorrufen können, falls die verwendeten Hölzer für diese Beanspruchung nicht berechnet und hinreichend bemessen worden sind.

Die Fußpfette liegt auf ihrer Breitseite und ist auf Balkenlagen durch Nageln oder durch Dollen gegen Kanten zu sichern.

Verschiedene Möglichkeiten für Auflagerung und Verankerung von Fußpfetten auf Mauerwerke und Massivdecken zeigt Bild **1**.26.

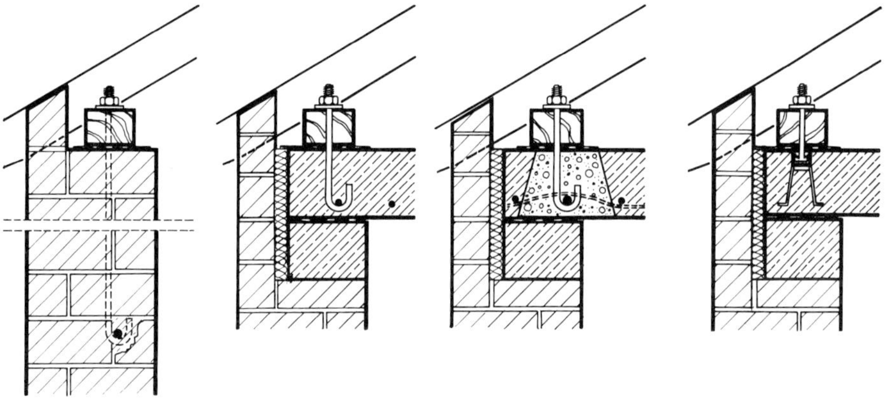

Maueranker sind bei geringer Auflast tief herunterzuführen.

Anker in Beton müssen Querstäbe umfassen, Ankerlöcher sind konisch nach oben zu verengen.

Ankerschienen erleichtern die Montage.

1.26 Verankerung von Pfetten

Die Traufen können von überhängenden Sparren („Flugsparren") gebildet werden.

Zwischen Pfetten und Stielen werden Kopfbänder (Büge) angeordnet. Sie dienen der Längsaussteifung und verkürzen die Feldweite der Pfette (s. DIN 1052 T1 Abschn. 8.2.4). An Stiel und Pfette werden die Kopfbänder entweder durch Versatz mit Schraubenbolzen, am besten durch Nagelung (Bilder **1**.24 Punkt C und **1**.55c) angeschlossen. Wegen des Richtens liegen Pfettenstöße besser neben der Stuhlsäule. An der Giebelwand werden statt einseitiger Kopfbänder, die den Endstiel auf Biegung beanspruchen würden, Streben unter jede Pfette gesetzt (Bild **1**.24 Punkt D). Die Pfetten können auch ohne Stiel oder Strebe auf die Giebelwand aufgelegt werden, wenn die Pfettenlänge verkürzt oder die Pfette verstärkt wird. Bei Brandwänden können die Pfettenauflager durch eingemauerte Betonkonsolen gebildet werden. Giebelanker sind so zu drehen, daß sie möglichst viel belastetes Mauerwerk fassen.

Im Giebelbinder werden statt der Doppelzangen einfache Zangen verwendet. Alle Zangen liegen so unter den Pfetten, daß Oberkante Zange um 2 cm höher als Unterkante Pfette liegt (Aufkämmung). Das Maß von Oberkante bis Unterkante Zange soll, wenn möglich, $\approx$ 2 m betragen (Durchgangshöhe). Die Zangen werden ohne Anblattung neben den Bindesparren gelegt und durch Schraubenbolzen und Holzverbinder verbunden (Bild **1**.24 Punkt C).

Immer muß aus wirtschaftlichen und konstruktiven Gründen angestrebt werden, die erheblich belasteten Stuhlsäulen eines Pfettendaches auf tragende Wände oder Wandpfeiler abzusetzen.

Bei Stahlbeton-Massivdecken ist eine Lastquerverteilung möglich. Die Stützen können somit ohne Bindung an Zwischenwände auf die Deckenplatte gestellt werden, wenn der entsprechende statische Nachweis geführt wird.

Bei Holzbalkendecken werden für den Binderbalken u. U. so große Querschnitte nötig, daß 2 bis 3 Balken unmittelbar nebeneinander verlegt werden müßten. Es muß daher die Stiellast durch Streben ganz oder teilweise auf das Balkenende übertragen werden.

Als Windstreben dienen sie außerdem der Queraussteifung, wenn diese bei großen Pfettendächern mit über 35° Dachneigung nicht von den Binderzangen und Sparren übernommen werden kann. Die Windstreben werden auf der vom Wind abgekehrten Dachseite auch von Zugkräften beansprucht; ihre Endpunkte sind daher gegen Zug zu sichern (Bild **1**.27).

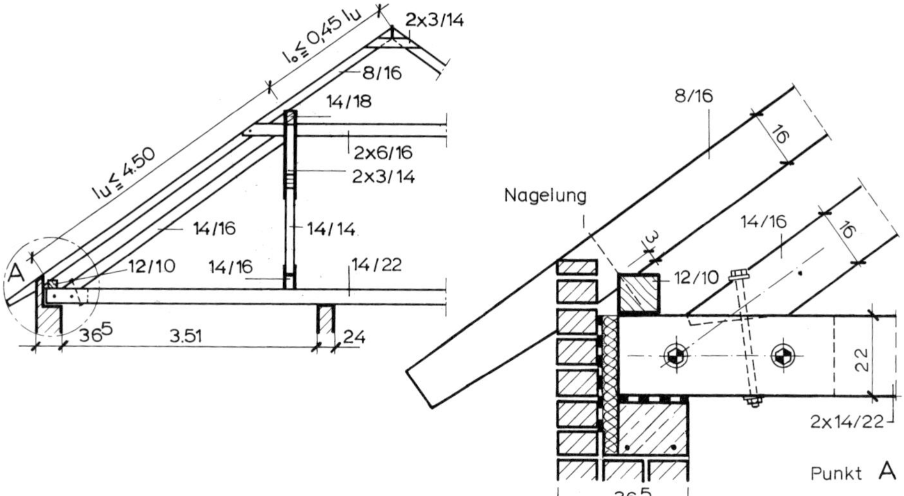

1.27 Pfettendach mit doppelt stehendem Stuhl und Windstreben (Dachneigung >35°)

Werden die Sparren länger als 7 m, so ist außer den beiden Mittelpfetten noch eine Firstpfette anzuordnen. Es ergibt sich so das Pfettendach mit dreifach stehendem Stuhl. Die mittelste Stuhlsäule wird entweder bis auf die Balkenlage geführt (Bild **1**.28) oder endigt unter den Zangen und wird gegen die beiden Seitenstiele durch Streben abgestützt (Bild **1**.29).

Streben und Zangen bilden ein Sprengwerk und entlasten so den Binderbalken vollständig. Die Streben sind mit doppeltem Versatz dicht unter den Zangen an die Stiele und dicht am Auflager an den Balken angeschlossen. Die Stiele stehen mit 3 cm

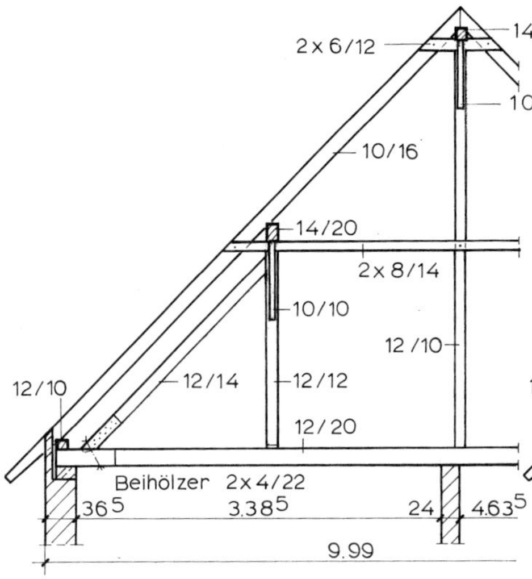

1.28 Pfettendach mit dreifach stehendem Stuhl. Streben und ausgesteifte Zangen bilden ein Sprengwerk zur Entlastung des Binderbalkens. Mittlere Stuhlsäule durchlaufend

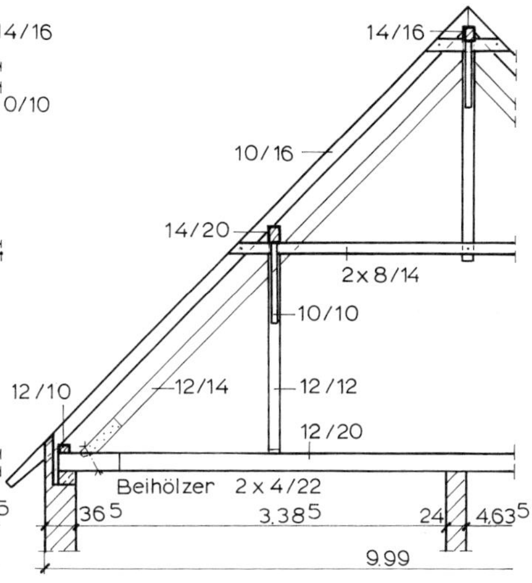

1.29 Pfettendach mit dreifach stehendem Stuhl. Mittlere Stuhlsäule abgestrebt

Zwischenraum über dem Balken und erhalten kurzen Führungszapfen (Schwebezapfen). Die Doppelzangen sind durch 12 × 14 cm dicke Futterhölzer ausgesteift und so gegen Ausknicken gesichert. Mit den Stielen sind die Doppelzangen durch 2 Bulldog von ∅ 95 mm verbunden; dazu Bolzen M16 (Bilder **1**.30 und **1**.31).

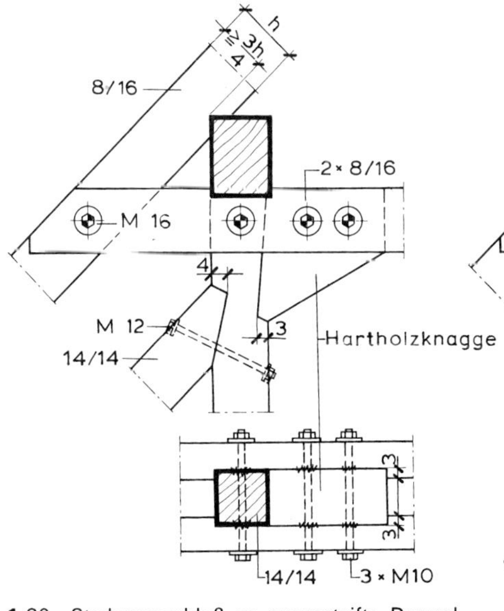

1.30 Strebenanschluß an ausgesteifte Doppelzange, die als Spannriegel benutzt wird

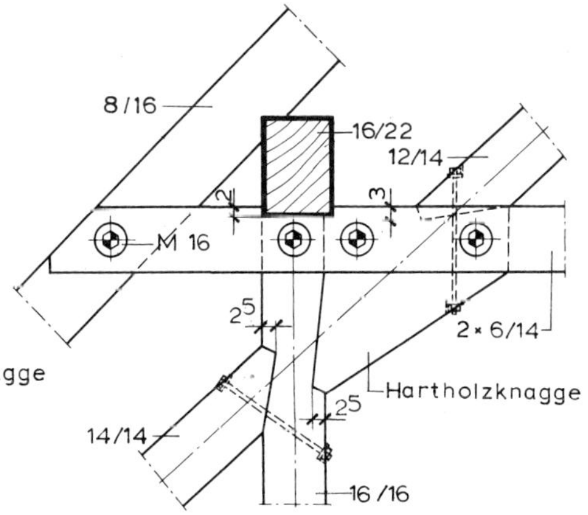

1.31 Aufsetzen eines einfachen Sprengwerks für die Firstpfette auf ein doppeltes Sprengwerk für die Mittelpfetten. Ausgesteifte Doppelzangen dienen als Spannriegel

Pfettendächer mit liegendem Stuhl

Dächer mit liegendem Stuhl (Bild **1**.20k, l, m) wurden früher verwendet, wenn die senkrechten Stiele zu große Abstände von den Unterstützungspunkten der Dachbalkenlage erhalten hätten oder wo große freie Dachräume benötigt wurden, z. B. über mehrgeschossigen Lagerschuppen oder über größeren Stallgebäuden. Bei landwirtschaftlichen Gebäuden mußte vielfach das Aufhängen von Greiferaufzügen und deren freier Bewegung in Firstnähe ermöglicht werden. Einen dafür geeigneten Binder zeigt Bild **1**.32 in Verbindung mit einem Drempel oder Kniestock.

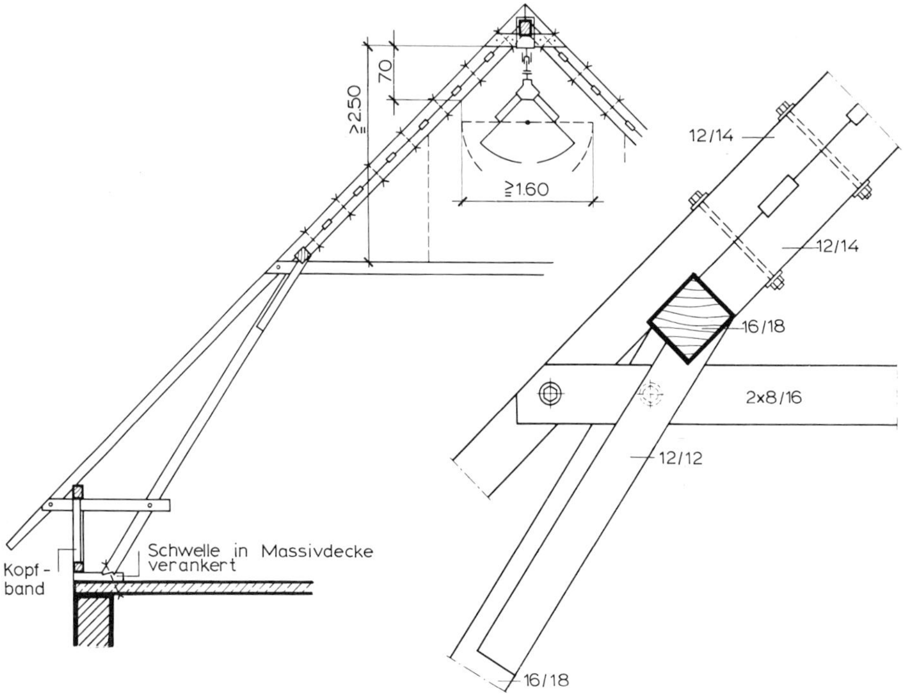

1.32 Pfettendach mit liegendem Stuhl. Für Anbringen eines Greiferaufzuges geeignet

Die Höhe eines solchen Kniestockes kann von doppelter Pfettenhöhe (z. B. beim alpenländischen Blockhaus) bis zu voller Geschoßhöhe (z. B. bei Heuböden über Ställen) reichen. Ein Kniestock läßt es zu, den Fußpunkt von Streben selbst sehr flacher Dächer in nächster Nähe der unterstützenden Außenwand auf den Dachbalken aufzusetzen. Die Kniestockwand kann als massive Wand unmittelbar die Drempelpfette tragen, aber auch als Fachwerkkonstruktion ausgebildet werden. Drempelpfette, Sparren, Strebe und gegebenenfalls Stiel einer Fachwerkwand werden in der Regel durch Doppelzangen miteinander verbunden (vgl. Bild **1**.20m). In einem liegenden Stuhl liegen die Kopfbänder geneigt und werden mit den Pfetten durch schräge Zapfen, mit den liegenden Stuhlsäulen durch Anblattung verbunden. Die Stuhlsäulen sind im gezeigten Beispiel mit durch Bolzen gesichertem Versatz über eine Schwelle mit der Massivdecke verbunden. Ausreichende Knicksicherheit bei den Zangen wird durch Futterstücke erreicht.

1.2.3.3 Hängewerkdächer

Wird bei Holzbalkendecken die freie Länge der Balken größer als 5 m und ist es nicht möglich, die Balkenlage von unten zu unterstützen (Saaldecken usw.), so haben die Binderbalken nicht nur von jeder Dachlast frei zu bleiben, sondern sie müssen zusammen mit der Decke an das Dachtragwerk angehängt werden. (Daher die Bezeichnung Hängewerk. Das eigentliche Tragwerk ist dabei ein Sprengwerk.) Die Balkenlagen solcher Dächer können verschieden angeordnet werden:

1. Liegen die Balken parallel und in gleicher Höhe mit den Binderbalken (Hängebalken), dann werden die Deckenbalken durch Unterzüge oder durch Überzüge unterstützt (Bild **1**.33 und **1**.34). Die Deckenbalken werden auf die Unterzüge aufgekämmt oder an den Überzügen mit starken Schraubenbolzen aufgehängt.
2. Liegen die Deckenbalken winkelrecht unter den Binderbalken, so werden sie durch kräftige Schraubenbolzen an die Binderbalken angehängt.

Hängewerke bestehen im einfachsten Falle aus einer Säule, an deren unterem Ende ein Balken angehängt ist und die am oberen Ende durch Streben gefaßt wird, welche die Balkenlast auf die unterstützten Balkenenden übertragen. Die Entfernung der Hängesäule vom Auflager oder der nächsten Hängesäule soll etwa 4 m nicht überschreiten.

Nach der Anzahl der Hängesäulen unterscheidet man:

— einfache Hängewerke, für Spannweiten bis 8 m

— doppelte Hängewerke, für Spannweiten bis 12 m

— dreifache Hängewerke, für Spannweiten über 12 m.

Hängewerkkonstruktionen sind in allen ihren Teilen statisch zu berechnen.

Das einfache Hängewerk (Bild **1**.33) hat nur eine Hängesäule. Die Knotenpunkte an den Strebenenden sind bei allen Hängewerken auf das sorgfältigste auszuführen; die Verbindungen sind durch Bolzen, Stahllaschen usw. zu sichern. In den Knotenpunkten sind die Hölzer so anzuordnen, daß sich die Stabachsen (Schwerlinien) in einem Punkt schneiden. Der Schnittpunkt der Streben- und Balkenschwerlinien muß über dem Auflagerschwerpunkt liegen, wenn der Balken auf Biegung nicht beansprucht werden soll. Biegebeanspruchungen im Hängebalken sind nur zulässig, wenn dieser ungestoßen von Binderauflager zu Binderauflager durchgeht. Um ungünstige Beanspruchungen des Auflagermauerwerks zu vermeiden, sind Auflagerplatten aus Hartholz einzubauen, die einige Zentimeter gegen die Mauervorderkante zurückliegen. Unter der Hartholzplatte sind einige Schichten in besonders druckfestem Mauerwerk oder ein Ringanker auszuführen. Die Strebe ist mit dem Hängebalken durch einfachen oder doppelten Versatz verbunden. Die Hölzer werden durch Schraubenbolzen in Verbindung mit Dübeln zusammengehalten. Zapfen werden bei Hängewerken, wie auch sonst im Ingenieurholzbau, nicht ausgeführt. Die Stirnfläche des Versatzes ist so anzuordnen, daß der Außenwinkel zwischen Strebe und Balken halbiert wird. Die Versatztiefe t_v kann überschlägig aus dem Strebendruck S (in kN) der Strebenbreite b (in cm) und der durchschnittlichen Beanspruchung von $\approx 0{,}7$ kN/cm^2 ermittelt werden zu

$$t_v = \frac{S}{b \cdot 0{,}7}$$

Nach DIN 1052 T2 Abschn. 12 darf die Versatztiefe bei einem Anschlußwinkel bis zu 50° höchstens $\frac{1}{4}$ und über 60° höchstens $\frac{1}{6}$ der Höhe des eingeschnittenen Holzes sein. Bei zweiseitigem Versatzeinschnitt darf jeder Einschnitt unabhängig vom Anschlußwinkel α höchstens $\frac{1}{6}$ des eingeschnittenen Holzes betragen.

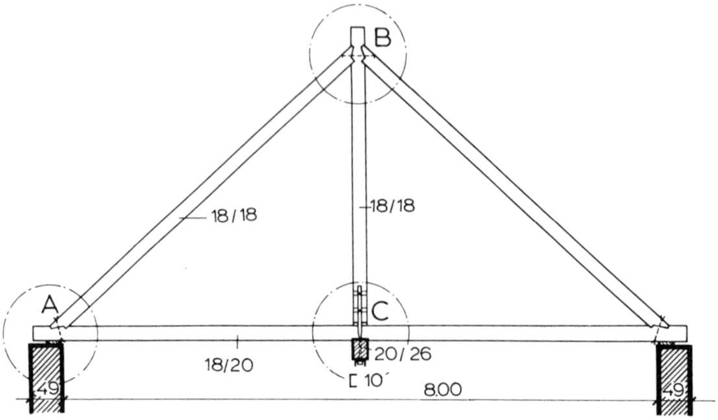

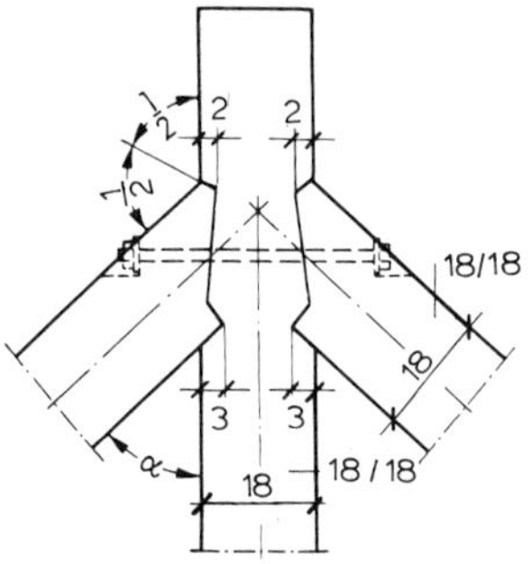

Verbindung der Streben mit der Hängesäule
(Knotenpunkt B)

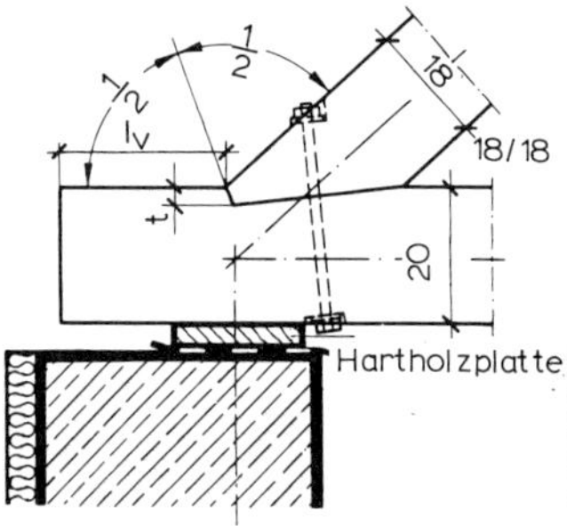

Strebenansatz mit einfachem Versatz
(Knotenpunkt A)

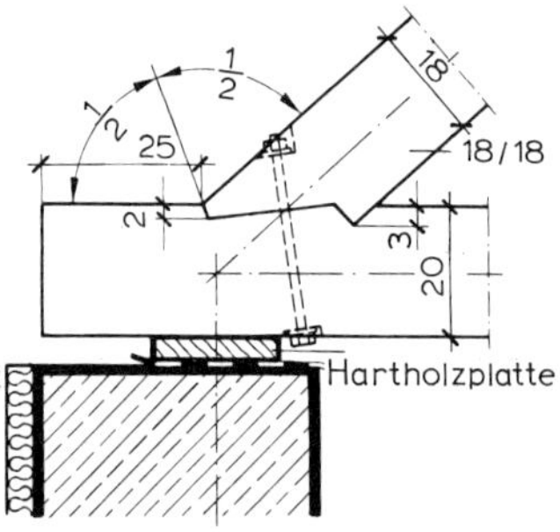

Strebenansatz mit doppeltem Versatz
(Knotenpunkt A)

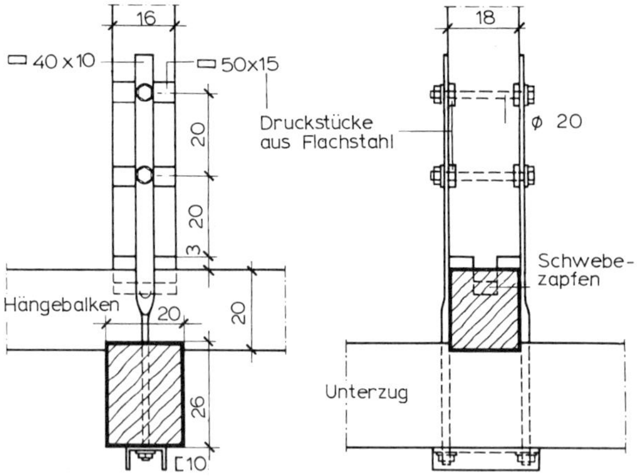

Verbindung der Hängesäule mit dem Hängebalken
(Knotenpunkt C)

1.33 Einfaches Hängewerk

Die Holzquerschnitte, Versatze und Eisenquerschnitte für das in Bild **1.33** dargestellte Hängewerk sind für ein Dach von 8 m Spannweite und 3,50 m Binderentfernung ermittelt worden. Dachlast einschließlich Pfetten und Binder 3,0 kN/cm² Grundrißfläche; Dachboden 1,0 kN/m² Eigengewicht und 2,0 kN/m² Verkehrslast.

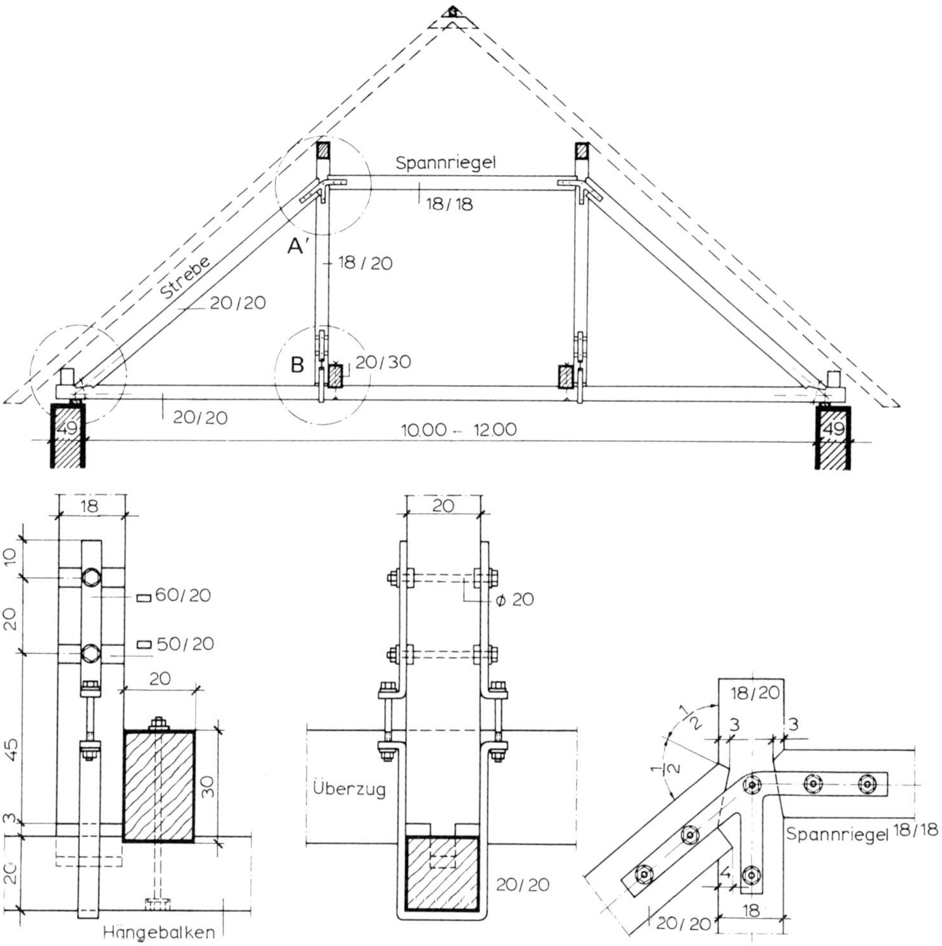

Verbindung der Hängesäule mit Strebe und Spannriegel (Knotenpunkt B)

Verbindung der Hängesäule mit dem Hängebalken (Knotenpunkt A)

1.34 Doppeltes Hängewerk

Die Holzquerschnitte, Versatze und Stahlquerschnitte für das dargestellte doppelte Hängewerk sind für ein Dach von 12 m Spannweite und 4 m Binderentfernung ermittelt worden. (Dachlast einschließlich Pfetten und Binder 3,0 kN/m^2 Grundfläche; Dachboden 1,0 kN/m^2 Eigengewicht und 2,0 kN/m^2 Verkehrslast)

In Bild **1**.33 ist ein einfacher Versatz mit Bolzensicherung dargestellt. Der Bolzen soll rechtwinklig zur langen Versatzfläche stehen. Beim doppelten Versatz ist der vordere Versatz um 1 cm niedriger als der hintere anzuordnen. Der doppelte Versatz muß sehr genau gearbeitet werden, damit die volle Versatzfläche belastet wird. Reicht der doppelte Versatz nicht aus, so müssen die Hölzer am Anschluß entweder durch Brettlaschen (Beihölzer) verbreitert werden, oder es werden Ringdübel verwendet. Die Vorholzlänge

l_v erhält man aus der waagerechten Seitenkraft des Strebendruckes S, geteilt durch die Balkenbreite b und die zulässige Scherspannung $\tau_A = 0{,}09\ \mathrm{kN/cm^2}$; also

$$l_v = \frac{S \cdot \cos\alpha}{b \cdot \tau_A}$$

Die Vorholzlänge wird man hier im allgemeinen nicht kleiner als 20 bis 25 cm wählen. Die Verbindung der Streben mit der Hängesäule erfolgt ebenfalls durch einfachen oder doppelten Versatz. Die Hölzer werden durch Schraubenbolzen zusammengehalten. Die Vorholzlänge ist wie beim Strebenfuß zu berechnen.

Die Hängesäule wird mit dem Hängebalken durch Hängeeisen verbunden; das sind Flachstähle von 40 mm × 10 mm Querschnitt, die an der Hängesäule durch Bolzen befestigt werden. Die Anzahl und der Durchmesser der Bolzen d sind zu berechnen. Bolzenabstand = $6d$, aber mindestens 15 cm. Der unterste Bolzen ist etwa 20 cm vom Holzende entfernt anzubringen, um ein Abscheren des Holzes zu verhindern. Bei größeren Hängewerken werden einseitige Dübel unter den Laschen in die Hängesäulen eingelassen und mit den Hängeeisen verschweißt, um die Bolzenscherfläche und damit die Tragfähigkeit zu vergrößern.

Die unteren bolzenförmig ausgeschmiedeten Flachstahlenden werden durch eine Unterlegplatte oder einen kurzen [-Stahl und Schraubenmuttern verbunden, damit ein Nachziehen der Verbindung möglich bleibt. Die Hängesäule darf nicht auf dem Hängebalken stehen; es muß ein Zwischenraum von 3 bis 4 cm verbleiben. Zur Führung ist ein Zapfen mit 3 bis 4 cm Spielraum anzuordnen (Schwebezapfen). Überzüge liegen neben der Hängesäule auf dem Hängebalken und sind mit diesem durch Schraubenbolzen verbunden. Unterzüge liegen unter den Hängesäulen und dem Hängebalken. Sie werden durch Hängeeisen am Hängebalken befestigt.

Das doppelte Hängewerk besteht aus dem Hängebalken, 2 Hängesäulen, 2 Streben und dem Spannriegel. Die Knotenpunkte A und C werden genau wie beim einfachen Hängewerk ausgeführt. Im Punkt B schließt die Strebe mit einfachem oder doppeltem Versatz an die Hängesäule an; der Spannriegel erhält einfachen Versatz. Die drei Hölzer werden durch dreiteilige Flachstahllaschen und Bolzen miteinander verbunden.

Hängewerkdächer werden als Pfettendächer nicht flacher als 30° ausgebildet. Die Pfetten werden von den Hängesäulen getragen.

Der Schnittpunkt der Stabachsen am Strebenfuß muß über der Unterstützung des Binderbalkens liegen.

1.2.3.4 Besondere Ausführungsformen

Walmdächer

Walmdächer (Bild **1**.1 d) können für freistehende, niedrige Gebäude in Frage kommen, wenn das Hauptgesims um alle Gebäudeseiten herumgeführt werden soll.

Der Material- und Arbeitsaufwand ist jedoch höher als bei vergleichbaren Satteldächern. Der Dachraum läßt sich schlechter nutzen.

Für die Ausführung von Walmdächern sind Pfettenkonstruktionen in der Regel am besten geeignet. Die Lage der Binder ist vom Grundriß (Gebäudetiefe, unterstützende Wände) und der Dachneigung (Sparrenlänge) bzw. der Binderform (Anzahl und Lage

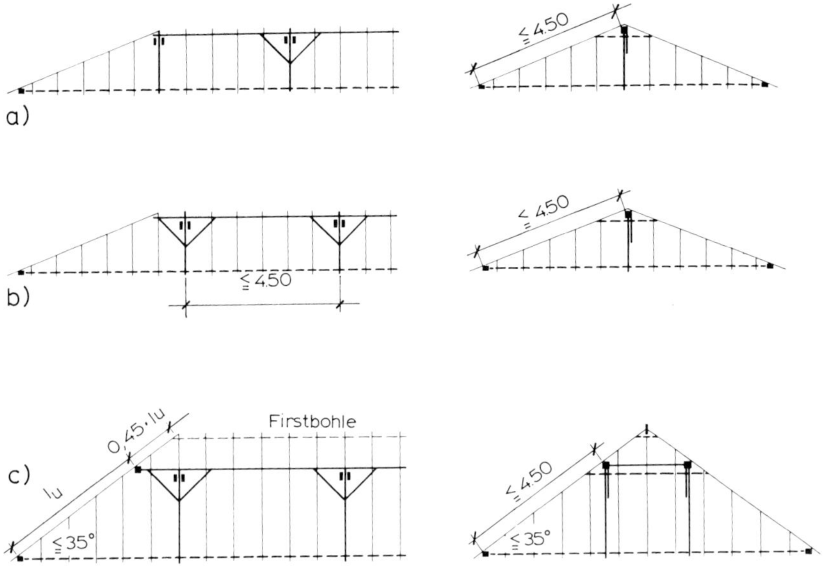

ohne Firstpfette, ohne Windstreben

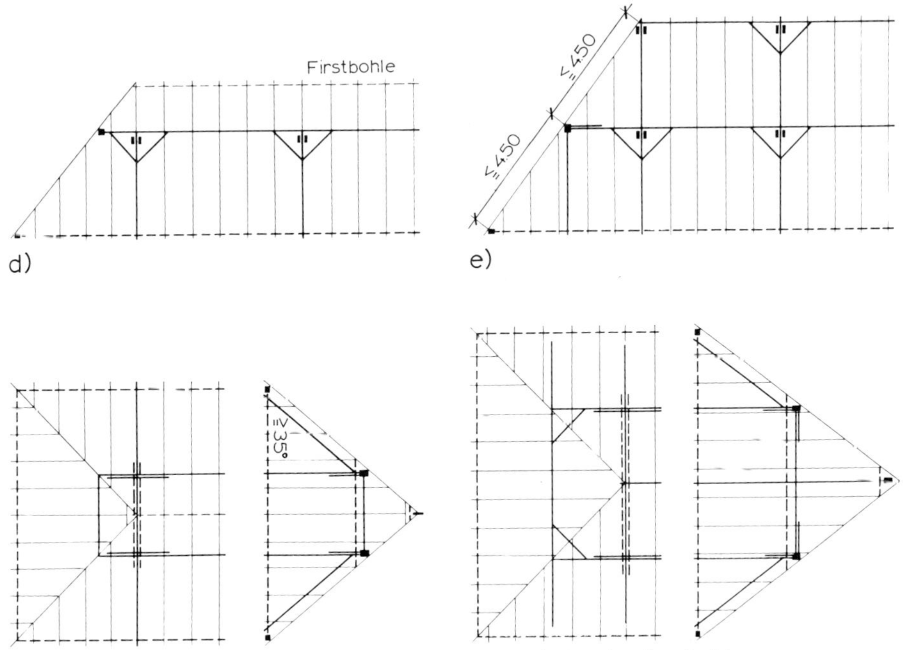

ohne Firstpfette, mit Windstreben

mit dreifach stehendem Stuhl

1.35 Pfettenwalmdächer

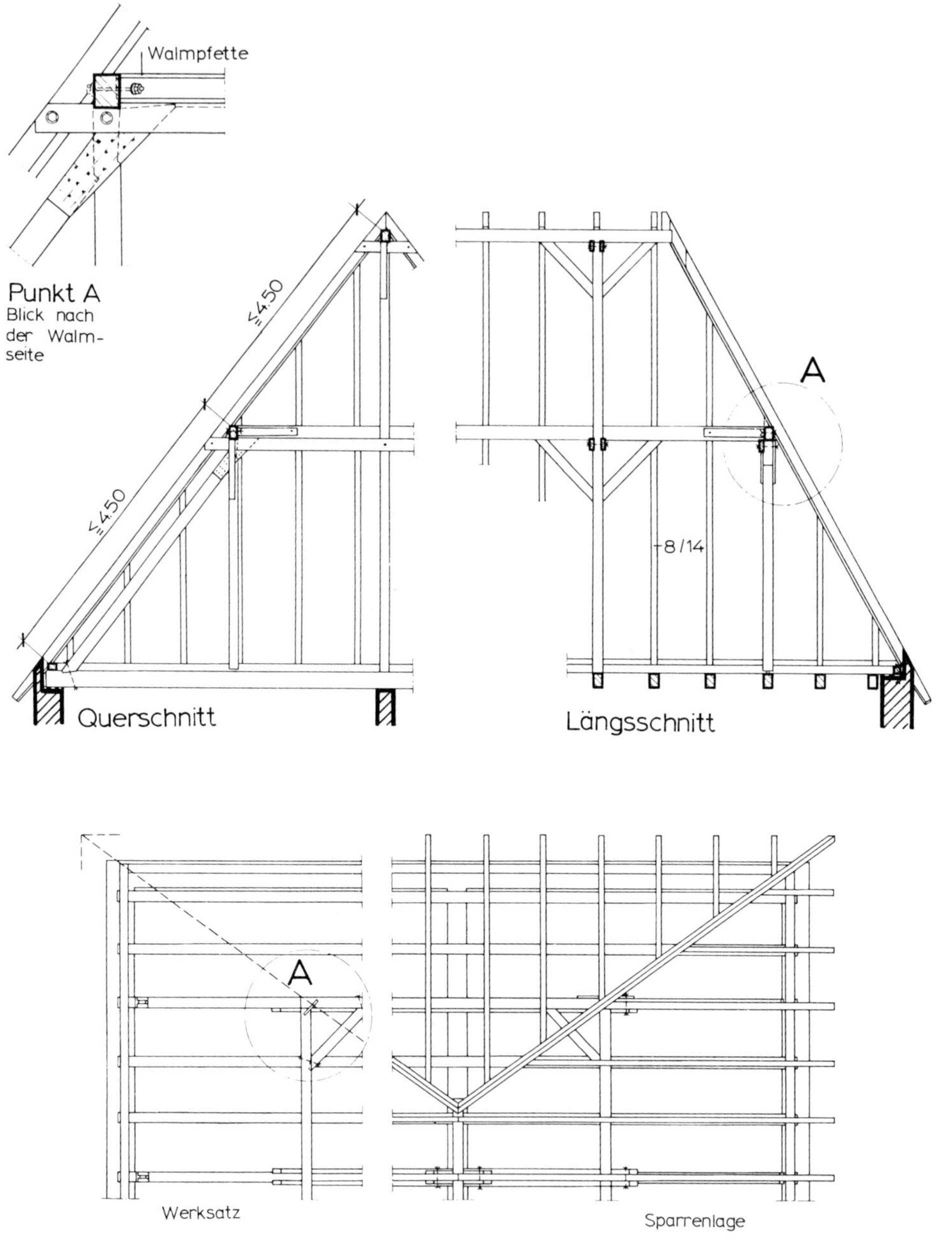

1.36 Pfettenwalmdach mit dreifach stehendem Stuhl. Firstsäule steht auf Mittelwand, Stiele der Mittelpfetten sind abgestrebt der Pfetten) abhängig. Die Binderstiele müssen bei Holzbalkendecken auf Wänden stehen oder abgesprengt werden, falls die Decken nicht verstärkt werden sollen. Wird eine Firstpfette im Anfallspunkt von einem Binder unterstützt (Bild **1**.35a und e), entfällt dort das einseitige Kopfband (Längsaussteifung durch Walmfläche). Wirtschaftlicher ist es oft, den Binder so aufzustellen, daß das auskragende Pfettenende vom Kopfband unterstützt wird (Bild **1**.35b, c, d). Dabei wird eine etwaige Walmpfette auf das Kragende aufgeblattet (Bild **1**.35d) oder aufgekämmt. Wird der auskragende Teil der Mittelpfette zu lang, muß er durch Eckstiele unterstützt werden (Bild **1**.35e). Guter Eckverband entsteht durch auf den Pfettenkranz aufgebolzte oder mit Versatz eingesetzte Diagonalhölzer, die Längs- und Walmpfetten horizontal miteinander verbinden (Bild **1**.36 Punkt A).

Die Hauptkonstruktionshölzer der beiden Seitenteile sind die Gratsparren, die im Anfallspunkt stumpf zusammentreffen. Ist keine Firstpfette vorhanden, so muß im Anfallspunkt ein Sparrengebinde (Anfallsgebinde) angeordnet werden. Gegen dieses

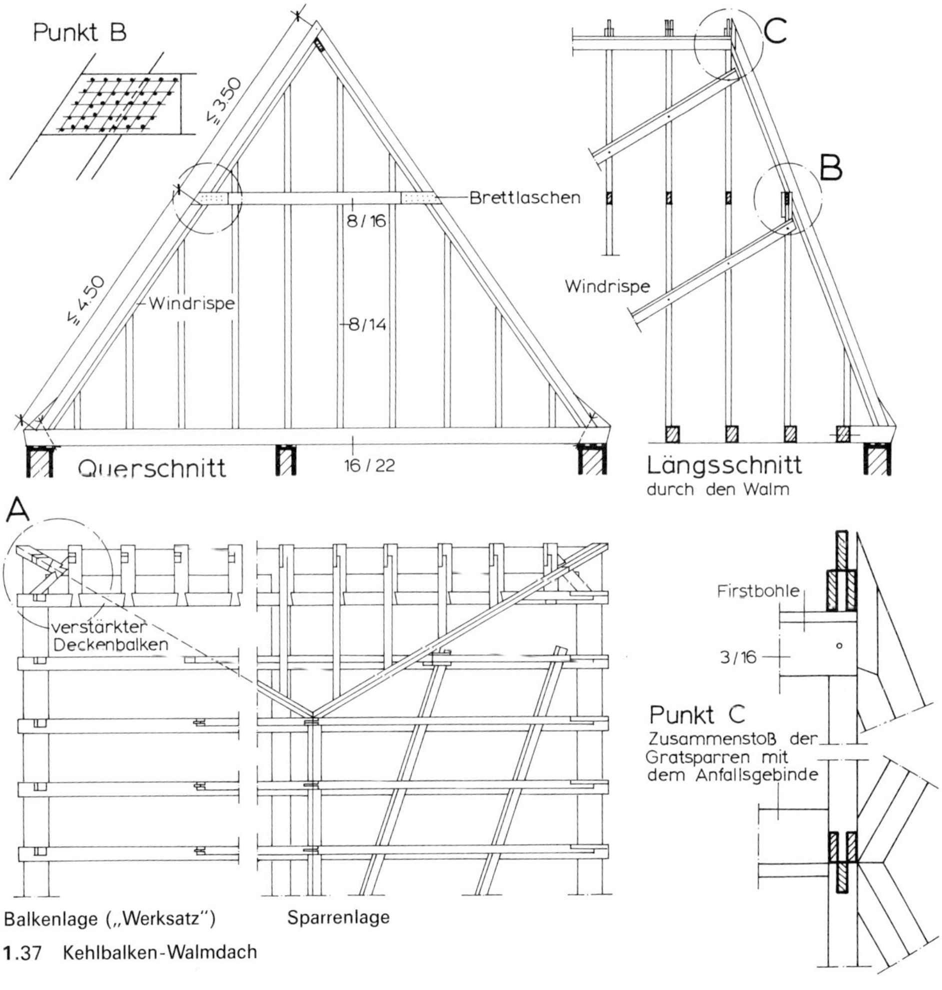

1.37 Kehlbalken-Walmdach

Anfallsgebinde legen sich die Gratsparren mit ihren Schmiegen stumpf an (Bild **1**.37 Punkt C, Verbindung durch Sparrennägel). Ist eine Firstpfette vorhanden, so werden die Gratsparren auf diese Pfette aufgeklaut. Durch den Anfallspunkt braucht dann kein Sparrengebinde zu gehen. Die Gratsparren haben fünfeckigen, der Dachneigung entsprechend abgedachten Querschnitt. Die Gratsparren sind im allgemeinen 2 bis 4 cm breiter als die übrigen Sparren. Die Höhe soll so bemessen werden, daß die Schiftsparren (das sind die Sparren, die am Gratsparren enden) sich mit ihrer vollen oberen Endfläche, der Schmiege, an die Seitenflächen des Gratsparrens anlegen können. Gratsparren dürfen nicht ausgewechselt werden.

Kehlbalkenkonstruktionen können für Walmdächer über Massivdecken eine konstruktiv einfache Lösung darstellen. Über Holzbalkendecken ergeben sich jedoch aufwendige Zimmerarbeiten, weil nach der Walmseite ein Stichgebälk angeordnet werden muß, das die horizontalen Kräfte der in der Walmfläche liegenden Sparren auf einen verstärkten Randbalken der Decke übertragen muß. Die Stichbalken werden mit dem letzten durchgehenden Balken der Decke durch schwalbenschwanzförmiges Blatt verbunden (Bild **1**.37 Punkt A).

Beim Krüppelwalmdach (Bild **1**.1e und **1**.38), einer besonders im norddeutschen Küstengebiet verbreiteten Dachform, wird nur der obere Teil des Giebels abgewalmt. Bei Kehlbalkendächern liegt die Traufe der Walmfläche dann meist in Höhe der Kehlbalkenlage.

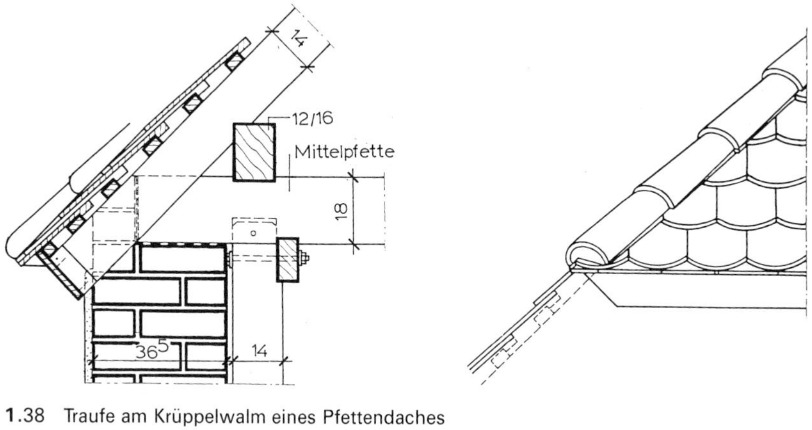

1.38 Traufe am Krüppelwalm eines Pfettendaches

Kleine Krüppelwalmflächen werden meistens ohne Entwässerung ausgeführt. Bei größeren Flächen sind Dachrinnen unvermeidlich. Die erforderlichen Fallrohre sind jedoch formal schwierig einzuordnen. Schräg entlang dem Ortgang geführte Ableitungen dürften wohl immer die gestalterisch und auch technisch schlechteste Lösung darstellen.

Dächer über zusammengesetztem Grundriß

Treffen zwei gleich breite Gebäudeflügel mit gleicher Dachneigung zusammen, so schneiden sich die beiden äußeren Dachflächen in einer Gratlinie, die beiden inneren Dachflächen in einer Kehllinie, die beide bis zum First durchgehen. Wenn keine Firstpfette vorhanden ist, werden Grat- und Kehlsparren durch Scherzapfen miteinander verbunden. Kehlsparren sind 14/20 bis 16/22 cm dick; sie werden oben der Neigung der beiden Dachflächen entsprechend ausgekehlt (Bild **1**.39 Punkt A) oder behalten rechteckigen Querschnitt (Bild **1**.39 Punkt B). Im ersteren Falle legen sich die Schiftsparren seitlich an den Kehlsparren und werden durch Nagelung befestigt; im zweiten Falle stützen sich die Schiftsparren mit einer Klaue auf den Kehlsparren. Die letztere Ausführung ist umständlicher, aber fester. Der Kehlsparren wird durch die Schifter belastet und muß daher bei größerer Länge durch eine Strebe unterstützt werden.

Die Mittelpfetten werden entweder in gleicher Höhe herumgeführt oder besser dort, wo sie zusammentreffen, übereinandergelegt. Die Pfette des einen Daches kann als Spannriegel für den Binder des anderen Daches benutzt werden. Die Gebäudeteile werden auf diese Weise fest miteinander verbunden. Sind die Gebäudeteile ungleich breit, so muß man versuchen, die Binder so anzuordnen, daß die Verlängerung der Walmpfette des großen Daches die Firstpfette für das kleine Dach ergibt (Bild **1**.40).

In diesem Falle trifft der Gratsparren der Verfallung mit dem Kehlsparren zusammen. Es empfiehlt sich, an dieser Stelle eine Pfette anzuordnen. Die Pfette kann auch etwas tiefer liegen, der Gratsparren muß dann entsprechend heruntergeführt werden. Der Kehlsparren legt sich stumpf gegen den Gratsparren.

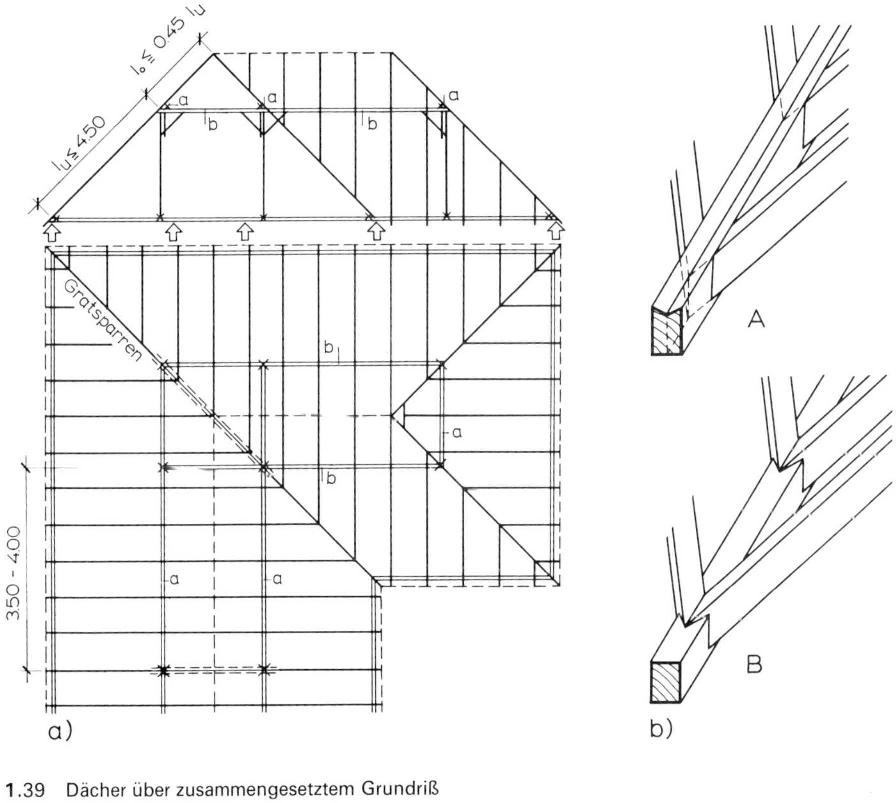

1.39 Dächer über zusammengesetztem Grundriß

a) Pfettendach über zusammengesetztem Grundriß. Die Pfetten a liegen auf den Pfetten b. Beide Gebäudeteile sind gleich tief

b) Anschluß der Schifter an den Kehlsparren

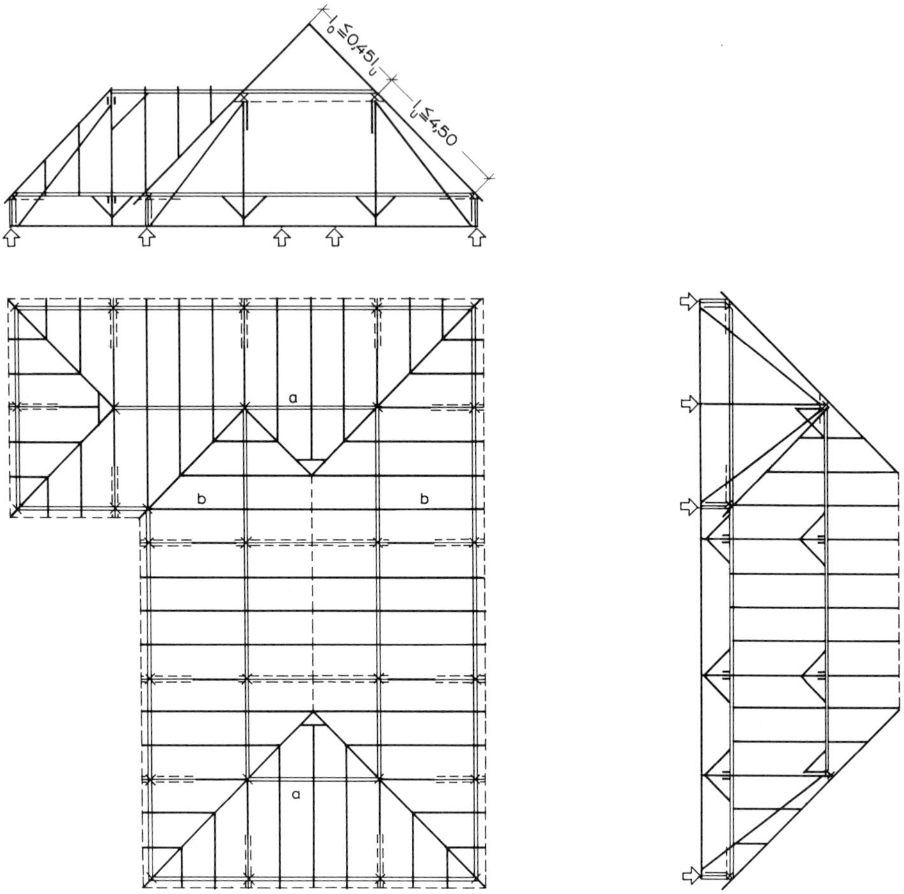

1.40 Pfettendach über zusammengesetztem Grundriß. Die Gebäudeteile sind verschieden breit, Pfetten a liegen auf Pfetten b

Geneigte Dächer über komplizierten Grundrissen – insbesondere Walmdächer – ergeben vielleicht reizvolle gestalterische Lösungen. Die Dachkonstruktionen sind jedoch immer im Zusammenhang mit der Dachdeckung zu entwerfen. Nur mit kleinformatigen Dekkungsarten (Schiefer, Biberschwänze u.ä.) können die hier auftauchenden Kehlen, Grate und der Anschlußpunkte formal befriedigend gelöst werden.

Zeltdächer

Zeltdächer sind Walmdächer ohne Firstlinie. Die Gratlinien treffen sich in einem Punkt, der Spitze des Daches. Zeltdächer über regelmäßig vieleckigem Grundriß haben gleich geneigte Dachflächen; bei rechteckigem oder unregelmäßigem Grundriß ergeben sich verschieden geneigte Dachflächen. Die Binder können in den Diagonalen des Grundrisses liegen; die Gratsparren sind dann Bindersparren, alle anderen Sparren Schiftsparren. Die Gratsparren legen sich in diesem Falle oben mit Zapfen und Versatz gegen einen Stiel (Kaiserstiel), der meistens nicht bis zur Dachbalkenlage heruntergeführt wird, sondern unter den mittleren Querzangen endigt.

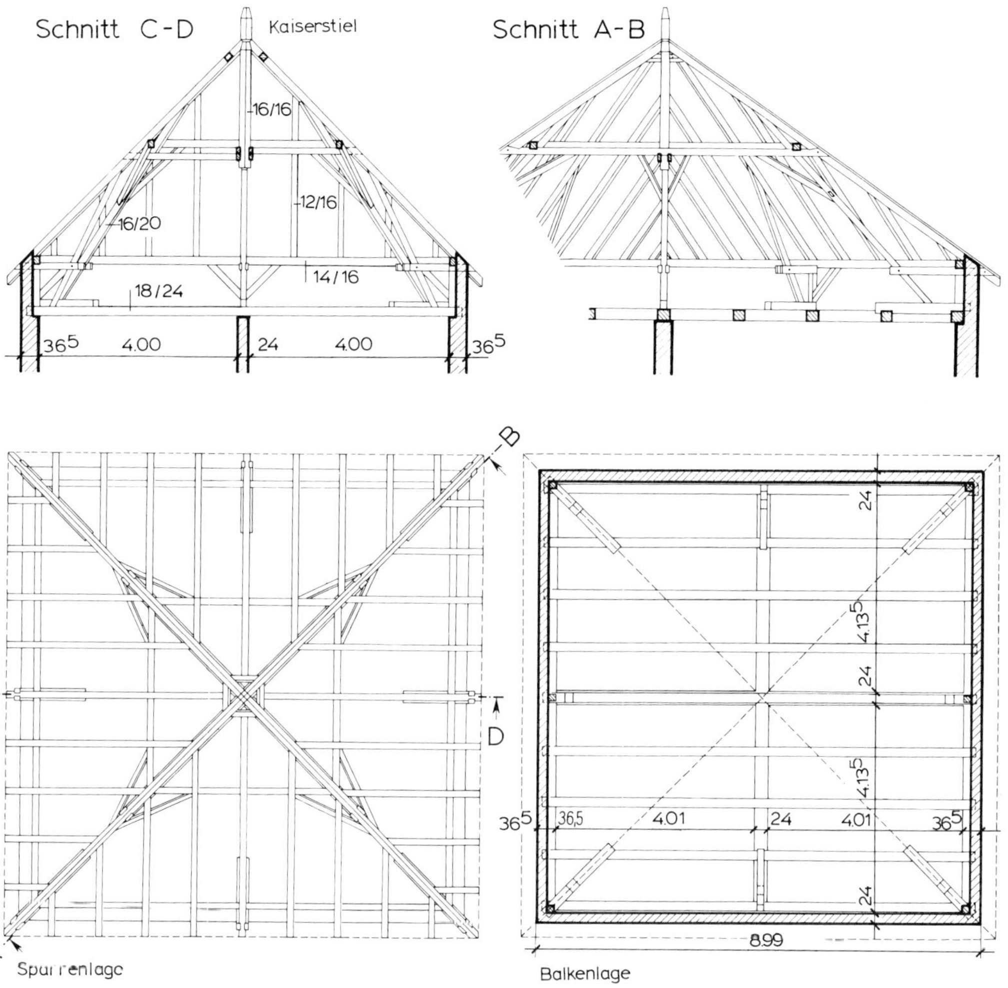

1.41 Zeltdach mit Kaiserstiel und Kniestock über quadratischem Grundriß

Doppelzangen am Kaiserstiel ordnet man übereinander an. Bild **1**.41 zeigt ein Zeltdach über quadratischem Grundriß mit Kniestock und diagonal liegenden Bindern.

Zeltdächer mit sehr steilen Dachflächen werden als Turmdächer bezeichnet. Bei alten Turmdächern standen die Gratsparren mit Zapfen auf einer Balkenlage und legten sich oben gegen den Kaiserstiel, mit dem sie durch Stahlringe und Bolzen fest verbunden waren. Alle 4 bis 5 m wurden die Gratsparren durch Zangen zusammengehalten und ebenso wie die Zwischensparren durch liegende Stühle aus Schwelle, Rähm und gekreuzten Streben unterstützt. Das Eigengewicht der sogenannten „Mollerschen Konstruktion" war so groß, daß der Turmhelm dem Winddruck ohne zu kippen widerstehen konnte. Zugkräfte konnten vom Turmmauerwerk kaum übernommen werden (Bild **1**.42, **1**.43).

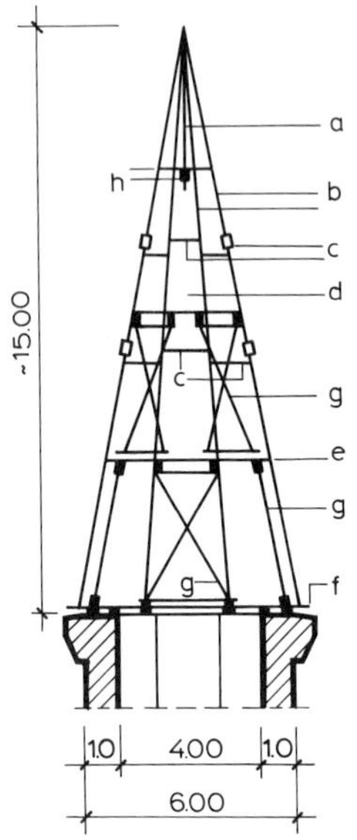

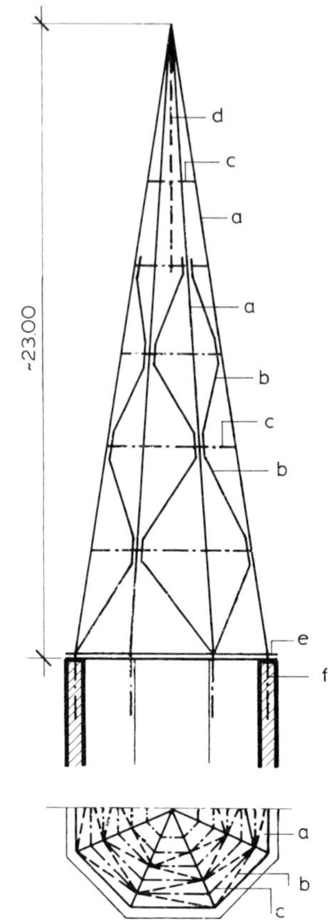

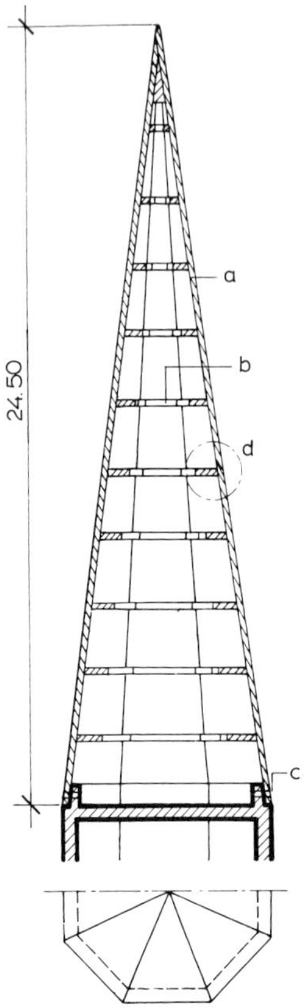

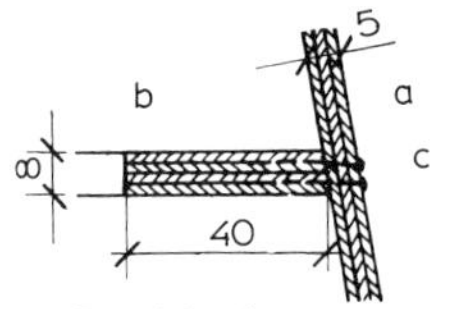

Punkt d

a Dachschale
b Aussteifungsring
(beide aus Kämpfplatten)
c Schrauben

1.42 Mollersche Konstruktion

a Kaiserstiel 20/20
b Gratsparren 20/24
c Wechsel
d Balkenlage 16/20
e Balkenlage 18/22
f Balkenlage 24/30
g liegende Stuhlwände (Strebenquerschnitt 16/18)

1.43 Pyramidenförmiges Raumfachwerk (schematische Darstellung)

a Gratsparren 16/26
b Streben 21/14
c ausgesteifter Pfettenkranz 14/16
d Kaiserstiel 20/20
e Schwellenkranz (Eiche 10/14)
f Zuganker M24 (1,50 m tief im Mauerwerk)

1.44 Turmdachschale aus geleimten Holztafeln (Kämpftafeln)

a Brettschale (5 cm dick)
b Aussteifungsringe (5 bis 13 cm dick)
c Befestigung der Holzschale am Beton des Turmschaftes durch Geka-Dübel ∅ 115 mm

Neuere Turmdachkonstruktionen bestehen nur aus den Hölzern, die als Traggerüst für die Dachhaut dienen und die Standfestigkeit der Konstruktion unter der Voraussetzung gewährleisten, daß die bei Wind anfallenden Zugkräfte über Zugstöße der Hölzer und Stahlanker auf die Wände des Turmschaftes übertragen werden. Den Turmhelm bildet ein pyramidenförmiges Raumfachwerk mit den Gratsparren als Tragpfosten, die unten von einem Schwellenkranz zusammengefaßt werden. Untereinander sind die Gratsparren durch Streben zu steifen Flächen verbunden. Der horizontale Aussteifung dienen Pfettenkränze, die durch Zangen gegen Verschieben gesichert sind (Bild **1**.43).

Sehr vereinfachte Turmdachkonstruktionen werden durch Verwendung von geleimten Holzschalen z. B. aus sog. Kämpfplatten möglich, die durch ebenfalls mehrschichtige, geleimte, horizontal liegende Rahmen ausgesteift werden. Diese Turmhelme sind so leicht, daß sie auch auf dem Werkplatz fertig montiert, teilweise gedeckt und dann mit Kränen auf den massiven Turm gehoben werden können (Bild **1**.44).

1.2.3.5 Handwerkliche Ausführung

Abmessungen

Aus Gründen der Kostensenkung und der Holzersparnis sollten auch bei einfachen Kehlbalken- und Pfettendächern in zimmermannsmäßiger Konstruktion alle Hölzer statisch berechnet werden. Für Dächer mittlerer Spannweite werden sich etwa folgende Holzabmessungen ergeben:

Sparren	8/12 bis 10/16 cm	Kniestockpfetten	12/14 bis 12/16 cm
Kehlbalken	8/14 bis 10/20	Kniestockstiele	12/12 cm
Zangen	6/14 bis 8/16 cm	Stiele unter den	
Rähme	14/18 bis 14/22 cm	Rähmen und Pfetten	12/12 bis 14/14 cm
Mittelpfetten	12/20 bis 14720 cm	Streben	14/16
Firstpfetten	14/16 bis 14/18 cm	Kopfbänder	10/10 bis 10/12 cm

Faustregel zur überschlägigen Ermittlung der Holzdicken in cm:

Sparrenhöhe	$= 5 + 2L$	
Stiel	$= 7 + 2L$	L = freie Länge des Holzes in m
Pfettenhöhe	$= 9 + 2L$	
Breite: Höhe	$= 5:7$	(bei Pfetten und Sparren)

Das Zurichten der Grat-, Kehl- und Schiftsparren (Schiftungen)

Die Abmessungen, Querschnittsformen, Schmiegeflächen und Klauen können bei Grat- und Kehlsparren und z. I. auch bei den Schiftsparren nicht unmittelbar aus den Querschnittszeichnungen des Daches entnommen werden. Das Ermitteln der vorgenannten Einzelabmessungen usw. nennt man das „Schiften".

Lohnkosten können durch Verwendung von S c h i f t a p p a r a t e n gespart werden. Sparrrenlängen sowie Lage und Größe von Klauen und Schmiegen werden mechanisch an zu verschieblichen rechtwinkligen Dreiecken zusammengesetzten Metallmaßstäben ermittelt und auf den Hölzern angerissen.

Insbesondere für das Zurichten großer Holzquerschnitte aus Brettschichtträgern (vgl. Abschn. 1.2.4) werden auch rechnergestützte Maschinen eingesetzt, mit denen die erforderlichen Abmessungen der Hölzer und die Schnittwinkel direkt aus Zeichnungen ermittelt werden können.

Für das auch heute noch übliche zeichnerische Arbeiten auf dem Schnürboden des Zimmerplatzes ist in Bild **1**.45 ein Beispiel in vereinfachter Form dargestellt.

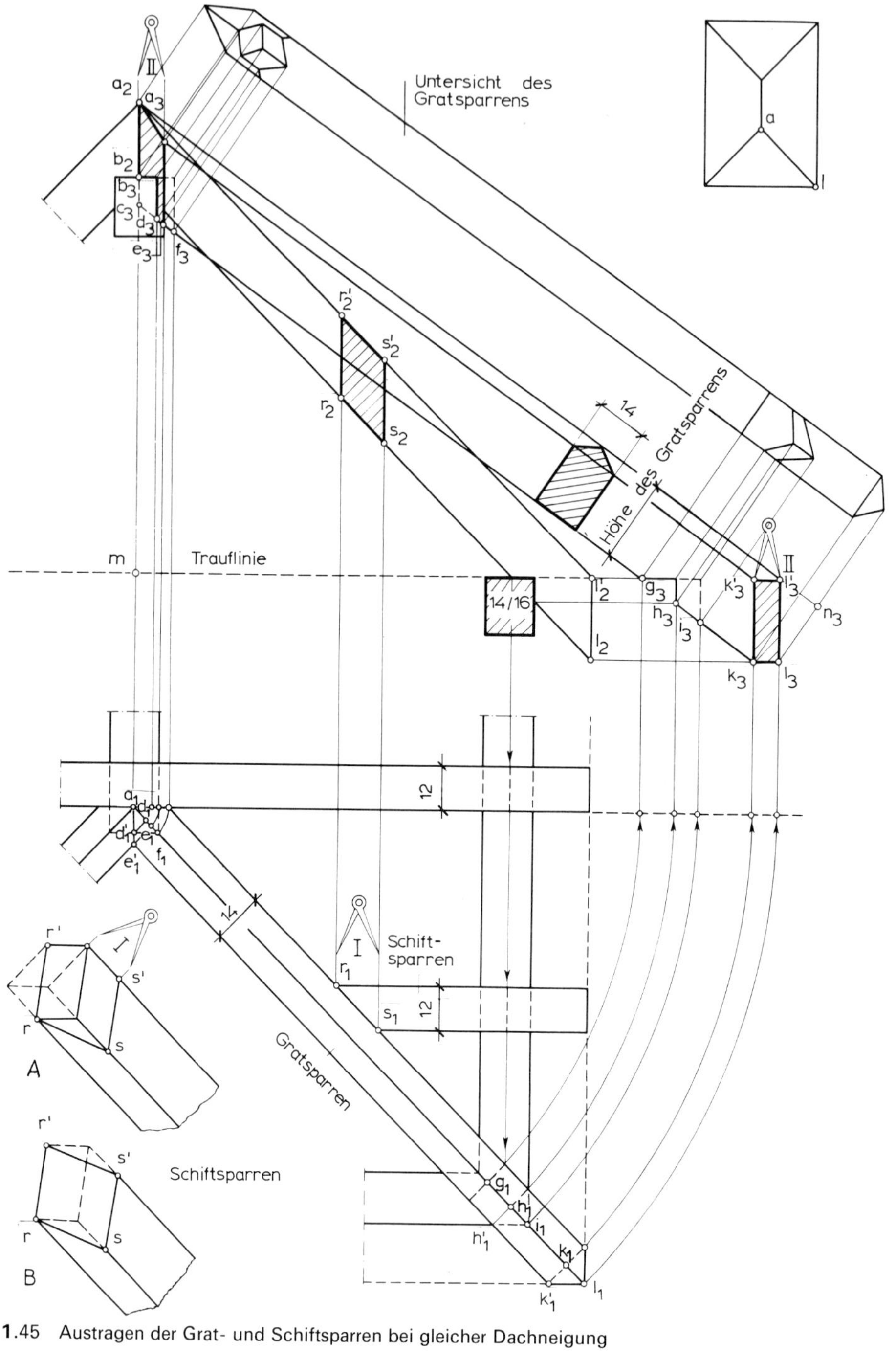

1.45 Austragen der Grat- und Schiftsparren bei gleicher Dachneigung

Austragen von Grat- und Schiftsparren

In Bild **1**.45 ist die Sparrenlage für ein Walmdach und darüber das Leergespärre ausschnittsweise gezeichnet. Die Dachflächen haben hier gleiche Neigung. Es sollen die wahre Länge, die Querschnittsform, die Schmiegen und Klauen für die Gratsparren ermittelt werden.

Die Breite des Gratsparrens wird dem Grundriß entnommen (14 cm). Die wahre Länge der Gratlinie findet man durch Paralleldrehen zur Aufrißebene:

Im Leergespärre sind die senkrechte Mittellinie $a_2 m$ und Trauflinie $m l'_2$ aufzureißen. Dann wird die Länge der Gratlinie im Grundriß $a_1 l_1$ von m aus mit der Maßlatte auf der Trauflinie abgetragen, bis l'_3. Die Strecke $a_3 l'_3$ ist die wahre Länge der Gratlinie. In den nachfolgenden Schiftungsfiguren ist wegen einer deutlicheren Darstellung das Übertragen mit der Maßlatte durch Kreisbögen ersetzt worden. Die Verwendung der Maßlatten ist aus Bild **1**.47 ersichtlich.

Um den Querschnitt des Gratsparrens zu ermitteln, muß zunächst die Abgratung festgelegt werden. Aus dem Grundriß wird das Maß $k_1 l_1$ (Zirkelöffnung II) von Punkt l'_3 auf der Trauflinie oder von irgendeinem Punkt der Gratlinie parallel zur Trauflinie aufgetragen. Bei gleicher Dachneigung und rechtwinkligem Zusammenstoß der Traufkanten ist dieses Maß gleich der halben Gratsparrenbreite. Die durch Schnurschlag durch Punkt k'_3 zur Gratlinie gezogene Parallele ergibt die Abgratungslinie. Der Lotriß des Gratsparrens $k_3 k'_3$ ist gleich dem Lotriß $l_2 l'_2$ des Leergespärres. Durch Punkt k_3 wird die Parallele zur Gratlinie gezogen. Der Abstand der Parallelen $a_3 l'_3$ und $b_3 k_3$ ergibt die Gratsparrenhöhe. Die Länge des Gratsparrenholzes ist durch die Länge $a_3 n_3$ bestimmt.

Für die Ausführung der Klauen und der Sparrenenden (Schmiegen) sind noch die erforderlichen Lot- und Querrisse einzutragen. Zu diesem Zwecke werden im Grundriß die betreffenden Anschnitt- und Eckpunkte auf die Gratlinie gewinkelt und mit der Maßlatte oder dem Maßstab von Punkt m aus auf die Trauflinie des Leergespärres übertragen. Die Punkte werden hochgelotet und ergeben die Lotrisse d_3, e_3, f_3, h_3 und i_3. Hiermit sind die zeichnerischen Arbeiten auf dem Schnürboden beendet.

Der fertige Gratsparren ist in Bild **1**.47C isometrisch dargestellt. Das Austragen des in Bild **1**.45 angegebenen Schiftsparrens geschieht in folgender Weise. Die beiden Anschnittspunkte r_1 und s_1 im Grundriß werden in den Aufriß hochgelotet und ergeben im Leergespärre die beiden Lotrisse $r_2 r'_2$ und $s_2 s'_2$. Dadurch ist auch die wahre Größe des Schiftsparrens gefunden.

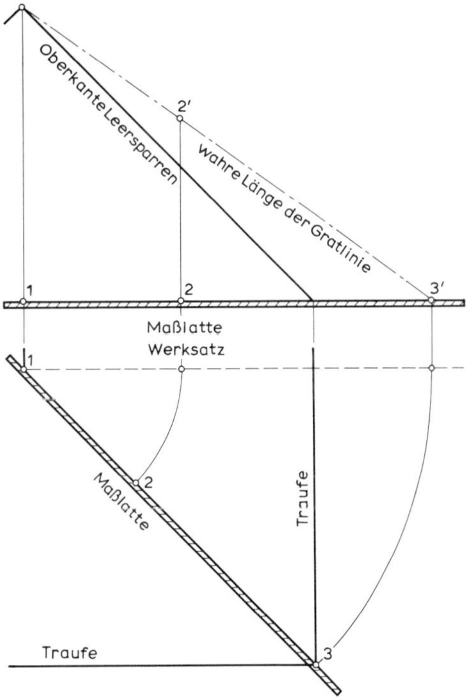

1.46 Anwendung der Maßlatte auf der Zulage

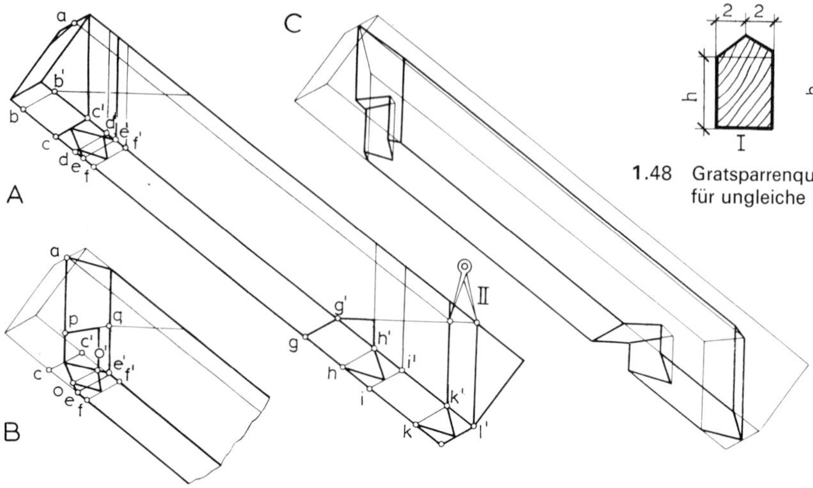

1.47 Zurichtung der Gratsparren

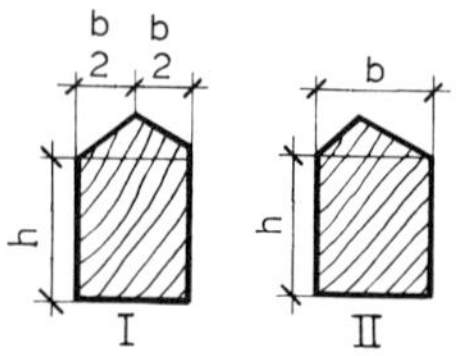

1.48 Gratsparrenquerschnitte für ungleiche Neigung

Der Abstand der Lotrisse r und s (Zirkelöffnung I) ist bei gleicher Dachneigung gleich der Schiftsparrenbreite.

Ein durch den Lotriß rr' geführter Sägeschnitt ergibt die Lotschmiege (Bild **1**.45 A); ein weiterer Sägeschnitt durch die Lotrisse rr' und ss' ergibt die Backenschmiege (Bild **1**.45 B). Haben die Dachflächen ungleiche Neigung, so erhält der Gratsparren unsymmetrischen Querschnitt. Entweder liegt die Gratlinie in der Mitte des Gratsparrenholzes oder seitlich verschoben (Bild **1**.48). Bei Anordnung I werden die Lotrisse auf den beiden Seitenflächen verschieden lang, bei Anordnung II gleich lang. Anordnung I ist wegen der einfacheren Austragung gebräuchlicher.

Bohlenschiftung

Kleine Satteldächer, deren Dachraum nicht genutzt wird, können an größere Dachflächen auch ohne Kehlsparren angeschlossen werden. Die Schiftsparren des Nebendaches setzen sich mit ihren Schmiegeflächen auf entsprechend zugerichtete Bohlen, die auf die durchgehenden Sparren des Hauptdaches aufgelegt und durch Nägel befestigt werden. Die Bohlen werden 6 bis 8 cm dick.

Bild **1**.49 zeigt das Austragen einer solchen Bohle. Es wird der betreffende Teil der Sparrenlage mit der Kehllinie und darüber der Leersparren des Hauptdaches auf dem Schnürboden (Werksatz) aufgerissen. Winkelrecht zur Sparrenoberkante wird die Bohlendicke angetragen. Das teilweise daneben gezeichnete Leergespärre des anschließenden Daches ergibt die in der Firstlinie liegende Bohlenkante $c_2 b_2$. Die Bohle muß so breit sein, daß die Schiftsparrren sich mit der vollen Schmiegefläche aufsetzen können. Daher liegt Punkt d_2 so hoch wie Punkt d_2'. Das Trapez $e_2 b_2 c_2 d_2$ ist die Stirnfläche, mit der die beiden Bohlen zusammenstoßen.

Die wahre Größe der Bohle wird durch Umklappen in die Ebene des Werksatzes gefunden. Gedreht wird um Punkt a_2. Zuerst wird die wahre Länge der Kehllinie $a_1 b_1$ bestimmt. Die durch Punkt c_1 gezogene Parallele ergibt die Abkantungslinie, die durch d_1 gezogene Parallele die Breite der Bohle. Die Bestimmung der Schmiegeflächen für die Schiftsparren ist aus Bild **1**.49 A ersichtlich.

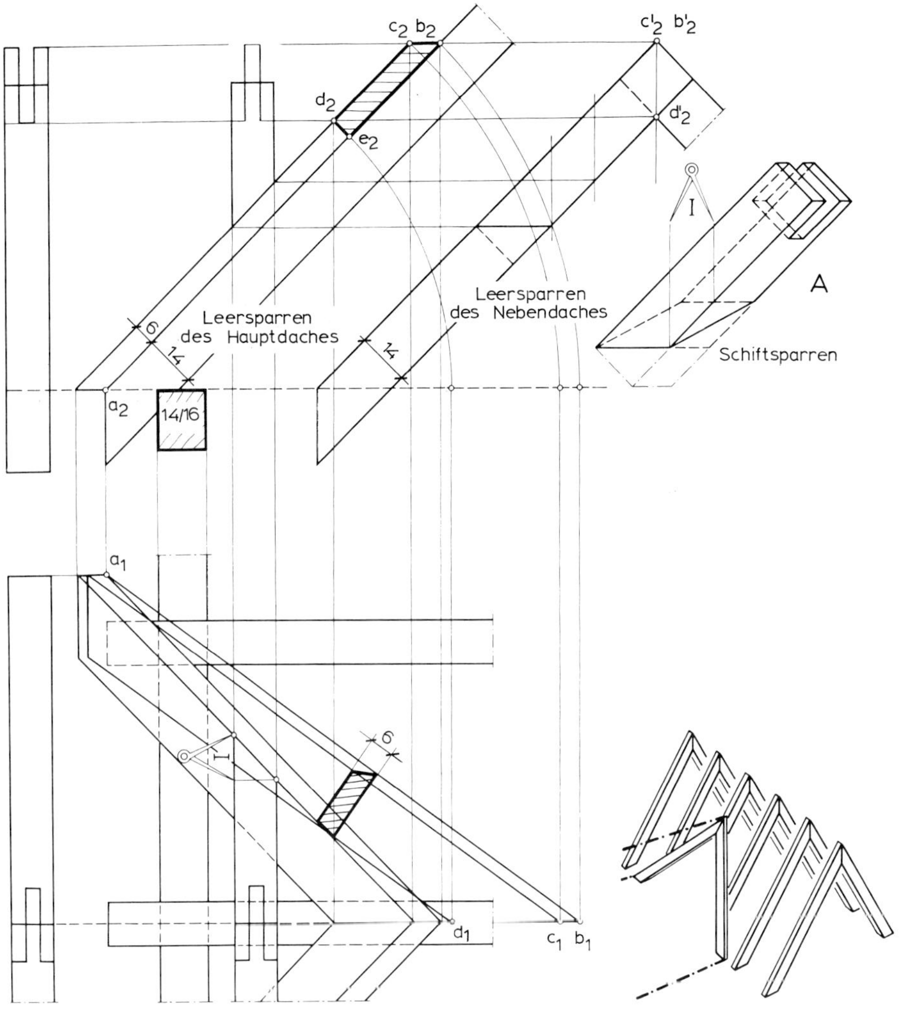

1.49 Bohlenschiftung

1.2.4 Ingenieurmäßige Holzdachkonstruktionen

1.2.4.1 Allgemeines

Die unter Abschn. 1.2.4 behandelten Konstruktionen als Kanthölzern mit einfachen, handwerksmäßig hergestellten Verbindungen erlauben bei noch wirtschaftlichen Dimensionierungen freie Einzellängen der Hölzer bis etwa 5,00 m und das Überspannen von Gebäudebreiten bis etwa 12,00 m.

Holzkonstruktionen können jedoch auch für größere Spannweiten sehr wirtschaftlich bleiben, wenn neuzeitliche Methoden angewendet werden.

Dabei sind zwei grundsätzliche Möglichkeiten gegeben:

1. Bei der Übertragung der auftretenden Kräfte werden hoch belastbare Verbindungsmittel eingesetzt, wobei Zug- und Druckstäbe in üblichen Dimensionierungen verwendet werden (Bild **1**.50).
2. Es werden – in der Regel vorgefertigte – Trägerelemente eingesetzt, die größere Einzellängen ermöglichen (Bild **1**.51).
3. Durch die Verleimung von Einzelbrettern zu großen Balkenquerschnitten können sehr weit gespannte und hoch belastbare Tragwerke hergestellt werden (Bild **1**.52).

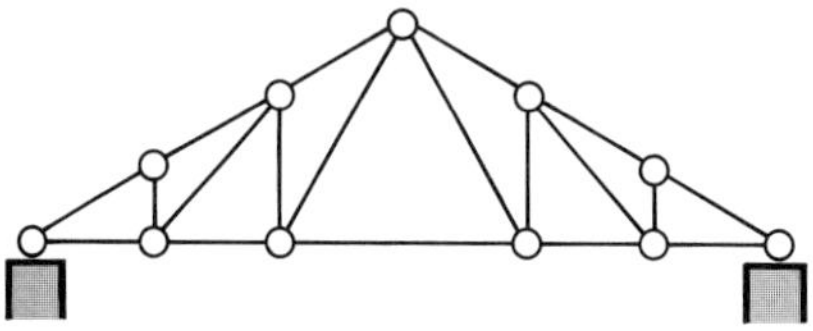

1.50 Tragwerk aus einzelnen Stäben zusammengesetzt: Fachwerkträger

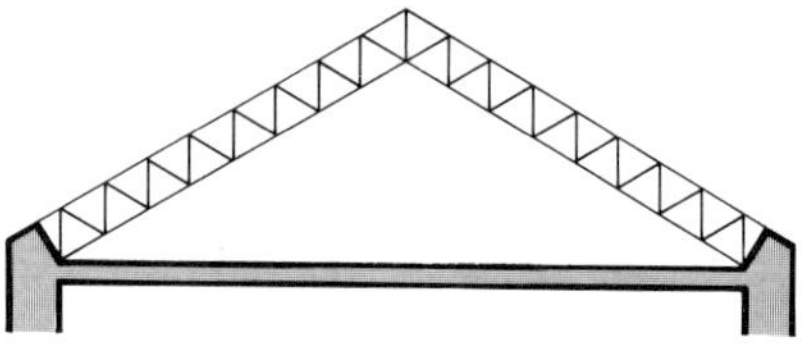

1.51 Ingenieurmäßig hergestellte Tragelemente

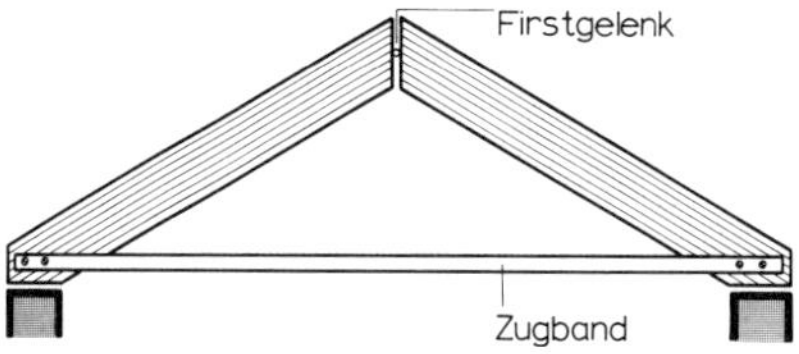

1.52 Tragwerk aus verleimten Brettschichtträgern

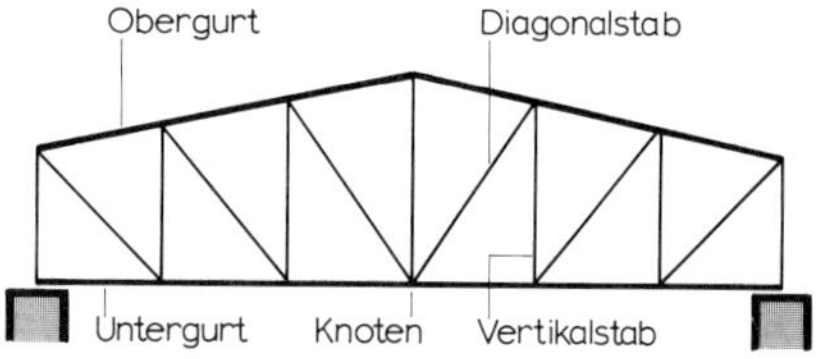

1.53 Bezeichnungen für Fachwerkträger

1.2.4.2 Holzverbindungen

Berechnungsmethoden, wie sie zuerst im Stahlbau entwickelt wurden, werden in ähnlicher Weise auch auf den Werkstoff Holz angewandt mit dem Ziel, das Holz bis an die Grenze der zulässigen Baustoffbeanspruchung auszunutzen. Die alten Arten der Holzverbindungen wie Zapfen, Verkämmen oder Überblatten sind weiterentwickelt oder durch neuzeitliche Dübel- und Nageltechniken und das Leimen ergänzt worden. Diese Art mit Holz zu bauen setzt voraus, daß alle Teile statisch berechnet und nach genau zu beachtenden Regeln verbunden werden (s. DIN 1052 T1 bis T3).

Bei Dachtragwerken im Ingenieurholzbau wird zwischen dem „Obergurt", dem „Untergurt" und den dazwischenliegenden „Füllstäben" unterschieden, doch werden allgemein auch alle Konstruktionshölzer als „Stäbe" bezeichnet (Bild **1**.53). Bei gitterartigen Tragwerken müssen die Knoten zwischen den einzelnen Stäben so gestaltet werden, daß bei den rechnerisch ermittelten Zug- oder Druckkräften in den Stäben keine zusätzlichen Biege- oder Torsionsbeanspruchungen entstehen.

Nachfolgend werden einige Grundformen von Stabanschlüssen gezeigt.

Herkömmliche handwerkliche Versatzanschlüsse werden dabei in vereinfachter Form ausgeführt oder durch genagelte Laschen oder Dübel ergänzt oder ersetzt (Dübelarten und -formen s. S. 57 f.).

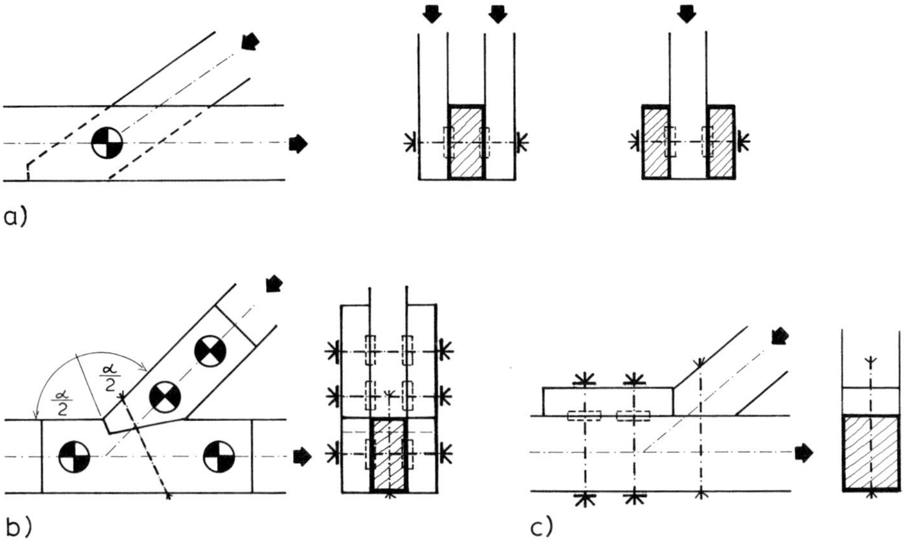

1.54 Anschlüsse von Druckstäben
a) mit Dübeln (Druckstab ein- oder zweiteilig)
b) mit Stirnversatz (durch angedübelte Laschen vergrößert)
c) mit aufgedübelter Knagge

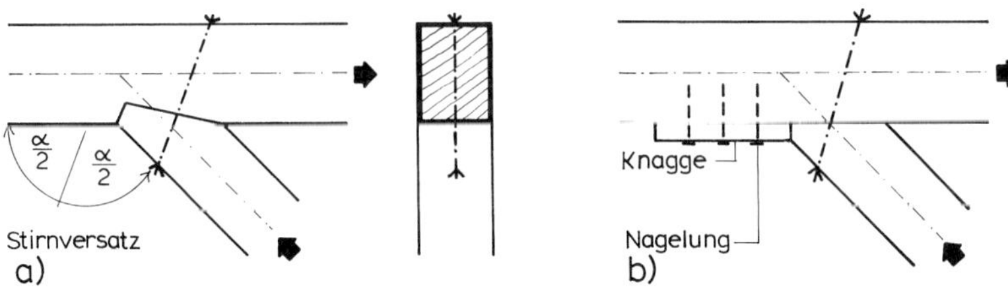

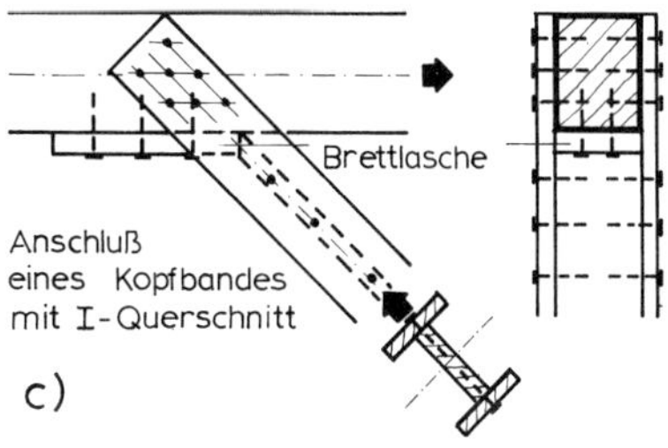

1.55
Kopfbandanschlüsse bei Unterstützung von Pfetten (Verminderung der Stützweite der Pfetten)
a) Anschluß mit Stirnversatz und Sicherungsbolzen
b) Anschluß mit aufgenagelter Knagge und Bolzen
c) Anschluß eines Kopfbandes mit I-Querschnitt aus Einzelbrettern

Anschlüsse von Zugstäben

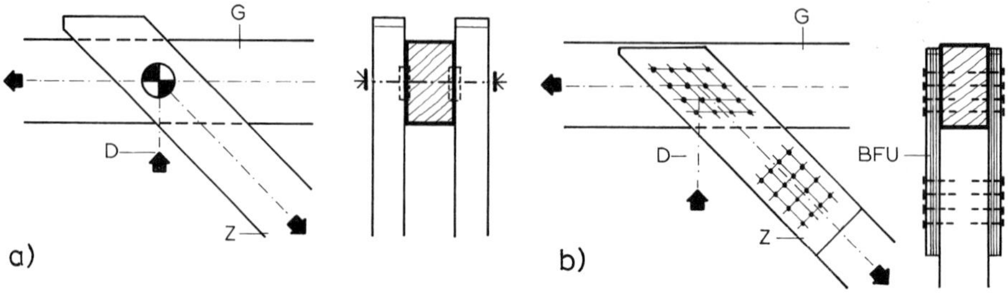

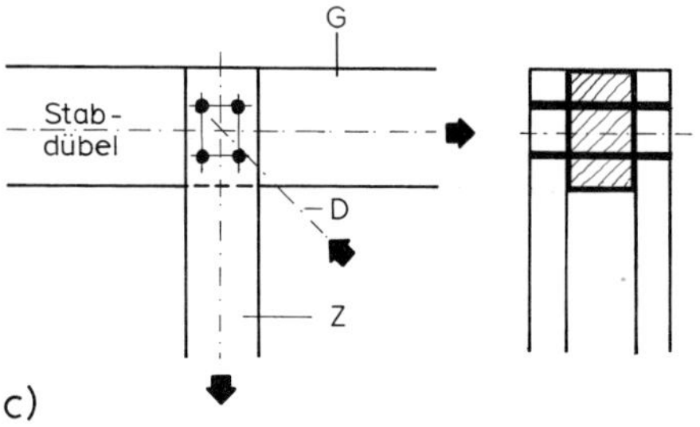

1.56 Anschlüsse von Zugstäben

Z = Zugstab, G = Gurtstab, D = Druckstab

a) Anschluß von zweiteiligem Zugstab mit Dübeln
b) Anschluß eines einteiligen Zugstabes durch genagelte Laschen aus Baufurnierplatten (BFU)
c) Anschluß eines zweiteiligen Zugstabes mit Stabdübeln

Stoßverbindungen

Bei Stößen von Druckstäben (Hirnholz gegen Hirnholz) werden entweder das gerade Blatt (Bild **1**.57a) oder doppelt verbolzte Holzlaschen (Bild **1**.57b) angewendet (letztere auch – mit Dübeln – bei Zugstäben). Um das Ineinanderschieben der Holzfasern am Stabende zu vermeiden, ist ein Walzbleistreifen in die Druckfuge einzulegen.

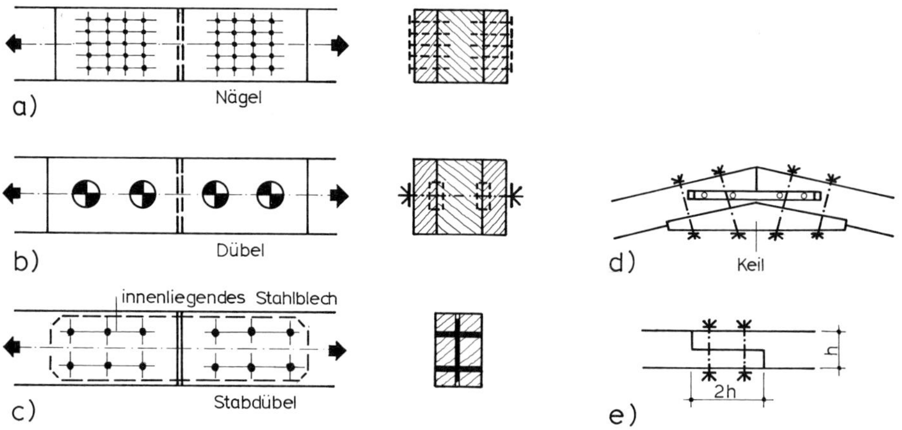

1.57 Stoßverbindungen

a) genagelter Zugstoß mit außenliegenden Laschen
b) Zugstoß mit Dübeln und außenliegenden Laschen
c) Zugstoß mit Stabdübeln und innenliegendem Stahlblech
d) Stoß durch Überplattung (nichttragender Stoß)
e) Obergurtstoß mit Keilstück (Stemmklotz)

Stoßen Gurthölzer unter einem flachen Winkel zusammen, so müssen sie gegen Verdrehen durch gut verbolzte Eckklötze (Keile) und gegen Verschieben durch Stahllaschen gesichert werden (Bild **1**.57e).

Spitzwinklig zusammenlaufende Gurthölzer werden durch beidseitig aufgenagelte Baufurnierplatten verbunden (Bild **1**.58).

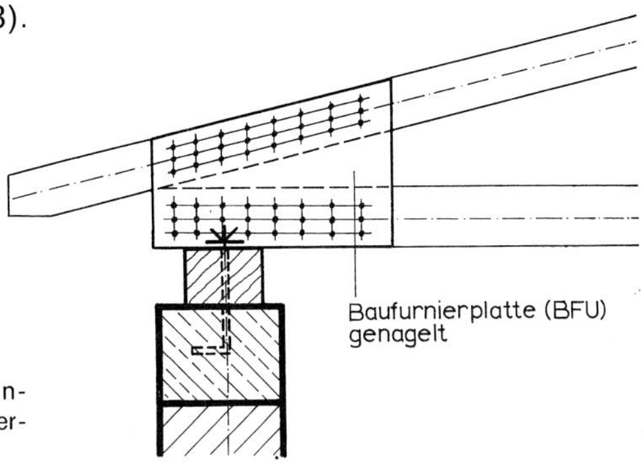

1.58
Verbindung von flachgeneigtem Obergurt mit Untergurt durch beidseitig aufgenagelte Baufurnierplatten

Bei Gerbergelenken müssen die Pfettenenden neben dem Gelenk gegen Aufreißen gesichert werden (Bild **1**.59).

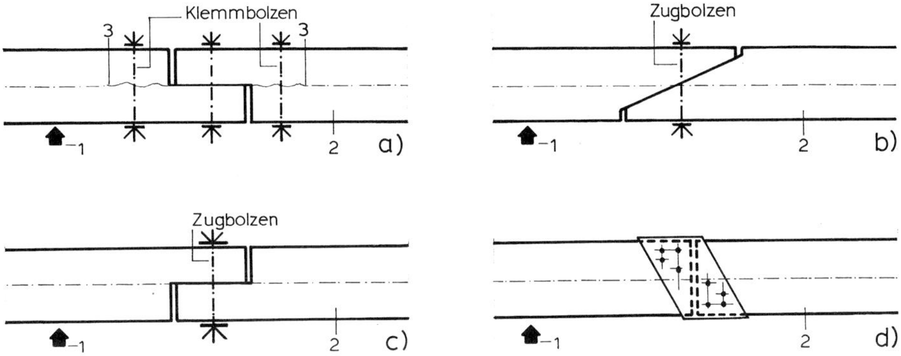

1.59 Gelenkausführungen bei Gerberträgern
1 Innenstütze 2 lastabgebender Einhängeträger 3 rißgefährdete Zone
a) aufgelegter Einhängeträger mit Rißsicherung
b) und c) untergehängte Einhängeträger
d) Gerberverbinder (Stahlblech-Formteil)

Dübelverbindungen

Sie ermöglichen das Übertragen großer Kräfte mit kleinen Anschlußflächen. Unter die Festlegungen für Dübelverbindungen fallen alle überwiegend auf Druck und Abscheren beanspruchten Verbindungsmittel, wie

r e c h t e c k i g e D ü b e l aus Hartholz oder Stahl (Bild **1**.61)

D ü b e l b e s o n d e r e r B a u a r t – in Bauart und Tragfähigkeit nach DIN 1052 festgelegt

- Ringkeildübel aus Metall (Dübeltyp A) (Bild **1**.62)
- Rundholzdübel aus Eichenholz (Dübeltyp B) (Bild **1**.63)
- Krallen- und Zahnkranzdübel aus Metall (Dübeltyp C bis E) (Bild **1**.64 bis **1**.67)

Man unterscheidet Einlaßdübel, die in vorbereitete passende Vertiefungen des Holzes eingelegt, und Einpreßdübel, die ohne Benutzung von Bohr-, Nut- oder Fräswerkzeugen in das Holz eingepreßt werden, ferner Dübel, die teils eingelassen, teils eingepreßt werden (Einlaß-/Einpreßdübel).

Gerade, aufrechtstehende Dübel aus Flachstahl dürfen zur Kraftübertragung nicht verwendet werden.

Dübel aus Metall müssen ausreichend korrosionsbeständig sein.

Dübel dürfen nur in Holz mindestens der Güteklasse II nach DIN 4074 T1, Einpreßdübel nur in Nadelholz verwendet werden. Die Grundplatten von Einpreßdübeln müssen, wenn sie mehr als 2 mm dick sind, eingelassen werden.

Alle Dübelverbindungen müssen durch in der Regel nachspannbare Schraubenbolzen zusammengehalten werden, wobei jeder Dübel durch einen Bolzen gesichert sein muß. Bei Verbindungen mit Dübeldurchmessern bzw. -seitenlängen ≧ 120 mm sind an den Enden der Außenhölzer oder -laschen Klemmbolzen anzuordnen (Bild **1**.60). Die Bolzen sind so anzuziehen, daß die Scheiben geringfügig, jedoch höchstens 1 mm tief in das Holz eingedrückt werden.

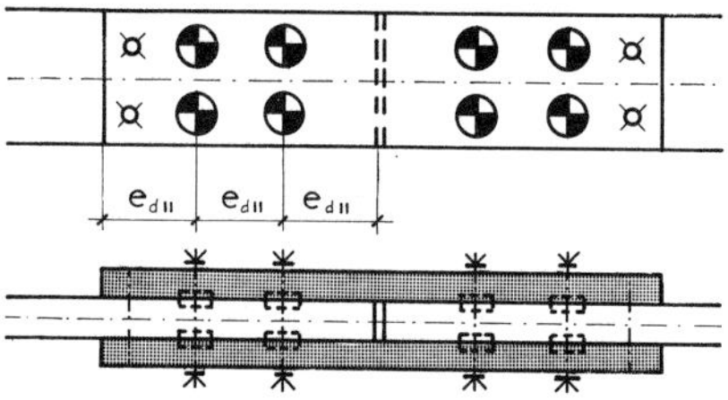

1.60 Bolzenanordnung bei Dübelverbindungen links und rechts außen zusätzliche Klemmbolzen bei großen Dübeln
$e_{d''}$ = Mindestdübelabstand und -vorholzlänge bei einer Dübelreihe

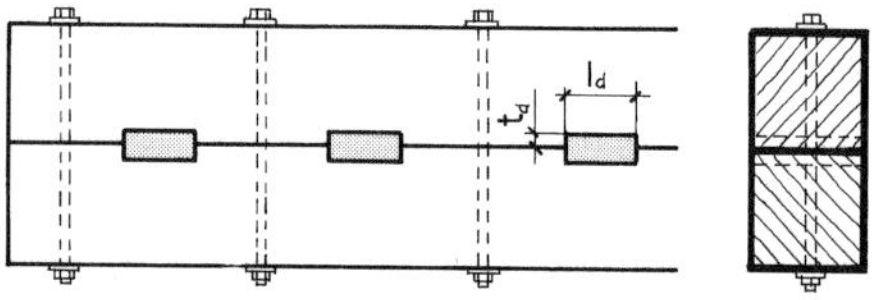

1.61 Verdübelter Balken. Rechteckdübel aus Hartholz der Güteklassen I und II nach DIN 4074; Faserrichtung in Dübeln und Balken muß übereinstimmen

Einpreßdübel sind so einzubauen, daß die Hölzer außerhalb der eigentlichen Dübelfläche nicht beschädigt oder überbeansprucht werden. Im allgemeinen sind daher besondere Vorrichtungen (Pressen, Schraubenspindeln oder dgl.) zum Einpressen der Einpreßdübel zu verwenden. Rechteckige Holzdübel sind so einzulegen, daß ihre Fasern und die der zu verbindenden Hölzer gleichgerichtet sind.

Rechteckige Dübel nach Bild **1**.61 dürfen nur aus trockenem Hartholz oder aus Metall hergestellt werden. Ihre zulässige Belastung ist rechnerisch zu ermitteln.

Es dürfen in einem Anschluß höchstens 4 hintereinanderliegende Rechteck- oder Flachstahldübel in Rechnung gestellt werden (das gilt nicht für Rechteckdübel in verdübelten Balken). Die zulässige, als gleichmäßig verteilt angenommene Leibungsspannung gleichgerichtet zur Faser ist DIN 1052 T2 Tab. 2 zu entnehmen.

Dübel besonderer Bauart

Diese nach Form, Durchmesser und Materialdicke in der DIN 1052 T2 festgelegten Dübel (keine Stabdübel) zeichnen sich durch große übertragbare Kräfte aus. Die Metalldübel (Typ A, C, D und E) werden in zweiseitiger und einseitiger Form hergestellt; dabei dienen die zweiseitigen Dübel zum Verbinden von Holz mit Holz, die einseitigen zum Verbinden von Holz mit Stahlteilen (Bild **1**.68). Die zulässigen Tragfähigkeiten sind in der Tabelle **1**.70 als Auszug zusammengefaßt. Bei mehreren in Kraftrichtung

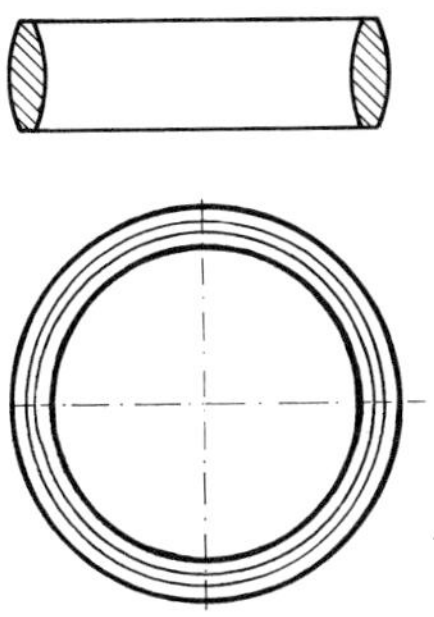

1.62 Dübeltyp A (Einlaßdübel) zweiseitiger Ringkeildübel System Appel

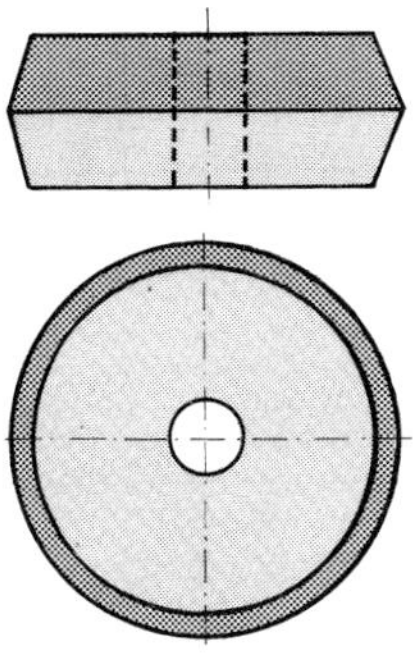

1.63 Dübeltyp B (Einlaßdübel) Hartholzdübel System Kübler

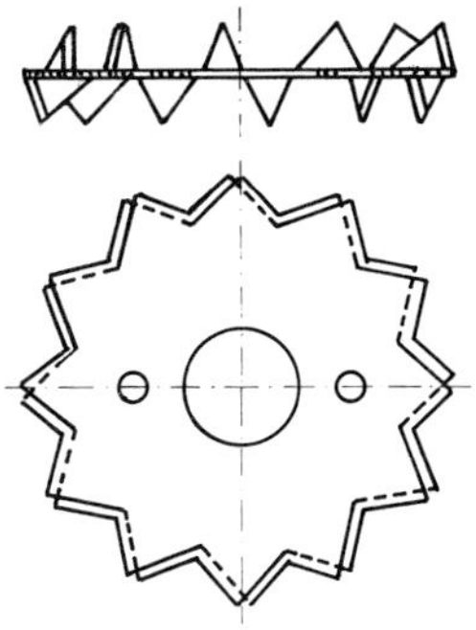

1.64 Dübeltyp C zweiseitiger, runder Einpreßdübel System Bulldog

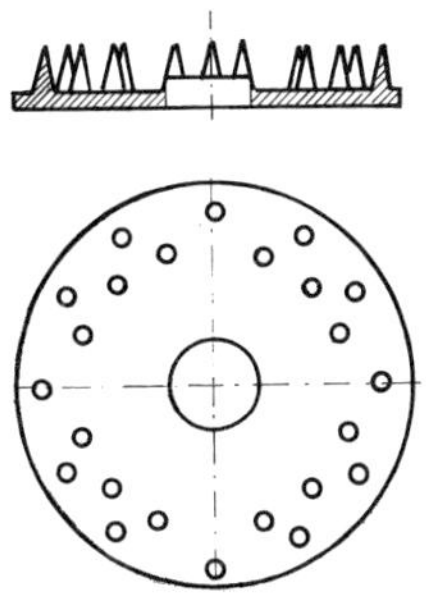

1.65 Dübeltyp D zweiseitiger Einpreßdübel System GEKA

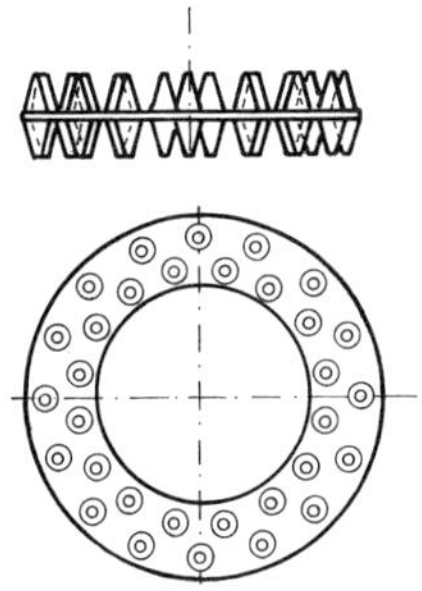

1.66 Dübeltyp D einseitiger Einpreßdübel System GEKA

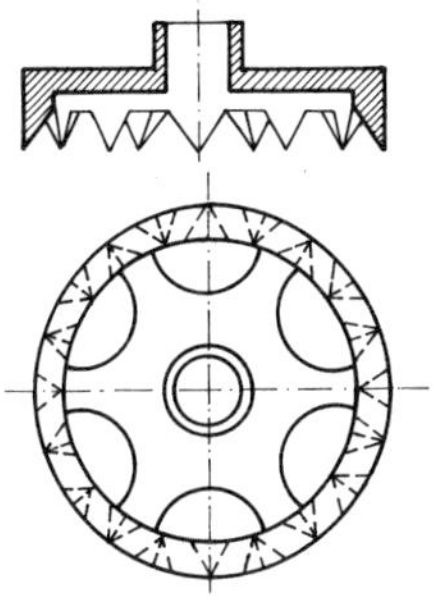

1.67 Dübeltyp E Einlaß-/Einpreßdübel einseitiger Dübel

hintereinander angeordneten Dübeln ist die Tragfähigkeit abzumindern, da nicht alle Dübel den gleichen Kraftanteil übernehmen.

Die Abstände von Dübeln untereinander und vom Rand sind – wegen der großen Tragfähigkeit – entsprechend groß, so daß Anschlüsse mit mehreren Dübeln hintereinander eine große Länge erfordern.

Dübeltyp A (Ringkeildübel) darf auch zur Kraftübertragung in der Hirnholzfläche bei Brettschichtträgern herangezogen werden (Bild 1.69). Damit ist es möglich, den Anschluß von Neben- an Hauptträger mit nicht sichtbaren Verbindungsmitteln herzustellen.

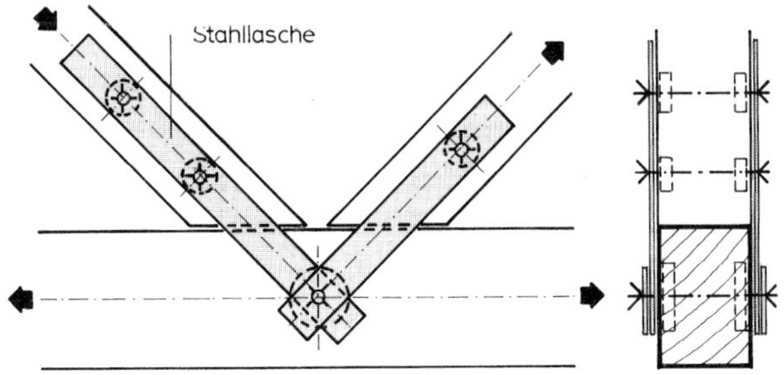

1.68 Fachwerkknoten mit außenliegenden Stahllaschen und einseitigen Dübeln

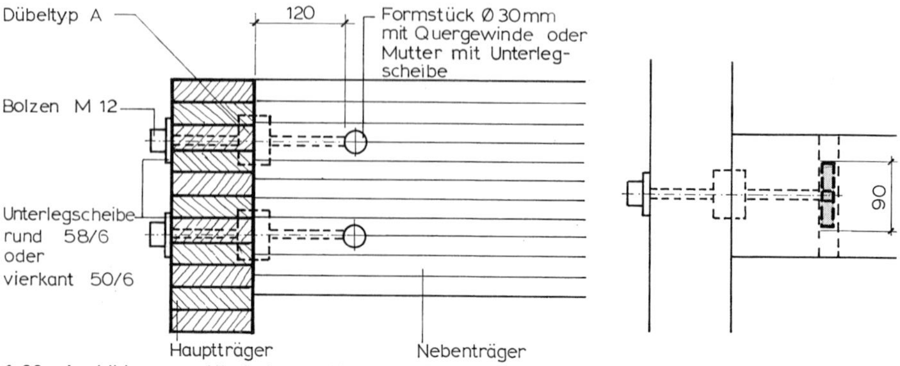

1.69 Ausbildung von Hirnholzanschlüssen bei Brettschichtholz mit Dübeltyp A

Tabelle 1.70 Abmessungen und Tragfähigkeit von Dübeln besonderer Bauart (Auszug DIN 1052 T2)

		Außendurchmesser d_d	Höhe h_d	Dicke s	Sechskantschrauben nach DIN 601 T1 d_b	Runde Scheiben Durchmesser/Dicke d_s	Vierkantscheiben Seitenlänge/Dicke	Mindestabmessung der Hölzer bei einer Dübelreihe und Neigung der Kraft- zur Faserrichtung $\leq 30°$ b/a	$> 30°$ $\leq 90°$ b/a	Mindestdübelabstand und Vorholzlänge bei einer Dübelreihe $e_d \parallel$	Zul. Belastung eines Dübels im Lastfall *H* bei 1 *oder* 2 in Kraftrichtung hintereinanderliegenden Dübeln bei Neigung der Kraft- zur Faserrichtung: $\leq 30°$	$> 30°$ $\leq 60°$	$> 60°$ $\leq 90°$
		in mm						in cm			in kN		
TYP A	Appel zwei- und einseitige Ringkeil-dübel	65	30	5	M 12	58/6	50/6	10/4	11/4	14	11,5	10,0	9,0
		80	30	6	M 12	58/6	50/6	11/5	13/5	18	14,0	12,5	11,0
		95	30	6	M 12	58/6	50/6	12/6	15/6	22	17,0	14,5	12,5
		126	30	6	M 12	58/6	50/6	16/6	20/6	25	20,0	17,0	14,0
		128	45	8	M 12	58/6	50/6	16/6	20/6	30	28,0	23,5	19,0
		160	45	10	M 16	68/6	60/6	20/10	24/10	34	34,0	27,5	21,5
		190	45	10	M 16	68/6	60/6	23/10	28/10	43	48,0	38,5	29,0
TYP C	Bulldog rund zweiseitig	50	10	1,3	M 12	58/6	50/6	10/4	10/4	12	5,0	4,5	4,5
		62	17	1,3	M 12	58/6	50/6	10/4	11/4	12	7,0	6,5	6,0
		75	19	1,3	M 16	68/6	60/6	10/5	12/5	14	9,0	8,5	8,0
		95	25	1,3	M 16	68/6	60/6	12/5	14/5	14	12,0	11,0	10,5
		117	30	1,5	M 20	80/8	70/8	15/8	18/8	17	16,0	15,0	14,0
		140	31	1,5	M 22	92/8	80/8	17/8	20/10	20	22,0	20,0	18,5
		165	33	1,8	M 24	105/8	95/8	19/8	23/10	23	30,0	27,0	24,0
	quadratisch	100/100	15	1,4	M 20	80/8	70/8	13/6	16/6	17	17,0	15,5	14,5
		130/130	18	1,5	M 22	92/8	80/8	16/6	19/8	20	23,0	21,0	19,0
TYP D	GeKa zweiseitig	50	27	3	M 12	58/6	50/6	10/4	10/4	12	8,0	7,5	7,0
		65	27	3	M 16	68/6	60/6	10/4	11/4	14	11,5	11,0	10,0
		80	27	3	M 20	80/8	70/8	11/5	13/5	17	17,0	16,0	14,5
		95	27	3	M 22	92/8	80/8	12/6	14/6	20	21,0	19,5	17,5
		115	27	3	M 24	105/8	95/8	14/6	17/6	23	27,0	24,5	21,5
	GeKa einseitig	50	15	3	M 12	–	–	10/4	10/4	12	8,0	7,5	7,0
		65	15	3	M 16	–	–	10/4	11/4	14	11,5	11,0	10,0
		80	15	3	M 20	–	–	11/5	13/5	17	17,0	16,0	14,5
		95	15	3	M 22	–	–	12/6	14/6	20	21,0	19,5	17,5
		115	15	3	M 24	–	–	14/6	17/6	23	27,0	24,5	21,5

Stabdübel

Stabdübel sind glatte, zylindrische Stahlstäbe, die in Bohrlöcher mit gleichem Durchmesser eingetrieben werden (Bild **1**.71). Die Kraftübertragung erfolgt stets rechtwinklig zur Stabdübelachse auf Abscheren und Biegung und wird durch Lochleibungspressung auf die zu verbindenden Hölzer übertragen. Stabdübel müssen aus Stahl St 37 bestehen und werden in den Durchmessern 8 bis 24 mm verwendet. Soll gleichzeitig zur Scherkraftübertragung eine Klemmwirkung auf die zu verbindenden Hölzer ausgeübt werden, so können Stabdübel mit Kopf, Gewinde und Mutter verwendet werden; diese werden als Paßbolzen bezeichnet.

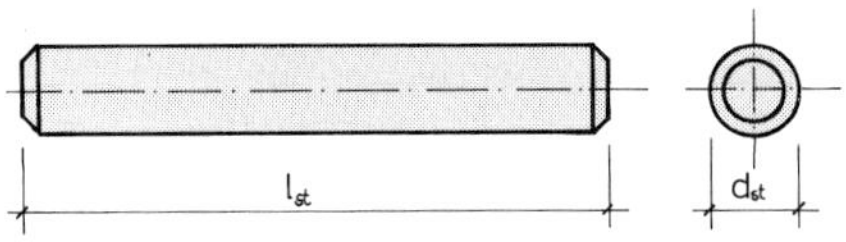

1.71 Stabdübel mit angefasten Enden

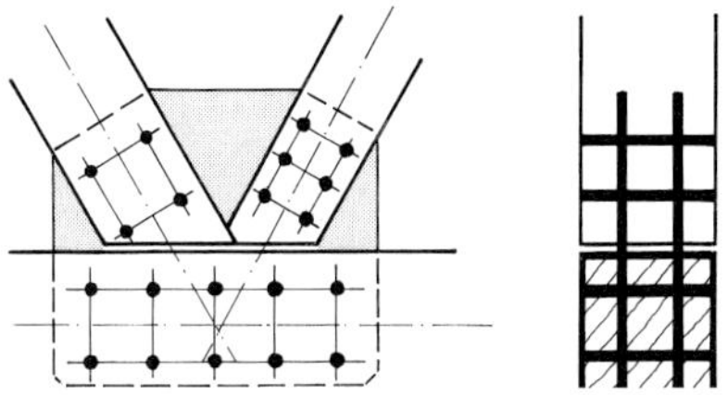

1.72 Knoten eines Fachwerkträgers mit 4schnittigen Stabdübeln und innenliegenden Knotenblechen

Soll eine Stabdübelverbindung die Anforderungen einer höheren Feuerwiderstandsklasse erfüllen, so ist der Stabdübel kürzer als die Holzgesamtdicke zu wählen. Die verbleibenden Bohrlochenden werden nachträglich mit Holzpfropfen verschlossen. Die Dicken der außenliegenden Holzteile sind entsprechend größer auszuführen (Bild **1**.73 und **1**.74).

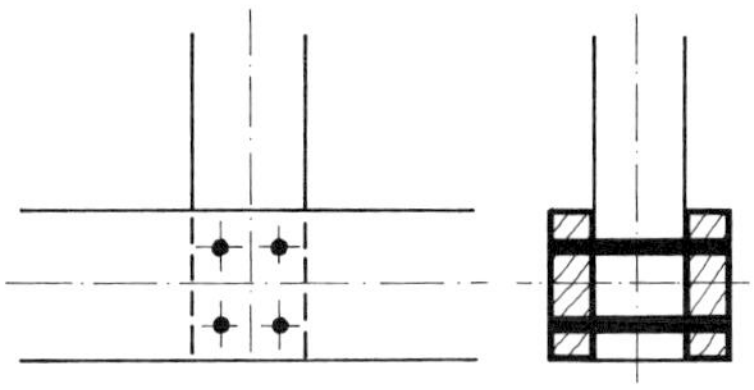

1.73 Anordnung von Stabdübeln: Länge des Stabdübels wie die Gesamtdicke der Hölzer

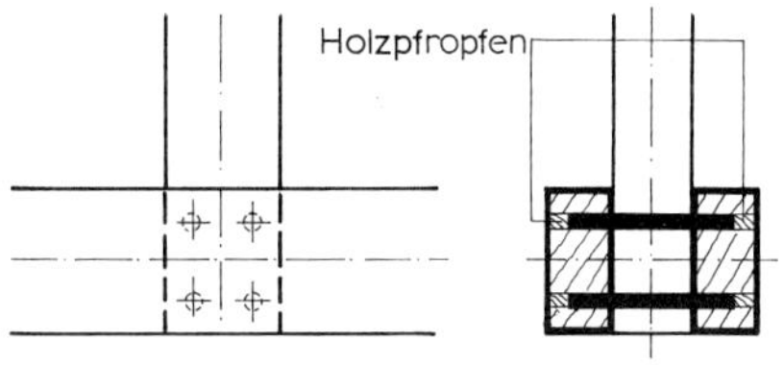

1.74 Anordnung von Stabdübeln: Länge des Stabdübels kleiner als Gesamtdicke der Hölzer

Stabdübelverbindungen müssen mindestens 4, Paßbolzenverbindungen müssen mindestens 2 Scherflächen aufweisen. Für die Mindestabstände gelten die Angaben nach Tabelle **1**.70 und Bild **1**.75. Ist der Abstand von Stabdübeln untereinander in Faserrichtung kleiner als $8 \cdot d_{st}$, so sind die Bohrlöcher um den Durchmesser d_{st} versetzt anzuordnen.

Stabdübelverbindungen können ein-, zwei- oder mehrschnittig sein. Die zulässige Belastung eines Stabdübels beträgt im Lastfall H in Faserrichtung unabhängig von der Holzgüte

$$\text{zul}\, N_{st} = \text{zul}\, \sigma_e \cdot a \cdot d_{st} \quad \text{bzw.} \quad \text{zul}\, N_{st} = B \cdot d_{st}^2 \quad \text{in kN.}$$

Der kleinere von beiden Werten ist maßgebend. Es bedeuten:

- $\text{zul}\,\sigma_e$ zul. Lochleibungsspannung in kN/cm² nach Tab. **1**.76
- a Holzdicke in cm
- d_{st} Durchmesser des Stabdübels in cm
- B Beiwert in kN/cm² nach Tab. **1**.76

Bei Beanspruchung rechtwinklig zur Faserrichtung ist die zulässige Belastung um 25% zu vermindern; bei Stahlblech-Holz-Verbindungen (Bild **1**.72) darf die zulässige Belastung um 25% erhöht werden. Die Stahlteile sind dann nach den Vorschriften für Stahlbauten nachzuweisen. Werden mehr als 6 Stahldübel in Kraftrichtung hintereinander angeordnet, so ist die Tragfähigkeit zu reduzieren.

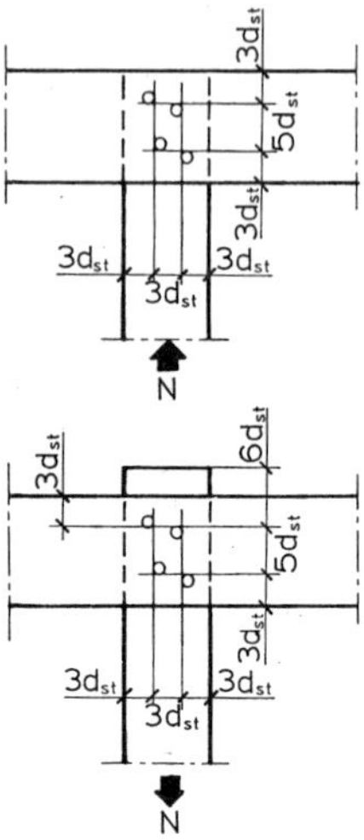

1.75 Mindestabstände von Stabdübeln

Tabelle **1**.76 zul σ_e und B für Stabdübel in kN/cm² (Nadelholz, LF H)

Verbindungsart		zul σ_e	B
einschnittig 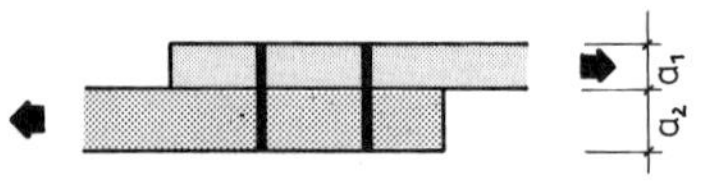		0,40	2,30
zweischnittig 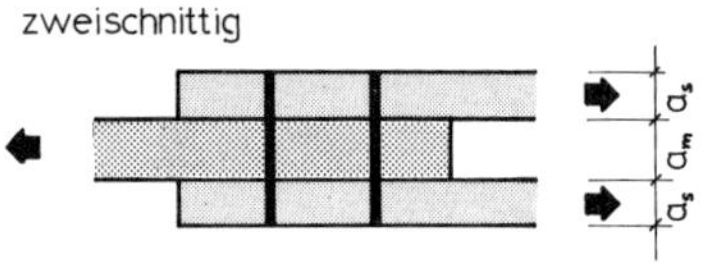	Mittelholz	0,85	5,10
	Je Seitenholz	0,55	3,30

Bolzen

Bolzen sind lange Stahlschrauben mit Schaft und metrischem Gewinde zum Zusammenspannen von Holzteilen (Bild **1**.77). Da die Bohrlöcher ca. 1 mm größer hergestellt werden als der Bolzendurchmesser, sind Bolzen zur Übertragung von Kräften senkrecht zur Bolzenachse nicht geeignet. Der Schlupf von etwa 1 mm ist für Dauerbauwerke und hochbelastete Bauteile eine zu große Anfangsverschiebung.

Aus diesem Grund können tragende Bolzenverbindungen nur bei untergeordneten Bauten mit geringen Lasten angewendet werden. Dagegen sind Bolzen ein hervorragendes Verbindungsmittel zur Montage, Verankerung, Bauteilsicherung (Bild **1**.78)

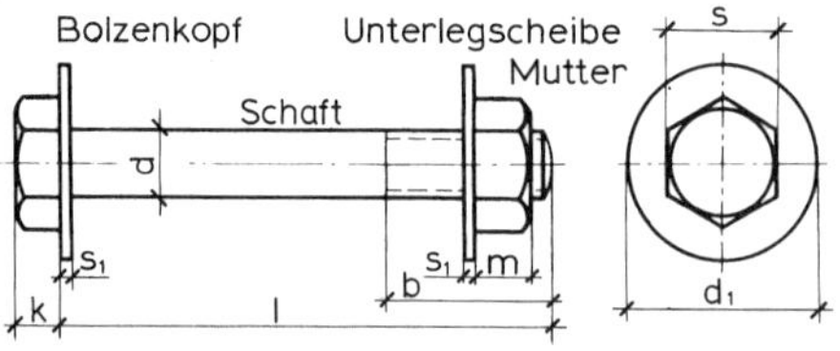

1.77 Schraubenbolzen

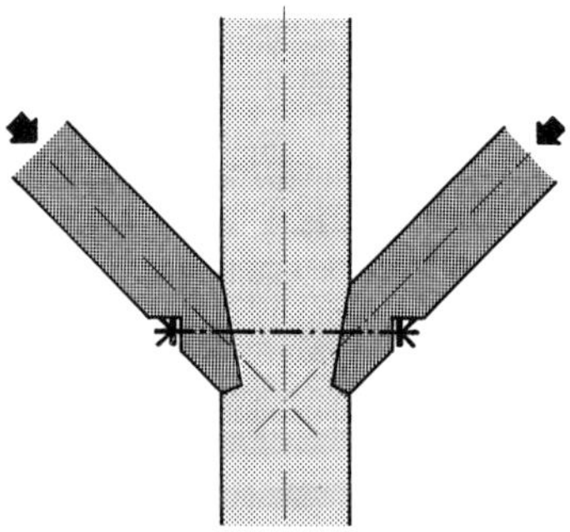

1.78 Anschluß von Kopfbändern mit Stirnversatz an einen Pfosten mit Sicherung durch einen Bolzen und für vorübergehende Baumaßnahmen (Gerüste, Hilfsbauwerke, fliegende Bauten). Wegen des Austrocknens des Holzes und des damit verbundenen Schwindens sollen die Bolzen nach einiger Zeit nachgespannt werden.

Die Mindestdicke von Bolzen beträgt 12 mm, der größte Durchmesser 30 mm; die üblichen Abmessungen und die jeweils dazugehörigen Unterlegscheiben sind in der Tabelle **1**.79 aufgeführt.

Tabelle **1**.79 Maße der gebräuchlichsten Sechskantschrauben, Sechskantmuttern und Scheiben (für den Holzbau) in mm

Gewinde	Schaft-∅ d	b für l ≦ 80	b für l > 80 bis 200	b für l > 200	k	m	s	d_1	d_2[1])	s_1
M 12	12	22	28	40	8	9,5	19	58	50	6
M 16	16	28	35	50	10,5	13	24	68	60	6
M 20	20	32	40	55	13	16	30	80	70	8
M 24	24	38	50	65	15	18	36	105	95	8

[1]) Seitenlänge bei quadratischer Scheibe

Werden Bolzen durch Zugkraft beansprucht (Zugstangen), so beträgt die zulässige Spannung für den Kernquerschnitt 10 kN/cm², wenn nicht eine nachgewiesene höhere Stahlqualität verwendet wird.

Nagelverbindungen

Das Bestreben, aus wirtschaftlichen, baustofftechnischen und konstruktiven Gründen Vollhölzer durch zusammengesetzte Querschnitte zu ersetzen, hat zur Holznagelbauweise geführt. Nagelung ergibt flächenhafte Verbindungen von großer Steifigkeit. Die Tragkraft einer Nagelverbindung hängt hauptsächlich von der Biegefestigkeit des Nagels und der Druckfestigkeit des Holzes ab. Erforderliche Anzahl der Nägel, Nagelabstände und Mindestholzdicken werden errechnet. Da dünne und sehr schmale Bretter bei Transport und Verarbeitung leicht aufspalten, ist die Mindestbrettdicke mit 24 mm, die Mindestquerschnittsfläche mit 14 cm² festgesetzt.

Eine Nagelverbindung wird hergestellt durch Einschlagen in das Holz (nicht vorgebohrt) oder in vorgebohrte Nagellöcher. Das Vorbohren stellt zwar einen Mehraufwand dar, bedeutet jedoch für die Nagelverbindung eine erhebliche Qualitätsverbesserung hinsichtlich Tragfähigkeit, Nagelabstand, Rißgefahr usw. und sollte überall dort zur Anwendung kommen, wo hochwertige Verbindungen geschaffen werden müssen.

Verwendung finden Standardnägel (Drahtstifte) und Sondernägel (Schraub- und Rillennägel) (Bild **1**.80). Schraubnägel werden überwiegend dort verwendet, wo auch Zugkräfte in Schaftrichtung zu übertragen sind, Rillen- oder Ankernägel für die Befestigung von Stahlblech-Formteilen an Holzträgern.

a)

b)

c)

1.80 Nagelformen
a) Standardnagel (Drahtstift)
b) Schraubnagel (Sondernagel Typ S)
c) Rillen- oder Ankernagel (Sondernagel Typ R)

Eine tragende Nagelverbindung liegt dann vor, wenn ungeachtet der Schnittigkeit der Verbindung mindestens 4 Nagelscherflächen vorhanden sind. Dies gilt gleichermaßen für Standard- als auch für Sondernägel. Diese Mindestzahl der Scherflächen gilt nicht beim Befestigen von Schalung, Latten, Windrispen, Sparren und Pfetten.

Die zulässige Nagelbelastung im Lastfall H bei Beanspruchung rechtwinklig zur Schaftrichtung errechnet sich bei Nadelholz für eine Scherfläche ohne Rücksicht auf den Faserverlauf des Holzes nach folgender Zahlenwertgleichung zu

$$N_1 = \frac{5 \cdot d_n^2}{1 + d_n} \quad [\text{in kN}]$$

mit d_n als Nageldurchmesser in cm. (Nagelverbindungen in Hirnholz dürfen nicht als tragend in Rechnung gestellt werden.)

Die Mindestholzdicke min a muß mit Rücksicht auf die Spaltgefahr des Holzes bei Nägeln, die ohne Vorbohrung eingeschlagen werden (auch bei Sondernägeln)

$$\min a = d_n \cdot (3 + 8 \cdot d_n) \quad [\text{in cm}] \quad \text{bzw.} \quad \min a = 2{,}4 \text{ cm}$$

betragen. Bei genagelten Vollwandbindern mit Stegen aus zwei gekreuzten Brettlagen darf mit Rücksicht auf deren Sperrwirkung bei zweischnittiger Nagelung die errechnete Mindestholzdicke min a bis auf ⅔ ihres Wertes verringert werden ($a_1 = ⅔ \cdot \min a$), wenn die Einzelbretter nicht breiter als 14 cm sind (Bild **1**.81). Ein- und mehrschnittige Nagelverbindungen dürfen mit $m \cdot N_1$ berechnet werden, mit m als Anzahl der Schnitte, wobei eine Scherfläche noch als voll wirksam angesehen werden darf, wenn die Nagelspitze mindestens eine Einschlagtiefe von $s = 12 \cdot d_n$ bei einschnittigen bzw. $s = 8 \cdot d_n$ bei mehrschnittigen Verbindungen aufweist (Bild **1**.82) (Einzelheiten s. DIN 1052 T1 Abschn. 11.3).

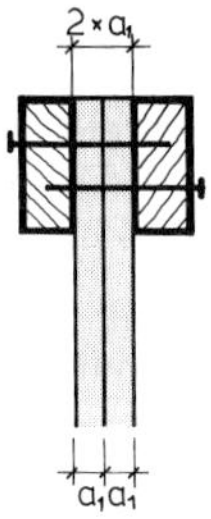

1.81 Zweischnittige Gurtnagelung bei Vollwandträgern

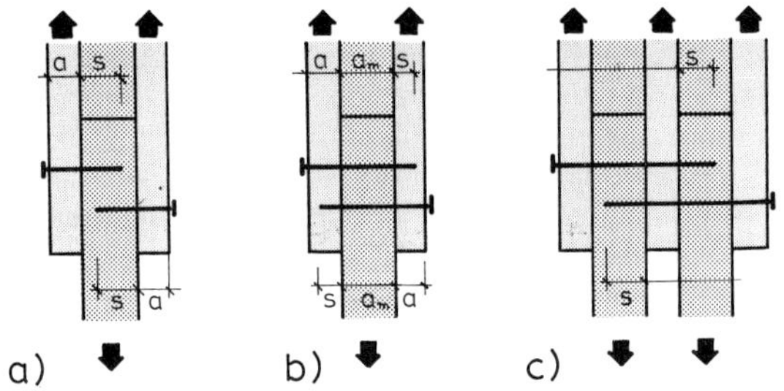

1.82 Holzdicken und Einschlagtiefen bei Nagelverbindungen
a) einschnittig, b) zweischnittig, c) dreischnittig

Bei vorgebohrten Nagellöchern (Bohrlochdurchmesser $\approx 0{,}85 \cdot d_n$, Bohrlochtiefe mindestens gleich der erforderlichen Einschlagtiefe s) dürfen um 25% größere Nagelbelastungen zugelassen werden, und die Holzdicken dürfen bei Nageldurchmessern $\geqq 4{,}2$ mm abnehmen. Nagelverbindungen von Eichen- oder Buchenholz müssen stets vorgebohrt werden.

Die zulässigen Nagelbelastungen sowie die zugehörigen Mindestholzdicken und Mindesteinschlagtiefen können aus Tabelle **1**.83 entnommen werden.

Nagelverbindungen von Vollholz- mit Stahlblechteilen oder Baufurnierplatten ermöglichen eine erhebliche Verminderung der Querschnittsmaße an den Anschlußpunkten und damit oft überhaupt erst eine Nagelkonstruktion. In DIN 1052 T2 Abschn. 7.1

ist festgelegt, daß bei Stahlblech-Holz-Nagelverbindungen (Bild **1**.84) die Blechdicke mindestens 2,0 mm betragen muß. Die Nagellöcher sind in der Regel gleichzeitig in Holz- und Blechteilen auf die erforderliche Nagellänge vorzubohren (Bohrlochdurchmesser = Nageldurchmesser).

Bei Blechdicken unter 5 mm ist Korrosionsschutz I nach DIN 55928 T5 stets erforderlich. Bei druckbeanspruchten Blechen ist auf eine ausreichende Beulsicherheit zu achten.

Bei Verbindung von Furnierplatten mit Vollholz haben in der Regel die Furnierplatten den Anforderungen nach DIN 68705 T3 zu entsprechen.

Tabelle **1**.83 Holzdicken, Einschlagtiefen und zulässige Nagelbelastungen je Nagel und Scherfläche im Lastfall H

bei Nägeln Größe $d_n \cdot l_n$ [1]	Holzdicke *a* mindestens bei Nagellöchern		Einschlagtiefe *s* mindestens		zul. Nagelbelastung N_1 für eine Scherfläche		
					bei Nadelholz		bei Eiche und Buche
	nicht vorgebohrt in mm	vorgebohrt in mm	einschnittig in mm	mehrschnittig in mm	nicht vorgebohrt in kN	vorgebohrt in kN	stets vorgebohrt in kN
22 × 45 22 × 50	24 20[2]	24 20[2]	27	18	0,20	0,25	0,30
25 × 55 25 × 60	24 20[2]	24 20[2]	30	20	0,25	0,31	0,375
28 × 65	24 20[2]	24 20[2]	34	23	0,30	0,375	0,45
31 × 65 31 × 70 31 × 80	24 20[2]	24 20[2]	38	25	0,375	0,46	0,56
34 × 90	24 22[2]	24 22[2]	41	27	0,43	0,54	0,65
38 × 100	24	24	46	30	0,525	0,65	0,78
42 × 110	26	26	51	34	0,625	0,775	0,93
46 × 130	30	28	56	37	0,725	0,905	1,09
55 × 140 55 × 160	40	35	66	44	0,975	1,22	1,46
60 × 180	50	35	72	48	1,12	1,40	1,68
70 × 210	60	45	84	56	1,45	1,80	2,17
75 × 230	70	45	90	60	1,60	2,00	2,40
80 × 260	75	50	96	64	1,78	2,22	2,67
90 × 310	90	55	108	72	2,13	2,66	3,20

[1]) Die Tabelle enthält nur die in DIN 1151 angegebenen Nageldurchmesser d_n in $\frac{1}{10}$ mm und Nagellängen l_n in mm

[2]) Mindestholzdicke bei Schalungen

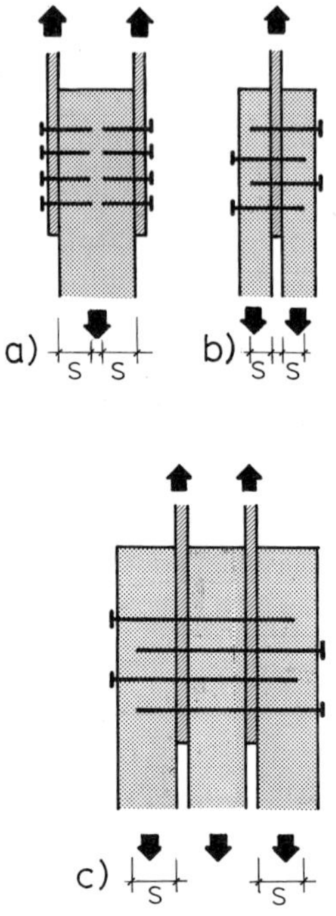

1.84 Schnittigkeit von Nagelverbindungen mit Stahlblechen

a) einschnittig
b) zweischnittig
c) vierschnittig

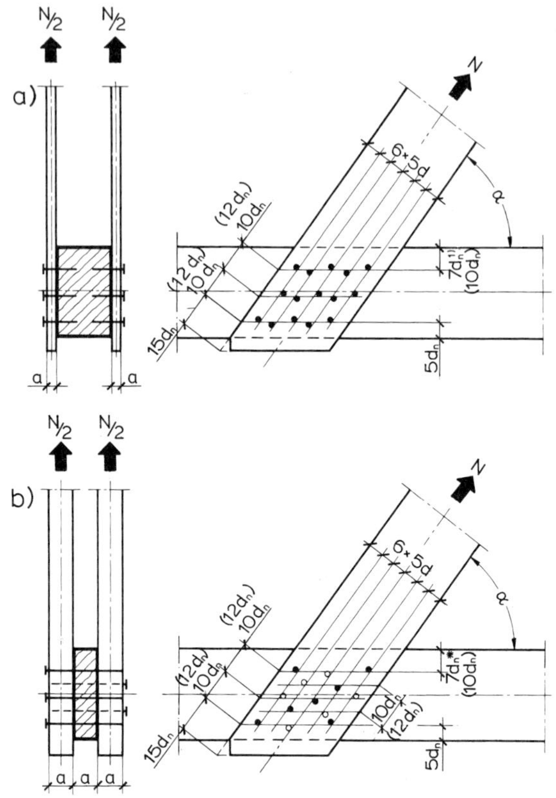

1.85 Mindestnagelabstände nicht vorgebohrter Nagelungen

a) einschnittige Nagelung
b) zweischnittige Nagelung
*) bei $a < 30°$: $5\,d_n$ (bzw. $7\,d_n$)
● Nagel Vorderseite
○ Nagel Rückseite

Mindestholzdicken bei:

Baufurniersperrholz	$\min a = 3 \cdot d_n$	für	$d_n \leqq 4{,}2$ mm
	$\min a = 4 \cdot d_n$	für	$d_n > 4{,}2$ mm
Flachpreßplatten und mittelharte Holzfaserplatten	$\min a = 4{,}5 \cdot d_n$		
harte Holzfaserplatten	$\min a = 2{,}0 \cdot d_n$		

Zulässige Belastung von Rillennägeln bei Stahlblech-Holz-Verbindungen im LF H und bei einer Einschlagtiefe $s \geqq 8\,d_n$:

$d_n = 4{,}0$ mm zul $N_n = 0{,}75$ kN $d_n = 6{,}0$ mm zul $N_n = 1{,}50$ kN

Als kleinste Nagelabstände im dünnsten Holz gelten bei versetzt angeordneten Nägeln die Abstände von DIN 1052 T2 Tab. 12 unter Beachtung von Bild **1**.85.

Rechtwinklig zur Kraftrichtung muß der Nagelabstand sowohl untereinander als auch vom Rand mindestens $5 \cdot d_n$ bei nicht vorgebohrten und $3 \cdot d_n$ bei vorgebohrten Nagellöchern betragen, sowohl nicht Bild **1**.85 b maßgebend wird.

Bei sich übergreifenden Nägeln (Bild **1**.87), die von 2 verschiedenen Seiten in ein Holz von der Dicke a_m eingeschlagen werden, darf wie nach Bild **1**.87 a genagelt werden, solange die Nagelspitze des einen Nagels um mindestens $8 \cdot d_n$ von der Scherfläche des anderen Nagels entfernt bleibt. Ist die Einschlagtiefe s größer als die Holzdicke a_m (Bild **1**.87 b), so sind die Mindestabstände in Faserrichtung von $10 \cdot d_n$ $(12 \cdot d_n)$ einzuhalten. In allen anderen Fällen – $a_m < (s + 8 \cdot d_n)$, aber größer als s – müssen die Nägel um $5 \cdot d_n$ in Faserrichtung versetzt werden (Bild **1**.87 c).

Tabelle **1**.86 Nagelabstände (DIN 1052 T2 Tab. 12)

		Nagelabstände parallel der Kraftrichtung mindestens nicht vorgebohrt	vorgebohrt
untereinander	∥ der Faserrichtung	$10 \cdot d_n$ $12 \cdot d_n$ 1)	$5 \cdot d_n$
	⊥ zur Faserrichtung	$5 \cdot d_n$	$5 \cdot d_n$
vom beanspruchten Rand	∥ der Faserrichtung	$15 \cdot d_n$	$10 \cdot d_n$
	⊥ zur Faserrichtung	$7 \cdot d_n$ $10 \cdot d_n$ 1)	$5 \cdot d_n$
vom beanspruchten Rand	∥ der Faserrichtung	$5 \cdot d_n$ $10 \cdot d_n$ 1)	$5 \cdot d_n$
	⊥ zur Faserrichtung	$5 \cdot d_n$	$3 \cdot d_n$

1) bei $d_n > 4{,}2$ mm

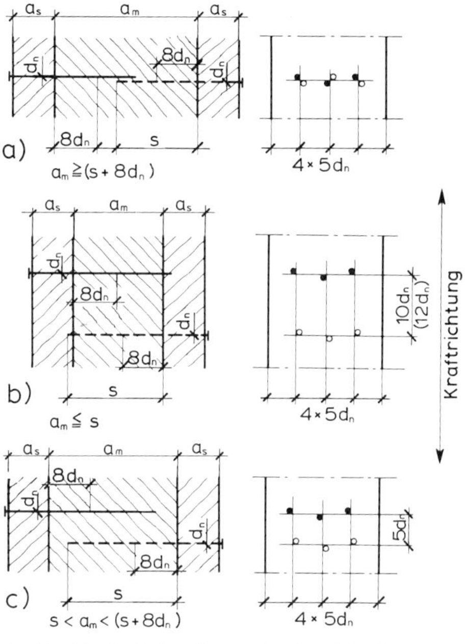

1.87 Abstände bei übergreifenden Nägeln

Beim Nachweis der Sicherheit von Bauteilen gegen Abheben durch die Sogkraft des Windes nach DIN 1055 T4 dürfen Nägel zur Befestigung von Schalungen nach Tab. **1**.88 und Nägel zur Befestigung von Sparren, Pfetten und ähnlichen Bauteilen nach Tab. **1**.89 der DIN 1055 auf Herausziehen beansprucht werden. Die Haftlänge der Nägel wird nach Bild **1**.90 a und b einschließlich der Nagelspitze bestimmt und auf volle Zentimeter gerundet.

Schalbretter sind mit mindestens 2 Nägeln an jedem Sparren, Binder oder Stiel zu befestigen. In Hirnholz eingeschlagene Nägel dürfen auf Herausziehen nicht in Rechnung gestellt werden.

Werden die Nägel in frisches Holz eingeschlagen, so sind die zulässigen Belastungen auf Herausziehen nach Tabellen **1**.88 und **1**.89 auch dann auf ⅔ zu ermäßigen, wenn das Holz nachtrocknen kann.

Die in diesem Abschnitt behandelten Möglichkeiten für die Herstellung von Nagelverbindungen mit glatten Nägeln gemäß DIN 1151 werden erheblich erweitert, wenn

Tabelle **1**.88 Zulässige Belastung von Schalungsnägeln auf Herausziehen

Nagelgröße	verwendbar für Brettdicke in mm	zul. Belastung je Nagel in N
31 × 70	20 und 22	150
34 × 90	22 und 24	200

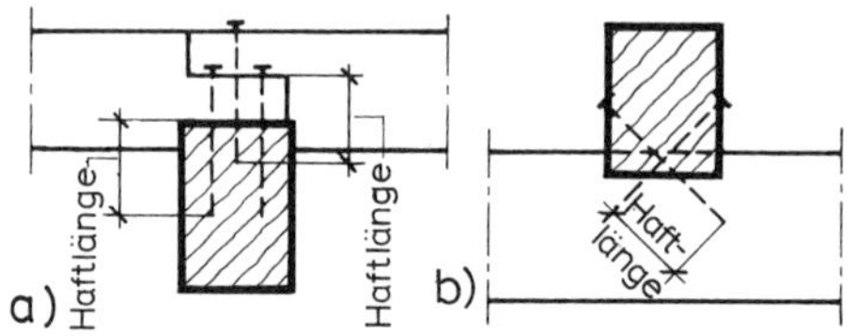

1.90 Haftlängen der Nägel bei Beanspruchung auf Herausziehen

Tabelle **1**.89 Zulässige Belastung von Sparren- und Pfettennägeln auf Herausziehen

Nageldurchmesser d_n 1/10 mm	zul. Belastung der tragenden Haftlänge einschl. der Spitze (Bild **1**.90 a und b) in N/cm
46	60
55	70
60	80
70	90
75	100
80	110

Spezialnägel (Bild **1**.80) verwendet werden, die auf Grund von Sonderzulassungen geringere Nagelabstände sowie höhere Scher- und Ausziehbeanspruchungen erlauben.

Stahlblech-Holz-Verbindungen

In Verbindung mit Lochplatten und den verschiedensten Spezial-Nagelverbindern kann die Herstellung sowohl konstruktiver wie auch statisch beanspruchter Holzverbindungen erheblich rationalisiert werden. Im Rahmen dieses Abschnittes können stellvertretend für eine Vielzahl von Möglichkeiten nur einige Beispiele gezeigt werden (Bild **1**.91 und **1**.92).

Im Rahmen moderner Nagelverbindungen müssen schließlich Nagelplatten erwähnt werden, die – ebenfalls auf Grund besonderer behördlicher Zulassungen – vorwiegend zur maschinellen Herstellung genagelter Holzverbindungen z. B. in leichten Tragewerken eingesetzt werden (Bild **1**.92f).

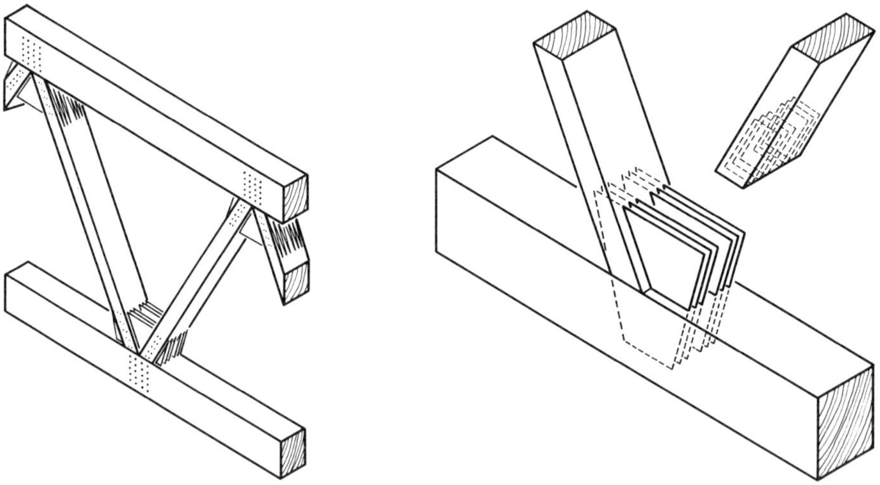

1.91 Fachwerkträger in Greim-Bauweise: eingeschlitzte dünne Stahl-Knotenbleche, Anschluß mit Nägeln

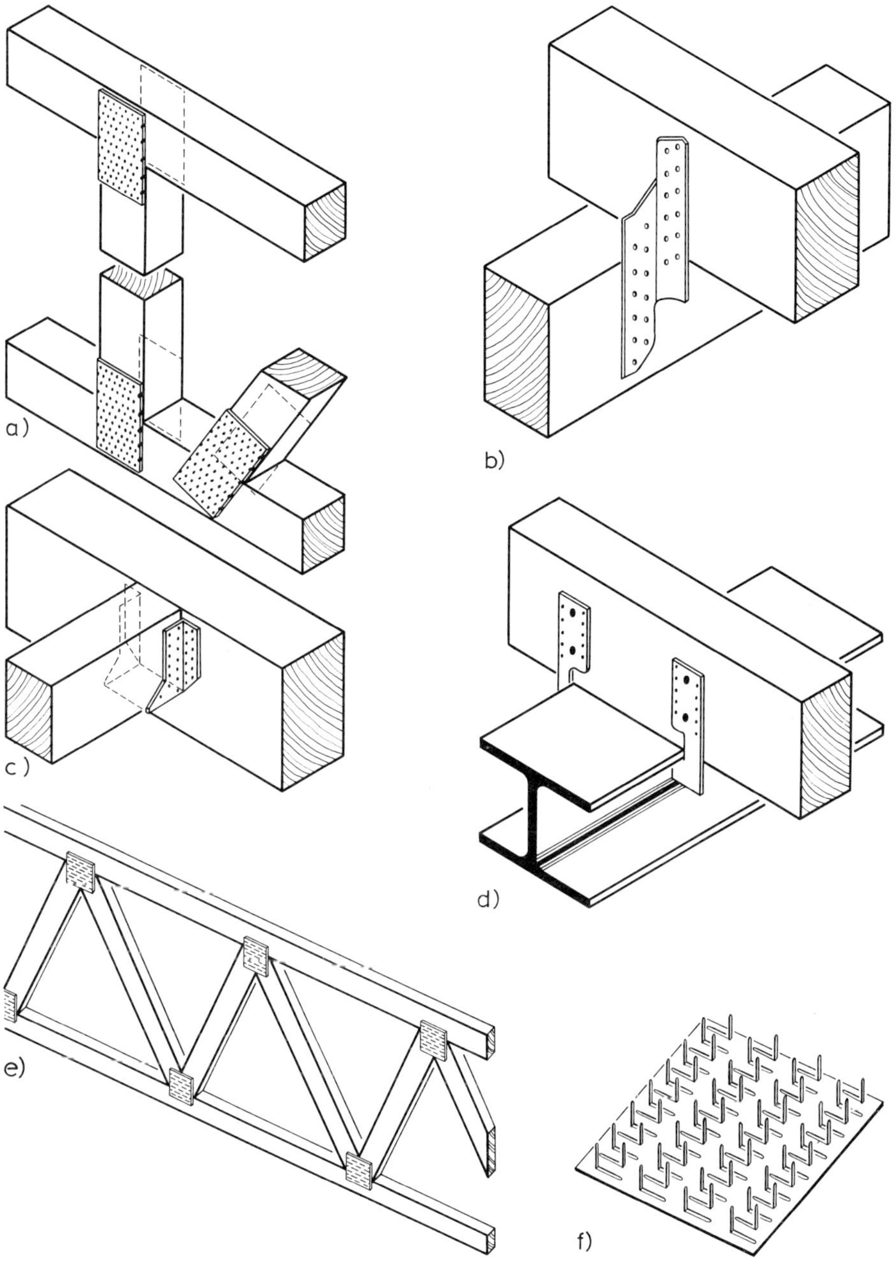

1.92 Stahlblech-Formteile als Verbindungsmittel

a) Nagelplattenverbindung, b) Sparren-Pfetten-Anker, c) Balkenschuh, d) Pfettenanker für Stahlträger, e) Fachwerkträger Gang-Nail-System, f) Gang-Nail-Nagelplatte

Leimverbindungen

Der Leimbau ermöglicht flächenhafte Verbindungen von einer Steifigkeit, wie sie bei Dübel- oder Nagelverbindungen nicht erreicht wird. Die Entwicklung wasser- und schimmelfester härtbarer Kunstharzleime läßt Leimverbindungen auch bei hochbelasteten Konstruktionen des Ingenieurholzbaues zu.

Die Ausführung geleimter Bauteile dürfen nur solche Betriebe übernehmen, die über geeignete Fachleute, erfahrene Handwerker und zweckmäßige Werkstatteinrichtungen verfügen. Hierzu zählen Vorrichtungen zur Erzeugung eines ausreichend großen, auch genügend lange wirkenden Preßdruckes, Maschinen zur Bearbeitung der Leimflächen, zuverlässige Meßgeräte zur Ermittlung der Holzfeuchtigkeit, ferner eine Anlage zur künstlichen Holztrocknung und überdachte, heizbare Arbeitsräume. Die Leimbaubetriebe sind verpflichtet, den Nachweis zu erbringen, daß eine von der zuständigen obersten Bauaufsichtsbehörde dazu anerkannte Stelle ihre Werkeinrichtung und ihr Fachpersonal überprüft und als geeignet befunden hat. Jedes verleimte Bauteil ist vom Hersteller mit einer Kennzeichnung zu versehen, aus der Herstellerwerk und Herstellungstag entnommen werden können.

Für Leimverbindungen dürfen nur trockene Hölzer (mit weniger als 15% Feuchtigkeit) verwendet werden. Der Feuchtigkeitsgehalt ist in jedem Falle durch für die Bauholzleimung geeignete elektrische Feuchtigkeitsmesser zu ermitteln. Die zu verleimenden Flächen müssen vollständig trocken sein.

Aus der Gruppe härtbarer Kunstharzleime werden für den Ingenieurholzbau die sogenannten Montageleime bevorzugt. Das sind Leime, mit denen ohne sehr aufwendige maschinelle Einrichtungen und sowohl bei Raumlufttemperatur als auch – zur Verkürzung der Preß- und Aushärtezeiten – im Warm- oder Heißverfahren gearbeitet werden kann. Leime für tragende Bauteile müssen die Prüfungen nach DIN 68141 bestanden haben.

Der Preßdruck wird durch Spindelpressen, hydraulische Pressen o. ä. erzeugt und muß gleichmäßig wirken. Die Preßdauer hängt von der Wahl des Leimes und der Temperatur ab. Die Lufttemperatur beim Pressen darf nicht unter 18 bis 20 °C liegen.

Leimfugen dürfen nicht durch wesentliche, quer zu ihnen wirkende Zugkräfte beansprucht werden. Wenn man zur Erhaltung des Preßdruckes Leimverbindungen nagelt, darf die Tragkraft aus beiden Verbindungsmitteln nicht zusammengerechnet werden, da die Nägel erst zu tragen beginnen, wenn die Leimfuge zerstört ist.

Bild **1**.93 zeigt geleimte Längsstöße.

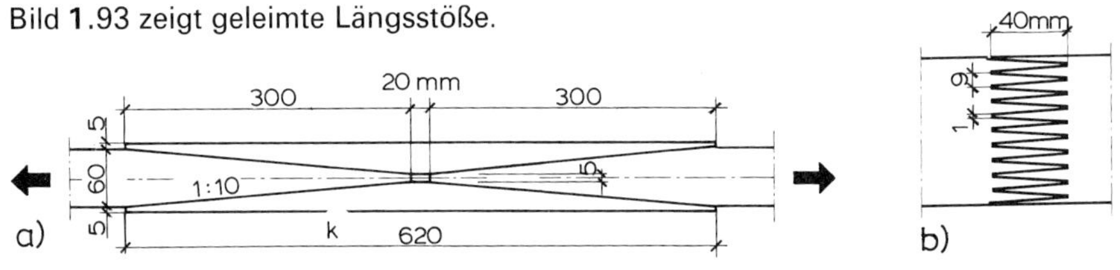

1.93 Keilzinkenverbindung für Leimbinder und Einzelbauteile

a) Längsstoß durch Schäftung (Draufsicht) mit Leimflächenneigung nach DIN 1052 = 1:10

b) Keilzinkenverbindung von Einzelbrettern (Längsstoß)

Die S c h ä f t u n g (Bild **1**.93a) wird durch auf die geschäfteten Stabenden aufgeleimte Keillaschen (*k*) hergestellt, mit Abschrägungen im Verhältnis 1 : 10 oder flacher, um die Leimflächen möglichst groß zu halten und ihr einwandfreies Aneinanderschmiegen zu erreichen (nur noch selten angewandt).

Die Keilzinkenverbindung (s. DIN 68140) für Gurthölzer oder Stegbohlen ist in Bild **1**.93b dargestellt. Die Zinken werden mit beweglichen, auf Schlitten aufgesetzten Fräsmaschinen hergestellt. Die Zinkendicke an der Spitze beträgt 1 bis höchstens 2,7 mm, um die Fasern auf möglichst große Länge in die Leimverbindung einzubeziehen; Zinkenlänge 40 bis 60 mm, Zinkenentfernung 9 bis 15 mm. Die Tragfähigkeit wächst mit der Summe der Flächen der verleimten Zinkenflanken innerhalb des gleichen Kantholzquerschnitts. Die Verleimung der Keilzinkenverbindungen muß unter Druck (in Längsrichtung 250 N/cm^2, in Querrichtung 80 bis 100 N/cm^2) erhärten.

Vorzugsweise Montagestöße an Zugstäben werden mit Knotenplatten aus Sperrholz (20 bis 26 mm dick) gebildet. Auf der einen Seite des Stoßes sind Federn, z. B. auch aus Buchenschichtholz, eingeleimt, die in Nute auf der gegenüberliegenden Stoßseite eingreifen und dort durch Bolzen befestigt sind.

Sperrholzstege zeigt Bild **1**.101.

1.2.4.3 Binderkonstruktionen[1])

Vorbemerkung

Wenn der Ingenieurholzbau vorwiegend bei Hallendächern und Holzbrücken angewandt wird, so hat er doch auch im Wohnungs-, Geschäftshaus- und Schulhausbau an Bedeutung gewonnen, wo große Gebäudeflächen zu überdachen sind. Die Möglichkeit, eine Vielzahl gleicher Dachtragwerke weitgehend maschinell vorzufertigen, kann wirtschaftliche Vorteile bieten. Außerdem leiten die auch über größere Gebäudetiefen stützenfreien Binder die Dachlasten unmittelbar über die Außenwände ab, so daß bei Veränderungen der Raumaufteilungen (Innenwände) Dachlasten nicht berücksichtigt zu werden brauchen.

Fachwerkbinder

Fachwerk-Dachtragewerke werden als frei aufliegende oder als durchlaufende Träger, ferner als Zwei- oder Dreigelenkbogen verwendet. Fachwerkrahmen sind über den hier vorwiegend betrachteten kleinen Spannweiten selten. Die gebräuchlichsten Binderformen zeigt Bild **1**.94 in schematischer Darstellung. Die Fachwerkstäbe bilden eine Folge von in ihrer Ebene unveränderlichen Dreiecken. Zimmermannsmäßig oder im Nagelbau hergestellte Verbindungen der Dreiecksknotenpunkte besitzen nur eine geringe Steifigkeit. Sie bleibt bei der Berechnung außer Betracht. Die diagonalen Stäbe werden i. allg. als Zugstäbe, die kürzeren, vertikalen Pfosten als Druckstäbe angeordnet. Greifen die äußeren Kräfte nur in den Knotenpunkten an, so werden die Gurte nur durch Zug oder Druck beansprucht. Das ergibt eine günstige Ausnutzung des Holzes.

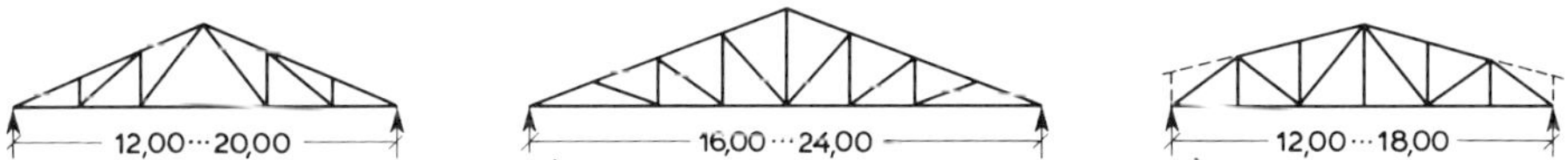

a) b) c)

1.94 Holzfachwerk-Binderformen

a) Dreieckbinder mit nach der Mitte zu ansteigenden Zugstäben. Die kurzen senkrechten Pfosten erhalten Druck. Die Binderhöhe beträgt in der Regel $\frac{1}{10}$ bis $\frac{1}{6}$ der Stützweite.

b) Dreieckbinder mit nach der Mitte zu fallenden Druckstäben. Die Vertikalstäbe erhalten Zug.

c) Mansardbinder (Trapezträger) mit gebrochener Dachfläche. Die steilere Lage des ersten Obergurtstabes ergibt eine günstigere Gestaltung des Auflagerknotenpunktes. Die Dachneigung im mittleren Binderteil soll mindestens 10% betragen. (Der unschöne Dachknick fällt weg, wenn die Traufe – wie punktiert – angehoben wird.)

---

[1]) Vgl. auch Abschn. 6 in Teil 1 dieses Werkes

Bei Anordnung von Sparrenpfetten (Hölzer, die die Funktion von Dachsparren – z. B. als Auflager für die Dachschalung – haben, aber wie Pfetten senkrecht zur Binderebene liegen), die in ≈ 80 cm Abstand liegen, werden die Obergurtstäbe auch auf Biegung beansprucht. Das Stabnetz ist so auszubilden, daß die Stablängen nicht zu groß und daß insbesondere die Druckstäbe mit Rücksicht auf die Knickbeanspruchung kurz werden. Fachwerkbinder sind wie alle Träger aus zusammengesetzten Querschnitten wegen der Nachgiebigkeit in den Verbindungsmitteln und des Schwindens zu überhöhen (≈ um $^{1}/_{200}$ der Spannweite). Diese Überhöhung ist dem Binder beim Abbinden auf dem Reißboden zu geben und danach das Stabnetz aufzutragen.

Alle Verbindungsmittel sind möglichst symmetrisch zur Stabachse und in Faserrichtung gegeneinander versetzt anzuordnen, damit sich bei Luftrissen nicht gleichzeitig alle Befestigungsmittel lockern und an Tragkraft einbüßen.

Schraubenbolzen sind nachzuziehen, insbesondere, wenn mit einem Schwinden des Holzes gerechnet werden muß. Sie müssen daher genügende Gewindelänge aufweisen und bis zur Beendigung des Schwindens zugänglich bleiben.

Die Stäbe der Fachwerkbinder sind zu berechnen. Die Stabkräfte werden zeichnerisch (Cremonaplan) oder rechnerisch (Rittersches Verfahren) ermittelt. Der Obergurt des Fachwerks erhält Druck, der Untergurt Zug, die Füllstäbe je nach Lage Druck oder Zug. Die Stäbe können als einteilige Stäbe (aus vollem Holz) oder als mehrteilige Stäbe ausgebildet werden.

Als Verbindungsmittel zwischen Stabholz und Zwischen- oder Bindehölzern dienen Leim, Nägel oder Dübel.

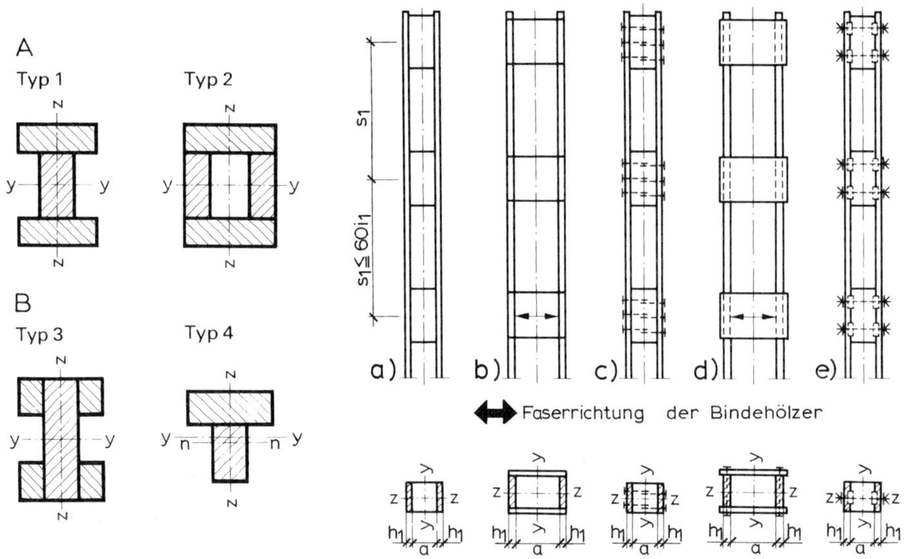

1.95 Beispiele für zusammengesetzte Stäbe

A mehrteilige Druckstäbe ohne Spreizung (nach DIN 1052 T1 Tab. 3

B mehrteilige Druckstäbe mit Spreizung (Rahmenstäbe); Spreizung = a/h_1 (nach DIN 1052 T1 Bild 10)

a) Zwischenhölzer, geleimt
b) Bindehölzer, geleimt
c) Zwischenhölzer, genagelt
d) Bindehölzer, genagelt
e) Zwischenhölzer, gedübelt

Tragende einteilige Einzelquerschnitte von Vollholzbauteilen müssen eine Mindestdicke von 4 cm und mindestens 40 cm^2 Querschnittsfläche haben (mit Ausnahme von Dachlatten), soweit nicht wegen der Verbindungsmittel größere Mindestabmessungen zu fordern sind.

Bei genagelten, geschraubten und geleimten Bauteilen muß der Einzelquerschnitt mindestens 2,4 cm dick sein und 14 cm^2 Querschnittsfläche besitzen (s. DIN 1052 T1 Abs. 6.3.1).

Bei mehrteiligen Stäben muß für den Knicknachweis zwischen nichtgespreizten (Querschnittstypen nach DIN 1052 T1 Tab. 8) und gespreizten (Querschnitte nach DIN 1052 T1 Bild 21), zusammengesetzten Stäben unterschieden werden (Bild **1**.95). Mit Spreizung wird der Wert a/h_1 = lichter Abstand/Einzelstabdicke bezeichnet.

Rahmenstäbe mit Zwischenhölzern haben in der Regel Spreizungen $\leqq 3$, Rahmenstäbe mit Bindehölzern Spreizungen > 3 und $\leqq 6$. Die Querverbindungen der Rahmenstäbe sind mindestens in den Drittelpunkten anzuordnen; außerdem müssen die Rahmenstäbe an den Enden Querverbindungen erhalten, wenn sie nicht durch mindestens 2 hintereinanderliegende Dübel oder 4 in einer Nagelreihe hintereinanderliegende Nägel angeschlossen sind.

Auch jede einzelne Querverbindung ist mindestens durch 2 Dübel oder 4 Nägel an jeden Einzelstab anzuschließen. Geleimte Zwischenhölzer sollen $\geqq 2a$ lang sein.

Nach DIN 1052 T1 Abschn. 7.1 ist bei den auf mittigen Zug beanspruchten Bauteilen nachzuweisen, daß die unter Berücksichtigung der Querschnittschwächungen (DIN 1052 T1 Abschn. 6.4) ermittelte Zugspannung die zulässigen Spannungen[1]) nicht überschreitet. Dabei ist in die Gleichung

$$\sigma_z = \frac{S}{A_n}$$

für A_n der nutzbare Querschnitt, d.h. der Querschnitt mit den größten Schwächungen einzusetzen (s. DIN 1052 T1 Abschn. 6.4).

Die Bemessungsregeln für Druckstäbe sind in DIN 1052 T1 Abschn. 9 zusammengefaßt. Falls Querschnittsschwächungen nicht berücksichtigt werden müssen, ist nur der Knicknachweis zu führen, und zwar (als Beispiel hier angeführt) für mittig gedrückte einteilige Stäbe nach der Gleichung

$$\sigma_\omega = \frac{\omega \cdot N}{A} \leqq \text{zul}\, \sigma_{D\parallel}$$

Hierin bedeuten:

N größte im Stab auftretende Druckkraft in kN
A ungeschwächter Stabquerschnitt in cm^2
ω vom Schlankheitsgrad λ abhängige Knickzahl (s. unten nach Tab. 4 DIN 1052 T1)
λ maßgebender Schlankheitsgrad des Stabes, d.h. der größere der beiden Verhältniswerte $\lambda_y = s_{ky}/i_y$ und $\lambda_z = s_{kz}/i_z$, wobei s_{ky} und s_{kz} die Knicklängen des Stabes für das Ausknicken rechtwinklig zu den Schwerachsen sowie i_y und i_z die zugeordneten Trägheitshalbmesser[2]) sind.

[1]) Es betragen (im Lastfall H) für europäische Nadelhölzer (Bauholz) nach DIN 1052 T1 Tab. 5

der Güteklassen	II	I
die zulässige Zugspannungen II	0,85	1,05 kN/cm^2
die zulässige Druckspannungen II	0,85	1,10 kN/cm^2

[2]) Für den Rechteckbalken ist $i_y = \sqrt{\frac{J_y}{A}} = 0{,}289\,h$ $\quad i_z = \sqrt{\frac{J_z}{A}} = 0{,}289\,b$ für ein Rundholz $\varnothing\, d$ ist $i = d/4$

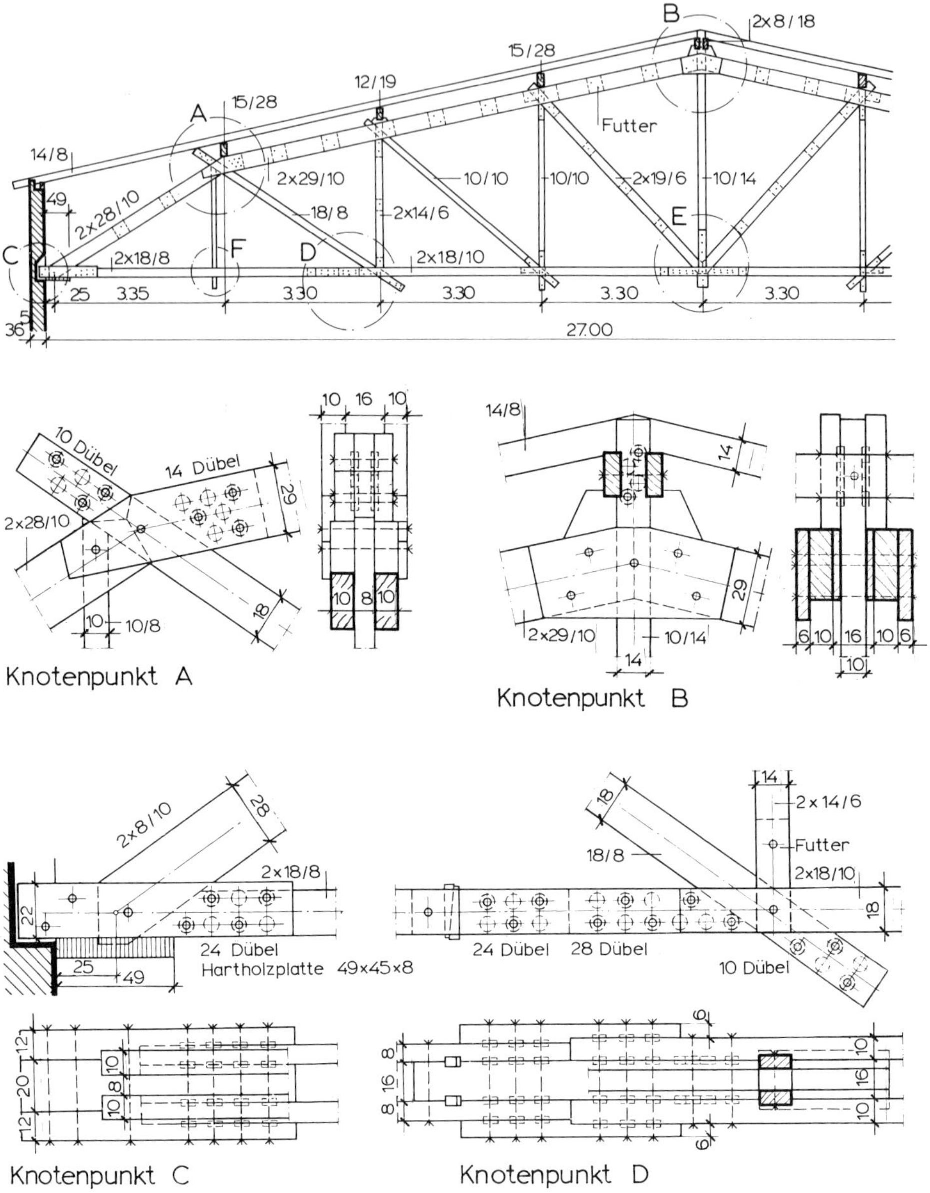

1.96 Fachwerkbinder (Fortsetzung s. nächste Seite)

⊕ = Bolzen

○ = Dübel

⊕ = Dübel mit Bolzen

Bild 1.96 Fortsetzung

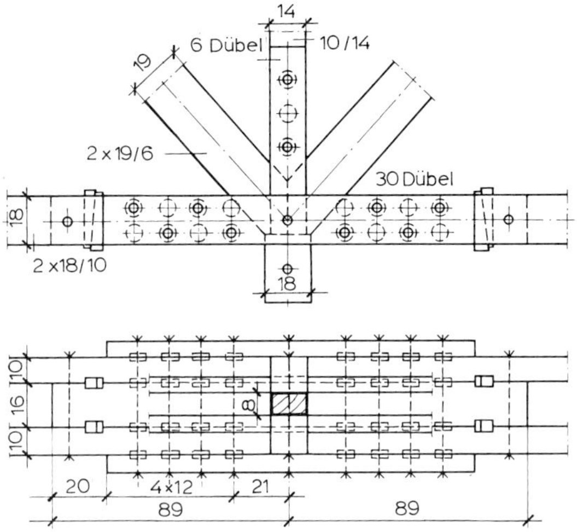

Knotenpunkt E

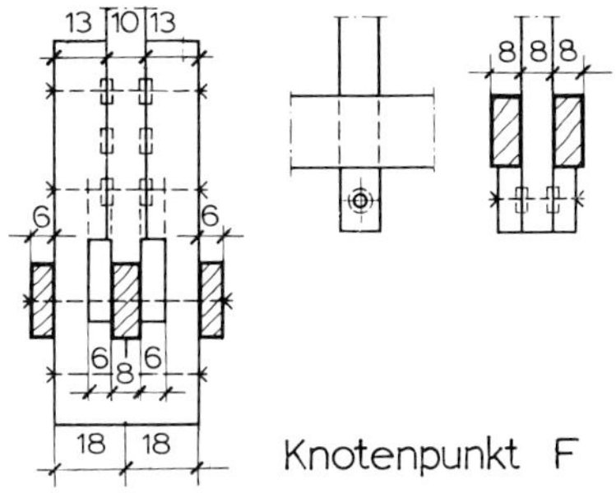

Knotenpunkt F

Einteilige Druckstäbe mit einem größeren Schlankheitsgrad als $\lambda = 150$ sind unzulässig (Ausnahmen s. DIN 1052 T1 Abschn. 9.2).

Für das Knicken in der Binderebene darf bei Füllstäben von Fachwerken mit $s_k = 0{,}8 \cdot s$ gerechnet werden ($s =$ Länge der Netzlinie). Ist ein Füllstab jedoch nur mittels Versatz oder durch Dübel mit einem Bolzen oder nur durch Bolzen angeschlossen, so gilt für ihn $s_k = s$.

Für das Knicken aus der Binderebene ist als Knicklänge bei Gurtstäben der Abstand der Queraussteifungen und bei Füllstäben stets die Länge der Netzlinie einzusetzen.

Gegen seitliches Ausweichen sind Druckgurte von Fachwerk- oder Vollwandträgern (nach DIN 1052 T1 Abschn. 10.3) zu sichern. Bei Dachbindern mit Stützweiten $< 12{,}50$ m genügen in der Regel etwa vorhandene Windverbände, die im Normalfalle in der Obergurtebene liegen und gegebenenfalls die waagerechten, auf die Giebelseiten wirkenden Windkräfte in die Binderauflager und durch weitere Konstruktionsmaßnahmen in die Fundamente leiten.

Dachlatten gelten nur bei Sparren- und Kehlbalkendächern als ausreichende seitliche Stützung, jedoch nur bei Binderspannweiten < 15 m und nur dann, wenn die Sparren an einen Verband angeschlossen sind. Dachschalungen können unter den in DIN 1057 T1 Abschn. 10.4 genannten Bedingungen zur seitlichen Abstützung herangezogen werden.

Fachwerkbinder unterscheiden sich, abgesehen von Zweck, Form und Größe, wesentlich durch die Gestalt der Stabquerschnitte die Art der Verbindungsmittel voneinander. Im folgenden werden je ein Fachwerkbinder mit Dübelverbindungen (Bild **1**.96) und als genagelter Brettbinder (Bild **1**.97) sowie Dachkonstruktionen unter Verwendung von geleimten Gitterträgern (Dreiecksstrebenbau und Trigonit) dargestellt (Bild **1**.104 bis **1**.110).

Nach der Binderform in Bild **1**.94c ist der Fachwerkbinder in Bild **1**.96 gebildet, der für architektonisch weniger anspruchsvolle, mittelgroße Hallen in Betracht kommt. Ober- und Untergurt sind zweiteilig. Vertikal- und Diagonalstäbe teils ein-, teils zwei-

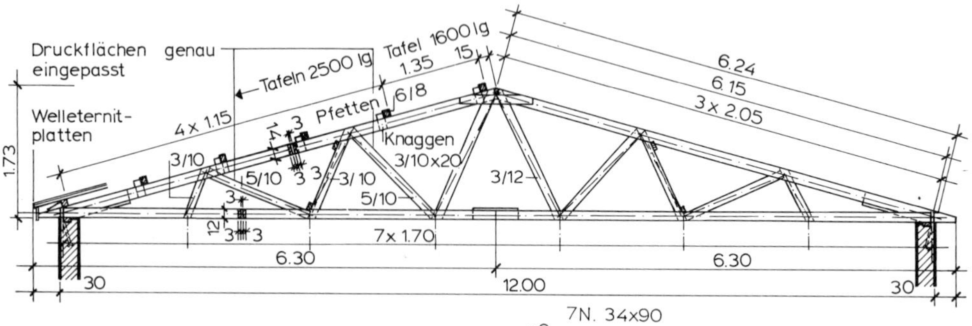

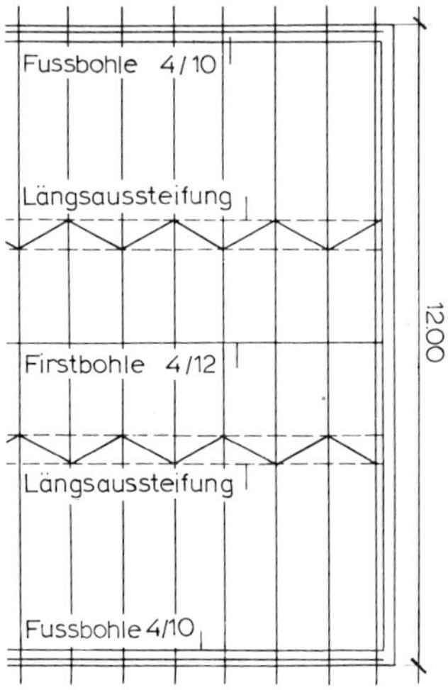

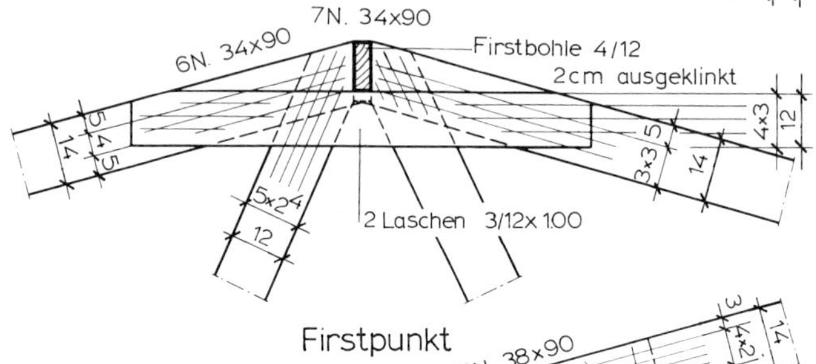

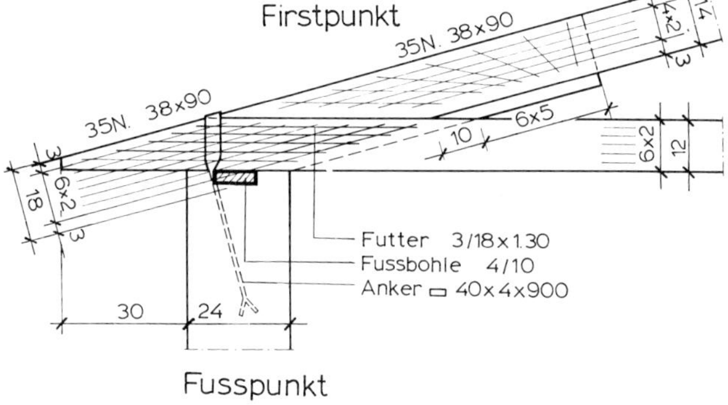

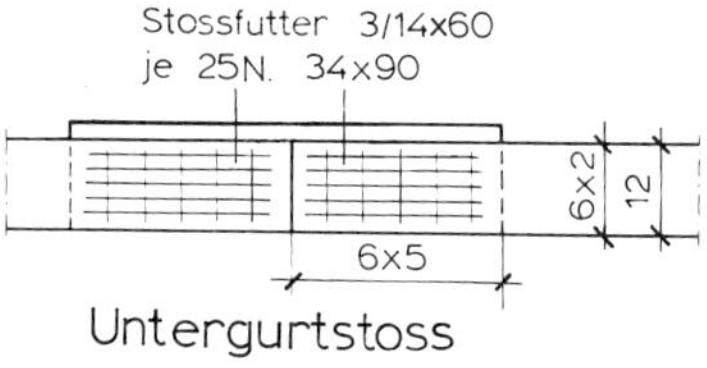

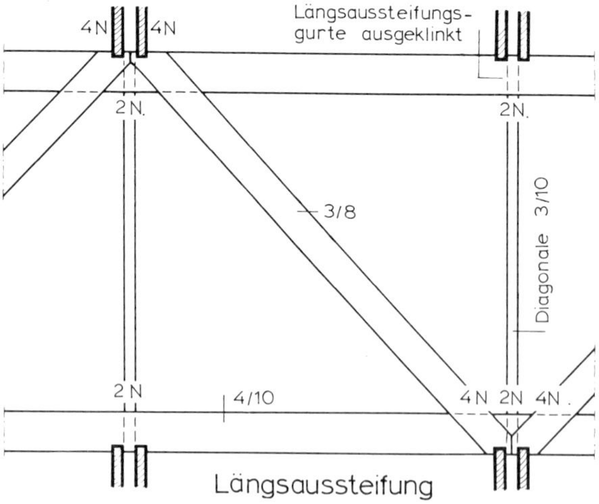

1.97
Genagelte Fachwerk-Brettbinder mit Längspfetten für Wellplatten

Nadelholz Güteklasse II
Nägel: 34 × 90 und 38 × 90
Binderabstand 1,00 m
(Umfassungswände: Stahlbeton-Rahmenkonstruktion)

teilig. Die Pfetten stehen senkrecht auf den Obergurtknotenpunkten. Für die Verbindung in den Knotenpunkten sind Dübel (aus Hartholz oder aus Stahl) in Form eines Doppelkegels verwendet, die für die Heftbolzen durchbohrt sind und in maschinell hergestellte Aussparungen sorgfältig eingepaßt werden müssen. Die Anordnung der Hölzer, Dübel und Heftbolzen ist aus den dargestellten Knotenpunkten ersichtlich.

Als genagelte Brettbinder bieten Fachwerkträger u. U. wirtschaftlichere Lösungen, wenn sie, in normalen Sparrenabständen, unmittelbar die Schalung tragen, als wenn sie, entsprechend schwerer konstruiert, nur alle 4 m bis 5 m zur Pfettenunterstützung angeordnet werden (Bild **1**.97).

Bild **1**.97 zeigt als weitere Variation einen genagelten Fachwerkbinder mit Längspfetten als Auflager für Wellasbestzementplatten. Zu beachten ist die besonders sorgfältige Längsaussteifung, die hier angewandt wird, weil bei der verwendeten Dachdeckung die Möglichkeit zusätzlicher Windeinwirkung senkrecht zur Binderachse besteht.

Für die stützenlose Überdachung großer Räume werden Fachwerkbinder auch als Rahmenbinder ausgeführt. Sie können (ebenso wie Stahlbinder usw.) hier nicht behandelt werden, und es muß auf Spezialliteratur verwiesen werden.

1.2.4.4 Vorgefertigte Konstruktionselemente

Kastenträger

Aus brettschichtverleimten Gurten in Verbindung mit Bausperrplatten entstehen verleimte Kastenträger, die bei geringerem Gewicht und Holzverbrauch ähnlich eingesetzt werden können wie Hetzerträger. Als Kombination des Kastenträger- und Hetzerträgerprinzips vorgefertigte Flachdachelemente werden für große, freie Spannweiten eingesetzt (Bild **1**.98).

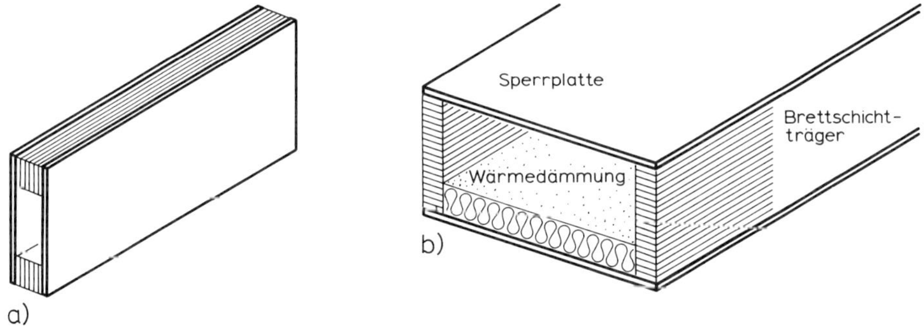

1.98 Kastenträger
a) Kastenträger
b) vorgefertigtes Flachdachelement

Vollwandträger

Mit Querschnittsformen, die denen von Stahlprofilen vergleichbar sind, werden genagelte oder geleimte Vollwandträger aus rauhen Brettern und Bohlen sowie Kanthölzern der Güteklassen I und II hergestellt (Bild **1**.99).

Bei Hohlkastenprofilen fallen die Brettfugen von beiden Seiten nach der Balkenmitte zu; übliche Brettdicke 24 mm. Jedes Brett soll mit mindestens 4 Nägeln an das Gurtholz angeschlossen werden. Auch die Kreuzungsstellen mit den Druckpfosten (Stegaussteifungen) sind zu nageln.

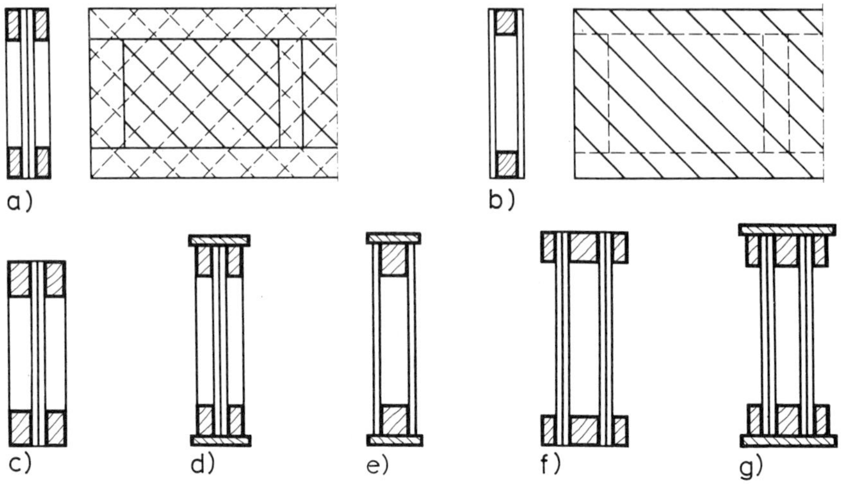

1.99 Genagelte Vollwandbinder
a) I-Form mit außenliegenden Gurten
b) Hohlkastenform mit innenliegenden Gurten
c) bis g) verschiedene Möglichkeiten von Stegbrettern und Gurthölzer

Die Gurthölzer sind Bohlen oder schwache Kanthölzer; sie sollen so angeordnet werden, daß die Splintholzschichten am Steg liegen. Jedenfalls ist zu vermeiden, daß das eine Gurtholz mit dem Splint, das andere mit dem Kernholz am Steg liegt, weil sonst die Gefahr des Verziehens besteht. Der Gurtquerschnitt kann durch Gurtbretter verstärkt werden (**1**.99c bis g). Gurtholzstöße werden durch verleimte Keilzinkung hergestellt. Zwischen die Gurthölzer sind sowohl bei den I- als auch bei Hohlkastenquerschnitten Versteifungspfosten anzuordnen; ihre Abstände sind etwa gleich der Trägerhöhe.

Berechnungs- und Bemessungsvorschriften für Vollwandträger sind in DIN 1052 T1 Abschn. 8.4 enthalten. Im übrigen sind die Bestimmungen in DIN 1052, die die Nagelverbindungen betreffen, zu beachten.

Wegen des hohen Lohnkostenanteils sind genagelte Vollwandträger weitgehend durch geleimte Konstruktionen verdrängt worden. Zu ihnen gehören als geleimte Vollwandträger der Kämpfstegträger oder Vollwandträger mit Sperrholzstegen, insbesondere die fabrikmäßig in beliebigen Längen herstellbaren W e l l s t e g t r ä g e r. Bei ihnen wird der aus 4 bis 7 mm dickem, verleimtem Sperrholz hergestellte Steg maschinell in die wellenförmig ausgefräste Nute der Gurthölzer eingepreßt und verleimt. Wellstegträger werden in Dachtragwerken ähnlich wie übliche Vollholzquerschnitte eingebaut. An Knoten-

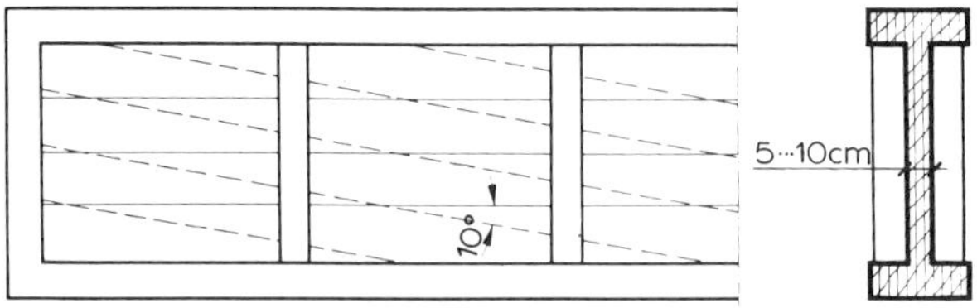

1.100 Geleimter Vollwandträger (Kämpfstegträger)
Bei zweilagigem Steg sind die Bretter um je 5° gegen die Horizontale geneigt; bei dreilagigem Steg ist, wie hier, nur die mittlere Brettlage, und zwar um 10°, geneigt

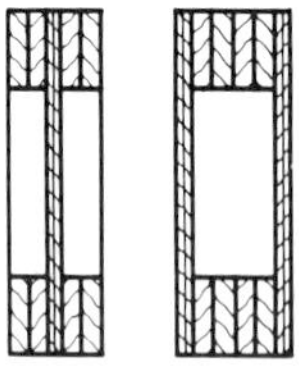

1.101 Geleimte Vollwandbinder mit Sperrholzstegen (Furnierplatten)

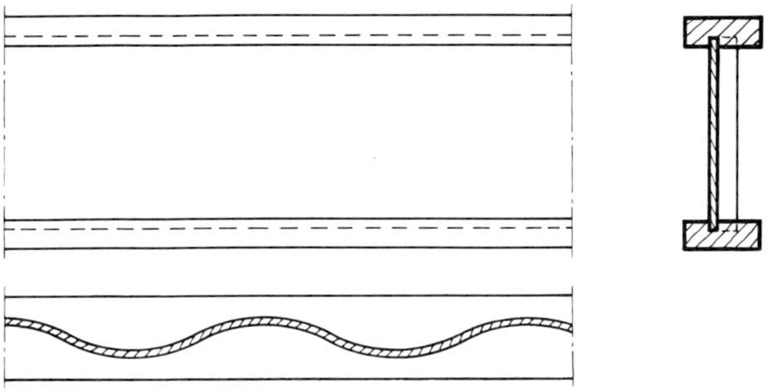

1.102
Wellstegträger
(Stegdicke 4 bis 7 mm)

punkten, in denen Druckkräfte übertragen werden müssen, werden Pfetten oder entsprechende Anschlußteile so ausgeschnitten, daß die Krafteinleitung über die Gurte der Wellstegträger möglich ist (s. Bild **1**.103). Auskragende Gesimse u.ä. werden in Form von Zangen angebracht, die sich unter Verwendung von Füllhölzern, an beide Seiten des Wellstegs anlegen.

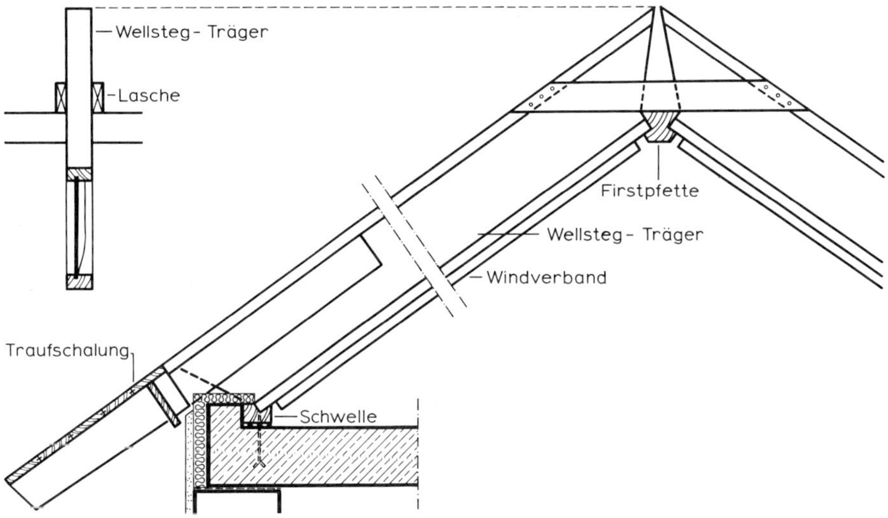

1.103 Wellsteg-Träger in Sparrendach

Vorgefertigte Gitterträger

Der den Fachwerken zugrunde liegende Gedanke, durch Aneinanderreihen einer Vielzahl von aus Stäben gebildeten Dreiecken sehr leistungsfähige und materialsparrende ebene Tragwerke zu konstruieren, führt schließlich zum vorgefertigten Gittersteg-

1.104
Geleimter Gitterträger
(Dreieckstrebenbau)
Um das Aufreißen der Leimfugen zu vermeiden, liegen die Ausfräsungen für die Strebenzinken auf der dem Schwinden mehr unterliegenden Splintseite der Gurthölzer

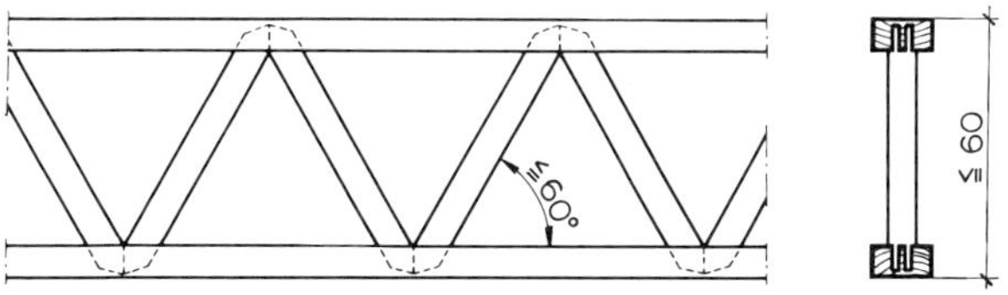

träger, bei dem der Steg zwischen Obergurt und Untergurt in kurze Diagonalstäbe aufgelöst ist, die durch Zinkung und Leimung praktisch starr miteinander verbunden sind. Besonders bekannt sind die DSB-Träger (Dreieckstrebenbau, Bild **1**.104 bis **1**.109) und die Trigonit-Dachtragwerke (s. Bild **1**.110).

Mit Hilfe der hochentwickelten Verfahren der Leimverbindungen ist es möglich, Träger dieser Art maschinell und auch als komplette Bau-Elemente herzustellen, aus denen Dachtragwerke nach Bedarf zusammengesetzt werden können.

Die DSB-Träger[1]) sind als Sparren und Pfetten bis zu Längen bzw. Stützweiten von 12 und 15 m zugelassen[2]). Die Gitterstreben sind hier mit Zinken in die parallel oder geneigt zueinander verlaufenden Gurte geleimt.

Je nach Beanspruchung unterscheiden sich die vorgefertigten DSB-Träger nach folgenden, z. T. unmittelbar voneinander abhängigen Größen:

Zinkenform: s. Bild **1**.104 und **1**.107

Zinkendicke: 8 mm, 10 mm

Strebentypen: 2-Zinker, 3-Zinker, 2 × 2-Zinker (d. h. Doppelstrebe mit 2 Zinken)

Strebenneigung: 45°, 50°, 55°, 60°

Nadelholzgüteklasse II, falls der Zulassungsbescheid nicht zus. Anforderungen verzeichnet.

Strebendicke: 2,8 cm, 3,5 cm, 4,5 cm, 5,5 cm

Strebenbreite: 5 cm, 6 cm, 8 cm

Gurtdicke: gleich zugehöriger Strebenbreite

Gurtbreite: 8 cm, 10 cm, 12 cm

Trägerhöhe: 30 cm bis 80 cm

Ober- und Untergurt haben einen gleichen und über die ganze Länge gleichbleibenden Querschnitt. Auch die Streben sind in Form, Leimfläche, Querschnitt, Neigung, Zinkenzahl und -form über die ganze Trägerlänge gleich (Bild **1**.105).

Die DSB-Träger bilden eines der Beispiele dafür, wie durch das Zusammenwirken von uralten natürlichen und neuen künstlichen Baustoffen (wie Holz und Kunstharzleimen)

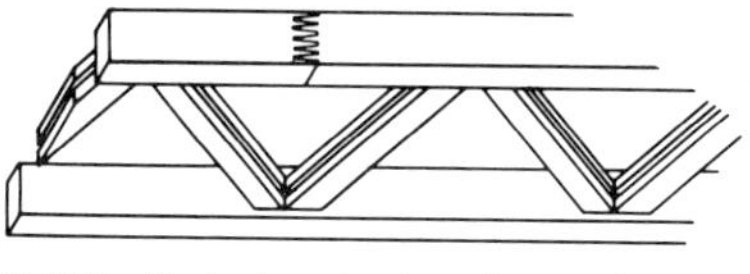

1.105 Dreieckstrebenbau, Isometrie

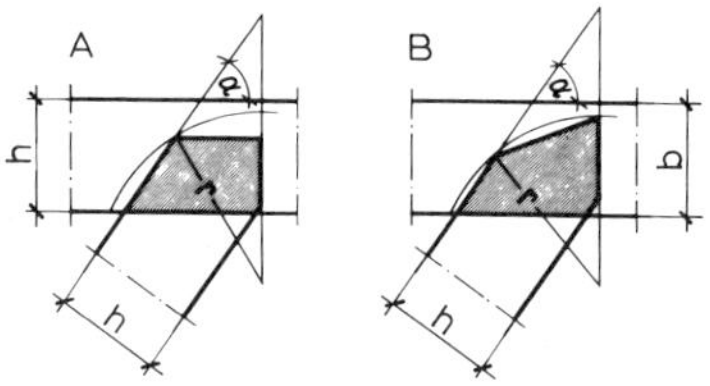

1.107 Dreieckstrebenbau
Leimflächengrößen bei Zinkenform A und B
h = *b* = Gurthöhe = Strebenbreite;
r = Fräserradius

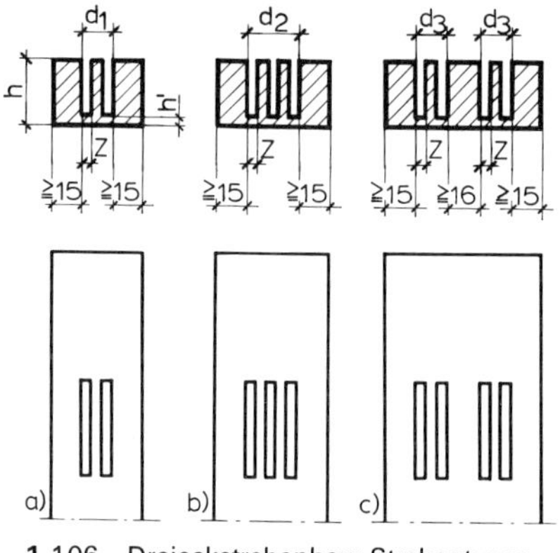

1.106 Dreieckstrebenbau; Strebentypen
a) 2-Zinker
b) 3-Zinker
c) 2 × 2-Zinker

[1]) Handel, P.: Konstruktionsgrundsätze und Bemessungstabellen für den Dreieck-Streben-Bau. Berlin–München–Düsseldorf 1970.

[2]) Die Zulassungsbedingungen enthalten u. a. Hinweise auf mögliche Ausnahmen durch Sondergenehmigungen sowie Auflagen über die Werkstoffgüte. Umfangreiche Bemessungstabellen ermöglichen die Auswahl von Stäben mit optimalen Leistungen für den jeweiligen Zweck.

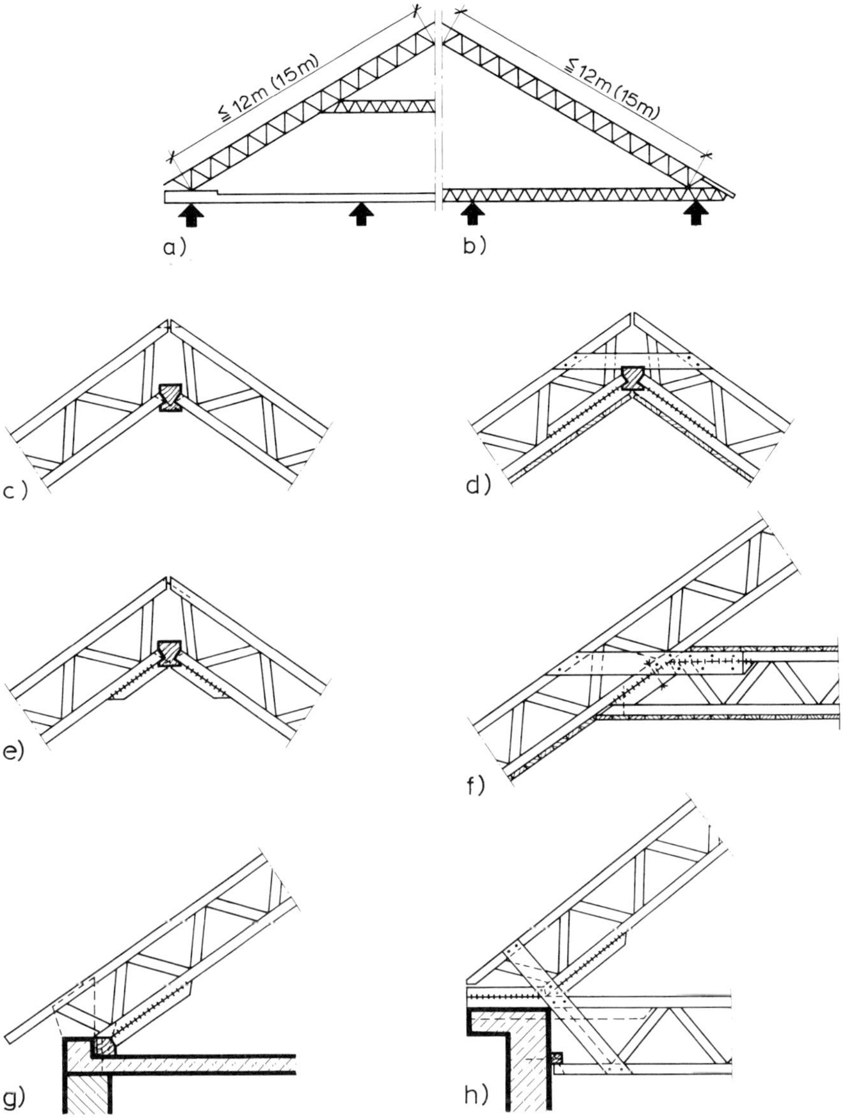

1.108 Dreieckstrebenbau

a) Schema: Kehlbalkendach über Massivdecke
b) Schema: Sparrendach mit Sparren und Balken aus DSB-Trägern
c) Firstpunkt, einfache Ausführung
d) Firstpunkt, mit verdeckter Gelenkpfette (bei Dachausbau)
e) Firstpunkt mit Untergurtverstärkung bei höherem Gelenkdruck
f) Kehlbalkenanschluß bei Dachausbau mit größeren Kehlbalkenbelastungen
g) Traufpunkt bei Massivdecke; Auflagerung über Längsschwelle (Hartholz); Sparrenzwischenräume ausgemauert
h) Traufpunkt an Massivgesims mit Verstärkung des Dachbalkenobergurts und des Sparrenuntergurts

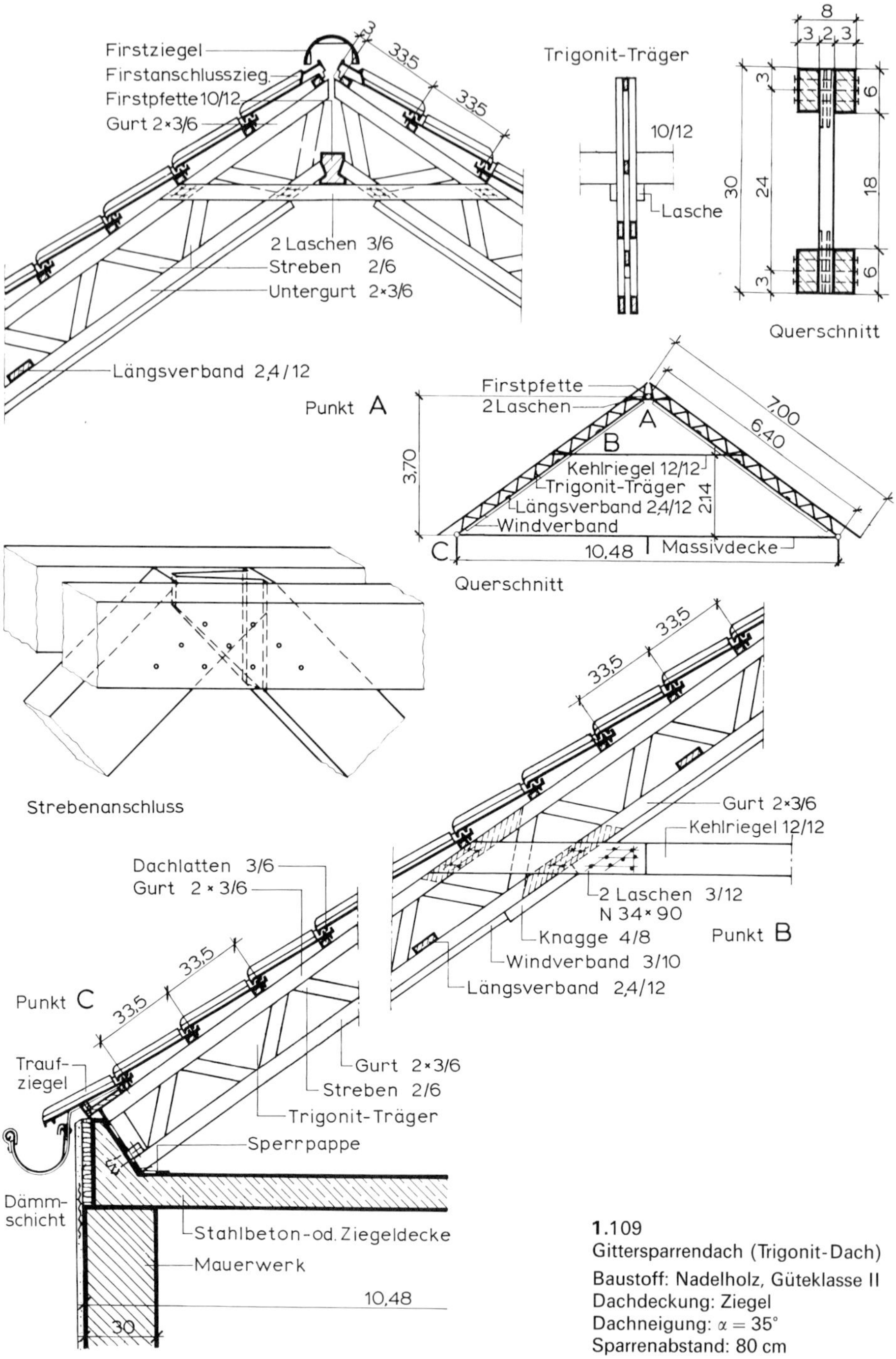

1.109
Gittersparrendach (Trigonit-Dach)
Baustoff: Nadelholz, Güteklasse II
Dachdeckung: Ziegel
Dachneigung: $\alpha = 35°$
Sparrenabstand: 80 cm

sowie neuzeitlichen Rechenmethoden und wirtschaftlichen Fertigungsverfahren schnell und zuverlässig optimale Baumaßnahmen zu ermöglichen sind.

Im Gegensatz zu dem eben dargestellten geleimten DSB-Fachwerkträger sind beim Trigonit-Träger[1]) nur die Diagonalstäbe des Gitterstegs, und zwar unter Verwendung der Keilzinkung miteinander verleimt (Bild **1**.109). Die Gurthölzer (zwei- bzw. dreiteilig, 24 mm bis 60 mm dick und 50 mm bis 120 mm breit) werden auf die verleimten Gitterstäbe genagelt. Ein Zusammenwirken verschiedener Verbindungsmittel, das nach DIN 1052 T2 Abs. 13 bei Leimverbindungen nicht in Rechnung gestellt werden darf, liegt hier nicht vor, weil die Nagelung nur die Differenz der Horizontalkomponenten der Strebenkräfte auf die Gurthölzer überträgt, während die Vertikalkomponenten der Strebenkräfte auf die Gurte nicht einwirken.

Brettschichtträger

Eines der ältesten vorgefertigten Konstruktionselemente aus Holz stellt der Brettschicht- oder Hetzer-Träger (Zimmerermeister Hetzer, Weimar 1907), dar, der als Vollprofil aus lamellenartig verleimten, gehobelten Brettern in Rechteckquerschnitten ab 8 cm Breite und bis über 2,00 m Höhe in vielfachen Formen hergestellt werden kann. Es sind auch gebogene Trägerformen möglich. Spannweiten bis etwa 30 m können wirtschaftlich überbrückt werden. Darüber hinaus können Hetzerträger in Rahmenkonstruktionen eingesetzt werden (Bild **1**.110).

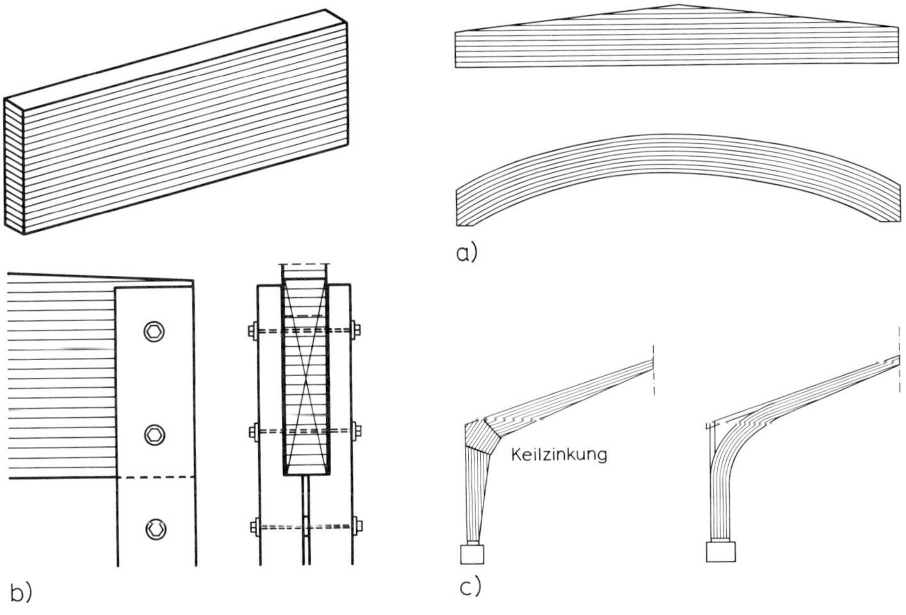

1.110 Brettschichtträger
a) Mögliche Trägerformen
b) Auflager auf zweiteiliger Holzstütze
c) Dreigelenkrahmen

[1]) In der Schweiz von Gottfried Kämpf entwickelt.

Brettschichtträger werden heute vielfach anstelle von Vollhölzern großer Abmessungen verwendet, weil sie absolut maßhaltig hergestellt werden können, nicht reißen, quellen oder schwinden und auch ein günstiges Brandverhalten aufweisen (vgl. Abschn. 12.6 in Teil 1 dieses Werkes).

Rosttragwerke

Aus Vollholzprofilen, Brettschichtträgern und auch aus vorgefertigten Gitterträgern können weitgespannte, ebene Tragwerke in Form von Rosten hergestellt werden, in denen sich die einzelnen Träger rechtwinklig oder sternförmig schneiden. Rosttragwerke können in Leimbauweise dadurch hergestellt werden, daß die Brettlagen von Brettschichtträgern abwechselnd überlappend an Kreuzungspunkten durchlaufen (Stapelbauweise). Bei einer derartigen Herstellung sind wegen der Transportprobleme jedoch nur begrenzte Abmessungen der Gesamtelemente möglich. Brettschichtträger können aber auch durch Stahlkreuze oder -sterne in den Knotenpunkten so untereinander verbunden werden, daß Rosttragwerke auf Quadrat-, Rechteck- oder Vieleckrastern entstehen. Die Feldgrößen werden so bemessen, daß für die Ausfachung übliche Vollholzquerschnitte bei Holzlängen von 4 bis 5 m verwendet werden. Diese Sekundärträger werden dabei meistens in wechselnden Spannrichtungen eingebaut, so daß die Hauptträger jeweils nur einseitig belastet werden (Bild **1**.111).

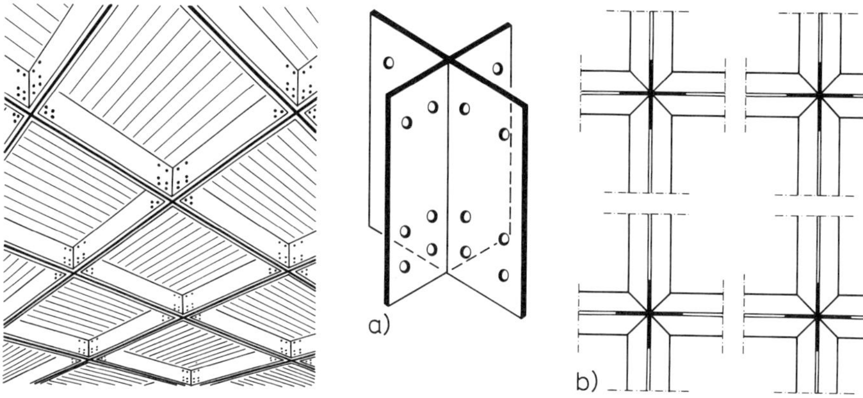

1.111 Rosttragwerk aus Holz
a) Stahlkreuz für biegesteife Knotenverbindung
b) Grundriß eines orthogonalen Rosttragwerkes

Raumtragwerke

Mit Hilfe sternförmiger Stahlverbinder (ähnlich wie in Bild **1**.111 a) können auch räumliche Tragwerke aus Holz mit großen Spannweiten ausgeführt werden. Das in Bild **1**.112 gezeigte Beispiel zeigt einen Ausschnitt aus einer Konstruktion, die auf einem Grundraster von 2,40 m aufbauend Spannweiten bis zu 28 m überbrückt.

Raumtragwerke sind jedoch nicht nur aus geraden oder in einer Richtung gekrümmten Trägern möglich. Die Herstellungsmöglichkeiten für Brettschichtträger gehen inzwischen so weit, daß auch räumlich gebogene Bauteile gefertigt werden können, mit denen auch gestalterisch sehr anspruchsvolle Tragwerke geplant werden können.

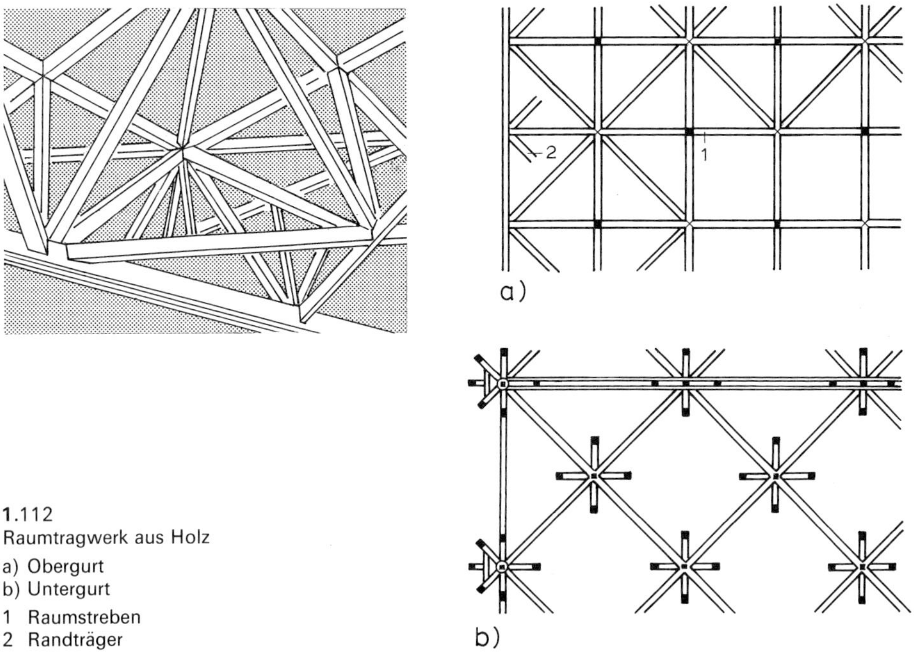

1.112
Raumtragwerk aus Holz
a) Obergurt
b) Untergurt
1 Raumstreben
2 Randträger

1.3 Dachtragwerke aus Stahl

1.3.1 Allgemeines

Stahlkonstruktionen kommen besonders im Bereich des Industriebaues überall dort vor, wo der Einsatz von Holz zum Beispiel aus Gründen des Brandschutzes nicht möglich ist. Es sollte allerdings beachtet werden, daß zwar Stahlkonstruktionen nicht brennbare Bauteile darstellen, aber in ihrem Brandverhalten vielfach kritischer beurteilt werden müssen als etwa Holz-Leimbauteile. Sie erfordern in vielen Fällen aufwendige Brandschutzmaßnahmen (s. Abschn. 12.6 in Teil 1 dieses Werkes) und Korrosionsschutz.

Im folgenden soll ein Überblick über die verwendeten Konstruktionselemente und -systeme aus Stahl gegeben werden. Für eine ausführliche Darstellung muß jedoch auf Spezialliteratur verwiesen werden.

1.3.2 Korrosionsschutz

Stahlbauteile, die einer Festigkeitsberechnung oder einer bauaufsichtlichen Zulassung bedürfen (d.h. praktisch alle tragenden Bauteile), müssen einen Korrosionsschutz gemäß DIN 55928 erhalten.

Er kann bestehen aus
- Beschichtungen (Anstrichen), 1- bis 4fach aufgetragen,
- Überzügen aus metallischen Schichten (im Stahlbau bevorzugt Feuerverzinkung),
- Korrosionsschutz-Systemen, die eine Kombination aus Beschichtungen und Überzügen bilden.

Einen Überblick über Beschichtungsarten und erforderliche Schichtdicken gibt Tabelle **1**.113 [33].

Tabelle **1**.113 Korrosionsschutz, Aufgaben und Schichtdicken

Anzahl der Schichten	Beschichtung Überzug	Sollschichtdicke je Schicht in µm	Aufgaben
1	Fertigungsbeschichtung (FB)	15 bis 25	Schutz der Stahlbauteile während Lagerung, Fertigung und innerbetrieblichem Transport
1 bis 2	Grundbeschichtung (GB)	40 normal 80 DICK	Schutz der Stahloberfläche gegen Korrosion
1 bis 2	Deckbeschichtung (DB)	40 normal 80 DICK	Schutz der Grundbeschichtung bzw. in besonderen Fällen der Feuerverzinkung vor aggressiven Stoffen
1	Feuerverzinkung (Stückverzinkung)	50 bis 85 (360 bis 610 g/m^2)	Schutz der Stahloberfläche vor Korrosion

Bemerkung: normal = normale Beschichtungsstoffe, DICK = dickschichtige Beschichtungsstoffe

1.3.3 Profilträger

Als Tragelemente bei flachen Dächern kommen für Binder und Pfetten alle Walzprofile der genormten Reihen (z. B. IPE, IPB, IPBI, IPBv)[1]) insbesondere überall dort in Frage, wo nur geringe Bauhöhen zur Verfügung stehen. In vielen Fällen kann auch der Einsatz

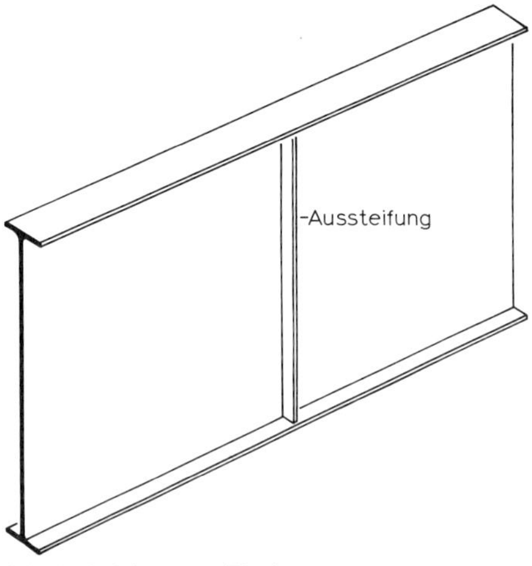

1.114 Leichter, aus Blech verschweißter Träger

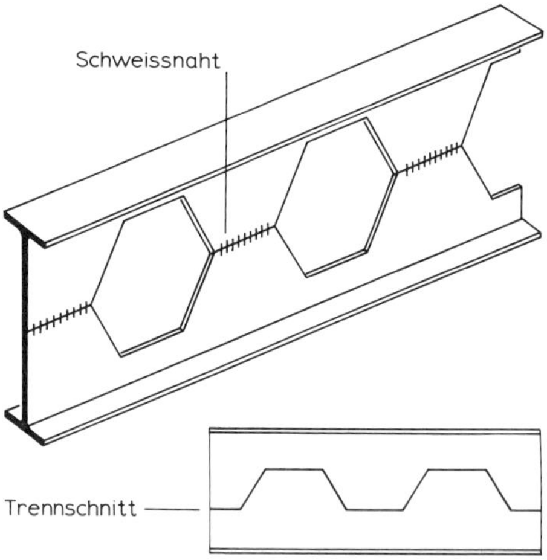

1.115 Wabenträger

[1]) Nach Euro-Norm 53 bis 62 lautet das Kurzzeichen für breite I-Träger HE ... B (z. B. IPB 300 entspricht HE 300 B).

speziell angefertigter Träger wirtschaftlich sein, die als Kasten- oder als hohe I-Profile aus relativ dünnen Blechen mit entsprechenden Beulsicherungen maschinell hergestellt werden können (Bild **1**.114).

Eine Sonderform dieser Trägerart stellen die Wabenträger dar, die aus sägezahnförmig aufgeschnittenen üblichen Walzprofilen verschweißt werden (Bild **1**.115).

Eine andere Möglichkeit, die Tragfähigkeit der handelsüblichen Profile zu erhöhen, besteht in der „Unterspannung". Unterspannte I-Profile werden vielfach dort verwendet, wo die zulässige Durchbiegung des Tragprofiles sonst überschritten werden würde (Bild **1**.116).

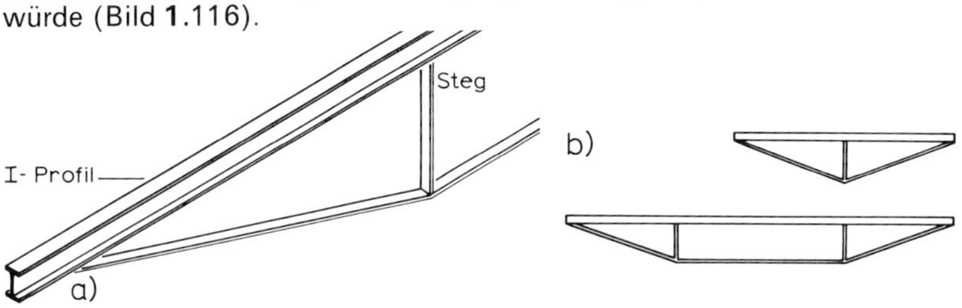

1.116 Unterspannter Profilträger
a) Unterspannung, b) einfache und doppelte Unterspannung

1.3.4 Profilblechkonstruktionen

Wenig geneigte oder flache Dachflächen können sehr wirtschaftlich durch trapezartig geformter Stahlblechelemente hergestellt werden. Trapezblechkonstruktionen stellen großflächige Leichtbauelemente dar, die sich durch ihre unterschiedliche Querschnittprofilierung und Materialdicke den jeweiligen statischen Anforderungen optimal anpassen. Sie überbrücken auch sehr große Spannweiten und sind unabhängig von der Art der Unterkonstruktion.

Trapezbleche in der in Bild **1**.117 gezeigten Form können als 1-, 2- oder 3-Feldträger mit Einzelspannweiten bis etwa 8,00 m eingesetzt werden.

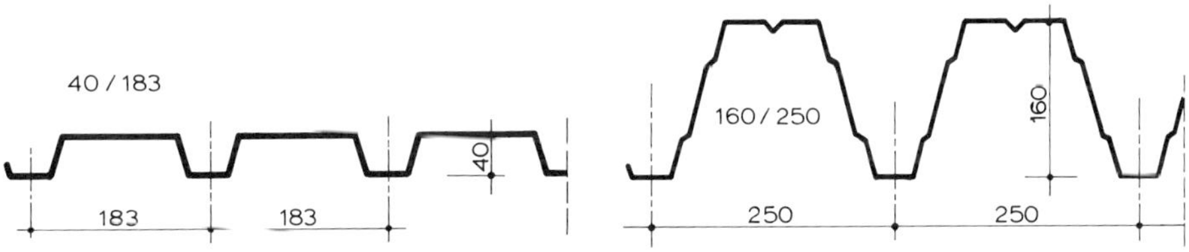

1.117 Trapezblechprofile (HOESCH)

Trapezblechelemente lassen sich ohne großen Montageaufwand auf praktisch allen Unterkonstruktionen leicht verlegen und können kraftschlüssig so miteinander und der Unterkonstruktion verbunden werden, daß Windverbände und Aussteifungen überflüssig werden. Die bis zu 18 m langen Elemente sind verzinkt und können zusätzlich lackiert oder beschichtet werden. In den Hohlräumen der Platten können Kabel verlegt werden. Jede Art von Abhängungen ist mit Hilfe von Kippdübeln oder seitlich aufgenieteten Abhängern leicht herzustellen.

Mit Systemen, die aus Spezial-Trapezelementen von 75 cm Breite bestehen, können als Mehrfeldträger Spannweiten von etwa 10 m überbrückt werden (Bild **1**.118).

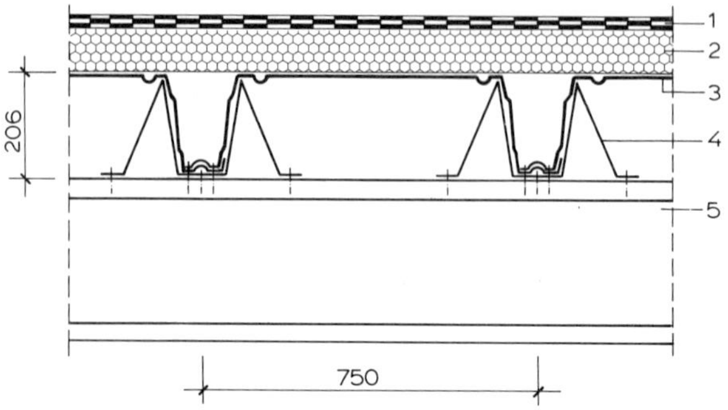

1.118
Trapezgroßprofile (HOESCH)
1 mehrlagige Abdichtung
2 Wärmedämmung
3 Trapezblech
4 Stützelemente
5 Unterkonstruktion

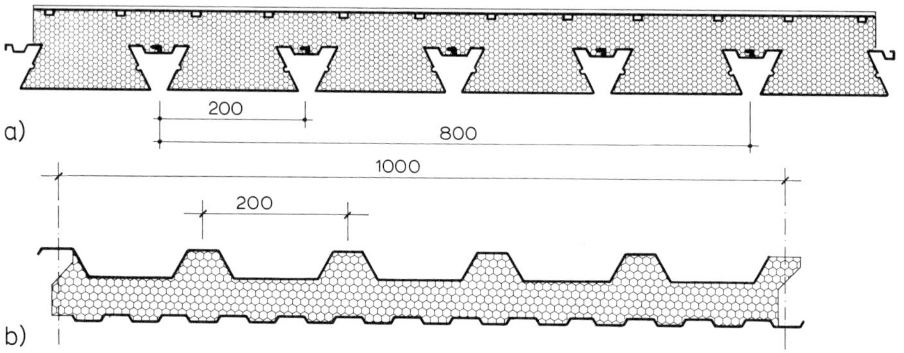

1.119 Flachdachelemente aus Trapezblech
a) DLW-Dachelement, Dachabdichtung nachträglich aufzubringen
b) HOESCH-Isodach TL. Trapezprofilierte Oberfläche (Wasserablauf berücksichtigen!). Keine weitere Flächenabdichtung erforderlich. Stöße mit Dichtungsbändern

Trapezblechkonstruktionen sind auch als vorgefertigte Flachdachelemente mit bereits aufgeschäumter Wärmedämmung auf dem Markt (Bild **1**.119). Bei allen derartigen Elementen muß der sorgfältigen Ausbildung von Längsstößen (Wärmebrücken) und dem Anschluß von Zwischenwänden (Schallübertragung) besondere Aufmerksamkeit gewidmet werden.

1.3.5 Gittertragwerke

Für große Spannweiten, verbunden mit schweren Dachflächen, werden Gitterbinder als ingenieurmäßige Stahlkonstruktionen in den verschiedensten Formen eingesetzt. Gittertragwerke sind sehr oft im Zusammenhang mit Sheddachkonstruktionen (s. Abschn. 1.1.1) anzutreffen (Bild **1**.120).

Nach den in Abschn. 1.2.2 und 1.2.2.2 aufgezeigten konstruktiven Überlegungen können für Dachtragwerke auch gitterartige Binderkonstruktionen aus Stahl eine Alter-

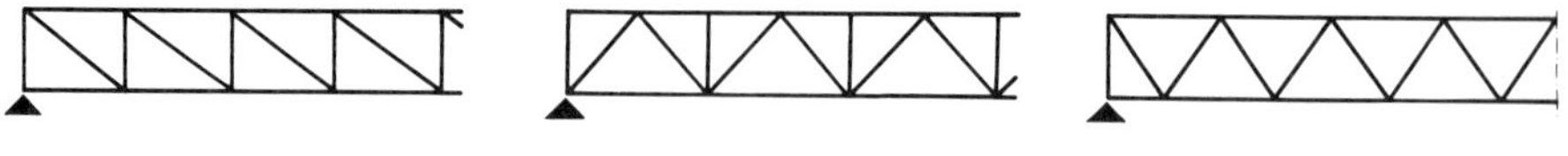

1.120 Formen von Gitterbindern (schematische Darstellung)

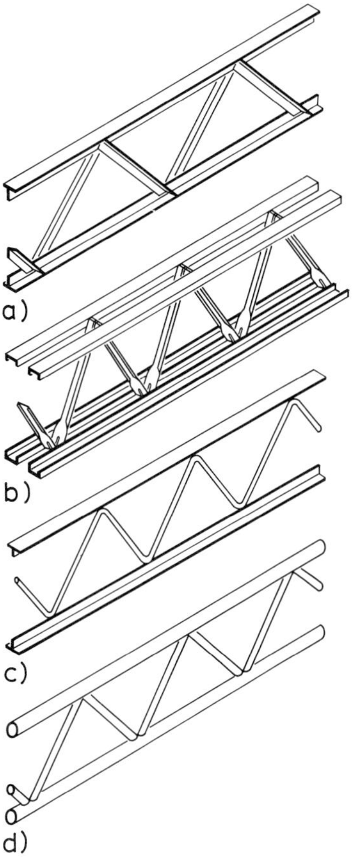

1.121 Leichte Stahlfachwerkträger
a) Stahlfachwerk aus T-Profilen und aus Winkeln
b) R-Träger aus gebogenen Rundstählen zwischen Gurten aus T-Profilen
c) Vollautomatisch hergestellte X-Träger aus kalt verformtem Stahlblech
d) Fachwerk aus Stahlrohren

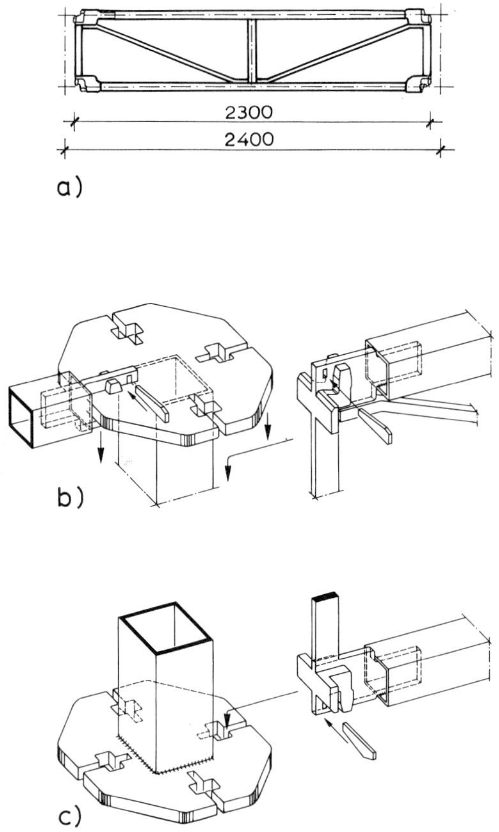

1.122 Stahlbausystem Rüter GmbH, Dortmund
a) Gitterträger-Element
b) oberer Anschlußknoten
c) unterer Anschlußknoten

native zu entsprechenden Holzkonstruktionen sein. Für Lager- und Fahrzeughallen mit ungedämmten Leichtdächern werden leichte *Stahlfachwerkträger* verwendet. Derartige Fachwerkträger können in vielfachen Dimensionierungen aus Winkel-, Vierkant- oder Rundstahlprofilen zusammengesetzt werden oder als sogenannte R-Träger (R = Rundstahl als Stabwerk) oder X-Träger (kalt verformte Bleche) vollautomatisch hergestellt werden (Bild **1**.121).

Ein Stahlbausystem, bei dem Gitterträger baukastenartig mit Spannweiten bis zu 7,20 m durch verkeilte Spezialverbinder zusammengefügt werden, zeigt Bild **1**.122.

1.3.6 Raumtragwerke

Die konsequente Weiterentwicklung der nur in einer Ebene wirksamen, in den vorangegangenen Abschnitten beschriebenen Tragsysteme stellen die Raumtragwerke dar. In ihrem räumlichen Fachwerkgefüge entstehen in sich steife Bauteilsysteme, die keiner horizontalen Wind- bzw. Stabilisierungsverbände bedürfen. Sie können auf Stützen aus Stahl oder Stahlbeton oder direkt auf Gründungspunkte aufgesetzt werden.

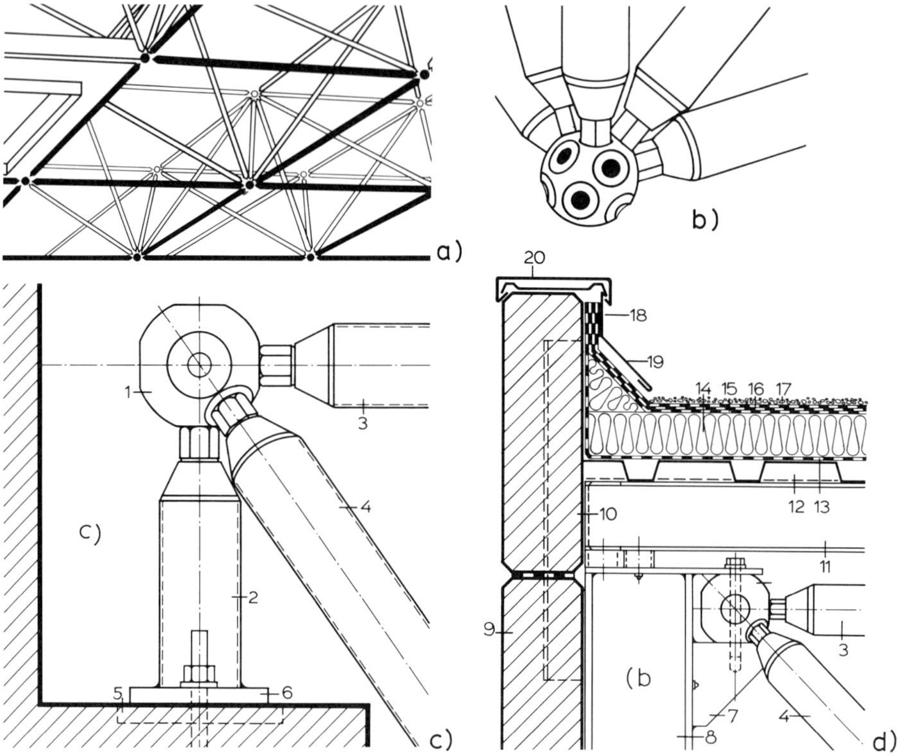

1.123 Raumtragwerk (System MERO)

a) Untersicht einer Dachkonstruktion, b) typischer Knoten von Raumtragwerken, c) Auflager z. B. für Dachtragwerke, d) Dachrand-Ausbildung

1 MERO-Knoten
2 MERO-Stababschnitt
3 MERO-Obergurtstab
4 MERO-Diagonalstab
5 Konsole
6 Fußplatte
7 einbetonierte Anschweißplatte mit Verankerung
8 Stütze
9 Gasbetonelemente
10 Stützenverlängerung
11 Pfetten
12 Trapezblech
13 Voranstrich und Dampfsperre
14 Wärmedämmung
15 Dampfdruckausgleichschicht
16 Dachabdichtung
17 Kiespressung
18 Anflanschung der Dachabdichtung
19 Blechverwahrung
20 Abdeckprofil

Vorgefertigte Stäbe und Knoten, hier insbesondere das System MERO, erlauben die rationelle Herstellung der vielfältigsten Bauformen von Tragwerken auf Grund verschiedener geometrischer Systeme. Die mit Hilfe von Computerprogrammen berechneten Fachwerke bestehen aus typisierten Rundrohr-Stäben, die untereinander mit kugelartigen Knotenstücken verschraubt werden (Bild **1**.123).

1.4 Dachtragwerke aus Stahlbeton

Betonkonstruktionen sind wenig empfindlich gegen Feuchtigkeitseinflüsse, erfordern kaum Unterhaltungskosten und eignen sich auch als Dachtragwerke. Für Flachdächer kommen dabei in entsprechend abgeänderter statischer Dimensionierung nahezu alle Stahlbeton-Deckensysteme in Frage. Die verschiedenen konstruktiven Möglichkeiten sind auch in Teil 1 Abschn. 6.5.4 dieses Werkes dargestellt. Im folgenden soll daher nur ein Überblick gegeben werden über spezielle Stahlbetonelemente für Dachkonstruktionen.

1.4.1 Stahlbetonträger

Stahlbetonträger werden in der Regel als Spannbeton-Fertigteile in Verbindung mit entsprechenden Stützen innerhalb geschlossener Hallenbausysteme eingesetzt oder als Dachbinderelemente, wenn die Transportprobleme – auch an der Baustelle – lösbar sind. Für geringere Spannweiten sind Rechteck- oder Trapezprofile aus Beton B 45 oder B 55 üblich. Größere Träger werden meist als T- oder I-Spannbetonträger hergestellt. Sie können kombiniert werden mit Spannbeton-Pfetten als Unterkonstruktion für großformatige Dachelemente (Bild **1**.124).

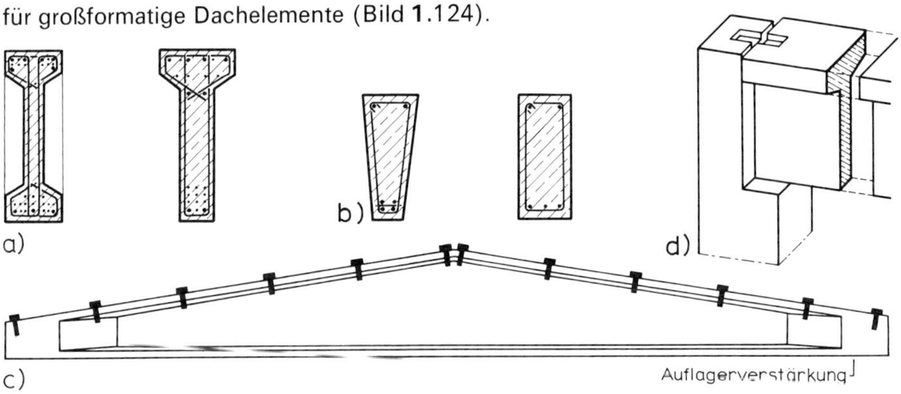

1.124 Spannbetonträger
a) Querschnitte von Spannbetonträgern, b) Querschnitt von Spannbetonpfetten, c) Spannbetonträger mit Spannbetonpfetten, d) Stützenanschluß des Trägers

1.4.2 Stahlbeton-Plattenkonstruktionen

Zu den Dachkonstruktionen müssen auch alle Plattenelemente gezählt werden, wenn sie unmittelbar von Binder zu Binder gespannt die tragende Schale für die Dachhaut bilden.

Gasbeton-Massivplatten oder Bimsbeton-Hohlstegplatten nach DIN 4028 können bei Binderständen bis etwa 6 m eingesetzt werden. Sie stellen nicht nur ein tragendes, sondern auch begrenzt wärmedämmendes Bauelement dar (Bild **1**.125).

Für Spannweiten bis zu etwa 35 m werden – in der Regel in Verbindung mit kompletten Stahlbeton-Hallenbausystemen – Stahlbeton-Plattentragwerke mit verschiedenen Querschnittsformen eingesetzt (Bild **1**.126).

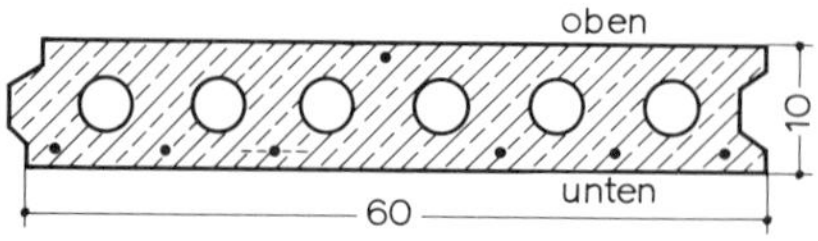

1.125 Bimsbeton-Hohldielen (Stegdielen)

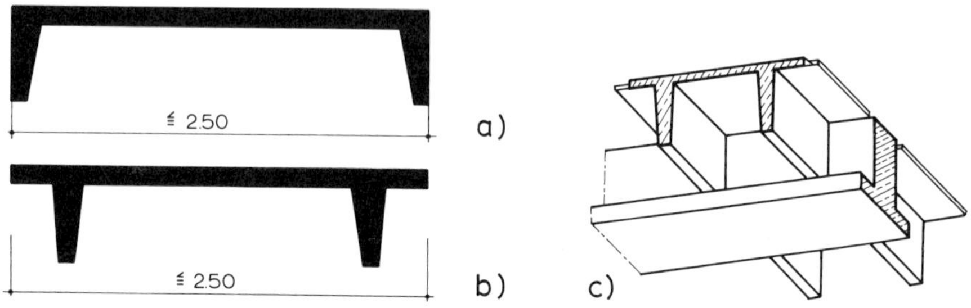

1.126 Stahlbeton-Plattentragwerke (Auflagerung und konstruktive Einzelheiten s. Abschn. 6.5.4 in Teil 1 dieses Werkes)

a) Trogplatte $d = 35$ cm, Stützweite ~ 7,50 m, $d = 50$ cm, Stützweite ~ 12,50 m
b) TT-Platte
c) Auflagerung einer TT-Platte

1.4.3 Faltwerke und Schalen

Theoretisch ist es möglich, Stahlbetonkonstruktionen in jeder aus formalen Gründen gewünschten und auf die gegebene Belastung abgestimmten Form herzustellen. Mit dünnwandigen Schalen- oder Faltwerkkonstruktionen sind Spannweiten von 150 m erreicht worden. Nach DIN 1045 sind Schalen einfach oder doppelt gekrümmte Flächentragwerke geringer Dicke mit oder ohne Randaussteifung. Faltwerke sind räumliche Flächentragwerke, die aus ebenen, kraftschlüssig miteinander verbundenen Scheiben bestehen (Bild **1**.127).

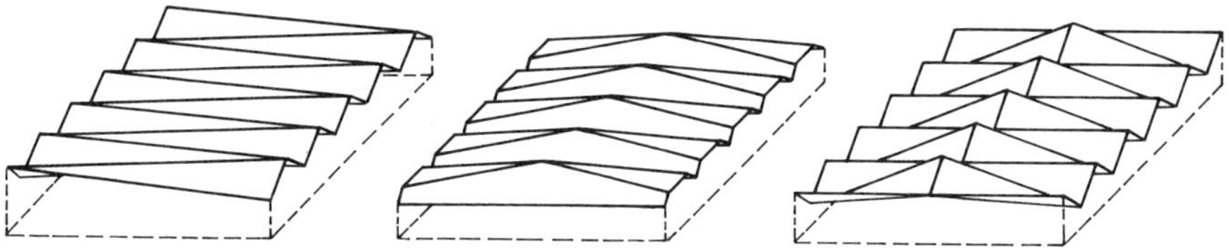

1.127 Formen von Faltwerken

Nur in Sonderfällen sind derartige individuelle Konstruktionen wegen des überaus großen Arbeitsaufwandes für Schalungen und Gerüste vertretbar. Dagegen lassen sich nach dem Faltwerk- oder Schalen-Prinzip hergestellte vorgefertigte Elemente mit Spannweiten bis zu 40,00 m wirtschaftlich einsetzen, insbesondere wenn die allgemeinen Vorteile von Stahlbetonkonstruktionen gegenüber Witterungs- und Feuchtigkeitseinflüssen sowie ihre relativ große Sicherheit gegen Feuer ins Gewicht fallen (Bilder **1**.128 und **1**.129).

Für eine ausführliche Darstellung der vielfachen Konstruktionsmöglichkeiten mit Faltwerk- und Schalenkonstruktionen muß auf Spezialliteratur verwiesen werden.

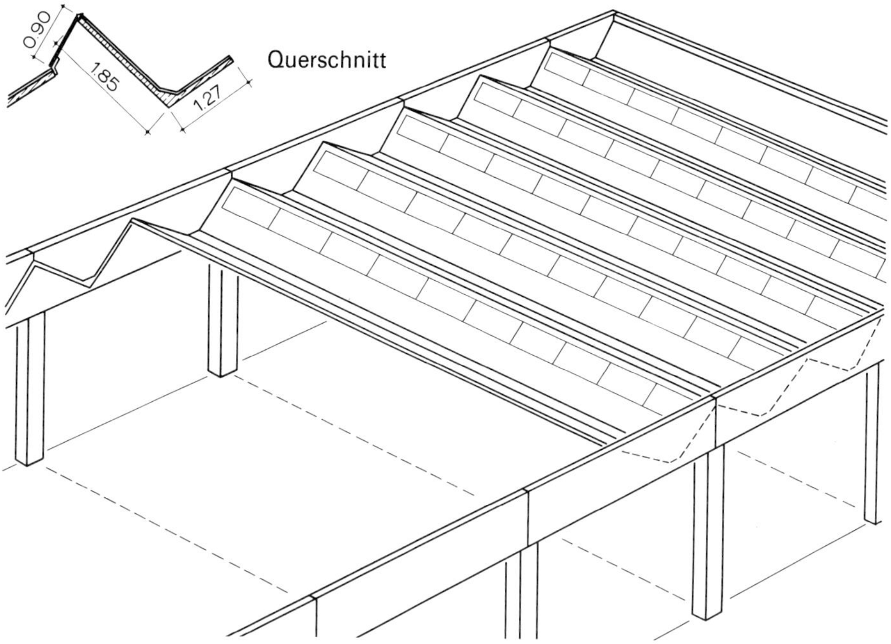

1.128 Faltwerk, V-Element-Shed (System Züblin)

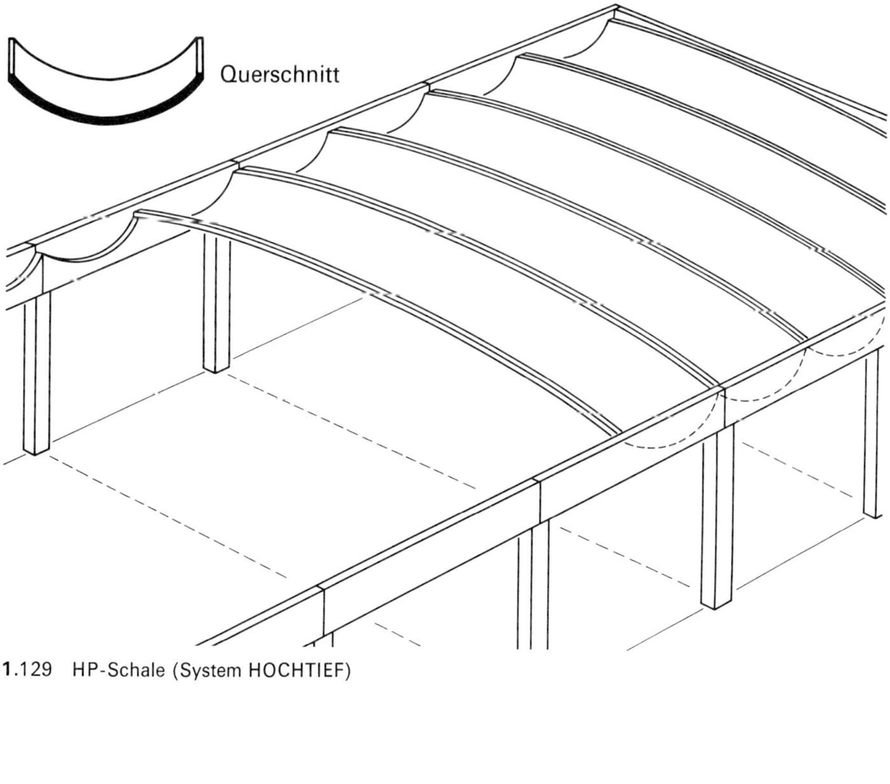

1.129 HP-Schale (System HOCHTIEF)

1.5 Dachdeckungen[1])

1.5.1 Allgemeines

Steildächer werden in der Regel als belüftete „Kaltdächer" (s. Abschn. 1.8.2, Bild **1**.247 a bis c) ausgeführt.

Die Dachhaut hat bei Steildächern vor allem die Aufgabe, Niederschlagwasser sicher abzuleiten und ausreichende Sicherheit gegen das Eindringen von Wasser durch Winddruck oder Flugschnee zu gewährleisten. Traditionelle Dachdeckungen erfüllten dabei außerdem ohne besondere Vorkehrungen die Forderung nach Durchlüftung des Dachraumes und damit nach Ableitung von Wasserdampf.

An die bauphysikalischen Eigenschaften geneigter Dächer werden jedoch zunehmend höhere Anforderungen gestellt, da Dachräume sehr oft intensiv genutzt werden und damit die Wärme- und Wasserdampfverhältnisse grundlegend verändert werden können. Wenn flachere Dachneigungen aus wirtschaftlichen und gestalterischen Gründen bevorzugt werden, ergeben sich zusätzliche Forderungen an die Dichtigkeit der Eindekkungen, die vielfach nur durch Einführung einer weiteren wasserableitenden Schicht unterhalb der Dachdeckung (Unterspannbahnen, s. Abschn. 1.8.1) erfüllt werden können.

Für die Ausführung von Dachdeckerarbeiten gelten die Vorschriften der Verdingungsordnung für Bauleistungen (VOB) Teil C: Allgemeine technische Vorschriften DIN 18338 sowie die Fachregeln des Dachdeckerhandwerkes.

Dachdeckungen mit Dachziegeln, Betondachsteinen u. ä. werden auf Lattungen ausgeführt. Der Dachlattenquerschnitt hängt vom Gewicht der Ziegeldeckung und vom Sparrenabstand ab. Bei einem Gewicht von z. B. 0,55 kN/m^2 [Berechnungsgewicht für Flachdachpfannen einschl. Lattung (lt. DIN 1055)] werden empfohlen bis:

75 cm Sparrenabstand 24/48 mm Lattenquerschnitt

90 cm Sparrenabstand 30/50 mm Lattenquerschnitt

100 cm Sparrenabstand 40/60 mm Lattenquerschnitt.

Eindeckungen mit Schiefer, Blechbahnen oder Pappen erfordern in der Regel eine mindestens 24 mm dicke Vollschalung. Großformatige Wellplatten können auch direkt auf Pfetten verlegt werden (s. Bild **1**.21 und **1**.22).

Eine gute Dachdeckung muß daher nicht nur regensicher, wetterbeständig, feuerbeständig und billig in Herstellung und Unterhaltung sein, sondern fast immer im Zusammenhang mit der Gesamtkonstruktion des Dachraumes betrachtet werden. Die Wahl des geeigneten Werkstoffes unter gestalterischen Aspekten sollte darüber hinaus in Abstimmung mit ortsüblichen Bauweisen erfolgen, weil diese meist Ausdruck langer Erfahrungen mit Klima und bodenbeständigen Baustoffen sind. Das Gesamtbild von Gebäudegruppen wird durch Neigung und Baustoff der Deckung sichtbarer Dachflächen weitgehend mitbestimmt. Nach Werkstoff und Decktechnik unterscheidet man:

- Ziegeldächer
- Betondachstein-Dächer
- Schieferdächer
- Schindeldächer
- Stroh- und Rohr-(Reet-, Ried-)Dächer
- Wellplattendächer
- Pappdächer
- Metalldächer

[1]) Die mit [36] gekennzeichneten Bilder wurden mit freundlicher Genehmigung des Zentralverbandes des Deutschen Dachdeckerhandwerkes den von ihm herausgegebenen Fachregeln entnommen (Verlagsgesellschaft Rudolf Müller, Köln-Braunsfeld).

Mindestdachneigungen sind in den Fachregeln des Dachdeckerhandwerkes festgelegt (Tabelle **1**.130):

Tabelle **1**.130 Mindestdachneigungen

Dachziegel und Dachsteine	
– Biberschwanzziegeldeckung	
bei Doppeldeckung	≧ 30° /57,7%)
bei Kronendeckung	≧ 30° (57,7%)
bei Einfachdeckung mit Spließen	≧ 40° (83,9%)
– Hohlpfannendeckung	
bei Aufschnittdeckung – trocken, mit Strohdocken oder mit Mörtelverstrich	≧ 35° (70,0%)
– Mönch-Nonnen-Ziegeldeckung	≧ 40° (83,9%)
– Krempziegel- und Strangfalzziegeldeckung	≧ 35° (70,0%)
– Falzziegeldeckungen – z. B. Doppel-Muldenfalzziegeln, Reformpfannen oder Falzpfannen	≧ 30° (57,7%)
– Flachdachpfannendeckung	≧ 22° (40,4%)
– Verschiebeziegeldeckung	≧ 35° (70,0%)

Zusätzliche Maßnahmen sind bei der Planung und Ausführung vorzusehen, wenn die Regeldachneigung unterschritten wird oder örtliche Gegebenheiten, klimatische Verhältnisse, Dachausbauten oder sehr steile oder flache Dachneigungen erhöhte Anforderungen durch Wind, Triebschnee, Feuchtigkeit oder ähnliches an das Dach stellen. Der Eintrieb von Flugschnee durch erforderliche Lüftungsöffnungen ist unvermeidbar.

Als zusätzliche Maßnahmen gelten in Abhängigkeit vom Werkstoff und von der Deckungsart

- Verklammerung
- Mörtelverstrich
- Papp- oder Strohdocken
- Unterspannbahnen
- Vordeckung auf Schalung
- Unterdächer
- Wärmedämmsysteme, die zusätzlich die Funktion einer Unterspannbahn oder eines Unterdaches erfüllen.

Schiefer	
– Altdeutsche Doppeldeckung, Deutsche Schuppenschablonen, Rechteckschablonendeckung	≧ 22° (40%)
– Schablonendeckungen verschiedener Formen	≧ 30° (58%)
Dachplatten (Faserzementplatten)	
– deutsche Deckung, Doppeldeckung	≧ 25° (47%)
– waagerechte Deckung	≧ 30° (58%)
Wellplatten (Faserzement)	
– bei Plattenlängen von 1,25 bis 2,50 m je nach Dachtiefe (Entfernung Traufefirst)	≧ 7 bis 12° (12 bis 22%)
– Kurzwellplatten (Gesamtlänge 62,5 cm)	≧ 15° (27%)
Reet- und Strohdeckung	
– Mindestdeckung	≧ 45° (100%)
– in windreichen Gegenden	≧ 50° (119%)
Holzschindeln	
– je nach Deckungsart	etwa ≧ 30° (58%)
Metalldeckungen (Zink, Kupfer)	≧ 3° (5%)

1.5.2 Ziegeldeckungen

1.5.2.1 Allgemeines

Dachziegel stellen eine der ältesten und bewährtesten Dachdeckungen dar. Wenn bei der Herstellung gute Tonerden richtig verarbeitet werden, können Dachziegel mehrere hundert Jahre überdauern. Als kleinformatiges Deckungsmaterial ermöglichen sie die Anpassung an praktisch alle Dachformen. Durch die Porosität des Ziegelmaterials wird unter normalen Umständen die Gefahr der Tauwasserbildung an der Unterseite der Dachhaut erheblich herabgesetzt.

Dachziegel aus gebranntem Ton (DIN 456) sollen keine die Verwendbarkeit einschränkenden Risse aufweisen, im Rahmen der Norm eben und maßhaltig, wasserundurchlässig und frostbeständig sein. Sie werden nach 3 Güteklassen unterschieden. Nur Dachziegel I. Wahl müssen die Gütebestimmungen der Norm in allen Teilen erfüllen. Dachziegel II. und III. Wahl sind nicht genormt. Dachziegel werden in natürlicher Brennfarbe, durchgehend gefärbt, engobiert (mit aufgespritzter oder durch Tauchen aufgebrachter, im Brand farbgebender Tonschicht versehen) oder gedämpft geliefert. Für First, Traufe, Kehle, Ortgang usw. werden Sonderziegel hergestellt; sie sind nicht genormt.

Nach der Art der Herstellung unterscheidet man Preß- und Strangdachziegel.

- Strangdachziegel werden aus dem Mundstück einer Schneckenpresse (als Strang) gepreßt. Rillen, Falze usw. sind nur parallel zur Längsrichtung möglich.
- Preßdachziegel werden einzeln aus Ton gepreßt, daher sind Längs- und Querfalze möglich.

Strangdachziegel sind:

- Biberschwanzziegel,
- Strangfalzziegel,
- Hohlpfannen.

Preßdachziegel sind:

- Falzziegel und Reformpfannen,
- Falz- und Flachdachpfannen,
- Krempziegel.

Eine Zusammenstellung über Abmessungen und Deckmaße von Dachziegeln enthält Tabelle **1**.131 auf S. 97.

1.5.2.2 Biberschwanzdeckung (Flachziegeldeckung)

Biberschwanzziegel nach DIN 456 sind rechteckige Tafeln ohne Falz, deren untere Seite gerundet, geradlinig, auch mit gestutzten Ecken oder halbkreisförmig ist (Bild **1**.132). Am oberen Ende des Ziegels sitzt auf der Unterseite eine „Nase" zum Aufhängen auf die Dachlatten. Biberschwänze werden im Format 18/38 cm hergestellt mit mindestens 10 mm Dicke.

Kleinformatige Bedachungselemente wie auch Biberschwanzziegel gewinnen wieder zunehmend Bedeutung, seitdem immer mehr auch komplizierte Dachformen als Gestaltungsmittel verwendet werden. Mit Biberschwänzen lassen sich nach alten Handwerksregeln insbesondere Kehlen, Wand- und Gaubenanschlüsse gut lösen (Bild **1**.136, **1**.137 und **1**.269).

Tabelle 1.131 Angaben über die wichtigsten Dachziegel

Dachziegel			Länge Breite	Gewicht je Stück ≈ kg	Deckweise	Mindestsparrenneigung	Überdeckung bei 45° Neigung	Weite der Lattung bei 45°	Lattenbedarf je m² Deckfläche	Dachziegelbedarf je m² Deckfläche	Dachlast je m² Deckfläche
Art	Gruppe	Bezeichnung[1]	in cm	≈ kg		in Grad[2]	in cm	in cm	in m	in Stück	in kN/m²
Preßdachziegel	verfalzte Ziegel	Flachdach-Pfanne	42/26	3	in Reihen	20			3	15	0,55
		Flachkremper									
		Kronenkremper	43/26	3,3		30			2,4	12	0,50
		Reformpfanne	42/25	2,8					3	15	0,55
		Falzziegel									
	konische Kremper	Romano-Kremper	43/27	3,0		18			3	15	0,55
	Schalenziegel	Mönch-Nonne	40/11 40/21	2,0 2,5		40	5	35	3	2 × 13	0,70 ohne, 0,90 mit Mörtel
Strangdachziegel	falzlose Dachziegel	Hohl-Pfanne	40/23,5	2,5	mit Kurzschnitt Aufschnittdeckung	35	9[3]	31	3,3	16	0,50
					mit Langschnitt Vorschnittdeckung	40	7[3]	33	3	15	
		Biberschwanzziegel	38/18	1,8	in Pappdocken[4]	20 bis 25					
					Spließdeckung	40	16[3]	21,5	4,8	30	0,65
					Doppeldeckung	30	8[3]	15	6,25	35	0,80
					Kronendeckung		8[3]	30	3,4	37	0,80

[1]) s. „Regeln für Dachdeckungen mit Ziegeln" v. Zentralverband des Dachdeckerhandwerkes e.V.

[2]) Die Zahlen stellen Durchschnittswerte dar. Nicht nur die Ziegelform, sondern auch die Größe der Dachflächen sowie Regen- und Windanfall beeinflussen die Werte. Je ungünstiger die Verhältnisse, desto steiler die Dachneigung. Ziegeldeckungen können um 5° flacher verlegt werden, wenn durch Schalung, Unterspannung und Konterlattung dafür gesorgt wird, daß durch Wind eingetriebenes Wasser unter den Dachlatten abläuft.

[3]) S.a. DIN 18338. Die Überdeckung bei den Strangdachziegeln nimmt – von 45° Sparrenneigung ausgehend – zu, je flacher das Dach geneigt ist. Sie kann bei steilen Dächern in dem gleichen Maße, nämlich um 2% je Neigungsgrad, vermindert werden.

[4]) Pappdocken: Streifen aus Bitumenpappe unter den Längsstößen der Ziegel

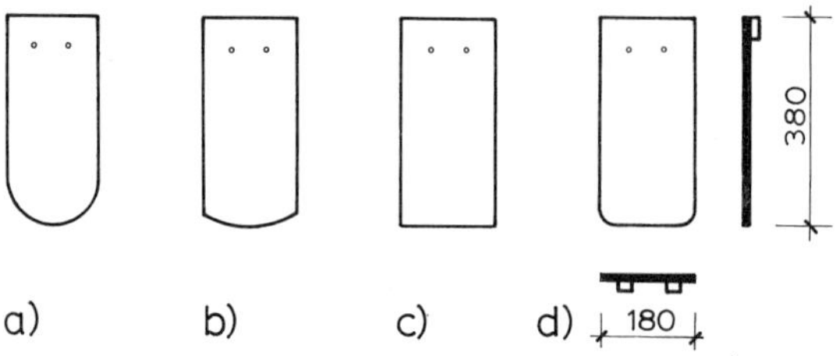

1.132
Biberschwanzformen
a) Segmentschnitt
b) Geradschnitt
c) gestutzte Ecken
d) Rundschnitt

Mit Biberschwänzen werden hauptsächlich zwei Deckungsarten ausgeführt: Doppeldach (Bild **1**.133) und Kronendach (Bild **1**.134). Hier liegen die Dachziegel überall mindestens doppelt. Der Dachziegelbedarf ist annähernd der gleiche, das Kronendach erfordert jedoch weniger Latten. Biberschwanzziegel werden nicht besonders befestigt. Durch Fugenverstrich und mehrfache Überdeckung bildet sich ein sehr fester Verband. Die glatte Oberfläche bietet dem Wind kaum Angriffsmöglichkeiten. Nur in sturmgefährdeten Lagen werden am Ortgang die Ziegel mit Sturmhaken befestigt.

Die Mindest-Dachneigung beträgt 30°.

Doppeldachdeckung

Auf jeder Latte hängt eine Reihe Dachziegel in Verbanddeckung; nur die oberste Reihe am First und die unterste Reihe an der Traufe liegen als Doppelreihen (vgl. Bild **1**.134), oder es werden Schlußplatten bzw. Traufplatten verwendet (Bild **1**.133).

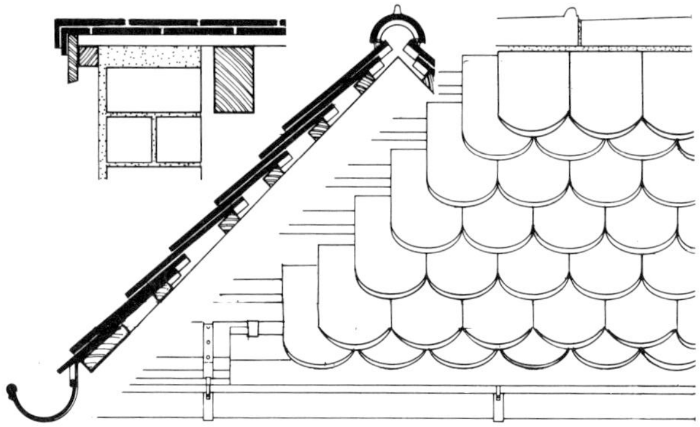

1.133
Biberschwanz-Doppeldach [36]

Dachziegelverbrauch je nach Dachneigung 35 bis 40 Biberschwänze je m^2; Berechnungsgewicht $\approx$ 0,80 kN/m^2 Grundfläche.

Die (ständigen) Dachlasten gelten für 1 m^2 geneigte Dachfläche ohne Sparren Pfetten und Dachbinder einschl. der Latten. Bei einer etwaigen Vermörtelung sind 0,10 kN/m^2 zuzuschlagen.

Kronendachdeckung

Auf jeder Latte hängen 2 Reihen Dachziegel. Lattenweite bei 45° Dachneigung = Ziegellänge minus 8 cm, also 30 cm. Verbrauch 35 bis 40 Biberschwänze je m^2; Berechnungsgewicht $\approx$ 0,80 kN/m^2 Grundfläche (Bild **1**.134).

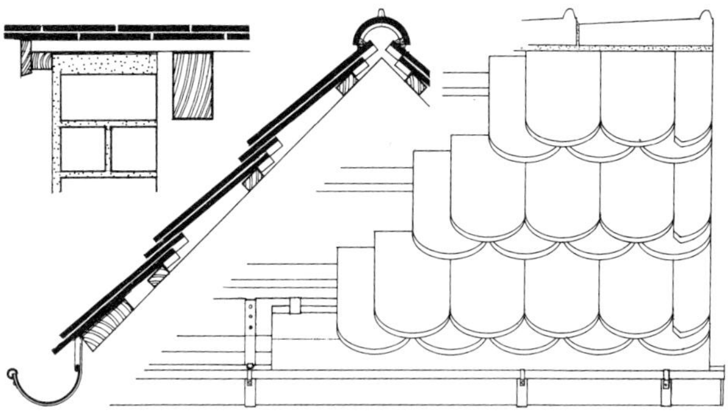

1.134
Biberschwanz-Kronendach [36]

Gedeckt wurde früher auch ganz in Mörtel, d. h. mit Längsfuge und Querschlag, oder es wurden nur die Querfugen über den Ziegelnasen der Deckschicht von innen verstrichen.

Spließdach

Eine alte Deckungsart ist das Spließdach, das zwar billig, aber wenig dauerhaft ist. Auf jeder Latte hängt nur eine Reihe Ziegel (wie beim Doppeldach, jedoch Fuge über Fuge). Die Lattenentfernung beträgt bei 45° 16 cm, so daß die Ziegel nicht überall doppelt liegen. Unter die Fugen werden „Spließe", das sind 5 cm breite, 24 bis 28 cm lange handgefertigte imprägnierte Späne aus Kiefern- oder Eichenholz gelegt.

Zur Deckung des Firstes (Bild **1**.133 und **1**.134) dienen konische oder zylindrische Hohlziegel (First- oder Gratziegel), die übereinandergreifen und auf dem First so anzuordnen sind, daß die Breitseite der Wetterseite abgekehrt ist. Firstziegel (Gratziegel) werden in verschiedenen Größen hergestellt. Die Hauptabmessungen sind aus Bild **1**.135 ersichtlich. Die Firstziegel sind hohl in Mörtel, d. h. mit zwei Längsschlägen und einem Querschlag am hinteren Ende des davorliegenden Ziegels und mit Sturmhaken am Firstbrett oder Sparren verankert.

1.135
First- oder Gratziegel für Ziegeldächer (nicht genormt)

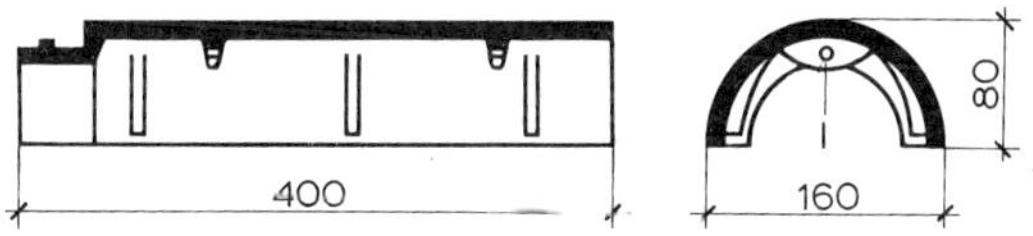

Für die Deckung der Grate werden ebenfalls die oben beschriebenen Gratziegel verwendet; am Grat werden sie mit der Breitseite nach unten verlegt; sie greifen seitlich über die entsprechend schräg zugehauenen Dachziegel. Die Gratziegel werden durch Bindedraht auf dem Gratbrett, das hochkant auf dem Gratsparren genagelt ist, befestigt. Auch die Gratziegel werden hohl in Mörtel, d. h. mit 2 Längsschlägen und einem Querschlag am oberen Ende des darunterliegenden Ziegels, verlegt.

Kehlen der Flachziegeldächer sollten keinesfalls mit Hilfe von sichtbaren Blechstreifen gedichtet werden, sondern mit gewöhnlichen Biberschwänzen oder mit keilförmigen Kehlsteinen gedeckt werden. Die erstere Ausführung bezeichnet man als „Deutsch eingebundene Kehle". Die Kehle wird auch beim Kronendach als Doppeldach gedeckt, wobei der infolge der geringeren Neigung des Kehlsparrens entstehende Unterschied in den Schichtenbreiten regelmäßig wechselnd durch An- und Unterlaufen der Kehlschichten an und unter die Schichten der Dachfläche ausgeglichen wird. Geringste Kehlsparrenneigung 22°.

Bild **1**.136 zeigt den Anfang einer „deutsch eingebundenen Kehle" im Doppeldach. Das mindestens 25 cm breite Kehlbrett beginnt über dem Zusammenstoß der Deckschicht des Traufgebindes. Die Aufteilung der Kehlschichten ergibt sich aus der Kehlbreite, die 2 oder 3 Ziegelbreiten entspricht. Es sind die Schnittpunkte der Fluchtlinien der Deckschichtunterkanten mit den die Kehlbreite begrenzenden Kehlfluchtlinien festzustellen und je 2 der entstehenden Zwischenräume in 3 gleiche Teile zu teilen.

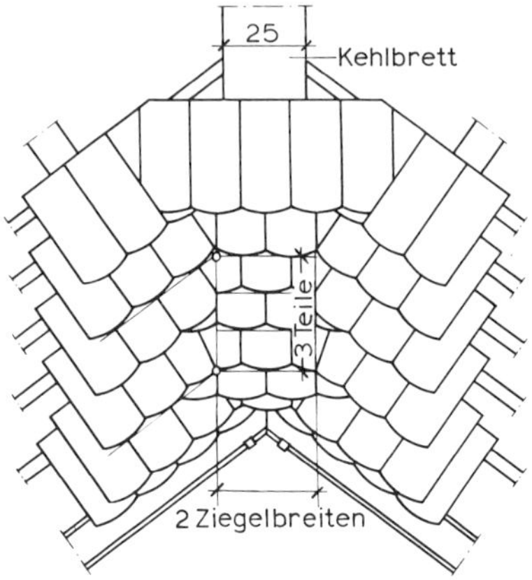

1.136 Deutsch eingebundene Ziegelkehle in Doppeldach (beide Dachflächen sind in eine Ebene geklappt)

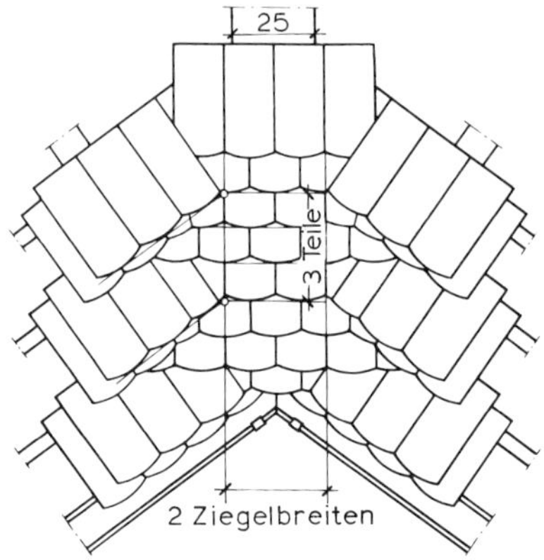

1.137 Deutsch eingebundene Ziegelkehle im Kronendach

Bild **1**.137 zeigt den Anfang einer „deutsch eingebundenen Kehle" im Kronendach. Die Kehlschichten werden wie beim Doppeldach aufgeteilt, jedoch ist j e d e r Zwischenraum, der sich aus dem Anschnitt der Deckschichtunterkanten an die Kehlfluchtlinien ergibt, in 3 gleiche Teile zu teilen.

Kehlen aus gewöhnlichen Biberschwänzen können auch als „Untergelegte Kehlen" ausgeführt werden, d. h., auf dem Kehlsparren liegt ein schwach muldenförmig gewölbtes Doppeldach (auf Schalung) von mindestens 4 Ziegeln Breite, auf das sich die schräg abgeschnittenen Dachsteine der anschließenden Dachflächen kunstlos auflegen.

Bei der Verwendung keilförmiger Kehlziegel, die auf muldenförmiger Kehlschalung mit der Schmalseite nach unten verlegt werden, ergibt sich die „Schwenksteinkehle". Sie sieht gut aus und eignet sich besonders für das Kronendach; beim Doppeldach ist sie mit Vorsicht anzuwenden.

1.5.2.3 Hohlziegeldeckungen

Zu den Hohlziegeldächern gehören außer den Dächern aus genormten Preßdachziegeln das Mönch-Nonnen-Dach und das Hohlpfannendach.

Bei allen Hohlziegeldächern überdecken sich die einzelnen Dachziegel nicht nur oben und unten, sondern auch s e i t l i c h.

Mönch-Nonnen-Dachdeckung (Bild **1**.138)

Geringste Dachneigung 40°. Dieses Dach wurde häufig bei mittelalterlichen Bauten verwendet. Es ist wegen des gleichmäßigen Wechsels von Licht und Schatten von

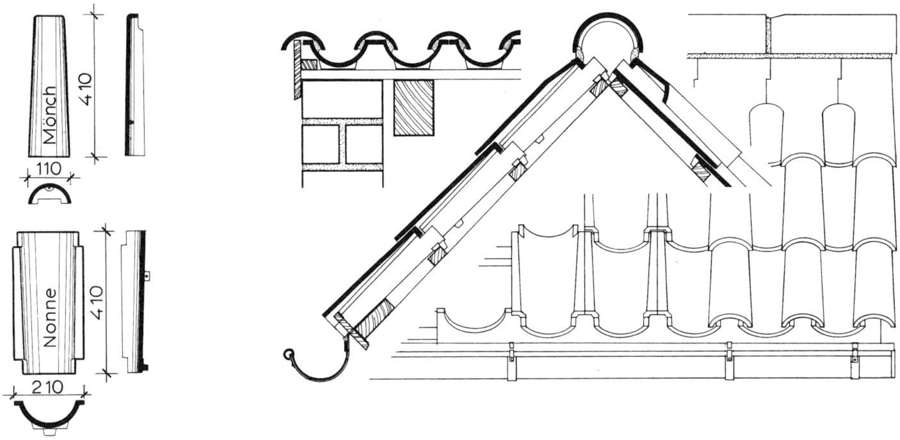

1.138 Mönch- und Nonnenziegeldeckung [36]

guter architektonischer Wirkung. Der Mönch ist ein konisch geformter, 40 bis 42 cm langer Hohlziegel, dessen oberes schmales Ende geschlossen ist. Die Nonne hat ähnliche Form, ist jedoch breiter und auf der Unterseite mit einer Nase zum Aufhängen auf die Dachlatten versehen. Die Längskanten sind an der Breitseite gekerbt. Lattenweite = Nonnenziegellänge minus 8 bis 10 cm. Lattendicke 4/6 cm. Gewicht in voller Mörtelbettung 0,90 kN/m^2.

Die Nonnen müssen mit Querschlag über der Nase, die Mönche mit 2 Längsschlägen und Mörtelfüllung des Kopfes verlegt werden. Das Dach ist schwer und teuer. In neuerer Zeit werden deshalb statt dessen Krempziegel (Bild **1**.139) oder „Romano-Kremper" (eine Sonderform von Falzziegeln s. Abschn. 1.5.2.3) verwendet, die ähnlich wirken, aber leichter sind (Bild **1**.140).

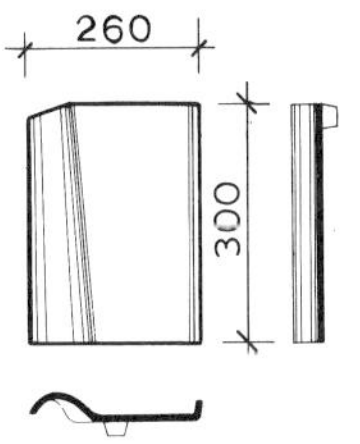

1.139 Krempziegel

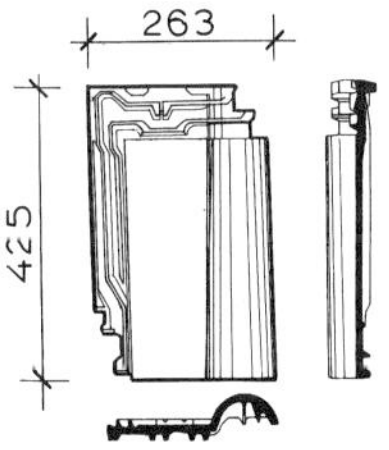

1.140 Romano-Kremper

Hohlpfannendeckung

Hohlpfannen (auch S-Pfannen oder Holländische Pfannen genannt) sind Strangdachziegel (Bild **1**.141 und **1**.142). Diese sind 40 cm lang und 23,5 cm breit (DIN 456). Es werden nur noch rechtsdeckende Pfannen und für den linken Ortgang Doppelwulstziegel (Doppelkremper) hergestellt (Bild **1**.143).

Zwei gegenüberliegende Ecken der Pfannen sind abgeschrägt, um die doppelte Überdeckung (in der Quer- und Längsrichtung) zu ermöglichen. Hohlpfannen werden in Vorschnitt- oder in Aufschnittdeckung verlegt.

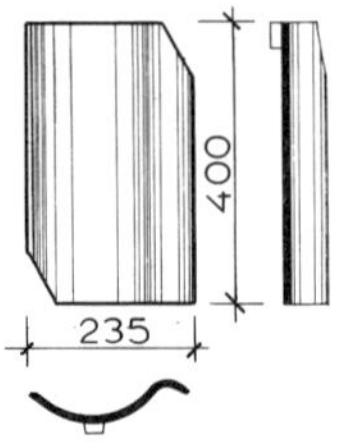

1.141 Hohlpfanne (Langschnittpfanne)

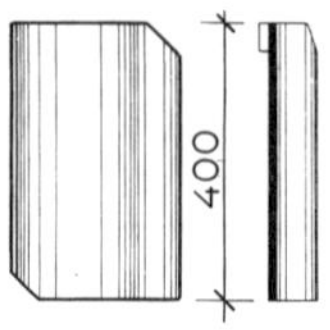

1.142 Hohlpfanne (Kurzschnittpfanne)

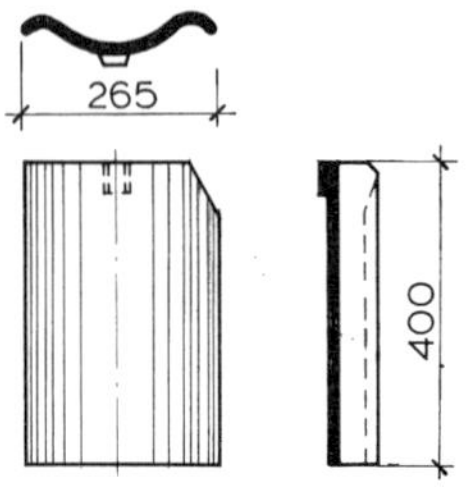

1.143 Hohlpfanne („Doppelkremper“)

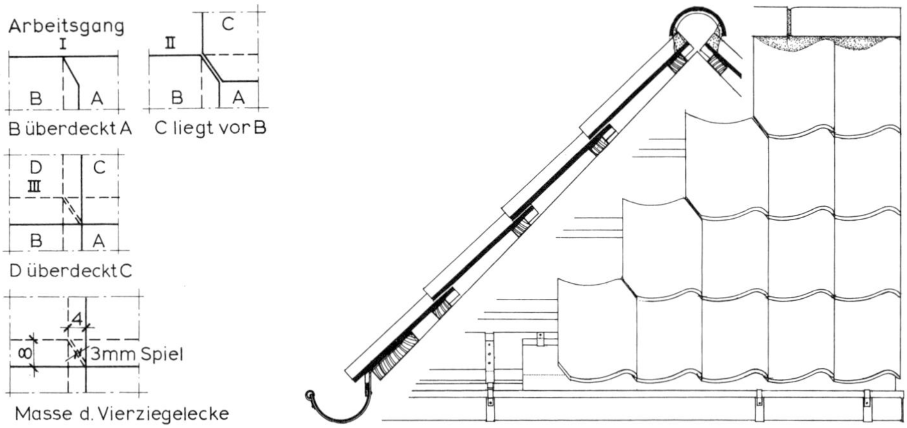

1.144 Hohlpfannen-Vorschnittdeckung [36]

Bei der Vorschnittdeckung (Bild **1**.144) liegt Ziegel C vor Ziegel B, bei der Aufschnittdeckung (Bild **1**.146) liegt Ziegel C auf Ziegel B. Für Vorschnittdeckung wird die Langschnittpfanne, für Aufschnittdeckung die Kurzschnittpfanne verwendet (Bild **1**.141 und **1**.142).

Bei Sparrenlängen $\geqq$ 6 m (starker Wasseranfall in den unteren Schichten) wird Aufschnittdeckung bevorzugt.

Lattendicke 3/5 cm; Gewicht auf Latten ohne Vermörtelung 0,50 kN/m^2, bei Vermörtelung 0,60 kN/m^2. Die Pfannen können entweder trocken eingedeckt werden oder trocken mit Innenverstrich oder mit Querschlag und Innenverstrich. An der Traufe, am First und an den Stellen, wo kein Innenverstrich möglich ist, werden die Pfannen in Kalkmörtel gelegt oder mit Glaswolle o. ä. gedichtet. Ohne Innenverstrich oder Querschlag verlegte Hohlpfannen sollen mit Sturmklammern gesichert werden. Die Dachpfannen dürfen nicht windschief sein. Flache Pfannendächer werden auch auf Stülpschalung oder über Pappdächern ausgeführt. Auf der Dachschalung liegen in der Richtung der Sparren erst Streck- oder Konterlatten (2/8 cm) und darauf parallel zur Traufe die eigentlichen Dachlatten (3/5 cm). An der Traufe wird eine sogenannte Bundlatte angeordnet, die mit Ausschnitten zur Lüftung der Hohlräume versehen ist. Die Pfannen werden bei dieser Ausführung nicht verstrichen.

First und Grate werden wie bei den Flachziegeldächern mit vermörtelten Gratziegeln gedeckt. Der Gratziegel für Pfannendächer ist 400 mm lang, hat flachbogigen Querschnitt und ist etwas breiter als der Gratziegel für Strangdachziegel (Bild **1**.135). Die übrigen Abmessungen sind aus Bild **1**.145 ersichtlich.

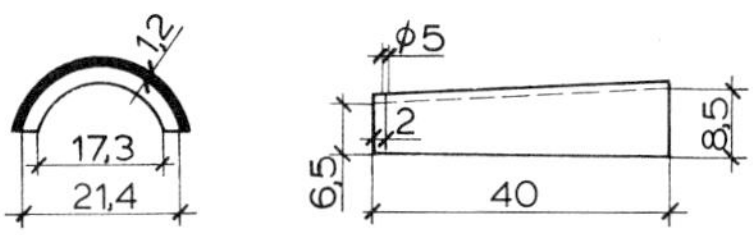

1.145 First- und Gratziegel

Die Kehlen werden aus Formziegeln oder als untergelegte Ziegelkehlen („Herzkehlen") aus Biberschwänzen hergestellt. Die Breite muß mindestens 4 Ziegelbreiten betragen. Kehldeckung wird als Doppeldach ausgeführt.

Schornsteinanschlüsse und andere Einzelheiten der Dachdeckung sind wie bei den Flachziegeldächern auszubilden.

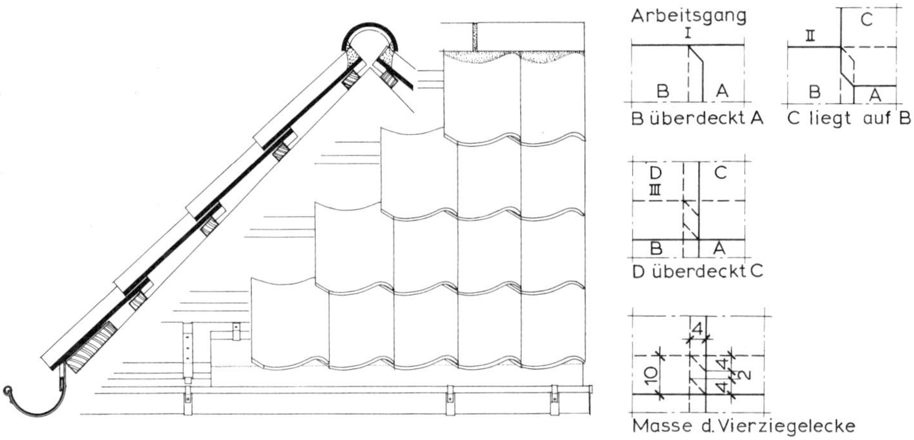

1.146 Hohlpfannen-Aufschnittdeckung [36]

1.5.2.4 Falzziegeldeckung

Falzziegel, Falzpfannen und Flachdachpfannen sind Preßdachziegel mit Kopf- und Seitenverfalzung, d. h., sie greifen allseitig in- und übereinander und ergeben dadurch eine regensichere, luftdurchlässige Deckung; sie werden trocken ineinandergelegt. Zur Sicherung gegen Sturmschäden muß mindestens jeder vierte Ziegel durch Verdrahten oder Verklammern befestigt werden. Falzziegel werden in vielen verschiedenen Formen hergestellt (s. auch Bild **1**.140, Romanokremper).

Die in Bild **1**.147 dargestellte weitverbreitete Flachdachpfanne, die die wirtschaftlichen und konstruktiven Vorteile der Falzpfanne mit dem Aussehen der Hohlpfanne vereint, kann u. U. für Neigungen ab 22° verwendet werden (Bild **1**.148).

Preßdachziegel sind im Gegensatz zu Strangdachziegeln nicht in ihren Außenmaßen, sondern in ihrem Deckmaß genormt. Die Decklänge beträgt einheitlich 333 mm (± 10 mm), die Deckbreite 200 mm (± 6 mm). Damit ergibt sich ein Ziegelbedarf von

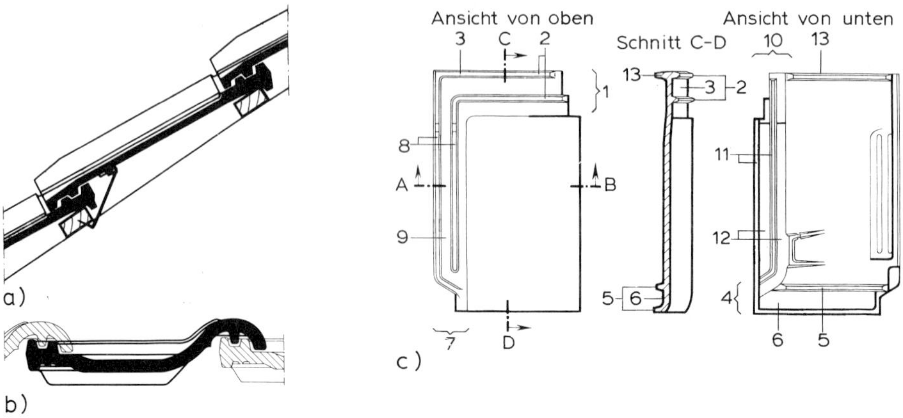

1.147 Flachdachpfanne
a) Längsschnitt mit Sturmklammer
b) Schnitt A–B (vergrößert)
c) Einzelheiten

1 Kopffalzteil
2 Kopffalzrippen
3 Kopffalznut
4 Fußfalzteil
5 Fußfalze
6 Fußfalzrippen
7 Seitenfalzteil
8 Seitenfalzrippen
9 Seitenfalznut
10 Deckfalzteil
11 Deckfalzrippen
12 Deckfalznute
13 Aufhängenase

15 Stück für 1 m² Dachfläche. Innerhalb der Lieferung für ein Bauwerk dürfen sich die Deckmaße der größten und der kleinsten Ziegel höchstens um 2%, bezogen auf die Maße des kleinsten Ziegels, unterscheiden.

Falzpfannen können sowohl in der Decklänge als auch in der Deckbreite gegeneinander nur innerhalb geringer Toleranzen verschoben werden. Deshalb ist bei der Planung des Daches je nach Fabrikat der verwendeten Falzpfannen die Dachlänge (Sparrenlänge) und Dachbreite unter Berücksichtigung der Anschlüsse an Dachrinnen und First (Maße a und b in Bild **1**.148) genau zu ermitteln. Nötigenfalls müssen die erforderlichen Maße durch Änderungen der Dachüberstände oder der Dachneigung erreicht werden.

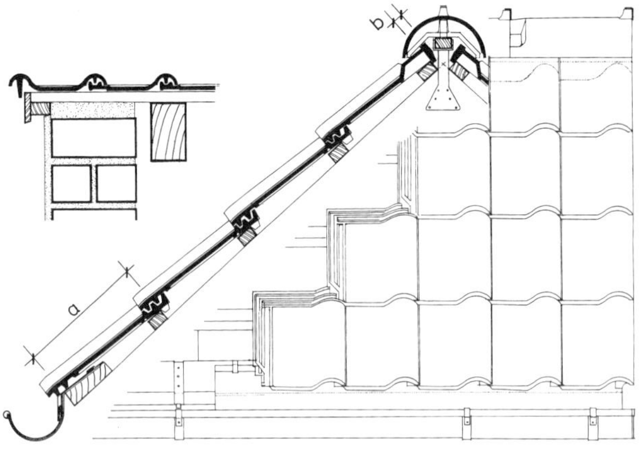

1.148 Flachdachpfannendeckung [36]

Firste und Grate werden mit besonderen First- und Gratziegeln gedeckt, die in Mörtel – der Dachfarbe entsprechend eingefärbt – verlegt werden (Bild **1**.149). Firstziegel werden heute meistens mörtelfrei mit Klammern an den Sparrenspitzen (Bild **1**.148) oder an Firstbohlen befestigt. Zur Entlüftung des Dachraumes oder der Dachkonstruktion (vgl. Abschn. 1.9) werden Lüfter-Firstziegel verwendet (Bild **1**.150a), Lüfter-Formsteine in Firstnähe eingebaut (Bild **1**.150b) oder bei Pultdächern Abluftöffnungen im Gesims eingeplant (Bild **1**.151).

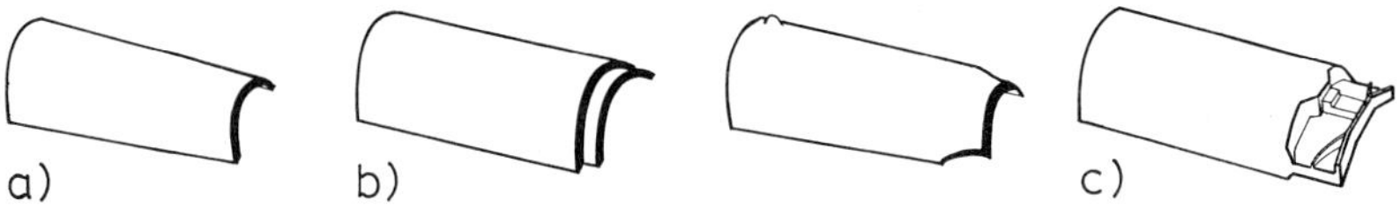

1.149 Firstziegel
a) konischer First- und Gratziegel
b) Firstziegel mit Überfalzung
c) Lüfter-Firstziegel

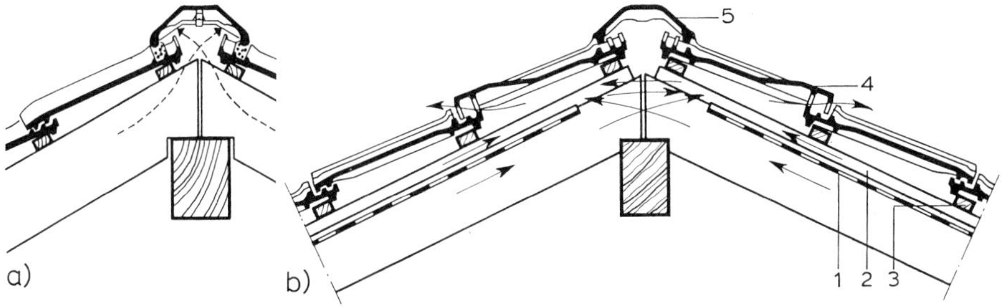

1.150 Firstentlüftung
a) Lüfter-Firstziegel (vgl. Bild **1**.149c)
b) Entlüftung mit Lüfter-Formsteinen (vgl. Bild **1**.157e)

1 Spannbahn (z.B. DELTA-Folie)
2 Konterlattung, die die unterseitige Belüftung der Dachziegel ermöglicht
3 Dachlatte
4 Lüftungspfanne
5 Firstziegel

1.151
Zweischaliges Pultdach, oberer Abschluß
1 Sparren
2 Deckenschalung
3 Wärmedämmung
4 Pfette (verankert)
5 Gesimsschalung mit Lüftungsfugen
6 Dachschalung (mit Fugen)
7 Spannbahn (Sicherung der Wärmedämmschicht vor Sprühwasser und Flugschnee)
8 Konterlattung
9 Dachlattung
10 Knagge zur Befestigung der Gesimsbrettstützen

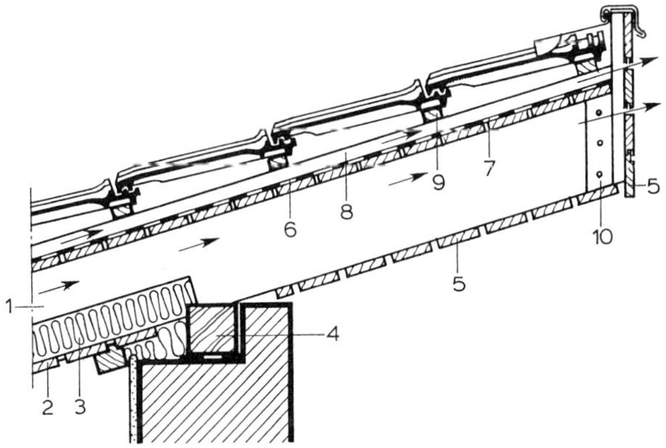

Kehlen lassen sich bei Falzpfannen nicht, wie z. B. beim Biberschwanz- oder Schieferdach, einbinden. Sie werden als untergelegte Kehlen ausgebildet, wobei die Kehle selbst mit 40 bis 50 cm breiten gefalzten Blechen, die auf Kehlbrettern aufliegen (etwa wie Bild **1**.169), oder besser mit Formziegeln (Bild **1**.152) gedeckt wird. Die Anschlußpfannen werden mit der Trennscheibe abgeschrägt und auf die Deckung der Kehle aufgelegt.

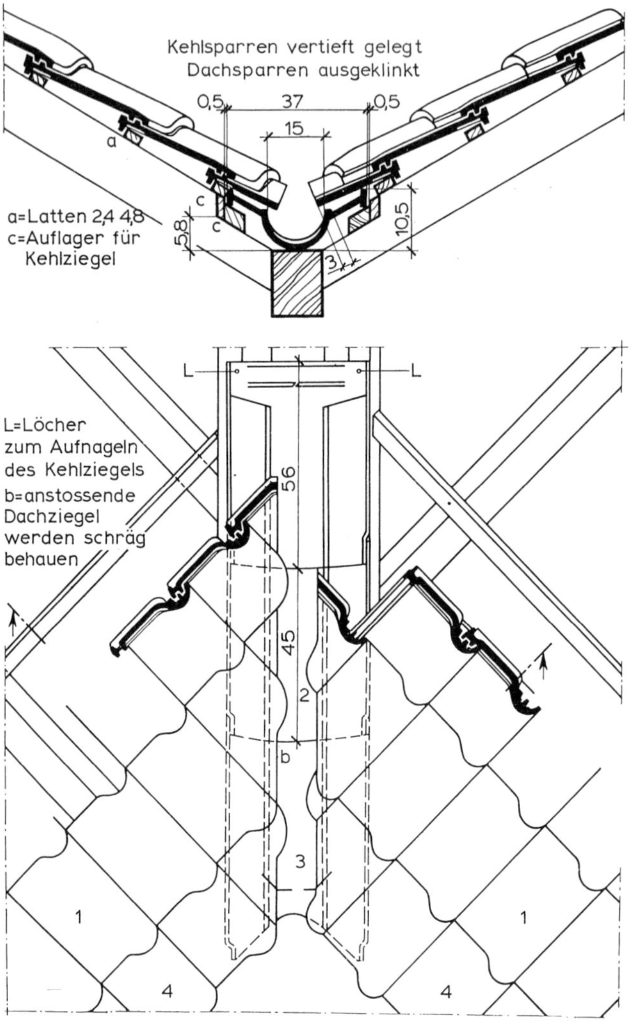

1.152
Kehldeckung eines Flachdachpfannendaches mit Formziegeln
1 Dachpfanne
2 Rinnenkehlziegel
3 Rinnenkehlziegel, Traufanhänger
4 Traufziegel

Ortgang. An den Ortgängen, den seitlichen Dachabschlüssen, können die letzten Deckreihen in Mörtel auf dem Giebelmauerwerk verlegt und durch Klammern, Haken o. ä. gegen Sturm gesichert werden. Der Abschluß zum Giebelmauerwerk kann durch den Außenputz gebildet werden (Bild **1**.153a), oder es werden Zahnleiste und Windbrett als Übergang vorgesehen (Bild **1**.153b und c). Bei Hohlpfannen, Krempziegeln,

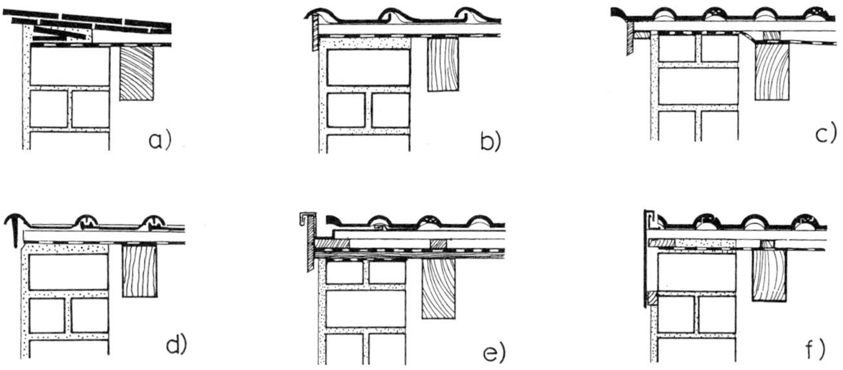

1.153 Ortgänge
a) Biberschwanz-Kronendach: eingemörtelte Ortgangziegel
b) Krempziegel: Ortgang mit Zahnleiste
c) Dachsteine: Wulstziegel Doppelkremper mit Zahnleiste und Windbrett
d) Falzziegel: Ortgang-Formziegel
e) Ortgangrinne
f) Ortgangabschluß mit Formteil („Herforder Dachkante")

Falzpfannen, Beton-Dachsteinen u. ä. bilden „Doppelkremper" die Abschlußreihe, oder es werden spezielle Ortgang-Formstücke verwendet (Bild **1**.153d). Sie bilden den Übergang zum Giebel oder dem Ortganggesims, das handwerklich – z. B. mit Profilbrettern – ausgeführt wird (Bild **1**.153e) oder auch mit vorgefertigten Elementen gestaltet werden kann (Bild **1**.153f).

Werden aus gestalterischen Gründen keine Formstücke am Dachrand gewünscht, kann der Übergang zwischen Ortganggesimsen und Dachfläche durch Ortgangrinnen gebildet werden, die mit Überhangstreifen an der Gesimsoberkante anschließen. Wenn bei trapezförmigen Dachflächen die letzten Deckreihen am Ortgang schräg anschließen, sind Ortgangrinnen unvermeidlich, um das anfallende Niederschlagwasser vom Gesims fernzuhalten und in die Dachrinnen abzuleiten (vgl. Bild **1**.153e).

Wandanschluß. Schließen Dachflächen seitlich an Wände an, wird der Übergang durch Überhangstreifen aus Walzblei gebildet, die mit Kappleisten abgedeckt werden (Bild **1**.154a). Gestalterisch ist die Ausführung mit Kehlrinnen zwar schöner, doch sind durch Verschmutzung (Laub) oder Eisbildung im Winter Undichtigkeit durch Rückstaubildung schwer zu vermeiden (Bild **1**.154b).

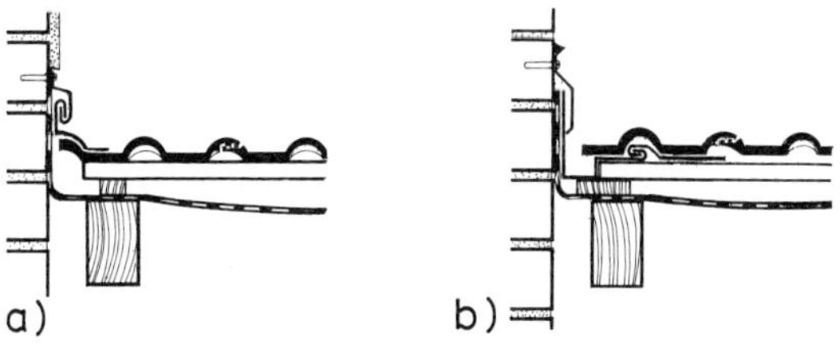

1.154
Wandanschluß [36]
a) mit Walzblei und Kappleiste
b) Kehlrinne mit Kappleiste

Traufseitige Wandanschlüsse sollten beim Entwurf eines Bauwerkes allein aus formalen Gründen wohl immer die Ausnahme darstellen. Konstruktiv ist nur bei kurzen Anschlußstellen mit ausreichendem Gefälle und einwandfreier Wasserableitung eine solche Lösung vertretbar, weil immer mit der Gefahr von Rückstau insbesondere bei winterlichen Verhältnissen zu rechnen ist. Eine Lösungsmöglichkeit zeigt Bild **1**.155.

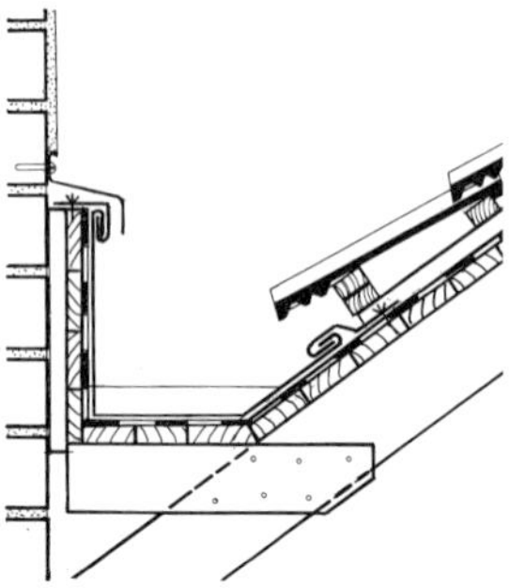

1.155 Traufseitiger Wandanschluß

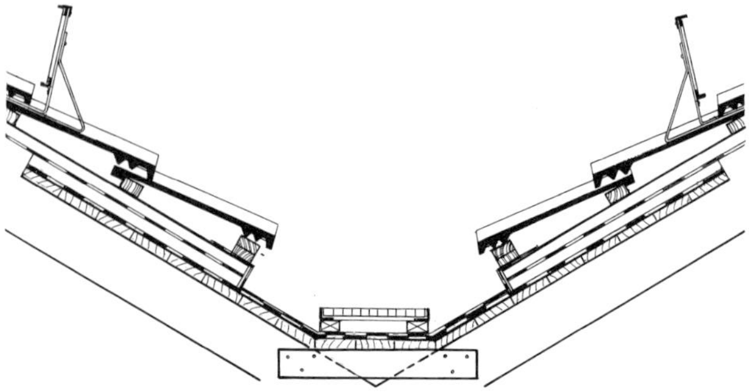

1.156 Dachgraben [36]

Dachgräben können sich bei zusammengesetzten Satteldächern ergeben, die nicht mit innenliegenden Standrinnen (s. Bild **1**.233) entwässert werden sollen. Die Schalungsflächen des kehlenartigen Dachgrabens sind ähnlich wie bei Flachdächern abzudichten (vgl. Abschnitt 1.10.5). Am Auflager von Laufrosten muß durch elastische Zwischenschichten einer Beschädigung der Abdichtung vorgebeugt werden. Die Hölzer, die vorübergehend Nässe ausgesetzt sein können, sind durch hochwertige Imprägnierungen zu schützen. Durch Gitter ist das Eindringen von Vögeln und Ungeziefer in die Belüftungsschlitze zu verhindern (Bild **1**.156).

Zu den geläufigsten Dachziegelformen werden Ergänzungs- und Sonderziegel angeboten, die nicht nur den Arbeitsvorgang beim Dachdecken wesentlich vereinfachen und beschleunigen, sondern bei Dachanschlüssen aller Art auch in Form und Farbe besser wirken als Blechverwahrungen, Deckleisten usw. So gibt es neben rechten und linken Ortgang- oder Windbordziegel z. B. Kehlziegel, Firstanschlußziegel oder Schlußplatten,

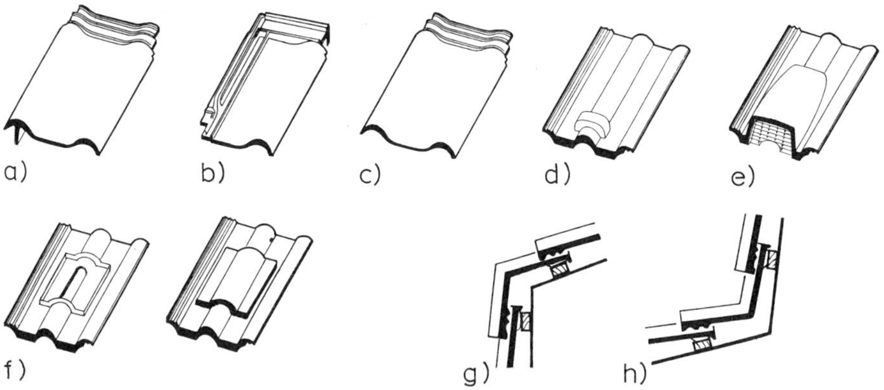

1.157 Formziegel und Formsteine

a) Ortgangziegel (links)
b) Firstanschlußziegel
c) Doppelwulstziegel
d) Schneestoppstein
e) Lüfterstein
f) Lüftergaube (PVC)
g) Mansardstein
h) Winkelstein

Traufziegel oder Traufplatten, Wandanschlußziegel, Lüftungsziegel und Glasdachsteine in den Dachziegelformen (Bild **1**.149).

Nach DIN 456 Ziffer 1.5 ist die Ausbildung von Formziegeln nicht genormt und den Herstellern überlassen. Formziegel müssen lediglich so gestaltet sein, daß sie zusammen mit den genormten Dachziegeln einwandfrei eingedeckt werden können.

1.5.3 Betondachstein-Deckung

Ähnlich den in Abschn. 1.5.2.1 erwähnten Strangziegeln werden aus hochwertigem Beton Betondachsteine in verschiedenen Profilierungen (Bild **1**.158) oder als plattenförmige Dachsteine (Bild **1**.159) und mit allen für die Eindeckung erforderlichen Form-

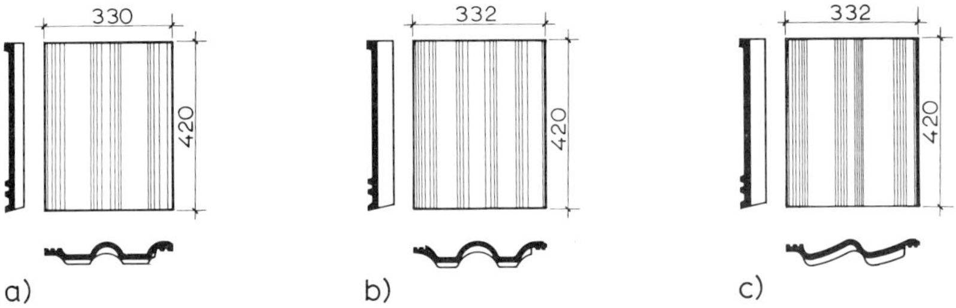

1.158 Betondachsteine mit Mittelwulst
a) Frankfurter Pfanne
b) Römerpfanne
c) Doppel-S-Pfanne

steinen hergestellt (DIN 1115).Betondachsteine erhalten in der Regel durch Aufbringen gebrannter Farbgranulate eine sehr dauerhafte Farboberfläche in ähnlichen Farbtönen wie engobierte Dachziegel.

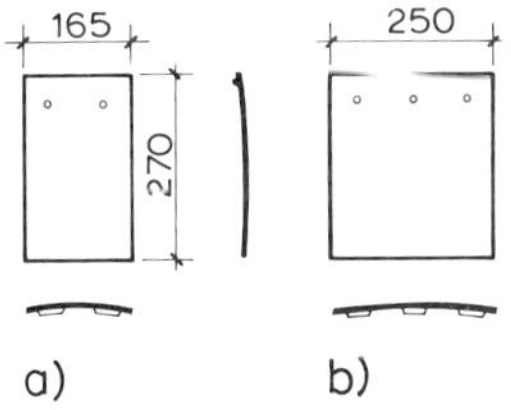

1.159
Plattenförmiger Beton-Dachstein (BRAAS)
a) ganzer Stein
b) Eineinhalbstein

Wegen der guten Maßhaltigkeit der Betondachsteine gewähren einfache Längsfalze in Verbindung mit aerodynamisch wirksamen Rippen an den Querstößen eine gute Dichtigkeit von Betonsteindeckungen, die durch Einlegen von Dichtungsstreifen noch verbessert werden kann. Selbstverständlich erfordern auch Betondachsteine bei der Planung die genaue Berücksichtigung der gegebenen Deckbreiten und der Lattenabstände, doch können wegen der fehlenden Querfalzung u. U. größere Toleranzen in der Längsüberdeckung in Anspruch genommen werden (vgl. Bild **1**.160). Im übrigen sind die handwerklichen Verlegeregeln sowie die zu beachtenden Details denen für Falzziegel-Deckungen (s. Abschn. 1.5.2.4) vergleichbar.

Auch für Betondachsteine ist für alle Typen eine große Zahl von Sonderformsteinen verfügbar (vgl. Bild **1**.157).

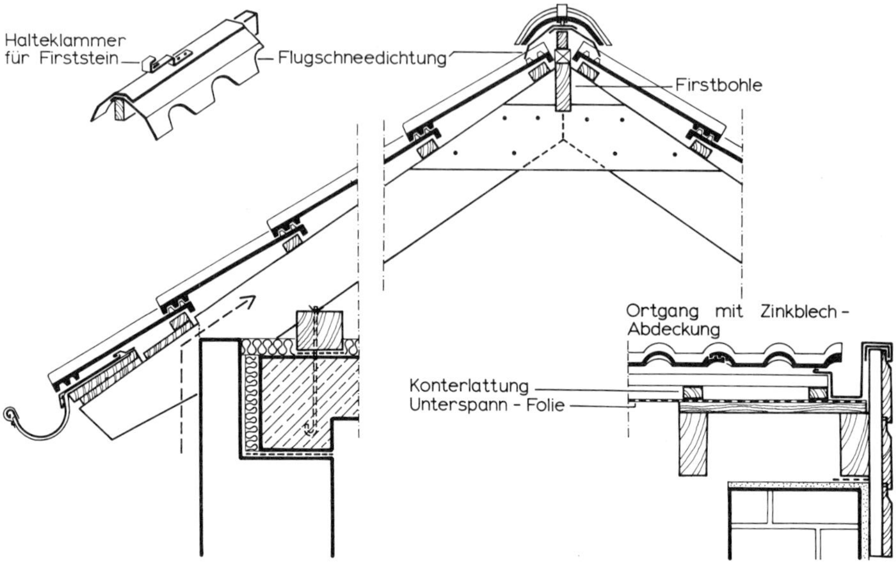

1.160 Eindeckung mit Beton-Dachsteinen (Trockenfirst)

1.5.4 Schieferdeckung

Dachschiefer sollen fluchtrechte Flächen haben, wetterbeständig und weder porig noch bituminös sein und dürfen keine Beimischungen von Schwefel oder Kupferkies, Eisenoxyd und Kalkerde enthalten; sie sollen gleichmäßige Farbe und beim Anschlagen mit einem Hammer hellen Klang haben.

Schieferplatten werden in verschiedenen Formen und Größen verwendet. Je größer die Platten, desto flacher kann die Dachneigung gewählt werden, desto härter muß aber auch der Schiefer sein, um der länger andauernden Durchfeuchtung Widerstand zu leisten. Nach der Schieferform werden u. a. folgende Deckungsarten unterschieden:

— Altdeutsche Deckung, Altdeutsche Doppeldeckung,

— Deckung mit deutschen Schuppenschablonen (einfache oder Doppeldeckung),

— Deckung mit Rechteckschablonen,

— Deckung mit Fischschuppen- oder Spitzwinkelschablonen

Die Schieferplatten werden in der Regel auf eine Schalung aus 24 mm dicken und ≈ 20 cm breiten Brettern genagelt, die auf jedem Sparren mit mindestens 3 Nägeln befestigt werden.

Die Schalung muß vollkommen trocken sein, da nasse Schalung beim Zusammentrocknen der Bretter zum Zerspringen einzelner Schiefer führen kann. Die Schalung darf nicht federn; die Herzseite der Bretter liegt nach dem Dachraum zu. Großflächige Schieferplatten (z. B. bei der Englischen Deckung) werden auf Latten genagelt. Zum Schutze gegen Staub und Treibschnee wird die Schalung in der Regel mit einer leichten Dachbahn (Überdeckung 6 cm) abgedeckt.

1.5.4.1 Altdeutsche Deckung

Die Decksteine für Altdeutsche Deckung sind trapezförmig mit gerundetem Rücken zugehauen und nach der Höhe sortiert. Nach ihrer Größe werden sie als Ganze, Halbe, Viertel, Achtel, Zwölftel, Sechzehntel und Zweiunddreißigstel bezeichnet. Für Dachflächen mit mittlerer Größe werden hauptsächlich Achtel (≈ 30 cm × 23 cm) und Zwölftel (≈ 26 cm × 21 cm), für Dächer, die steiler als 45° sind, auch Sechzehntel (≈ 22 cm × 19 cm) verwendet.

Je nach Überdeckung im „Rücken" der Steine wird „normaler" und „scharfer Hieb" unterschieden (Bild **1**.161).

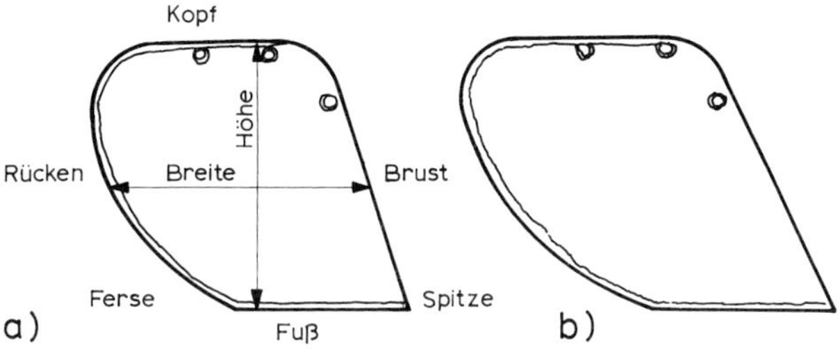

1.161
Schiefer-Decksteine (breit)
a) normaler Hieb
b) scharfer Hieb

Bild **1**.162 stellt die Deckung einer rechteckigen Dachfläche dar. Die Decksteine werden, je nach der Windrichtung, in von links nach rechts oder umgekehrt ansteigenden Reihen (Deckgebinden) angeordnet. Je steiler das Dach ist, desto flacher kann die Steigung der Gebinde werden; sie beträgt bei 45° Dachneigung ≈ 30 cm auf 1 m, bei 60° Dachneigung ≈ 14 cm auf 1 m. Die Gebindehöhen nehmen nach dem First zu

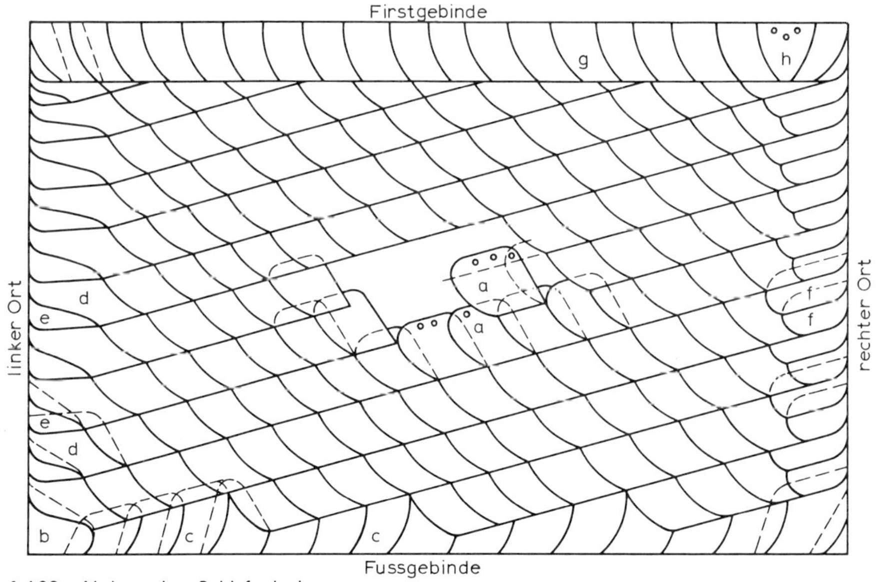

1.162 Altdeutsches Schieferdach

a Deckstein
b Anfangfußstein
c Fußstein
d Anfangortstein
e Anfangortstichstein
f Endortstein
g Firststein
h Schlußstein

allmählich ab. Die einzelnen Gebinde enthalten Steine gleicher Höhe, aber verschiedener Breite, wodurch die Dachfläche wirkungsvoll belebt wird. Die Steine desselben Gebindes überdecken sich um 6 bis 7 cm. Die Überdeckung der aufeinanderfolgenden Gebinde beträgt 7 bis 8 cm. Jeder Deckstein wird mit 2 bis 4 Nägeln auf der Schalung befestigt. Jeder Stein darf nur auf einem Brett genagelt werden, damit die Platten beim Werfen des Holzes nicht springen. Die Nagellöcher werden beim Decken mit der Spitze des Schieferhammers eingeschlagen. Die breitköpfigen Schiefernägel sind 4 cm lang und müssen aus verzinktem Schmiedeeisen bestehen.

Bei allen Schieferdächern sind für die Ausführung von Ausbesserungsarbeiten Leiterhaken in ≈ 2,50 m Entfernung anzubringen, die mind. doppelt zu befestigen sind. Unter den aus verzinktem Stahl bestehenden Haken werden die Schieferplatten durch Bleiplatten ersetzt.

Deckung der Traufe. Das Fußgebinde wird aus verschieden hohen Steinen, wie es der Anschluß an die Deckgebinde erfordert, gebildet. Die Fußsteine erhalten runden (Bild **1**.162) oder geraden Rücken (Bild **1**.165).

Deckung der Orte. Bei der Altdeutschen Deckung müssen alle Orte eingebunden werden. Aufgelegte Orte (Strackorte) sind zu vermeiden. Am Anfangort werden besonders geformte Anfangortsteine mit untergelegten Stichsteinen angeordnet, damit das Wasser möglichst von der Ortlinie abgelenkt wird. Die Anfangortsteine können geschwungenen oder runden Rücken erhalten. Am Endort endet jedes Deckgebinde mit zwei übereinanderliegenden Endortsteinen, die mit mindestens 4 Nägeln befestigt werden (Bild **1**.162).

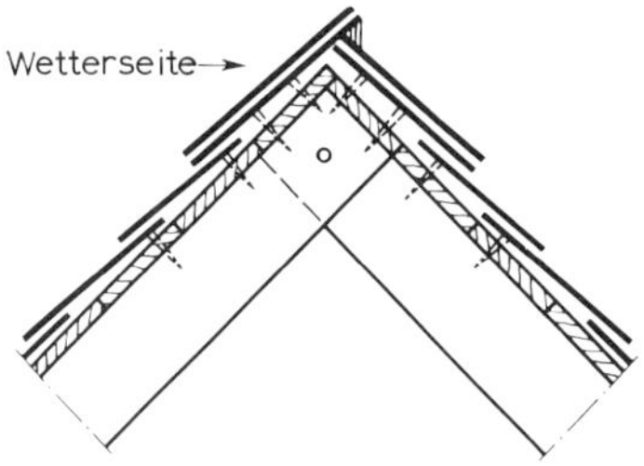

1.163 Deckung des Firstes

Deckung des Firstes. Das 30 bis 40 cm hohe Firstgebinde greift etwa 10 cm über die letzten Steine der Deckgebinde. Die Firststeine erhalten runden oder geraden Rücken. Das der Wetterseite zugekehrte Firstgebinde ragt 5 bis 7 cm über die andere Dachfläche hinaus (Bild **1**.163). Der dabei entstehende Winkel wird mit Schieferkitt (Asphalt und Kreide) ausgefüllt.

Deckung der Grate. Alle Grate sind einzubinden. Strackorte sind zu vermeiden.

Der Anfangort am Grat wird als Stichort mit geschwungenem oder rundem Rücken gebildet (Bild **1**.164). Der Endort am Grat erhält auf jedes Gebinde zwei übereinanderliegende Endortsteine (wie im Bild **1**.162, rechts).

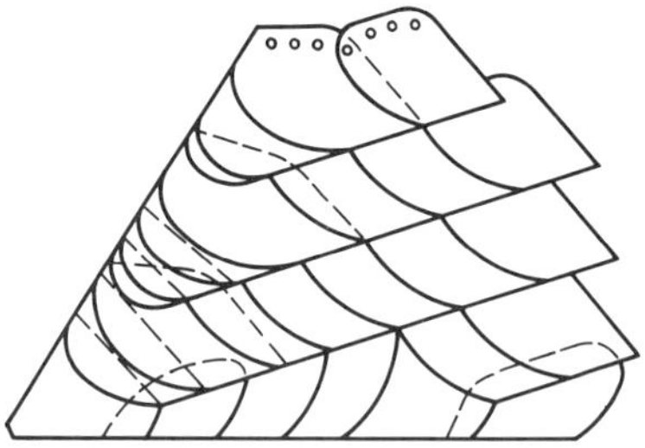
1.164 Eingebundener Grat als Stichort mit rundem Rücken (Altdeutsche Deckung)

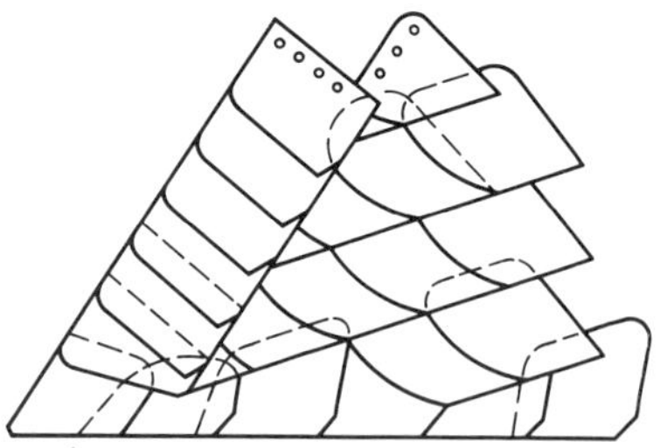
1.165 Gratdeckung mit Strackort (Deckung mit deutschem Schablonenschiefer)

Deckung der Kehlen. Alle Kehlen sind einheitlich mit Schiefer zu decken (kein Blech!). Die Kehlen werden muldenförmig ausgeschalt, mit Dachpappe ausgefüttert und mit schmalen, 14 cm breiten Schieferplatten (Kehlsteinen) als Herzkehlen oder in Rechts- bzw. Linksdeckung gedeckt.

Bei der Herzkehle (Bild **1**.166) wird von dem in der Mitte der Kehle liegenden Herzwasserstein nach beiden Dachflächen gedeckt (mindestens 4 Kehlsteine auf jeder Seite). Die Kehlgebinde überdecken sich um 8 bis 10 cm und schließen mit Wasserstein bzw. Schwärmer an die Deckgebinde an. Bei der rechts oder links gedeckten Kehle (Bild **1**.167) erfolgt die Deckung vom Wasserstein aus. Die Breite der Kehle muß mindestens 7 Kehlsteine betragen.

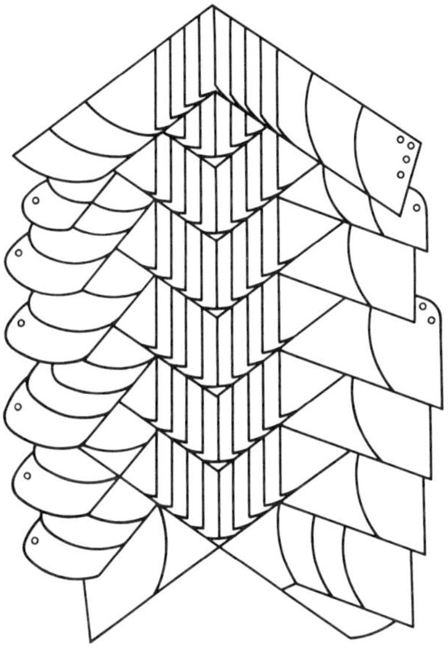

1.166 Herzkehle

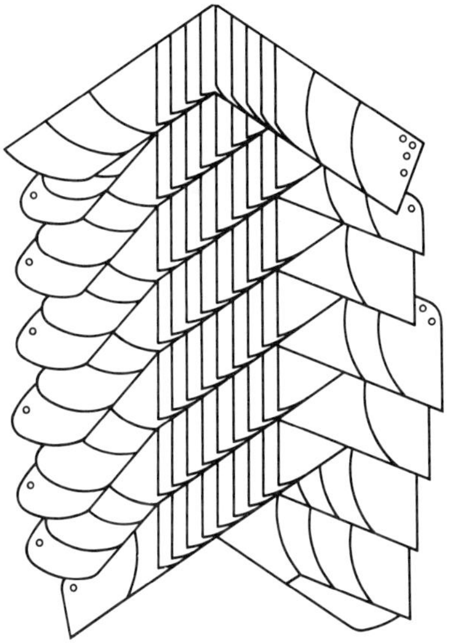

1.167 Rechts gedeckte Kehle

Deckung der Dachfenster- und Maueranschlüsse. Da die Altdeutsche Deckung mit Hilfe eingehender und ausgehender Kehlen eine Deckung von der Dachfläche zur senkrechten Wand oder umgekehrt ermöglicht, sollen alle Anschlüsse an Dachfenster, Schornsteine und Mauern ohne Verwendung von Metallblechen einheitlich in Schiefer gedeckt werden.

Altdeutsche Doppeldeckung. Das Altdeutsche Schieferdach kann auch als Doppeldach ausgeführt werden. Dabei greifen die Gebinde so weit übereinander, daß jedes dritte Gebinde das erste noch um 3 cm überdeckt.

1.5.4.2 Deckung mit deutschen Schuppenschablonen

Sparrenneigung nicht unter 25°. Die Deckung entspricht der Altdeutschen Deckung; es werden jedoch Decksteine gleicher Größe verwendet. Alle Gebinde sind also gleich hoch, alle Schuppen gleich breit. Dadurch wird die Deckung einförmig und weniger wirkungsvoll als bei der Altdeutschen Deckung.

Die Deckung der Traufe, des Firstes, der Orte und der Kehlen geschieht genau wie bei der Altdeutschen Deckung. Die Grate können entweder eingebunden oder als aufgelegte Orte (Strackorte) gedeckt werden (Bild **1**.165).

Das deutsche Schuppenschablonendach kann auch als Doppeldach ausgeführt werden. Dabei greifen die Gebinde so weit übereinander, daß jedes dritte Gebinde das erste noch um 3 cm überdeckt.

Die Litera-Schablonendeckung wird, wie die deutsche Schuppenschablonendeckung, mit schräg ansteigenden Gebinden ausgeführt. Die Decksteine (Litera-Schablonen) sind geradlinig begrenzt und in der unteren Ecke gebrochen. Einzelheiten wie beim deutschen Schuppenschablonendach.

1.5.4.3 Deckung mit Rechteckschablonen

Sparrenneigung nicht unter 25°. Die Schiefer werden in waagerechten Reihen als Doppeldach im Verband gedeckt. Die Reihen greifen so weit übereinander, daß jede dritte Reihe die erste noch um 6 bis 8 cm überdeckt. Je flacher das Dach, desto größer müssen die Schiefer gewählt werden. Das Firstgebinde besteht aus Firststeinen mit geradem Rücken. Die Orte können als Strackorte oder Ausläuferorte gedeckt werden (wasserableitender Hieb bei Ausläuferorten).

Große Rechteckschiefer können auch auf Latten 40/60 gedeckt werden (Englisches Schieferdach; Bild **1**.168). Lattenweite = Schieferlänge minus 8 cm, geteilt durch 2. Die Schiefer liegen dann überall doppelt, auf 8 cm sogar dreifach. Die nebeneinanderliegenden Platten der einzelnen Reihen stoßen stumpf zusammen (vgl. Flachziegel-Doppeldach). Jede Platte wird in der Mitte durch 2 Nägel auf der Latte befestigt. Die Nagelstellen werden durch die folgende Reihe überdeckt. Die unterste Reihe an der Traufe besteht aus Steinen halber Länge, die im unteren Teil auf die erste Latte genagelt werden.

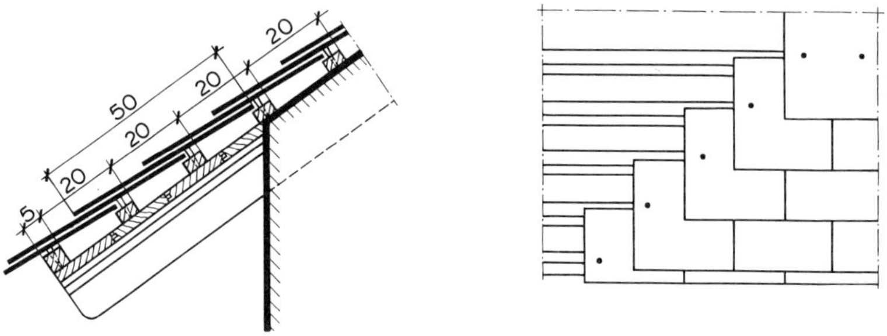

1.168 Doppeldach mit rechteckigem Schiefer (Englisches Schieferdach)

Die Kehlen müssen hier auf flach geneigten Dächern untergelegt, d. h. geschalt und mit Zink- oder Bleiblech ausgekleidet werden. Die der Kehllinie entsprechend zugehauenen Platten überdecken den gefalzten Blechrand um 8 bis 10 cm (Bild **1**.169).

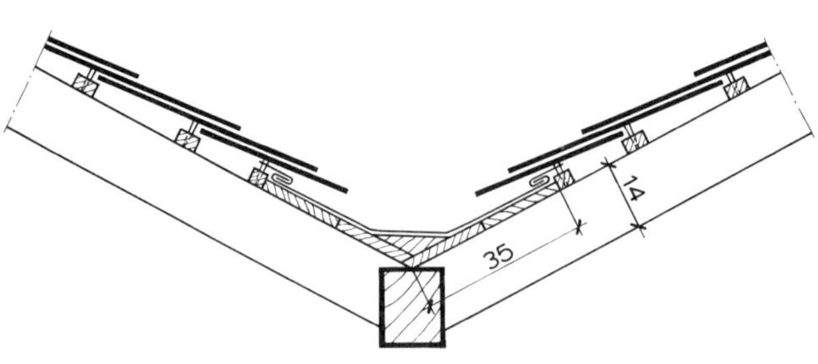

1.169
Deckung flacher Kehlen beim Englischen Schieferdach

1.5.4.4 Deckung mit Sechseck-, Achteck- oder Halbkreisschablonen

Sechseckschablonen (Spitzwinkelschablonen, Sparrenneigung nicht unter 35°) werden in waagerechten Reihen so gedeckt, daß sich ein rhombisches Schuppenmuster ergibt (Bild **1**.170). An der Traufe ist ein Fußgebinde aus Fußsteinen gleicher Höhe, am First ein Firstgebinde anzuordnen. Die Orte werden als Strackorte gedeckt.

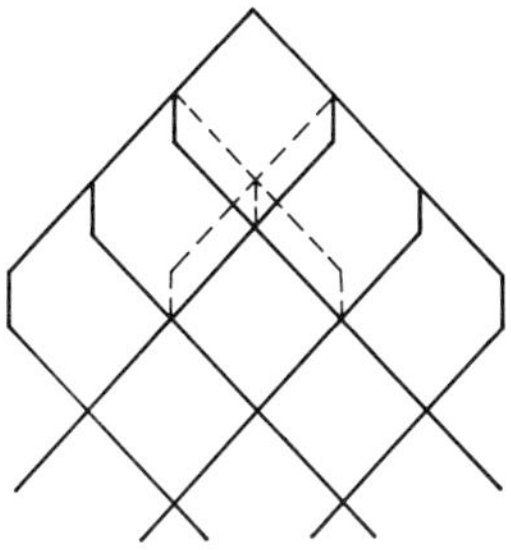

1.170 Deckung mit Sechseckschablonen (Spitzwinkelschablonen)

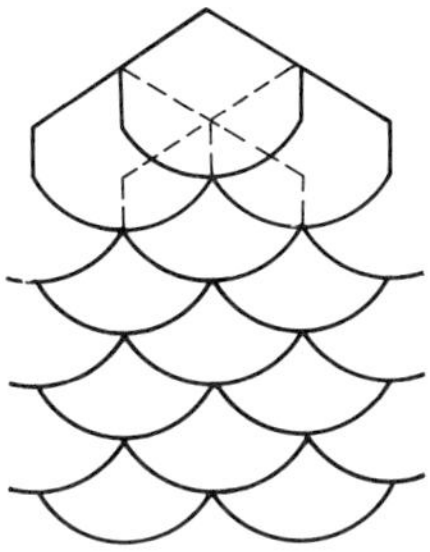

1.171 Deckung mit Halbkreisschablonen (Fischschuppenschablonen)

Halbkreisschablonen (Fischschuppenschablonen) werden in waagerechten Reihen so gedeckt, daß sich das in Bild **1**.171 dargestellte Schuppenmuster ergibt. Deckung der Traufe und des Firstes wie vor. Die Ortsteine der geraden Ortkante können eingebunden werden, die Grate werden als Strackorte gedeckt.

1.5.4.5 Deckung mit Faserzement-Dachplatten[1])

In ähnlicher Weise wie mit Naturschiefer können Dächer (Mindestneigung 25°) und senkrechte Flächen mit Faserzement-Dachplatten gedeckt werden (Faserzement s. Abschn. 1.5.5). Die Platten werden nach DIN 274 witterungs-, volumen-, korrosions- sowie frost- und hitzebeständig hergestellt und sind unbrennbar (DIN 4102, Kl. A1). Es werden verschiedene Quadrat- und Rechteckformate (Vorzugsgrößen 60/30, 40/40, 40/20 cm) – auch mit gestutzten Ecken – sowie Schablonen für Deutsche Dekkung gefertigt in den Farben Dunkelgrau, Rostbraun und Rot.

Die Deckung erfolgt je nach Deckungsart, Plattengröße, Neigung und Witterungsbeanspruchung der gedeckten Flächen auf Lattung oder Vollschalung, wobei geschalte Flächen eine Unterdeckung mit 333er Dachpappe erhalten (Bild **1**.172 und **1**.173).

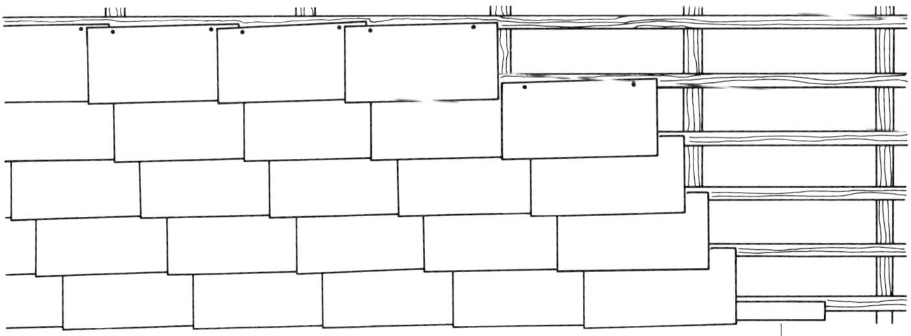

1.172 Faserzement-Dachplatten in waagerechter Deckung auf Latten

[1]) s. Seite 116

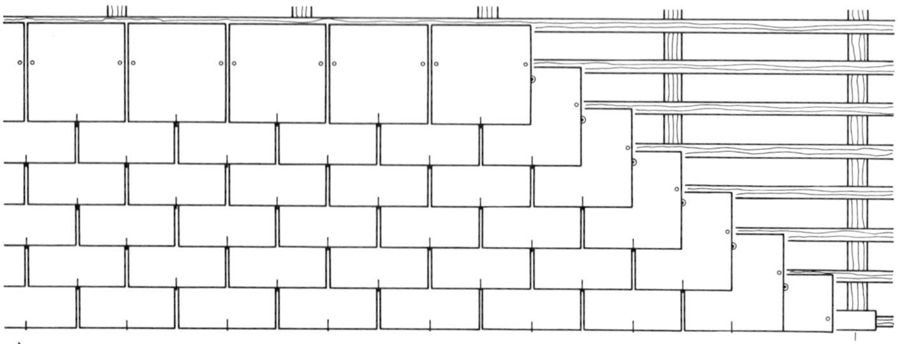

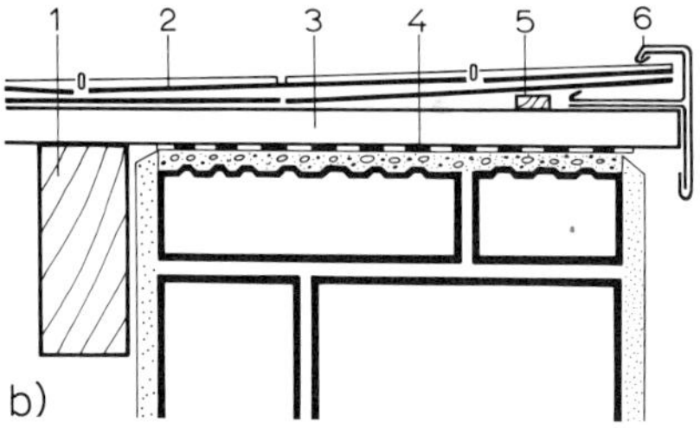

1.173
Faserzement-Dachplatten in Doppeldeckung auf Vollschalung

a) Doppeldeckung mit Quadraten
b) Ortgang

1 Sparren
2 Faserzement-Dachplatten
3 Lattung
4 Pappe
5 Keil-Leiste
6 Zinkblech-Einfassung

Die Platten werden mit je 2 verzinkten oder kupfernen Schiefernägeln (Breitkopfnägel) genagelt und in verzinkte, kupferne oder aus rostfreiem Stahl hergestellte Sturmhaken eingehängt.

Die Deckung von Firsten, Graten, Kehlen und Traufen ähnelt der Naturschieferdeckung.

1.5.5 Faserzement-Wellplattendeckung[1])

Faserzementerzeugnisse werden hergestellt aus langfasrigem Mineral- oder Kunststoff-Fasern, Zement (Mischungsverhältnis etwa $\frac{1}{6}:\frac{5}{6}$) und kalkgesättigtem Wasser. Die einer feuchten Pappe ähnliche Rohmasse kann praktisch in alle Formen gepreßt werden, so daß neben Standarderzeugnissen (Wellplatten, ebene Platten und Rohre) alle dazugehörigen Formteile auch in Sonderanfertigungen leicht hergestellt werden können.

Faserzement-Wellplatten bieten infolge ihres großen Formates die Möglichkeit, große Sattel- und Pultdächer (Mindestneigung 7°) insbesondere in Verbindung mit Pfettenkonstruktionen gemäß Bild **1**.21 und **1**.22 sehr wirtschaftlich zu decken.

Folgende meist voneinander abhängige Daten sind bei Faserzement-Wellplattendächern zu beachten:

[1]) Die früher ausschließliche Verwendung von Asbestfasern für dünne zementgebundene Bauplatten ist in letzter Zeit nahezu vollständig eingeschränkt worden, nachdem gesundheitsschädigende Wirkungen von freiem Asbest beobachtet wurden. Bei der Verarbeitung asbesthaltiger Materialien insbesondere bei der Verwendung von Trennscheiben, muß Atemschutz getragen werden. Da statt Asbestfasern in der Regel heute andere Fasern verwendet werden – großformatige Wellplatten z.Z. noch ausgenommen –, wird von den Herstellern fast nur noch die Bezeichnung „Faserzement" gebraucht.

- Dachtiefe
- Dachneigung
- Plattenprofil
- Plattengröße
- Pfettenabstand
- Zahl der Befestigungspunkte
- Höhenüberdeckung
- Auflagerbreite
- Lochabstand vom Plattenrand

Die Wellenplatten werden mit verschiedenen Profilen hergestellt. Zur Dachdeckung sind sie in 2 Profilen genormt (DIN 274 Bl. 1). Platten mit Profil 130/30 sind dünnwandiger als die mit Profil 177/51, bieten jedoch wegen der breiteren Seitenüberdeckung (**1**.174) eine größere Dichte. Die gängigen Plattengrößen sind Tabelle **1**.175 zu entnehmen.

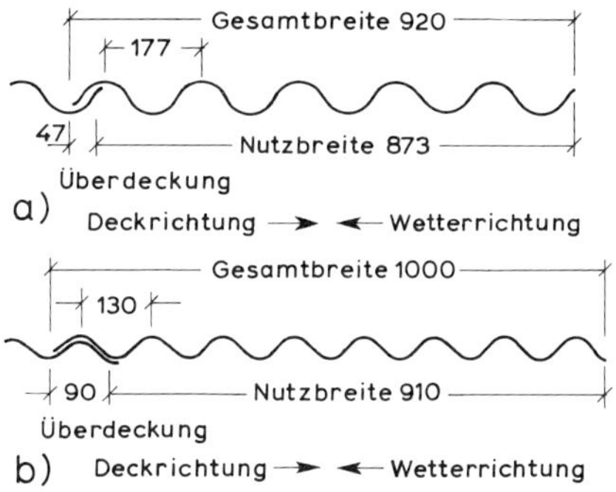

1.174 Faserzement-Wellplattenprofile für die Dachdeckung
a) Profil 177/51: Wellenlänge 177 mm; Wellenhöhe 51 mm; Vorzugsbreite 920 mm
b) Profil 130/30: Wellenlänge 130 mm; Wellenhöhe 30 mm; Vorzugsbreite 1000 mm

Berechnungsgewicht ohne Pfetten mit Befestigungsmaterial 0,20 kN/m² (s. DIN 1055 T1 Abschn. 3.11.5).

Wellplatten in Längen von mehr als 2500 mm dürfen für Dachdeckungen nicht verwendet werden.

Die Höhenüberdeckung der einzelnen Platten ist von der Dachtiefe (= Entfernung zwischen First und Traufe) und der Dachneigung abhängig. Bei Neigungen < 10° sind die Fugen zu dichten. Die Richtwerte gemäß DIN 274 T2 zeigt Tabelle **1**.176.

Die Seitenüberdeckung muß bei Profil

177/51 mindestens 47 mm ≙ ¼ Welle

130/30 mindestens 90 mm ≙ ⅔ Welle

betragen (Bild **1**.174).

Tabelle **1**.175 Plattengrößen

Vorzugslängen¹) in mm	Vorzugsbreiten²) in mm, Profil 177/51³)	Profil 130/30⁴)
1250	920	1000
1600		
2000		
2500		

¹) zul. Maßabweichungen ±10 mm
²) zul. Maßabweichungen ± 5 mm
³) Plattendicke 6,5 mm ± 0,5 mm
⁴) Plattendicke 6 mm ± 0,5 mm

Tabelle **1**.176 Neigungen

Dachtiefe in m	Dachneigung in Grad	Dachneigung in Prozent	Höhenüberdeckung in mm
≦6	> 7¹)	>12	200
> 6 bis 10	8¹)	14	200
>10 bis 15	9¹)	16	200
>15 bis 20	10	18	200
>20 bis 30	12	22	200
>30 bis 40	14	25	200
>40 bis 50	16	29	200
>50	≧17	≧31	150

¹) Bei Deckungen mit Neigungen von weniger als 10° sind die Höhenüberdeckungen mit dauerplastischen Kittbändern zu dichten. Bei Neigungen unter 7° sind die besonderen Vorschriften der Hersteller für Maßnahmen zur Dachdichtung zu beachten.

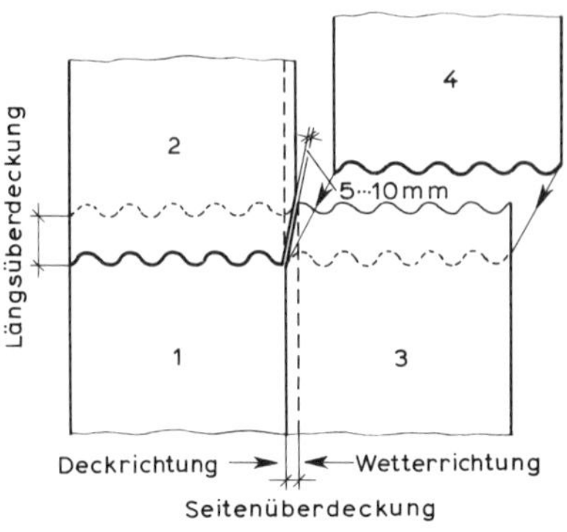

1.177 Eckenschnitt von Wellplatten

Am Kreuzungspunkt von vier Wellplatten ist ein Eckenschnitt an den sich diagonal gegenüberliegenden Wellenbergen erforderlich (Bild 1.177). Abstand zwischen den Eckenschnitten 5 bis 10 mm.

Höchstzulässige Pfettenabstände (bzw. Abstände der Unterstützungen der Wellplatten für selbsttragende Dachkonstruktionen) s. Tabelle 1.178.

Tabelle 1.178 Höchstzulässige Pfettenabstände

Dachneigungen in Grad	Profil 177/51	Profil 130/30
<20°	1150 mm	1150 mm
≧20°	1450 mm	1175 mm

Die Auflagerbreite für Wellplatten soll ≧ 50 mm betragen (ausgenommen bei Stahlrohrpfetten o. ä. mit Durchmessern ≧ 40 mm und Stahlprofilträgern I80).

Bei Befestigung der Wellplatten ist zu beachten:

– Jede Wellplatte ist gemäß DIN 1055 T4 in 4 Verankerungspunkten zu befestigen. Bei Dachneigung < 35° sind Wellplatten der Profile 177/51 und 130/30, die auf 3 Pfetten aufliegen, an den Dachrändern im Bereich von 2 m auf der mittleren Pfette zusätzlich an 2 Punkten zu befestigen.
– Wellplatten des Profils 177/51 werden stets auf dem 2. und 5. Wellenberg (Bild 1.179), die des Profils 130/30 auf dem 2. und 6. Wellenberg befestigt. Der Abstand der Befestigung vom unteren bzw. oberen Plattenrand muß mindestens 50 mm betragen (Bild 1.180), Ausnahme s. Bild 1.181.

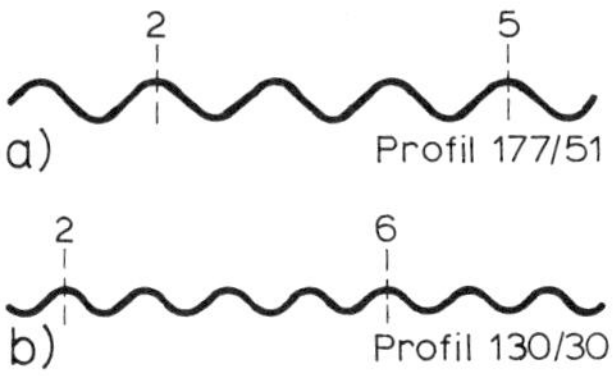

1.179 Befestigungsstellen
a) bei Profil 177/51
b) bei Profil 130/30
(Bohrlochdurchmesser 11 mm)

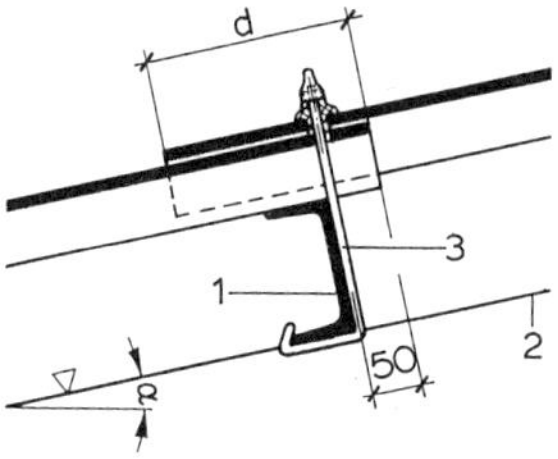

1.180 Plattenstoß auf Stahlpfette
1 Pfette
2 Sparrenoberkante
3 Stahlhaken mit Kunststoff-Pilz-Dichtung und Korrosionsschutzhut
d Höhenüberdeckung

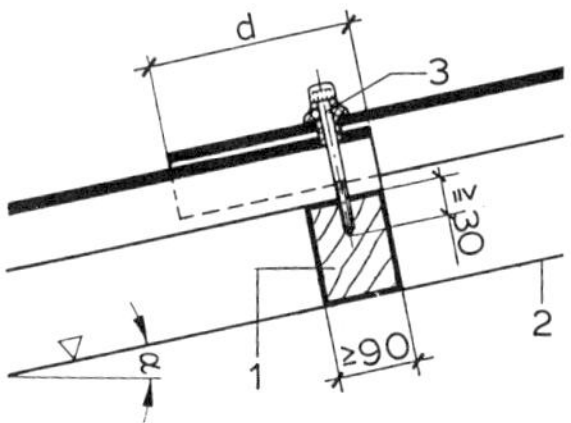

1.181 Plattenstoß auf Holzpfette
1 Holzpfette (hier sind 45 mm Mindestabstand zwischen Lochmitte und Plattenrand zulässig)
2 Sparrenoberkante
3 Holzschraube nach DIN 571 ∅ = 7 mm (mit Pilzdichtung und kleinem Korrosionsschutzhut)

Höhenüberdeckung *d* nach Tab. 2

Befestigungsmittel sind Stahlhaken (Bild **1**.180) nach DIN 17100, $\varnothing \geqq 6{,}25$ mm oder Holzschrauben (Bild **1**.181) nach DIN 571, $\varnothing \geqq 7$ mm, Eindringtiefe $\geqq 30$ mm. Stählerne Befestigungsmittel müssen vorschriftsmäßig (s. DIN 274 T2) verzinkt sein.

Für die Befestigungsmittel müssen in die Platten Löcher gebohrt werden. Mit den Schrauben werden die Platten an den Stahl- bzw. Holzsparren festgezogen, wobei die Kunststoff-Dichtungskappe vom verzinkten Schraubenkopf auf den Wellenrücken gepreßt wird. Auf Holzkonstruktionen müssen die Schrauben später nachgezogen werden.

Für Firste, Traufen, Wandanschlüsse und Dachbelüftung werden standardisierte Formstücke hergestellt. Bei allen Detailausbildungen ist auf ausreichende Zu- und Abluftöffnungen an Traufen und Firsten (s. Abschn. 1.9.2) besonders zu achten, da Wellplattendächer – besonders in Verbindung mit Dichtungsbändern – sehr dichte Dachschalen darstellen (Formteile s. Bild **1**.185).

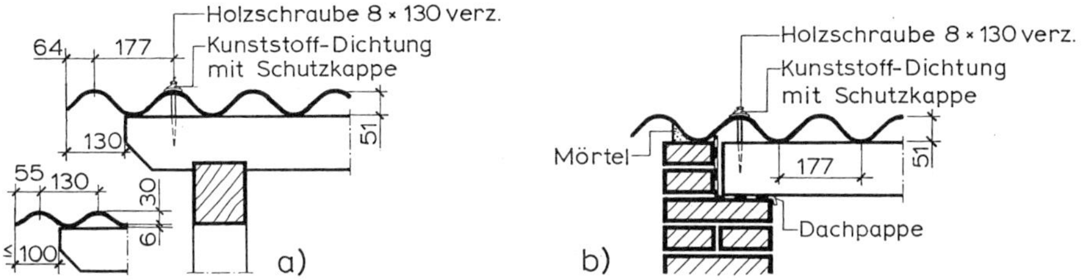

1.182 Ortgang bei Wellplattendächern auf Holzpfetten (Profil 17/751)
a) ohne Dichtung
b) mit Mörteldichtung

Firste werden mit Wellfirsthauben gedeckt. Einteilige Wellfirsthauben werden für die wichtigsten Dachneigungen in Abstufungen von 5 Grad hergestellt. Es ist jeweils die der nächst steileren Dachneigung entsprechende Wellfirsthaube zu wählen. Zweiteilige

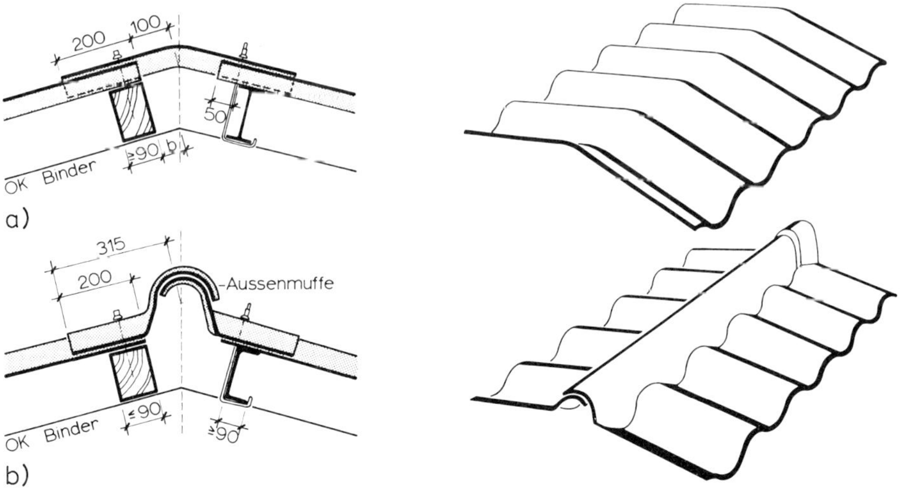

1.183 Firstformteile für Wellplattendächer
a) einteilige Wellfirsthaube
b) zweiteilige Wellfirsthaube

Wellfirsthauben sind besonders für steilere Dächer vorgesehen und für alle Fälle, in denen eine besondere formale Betonung der Firstlinie beabsichtigt wird. Besondere Lüfter – Firstformteile erfüllen die Forderung nach flugschneesicherer Abluftführung am First (Bild **1**.183).

Bei Traufenausbildungen in Wellplattendächern muß besonders darauf geachtet werden, daß nicht Vögel unter den Wellenbergen der Platten in den Dachraum schlüpfen können. Dichte Abschlüsse gewähren Traufenfußstücke und -zahnleisten (Bild **1**.184a und b), wenn Zuluftöffnungen anderweitig vorgesehen werden können (Bild **1**.184f). Sonst sind Traufenlüftungsgitter oder -fußstücke mit flachen Wellenbergen vorzuziehen (Bild **1**.184c, d und e).

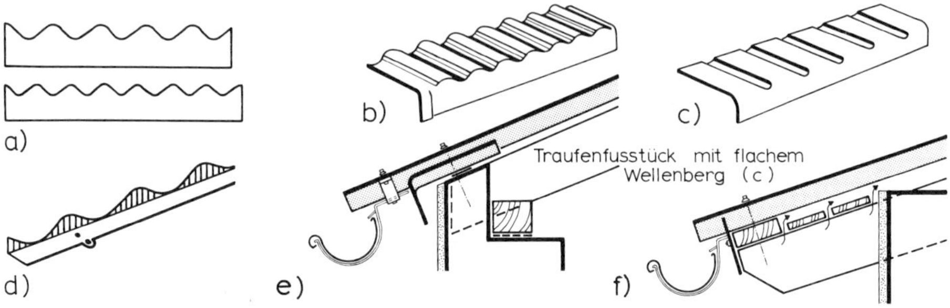

1.184 Traufen-Formteile für Wellplattendächer

a) Zahnleisten
b) Traufenfußstück, dicht schließend
c) Traufenfußstück mit flachen Wellenbergen (Lüftung, vgl. e)
d) Lüftungsgitter für Traufenabschluß
e) Traufenausbildung mit angehängter Dachrinne
f) Traufenausbildung bei Sparrenüberstand (Belüftung durch die Gesimsschalung)

Bei allen Verlegearbeiten ist unbedingt darauf zu achten, daß Wellplattendächer nur auf Laufbrettern betreten werden dürfen, die über eine fest installierte Leiter oder einen anderen festen Aufgang erreichbar sind.

Für Belichtungsfelder werden den Wellplattenprofilen entsprechende Welldrahtglas- oder Wellplexiglasplatten hergestellt.

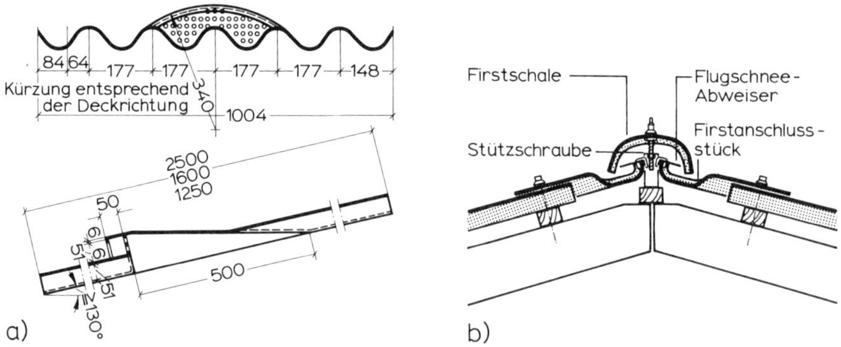

1.185 Belüftungs-Formteile für Wellplattendächer

a) Zuluftöffnung, eingeformt in Wellplatte
b) Lüftungsfirst (FULGURIT 400)

1.5.6 Schindeldeckung

Schindeln sind handgespaltene Brettchen aus Tannen-, Kiefern-, Lärchen- oder Eichenholz. Sie werden schuppenförmig verlegt. Imprägniert haben sie eine Lebensdauer von vielen Jahrzehnten. Sie bilden eine wärmedämmende leichte Dachhaut. Gesägte Schindeln sind weniger dauerhaft. Man unterscheidet Leg- und Scharschindeln.

Legschindeln kommen praktisch nur noch im Rahmen der Denkmalspflege in Frage. Sie sind 10 bis 20 cm breit, 80 bis 100 cm lang, 20 mm dick und im Längsschnitt rechteckig oder schwach keilförmig. Legschindeln werden auf flach geneigten Dächern (15 bis 25°) so auf Latten aufgelegt, daß sie sich dreifach überdecken. Festgehalten werden sie in der Hauptsache durch schwere Steine (Bild **1**.186). Der First wird ähnlich wie beim Schieferdach ausgebildet. Auf den flach geneigten Dächern alpenländischer Häuser werden Legschindeln heute noch verwendet.

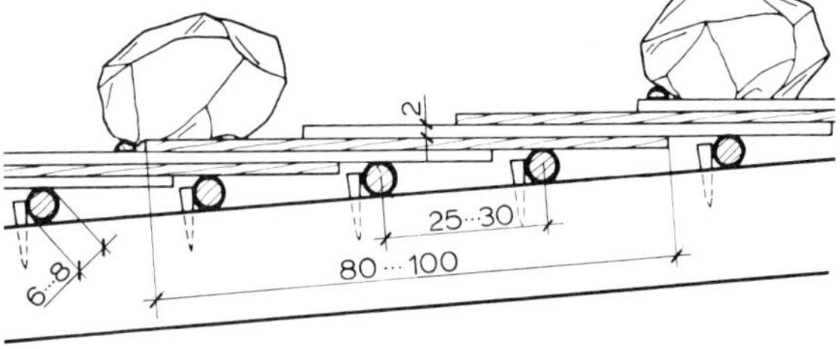

1.186
Legschindeln. Die Rundstangen sind mit Holzpflöcken festgehalten, die lose aufgelegten Schindeln mit Steinen beschwert. Bei Dächern über 20° werden die Steine durch vorgelegte Rundholzstangen, die am Ortgang verkeilt sind, gesichert.

Scharschindeln werden auf Lattung oder Schalung genagelt. Sie haben, je nach Landschaft, recht verschiedene Formen und Maße (Bild **1**.187). Gedeckt werden sie doppel- oder dreilagig (Bild **1**.188), aber auch vier- und fünflagig. Die Nagellöcher werden vorgebohrt. Oft werden ungenutete Langschindeln am unteren Ende mit Kupfernägeln sichtbar (blank) genagelt, um das Aufwerfen zu verhindern. An der Traufe sind die einander überdeckenden Schindeln verschieden lang. Am First hat die der Wetterseite zugekehrte Firstschar ≧ 3 cm Überstand. Über die Grate werden die Sparren mit keilförmigen Schindeln herumgeführt. Die Kehlen werden vier- oder fünflagig als eingebundene oder untergelegte Kehlen ausgebildet. Kleinförmige Schindeln (Schuppenschindeln) werden für Wandbekleidungen (Wandbehänge) verwendet.

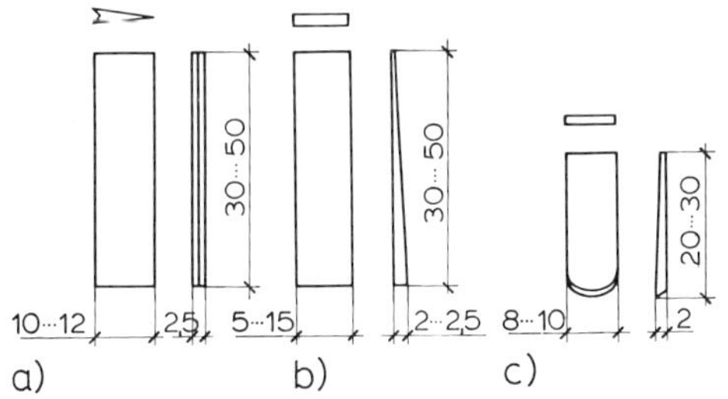

1.187 Schindelabmessungen
a) Spund- oder Nutschindel
b) Brettschindel
c) Rundschindel

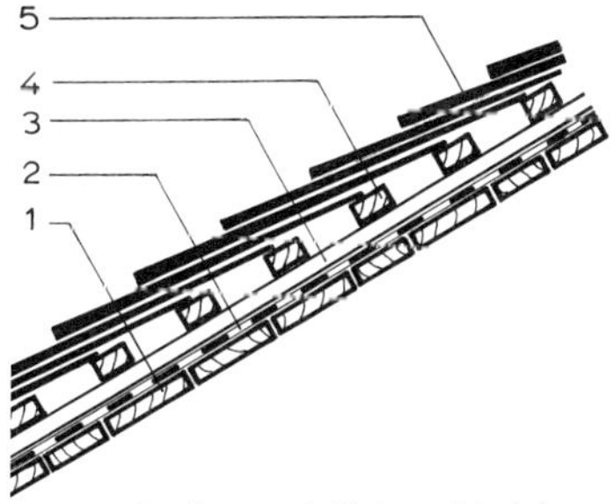

1.188 Deckung mit Scharschindeln
1 Schalung
2 Bitumendachbahn (V13)
3 Konterlattung
4 Lattung
5 unbeh., gesägte WRC-Schindeln, 3lagig, DIN 68119 T1

1.5.7 Bitumenschindeldeckung

Bitumenschindeln werden in verschiedenen Formen in Doppeldeckung ähnlich Biberschwänzen verwendet. Sie sind auf Vollschalungen mit einer einlagigen Vordeckung aus Glasvliesbitumendachbahnen V 13 (DIN 52143) auszuführen. Jede Schindel muß durch 4 verzinkte Breitkopfnägel gehalten sein.

1.5.8 Stroh- und Rohrdeckung

In vielen Gegenden Deutschlands werden Gebäude landwirtschaftlicher Betriebe und frei in der Landschaft stehende Wohnhäuser noch mit handgedroschenem Winterroggenstroh (Maschinendrusch zerdrückt den Halm) oder – in der Nähe von Gewässern – mit dünnhalmigem, mittellangem Rohr gedeckt. Diese sogenannten Weichdächer bieten eine sehr gute Wärmedämmung und sind dicht und sturmsicher, leicht, bei einfacher Pflege dauerhaft (Lebensdauer bis 50 und mehr Jahre), jedoch nicht mehr billig (importiertes Rohr, hohe Lohnkosten, Brandversicherung). Mindestdachneigung 45°. Nachteilig ist ihre Empfindlichkeit gegenüber Feuer und Funkenflug (bauaufsichtlich geforderte Mindestabstände von Gebäuden, Eisenbahnen usw. beachten! Hauseingänge an Giebelseiten legen!). Abstände der Sparren (Rundholz) 1,00 bis 1,30 m. Abstand der Latten (Rundstangen ≈ 5 cm ∅) 25 cm ≈ $\frac{2}{10}$ der Halmlänge. Dicke der Dachhaut 35 bis 40 cm. Die Eindecktechnik ist je nach Deckmaterial (Stroh oder Rohr)

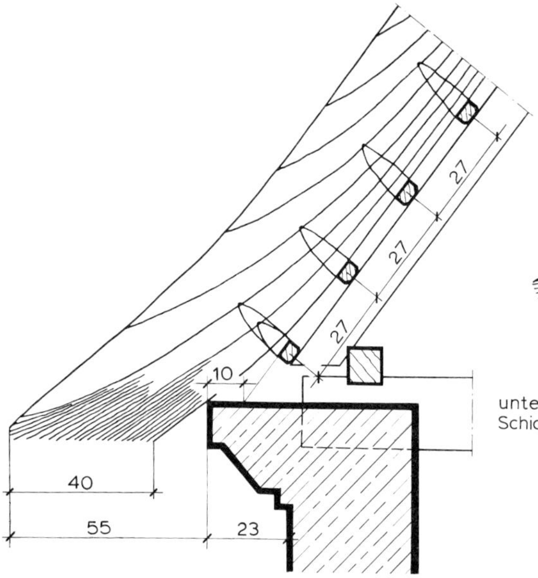

1.189 Das genähte Dach. Das Stroh wird an der Traufe waagerecht geklopft und abgerundet. Auf der ersten Latte wird zweimal genäht. Die Entfernung der Dachlatten beträgt 27 cm, Dicke der Dachhaut ≧ 28, in den Kehlen ≧ 42 cm

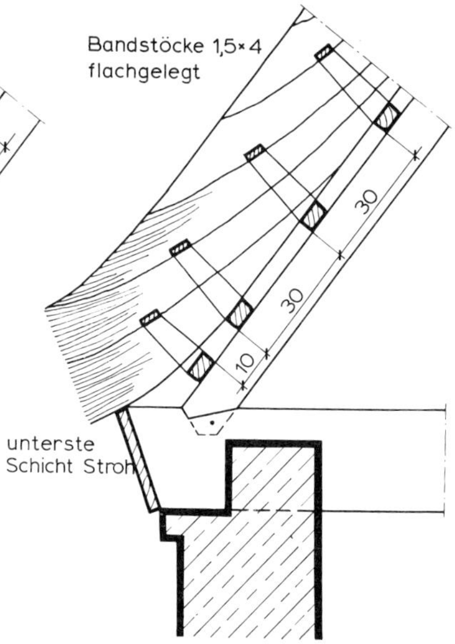

1.190 Das gebundene Dach. Schnitt durch die Traufe. Lattenabstand 30 cm. Flache Bandstöcke drücken die Lagen fest. Latten 4 × 6 cm unten abgerundet, damit der Bindedraht nicht bricht

und je nach Landschaft verschieden. Im allgemeinen werden die Strohbunde oder Rohr-(Reet-, Ried-, Reith-)Schoofe, die Rispenseite zum First, mit 1,5 mm dickem verzinktem Draht in mehreren 10 cm dicken Lagen unter Zuhilfenahme einer Rundnadel auf die Latten genäht, nachdem mit dem Klopfbrett die Wurzelenden schuppenartig hochgeklopft worden sind. Mit einem Messer werden am Schluß die Wurzelenden in der Dachebene und an den Kanten geradegeschnitten (Bild **1**.189).

Eine andere Deckungsart ist das Binden. Dabei werden die Stroh- oder Rohrlagen mit „Bandstöcken" auf die Lattung gepreßt, danach die Bandstöcke an den Latten festgebunden (Bild **1**.190)[1]).

Die Firste – beim Weichdach besonders wettergefährdet – werden auf die verschiedenste Art gedeckt: Mit gedrehten, dicht an dicht nebeneinandergebundenen Strohseilen, die 70 bis 80 cm vom First abwärts reichen, mit aufgelegten Heide- oder Rasensoden, die von kreuzweise zusammengepflockten, über den First gespreizten Knüppeln (Wahrhölzern) festgehalten werden, oder mit quer über den First gebundenen Langstrohbunden. Neuerdings werden auch vorgeformte Firsthauben aus Wellfaserzement verwendet. Eine baustoffgerechte Eindeckung ist jedoch vorzuziehen (s. auch DIN 18338).

Die Schornsteine sind nur am First $\geqq$ 80 cm hoch aus der Dachfläche zu führen. Die Deckung greift unter das ½ Stein auskragende, bis mindestens 50 cm unterhalb der Deckungszone 1 Stein dicke Schornsteinmauerwerk. Ähnlich werden die Anschlüsse an Gauben (Fledermausgauben) durch Überkragen der Brüstungsbohle gebildet.

Weichdächer mit erheblich verminderter Brandgefahr werden in Form sogenannter Lehmschindeldächer hergestellt. Dazu wird das Reet mit verzinktem Draht zu 8 bis 10 cm dicken, $\approx$ 75 cm breiten und 1 m langen Matten zusammengenäht, mit dünnem Lehmbrei getränkt und wie oben geschildert auf die Dachlatten gebunden (Lehmbedarf 5 bis 6 kg/m^2). Die Lehmschindeln überdecken sich dreifach. Lattenentfernung 30 bis 40 cm, Sparrenentfernung 1,20 bis 1,50 m. Dachneigung $\geqq$ 45°. Über den First werden lehmgetränkte Strohseile gelegt und festgepflockt.

1.5.9 Metalldeckungen

1.5.9.1 Allgemeines

Dächer oder Dachteile mit sehr geringer Neigung ($>$ 3°) oder mit sehr komplizierten Formen sind in den meisten Fällen mit Metalldeckungen am dauerhaftesten. Blei- und Kupferdeckungen zählen zu den ältesten und beständigsten Dachdeckungsmaterialien, die es gibt, und ihre Lebensdauer auf historischen Gebäuden ist meist nur durch die Lebensdauer der Unterkonstruktion begrenzt. Metall-Deckungen sind leicht, dicht und nicht brennbar. Da Blech jedoch völlig dampfundurchlässig ist, muß auf einwandfreie Durchlüftung der Dachkonstruktion ganz besonders geachtet werden.

Die Verlegetechnik aller Metall-Deckungen ist weitgehend bestimmt durch die Forderung nach ungehinderter Bewegungsmöglichkeit für die Bleche bei Temperaturänderungen. Außerdem müssen die Bleche gegen Berührung mit korrosionsfördernden Chemikalien (z.B. Frostschutz- oder Holzschutzmittel), in Putz, Beton, Holzwolle-Leichtbauplatten oder Schalungsflächen gesperrt werden.

Für Metall-Deckungen verwendet man Stahl-, Zink-, Kupfer-, Blei- und Aluminiumbleche in Form von ebenen Tafeln, ebenen und profilierten Bändern auch in Kombination mit Wärmedämmstoffen.

---

[1]) Bilder nach Baudirektor Kaminski, Wuppertal

1.5.9.2 Metalldeckungen in handwerklicher Ausführung

Allgemeines

Die Mindestneigung für Metall-Deckungen beträgt 3° oder 5%. Metall-Deckungen erfordern vollflächige, nagelhaftende Unterkonstruktionen, in der Regel Holzschalungen (Spanplatten sind für die Unterkonstruktion nicht geeignet). Dachschalungen müssen glatt, eben und trocken, die Schalbretter (Güteklasse I) müssen mindestens 24 mm (für Bleideckungen mindestens 30 mm) dick sein und Breiten von 80 bis 140 mm haben. Beim Aufnageln der Schalung ist darauf zu achten, daß die Nägel gut versenkt werden, weil vorstehende Nagelköpfe das Blech beschädigen können. Als Trennschicht zwischen Holzschalung und Metall-Dachhaut ist in jedem Falle eine Zwischenlage aus talkumierter, leicht besandeter Bitumendachbahnen (DIN 52143) mit 8 cm Stoßüberdeckung vorzusehen. Sie verhindert den Kontakt mit aggressiven Holzschutzmitteln und dient gleichzeitig als zusätzliche Geräuschdämpfung. Die Lagen sind mit verzinkten Nägeln auf der Schalung zu befestigen.

Da es praktisch kaum möglich ist, in Verbindung mit Blechdeckungen funktionssichere Dampfsperren für einschalige Konstruktionen herzustellen, sollte auf alle Fälle durchlüfteten zweischaligen Dachkonstruktionen der Vorzug gegeben werden.

Werden Metalldeckungen oberhalb von Betondecken angeordnet, ist wegen des relativ hohen Wasserdampfdiffusionswiderstandes von Stahlbeton eine Dampfsperre im Zusammenhang mit der in der Regel vorhandenen Wärmedämmung nicht unbedingt erforderlich. In allen anderen Fällen ist raumseitig eine Dampfsperre auf der Wärmedämmung vorzusehen ($\mu \cdot s \geqq 10$ m, vgl. Abschn. 1.11.3.1). Zwischen der Wärmedämmung und der Metalldachfläche muß eine einwandfreie Hinterlüftung gewährleistet sein. Dabei soll immer die maximale Höhendifferenz zwischen Be- und Entlüftungsöffnungen ausgenutzt werden. Die Belüftungsöffnungen werden daher möglichst unterhalb der Traufen, die Abluftöffnungen am First oder im Firstbereich angeordnet. Sie sind möglichst gleichmäßig über die ganze Dachfläche zu verteilen. Der Luftstrom innerhalb der Konstruktion darf durch keine Hindernisse (z. B. Wechsel, einbindende Überzüge, Dachfenster usw.) eingeschränkt oder unterbrochen werden. Werden zur Wärmedämmung mineralische Faserstoffe verwendet, sind die Anwendungstypen W oder WD vorzusehen (Andere Faserdämmstoff-Typen quellen u. U. nachträglich um bis zu 30% auf!).

Für die Bemessung der Hinterlüftungsquerschnitte können die Werte in Tabelle **1**.191 als Anhalt für den Normalfall gelten [30]. In Zweifelsfällen sind jedoch exakte bauphysikalische Ermittlungen zu Grunde zu legen.

Tabelle **1**.191 Belüftung von Dächern mit Metalldeckung

— **Dachneigung unter 5% (3°)** Dächer mit Innengefälle (innenliegende Rinne) sind in diese Gruppe einzuordnen. Freier Lüftungsquerschnitt 2 × 1/400 (2 × 2,5‰) Mindesthöhe Belüftungsraum 20 cm	— **Dachneigung 5% bis 9% (3° bis 5°) und 9% bis 36% (5° bis 20°)** Freie Zuluftöffnung 1/500 (2,0‰) Freie Abluftöffnung 1/400 (2,5‰) Mindesthöhe Belüftungsraum 10 cm
— **Dachneigung über 36% (20°)** Freie Zuluftöffnung 1/500 (1,0‰) Freie Abluftöffnung 1/400 (1,25‰) Mindesthöhe Belüftungsraum 5 cm	— **Wandbekleidung** Freie Zuluftöffnung 1/1000 (1,0‰) Freie Abluftöffnung 1/800 (1,25‰) Mindeshöhe Belüftungsraum 2 cm

Die vorgenannten Werte beziehen sich auf Dachflächen mit Wärmedämmung nach DIN 4108, einem normalen Raumklima von +20°C und einer relativen Luftfeuchtigkeit von 60%.

Beim Einbau von Belüftungssteinen oder Schutzgittern gilt nur der offene Querschnitt.

Bei allen Metalldeckungen ist die temperaturabhängige Wärmedehnung in Länge und Breite der Dachflächen bzw. der Bauteile zu berücksichtigen. Sie ist abhängig vom Ausdehnungskoeffizienten K^{-1} der Materialien. Er beträgt z. B. für

Zink	0,000 036
Zinklegierungen mit Kupfer und Titan	0,000 022
Aluminium	0,000 024
Beton (zum Vergleich)	0,000 012

Auf Dächern sind Temperaturdifferenzen von etwa −20 °C bis +80 °C möglich. Bei einer Verlegetemperatur von z. B. 15 °C errechnet sich dann die Ausdehnung l_A einer 5,00 m langen Kupferbahn dann wie folgt:

$$l_A = 5{,}00 \cdot 0{,}000\,017 \cdot (80\,°C - 15\,°C = 65\ K)$$
$$= 0{,}005\,525\ m$$
$$= 5{,}525\ mm$$

Die Zusammenziehung l_Z beträgt dann:

$$l_Z = 5{,}00 \cdot 0{,}000\,017 \cdot (+15\,°C - 20\,°C = 35\ K)$$
$$= 0{,}002\,975\ m$$
$$= 2{,}975\ mm$$

Die gesamte Längenänderung kann somit also 8,5 mm betragen. Sie muß durch entsprechende konstruktive Maßnahmen so ausgeglichen werden, daß keine unkontrollierten Verwerfungen oder Ausbeulungen auftreten.

Als Richtwerte für die Abstände von Dehnungsausgleichen können angenommen werden:

- Bei eingeklebten Winkelanschlüssen, Dachrandeinfassungen, eingeklebten innenliegende Dachrinnen: 6 m
- Bei Mauerabdeckungen; Dachrandabschlüssen außerhalb der Wasserebene; innenliegenden, nicht eingeklebten Dachrinnen
  Zuschnitt größer 500 mm 8 m
- Bei Scharen für Dachdeckungen und Wandbekleidungen; innenliegenden, nicht eingeklebten Dachrinnen Zuschnitt kleiner 500 mm
  Zuschnitt größer 500 mm 10 m
- Hängedachrinnen
  Zuschnitt bis 500 mm 15 m

Diese Richtwerte gelten für die gestreckte Länge; von Ecken oder Enden (Festpunkte) aus gemessen sind die halben Richtwerte einzuhalten.

Material

Zink. Für die Herstellung von Dachdeckungen und sonstigen Blecharbeiten an Dächern hat bandgewalztes Titan-Zinkblech (DIN 17770, D-Zn bd) das früher übliche, paketgewalzte Zinkblech abgelöst. Auf der zunächst walzblanken Oberfläche von Titan-Zinkblechen bilden sich an der Atmosphäre Deckschichten aus Zinkoxyd und basischem Zinkkarbonat, die einen natürlichen Langzeitschutz gegen Witterungseinflüsse ergeben. Nur in sehr aggressiver Industrieatmosphäre oder in unmittelbarer Nähe von Abgasen mit hohem SO_2-Gehalt bei gleichzeitiger hoher Luftfeuchtigkeit können Beschichtungen (Anstriche) zur Erhöhung der Lebensdauer notwendig werden.

Zink ist durch bituminöse Baustoffe in besonderer Weise korrosionsgefährdet. Abbauprodukte des Bitumens können in Verbindung mit UV-Strahlung und Feuchtigkeit aggressive Säurekonzentrationen bilden. Wenn daher Bitumenbaustoffe (ausgenommen Dachabdichtungen mit ausreichender Kiesschüttung) in Verbindung mit Zinkbauteilen kommen können, müssen besondere Schutzmaßnahmen getroffen werden. Geeignet sind Anstriche mit Kaltbitumen (keine Bitumen-Emulsionen!), mit Heißbitumen auf Voranstrich und mit Chlorkautschukfarben.

Wegen der Gefahr von Kontaktkorrosion sollen Bauteile aus Titan-Zink niemals in Verbindung mit Bauteilen aus Kupfer oder Stahl verlegt werden, insbesondere nicht so, daß von Kupfer- oder Stahlteilen abfließendes Wasser auf Titan-Zinkflächen gelangen kann. Ein Zusammenbau von Titan-Zink und Aluminium ist unbedenklich.

Titan-Zinkbleche werden in folgenden Blechdicken hergestellt und durch Kontrollfarben gekennzeichnet: 0,6 mm (gelb); 0,65 mm (blau); 0,7 mm (rot) und 0,8 mm (grün). Die Fertigung erfolgt in Bändern (Coils) mit maximal 1000 mm Breite sowie in Tafeln von 1000 × 2000 mm und 1000 × 3000 mm.

Außerdem werden vorgefertigte Profilstreifen in Mindestdicken von 0,7 mm für Traufstreifen, Kehlen, Kappleisten, Abdeckungen usw. geliefert.

Kupfer ist noch immer das dauerhafteste, aber auch teuerste Deckmaterial. Auf der Kupferdeckung schlägt sich allmählich eine schützende, meist grüne Oxydschicht (Patina) nieder, die den Dächern ein eigenartig schönes Aussehen verleiht. Ein Kupferdach wird also in der Regel mit zunehmendem Alter schöner.

Kupferblech muß mindestens 99% reines Kupfer enthalten und sich gut falzen lassen, ohne Sprünge und Risse zu bekommen. Es muß eine glatte, von Poren, Zunder und Asche vollkommen freie Oberfläche haben.

Für Dachdeckungen wird Kupferblech in Tafeln von 1,00x2,00 m und 0,1 bis 2,0 mm Dicke (DIN 1751) sowie in Bändern von max. 1,00 m Breite und 0,2 bis 2,0 mm Dicke (DIN 1791) verwendet. Es wird die Qualität „weich“ F22 (Zugfestigkeit 220 bis 250 N/mm²; Bruchdehnung >45%) und „halbhart“ F25 (Zugfestigkeit 250 bis 350 N/mm²; Bruchdehnung >15%) geliefert. Die Buchstaben SF kennzeichnen sauerstofffreie, phosphordesoxidierte Kupfersorten mit einem Reinheitsgrad von 99,9 Gew.-% Kupfer.

Bezeichnungsbeispiel für Kupferband Bd (Tafeln bzw. Blech Bl):
Bd 0,6 × 600 DIN 1791-SF-Cu F22

Aluminium. Handwerklich werden Metalldeckungen mit Aluminium selten ausgeführt. In Frage kommen Bänder und Bleche mit Dicken über 0,35 mm (DIN 1745, 1783), auch anodisch oxidiert (DIN 17611).

Blei. Vollständige Bleideckungen werden wegen der hohen Kosten selten ausgeführt. Sie eignen sich wegen der leichten Verformbarkeit von Walzbleitafeln oder -bändern aber ganz besonders für komplizierte oder mehrfach gekrümmte Dachflächen wie z. B. von Kuppeln u. ä. Blei wird daher auch für schwierige Anschlußstellen anderer Deckungen verwendet.

Deckblei muß mindestens 2 mm dick sein. Es wird in Rollen von 1,00 m Breite und bis zu 10 m Länge geliefert (DIN 59610). Die erforderliche Vollschalung muß mindestens 30 mm dick sein.

Verarbeitung

Metalldeckungen werden aus senkrecht zur Traufe verlegten Blechbahnen oder -tafeln („Schare“) gebildet. Die Art der Längsstoßausbildung kennzeichnet die Ausführungsarten. Metalldeckungen aus Zink- oder Kupferbahnen werden als Doppelstehfalzdeckung bei Dachdeckungen >25° auch als Winkelstehfalzdeckung oder als Leistendeckungen ausgeführt (Bild **1**.192).

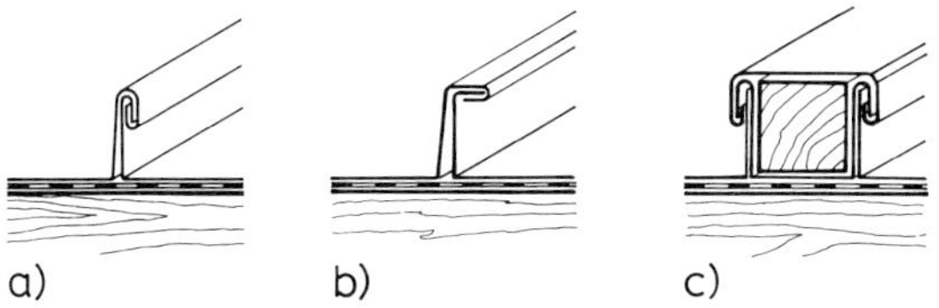

1.192
Ausführungsarten von Zink- und Kupfereindeckungen
a) Doppelstehfalzdeckung
b) Winkelstehfalz
c) Leistendeckung

Für Bleideckungen sind Hohlwulst- und Holzwulstdeckung (diese besonders für flach geneigte, begehbare Dächer) üblich (Bild **1**.193).

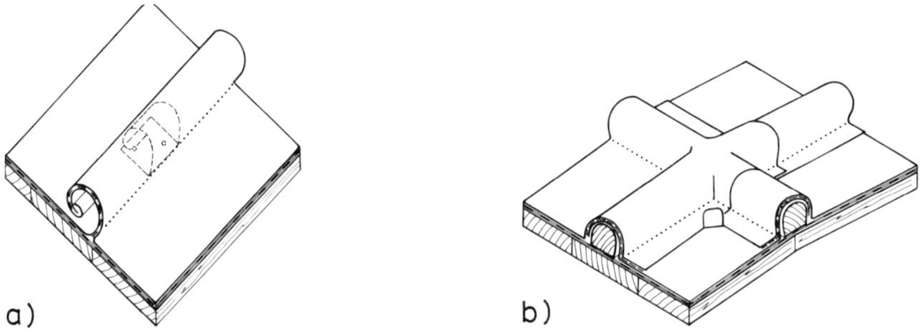

1.193 Ausführung von Bleideckungen
a) Holzwulst
b) Hohlwulst

Doppelstehfalzdeckung

Bei dieser Deckungsart werden die einzelnen bis ca. 60 cm breiten (Achsmaß) Metallbahnen durch Fest- oder Schiebehaften (Bild **1**.194) gehalten.

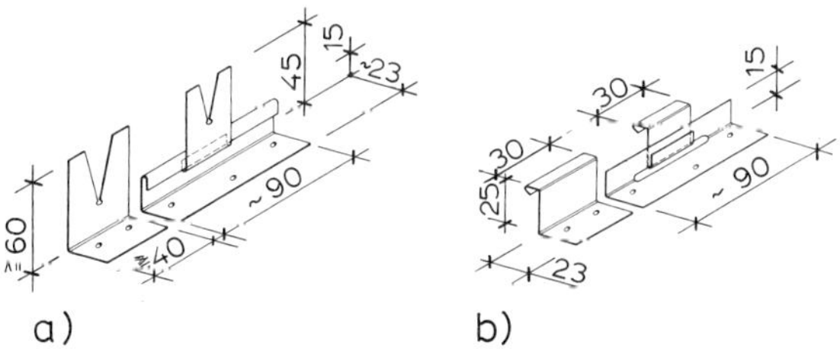

1.194
Formen von Haften
a) Hafte für Handverlegung
b) Hafte für Maschinenverlegung

Jeder Hafter wird mit 3 Breitkopfstiften auf der Dachfläche befestigt. Hafterentfernung in der Regel 33 cm. Die drei letzten Reihen an der Traufe sind je 17 cm voneinander entfernt. Jedes Blechband wird bei einer Dachneigung von 7,5° zwischen oberem und mittlerem Drittel ihrer Länge im Bereich eines Meters Stehfalzlänge mit vier festen Haftern festgelegt. Je flacher das Dach, um so mehr verschiebt sich dieser Bereich nach der Bandmitte hin. Bei Dachneigungen über 22° liegen die 4 Reihen fester Hafter am o b e r e n Bandende („Schar"-Ende).

Alle übrigen Hafter sind (als Schiebehafter) so gestaltet, daß sie die Wärmedehnungen der Bleche ermöglichen, ohne die Festigkeit der Dachhaut zu beeinträchtigen (Bild **1**.195).

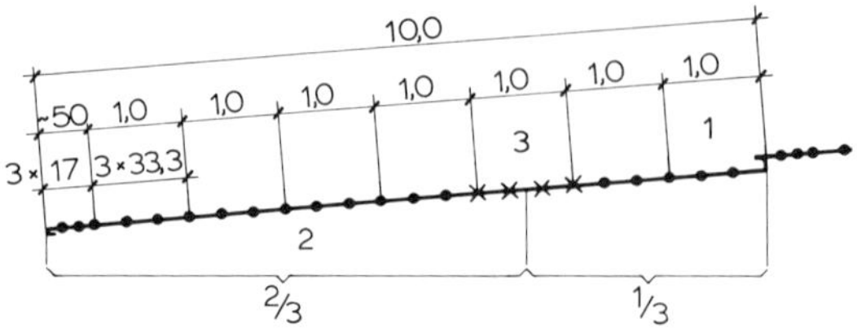

1.195
Anordnung der Hafter bei Doppelstehfalzdeckung
1 Gefällestufe (s. auch **1**.197d)
2 ● = Schiebehafter
3 × = feste Hafter

Die Hafter werden von Hand, mit der Falzzange oder – bei großen Dachflächen – maschinell beim Verfalzen mit eingearbeitet (Bild **1**.196).

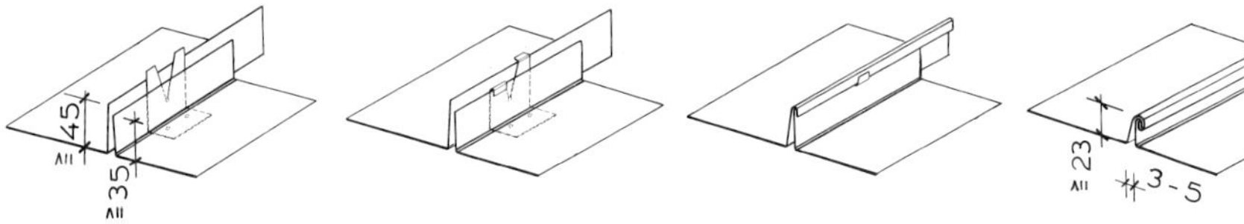

1.196 Doppelstehfalzdeckung [30]

Bei der Deckung arbeitet man von der Rolle und kann somit Deckbahnen großer Länge ohne Querstöße aufbringen. Wegen der Wärmedehnung müssen jedoch mindestens alle 10 m Schiebestöße in den Scharen ausgebildet werden. Bei geringen Dachneigungen sollen die Scharen jedoch nur 5 m Länge haben. Die waagerechten Stöße werden bei Dächern mit Neigungen > 7° mit liegenden einfachen oder doppelten Falzen ausgebildet (Bild **1**.197a bis c). Bei flachen Dächern (3 bis 7°) müssen Gefällestufen gebildet werden (Bild **1**.197d bis e).

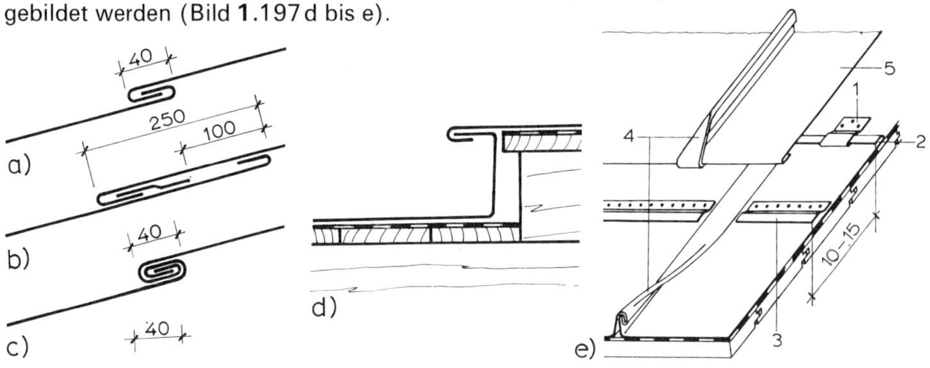

1.197 Querfalze in Metalldeckungen

a) Einfacher Querfalz, Dachneigung ≧ 47% (25°)
b) Einfacher Querfalz mit Zusatzfalz, Dachneigung ≧ 18% (10°)
c) Doppelter Querfalz, anwendbar bei Dachdurchbrüchen oder kleineren Dachflächen in Tafeldeckung ≧ 13% (7°)
d) Gefällestufe, Dachneigung ≧ 5% (3°)
e) Schiebestoß gemäß Schnittskizze b)

1 Normalhafter
2 Wasserfalz
3 aufgenieteter Zusatzhaftstreifen
4 umgelegter Doppelstehfalz
5 von oben kommendes Blechband

An der Traufe werden die Schare um gerade oder profilierte Vorstoß- bzw. Traufstreifen gefalzt (Bild **1**.198).

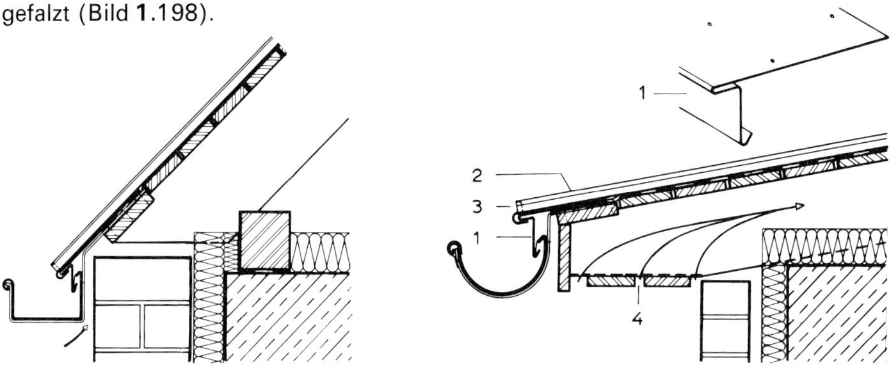

1.198 Traufenanschlüsse [30]

1 Traufenstreifen („Vorstoß")
2 Doppelstehfalz
3 Falzlasche umgeschlagen
4 Zuluftschlitze mit Insektengitter

Abknickungen für Wandanschlüsse oder sonstige Aufkantungen in den Dachflächen werden durch Quetschfalz (Bild **1**.199a) oder mit umgelegtem Doppelstehfalz (Bild **1**.199b) gebildet. Die Wandanschlüsse werden mit Kappleisten (Bild **1**.200a), besser aber mit speziellen Anschlußprofilen hergestellt, die ggf. bauseits bereits einbetoniert sein sollten (Bild **1**.200b bis d).

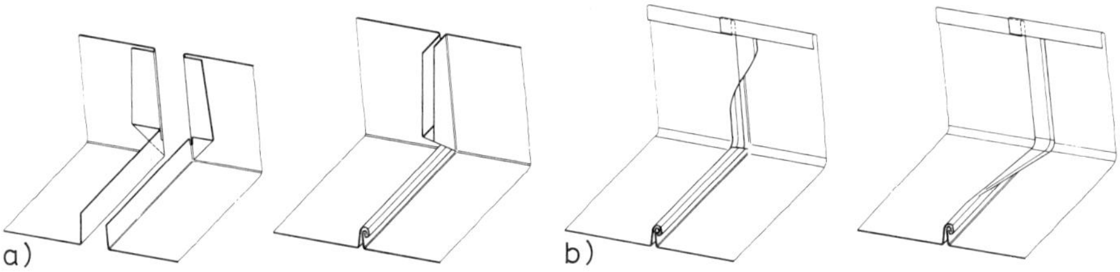

1.199 Abknickungen in Doppelstehfalzdeckungen [30]

a) Arbeitsablauf Quetschfalz
b) umgelegter Doppelstehfalz

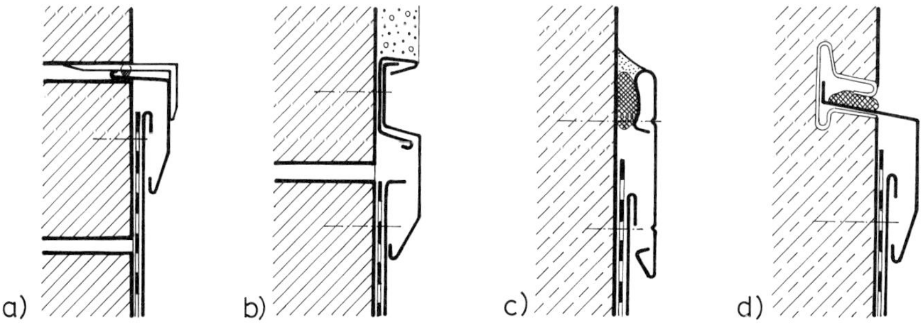

1.200 Wandanschluß

a) Kappleiste in Mauerfuge eingelassen, verzinkte Mauerhaken, dauerelastische Abdichtung
b) vorgefertigtes Putzanschlußprofil, Kappleiste nachträglich aufgeschraubt
c) Profil-Kappleiste mit Quetschdichtung (auf Stahlbeton oder Sichtmauerwerk)
d) einbetonierte Profilschiene; Kappleiste eingeschoben, mit Kunststoff-Klemmprofil gehalten

Eine übliche Ortgangausbildung zeigt Bild 1.201.

Die Hinterlüftung von Metalldeckungen (vgl. Tab. 1.191) ist durch Zustromöffnungen in Traufengesimsen (vgl. Bild 1.198) oder aufgesetzte kleine Zuluftgauben (Bild 1.202) sowie durch Lüfterfirste (Bild 1.203) ausreichend zu gewährleisten. Schließen Metalldachflächen an aufgehende Wände an, läßt sich die Abluftführung wie in Bild 1.203c, am besten aber in Verbindung mit einer hinterlüfteten Fassadenbekleidung lösen (Bild 1.204).

Bei langen Wandanschlüssen muß der Dehnungsausgleich berücksichtigt werden. Handwerkliche Ausführung mit „Schiebekasten" (Bild 1.205a) erfordern sehr sorgfältige, aufwendige Arbeitsgänge. Vorgefertigte Dehnungsausgleicher sind hier vielfach eine rationelle Alternative (Bild 1.205b).

1.201 Ortgangabschluß

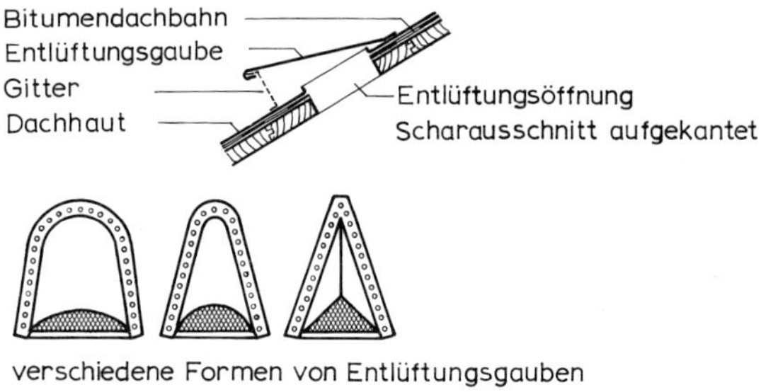

1.202 Lüftungsgauben

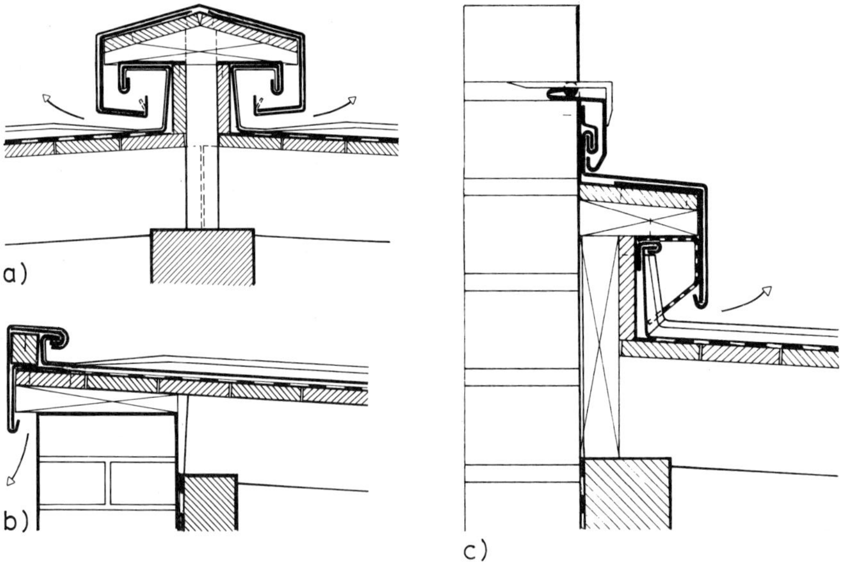

1.203 Firstentlüftung [30]

a) Firstentlüftung für Satteldächer (mit Flugschneesicherung)
b) Pultdachfirst mit Abluftschlitz
c) Pultdachanschluß mit Entlüftung an aufgehender Wand

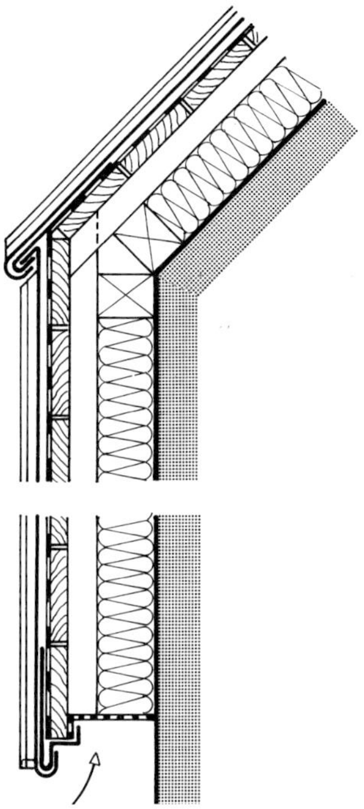

1.204 Fassadenknickpunkt mit Falzunterbrechung [30]

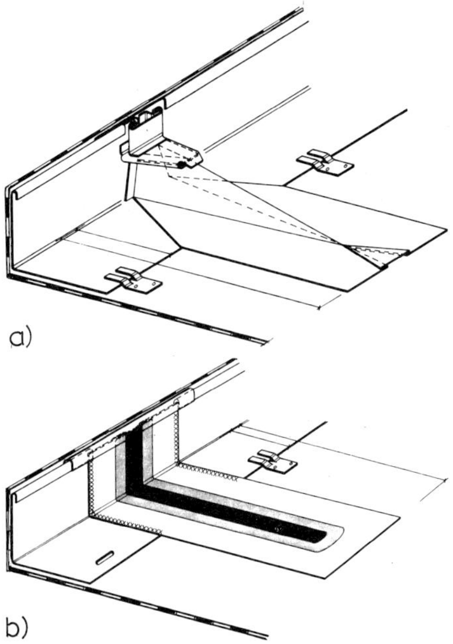

1.205 Wandanschluß mit Dehnungsausgleich [30]
a) handwerklich hergestellter Dehnungsausgleich (Schiebekasten)
b) RHEINZINK-1-Kopf-Dehnungsausgleicher für Wandanschluß

Leistendeckung

Leistendeckungen haben gegenüber den Stehfalzdeckungen den Vorzug, daß sich die einzelnen Blechbänder („Schare"), die durch Holzleisten getrennt sind, gänzlich unabhängig voneinander dehnen und zusammenziehen können.

Die Deckschare grenzen mit ihren Aufkantungen so an die Deckleisten (mind. 40/40 mm) an, daß der Dehnungsausgleich in der Querrichtung problemlos möglich ist. Die Stoßstelle wird durch die Deckkappen überbrückt. Unterschieden wird

- „Deutsche" Leistendeckung als Regelausführung (Bild 1.206a) und
- „Belgische" Leistendeckung (Bild 1.206b).

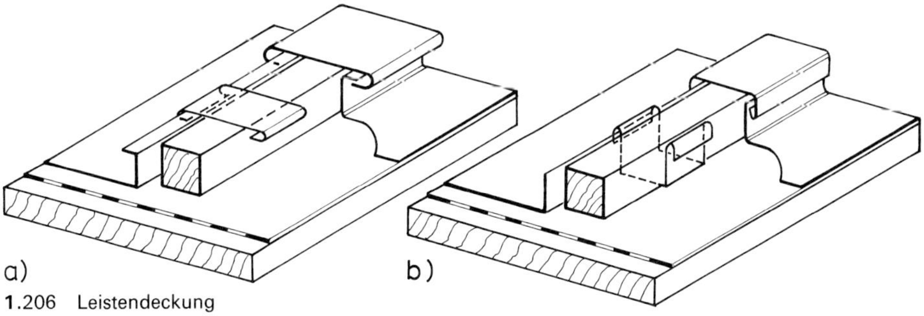

1.206 Leistendeckung
a) „Deutsche" Leistendeckung
b) „Belgische" Leistendeckung

Zu beachten ist, daß die „Belgische" Leistendeckung wegen der hier fehlenden Verfalzung an den Leisten zwar einfacher herzustellen ist, jedoch nicht schlagregen- und rückstausicher ist, wenn die Dachneigung geringer als 25° ist.

Bei beiden Deckarten werden die Schare durch Hafte gehalten, müssen aber insbesondere bei steilen Dächern gegen Abrutschen gesichert werden (Bild **1**.207).

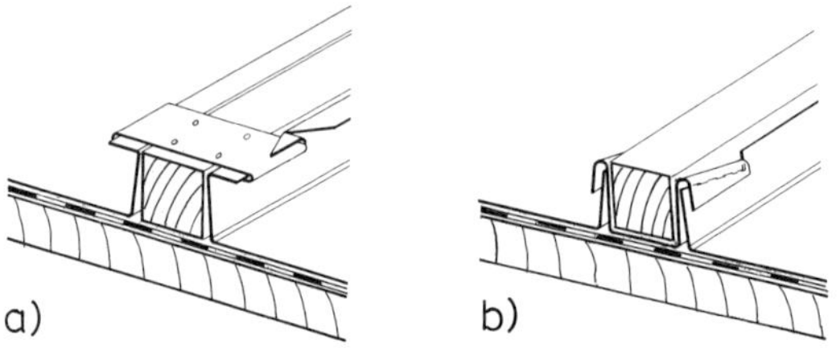

1.207
Sicherung der Schare gegen Abrutschen [30]
a) „Deutsche" Leistendeckung
b) „Belgische" Leistendeckung

Die Ausführung von Traufenkanten und Ortgängen zeigen die Bilder **1**.208 und **1**.209. Firste werden in der Regel mit Entlüftungen auszuführen sein (Bild **1**.203) oder durch längslaufende Leisten, die den normalen Deckungsstößen entsprechend ausgebildet sind.

Aus gestalterischen Gründen können Leistendeckungen mit Doppelstehfalzdeckungen kombiniert werden, so daß in den Dachflächen z. B. jede 2. Stoßstelle in der jeweils anderen Deckart ausgeführt wird.

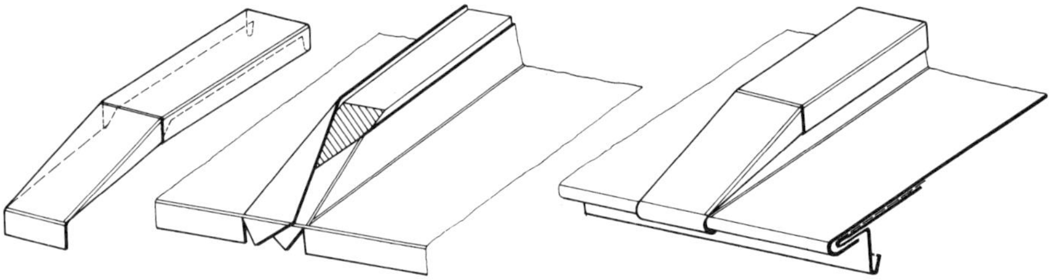

1.208 Traufenausbildung [30]

1.209
Ortgangausbildung
a) „Deutsche" Deckung
b) „Belgische" Deckung

1.5.9.3 Metalldeckungen mit industriell vorgefertigten Elementen

Metalldeckungen großer Dachflächen können mit vorgefertigten Profilblechelementen vielfach sehr wirtschaftlich ausgeführt werden.

Profilbahnen z. B. aus 0,6 mm dickem Kupferblech, die bei 0,46 m Breite in Längen bis 30 m lieferbar sind, zeigt Bild **1**.210. Sie werden auf Haltebügel (Abstand ca. 0,80 m) aufgeklemmt und ohne besonderes Werkzeug an den Verfalzungen ineinandergehängt.

Für Dachdeckungen mit Aluminium wird in der Hauptsache die genormte Legierung AlMn verwendet, aus der profilierte Bleche oder Bänder vielfältiger Querschnittsformen

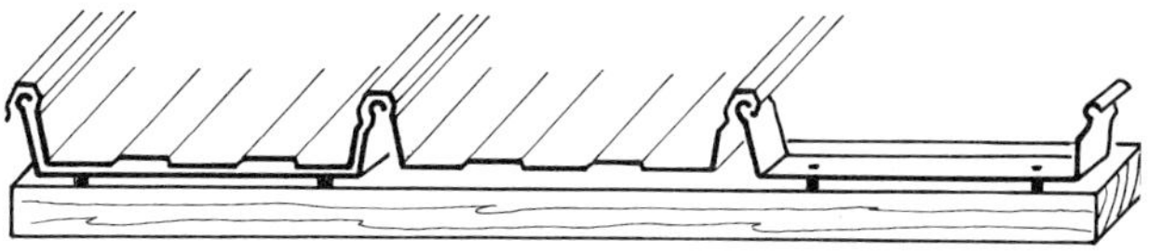

1.210
Kupfer-Profilelemente (TECU-Bahnen, Firma Kabelmetall)

(z. B. „Furral"-Bänder) in Längen bis zu 30 m hergestellt werden, so daß eine einzige Bahn von First bis Traufe vielfach genügt. Die Mindestdachneigung beträgt 6° bei 20 cm Überdeckung der Querstöße. Die dichte und harte Oxydhaut, die gut haftet und chemisch beständig ist, schützt die Leichtmetallbleche vor Korrosion. Meistens werden jedoch Elemente mit Kunststoffbeschichtungen oder Lackierungen verwendet. Bild **1**.211 zeigt einige Beispiele für Profilbleche, wie sie von den verschiedensten Herstellern angeboten werden.

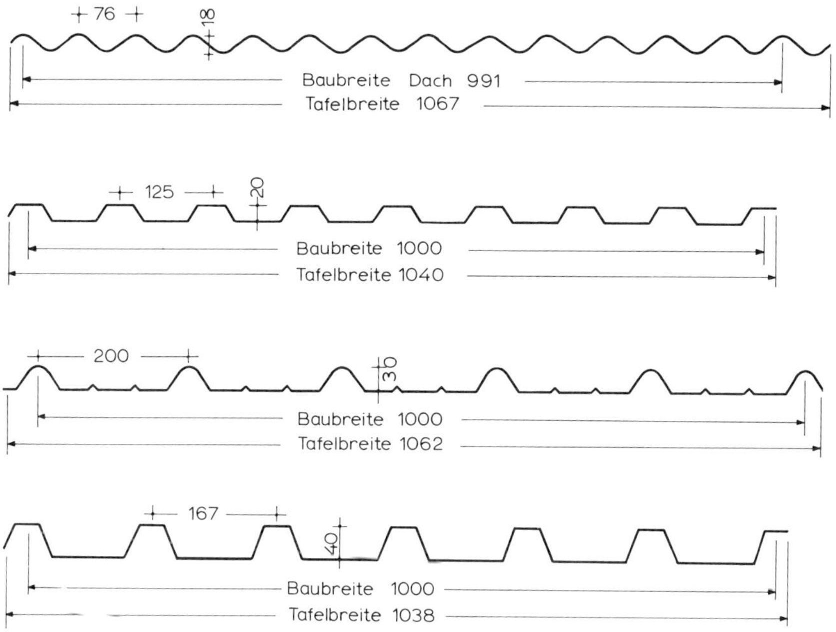

1.211 Aluminium-Profilbleche (ALCAN-Aluminiumwerke)

Die Befestigung dieser Profilbleche erfolgt je nach Unterkonstruktion gemäß Bild **1**.212 mit Schlagschrauben bzw. Schraubnägeln, Schrauben oder Hakenschrauben. Alle Befestigungsmittel müssen aus Aluminium oder Chromnickelstahl, zumindest aber aus rostgeschütztem Stahl hergestellt werden. Befestigungsteile aus rostfreiem Stahl müssen oberhalb der Dachfläche mit witterungsbeständigen Kunststoffkappen geschützt werden.

Vorgefertigte kastenförmig profilierte Dachdeckungsbänder werden durch Ankerclips gehalten, die in die Falze eingerollt werden. Durch automatisch laufende Falzmaschinen werden die Falze geschlossen (Bild **1**.213).

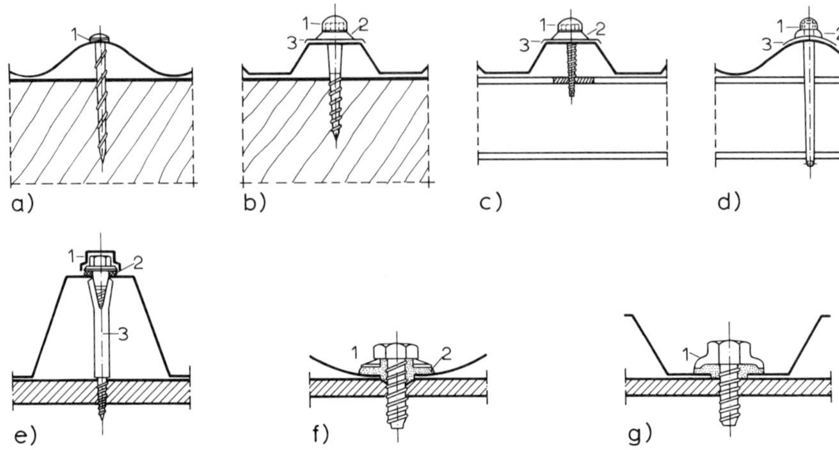

1.212 Befestigung von Aluminium-Profilblechen durch
a) Schlagschraube (Schraubnagel)
b) Holzschraube
c) selbstschneidende Schraube
d) Hakenschraube
e) selbstschneidende Schraube mit Spreizhülse
f) selbstschneidende Schraube
g) selbstschneidende Schraube mit angeformtem Dichtungsrand

Profilbleche mit hinterschnittenen Profilen werden auf Haltestreifen oder -profile eingerollt, so daß sich eine Klemmbefestigung ergibt. Eine derartige Befestigung ermöglicht besonders gut die Beweglichkeit der einzelnen Deckungselemente bei Temperaturänderungen, gegebenenfalls auch das Abnehmen und Wiedermontieren der Dachelemente (Bild 1.214).

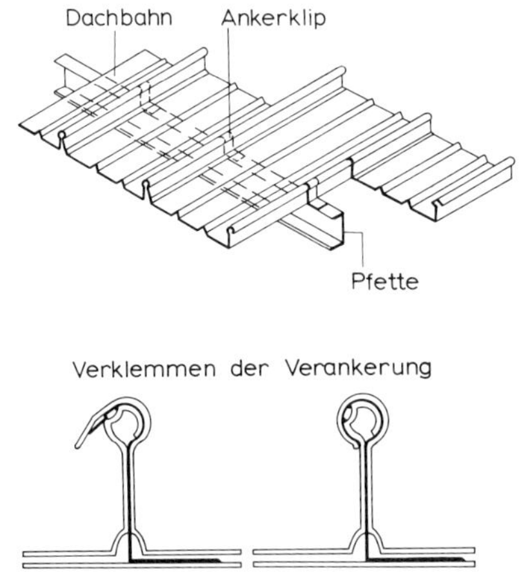

1.213 Kastenförmiges Aluminium-Deckband

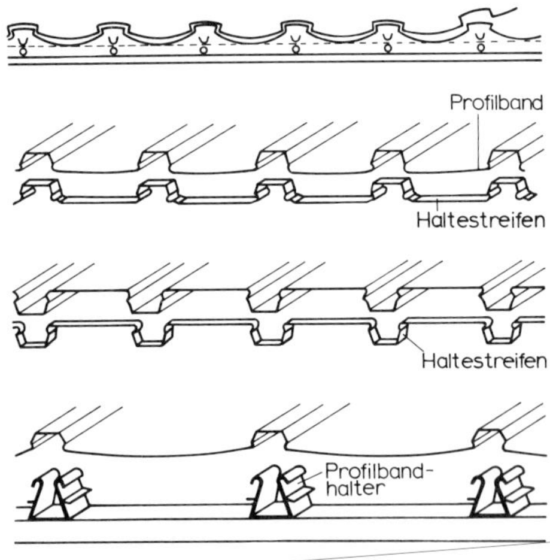

1.214 Aluminium-Dachdeckungselemente mit Klemm-Befestigung

Grundsätzlich ist die Montage auf allen üblichen Unterkonstruktionen möglich. Aluminiumteile müssen jedoch durch eine Lage Bitumenbahn von imprägnierten Holzteilen oder Betonflächen getrennt werden. Ebenso ist die Berührung mit blankem Stahl, Kupfer, Messing, Bronze, Zinn und Blei zu vermeiden. Diese Metalle müssen gegen Aluminiumteile durch eine Zwischenlage von Bitumenpappe oder durch Anstriche mit Ölfarbe, Zinkchromat oder Aluminiumbronze abgesperrt werden (keine bleioxidhaltigen Mennige-Anstriche!). Über Kupferflächen geflossenes Regenwasser darf wegen der Gefahr von Kontaktkorrosion nicht über Aluminiumbauteile abfließen. Das beim Abbinden des Kalks und Zements entstehende Calciumhydroxid greift Aluminium an, Aluminiumbauteile sind während der Bauzeit also sorgfältig zu schützen. Zwischen frischen Beton- oder Mörtelflächen und Aluminium sind Schutzschichten vorzusehen. Gips greift Aluminium nicht an.

Wie auch bei anderen Metalldeckungen ist bei den hier gezeigten, sehr dicht schließenden Aluminiumdeckungen auf sorgfältige Durchlüftung des Dachraumes besonders zu achten.

Wärmegedämmte Konstruktionen entstehen in Verbindung mit freitragenden Wärmedämmplatten (z. B. ISOVER SPW der Fa. Grünzweig & Hartmann) oder durch Verbundelemente (s. Abschn. 1.3.4, Bilder **1**.118 und **1**.119).

1.5.10 Dachpappedeckungen[1])

Dachpappedeckungen sind nicht zu verwechseln mit Dach*abdichtungen*, die ebenfalls auf Holzschalungen ausgeführt werden können (Abschn. 1.10.3.6). Sie kommen in Frage für leichte, mit Holz geschalte, geneigte Dachflächen. Dachpappedeckungen erfordern jedoch einen recht hohen Arbeitsaufwand bei der Herstellung und bei der Unterhaltung und sind daher heute weitgehend durch andere Konstruktionen (z. B. Wellplatten u. ä.) verdrängt.

Verwendete Materialien:

- *Bitumen-Dachbahnen* (DIN 52128) 500 g/m² oder 333 g/m²
- *Glasvlies-Bitumen-Dachbahnen* (DIN 51143) – V13.

Benötigt werden ferner:

- *Voranstrichmittel* (kalt, vor punktförmiger oder vollflächiger Aufklebung der Dachhaut auf Beton anzuwenden)
- *Bitumen-Klebemassen* (für Kalt- bzw. Warmanstrich), z. B. geblasenes Bitumen 85/25
- *Bitumen-Anstrichmasse* (auch farbig)
- *Deckaufstrichmittel kalt* bzw. *heiß* zu verarbeiten.

Allgemein gelten DIN 18338 und folgende Regeln:

1. Die *Mindestdachneigung* nicht vollflächig aufgeklebter Dächer ist 5°. (Unter 5° geneigte Flächen werden nicht *gedeckt*, sondern *abgedichtet*, s. Abschn. 1.9.)

   Bei Dachneigungen über 30° müssen für vollflächig aufgeklebte Dächer Klebemassen mit hohem Erweichungspunkt verwendet werden. Für nicht vollflächig aufgeklebte Dächer ist die Dachneigung nach oben unbegrenzt.

[1]) Die Bezeichnung „*Dachpappe*" ist ersetzt durch die Benennung „*Dachbahn*", befindet sich aber immer noch im Sprachgebrauch.

2. Deckungen sind mindestens zweilagig auszuführen.
3. Die Überdeckung der Bahnen jeder Lage an den Nähten und Stößen muß versetzt angeordnet werden und beträgt ≧ 8 cm.

   Die Lagen sind versetzt bei zweilagiger Deckung 50 cm, dreilagiger Deckung 33⅓ cm, vierlagiger Deckung 25 cm.
4. Holzschalung unter Pappdächern muß gesund, trocken, trittfest, fugendicht und ohne vorstehende Fugenkanten sein. Gespundete Schalung ist vorzuziehen. Kehlen sind durch Dreikantleisten auszufüllen.

   Betondielen müssen nach dem Verlegen eine ebene Oberfläche ohne scharfe Kanten bilden, unterschiedliche Plattendicken sind mit Mörtel auszugleichen. Die Fugen zwischen den Dielen müssen voll vermörtelt sein.
5. Die Nagelung der Bahnen muß folgendermaßen vorgenommen werden:

   Bei Deckung auf Holzschalung parallel zur Traufe (Dachneigung < 8°) wird die erste Lage der Dachbahnen am oberen Rand nur geheftet, am unteren Rand mit Nagelabständen von 15 cm genagelt. Die weiteren Lagen werden vollflächig geklebt und am oberen Rand alle 25 cm genagelt.

   Bei Deckung senkrecht zur Traufe (Dachneigung > 8°) wird die erste Lage am oberen Rand durch versetzte Nagelung mit etwa 50 mm Nagelabstand gegen Abgleiten gesichert.

   Die weiteren Lagen werden vollflächig geklebt und am oberen Rand alle 10 cm, an der überdeckten Längskante alle 30 cm genagelt.

   Die Nagelabstände an Traufen und Giebelkanten betragen in jedem Falle 4 cm.

   Beim Verlegen der Dachhaut auf Holzschalung sind mindestens die ersten beiden Lagen unmittelbar nacheinander aufzubringen. Falls das nicht möglich ist, wird auf die erste Lage ein heißflüssiger Deckaufstrich aufgebracht. Als erste Lage ist eine einseitig grobbestreute Dachbahn zu verwenden und mit der grobbestreuten Seite nach unten zu verlegen, um ein Festkleben der ersten Lage auf der Schalung zu verhindern.
6. Klebe- und Deckaufstriche müssen überall satt die Fläche bedecken. Loses Bestreuungsmaterial muß dort, wo geklebt wird, sauber entfernt werden.
7. Bei Verlegen mehrlagiger Deckungen mit verschieden schweren Rohfilzpappeinlagen wird in der Regel die Dachpappe mit der leichtesten Rohfilzpappeeinlage als untere Lage verarbeitet.
8. Schutz von Sonnenbestrahlung der Dächer und damit höhere Lebensdauer bietet die Bekiesung. Bei Dachneigungen bis zu 10° kann Perlkies (∅ 3 bis 5 mm) in Warm- oder Kalt-Klebeaufstriche, dicht und gleichmäßig deckend, auf die Dachflächen aufgewalzt werden. Bei steilen Dächern empfiehlt sich die Verwendung von fabrikfertigen naturbestreuten Dachbahnen.
9. Unbedingt zu verhindern ist, daß Handwerker (z. B. bei Anlage von Dachaufbauten, Antennen usw.) auf der fertig gedeckten Dachfläche schwere Lasten transportieren oder Handwerkszeuge und Geräte unachtsam handhaben. Das fertige Dach sollte der Dachdecker als letzter Handwerker verlassen.

In Bild **1**.215 ist die Ausführung von Detailpunkten schematisch dargestellt.

Schwach geneigte oder flache Dächer brauchen 15 bis 20 Jahre lang keine besondere Pflege, wenn sie als sogenanntes Kiespreßdach ausgeführt werden (d. h. mit dünner, aber dichtliegender reiner Perlkiesschicht auf sattdeckend aufgebrachter bituminöser Kieseinbettmasse).

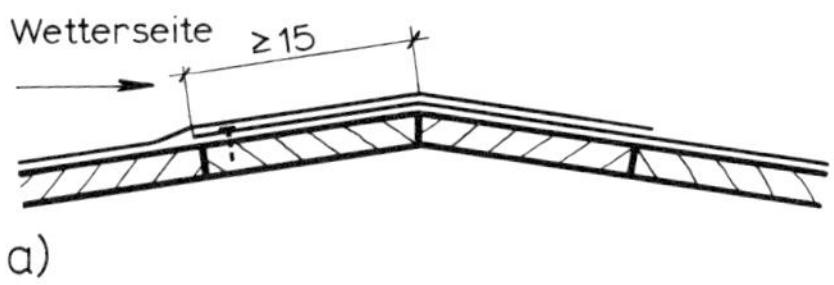

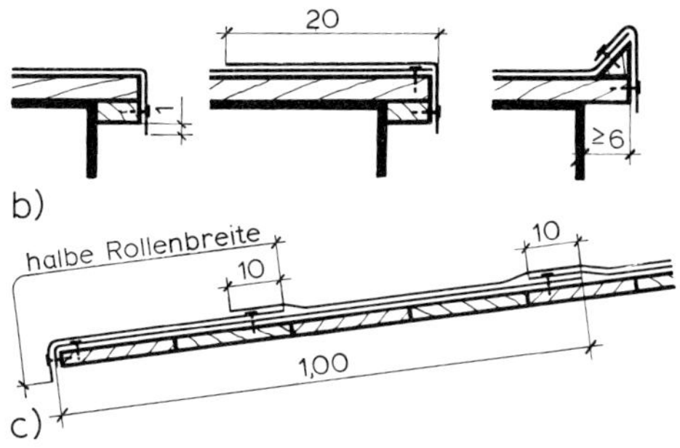

1.215
Pappdächer
a) First
b) Ortgangausführungen
c) Traufe

Im übrigen sind die Dächer je nach Lage und Beanspruchung nach etwa 5 Jahren mit Anstrichen auf Bitumenbasis nachzubehandeln.

Falls Pappdächer durch Neuanstriche nicht mehr instandzusetzen sind, lohnt sich meist noch das Überkleben der ganzen Dachfläche mit einer weiteren Lage. Mehr als zweimaliges Instandsetzen dieser Art ist nicht zu empfehlen.

1.6 Dachrinnen und Regenfallrohre

1.6.1 Bemessung

Die Dachrinnen und Regenfallrohre aller Art sind in DIN 18460, DIN 18461[1]) und DIN 18469[1]) in ihren Begriffen, Maßen und Eigenschaften genormt.

Dachrinnen sind als halbrunde (Bild **1**.219) und kastenförmige (Bild **1**.220) Hängedachrinnen mit den dazugehörigen Rinnenhaltern genormt (s. Abschn. 1.6.2).

Daneben gibt es Sonderformen wie z. B. verdeckte Dachrinnen, auch als „Standrinnen" bezeichnet (Bild **1**.231 bis **1**.233).

Regenfallrohre sind als kreisförmige und quadratische Regenfallrohre genormt (Tabelle **1**.235).

Die Bemessung der Regenfallrohrleitungen und die Zuordnung der entsprechenden Dachrinnengrößen ist nach DIN 18460 Abschn. 4 abhängig von der „Regenspende", der Dachgrundfläche und dem Abflußbeiwert.

Mit Regenspende (*r*) wird die Regenmenge (in l) bezeichnet, mit der maximal je Sekunde/Hektar gerechnet werden muß. Sie ist in der Regel mit $r = 300$ l/(s · ha) anzunehmen.

Zur Ermittlung des Regenwasserabflusses (Q_r) als Grundlage für die Dimensionierung der Regenwasserleitungen innerhalb und außerhalb von Gebäuden ist der Abflußbeiwert ψ gemäß der Tabelle **1**.216 (Auszug aus DIN 1986 T2) zu berücksichtigen.

Tabelle **1**.216 Abflußbeiwerte zur Ermittlung des Regenwasserabflusses Q_r

Art der angeschlossenen Fläche	Abflußbeiwert ψ
Dächer (≧15° Neigung)	1
Dächer (<15° Neigung)	0,8
Kiesschüttdächer	0,5
Dachgärten	0,3

Q_r in l/s = (Fläche in ha) · (Regenspende in l/[s · ha]) · Abflußbeiwert ψ

[1]) z. Z. in Neubearbeitung

Bemessungsgrundlagen sind die nachstehenden Tabellen aus DIN 18460 Abschn. 5 (Tabelle **1**.217 und **1**.218).

Tabelle **1**.217 Bemessung der Regenfalleitung mit kreisförmigem Querschnitt und Zuordndung der halbrunden und kastenförmigen Dachrinnen aus Metall (siehe DIN 18461 Tabelle 1) (Auszug aus Tab. 12 von DIN 1986 T2, Ausgabe 1978)

anzuschließende Dachgrundfläche bei max. Regenspende $r = 300$ l/(s · ha)*) in m²	Regenwasserabfluß²) Q_{rzul} in l/s	Regenfalleitung Durchmesser = Nennmaß in mm	Regenfalleitung Querschnitt in cm²	zugeordnete Dachrinne halbrund Nennmaß = Abwicklung in mm	zugeordnete Dachrinne halbrund Rinnenquerschnitt in cm²	zugeordnete Dachrinne kastenförmig Nennmaß = Abwicklung in mm	zugeordnete Dachrinne kastenförmig Rinnenquerschnitt in cm²
37	1,1	60¹)	28	200	25	200	28
57	1,7	70	38	–	–	–	–
83	2,5	80¹)	50	250 285	43 63	250	42
150	4,5	100¹)	79	333	92	333	90
243³)	7,3	120¹)	113	400	145	400	135
270	8,1	125	122	–	–	–	–
443	13,3	150¹)	177	500	245	500	220

*) Ist die örtliche Regenspende größer als 300 l/(s · ha), muß mit den entsprechenden Werten gerechnet werden (s. Beispiel)
¹) Für die Dachentwässerung übliche Nennmaße
²) Die angegebenen Werte resultieren aus trichterförmigen Einläufen
³) In DIN 1986 T2 nicht enthalten

Tabelle **1**.218 Bemessung der Regenfalleitung mit rundem Querschnitt und Zuordnung der halbrunden und kastenförmigen Dachrinnen aus PVC hart (DIN 18461, Tabelle 2, s. auch DIN 8062)

anzuschließende Dachgrundfläche bei max. Regenspende $r = 300$ l/(s · ha)*) in m²	Regenwasserabfluß²) Q_{rzul} in l/s	Regenfalleitung Außendurchmesser in mm	Regenfalleitung Nennmaß in mm	Regenfalleitung Querschnitt in cm²	zugeordnete Dachrinne halbrund Richtgröße¹)	zugeordnete Dachrinne halbrund Rinnenquerschnitt in cm²	zugeordnete Dachrinne kastenförmig Rinnenquerschnitt in cm²
20	0,6	50	50	17	80	34	22
37	1,1	63	63	28	80	34	34
57	1,7	75	70	38	100	53	53
97	2,9	90	90	56	125	73	73
170	5,1	110	100	86	150	101	100
243	7,3	125	125	113	180	137	137
483	14,5	160	150	188	250	245	225

*) Ist die örtliche Regenspende größer als 300 l/(s · ha), muß mit den entsprechenden Werten gerechnet werden (s. Beispiel)
¹) Richtgröße entspricht der lichten Weite in mm
²) Die angegebenen Werte resultieren aus trichterförmigen Einläufen

Für die rechnerische Bemessung der Regenfallrohre und der Dachrinnen wird zunächst der Regenwasserabfluß Q_r wie folgt ermittelt (Rechenbeispiel aus DIN 18460 Abschn. 6):

Örtliche Regenspende	$r = 300\ l/(s \cdot ha)$
Dachgrundfläche	$A = 12{,}5\ m \times 17{,}5\ m = 220\ m^2$
Dachneigung	$= 15°$
Abflußbeiwert	$= 1{,}0$
Regenwasserabfluß	$Q_r = \frac{220}{10000} \cdot 300 \cdot 1{,}0 \qquad Q_r = 6{,}6\ l/s$

Nach Tabelle **1**.217 gewählt für $Q_r = 7{,}3\ l/s$:

1 Regenfallrohr mit Nennmaß 120 mm oder wahlweise

2 Regenfallrohre mit Nennmaß 100 mm

1.6.2 Hängedachrinnen

Hängedachrinnen von halbrundem oder kastenförmigem Querschnitt (Bild **1**.219 und **1**.220) aus Metall sind hinsichtlich Abmessungen und Material gemäß DIN 18461[1]) genormt. Die Abmessungen von Kunststoffdachrinnen aus PVC hart entsprechen dieser Normung, während die Materialanforderungen und -prüfungen durch DIN 18469 geregelt sind.

Ferner sind Regenrinnen und -fallrohre aus Faserzement auf dem Markt, werden aber wegen ihrer gröberen Abmessungen überwiegend im Industriebau dort eingesetzt, wo hohe Korrosionsbeständigkeit und gleichzeitig höhere mechanische Beanspruchbarkeit als die von Kunststoffteilen notwendig sind.

Hängedachrinnen aus Metall oder Kunststoff haben an der vorderen Längsseite einen Wulst, an der hinteren Längsseite eine nach innen gerichtete Umkantung (Wasserfalz).

Die an der Gesimsseite liegende Rinnenoberkante liegt höher als die Oberkante des vorderen Rinnenwulstes, damit etwa überlaufendes Wasser nicht an der Wandseite herabläuft. Der hintere Rinnenrand kann auch mit einem auf der Dachschalung aufliegenden Vordeckstreifen (Rinneneinhang) verfalzt werden. Die Dachhaut darf nur so weit in die Rinne hineinragen, daß kein Wasser über den vorderen Rinnenrand hinwegschießt. Dagegen soll bei steilen Dächern abrutschender Schnee möglichst n i c h t in der Rinne hängen bleiben.

Die Abmessungen von Hängedachrinnen aus Metall sind in DIN 18461 Tab. 1 (**1**.221) für halbrunde und in Tab. 4 (**1**.223) für kastenförmige Querschnitte festgelegt.

1.219 Halbrunde Hängedachrinne (H)

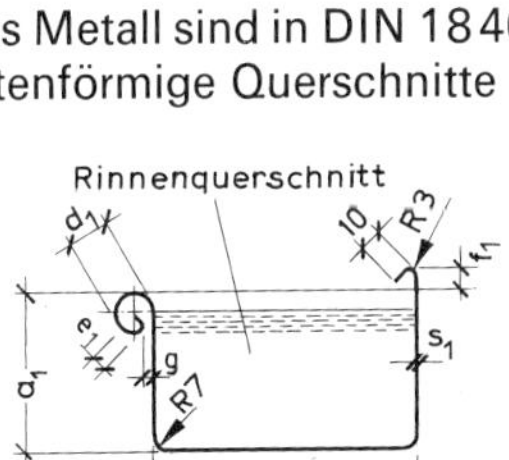

1.220 Kastenförmige Hängedachrinne (K)

[1]) z.Z. in Neubearbeitung. Im Folgenden sind die Angaben des Gelbdruckes von August 1985 eingearbeitet.

Tabelle **1**.221 Abmessungen von **H**albrunden Hängedachrinnen (H) DIN E 18461

Nennmaß	Zuschnittbreite	zulässige Abweichungen	d_1 ±1	d_2 +2 0	e_1 +2 −1	f_1 min.	g +1 0	Nenndicke s_1 Al	Cu	St	Zn	nr. St
200 (10teilig)	200	+1 −2	16	80	5	8	5	0,70	0,60	0,60	0,65	0,50
250 (8teilig)	250	+1 −2	18	105	7	10	5	0,70	0,60	0,60	0,65	0,50
285 (7teilig)	285	+1 −5	18	127	7	11	6	0,70	0,60	0,60	0,70	0,50
333 (6teilig)	333	+1 −2	20	153	9	11	6	0,70	0,60	0,60	0,70	0,50
400	400	+1 −2	22	192	9	11	6	0,80	0,70	0,70	0,70	0,60
500	500	+1 −2	22	250	9	21	6	0,80	0,70	0,70	0,80	0,60

[1]) Die Zuschnittbreiten sind auf eine Blechtafel von 1000 × 2000 mm bezogen. Dementsprechend sind in der Baupraxis statt der Nennmaße auch die Teilungsmaße des Zuschnittes als Kennzeichnung der Rinnenquerschnitte verbreitet (s. Zusätze in Spalte 1).

Werkstoff

Al = AlMn1 F14 oder AlMg1 F15 nach DIN 1745 Teil 1 (nach Wahl des Herstellers) Verwendbares Halbzeug: Bleche und Bänder nach DIN 1783

Cu = SF-Cu nach DIN 1787, Festigkeit F24 nach DIN 17670 Teil 1. Verwendbares Halbzeug: Bleche und Blechstreifen nach DIN 1751 und Bänder und Bandstreifen nach DIN 1791.

St = St02 Z275 nach DIN 17162 Teil 1

Zn = Legiertes Zink (Titanzink), bandgewalzt, D-Znbd nach DIN 17770 Teil 1 Verwendbares Halbzeug nach DIN 17770 Teil 2

nr. St = Nichtrostender Stahl nach DIN 17440 (z.Z. Entwurf); Werkstoffnummer 1.4301 oder 1.4401

Beispiel für die Bezeichnung einer halbrunden Dachrinne (H) von 333 mm Zuschnittbreite aus Kupfer:
Dachrinne DIN 18461 – H333 – Cu

Tabelle **1**.222 Abmessungen von **K**astenförmigen Hängedachrinnen (K) DIN E 18461

Nennmaß	Zuschnittbreite +1 −2	a_1 ±1	b_1 0 −1	d_1 ±1	e_1 +2 −1	f_1 min.	g +1 0	Nenndicke s_1 Al	Cu	St	Zn	nr. St
200	200	42	70	16	5	8	5	0,70	0,60	0,60	0,65	0,50
250	250	55	85	18	7	10	5	0,70	0,60	0,60	0,65	0,50
333	333	75	120	20	9	10	6	0,70	0,60	0,60	0,70	0,50
400	400	90	150	22	9	10	6	0,80	0,70	0,70	0,70	0,60
500	500	110	200	22	9	20	6	0,80	0,70	0,70	0,80	0,60

Beispiel für die Bezeichnung einer kastenförmigen Dachrinne (K) von 400 mm Zuschnittbreite aus St. 02 (St):

Dachrinne DIN 18461 – K400 – St

Hängedachrinnen werden von Rinnenhaltern getragen; das sind gebogene Bügel aus rostgeschütztem Material, die 4 bis 8 mm dick und 25 bis 40 mm breit sind und in Abständen von 80 bis 90 cm auf die Dachlatten bzw. auf die Schalung geschraubt werden. Die Rinne wird am Rinnenhalter durch Federn (25 mm breite, über die Rinnenwülste gebogene Blechstreifen) befestigt, ohne in ihrer Längs- oder Querbewegung behindert zu werden (s. Bild 1.223 und 1.224).

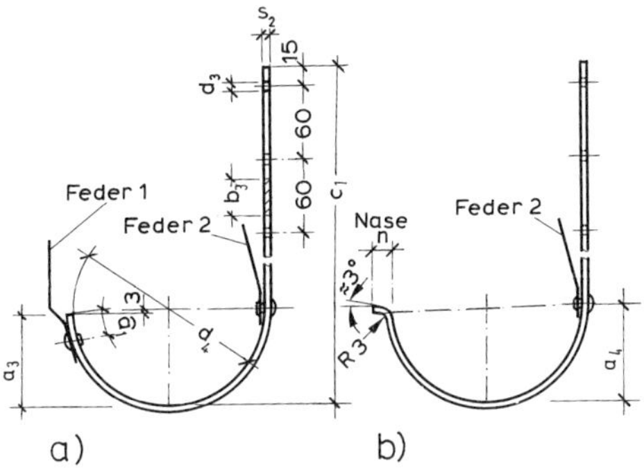

1.223 Rinnenhalter für halbrunde Hängedachrinnen
a) Form FFH mit zwei Federn
b) Form NFH mti Nase und Feder (Maße wie bei a)

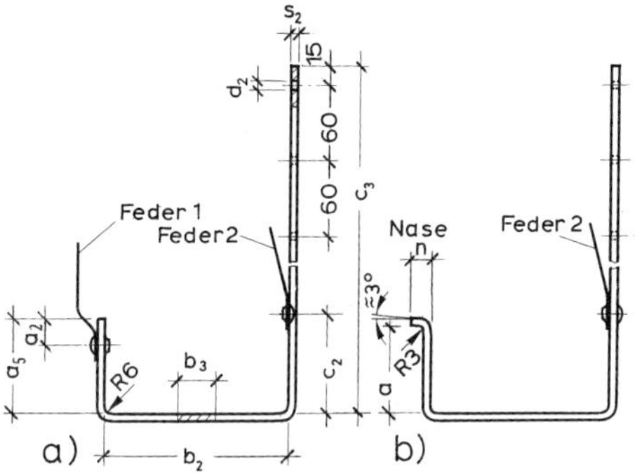

1.224 Rinnenhalter für kastenförmige Hängedachrinnen
a) Form FFH mit zwei Federn
b) Form NFH mit Nase und Federn (Maße wie linkes Bild)

Dabei sind die Rinnenlängen bei Zuschnitten < 500 mm auf höchstens 15 m, bei Zuschnitten > 500 mm auf höchstens 10 m zu begrenzen. Für Abstände zu Ecken oder Festpunkten gelten die halben Längen. Sind größere Längen erforderlich, müssen die Rinnen in einzelne Abschnitte aufgeteilt und mit Schiebestücken (Bild 1.225) ausgestattet werden. Die Rinnen sind mit einem Gefälle von mindestens 1 mm/m zu verlegen.

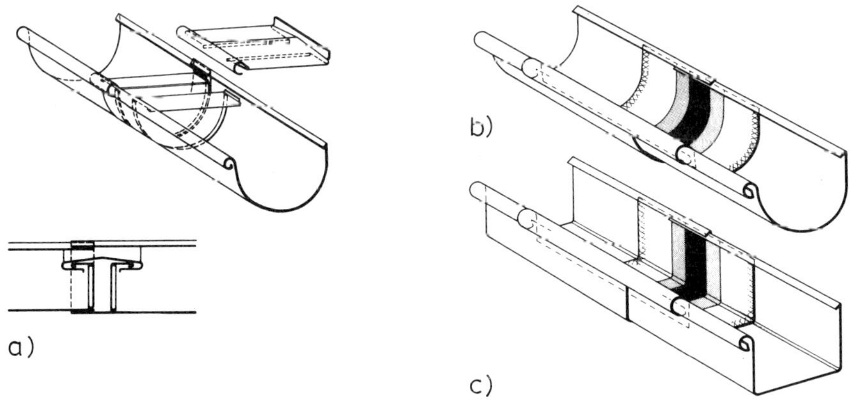

1.225 Hängedachrinnen, Dehnungsausgleich [30]
a) Schiebenaht am oberen Gefällepunkt (jeder Rinnenteil hat am Zusammenstoß einen besonderen Rinnenboden)
b) RHEINZINK-Dilations-Dachrinne, halbrund
c) RHEINZINK-Dilations-Dachrinne, kastenförmig

Abmessungen und die bei der Montage zu beachtenden Bestimmungen gemäß DIN 18461 Abschn. 3 und 4 sind aus den Tabellen **1**.226 bis **1**.228 zu entnehmen.

Tabelle **1**.226 Rinnenhalter für halbrunde Dachrinnen, Maße

Halbrunde Dachrinnen Nennmaß	c_1 ±3	Maße für steigende Beanspruchung $b_3 \times s_2$, Reihe[1] 1	2	3	4	d_3 ±1	d_4 $^{+2}_{0}$	a_1[3] ±1	a_3[4] ±1	a_4 ±1	n ±1
200	230	25 × 4	25 × 4	25 × 4		[2]	80	18	37	40	12
	270										
250	280	25 × 4	30 × 4	25 × 6	–		105	20	50	53	14
	330										
	410	25 × 4	–	–	–						
	500										
285	290	30 × 4	30 × 5	25 × 6	25 × 8		127	20	61	64	14
	350										
	390	30 × 4	–	–	–						
	480										
333	300	30 × 5	40 × 5	25 × 6	30 × 8		153	20	74	77	14
	370										
	450	30 × 5	–	–	–						
400	340	30 × 5	40 × 5	25 × 8	30 × 8		192	20	93	96	14
	430										
	410	30 × 5	–	–	–						
500	375	40 × 5	40 × 5	30 × 8	30 × 8		250	20	122	125	14
	515										

[1]) s. Tabelle **1**.227
[2]) ∅ 6 mm bei $s_2 \leqq 5$ mm; ∅ 7 mm bei $s_2 > 5$ mm
[3]) Maß a_1 5 mm kürzer bei $s_2 = 6$ mm und 8 mm
[4]) Maß a_3 8 mm kürzer bei $s_2 = 6$ mm und 8 mm

Tabelle **1**.227 Rinnenhalter für halbrunde und kastenförmige Dachrinnen, Beanspruchung

Rinnenhalterabstand ± 40 mm	normale Beanspruchung Reihe	hohe Beanspruchung schneereiche Gebiete[1]) Reihe
700	1	3
800	2	4
900	3	–

Die Bemessung der Rinnenhalter richtet sich nach klimatischen und örtlichen Anforderungen.

Die Rinnenhalter-Abstände sind nach Tabelle **1**.227 zu wählen.

[1]) Bei extremen Beanspruchungen sollte der Einsatz von Schneefanggittern und eine Verringerung der Rinnenhalterabstände vorgesehen werden. Zusätzlich können auch Spreizen angebracht werden. DIN 1055 Teil 5 ist zu beachten.

Beispiel Bezeichnung eines Rinnenhalters Form FFH für kreisförmige Dachrinnen von 333 mm Zuschnittbreite von $c_2 = 230$ mm und $b \times s_2 = 30$ mm × 5 mm aus USt37-2 (St), feuerverzinkt (V):

Halter DIN 18461 – FFH 333 – 230 – 30 × 5 – StV

Tabelle **1**.228 Rinnenhalter für kastenförmige Dachrinnen, Maße

Kastenförmige Dachrinnen Nennmaß	c_3 ±3	Maße für steigende Beanspruchung $b_3 \times s_2$ Reihe¹) 1	2	3	4	d_2 ±1	b_2 +2 0	$a_2$³) ±1	$a_5$⁴) ±1	a_6 ±1	c_2 ±1	n ±1
200	230 / 270	25 × 4	25 × 4	25 × 4	–	²)	70	18	31	34	34	12
250	280 / 330	25 × 4	30 × 4	25 × 6	–	²)	85	20	44	47	46	14
333	300 / 370	30 × 5	40 × 5	25 × 6	25 × 8	²)	120	20	62	65	65	14
400	330 / 420	30 × 5	40 × 5	25 × 8	30 × 8	²)	150	20	77	80	79	14
500	350 / 490	40 × 5	40 × 5	30 × 8	30 × 8	²)	200	20	97	100	99	14

¹) s. Tabelle **1**.227
²) ∅ 6 mm bei $s_2 \leqq 5$ mm; ∅ 7 mm bei $s_2 > 5$ mm
³) Maß a_2 5 mm kürzer bei $s_2 = 6$ mm und 8 mm
⁴) Maß a_5 8 mm kürzer bei $s_2 = 6$ mm und 8 mm

Beispiel Bezeichnung eines Rinnenhalters Form FFK für kastenförmige Dachrinnen von 333 mm Zuschnittbreite von $c_3 = 300$ mm und $b_3 \times s_2 = 30$ mm × 5 mm aus USt37-2 (St), feuerverzinkt (V):
Halter DIN 18461 – FFK 333 – 300 – 30 × 5 – StV

Für die Werkstoffe der Rinnenhalter ist zu beachten:

Für Dachrinnen aus legiertem Zink (Titanzink) und aus verzinktem Stahlblech sind Rinnenhalter aus feuerverzinktem Bandstahl, für Dachrinnen aus Kupfer sind Rinnenhalter aus Flachkupfer oder aus kupferummanteltem Bandstahl (feuerverzinkt), und für Dachrinnen aus Aluminium sind Rinnenhalter aus Aluminiumband oder feuerverzinktem Bandstahl zu verwenden.

Mit den Regenfallrohren werden die Hängerinnen durch angelötete Blechstutzen verbunden, die in das Fallrohr eingeschoben werden (s. Abschn. 1.6.4).

Bild **1**.229 zeigt eine Hängedachrinne mit ihren Einzelheiten im Zusammenhang mit einem Dachgesims.

Die Rinnenhalter sind hier auf einer abschließenden Keilbohle befestigt. Der Übergang zwischen Unterspannbahn und Dachrinne kann von einem Einlaufblech gebildet werden. Die Lufteintrittsöffnung vor der Konter-Dachlattung ist durch ein Gitter (Vogelschutz!) abgeschlossen.

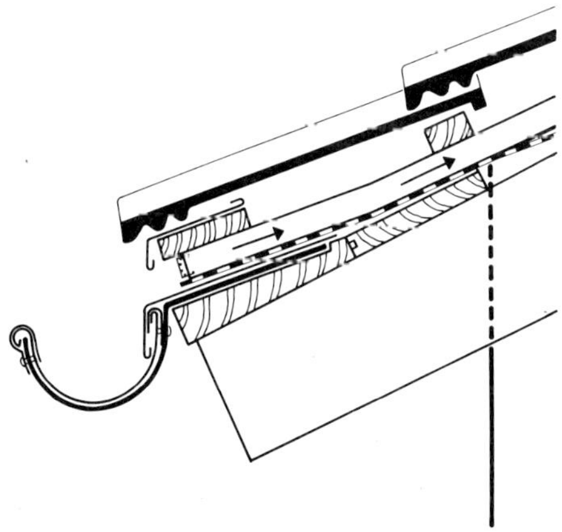

1.229 Halbrunde Hängedachrinne an Sparrengesims

1.6.3 Standrinnen

Standrinnen (als Halbrund- oder Kastenrinnen) werden bei Bauten ausgeführt, bei denen die Rinne vor dem Hauptgesims nicht in Erscheinung treten soll bzw. bei Grenzwänden nicht überstehen darf.

Bild **1**.231 zeigt eine Kastenrinne in Verbindung mit einer Faserzementplattendeckung und einem Traufengesims aus Faserzementplatten auf einer Holzunterkonstruktion. Die kastenartig geformte Rinne bildet gleichzeitig die obere Abdeckung des Traufengesimses. Die Rinnenoberkante unter der Dachhaut liegt höher als die Außenkante! Das Traufengesims ist so ausgebildet, daß gleichzeitig die Belüftung der Dachkonstruktion und die Hinterlüftung der Holzteile innerhalb des Traufengesimses möglich ist.

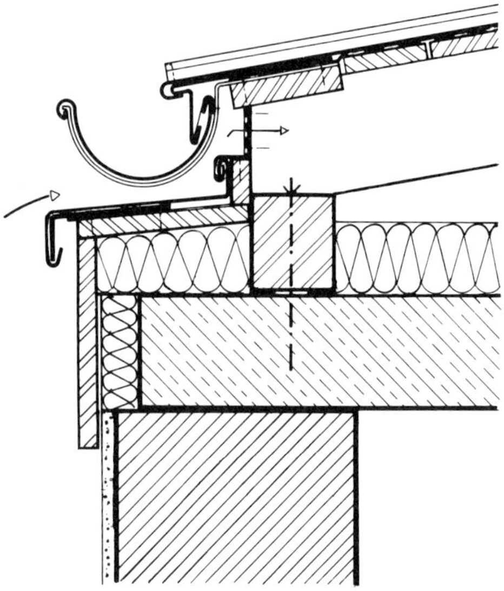

1.230 Standrinne

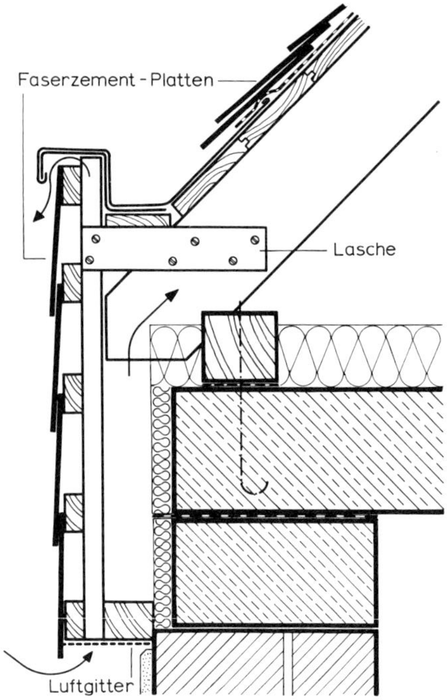

1.231 Standrinne (verdeckte Dachrinne)

Hinter Traufengesimsen liegende Standrinnen werden aus formalen Gründen oft gewünscht. Sie stellen aber immer – auch bei sorgfältiger Planung und Ausführung eine nicht nur kostenintensive, sondern auch schadensanfällige Lösung dar. Es muß vorsorglich immer eine zweite Abdichtungsebene vorgesehen werden, aus der durch Undichtigkeiten oder Überlaufen anfallendes Wasser ablaufen kann, ohne folgenschwere Schäden am Bauwerk zu verursachen (vgl. Bild **1**.230). Eine Lösung, die einen Kompromiß zwischen diesen Anforderungen und formalen Absichten darstellt, zeigt Bild **1**.232.

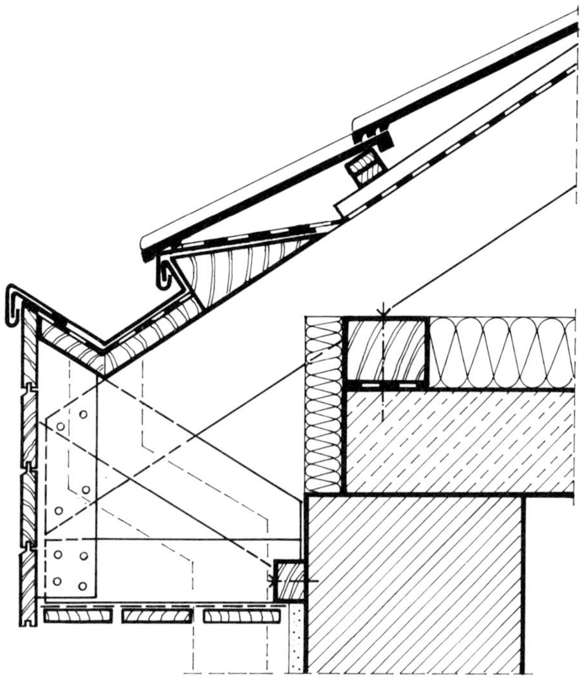

1.232
Verdeckte Dachrinne aus abgekanteten Blechprofilen

Eine innenliegende Standrinne zeigt Bild 1.233. Hier ist besonders darauf zu achten, daß die im zweischaligen Dach dringend erforderliche Querdurchlüftung durch die Rinnenkonstruktion nicht gestört wird und daß andererseits bei Blechdächern der Rinnenquerschnitt groß genug ist, um unter allen Umständen zu verhindern, daß Regen- oder Schmelzwasser über die Verfalzung von Rinne, Vorstoßblech und Dachhaut in das Dach eindringt. Da auch Notüberläufe nur begrenzte Sicherheiten bieten, sollte hier der Rinnenzuschnitt nicht kleiner als 1,00 m (Tafelbreite) sein bei einem Rinnenquerschnitt von Breite zu Höhe wie 2:1. Besonders in schneereichen Gebieten sollte eine elektrische Rinnenbeheizung vorgesehen werden.

Aus Sicherheitsgründen sollten für jede innenliegende Rinne immer mindestens zwei Regenfallrohre vorgesehen werden.

Zum Dehnungsausgleich sind mindestens alle 10 m Schiebestücke vorzusehen (Bild 1.233b).

Undichtigkeiten werden bei innenliegenden Rinnen meistens erst dann bemerkt, wenn bereits Folgeschäden eintreten. Eine Ausführung mit „Sicherheitsrinne" (Bild 1.234) ermöglicht ein frühzeitiges Erkennen von Undichtigkeiten, wenn der Auslauf der zusätzlichen unteren Wasserführung in Form eines Wasserspeiers an einer Außenwand so angeordnet wird, daß er oft im Blickfeld liegt.

Im übrigen sollten besonders bei Standrinnen und innenliegenden Rinnen Halbrund-Querschnitte bevorzugt werden. Durch die Krümmung der Rinnenfläche sind sie gegen Verformungen und damit auch gegen Undichtigkeiten wesentlich stabiler.

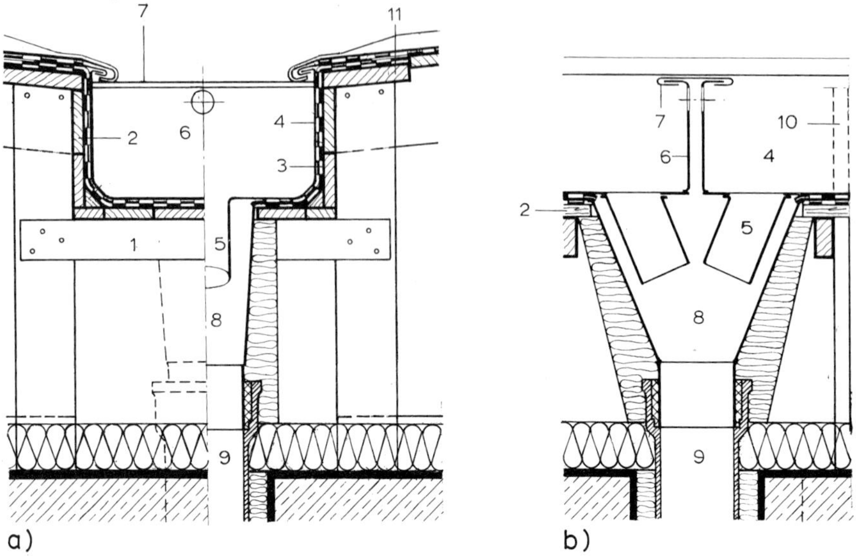

1.233 Innenliegende Standrinne eines flachgeneigten zweischaligen Zinkblechdaches[1])

a) Querschnitt durch Rinne und Dach
b) Schnitt durch Rinnenschiebenaht, Überlauf in den Rinnenböden und Wasserfangtrichter (Laubfanggitter hier nicht eingezeichnet)

1 Knagge, als Träger der Rinnenschalung mit Gefälle zum Fallrohr
2 Rinnenschalung
3 Sicherheitsrinne, zwei Lagen Bitumendachbahn
4 Rinne
5 Rinnenstutzen
6 Rinnenboden mit Überlauf, zur Sicherung der Wasserabführung bei Zusetzen der Laubfangkörbe; gegebenenfalls auch mit Anschluß an Wasserspeier nach außen
7 Schiebestoß
8 Wasserfangtrichter
9 Fallrohre
10 Dachbinder
11 Traufbohle
12 Wärmedämmung

[1]) Nach Arbeitsblättern der Zinkberatung e.V., Düsseldorf

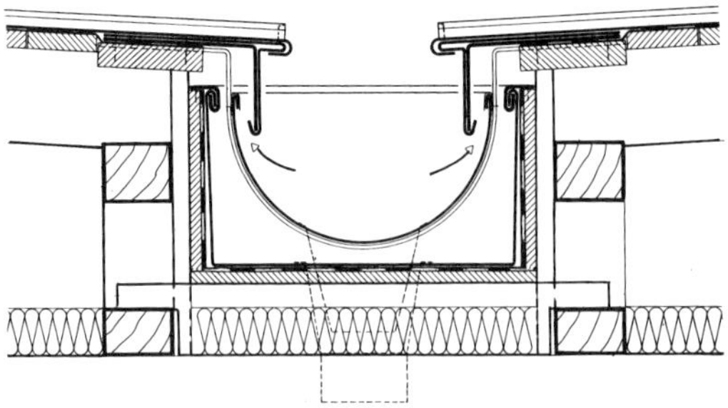

1.234
Innenliegende Dachrinne, halbrund mit Sicherheitsrinne [30]

Das Gefälle sehr langer innenliegender Standrinnen wird nicht beim Zuschnitt berücksichtigt, sondern Rinnen dieser Art werden durch Gefällestufen (ähnlich wie bei Dächern, vgl. Bild **1**.197d) getrennt. Die einzelnen Rinnenteile werden durch Rinnenschiebenaht miteinander verbunden. Die jeweils untere Rinne wird durch einen eingelöteten Rinnenboden, der so hoch ist wie die Gefällestufe, abgeschlossen. Wenn Rinnengefällestufen wegen der fehlenden Konstruktionshöhen nicht möglich sein sollten, kann auf innenliegende, frostgeschützte Sammelleitungen (in Industriebauten z. B. zwischen Dach und abgehängter Decke) ausgewichen werden, in die die Standrinnen in relativ kurzen Abständen entwässert werden.

Für begehbare Rinnen (Innenbreite > 25 cm) sind Rinnenhalter mit mindestens 200 mm^2 Querschnitt vorzusehen.

1.6.4 Regenfallrohre

Regenfallrohre sind genormt nach DIN E18461 Abschn. 4. Die Abmessungen können der folgenden Tabelle **1**.235 aus dieser Norm entnommen werden.

Tabelle **1**.235 Maße kreisförmiger Regenfallrohre (KR)

Durchmesser Nennmaß nach DIN 18460	*d* ±1	*s* min. bei Al	Cu	St	Zn	nr. Stahl	Rohrquerschnitt in cm^2
60	60	0,70	0,60	0,60	0,60	0,50	28
80	80	0,70	0,60	0,60	0,65	0,50	50
100	100	0,70	0,60	0,60	0,65	0,50	79
120	120	0,70	0,70	0,70	0,70	0,60	113
150	150	0,70	0,70	0,70	0,70	0,60	177

Für quadratische Fallrohre gilt Tabelle 9 in DIN E18461.

Für die Werkstoffe der Regenfallrohre gelten die gleichen Bestimmungen wie bei Tabelle **1**.221 genannt.

Bei der Herstellung werden Regenfallrohre gelötet (L), geschweißt (S) oder gefalzt (F).

Beispiel Bezeichnung eines kreisförmigen Regenfallrohres (KR) mit Nennmaß 100 mm aus Zn, gelötet (L):
Fallrohr DIN 18461 – KR 100 – Zn – L

Rechteckige Regenfallrohe (RR) sind in den Abmessungen nicht genormt. Bei der Dimensionierung muß die kleinste Seite den Wert des Durchmessers der entsprechenden kreisförmigen Regenfallrohre nach DIN 18460 aufweisen.

An den Verbindungsstellen müssen die Fallrohre mind. 50 mm ineinandergreifen.

Regenfallrohre für außenliegende Rinnen werden in der Regel durch Rohrschellen nach DIN 18461 an der Hauswand befestigt. Der Abstand der Fallrohre von der Wand soll dabei mind. 2 cm betragen, der Abstand der Rohrschellen untereinander soll bei einem Rohrdurchmesser bis zu 100 mm nicht über 3 m, bei größeren Rohrdurchmessern nicht über 2 m sein.

Rohrnähte sollten an der Vorderseite oder seitlich liegen, damit bei nicht rechtzeitig erkannten Undichtigkeiten keine Schäden am Bauwerk entstehen.

Zwischen Hängedachrinnen und Fallrohr muß bei ausladenden Gesimsen meist ein Verbindungsstück eingeschaltet werden, das so wenig wie möglich auffallen sollte (Bild **1**.236). Bei Stand- oder Kastenrinnen kann das Wasser auch unmittelbar senkrecht aus der Rinne über Fallrohre in Wandschlitzen abgeleitet werden.

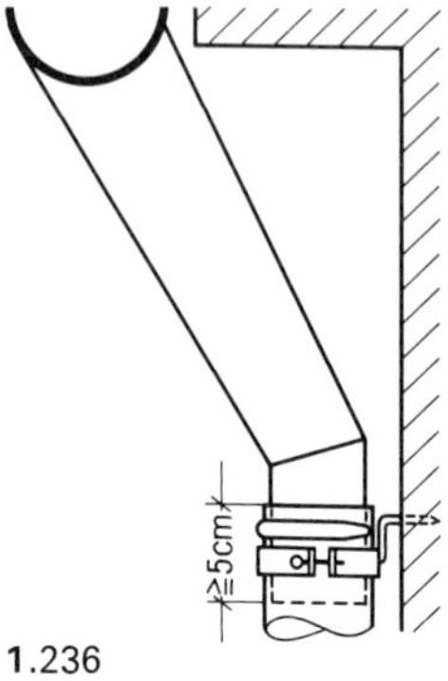

1.236
Verbindungsstück zwischen Dachrinne und Fallrohr, lose in das Fallrohr eingesteckt, das hier mit einem Rohrwulst auf der Rohrschelle hängt

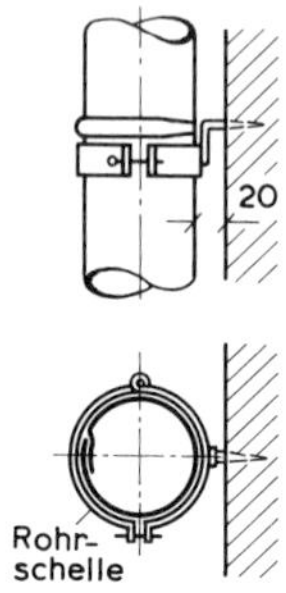

1.237
Befestigung des Fallrohrs an der Hauswand.
Breite der Rohrschelle 30 mm; Länge des Dorns mind. 120 mm (DIN E18461 Abschn. 4.3)

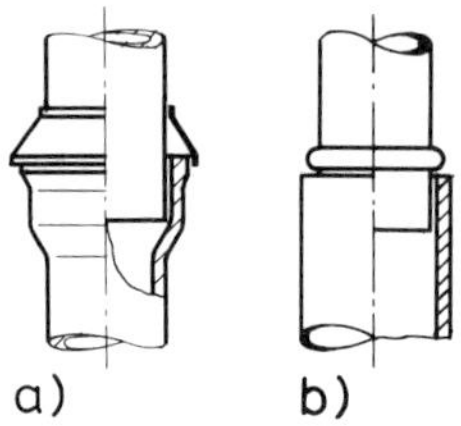

1.238
Standrohrübergang
a) Einführung in Gußrohr mit Muffe
b) Einführung in Gußrohr ohne Muffe

Am Übergang zwischen Rinne und Fallrohr wird die Rinne oft zu einem Rinnenkasten verbreitert, um das Überlaufen des aus zwei entgegengesetzten Richtungen einfließenden Wassers bei Sturzregen zu vermeiden. Lage und Form des Rinnenkastens werden von der Architektur des Bauwerks bestimmt.

Es gibt jedoch auch nach DIN 18461 genormte Rinnenablaufstutzen, Schrägrohre für den Übergang von Dachrinnen und Fallrohren sowie Rohrbogen (Bild **1**.237).

Besondere Maßnahmen sind zu treffen, wenn Fallrohre anzuschließen sind, die das Wasser aus innenliegenden Standrinnen meist sehr flachgeneigter Dächer abzuleiten haben. Die Fallrohre sind so anzuordnen, daß sie im Grundriß nicht stören (Lage der Wände, Geräuschbelästigung, Zugängigkeit bei Instandsetzungen usw.), gleichzeitig aber in bezug auf die Rinne richtig liegen (kurze Gefällestrecken). Bei zweischaligen Dächern darf durch innenliegenden Rinnen und Fallrohre die Durchlüftung des u. U. sehr niedrigen Dachraumes nicht behindert werden; nicht zuletzt muß im Winter der Schmelzwasserabfluß gewährleistet sein. Letzteres gilt vor allem für Blechdächer mit Doppelstehfalz- oder Leistendeckung. Hier darf sich das Wasser über die Oberkante des Rinnenprofils hinaus nie anstauen. Rinnenquerschnitt und Einlaufquerschnitt insbesondere bei Einbau von Laubfangkörben sind deshalb reichlich zu bemessen.

Im Dachraum liegende Fallrohre z. B. von innenliegenden Standrinnen müssen zur Verhinderung von Tauwasser mit wärmedämmender Ummantelung mit äußerer Aluminiumfolie ausgeführt werden.

Unten kann das Fallrohr in einem bogenförmigen freien Auslauf enden. In der Regel werden die Regenfallrohre jedoch durch gußeiserne Übergangsrohre (GA), die „Standrohre" mit der Kanalisation verbunden. Bild **1**.238 zeigt die Verbindung mit dem Standrohr. Die Höhe des Standrohres über dem Erdboden sollte der Sockelhöhe des Bauwerkes angepaßt werden.

1.7 Dachzubehör und Anschlüsse an Dachdeckungen

1.7.1 Schornstein- und Wandanschlüsse

Schornsteine müssen durch Zinkblech- oder Bleikragen („Verwahrung") in die Dachhaut so eingebunden werden, daß Bewegungen zwischen Schornsteinmauerwerk und Dach möglich sind. Sehr spitze Schornsteinkehlen oder besonders breite Schornsteine erfordern die Anordnung eines ableitenden Kehlsattels (Bild **1**.239). Eine ordnungsgemäße Schornstein-„Einfassung" zeigt Bild **1**.240. Ein Walzbleikragen stellt den beweglichen Übergang zwischen Dach-

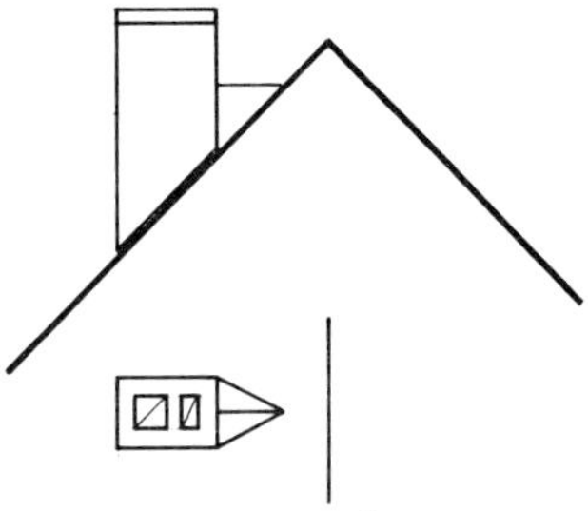

1.239 Schema der Überdachung einer spitzen Schornsteinkehle

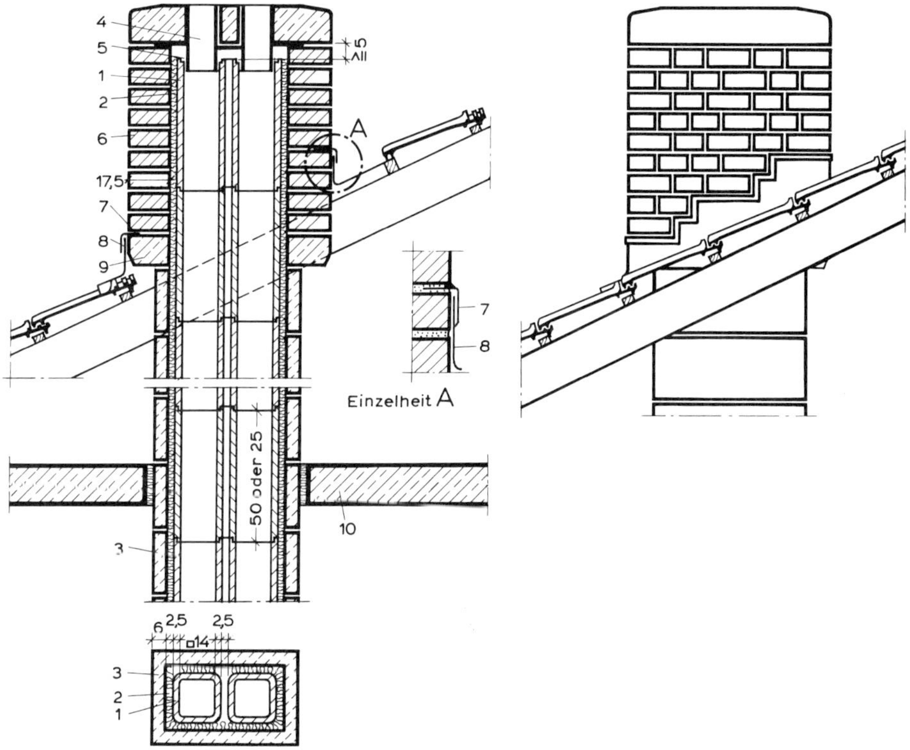

1.240 Einfassung eines mehrschaligen Montageschornsteines (PLEWA)

1 Schamotte-Innenrohr
2 Wärmedämmschicht 25 mm
3 Ummantelung aus 6 cm dicken Formsteinen
4 Dehnfugenmanschette aus Edelstahl
5 Ausdehnungsraum für Schamotte-Innenrohr
6 frostbeständige Ummantelung
7 Kappleiste mit dauerelastischer Eindichtung
8 Walzblei-Einfassung (dem Fugenschnitt folgend oder in schräg eingeschnittenem Schlitz)
9 Beton-Kragstein für Ummantelungsmauerwerk
10 Stahlbetondecke (Decke darf sich nicht auf Ummantelung abstützen, Anschlußfuge mit nicht brennbarem Wärmedämmstoff verfüllt)

haut und Kaminkopf her. Der obere Anschluß wird durch einen Zinkblech-Überhangstreifen („Kappleiste") gebildet (vgl. Bild 1.200). Während früher die Einfassung oft – wie dargestellt – stufenförmig in die Fugen der meistens verwendeten Kaminkopf-Verklinkerung eingelassen wurde, verwendet man jetzt meistens kostengünstigere gerade Kappleisten, die mit dauerelastischem Fugenmaterial gegen das Mauerwerk abgedichtet werden.

Dachanschlüsse an andere, senkrecht an die Dachfläche grenzende Wandflächen werden in gleicher Weise hergestellt.

Unmittelbar hinter oder neben Schornsteinen sind für die Reinigungsarbeiten und ggf. auch als Laufweg des Schornsteinfegers Standroste anzuordnen. Diese Standroste bestehen aus feuerverzinkten Stahlrosten; die früher üblichen hölzernen Bohlen sind nicht mehr zugelassen. Standroste werden auf verstellbaren, in die Dachdeckung eingehängten Konsolen oder auf Formsteinen montiert (Bild **1**.241).

Der Zugang zum Standrost am Schornstein führt – in der Regel aus Dachausstiegfenstern – direkt oder über treppenartig angeordnete kurze Standroste bzw. Trittkonsolen (Bild **1**.241 c).

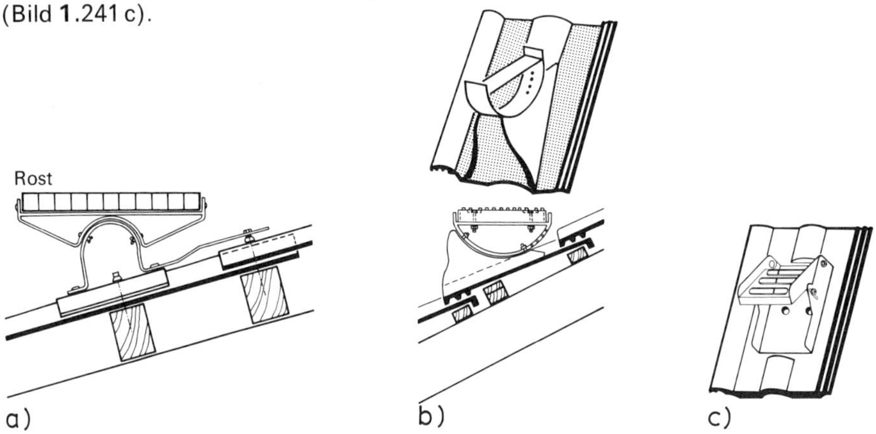

1.241 Standroste
a) auf verstellbaren Konsolen
b) Standroststein
c) Standon-Trittstein (Fa. Klöber)

1.7.2 Schneefanggitter und Dachhaken

Bei sehr glatten Dachdeckungen wie Schiefer- oder Faserzement-Platteneindeckungen auf steilen Dächern werden Dachhaken vorgesehen, die das Einhängen von Dachdekkerleitern, leichten Arbeitsgerüsten und Sicherheitsleinen für Reparaturarbeiten erleichtern, ohne daß teure Gesamteinrüstungen des Bauwerkes nötig werden (Bild **1**.242 a).

Wenn Dachflächen mit größerer Neigung als etwa 30° Verkehrsflächen (Bürgersteige, Wege im Grundstück, Hauseingänge) zugewandt sind, werden Sicherungen gegen das Herabfallen von Schneemassen, Eis oder auch gelöstem Dachdeckungsmaterial verlangt. Dieser Forderung entspricht die Anordnung von Schneefanggittern (Bild **1**.242 b) am Traufenrand (in sehr schneereichen Gegenden auch in mehreren Reihen hintereinander in der gesamten Dachfläche), um das Abgleiten der gefürchteten „Dachlawinen" zu verhindern.

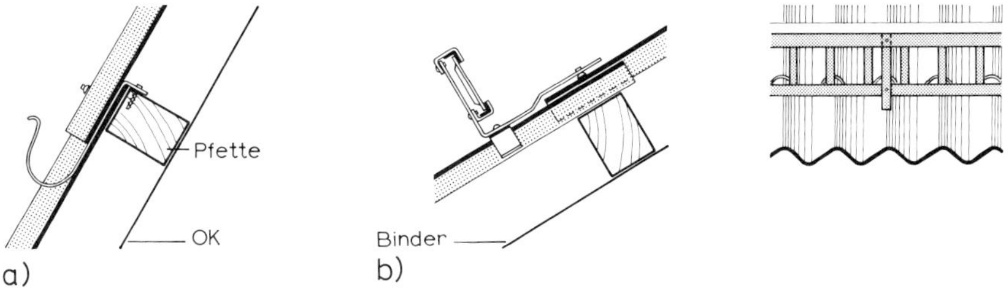

1.242 Dachhaken (a) und Schneefanggitter (b) auf Wellplatten-Eindeckung

Insbesondere bei großen Traufenüberständen kann an der Fassade aufsteigende Warmluft im Winter den Schnee am Dachrand vorzeitig zum Schmelzen bringen. Die mit Schnee oder Eis gefüllte Dachrinne läßt das Schmelzwasser überfließen, und es kann zur Bildung großer, beim Herabfallen sehr gefährlicher Eiszapfen kommen. Dazu kommt, daß die sich bildende Eisbarriere in Verbindung mit verharschtem Schnee oberhalb der Traufe zu Rückstau von Schmelzwasser führen kann, das schließlich in den Dachraum überfließt.

Diesen Gefahren kann durch Wärmedämmung der Gesimse meist begegnet werden. Rückstauwasser kann über diffusionsoffene, gut hinterlüftete Spannfolien abgeleitet werden (Bild 1.243).

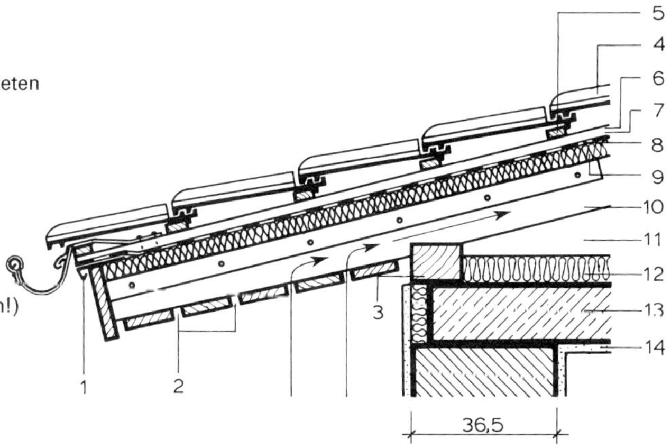

1.243
Gesims eines flachen durchlüfteten Ziegeldaches

1 Tropfblech
2 Lufteintritt
3 Pfette (verankert)
4 Flachdachpfanne
5 Dachlatte
6 Luftraum
7 Konterlatte
8 Spannfolie (diffusionsoffen!)
9 Wärmedämmung 35 mm
10 Sparren
11 Luftraum
12 Dämmplatte
13 Betondecke
14 Putz

1.7.3 Sanitärentlüftungen und Antennendurchgänge

Für das Einbinden von Durchgängen von Sanitär-Entlüftungen, Antennen und ähnlichen, die Dachhaut durchdringenden Bauteilen werden anstelle der früher üblichen Blei- oder Zinkmanschetten-Eindichtungen heute fast durchweg Kunststoff-Formteile – passend zu allen gängigen Dachdeckungsarten – verwendet, deren schwenkbare Oberteile das Anpassen an jede Dachneigung ermöglichen (Bild 1.244).

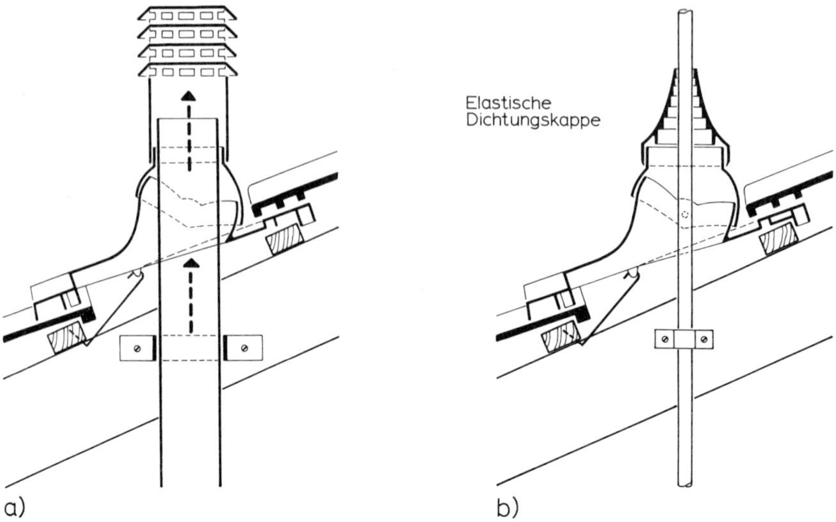

1.244 Kunststoff-Entlüfter-Formteil für Falzpfannen und Betondachsteine (a) und Kunststoff-Formteil für Antennendurchgang (b)

1.8 Ausbau von Dachräumen

1.8.1 Allgemeines

Dachräume unter geneigten Dachflächen werden heute zur besseren wirtschaftlichen Ausnutzung des umbauten Raumes, aber auch wegen des gestalterischen Reizes der sich aus Dachform ergebenden Räume in der Regel zum Wohnen genutzt. Die Dachflächen werden damit – bis auf eventuelle geringe Restflächen im Traufen- und Firstbereich – zu Raum-Außenflächen und müssen dementsprechend allen Anforderungen an Wärme-, Feuchtigkeits-, Schall- und Brandschutz genügen.

Dachdeckungen geneigter Dächer sind in der Regel ohne zusätzliche Maßnahmen nicht absolut wasser- und winddicht. Insbesondere bei starker Windbelastung kann Sprühwasser und Flugschnee durch die Deckfugen der Dachdeckung eindringen. Auch durch Rückstau (z. B. durch Eisbarrieren im Traufenbereich muß unter extremen Witterungsbedingungen vorübergehend mit Wasseranfall gerechnet werden, wenn nicht entsprechende zusätzliche Vorkehrungen getroffen wurden. Bei nicht ausgebauten Dächern führte das kaum zu größeren Schäden am Bauwerk. Höhere Ansprüche, insbesondere aber der beim Dachausbau erforderliche Einbau empfindlicher Wärmedämmungen in Verbindungen mit hochwertigen Ausbauelementen bedingen zusätzliche Sicherungen durch Unterspannbahnen oder Unterdächer.

Unterspannbahnen sind feinperforierte, wasserdampfdurchlässige, schwer entflammbare Kunststoff-Gitterfolien. Zur Verbesserung des sommerlichen Wärmeschutzes können sie auch mit Aluminiumbedampfung ausgestattet sein. Unterspannbahnen („Flatterfolien") werden mit 10 cm Stoßüberdeckung schlaff quer zur Sparrenrichtung gespannt und genagelt.

Unterspannbahnen dienen häufig bis zur Fertigstellung der Dachdeckung als vorläufige Dachhaut. Sie werden dann – entgegen der Verlegerichtlinien – oft zu straff über die Sparren gespannt. Fast alle Unterspannbahnen schrumpfen aber mit der Zeit, so daß sie auch bei sachgemäßem Einbau später straff gespannt sind. Wenn Sprüh- oder Schmelzwasser auf den Unterspannbahnen abläuft, staut es sich dann an den Dachlatten und insbesondere an den Befestigungspunkten auf den Sparren. Es kommt zu Fäulnis an Dachlatten und Sparren. Eine Ausführung nach Bild **1**.245a ist daher bedenklich. Unterspannbahnen sollten besser immer im Zusammenhang mit Konterlattung verlegt werden (Bild **1**.245b).

1.245 Einbau von Unterspannbahnen
a) Einbau über den Sparren, einfache Lattung
b) Einbau mit Konterlattung

Muß mit starker Belastung durch Flugschnee gerechnet werden, ist ein Unterdach anzuordnen. Es besteht aus einer Vollschalung mit einer Lage Glasvliesbitumendachbahn V13 (Bild **1**.246).

Zwischen Unterspannbahn und Wärmedämmung muß unbedingt ausreichender Belüftungsraum verbleiben. Die Unterspannbahn wirkt sonst wie eine falsch angeordnete Dampfsperre, und es kommt zu Feuchtigkeitsanreicherung in der Wärmedämmung (s. Abschn. 1.8.2).

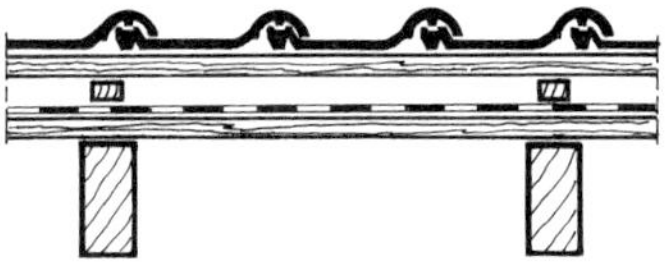

1.246 Unterdach

1.8.2 Wärmeschutz

Bauphysikalisch unterscheidet man bei Dachkonstruktionen:

- Belüftetes Dach (Kaltdach)
- Nicht belüftetes Dach (Warmdach).

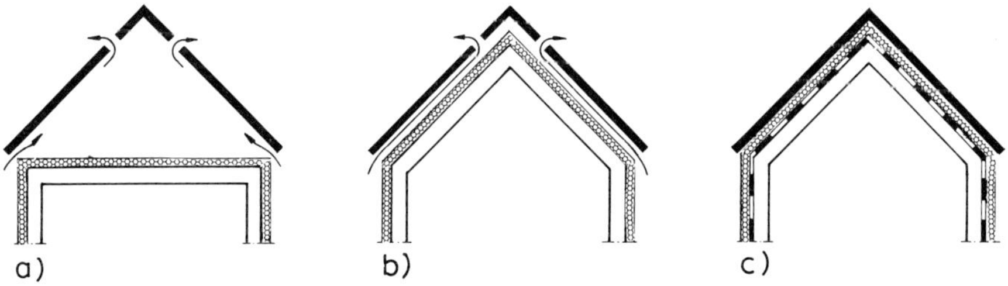

1.247 Dachbauarten unter bauphysikalischem Aspekt
a) belüfteter offener Dachraum
b) ausgebauter Dachraum, belüftet (zweischalig)
c) ausgebauter Dachraum, nicht belüftet (einschalig)

Bei den belüfteten Konstruktionen (Bild **1**.247a und b) ist die Dachhaut durch einen Luftraum von den wärmegedämmten Raumabschlußteilen (oberste Raumdecke) getrennt.

Bei nicht belüfteten Konstruktionen (Bild **1**.247c) bildet die Dachhaut mit Wärmedämmung und Raumabschlußteilen ein Verbundelement (s. Abschn. 1.10.3).

Belüftete Dachkonstruktionen haben bei geneigten Dächern viele Vorteile:

— Abschirmung gegen unerwünschte Wärmeeinstrahlung mit Wärmeableitung durch Ventilation; damit verbunden geringere Temperaturbelastung der Dachhaut, wenig Gefahr von Spannungsschäden in Dachkonstruktion und tragenden Bauteilen.

— Wesentlich verminderte Problematik hinsichtlich der Wasserdampfdiffusion (vgl. Abschn. 12.4.6 in Teil 1 dieses Werkes).

Der erforderliche Wärmeschutz ist nach DIN 4108 in Verbindung mit der Wärmeschutzverordnung (1984) zu dimensionieren (s. Abschnitt 12.4 in Teil 1 dieses Werkes). Danach ist als maximaler Wärmedurchlaßkoeffizient für Neubauten zugelassen $k_D \geq 0{,}30\ W/(m^2 K)$, für Altbauten bei erstmaligem Einbau und bei Erneuerung von Bauteilen $k_D \geq 0{,}45\ W/(m^2 K)$.

Damit sind Dämmstoffdicken je nach Wärmeleitfähigkeitsgruppe des Dämmstoffes (020 bis 045) von 65 bis 140 mm bei Neubauten und von 40 bis 90 mm bei Altbauten erforderlich.

Einen Anhalt für die erforderlichen Dämmstoffdicken gibt Tabelle **1**.248.

Tabelle **1**.248 Dämmstoffdicken

Dämmstoff	Wärmeleitfähigkeitsgruppen WLG	Wärmeleitfähigkeit W/(m² K)	Dicken der Dämmstoffe bei gefordertem *k*-Wert 0,45 W/(m² · K) (Neubauten)	0,30 W/(m² · K) (Altbauten)
Mineralfaser	045	0,045	90 mm	140 mm*)
Mineralfaser und PS-Hartschaum	040	0,040	80 mm	125 mm*)
PS-Hartschaum	035	0,035	70 mm	110 mm
PUR-Hartschaum	030	0,030	60 mm	95 mm
PUR-Hartschaum	025	0,025	50 mm	80 mm
PUR-Hartschaum	020	0,020	40 mm	65 mm

Bei den Zuordnungen zu den *k*-Werten wurde nach DIN 4108 Teil 4 Tab. 5 Zeile 5:
$\frac{i}{a_i} = 0{,}13\,m^2 \cdot K/W$ und $\frac{i}{a_a} = 0{,}04\,m^2 \cdot K/W$ berücksichtigt.

*) Bezüglich der Dickenangaben für Mineralfaser-Dämmstoffe ist zu beachten, daß die Angaben unter einem definierten Flächendruck gemäß DIN-Prüfanordnung festgelegt werden und das Material im Einbauzustand eine Dicke von +20% bis 30% annimmt.

Es können alle Wärmedämmstoffe verwendet werden, die mindestens die Brandschutz-Anforderungen der Baustoffklasse B 2 (normal entflammbar) erfüllen. Sie können eingebaut werden:

— zwischen den Sparren (Bild **1**.249a)

— unter und zwischen den Sparren (Bild **1**.249b)

— über den Sparren (Bild **1**.249c).

Wegen der unvermeidlichen Undichtigkeiten und Wärmebrücken sind beim Einbau nach Bild **1**.249a Zuschläge bei der Berechnung der erforderlichen Wärmedämmung erforderlich, die zu Dämmstoffdicken von 120 bzw. 140 mm bei Neubauten führen.

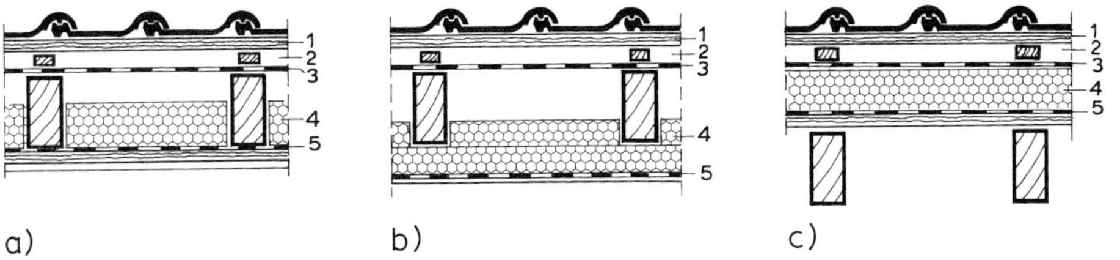

1.249 Einbau von Wärmedämmungen
a) zwischen den Sparren
b) zwischen und unter den Sparren
c) über den Sparren
1 Lattung
2 Konterlattung
3 Unterspannbahn
4 Wärmedämmung
5 Dampfsperre

Der Einbau zwischen den Sparren erfordert somit sehr hohe Sparrenquerschnitte, um einen ausreichenden verbleibenden Belüftungsquerschnitt zu gewährleisten. Beim Einbau nach Bild **1**.249b werden Undichtigkeiten an den Anschlüssen am besten vermieden, es ist jedoch die Platzeinschränkung im Dachraum zu bedenken. Die Ausführung der Wärmedämmung über den Sparren (Bild **1**.249c) ist für nachträgliche Wärmedämmungen bei Sanierung auch der Dachdeckung vorteilhaft oder dort, wo aus gestalterischen Gründen die Sparren im Raum sichtbar bleiben sollen. In diesem Fall werden vorgefertigte Wärmedämm-Elemente verwendet.

Die Wärmedämmung muß selbstverständlich den gesamten genutzten Dachquerschnitt umschließen (Bild **1**.250). Schließen die Wärmedämmungen dabei an seitliche Abmauerungen von Dachzwickeln an, müssen auch die dahinter liegenden Deckenflächen einen geeigneten ausreichenden Wärmeschutz erhalten (Bild **1**.250c).

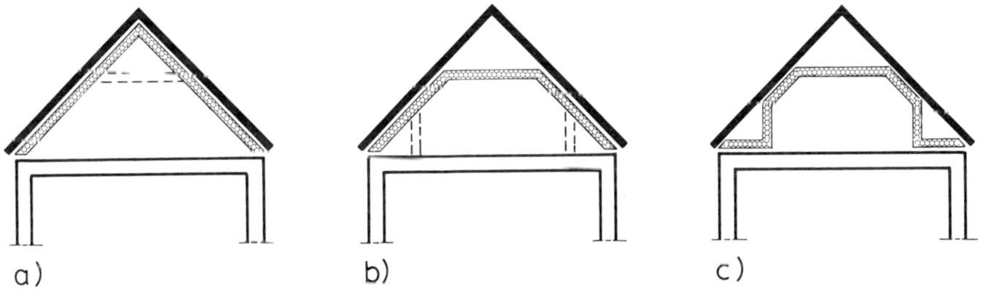

1.250 Wärmedämmung von Dachräumen
a) Dachraum voll wärmegedämmt
b) Dachraum bis Kehlbalken- oder Zangenhöhe wärmegedämmt
c) Wärmedämmung von seitlichen offenen Dachräumen

Voraussetzung für die Wirksamkeit des Kaltdachprinzips sind ausreichend bemessene Belüftungsquerschnitte mit hindernisfreien, möglichst glatten Belüftungswegen. Der erforderliche Luftaustausch wird bewirkt durch Staudruck des Windes auf die Zuluftöffnungen (an den Traufen), unterstützt durch Auftrieb und durch Sogwirkung an den Abluftöffnungen (am First). Dadurch wird Tauwasserbildung vermieden bzw. geringfügige Tauwassermengen werden abgetrocknet.

Dachneigung, Dachform und Querschnittsform des Bauwerkes können die Durchlüftung der Dachkonstruktion wesentlich beeinflussen. Steilere Dachneigungen begünstigen die Luftströmung innerhalb der Konstruktion, während komplizierte Grundrißformen, Hindernisse im Luftstrom und insbesondere geringe Dachneigung in Verbindung mit windgeschützter Lage eines Gebäudes die Wirksamkeit einer Belüftung stark beeinträchtigen können (Bild **1**.251).

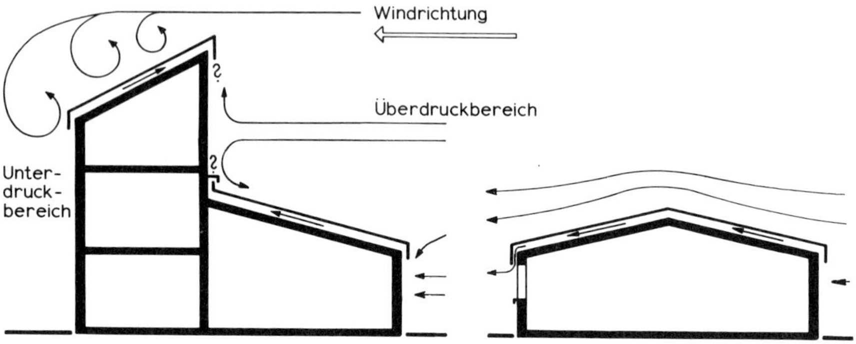

1.251 Einfluß der Windrichtung und der Dachform auf die Wirksamkeit von Belüftungen

Für die Dimensionierung der Lüftungsquerschnitte belüfteter Dachkonstruktionen enthält DIN 4108 T3 Vorschriften:

Dachneigung ≥ 10°

- Lüftungsquerschnitt an den Traufen mind. 2‰ der zugehörigen geneigten Dachfläche, mindestens 200 cm^2 je Traufe.
- Lüftungsöffnung am First mindestens 0,5‰ der gesamten geneigten Dachfläche.
- Lüftungsquerschnitt innerhalb des Dachbereiches mind. 200 cm^2 je m belüfteter Strecke senkrecht zur Strömungsrichtung.
- Freie Höhe des Lüftungsquerschnittes mindestens 2 cm.

Dachneigung ≤ 10°

- Lüftungsquerschnitt an zwei gegenüberliegenden Traufen mindestens je 2‰ der gesamten Dachgrundrißfläche.
- Höhe des freien Lüftungsquerschnittes innerhalb des Dachbereiches über der Dämmschicht mindestens 5 cm.

Unterhalb der Wärmedämmung ist in jedem Fall eine Dampfsperre vorzusehen, die den nachstehenden Anforderungen entspricht:

Dachneigung ≥ 10°

Dampfsperrwert S_D (diffusionsäquivalente Luftschichtdicke) der unterhalb des belüfteten Raumes angeordneten Bauteilschichten:

$S_D \geq$ 2 m bei Sparrenlänge $\leq$ 10 m
$S_D \geq$ 5 m bei Sparrenlänge $\leq$ 15 m
$S_D \geq$ 10 m bei Sparrenlänge $>$ 15 m.

Dachneigung ≤ 10°

Dampfsperrwert S_D der Bauteilschichten unterhalb des Lüftungsquerschnittes:

$S_D \geq 10$ m unabhängig von der Sparrenlänge.

Für nicht belüftete Dachkonstruktionen geneigter Dächer müssen die Dampfsperren unter oder in der Dämmschicht einem Dampfsperrwert $S_D \geq 100$ m haben, wobei der Wärmedurchlaßwiderstand der evtl. unterhalb der Dampfsperre befindlichen Bauteilschichten (z. B. Schalungen, Dekorplatten u. ä.) max. 20% des gesamten Wärmedämmwertes betragen darf.

Es muß beachtet werden, daß Wärmedämmungen aus Faserdämmstoffen nachträglich um bis zu 30% aufquellen können und dadurch die geplanten Lüftungsquerschnitte eventuell kaum noch vorhanden sind. Es sollten daher nur die Anwendungstypen W und WD eingeplant werden.

Im übrigen muß in jedem Fall dafür gesorgt werden, daß der Luftstrom innerhalb der Dachkonstruktion nicht durch Wechsel, Dachfenster, Dachgauben, Schornsteine und ähnliche Hindernisse unterbrochen wird. Bei derartigen Durchdringungen der Lüftungsquerschnitte muß durch Konterlattungen oder vergleichbare Maßnahmen eine Umlenkung der Luftströmung ermöglicht werden (Bild **1**.252). Wenn Unterspannbahnen verwendet werden, sind sie so umzufalten, daß auf ihnen ablaufendes Sprüh- oder Schmelzwasser auf die benachbarten Sparrenfelder umgelenkt wird. Vor oder hinter Hindernissen im Luftstrom können auch zusätzliche Ab- bzw. Zuluftöffnungen – z. B. mit Hilfe von Lüftersteinen – eingebaut werden. Der Anschluß an aufgehende Wände ist wie z. B. in Bild (**1**.203c) gezeigt auszuführen.

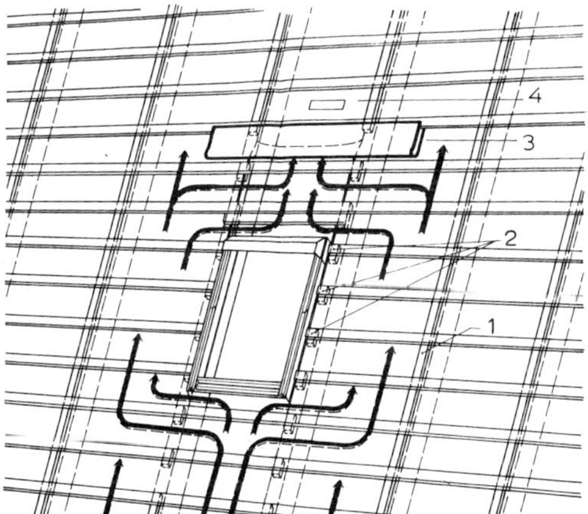

1.252
Umlenkung des Luftstromes an Hindernissen [20]

1 durchgehende Konterlatte
2 unterbrochene Konterlatte
3 Unterspannbahn, taschenartig umgelegt (Ablenkung von evtl. ablaufendem Sprühwasser)
4 Belüfter oberhalb der Tasche

Wärmedämmungen über den Sparren werden ausgeführt, wenn aus gestalterischen Gründen die Sparren im Raum sichtbar bleiben sollen. Voraussetzung ist dabei allerdings, daß die Sparren und alle sichtbaren Konstruktionsteile dementsprechende Oberflächen aufweisen (z. B. scharfkantige Hölzer, gehobelt). Vorgefertigte aufliegende Dämmelemente werden in vielfältiger Form auf dem Markt angeboten. Sie haben in der Regel Nut-Feder-Verbindungen oder Überfalzungen, raumseitige Dampfsperren und vielfach sogar Dachlattungen (Bild **1**.253). Auch Kombinationen mit Sparren bzw.

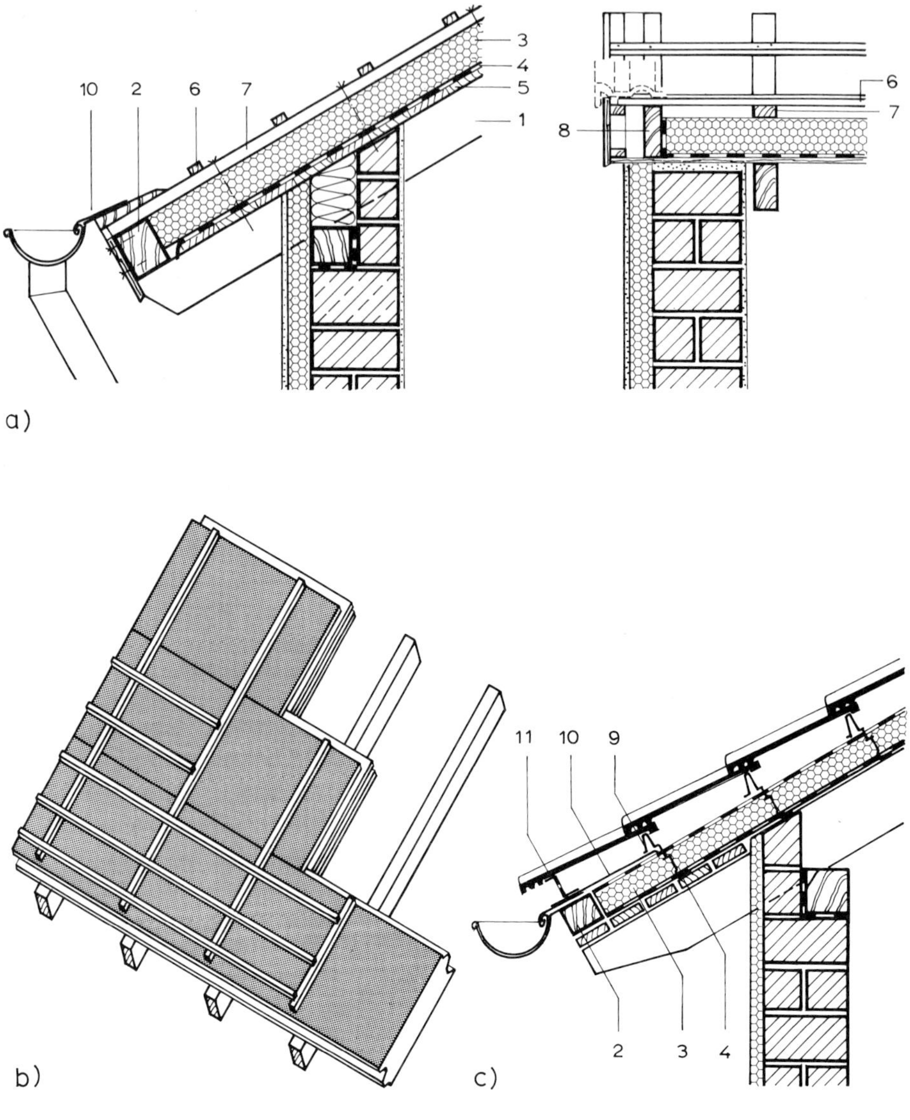

1.253 Aufliegende Wärmedämmungen

a) Styropor-Dämmplatten auf Schalung (Quer- und Längsschnitt)
b) freitragende NF-Elemente aus PU-Schaum
c) freitragende Elemente mit verzinkten Verbindern und Lochprofilen als Dachlatten (DLW)

1 Sparren
2 Abfangträger
3 Wärmedämmelement
4 Dampfsperre
5 Schalung
6 Lattung
7 Konterlattung
8 Ortgang-Randbohle
9 verzinktes Lochprofil
10 Traufblech
11 gelochtes Abschlußprofil

Pfetten sind auf dem Markt (Bild **1**.254). Bei allerdings relativ hohen Materialkosten der Elemente lassen sich erhebliche Lohnkosteneinsparungen bei der Verlegung erzielen. Zu bedenken sind jedoch die zusätzlichen Aufwendungen für die erforderlichen Randbohlen an der Traufe und für höhere Ortganggesimse.

Aufliegende Wärmedämm-Elemente werden meistens parallel zur Traufe verlegt. Die vielfach übliche Befestigung auf den Sparren durch Konterlattung bildet gleichzeitig die erforderlichen Belüftungsquerschnitte.

Die Ausführung erfolgt am günstigsten nach dem Schema von Bild **1**.250a, damit Durchdringungen der Sparren- bzw. Konstruktionsebene vermieden werden. Aufmerksamkeit erfordert aber der Übergang zur Außenwand bzw. Geschoßdecke im Traufenbereich. Die übliche Ausmauerung zwischen den Sparren genügt hier wärmetechnisch nicht und muß durch zusätzliche Dämmschichten ergänzt werden. Die günstigste Lösung ist für diese Anschlußstelle gegeben, wenn die Außenwände mit außenliegender Wärmedämmung („Thermohaut") ausgeführt werden (Bild **1**.253).

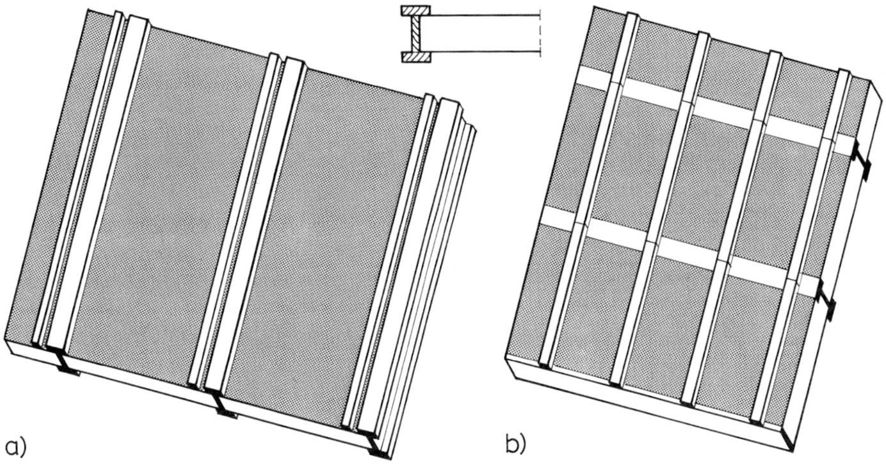

1.254 Aufliegendes Wärmedämm-Element (Kombination mit I-Träger als Sparren oder Pfetten, System UNIDEK SLS)
a) Auflagerung auf bauseitigen Pfetten
b) Auflagerung auf bauseitigen Bindern

1.8.3 Schallschutz

In der noch gültigen Fassung von DIN 4109 sind keine Anforderungen an Außenbauteile enthalten, doch wird allgemein der Entwurf der Neufassung von 1984 bereits als „anerkannte Regel der Technik" betrachtet. Darin werden Richtwerte für die Luftschalldämmung von Dächern gefordert (über Aufenthaltsräumen in Wohnungen sollen Mindestwerte von 35 bis 55 dB erreicht werden). Das Schalldämm-Maß von Dachschrägen in üblicher Bauweise ist rechnerisch bisher nicht zu erfassen. Geschlossene Dämmungen aus Schaumstoffplatten auf Schalung bringen eine Verbesserung des Schallschutzes um etwa 6 dB. Gesamtkonstruktionen können eventuell durch Baumusterprüfungen (DIN 52210) hinsichtlich der erreichten Schalldämmung untersucht werden.

1.8.4 Brandschutz

Die Anforderungen an den baulichen Brandschutz bei ausgebauten Dachgeschossen sind in den einzelnen Bundesländern unterschiedlich. Allgemein gilt:

- Für Wärmedämmungen dürfen nur die Baustoffe der Brennbarkeitsklasse B 2 (DIN 4102) verwendet werden.
- Wohnungstrennwände innerhalb ausgebauter Dachgeschosse müssen feuerbeständig hergestellt werden.
- Räume, ihre Zugänge und dazugehörige Nebenräume müssen durch mindestens feuerhemmende Bauteile gegen nicht ausgebaute Dachräume abgeschlossen sein.

1.8.5 Innenflächen

Beim Ausbau von Dachgeschossen muß bei der Gestaltung der Innenflächen berücksichtigt werden, daß die Balken des Dachstuhles durch das Schwinden des Holzes, durch Setzung, eventuell auch durch wechselnde Belastung (Winddruck und -sog, Schneelast) keine starren Ebenen bilden. Es muß vielmehr immer mit geringfügigen Bewegungen und Formänderungen gerechnet werden. Bei großflächigen Ausbauelementen (z. B. Gipskartonplatten) besteht daher besonders in Neubauten immer – auch bei sorgfältigem und vorschriftsmäßigem Einbau – die Gefahr der Rißbildung an den Plattenstößen und insbesondere an den Anschlüssen zu den Wandflächen.

Zum Ausbau werden daher besser Schalungen aus Profilbrettern, Pannelen oder sonstigen kleinformatigen Materialien verwendet. Der Wandanschluß wird am besten mit Schattennut ausgebildet (Bild **1**.255).

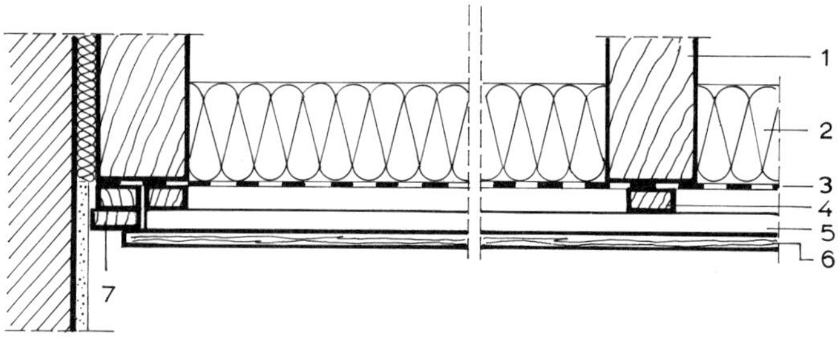

1.255
Schalungsanschluß mit Schattennut
1 Sparren
2 Wärmedämmung
3 Dammsperre
4 Konterlatte
5 Lattung
6 Profilbretter
7 gehobelte Randleiste (Schattennut)

1.9 Dachfenster und Dachgauben

1.9.1 Flächenverglasungen[1])

Belichtungsflächen können in einfachster Weise mit durchscheinendem Deckungsmaterial geschaffen werden wie Falzpfannen aus Glas oder Acrylglas und Welldrahtglas- oder Wellkunststoffplatten.

Derartige Belichtungen kommen jedoch nur für nicht ausgebaute Dachräume oder untergeordnete Räume in Frage, da die Gefahr der Kondenswasserbildung besonders groß ist.

[1]) s. auch Abschnitt 5.3.4

Lichtbänder („Atelierfenster") in Dachflächen, an die keine besonderen Ansprüche hinsichtlich Wärmeschutz gestellt werden und die nicht für Lüftung oder Reinigung geöffnet werden müssen, können mit fest verglasten Sprossensystemen ausgeführt werden (Bild 1.256).

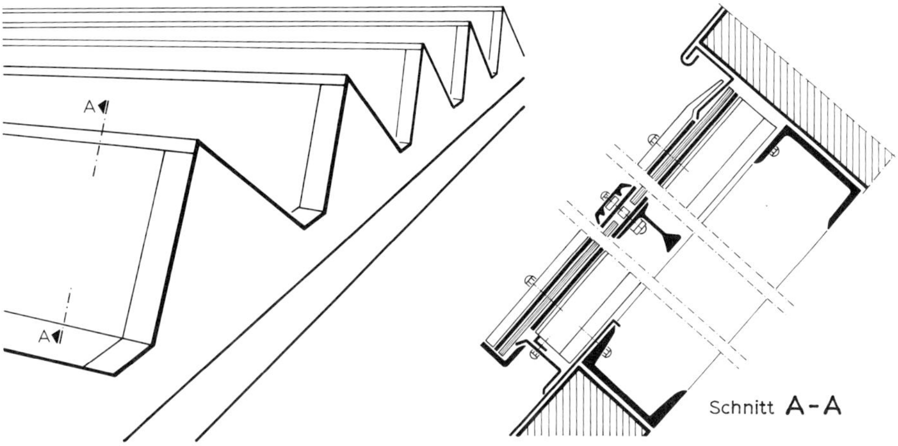

1.256 Verglasung von Fensterflächen einer Shedhalle

Derartige Glasbausysteme bestehen aus Sprossenprofilen (hergestellt aus verzinktem Stahlblech, Walzstahl oder Aluminium), zwischen denen Sicherheits- oder Gußdrahtglasscheiben in Einfach-, Doppelverglasung oder Isolierverglasung mit Quetschdichtungen durch Verschraubung montiert werden (Bild 1.257). Mit Hilfe zusätzlicher Übergangsprofile aus abgekanteten Blechen ist der Anschluß an alle anderen Bauteile möglich (vgl. Bild 1.256).

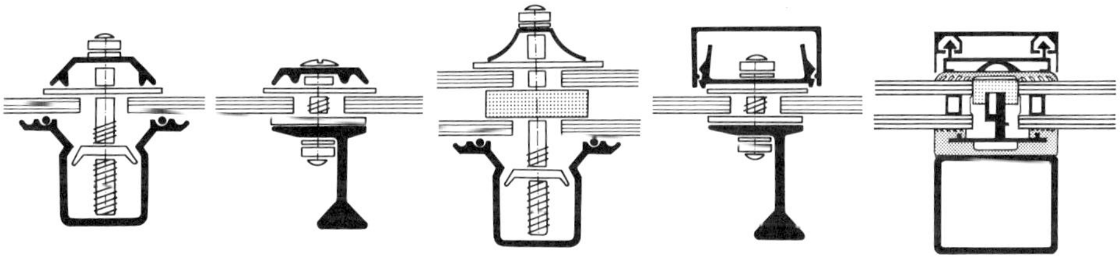

1.257 Sprossenprofile für Industrieverglasungen (System VEMA, Firma Eberspächer)

1.9.2 Dachflächenfenster

Dachflächenfenster werden für ausgebaute Dachgeschosse verwendet, wenn Dachgauben oder Dachaufbauten durch Bausatzungen nicht zulässig oder zu kostenaufwendig sind.

Dachflächenfenster werden in verschiedenen, auf die üblichen Sparrenabstände (vgl. Bild 1.263) und Dachneigungen von Holzdächern abgestimmten Formaten und Öffnungsarten geliefert (Bild 1.258). Zu praktisch allen Dachdeckungsarten gibt es passende Eindeckrahmen, so daß Dachflächenfenster im Zuge der Dachdeckerarbeiten

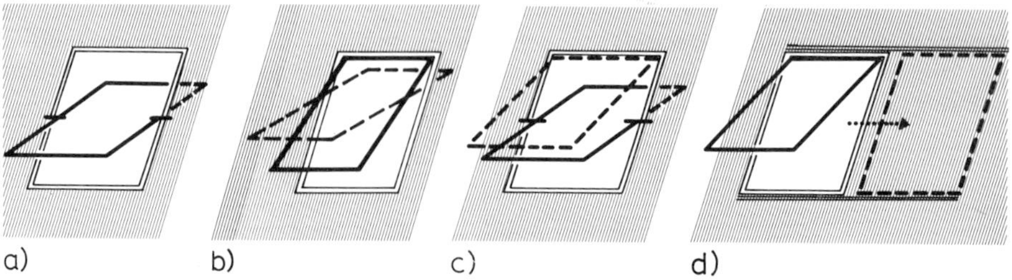

1.258 Öffnungsarten von Dachflächenfenstern
a) Schwing-Fenster
b) Klapp-Schwing-Fenster
c) Schwing- und Klapp-Fenster
d) Klapp-Schiebe-Fenster

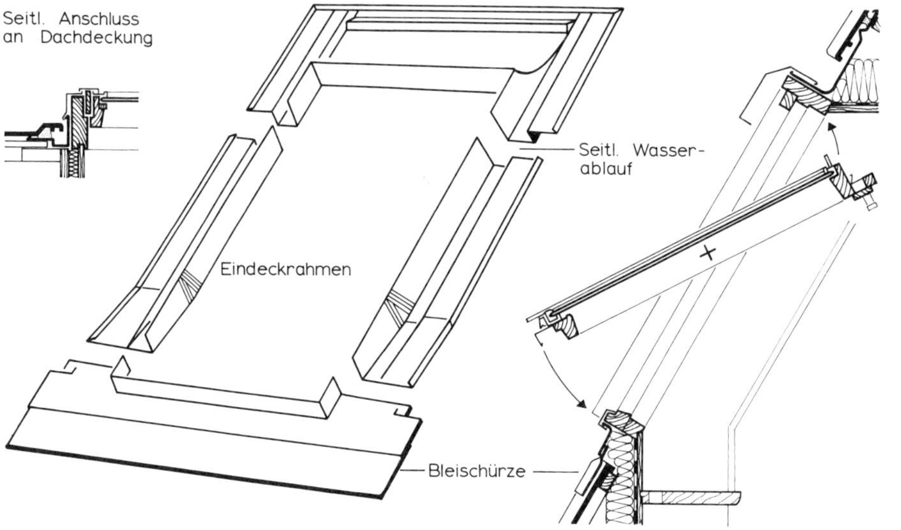

1.259 Dachflächenfenster (Schnitte und Eindeckrahmen System VELUX)

vom Dachdecker mit eingebaut werden können (Bild **1**.259). Fast alle Fabrikate bestehen aus Kombinationen von Holz und Aluminiumprofilen. Für die Reinigung der Dachflächenfenster sind Schwingflügel am günstigsten, die jedoch geöffnet störend im Innenraum sind und den Durchblick behindern. Dachflächenfenster weisen daher heute meist eine Kombination von Schwing- und Klappbeschlägen auf (**1**.258b).

Isolierverglasung, Dauerlüftungen, Sonnenschutz-Jalousetten oder -Markisen sowie Verdunklungsrollos als Zusatzausstattung machen aus Dachflächenfenstern nahezu perfekte Bauelemente.

Bei der Planung von Dachflächenfenstern muß in der Regel der freie Zugang zum Fenster berücksichtigt werden, d. h. daß die Oberkante des Fensters bei etwa 2,00 m liegen muß. Wenn ein Ausblick auch im Sitzen gewünscht wird, ist eine Brüstungshöhe

1.260
Einbauhöhen von Dachflächenfenstern bei unterschiedlicher Dachneigung

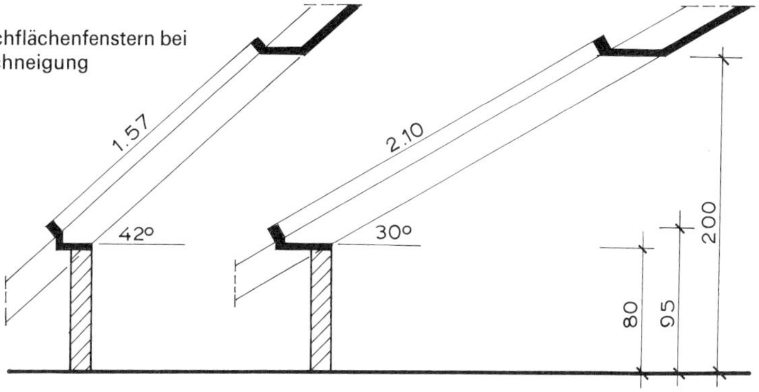

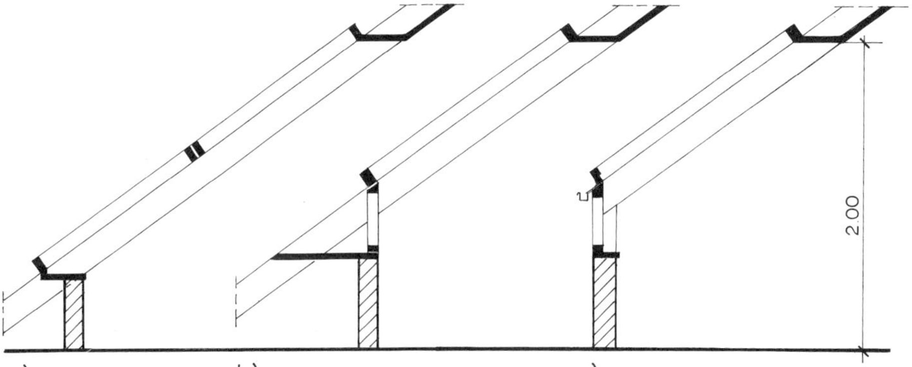

a) b) c)

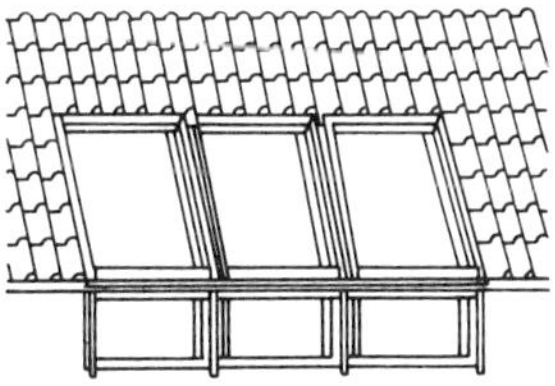

d)

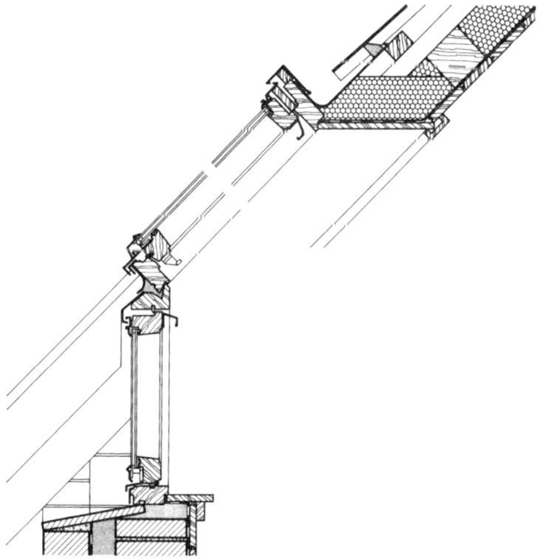

e)

1.261 Dachflächenfenster mit niedrigem unterem Durchsichtpunkt

a) Einbau von 2 Dachflächenfenstern übereinander
b) Dachflächenfenster mit fest verglaster senkrechter Fläche
c) Dachflächenfenster mit senkrechtem Brüstungsanschluß (VELUX)
d) Ansicht zu c)
e) Schnitt zu c)

von etwa 85 cm erforderlich. Je nach Dachneigung ergeben sich daraus die Höhenmaße für die Dachflächenfenster (Bild **1**.260). Da aus technischen Gründen die Höhe von Dachfenstern auf etwa 1,60 m begrenzt ist, kann eine Anordnung von zwei Dachflächenfenstern übereinander (Bild **1**.261 a) oder eine Kombination mit senkrechten Fensterflächen in Frage kommen (Bild **1**.261 b). Mit Hilfe besonderer Kombinations-Eindeckrahmen können mehrere einzelne Dachflächenfenster auch ohne Auswechslung der Sparren nebeneinander eingebaut und zu Fensterbändern kombiniert werden.

Im übrigen sind auch für den Einbau von Dachflächenfenstern die Vorschriften der Landesbauordnungen zu beachten. So muß die Fensterfläche bei Wohnräumen mindestens ⅛ der Grundfläche betragen. Wenn die Fenster mehr als 4% der den Raum begrenzenden Dachfläche einnehmen, sind sie im Wärmeschutznachweis besonders zu berücksichtigen (s. Abschn. 12 in Teil 1 dieses Werkes). Sie müssen von Brandwänden einen Mindestabstand von 1,25 m haben. Bei giebelständigen Reihenhäusern muß der Abstand von der Grenzlinie an der Traufe mindestens 2,00 m betragen.

Beim Einbau ist unbedingt darauf zu achten, daß die Belüftungsquerschnitte der Dachkonstruktion nicht unterbrochen werden. Unterspannbahnen sind oberhalb der Dachflächenfenster so umzuschlagen, daß ablaufendes Wasser an den Öffnungen vorbeigeleitet wird (vgl. Abschn 1.8.2, Bild **1**.252). Die raumseitige Dampfsperre muß sorgfältig an die Fensterrahmen angeschlossen werden, und alle Fugen in der Wärmedämmung sind voll auszustopfen oder auszuschäumen.

1.9.3 Dachgauben

Dachgauben (auch „Gaupen") und Dachaufbauten werden nicht nur zur Belichtung und Belüftung von Dachräumen eingesetzt, sondern sind darüber hinaus wieder als architektonisches Gestaltungsmittel sehr beliebt. Größe, Form und Anordnung müssen daher sowohl den Anforderungen der Innenräume als auch der Gliederung der Dachflächen und des ganzen Gebäudes genügen. Vielfach wird leider versucht, durch übergroße und schlecht gestaltete Gauben Dachgeschosse unter Umgehung einschränkender Bestimmungen fast wie Vollgeschosse zu nutzen. Oft sind daher in Bausatzungen bzw. Bebauungsplänen Verbote oder enge Bestimmungen für Gauben enthalten.

Für die gestalterische und konstruktive Ausführung von Gauben gibt es zahlreiche Möglichkeiten. Typische Bauarten sind:

- **Fledermausgauben,** bei denen die Dachhaut nur leicht angehoben erscheint, im übrigen aber nicht unterbrochen wird (besonders für Reet-, Schindel-, Biberschwanz- und Schieferdeckung, Bild **1**.262a),
- **Schleppdachgauben,** über die das steilere Hauptdach mit geringerer Neigung „abgeschleppt" wird. Die dreieckförmigen Seitenflächen (Gaubenbacken bzw. Gaubenwangen) liegen parallel zu den Sparren (Bild **1**.262b) oder können schräg anlaufen (Bild **1**.262c und d),
- **Dachhäuschen** als Giebel- oder Walmgauben (Bild **1**.262e und f),
- **Dreieckgauben** (Bild **1**.262g).

In weiterem Sinn können auch Zwerchgiebel (Bild **1**.262h), Fenstererker (Bild **1**.262i), Dachreiter (Bild **1**.262j) und die vielfältigen Formen von Dachaufbauten wie z. B. in Bild **1**.262k gezeigt in diesem Rahmen genannt werden.

Zu diesen Grundtypen sind vielfache Varianten möglich. So können die Seitenflächen (Wangen) von Schleppgauben, Dachhäuschen und Dachaufbauten verglast ausge-

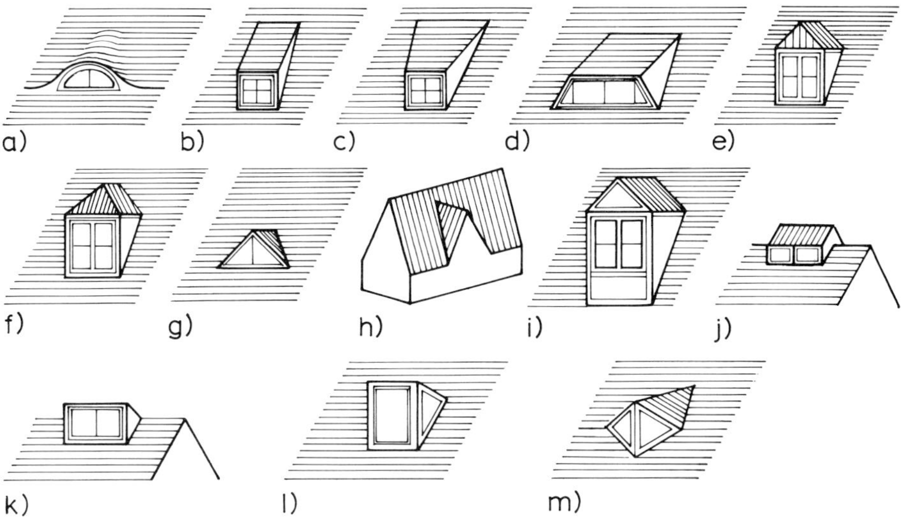

1.262 Gaubenformen

a) Fledermausgaube (Ochsenauge)
b) Schleppgaube mit geraden Wangen
c) Schleppgaube mit schrägen Wangen
d) Schleppgaube mit liegenden Wangen
e) Giebelgaube
f) Walmgaube
g) Dreieckgaube
h) Zwerchgiebel
i) Fenstererker
j) Dachreiter
k) Dachaufbau
l) Gaube mit verglasten Wangen
m) Dreieckgaube mit winkelförmiger Fensterfront

führt werden. Die Fensterfronten können winkelförmige Grundrißformen haben, so daß sich reizvolle Anschnitte an die Dachhaut und an den Gaubenrändern ergeben usw. (Bild **1**.262 l und m).

Während die Höhenlage der Gauben durch das Brüstungsmaß und die mindestens nötige Innenhöhe von etwa 2,00 m vorgegeben ist, richtet sich die Breite technisch nach den Einbaumöglichkeiten innerhalb der Dachkonstruktion.

Kleinere Gauben können zwischen den Dachsparren eingebaut werden (Bild **1**.263a) und können somit etwa 70 bis 80 cm breit sein. Für breitere Gauben müssen die Sparren „ausgewechselt" werden (vgl. Abschn. 1.2.3.1, Bild **1**.263b). Während dies bei Pfettendachkonstruktionen in den Dachfeldern zwischen den Bindern technisch problemlos ist, kann bei Sparrendächern meistens nur ein Sparren ausgewechselt werden. Es können in beiden Fällen aber auch durchlaufende Sparren als Gestaltungselement des Innenraumes einbezogen werden (Bild **1**.263c).

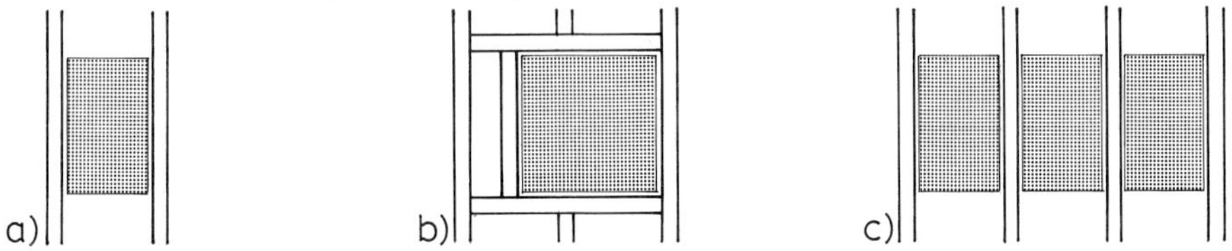

1.263 Einbau von Gauben

a) Zwischen den Sparren, Einzelgaube
b) Gaube in ausgewechseltem Sparrenfeld
c) Gaubenreihung bei durchlaufenden Sparren

Die Schleppsparren von Schleppgauben liegen auf den Hauptsparren bzw. auf Wechseln – eventuell auch auf den Mittelpfetten – auf. Bei Fledermausgauben, Dachhäuschen u. ä. wird der Dachübergang durch Bohlenschiftung gebildet (s. Bild **1**.49).

Die Vorderseite von Dachfensteraufbauten bildet ein Kantholz- oder Bohlenrahmen (Gaubenstock), der in Brüstungshöhe auf die Sparren oder unmittelbar auf die Geschoßdecke aufgesetzt wird. Das obere Rahmenholz trägt die Gaubensparren oder das Gaubendach. An den seitlichen Rahmenpfosten werden bei Schleppgauben und Dachhäuschen die Gaubenwangen befestigt (Bild **1**.264).

Innerhalb einer Dachfläche sollte nur das gleiche Dachdeckungsmaterial verwendet werden. Das ist jedoch meistens nur bei kleinformatigen Materialien wie Schiefer oder Biberschwänzen möglich. Die Übergänge zwischen Dach- und Gaubenflächen werden dann am besten als Kehlen ausgeführt (s. Bild **1**.166 und **1**.167). Möglich ist auch der Anschluß mit Hilfe von unterlegten Blechstreifen (vgl. Bild **1**.169).

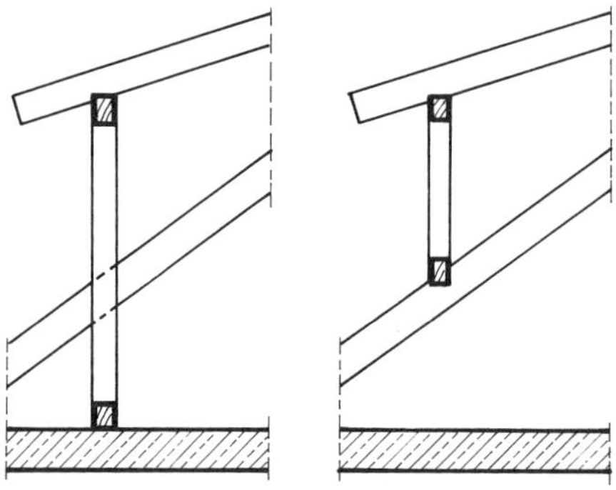

1.264 Ständer- und Rahmenkonstruktion für Gauben-Stirnseiten

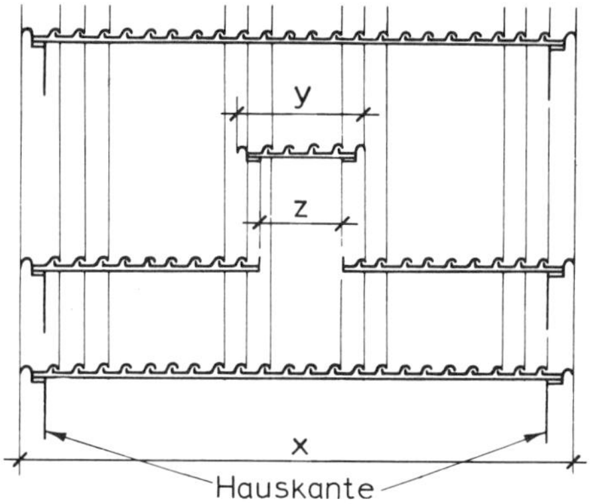

1.265 Ermittlung der Gaubenbreite aus den Dachziegelmaßen
x Länge der Firstlinie
y Gaubendachbreite
z Gaubenbreite
(s. auch Bild **1**.266 Vorderansicht)

Bei Deckungen mit Dachziegeln oder Dachsteinen wird die Gaubenbreite von der Deckbreite des verwendeten Dachdeckungsmaterials bestimmt. Die Gaubendachbreite *y* muß z. B. ein Vielfaches der Pfannendeckbreite zuzüglich der Breite der rechten und linken Ortgangziegel sein (Bild **1**.265). Für die Gesamttrauflänge *x* gilt das Entsprechende. Die Ziegelreihen laufen von der Schleppdachtraufe bis zum Dachfirst durch. Das Maß *z* zwischen den Außenkanten der Gaubenwangen ergibt sich unter Berücksichtigung der Maße der Seitenanschlußziegel. Beim Entwurf sind die Maßangaben des Lieferwerks zu beachten.

Bei Dachhäuschen, bei kleinen oder komplizierten Gaubendachflächen ist die Eindekkung – auch der Wangen – im übrigen meistens nur mit Metall ausführbar (s. Abschn. 1.5.9.2).

Für die Entwässerung von Gaubendächern müssen dann Vorkehrungen getroffen werden, wenn oberhalb der Gauben größere Dachflächen liegen. In diesem Fall muß an der Stirnseite eine entsprechend dimensionierte Regenrinne vorgesehen werden, der

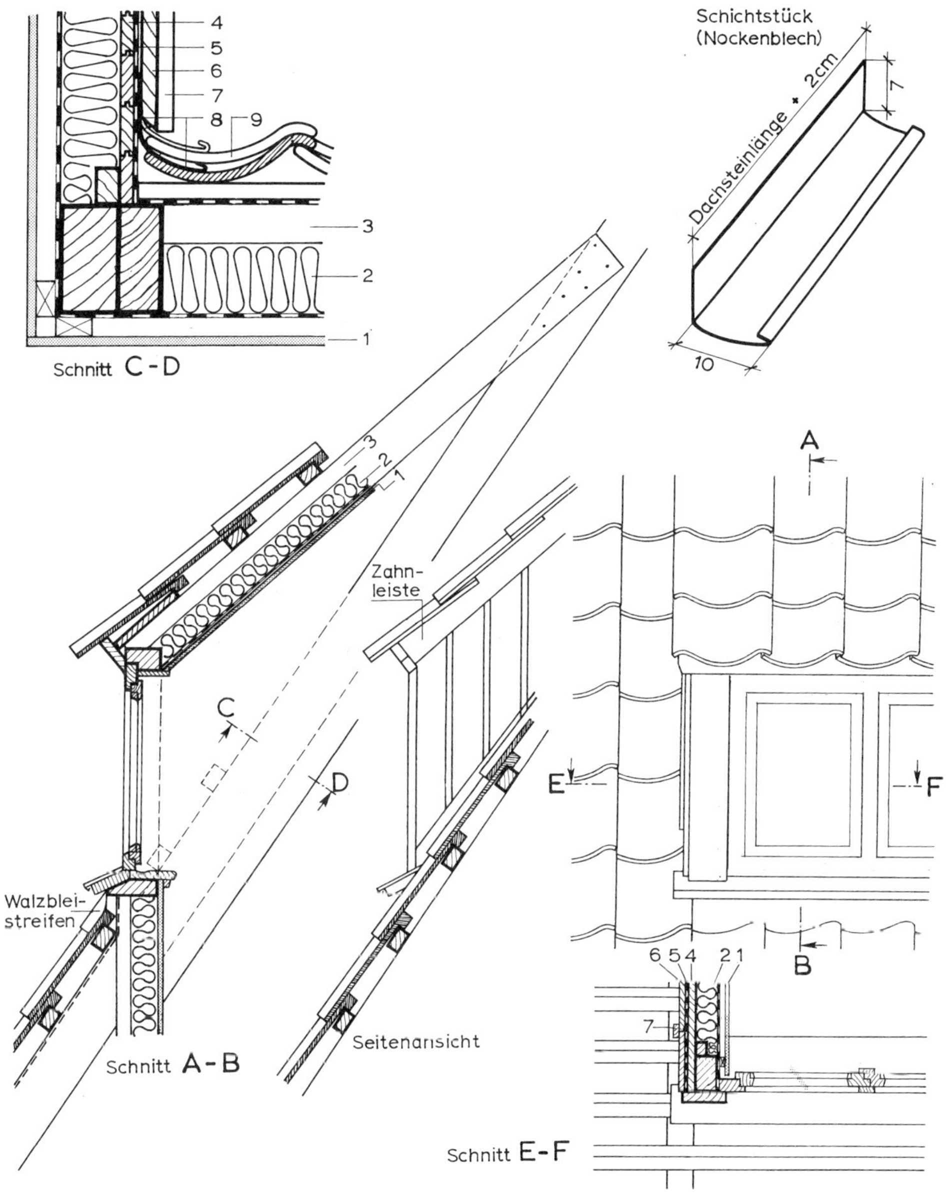

1.266 Schleppdachgaube mit Hohlpfannendeckung

1 Gipskartonplatte
2 Wärmedämmung mit raumseitiger Dampfsperre, 12 cm
3 Luftschicht
4 Schalung
5 Bitumen-Dachbahn V13
6 Außenschalung
7 Eckleiste
8 Schichtstück (Nockenblech)
9 Hohlpfanne
10 Dachlatte
11 Unterspannbahn (Delta-Folie)

Ablauf meistens seitlich auf die Dachfläche geführt wird. In den anderen Fällen wird das Regenwasser durch die Form des Gaubenanschlusses bedingt seitlich an der Gaube vorbeigeleitet. Das kann jedoch – besonders bei Vereisung im Winter – leicht zu Rückstau in den Kehlanschlüssen führen. Sie müssen daher ausreichend unter die angrenzenden Dachflächen geführt sein und die erforderlichen Rinnen-Querschnitte haben (vgl. Bild **1**.267).

Bild **1**.266 zeigt eine kleine Schleppdachgaube, die mit Hohlpfannen in Vorschnittdekkung gedeckt ist. Der linke Rand ist mit Doppelkrempziegeln gedeckt.

Die Gaubenwangen sind doppelt geschalt. Die Kehle zwischen Gaube und Dachflächen ist mit Nockenblechen (Schichtstücken) ausgebildet, die schuppenartig in die Dachdeckung eingebunden und hinter die Schalung der Gaubenwangen hochgeführt werden.

Eine Gaube mit verglasten Wangen und Metalleindeckung zeigt Bild **1**.267.

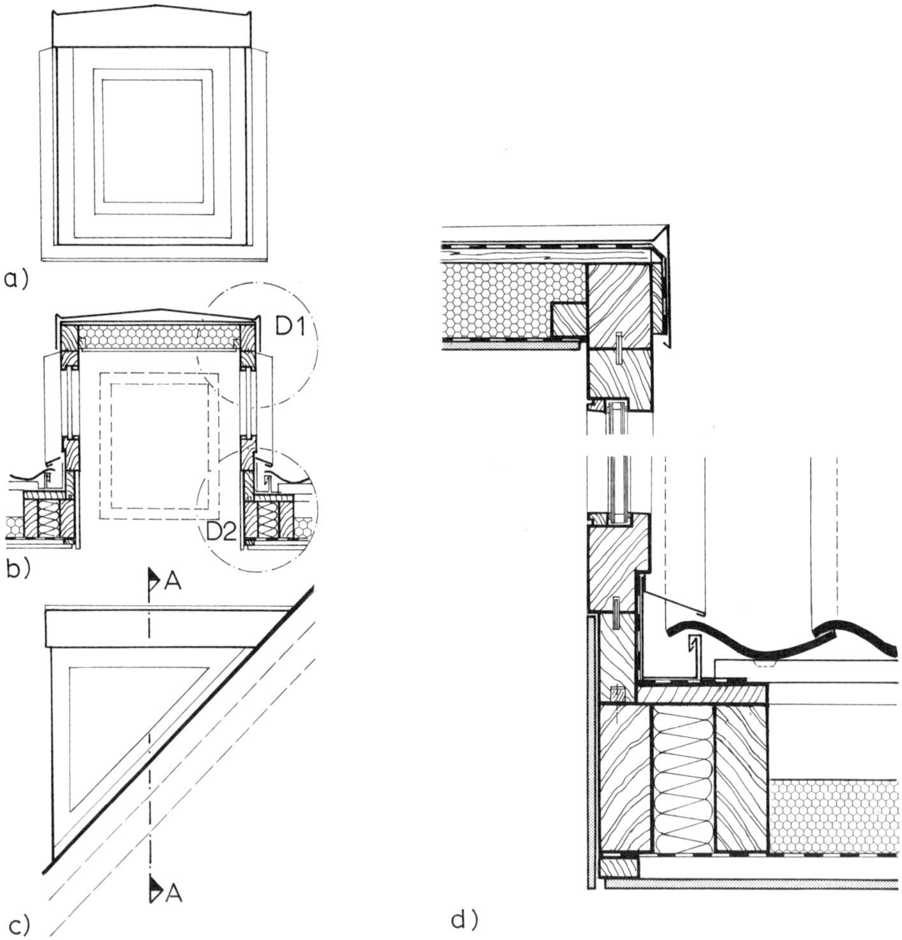

1.267 Gaube mit verglasten Wangen

Die **Fledermausgaube** ist um so schöner, je sanfter ihre Umrißlinie vom Scheitel des Dachfensters in die Waagerechte zurückschwingt. Sie wird daher verhältnismäßig breit und ist für kleinere Dächer kaum verwendbar. Die maximale Rahmenhöhe *h* ergibt sich aus der für die Deckung zulässigen Mindestneigung des Gaubendaches und der Gesamthöhe des Hauptdaches (zwischen oberem Gaubenansatz und Hauptdachfirst muß eine hinreichend breite Fläche verbleiben). Die halbe Gaubenbreite beträgt ≈ 2,5 bis 3 *h* (Bild **1**.268). Die Radien der seitlichen Bögen können größer sein als der des mittleren Bogens (*r*). Der kleinste Radius sollte bei Dachsteindeckung mindestens 5 Dachsteinbreiten betragen. Die Spur des Gaubenkörpers auf der Hauptdachfläche ist leicht zu ermitteln (Kurve *ABC*).

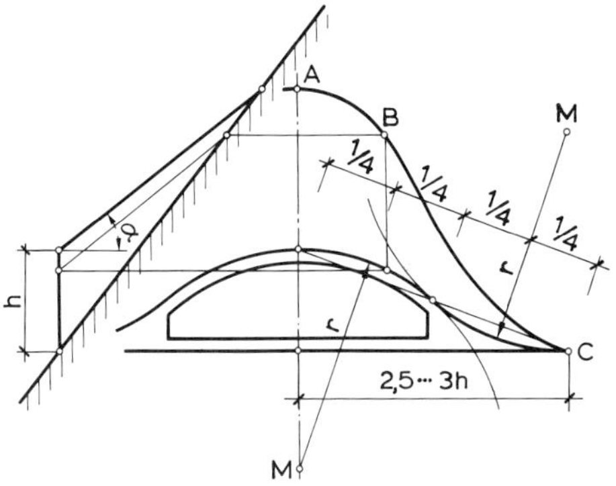

1.268 Form der Stirnseite einer Fledermausgaube

Die Stirnseite der Fledermausgaube wird am besten durch eine aus zwei Brettern zusammengesetzte Stirnbohle gebildet, damit ein doppelter Anschlag für das Fenster entsteht. Auf die Stirnbohle können Bohlensparren aufgeklaut werden, die entweder auf den Hauptdachsparren bzw. Sparrenwechseln oder auf einer Kehlbohle endigen (Bild **1**.269). Die Dachlatten werden dann bügelförmig über die Gaubensparren gebo-

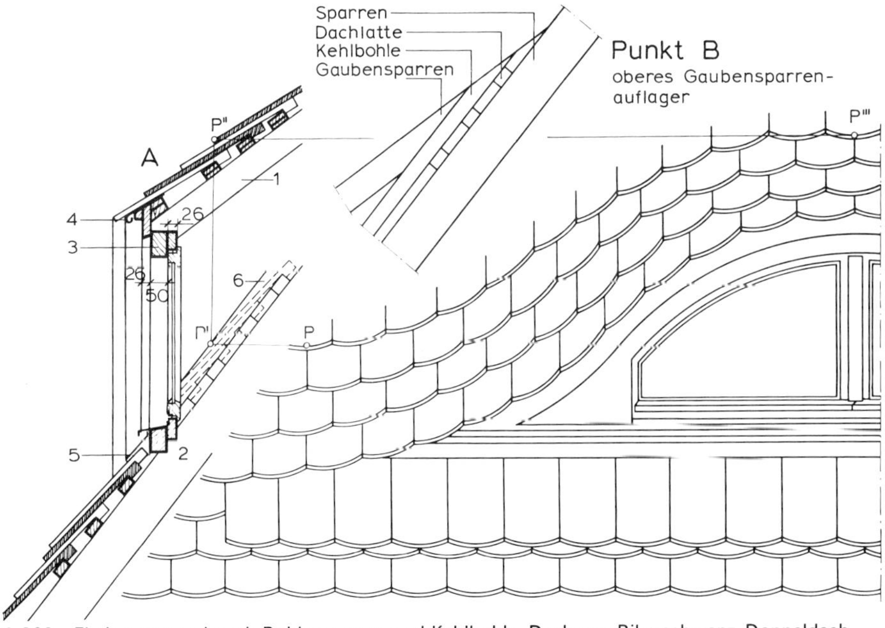

1.269 Fledermausgaube mit Bohlensparren und Kehlbohle. Deckung: Biberschwanz-Doppeldach

1 Gaubensparren
2 Hauptdachsparren
3 Stirnbohle
4 Zinkblechstreifen
5 Bleistreifen
6 Schift- oder Kehlbohle

gen. Meist werden die Fledermausgauben aber auch bei Ziegeldeckung ganz eingeschalt und die Latten auf die aus schmalen Brettern bestehende Schalung aufgenagelt. Die Dachlatten, die bei senkrecht stehender Stirnbohle in zwei Ebenen gekrümmt sind (der Abstand der Gaubenlatten ist kleiner als der der Hauptdachlatten), werden über der Gaube aus zwei übereinander zu nagelnden Leisten 1,5/5 cm gebildet. Die unterste Dachsteinschicht muß an den Flanken der Gaube mit Nägeln befestigt werden. Alle Vorderkanten der Dachsteine einer Schicht liegen über Hauptdach und Gaube in einer Ebene parallel zur Traufenwand.

Gauben erfordern in Planung und Bauausführung die sorgfältige Abstimmung aufwendiger Arbeiten mehrerer Gewerke. Es liegt daher nahe, diesen komplizierten Bauteil industriell vorgefertigt herzustellen. Die gestalterische Vielfalt muß allerdings dabei zugunsten wirtschaftlicher Serien zurückstehen. Beispiele für eine vollständig vorgefertigte Gaube, die komplett mit allen Anschlußteilen geliefert in die entsprechende Dachaussparung eingesetzt werden kann, zeigt Bild **1**.270.

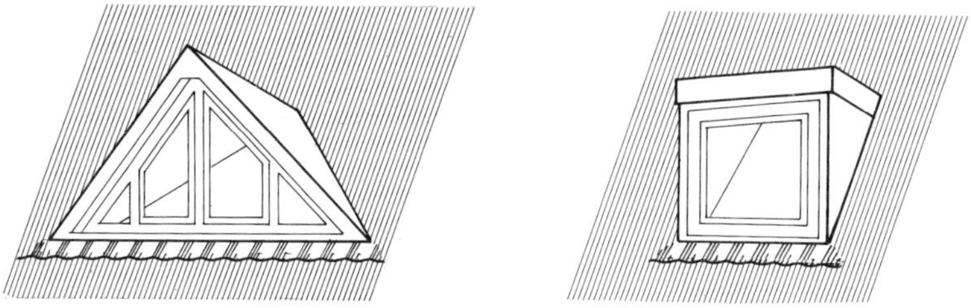

1.270 Vorgefertigte Dachgauben (WANIT)

1.10 Flachdächer

1.10.1 Allgemeines

Dachflächen mit einer geringeren Neigung als 5° werden als Flachdächer bezeichnet und erhalten anstelle einer Dachdeckung eine D a c h a b d i c h t u n g. Derartige Dachabdichtungen können jedoch auch für besonders beanspruchte Stellen flachgeneigter Dächer mit Neigungen zwischen 5 und 25° in Frage kommen. Dachabdichtungen sind grundsätzlich für alle Dachformen möglich und werden so besonders auch für Sonderformen wie Faltwerke, Hängedächer oder kuppelartige Dächer eingesetzt.

Abgedichtete Flachdachflächen können auch auf flachgeneigten Holzdachkonstruktionen (s. Abschn. 1.2.4) aufliegen. Meistens sind jedoch Stahlbetonmassivplatten, Profilbleche (s. Abschn. 1.3.4) oder Stahlbetontragwerke (s. Abschn. 1.4.2 und 1.4.3) gleichzeitig raumabschließende obere Decke und Bestandteil einer Flachdachkonstruktion.

Da Flachdächer somit in der Regel unmittelbar über Wohn- und Nutzräumen liegen, hängt es in erster Linie vom bauphysikalisch richtigen Aufbau des Flachdaches ab, ob es auf die Dauer den erheblichen Beanspruchungen durch verschiedene Außen- und Innentemperaturen, sowie aus Niederschlägen und Wasserdampfdiffusion ausreichend Widerstand leisten und im Zusammenhang mit den übrigen Teilen des Bauwerkes das verlangte Raumklima gewährleisten kann.

Wegen ihrer engen gegenseitigen Abhängigkeit müssen Dachtragwerk und Aufbau der Dachabdichtung gemeinsam betrachtet werden.

Bei der Planung von Flachdächern müssen die vielfachen besonderen Beanspruchungen berücksichtigt werden, denen die Oberfläche und die gesamte Flachdachkonstruktion ausgesetzt sind:

Temperaturbelastungen

- Temperaturwechsel von −20 bis +80 °C zwischen Tag und Nacht bzw. Sommer und Winter,
- gleichzeitig mögliche Temperaturgegensätze zwischen besonnten und verschatteten, evtl. sogar vereisten Flächen,
- Temperaturschocks z. B. bei Hagel nach starker Sonneneinstrahlung,
- Hitzestau in ungeschützten Abdichtungsschichten auf der darunterliegenden Wärmedämmung (damit verbunden u. U. Materialschwund bzw. Verwerfungen in Schaumstoff-Wärmedämmungen).

Mechanische Beanspruchungen

- Durchbiegung der Unterkonstruktion, kritisch auch u. U. innerhalb der statisch zulässigen Grenzen,
- Schwingungen und Vibrationen insbesondere bei Leichtkonstruktionen (kritisch besonders an starren Dachanschlüssen und Durchdringungen wie z. B. Schächten und Schornsteinen),
- Gebäudebewegungen an Trennfugen, evtl. auch bei Rißbildung infolge nicht ausreichend vorgesehener Fugen.

Umweltbelastungen

- Korrosionsgefährdung der Abdichtungen durch Schmutzablagerung infolge nicht ausreichender Dachentwässerung (fehlendes Gefälle oder falsche Anordnung der Dachabläufe),
- chemische Belastung durch auf der Baustelle verwendete Lösungsmittel, Weichmacher, Kleber, Farben, Lacke sowie chemisch verunreinigtes Niederschlagwasser,
- UV-Strahlung und Ozon-Einwirkung.

Bei der Planung muß auch die spätere einwandfreie Ausführung aller Arbeiten unter Baustellenbedingungen berücksichtigt werden. Kritische Anschlußpunkte müssen gut zugänglich sein. Durch genügend Abstand zu anderen Problempunkten müssen die Voraussetzungen für einwandfreie Arbeit geschaffen sein (z. B. muß zwischen Dachrändern bzw. Wandanschlüssen und Durchdringungen für Regenabläufe, Sanitärentlüftungen u. ä. ein Mindestabstand von 50 cm eingeplant sein).

1.10.1.1 Bauarten (Bauphysikalischer Aufbau)

Wie bereits einleitend in Abschn. 1.1.4 dargelegt, können Flachdächer nach zwei bauphysikalisch unterschiedlichen Konstruktionsarten ausgebildet werden als:

- einschaliges, nicht belüftetes Flachdach oder „Warmdach" (Bild **1**.271),
- zweischaliges, durchlüftetes Flachdach oder „Kaltdach" (Bild **1**.272).

Die Bezeichnungen „Warmdach" bzw. „Kaltdach" kennzeichnen den Unterschied der bauphysikalischen Systeme nur unzureichend, sind jedoch weit verbreitet. Sie können wie folgt erklärt werden:

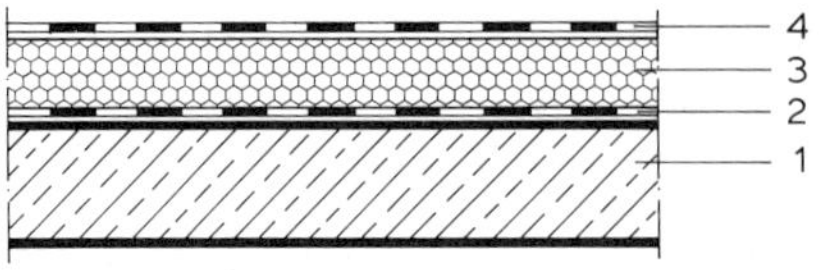

1.271 Einschaliges, nicht belüftetes Flachdach (Warmdach), schematische Darstellung
1 Unterkonstruktion (Massivplatte)
2 Dampfsperre
3 Wärmedämmung
4 Dachabdichtung

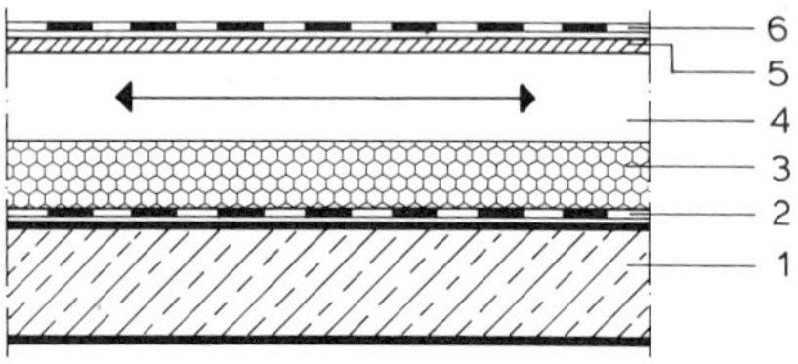

1.272 Zweischaliges, belüftetes Flachdach (Kaltdach), schematische Darstellung
1 Unterkonstruktion (Massivplatte) auch Leichtplattenkonstruktionen)
2 leichte Dampfsperre
3 Wärmedämmung
4 Belüftungsraum
5 Dachschale
6 Dachabdichtung

— Beim Warmdach bildet die wärmegedämmte, tragende Konstruktion mit der Dachabdichtung ein Verbundelement, das – je nach äußeren Verhältnissen und Schichtenaufbau – als Ganzes mehr oder weniger stark gemeinsam erwärmt wird.
— Beim Kaltdach sind wärmegedämmter Raumabschluß und die Dachhaut mit ihrer Tragekonstruktion durch einen („kalten") Luftraum getrennt. Die Dachschale mit der Dachabdichtung liegt also bei niedrigen Außentemperaturen im kalten Bereich.

1.10.1.2 Beanspruchungsgruppen

Man unterscheidet:
— Nicht genutzte Flachdachflächen
(nur zu Wartungsarbeiten betretbar)
— Genutzte Flachdachflächen
(einfache Beanspruchung: Aufenthalt von Personen)
(schwere Beanspruchung: Fahrzeugverkehr, Bepflanzung)

1.10.1.3 Dachneigung

Dachneigungsgruppe	I:	Dachneigung	$< 3°$	(5%)
	II:		$\geq 3° < 5°$	(9%)
	III:		$\geq 5° \leq 20°$	(36%)
	IV:		$> 20°$	

Für das einwandfreie Funktionieren aller Flachdachbauarten müssen bei Planung und Ausführung alle in den Abschnitten 1.10.1.4 bis 1.10.1.11 gemachten Ausführungen sorgfältig beachtet werden:

1.10.1.4 Wärmeschutz[1])

Wärmeschutzmaßnahmen bei Flachdächern müssen umfassen:
— Ausreichende Wärmedämmung des Bauwerkes gem. DIN 4108 (mit Ergänzungen durch Wärmeschutzverordnung) mit rechnerischem Nachweis.

[1]) s. auch Abschnitt 12.4 in Teil 1 dieses Werkes

– Wärmeschutz der Konstruktion zur Vermeidung von schädlichen temperaturbedingten Spannungen und Bewegungen sowie von Wärmebrücken,
– Berücksichtigung der Wärmespeicherung.

Der erforderliche Wärmeschutz von Bauteilen ist in DIN 4108 T2 und in der Wärmeschutzverordnung festgelegt. Für Flachdächer wird ein Wärmedurchlaßwiderstand $1/\Lambda$ von mindestens 1,10 m^2 K/W (an der ungünstigsten Stelle 0,80 m^2 K/W) bzw. ein Wärmedurchgangskoeffizient k von höchstens 0,79 W/(m^2 K) bzw. 1,03 W/(m^2 K) gefordert. Mit Rücksicht auf das Wärmespeichervermögen ist der Wärmeschutz erheblich zu erhöhen, wenn die Konstruktionsteile von Flachdächern unterhalb der Wärmedämmung eine Masse von weniger als 300 kg/m^2 haben (s. DIN 4108 T2 Abschn. 5 Tab. 2). Im Hinblick auf Energieeinsparung sind die Anforderungen der Wärmeschutzverordnung teilweise erheblich höher als in DIN 4108. Danach muß bei Flachdächern mindestens von einer Dämmstoffdicke von 100 mm (Wärmeleitfähigkeit 0,04 W/(m K) ausgegangen werden.

In jedem Falle ist jedoch der rechnerische Nachweis für ausreichenden Wärme- und Tauwasserschutz zu führen (s. Abschn. 12.3 in Teil 1 dieses Werkes).

Bei mehr als 75% relativer Feuchtigkeit (und 20°C Innentemperatur) sind besondere Lüftungs- und Heizungsmaßnahmen meist billiger und zuverlässiger als die Verstärkung der Wärmedämmung.

Wärmedämmstoffe müssen in jedem Fall trocken eingebracht werden, weil sie, zwischen Dampfsperre und Dachhaut eingeschlossen, später kaum völlig austrocknen können.

Werden abgehängte Decken unter einschaligen Flachdächern vorgesehen, muß unbedingt dafür gesorgt werden, daß durch Hinterlüftung auch oberhalb der Abhängung die für die Dimensionierung der Wärmedämmung zu Grunde gelegten Raumtemperaturen herrschen. Eingeschlossene Luftschichten über abgehängte Decken wirken sonst als zusätzliche Wärmedämmung. Dadurch kann in der Gesamtkonstruktion die Taupunktgrenze so verlagert werden, daß es an der Unterseite der Dachschale zur Kondensatbildung kommt.

Auf keinen Fall darf – evtl. auch als spätere „Sanierung" – ein wärmedämmendes Material vollflächig an der Deckenunterseite aufgebracht werden. Diese zusätzliche Wärmedämmung kann die Lage der Taupunktgrenze so beeinflussen, daß Kondensatbildung innerhalb der Konstruktion möglich wird, wenn nicht auch gleichzeitig die Wärmedämmung oberhalb der Dampfsperre verstärkt wird.

Ein rechnerischer Nachweis des ausreichenden Tauwasserschutzes ist in derartigen Fällen erforderlich.

1.10.1.5 **Feuchtigkeitsschutz** (Tauwasserschutz)

Richtig angeordnete Dampfsperren und ggf. ausreichende Durchlüftung müssen die Wasserdampfdiffusion so begrenzen, daß schädliche Tauwasserbildung verhindert wird (s. Abschn. 1.10.3.1 und 1.10.5).

1.10.1.6 **Oberflächenschutz**

Ständiger Wechsel von Feuchtigkeit und Trockenheit, Temperaturdifferenzen zwischen winterlichen Temperaturen bis zu etwa 80° bei Sonneneinstrahlung im Sommer, insbesondere auch die Einwirkung des ultravioletten Anteils der Sonneneinstrahlung beanspruchen ungeschützte Flachdachabdichtungen sehr stark. Ein Oberflächenschutz ist daher immer vorzusehen. Bereits eine helle Einfärbung von Kunststoff-Dachdichtungsbahnen, dauerhafter aber Beschichtungen mit Feinsplitt, Perlkies oder Aluminiumpulver bewirken eine erhebliche Reflektion des Sonnenlichtes und setzen damit die Erwärmung der Dachhaut herab. Es können ferner zusätzliche Schutzfolien auf die Dachhaut aufgebracht werden. In der Regel besteht der Oberflächenschutz jedoch aus einer losen Kiesschüttung (Körnung 15 bis 30 mm, Schütthöhe 5 bis 8 cm), unter der sich meistens nur wenig schwankende Feuchtigkeitsverhältnisse einstellen. Kiesschüttungen müssen in windreichen Gegenden und bei Gefahr von Wirbelbildung durch Dachaufbauten (z. B. größere Schornsteine, Aufzugsschächte) gesichert werden. Da die Verwendung von Kieseinbettmassen nicht bei jeder Dachabdichtungsart möglich ist, kann die Schüttung durch aufgesprühte Kunstharze befestigt werden, die die obere Kiesschicht binden. Die Ausbildung einer Dachrandaufkantung (Attika), die die Dachoberfläche um mindestens 30 cm überragt, ist zu empfehlen.

Die UV-Beständigkeit neu entwickelter Kunststoff-Dachdichtungsbahnen ist in letzter Zeit so verbessert worden, daß bei leichten Dachkonstruktionen auch eine Verlegung ohne zusätzliche Schutzschichten möglich ist.

1.10.1.7 Brandschutz

Flachdächer müssen widerstandsfähig gegen Flugfeuer sein. Sie müssen dazu den Bestimmungen von DIN 4102 T7 genügen bzw. entsprechend einer in DIN 4102 T4 zugelassenen Bauart ausgeführt sein. Die Forderung hinsichtlich Sicherheit gegen Flugfeuer gilt in jedem Fall als erbracht, wenn die Dachhaut mit einer mindestens 5 cm dicken Kiesschicht abgedeckt ist (Körnung 16/32).

1.10.1.8 Windbeanspruchung

Der gesamte Flachdachaufbau muß gegen Abheben durch Windbeanspruchung (insbesondere Sog) durch ausreichende Verklebung, mechanische Befestigung (z. B. durch Tellerdübel) oder ausreichende Auflasten (z. B. Kiesschüttung) gesichert sein.

Sicherung durch Aufkleben. Dachabdichtungen mit Bitumenbahnen müssen mindestens zu 10% in gleichmäßiger Verteilung mit der Unterlage verklebt sein. Bei Profilblechkonstruktionen müssen zusätzlich im Randbereich (Breite des Randbereiches $= b/8$ der Dachrandbreite) mit mindestens 3 mechanischen Befestigungselementen je m^2 gesichert werden.

Sicherung durch mechanische Befestigung. Bei geeignetem Untergrund (z. B. Profilblech, Holz) darf die Lagesicherheit durch Tellerdübel (s. Bild **1**.293c), Spreizdübel, Holzschrauben oder selbstbohrende Schrauben mit Haltetellern, auch mit Breitkopfnägeln hergestellt werden.

Auf Stahltrapezprofilen müssen Dachabdichtungen einschließlich vorhandener Dampfsperren und Wärmedämmungen mit mindestens 4 Stück/m^2 Befestigungselementen gesichert sein. Im Randbereich müssen mindestens 6 Stück/m^2 und im Eckbereich mindestens 8 Stück/m^2 Befestigungselemente vorhanden sein.

Auf Holz oder Holzwerkstoffen sind 1 m breite Dachbahnen an den Stößen mit verzinkten Breitkopfstiften mit Nagelabstand von 10 cm zu nageln. In Bahnenmitte ist eine zusätzliche Nagelreihe (Nagelabstand 25 cm) auszuführen. Bei mehrlagigen Abdichtungen mit Bitumenbahnen darf die Sicherung auch mit Sturmverdrahtung ausgeführt werden (Bild **1**.273).

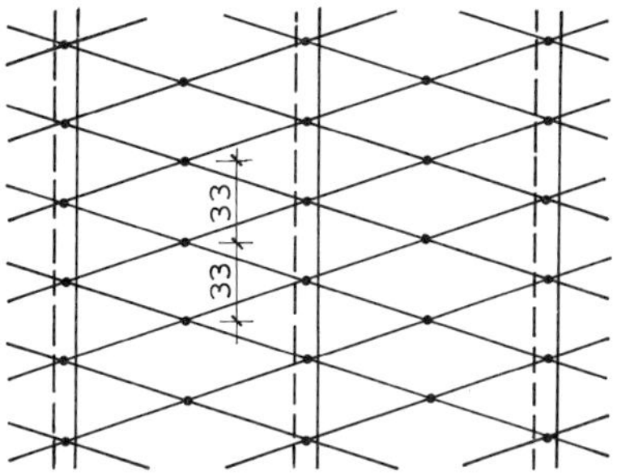

1.273
Sturmdeckung

Sicherung durch Auflast. Lose verlegte Dachabdichtungen werden durch Auflasten (nur bei Dachneigungsgruppe I) gesichert. Sie besteht in der Regel aus ungebrochenem Kies, Körnung 16/32, Schütthöhe mindestens 5 cm. Auflasten können auch aus Betonplatten, Beton-Verbundpflaster o. ä. bestehen. Bei Dachhöhen über 20 m müssen im Rand- und Eckenbereich Platten, Pflaster o. ä. die Kiesschüttung zusätzlich gegen Windeinwirkung schützen. Das Gewicht der Auflasten muß betragen (DIN V18531):

— bei Höhe der Dachfläche	im Innenbereich	im Randbereich
bis 8 m	40 kg/m²	80 bis 120 kg/m²
8 bis 20 m	65 kg/m²	130 bis 190 kg/m²
über 20 m	80 kg/m²	160 bis 260 kg/m²

Bei Dächern der Neigungsgruppen II bis IV müssen geeignete Maßnahmen zur Sicherung der Auflasten gegen Abrutschen getroffen werden.

1.10.1.9 Entwässerung

Die konstruktiv immer aufwendigen Flachdachränder sollten durch das Einbinden außenliegender Entwässerungen nicht noch komplizierter und ausführungstechnisch schwieriger gestaltet werden. Flachdächer sind daher grundsätzlich mit innenliegender Entwässerung zu planen (Bild 1.274a). Eine gefällelose Flachdachausführung ist nur dann problemlos, wenn wirklich ebene und absolut horizontale Flächen der Unterkonstruktion zur Verfügung stehen, was jedoch in der Praxis durch unvermeidliche Ungenauigkeiten bei der Ausführung und wegen des Durchhängens der Flächen kaum zu gewährleisten ist (Bild 1.274b).

Auf Massivplatten wird daher in der Regel ein Gefällebeton mit flachen Kehlen zu den Dachabläufen aufgebracht. Insbesondere bei Leichtkonstruktionen wird vielfach auf den Gefälleausgleich verzichtet und die gesamte Decke im Gefälle verlegt. Eine waagerechte Untersicht wird, wo notig, durch einwandfrei hinterlüftete, untergehängte Putzdecken o. ä. erreicht (s. auch Abschn. 1.10.2.5).

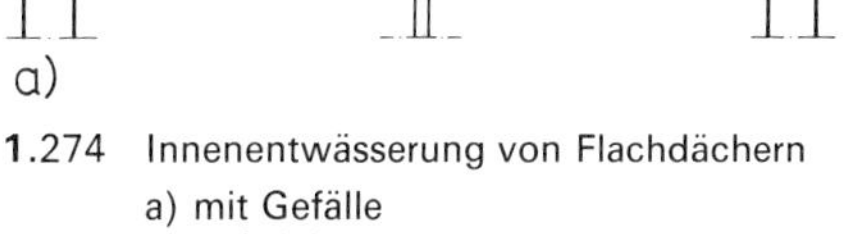

1.274 Innenentwässerung von Flachdächern
a) mit Gefälle
b) gefällelos

Die Lage von Regenabläufen ist daher möglichst an den durch Durchhängen zu erwartenden tiefsten Stellen der Flachdachflächen zu planen. Um das Überfließen von Regen- und Schmelzwasser auch unter ungünstigsten Verhältnissen auszuschließen, müssen die Dachabdichtungen an den Abschlüssen hochgezogen werden (s. Abschn. 1.10.1.10).

Um eine einwandfreie Ausführung der Eindichtung von innenliegenden Regenabläufen zu gewährleisten, müssen sie mindestens 50 cm von Dachrändern, Wandanschlüssen oder anderen Durchdringungen (Lichtkuppeln, Sanitärbelüftungen usw.) entfernt sein.

1.10.1.10 Randausbildungen

Für die Abschlüsse und Wandabschlüsse von Flachdächern ist bei der Planung und Ausführung grundsätzlich zu beachten (DIN V 18531):

Randabschlüsse

mindestens 10 cm (Neigungsgruppe I und II)

mindestens 5 cm (Neigungsgruppen III und IV)

über Oberkante Kiesschüttung oder Belag.

Wandanschlüsse (auch Anschlüsse an Kamine, Fenster, Terrassentüren usw.)

mindestens 15 cm über Oberkante Kiesschüttung oder Belag.

Es muß gewährleistet sein, daß auch im ungünstigsten Fall Wasser allenfalls über die Dachränder nach außen abfließt und nicht in angrenzende aufgehende Bauteile eindringt. Aus diesem Grund ist sehr zweckmäßig, Notüberläufe in Form von Wasserspeiern einzuplanen. Dadurch wird auch eine Überlastung der Dachflächen durch Stauwasser vermieden.

An den Rändern von Flachdächern enden außer der Unterkonstruktion alle Schichten der Abdichtung und Wärmedämmung mit völlig verschiedenartigen Materialien, die wiederum vielfachen unterschiedlichen Beanspruchungen und Anforderungen ausgenutzt sind:

- Temperatureinflüsse. Unterkonstruktion, Dachabdichtung und Randabschlußteile haben verschiedene thermisch bedingte Form- und Längenänderungen.
- mechanische Beanspruchungen. Von allen Schichten des Dachaufbaues muß insbesondere die Dachabdichtung am Rand zuverlässig gegen Wasser- und Eisdruck, gegen den Druck von Kiesschüttungen und gegen Beschädigungen bei Bau- und Wartungsarbeiten geschützt sein. Außerdem muß ausreichender Schutz gegen die Auswirkung von Windkräften gewährleistet sein.
- materialbedingte Beanspruchungen. Längenänderungen der Randprofile müssen so ausgleichbar sein, daß weder am Übergang zur Abdichtung noch an Innen- oder Außenecken des Dachrandes Undichtigkeiten oder Verformungen entstehen. Gewisse Kunststoff-Dichtungsbahnen neigen bei der Alterung zum Schwinden. Die daraus entstehenden Zugspannungen müssen von der Randkonstruktion aufgenommen werden können.
- Bauwerkstoleranzen. Randkonstruktionen müssen die problemlose Anpassung an unvermeidliche Bauwerksungenauigkeiten in der Fluchtrichtung, in Höhen und ggf. auch Neigung ermöglichen.
- Belüftung. Die Flachdachränder müssen so ausgebildet sein, daß Dampfdruckausgleichsschichten (s. Abschn. 1.10.3.1) Verbindung mit der Außenluft haben. Bei zweischaligen Dächern müssen ausreichende Belüftungsquerschnitte gegeben sein, aber auch eine genügende Absperrung gegen Kleintiere, Vögel und Insekten.

Konstruktiv werden Flachdachränder entweder mit Leichtmetall-, Stahlblech- oder Faserzement-Randprofilen ausgeführt (s. Bild **1**.275a, auch Bilder in den nachfolgenden Beispielen) oder durch Ausbildung einer „Attika" (Randaufkantung). Sie kann Bestandteil der tragenden Decke bzw. der Wandkonstruktion sein (Bild **1**.275b und c) oder auch der Außenwände. Dachabdichtung, Dampfsperre und Dampfdruckausgleichsschichten werden mit Wand-Abdeckprofilen oder mit Unterschnitt an die Attika angeschlossen (Bild **1**.275b).

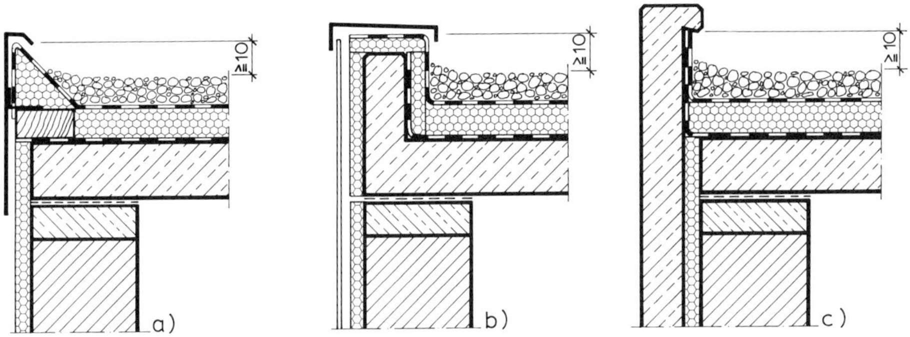

1.275 Flachdachrand
a) Flachdach mit Randprofil
b) Flachdach mit Attika
c) Anschluß der Dichtungen mit Hinterschneidung

Die Ausbildung einer umlaufenden Dach-Aufkantung („Attika") ermöglicht raumhohe Wandöffnungen. Darüber hinaus können Aufkantungen von Stahlbetonplatten das Hochbiegen der Ecken von Massivplattten infolge Durchbiegung verhindern (Bild **1**.276 und **1**.277).

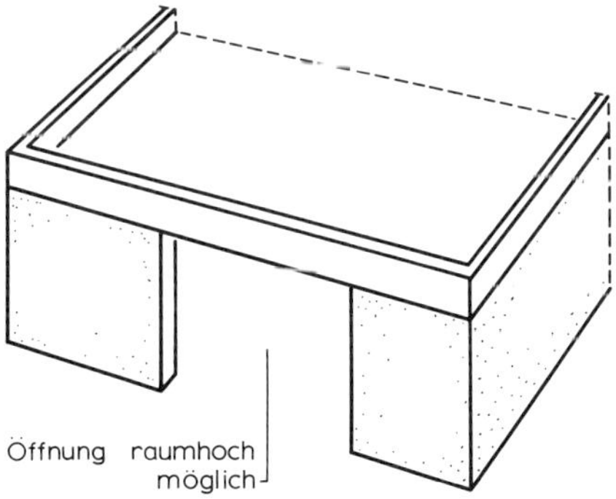

1.276 Flachdach-Aufkantung („Attika")

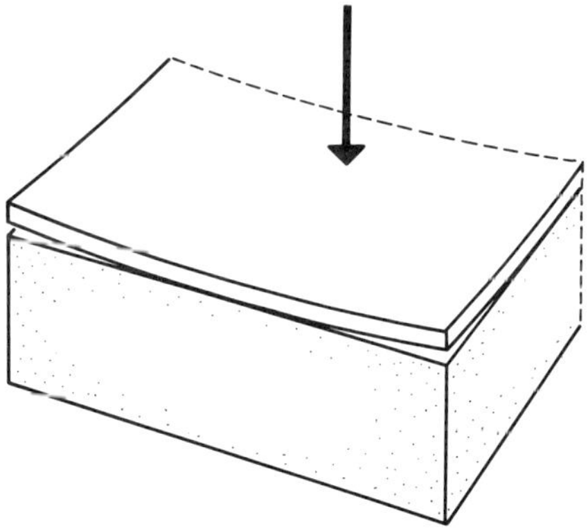

1.277 Hochbiegen von Plattenecken infolge Durchbiegung

Dachüberstände sind bei Flachdächern, insbesondere bei mehrgeschossigen Gebäuden, nur als Gestaltungsmitttel zu betrachten. Ausladende Gesimse sind bei massiven Flachdächern konstruktiv nicht zu begründen und erfordern zusätzliche Wärmeschutzmaßnahmen (Bild **1**.278).

1.278 Flachdachüberstand mit zusätzlichem Wärmeschutz

Problematisch ist die Ausführung von Dachrändern und Gesimsen als „Sichtbeton", wenn die Herstellung in einem Zuge beim Betonieren erfolgen soll. Die erforderliche Wärmedämmung der Deckenränder zur Vermeidung von Wärmebrücken muß in diesem Falle nach innen an die Unterseite der Platten verlegt werden. Damit wird jedoch der bauphysikalisch richtige Schichtenaufbau (s. Abschn. 1.10.1.4) beeinträchtigt und der statische Querschnitt der Platte geschwächt, da Dämmplatten in der Regel nicht zusätzlich an die Unterseite der Decke aufgebracht werden können.

Es ist daher in diesem Falle besser – auch im Hinblick auf die zahlreichen möglichen Fehler bei der Ausführung von Sichtflächen in Ortbeton –, an den Deckenrändern Fertigteile mit evtl. bereits rückseitig aufgebrachter Wärmedämmung vorzusehen, die in die Schalung mit eingestellt und mit einbetoniert werden (Bild 1.279).

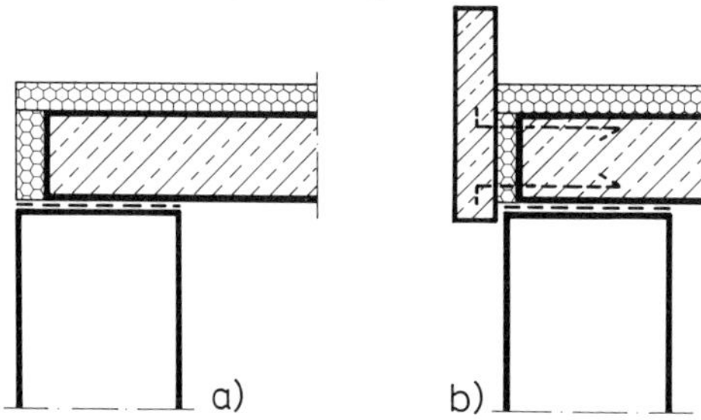

1.279 Flachdachrand
a) Flachdach ohne Überstand
b) Randausbildung mit Fertigteilen

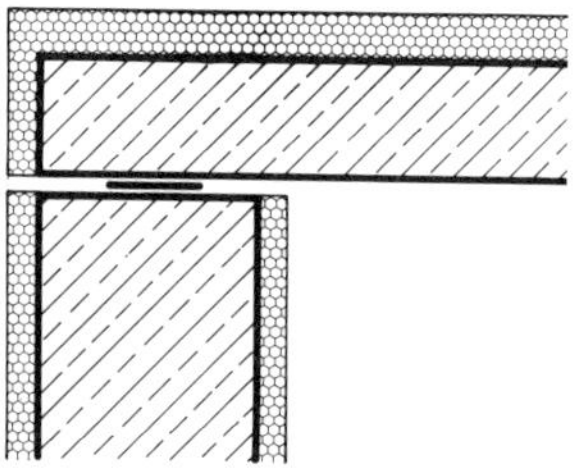

1.280 Bewegungsfuge (Gleitlager) am Flachdachrand

Im übrigen sind Wärmebrücken durch Randdämmung der Stahlbetonplatte und ggf. durch Dämmung der Ringbalken auszuschließen.

Bei fast allen Flachdach-Konstruktionen bildet die Trennlinie zwischen Dachtragwerk und Auflager eine Bewegungsfuge, die konstruktiv und gestalterisch berücksichtigt werden muß, insbesondere wenn sie in Form eines „Gleit-Kipp-Lagers" ausgebildet wird (s. Abschn. 1.10.3.2, Bild 1.280 und 1.284 b).

1.10.1.11 Arbeitsablauf an der Baustelle

Abdichtungsarbeiten mit Heißklebemassen dürfen bei Außentemperaturen unter +4 °C und bei regnerischem Wetter nicht ausgeführt werden. Abdichtungen mit Kunststoffen erfordern in dieser Hinsicht zwar weniger Rücksicht, doch ist zu bedenken, daß bei ungünstiger Witterung die Qualität derartiger Arbeiten, die immer mit größter Sorgfalt ausgeführt werden müssen, beeinträchtigt wird. Daraus folgt für die Planung der Konstruktion und der Ausführung:

- Möglichst witterungsunabhängige Arbeitsabfolgen mit Einsatz entsprechender Materialien,
- Einplanung funktionstüchtiger Zwischenlösungen bei unvermeidbaren Arbeitsunterbrechungen.

1.10.2 Baustoffe

1.10.2.1 Abdichtungen

Die Abdichtungen von Flachdächern können bestehen aus

– Bitumen-Dachbahnen nach DIN 52128–52133 und 52143. Sie werden in mindestens drei Lagen vollflächig miteinander verklebt. Dabei können nur durch das Gieß-Einroll-Verfahren schädliche Lufteinschlüsse vermieden werden (Bild 1.281).

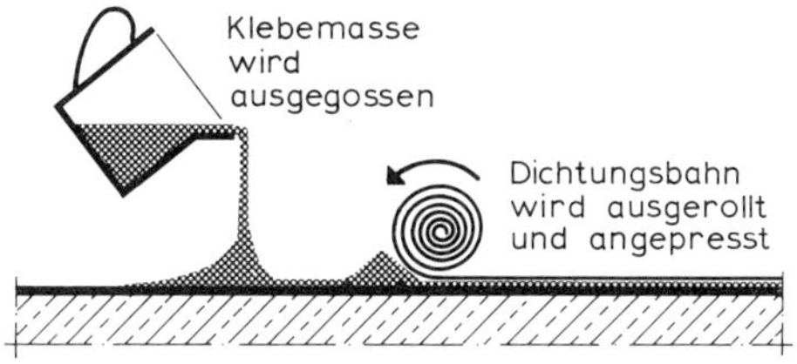

1.281
Gieß- und Einrollverfahren

– Schweißbare, etwa 4 bis 5 mm dicke Bitumen- oder Polymerbitumen-Dachdichtungsbahnen erleichtern die Klebearbeiten und vermindern die Gefahr von Verlegefehlern erheblich. Sie werden mit unterseitiger Dampfdruckausgleichsschicht für punktweises Aufschweißen, mit Polyestervlies, Alu- oder CU-Folieneinlagen für hochbeanspruchte Abdichtungen und Dampfsperren und mit Feinsplittschicht oder Bekiesung für die oberste Flachdachschicht geliefert (z. B. KEBU-Bah-

Tabelle 1.282 Bitumenbahnen

Träger-einlage	Kennwerte der Bahnen gemäß Norm bzw. Merkblatt: Zug-festig-keit[1])	Deh-nung	Bitumen-Dach-bahnen	Bitumen-Dach-dichtungs-bahn	Bitumen-Schweiß-bahnen	Polymer-Bitumen-Dachdichtungs-bahn	Polymer-Bitumen-Schweißbahn
Rohfilz-pappe	l 300 N q 200 N	2%	R 500 DIN 52128	–	–	–	–
Glasvlies	l 400 N q 300 N	2%	V 13 DIN 52143	–	V60 S4 DIN 52131	–	–
Glasgewebe	l 700 N q 700 N	2%	–	G 200 DD DIN 52130	G 200 S4 G 200 S5 DIN 52131	G 200 PY DD gemäß Merkblatt	G 200 PY S5 gemäß Merkblatt
Jutegewebe	l 600 N q 500 N	3,5% 5%	–	J 300 DD DIN 52130	J 300 S4 J 300 S5 DIN 52131	J 300 PY DD gemäß Merkblatt	J 300 PY S5 gemäß Merkblatt
Polyester-faservlies	l q 800 N d	40%	–	PV 200 DD	PV 200 S5	PV 200 PY DD gemäß Merkblatt	PV 200 PY S5 gemäß Merkblatt
Verbindung der Nähte und Bahnen untereinander			Kleben	Kleben	Kleben oder Schweißen	Kleben	Kleben oder Schweißen

[1]) l = längs, q = quer, d = diagonal

nen). Derartige Bahnen werden durch Gasbrenner so erhitzt, daß ihre bituminöse Schweißschicht schmilzt und damit ein punktförmiges oder vollflächiges Verschweißen auf dem Untergrund oder lediglich ein Verschweißen der Bahnenstöße möglich ist. Als Dachabdichtungen werden Schweißbahnen zweilagig verlegt.

Einen Überblick über Bitumenbahnen gibt die Tabelle **1**.282 auf S. 179.

Für Art und Lage der Bitumen-Abdichtungen sind in den Flachdachrichtlinien [18] folgende Mindestanforderungen festgelegt:

Dachneigungsgruppe I $\leq 3°$ ($\leq 5{,}2\%$). Bei Verwendung von Bahnen mit Glasvlieseinlage in Kombination mit Bahnen mit Glasgewebe-, Jutegewebe- oder Polyesterfaservlies-Trägereinlage muß die Dachabdichtung aus mindestens drei Lagen bestehen.

Bei Kombinationen von Bahnen mit Glasgewebe-, Jutegewebe- oder Polyesterfaservlies-Trägereinlage untereinander kann die Dachabdichtung zweilagig ausgeführt werden. Dabei sollten keine Bahnen mit gleichen Trägereinlagen verwendet werden.

Es wird empfohlen, eine der Lagen aus Bahnen mit Polyesterfaservlies-Einlage herzustellen.

Die Dachabdichtung kann ebenfalls zweilagig ausgeführt werden, wenn Bitumenschweißbahnen mit Glasvlieseinlage und Polymerbitumenbahnen mit Gewebe- oder Polyesterfaservlies-Einlage kombiniert werden.

Besteht die obere Lage der Dachabdichtung aus Glasvliesbitumendachbahn oder Dachdichtungsbahnen mit Gewebeeinlage, ist ein Oberflächenschutz (z. B. Kiesschüttung) erforderlich.

Dachneigungsgruppe II $>3°$ ($>5{,}2\%$) bis $\leq 5°$ ($\leq 8{,}8\%$). Hier können Kombinationen wie für Dachneigungsgruppe I gewählt werden. Als obere Lage können werksseitig besplittete Bahnen verwendet werden.

Dachneigungsgruppe III und IV $>5°$ ($>8{,}8\%$). Die Dachabdichtung muß mindestens zweilagig ausgeführt werden. Mindestens 1 Lage der Dachabdichtung muß eine Trägereinlage aus Gewebe oder Polyesterfaservlies aufweisen. Als obere Lage werden werksseitig besplittete Bahnen verwendet.

In Bereichen von Rinnen und Entwässerungsmulden ist die Dachabdichtung wie in Dachneigungsgruppe I auszubilden.

— Kunststoffdachbahnen. Es werden unterschieden nicht bitumenbeständige Dachbahnen (z. B. monomere PVC-Bahnen) und bitumenbeständige hochpolymere Dachbahnen, die auch in Verbindung mit Bitumendachbahnen mehrlagig verlegt werden oder vollflächig mit Bitumenkleber aufgeklebt werden können. Wegen der spezifischen Materialeigenschaften ist im allgemeinen aber eine mehrlagige Verklebung von Kunststoffdachbahnen nicht möglich, und sie werden einlagig verlegt.

— Kunststoffdichtungsbahnen (DIN 7864, 16729–31, 16734–37, 16935, 16937–38), vorzugsweise auf Polyisobutylen (PIB nach DIN 16935) und Äthylencopolymerisat-Bitumenbasis (ECB). Sie werden je nach Fabrikat in etwa 1,5 mm Materialdicke für Dachabdichtungen hergestellt. Derartige Kunststoffabdichtungsbahnen können mit Bitumenklebern ähnlich wie bituminöse Dachdichtungsbahnen verarbeitet werden. Wegen der vielen, vor allem auch witterungsbedingten Verarbeitungsrisiken werden Kunststoffdachdichtungsbahnen, vor allem Dachdichtungsbahnen aus Polyvinylchlorid (PVC-weich nach DIN 16938 und DIN 16730) zunehmend lose, also unverklebt mit anderen Dachschichten, verlegt und an den Stößen durch Quell- oder Heißluftschweißung geschlossen. Durch die lose Verlegung erübrigen sich Dampfdruckausgleichsschichten unter der Dachhaut.

— Gummi-Dichtungsbahnen (als Elastomer-Bahnen, d.h. auch bei hohen Temperaturen reißfest), meist auf ATPK-Basis (Äthylen-Propylen-Terpolymer-Kautschuk) oder Äthylen-Propylen-Diene-Kautschuk (EPDM). Sie werden lose verlegt, wobei die Stöße mit Kontaktklebern oder mit eingelegten selbstschweißenden Nahtbändern ausgeführt werden, sie können aber auch vollflächig mit Heißbitumenkleber aufgeklebt werden.

Die Wahl der Dicke der hochpolymeren Dachbahnen durch den Bauplaner ist in der Regel abhängig von z. B.

— der spezifischen Art des jeweiligen Werkstofftyps,
— den Anforderungen an die Widerstandsfähigkeit gegen mechanische Einwirkungen während und nach der Bauausführung,
— den vom Auftraggeber vorgegebenen Ansprüchen an die Dauerhaftigkeit der allgemeinen Funktionssicherheit der Dachhaut und
— der Intensität der speziellen Nutzung der Dachfläche.

Eine Mindestdicke hochpolymerer Dachbahnen kann in DIN-Vorschriften angegeben sein; so z. B. in DIN 18195 T5 für PVC-, PIB- und ECB-Bahnen, E DIN 18531 Dachabdichtungen.

Bei Gefährdung der Abdichtung durch mechanische Beanspruchung, z. B. bei zu rauhem Untergrund, schweren Schutzschichten oder genutzten Dachflächen sind zusätzliche, systemgerechte Schutzlagen erforderlich.

Lose verlegte Dachbahnen werden vielfach nur durch eine Kiesschüttung beschwert. Diese soll die Dachfolie gegen Abheben durch Windsog sichern und bildet gleichzeitig einen hervorragenden Schutz gegen ultraviolette Strahlung. Nach den ergänzenden Bestimmungen zu DIN 1055 T4 Abschn. 2.1.3 sind Abdichtungssysteme, bei denen die Abdichtungsfolie, ohne Befestigung mit der darunterliegenden Unterkonstruktion und nur unter Berücksichtigung loser Kiesschüttung, die anzusetzenden Sogkräfte aufnehmen soll, nicht zulässig.

In ergänzenden Richtlinien der Bauaufsichtsbehörden sind jedoch derartige Dachabdichtungen zugelassen, wenn besondere Bestimmungen für die Randbefestigung der lose verlegten Abdichtungsbahnen als Sicherung gegen Windsog beachtet werden. Außerdem bestehen Richtlinien für die Ausführung des Oberflächenschutzes gegen Windsog (lose Grobkiesschüttung, Kiesschüttung mit Verklebung, Beton-Plattenbelag), wobei die Größe der Dachfläche und ihre Höhe über Gelände zu berücksichtigen sind.

Ergänzende DIN-Normen sind z.Z. noch in Bearbeitung.

Wenn bei Leichtkonstruktionen eine Kiesschüttung nicht sinnvoll ist, werden lose verlegte Dachbahnen bahnenweise an den Längsstößen durch Tellerdübel auf der Tragschale fixiert.

Lose verlegte Dachbahnen können – auch mit allen erforderlichen Randausbildungen – werkseitig in großen Planen vorgefertigt werden, so daß in Verbindung mit geeigneten, geschlossen-porigen Hartschaum-Dämmplatten (z.Z. nur BASF-Styrodur oder DOW-Roofmate) Verlegearbeiten auf allen Unterkonstruktionen auch bei Witterungsverhältnissen erfolgen können, bei denen das Herstellen heißgeklebter bituminöser Dachdichtungen unmöglich wäre.

1.10.2.2 Wärmedämmstoffe

Für Wärmedämmungen zweischaliger Dächer können Wärmedämmstoffe der Anwendungstype W verwendet werden:

Polystyrol-Partikelschaum	(PS)	15 kg/m³	DIN 18164
Polystyrol-Extruderschaum	(PS)	25 kg/m³	DIN 18164
Polyurethan-Hartschaum	(PUR)	30 kg/m³	DIN 18164
Phenol-Harz-Hartschaum	(PF)	30 kg/m³	DIN 18164
Faserdämmstoffe		–	DIN 18165
Backkork	(BK)	80 kg/m³	DIN 18161
Kork imprägniert		120 kg/m³	DIN 18161
Schaumglas	(SG)	–	DIN 18174

Für einschalige, nicht belüftete Flachdächer sind Dämmstoffe der Anwendungstype WD (druckbeansprucht) vorzusehen:

Polystyrol-Partikelschaum	(PS)	20 kg/m³	DIN 18164
Polystyrol-Extruderschaum	(PS)	25 kg/m³	DIN 18164
Polyurethan-Hartschaum	(PUR)	30 kg/m³	DIN 18164
Phenol-Harz-Hartschaum	(PF)	35 kg/m³	DIN 18164
Faserdämmstoffe		–	DIN 18165
Backkork	(BK)	80 kg/m³	DIN 18161
Kork imprägniert	(IK)	120 kg/m³	DIN 18161
Schaumglas	(SG)	–	DIN 18174

Ferner nicht genormte Dämmplatten aus expandierten Mineralien und gebundene Schüttungen aus bituminierten Mineralien.

Für Umkehrdächer (s. Abschn. 1.10.3.2) dürfen nur geschlossenporige Polystyrol-Extruder-Hartschaumplatten verwendet werden (z. Z. nur DOW-Roofmate und BASF-Styrodur).

Alle Wärmedämmstoffe dürfen nur normal oder schwerentflammbar sein. Je nach Anforderungen an den Brandschutz müssen nicht brennbare Dämmstoffe (Baustoffklasse A – DIN 1402) verwendet werden.

Wärmedämmplatten werden im allgemeinen einlagig dicht gestoßen oder mit Haken- oder Stufenfalz (s. Bild **1**.290 und **1**.291) verlegt. Hartschaumplatten sollen nicht größer als 0,625 × 1,200 m sein.

Die aus den sehr hohen Wärmeschutzanforderungen an Flachdächer resultierenden großen Dämmstoffdicken sind nicht für alle Materialarten problemlos. Es wurden z. B. Schwindvorgänge und Verwerfungen beobachtet, die bei fest aufgeklebten Dachabdichtungen zu schweren Schäden führten. Es empfiehlt sich daher, bei Schaumstoffplatten eine vollflächige Trennung gegenüber verklebten Dachbahnen auf Bitumenbasis herzustellen (z. B. Trennlagen aus Ölpapier oder Natronkraftpapier).

1.10.2.3 Dampfdruckausgleichsschicht

Der Dampfdruckausgleich unter Dachabdichtungen bzw. Dampfsperren wird erreicht, wenn die erste Lage der Dachabdichtung punkt- oder streifenförmig verklebt wird. Dazu sind verschiedene Spezialbahnen auf dem Markt.

Meistens werden jedoch punktförmig verklebte unterseitig grob besandete Glasvlies-Bitumen-Lochbahnen als Ausgleichsschicht verwendet.

1.10.2.4 Dampfsperren

Als Dampfsperren auf Bitumen-Basis sind geeignet:

- Bitumenschweißbahnen mindestens 4 mm dick, mit Glasvlies- und Metallbandeinlage 0,1 Typenbez. V60 S4 + AL01
- Dampfsperrbahnen mit Metallbandeinlage, Typenbez. AL01, CU01
- Bitumenschweißbahnen nach DIN 52131, 5 oder 4 mm dick, Typenbez. G200 S5, G200 S4, J300 S5, J300 S4, V60 S4
- Bitumendachdichtungsbahnen nach DIN 52130, Typenbez. G200DD, J300DD
- Glasvlies-Bitumendachbahnen nach DIN 52143 Typenbez. V13

Außerdem können als Dampfsperren fast alle Kunststoff-Dichtungsbahnen (s. Abschn. 1.10.2.1) verwendet werden, doch ist der jeweilige materialspezifische Systemaufbau zu berücksichtigen.

Bei Schaumglas-Platten reicht im allgemeinen allein die vollflächig aufgetragene Bitumenklebemasse in Verbindung mit sorgfältigem Bitumen-Fugenverguß als Dampfsperre aus.

1.10.2.5 Gefälleschichten

Gefälleschichten aus wärmedämmendem Material, die unterhalb der Dampfsperre angeordnet werden, können die Taupunktgrenze innerhalb der Gesamtkonstruktion erheblich beeinflussen. Für den Gefälleausgleich auf Massivdecken sind daher Leichtbetone auch wegen ihres hohen Wassergehalts (> 200 l/m^3 und der langsamen Wasserabgabe ungeeignet. Außerdem bilden sie eine ungleichmäßig dicke, auf der warmen Seite der Dampfsperre unerwünschte Wärmedämmung.

Bewährt haben sich Gefälleausgleichsschichten aus Normalbeton, aber auch aus Bitumensplitt (Steinsplitt mit Bitumenemulsion), die, auch nach Regenfällen während der Bauausführung, schnell austrocknen. Den Porenverschluß dieser im Gefälle abgezogenen und gewalzten Schicht bildet bituminierter Sand.

Der Gefälleausgleich liegt richtig unmittelbar über der Stahlbetonplatte. Auch die Wärme-Dämmplatten selber können, keilförmig geschnitten und unmittelbar unter der Dachhaut liegend, den Gefälleausgleich bilden. Allerdings muß hierbei die dünnste Stelle vollen Wärmeschutz bieten.

1.10.3 Einschalige Flachdächer (Warmdächer) mit nicht genutzter Oberfläche

1.10.3.1 Allgemeines

Wie aus der Prinzipskizze (Bild **1**.271) zu erkennen, haben Warmdächer in der dort gezeigten, noch weitverbreiteten herkömmlichen Bauart einen komplizierten, aus vielen Schichten bestehenden Aufbau mit entsprechend vielen, bei der Herstellung genau abzustimmenden Arbeitsabläufen. Ungenügende Kenntnis der bauphysikalischen Zusammenhänge, häufige Verarbeitungsfehler und daraus resultierende Bauschäden haben lange Zeit Vorurteile gegen den Einsatz einschaliger Flachdachkonstruktionen bewirkt. Die Weiterentwicklung von Dichtungs- und Wärmedämmaterial und neue Verlegetechniken haben jedoch zu so zuverlässigen Konstruktionen geführt, daß einschaligen Flachdächern in der Regel heute der Vorzug gegeben wird.

Für den Aufbau mehrschichtiger Bauteile, also auch von Flachdachkonstruktionen, gilt als bauphysikalische Grundregel:

- Der Wärmedurchlaßwiderstand der Gesamtkonstruktion soll von der warmen Seite zur kalten Seite hin zunehmen.
- Der Wasserdampf-Diffusionswiderstand soll von der warmen Seite zur kalten Seite hin abnehmen.

Flachdachkonstruktion, bei denen die abdichtende Dachhaut über der Wärmedämmung liegt, haben somit einen bauphysikalisch kritischen Schichtaufbau, der die Wasserdampfdiffusion behindert. Wenn Wasserdampf bedingt durch das Dampfdruckgefälle zwischen erwärmter Innen- und kühlerer Außenluft in die Konstruktion eindringt, würde er bei Überschreiten der Taupunktgrenze kondensieren. Die damit verbundene Durchfeuchtung der Wärmedämmung setzt dann deren Dämmeigenschaft ständig herab und beschleunigt damit den Vorgang der Tauwasserbildung. Auf der – warmen – Innenseite der Konstruktion muß daher eine Dampfsperre so angeordnet werden, daß das Eindringen von Wasserdampf unterbunden wird. Die durch Berechnung bestimmte Taupunktgrenze muß auf jeden Fall oberhalb (bzw. auf der kalten Seite) der Dampfsperre liegen. Der Diffusionswiderstand (materialspezifischer Diffusionswiderstandsfaktor $\mu \times$ Materialdicke $d =$ diffusionsäquivalente Luftschichtdicke s_d, ausgedruckt in m) von hochwertigen Dampfsperren, z. B. Aluminium- oder Kupferdichtungsbahnen, ist außerordentlich hoch[1]).

Für den erforderlichen Diffusionswiderstand (bzw. die diffusionsäquivalente Luftschichtdicke) von Dampfsperren sind in DIN 4108 T3 Abschn. 3.2.3.2 Hinweise enthalten. Es muß ohne rechnerischen Nachweis mindestens $s_d \geq 100$ m gewährleistet sein (vgl. auch Abschn. 12.3. in Teil 1 dieses Werkes).

Bei der Verwendung von praktisch dampfdichtem Schaumglas (s. Abschn. 1.10.2.4) als Wärmedämmung kann auf eine Dampfsperre verzichtet werden, wenn die Platten völlig dicht in Bitumenmasse eingebettet und die Stoßfugen damit vergossen werden.

In den „Umkehrdächern" (s. Bild **1**.290 und **1**.291) ist die Dachabdichtung gleichzeitig auch Dampfsperre.

Bei einem Dachaufbau aus miteinander dicht verklebten Schichten besteht immer die Gefahr, daß zwischen massiven tragenden Schalen und Dampfsperre oder aber zwischen Dampfsperre und Dachhaut Restfeuchtigkeit eingeschlossen wird. Dampfdruck-Ausgleichsschichten sollen ein Entspannen entstehenden Dampfdruckes und langfristig auch ein Abführen von Restfeuchtigkeit ermöglichen.

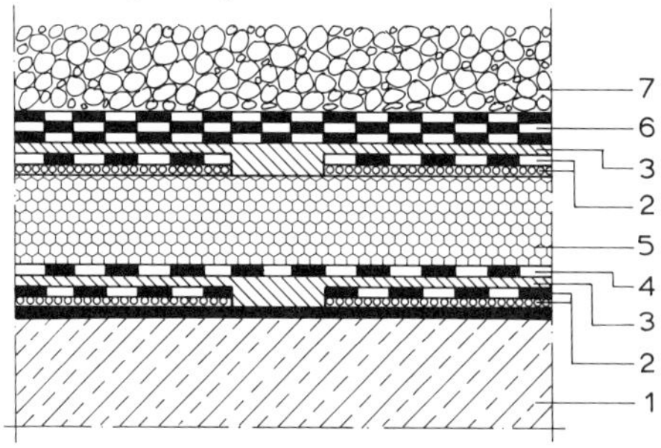

1.283
Dampfdruckausgleichsschicht
1 Massivdecke (mit Voranstrich)
2 Dampfdruckausgleichsschicht, Glasvieslochbahn, unterseitig grob besandet
3 Bitumenklebemasse
4 Dampfsperre
5 Wärmedämmung
6 3lagige bituminöse Abdichtung (Klebeschichten nicht besonders dargestellt)
7 Kiesschüttung (Körnung 16/32)

[1]) In der Praxis muß jedoch immer mit geringfügigen Fehlern bei der Verarbeitung, Beschädigungen, unter Umständen auch Materialfehlern gerechnet werden, so daß besser von „Dampfbremsen" zu sprechen wäre. Da jedoch einschlägige DIN-Normen nicht vorliegen, sind die Bezeichnungen – auch in der wissenschaftlichen Literatur – nicht einheitlich.

Sie werden bei geklebten Dachabdichtungen angeordnet als obere Dampfdruckausgleichsschicht zwischen Wärmedämmung und Dachabdichtung und als Ausgleichs- und Trennschicht zwischen Unterkonstruktion (z. B. Massivdecke) und Dampfsperre (Bild **1**.283).

Dampfdruckausgleichsschichten müssen mit der Atmosphäre in Verbindung stehen.

Die konstruktive Ausbildung von Dachrandprofilen und Wandanschlüssen ist daher entscheidend für die Wirksamkeit der Dampfdruckausgleichsschichten. Bei großflächigen Flachdächern, wenn gegenüberliegende Traufen größere Abstände als 12 m haben, kann die Funktion von Dampfdruckausgleichsschichten durch Flachdach-Entlüfter unterstützt werden. Die damit verbundenen Unterbrechungen in der Dachhaut, auch Kondensatbildung an den Belüfterwandungen stellen jedoch oft Schadensquellen dar.

1.10.3.2 Einschalige Flachdächer auf Stahlbetonplatten

Besonders bei mehrgeschossigen Gebäuden bildet vielfach eine Stahlbetondecke über dem obersten Geschoß den Raumabschluß mit ebener Untersicht und gleichzeitig das Tragwerk für ein Flachdach. Die gleiche stoffliche Beschaffenheit über den gesamten Querschnitt hinweg ermöglicht – besser als bei Decken z. B. mit Hohlkörpern – die Übersicht über die Vorgänge, die sich bei der Dampfdiffusion im Inneren der Massivdachkonstruktion abspielen. Der bei Stahlbetonplatten unvermeidlichen Längenänderung durch Kriechen und Schwinden sowie durch Temperatureinflüsse und die Biegeverformung muß durch Ausbildung von Gleitlagern begegnet werden. Gemauerte Wände als Deckenplattenauflager müssen durch Ringanker gegen Abreißen der oberen Schichten bei Dehnungsbewegungen der Deckenplatte gesichert werden. Die Gleitschichten sind so herzustellen, daß die Gleitflächen unter Druck nicht miteinander verkleben. Geeignet sind für geringere Lasten doppelte Lagen kräftiger Kunststoff-Folien, die lose auf die völlig eben hergestellte Oberfläche der Ringanker aufgelegt werden. Eine Randabklebung zwischen beiden Folien läßt Gleitbewegungen zu, verhindert aber das Eindringen von Betonschlemme während des Betonierens, wodurch die Reibung zwischen beiden Folien erhöht werden würde (Bild **1**.284a).

Bei Biegeverformung der Deckenplatten können durch die damit verbundene Verdrehung am Auflager Zwängungen an den Wandkanten entstehen. Sie lassen sich vermindern, wenn man als Auflager der Decke nur das mittlere Wanddrittel berücksichtigt und durch Schaumstoffstreifen an den Rändern eine gewisse Verdrehbarkeit des Auflagers gewährleistet. Bei Spannweiten über etwa 6 m ist darüber hinaus die Auflagerung auf Butylkautschukstreifen ratsam („Gleit-Kipp-Lager", Bild **1**.284b). Die durch das Gleitlager gebildete Fuge wird bei geputzten Bauteilen innen durch Einputzprofile ausgebildet. Die äußere Abdeckung der Gleitfuge ist bei der Gesimsgestaltung zu berücksichtigen.

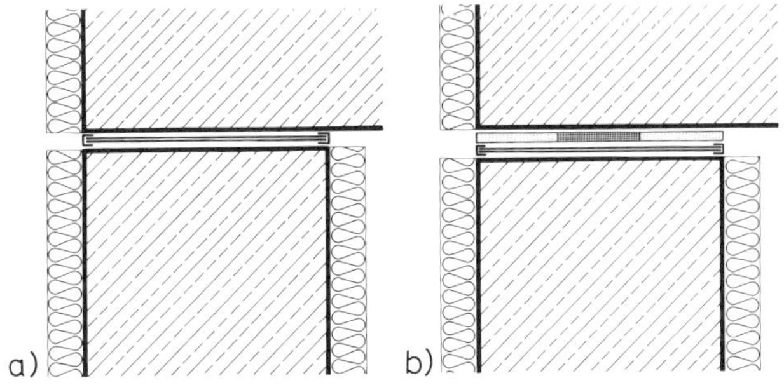

1.284
Auflagerung von Stahlbeton-Dachplatten
a) Gleitlager
b) Gleit-Kipp-Lager

Wenn bei großen Stahlbetonflächen Dehnfugen erforderlich sind, müssen sie in allen Schichten des Flachdachaufbaues (s. u.) berücksichtigt werden. Die Fugenbreite beträgt in der Regel 2 cm (bei Ausführung im Sommer 1,5 cm, im Winter 2,5 cm). Die Ausbildung von Fugen zeigt Bild **1**.285.

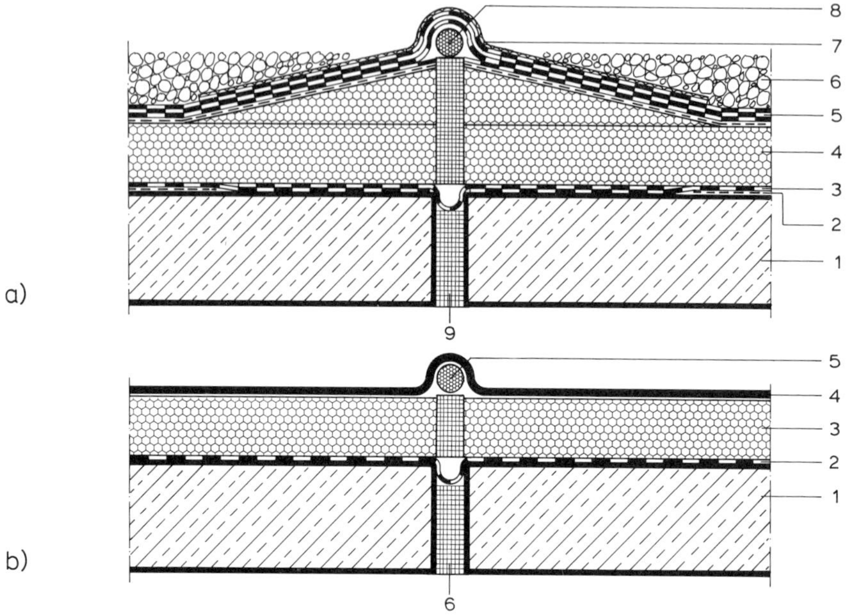

1.285 Dehnungsfugen in Bitumendachbahnen

a) mit Schlaufe durchlaufende Polymer-Bitumenbahn

1 Stahlbetonplatte
2 Dampfdruckausgleichsschicht
3 Dampfsperre
4 Wärmedämmung
5 3lagige bituminöse Abdichtung
6 Kiesschüttung (16/32)
7 besplittete Polymer-Bitumenbahn
8 Schaumstoff-Wulst
9 Fugenausfüllung

b) mit Schlaufe durchlaufende hochpolymere Kunststoff-Dachdichtungsbahn (mechanisch befestigt, vgl. Bild **1**.286 b)

1 Stahlbetonplatte
2 Dampfsperre
3 Wärmedämmung
4 Kunststoffdachbahn
5 Schaumstoff-Wulst
6 Fugenausfüllung

Bei Fugenbreiten bis 2 cm können lose verlegte Kunststoffbahnen einfach über die Fugen hinweggeführt werden. Größere Fugen müssen mit einem einseitig fixierten Schleppstreifen aus kunststoffbeschichtetem Blech, Faserzementplatten u. ä. überdeckt werden, wobei sorgfältig darauf geachtet werden muß, daß durch vorstehende Befestigungen oder scharfe Kanten keine Beschädigung der Dichtungsbahnen möglich ist.

Für die Abdichtung einschaliger Flachdächer auf Massivplatten haben sich als Bauarten herausgebildet:

– Flachdächer mit geklebter Bitumenabdichtung (Bild **1**.286 a)
– Flachdächer mit lose verlegten Kunststoffbahnen (Bild **1**.286 b)
– Umkehrdächer (Bild **1**.286 c) mit der Abwandlung zum „Duo-Dach" (Bild **1**.286 d).

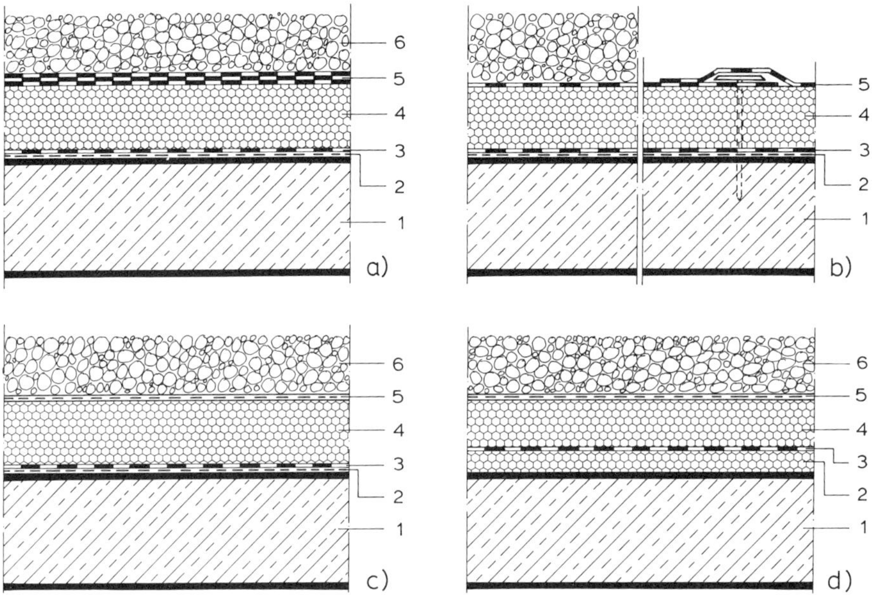

1.286 Bauarten für einschalige Flachdachabdichtungen

a) geklebte 3lagige Bitumenabdichtung

1 Massivplatte (ggf. mit Gefällebeton)
2 Dampfdruckausgleichsschicht
3 Dampfsperre
4 Wärmedämmung
5 3lagige Bitumenabdichtung
6 Kiesschüttung (Oberflächenschutz)

b) lose verlegte Abdichtung mit Kunststoffbahnen

1 Massivplatte (ggf. mit Gefällebeton)
2 Trennlage
3 Dampfsperre
4 Wärmedämmung
5 lose verlegte Abdichtung mit Kiesschüttung (links) oder mech. Fixierung (rechts) s. Bild **1**.292c

c) Umkehrdach

1 Massivplatte (ggf. mit Gefällebeton)
2 Trennlage
3 Abdichtungsbahn
4 geschlossenporige extrudierte Polystyrol-Hartschaumplatten
5 Filtervlies
6 Kiesschüttung

d) DUO-Dach

1 Massivplatte (ggf. mit Gefällebeton)
2 untere Wärmedämmung
3 Abdichtungsbahn (gleichzeitig Dampfsperre!)
4 Wärmedämmung
5 Filtervlies
6 Kiesschüttung

Flachdächer mit geklebter bituminöser Abdichtung (Bild **1**.286a und **1**.287) haben sich seit langem bewährt und werden an vielen Stellen immer noch neueren Ausführungen vorgezogen. Der wesentliche Vorteil besteht durch die mehrlagige Ausführung in der größeren Sicherheit gegen Undichtigkeiten und mechanische Beschädigungen vor allem während der Bauzeit. Andererseits sind die zahlreichen, mit großer Sorgfalt und handwerklichem Können auszuführenden Arbeitsgänge, die außerdem nur bei trockener Witterung und bei Temperaturen über +4°C ausgeführt werden dürfen, von Nachteil. Eventuelle Schadensstellen lassen sich in mehrlagigen verklebten

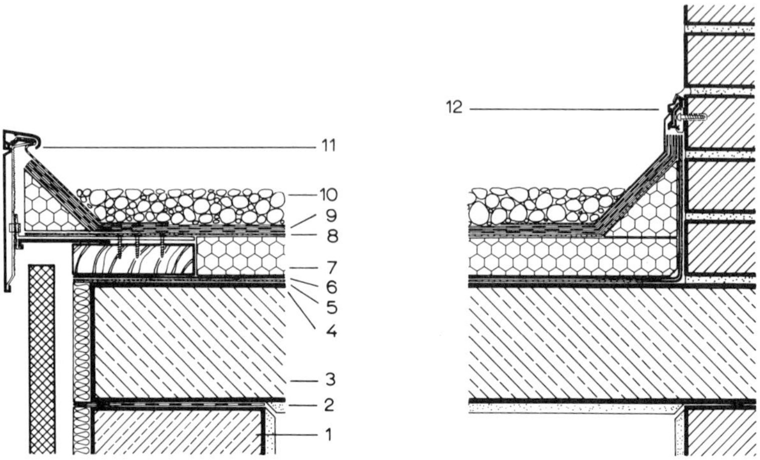

1.287 Flachdach mit mehrlagiger bituminöser Abdichtung

1 Ringbalken
2 Gleitlager
3 Stahlbetondecke
4 Voranstrich
5 untere Dampfdruck-Ausgleichschicht
6 Dampfsperre
7 Wärmedämmung
8 obere Dampfdruck-Ausgleichschicht
9 3lagige Bitumenabdichtung
10 Kiesschüttung
11 Flachdach-Abschlußprofil ALWITRA TA
12 Wandanschlußprofil ALWITRA WN mit Anschluß-Profilfolie

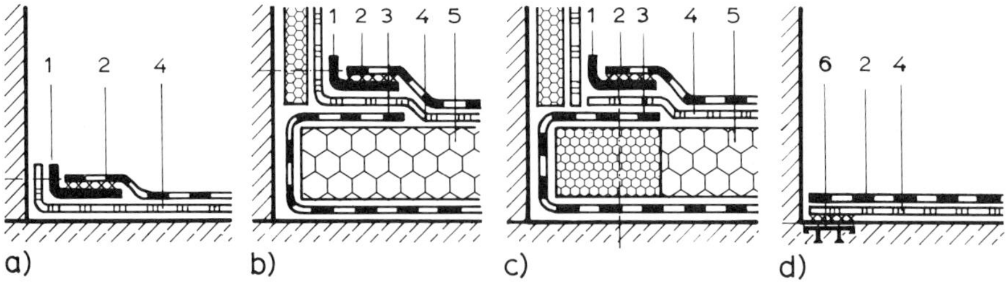

1.288 Randfixierung von Kunststoff-Dachbahnen (Prinzipskizzen)

a) Fixierung einer Dampfsperre
b) Fixierung von Dampfsperre und Dachbahn an senkrechter Fläche
c) Fixierung von Dampfsperre und Dachbahn an waagerechter Fläche
d) Fixierung einer Dampfsperre auf einbetoniertem Kunststoffprofil

1 Beschichtetes Anschlußblech
2 Dachbahn
3 Dampfsperre
4 Trennschicht
5 Wärmedämmung
6 extrudierter PS Hartschaum

Abdichtungen fast unmöglich lokalisieren, weil eindringendes Wasser in den verschiedenen Schichten vielfältige Wege nehmen kann. Eine Reparatur ist dann vielfach nur mit Abtragen des gesamten Abdichtungsaufbaues möglich, oder es muß über der schadhaften Abdichtung ein „Umkehrdach" (s. u.) ausgeführt werden.

Lose verlegte Abdichtungen aus Kunststoffbahnen mit mechanischer Fixierung (Bild **1**.286b) oder unter Kiesschüttungen (Bild **1**.286c und d, **1**.290 und **1**.292) können nahezu witterungsunabhängig verlegt werden, insbesondere wenn für kleinere Flachdachflächen komplett vorgefertigte Planen verwendet werden. Reparaturen und Umbauten können ohne Zerstörung des Abdichtungsaufbaues und meistens unter Wiederverwendung der Materialien ausgeführt werden.

Bei PVC-Dachdichtungsbahnen muß mit alterungsabhängigem Schrumpfen gerechnet werden. Nach allen bisherigen Beobachtungen und Erfahrungen ist das – im Gegensatz zu früheren monomeren Materialien – bei den modernen hochpolymer vernetzten Kunststoffverbindungen nicht als kritisch zu betrachten, vorausgesetzt, daß die Dichtungsbahnen in den Randbereichen fixiert werden. Das kann wie in Bild **1**.288a bis c gezeigt mit Hilfe beschichteter Blechwinkel ausgeführt werden, die mechanisch fixiert werden und auf die die Dachbahn aufgeschweißt wird. Die Dichtungsbahnen können auch auf einbetonierte Kunststoffprofile geschweißt werden (Bild **1**.288d).

Die Ausführung von Ecken ist in Bild **1**.289 dargestellt.

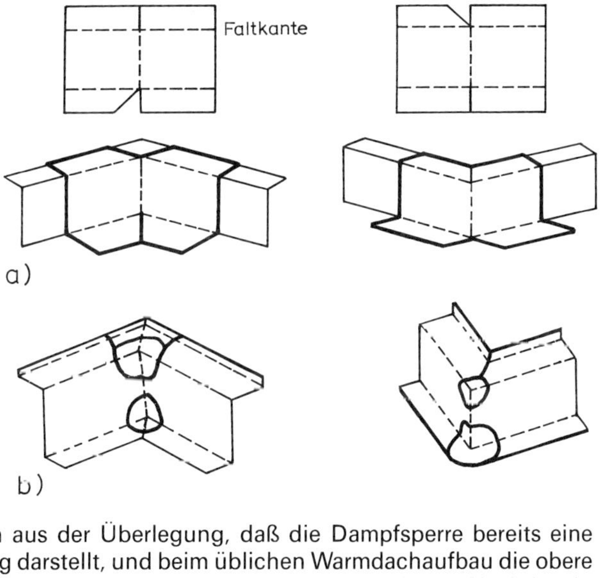

1.289
Eckausbildung von Abdichtungen
a) Zuschnitt der Anschluß-Dachbahnen (Innen- bzw. Außenecke)
b) Abschluß der Eckpunkte mit vorgefertigten Abdeckstükken Innen- bzw. Außenecken (BRAAS-Rhenofol)

Umkehrdächer entstanden aus der Überlegung, daß die Dampfsperre bereits eine hochwertige Dachabdichtung darstellt, und beim üblichen Warmdachaufbau die obere Dichtungsschicht nur die Aufgabe hat, die Wärmedämmung zu schützen. Nachdem in Form von extrudiertem, expandiertem Polystyrol-Hartschaum (z.Z. nur DOW-Roofmate und BASF-Styrodur) ein Dämmstoff zur Verfügung steht mit gleichmäßigem, geschlossenem Porenaufbau, der in keinem Falle Wasser aufnimmt, nicht quillt und schrumpft, ist es daher möglich, die Dachdichtung unmittelbar auf der Unterkonstruktion aufzubringen. Unter der Dachdichtung ist als Schutz gegen mechanische Beschädigungen während der Verlegungsarbeiten eine Trennschicht vorzusehen (z.B. geschäumte PE-Folie o.ä.). Die einlagig und dicht gestoßen lose verlegten Wärmedämmplatten müssen gegen Verschieben noch während der Herstellungsarbeiten und der damit verbundenen Gefahr der Bildung von Wärmebrücken unbedingt gesichert werden. Das geschieht am zuverlässigsten durch Verwendung von Dämmplatten mit Falz, besser mit Hakenfalz (Bild **1**.290 bzw. **1**.292). Gegen Ultraviolett-Strahlung, mechanische Beschädigung und Aufschwimmen wird die Wärmedämmung durch eine Kiesschüttung geschützt, die etwa genauso dick sein sollte wie die Dämmplatten. Dieses Umkehrdach (auch IRMA-Dach, aus „Insulated Roof Membrane Assembly" sinngemäß übersetzt: „wärmegedämmte Dachhaut") zeigt Bild **1**.290.

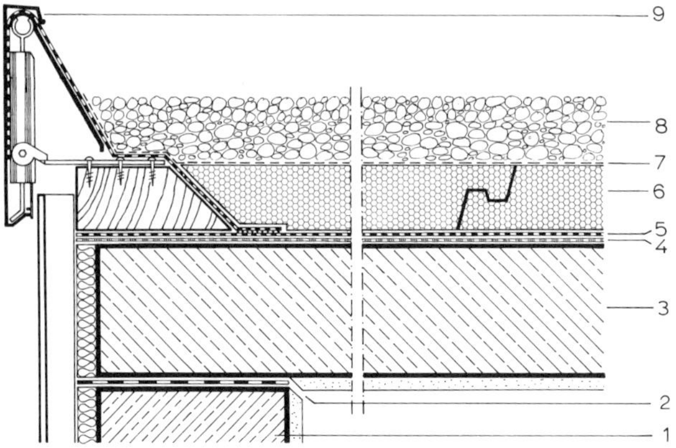

1.290
Flachdach mit einer einlagigen Kunststoff-Abdichtung („umgekehrtes Flachdach", IRMA-Dach)

1 Ringanker
2 Gleitlager
3 Stahlbeton
4 Trennlage (geschäumtes Polyäthylen)
5 Flachdachfolie
6 Wärmedämmung (ROOF-MATE-Hakenfalzplatten)
7 Filtervlies
8 Kiesschüttung
9 Flachdachrandprofil JOBA SC 150

Bei Umkehrdächern wird angenommen, daß die Wirkung der oberhalb der Abdichtung liegenden Wärmedämmung durch unterströmendes Niederschlagswasser beeinträchtigt wird. Bei langjähriger Beobachtung hat sich aber gezeigt, daß kleine Hohlräume unter der Wärmedämmung und Stoßfugen der Platten derart mit Feinsand zugeschwemmt werden, daß ein Unterströmen und damit eine Minderung der Wärmedämmung praktisch nicht eintritt. In der allgemeinen bauaufsichtlichen Zulassung für Umkehrdächer (1978) ist jedoch festgelegt, daß der erforderliche Wärmedurchlaßwiderstand der Wärmedämmschichten oberhalb der Abdichtung bei Umkehrdächern um 10% gegenüber den Anforderungen der DIN 4108 erhöht werden muß.

Zum Schutz gegen Windsog sind – abhängig von der Gebäudehöhe – die in der nachstehenden Tabelle **1**.291 genannten Auflasten, mindestens aber eine Kiesschüttung von 5 cm Dicke (Körnung 16/32), gefordert.

Tabelle **1**.291 Auflasten zum Schutz gegen Windsog

Höhe der Dachtraufe über Gelände	Randbereich (*b*/8*), mindestens jedoch 1 m)	Restfläche	
0 bis 8 m	$\geqq$ 1,0 kN/m² (100 kp/m²); z. B. Kiesschicht	$\geqq$ 0,5 kN/m²	(50 kp/m²)
> 8 bis 20 m	$\geqq$ 1,6 kN/m² (160 kp/m²), Betonplattenbelag, z. B. Gehwegplatten (350 × 350 × 60 mm), nach DIN 485 in Kiesbettung oder auf Abstandhalter	$\geqq$ 0,6 kN/m²	(60 kp/m²)
> 20 bis 100 m	$\geqq$ 2,0 kN/m² (200 kp/m²) Betonplattenbelag in Kiesbettung oder auf Abstandhalter, z. B. (500 × 500 × 80 mm)	$\geqq$ 0,8 kN/m²	(80 kp/m²)

*) *b* = Breite des Flachdaches

Entscheidende Vorteile des umgekehrten Flachdaches sind:

- Die Dacharbeiten lassen sich selbst bei Regen und leichtem Frost ausführen.
- Die Dampfsperre entfällt; bei Loseverlegung der Abdichtungsbahn werden die ohnehin umstrittenen Dampfdruck-Ausgleichsschichten überflüssig.
- Die Dachflächen können abschnittsweise fertiggestellt und unmittelbar darauf als Montage- oder Lagerflächen benutzt werden.

DUO-Dächer (Firma Rheinhold & Mahla) stellen eine Kombination von herkömmlichem und umgekehrtem Dachaufbau dar. Dabei werden die Vorteile beider Systeme ausgenutzt. So liegt die Dachabdichtung wie beim umgekehrten Dach im warmen Bereich unter der Wärmedämmung, ist aber zusätzlich noch durch die Einbettung zwischen der unteren und oberen Dämmschicht vor mechanischen Beschädigungen geschützt. Außerdem bleibt der Dämmwert der unteren Dämmschicht auch bei vorübergehendem Eindringen des ablaufenden Regenwassers zwischen die Plattenstöße der oberen Wärmedämmschicht fast voll erhalten. Im Zusammenhang mit diesem Dachaufbau ist die Ausbildung einer Dachrandaufkantung gezeigt, bei der die äußere Schale („Sichtbeton“) aus Fertigteilen gebildet ist (Bild **1**.292).

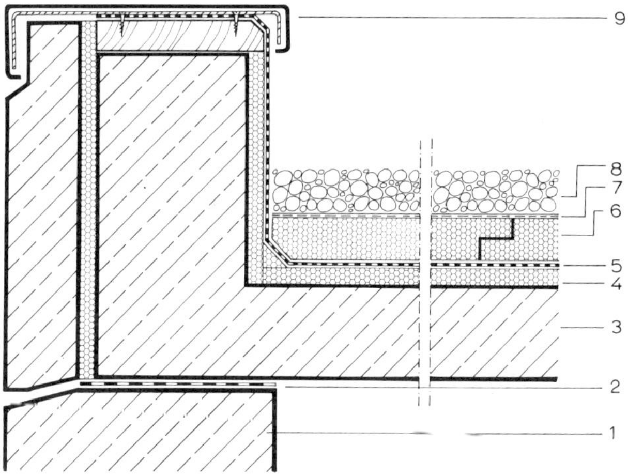

1.292
Flachdach mit einlagiger Folienabdichtung und mehrlagiger Wärmedämmung (DUO-Dach nach Vorschlag Rheinhold + Mahla)

1 Ringanker, Leichtbetonwand
2 Gleitlager
3 Stahlbeton
4 Polystyrol-Hartschaum
5 lose verlegte Abdichtungsbahn
6 extrudierte Polystyrol-Stufenfalz-Hartschaumplatten (ROOFMATE oder STYRODUR)
7 Filtervlies
8 Kiesschüttung
9 Abdeckprofil

1.10.3.3 Einschalige Flachdächer auf Trapezblechkonstruktionen

Beim Flachdachaufbau auf Trapezblechen stellt die tragende Schale bereits eine Dampfsperre dar, die allerdings an den Stößen der Platten nicht zuverlässig zu schließen ist. Eingehende Untersuchungen und Beobachtungen in der Praxis haben gezeigt, daß nur bei besonders hoher Beanspruchung eine zusätzliche Dampfsperre empfohlen werden muß (Bild **1**.293a). Die Dachhaut kann in herkömmlichen Klebeverfahren aus Dachdichtungsbahnen mit Oberflächenschutz hergestellt werden (Bild **1**.293b). Jedoch setzt sich auch hier die lose Verlegung von Folien immer mehr durch. Lose verlegte Kunststoffdichtungsbahnen werden auf Trapezblechen an den Längsstößen durch Tellerdübel o. ä. punktweise fixiert (Bild **1**.293c). Dabei überdeckt jeweils die nachfolgend aufgeschweißte Bahn die Fixierungspunkte.

Im übrigen sind die Sicherungen gegen Windbeanspruchung nach Abschn. 1.10.1.8 auszuführen.

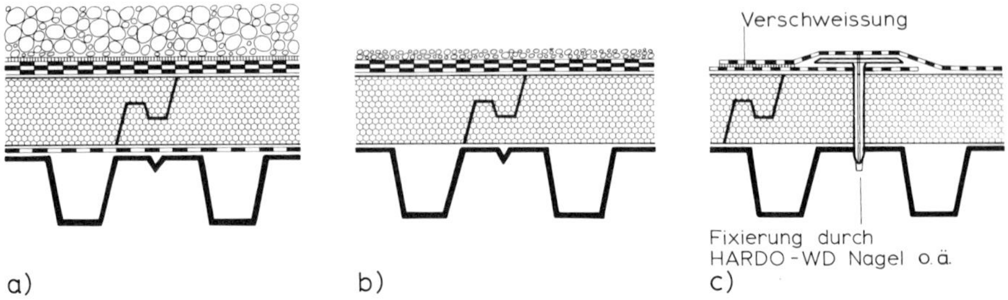

1.293 Flachdachabdichtung auf Trapezblechen

a) Konventioneller Aufbau (bituminöse 3lagige Abdichtung) mit Dampfsperre, Kiesschüttung möglich, aber unwirtschaftlich

b) Bituminöse Abdichtung mit Feinsplittbeschichtung o.ä. Oberflächenschutz. Wärmedämmplatten (mit Hakenfalz) aufgeklebt

c) Abdichtung mit Folie, lose verlegt, punktweise durch Tellerdübel fixiert

1.10.3.4 Flachdachabdichtung auf Gas- und Leichtbetonplatten

Gasbetonplatten als Tragwerk einschaliger Flachdachkonstruktionen sind hinsichtlich der wärmetechnischen Bemessung ein Sonderfall. Bei den aus statischen Gründen erforderlichen Dimensionen stellen Gasbetonplatten eine gute Wärmedämmung dar. Würde man ähnlich wie bei Stahlbetondecken eine obere Wärmedämmung anordnen und so bemessen, daß der Taupunkt oberhalb der Dampfsperre liegt, müßten überdimensional dicke Wärmedämmschichten verwendet werden. Wissenschaftliche Untersuchungen haben ergeben, daß bei einschaligen Flachdachkonstruktionen mit Gasbetonplatten gemäß Bild **1**.294 unter der Voraussetzung mittlerer Raumtemperaturen von 20° bei 65% relativer Luftfeuchtigkeit zwar innerhalb der Gasbetonplatten Wasserdampfkondensation auftritt, sich jedoch im Jahresmittel durch kontinuierliche Rücktrocknung zum Innenraum hin keine bedenklichen Feuchtigkeitskonzentrationen ergeben. Da diese Voraussetzungen jedoch nicht immer gegeben sind und auch nur 24 cm dicke Gasbetonplatten GB 3.3 den geforderten Mindestanforderungen an den Wärmeschutz entsprechen, müssen ggf. mit bauphysikalischen, auf den Einzelfall abgestimmten Berechnungen evtl. eine zusätzliche Wärmedämmung und eine zweckmäßige Anordnung einer Dampfsperre bestimmt, oder es muß eine belüftete Dachkonstruktion vorgezogen werden.

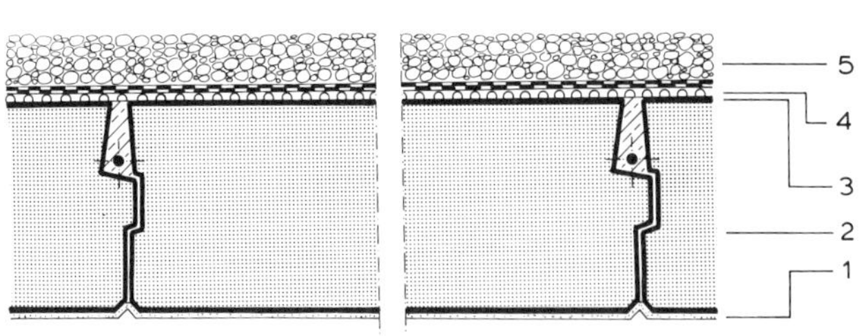

1.294 Flachdachabdichtung auf Gasbetonplatten

1 Glättputz und Anstrich
2 Gasbeton-Dachplatten
3 Bitumen-Voranstrich
4 Dampfdruck-Ausgleichsschicht: Glasvlies-Lochpappe
5 Dachhaut mit Schutzschicht: Kiesschüttung 15/30

1.10.3.5 Sperrbetondächer[1])

Bei dem heutigen Stand der Betontechnologie ist es ohne große Schwierigkeiten möglich, wasserundurchlässige Stahlbetonplatten herzustellen. Daher lag der Gedanke nahe, derartige „Sperrbeton"-Platten als Tragkonstruktion und zugleich als Abdichtung gegen Wasser auszubilden. Die erforderliche Wärmedämmung liegt bei Sperrbetondächern an der Unterseite der Platten. Da demzufolge die tragende Platte großen Temperaturänderungen ausgesetzt ist und deshalb verhältnismäßig großen Längenänderungen unterworfen wird, können Sperrbetondächer nur mit einwandfrei funktionierenden Gleitlagern (s. Abschn. 1.10.3.2) ausgeführt werden. In der Regel werden bei diesen Konstruktionen die Temperatureinwirkungen auf die Sperrbeton-Platte durch eine Kiesschüttung herabgesetzt. Eingehende Untersuchungen der Hersteller (z. B. Fa. Woermann) verweisen darauf, daß bei Verwendung geeigneter Wärmedämm-Materialien (z. B. Styroporplatten, Hartschaumplatten) zwar unter extremen Bedingungen besonders in der Randzone zwischen Dämmaterial und Stahlbetonplatte Kondensatbildung auftritt, bisher jedoch noch keine Bauschäden beobachtet seien. Nicht problemlos ist jedoch hier die einwandfreie Eindichtung unvermeidbarer Durchbrüche durch die Dachkonstruktion wie z. B. Entlüftungsrohre, Belichtungsöffnungen o. ä. (Bild **1**.295).

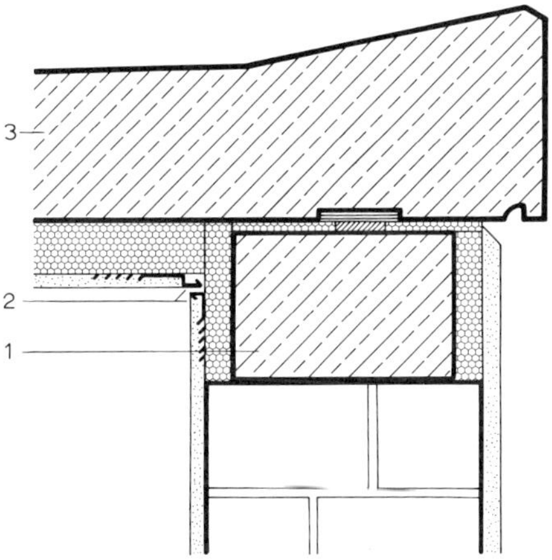

1.295 Flachdach aus wasserundurchlässigem Beton (System Woermann)

1 Ringbalken mit Gleitkipplager
2 Dehnfugenprofil
3 wasserundurchlässiger Beton

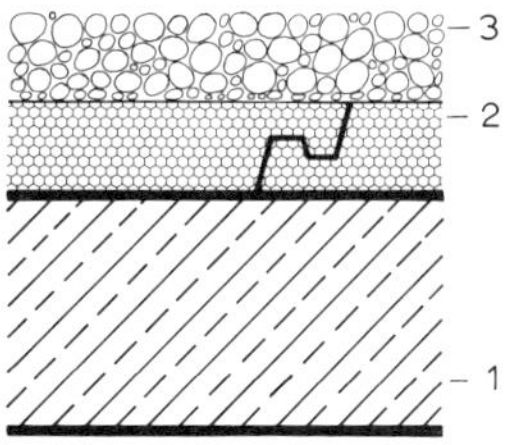

1.296 Flachdach aus wasserundurchlässigem Beton mit aufliegender Wärmedämmung

1 wasserundurchlässiger Beton
2 extrudierte Polystyrol-Hakenfalz-Hartschaumplatten (z. B. ROOFMATE)
3 Kiesschüttung

Nachdem neuartige Wärmedämm-Materialien zur Verfügung stehen (z. B. Roof-Mate, Styrodur, vgl. Abschn. 1.10.3.2), werden Sperrbetondächer zunehmend mit obenliegender, kiesbeschwerter Wärmedämmung ausgeführt. Hierbei machen aber die nötigen konstruktiven Aufwendungen zur Vermeidung von Wärmebrücken die sonst verblüffend einfach aufgebauten Sperrbetondächer oft unwirtschaftlich (Bild **1**.296).

---

[1]) In der Betontechnologie wird die Bezeichnung „Sperrbeton" für wasserundurchlässigen Beton nicht angewendet, ist aber im Zusammenhang mit Dächern verbreitet.

1.10.3.6 Einschalige Flachdächer auf Holzkonstruktionen

Einschalige Flachdächer können auch auf Holzunterkonstruktionen ausgeführt werden.

Als Deckunterlage kommen in Frage:

- gehobelte Spundbretter, bei Sparrenabständen bis 75 cm mind. 20 mm dick, bis 16 cm breit. Die Bretter müssen mit 2 Drahtstiften je Sparren genagelt sein.
- Spanplatten (DIN 68763) in den Verleimungstypen V100G oder AW100G.

  Sie müssen mit 3 mm breiten offenen Fugen verlegt werden, die mit fixierten Trennstreifen abzudecken sind. Falls schädigende Einflüsse von Binde- oder Schutzmitteln der Platten auf die Abdichtung nicht mit Sicherheit ausgeschlossen werden können, sind Trennlagen anzuordnen.

Ein Ausführungsbeispiel mit lose verlegter Abdichtung zeigt Bild **1**.297.

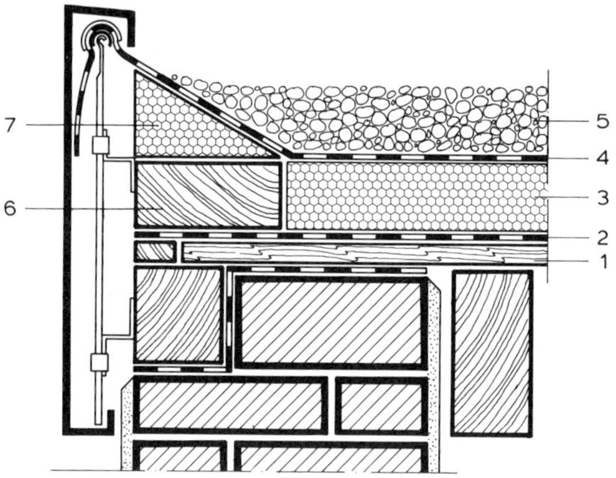

1.297
Flachdach mit lose verlegter Abdichtung auf Holz-Unterkonstruktion

1 Spanplatte
2 Dampfsperre
3 Wärmedämmung
4 Kunststoff-Dachbahn
5 Kiesschüttung
6 Randbohle
7 Randkeil

1.10.4 Einschalige Flachdächer mit genutzter Oberfläche

1.10.4.1 Allgemeines

Vielfach besteht die Notwendigkeit, Flachdachflächen von ganzen Bauwerken oder Bauwerksteilen nutzbar zu machen.

Man unterscheidet:

- einfache Beanspruchung: Flachdachflächen für den Aufenthalt von Personen,
- schwere Beanspruchung: Flachdachflächen für die Nutzung durch Verkehr oder mit Bepflanzung.

Flachdächer mit genutzten Oberflächen werden allein aus Kostengründen fast ausschließlich als einschalige Konstruktionen ausgeführt. Ihr bauphysikalischer Aufbau gleicht den Flachdächern mit nichtgenutzter Oberfläche, doch muß – je nach Beanspruchung – für die Wärmedämmung entsprechend druckfestes Material verwendet werden, und es müssen besondere Vorkehrungen für den Schutz der Abdichtungen getroffen werden. Insbesondere muß dafür gesorgt werden, daß sich weder mechanische Beanspruchungen noch Spannungen aus thermischer Belastung der Nutzflächen auf die Abdichtungen übertragen können (s. Abschn. 1.10.4.2).

Bei der Ausführung sind neben den Flachdachrichtlinien und Normen für Flachdächer auch die Normen über Bauwerksabdichtung (DIN 4122 und 18195) zu beachten.

Als Wärmedämmstoffe mit erhöhter Druckbelastbarkeit (Anwendungstyp WS-WDS) sind für Sondereinsatzgebiete (z. B. Parkdecks) in den Flachdachrichtlinien genannt:

Polystyrol-Partikelschaum	(PS)	30 kg/m³	DIN 18164
Polystyrol-Extruderschaum	(PS)	30 kg/m³	DIN 18164
Polyurethan-Hartschaum	(PUR)	30 kg/m³	DIN 18164
Phenol-Harz-Hartschaum	(PF)	35 kg/m³	DIN 18164
Backkork	(BK)	120 kg/m³	DIN 18161
Kork imprägniert	(IK)	200 kg/m³	DIN 18161
Schaumglas	(SG)	–	DIN 18174

1.10.4.2 Begehbare Flachdächer (leichte Beanspruchung)

Bei Belägen von begehbaren Terrassenflächen u. ä. muß grundsätzlich die kraftschlüssige Verbindung mit der Abdichtung bzw. Wärmedämmung durch Trennlagen verhindert werden.

Gehbeläge von begehbaren Terrassenflächen werden vielfach aus frostfesten keramischen Platten ausgeführt. Kleinformatige Platten werden in bewehrtem, mindestens 4 cm dickem Mörtelbett auf einer wasserdurchlässigen Schicht aus Einkornbeton, Grobsand, Blähton o. ä. verlegt. Diese Schicht ist an die Entwässerung anzuschließen. Zwischen dieser Dränschicht und der Abdichtung sind zwei lose verlegte PE-Folien o. ä. als Trennschicht zu verlegen.

Da in Plattenbelägen jedoch erhebliche temperaturbedingte Längenänderungen vorkommen können, müssen in Abständen von höchstens 2 m Fugen angeordnet werden, die auch das Mörtelbett durchschneiden und mit einem elastischen Material (z. B. Bitumenverguß) verfüllt werden. Fugen müssen ebenso an allen Randanschlüssen vorhanden sein. Außerdem muß die Abdichtung bereits das notwendige Gefälle aufweisen. Der Gefälleausgleich darf nicht durch das Mörtelbett erfolgen. Außerdem ist zwischen Mörtelbett und Dachabdichtung eine Gleitschicht (z. B. PE-Folie) vorzusehen (Bild **1**.298).

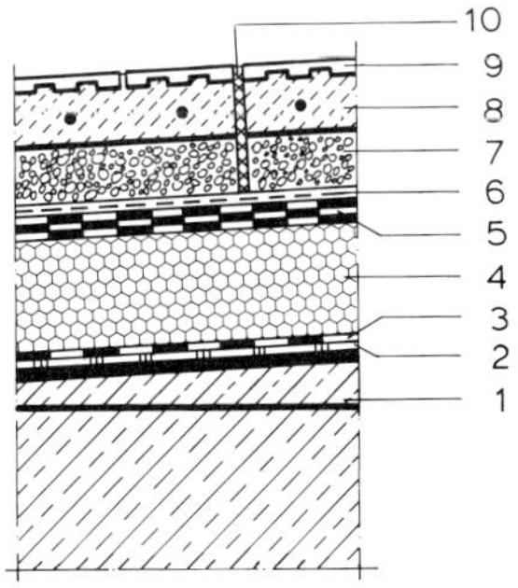

1.298
Begehbares Flachdach, Belag aus kleinformatigen frostfesten keramischen Platten in Mörtelbett

1 Massivdecke mit Gefälle
2 Dampfdruckausgleich (Lochbahn)
3 Dampfsperre
4 Wärmedämmung
5 3lagige bituminöse Abdichtung
6 Trennlage (PE-Folie, 2lagig)
7 Einkornbeton
8 bewehrter Verlegemörtel ≤ 4 cm
9 Spaltplatten
10 Fuge mit dauerelastischer Abdichtung ($e \geq 2$ m/≥ 4 m²)

Wenn auch bei kleineren Terrassenflächen eine Außenentwässerung mit vorgehängter Rinne oft nicht zu vermeiden ist, so bergen derartige Konstruktionen derart viele Fehlerquellen, daß einer Innenentwässerung der Vorzug gegeben werden sollte. Dabei muß darauf geachtet werden, daß die Wandabschlüsse der Dachabdichtung 15 cm, in jedem Falle aber so hochgezogen werden, daß bei Rückstau infolge verstopfter Abflüsse allenfalls ein Überfließen des Wassers nach außen über einen Notüberlauf (Wasserspeier) möglich ist (s. auch Abschn. 8.5 Balkone in Teil1 dieses Werkes).

Bei größeren Terrassenflächen können die Schwierigkeiten eines kompakten Gehbelages in Mörtelbett vermieden werden, wenn großformatige Natur- oder Kunststeinplatten lose mit punktförmiger Auflagerung auf vorgefertigten „Stelzlagern" (Bild **1**.299) verlegt werden. Voraussetzung für die Anwendung eines derartigen Terrassenaufbaues ist, daß die aus Eigengewicht der Platten und Nutzlast (gem. DIN 1055 für Terrassen 5 kN/m^2) bedingten Punktlasten durch entsprechend große Auflagerflächen der Stelzlager übertragen werden und als Wärmedämmung ein nicht zusammendrückbares Material (Hartschaum, Foamglas) verwendet wird. Sonst können die Stelzlager die Abdichtung allmählich „durchstanzen".

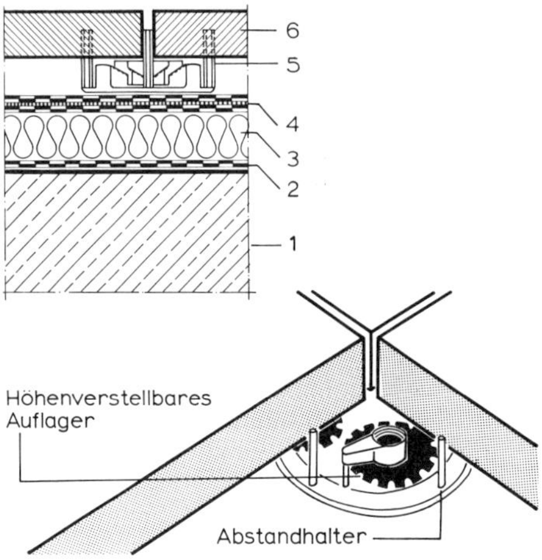

1.299 Begehbares Flachdach, Platten auf höhenverstellbaren Stelzlagern
1 Massivplatte
2 Dampfsperre
3 Wärmedämmung
4 Abdichtung
5 Stelzlager (ALWITRA)
6 5 cm Betonplatten

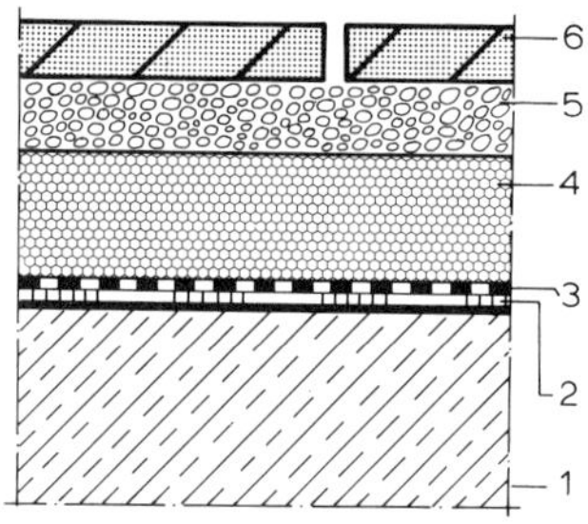

1.300 Begehbares Flachdach, Prinzip des „umgekehrten Flachdaches"
1 Stahlbeton
2 Dampfdruckausgleich (Lochbahn)
3 Abdichtung
4 extrudierter Polystyrol-Hartschaum
5 Kiesbett 4 bis 5 cm Körnung 6/9 mm
6 Gehwegplatten

Stelzlager, die in der Höhe justierbar sind, sind zwar teuer, erleichtern aber die Verlegearbeiten und ermöglichen die bei derartigen Ausführungen fast immer nötigen Nacharbeiten, wenn einzelne Platten sich senken.

Der wohl einfachste Terrassenaufbau ergibt sich, wenn die Dachabdichtung nach dem Prinzip des „umgekehrten Flachdaches" (vgl. Abschn. 1.10.3.1) ausgeführt wird und großformatige Platten lose in Perlkies verlegt werden (Bild **1**.300).

1.10.4.3 Befahrbare Flachdachabdichtungen (schwere Beanspruchung)

Befahrbare Flachdächer, z. B. für Parkdecks, müssen oft – ohne Wärmedämmung – nur wasserdicht (Regenwasser, Schmelzwasser) sein. Platten aus wasserundurchlässigem Beton mit verschleißfesten frostbeständigen Fahrbahnbelägen auf entsprechend dimensionierten Gleitschichten stellen in diesem Fall die günstigste Konstruktion dar.

Bei wärmegedämmten, befahrbaren Flachdach-Konstruktionen können nur hoch belastbare Wärmedämmstoffe (wie z. B. extrudierte hochbelastbare Polystyrol-Hartschaumplatten, Schaumglas) eingesetzt werden. Als Druckverteilungs- und Wasserführungsschicht wird meist eine Kies-Filterschicht angeordnet, auf der die eigentliche Fahrbahndecke aus Pflasterung (Bild **1**.301) oder Stahlbeton in Feldern bis etwa 4 m^2 Einzelgröße mit verschleiß- und frostsicherer Oberfläche hergestellt wird (Bild **1**.302). Beim Einsatz von Kiesfilterschichten bleiben die Fugen offen, sonst werden sie mit Weichbitumen vergossen.

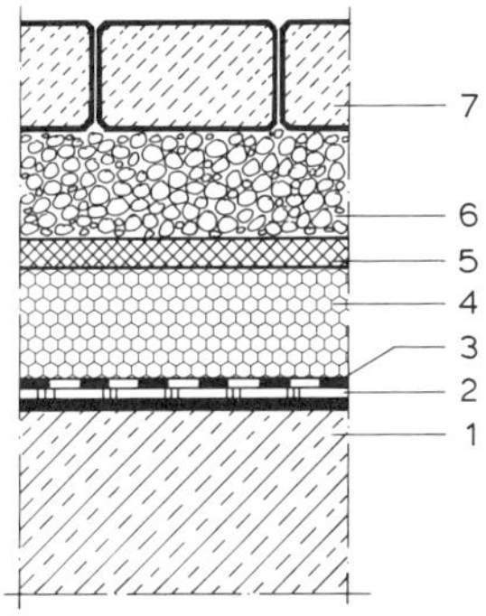

1.301 Befahrbare Flachdachabdichtung mit Verbundpflaster

1 Massivdecke (ggf. mit Gefällebeton)
2 Zwischenlage
3 Kunststoffdichtungsbahn
4 STYROFOAM HD300
5 Filterschicht
6 Grobsand
7 Verbundpflaster

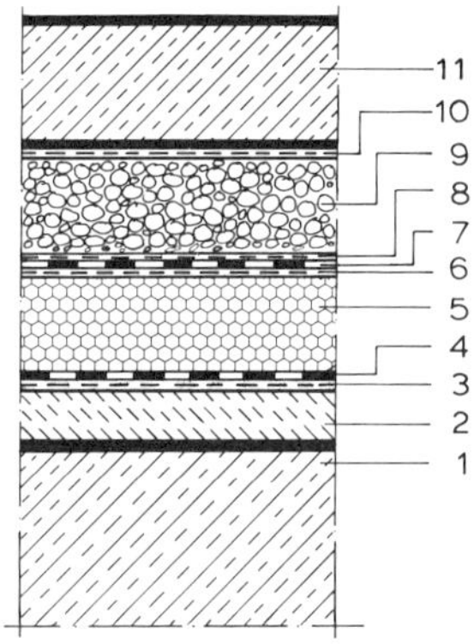

1.302 Befahrbare Flachdachabdichtung mit bewehrten Betonplatten

1 Stahlbetonplatte
2 Gefällebeton
3 Trennlage
4 Dampfsperre
5 Wärmedämmung (z. B. Foamglas)
6 Dampfdruckausgleichsschicht
7 Abdichtung
8 Trennlage
9 Dranschicht
10 Abdeckfolie
11 Fahrbelag

1.10.4.4 Begrünte Flachdächer

Flachdächer niedriger Gebäudeteile, die unterhalb von Aufenthaltsräumen liegen, bilden einen wenig erfreulichen monotonen Anblick und werden neuerdings vielfach als bepflanzte Flächen gestaltet. Aber auch um innerhalb großflächiger Bebauungen zusätzliche – Stadtklima und Wasserhaushalt verbessernde – Vegetationsflächen zu schaffen, gewinnen begrünte Flachdächer immer mehr Bedeutung.

Wenn auf künstlichen Vegetationsflächen Pflanzen auf Dauer gedeihen sollen, müssen dazu je nach Bepflanzungs- und Nutzungsart besondere Voraussetzungen geschaffen werden, wobei eventuell die Bestimmungen der DIN 18035 (Sportplätze) mit beachtet werden müssen.

Für die Dicke aufzutragender Bodenschichten gibt Bild **1**.303 einen Anhalt.

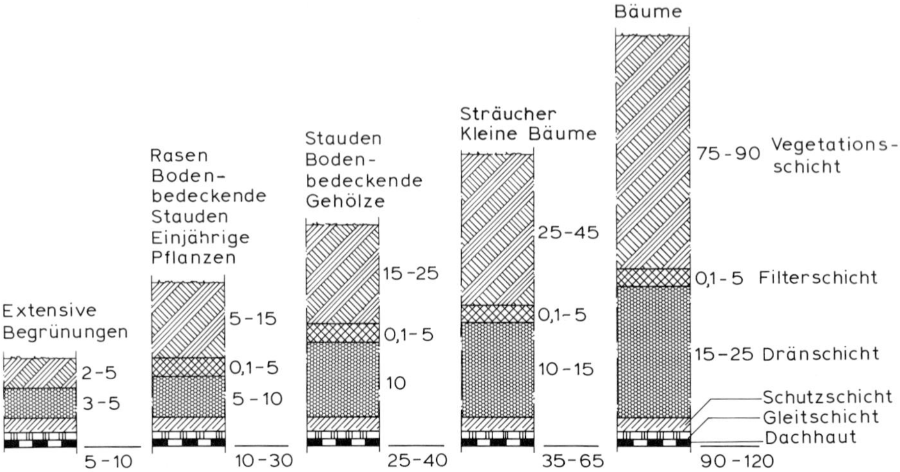

1.303 Schichtenaufbau von Vegetationsflächen (Dicken in cm) [12]

Unter der Vegetationsschicht muß eine Dränschicht (z. B. aus Polystyrol-Dränplatten, Blähtonschüttung o. ä.) Überschußwasser aus Niederschlägen und künstlicher Bewässerung ableiten. Gegen das Einschwemmen von Feinteilen aus der Vegetationsschicht ist die Dränschicht durch wurzelfeste Filtervliese zu schützen.

Dachabdichtungen begrünter Flächen sind durch Schutzschichten gegen mechanische Schäden – ähnlich Bauwerksabdichtungen – (s. Abschn. 12.2 in Teil 1 dieses Werkes) zu schützen. Dränplatten aus Polystyrol haben sich auch hierfür bewährt.

Dachabdichtungen müssen darüber hinaus aber auch gegen das Eindringen von Wurzeln geschützt werden. Bituminöse Abdichtungen sind durch eingebettete Wurzelgifte nur unvollkommen auf Dauer zu schützen. Bewährt haben sich Abdichtungen oder Abdeckungen aus PVC weich, Ethylen-Copolymerisat-Bitumen (ECB) und Ethylen-Propylen-Diene-Kautschuk (EPDM).

Ausführungsmöglichkeiten für den Schichtenaufbau begrünter Flachdachabdichtungen zeigt Bild 1.304.

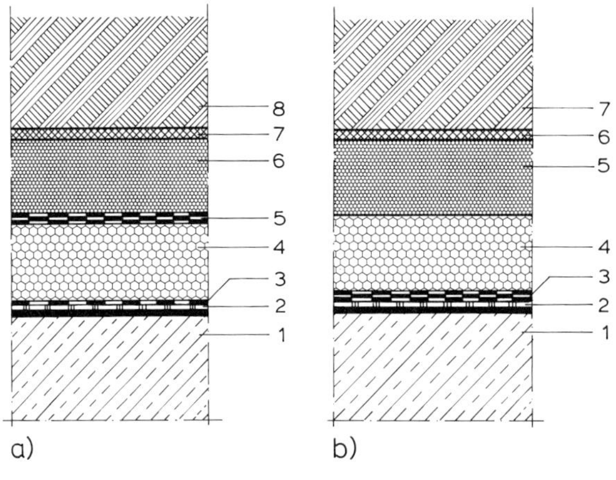

1.304
Begrünte Flachdachabdichtung

a) Lose verlegte Abdichtung, Pirelli EPDM
1 Massivdecke
2 Trennlage
3 Dampfsperre
4 Wärmedämmung
5 EPDM-Abdichtung
6 Filterplatte
7 Filtervlies
8 Vegetationsschicht

b) Umkehrdach (R + M)
1 Massivdecke
2 Trennlage
3 RMB-Plane, lose verlegt
4 ROOFMATE
5 PORESTA-Dränplatte
6 Filterschicht
7 Vegetationsschicht

1.10.5 Zweischalige, belüftete Flachdachkonstruktionen (Kaltdächer)

1.10.5.1 Allgemeines

Ein Vorteil des „Kaltdaches" wird darin gesehen, daß auch bei fehlender oder fehlerhafter Dampfbremse weniger Schäden durch Wasserdampfkondensation innerhalb der Gesamtkonstruktion zu befürchten sind, wenn die Durchlüftung des Dachraumes einwandfrei ist. In der Praxis erweist es sich jedoch, daß mehrere Faktoren sehr oft die vorgesehene Durchlüftung der Konstruktion nicht ausreichend wirksam werden lassen (Bild **1**.305). Die häufigsten Schadensquellen sind:

1. Zu geringe Höhe des Luftraumes, daher zu wenig Strömungsgefälle (Bild **1**.305a).
2. Nicht ausreichend bemessene oder verstopfte Zu- und Abluftöffnungen (Bild **1**.305b).
3. Hindernisse im Luftraum, die durch Wirbelbildung den Luftstrom behindern oder ihn sogar in Teilbereichen wie bei Überzügen oder Wechseln völlig unterbinden (Bild **1**.305c).
4. Ungünstige Grundrißformen oder Gebäudequerschnitte (Bild **1**.305d und auch Bild **1**.251).
5. Windgeschützte Lage des Bauwerkes.

Kaltdachkonstruktionen sollten deshalb nur dann gewählt werden, wenn die genannten Probleme einwandfrei gelöst werden können.

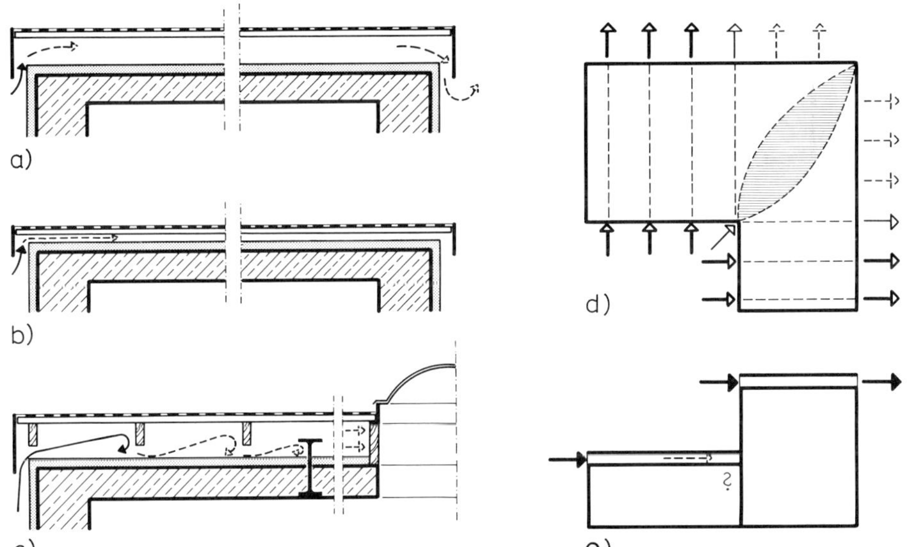

1.305 Schadensquellen an zweischaligen Flachdächern
a) fehlendes Gefälle
b) Belüftungsquerschnitt zu klein
c) Hindernisse für die Durchlüftung
d) ungünstige Grundrißform, nicht belüftete Bereiche
e) problematischer Gebäudequerschnitt

Nach DIN 4108 T3 müssen bei durchlüfteten Flachdächern (≥10°) an mindestens zwei gegenüberliegenden Traufen Belüftungsöffnungen angeordnet sein, die mindestens 2‰ der gesamten Dachgrundrißfläche betragen. Die Luftschlitze müssen umlaufend mindestens 2 cm breit sein. Die Höhe des freien Lüftungsquerschnittes muß in jedem Fall (d.h. auch bei Berücksichtigung von Ungenauigkeiten beim Einbau oder nach eventuellem Aufquellen von Wärmedämmungen) mindestens 6 cm betragen.

In den Flachdachrichtlinien werden jedoch folgende Mindestquerschnitte empfohlen:

Dachneigungsgruppe		Luftraumhöhe	Belüftung	Entlüftung
I	<3°	etwa 20 cm	insgesamt	5‰
II und III	≥3° ≤ 20°	etwa 10 cm	2‰	2,5‰
IV	>20°	etwa 5 cm	2‰	2,5‰

Ist der Lüftungsweg (Abstand Zuluft- und Abluftöffnung) länger als 10 m, sind besondere Maßnahmen erforderlich (z.B. Erhöhung des freien Luftraumes, Zwangsentlüftung).

Wenn die Flachdachkonstruktion aus Trägern mit Vollquerschnitten besteht, sollten die Lufträume der einzelnen Felder durch Konterlattung oder querliegende Pfettenlagen unter der Dachschale miteinander verbunden werden.

Eine einwandfreie Durchlüftung von Dachkonstruktionen ist nur dann sicherzustellen, wenn die Dachflächen zwischen Lufteintritt und -austritt ein Gefälle aufweisen. In gefällelosen oder nur wenig geneigten Flachdächern wird jedoch auch bei einer empfohlenen Mindest-Luftraumhöhe von 20 cm bei Luftstille kaum gewährleistet werden können, daß der in die Konstruktion diffundierte Wasserdampf vollständig abgeleitet wird.

Die frühere Auffassung, daß zweischalige, belüftete Flachdachkonstruktionen ohne Dampfsperre ausgeführt werden können, kann daher nicht mehr vertreten werden. Auch in zweischaligen, durchlüfteten Flachdächern ist eine Dampfsperre mit einer diffusionsäquivalenten Luftschichtdicke von mindestens 10 m einzubauen. Sie kann gebildet werden aus PE-Folien, die mit 15 cm Stoßüberdeckung aufgeheftet werden oder aus Aluminiumkaschierungen der Wärmedämmung. Über Räumen mit hoher Luftfeuchtigkeit ist der ausreichende Tauwasserschutz rechnerisch nachzuweisen.

Rohrdurchführungen, Entlüftungsschächte u.ä. müssen im Luftraum zweischaliger Flachdachkonstruktionen sorgfältig wärmegeschützt werden, da sonst an ihnen Kondenswasser auftreten kann.

Für Dachhaut, Oberflächenschutz und Randausbildung kommen für zweischalige, belüftete Flachdachkonstruktionen die gleichen Materialien in Betracht, wie sie unter Abschn. 1.10.2 besprochen wurden. Als Wärmedämmung dienen hier auch alle Dämmatten und -platten aus Mineralfasern. Wenn z.B. aus Kostengründen verschiedenartige Wärmedämm-Materialien eingesetzt werden, soll grundsätzlich festes, weniger wasserdampfdurchlässiges Material (z.B. Hartschaumplatten) an der Unterseite der Konstruktion angeordnet werden.

1.10.5.2 Zweischalige Flachdachkonstruktionen über Stahlbetondecken

Stahlbetondecken als Bestandteil zweischaliger Flachdachkonstruktionen bilden gleichzeitig statisches Tragwerk, ausgleichende Wärme-Speichermasse und auch eine für normale Beanspruchungen ausreichende Dampfbremse. Bild **1.306** zeigt eine übliche Konstruktion. Für größere Flachdachflächen können auch binderartige Holzkon-

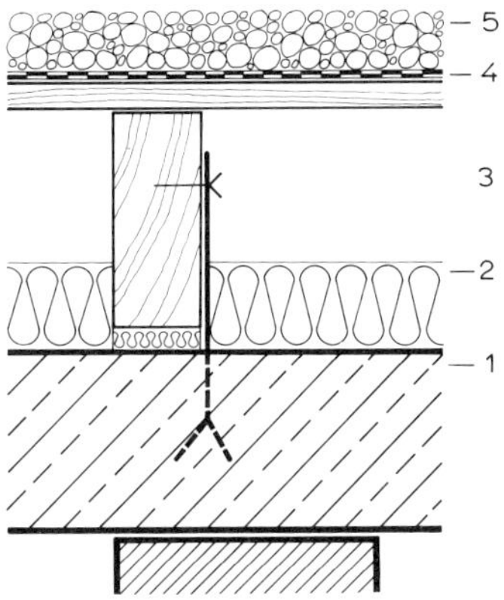

1.306
Zweischaliges belüftetes Flachdach in Verbindung mit Stahlbetondecke
1 Stahlbetondecke
2 Wärmedämmung
3 Querlüftung
4 Dachhaut
5 Kiesschüttung

struktionen so ausgebildet werden, daß der Luftraum über der Wärmedämmung zur Kontrolle der Dachschale bekriechbar ist. Als tragende Schale für die Dachhaut werden Holzschalungen oder Spanplatten mit Nut-Feder-Verbindung verwendet, auf denen am besten lose verlegte, kiesbeschwerte verschweißte Dachfolien verlegt werden.

1.10.5.3 Zweischalige, belüftete Flachdach-Leichtkonstruktionen

Die Kombination zweier leichter Schalen – Dachaufträger und raumseitige Unterdecke – mit Holzbalken als Tragewerk stellt eine technisch einfache und billige Konstruktion für belüftete Flachdächer dar (Bild **1**.307).

Es muß aber auf die in Abschn. 1.10.5.1 dargelegte Problematik derartiger Konstruktionen verwiesen werden.

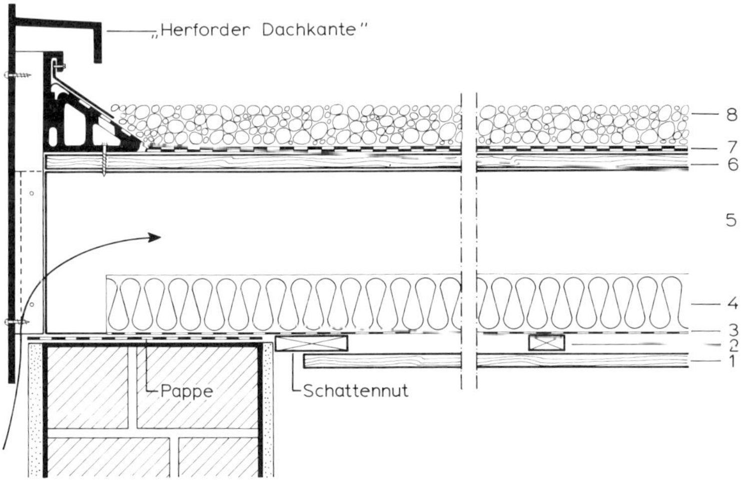

1.307 Zweischaliges belüftetes Flachdach in Verbindung mit Holzbalkendecke
1 Schalung
2 Konterlattung
3 Dampfsperre
4 Wärmedämmung
5 Durchlüftungsraum
6 Schalung
7 Dachabdichtung
8 Kiesschüttung

1.10.5.4 Vorgefertigte zweischalige, durchlüftete Flachdachkonstruktionen

Insbesondere über Stahlbetondecken erfordern zweischalige, belüftete Flachdachkonstruktionen bei handwerklicher Ausführung mehrere, oft von verschiedenen Unternehmern auszuführende witterungsabhängige Arbeitsgänge. Durch Vorfertigung von Dachschalen- und Auflagerelementen können diese Nachteile verringert werden (Bild **1**.308 und **1**.309).

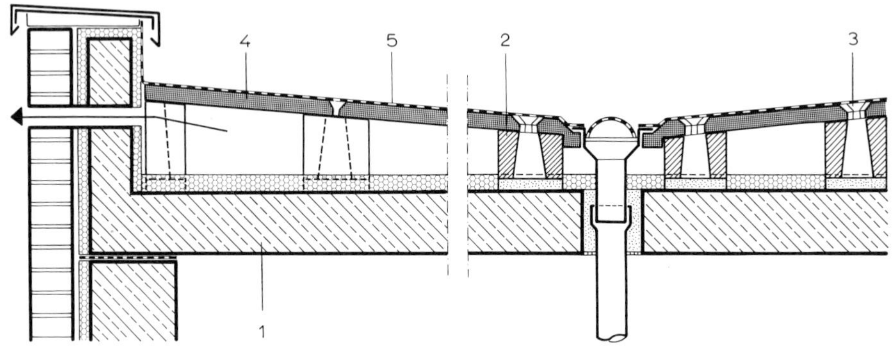

1.308 Vorgefertigtes zweischaliges Flachdach (System ERTEX)

1 Stahlbetonplatte mit Wärmedämmung
2 Dämmplatte auf Gefällestein
3 durchgehende Vergußöffnung
4 Leichtbetonplatte
5 Flachdachabdichtung

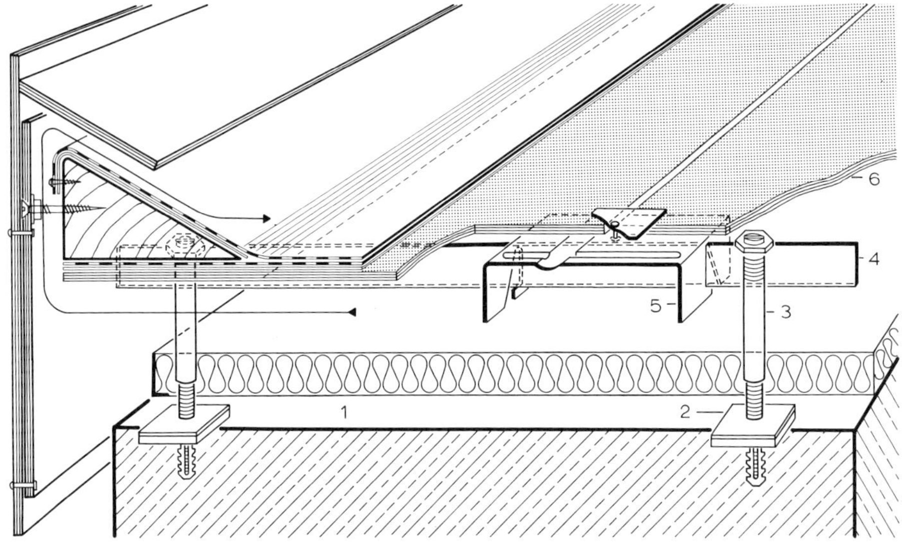

1.309 Vorgefertigtes zweischaliges Flachdach (System FUCHS)

1 Stahlbetonrohdecke mit Wärmedämmung
2 Druckplatte mit Korkunterlage
3 Teleskop-Stütze mit Nylondübel
4 Flachstahlpfette
5 Auflagerschuh mit Vierfeldplatte
6 Faserzement-Tafeln

1.10.6 Flachdachzubehör

1.10.6.1 Lichtkuppeln

Ein Vorteil von Gebäuden mit Flachdächern besteht darin, daß innenliegende oder sehr tiefe Räume durch Dachöffnungen leicht belüftet und belichtet werden können. Die dafür früher üblichen komplizierten Dachaufbauten sind heute fast völlig verdrängt durch vorgefertigte Bauelemente, für die sich die Bezeichnung „Lichtkuppel" durchgesetzt hat.

Lichtkuppeln werden von verschiedenen Herstellern, jedoch fast durchweg nach dem gleichen Konstruktionsprinzip, hergestellt.

Das Basiselement bildet ein wärmegedämmter „Aufsetzkranz", der mit breiten Aufstand- bzw. Klebeflanschen in die Dachhaut eingebunden werden kann. Die Montage erfolgt auf imprägnierten Holzrahmen, die bei einschaligen Flachdachkonstruktionen der Dicke der Wärmedämmung entsprechen, oder direkt auf dem Tragwerk. Die eigentliche Belichtungsfläche besteht aus doppelschaligen Acrylglaskuppeln. Lichtkuppeln werden mit manuell oder elektrisch fernbedienten Öffnungseinrichtungen (auch mit Fernbedienung als Rauchabzug z. B. in Treppenhäusern), mit Gebläseentlüftungen, Verdunkelungseinrichtungen und als Dachausstieg geliefert (Bild **1**.310).

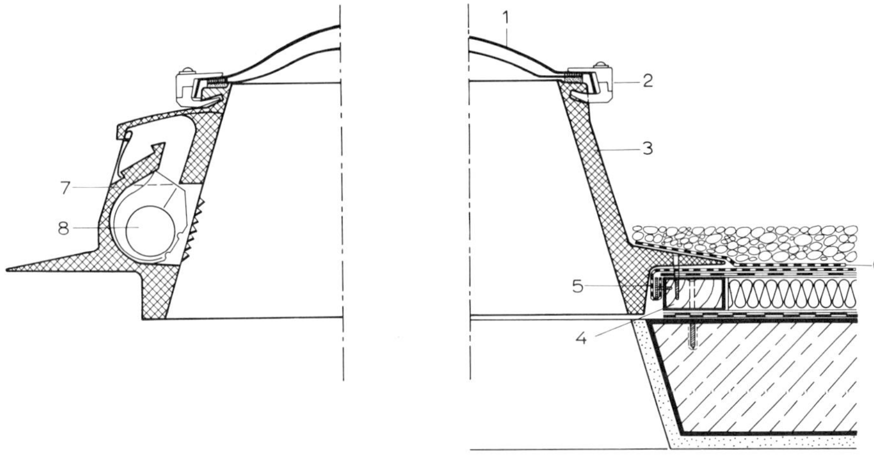

1.310 Lichtkuppel (System ALWITRA)
1 Zweischalige Acrylglas-Kuppel
2 Sicherungsklemme
3 wärmegedämmter Aufsetzkranz
4 Randbohle
5 Fixierung der Dachabdichtung
6 Dachabdichtung
7 Sonderform des Aufsetzkranzes mit Lüftungsgeblase [8]

1.10.6.2 Entwässerung

Die für Flachdächer grundsätzlich zu bevorzugende Innenentwässerung (vgl. Abschn. 1.10.1) erfordert Entwässerungselemente, die in die Dachhaut eingebunden werden und Niederschlagswasser auf möglichst kurzen Wegen ableiten. Die Herstellung ebener, gefälleloser Dachflächen ist in der Praxis kaum zu verwirklichen. Muldenbildungen mit unvermeidlicher Schlammablagerung können zu Schäden besonders an freiliegenden Dachabdichtungen (ohne Kiesschüttung) führen. Ein leichtes Gefälle mit flacher

Kehlenbildung zu den Ablaufstellen hin ist daher meist zweckmäßig. Das erforderliche Gefälle wird durch Gefälle-Estrich auf der Rohdecke oder bei mehrschichtigem Dichtungsaufbau auch durch keilförmig geschnittene Wärmedämmplatten erreicht (vgl. Abschn. 1.10.2.5).

Die erforderlichen Querschnitte der Abflußleitungen sind gemäß DIN 1986 T2 zu ermitteln (vgl. Abschn. 1.6.1).

Es sollten jedoch in jedem Entwässerungsabschnitt möglichst mindestens zwei Dachabläufe vorgesehen werden, damit es bei Verstopfungen nicht zur Überflutung der gesamten Dachfläche kommen kann. Entwässerungsleitungen sollen möglichst senkrecht geführt werden, doch können besondere örtliche Verhältnisse den Einbau abgewinkelter Entwässerungsgullys notwendig machen. Da alle Entwässerungsöffnungen Wärmebrücken in der Dachkonstruktion darstellen, sind Dachgullys grundsätzlich in wärmegedämmter Ausführung zu verwenden und an Fallrohre anzuschließen, die bis mindestens 1 m unterhalb der Wärmedämmung der Dachfläche wärmegedämmt werden. In schneereichen Gebieten kann eine eingebaute elektrische Beheizung der Gullys dafür sorgen, daß der Einlauf bereits eisfrei ist, bevor es auf der Dachfläche taut. Entsprechend der Ausbildung der Dachoberfläche werden Dachgullys mit Sieben oder Kiesfangkörben kombiniert (Bild **1**.311 und **1**.312).

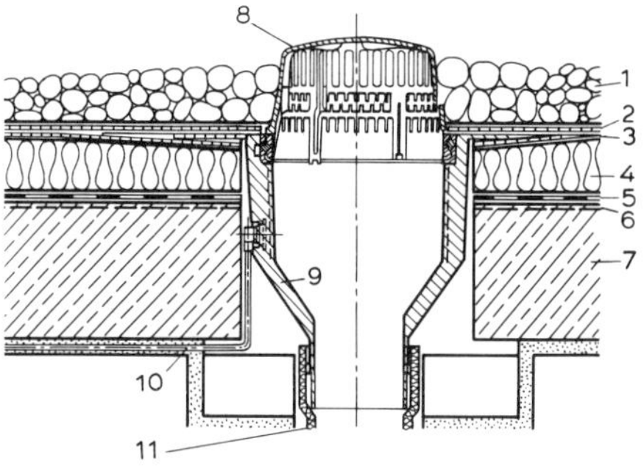

1.311 Flachdachgully mit senkrechtem Einlauf
1 Kiesschüttung
2 Dachabdichtung
3 Anschlußfolie
4 Wärmedämmung
5 Dampfsperre
6 Dampfdruckausgleichsschicht
7 Stahlbetondecke
8 Kiesfangkorb
9 wärmegedämmter und beheizbarer Einlauftrichter
10 Heizkabel (24 V)
11 wärmegedämmtes Abflußrohr

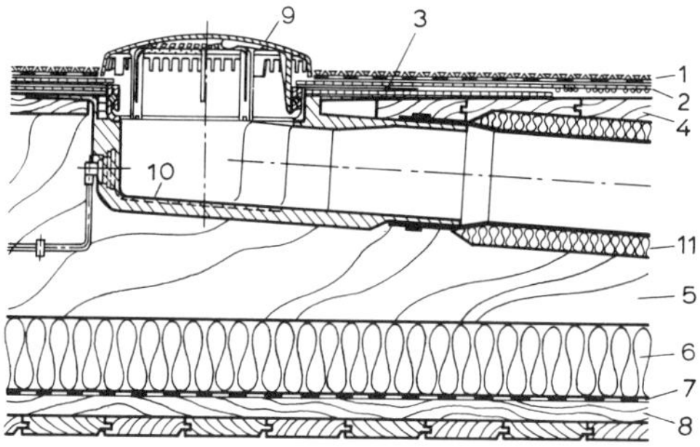

1.312 Flachdachgully in abgewinkelter Bauart für zweischalige belüftete Flachdächer
1 Dachabdichtungen mit Reflektionsschicht
2 zweite Lage der Dachabdichtung
3 Anschlußfolie
4 Nut-Feder-Schalung
5 Dachbalkon
6 Wärmedämmung
7 Dampfbremse
8 Schalung auf Konterlattung
9 Laubfangkorb
10 wärmegedämmter und beheizter Einlauftrichter
11 wärmegedämmtes Abflußrohr

Kunststoffdachbahnen werden mit Klemmringen an die Abläufe angeschlossen (Bild **1**.313a). Die meisten Dachabläufe (auch sonstige Zubehörteile wie z. B. in Bild **1**.314 und **1**.315) werden mit werkseitig angebrachten Einbaumanschetten geliefert, die in bituminöse Abdichtungen eingeklebt werden oder auf die Kunststoffabdichtungen aufgeschweißt werden (Bild **1**.313b).

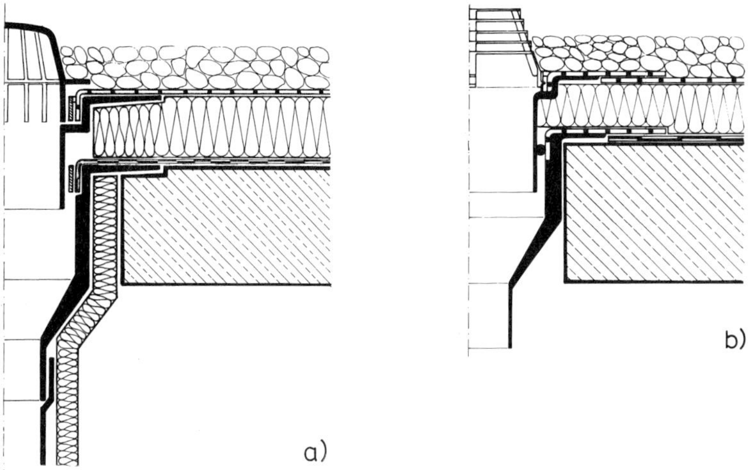

1.313 Eindichtung von Dachabläufen [12]
a) Anschluß mit Klemmring, hochpolymere Dachbahnen lose verlegt
b) Dachgully mit eingeschäumter Manschette, auf hochpolymere, lose verlegte Dachbahnen aufgeschweißt

1.10.6.3 Sanitärentlüftungen und Antennendurchgänge

Für das Hindurchführen von Sanitärentlüftungen, Luftschächten, Antennen u. ä. gelten die gleichen Einbauforderungen, wie sie in den beiden vorstehenden Abschnitten genannt wurden. Auch für diese Bauteile ersetzen heute vorgefertigte Kunststoffelemente die früher üblichen, oft komplizierten Blecheinfassungen (Bild **1**.314 und **1**.315).

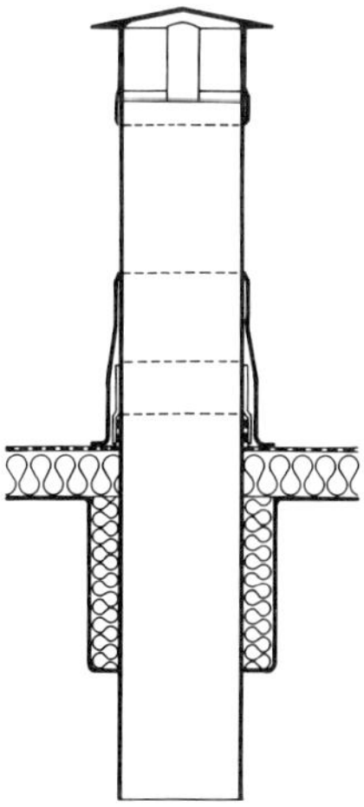

1.314 Kunststoff-Dachentlüfter

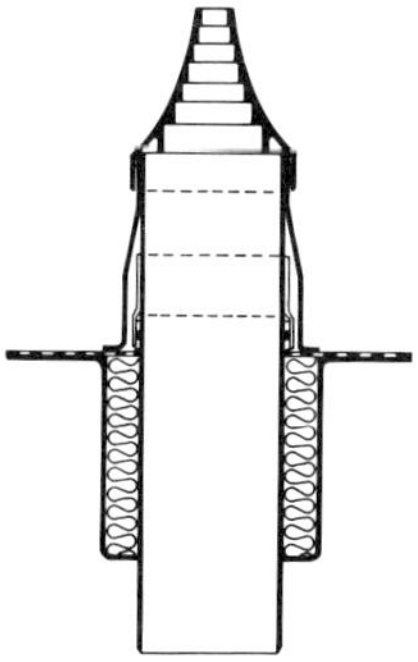

1.315 Kunststoff-Antennendurchführung (BRAAS)

1.11 DIN-Normen

DIN-Nr.		Ausgabe-Datum	Titel
274	T1	4.72	Asbestzement-Wellplatten; Maße, Anforderungen, Prüfungen
	T2	4.72	–; Anwendung bei Dachdeckungen
	T3	12.76	Asbestzementplatten; Ebene Dachplatten, Maße, Anforderungen, Prüfungen
	T4	8.78	–; Ebene Tafeln, Maße, Anforderungen, Prüfungen
456		8.76	Dachziegel; Anforderungen, Prüfung, Überwachung
1052	T1	10.69	Holzbauwerke; Berechnung und Ausführung
	T2	10.69	–; Bestimmungen für Dübelverbindungen besonderer Bauart
1055	T1	7.78	Lastannahmen für Bauten; Lagerstoffe, Baustoffe und Bauteile
	T3	6.71	–; Verkehrslasten
	T4	8.86	Lastannahmen im Hochbau; Verkehrslasten
	T4 A1	6.87	Windlasten bei nicht schwingungsanfälligen Bauteilen
	T5	6.75	
1115		5.87	Dachsteine aus Beton; Anforderungen, Prüfung, Überwachung
1745	T1	2.83	Bänder und Bleche aus Aluminium und Aluminium-Knetlegierungen mit Dicken über 0,35 mm; Eigenschaften
	T2	2.83	–; Technische Lieferbedingungen
1751		6.73	Bleche und Blechstreifen aus Kupfer und Kupfer-Knetlegierungen, kaltgewalzt; Maße
1791		6.73	–; kaltgewalzt; Maße
1986	T1	9.78	Entwässerungsanlagen für Gebäude und Grundstücke; Technische Bestimmungen für den Bau
E	T1	1.86	
	T2	9.78	–; Bestimmungen für die Ermittlung der lichten Weiten und Nennweiten für Rohrleitungen
	T4	9.78	–; Verwendungsbereiche von Abwasserrohren und -formstücken verschiedener Werkstoffe
4108	T1	8.81	Wärmeschutz im Hochbau; Größen und Einheiten
	T2	8.81	–; Wärmedämmung und Wärmespeicherung; Anforderungen und Hinweise für Planung und Ausführung
	T3	8.81	–; Klimabedingter Feuchteschutz; Anforderungen und Hinweise für Planung und Ausführung
	T4	8.81	–; Wärme- und feuchteschutztechnische Kennwerte
	T5	8.81	–; Berechnungsverfahren
7864	T1	4.84	Elastomer-Bahnen für Abdichtungen; Anforderungen, Prüfung
16726		12.86	Kunststoff-Dachbahnen, Kunststoff-Dichtungsbahnen; Prüfungen
16729		9.84	Kunststoff-Dachbahnen und Kunststoff-Dichtungsbahnen aus Ethylencopolymerisat-Bitumen (ECB); Anforderungen
16730		12.86	Kunststoff-Dachbahnen aus weichmacherhaltigem Polyvinylchlorid (PVC-P), nicht bitumenverträglich; Anforderungen
16731		12.86	Kunststoff-Dachbahnen aus Polyisobuthylen (PIB), einseitig kaschiert; Anforderungen
16734		12.86	Kunststoff-Dachbahnen aus weichmacherhaltigem Polyvinylchlorid (PVC-P) mit Verstärkung aus synthetischen Fasern, nicht bitumenverträglich; Anforderungen
16735		12.86	Kunststoff-Dachbahnen aus weichmacherhaltigem Polyvinylchlorid (PVC-P) mit einer Glasvlieseinlage, nicht bitumenverträglich; Anforderungen

Fortsetzung s. nächste Seite

DIN-Normen, Fortsetzung

DIN-Nr.		Ausgabe-Datum	Titel
16736		12.86	Kunststoff-Dachbahnen und Kunststoff-Dichtungsbahnen aus chloriertem Polyethylen (PE-C), einseitig kaschiert; Anforderungen
16737		12.86	Kunststoff-Dachbahnen und Kunststoff-Dichtungsbahnen aus chloriertem Polyethylen (PE-C), mit einer Gewebeeinlage, Anforderungen
16935		12.86	Kunststoff-Dichtungsbahnen aus Polyisobuthylen (PIB); Anforderungen
16937		12.86	Kunststoff-Dichtungsbahnen aus weichmacherhaltigem Polyvinylchlorid (PVC-P), bitumenverträglich; Anforderungen
16938		12.86	Kunststoff-Dichtungsbahnen aus weichmacherhaltigem Polyvinylchlorid (PVC-P), nicht bitumenverträglich; Anforderungen
17670	T1	12.83	Bleche und Bänder aus Kupfer und Kupfer-Knetlegierungen; Eigenschaften
	T2	6.69	–; Technische Lieferbedingungen
17770	T2	7.79	Bänder und Bleche aus Zink für das Bauwesen; Maße
18164	T1	6.79	Schaumkunststoffe als Dämmstoffe für das Bauwesen; Dämmstoffe für die Wärmedämmung
18165	T1	3.87	Faserdämmstoffe für das Bauwesen; Dämmstoffe für die Wärmedämmung
18190	T1	7.75	Dichtungsbahnen für Bauwerksabdichtungen; Dichtungsbahnen mit Rohfilzeinlage; Begriff, Bezeichnung, Anforderungen
	T2	7.75	–; Dichtungsbahnen mit Jutegewebeeinlage; Begriff, Bezeichnung, Anforderungen
	T3	7.75	–; Dichtungsbahnen mit Glasgewebeeinlage; Begriff, Bezeichnung, Anforderungen
	T4	7.75	–; Dichtungsbahnen mit Metallbandeinlage; Begriff, Bezeichnung, Anforderungen
	T5	7.75	–; Dichtungsbahnen mit Polyäthylenterephthalat-Folien-Einlage; Begriff, Bezeichnung, Anforderungen
18195	T1	8.83	Bauwerksabdichtungen; Allgemeines, Begriffe
	T2	8.83	–; Stoffe
	T3	8.83	–; Verarbeitung der Stoffe
	T4	8.83	–, Abdichtungen gegen Bodenfeuchtigkeit; Bemessung und Ausführung
	T5	2.84	–; Abdichtungen gegen nichtdrückendes Wasser; Bemessung und Ausführung
	T6	8.83	–; Abdichtungen gegen von außen drückendes Wasser; Bemessung und Ausführung
	T8	8.83	–; Abdichtungen über Bewegungsfugen
	T9	8.83	–; Durchdringungen, Übergänge, Abschlüsse
	T10	8.83	–; Schutzschichten und Schutzmaßnahmen
18334		10.79	VOB Verdingungsordnung für Bauleistungen Teil C: Allg. techn. Vorschriften; Zimmerarbeiten
18338		9.84	–; Dachdeckungsarbeiten
18339		9.84	–; Klempnerarbeiten
18384		8.74	–; Blitzschutzanlagen
18460		9.78	Regenfalleitungen außerhalb von Gebäuden und Dachrinnen; Begriffe, Bemessungsgrundlagen
E		8.85	

Fortsetzung s. nächste Seite

DIN-Normen, Fortsetzung

DIN-Nr.		Ausgabe-Datum	Titel
18461		9.78	Hängedachrinnen, Regenfallrohre außerhalb von Gebäuden und Zubehörteile aus Metall
E		8.85	
18469		8.76	Hängedachrinnen aus PVC; Technische Anforderungen, Prüfung
E		2.87	– aus weichmacherfreiem PVC; Anforderungen, Prüfungen
18530		3.87	Massive Deckenkonstruktionen; Planung und Ausführung
V 18531		2.87	Dachabdichtungen; Begriffe, Anforderungen, Planungsgrundsätze
18807	T1	6.87	Trapezprofile im Hochbau; Stahltrapezprofile; Allgemeine Anforderungen, Ermittlung der Tragfähigkeitswerte durch Berechnung
	T2	6.87	–; Stahltrapezprofile; Durchführung und Auswertung von Tragfähigkeitsversuchen
	T3	6.87	–; Stahltrapezprofile; Festigkeitsnachweis und konstruktive Ausbildung
50976		3.80	Korrosionsschutz; Durch Feuerverzinken auf Einzelteile aufgebrachte Überzüge; Anforderungen und Prüfung
52117		3.77	Rohfilzpappe; Begriff, Bezeichnung, Anforderungen
52123		8.85	Prüfung von Bitumen- und Polymerbitumenbahnen
52130		8.85	Bitumen-Dachdichtungsbahnen; Begriffe, Bezeichnung, Anforderungen
52131		8.85	Bitumen-Schweißbahnen; Begriffe, Bezeichnung, Anforderungen
52132		8.85	Polymerbitumen-Dachdichtungsbahnen; Begriffe, Bezeichnung, Anforderungen
52133		8.85	– -Schweißbahnen; Begriffe, Bezeichnung, Anforderungen
52141		12.80	Glasvlies als Einlage für Dach- und Dichtungsbahnen; Begriff, Bezeichnung, Anforderungen
52143		7.80	Glasvlies-Bitumendachbahnen; Begriff, Bezeichnung, Anforderungen
59610		1.67	Bleche aus Blei; Maße
68120		8.68	Holzprofile; Grundformen
68140		10.71	Holzverbindungen; Keilzinkenverbindungen als Längsverbindung
68365		11.57	Bauholz für Zimmerarbeiten; Gütebedingungen
68705	T1	7.81	Sperrholz; Begriffe, allgemeine Anforderungen, Prüfung
68800	T1	5.74	Holzschutz im Hochbau; Allgemeines
	T2	1.84	–; Vorbeugende bauliche Maßnahmen
	T3	5.81	–; Vorbeugender chemischer Schutz von Vollholz
E		2.87	
	T4	5.74	–; Bekämpfungsmaßnahmen gegen Pilz- und Insektenbefall
E		7.86	
	T5	5.78	–; Vorbeugender chemischer Schutz von Holzwerkstoffen

1.12 Literatur

[1] Arbeitsgemeinschaft Holz e.V.: Informationsdienst Holz, Druckschriften 1983–86
[2] Balkowski, F.D.: Das geneigte Dach. In: Deutsche Bauzeitung 6/80
[3] Braas Flachdachhandbuch für Planung und Ausführung. Frankfurt/M. 1987
[4] Brennecke, Volkerts, Haferland, Hart: Dachatlas (Geneigte Dächer) München 1975

[5] Doppler, C.: Dachdämmungen als Auflegesystem bei geneigten Dachkonstruktionen. In: DBZ 6/86

[6] –: Ausbau geneigter Dächer, Wärmetechnik über, zwischen und unter den Sparren. In: DAB 2/85

[7] –: EPS-Auflegesysteme für geneigte Dächer. In: Bauen mit Kunststoffen 5/83

[8] Ebbers, J.: Wärmegedämmte, energiesparende Dächer. In: DBZ 2/85

[9] –: Funktionstüchtiger Dachausbau: In: Detail 12/83

[10] –: Wärmedämm- und Lüftungsschichten bei ausgebauten Dächern. In: Der Architekt 5/84

[11] Fachschriften des Dachdeckerhandwerkes: Regeln für Deckungen mit Schiefer. Berlin 1982

[12] –: Richtlinien für die Planung und Ausführung von Dächern mit Abdichtungen (Flachdachrichtlinien) Berlin 1982

[13] Gockel, H.: Chemischer Holzschutz – Weltanschauung oder technische Notwendigkeit. In: DBZ 9/85

[14] Götze, H.: Die Wärmeschutzverordnung und das geneigte Dach. In: Kunststoffe im Bau 1/84

[15] v. Halasz, R.: Holzbautaschenbuch. Berlin–München–Düsseldorf 1986

[16] Hardell, M.: Abdichtung von Leichtdächern. In: Deutsche Bauzeitung 8/80

[17] Hempel, G.: Sparren und Kehlbalkendächer, Karlsruhe 1973

[18] Hoch, E.: Flachdächer, Flachdachschäden. Köln 1981

[19] –: Flachdächer, Konstruktions- und Funktionsschichten, Konstruktionsschwächen, Schadensverhütung. Köln-Braunsfeld 1981

[20] Informationsdienst für neuzeitliches Bauen: Schriftenreihe d-extrakt

[21] Kakrow, H.: Bituminöse Flachdächer mit Begrünung. In: Schwarz auf Weiß. Hrsg. Industrieverband bituminöse Dach- und Dichtungsbahnen e.V. Frankfurt/M. 1980

[22] Klaassen, H.: Leichte Dachgärten durch leichte Baustoffe. In: Moderne Flachdachtechnik. Stuttgart 1976

[23] Koncz, T.: Handbuch der Fertigteilbauweise, Dach- und Deckenelemente. Berlin–Wiesbaden 1973

[24] Liesecke, H.-J.: Funktionsgerechter Aufbau von Dachbegrünungen. In: Das Gartenamt **5** (1979)

[25] Lufsky, K.: Bauwerksabdichtungen. Bitumen und Kunststoffe in der Abdichtungstechnik. Stuttgart 1983

[26] Mannes, W.: Dachkonstruktionen in Holz, Stuttgart 1981

[27] Meyer-Bohe, W.: Elemente des Bauens – Dächer. Stuttgart 1975

[28] Moritz, K.: Flachdachhandbuch. Wiesbaden 1975

[29] Niemer, U.: Planung und Konstruktion von Terrassen und Balkonen. In: Fliesen + Platten **10** (1980)

[30] Rheinzink GmbH: Rheinzink® – Anwendung im Hochbau. Datteln 1986

[31] Schild, Oswald, Rogier, Schweikert: Bauschadenverhütung im Wohnungsbau; Schwachstellen; Flachdächer, Dachterrassen, Balkone. Wiesbaden–Berlin 1981

[32] Schmid, J. und Sewald, F.: Dachflächenfenster. In: DAB 10/86

[33] Sell, J.: Vorbeugender Holzschutz durch bauliche und konstruktive Maßnahmen. In: das bauzentrum 3/83

[34] Stahlbau Arbeitshilfen für Architekten und Ingenieure. Hrsg.: Deutscher Stahlbauverband, Köln 1982–1987

[35] Wagner, H.: Gibt es feuchtigkeitstechnische Probleme bei fehlender Hinterlüftung zwischen Wärmedämmung und Dacheindeckung? In: wksb 18/84

[36] Zentralverband des Deutschen Dachdeckerhandwerkes: Regeln für Dachdeckungen mit Dachziegeln und Dachsteinen. Köln-Braunsfeld 1985

[37] Zimmermann, G.: Dächer mit Dachdeckung über ausgebautem Dachgeschoß – feuchte- und wärmetechnische Gesichtspunkte. In DAB 12/82

[38] –: Flachdächer mit genutzter Oberfläche. Deutsches Architektenblatt 10/81

2 Schornsteine (Kamine) und Lüftungsschächte

2.1 Allgemeines

Hausschornsteine dienen dazu, Verbrennungsgase von Feuerstätten fester oder flüssiger Brennstoffe („Rauchschornsteine") oder gasförmiger Brennstoffe („Abgasschornsteine") so über Dach abzuführen, daß Luftverunreinigungen durch Schadstoffe wie Ruß, Kohlenmonoxyd oder Zersetzungsprodukte von Öl auf ein Mindestmaß beschränkt bleiben. Durch heiße Abgase dürfen weder die Schornsteine selbst noch angrenzende Bauteile gefährdet werden.

Die beim Verbrennungsvorgang entstehenden heißen Abgase haben ein geringeres spezifisches Gewicht als die umgebende Außenluft. Sie erhalten dadurch nach dem Archimedischen Prinzip einen Auftrieb mit einer Strömungsgeschwindigkeit, die abhängig ist von

— Temperaturdifferenz zwischen Abgas- und entsprechender Außenluftsäule,

— Höhe der Luftsäulen,

— Frischluftzustrom zur Feuerungsanlage,

— Strömungs- und Reibungswiderständen in Feuerungsraum und Schornstein,

— Abkühlung der Abgase innerhalb des Schornsteins.

Mit der Abgassäule muß eine entsprechende Zuluftsäule nach dem Prinzip der „kommunizierenden Röhren" einen Kreislauf bilden können (Bild **2**.1).

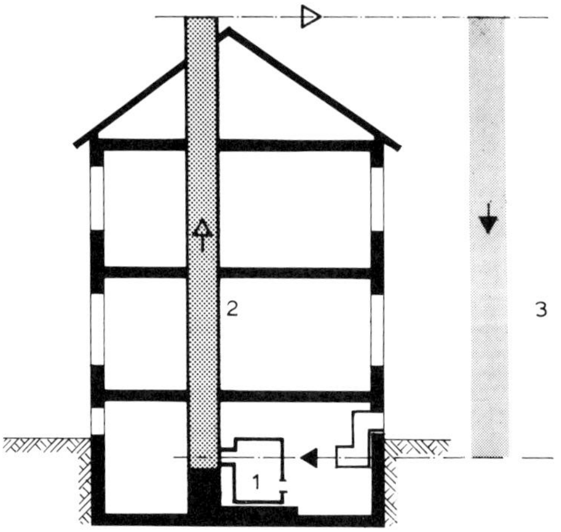

2.1
Funktionsschema eines Schornsteines

1 Feuerstätte
2 Abgassäule („warm, leicht") mit Auftrieb
3 äquivalente Außenluftsäule („kühler, schwerer")

Deshalb muß bei der Planung von Schornsteinen besonders beachtet werden:

— Abgasart (Art der Brennstoffe),

— Abgasmenge (abhängig von der Wärmeleistung der Heizungsanlage),

— Abgastemperatur (thermische Beanspruchung des Schornsteinmaterials),

— Betriebsart (z. B. gleichmäßiger Dauerbetrieb oder Intervallbetrieb),

— Lage (Beeinflussung der Abgasführung durch Dachform, benachbarte Gebäude u. ä.),

— Überwachung und Reinigung, Zuluft.

2.1.1 Allgemeine Bauvorschriften

Einbau und Konstruktion von Schornsteinen sind in DIN 18160 und den Landesbauordnungen durch verschiedene Einzelvorschriften geregelt, die im Rahmen dieser Abhandlung nur in den wichtigsten Teilen erwähnt werden können.

An einen eigenen Schornstein ist anzuschließen (DIN 18160):

- jede Feuerstätte mit einer Nennwärmeleistung von mehr als 20 kW, bei Gasfeuerstätten von mehr als 30 kW,
- jede Feuerstätte in Gebäuden mit mehr als 5 Vollgeschossen,
- jeder offene Kamin oder andere offene Feuerstätte,
- jede Feuerstätte mit Brenner mit Gebläse,
- jede Feuerstätte, der die Verbrennungsluft durch dichte Leitungen so zugeführt wird, daß ihr Feuerraum gegenüber dem Aufstellraum dicht ist,
- jede Feuerstätte in Aufstellräumen mit ständig offener Verbindung zum Freien,
- Sonderfeuerstätten gemäß DIN 18160, Abschn. 5.3.6.

An einen gemeinsamen Schornstein dürfen angeschlossen werden:

- bis drei Feuerstätten für feste oder flüssige Brennstoffe mit einer Nennwärmeleistung von je höchstens 20 kW oder bis drei Gasfeuerstätten mit einer Nennwärmeleistung von je höchstens 30 kW (vgl. DIN 18160 Abschn. 5.3.2).

Gasfeuerstätten dürfen nicht an Schornsteine mit Feuerstätten für feste oder flüssige Brennstoffe angeschlossen werden.

Die Schornsteinhöhe wird im allgemeinen von der Gebäudehöhe bestimmt, wenn nicht freistehende Schornsteinanlagen (s. Bilder **10**.24 und **10**.25) eine unabhängige Höhe ermöglichen. Die Mindesthöhe (Abstand Feuerungsebene-Schornsteinmündung) beträgt 4 m nach DIN 18160. Sie ist im übrigen abhängig von der Wärmeleistung der Heizanlage sowie der Querschnittsgröße und -form des Abgasrohres.

Die Schornsteinmündung ist für geneigte Dächer möglichst am First vorzusehen und muß die höchste Dachkante bei Dachneigungen von mehr als 20° um mindestens 40 cm, bei Weichdächern (mit Stroh- oder Reetdeckung) mindestens um 80 cm überragen.

Von Dachflächen, die weniger als 20° geneigt sind, müssen Schornsteinmündungen einen Abstand von mindestens 1 m haben. Wenn Dächer eine allseitig geschlossene Brüstung haben (z. B. Attika von Flachdächern), muß die Schornsteinmündung 1 m über der Oberkante der Brüstung liegen. Bei Flachdächern ist in derartigen Brüstungen mit mehr als 50 cm Höhe durch Öffnungen o. ä. dafür zu sorgen, daß gefährliche Abgasansammlungen über der Dachfläche ausgeschlossen werden (Bild **2**.2).

Von Fenstern und Balkonen müssen Schornsteinmündungen einen ausreichend großen Abstand haben, der Belästigungen durch Abgase ausschließt.

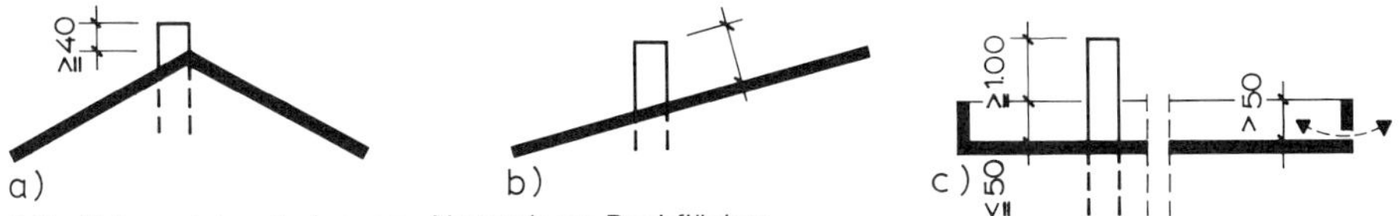

2.2 Schornsteinmündungen: Abstand von Dachflächen
a) Dachneigung ≥20°
b) Dachneigung ≤20°
c) Flachdächer mit allseitig geschlossenen Aufkantungen

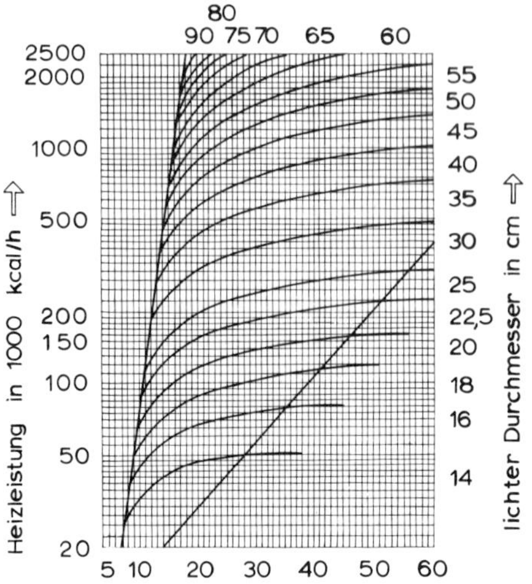

2.3
Querschnittstabelle für vorgefertigte Schornsteine (nach Unterlagen der Fa. Schiedel)

Querschnittsbemessung für Kessel mit Zugbedarf nach DIN 4702 bei Öl- und Gasfeuerung

Der lichte Schornstein-Querschnitt ist rund, quadratisch oder – nicht so günstig – rechteckig. Der Mindestquerschnitt ist 100 cm² für Schornsteine aus Formsteinen und 140 cm² bei gemauerten Schornsteinen. Die kleinste Seitenlänge rechteckiger Querschnitte muß 10 cm (bei gemauerten Schornsteinen 13,5 cm) betragen.

Für Regelfälle kann der erforderliche Schornstein-Querschnitt bauaufsichtlich geprüften Tabellen oder Diagrammen der Hersteller von vorgefertigten Schornsteinen entnommen werden (Bild **2**.3). Im übrigen ist er nach DIN 4705 zu ermitteln.

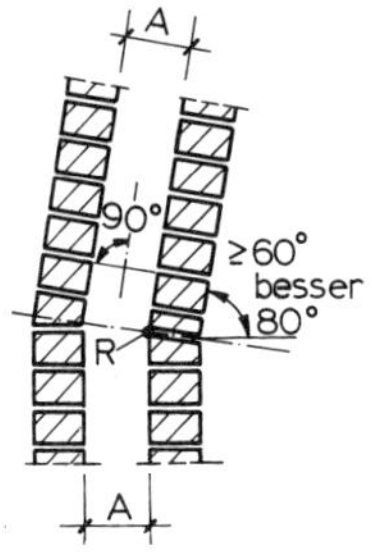

2.4 Gezogener gemauerter Schornstein mit gleichbleibendem Rohrquerschnitt

Rundstahl R verhindert das Einschneiden der Besenleine

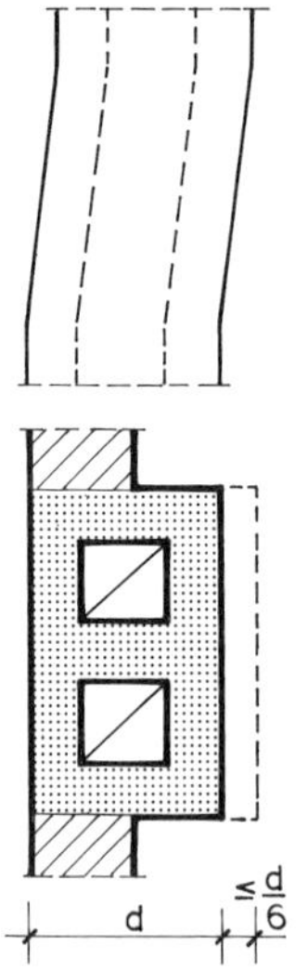

2.5 Ohne Unterstützung gezogene Schornsteine

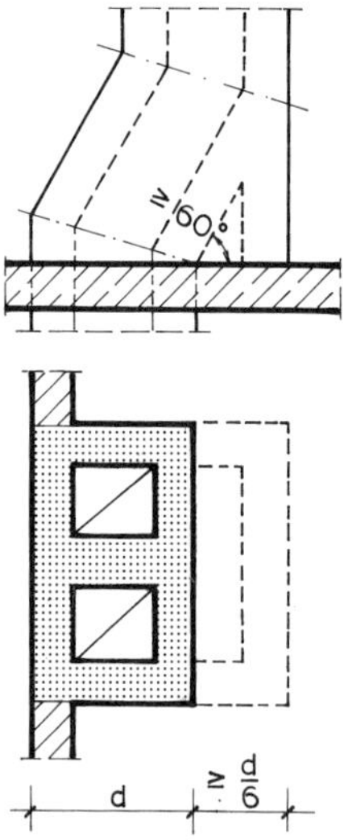

2.6 Unterstützung eines gezogenen Schornsteines durch „Schulterwange". Sie ruht auf der für die Last besonders berechneten Decke

Die Schornsteine sind ohne Querschnittsänderungen senkrecht hochzuführen. Ein „Ziehen" (bis zu 60° gegen die Waagerechte) ist ohne Querschnittsänderung nur einmal zulässig (Bild **2.**4). Bei Schornsteinen aus Formstücken nach DIN 18150 dürfen für die Knickstellen nur besonders geformte Winkelstücke verwendet werden.

Bei geringfügigem Verziehen brauchen Schornsteine nicht besonders abgestützt zu werden (Bild **2.**5). Bei größeren Verziehungen muß eine Abstützung auf nichtbrennbare tragende Bauteile vorgesehen werden (Bild **2.**6).

Wenn irgend möglich, sollte das Verziehen von Schornsteinen jedoch vermieden werden, denn abgesehen vom baulichen Mehraufwand wird die Schornsteinleistung verringert, der Rußansatz begünstigt und die Brandgefahr erhöht.

Schornsteine sind aus feuerbeständigen Baustoffen herzustellen, und die über Dach oder unverputzt im Freien liegenden Schornsteinteile müssen frostbeständig sein. Schornsteine müssen auf tragfähigem Baugrund mit entsprechenden Fundamenten gegründet oder auf feuerbeständigen Bauteilen aufgesetzt sein. Für dünnwandige Abgasschornsteine genügt eine Unterstützung aus nicht brennbaren Baustoffen. Müssen Schornsteine oder Feuerungsanlagen bei hohen zu erwartenden Temperaturbelastungen auf bindigen Böden gegründet werden, muß durch Wärmedämmung ein Austrocknen und die damit verbundene Volumenverringerung des Untergrundes verhindert werden, weil es sonst zu erheblichen Setzungen der Fundamente kommen kann.

Schornsteine müssen bereits ohne Oberflächenbehandlung (z. B. Putz) gasdicht sein.

Innere Oberflächen dürfen nicht beschichtet sein.

Die Schornsteinwangen dürfen durch andere Bauteile, wie Decken und Unterzüge, nicht unterbrochen oder belastet werden. Bei Schornsteinen, die mit einer feuerbeständigen und feuerbeständig unterstützten Wand im Verband gemauert sind, dürfen Massivdecken mit Querversteifung aufgelagert werden, wenn die Wange in $\geqq$ 11,5 cm Dicke im Deckendurchbruch erhalten bleibt.

Schornsteine sind unter Dach in Abständen von $\leqq$ 3 m Höhe auszusteifen, wenn sie nicht mit anschließenden Wänden aus denselben Baustoffen gleichzeitig im Verband hochgeführt werden. Gemauerte Schornsteine, die ohne Verband mit anschließenden Wänden errichtet und nicht mindestens alle 5 m ausgesteift sind, müssen 24 cm dicke Wangen erhalten.

Schornsteine dürfen in tragende oder aussteifende Wände nur dann eingreifen, wenn dadurch die statische Wirksamkeit dieser Wände nicht beeinträchtigt wird.

Anschlüsse von Feuerstätten an die Schornsteine sind mit Verbindungsstücken möglichst unter einem Winkel von 45° auszuführen. Dabei sind entsprechende Anschluß-Formstücke zu verwenden. Müssen ausnahmsweise nachträglich Anschlußstellen ausgeführt werden, dürfen die erforderlichen Aussparungen nur durch Bohren oder mit Hilfe von Trennscheiben o. ä. hergestellt werden.

Stemmarbeiten aller Art sind an Schornsteinen nicht zulässig!

Zur Reinigung müssen Schornsteine an der Rauchrohrsohle mindestens 20 cm unter dem letzten Feuerstättenanschluß und – wenn eine Reinigung von der Mündung aus nicht vorgesehen werden kann – im Dachraum mindestens 10 cm × 18 cm große, dicht verschließbare, wärmegedämmte Reinigungsöffnungen mit bauaufsichtlichem Prüfzeichen haben (Bild **2.**7).

Für die Reinigung vom Schornsteinkopf aus muß ein entsprechender, sicherer Zugang mit einer mindestens 42 cm × 52 cm großen, seitlich zu öffnenden Ausstiegsklappe in der Dachfläche vorhanden sein. Neben der Schornsteinmündung sind sicher begehbare

Standroste gemäß DIN 18160 T5 auf dem Dach notwendig. (Konstruktive Einzelheiten s. Abschn. 1.7.1.)

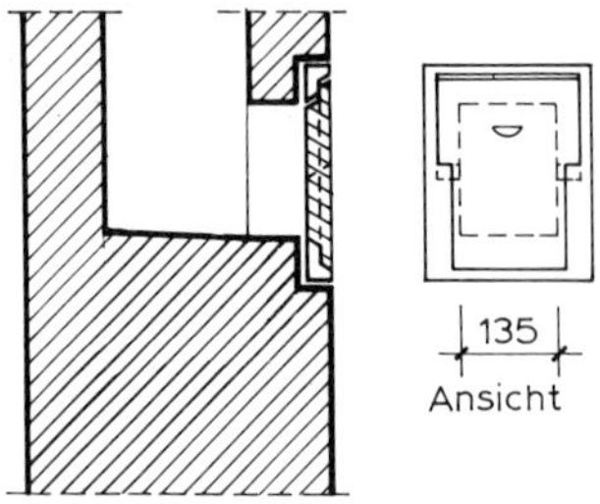

2.7
Schornstein-Reinigungsöffnung

Sie müssen mindestens 25 cm breit sein und müssen unterhalb des Firstes liegen. Wenn Laufstege höher als 2 m über Dachflächen liegen, müssen sie mindestens auf einer Seite ein Geländer haben. Standflächen an Kaminköpfen dürfen nicht tiefer als 1,50 m unter der Schornsteinmündung bzw. der Reinigungsöffnung liegen und müssen ein Mindestmaß von 25 cm × 40 cm aufweisen.

2.1.2 Brandschutz

Nach DIN 18160 T1 Abschn. 7.3 müssen die Außenflächen von Schornsteinen ≧ 5 cm von Bauteilen aus brennbaren oder schwer entflammbaren Baustoffen (z. B. Konstruktionshölzern) entfernt bleiben (Bild **2.8**). Wenn der Zwischenraum belüftet ist, genügt ein Abstand von 2 cm. Bei dünnwandigen Abgas-Schornsteinen, z. B. Stahl-Schornsteinen, ist der Abstand auf ≧ 40 cm zu erhöhen, wenn nicht ein besonderer Schutz gegen strahlende Wärme vorgesehen wird. Nichttragende Bauteile aus brennbaren oder schwer entflammbaren Baustoffen (z. B. Fußböden, Fußleisten, Dachlatten) können – ausgenommen bei dünnwandigen und Stahlschornsteinen – mit kleinen Flächen an frei zugänglichen Stellen unmittelbar an die Schornstein-Außenfläche herangeführt werden.

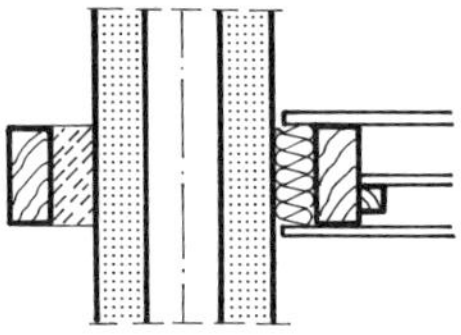

2.8 Schnitt durch Schornstein und Holzbalkendecke, Hinterfüllung mit nicht brennbarer Mineralwolle oder Beton

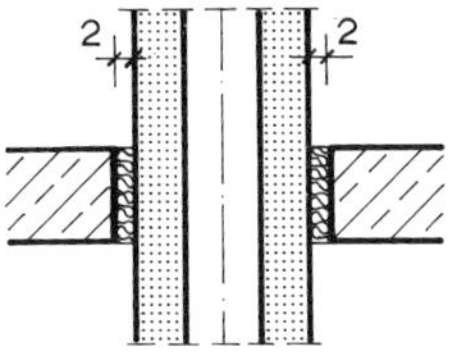

2.9 Schornsteinführung durch Stahlbetondecke; nicht brennbare Dämmplatte in senkrechter Fuge

Bauteile aus nichtbrennbaren Baustoffen dürfen an Schornstein-Außenflächen unmittelbar anstoßen. Von nicht im Verband gemauerten (Formteil-)Schornsteinen müssen sie ≧ 2 cm entfernt bleiben, Zwischenräume bis zu 10 cm und Zwischenräume in den Deckendurchbrüchen sind mit nichtbrennbaren, dicht und ausreichend wärmedämmenden Baustoffen voll auszumauern oder auszufüllen (Bild **2.9**). Die Zwischenräume sind (z. B. mit mineralischen Faserdämmstoffen nach DIN 18165) fest und so auszufüllen, daß insbesondere Höhenänderungen der Schornsteine nicht behindert werden, die obenerwähnte Aussteifung aber wirksam bleibt.

Schornsteine in Hochhäusern müssen von Decken und Wänden durch mind. 3 cm dicke Fugen getrennt sein, die mit elastischen, nichtbrennbaren Baustoffen ausgefüllt sind.

2.1.3 Wärmeschutz

Moderne, energiesparende Heizungsanlagen mit hohem Wirkungsgrad der Kessel haben teilweise sehr niedrige Abgastemperaturen. In den Abgasen der üblichen Brennstoffe sind neben Stickstoff aus der Verbrennungsluft und Ruß aus unverbranntem Kohlenstoff vor allem Kohlenmonoxid (CO_2), Schwefeldioxid (SO_2) und Wasser (H_2O) enthalten. Die Abgase von 1 kg Heizöl enthalten etwa 1,5 kg Wasserdampf, von 1 m^3 Heizöl etwa 1,5 kg Wasserdampf. Insbesondere wenn sich die Rauchgase auf ihrem Weg durch den Schornstein weiter abkühlen, kommt es bei Temperaturen von 40 bis 45 °C zur Kondensatbildung, und das als Dampf im Rauchgas enthaltene Wasser schlägt sich vor allem im Bereich des Schornsteinkopfes nieder. Bei dem üblichen intermittierenden Betrieb der Heizungsanlagen kann der Schornstein bei ausreichender Durchlüftung austrocknen. Energiesparende Abgasklappen oder Luftabsperrklappen an den Öl- oder Gasbrennern behindern aber sehr oft diese notwendige Austrocknung. Besonders bei Ölheizungen verbindet sich im Laufe der Zeit die sich ansammelnde Feuchtigkeit mit den SO_2-Anteilen der Abgase zu schwefliger Säure, die – auch in Verbindung mit Frosteinwirkung – die Baustoffe des Schornsteines angreift und allmählich durchdringt, und es kommt zur „Versottung" des Schornsteines. Diese Gefahr besteht besonders auch bei falsch bemessenen – zu großen – Schornsteinquerschnitten. Auch wenn Heizungsanlagen z. B. von Öl auf Gasfeuerung umgestellt werden, wird vielfach die Überprüfung der Schornsteindimensionen vernachlässigt.

Alle Schornsteinanlagen müssen also sorgfältig auf die gesamte Heizungsanlage abgestimmt und nach DIN 4705 berechnet sein, damit den zu erwartenden Belastungen durch entsprechende konstruktive Maßnahmen begegnet werden kann.

Hierzu gehört in erster Linie ein ausreichender Wärmeschutz des Schornsteines, insbesondere des Schornsteinkopfes, damit die Abgastemperaturen möglichst nicht die kritischen Grenzen zur Kondensatbildung erreichen (etwa 50 °C für Wasserdampf, etwa. 100 bis 130 °C für Säuren je nach Verbrennung und Brennstoffqualität).

Nach DIN 18160 müssen alle in Gebäuden verwendete Schornsteine in 3 Wärmedämmgruppen eingeordnet werden:

Gruppe I: Wärmedurchlaßwiderstand $> 0{,}65\ m^2K/W$ (entsprechende Werte erreichen die meisten mehrschaligen Schornsteinsysteme, s. Abschn. 2.2.3)

Gruppe II: Wärmedurchlaßwiderstand $> 0{,}22$ bis $0{,}64\ m^2K/W$ (z. B. isolierte Edelstahlschornsteine ohne Ummauerung)

Gruppe III: Wärmedurchlaßwiderstand $< 0{,}21\ m^2K/W$ (gemauerte und einschalige Formsteinschornsteine s. Abschn. 2.2.2 und 2.2.4).

Vorgefertigte Schornsteinsysteme müssen durch amtliche Prüfgutachten entsprechend beurteilt sein.

Bei der Auswahl des Schornsteines ist zu beachten, daß Schornsteine der Gruppe I immer erforderlich sind

- bei dicht schließenden Abgas-Absperrvorrichtungen sowie bei Öl- und bei Gas-Gebläsefeuerungen,
- bei außen am Gebäude liegenden Schornsteinen,
- bei Schornsteinen für Sonderfeuerstätten wie z. B. Abfallverbrennungsanlagen,
- bei Schlankheiten des Schornsteines > 100 (z. B. Schornsteininnenmaß 14 cm, Schornsteinhöhe > 14 m).

Wangen von Schornsteinen für Feuerstätten, die regelmäßig ganzjährig betrieben werden, müssen gegenüber Aufenthaltsräumen einen Wärmedurchlaßwiderstand haben, der mindestens der Wärmedurchlaßwiderstandsgruppe II entspricht. Dies gilt nicht, wenn die angeschlossenen Feuerstätten ganzjährig nur zur Warmwasserbereitung für nicht mehr als eine Wohnung betrieben werden.

Die Oberflächen tragender Wände, Pfeiler und Stützen aus Beton oder Stahlbeton dürfen nicht auf mehr als 50 °C erwärmt werden können.

Im übrigen muß durch rechnerischen Nachweis gemäß DIN 4705 nachgewiesen werden, daß auf der Schornsteininnenseite die Oberflächentemperatur an der Mündung unterhalb der Wasserdampf-Taupunkttemperatur liegt.

Die früher üblichen gemauerten einschaligen Schornsteine (Bild **2.**10) sowie ein- oder zweischalige Schornsteine aus Formsteinen (Bild **2.**11) kommen somit nur noch für Einzel-Ofenheizungen, offene Kamine o. ä. in Betracht. Im übrigen werden mehrschalige Systeme eingesetzt, die ganz oder teilweise vorgefertigt sind (Bild **2.**12). Sie bestehen in der Regel aus einem Schamotte-Innenrohr (auch mit Spezialbeschichtungen und Innenglasur), Wärmedämmschichten aus nicht brennbaren Mineralwolleplatten (auch Vermiculite o. ä. als Dämmörtel oder Verfüllung) und aus Leichtbeton-Mantelsteinen, die gleichzeitig auch Lüftungskanäle enthalten können.

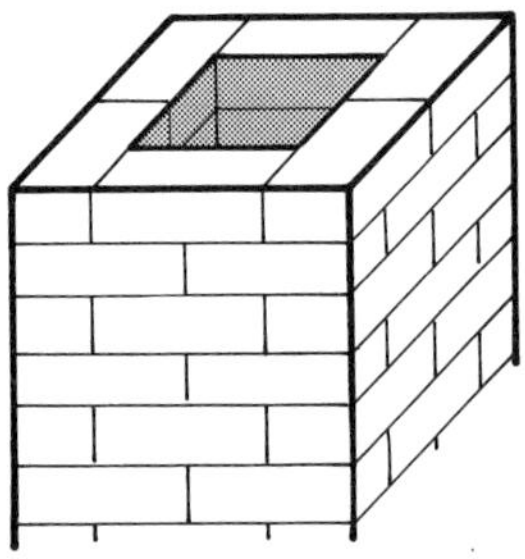

2.10 Einschaliger Schornstein, gemauert

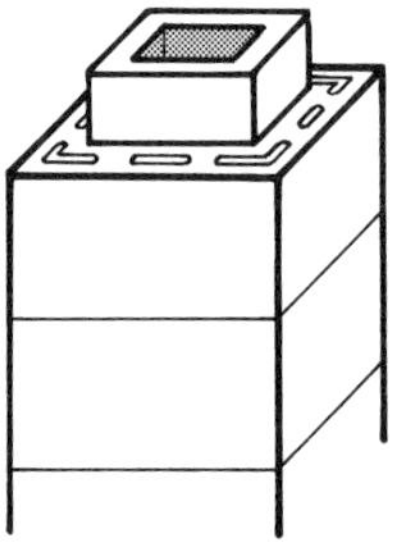

2.11 Zweischaliger Schornstein, Formsteine mit Hohlräumen

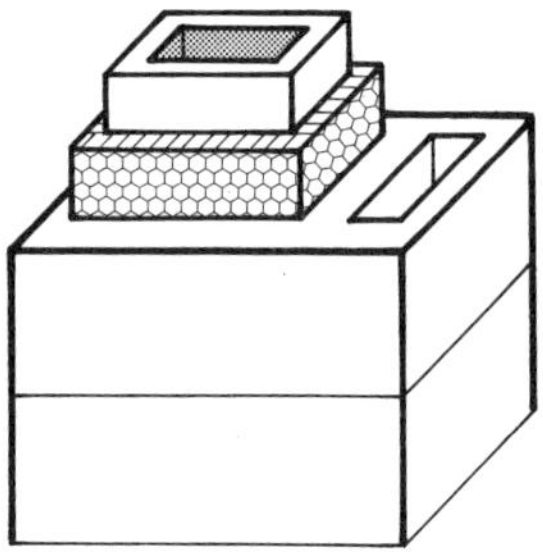

2.12 Dreischaliger Schornstein (Mantel-Formstein enthält Lüftungskanäle für Entlüftung des Heizraumes)

2.1.4 Schornsteinkopf

Der Schornsteinkopf muß gegen Wärmeverlust aber auch gegen Witterungseinflüsse, insbesondere gegen Schlagregen geschützt werden.

Bei handwerklicher Ausführung wird eine Vorsatzschale aus sorgfältig verfugten Vormauersteinen (VMz) oder Klinkern (KMz) auf einer unterhalb der Dachhaut eingebauten Formsteinplatte aufgemauert (s. Bild **2.**13).

Den Übergang zur Dachdeckung bildet eine „Einfassung" aus Zinkblech oder Walzblei, die mit einer dauerelastisch eingedichteten Übergangsleiste („Kappleiste") am Kaminkopf angeschlossen wird. Schornsteinköpfe in Flachdachflächen werden eingedichtet, indem die Dachhaut mindestens 5 cm über die Höhe der Dachränder hochgezogen und mit üblichen Wandanschlußprofilen mit Unterschnitt angeschlossen wird (Bild **2.**1). Der Kaminkopf wird oben abgedeckt mit einer mindestens 8 cm dicken Ortbeton- oder Fertigteilplatte, die bündig mit den Außenflächen abschließen soll. Überstände

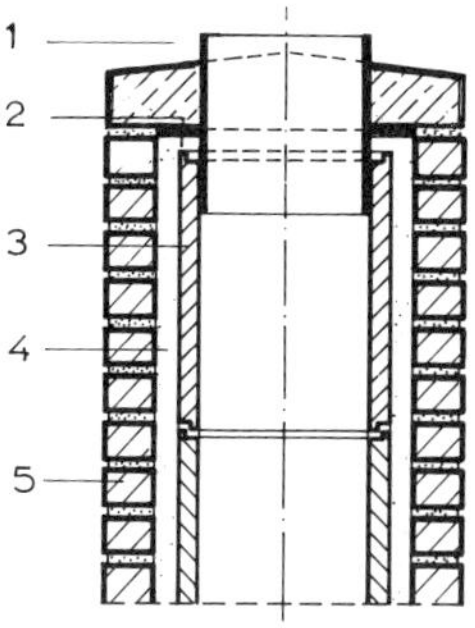

2.13 Ausführung von Kaminköpfen nach DIN 4705

1 Dehnfugenblech (Ausführung auch bündig mit OK-Abdeckplatte)
2 Dehnfuge
3 Schamotte-Rauchrohr (auch glasierte Ausführung)
4 Wärmedämmung
5 Ummantelung mit sorgfältig verfugtem Klinkermauerwerk (nur Vollsteine!)

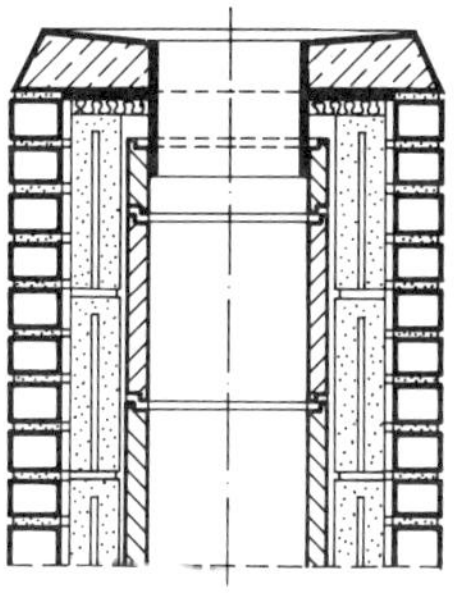

2.14 Abdeckplatte mit Gefälle nach innen (Ausführung nicht zu empfehlen!)

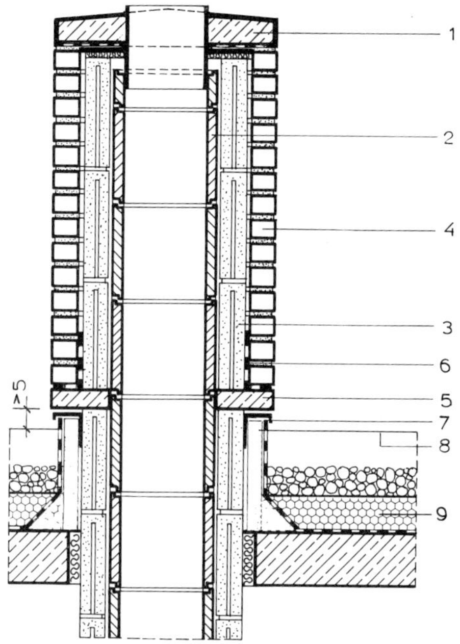

2.15 Schornsteinkopf in Flachdachfläche

1 Kaminkopf-Abdeckung mit Dehnfugenblech und Dichtungsschicht
2 Schamotte-Rauchrohr
3 Mantelsteine, wärmedämmend
4 Ummantelung mit Vollsteinen
5 Kragplatte
6 Abdichtung
7 Flachdachabdichtung mit Wandanschlußprofil
8 OK-Randprofil
9 Flachdachaufbau (Umkehrdach)

verursachen Luftwirbel und können zu Stauungen im Abgasstrom führen. Den Übergang zwischen Abgasrohr und Abdeckplatte bilden Dehnfugenbleche, die die Längenausdehnungen innerhalb des Schornsteines ermöglichen. Erfahrungsgemäß muß bei Hausschornsteinen mit Längenänderungen von etwa 1 mm je steigendem Meter Schornsteinhöhe gerechnet werden.

Auch bei sorgfältiger Ausführung entsteht insbesondere zwischen großen betonierten Schornsteinabdeckungen und dem Mauerwerk des Schornsteinkopfes leicht ein Riß durch temperaturbedingte Längenänderungen und durch Schüsselung der Platte. Hier kann Schlagregenwasser eindringen und leicht seinen Weg bis zur Wärmedämmung des Schornsteinkopfes finden. Es empfiehlt sich daher, vor dem Betonieren den fertig gemauerten Schornsteinkopf oben zunächst mit einer Dichtungsschlämme zu behandeln. Auch eine abdichtende Zwischenlage mit einer Bitumen-Dachdichtungsbahn kann einen sicheren Übergang bis zum Dehnfugenblech bilden.

Die Fuge zwischen Kaminkopfmauerwerk und Abdeckplatte ist dauerelastisch abzudichten.

Vielfach wurde die Abdeckplatte des Schornsteinkopfes mit leichtem Gefälle zum Rauchrohr ausgeführt, um Verschmutzungen des Schalenmauerwerkes durch vom Regen heruntergespülte Rußablagerungen zu vermeiden (Bild **2**.14). Diese Ausführungsart führt natürlich zu vermehrter Durchfeuchtung im oberen Teile des Rauchrohres und kann daher nicht mehr empfohlen werden. Besser ist es, vom Rauchrohr weg leichtes Gefälle zum Außenrand des Kamines vorzusehen.

Bei Schornsteinen in Flachdächern, aber auch bei geneigten Dächern über ausgebauten Dachgeschossen entstehen über die Schornsteinwangen leicht Wärmebrücken zwischen Außen- und Innenraum. Tauwasserbildung im angrenzenden Innenraum wird vermieden, wenn der Schornstein im Bereich der Dachdurchführung zusätzlich wärmegedämmt wird (7 in Bild **2**.15).

Gemauerte Schornsteinköpfe bilden wegen der vielen sorgfältig aufeinander abzustimmenden Arbeitsvorgänge, die auch noch meistens von verschiedenen Auftragnehmern auszuführen sind, und wegen der hohen Beanspruchungen andererseits bereits bei geringfügigen Ausführungsmängel (z. B. Mängel der Verfugung, Risse in den Klinkern oder Verwendung der meistens einfacher zu beschaffenden gelochten Steine, Fehler bei Anschluß und Übergang zur Dachdeckung bzw. Dachabdichtung, Mängel bei der Eindichtung der Kappleisten u. a. m.) sehr oft ärgerliche Schadensquellen.

Sicherer wenn auch kostenaufwendiger ist es daher, die Schornsteinköpfe mit einer hinterlüfteten Bekleidung mit Kupferblech oder Verschieferung auszuführen.

Dabei ist die Verwendung von Holz-Unterkonstruktionen kaum vermeidbar. Wegen der unterschiedlichen Vorschriften bzw. deren unterschiedlicher Bewertung ist eine Absprache mit den zuständigen Bezirksschornsteinfegermeistern sehr ratsam.

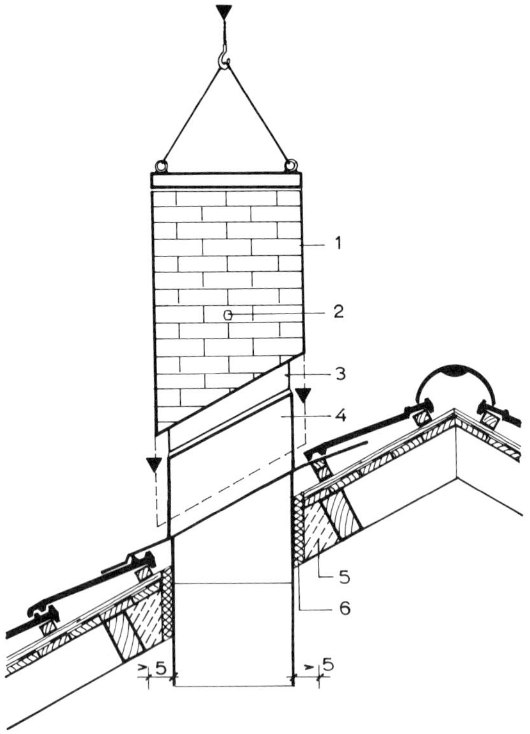

2.16
Vorgefertigter Schornsteinkopf (SCHIEDEL)

1 Vorgefertigter Schornsteinkopf aus Faserbeton mit Verklinkerung
2 Fixierschraube
3 Formteil-Schornstein
4 Zinkblech-Verwahrung
5 Sparrenfeld zwischen den Wechseln ausbetoniert
6 Dämmplatte 2 cm

Die wohl beste Sicherung gegen Ausführungsmängel dürften jedoch vorgefertigte Schornsteinkopfhauben mit verklinkerter, verschieferter oder Betonoberfläche bieten (Bild **2**.16).

Bei größeren Rauchrohrquerschnitten muß Vorsorge gegen Niederschlagwasser getroffen werden, durch Abdeckungen aus korrosionsbeständigen Materialien in mindestens 20 cm über der Rauchrohrmündung, die abklappbar oder so ausgeführt werden, daß sie die Arbeit des Schornsteinfegers nicht behindern. Derartige Abdeckungen können durch die von ihnen bewirkte Querschnittsänderung des Abgasstromes zur Erhöhung der Strömungsgeschwindigkeit beitragen („Meidinger Scheibe").

Derartige Scheiben stehen andererseits im Widerspruch zu den auch in DIN 18160 T1 enthaltenen Forderungen, daß Abgase aus Schornsteinen zur Verminderung der Immissionsbelastung Umgebung so hoch wie möglich ins Freie führen.

Den hohen strömungstechnischen Anforderungen bei Abgasen mit niedrigen Temperaturen kommen Dehnfugenhülsen entgegen, die etwas über die Abdeckplatte herausgezogen sind und dadurch eine scharfe Abrißkante bilden. Der Rauch löst sich dadurch besser vom Schornstein, und der Auftrieb wird verbessert (Bild **2**.13).

2.2 Schornsteine aus Formsteinen

2.2.1 Allgemeines

Aus Rationalisierungsgründen und weil die heute fast durchweg üblichen Zentralheizungsanlagen mit Öl- oder Gasfeuerung durch höhere Abgastemperaturen und Intervallbetrieb die Schornsteinanlagen wesentlich stärker belasten als die früheren Zimmeröfen, werden fast nur noch Schornsteine aus hochbeanspruchbaren, vorgefertigten Formsteinen gebaut.

Schornsteine aus Formsteinen werden ohne Verband neben tragenden oder nichttragenden Wänden errichtet und in der Regel durch die Geschoßdecken ausgesteift. Je nach Fabrikat sind Richtungsänderungen entweder überhaupt nicht oder nur für größere Querschnitte und in Gebäuden mit nicht mehr als 5 Geschossen zugelassen. Dabei sind besondere Formstücke zu verwenden, und die Schornsteine müssen von feuerbeständigen Bauteilen sicher unterstützt sein. In Fertigteilschornsteine dürfen keine Aussparungen für Feuerungsanschlüsse nachträglich gestemmt werden (allenfalls ist Bohren, Fräsen, Einsatz von Schleifscheiben zulässig). Es müssen für Reinigungsöffnungen u. ä. Formteile verwendet werden.

Formstein-Schornsteine werden hergestellt mit rundem, quadratischem oder rechteckigem Rauchrohrquerschnitt, letztere mit ausgerundeten Ecken.

2.2.2 Einschalige Schornsteine aus Formteilen

Einschalige Formsteine bestehen meistens aus Ziegelsplittbeton und werden in verschiedenen Kombinationen von Rauchrohren und Entlüftungsschächten mit muffenartigen Querfugen als Einzeltrommeln mit vermörtelten Stoßfugen (MG II) aufgebaut (Bild **2**.17).

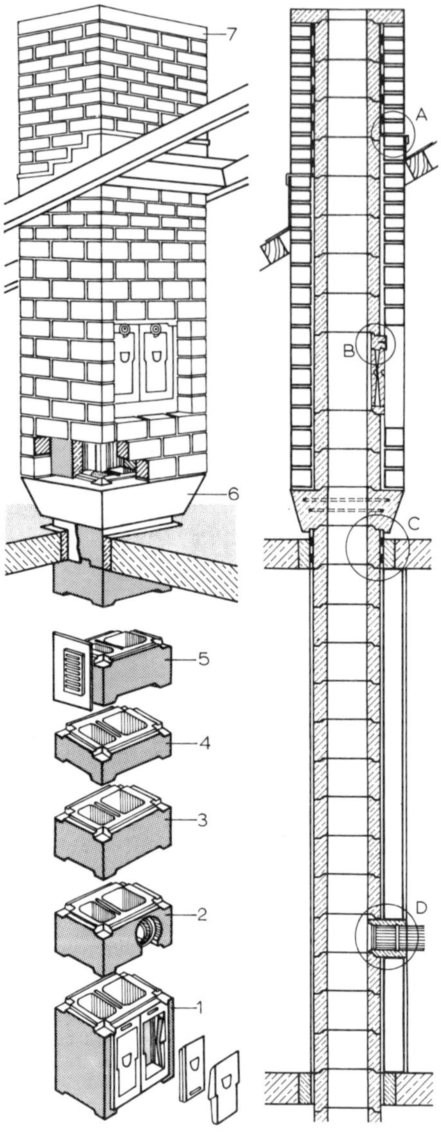

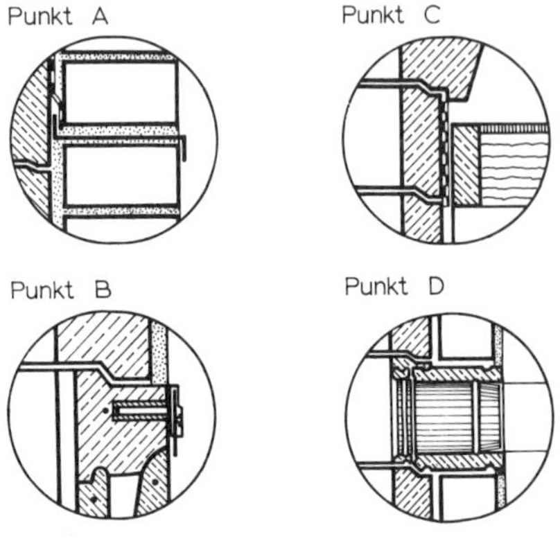

2.17 Einschaliger Formstein-Schornstein (System SCHWENDILATOR)

1 Trommel mit eingeformten Beton-Kamintüren
2 Trommel mit eingeformtem Kombistein DBP für Rauchrohranschluß
3 Normaltrommel, 20 cm hoch
4 Ausgleichstrommel
5 Trommel mit Abluftöffnung
6 Podesttrommel (ermöglicht den Aufbau der Ummantelung)
7 Abdeckplatte

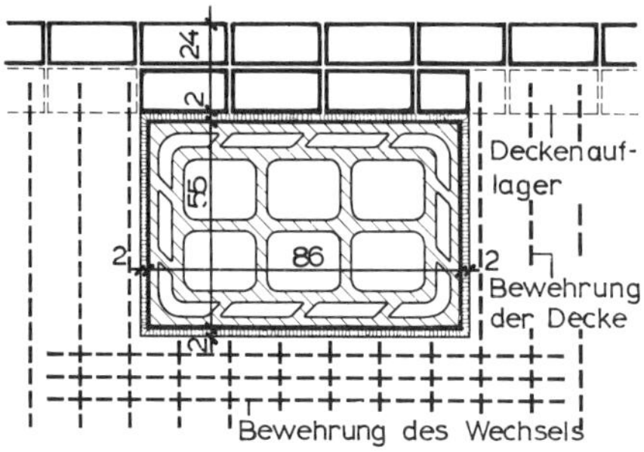

2.18 Zweischaliger Formsteinkamin (System SCHOFER) mit Massivdeckenauswechslung (Fuge durch 2 cm dicke, nicht brennbare Dämmplatte gefüllt)

Einen besseren Schutz gegen Durchfeuchtung bieten einschalige Hausschornsteine aus Leichtbeton (DIN 18150 T1) mit zusätzlichen Luftkammern (Bild **2**.18).

Die Rauchgastemperatur muß jedoch bei einschaligen Schornsteinen in jedem Fall zur Vermeidung unzulässiger Kondensatbildung und der damit verbundenen Versottungsgefahr mindestens 190 °C betragen und darf 400 °C nicht überschreiten. In offenen Dachräumen, in Kalträumen und im Freien über Dach ist eine zusätzliche Wärmedämmung erforderlich.

2.2.3 Mehrschalige Schornsteine aus Formteilen

Mehrschalige Schornsteine haben hochhitzebeständige und chemikalienfeste Abgasrohre aus Leichtbeton, Schamotte, glasierter Schamotte oder Edelstahl.

Die Wärmedämmung besteht aus hochtemperaturbeständigen, nicht brennbaren Mineralwolleplatten. Wegen der schwer kontrollierbaren Ausführungsmängel werden die früher verbreiteten Wärmedämmungen aus erdfeucht eingebrachten Mischungen aus Perlite, Vermiculite und Zement (Mischungsverhältnis 12 : 1) nur noch wenig ausgeführt.

Die Ummantelung kann aus Mauerwerk hergestellt werden, besteht aber meistens aus Leichtbeton-Formsteinen, in die auch Lüftungszüge für die Entlüftung der Heizungsräume mit eingeformt sein können. Die Mantelsteine müssen einen niedrigeren Wasserdampfdiffusionswiderstand haben als die Innenrohre, damit Kondensatausfall zwischen den Schichten vermieden wird (Bild **2**.19).

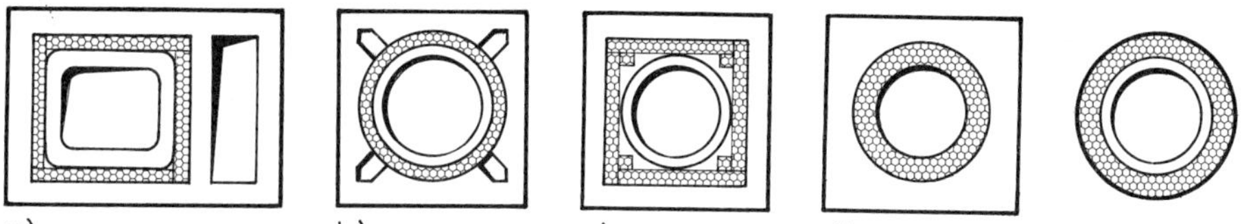

a) b) c) d) e)

2.19 Mehrschalige Schornsteine

a) Isolierschornstein PLEWA-Isomit (vgl. Bild **2**.20)
b) Isolierschornstein mit Hinterlüftung (SCHIEDEL)
c) Isolierschornstein hinterlüftet, feuchtigkeitsunempfindlich
d) Isolierschornstein mit Edelstahl-Innenrohr (SCHIEDEL) (vgl. Bild **2**.21)
e) Isolierschornstein aus Stahl (KA-BE)

Mehrschalige Schornsteine mit Leichtbeton-Innenrohrformstücken (DIN 18147 und DIN 18150) sind geeignet für Feuerstätten für feste und gasförmige Brennstoffe mit Abgastemperaturen von mindestens 190 °C.

Für die meisten modernen Heizungsanlagen kommen jedoch isolierte mehrschalige Schornsteine mit Schamotte-Innenrohren in Frage, die für Abgastemperaturen ab 140 °C geeignet sind (Bild **2**.20).

Bei extrem niedrigen Abgastemperaturen ab ca. 60 °C sind feuchtigkeitsunempfindliche Schamotterohre mit besonderer Zulassung oder glasierte Schamotte-Innenrohre zu verwenden. Die Austrocknung von Schornsteinen, die durch Kondensatbildung besonders beansprucht werden, kann durch Zugregler (DIN 4795) unterstützt werden, die auch während der Stillstandzeiten der Heizung wirksam sind. Anfallendes Kondensat ist in Kondensatschalen aufzufangen. Da es sehr aggressiv ist, darf eine Einleitung in Abflußleitungen nur bei Zwischenschaltung von Neutralisationseinrichtungen erfolgen (Bild **2**.21).

Mehrschalige Schornsteine aus Fertigteilen werden in der Regel stufenweise aus Rauchrohr, Wärmedämmung und Schalenstein errichtet. Die Formstücke sind mit Mörtel MG II gasdicht zu vermauern und so zu versetzen, daß die außenliegende Falzaufkantung nach oben weist, damit Kondensat oder Schlagregenwasser nicht in die Wärmedämmschicht eindringen kann. Bei glasierten Rauchrohren ist säurefester Fugenkitt zu verwenden. Bei Schornsteingruppen müssen die Stoßfugen der Rauchrohre gegeneinander versetzt sein (Bild **2**.22).

Insbesondere im Geschoßwohnungsbau werden zur Rationalisierung geschoßhohe Fertigelemente mit im übrigen gleichem konstruktivem Aufbau verwendet (Bild **2**.23).

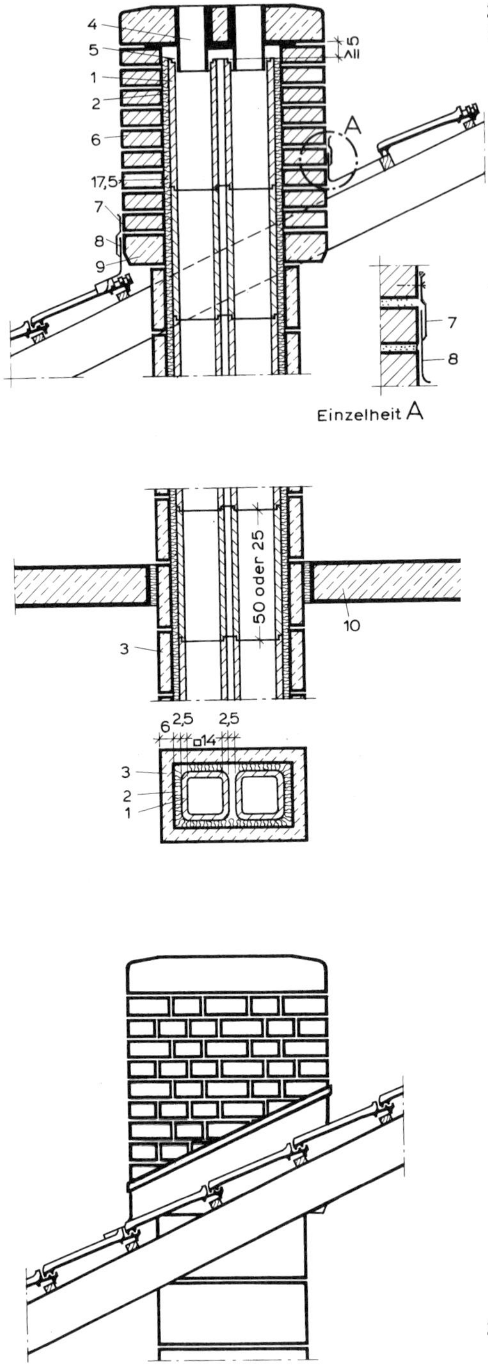

2.20
Mehrschaliger Montageschornstein (PLEWA)

1 Schamotte-Innenrohr
2 Wärmedämmschicht 25 mm
3 Ummantelung 6 cm dicke Formsteine
4 Dehnfugenmanschette aus Edelstahl
5 Ausdehnungsraum für Schamotte-Innenrohr
6 frostbeständige Ummantelung
7 Kappleiste mit dauerelastischer Eindichtung
8 Walzblei-Einfassung
9 Beton-Kragstein für Ummantelungs-mauerwerk
10 Stahlbetondecke (Decke darf sich nicht auf Ummantelung abstützen, Anschlußfuge mit nichtbrennbarem Wärmedämmstoff verfüllt)

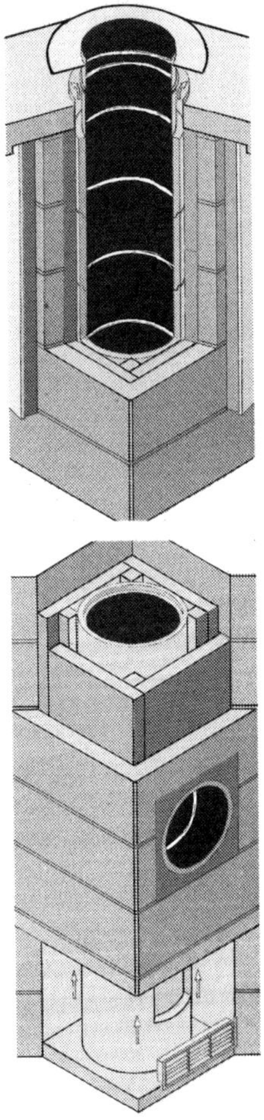

2.21 Isolierschornstein – feuchtigkeitsunempfindlich – mit Hinterlüftung (SIMO)

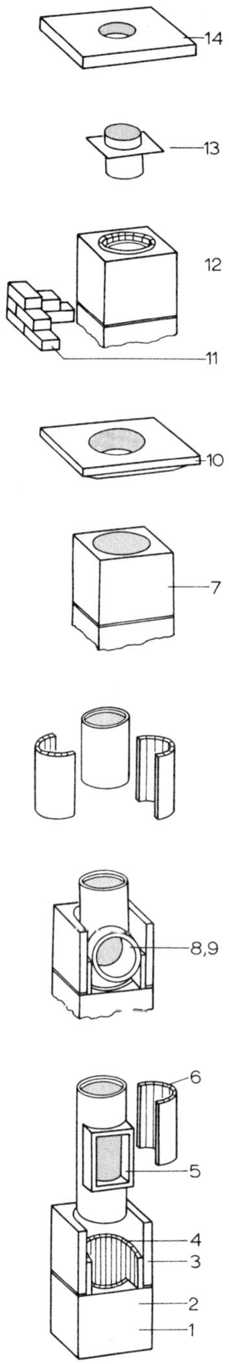

2.22
Aufbauen eines Montageschornsteines (nach Unterlagen der Fa. Schiedel)

1 Mantelstein in Mörtel versetzen
2 Mantelstein bis zur Hälfte mit Beton ausfüllen
3 Öffnungsstein in Mörtel versetzen
4 Dämmplatten biegen und einbringen
5 Schamotterohr mit angeformtem Putztüranschluß versetzen
6 Dämmplatten biegen und einbringen
7 Mantelstein in Mörtel versetzen
8 Schamotterohr mit angeformtem Rauchrohranschluß
9 Heizraumentlüftung
10 Kragplatte
11 Ummauerung
12 Bewegungsfuge vorsehen
13 Dehnfugenmanschette einsetzen
14 Schornsteinkopfabdeckplatte betonieren oder als Fertigteil in Mörtel versetzen

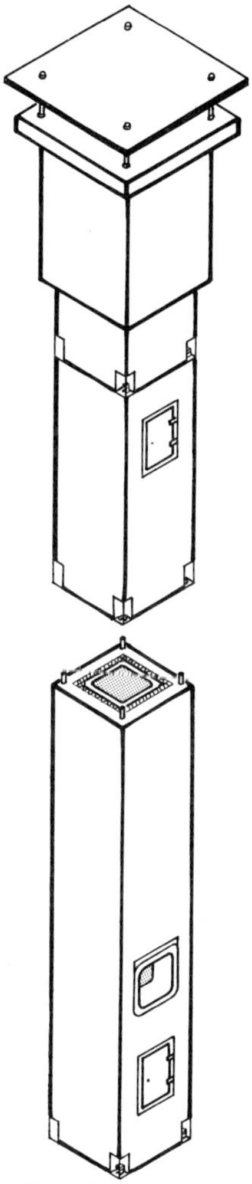

2.23 Geschoßhohe Schornsteinelemente

Auch sehr große, hohe oder hoch beanspruchte sowie auch freistehende Schornsteine können in Montagebauweise hergestellt werden. Bei derartigen Schornsteinen muß die besondere thermische Beanspruchung durch mehrlagige Wärmedämmung, durch Alufolien als zusätzlicher Abstrahlungsschutz und durch Leichtbetonmantelsteine mit zusätzlichem Wärmeschutz berücksichtigt werden. Die Hohlräume der Mantelsteine nehmen bei freistehenden Schornsteinen die erforderliche, bei der Montage fortlaufend einbetonierte Stahlbewehrung auf. Darüber hinaus muß die Gesamtkonstruktion in der Lage sein, Explosionsschlägen standzuhalten, die durch Verpuffungen infolge von

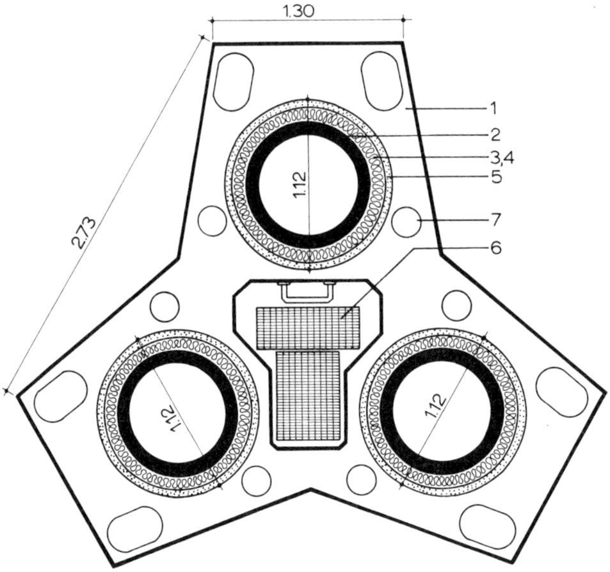

2.24 Freistehender Hochleistungsschornstein (Schwendilator, System Dr.-Ing. Richter)

1 Mantelformstück (Stahlbetonfertigteil)
2 hitzebeständige, innendrucksichere Abgasrohre
3 Mineralwolle, bis 750 °C temperaturbeständig auf Drahtgewebe
4 Mineralwolle, bis 250 °C temperaturbeständig auf Alufolie
5 Leca-Einkorn-Isolierbeton
6 Kontrollschacht
7 örtlicher Betonverguß
8 örtlicher Betonverguß

Höhe der einzelnen Formstücke: 1 m

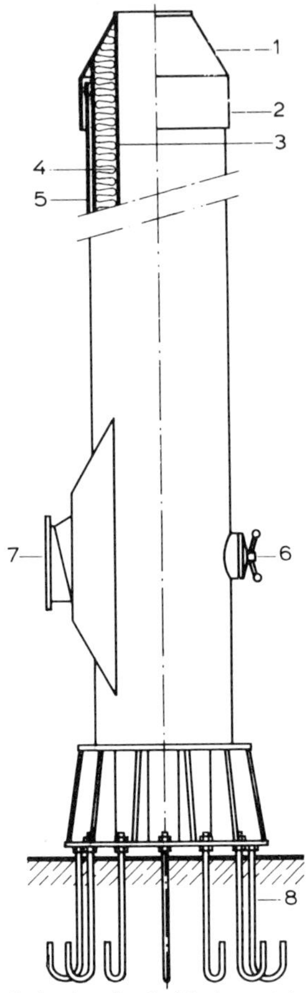

2.25 Freistehender Stahlschornstein (Sempar)

1 Schornsteinkopf (teilweise aufgeschnitten)
2 Abdeckhaube
3 Rauchrohr
4 Wärmedämmung
5 äußere Schale (Stahlrohr)
6 Reinigungsöffnung
7 Kesselanschluß
8 Verankerung im Fundament

Unregelmäßigkeiten in der Feuerungsanlage in großen Schornsteinen immer wieder auftreten. Die Rauchrohre derartiger Schornsteine werden daher meistens aus armiertem Ziegelsplittbeton (Bild **2**.24) oder aus Edelstahlrohr hergestellt.

Vollständig vorgefertigte Schornsteine mit Höhen von 40 bis 120 m werden auch aus Stahlrohren hergestellt. Bei ihnen besteht das Rauchrohr aus korrosionsträgem (Corten-) oder säurefestem Stahl, das äußere Mantelrohr aus korrosionsbeständigem oder angestrichenem Stahlrohr (Bild **2**.25).

2.2.4 Gemauerte Schornsteine

Wegen des hohen Arbeitsaufwandes und wegen der für moderne Heizanlagen sehr viel höheren Anforderungen werden Hausschornsteine heute nur noch selten aus Mauerwerk ausgeführt.

Schornsteinmauerwerk ist unbedingt dicht auszuführen.

Die Mauersteine sind innen bündig zu vermauern, die Fugen sind im Inneren glatt zu verstreichen.

Putzauskleidungen von Rauchrohren sind nicht zulässig.

Die Wandungen gemauerter Schornsteine nennt man Wangen, die Zwischenwände Zungen. Wangen gemauerter Schornsteine müssen mindestens 11,5 cm, bei mehr als 400 cm² Querschnitt 24 cm dick sein. Besonders beanspruchte Schornsteinwangen aus Mauersteinen, insbesondere freiliegende Wangen in Außenwänden müssen minde-

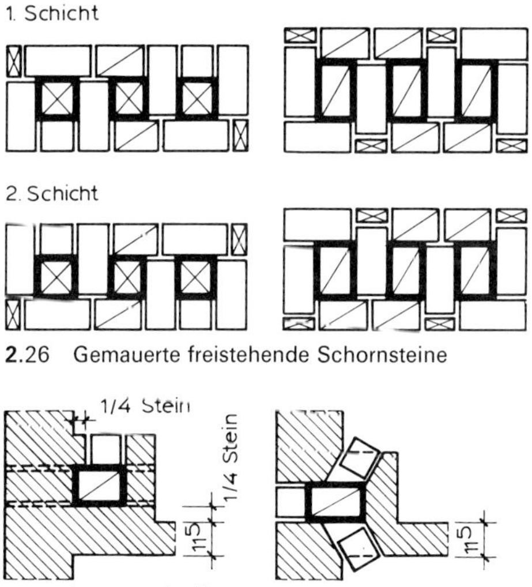

2.26 Gemauerte freistehende Schornsteine

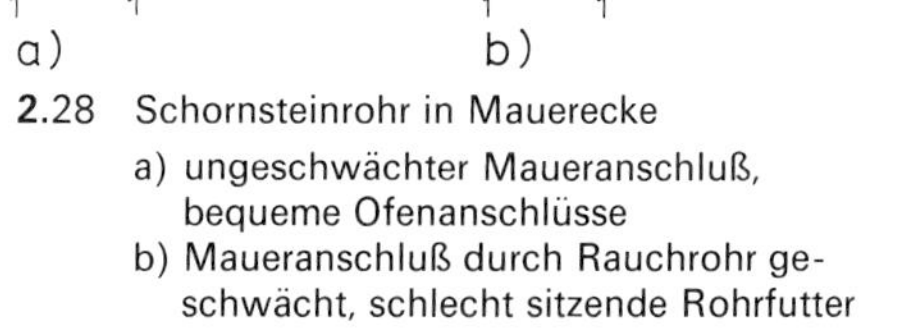

2.28 Schornsteinrohr in Mauerecke
a) ungeschwächter Maueranschluß, bequeme Ofenanschlüsse
b) Maueranschluß durch Rauchrohr geschwächt, schlecht sitzende Rohrfutter

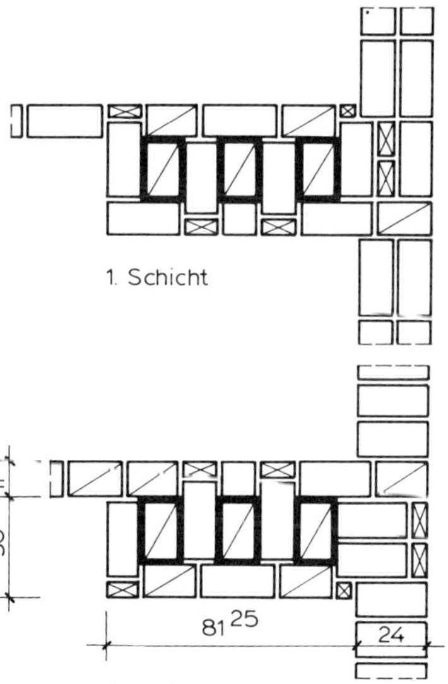

2.27 Schornsteingruppe am Maueranschluß. Die an der Ecke liegenden Viertelsteine sind besonders sorgfältig zu vermauern stens 24 cm dick sein. Sie sollten zusätzlich durch Dämmschichten vor Abkühlung geschützt werden. Wangen dürfen nicht durch Schlitze, Dübel, Anker, Mauerhaken usw. geschwächt oder sonst unzulässig beansprucht werden. Zungen müssen mindestens 11,5 cm dick sein.

Schornsteine aus Mauersteinen dürfen mit Wänden nur aus den gleichen Baustoffen gleichzeitig im Verband hochgeführt werden.

Für den Mauerverband der Schornsteine gelten folgende Regeln:

1. Alle Zungen müssen in die Wangen eingebunden werden.
2. Durchgehende Stoßfugen von einem Schornstein zum anderen und Gesamtstoßfugen eines Schornsteins sind auf die kleinste Anzahl zu beschränken.
3. Es sind möglichst viele ganze Steine zu verwenden; abfallende Viertelsteine sind außen in das Wangenmauerwerk einzufügen.

Bild **2.**26 zeigt einen Schornsteinverband, bei dem die abfallenden Viertelsteine mit verwendet worden sind. Liegen die Schornsteine in einem Mauerzusammenstoß, so sind die Verbandregeln für den Maueranschluß zu beachten (Bild **2.**27).

Bei der Anordnung von Schornsteinrohren in den Ecken sich kreuzender Mauern dürfen tragende Mauern nicht geschwächt werden; es ist im Gegenteil zweckmäßig, die Schornsteinrohre mind. ¼ Stein vor die durchgehende Wand zu setzen, um einfache, rechtwinklige Rauchrohranschlüsse zu ermöglichen (Bild **2.**28).

2.2.5 Abgasschornsteine

Nach den „Technischen Vorschriften und Richtlinien für die Einrichtung und Unterhaltung von Niederdruckgasanlagen in Gebäuden und Grundstücken DVGW-TVR-Gas" sind für Geräte (z. B. Haushaltsgasherde, Kleinwasserheizer) keine besonderen Abgasanlagen erforderlich. Für größere Gasfeuerstätten sind jedoch die Abgase durch besondere Abgasschornsteine abzuführen, die ähnlich wie die bereits in Abschn. 10.2 und 10.3 besprochenen Schornsteine in Abhängigkeit von der Wärmeleistung der angeschlossenen Gasfeuerstätten zu dimensionieren sind. Bei der Verbrennung von Gas fällt neben den übrigen Abgasen relativ viel Wasserdampf an. Auch bei gutem Wärmeschutz der Schornsteinwandungen kommt es daher meistens zu erheblicher Kondensatbildung. Abgasschornsteine werden daher mit wasserundurchlässigen Wandungen (z. B. aus Faserzementrohren) hergestellt, bei denen am Schornsteinfuß die Möglichkeit zur Sammlung und Ableitung des anfallenden Kondensatwassers vorzusehen ist (Bild **2.**29).

Bei allen Gasfeuerstätten ist zwischen Gerät und Anschluß an den Abgasschornstein eine Strömungssicherung einzubauen, die bei Sauerstoffmangel oder Störungen bei der Gasverbrennung gefährliche Anreicherungen von unverbranntem Gas, Kohlenmonoxyd oder Kohlendioxydgas verhindert. Außerdem sind für innenliegende Räume und für Räume mit größeren Gasfeuerstätten Be- und Entlüftungsöffnungen mit mindestens 150 cm^2 freiem Querschnitt vorzusehen. Die obere Belüftungsöffnung muß möglichst dicht unterhalb der Decke, mindestens jedoch 1,80 m über dem Fußboden, die untere in Fußbodennähe liegen (Bild **2.**30). Belüftungsöffnungen dürfen nicht verschließbar sein. Die erforderliche Größe der Öffnungen richtet sich im übrigen auch nach den Landesbauordnungen und beträgt im allgemeinen für die untere Zuluftöffnung mindestens 50%, für die obere Belüftungsöffnung mindestens 25% des vorhandenen Schornsteinquerschnitts.

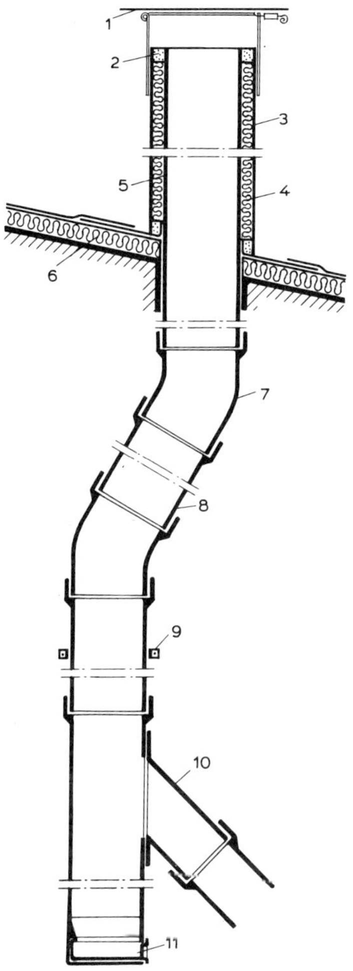

2.29
Abgasschornstein aus Faserzementrohr (Fulgurit)
1 Meidinger Scheibe (aufklappbar)
2 dauerelastische Abdichtung
3 Stulprohr aus Faserzement
4 Wärmedämmung
5 Einfassung aus Zinkblech, in Dachhaut eingeklebt
6 Wärmedämmung und Dampfsperre aus Stahlbetonplatte
7 Bogen-Formstück
8 gezogener Schacht, feuerfest zu unterstützen
9 Rohrschelle
10 aufgeschraubter Anschlußstutzen (Formteil)
11 Schwitzwasserschale, herausziehbar

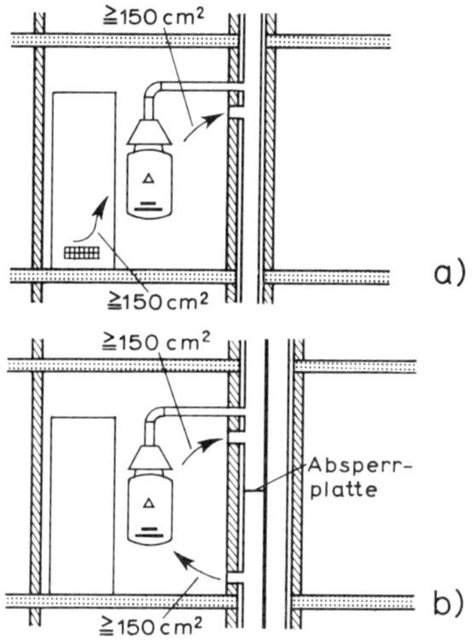

2.30 Belüftung von innenliegenden Räumen mit Gasfeuerstätten (vgl. Bild **10**.23)
a) Zuluft durch Türöffnung aus benachbartem Raum mit Außenfenster
b) Zuluft aus Belüftungsschacht

2.3 Lüftungsschächte

Können Räume nicht durch Fenster ausreichend be- und entlüftet werden (z. B. innenliegende Bäder), muß Frisch- und Abluft durch Schächte und Kanäle in die Räume geleitet werden. Die notwendige Luftströmung wird durch thermischen Auftrieb in Verbindung mit Winddruck bzw. -sog oder mechanisch durch Ventilatoren bewirkt.

Richtlinien zur Ausführung derartiger Lüftungseinrichtungen für innenliegende Sanitärräume enthält DIN 18017. Danach müssen die erforderlichen Lüftungsschächte glattwandig sein (z. B. Faserzementrohr) und einen Mindestquerschnitt von 140 cm² haben. Um Schallbelästigungen und Geruchsübertragungen von Geschoß zu Geschoß zu verhindern, ist für jeden Raum ein eigener Schacht vorzusehen, der über Dach zu führen ist (Bild **2**.31).

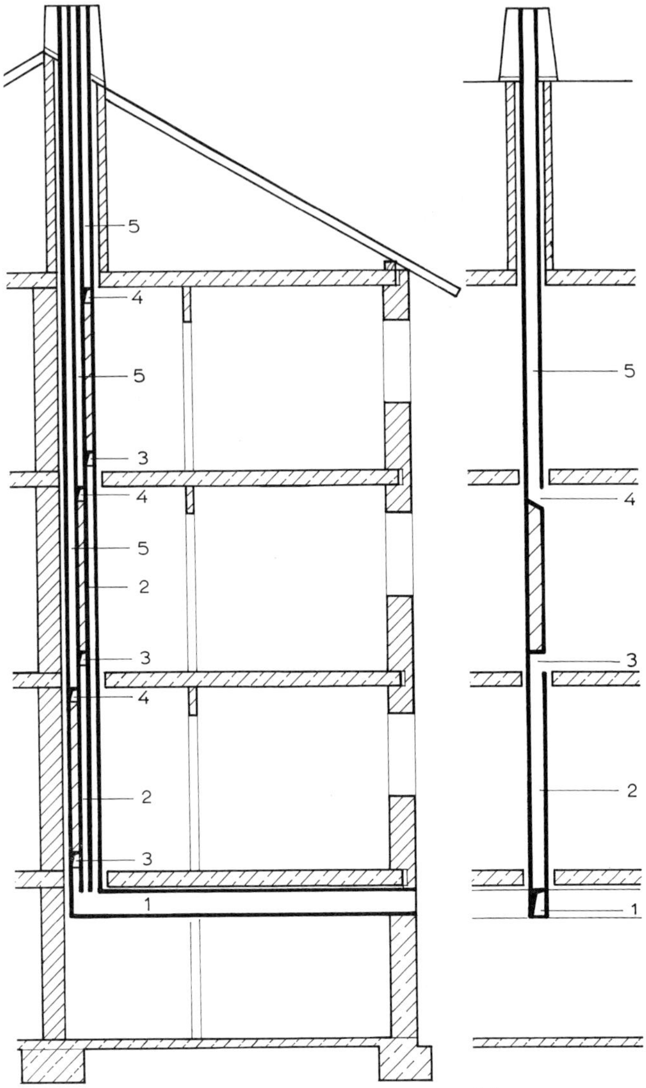

a) b)

2.31 Einzelschachtanlage (DIN 18017 T1)

a) Querschnitt
b) Längsschnitt

1 Zuluftkanal
2 Zuluftschacht
3 Zuluftöffnung
4 Abluftöffnung
5 Abluftschacht

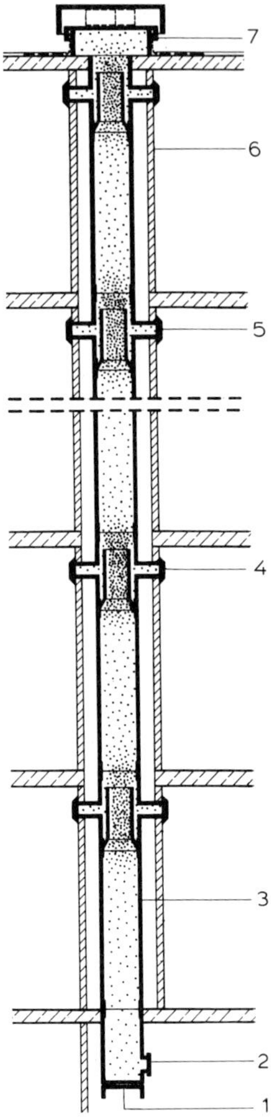

2.32 Sammelentlüftungsanlage mit zentralem Ventilator (Eterduct)

1 Auflager, Konsole oder Sockel
2 Reinigungsverschluß
3 Führungsrohr
4 Ventilrohr (Flexrohr)
5 Abluftventil
6 bauseitige Vorsatzschale
7 Ausströmhaube

Wenn Bäder und WC derselben Wohnung nebeneinander liegen, dürfen sie an einen gemeinsamen Zu- bzw. Abluftschacht angeschlossen werden. Die belüfteten Räume müssen gegenüber den übrigen Räumen der Wohnung durch dicht schließende Türen abgeschlossen werden.

Die Lüftungsschächte sind bei mehreren geschossen so gegeneinander zu versetzen, daß zwei benachbarte Rohre nicht zu aufeinanderfolgenden Geschossen gehören.

Die Schächte dürfen einmal mit einem Winkel von max. 60° verzogen werden und müssen in Firstnähe geneigter Dächer mit mindestens 40 cm Dachüberstand münden. Bei Dachneigungen < 20° müssen die Schächte die Dachfläche um mindestens 1 m überragen. Sind an den Dachrändern Brüstungen vorhanden („Attika"), müssen diese mindestens 50 cm überragt werden. Alle Schächte müssen Revisionsöffnungen haben.

Am unteren Ende sind die Schächte mit einem ins Freie mündenden Zuluftkanal zu verbinden, der auch zwei einander gegenüberliegende Öffnungen haben kann. Auch andere dichte Zuluftleitungen zur Außenwand können zugelassen werden.

Der Querschnitt des Zuluftkanals muß mindestens 80% der Summe aller angeschlossenen Schachtquerschnitte betragen. Es sind runde und Rechteckquerschnitte (kleinste Kantenlänge > 90 mm) mit einem Mindestquerschnitt von 150 cm^2 zugelassen. Die Außenöffnungen sind so zu vergittern (Maschenweite > 10 × 10 mm), daß der erforderliche Mindestquerschnitt erhalten bleibt.

Zuluftöffnungen in den Räumen müssen einen freien Mindestquerschnitt von 150 cm^2 haben. Sie sind in Bodennähe anzuordnen und müssen mit regelbaren Verschlüssen ausgestattet sein, mit denen Zugerscheinungen ausgeschlossen werden können.

Abluftöffnungen müssen bei einem Mindestquerschnitt von 150 cm^2 möglichst nahe unter der Decke angeordnet sein.

Derartige Lüftungssysteme reichen unter normalen klimatischen Verhältnissen im allgemeinen zwar aus und sind praktisch wartungsfrei, sie erfordern jedoch bei mehrgeschossigen Bauten einen hohen Platzbedarf und sind nur schwer gegen Schallübertragung ausreichend zu sichern.

Für die Be- und Entlüftung innenliegender Bäder und WC kommen daher auch Anlagen mit einzelnen oder zentralen Ventilatoren in Frage. Für derartige Belüftungssysteme sind nähere Bestimmungen noch in Arbeit (E DIN 18017 T3). Die benötigten Einzel- oder Sammel-Abluftschächte entsprechen danach im Wesentlichen den Anforderungen, die für Anlagen ohne Ventilatoren gelten.

Der Volumenstrom zur Entlüftung soll mindestens 40 m^3/h betragen. Die Luft ist so zu führen, daß im Aufenthaltsbereich keine höheren Luftgeschwindigkeiten als 0,2 m/s entstehen.

Der wichtigste Vorteil von Lüftungsanlagen mit Ventilatoren ist, daß sie mit flächensparenden Sammelschächten betrieben werden können, an die übereinanderliegende Bader und WC gemeinsam angeschlossen werden dürfen. Besondere Vorkehrungen müssen jedoch gegen Schallübertragung getroffen werden.

Ein Beispiel für dafür entwickelte Anlagen mit vorgefertigten Schächten aus Faserzement zeigt Bild **2**.32.

2.4 DIN-Normen

DIN-Nr.		Ausgabe-Datum	Titel
4133		8.73	Schornsteine aus Stahl; statische Berechnung und Ausführung
4705	T1	9.79	Berechnung von Schornsteinabmessungen; Begriffe, ausführliches Berechnungsverfahren
	T2	9.79	–; Näherungsverfahren für einfach belegte Schornsteine
	T3	7.84	–; Näherungsverfahren für mehrfach belegte Schornsteine
18017	T1	2.87	Lüftung von Bädern und Spülaborten ohne Außenfenster; Einzelschachtanlagen ohne Ventilatoren
	T3	8.70	Lüftung von Bädern und Spülaborten ohne Außenfenster mit Ventilatoren
E	T3	11.84	Lüftung von Bädern und Spülaborten ohne Außenfenster mit Ventilatoren
	T4	6.74	–; Rechnerischer Nachweis der ausreichenden Volumenströme
18147	T1	2.87	Baustoffe und Bauteile für dreischalige Hausschornsteine; Beschreibung, Prüfung und Registrierung von Schornsteinsystemen
	T2	11.82	–; Formstücke aus Leichtbeton für die Außenschale; Anforderungen und Prüfungen
	T3	11.82	–; Formstücke aus Leichtbeton für die Innenschale; Anforderungen und Prüfungen
	T4	11.82	–; Formstücke aus Schamotte für die Innenschale; Anforderungen und Prüfungen
	T5	2.87	–; Dämmstoffe; Anforderungen und Prüfungen
18150	T1	9.79	Baustoffe und Bauteile für Hausschornsteine; Formstücke aus Leichtbeton, Einschalige Schornsteine, Anforderungen
	T2	2.87	Baustoffe und Bauteile für Hausschornsteine; Formstücke aus Leichtbeton, Prüfung und Überwachung
18160	T1	2.87	Hausschornsteine; Anforderungen, Planung und Ausführung
	T2	2.63	Feuerungsanlagen; Verbindungsstücke
	T5	4.81	Hausschornsteine; Einrichtungen für Schornsteinfegerarbeiten
	T6	7.82	Hausschornsteine; Prüfbedingungen und Beurteilungskriterien für Prüfungen an Prüfschornsteinen
18379		10.79	VOB Verdingungsordnung für Bauleistungen; Teil C: Allgemeine Technische Vorschriften für Bauleistungen; Lüftungstechnische Anlagen
18380		10.79	Teil C: Allgemeine technische Vorschriften für Bauleistungen; Heizungs- und zentrale Brauchwassererwärmungsanlagen
			Ferner: Technische Vorschriften und Richtlinien für die Einrichtung und Unterhaltung von Niederdruckgasanlagen in Gebäuden und Grundstücken DVGW-TVR-Gas

3 Baugerüste und Abstützungen

3.1 Gerüste

Nach der Verwendungsart unterscheidet man:

– **Arbeitsgerüste.** Von ihnen aus werden Bauarbeiten aller Art durchgeführt. Sie tragen außer den Arbeitern Werkzeuge und die unmittelbar erforderlichen Werkstoffe.

– **Schutzgerüste.** Sie schützen als Fang- oder Dachfanggerüste Arbeiter, die in mehr als 5,00 m Höhe über Gelände arbeiten, oder als Schutzdächer an der Baustelle Vorübergehende gegen herabfallende Baustoffe, Werkzeuge, Staub usw.

– **Traggerüste.** Sie dienen zur Unterstützung von Bauteilen, bis diese nach Erhärten des Mörtels oder des Betons oder dem Zusammenbau der einzelnen Teile in der Lage sind, sich selbst zu tragen (s. a. DIN 1045 Abschn. 3.2.3). Für Traggerüste gilt DIN 4421.

Alle Gerüste erfordern für Entwurf, Berechnung und Ausführung den Einsatz von Fachleuten und Unternehmen, die eine sorgfältige Ausführung gewährleisten.

Während für die betriebssichere Errichtung und den Ausbau von Gerüsten der Gerüstbauunternehmer verantwortlich ist, haftet für die ordnungsgemäße Erhaltung und Benutzung jeder Unternehmer, der die Gerüste benutzt.

Grundsätzlich muß für alle Gerüste, wenn sie nicht in Regelausführungen errichtet werden, eine statische Berechnung aufgestellt werden oder eine geprüfte Typberechnung vorliegen. Die dabei zu beachtenden Bestimmungen sind enthalten in

– DIN 4420 T1 (7.75) Arbeits- und Schutzgerüste (ausgenommen Leitergerüste)

– DIN 4420 T2 (7.75) Arbeits- und Schutzgerüste, Leitergerüste.

Nach DIN 4420 werden Arbeitsgerüste entsprechend ihrer Belastung in 4 Gruppen gemäß Tabelle **3**.1 eingeteilt. Im übrigen sind die Berechnungslasten entsprechend DIN 1055 T1 einzusetzen. Besondere Bestimmungen gelten für größere Einzellasten.

Die Mindestanzahl der Gerüstlagen für die Lastannahme zeigt die Tabelle **3**.2 aus DIN 4420, sofern sich durch die Art der aufzuführenden Arbeiten keine größere Anzahl ergibt.

Tabelle **3**.1 Gruppeneinteilung der Arbeitsgerüste (DIN 4420)

Gerüstgruppe	flächenbezogene Ersatzlast[1]) in kN/m²	Mindestbreite Belagfläche[2]) in m
I	1,00	0,50
II	2,00	0,60
III	3,00	0,95
IV	>3,00	0,95

[1]) Im allgemeinen bezogen auf die tatsächlich vorhandene Gerüstfläche. Nach DIN 4420 T1 sind jedoch für Gerüste mit großen nur begehbaren Flächen (z. B. Gerüste für Deckenarbeiten) abgeminderte Werte zulässig.

[2]) Einschließlich Bordbrettdicke.

Tabelle **3**.2 Mindestanzahl der Gerüstlagen (DIN 4420)

Gerüsthöhen in m	Gerüstlagen ausgelegte (abgebretterte) min.	davon mit Ersatzbelastung
bis 50	4	1
bis 75	6	1
bis 100	8	1

Für Schutzgerüste müssen Lastannahmen mindestens wie für Gerüste der Gruppe I zugrunde gelegt werden, wenn keine besonderen Verhältnisse vorliegen. Für auskragende Schutzdächer darf zur Bemessung die Ersatzlast auf die halben Werte abgemindert werden. Belastungen durch Schnee und Vereisungen bleiben unberücksichtigt, jedoch müssen alle zusätzlichen Belastungen wie z. B. aus Seil- und Aufzügen, Konsolen, Abstrebungen usw. gesondert angesetzt werden.

Alle Gerüste sind ausreichend zu verstreben, wobei an den Kreuzungspunkten zwischen vertikalen und horizontalen Konstruktionsgliedern feste Verbindungen vorhanden sein müssen, die die anfallenden Kräfte aufnehmen und weiterleiten können. Verstrebungen sollen nicht auf Biegung beansprucht werden.

Bild **3**.3 zeigt den grundsätzlichen Aufbau eines Gerüstes und die Benennung von Gerüstbauteilen nach DIN 4420.

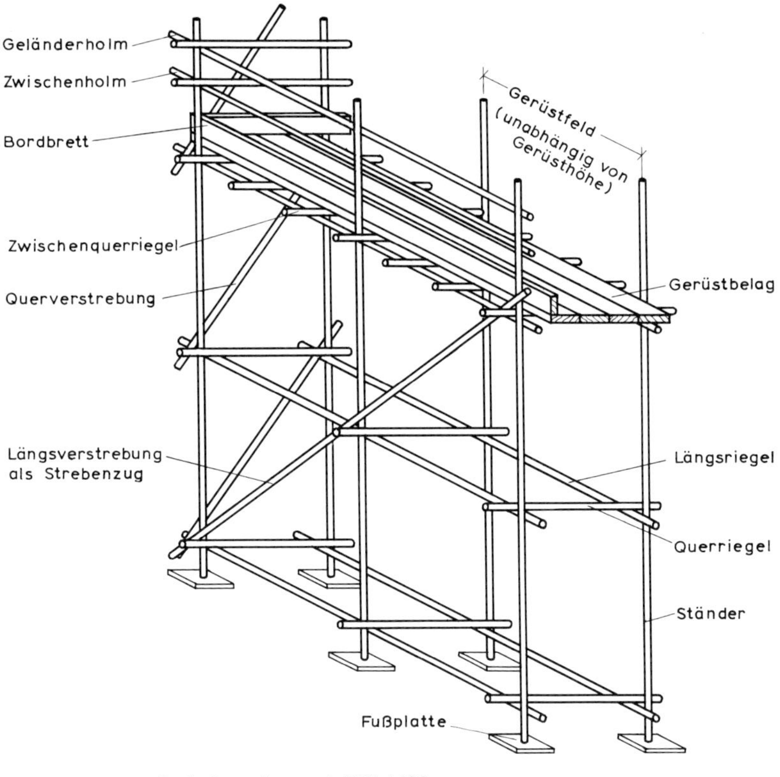

3.3 Benennung von Gerüstbauteilen nach DIN 4420

Gerüste, die freistehend nicht standsicher sind (z. B. vor Fassaden), müssen verankert werden. Neben den Bestimmungen der DIN 4420 ist das „Merkblatt für das Anbringen von Dübeln von Fassadengerüsten" der Berufsgenossenschaft zu beachten. Gerüstbretter und -bohlen müssen dicht und so verlegt sein, daß sie weder wippen noch ausweichen können. Die zulässigen Stützweiten für Gerüstbretter und -bohlen nach DIN 4420 zeigt Tabelle **3**.4.

Tabelle **3**.4 Zulässige Stützweiten in m für Gerüstbretter und -bohlen

Brett- oder Bohlenbreite in cm	Gerüstgruppe	Brett- oder Bohlendicke in cm 3	3,5	4	4,5	5
		Zulässige Stützweite in mm				
20	I und II	1,25	1,75	2,25	2,75	3,00
	III[1])	0,75	1,00	1,50	1,75	2,00
24	I und II	1,50	2,00	2,50	3,00	3,25
	III[1])	1,00	1,25	1,75	2,00	2,50
28	I und II	1,75	2,25	2,75	3,00	3,50
	III[1])	1,00	1,50	2,00	2,50	3,00

[1]) gilt nicht für Einzelgewichte >150 kg

Alle Gerüstbeläge, die über Verkehrswegen oder mehr als 2 m über dem Boden liegen und alle Öffnungen in diesen Belägen müssen einen Seitenschutz haben. Er besteht aus Geländerholm, Zwischenholm und Bordbrett. Alle Teile müssen gegen unbeabsichtigtes Lösen, das Bordbrett auch gegen Kippen gesichert sein (Bild **3**.5). Der Abstand

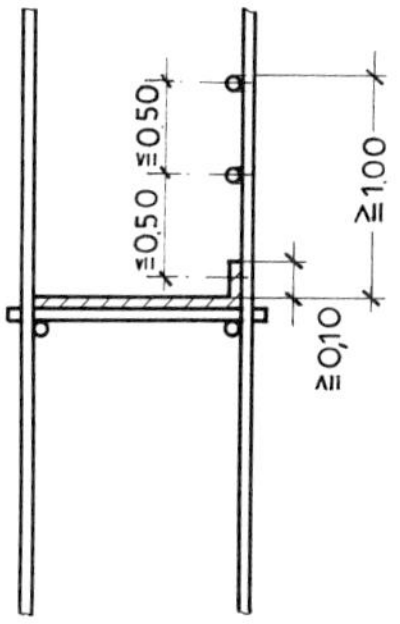

3.5 Seitenschutz bei Arbeits- und Fanggerüsten (DIN 4420)

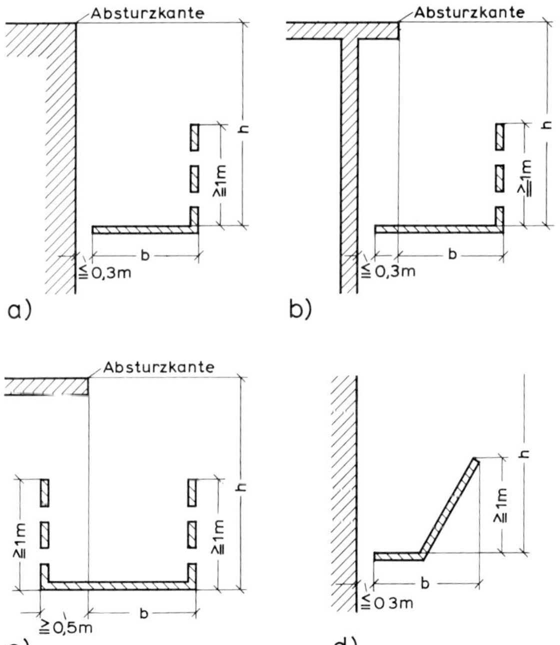

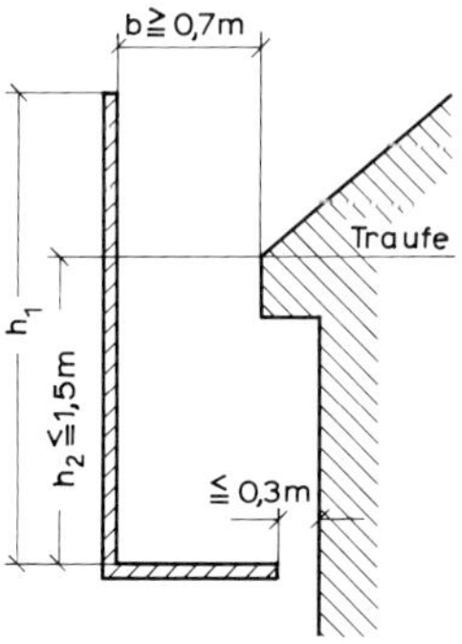

3.7 Dachfanggerüste; lotrechte und waagerechte Begrenzungen (DIN 4420)

3.6 Belagbreite und Seitenschutz bei Fanggerüsten (DIN 4420)

a) und b) Schutzgerüste vor senkrechten Wänden
c) Schutzgerüst vor offener Fassade o. ä.
d) Fanggerüst

zwischen Gerüstbelägen und Bauwerken darf nicht größer als 0,30 m sein (Bild **3**.6a, b, d und **3**.7). Wenn ein Absturz auch in das Gebäude hinein möglich ist, muß der Seitenschutz nach Bild **3**.6c ausgebildet werden. Besondere Bestimmungen gelten für Dachfanggerüste (Bild **3**.7). Die Höhe der Schutzwand muß mindestens 1,00 m betragen, und sie muß die Traufkante um mindestens 0,80 m überragen. Im übrigen richtet sich die Breite von Fanggerüsten nach dem lotrechten Abstand *h* des Belages von der Absturzkante:

lotrechter Abstand *h*	bis	2	3	4 m
Breite *b*	min.	1	1,3	1,8 m

Die Anforderungen an Schutzdächer sind aus Bild **3**.8 ersichtlich.

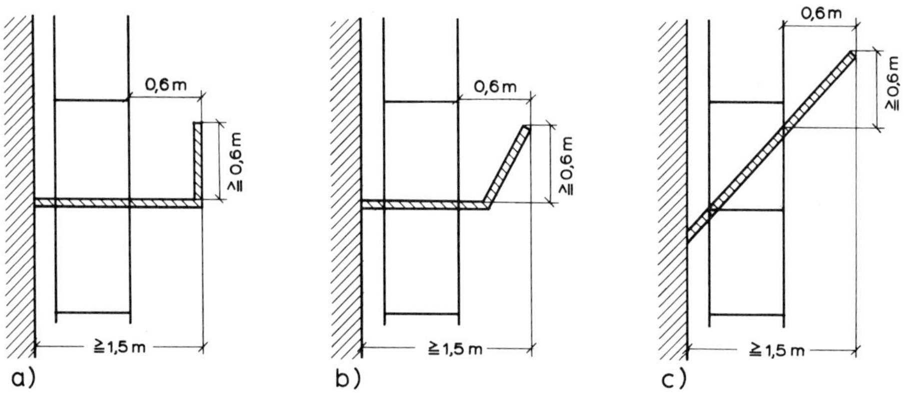

3.8 Abmessungen von Schutzdächern (DIN 4420)
a) und b) Schutzdächer mit Bordwand
c) geneigtes Schutzdach

Bei Dächern mit Traufenhöhen von mehr als 5 m müssen bei Dachneigungen > 45° Absturzsicherungen direkt am Arbeitsplatz angeordnet werden.

Grundsätzlich sind alle Absturzkanten bei Höhen über 2 m durch Absperrungen o. ä. zu sichern.

Besonders, wenn Sicherungen an öffentliche Verkehrsflächen angrenzen, sind ausreichende Freiflächen zu berücksichtigen und durch Beschilderung und Absperrung kenntlich zu machen.

Nach der Bauart werden unterschieden:

Stangengerüste

Sie werden ein- oder zweireihig aus Rundholzstangen hergestellt. Die Stangen werden mit Rüstdrähten, Drahtseilen, Ketten (Bild **3**.9), Gerüsthaltern und dgl. untereinander verbunden. Stangengerüste sind zugelassen für die Gerüstgruppe I bis III, werden wegen des hohen Arbeitsaufwandes aber heute allenfalls noch für kleine Bauaufgaben erstellt.

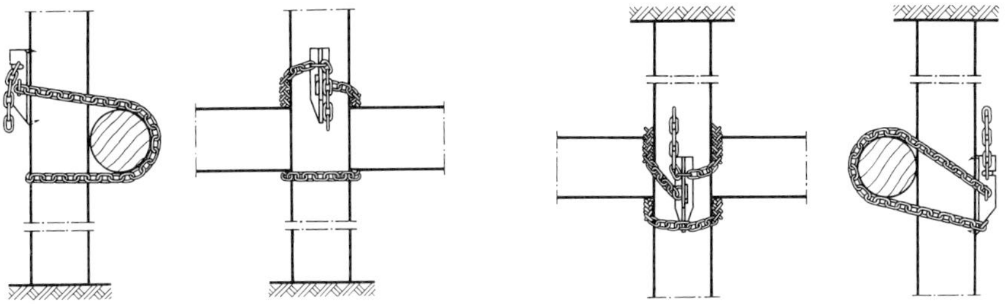

falsch richtig

3.9 Kettenbindung mit ⊥-Eisenschloß

Stahlrohrgerüste

Sie bestehen aus Stahlrohren und besonderen Verbindungsstücken (Bild **3**.11). Für alle Verbindungsteile ist eine besondere behördliche Zulassung (Prüfzeichen) erforderlich. Stahlrohre sind gemäß Tabelle **3**.10 aus DIN 4420 zu wählen. Sie müssen dauerhaft und deutlich erkennbar gekennzeichnet sein.

Tabelle **3**.10 Stahlrohre für Gerüste

Rohrgruppe Kennbuchstabe	Außendurchmesser in mm	Nennwanddicke in mm	Mindeststreckgrenze in MN/m²	in kp/cm²	nach
A	48,3	32	235	(2400)	DIN 2448 bzw. DIN 2458
B			353	(3600)	
C		4,05	235	(2400)	DIN 2441
D			353	(3600)	

Stahlrohrgerüste werden heute insbesondere als Traggerüste bei Einschalungsarbeiten für große Bauteile verwendet. Für normale Arbeits- und Schutzgerüste ist der Arbeitsaufwand für das Auf- und Abbauen relativ hoch. Zur Rationalisierung werden hier vielfach als Sonderform der Stahlrohrgerüste die meistens in geschlossenen Systemen angebotenen Schnellbaugerüste eingesetzt.

Ein modernes Schnellbaugerüst zeigt Bild **3**.12.

Die Gerüstlagen bestehen hier aus leiterartigen Baukastenelementen, die in das Stahlrohrgerüst eingehängt werden. Bodenplatten können in verschiedenen Kombinationen eingelegt werden. Auch die einhängbaren Leitern gehören zum Gerüstbausystem (Hünnebeck).

Auslegergerüste

Sie werden kragartig aus dem Bauwerk vorgestreckt. Sie bestehen aus Holz- oder Stahlträgern. Einfache Auslegergerüste (Bild **3**.13) dürfen nur als Arbeitsgerüste der Gruppe I und als Schutzgerüste, abgestrebte Auslegergerüste auch für Gerüste der Gruppen II bis IV verwendet werden.

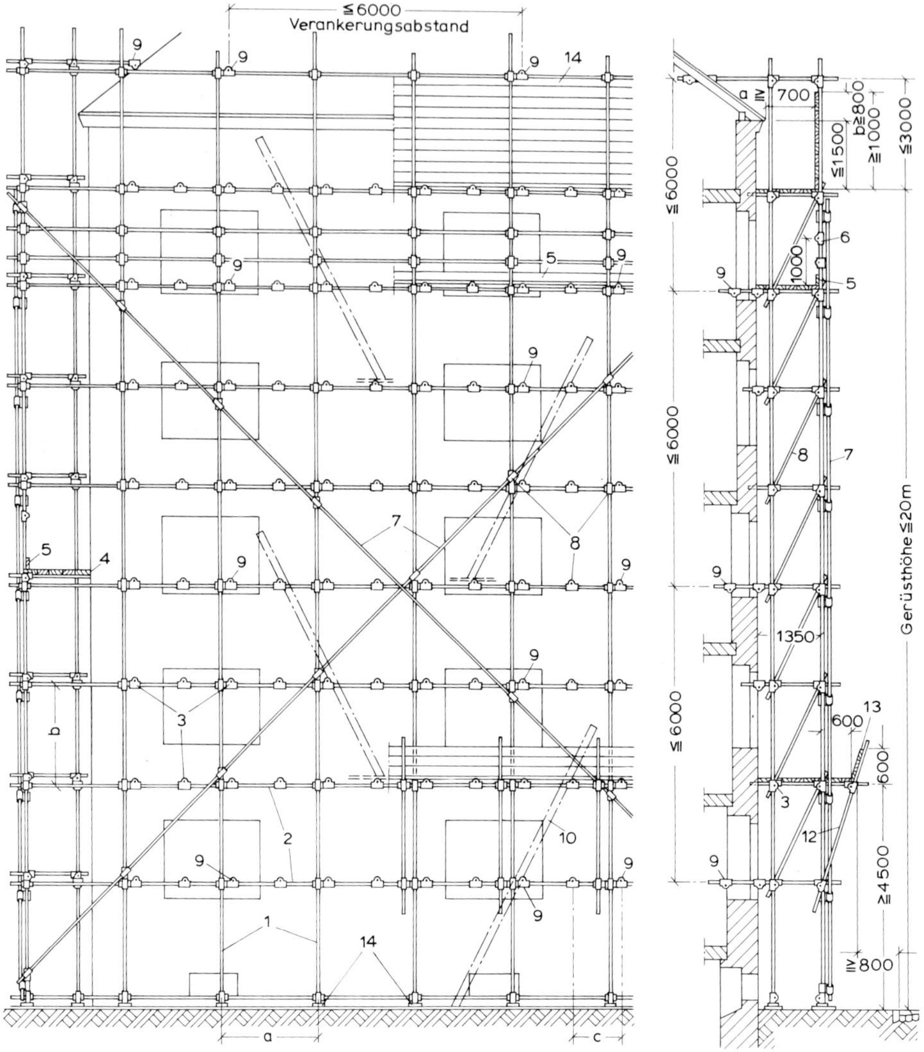

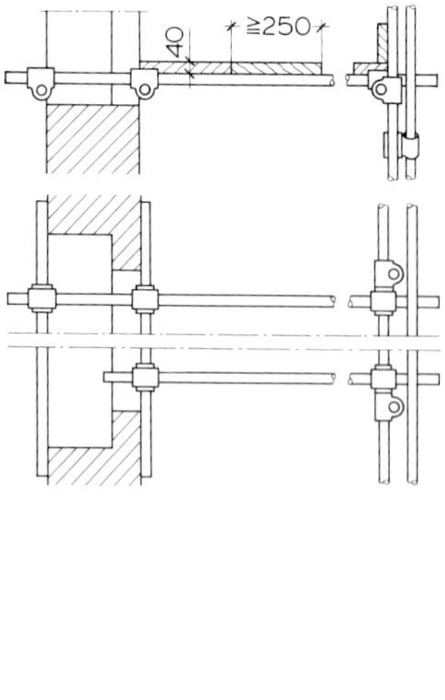

3.11
Zweireihiges Stahlrohrgerüst (s. auch DIN 4420, Abschn. 10.2)

1 Ständer
2 Längsriegel
3 Querriegel
4 Belag
5 Bordbrett
6 Fußplatte
7 Längsverstrebung
8 Querverstrebung
9 Verankerung
10 Kupplung
11 Leitergang
12 Schutzdachstrebe
13 Schutzdach
14 Schutzwand
15 Schutzgeländer

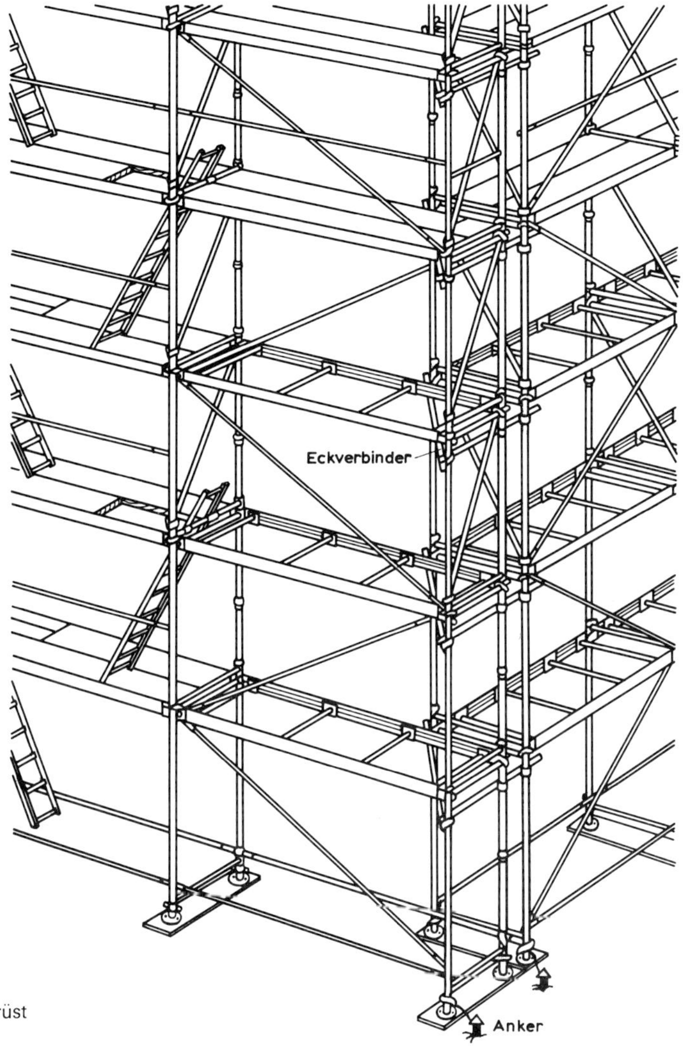

3.12
Modernes Schnellbaugerüst
(Hünnebeck)

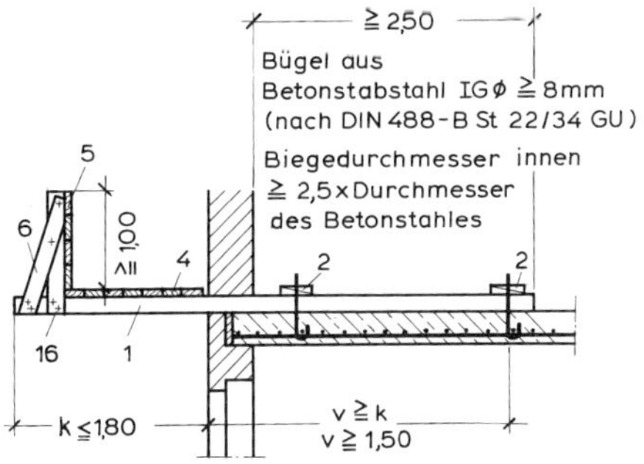

3.13
Auslegergerüst

1 Ausleger
2 Keile
3 einbetonierte Stahlschlaufe
4 Gerüstbelag (mindestens 200 mm × 30 mm)
5 Schutzwand
6 Schutzwandstrebe

Bockgerüste

Sie bestehen aus Böcken von Holz oder Stahl mit darübergelegtem Gehbelag. Es dürfen nicht mehr als zwei Gerüstböcke übereinander gestellt werden. Die Gesamthöhe darf nicht größer als 4 m sein. Der Abstand der Gerüstböcke darf nicht größer als 3 m sein.

Hängegerüste

Sie bestehen aus einem Belag, der auf Profilstählen, Stahlrohren, Rund- oder Kanthölzern befestigt ist. Diese sind mit Drahtseilen, Ketten oder Profilstählen am Bauwerk aufgehängt. Sie sind als Arbeitsgerüste der Gruppen I und II und als Schutzgerüste zugelassen. Besondere Bestimmungen gelten für fahrbare Hängegerüste.

Konsolgerüste

Sie werden als Arbeitsgerüste der Gruppe I, als Schutzgerüste und Arbeitsgerüste verwendet. Der Belag liegt auf Konsolböcken, die aufgehängt sind (Bild **3**.14).

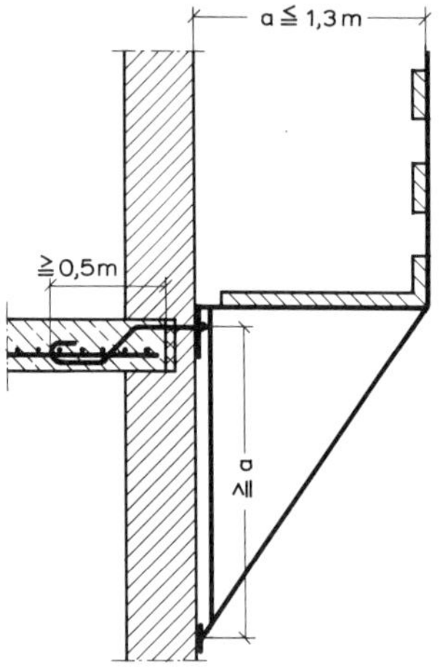

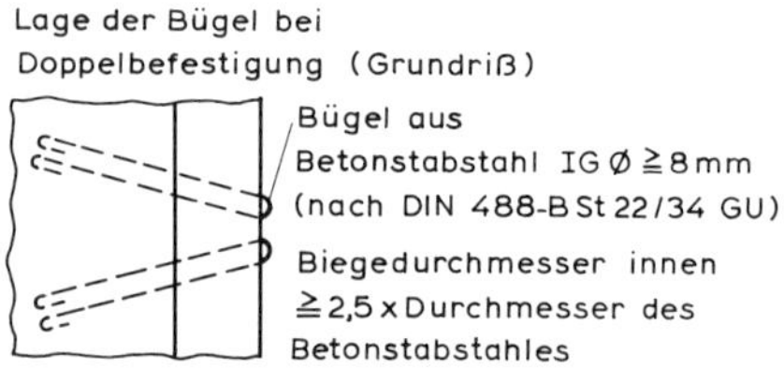

3.14
Konsolgerüst nach DIN 4420
Konsolbefestigung ohne statischen Nachweis

Bügelgerüste

Bügelgerüste werden vorwiegend für Dacharbeiten verwendet. Sie werden oberhalb der Traufe befestigt und stützen sich unterhalb der Traufe gegen die Gebäudewand.

Leitergerüste

Sie werden als Arbeits- und Schutzgerüste besonders zur Einrüstung von Fassaden für Putzer- und Anstricharbeiten verwendet. Sie bestehen aus hölzernen Gerüstleitern (Holmabstand 0,50 m und 0,65 m) und Gerüstbauteilen, die DIN 4420 T 2 entsprechen müssen. Leitergerüste dürfen verwendet werden als Arbeitsgerüste für Belastungen bis zu 2 kN/m^2 (200 kp/m^2) und wenn keine Einzellasten von mehr als 1 kN /100 kp) auf ihnen abgesetzt werden. Ein einfaches (einreihiges) Leitergerüst zeigt Bild **3**.15.

Bezeichnung der Einzelteile in Bild **3**.15

1 Standleiter	7 Kreuzstrebe	12 Schutzdach
2 Belag	8 Verankerung, bestehend aus Fensterarm, Fensterschraube und Hakenschraube	13 Schutzwand
3 Zwischenlatte		14 Spille
4 Rückenlehne	9 Kopfstrebe	15 Leiterhaken
5 Konsolstrebe	10 Leitergang	16 Querlasche
6 Leiterunterlage	11 Bockstrebe	17 Hakenschraube

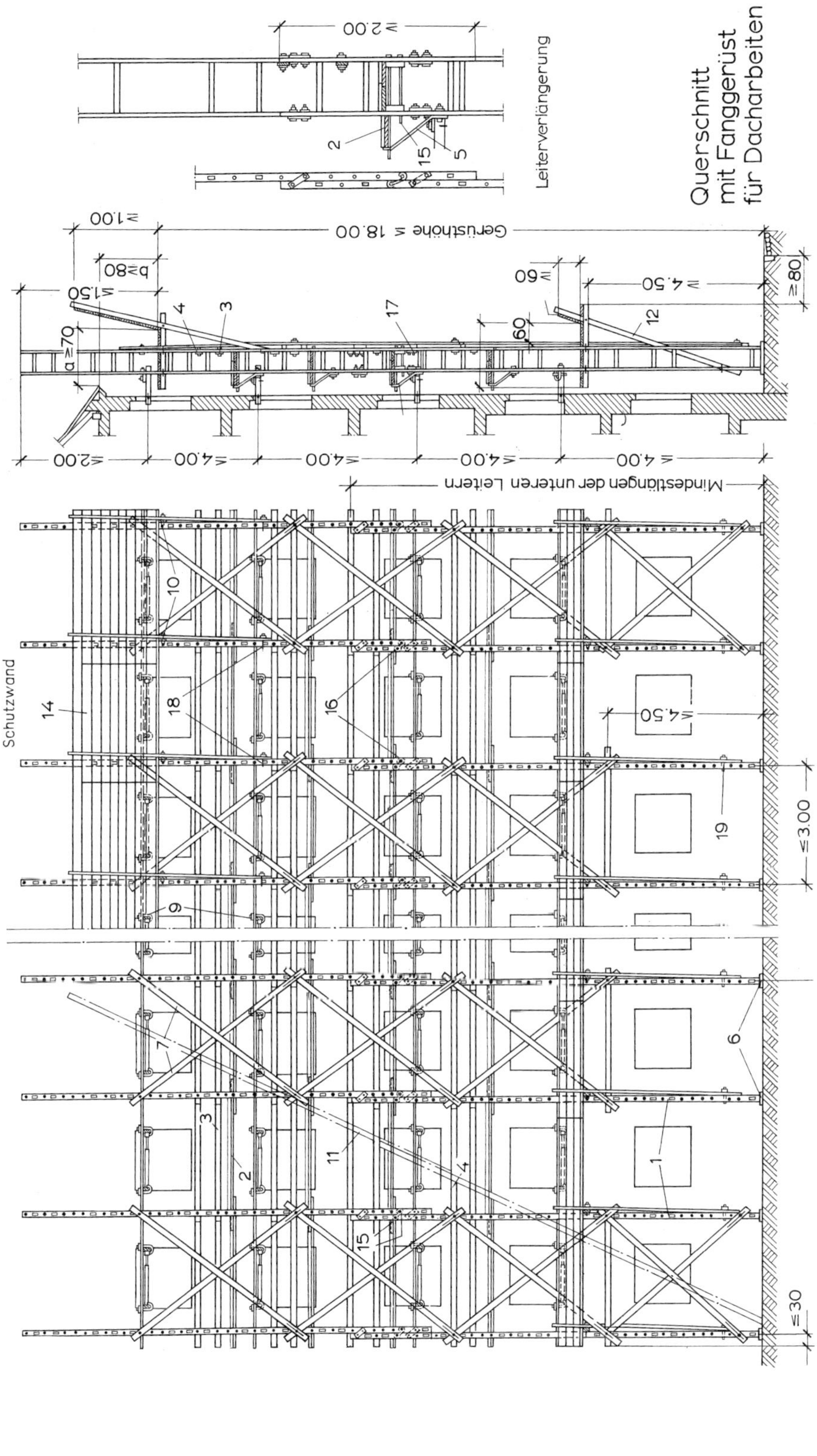

3.15 Leitergerüst (Bezeichnung der Einzelteile s. S. 238)

Gerüste und Gerüstbauteile besonderer Bauart

In DIN 4420 wird vorgeschrieben, daß für Gerüste und Gerüstbauteile, die noch nicht allgemein gebräuchlich und bewährt sind, die Brauchbarkeit besonders nachgewiesen werden muß. Zu derartigen Gerüsten zählen fahrbare Hängegerüste.

Fahrbare Arbeitsbühnen (Fahrgerüste)

Besonders für Montagearbeiten innerhalb von Gebäuden werden Fahrgerüste verwendet. Die Bestimmungen für Konstruktion und Betrieb derartiger Gerüste enthält DIN 4422. Fahrgerüste dürfen nur auf ebenen und festen Standflächen betrieben werden. Die Standsicherheit gilt ohne Nachweis als gewährleistet, wenn das Verhältnis von Breite zu Höhe $b/h = 1/4$ in geschlossenen Räumen und $b/h = 1/3$ bei Benutzung im Freien ist. Die Fahrrollen müssen unverlierbar und feststellbar sein. Bild **3.**16 zeigt ein Fahrgerüst in schematischer Darstellung.

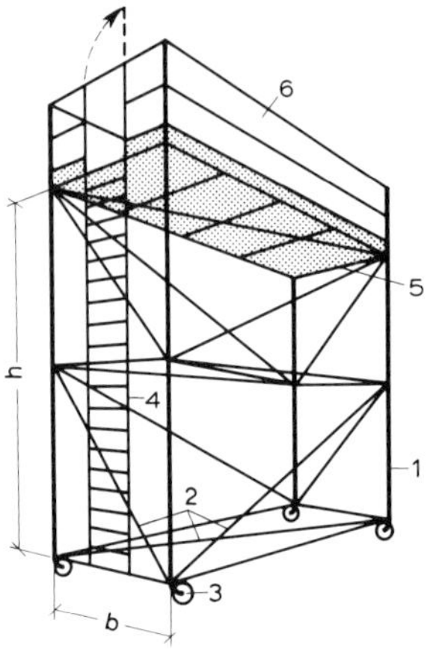

3.16
Fahrbare Arbeitsbühne (Fahrgerüst) in schematischer Darstellung

1 Tragstäbe
2 Aussteifungen
3 Fahrrollen, feststellbar
4 sicherer Aufstieg
5 Arbeitsbühne mit ausreichender Belagunterstützung
6 Seitenschutz

3.2 Absteifungen von Bauwerken

Den Traggerüsten bei Neubauten (Schalungs-, Lehr-, Montagegerüste) entsprechen bei Umbauten die Abstützungen oder Absteifungen. Sie bestehen aus Kant- oder Rundhölzern, gelegentlich werden auch Stahlträger verwendet. Sie ersetzen zeitweilig tragende Bauwerksteile, bis diese ausgebaut und durch Wände, Stützen oder Unterzüge ersetzt sind.

Die Querschnitte der für Absteifungen verwendeten tragenden Hölzer und Profilstähle sind für jeden einzelnen Fall rechnerisch zu ermitteln.

Bei lotrechten Absteifungen werden die Rundholzsteifen in ein oder zwei Reihen angeordnet; sie stehen unten mit Doppelkeilen auf Holzschwellen und tragen oben kräftige Rähme. Die Stützen werden durch kreuzweise angeordnete Bohlen verstrebt, die durch Bolzen mit den Steifen verbunden sind. Bei zweireihiger Anordnung tragen die Rähme die quer zur Mauer liegenden Reiter (Holzbalken oder I-Träger), auf die sich die abzustützende Last auflegt.

Bei schräger Absteifung werden die Steifhölzer (Streben) unten mit starkem Zapfen in eine Treiblade eingesetzt; das ist ein geschlitztes oder aus verbolzten Bohlen gebildetes, gegen Rutschen gesichertes Schwellholz, in dem beim Antreiben durch Keile die Strebe geführt wird (Bild **3**.17). Einen Strebenfuß ohne Treiblade zeigt Bild **3**.18. Schräge Absteifungen sollen möglichst in Höhe und Richtung der Zwischendecken angreifen (Bild **3**.19).

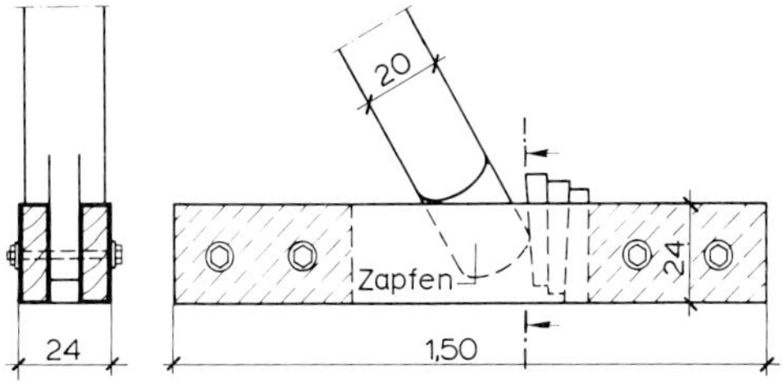

3.17 Treiblade

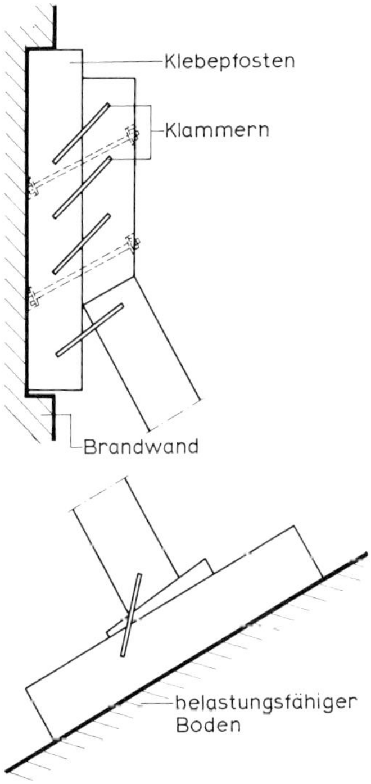

3.18 Oberes und unteres Strebenende (ohne Treiblade)

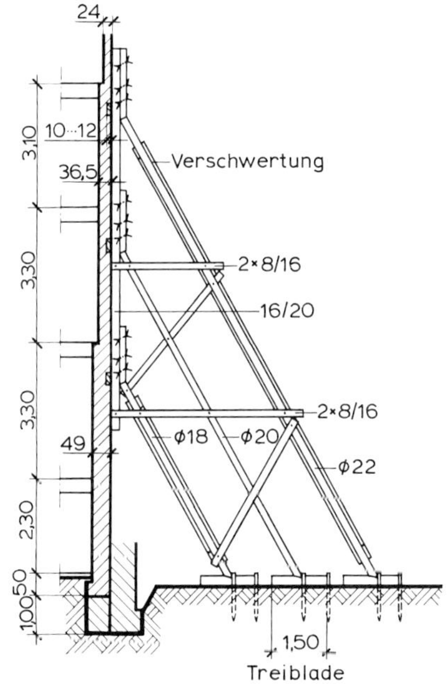

3.19 Absteifung einer Giebelwand zum Unterfangen auf 1 m Tiefe. Es wird in Abschnitten von 1 m Länge unterfangen. Die Absteifungen stehen alle 2,00 bis 4,00 m und sind miteinander verschwertet

In Bild **3**.20 ist die Absteifung für einen größeren Ausbruch z. B. eines Schaufensters dargestellt. Angenommen ist, daß die über dem Erdgeschoß liegenden Räume für die Bauarbeit benutzt werden können. Das abzustützende Mauerwerk wird durch 2 Reihen senkrechter Rundholzstreifen mit aufgelegten Rähmen und Holzbalkenreitern getragen.

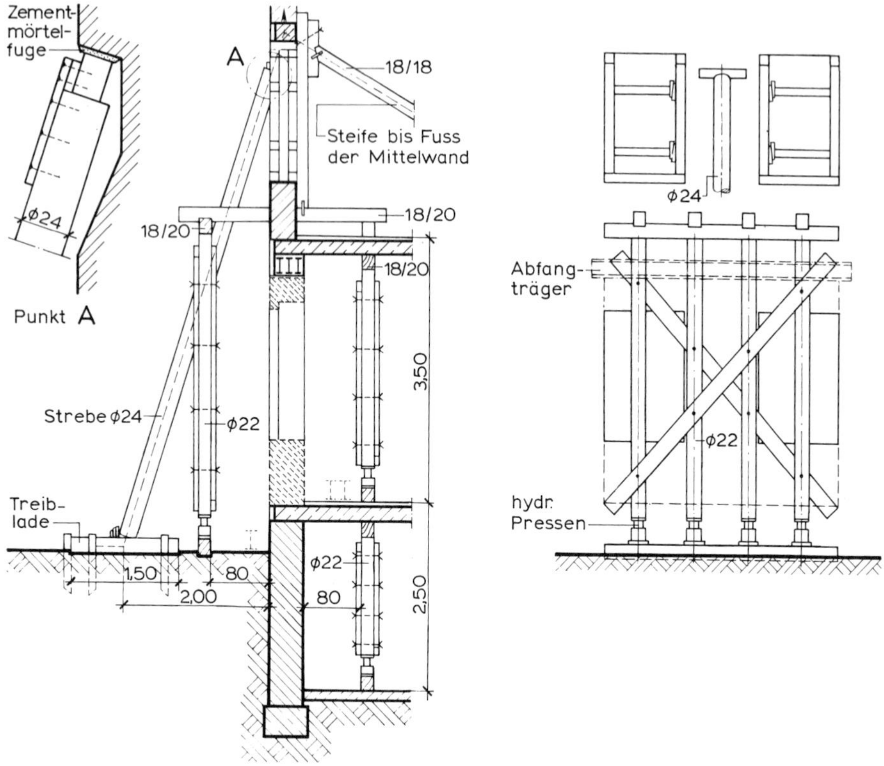

3.20 Absteifung für einen Schaufensterausbruch. (In der Ansicht ist der untere Teil der äußeren Strebe fortgelassen.) Steife zur Mittelwand ist nicht erforderlich, falls die äußere Strebe in Höhe und Richtung der Deckenbalken angreift. Die Treiblade ist auch gegen seitliches Verschieben durch Pflöcke zu sichern

Die inneren Steifen, die auf der Kellerdecke stehen, müssen im Kellergeschoß weiter bis zum Erdboden unterstützt werden, wenn die Tragfähigkeit der Decke nicht ausreicht. Der obere Fensterpfeiler ist ggf. außerdem durch eine in einer Treiblade stehende äußere Strebe und durch eine bis zum Fuß der Mittelwand geführte innere Strebe abzustützen. Die über der Ausbruchöffnung gelegenen Fensteröffnungen sind auszusteifen, um Risse zu vermeiden.

Sollen lange Stahlträger als Unterzüge (Abfangträger) eingebaut werden, so sind sie vor dem Absteifen der Wände an Ort und Stelle bereitzulegen, damit ihr Einbau durch die Absteifungen nicht behindert wird.

Sind beim Abfangen von Wänden größere Setzungen beim Belasten der Jochkonstruktion zu erwarten, werden zwischen die Jochstützen und die Jochlängsträger hydraulische Pressen eingebaut, durch welche die Jochkonstruktion mehrfach bis zur vollen errechneten Belastung gedrückt wird, bevor die Joche die Last der abgefangenen Wand aufnehmen (Bild **3**.21).

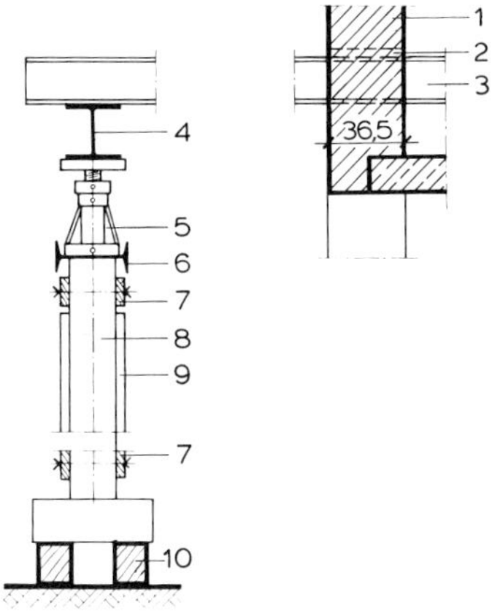

3.21
Abfangen einer Wand unter Verwendung von hydraulischen Pressen

1 abgefangene Wand
2 Stampfbetonfuge
3 Abfangeträger (Breitflansch)
4 Jochträger
5 hydraulische Presse
6 Auflager für Pressen und Spindeln
7 Zange
8 Holzstütze
9 Kreuzstrebe
10 Schwellenrost

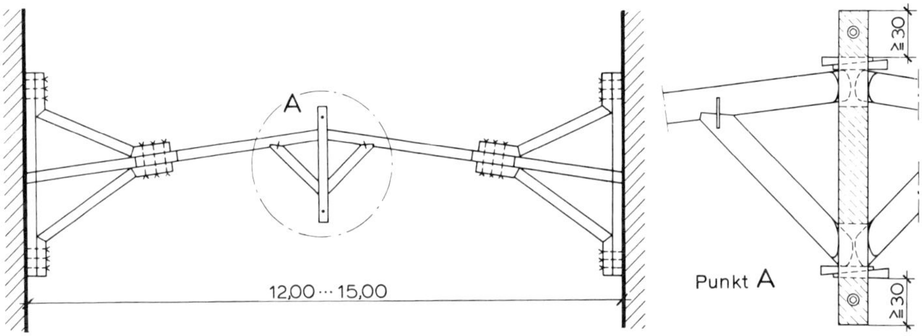

3.22 Verspreizung von Giebelwänden (Spreizbalken geteilt und von der Mitte her gespannt)

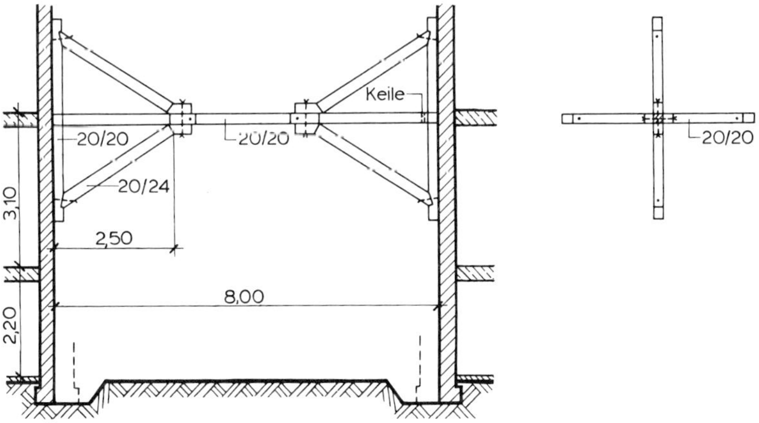

3.23 Verspreizung von Giebelwänden (Spreizbalken aus einem Stück)

Oft stehen die Joche auf aufgeschüttetem Boden (Baugrubenauffüllung). Sie sind in diesem Fall durch Betonfundamente oder Balkenroste gegen Setzungen zu sichern.

Es ist darauf zu achten, daß unter der Last der tragenden Joche nicht flach unter Gelände liegende Versorgungsleitungen, Kanäle u. ä. zerstört werden.

Bei Verspreizungen von Giebelwänden werden waagerechte Balkenhölzer mit Hilfe von Klebepfosten oder Balkenkreuzen in Richtung der Mittelwände und in Höhe der Geschoßdecken zwischen die Giebel eingespannt und verkeilt. Die Balkenkreuze werden gegen die Spreizbalken verstrebt (Bild **3**.22 und **3**.23). Bei größerer Spannweite sind die Balken in der Mitte durch angebolzte Spannriegel zu verstärken und durch Verschwertungen zu sichern.

Abfangkonstruktionen, insbesondere die in Bild **3**.22 und **3**.23 gezeigten Verspreizungen, werden immer noch meistens in den herkömmlichen Holzkonstruktionen ausgeführt. Sie sind jedoch – bei entsprechendem statischen Nachweis – auch mit Stahlrohrkonstruktionen möglich (vgl. S. 235f.).

3.3 DIN-Normen

DIN-Nr.		Ausgabe-Datum	Titel
1055	T1	7.78	Lastannahme für Bauten; Lagerstoffe, Baustoffe und Bauteile
	T3	6.71	Verkehrslasten
	T4	8.86	Lastannahmen für Bauten; Verkehrslasten, Windlasten bei nicht schwingungsanfälligen Bauwerken
	T4 A1	06.87	–; Änderung1; Berichtigungen
	T5	6.75	Schneelast und Eislast
4420	T1	3.80	Arbeits- und Schutzgerüste (ausgenommen Leitergerüste)
	T2	3.80	–; Leitergerüste
E	T4	2.85	– aus vorgefertigten Bauteilen (Systemgerüste); Werkstoffe, Gerüstbauteile, Abmessungen, Lastannahmen und sicherheitstechnische Anforderungen
4421		8.82	Traggerüste; Berechnung, Konstruktion und Ausführung
4422		3.77	Fahrbare Arbeitsbühnen (Fahrgerüste); Berechnung, Konstruktion, Ausführung, Gebrauchsanweisung
4424		6.87	Baustützen aus Stahl mit Ausziehvorrichtung; sicherheitstechnische Anforderungen und Prüfung
18451		10.79	Gerüstarbeiten; Richtlinien für Vergabe und Abrechnung
EN 39		3.77	Stahlrohr für Arbeitsgerüste; Anforderungen, Prüfung
ISO 4054		5.81	Kupplungen, Zentrierbolzen und Fußplatten für Stahlrohr-Arbeitsgerüste; Anforderungen, Prüfungen

3.4 Literatur

[1] Bauberufsgenossenschaft Frankfurt/Main: Unfallverhütungsvorschrift Gerüste (1986)

[2] –: Sicherheit bei der Errichtung von Fahrgerüsten (1976)

[3] –: Merkblatt für das Anbringen von Dübeln zur Verankerung von Fassadengerüsten (1976)

[4] –: Sicherheit am Bau (1984)

[5] –: Unfallverhütungsvorschrift Bauarbeiten (1983)

4 Treppen

4.1 Allgemeines

4.1.1 Begriffe

Treppen verbinden Gebäudeebenen verschiedener Höhenlage als Geschoßtreppen oder als Ausgleichstreppen.

Unterschieden werden notwendige Treppen, d. h. Treppen, die nach behördlichen Vorschriften vorhanden sein müssen und an deren Dimensionierungen und Bauausführung in der Regel besondere Anforderungen gestellt werden. Nicht notwendige Treppen können zusätzlich vorhanden sein und gegebenenfalls auch der Hauptnutzung dienen.

In Gebäuden mit mehr als zwei Vollgeschossen müssen Geschoßtreppen in der Regel in einem abgeschlossenen Treppenhaus liegen.

Die Grundrisse und Ausführungsformen der Treppen sind mannigfaltig, da Treppen meistens nicht nur ihrem eigentlichen Zweck, sondern darüber hinaus auch der Gestaltung von Bauwerken und Räumen dienen.

Eine Folge von mehr als drei Stufen bildet einen Treppenlauf. Die Form einer Treppe wird durch die Anzahl der Treppenläufe nur annähernd gekennzeichnet. Zur genaueren Bestimmung gehören Angaben über die Lage der Läufe, Anzahl und Form der Stufen sowie Form, Lage und Anzahl von Podesten, die als Treppenabsätze Anfang oder Ende eines Treppenlaufes Teile der Geschoßdecken sind oder als Zwischenpodest zwischen zwei Treppenläufen liegen (Bild **4**.1).

Treppenstufen werden in der Regel mit einem Schritt begangen. Die Bezeichnung der Stufenteile zeigt Bild **4**.2.

Die erste Stufe eines Treppenlaufes wird als Antritt-, die letzte Stufe als Austrittstufe bezeichnet. Die Lauflinie kennzeichnet bei der Darstellung von Treppen im Grundriß den Weg eines Benutzers im üblichen Gehbereich. Bei Treppen mit geraden Läufen liegt die Lauflinie im allgemeinen in der Mitte der nutzbaren Treppenlaufbreite bzw. innerhalb des „Gehbereiches". Die Definition des Gehbereiches ist auch für gewendelte Treppen, für Treppen mit teilweise gewendelten Läufen und für Treppen mit verschiedenen nutzbaren Laufbreiten in DIN 18065 enthalten (Bilder **4**.3 und **4**.19).

In Bauzeichnungen wird bei Treppen (auch bei Rampen) die Vorderkante der Antrittstufe mit einem Punkt (DIN 18064), einem Kreis oder einem Doppelstrich gekennzeichnet und die Vorderkante der Austrittstufe mit einem Pfeil. Dabei wird durch den Pfeil die Richtung angegeben, in der die Treppe ansteigt (Beachte: In Geländedarstellungen o. ä. weisen Pfeile in Gefällerichtung, d. h. nach unten!).

Die tragenden Teile der Treppe, die zugleich den Treppenlauf seitlich begrenzen, werden Treppenwangen genannt. Treppenholme tragen oder unterstützen die Stufen paarweise oder einzeln von unten. Als Treppenspindel wird der tragende Kern von Spindeltreppen bezeichnet (Bild **4**.11).

Die Bezeichnung der Treppenteile zeigt Bild **4**.3.

Treppenstufen können ausgeführt werden als Blockstufen, Plattenstufen, Keilstufen oder Winkelstufen (Bild **4**.4). Sie werden im allgemeinen auf Unterkonstruktionen

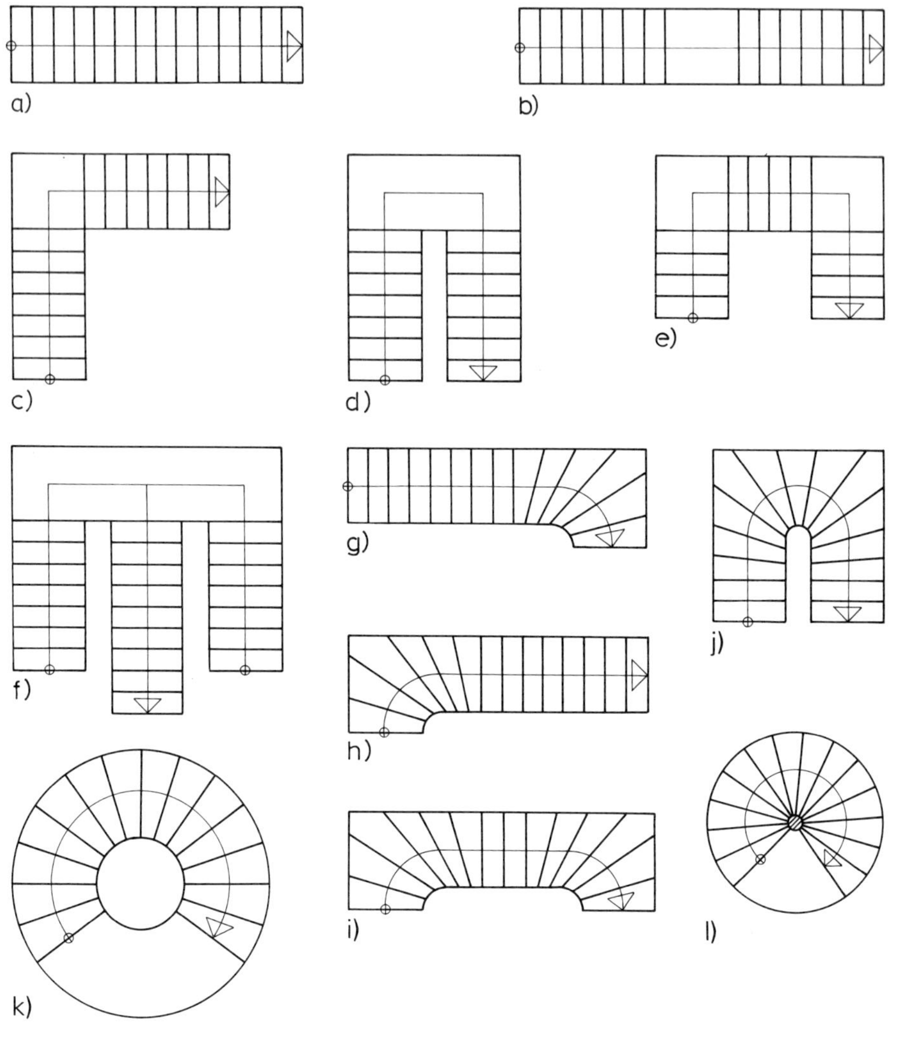

4.1 Treppengrundrisse (schematische Darstellung nach DIN 18064)

a) einläufige gerade Treppe
b) zweiläufige gerade Treppe mit Zwischenpodest
c) zweiläufige gewinkelte Treppe mit Zwischenpodest
d) zweiläufige gegenläufige Treppe mit Zwischenpodest
e) dreiläufige zweimal abgewinkelte Treppe mit Zwischenpodesten
f) dreiläufige gegenläufige Treppe mit Zwischenpodest
g) einläufige, im Austritt viertelgewendelte Treppe
h) einläufige, im Antritt viertelgewendelte Treppe
i) einläufige, zweimal viertelgewendelte Treppe
j) einläufige, halbgewendelte Treppe
k) Wendeltreppe (Treppe mit Treppenauge)
l) Spindeltreppe (Treppe mit Treppenspindel)

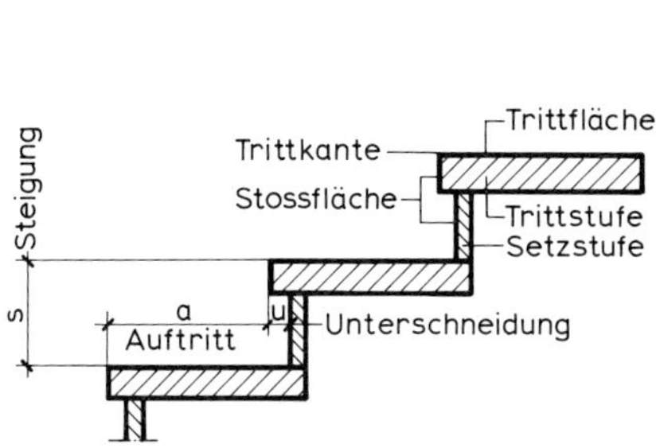

4.2 Bezeichnung von Stufenteilen

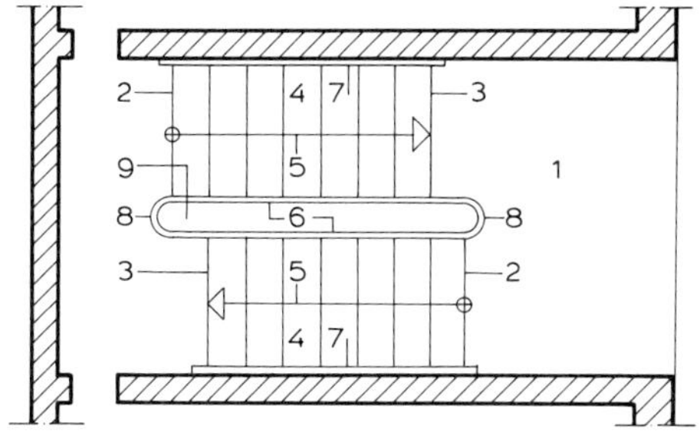

4.3 Bezeichnung von Treppenteilen

1 Podest
2 Antrittstufe
3 Austrittstufe
4 Treppenlauf
5 Lauflinie
6 innere Treppenwange
7 äußere Treppenwange
8 Krümmling
9 Treppenauge

(Platten, Wangen, Holme) aufgelegt, auf verschiedene Weise aufgehängt oder in Seitenwänden auskragend eingespannt. Sie sollen eine Unterschneidung von mindestens 3 cm aufweisen (vgl. Bild **4**.2).

4.4 Stufenarten (DIN 18064)

a) Blockstufen, b) Keilstufen, c) Plattenstufen, d) Winkelstufen, e) L-Stufen

Wenn mit der Anwesenheit von Kindern gerechnet werden muß, wird in einigen Landesbauordnungen bei Ausführungen ohne Setzstufen eine lichte Weite von weniger als 12 cm zwischen den Trittstufen gefordert.

4.1.2 Vorschriften[1])

Maße

Für die Hauptmaße von Treppen sind in DIN 18065 allgemeine Regeln festgelegt[2]). Sie weichen jedoch teilweise von den – unterschiedlichen – Treppenbau-Vorschriften ab, die in den Durchführungsverordnungen der Landesbauordnungen enthalten sind[3]). Es ist also zu beachten, ob die DIN 18065 im jeweiligen Bundesland bauaufsichtlich eingeführt ist oder ob die Bestimmungen der Landesbauordnung beachtet werden müssen. Die maßlichen Mindestanforderungen an Treppen sind in Tabelle **4.5** enthalten bzw. aus den Bildern **4.6** und **4.7** ersichtlich.

Tabelle **4.5** Maßliche Anforderungen (DIN 18065)

Gebäudeart	Treppenart		Nutzbare Treppenlaufbreite mindestens	Steigung s[2])	Auftritt a[3])
Wohngebäude mit nicht mehr als zwei Wohnungen[1])	Baurechtlich notwendige Treppen	Treppen, die zu Aufenthaltsräumen führen	80	17 ± 3	28^{+9}_{-5}
		Kellertreppen und Bodentreppen, die nicht zu Aufenthaltsräumen führen	80	≤ 21	≥ 21
	Baurechtlich nicht notwendige (zusätzliche) Treppen		50	≤ 21	≥ 21
Baurechtlich nicht notwendige (zusätzliche) Treppen innerhalb geschlossener Wohnungen			50	keine Festlegungen	
Sonstige Gebäude	Baurechtlich notwendige Treppen		100	17^{+2}_{-3}	28^{+9}_{-2}
	Baurechtlich nicht notwendige (zusätzliche) Treppen		50	≤ 21	≥ 21

[1]) schließt auch Maisonetten-Wohnungen in Gebäuden mit mehr als zwei Wohnungen ein.
[2]) aber nicht <14 cm
[3]) aber nicht >37 cm
} Festlegung des Steigungsverhältnisses s/a.

---

[1]) Vorschriften für Geländer s. Abschn. 4.3.1

[2]) Sondervorschriften für Treppen sind enthalten in der bundeseinheitliche Arbeitsstättenverordnung sowie in den unterschiedlichen Landesrichtlinien für
- Versammlungsstätten (Versammlungsstättenverordnung)
- Geschäftshäuser (Geschäftshausverordnung)
- Krankenhäuser (Krankenhausbauverordnung)
- Gaststätten (Gaststättenbauverordnung)
- Garagen (Garagenverordnung)
- Schulbauten (Schulbaurichtlinien)
- Hochhäuser (Hochhausrichtlinien).

[3]) In der DVO zur Hess. Landesbauordnung ist z. B. eine Treppenmindestbreite von 80 cm gefordert und ein Steigungsverhältnis von mindestens 19/26 cm.

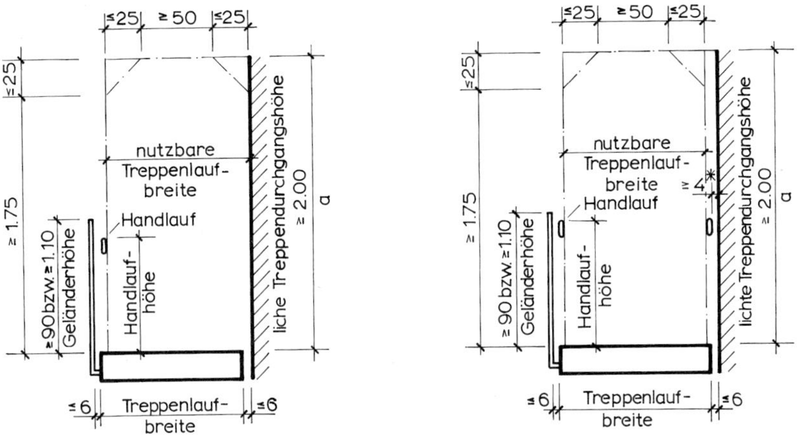

4.6 Treppen-Lichtraumprofil; Maße, Benennungen (DIN 18065)

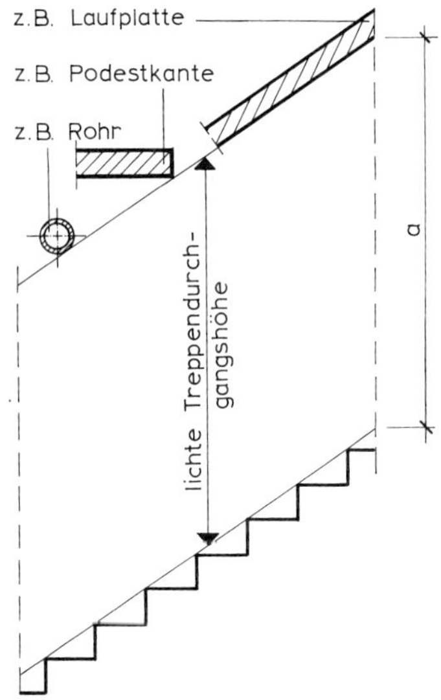

4.7 Durchgangshöhe („Kopfhöhe")

Die nach der Tabelle 4.5 möglichen Mindestmaße müssen jedoch bei der Planung besonders im Hinblick auf Sicherheitsanforderungen kritisch gewertet werden. Es ist z. B. nicht ohne weiteres einzusehen, daß an Kellertreppen oder Treppen, die nicht zu Aufenthaltsräumen führen, geringere Sicherheitsanforderungen (z. B. Stufenauftritt nur 21 cm!) gelten sollen. Der Abstand von Wandhandläufen mit nur 4 cm dürfte bei rauhen Wandoberflächen Verletzungsgefahr bedeuten!

Podestflächen sind am An- bzw. Austritt von Treppenläufen sowie bei längeren Treppenläufen nach mehr als 16 Steigungen (DIN 18065: 18 Steigungen) erforderlich.

Treppenpodeste sollen eine Tiefe haben, die mindestens der Laufbreite entspricht, besser jedoch mit einem Zuschlag von 10 bis 15% zur Laufbreite bemessen wird. Sie müssen so beschaffen sein, daß sie die Benutzung der Treppen auch in den üblicherweise zu erwartenden Ausnahmefällen gefahrlos ermöglichen (im Wohnungsbau z. B. Möbeltransport, Transport von Krankentragen usw.).

Podestflächen im Zuge von langen Treppenläufen (Zwischenpodeste) sind auf die Schrittlänge bzw. das Schrittmaß der Treppe abzustimmen (vgl. Abschn. 4.1.3).

Beispiel Steigungsverhältnis der Treppe $18^5/27$ cm
Schrittmaß $S = a + 2\,s = 27 + 2 \times 18{,}5 = 64$ cm
Podestlänge $= S + a = 64 + 27 = 91$ cm

In den Gehbereich von Podestflächen notwendiger Treppen dürfen keine Türen aufschlagen. Die Podestfläche ist nötigenfalls entsprechend zu vergrößern.

Brandschutz

Im Brandfall sind Treppen die einzigen Fluchtwege zum Verlassen oberer Geschosse. Es muß daher sichergestellt sein, daß Treppen je nach Menge der darauf voraussichtlich angewiesenen Benutzer in ausreichender Zahl und Abmessung vorhanden sind und aus nicht zu großer Entfernung sicher erreicht werden können.

Selbstverständlich dürfen die Fluchtwege über Treppenhäuser im Brandfall nicht durch Rauch oder Brandeinwirkung unpassierbar werden. Begrenzungswände und -decken, Zugänge und die Konstruktion der Treppen selbst müssen daher im Hinblick auf sichere Benutzbarkeit im Brandfall geplant und ausgeführt werden.

Als planerische und konstruktive Brandschutzmaßnahmen (vgl. auch Abschn. 12.6 in Teil 1 des Werkes) sind vor allem zu beachten:

- Jedes nicht zu ebener Erde liegende Geschoß muß über eine oder mehrere Treppen zugängig sein, von denen der Ausgang ins Freie jederzeit gesichert ist (notwendige Treppen).
- Von jedem zum dauernden Aufenthalt von Menschen bestimmten Raum muß eine Treppe auf höchstens 35 m[1]) Entfernung erreichbar sein (gemessen von Mitte Raum bis Treppenstufe).

[1]) Hess. Bauordnung

[2]) Der Feuerwiderstandsklasse F30 bzw. F60 entsprechen Treppen, wenn sie beim Brandversuch während einer Prüfzeit von 30 Min. bzw. 60 Min. den Durchgang des Feuers verhindern und ihre Standfestigkeit und Tragfähigkeit nicht verlieren (s. Abschn. 12.6 Brandschutz in Teil 1 dieses Werkes). Zulässig in Gebäuden bis zu 2 Vollgeschossen sowie in Gebäuden mit 3 bis 5 Vollgeschossen, wenn die tragenden Teile nicht brennbar sind.
Der Feuerwiderstandsklasse F30 entsprechen ohne besonderen Nachweis Treppen aus Sandstein, Mauerwerk, Beton, Stahlbeton (mind. 10 cm dick) oder Eichenholz oder Treppen, die als Stahlsteindecken konstruiert sind, wenn sie unterhalb mind. 1½ cm dick auf Putzträgern geputzt oder gleichwertig bekleidet sind.
Der Feuerwiderstandsklasse F90 bzw. F120 entsprechen Treppen, wenn sie nichtbrennbar sind, unter dem Einfluß des Brandes und Löschwassers ihre Tragfähigkeit oder ihr Gefüge nicht wesentlich ändern und den Durchgang des Feuers während einer Prüfzeit von 90 Min. bzw. 120 Min. verhindern (gefordert für Gebäude mit mehr als 5 Vollgeschossen und für Hochhäuser). Im besonderen gelten als feuerbeständig Treppen aus Mauerwerk (mind. 10 cm dick) oder aus mind. 10 cm dicken Stahlbetonfertigteilen mit 1,5 cm dickem Putz auf der Unterseite. Treppenstufen aus Natursteinen gelten nicht als feuerbeständig. In DIN 4102 sind die Begriffe erläutert. Es werden eingeteilt:

Die Baustoffe in **Brennbarkeitsklassen**

A nicht brennbare Baustoffe
A1 – ohne organische Bestandteile
A2 – mit organischen Bestandteilen
B brennbare Baustoffe
B1 – schwer entflammbare Baustoffe
B2 – normal entflammbare Baustoffe
B3 – leicht entflammbare Baustoffe

die Bauteile in **Feuerwiderstandsklassen**

F 30 Feuerwiderstandsdauer 30 Min.
F 60 Feuerwiderstandsdauer 60 Min.
F 90 Feuerwiderstandsdauer 90 Min.
F120 Feuerwiderstandsdauer 120 Min.
F180 Feuerwiderstandsdauer 180 Min.

— Alle notwendigen Treppen müssen in Gebäuden mit mehr als 2 Vollgeschossen aus Baustoffen der Brennbarkeitsklasse A bestehen und mindestens die Feuerwiderstandsklasse F30[2]) aufweisen (in Gebäuden mit mehr als 5 Vollgeschossen müssen sie der Feuerwiderstandsklasse F90 entsprechen), vom Tageslicht genügend erhellt werden und in unmittelbarer Verbindung durch alle Vollgeschosse führen.

— Die Treppenräume notwendiger Treppen müssen Decken der Feuerwiderstandsklasse F60, Wände der Feuerwiderstandsklasse F90 und unmittelbaren Ausgang ins Freie erhalten. Bei Wohngebäuden mit mehr als 6 Wohnungen müssen sie außerdem vom Erdgeschoß aus bedienbare Rauchabzugsklappen haben und gegen Verqualmung aus dem Kellergeschoß ausreichend gesichert sein.

— Sind mehrere übereinanderliegende Kellergeschosse vorhanden, muß jedes einen gesonderten Ausgang ins Freie haben.

— In Hochhäusern müssen mindestens zwei voneinander getrennte Treppenhäuser (Mindest-Laufbreite 1,25 m) vorhanden sein, die über Dach miteinander als Fluchtwege verbunden werden können, oder es muß ein Sicherheitstreppenhaus vorhanden sein (Zugang nur über im Freien liegende Balkone, Laubengänge oder offene Podestflächen).

  In notwendigen Treppen von Hochhäusern sind gewendelte Stufen nicht zulässig. Für die Treppenlaufbreiten in Sicherheitstreppenhäusern können folgende Werte als Anhalt dienen:

Für Fluchtwege von	
bis zu 100 Personen	1,10 m
bis zu 250 Personen	1,65 m
über 250 Personen	2,10 m

— Die Laufbreite von Treppen für Verkaufs-, Ausstellungs-, Versammlungs- und ähnlichen Räumen soll betragen:

Bei Nutzflächen	
bis 100 m²	1,10 m
bis 250 m²	1,30 m
bis 500 m²	1,65 m
bis 1000 m²	1,80 m
über 1000 m²	2,10 m

Schallschutz

Treppen und Treppenhäuser bilden innerhalb von Gebäuden fast immer lästige Schallquellen. Bereits in der Grundrißplanung sollten sie daher durch untergeordnete Räume von solchen Räumen (z. B. Schlafräume) getrennt sein, in denen besonderer Schallschutz erforderlich ist.

Anforderungen an die Schallschutzmaßnahmen von Treppen und Treppenpodesten werden in der noch im Entwurf bearbeiteten DIN 4109 festgelegt.

Mit den bisher üblichen Ausführungsarten von Treppen kann ein ausreichender Schallschutz meistens nicht erreicht werden. Zur Verbesserung des Trittschallschutzes ist die Treppenkonstruktion durch elastische Auflagerung von der übrigen Bauwerkskonstruktion zu trennen, oder es müssen weich federnde Treppenauflagen verwendet werden. In jedem Fall ergeben sich kostensteigernde Detailprobleme, und eine besonders sorgfältige Ausführung an der Baustelle ist unabdingbar.

Grundsätzlich kommen folgende Maßnahmen für den Schallschutz in Betracht:

— Elastische Auflagerung der Treppenpodeste und Treppenläufe bei gleichzeitiger Trennung von den angrenzenden Wänden durch offene oder elastisch abgeschlossene Fugen,
— Einbau von schwimmendem Estrich auf den Podesten in Verbindung mit schwimmend aufgelagerten Stufenelementen,
— Verwendung weichfedernder Podest- und Stufenbeläge, soweit im Rahmen brandschutztechnischer Vorschriften möglich.

Die grundsätzlich gegebenen Möglichkeiten für die elastische Auflagerung von Massivtreppen zeigt Bild **4**.8.

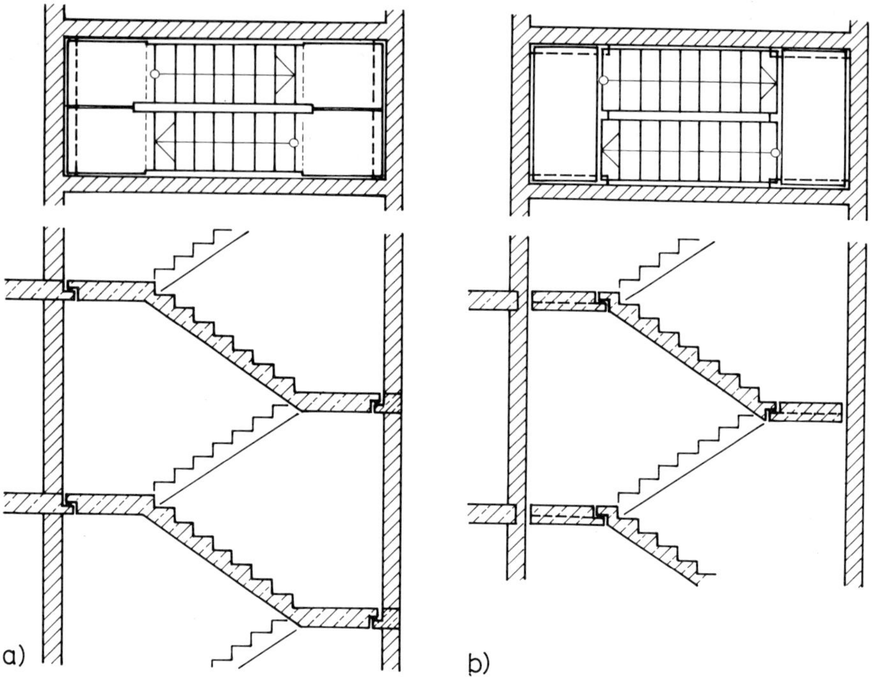

4.8 Elastische Auflagerung von Massivtreppen

a) Längsgespannte Lauf- und Podestplatten, auf Konsolen elastisch aufgelagert
b) Podeste quergespannt und elastisch aufgelagert (vgl. Bild **4**.10) oder mit schwimmendem Estrich; Laufplatten auf Podesten elastisch aufgelagert (vgl. Bild **4**.9)

Durchlaufende Auflager an den Rändern von Podest- oder Laufplatten sowie von Treppenholmen sind wie in Bild **4**.9 gezeigt möglich. Daneben ist die Ausbildung von „Auflager-Klauen" mit Hilfe vorgefertigter zweischaliger etwa 50 cm breiter Auflagerkästen möglich. Sie werden in die tragenden Treppenhauswände mit eingemauert oder -betoniert und nehmen die klauenförmigen Treppenauflager auf (Bild **4**.10).

Schwimmend aufgelagerte Winkelstufen aus Werkstein zeigt Bild **4**.11. Bei einer solchen Stufenausbildung müssen die seitlichen Auflagerfugen durch Abdeckprofile geschlossen werden, die natürlich keine Schallbrücken bilden dürfen und elastisch angeschlossen werden (Bild **4**.12). Werden Tritt- und Setzstufen getrennt ausgeführt und

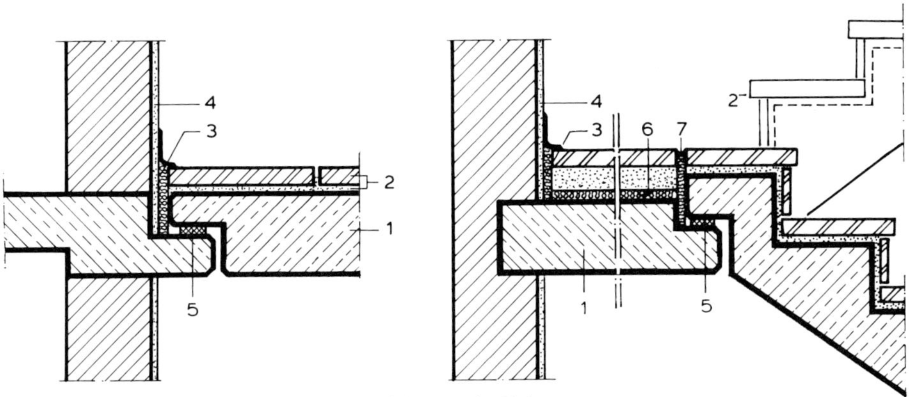

4.9 Schallgedämmte Auflagerung von Laufplatten oder Holmen

1 Podestplatte
2 Plattenbelag im Mörtelbett
3 Sockel
4 Putz
5 Neopren-Aufleger
6 Trittschalldämmung
7 elastische Fuge

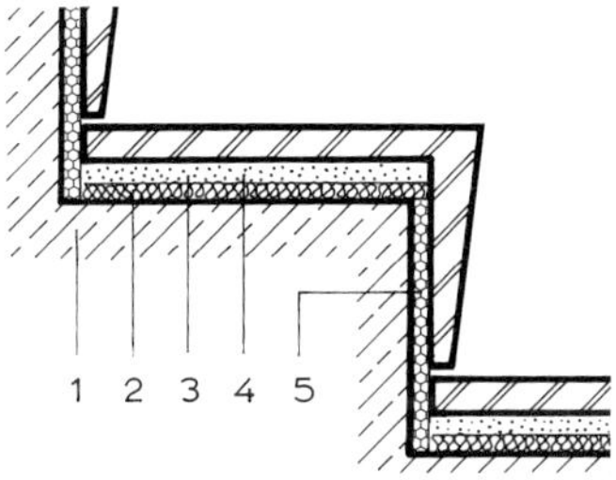

4.11 Schwimmend aufgelegte Winkelstufen

1 Treppenlauf massiv
2 Trittschalldämmung aus Hartgummiplatten
3 Mörtelbett
4 Winkelstufe aus Werkstein
5 Dämmschicht aus Polystyrol

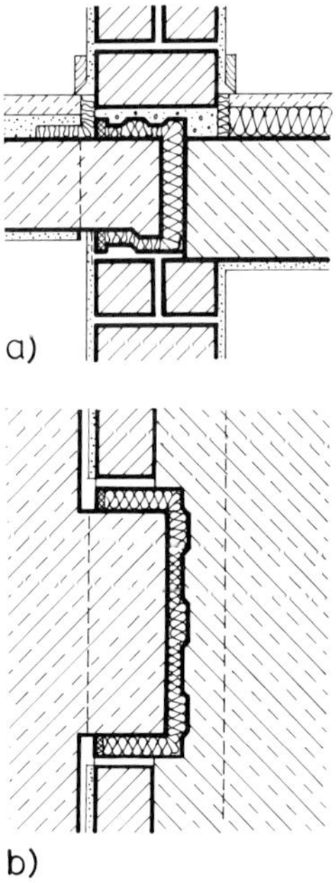

4.10 Auflager-„Klaue" für Podest- und Laufplatten (Reson DG®)

a) senkrechter Schnitt
b) waagerechter Schnitt durch die Auflager-Klaue

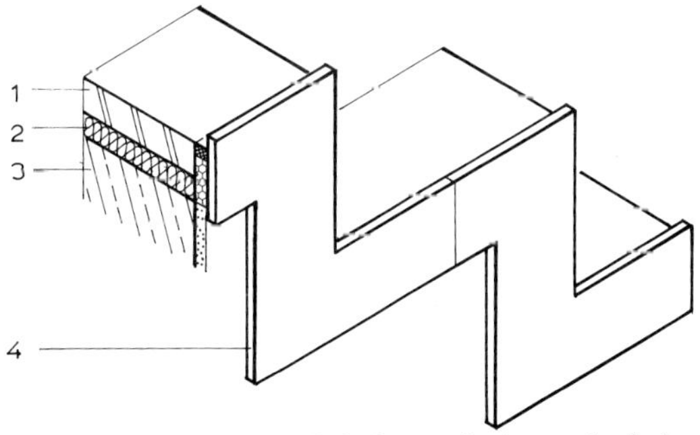

4.12 Seitliche Abdeckung schwimmend aufgelagerter Treppenstufen

1 Stufenbelag
2 Dämmschicht
3 Rohtreppe
4 Randprofil aus Stahlblech

schwimmend verlegt, sind die Fugen zwischen den Werksteinen, insbesondere auch an etwa vorhandenen Wandanschlüssen sorgfältig von überquellendem Verlegemörtel und Verunreinigungen freizuhalten und durch Schaumstoffbänder (z. B. Compriband) oder elastische Abdichtungen zu schließen (Bild **4**.13).

Aus den Wänden auskragende Stufen sind sowohl bei Massivtreppen als auch bei Holztreppen im Hinblick auf Schallschutz zu vermeiden.

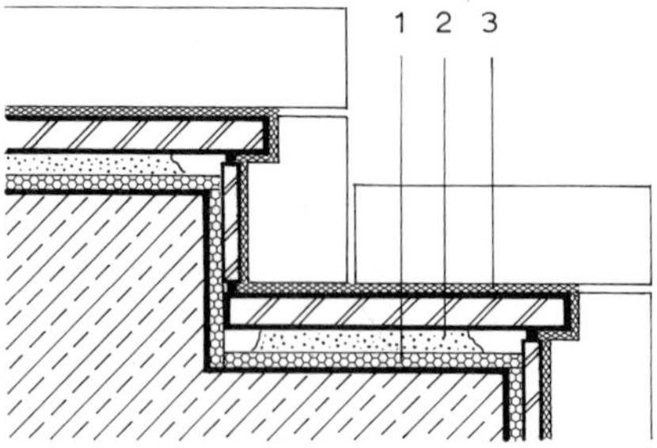

4.13
Schwimmende Verlegung getrennter Tritt- und Setzstufen
1 Trittschalldämmung (z. B. Schaumstoff-Platten)
2 Verlegemörtel
3 Schaumstoffband

4.1.3 Planung

Ob eine Treppe bequem und unfallsicher ist, hängt hauptsächlich vom Steigungsverhältnis der Stufen (Neigungswinkel) und der Höhendifferenz aufeinanderfolgender Stufen ab. Die Unfallgefahr auf Treppen wächst mit dem Neigungswinkel. Keller- und Dachtreppen dürfen – da sie selten und nur von einem begrenzten Personenkreis benutzt werden (Gewöhnung) – bis zu 45° geneigt sein. Ähnliches gilt für Geschoßtreppen in Einfamilienhäusern (Steigungsverhältnis bis 19/25 und 20/25). Wohnhaustreppen mit Neigungen von etwa 30° (bei Freitreppen etwa 20°) sind sicher und bequem begehbar, vorausgesetzt, daß auch günstige Steigungen gewählt werden (Bild **4**.14).

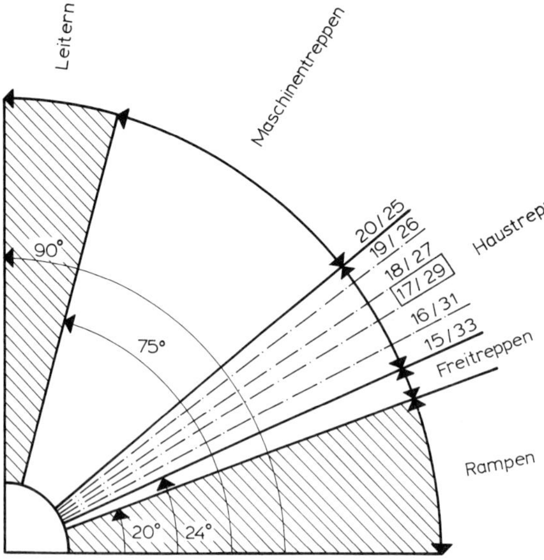

4.14 Treppenneigungen (nach E. Neufert, Bauentwurfslehre)

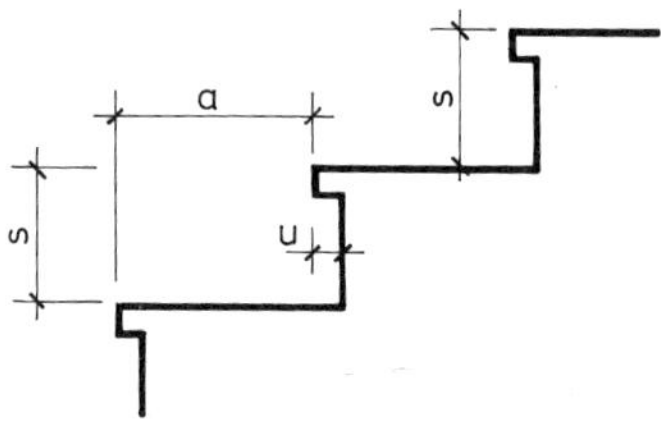

4.15 Steigungsverhältnis: Bezeichnungen
s = Steigungshöhe, *a* = Auftrittbreite (*u* = Unterschneidung)

Die Festlegung des Steigungsverhältnisses von Treppen (Verhältnis von Auftritt a : Steigung s, Bild **4.**15) geht von der mittleren Schrittlänge des erwachsenen Menschen aus, die 59 bis 65 cm beträgt. Diese ist allerdings auch abhängig von der Neigung der begangenen Fläche.

Die angemessenen Steigungsmaße haben sich für Treppen der verschiedenen Beanspruchungen in langer Erfahrung ergeben und betragen für

— Treppen im Freien etwa 14 cm
— Treppen in Versammlungsräumen, Theatern u. ä. etwa 16 cm
— Treppen in Schulen und öffentlichen Gebäuden 16 bis 17 cm
— Treppen in Wohnhäusern 17 bis 19 cm
— Nebentreppen bis 20 cm

Das Steigungsverhältnis wird bezogen auf die „Lauflinie" und darf sich im Verlauf einer Treppe – auch bei mehrläufigen Treppen (s. Bild **4.**1 b bis f) nicht ändern. Bei geraden Treppenläufen ist die Lauflinie die Lauf-Mittellinie. Bei gewendelten und Spindeltreppen soll die Lauflinie im „Gehbereich" (DIN 18065) liegen (DIN 18065, s. Bild **4.**19).

Treppen ohne Setzstufen („offene Treppen") sowie Treppen mit Auftritten ≤ 26 cm – gemessen in der Lauflinie – sind um mindestens 3 cm zu unterscheiden (s. Bild **4.**15).

Zur Bestimmung des Steigungsverhältnisses werden verschiedene Formeln verwendet.

Die Schrittmaßformel ist die bekannteste Grundlage für Steigungsverhältnisse:

$a + 2\,s = 63$ cm (nach DIN 18065: 59 bis 65 cm)

Daraus ergibt sich z. B. für Wohnungstreppen das als sehr günstig empfundene Steigungsverhältnis von 17/29 cm.

Die Bequemlichkeitsformel

$a - s = 12$ cm

ergibt Steigungsverhältnisse, die beim Treppensteigen den geringsten Kraftaufwand erfordern sollen, berücksichtigt jedoch nicht das Schrittmaß.

Die Sicherheitsformel

$a + s = 46$ cm $+ 1$ cm

berücksichtigt besonders die Verhältnisse beim Herabsteigen auf einer Treppe, weil sich bei ihrer Anwendung immer ausreichend große Auftrittflächen ergeben.

Allen Formeln ist gemeinsam, daß sie nur zu Überprüfung ermittelter, aus Geschoß, oder Podesthöhen resultierender Steigungsverhältnisse dienen.

Die Abhängigkeit von Geschoßhöhen und Steigungen zeigt Tabelle **4.**16.

Tabelle **4.**16 Geschoßhöhen mit Steigungszahl und Steigungshöhen nach DIN 4174 (DIN 18065 T1 enthält die Hauptmaße für Wohnhaustreppen)

Geschoßhöhe	zweiläufige Treppen				einläufige und dreiläufige Treppen			
	gute Steigung		steile Steigung		gute Steigung		steile Steigung	
in m	Zahl	Höhe in cm	Zahl	Höhe in cm	Zahl	Höhe in cm	Zahl	Höhe in cm
2,25	–	–	12	18,75	13	17,30	–	–
2,50	14	17,85	–	–	15	16,66	13	19,23
2,625	–	–	14	18,72	15	17,47	–	–
2,75	16	17,20	14	19,64	–	–	15	18,33
3,00	18	16,66	16	18,75	17	17,64	–	–

Als Ausführungstoleranzen sind nach DIN 1065 ± 0,5 cm für Auftritts- bzw. Steigungsmaß zugelassen sowie ± 1,5 cm für die Antrittshöhe vorgefertigter Treppen. Insbesondere die letztere Toleranz ist wohl eindeutig zu groß und sollte bei der Auftragsvergabe ausdrücklich ausgeschlossen werden.

Aus der Wahl des Steigungsverhältnisses ergeben sich Stufenzahl und Lauflänge und damit der Platzbedarf einer Treppe mit den erforderlichen Podesten. Wenn einläufige Treppen über mehrere Geschosse führen, muß neben den Podestflächen auch der Flächenbedarf für den Weg jeweils zwischen Austritt- und Antrittpodest berücksichtigt werden (Bild **4**.17).

4.17 Vergleich des Flächenbedarfs verschiedener Treppenarten (vgl. Bild **4**.1)

Beispiel für die Ermittlung der Auftrittbreite und der Lauffläche einer Wohnhaustreppe

Die Geschoßhöhe (Entfernung von Oberfläche Fußboden bis Oberfläche Fußboden) wird durch die geschätzte Stufenzahl so geteilt, daß sich eine Steigung von etwa 18 cm ergibt:

2,75 (Geschoßhöhe) : 16 = 17,20 cm Steigung

Empfohlen wird für	Steigung s	Auftritt a
Schulen	14 bis 16	$45 - s$
Theater, Kinos, Saalbauten	15 bis 17	$47 - s$
Verwaltungsgebäude	16 bis 17	$46 - s$
Wohnhäuser	16 bis 18	$46 - s$
gewerbliche Bauten	17 bis 18	$46 - s$
Freitreppen	14 bis 16	$47 - s$
Bodentreppen	18 bis 20	$45 - s$
Kellertreppen	18 bis 19	$45 - s$

Nach der Schrittmaßformel (s. S. 255) ist die Auftrittbreite

$$a = 63 - 2 \cdot 17{,}2 = 28{,}6 \text{ cm}$$

gewählt 29 cm

Die Treppe soll zweiläufig angelegt werden. Jeder Lauf erhält dann 8 Steigungen. Da die Austrittstufe jeweils im Podest liegt, ist jeder Lauf nur 7 Auftritte lang; also:

Lauflänge = (Anzahl der Steigungen − 1) × Auftrittbreite = 7 · 29 cm = 2,03 m

Bei der Gestaltung von Treppen ist selbstverständlich auch die Abmessung der einzelnen Bauteile zu berücksichtigen, die von Belastung, Spannweite und Bauart abhängig ist. Insbesondere bei Podesttreppen muß dabei der Anschluß von Laufplatten, Wangen oder Holmen an die Podeste gestalterisch einwandfrei gelöst werden.

Die dabei auftretenden Probleme lassen sich am einfachsten am Beispiel einer Stahlbetontreppe erläutern:

Angestrebt wird in der Regel eine gestalterische Lösung so, daß die Unterseiten der Laufplatten am Podest in einer durchlaufenden Linie anschließen (Bild **4**.18a). Das ist zu erreichen, wenn die Dicke *d* der Podestplatte in Abhängigkeit vom Anschnitt der Laufplatte gewählt wird, d. h. in der Regel dicker als statisch erforderlich, andernfalls ergeben sich am Anschnitt häßliche Zwickel (Bild **4**.18b).

Wenn die Vorderkanten von Austritt- und Antrittstufen am Podest im Grundriß in einer Linie liegen, ergibt sich für den inneren Handlauf am Treppenauge ein Höhenversprung (Bild **4**.18b). Er kann bei entsprechend breitem Treppenauge mit einem Übergangs-

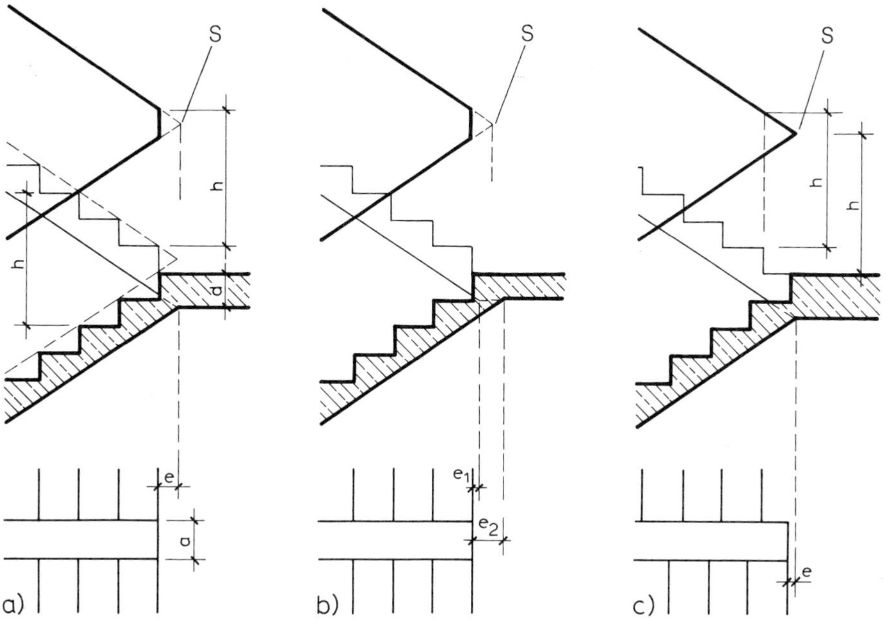

4.18 Beziehung zwischen Podestdicke, Handlaufführung und Podestanschluß

krümmling gestaltet werden, oder die Handläufe müssen – unter Einschränkung des Podestraumes – bis zum Schnittpunkt *S* (Bild **4**.18a und b) weitergeführt werden. Es ist daher günstiger, im Grundriß den Antritt bzw. Austritt nicht auf einer durchgehenden Linie, sondern unter Berücksichtigung der gezeigten Abhängigkeiten bei frühzeitiger Klärung aller Detailfragen festzulegen. Dabei ergibt sich allerdings durch die erforderliche Verschiebung bei gleich langen Treppenläufen eine entsprechend größere Gesamtlänge für zweiläufige Podesttreppen (Bild **4**.18c).

Diese Überlegungen gelten sinngemäß auch für alle anderen Treppenbauarten.

Treppen mit geradem Lauf sind zwar – ein günstiges Steigungsverhältnis vorausgesetzt – am bequemsten zu begehen; sie lassen sich jedoch nicht verwenden, wenn der Raum für Lauflänge einschließlich Podestlänge nicht vorhanden ist.

Durch Wendelung eines Teils der Stufen kann Raum gespart werden (vgl. Bild **4**.17). Die Treppe büßt dabei jedoch einen Teil der Bequemlichkeit und Sicherheit ein, den der gleichmäßig geformte Treppenlauf bietet. Die Nachteile teilweise (halb- oder viertel-)gewendelter Treppen können durch allmähliches Umformen der rechteckigen Stufen in keilförmige Stufen (Verziehen) vermindert werden. Die Stufen können einfach im Grundriß oder auch, genauer, in Grundriß und Aufriß verzogen werden. Beide Methoden werden hier am Beispiel der viertelgewendelten, die erste auch an der halbgewendelten Treppe gezeigt (Bilder **4**.20 bis **4**.22).

Folgende Forderungen sind zu berücksichtigen:

— An keiner Stelle der Stufe soll die Auftrittbreite weniger als 10 cm betragen (die normale Auftrittbreite ist auf der Lauflinie abzutragen).
— Um ein allmähliches Überleiten des geraden in den gewendelten Laufteil zu gewährleisten, müssen möglichst viele Stufen verzogen werden.

– Die Lauflinie muß stetig und ohne Knickpunkte sowie mit einem Mindestradius von 30 cm innerhalb des Gehbereiches verlaufen (Bild **4**.19). Die Breite des Gehbereiches beträgt $\frac{2}{10}$ der Laufbreite bei einem Abstand von $\frac{4}{10}$ der Laufbreite vom Innenrand der Treppe.

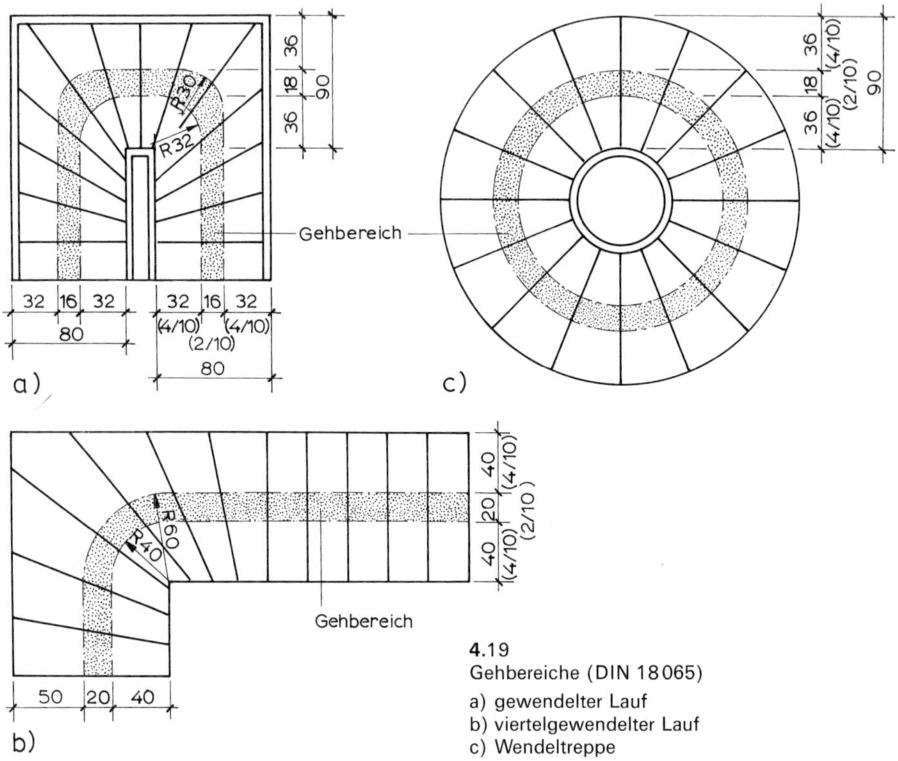

4.19
Gehbereiche (DIN 18065)
a) gewendelter Lauf
b) viertelgewendelter Lauf
c) Wendeltreppe

Verziehen der Stufen im Grundriß (Bild 4.20 und 4.21)

Beispiel Laufbreite, Treppenhausbreite und Lauflänge (Steigungsverhältnis) liegen fest.

Die mittlere Auftrittbreite wird für die geraden wie für die gewendelten Stufen auf der Lauflinie abgetragen.

Die Stufen 3 bis 16 sollen verzogen werden. Eine Stufenkante soll in der Achse des Wangenzwischenraums liegen. Die geringste Auftrittbreite von 10 cm sollen die Stufen 9 und 10 haben. Die Verlängerungen ihrer Stufenvorderkanten schneiden sich in *A*. Punkt *B* liegt auf der Linie der ersten bzw. letzten geraden Stufe.

Der Halbkreis um *B* mit *A* – *B* wird in 6 gleiche Teile geteilt, da zwischen Stufenkante 17 bzw. 3 und 9 sechs Stufen liegen. Die Fußpunkte der Lote von den Teilpunkten des Halbkreises auf *A* – *B* werden mit den Teilpunkten auf der Lauflinie verbunden.

In Bild **4**.21 ist ein anderes Verfahren für eine viertelgewendelte Treppe dargestellt. Die Eckstufe wird an der schmalsten Stelle mind. 10 cm breit angenommen. Die letzte und die erste gerade Stufe an der Ecke ergeben mit ihren Verlängerungen das Achsensystem, auf dem die beiden verlängerten Kanten der Eckstufe das Maß für die Stufenkantenfluchtpunkte abschneiden (*x* und *y*).

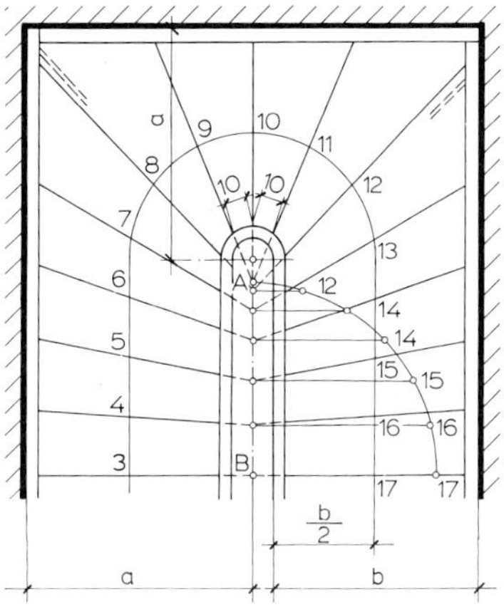

4.20 Verziehen im Grundriß. Halbgewendelte Treppe. Dieselbe Konstruktion kann angewendet werden, wenn auf die Treppenachse keine Stufenkante, sondern eine Stufenmitte trifft

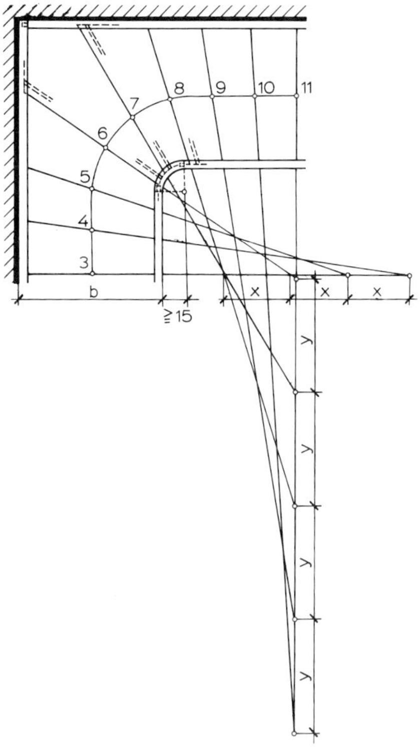

4.21 Verziehen im Grundriß. Viertelgewendelte Treppe

Verziehen der Stufen im Grundriß und Aufriß (Bild 4.22)

Zwischen den Stufen 2 und 9 einer viertelgewendelten Treppe sollen 6 Wendelstufen angeordnet werden. Man wickelt die Innenseite der Freiwange ab und zeichnet die erste und letzte gerade Stufe (Kante 2 und 9) mit den Steigungslinien 1 bis 2 und 9 bis 12 usw. Dann verbindet man Punkt 2 und 9 und ersetzt diese gerade Linie durch eine aus zwei Kreisbögen zusammengesetzte geschwungene Linie, in die die Steigungslinien 1 bis 2 und 9 bis 12 als Tangenten übergehen. Zu diesem Zwecke wird die Linie 2 bis 9 halbiert. Für jede Hälfte wird die Mittelsenkrechte gezeichnet und zum Schnitt mit den zu den Steigungslinien in den Punkten 2 und 9 errichteten Senkrechten gebracht. Die Schnittpunkte m und m_1 sind die Mittelpunkte für die beiden von 2 nach 9 zu zeichnenden Bogenlinien. Diese doppelte Bogenlinie schneidet die Stufenhöhen an der Vorderkante der Stufen. Dadurch ergeben sich die Auftrittsbreiten, die in den Grundriß übertragen werden. Das Verfahren ist unverändert für halbgewendelte Treppen anwendbar.

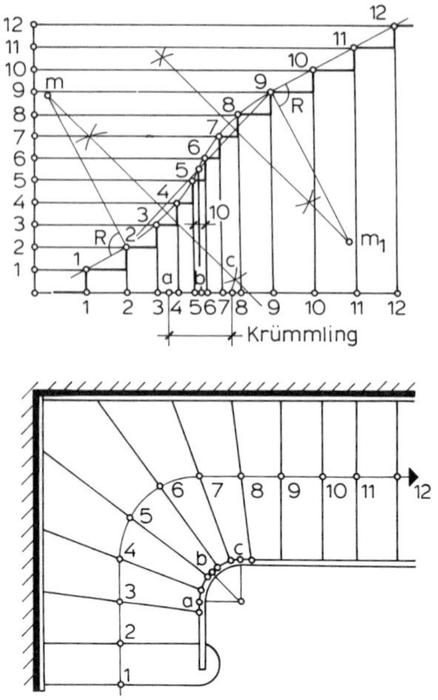

4.22
Verziehen im Aufriß und Grundriß (Abwicklungsmethode)

4.2 Treppenbauarten

Die Bauarten moderner Treppen beruhen zu einem großen Teil auf den handwerklichen Techniken für die Ausführung von Holztreppen. Die folgenden Grundtypen des Treppenbaues werden unterschieden (Bild **4**.23):

- Wangentreppen (a)
- aufgesattelte Treppen (b)
- Holmtreppen (c)
- Kragtreppen (d)
- Spindeltreppen (e)
- Bolzentreppen (f)
- wangenfreie Treppen mit aufgehängten Stufen (g) sowie
- Stahlbeton-Massivtreppen (h).

Der Baustoff kennzeichnet Treppenbauarten jedoch nur unvollkommen. Vielfach bestehen in Mischkonstruktionen aus gestalterischen oder statischen Gründen tragende Bauteile, Stufen oder Geländer aus unterschiedlichem Material. Bei nicht notwendigen bzw. bei Treppen, an die keine Brandschutzanforderungen gestellt werden müssen, eröffnet z. B. die Verwendung von Kunststoffen über die gezeigten Standardlösungen hinaus zahlreiche technische und gestalterische Möglichkeiten (vgl. auch Abschn. 4.2.6).

Eine Einteilung nach Treppenbaustoffen versucht daher lediglich, den Überblick über das sehr vielfältige und umfangreiche Sachgebiet zu erleichtern.

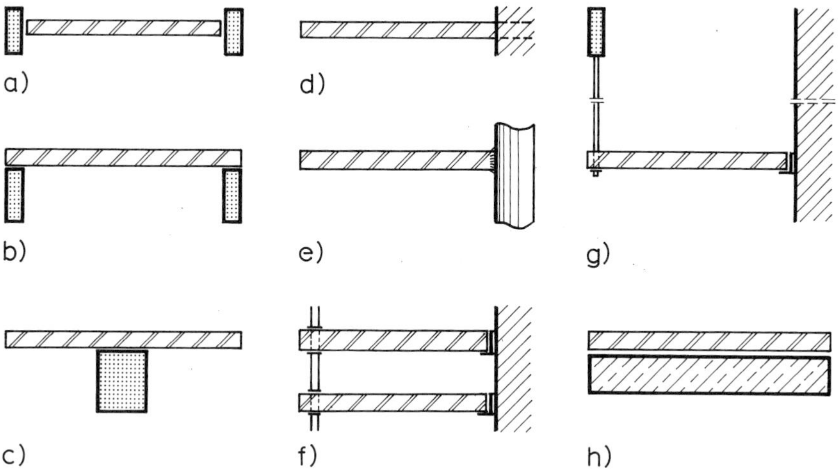

4.23 Treppenbauarten
a) Wangentreppen
b) aufgesattelte Treppen
c) Holmtreppe
d) Kragtreppe
e) Spindeltreppe
f) Bolzentreppe
g) wangenfreie Treppe mit aufgehängten Stufen
h) Stahlbeton-Massivtreppe

4.2.1 Gemauerte Treppen

Einfache Frei- und Innentreppen werden gelegentlich noch aus Mauerziegeln hergestellt. Die einzelnen Stufen werden als Rollschichten aus Vormauerziegeln oder Hochbauklinkern (DIN 105) mit Kalkzementmörtel gemauert. Bei Freitreppen liegt die unterste Stufe auf einem Fundament, dessen Sohle in frostfreie Tiefe reicht. Die übrigen Stufen ruhen auf einer gestampften Magerbetonschicht (Bild **4**.24). Die Stufen haben leichtes Gefälle nach vorn, damit das Wasser schnell abläuft. Außen liegende Kellertreppen können ähnlich ausgeführt werden.

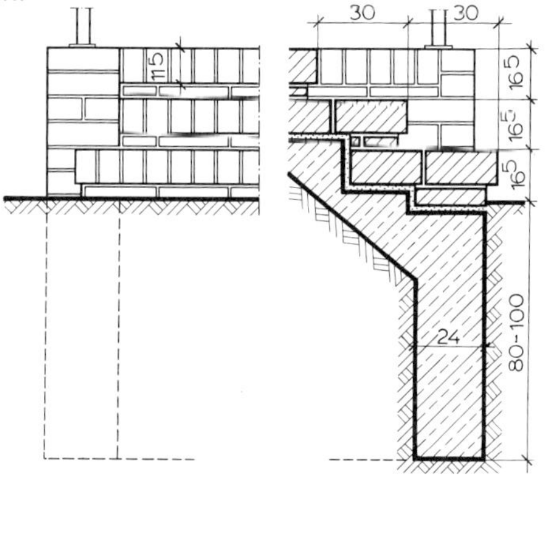

4.24 Gemauerte Freitreppe

4.2.2 Werksteintreppen

Für Freitreppen eignen sich besonders wetterbeständige Steine geringer Abnutzbarkeit: Granit, Basalt, harte Sandsteine. Die Stufen erhalten rechteckigen Querschnitt oder nur sparsame Profilierung der Vorderfläche. Freitreppen können entweder nach drei Seiten abgestuft oder seitlich durch Geländer oder Wangenmauern abgeschlossen werden. Bei den nach drei Seiten abgestuften Freitreppen stoßen die Längsstufen mit den kürzeren Seitenstufen so zusammen, daß die Stoßfugen nicht in der Vorderansicht erscheinen. Die Stufen sind frostsicher zu untermauern und sorgfältig miteinander zu verklammern bzw. zu verdübeln.

Bei Freitreppen mit seitlichem Geländerabschluß (Bild **4**.25) werden die Stufenenden durch Wangenmauern unterstützt. Die unterste Stufe ist außerdem in der gangen Länge frostsicher zu untermauern.

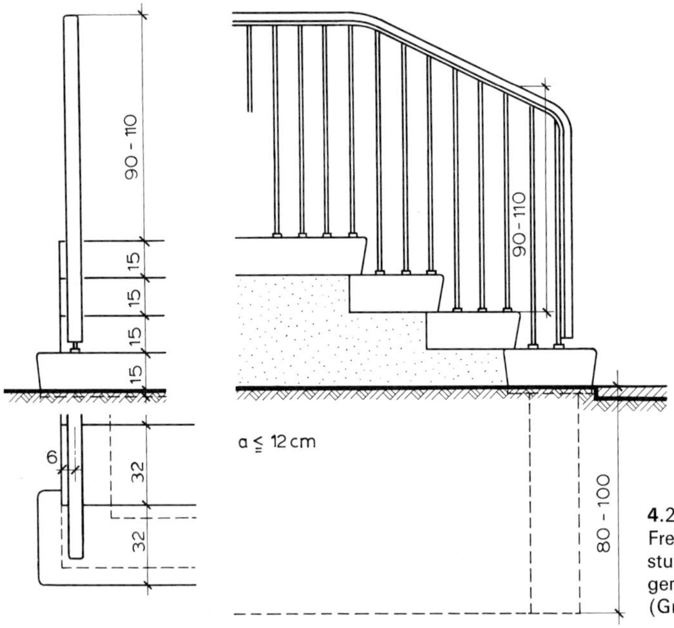

4.25
Freitreppe mit Werksteinstufen. Die Stufen liegen auf gemauerten Wangen (Grundriß und Ansichten)

Bei niedrigen Gebäudesockeln genügen eine bis drei Vorlegestufen mit Podestplatten. Ihr Einbau kann verbilligt werden, wenn man statt der Fundamente vorgefertigte Stahlbetonkonsolen oder Stahlbetonwangen verwendet, die beiderseits der Türöffnung einzumauern sind. Podestplatten mit Fußrostöffnungen sind jedoch billiger aus Stahlbeton herzustellen. Auch Stufen und Podestplatten können aus Stahlbeton vorgefertigt werden (Bild **4**.26).

Dabei sind einerseits eine geringe Anzahl verschiedener Einzelteile, andererseits ein handliches Gewicht der Fertigteile anzustreben.

Geschoßtreppen aus Werkstein, wie sie in älteren Gebäuden noch vorkommen, gelten als nicht feuerbeständig. Ihre Verwendung für notwendige Treppen ist daher heute nur eingeschränkt zulässig (vgl. Abschn. 4.1.2). Es ist aber möglich, Naturwerksteinstufen

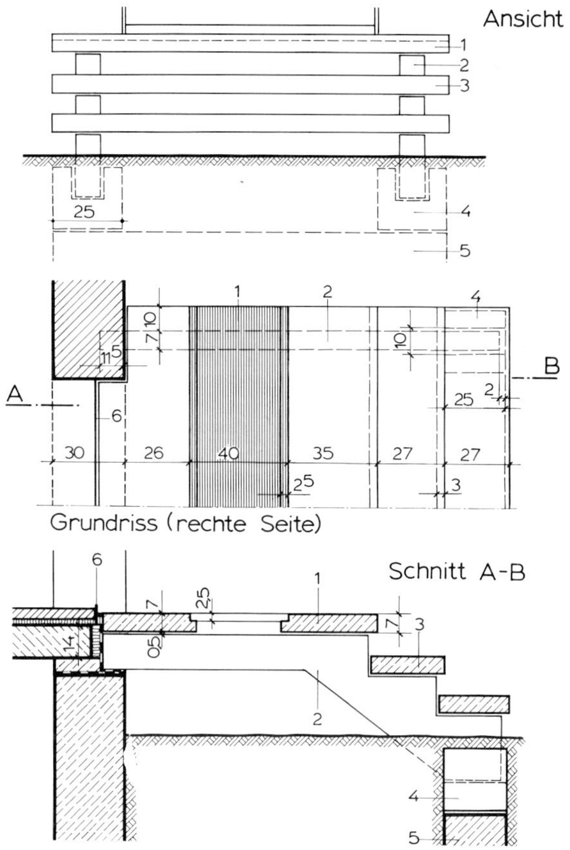

4.26
Vorgefertigte Hauseingangstreppe
1 Podestplatte mit Aussparung für durchlaufenden Fußrost
2 Stahlbetonwange (oben eingemauert, unten auf Sockelstück gelagert)
3 Betonwerksteinstufen
4 Sockelstück
5 Fundamentschwelle
6 Anschlagschiene mit dauerelastischer Abdichtung außen und innen

mit Bewehrungseinlagen zu versehen, die in Längsbohrungen eingebracht und verpreßt werden. Derartige Werksteinstufen sind dann ähnlich wie Stahlbeton-Werkstein zu betrachten.

Werksteinstufen können auf Stahlbetonwangen (vgl. Bild **4**.26 und **4**.27) oder Stahlwangen bzw. -holme oder auf entsprechende Untermauerungen aufgelegt werden. Sie können auch in gemauerte oder betonierte Treppenhauswände eingespannt werden. In jedem Fall ist ein statischer Standsicherheitsnachweis erforderlich.

Bei auskragenden Stufen aus Werkstein beträgt bei Stufenlängen bis etwa 1,20 m die Einbindtiefe jeder dritten oder vierten Stufe 25 cm, bei den übrigen 12 cm. Alle Stufen größerer Freilänge binden mindestens 25 cm ein. Die Stufen werden erst nach Fertigstellung des Rohbaues versetzt, um Beschädigungen zu vermeiden; die erforderlichen Aussparungen müssen beim Aufmauern der Treppenhauswände angelegt werden. Beim Versetzen werden die Stufen mit dem freien Ende auf ein schräg liegendes, durch Stiele gestütztes Kantholz aufgelegt. Mit Rücksicht auf das Setzen der Stufen ist dieser Abstützung geringe Überhöhung zu geben. Die Auflagerflächen in der Wand müssen einwandfrei verkeilt und die Fugen restlos mit Zementmörtel verfüllt werden.

W e n d e l t r e p p e n werden meist als Spindeltreppen ausgeführt. Die Spindel wird gemauert oder an die Stufen angearbeitet.

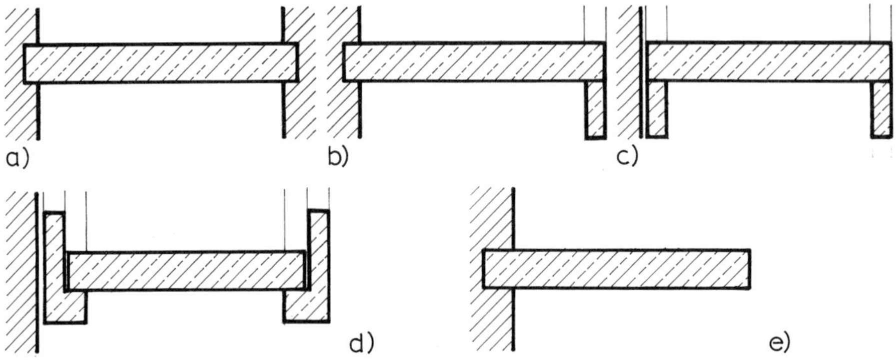

4.27 Stufen aus Stahlbetonfertigteilen oder aus Werkstein
a) beiderseits auf Treppenhauswände aufgelegt (Schachttreppe)
b) auf Treppenhauswand und Stahlbetonwange aufgelegt
c) beiderseits auf Stahlbetonwangen aufgelegt
d) beiderseits in Stahlbetonwangen aus Fertigteilen eingehängt
e) einseitig in Treppenhauswand eingespannt

Bei S p i n d e l t r e p p e n mit gemauerter Spindel wird die Spindel als Ziegelpfeiler voll oder bei größerem Durchmesser auch hohl gemauert. Der Stufenquerschnitt ist meist rechteckig. Die Auflagertiefe beträgt 12 cm (Bild **4**.28).

Bei Spindeltreppen aus Werkstein mit an die Stufen angearbeiteter Spindel legen sich die Stufen der ganzen Länge nach und außerdem mit dem zylindrischen Spindelansatz aufeinander (Spindeldurchmesser 15 bis 20 cm). In der Spindel werden die Stufen durch starke verzinkte Stahldübel verbunden. Die Stufenvorderfläche tritt gegen die Spindelfläche etwas zurück oder geht tangential in diese über. Im letzteren Falle wird meist ein kleiner Einschnitt angeordnet, damit die Spindelsäule schärfer heraustritt. In Bild **4**.29 setzen sich die Stufen s t u m p f aufeinander. Die Stufen können auch mit Falz aufeinandergesetzt werden. Die Laufunterfläche wird dann eine glatte Schraubenfläche.

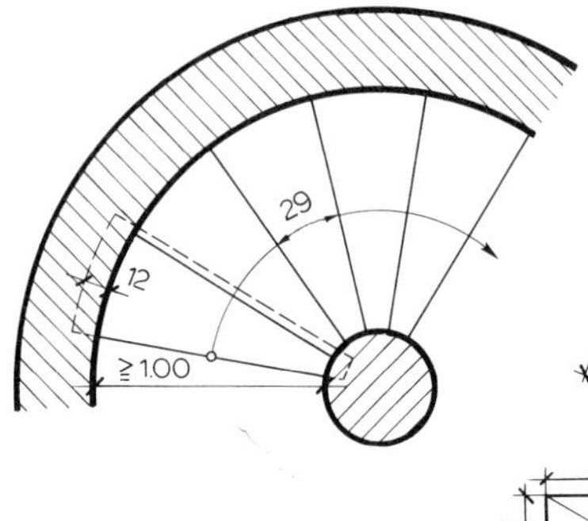

4.28 Wendeltreppe mit gemauerter Spindel

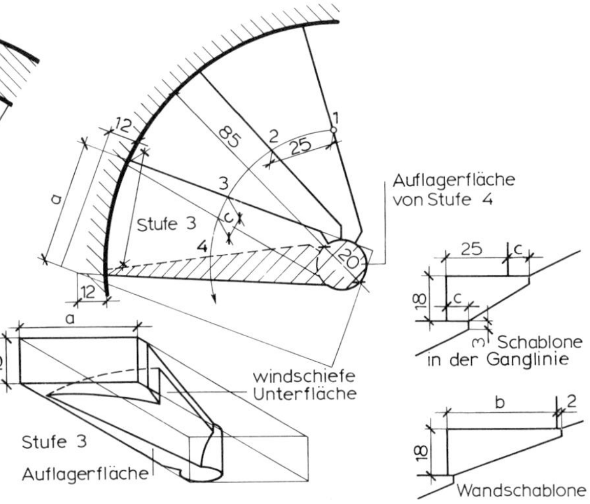

4.29 Wendeltreppe mit an die Stufen gearbeiteter Spindel

4.2.3 Stahlbetontreppen

Die weitaus meisten Geschoßtreppen werden aus Stahlbeton in Ortbeton hergestellt.

Einläufige oder zweiläufige Treppen mit Podest werden am häufigsten ausgeführt, doch erlaubt das Konstruieren mit Stahlbeton auch die mannigfaltigsten Sonderformen.

In statischer Hinsicht sind die Laufplatten, Wangen oder Holme der meisten Stahlbetontreppen entweder als Einfeldträger, die auf den Podesträndern aufgelagert sind (Bild **4**.30a) oder als geknickte Träger (Bild **4**.30b) zu betrachten. Seltener sind Laufplatten oder Podeste aus Stahlbetonwänden ausgekragt (Bild **4**.30c).

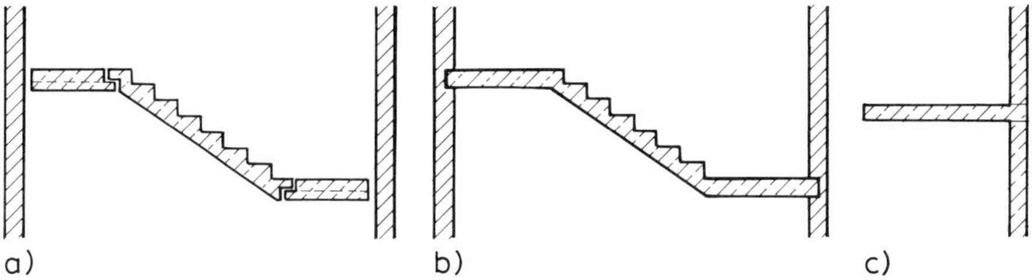

4.30 Statische Systeme von Stahlbetontreppen
a) Laufplatten bzw. Wangen auf tragende Podeste aufgelegt
b) Laufplatte und Podestplatten als geknickter Träger ausgebildet
c) Laufplatte oder Stufen seitlich eingespannt

Bei Podesttreppen sind nur bei sehr großen Abmessungen oder Belastungen gesonderte Auflagerträger am Podestrand erforderlich. In Form ggf. zusätzlicher Bewehrungen verschwinden die statisch erforderlichen Podestbalken meistens in der Podestplatte, so daß die Unterflächen von Laufplatten und Podesten ineinander übergehen (s. auch Abschn. 4.1.3 und Bild **4**.18).

In Bild **4**.31 ist eines von vielen möglichen Beispielen einer Stahlbetontreppe dargestellt, bei der sich die Laufplatten von Podestplatte zu Podestplatte spannen. Die Trittschallübertragung auf die Treppenwände kann hier vermindert werden, wenn zwischen der Laufplatte und der Wand ein Zwischenraum bleibt (s. Abschn. 4.1.2, Schallschutz).

In den meisten Fällen werden die Stufenbeläge aus Natur- oder Betonwerksteinplatten hergestellt, die satt in Mörtel verlegt werden. Dabei können getrennte Tritt- und Setzstufen (Bild **4**.32a) oder Winkelstufen aus Betonwerkstein (Bild **4**.32b und c) mit Kantenschutzprofilen (Bild **4**.33c) verwendet werden.

Ferner können vorgefertigte Block- oder Hohlstufen auf glatte Stahlbetonlaufplatten ohne Rohstufen aufgelegt werden (Bild **4**.32d).

Einfache Treppen erhalten als Gehbelag lediglich einen Glattstrich – am besten mit Randprofilen (Bild **4**.33a).

Auf vorgefertigten Stufen oder auf Ortbetonstufen, die mit einem Glattstrich versehen werden, können Kunststoff- oder Textilbeläge verlegt werden. Damit kann eine erhebliche Verbesserung des Trittschallschutzes erreicht werden, wenn nicht Brandschutzbestimmungen entgegenstehen.

Die Beläge werden durchlaufend um die Stufenvorderkanten geklebt, oder es werden zur Minderung des Verschleißes und zur Verbesserung der Trittsicherheit Kantenschutzprofile verwendet (Bild **4**.33b).

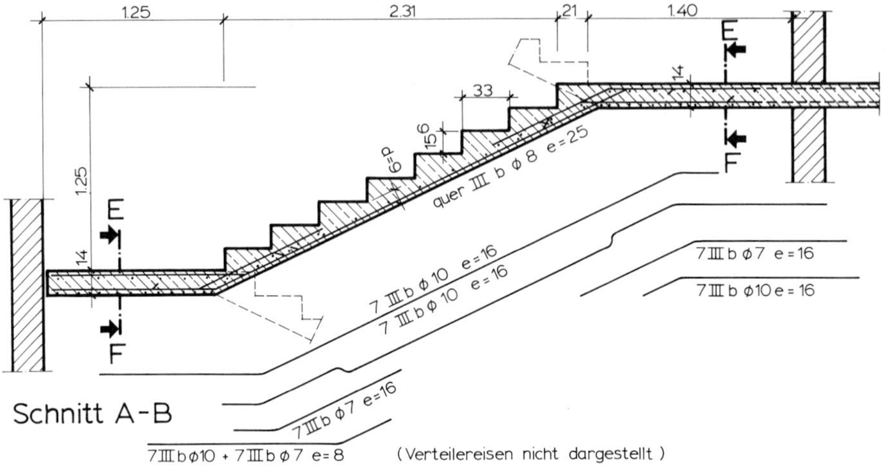

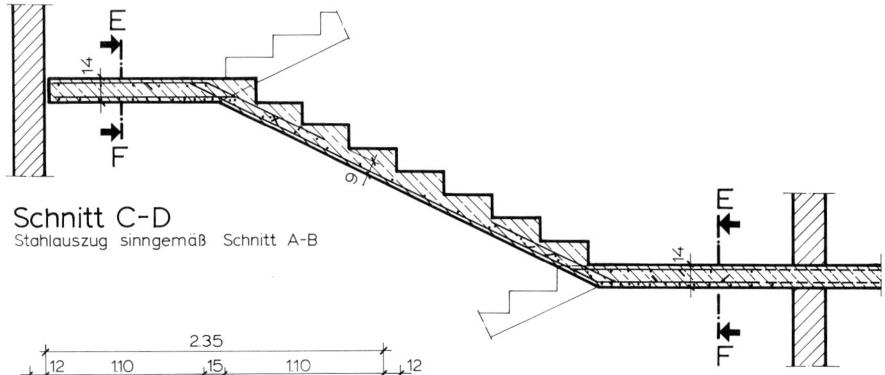

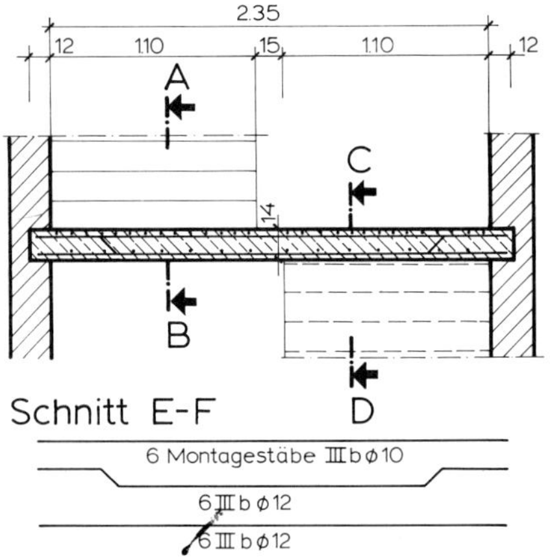

Bewehrungsstäbe im Podest zu den Laufplatten hin dichter verlegt (s. Schnitt A-B)

4.31 Zweiläufige Stahlbetontreppe (berechnet von Prüfingenieur Dr.-Ing. G. Raczat, Hagen)

Bei Stufenbelägen aus Betonwerkstein sind als Kantenschutz einbetonierte Kunststoff-Eckprofile (Bild **4**.33c) oder Trittschutzrippen (Bild **4**.33d) zweckmäßig.

Stufenbeläge aus keramischen Platten können ohne Formstücke, mit speziellen am vorderen Rand geriffelten Treppen-Auftrittplatten (Bild **4**.34a) oder mit Trittstufenwinkeln bzw. Schenkelplatten (Bild **4**.34b) hergestellt werden.

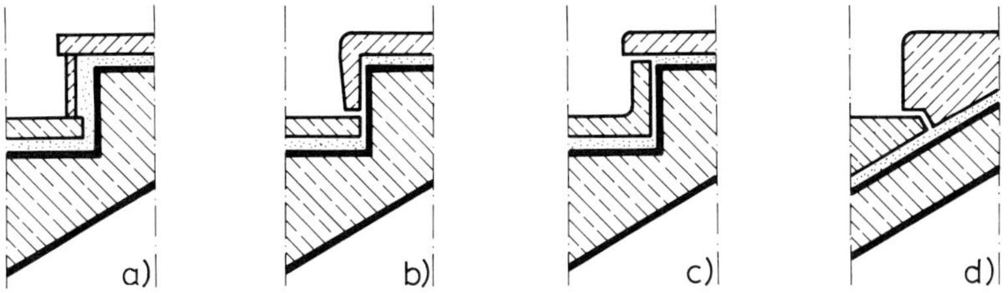

4.32 Stufenbeläge aus Beton- oder Naturwerkstein
a) Plattenstufen mit Tritt- und Setzstufe
b) Winkelstufen
c) L-Stufen
d) Keilstufen

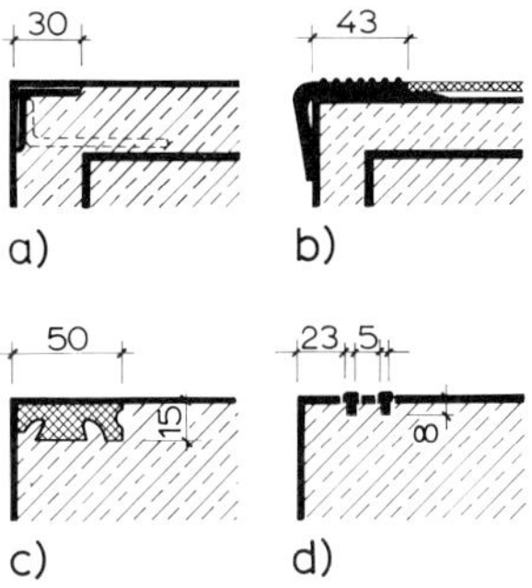

4.33 Kantenschutzprofile
a) Vorstoßschiene aus Metall für Beton-Rohstufen mit Glattstrich
b) Kunststoff-Stufenkanten mit Rippen (Mipolan) für Bahnenbeläge oder Textilbeläge
c) Kantenschutz aus Kunststoff für vorgefertigte Stufen (bei Herstellung der Stufe eingesetzt)
d) Rutschsicherung aus Kunststoffrippen (in gefräste Rillen geklebt)

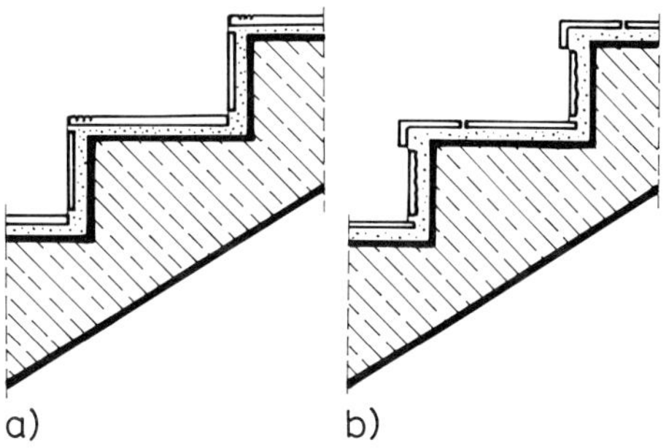

4.34 Stufenbeläge aus keramischen Platten
a) Trittstufenplatten mit Sicherheitsrillen
b) Trittstufenwinkel (Schenkelplatten)

Vorgefertigte Stahlbetontreppen können aus einzelnen Stufen bestehen, die wie Werksteinstufen verlegt bzw. eingespannt werden (Bild **4**.27). In Ortbeton hergestellte Laufplatten können ersetzt werden durch vorgefertigte schmale Stahlbetonbalken, die nebeneinandergelegt den Lauf ergeben (Bild **4**.35). Im Typenhausbau werden auch ganze Treppenläufe (Platte einschließlich Stufen) vorgefertigt und mit dem Baukran zwischen die Podeste gesetzt (Bild **4**.36).

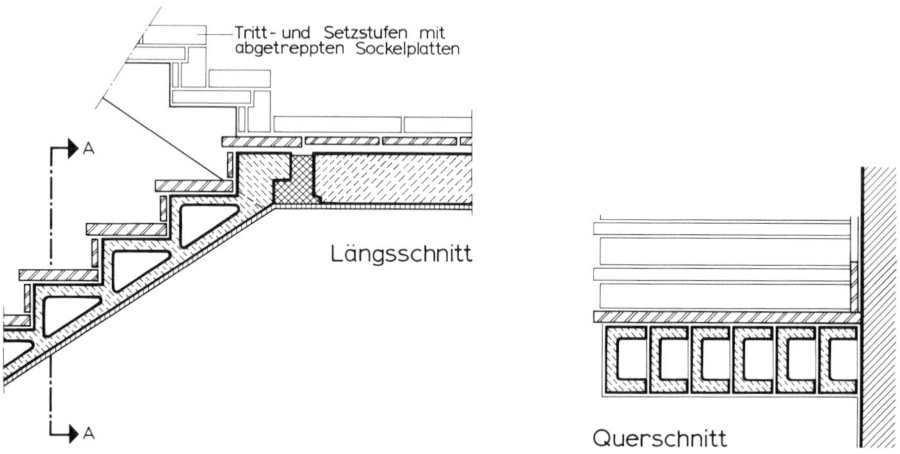

4.35 Lamellentreppe aus nebeneinander verlegten Stahlbetonbalken (Bürkler)

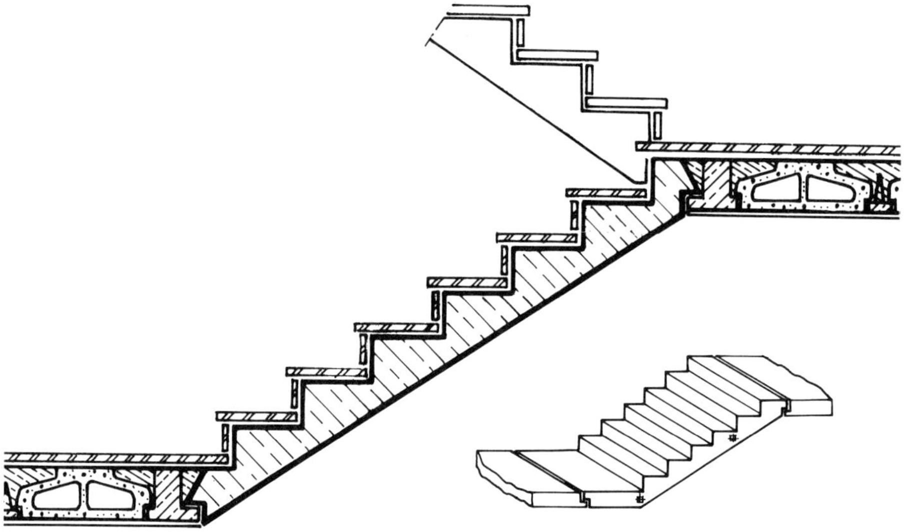

4.36 Vorgefertigte Stahlbetontreppen (MONTIG)

Nach dem gleichen Prinzip hergestellte vorgefertigte Stahlbetontreppenläufe in Verbindung mit vorgefertigten Podestplatten zeigt Bild **4**.37. Einem wesentlich höheren Schalungs- und damit Herstellungsaufwand stehen hier Gewichtseinsparung und elegantere Gestaltung gegenüber.

Besonders für Außentreppen (z. B. auch für Nottreppen) werden vielfach vorgefertigte freitragende Stahlbeton-Spindeltreppen verwendet (Bild **4**.38).

Wenn Außentreppen schnee- und eisfrei gehalten werden müssen, können vorgefertigte Stufenelemente mit unterseitiger Wärmedämmung und eingearbeiteten elektrischen Heizelementen eingebaut werden (Bild **4**.39).

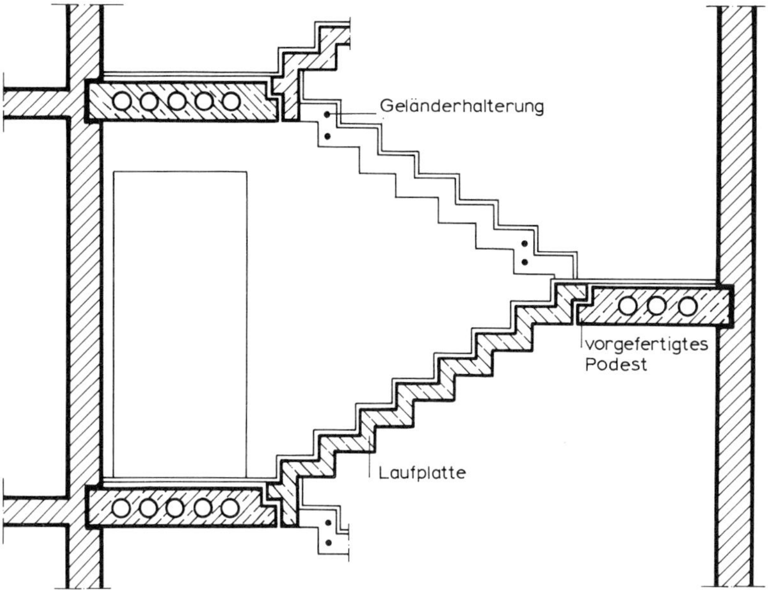

4.37 Vorgefertigte Treppenläufe aus Stahlbeton

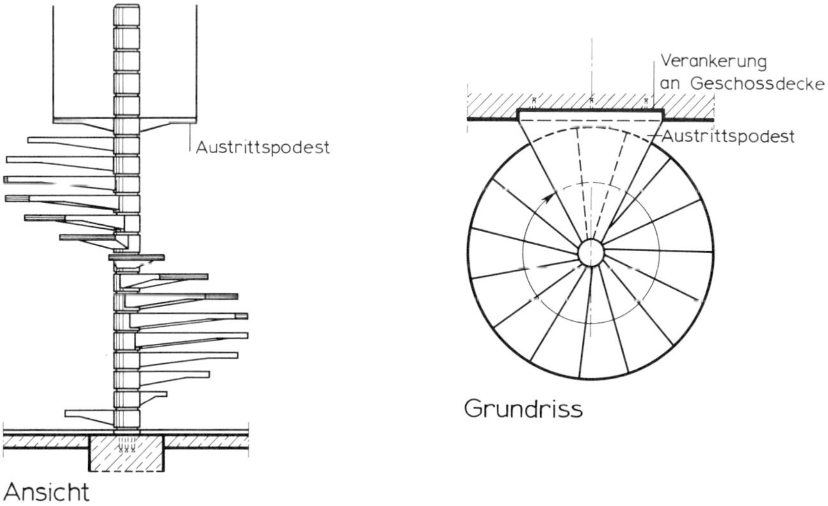

4.38 Spindeltreppe aus Stahlbeton (Gimmler)

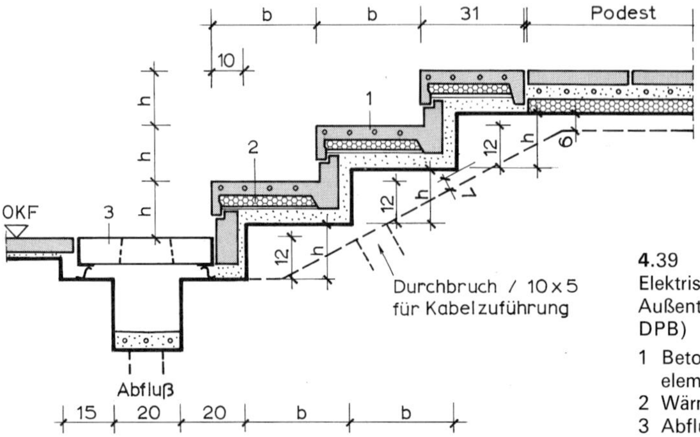

4.39
Elektrisch beheizte Stufen für Außentreppen (Granitherm DPB)
1 Betonwerkstein mit Heizelement
2 Wärmedämmung
3 Abflußrinne mit Gitterrost

4.2.4 Holztreppen

Allgemeines

Holztreppen sind brennbar und daher nach den Bestimmungen der Bauordnungen in den meisten Bundesländern nur in Gebäuden mit bis zu zwei Vollgeschossen zugelassen. Die Feuerwiderstandsfähigkeit kann durch Bekleidungen oder durch Beachtung von Mindestquerschnitten gemäß DIN 4102 erhöht werden.

Als Material für Holztreppen wird vorzugsweise Massivholz verwendet, und zwar für tragende Teile Nadelhölzer und Eichenholz, für Trittstufen und Handläufe auch Rotbuche, Ahorn, Esche und ausländische Harthölzer. Für breitflächige Teile sind Kernbohlen zu verwenden. Im übrigen ist das Holz so einzubauen, daß mögliche Krümmungen der Belastung entgegenwirken (Bild **4**.40).

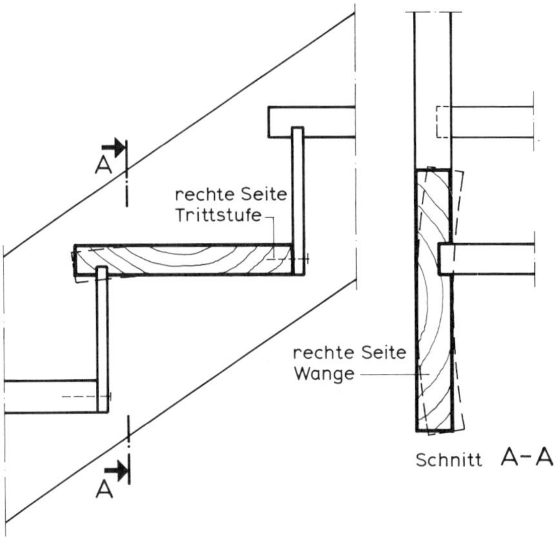

4.40 Einbau von Massivhölzern in Holztreppen

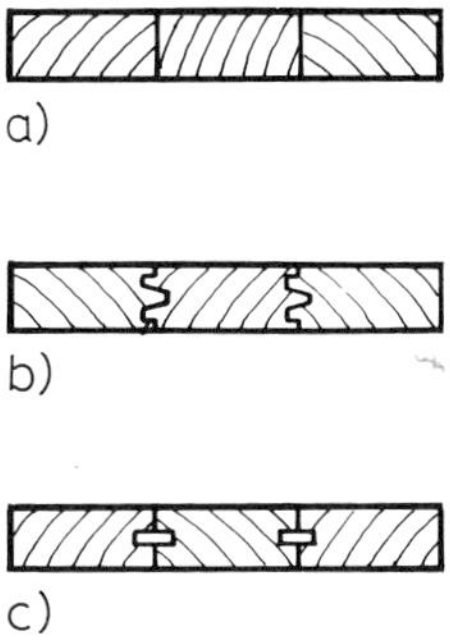

4.41
Verleimung von Massivhölzern
a) Stumpfe Verleimung
b) Keilzinken-Verleimung
c) Feder-Verleimung

Wangen, Blockstufen und dicke Trittstufen können auch aus verleimten Massivhölzern (Verleimung auch mit Keilzinken oder Sperrholzfeder, Bild **4.**41) hergestellt werden, aus Sperrholz (DIN 68705) oder aus brettschichtverleimten Hölzern. Für Setzstufen kommen auch Spanplatten (DIN 68763) in Frage.

Wangen und Holme sind bei gradläufigen Holz- oder auch Stahltreppen entweder unten beweglich aufgelagert und oben aufgehängt (Bild **4.**43a) oder unten aufgestützt und gegen Horizontalschub gesichert und oben beweglich angelehnt (Bild **4.**43b). Die Wangen bzw. Holme sind also ähnlich wie eine Leiter gegen den oberen Podestrand gesetzt.

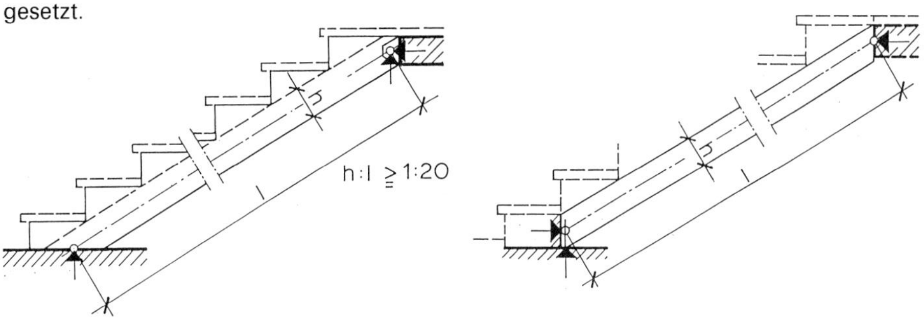

4.42 Auflagerung von Treppenwangen

a) unten bewegliches Auflager; oben eingehängt an Podest- oder Deckenrand

b) unten Widerlager (z. B. durch Blockstufe), oben angelehnt an Treppenpodest oder Deckenrand

Die Holme werden am Podestrand mit Stahllaschen befestigt. Wangen oder Holme können auf den fertigen Fußboden aufgesetzt werden. In der Lagerfuge ist ein Filzstreifen als Gleitschicht und zur Schalldämpfung einzulegen.

Bauarten

Hinsichtlich der Bauart unterscheidet man bei Holztreppen:

Blocktreppen

Blocktreppen mit Stufen aus Massivholz gehören zu den ältesten Treppenkonstruktionen. Bei ihnen werden Massivholzstufen auf Tragholme so aufgedübelt, daß unterbro-

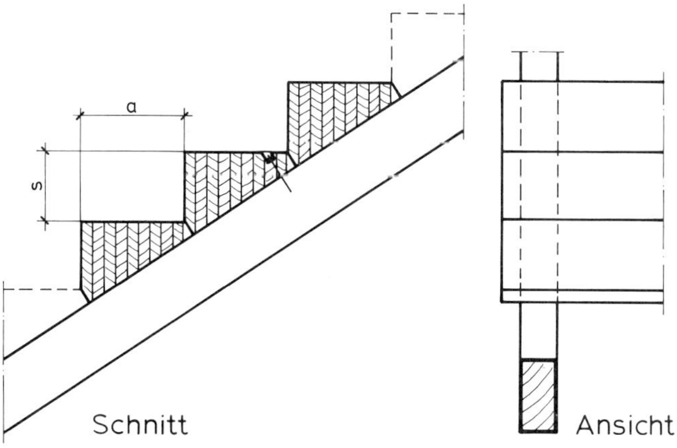

4.43
Blocktreppe
(Stufen in Brettschichtverleimung)

chene oder auch geschlossene Untersichtflächen entstehen. Derartige Stufen reißen jedoch leicht. Durch Verwendung von brettschichtverleimten Stufen werden aber Blocktreppen heute wieder für die Ausführung interessant (Bild **4**.43).

Aufgesattelte Treppen

Bei aufgesattelten Holztreppen werden die Wangenoberkanten abgestuft ausgeschnitten (Bild **4**.44 a), oder die Trittstufen werden auf die Wangen mit Hilfe von Zwischenstücken aufgesetzt oder „aufgesattelt" (Bild **4**.44 b). Bei einer Ausführung nach Bild **4**.44 c kann die Höhe des Holmes optisch verringert werden.

Aufgesattelte Treppen bieten der Gestaltung weiten Spielraum. Daß die Wangen auf schmale Tragholme reduziert werden können, kommt der Absicht entgegen, die Treppenläufe so leicht wie möglich erscheinen zu lassen und die Schatten werfenden Teile des Treppenkörpers auf ein Mindestmaß zu beschränken. In der Regel wird daher auf Setzstufen verzichtet.

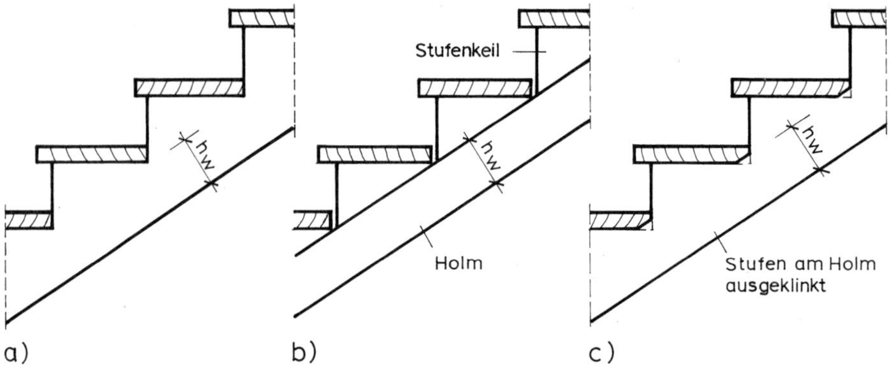

4.44 Aufgesattelte Treppe, Ausbildung der Tragholme
a) Stufenauflager aus dem Tragholm ausgeschnitten
b) Tragholm mit Rechteckprofil, Stufenkeile aufgesetzt
c) Tragholm für Stufenlager ausgeschnitten, Stufen am Holm ausgeklinkt

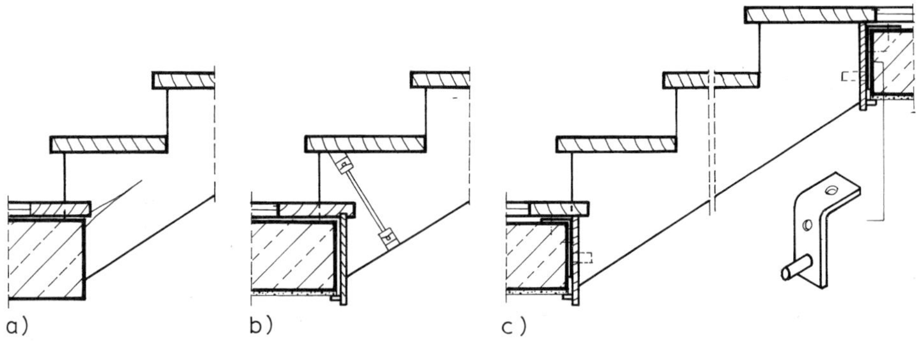

4.45 Auflager von Treppenwangen bzw. -holmen
a) Rißgefahr am Holmauflager
b) Bolzensicherung gegen Rißgefahr
c) Holmauflager mit Tragbolzen

Die Wangen oder Holme bestehen entweder aus einfachen gehobelten Bohlen oder aus Brettschichtträgern. Die Außenflächen der Träger können mit Edelhölzern furniert, gebeizt oder gestrichen werden. Für gebogene Treppen werden Holme aus Sperrholz verleimt.

Der Anschluß der Holme am Podestrand soll so erfolgen, daß die Aufklauung möglichst keine Kräfte übertragen muß, weil die Gefahr des Einreißens besteht (Bild **4**.45a). Durchgeschraubte Bolzen können als Abhilfe dienen (Bild **4**.45b). Besser ist der Anschluß durch Hängewinkel mit Tragbolzen (Bild **4**.45c).

Für die Bemessung von Tragholmen aufgesattelter Treppen geben die Tabellen **4**.46 und **4**.47 einen Anhalt.

Tabelle **4**.46 Tragholmhöhen h_w in cm für Tragholme aus Bauschnittholz [7]

Stützweite	Treppenhöhe	Treppenlaufbreite $b = 0{,}80$ m				$b = 1{,}00$ m				$b = 1{,}20$ m			
		Breite b_w in cm				Breite b_w in cm				Breite b_w in cm			
l in m	h in m	5,5	8,5	10,5	12,5	5,5	8,5	10,5	12,5	5,5	8,5	10,5	12,5
1,50	≦ 1,50	10,5	9,5	8,5		10,5	9,5	8,5		11	10	9	
2,00	≦ 2,00	13,5	11,5	10,5		14	12	11		14,5	12,5	12	
2,50	≦ 2,50	17	14	13	12,5	17,5	15	14	13	18,5	16	14,5	14
3,00	≦ 3,00		16,5	15,5	15		18	16,5	15,5		19	17,5	16,5
3,50	≦ 3,00		19	18	17		20	19	18		21,5	20	19
4,00	≦ 3,00		21,5	20	19		22,5	21	20		24	22,5	21
4,50	≦ 3,00		24	22	21		25	23,5	22		26,5	25	23,5

Tabelle **4**.47 Tragholmhöhen h_w in cm für Tragholme aus Brettschichtholz [7]

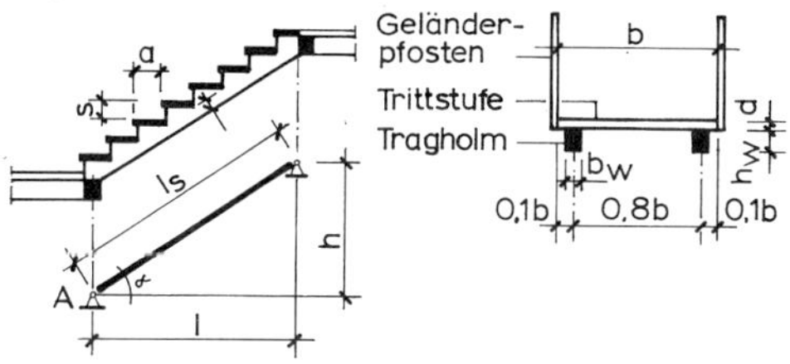

Stützweite	Treppenhöhe	Treppenlaufbreite $b = 0{,}80$ m				$b = 1{,}00$ m				$b = 1{,}20$ m			
		Breite b_w in cm				Breite b_w in cm				Breite b_w in cm			
l in m	h in m	5,5	8,5	10,5	12,5	5,5	8,5	10,5	12,5	5,5	8,5	10,5	12,5
1,50	≦ 1,50	10,5	9,5	8,5		10,5	9,5	8,5		10,5	9,5	8,5	
2,00	≦ 2,00	13	11	10,5		13,5	11,5	11		14	12	11,5	
2,50	≦ 2,50	16	13,5	12,5	12	16,5	14,5	13,5	12,5	17,5	15	14	13,5
3,00	≦ 3,00		16	15	14,5		17	16	15		18	17	16
3,50	≦ 3,00		18,5	17,5	16,5		19,5	18,5	17,5		20,5	19,5	18,5
4,00	≦ 3,00		21	19,5	18,5		22	20,5	19,5		23	21,5	20,5
4,50	≦ 3,00		23	21,5	20,5		24,5	22,5	21,5		25,5	24	22,5

Die Lage der Holme unter den Stufen ist bei aufgesattelten Treppen von der Treppenbreite unabhängig. Die Trittstufen kragen in ihrer Längsrichtung mehr oder weniger weit aus.

Die Trittstufen sind 4 bis 7 cm dicke Bohlen oder verleimte Platten (stäbchenverleimte Platten mit Umleimern oder Furnierplatten mit sichtbaren Schnittflächen oder brettschichtverleimte Platten). Die Befestigung der Stufen auf den Holmen ist weitgehend eine Frage der Gestaltung. Im einfachsten Falle werden die Trittstufen auf die oben ausgeschnittenen Wangen aufgeschraubt oder aufgedübelt und verleimt. Werden keine ausgeschnittenen Wangen, sondern oberseitig glatte Holme verwendet, so werden dreieckige oder trapezförmige Bohlenstücke aufgesetzt oder angeblattet (geschraubt, verdübelt, geleimt), die die Trittstufen tragen.

Für die Dimensionierung von Trittstufen sind in Tabelle **4**.48 auf der Grundlage von DIN 1055 Richtwerte gegeben [7].

Tabelle **4**.48 Trittstufen für Wangentreppen und für aufgesattelte Treppen, empfohlene Dicken *d* [mm]

	Stützweite *l*	0,80 m		0,90 m		1,00 m		1,10 m		1,20 m	
	Stufenbreite *b*	240	300	240	300	240	300	240	300	240	300
Nadelholz Güteklasse II nach DIN 4074, z. B. Fichte, Kiefer, Lärche oder Tanne. Rohholzdicken = 45, 50, 55 u. 60 mm	empfohlene Dicke	40	40	45	45	45	45	50	50	55	55
Eiche oder Buche, mittlere Güte (Hartholz) Rohholzdicken = 45, 50, 55 u. 60 mm	empfohlene Dicke	40	40	45	45	45	45	50	50	55	55
Bau-Furnierplatten (BFU) nach DIN 68705, Blatt 3	empfohlene Dicke	40	40	45	45	45	45	50	50	55	55
Verbundstufen BTI/BFU: Mittellage = Bau-Tischlerplatten Decklagen = Bau-Furnierplatten	Gesamtdicke	46	46	46	46	48	48	50	50	54	54
Verbundstufen BTI, furniert: Mittellage = Bau-Tischlerplatten Decklagen = Hartholzfurniere oder BFU	Gesamtdicke	48	44	50	48	52	50	54	52	56	54
Verbundstufen Spanpl./BFU: Mittellage = Holzspanplatten Decklagen = Bau-Furnierplatten	Gesamtdicke	46	46	48	46	50	48	54	50	58	54
Verbundstufen Spanpl./Spanpl.: Mittellage = Holzspanplatten Decklagen = Holzspanplatten	Gesamtdicke	58	54	64	58	70	64	70	70	76	70

Einholmtreppen sind eine Variante der aufgesattelten Treppen. Die Stufen werden auf dem in der Regel in der Mitte liegenden Holm versenkt aufgeschraubt oder aufgedübelt (Bild **4**.49) und bei großen Treppenbreiten auch durch Stützkonsolen bzw. Setzstufen gegen Durchbiegung und Abkippen gesichert. In Bild **4**.50 ist eine Einholmtreppe gezeigt, bei der die Stufen durch Geländerstäbe gehalten werden, die in diesem Falle am Randbalken des Treppenloches aufgehängt sind.

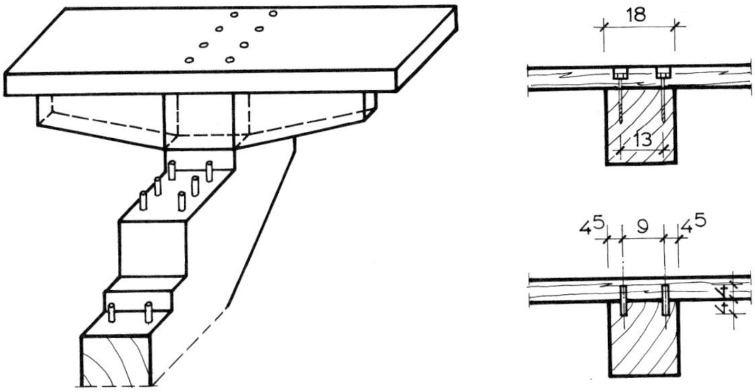

4.49 Stufenbefestigung bei Einholmtreppen

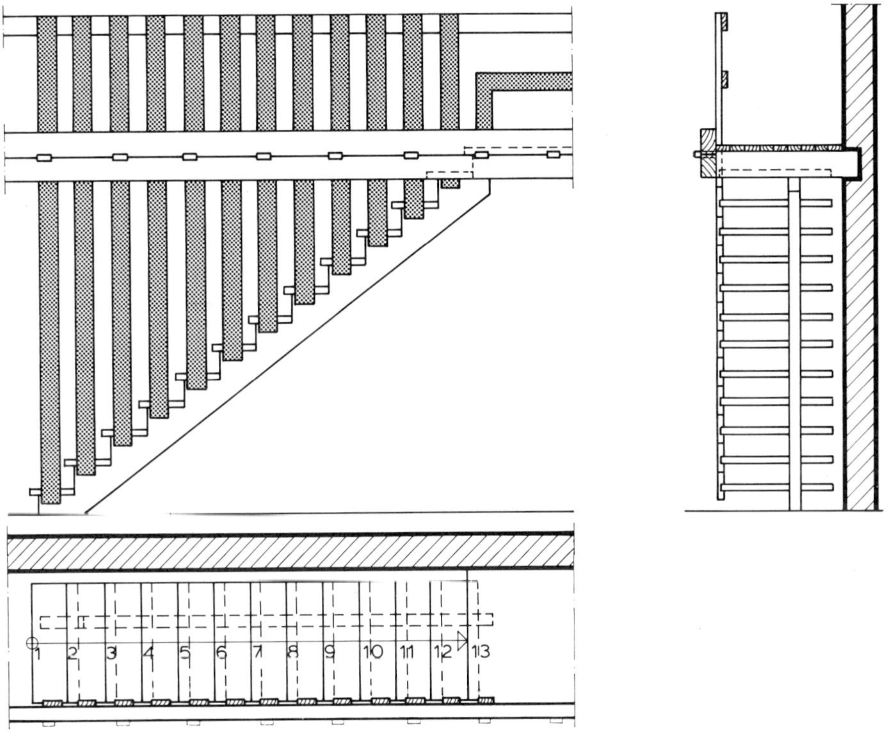

4.50 Aufgesattelte einläufige Treppe mit nur einem Tragholm (Prof. Gieselmann, Wien)

Eingeschobene Treppen

Bei dieser Konstruktion werden zwischen 5 bis 6 cm dicke, etwa 25 cm breite Wangen die 4 cm dicken Trittstufen „auf Grat" eingeschoben (Bild **4**.51). Die beiden Wangen werden durch 2 bis 3 lange Schraubenbolzen miteinander verbunden. Die Wangen werden mit Stahllaschen auf den Decken oder Podesten gehalten.

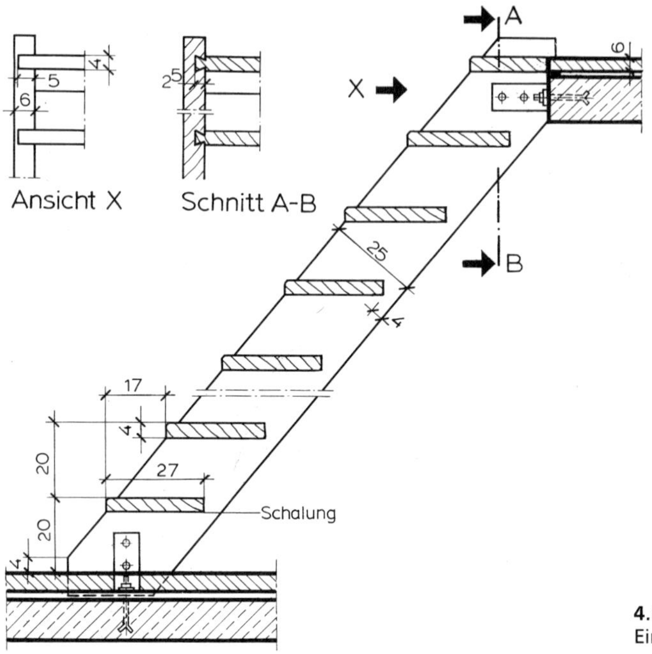

4.51
Eingeschobene Treppe

Die Trittbretter sind 25 bis 30 cm breit. Zwischen die einzelnen Trittstufen kommen keine senkrechten Zwischenbretter (Futterstufen, Setzstufen). Geländer werden außen auf den Wangen befestigt.

Gestemmte Treppen

Bei den gestemmten Treppen werden die einzelnen Stufen in 2 cm tiefe gestemmte bzw. gefräste Nutungen der Wangen so eingesetzt, daß die Stufenvorderkanten 3 bis 4 cm von der Wangenoberkante entfernt liegen (Bild **4**.52). Die Stufen bestehen aus dem 4 bis 5 cm dicken Trittbrett (Trittstufe) und dem 2 cm dicken Futterbrett (Setzstufe).

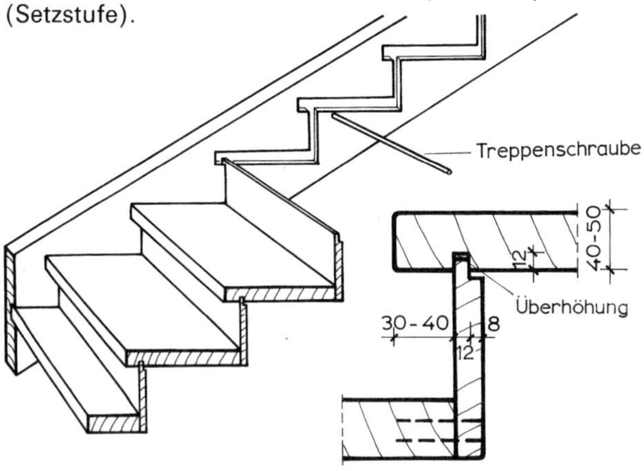

4.52
Gestemmte Treppe

Die Trittstufe (Kernseite nach oben), die etwa 4 cm über die Setzstufe vorsteht, wird einfach profiliert und kann mit einem Kantenschutz aus Kunststoff ausgestattet werden. Die Setzstufe wird mit dem oberen Ende in die obere Trittstufe eingenutet, das untere Ende wird an die Rückseite der unteren Trittstufe genagelt oder geschraubt. Gemeinsam mit den Wangen bilden sie ein räumliches Tragwerk.

Vor dem Befestigen der Futterstufe werden die obere und untere Trittstufe mit einem Hebel oder mit Keilen auseinandergespreizt, damit die Stufen unter Vorspannung stehen und beim Begehen weder in den Nutungen noch in der Nagelung knarren (Bild **4**.53). Noch sicherer wird das Knarren verhindert, wenn die gespannte, am oberen Randflach-segmentbogenförmig geschnittene Setzstufe nur mit dem Scheitelpunkt an die darüberliegende Trittstufe gepreßt ist.

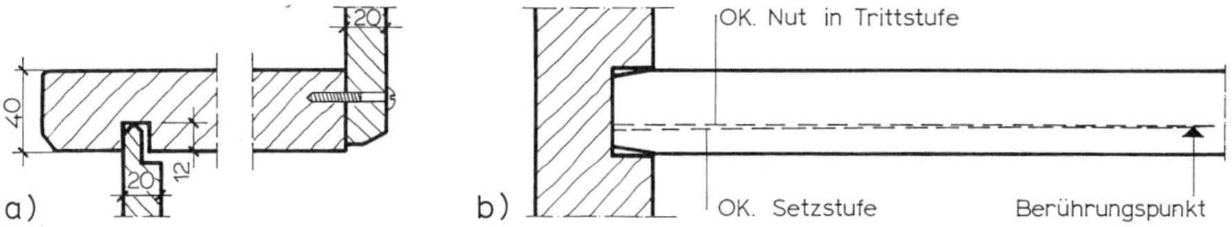

4.53
Gestemmte Treppe
a) Querschnitt durch Tritt- und Setzstufe
b) Längsschnitt durch Trittstufe und Wange, Einsetzen der segmentbogenförmig gehobelten Setzstufen
c) Längsschnitt durch Trittstufe mit Treppenschraube
1 Holzscheibe
2 Schraubenkopf bzw. Mutter mit Unterlegscheibe
3 Schraubenbolzen
4 Treppenwange
5 Trittstufe

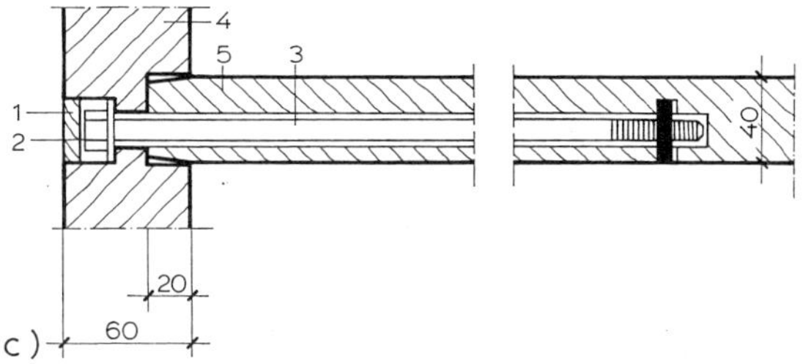

Die Wangen sind – je nach Lauflänge 4,2 bis 6,2 cm breit. Sowohl über der Vorderkante der Trittstufe als auch unter der Hinterkante soll, senkrecht zur Steigungslinie gemessen, 4 bis 5 cm Holz stehenbleiben. Daraus bestimmt sich die Wangenhöhe h_w. Für die Bemessung der Wangen gibt Tabelle **4**.54 einen Anhaltspunkt. Beide Wangen werden in Abständen von 4 bis 5 Stufen durch lange Schraubenbolzen (∅ 12 bis 16 mm) zusammengehalten.

Die Schraubenbolzen liegen entweder unmittelbar unter einer Trittstufe, oder sie werden 25 bis 35 cm tief in Längsbohrungen der Trittstufe gesteckt und von den äußeren Wangenflächen her angezogen (Bild **4**.53c).

Tabelle **4**.54 Treppenwangen für gestemmte und halbgestemmte Treppen [7]

Wangenhöhen h_w in cm
für gerade Treppen
bis 1,20 m Laufbreite

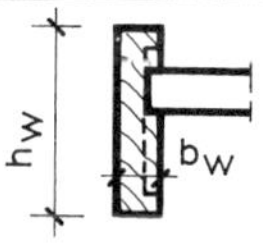

Stützweite l in m	Wangenbreite b_w 4,2 cm	5,2 cm	6,2 cm
bis 3,25	28	28	28
3,50	30	28	28
3,75	–	28	28
4,00	–	30	28
4,25	–	32	30
4,50	–	34	32

Die Antrittstufe (unterste Stufe), die im allgemeinen auf der Massivdecke aufruht, wird meist aus vollem Holz bzw. aus zum Block verleimten Bohlen als sogenannte Blockstufe hergestellt. Bei einfacherer Ausführung sind nur die Endstücke aus vollem Holz. Sie werden durch Tritt- und Setzstufe kastenartig miteinander verbunden. Die Blockstufe wird gegen Verschieben durch in den Fußboden eingelassene Bolzenanker gesichert. In die Wandwange wird die Blockstufe 2 cm tief eingelassen, die Innenwange faßt mit einer Klaue auf die Antrittstufe. Außerdem greift sie mit einem Zapfen (3 cm dick, 5 cm breit) in den auf der Blockstufe stehenden Antrittspfosten. Mit einer Pfostenschraube wird die Wange fest in den Pfosten hineingezogen (Bild **4**.55).

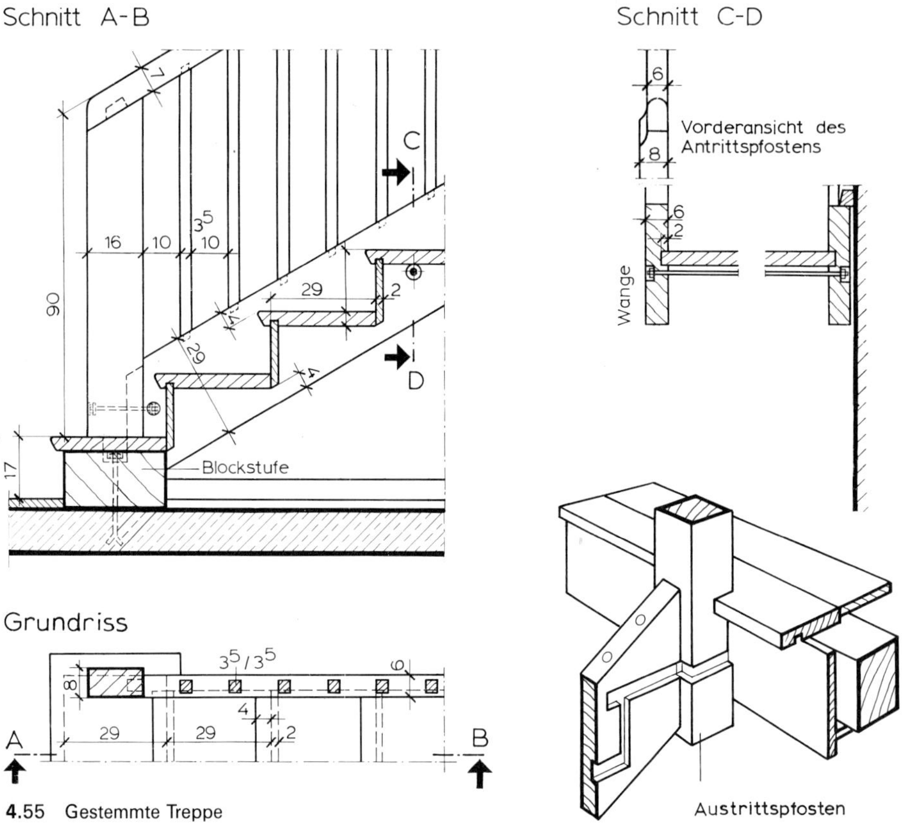

4.55 Gestemmte Treppe

Ein Antrittspfosten kann bei Holztreppen die Wange aufnehmen und gleichzeitig den Anfang des Geländers bilden. Er besteht aus einer 6 bis 8 cm dicken Bohle und ist an der Breitseite der Wange oder am Kopf der Blockstufe mit Dübeln oder Bolzen befestigt.

Die Wangen können am Podestrand frei enden oder wie in Bild **4**.56 gezeigt durch ein Übergangsstück entsprechend der Geländerausführung miteinander verbunden werden.

Handwerklich aufwendig ist die früher allgemein übliche Ausführung mit „Krümmling", einem spiralförmigen Übergangsstück zwischen den Treppenwangen und insbesondere dann auch zwischen den damit wesentlich benutzerfreundlicheren Handläufen (Bild **4**.57).

Die Wangen werden in den Krümmling eingezapft. Das Krümmlingsstück wird gegen den Podestrand gelehnt und durch Dübel oder Bolzenlaschen gesichert.

Die Zwischenpodeste zweiläufiger Holztreppen werden als Holzbalkenkonstruktionen ausgeführt oder bestehen aus Stahlbeton. Die Wangen der Treppenläufe werden auf den Podestrand aufgeklaut und durch einbetonierte Laschen oder Stahlwinkel mit Dollen gesichert (Bilder **4**.45c, **4**.51 und **4**.56), oder sie enden im Austrittspfosten (Bild **4**.55).

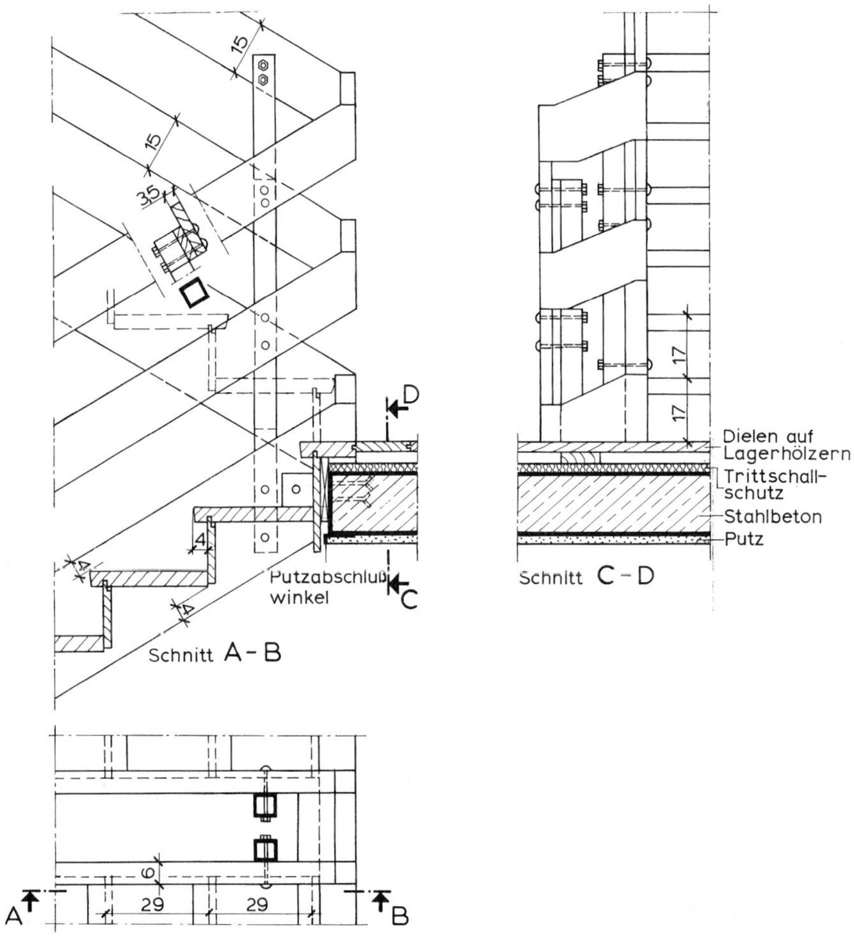

4.56 Wangenauflager am Zwischenpodest einer zweiläufigen Geschoßtreppe mit Stahllasche (Geländer an Stahlrohrpfosten)

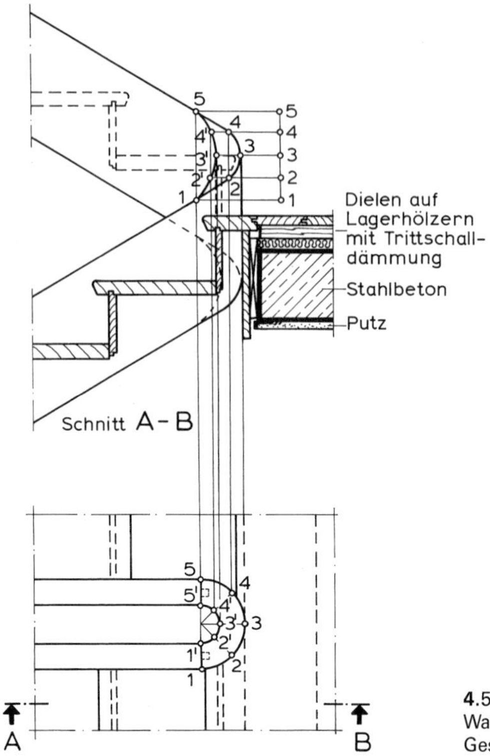

4.57
Wangenauflager einer zweiläufigen Geschoßtreppe mit Wangenkrümmling

Ausführung gewendelter Holztreppen

Bei Wendeltreppen müssen, um überall Durchgangshöhe (1,85 bis 2,00 m) zu behalten, in einem Umlauf 11 bis 12 Stufen bei 18 cm Steigungshöhe untergebracht werden. Für größere Wendeltreppen werden die Wangen wie bei den gerundeten Bogentreppen aus einzelnen Krümmlingsstücken zusammengesetzt oder als Sperrholz verleimt. Bei kleineren Wendeltreppen wird (ähnlich Bild **4.**28 bzw. **4.**29) die innere Wange durch eine Spindel ersetzt, in die die Trittstufen 5 cm, die Futterstufen 3 cm tief eingestemmt werden.

Der Durchmesser der Spindel (oder des Treppenauges) hängt vom Steigungsverhältnis ab, wenn die geringste Auftrittbreite festgelegt ist. Die Holzspindeln können aus langen Bohlen verleimt und im ganzen abgedreht oder in einzelnen Teilen hergestellt werden, die ausgebohrt und über ein Stahlrohr geschoben und in der Spindelachse durch eine Schraube zusammengepreßt werden.

Mit Hilfe der Leimtechnik sind auch weitgeschwungene Holztreppen ausführbar. Ein besonderes Problem ist hier – im Gegensatz zu Stahlbeton- oder Stahltreppen – die notwendige Einspannung der verleimten Wangen in den Podesten. Abstützung der ausschwingenden Wangen durch Stahlstützen auf den Podesten oder Aufhängung an Stahlprofilen sind möglich.

Bei halb- oder viertelgewendelten Treppen werden die Wandwangen an den Ecken verzinkt. Soweit Wendelstufen anschneiden, ist die Form der Wange besonders

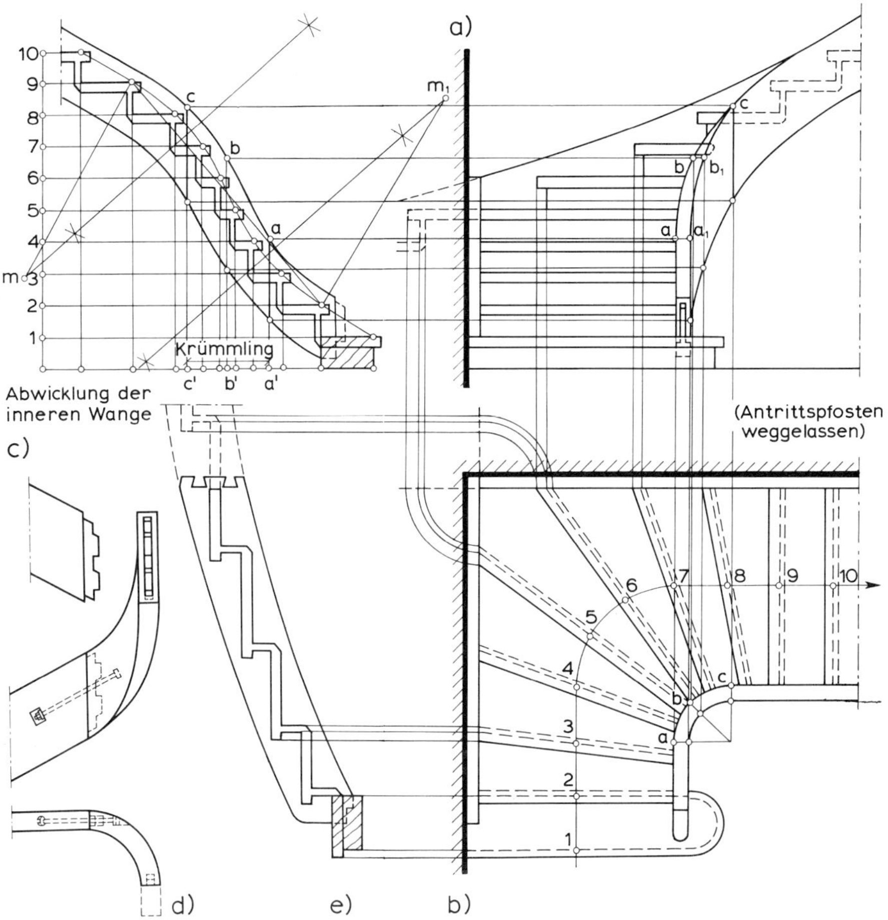

4.58 Viertelgewendelte Treppe
a) Ansicht
b) Grundriß
c) Abwicklung der Innenwange
d) Verbindung von Wange und Krümmling
e) Wandwange

zu ermitteln (Bild **4**.58a und b). Die Wandwangen werden durch starke Flach- oder Profilstähle mit der Treppenhauswand verbunden.

Die Innenwange besteht aus geraden Wangenstücken und dem Krümmling. Die geraden Wangen werden mit dem Krümmling durch Doppelzapfen und Schraubenbolzen, die entweder senkrecht zur Wangenrichtung oder in der Wangenrichtung angeordnet werden, verbunden (Bild **4**.58c). Der Stoß darf nicht mit einer Setzstufe zusammenfallen.

Austragen des Krümmlings

Im Hinblick auf die immer stärkere Rückbesinnung auf alte handwerkliche Techniken wird nachfolgend die zeichnerische Vorbereitung zur Herstellung von Krümmlingen erläutert.

Krümmlinge werden durch zwei lotrechte Stirnflächen (mit den Zapfenlöchern), zwei Zylinderflächen und eine obere und untere Schraubenfläche begrenzt.

Bei Krümmlingen mit kleinem Radius können die Holzfasern lotrecht, bei größerem Radius sollen sie der besseren Tragfähigkeit wegen in der Richtung der Wangenneigung verlaufen. Das Holz für den Krümmling wird meist aus Bohlen zusammengeleimt.

Die Herstellung des Krümmlings kann auf verschiedene Weise erfolgen, erfordert immer aber eine sorgfältige Arbeit mit großem handwerklichem Geschick.

Krümmling mit lotrechter Faserrichtung

Die Abwicklung der äußeren Krümmlingsfläche mit den beim Verziehen ermittelten Stufenausschnitten ergibt die Höhe des Krümmlingsholzes (*h* in Bild **4**.59), das um den Grundriß des Krümmlings gezeichnete Rechteck die Querschnittsfläche.

Vor Herstellung des Krümmlings wird der Grundriß auf den Hirnflächen vorgerissen und der Hohlzylinder hergerichtet. Dann wird die Abwicklungsschablone auf die Außenfläche des Krümmlings gelegt, danach werden die obere und untere Begrenzungslinie und die Stufenausschnitte aufgezeichnet. Von den Begrenzungslinien aus wird das Holz winkelrecht zur äußeren Krümmlingsfläche weggestemmt. Alsdann sind die Stufen auszustemmen und die Zapfenlöcher herzustellen.

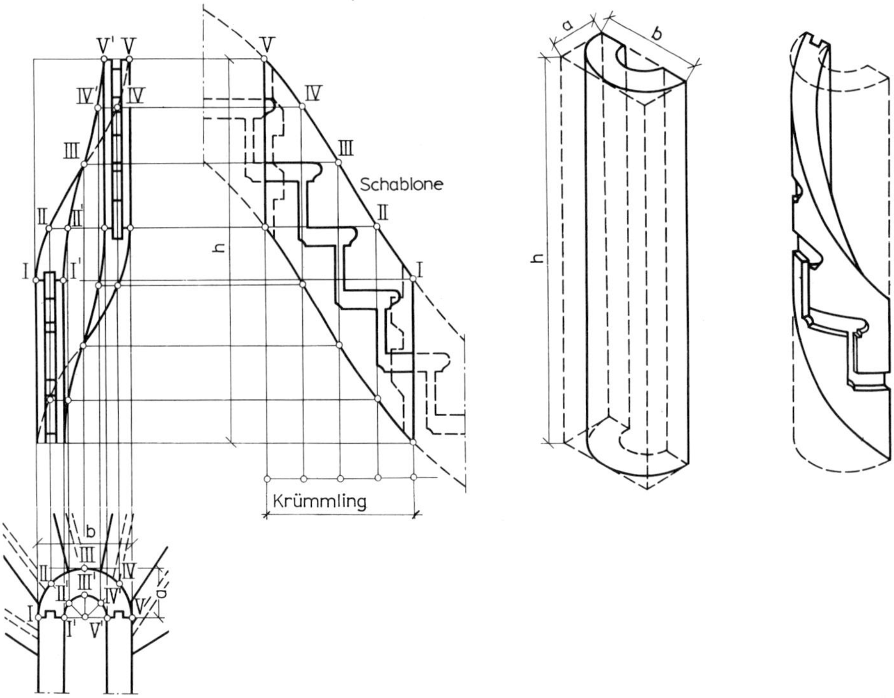

4.59 Krümmling mit Achse parallel zur Faserrichtung

Krümmling mit zur Wangenrichtung parallelen Holzfasern

Bild **4**.60 zeigt die Austragung des Krümmlings für die in Bild **4**.58 dargestellte Treppe. Durch Abwicklung der äußeren Krümmlingsfläche mit den Stufenausschnitten ist der Aufriß des Krümmlings zu entwickeln.

Um die Länge und Breite des Krümmlingsholzes zu finden, zeichnet man um den Aufriß ein Rechteck, dessen Langseiten durch die äußersten Punkte des Aufrisses gehen. Die oberen und unteren Eckpunkte *c* und *a* dieses Rechtecks liegen auf den Verlängerungen der senkrechten Begrenzungskanten der äußeren Krümmlingsfläche.

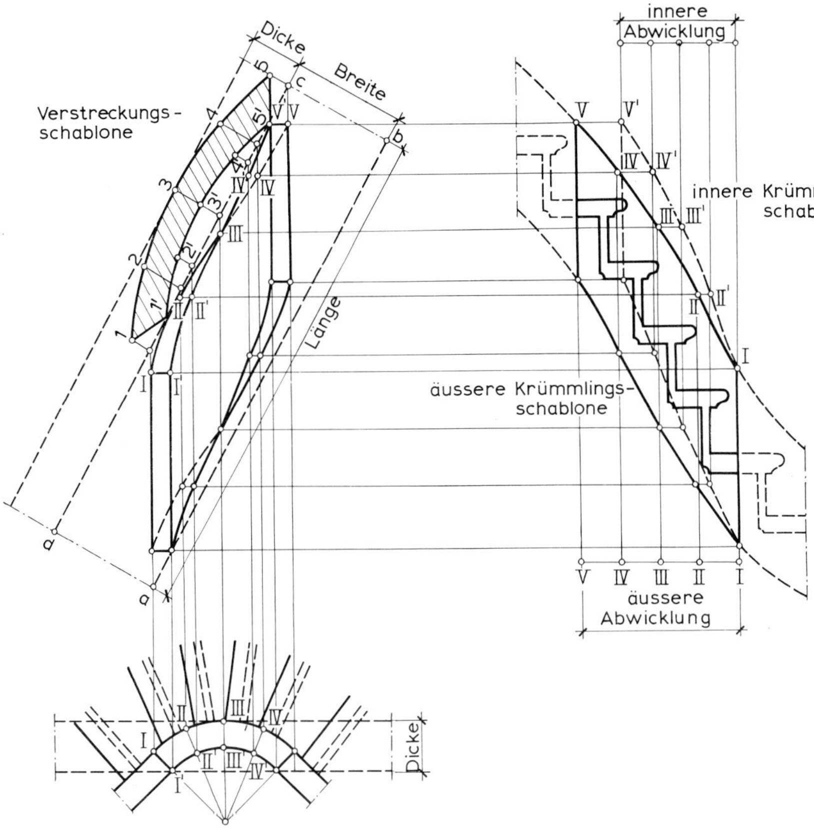

4.60 Krümmling mit zur Wangenrichtung parallelen Holzfasern

Die Länge des Krümmlingsholzes ist gleich der Rechteckseite *a b*

Die Breite des Krümmlingsholzes ist gleich der Rechteckseite *b c*

Die Dicke des Krümmlingsholzes ist gleich dem Abstand der im Grundriß durch Punkt I′ und III gezogenen Parallelen.

Für die Herstellung des Krümmlings sind noch die Verstreckungsschablonen, das sind die Schnittflächen des Hohlzylinders mit der oberen und unteren Fläche des Krümmlingsholzes, erforderlich. Man denkt sich die obere Holzfläche in die Aufrißebene umgeklappt und bestimmt die Schablone mit Hilfe von Grund- und Aufriß. Die einzelnen Punkte werden bis zur Holzkante *c d* hochgeführt und in den gefundenen Punkten die entsprechenden Abstände aus dem Grundriß aufgetragen. Vor der Herstellung sind auf der oberen und unteren Fläche des Krümmlingsholzes die Verstreckungsschablonen aufzuzeichnen. Durch die „Lotrisse" der Punkte I′ und V′ werden Sägeschnitte geführt, die die Stirnflächen des Krümmlings ergeben. Dann wird der Hohlzylinder ausgearbeitet, die äußere und innere Schablone auf den Zylinderflächen aufgerissen und das überflüssige Holz nach den oberen und unteren Begrenzungslinien weggestemmt.

Diese älteren Arten, Krümmlinge aus dem vollen Holz herauszuarbeiten, werden ersetzt duch die Herstellung von Krümmlingen aus verleimten Furnierblättern. Dabei werden die einzelnen Furnierblätter nach der Abwicklung der inneren Krümmlingsfläche geschnitten, um einen als Modell herzustellenden Krümmlingskern aus senkrechten Latten gewickelt, dort Schicht auf Schicht miteinander verleimt und mit Schraubenzwingen, unter die entsprechend gerundete Zulagen gelegt werden, zusammengepreßt. Danach sind die Schraubenflächen der Krümmlingsober- und unterseite abzuschwingen und die Tritte einzufräsen. Auf diese Art können auch alle geschwungenen Handläufe oder Treppenwangen praktisch fugenlos hergestellt werden.

Form und Befestigung von Pfosten und Geländer sind im übrigen weitgehend Gestaltungsprobleme und nicht unbedingt abhängig von der Konstruktion der Treppen. Kombinationen aller Art (z. B. Holztreppen mit Metallgeländer, Holzwangen bei Stahlbetonpodesten usw.) sind möglich (s. Abschn. 4.3).

4.2.5 Stahltreppen

Stahl bietet als Konstruktionsmaterial für Treppen vielfältige Gestaltungsmöglichkeiten. Hohe Festigkeit bei relativ geringem Gewicht und einfache Verbindungsmöglichkeit durch Schweißen erlauben feingliedrige Konstruktionen.

Stahltreppen sind vielfach Bestandteil von Stahlskelettbauten, können aber auch mit allen anderen Baueisen kombiniert werden. In Geschoßbauten erfordern Stahltreppen besondere Vorkehrungen hinsichtlich des baulichen Brandschutzes. Tragende Wangen und Holme müssen durch Betonummantelung oder Feuerschutzplatten geschützt werden (vgl. Abschn. 12.5 in Teil 1 dieses Werkes).

Die Konstruktionsgrundsätze für Stahltreppen sind ähnlich denen für eingeschobene oder aufgesattelte Holztreppen.

Bei aufgesattelten Treppenbauarten aus Stahl bilden Profilstahl- oder Stahlhohlprofile die Tragholme. Die Stufen werden auf angeschweißten Konsolen oder Auflagerböcken montiert (Bild **4**.61) oder bestehen aus entsprechend abgekanteten Stahlblechen (Bild **4**.62). Bei Stahltreppen sind Ausführungen mit nur einem Tragholm leicht ausführbar, weil sich die Stufen selbst oder die erforderlichen Unterkonstruktionen leicht durch Schweißung befestigen lassen.

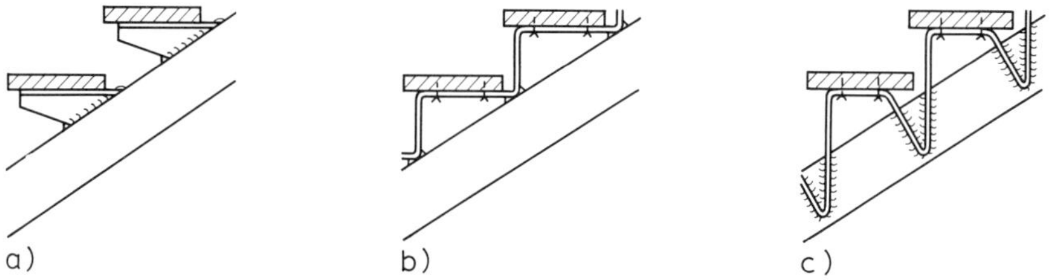

4.61 Konsolen für Trittstufen

a) Konsolen aus abgekantetem Stahlblech
b) Konsolen aus aufgeschweißtem Bandstahl
c) Konsolen aus seitlich angeschweißtem Rundstahlband

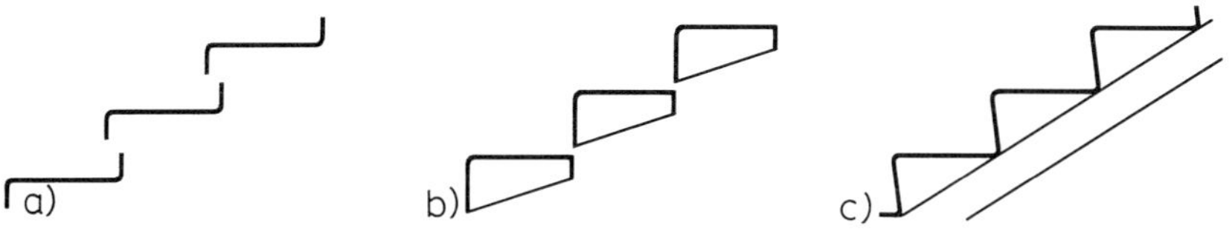

4.62 Formen von Stahlblechstufen
a) abgekantete ebene Profile
b) Hohlkastenprofile
c) Stufenband

Eine Treppe mit nur einem seitlich verankerten Tragholm mit angeschweißten auskragenden Winkelstufen aus zusammengesetztem Hohlprofil zeigt Bild **4**.63.

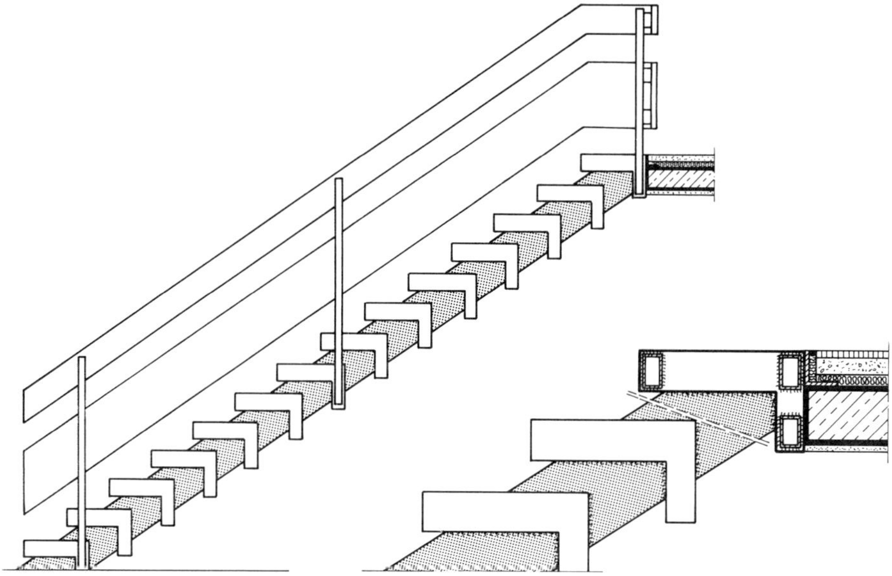

4.63 Einholmtreppe mit seitlich angeschweißten auskragenden Winkelstufen [3]

Den eingeschobenen Holztreppen entsprechen Stahltreppenkonstruktionen mit Wangen aus dickem Stahlblech, Profilstahl, Hohlprofilen oder Kombinationen daraus, zwischen denen Stufen auf Konsolen oder durchlaufenden Tragprofilen aufgelegt sind. Stufen aus abgekanteten Stahlblechen können auch selbsttragend zwischen die Wangen geschweißt werden (Bild **4**.64).

Aus Hohlprofilen können auch gewinkelte Tragholme zusammengeschweißt werden, die bei längeren Treppenläufen von durchgehenden Geländerstäben unterstützt oder an Stahlseilen bzw. Stahlprofilen aufgehängt werden (Bild **4**.65).

Treppenholme können mit den Geländern auch gemeinsam tragende Gitterträger bilden (Bild **4**.66).

Im Industriebau und für standardisierbare Treppen (z. B. für Nottreppen) werden Montagetreppen verwendet (Bild **4**.67).

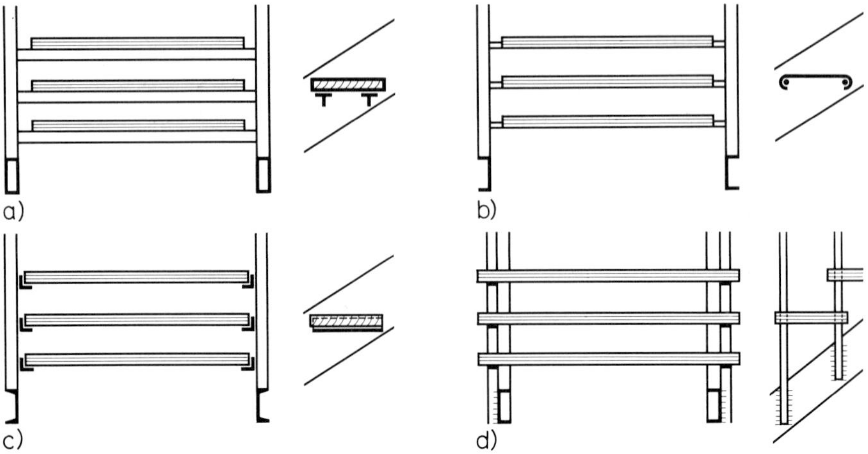

4.64 Stufenauflager bei Stahltreppen

a) Holz- oder Werksteinstufen auf durchgehenden Auflagerprofilen
b) Stahlblechstufen auf Rundrohrauflagern
c) Holz- oder Werksteinstufen auf seitlichen L-Konsolen
d) Treppenstufen in Geländerstäbe eingehängt

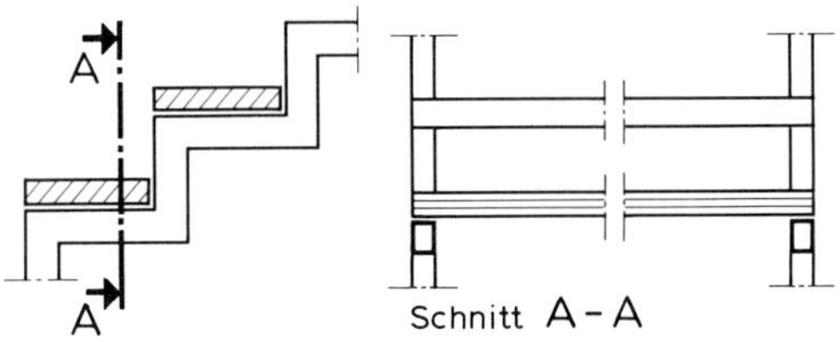

4.65 Winkel-Tragholme aus Hohlprofilen

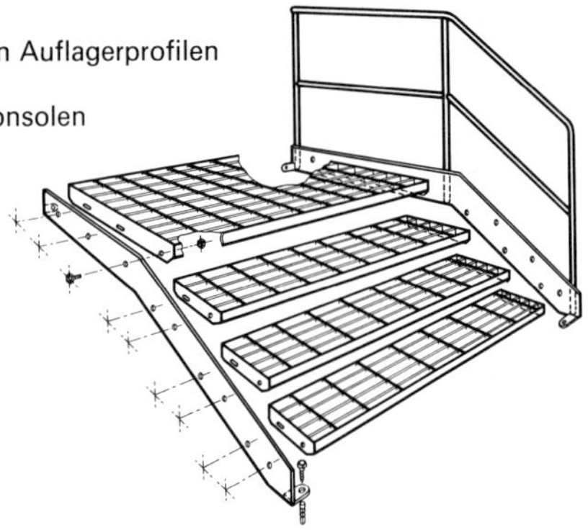

4.67 Montagetreppe mit Gitterroststufen (Fa. Weland)

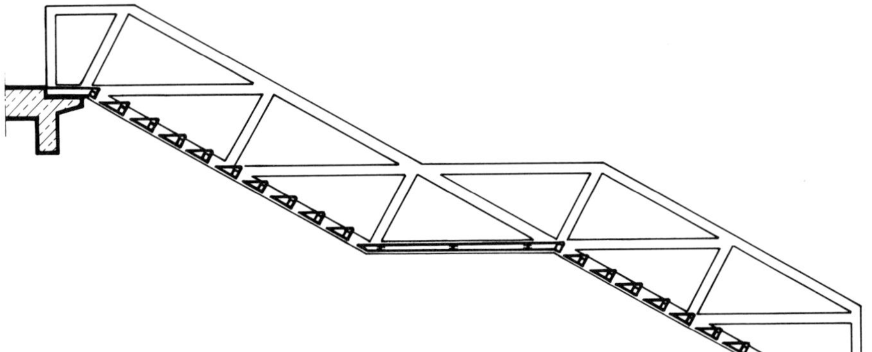

4.66 Einläufige Treppe mit Gittertragwerk aus Vierkantstahlrohr, das gleichzeitig Stufenauflager und Geländer bildet [3]

Bei Spindeltreppen aus Stahl werden Stufen aus abgekanteten Stahlblechen oder Profilstahlkonsolen als Stufenauflager an die tragende Rundstahlspindel geschweißt (Bild **4**.68). Bei vorgefertigten Spindeltreppen aus Stahl werden die Stufen oder die Auflagerkonsolen oft an Stahlringe geschweißt, deren Höhe der Auftrittshöhe der Treppe entspricht und die dann paßgenau über die Tragspindel geschoben und fixiert werden (Bild **4**.69).

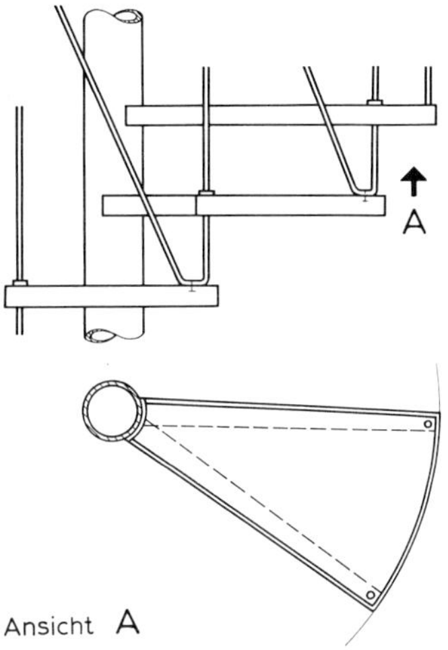

4.68 Stahlwendeltreppe. Die Blechstufen sind umgebördelt und mit der Stahlrohrspindel verschweißt

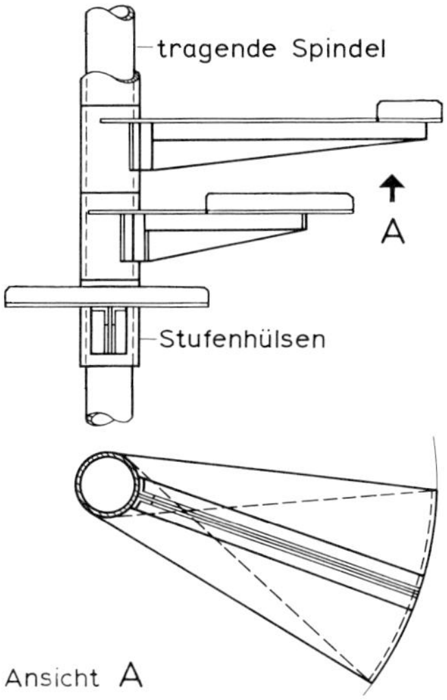

4.69 Stahlwendeltreppen mit Stahlrohrspindel und geschweißten Riffelblechstufen

Als Trittstufen für Stahltreppen kommen neben Stufen aus abgekanteten Stahlblechen (Bild **4**.62 und **4**.70) oder Stahlhohlstufen (Bild **4**.71) Bohlen aus Massivholz oder Brettschichtholz, Betonwerkstein oder Naturwerkstein (mit Unterstützungskonstruktion oder voll aufliegend) und Gitterroste in Frage.

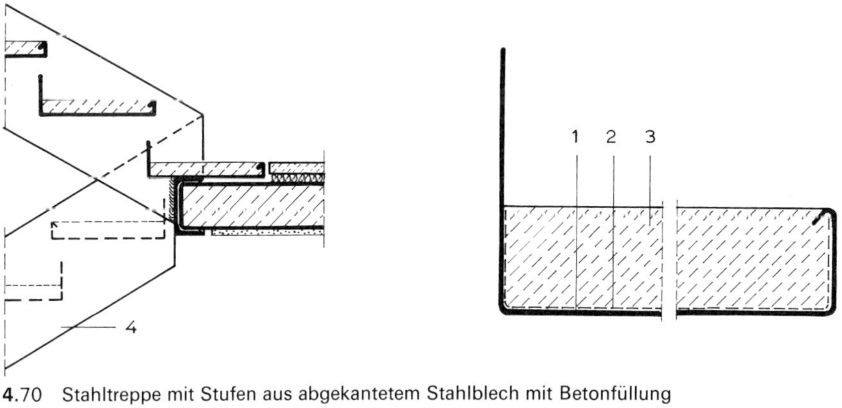

4.70 Stahltreppe mit Stufen aus abgekantetem Stahlblech mit Betonfüllung
1 Stahlblech abgekantet (2 mm)
2 Bitumenanstrich
3 Beton, geglättet
4 Stahlblech-Wange nach statischer Berechnung

Da Stahltreppen – abgesehen von Ausführungen etwa nach Bild **4.**62c – in der Regel ohne Setzstufen ausgebildet werden, ist es üblich, die Trittstufen möglichst weit übereinanderzuschieben, um den Durchblick zu verringern und das Gefühl der Sicherheit beim Begehen zu erhöhen (Bild **4.**71).

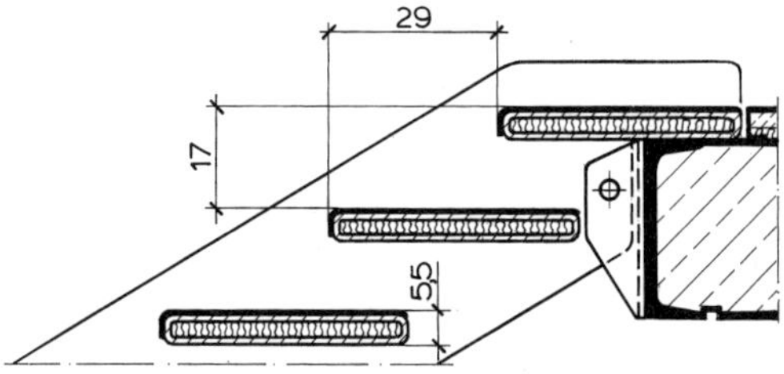

4.71
Stahltreppe mit geschweißten Hohlstufen
Der Hohlraum ist zur Schalldämpfung mit Mineralwolle dicht gefüllt. Wange als Stahlblech-Kastenträger, Treppenbreite 1,50 m, Stufenbelag: Teppich oder Gummi

4.2.6 Sonderformen

Wie bereits einleitend erwähnt, ist eine Einteilung der Treppenbauarten nach verwendeten Baustoffen problematisch. Aber auch die in den vorangegangenen Abschnitten genannten Konstruktionsformen stellen nur die grundsätzlichen Möglichkeiten zur Gestaltung von Treppen dar. Während in historischen Bauwerken zahlreiche Varianten und Sonderformen von Treppen aus Naturwerkstein vorkommen, erlauben heute Stahl, Stahlbeton, Holzleimbau und Kunststoffe eine Vielfalt von Gestaltungsmöglichkeiten.

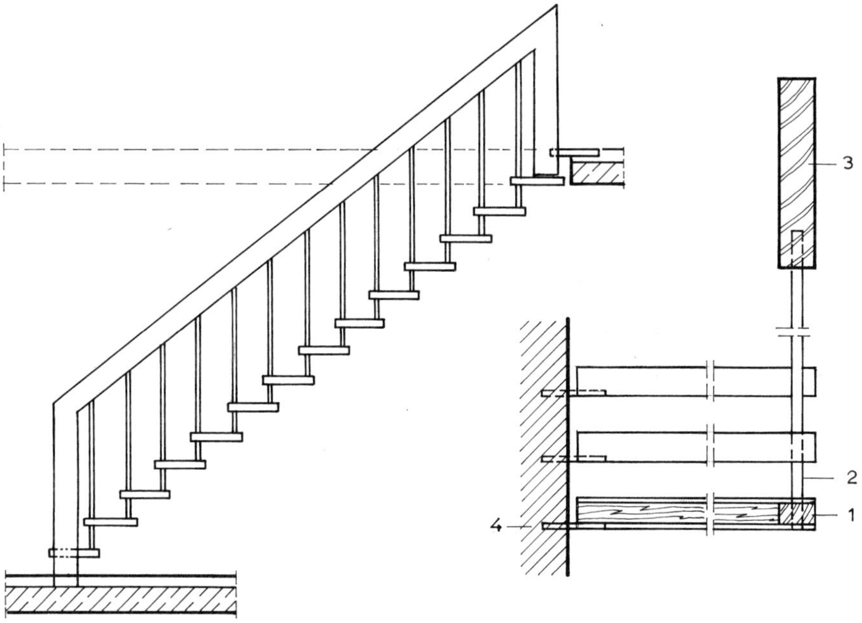

4.72 Wangenfreie Holztreppe (System Bucher)
1 Stufe (Massivholz, verleimt)
2 Tragstab
3 Handlauf (Tragholm)
4 Wandauflager

Es sind, wo Brandschutzbestimmungen dem nicht entgegenstehen, schon Treppen völlig aus Kunststoffen, z. B. aus Acrylglas, errichtet worden. Im Rahmen einer Baukonstruktionslehre können diese Möglichkeiten nur in wenigen typischen Beispielen gezeigt werden.

Wangenfreie Treppen. Die tragende Funktion der Treppenwangen kann bei Holz- und Stahltreppen durch entsprechend dimensionierte Handläufe übernommen werden (s. auch Bild **4**.66). Beim System Bucher werden die Stufen an den Geländerstäben aufgehängt und miteinander verbunden. Die hölzernen Geländerstäbe sind im Handlauf verleimt oder verschraubt und enthalten bei größeren Treppen durchgehende Stahl-Gewindestäbe. Es sind freistehende Konstruktionen möglich. In der Regel werden die Stufen jedoch an der Wandseite auf Traganker aufgelegt (Bild **4**.72).

In ähnlicher Weise werden die Stufen bei dem in Bild **4**.73 gezeigten Treppensystemen getragen. Hier sind Stahl- oder Holzstäbe einzeln oder meistens gitterartig zusammen-

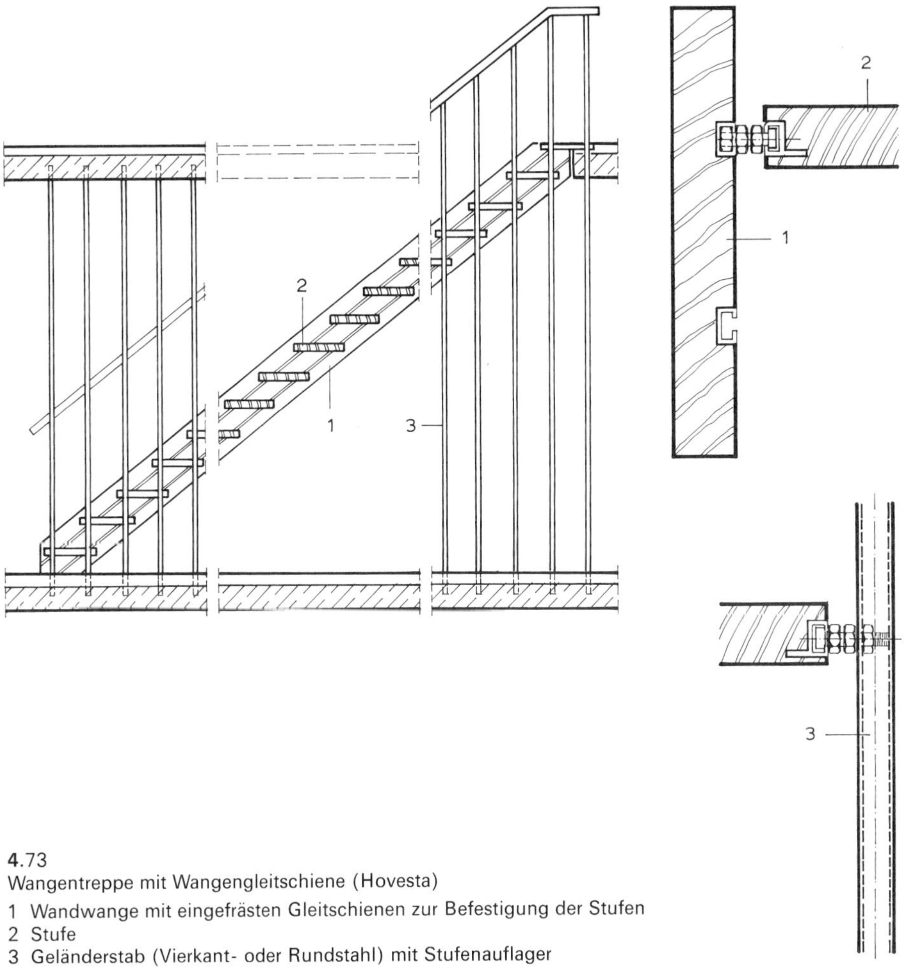

4.73
Wangentreppe mit Wangengleitschiene (Hovesta)
1 Wandwange mit eingefrästen Gleitschienen zur Befestigung der Stufen
2 Stufe
3 Geländerstab (Vierkant- oder Rundstahl) mit Stufenauflager

gefaßt am oberen Rand des Treppenloches befestigt und dienen als Stufenauflager und gleichzeitig zur Montage des Handlaufes. An der Wandseite liegen die Stufen auf Tragankern wie in Bild **4**.72 gezeigt oder auf Montagewangen, bei denen durch eingefräste Montageschienen das Ausrichten der Stufen auch bei komplizierten Treppengrundrissen und -formen sehr erleichtert wird.

Tragbolzentreppen wurden in verschiedenen Bauarten auf der Grundlage von Typzulassungen gebaut. Nunmehr wurde diese Konstruktionsart mit DIN 18069 genormt. Für alle Einzelheiten, Bauteile und Bauarten sind darin einheitliche Bezeichnungen vorgesehen. Es wird nicht nur weitgehend auf die ohnehin in diesem Bereich gültigen Normen hingewiesen, sondern z. B. auch gefordert, daß die Arbeiten „mit geeignetem Werkzeug auszuführen“ sind (Abschn. 7.2.5)!

Unterschieden werden „Einbolzentreppen WE 1“ und „Zweibolzentreppen WF 2“ (Bild **4**.74 a).

Die Trittstufen bestehen aus Betonwerkstein mit Natursteinoberflächen oder aus Holz in Verbundkonstruktionen. Bei den Einbolzentreppen werden die Stufen auf der einen Seite in entsprechende Aussparungen der Treppenhauswand mindestens 7 cm tief fest mit Zementmörtel eingebaut. Sie können aber auch auf Tragankern aufliegen. Auf der freien Seite werden die Stufen mit den Tragbolzen untereinander verbunden.

Bei „Zweibolzentreppen WF 2“ sind die Stufen beidseitig durch Tragbolzen verbunden. Außerdem muß jede dritte Stufe am Tragbolzen einen Wandanker haben.

Die Geländerstäbe werden bei den meisten Anbietern in Verlängerungen der Tragbolzen aufgeschraubt (Bild **4**.74).

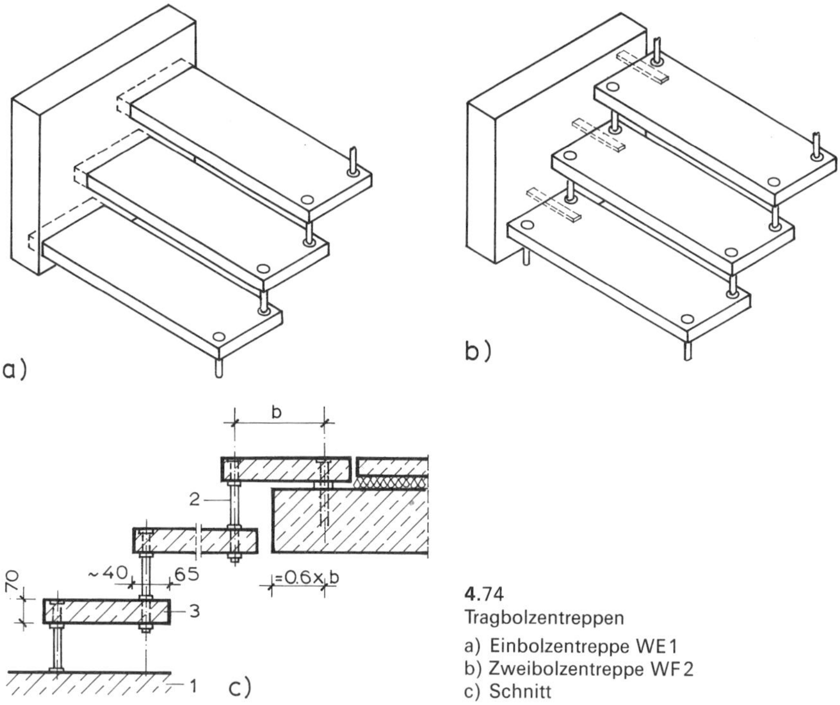

4.74
Tragbolzentreppen
a) Einbolzentreppe WE 1
b) Zweibolzentreppe WF 2
c) Schnitt

Steiltreppen. Eine Sonderform hinsichtlich der Funktion stellen die Steiltreppen (sog. „Sambatreppen") dar. Sie ermöglichen auf engstem Raum den Zugang zu allerdings nur untergeordneten Räumen und erfordern besondere Gewöhnung (Bild **4**.75).

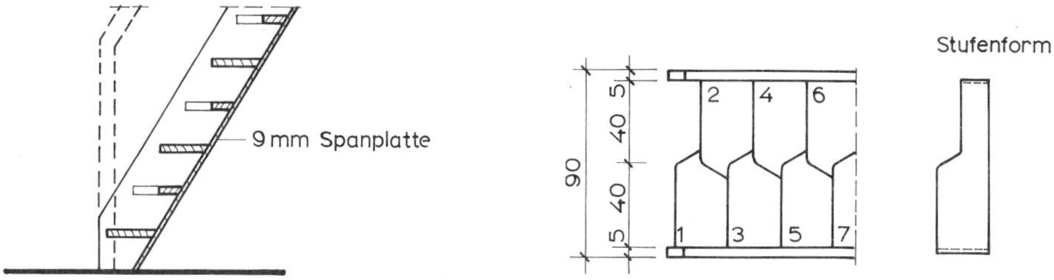

4.75 Steiltreppe

4.3 Geländer

4.3.1 Vorschriften

Alle Treppen mit mehr als 3 Stufen müssen mit Geländern versehen sein.

Treppengeländer müssen – über der Stufenvorderkante gemessen – mindestens 90 cm, bei Treppen mit mehr als 12 m Absturzhöhe und an der Innenseite von Wendeltreppen mindestens 1,10 m hoch sein.

An Podesträndern müssen Geländer bei Absturzhöhen bis zu 12 m eine Höhe von mindestens 0,90 m und bei Absturzhöhen über 12 m mindestens 1,10 m hoch sein.

In Gebäuden, in denen in der Regel mit der Anwesenheit von Kindern zu rechnen ist, dürfen Öffnungen in Geländern bei Absturzhöhen von mehr als 1,50 m nicht breiter als 12 cm sein. Durch offene Zwickel zwischen Stufen und Geländern darf sich ein Würfel von 12 cm Kantenlänge nicht hindurchschieben lassen. Ein waagerechter Zwischenraum zwischen Geländer und der zu sichernden Fläche darf nicht größer als 4 cm sein.

Geländer sind so auszubilden, daß Kindern das Überklettern erschwert ist.

Treppen bis 1,50 m Breite müssen mindestens auf einer Seite, Treppen bis 2,50 m Breite auf beiden Seiten Geländer bzw. Handläufe aufweisen. Breitere Treppen sind durch in den Läufen frei stehende Geländer zu unterteilen.

Handläufe sollen so beschaffen sein, daß sie sich nach Form und Material gut umgreifen lassen. Eine Breite von 40 bis 60 mm wird als angenehm empfunden. Die heute aus formalen Gründen vielfach verwendeten Rechteckprofile und Handlaufbohlen lassen sich oft nicht ausreichend umfassen und bieten den Benutzern wenig Sicherheit.

Handläufe können an Wendelungen von Treppenläufen oder bei mehrläufigen Treppen mit Krümmlingen (vgl. Bild **4**.57) oder mit geraden Übergangsstücken (vgl. Bild **4**.56) miteinander verbunden werden, oder sie laufen am Austritt frei aus. An keiner Stelle soll der Benutzer durch irgendwelche Einengungen, Befestigungsteile u.ä. genötigt sein, den Handlauf loszulassen. Wandhandläufe sollen zur Wand einen lichten Abstand von mindestens 6 cm haben.

4.3.2 Ausführung

Handlauf, Stützen und Ausfachung der Geländerfelder bilden die Grundelemente von Geländern und sind ein wesentliches Gestaltungsmittel für die Treppen und für den Innenausbau.

Für Handläufe werden verwendet (Bild **4**.76)

- profilierte Vollhölzer, verleimte Bohlen, gepreßte Holzwerkstoffe u.ä.,
- Metallprofile und -rohre,
- Flachstahl mit Metall- oder Holzauflagen oder mit Kunststoffüberzügen,
- Kunststoffprofile.

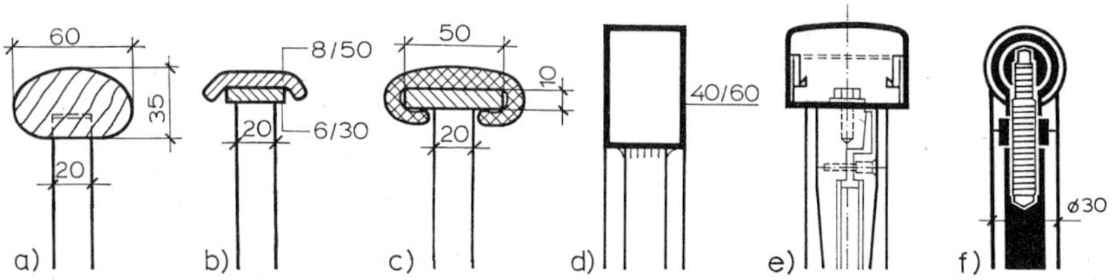

4.76 Handläufe
a) Flachstahl mit Messingauflage
b) aus Holz
c) Flachstahl mit Kunststoffauflage
d) Stahlrohrprofil
e) Leichtmetall-System (HUECK)
f) Kunststoffrohr (HEWI)

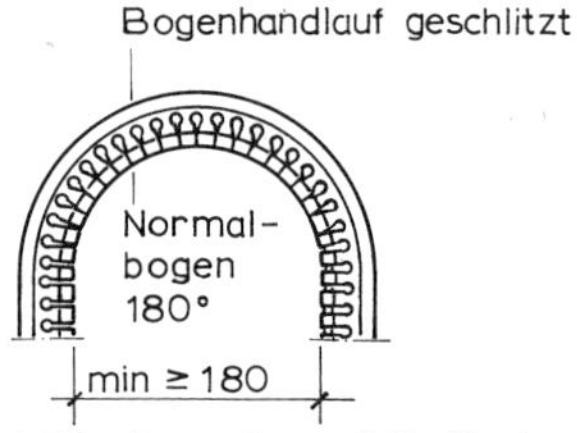

4.77 Bogenformteil für Flachstahl-Handläufe

Durch Handläufe mit unter- oder rückseitig angeordneten durchlaufenden Beleuchtungskörpern kann eine gleichmäßige, von störenden Schlagschatten freie Ausleuchtung der Treppenläufe erzielt werden.

Die verschiedenen Gestaltungsmöglichkeiten für Geländer sind im Zusammenhang mit den Treppenkonstruktionen gezeigt (Bilder **4**.18, **4**.50, **4**.55, **4**.56, **4**.66, **4**.73 und **4**.74).

Es gibt jedoch für Geländer eine solche Fülle von Konstruktions- und Gestaltungsmöglichkeiten, daß der Rahmen einer Baukonstruktionslehre zu deren Darstellung gesprengt würde.

Im folgenden sind daher lediglich schematisch oder zur Übersicht einige Lösungsmöglichkeiten gezeigt.

Rundungen von Flachstahlhandlaufkonstruktionen werden mit sägezahnartig ausgeschnittenen vorgefertigten Sonderprofilen ausgeführt, die sich auch kalt leicht verformen lassen (Bild **4**.77).

Für die Geländerfelder kommen in Frage:

- Holz- oder Metallstäbe oder -profile, Drähte, Rohre u.ä., senkrecht, horizontal oder parallel zum Handlauf (Bild **4**.78a),
- geschlossene oder transparente Tafeln aus Sperrholz, Spanplatten, Metall, Draht- oder Sicherheitsglas, Acrylglas o.ä. (Bild **4**.78b),
- Geflechte oder Verspannungen aus Draht, Baustahlgewebe, Seilen u.ä. (Bild **4**.78c).

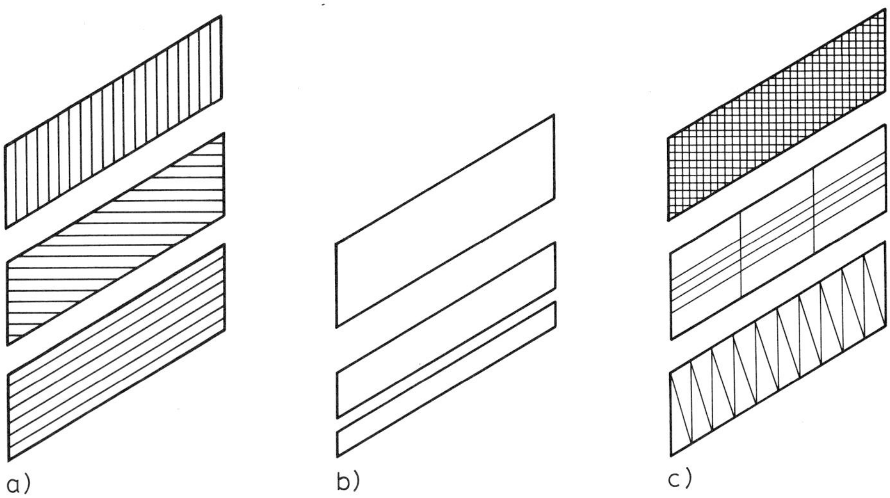

4.78 Geländerfelder

a) Felder mit Stäben, Rohren o. ä.
b) Felder aus transparenter oder geschlossenen Tafeln
c) Felder mit Verspannungen

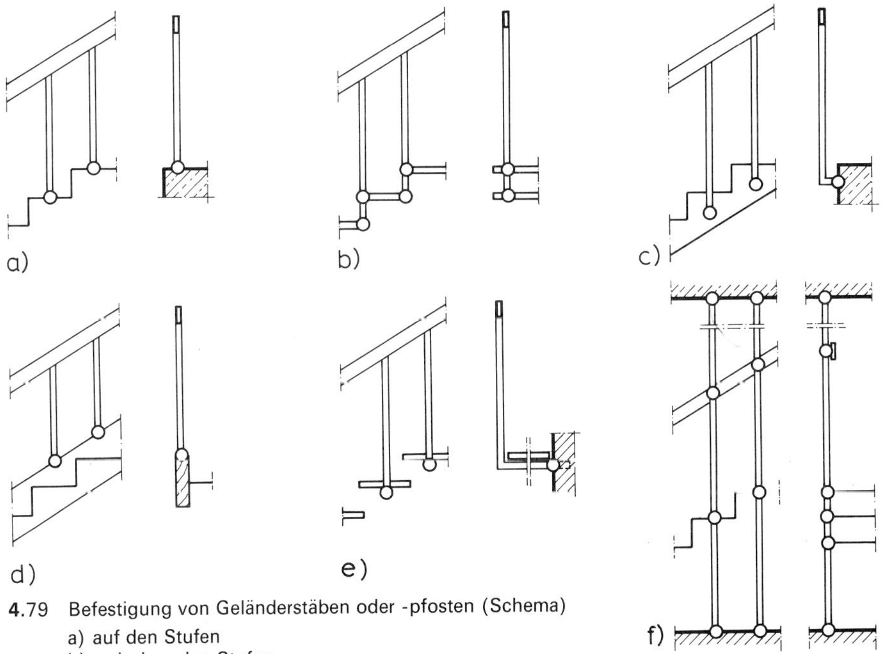

4.79 Befestigung von Geländerstäben oder -pfosten (Schema)

a) auf den Stufen
b) zwischen den Stufen
c) seitlich an der Laufplatte oder Wange
d) auf der Wange
e) an Kragarm
f) zwischen Geschoßdecken oder Podesten

Für die Befestigung der Geländerstäbe und Tragstäbe bestehen folgende grundsätzliche Möglichkeiten:

- auf oder zwischen den Stufen (Bild **4**.79a und b),
- seitlich an den Laufplatten (Bild **4**.79c),
- auf oder seitlich an den Wangen (Bild **4**.79d),
- an Kragarmen (Bild **4**.79e),
- zwischen Fußboden und Decke (Bild **4**.79f).

Füll- oder Tragstäbe aus Holz werden meistens in entsprechende Bohrungen der Holzwangen eingelassen oder seitlich an die Wangen geschraubt.

Metallstützen oder -stäbe werden in entsprechende Bohrungen von fertig verlegten Werksteinstufen eingesetzt und mit Schnellbindern vergossen. Die Anschlußstelle wird mit einer Kunststoff- oder Metallrosette abgedeckt (Bild **4**.80a).

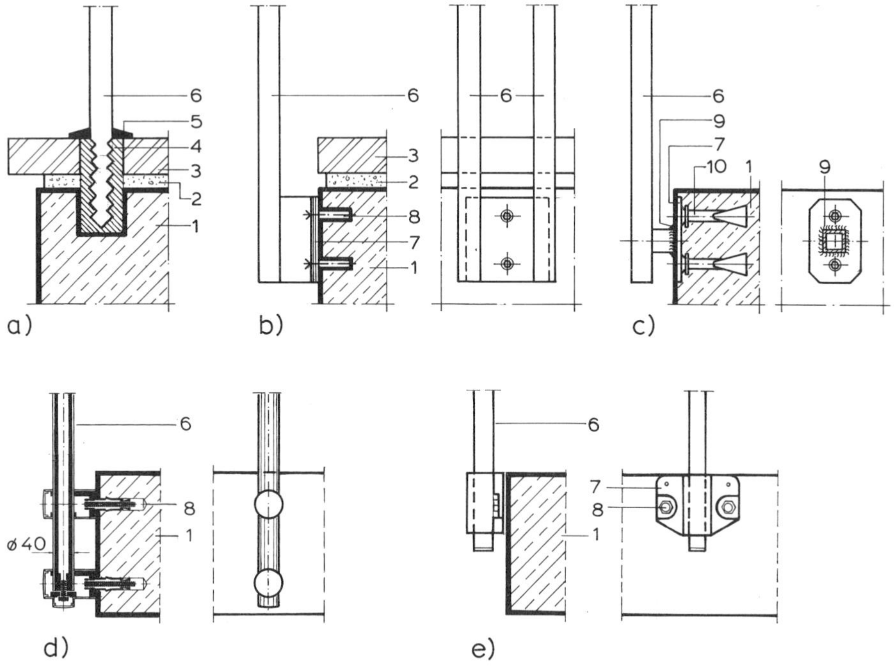

4.80 Befestigung von Geländerpfosten (Details)

a) Befestigung in gebohrten Werksteinstufen
b) Befestigung seitlich an Laufplatten oder Massivwangen
c) Ankerplatte zum Einbetonieren (WH 70)
d) eingedübelter Schraubbolzen, Kunststoffrohr mit Metall-Führungshülse und Sicherungsstift (HEWI)
e) angedübeltes Aluminium-Formteil

1 Massivplatte
2 Verlegemörtel
3 Werksteinstufe
4 Bohrung mit Verguß
5 Deckrosette
6 Geländerstab
7 Ankerplatte
8 Dübelverschraubung
9 Anschweißstelle
10 einbetonierte Ankerplatte

An Stahlbetonlaufplatten oder -wangen werden Metallstützen mit Ankerplatten aufgedübelt oder auf vorher miteinbetonierte Ankerplatten geschweißt (Bild **4**.80b).

Bei Stahltreppen werden im allgemeinen Metallstützen oder -stäbe verwendet, die angeschweißt oder angeschraubt werden.

Bei aufgesattelten Treppen muß der Anschluß des Geländers sorgfältig überlegt werden. Möglich ist es, Geländerstäbe in die Trittstufen einzusetzen, wenn diese nicht zu weit auskragen. Wenn Setzstufen verwendet werden, können diese seitlich mit einem Überstand so gestaltet werden, daß Geländerstäbe bzw. -pfosten befestigt werden können. Vielfach werden abgewinkelte Stahlprofile verwendet, die unterhalb der Trittstufen seitlich am Holm montiert werden (Bild **4**.81).

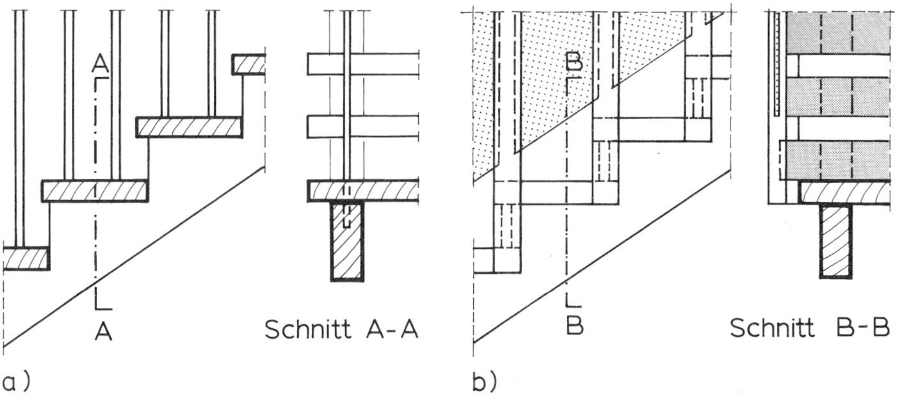

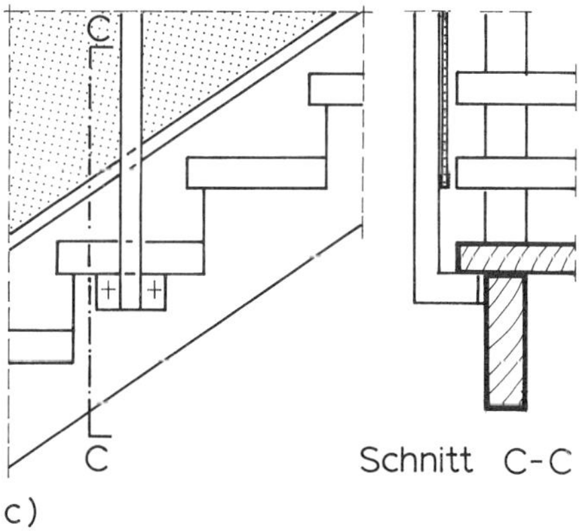

4.81
Geländer an aufgestellten Treppen
a) Geländerstäbe in Trittstufen und Tragholm eingesetzt
b) Geländerpfosten an Setzstufen befestigt, Füllungen Acrylglas
c) Stahlpfosten abgewinkelt, am Holm befestigt; Geländerfeld z. B. Sicherheitsglas in Rahmen

Der Anfang und der obere Abschluß von Geländern kann durch Pfosten gebildet werden (Bild **4**.55). In historischen Beispielen diente insbesondere der Anfangs- bzw. Antrittpfosten neben seinem technischen Zweck vielfach als besonders gestaltetes dekoratives Element.

4.4 DIN-Normen

DIN-Nr.		Ausgabe-Datum	Titel
107		4.74	Bezeichnung mit links oder rechts im Bauwesen
1045		12.78	Beton- und Stahlbetonbau; Bemessung und Ausführung
4102	T1	5.81	Brandverhalten von Baustoffen und Bauteilen; –; Baustoffe; Begriffe, Anforderungen und Prüfungen
	T2	9.77	–; Bauteile; Begriffe, Anforderungen und Prüfungen
	T3	9.77	–; Brandwände und nichttragende Außenwände; Begriffe, Anforderungen und Prüfungen
	T4	3.81	–; Zusammenstellung und Anwendung klassifizierter Baustoffe, Bauteile und Sonderbauteile
4174		10.53	Geschoßhöhen und Treppensteigungen
18064		11.79	Treppen; Begriffe
18065		7.84	Gebäudetreppen; Hauptmaße
18069		11.85	Tragbolzentreppen für Wohngebäude; Bemessung und Ausführung
18333		10.79	VOB Verdingungsordnung für Bauleistungen, Teil C: Allgemeine technische Vorschriften für Bauleistungen; Betonwerksteinarbeiten
18500		8.76	Betonwerksteinarbeiten; Anforderungen, Prüfung, Überwachung
24531		5.81	Trittstufen aus Gitterrosten für Treppen aus Stahl

4.5 Literatur

[1] Bangert, S.: Treppen in Holz. Karlsruhe 1986
[2] Beratungsstelle für Stahlverwendung: Merkblätter Treppenbau, Düsseldorf
[3] Deutscher Stahlbauverband: Stahlbau Arbeitshilfen, Köln 1982
[4] Dorff, R.: Schallschutz im Wohnungsbau. Deutsche Bauzeitung Heft 2/1983
[5] –: Trittschallschutz bei Treppenpodesten. Bauhandwerk Nr. 2 April 1984
[6] Gladischefski, H.; Halmburger, K.: Treppen in Stahl. Wiesbaden–Berlin 1974
[7] Informationsdienst Holz; Merkblätter der Arbeitsgemeinschaft Holz e.V., Düsseldorf 1984 ff.
[8] Meyer-Bohe, W.: Elemente des Bauens; Treppen, Stuttgart 1975
[9] Mannes, W.: Gestaltete Treppen. Stuttgart 1975
[10] –: Schöne Treppen, Stuttgart 1985
[11] Pracht, K.: Treppen. Stuttgart 1986
[12] Reitmayer, U.: Holztreppen in handwerklicher Konstruktion. Stuttgart 1981

5 Fenster[1])

5.1 Allgemeines

Fenster beeinflussen durch Form, Gliederung und Größe, durch Lage, Anordnung und Baustoff entscheidend Baukörper und Innenraum. Beim Fensterbau sind Fragen der Gestaltung, der Konstruktion, der Fertigungstechnik und der Wirtschaftlichkeit (bei Herstellung und Benutzung) besonders eng miteinander verflochten, so daß nicht absolute Bestformen, sondern nur die für den besonderen Fall günstigen Lösungen gefunden werden müssen.

Aufenthaltsräume müssen durch Fensterflächen ausreichend mit Tageslicht versorgt werden (z. B. Hessische Bauordnung: Lichte Fensteröffnung von Aufenthaltsräumen > ⅛ der Raumgrundfläche; Ausnahmen für Räume, die nicht dem Wohnen dienen, s. Arbeitsstätten-Verordnung).

Wesentlich ist neben der Belichtung aber auch die psychologische Bedeutung des Tageslichtes für das Wohlbefinden des Menschen in Wohn- und Arbeitsräumen. Der Wechsel von Helligkeit und Dunkel und der Witterung, Besonnung und Verschattung, insbesondere aber auch der Kontakt mit der Umwelt durch ausreichenden Ausblick sind wichtig. Von Nachteil ist es, wenn durch gegenüberliegende Verbauung oder wegen ungünstiger Lage der Fenster (z. B. in Raumecken, hohe Brüstungen) das Blickfeld und insbesondere der sichtbare Himmelsausschnitt eingeschränkt sind.

Die Größe der Fenster richtet sich in der Hauptsache nach Raumbreite, -tiefe, -höhe, Lage des Raumes über Gelände, Höhe und Abstand von gegenüberliegenden Gebäuden. DIN 5034 Bbl. 2 enthält ein vereinfachtes Verfahren zur Bestimmung der Fenstergrößen:

- Oberkante des Fensters (einschl. Rahmenwerk) mindestens 2,20 m über Fußboden,
- Oberkante der Fensterbrüstung höchstens 0,90 m über Fußboden.
- Die Breite des durchsichtigen Teiles des Fensters bzw. die Summe dieser Breiten bei allen Fenstern im Raum sollen mindestens 55% der Breite des Raumes bzw. der Summe seiner Fensterwandbreiten betragen.

Ein gutes Fenster muß zugdicht und wasserdicht schließen, Schall- und Wärmeschutz bieten, leicht zu öffnen, zu schließen und zu reinigen sein und eine möglichst große Lichtfläche ergeben (schmale Rahmen).

Hauptziele der Entwicklung im Fensterbau sind Kostensenkung und Verbesserung der Konstruktion, so daß die an Fenster gestellten grundsätzlichen Forderungen, wie Grenzen der Fugendurchlässigkeit, Schlagregendichtheit (DIN 18055), Haltbarkeit, bequeme Handhabung, geringe Unterhaltungskosten einwandfrei erfüllt werden.

Eine Kostensenkung kann u. a. erreicht werden durch Vereinfachung der Maurerarbeiten (Verwenden von Mauerlehren oder von maßgenauen Fertigteilen, festeingebauten Montagezargen) und durch Vermeiden von Nachputz- und Nachbesserungsarbeiten (z. B. Einschrauben der in der Werkstatt fertig verglasten und gestrichenen Fenster in maßgenaue Bauwerksöffnungen).

Die Konstruktion kann verbessert werden durch möglichst einfache, aber zuverlässige Beschläge, Vereinfachung des Unterhaltungswandes, Erleichterung von Reparaturen (z. B. Ersatz von Scheiben), Justiermöglichkeiten usw.

---

[1]) Industrieverglasungen s. Abschn. 1.9.1

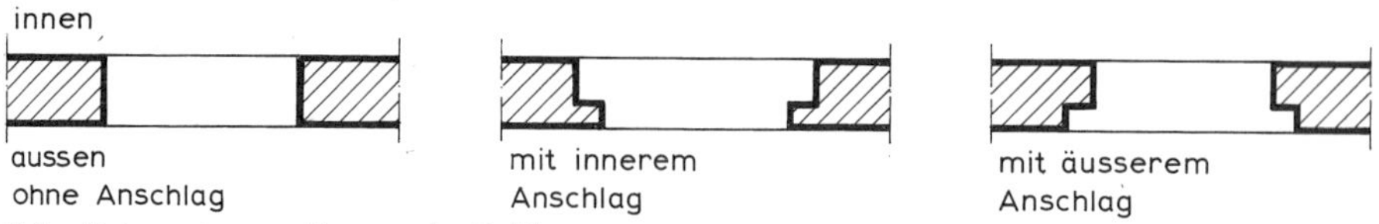

5.1 Einbauarten von Fenstern im Rohbau

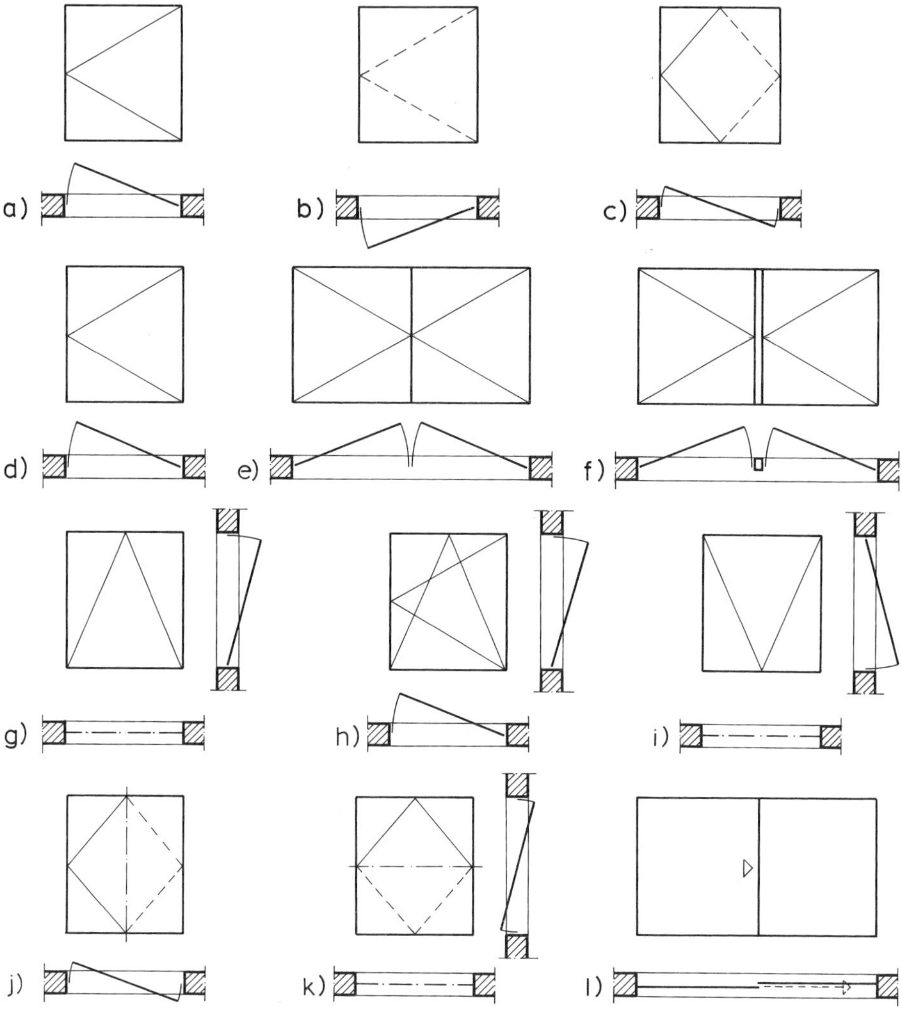

5.2 Bezeichnung der Fenster nach Öffnungs- bzw. Flügelarten (DIN 18059)

a) nach innen öffnend, b) nach außen öffnend, c) nach innen und außen öffnend

Drehflügel

d) Einflügliges Fenster mit Drehflügel, e) zweiflügliges Fenster mit Drehflügeln, f) zweiflügliges Fenster mit festem Pfosten und Drehflügeln

g) **Kippflügel,** h) **Drehkippflügel,** i) **Klappflügel,** j) **Wendeflügelfenster,** k) **Schwingflügelfenster,** l) **Schiebefenster**

Fenster können in Form von Einzelfenstern, Fensterbändern, Fensterwänden und Fenster-Tür-Elementen hergestellt werden. Sie bestehen gewöhnlich aus dem verglasten Fensterflügel in einem fest eingesetzten Fensterrahmen (Blendrahmen oder Zarge).

Man unterscheidet nach:

— **Einbauart** im Rohbau:
  ohne Maueranschlag, mit innerem Anschlag, mit äußerem Anschlag (Bild **5**.1).
— **Öffnungsmöglichkeit**:
  Flügel zum Öffnen, feststehende Flügel, Festverglasungen (Verglasung direkt im Blendrahmen).
— **Öffnungs- bzw. Flügelarten**:
  (Bild **5**.2).
— **Bauart:** Einfachfenster, Doppelfenster, Verbundfenster, Kastenfenster (Bild **5**.3)

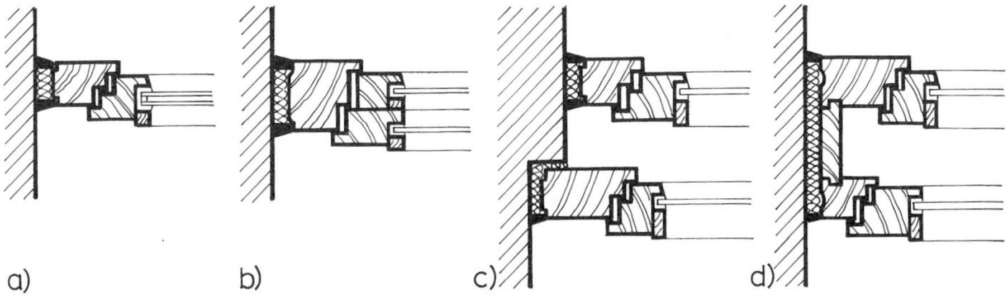

5.3 Fensterbauarten
a) Einfachfenster
b) Verbundfenster
c) Doppelfenster
d) Kastenfenster

— **Art der Verglasung:**
  Einscheibenverglasung (EV) (nach DIN 4108, Beiblatt vom November 1975, ist Einscheibenverglasung nur noch für untergeordnete Räume oder Bauwerke, für die keine besonderen Vorschriften hinsichtlich Wärmedämmung bestehen, zugelassen),
  Mehrscheiben-Isolierverglasung (IV) (2- oder 3-Scheiben-Isolierverglasung) (Bild **5**.4)
  Doppelverglasung (DV)
  Verglasung mit Sondergläsern, z. B. Sonnenschutzgläser, Wärmeschutzgläser, Schallschutzgläser, Sicherheitsgläser.

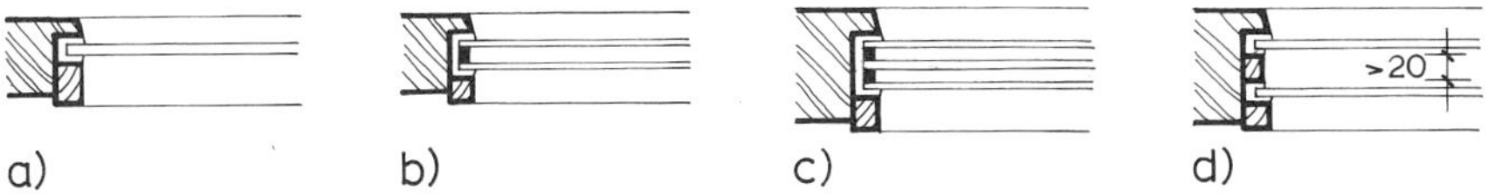

5.4 Verglasungsarten
a) Einscheibenverglasung (EV)
b) 2-Scheiben-Isolierverglasung (IV)
c) 3-Scheiben-Isolierverglasung (IV)
d) Doppelverglasung (DV)

– **Art des Baustoffes:**
Holzfenster vorwiegend aus Kiefernholz, Fichtenholz oder überseeischen Hölzern, z. B. Sipo-Mahagoni u. ä. (DIN 68360).
Aluminiumfenster,
Kunststoff-Fenster,
Stahlfenster
sowie Fenster aus Kombinationen dieser Stoffe, z. B. Aluminium-Holz-Fenster.

Bei der Beschreibung von Fenstern muß für Dreh- und Drehkippflügel klargestellt sein, ob das Fenster „rechts" oder „links" angeschlagen ist.

Nach DIN 107 (Bezeichnung mit links oder rechts im Bauwesen) wird bezeichnet:

– „DIN rechts": Flügel zur Ansichtsseite öffnend mit Bändern auf der rechten Seite (nach DIN: „Man sieht auf das Band").
– „DIN links": ... mit Bändern auf der linken Seite.

Auf Zeichnungen ist ferner zur Vermeidung von Irrtümern deutlich klarzustellen, ob die Fenster von außen oder innen dargestellt sind (Bild **5**.4).

Die Bezeichnung von Grundelementen bei Fensterkonstruktionen zeigt Bild **5**.6 am Beispiel einer Fensterwand. Außer den dort genannten Bauteilen kommen noch in Frage:

– Einbauzargen (in die Rohbauöffnung eingebaute Montagerahmen, in die das komplette Fenster nach Fertigstellung von Putzarbeiten eingesetzt wird),

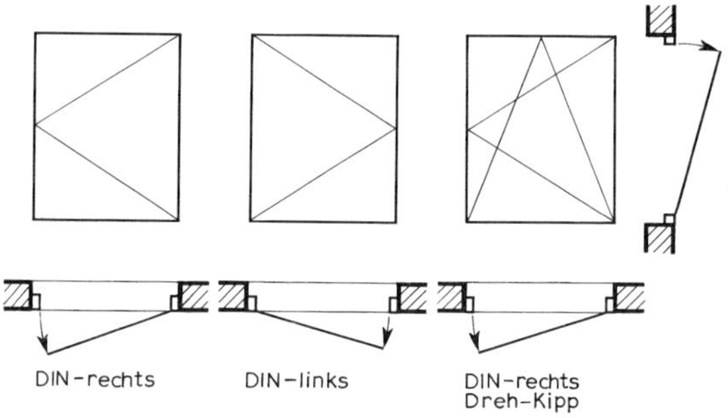

5.5 Bezeichnung der Fenster – Öffnungsart nach DIN 107

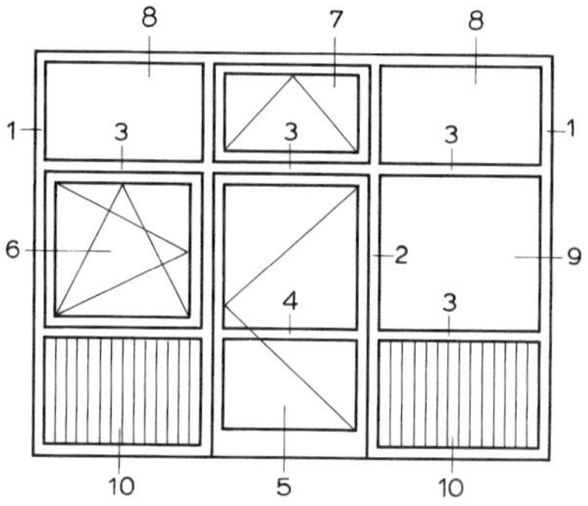

5.6 Elemente einer Fensterkonstruktion (Schema nach DIN 68121 T1)
1 Blendrahmen (ggf. mit Anschluß- oder Abdeckprofilen)
a aufrechtes Blendrahmenholz
b oberes Blendrahmenholz
c unteres Blendrahmenholz
2 Pfosten
3 Riegel (Kämpfer)
4 Sprosse
5 Drehflügelfenstertür
6 Drehkippflügelfenster
7 Kippflügel (Oberlicht)
8 Festverglastes Oberlicht
9 Festverglaste Fensterfläche
10 Fensterbrüstung mit nichttransparenter Ausfachung

– Glashalteleisten (leichte Profilleisten zur Befestigung von Verglasungen),
– Wetterschutzschienen (Zusatzprofile am unteren Blendrahmen, um das anfallende Wasser über die untere Fuge zwischen Flügel und Blendrahmen abzuleiten),
– Fensterbänke (äußere Abdeckung der Brüstung oder des Rohbauanschlusses, meistens aus Aluminium, Kunst- oder Naturstein; innen als Abdeckung über Heizkörpernischen u.ä., aus Natur- oder Kunststein, Holz oder kunststoffbeschichteten Holzspanplatten (z.B. Werzalit), ferner
– Zusatzprofile wie z.B. Rolladenführungen, Abdeck- und Anschlußprofile.

Die Entscheidung über die Fensterbauart beeinflussen:

– **formale Anforderungen** (z.B. Größe, Format, Flächenaufteilung, Farbe bzw. Oberflächenbehandlung)
– **funktionale Anforderungen** (z.B. Öffnungsart, Lüftungsbedarf, Sonnenschutz, Bedienungskomfort)
– **technisch-konstruktive Anforderungen** (allgemeine Sicherheit wie z.B. Brüstungs- und Absturzhöhen, Fehlbedienungssicherheit, Fugen- und Schlagregendichtigkeit, Wärmeschutz)
– **Sonderanforderungen** (z.B. Brandschutz, Schallschutz, Einbruchschutz).

5.2 Anforderungen an Fenster

5.2.1 Fugendurchlässigkeit

Während Rahmen und Verglasung kleinerer Fenster in niedrigen, einfachen Gebäuden nach Erfahrungsregeln dimensioniert werden können, müssen für die Bemessung größerer Fenster insbesondere in den oberen Geschossen von hohen Gebäuden genaue Berechnungen zugrunde gelegt werden. Dadurch muß gewährleistet werden, daß die Fugendurchlässigkeit innerhalb zulässiger Grenzen bleibt und die Verglasung durch Staudruck nicht zerstört werden kann. Unabhängig vom Rahmenmaterial werden in DIN 18055 für die Bemessung und die Anforderungen hinsichtlich *Fugendurchlässigkeit* und die *Schlagregensicherheit* vier *Beanspruchungsgruppen* festgelegt. Bestimmt wird die Einordnung in eine der Gruppen durch die Windbelastung in Abhängigkeit von Standort, Lage, Höhe und Form des Gebäudes, ferner von der Einbauart des Fensters und der Fassadenausbildung (s. Tabelle **5**.7).

Tabelle **5**.7 Beanspruchungsgruppen (DIN 18055 T2)

Beanspruchungsgruppen[1])	A	B	C	D[3])
Staudruck in kN/m²	bis 0,18	bis 0,37	bis 0,66	
Prüfdruck in Pa entspricht etwa einer Windgeschwindigkeit bei	bis 150	bis 300	bis 600	
Windstärke[2])	bis 7	bis 9	bis 11	Sonderregelung
Gebäudehöhe in m	bis 8	bis 20	bis 100	

[1]) Die Beanspruchungsgruppe ist im Leistungsverzeichnis anzugeben.
[2]) Nach der Beaufort-Skala.
[3]) A ohne, B–D mit Falzdichtung. In die Beanspruchungsgruppe D sind Fenster einzustufen, bei denen mit außergewöhnlicher Beanspruchung zu rechnen ist. Anforderungen sind im Einzelfall anzugeben.

Über Undichtigkeiten in den Fugen zwischen Flügel- und Blendrahmen eines Fensters erfolgt ein mehr oder weniger großer Luftaustausch, der in gewissen Grenzen zwar zur erforderlichen Lufterneuerung eines Raumes beitragen, andererseits aber zu erheblichen Wärmeverlusten führen kann. Außerdem besteht eine enge Abhängigkeit zwischen der Fugendurchlässigkeit und der Schalldurchlässigkeit eines Fensters (vgl. Abschn. 5.2.4). In der Wärmeschutzverordnung und in DIN 4108 T4 wird gefordert, daß der Fugendurchlaßkoeffizient für Fenster

$$2{,}0 \cdot \frac{m^3}{h \cdot m\ (da\ Pa)^{2/3}}$$

(Beanspruchungsgruppe A nach DIN 18055) nicht überschreitet. Für Gebäude mit mehr als zwei Vollgeschossen darf der Wert von

$$1{,}0 \cdot \frac{m^3}{h \cdot m\ (da\ Pa)^{2/3}}$$

(Beanspruchungsgruppe B–D) nicht überschritten werden. Die Konstruktionsmerkmale für Fenster in Abhängigkeit von der Fugendurchlässigkeit sind aus Tabelle **5**.8 (DIN 18055) ersichtlich.

Für die Bewertung der Fugendurchlässigkeit eines Fensters gilt die längenbezogene Fugendurchlässigkeit V_l. Sie wird an Musterfenstern im Prüflabor gemessen und darf die im Bild **5**.9 (DIN 18055) eingetragenen Bereiche nicht überschreiten. Es ist jedoch nicht zweckmäßig, eine wesentlich geringere Fugendurchlässigkeit anzustreben (außer bei Räumen mit Klimaanlagen).

V_l gibt den auf die Fugenlänge bezogenen Luftaustausch zwischen Flügel- und Blendrahmen je Zeiteinheit unter dem Einfluß der am Fenster vorhandenen Luftdruckdifferenz an.

Tabelle **5**.8 Konstruktionsmerkmale für Fenster in Abhängigkeit von der Fugendurchlässigkeit (DIN 18055)

Fugendurchlaßkoeffizient a in $\frac{m^3}{h \cdot m \cdot (da\,Pa)^{2/3}}$	Konstruktionsmerkmale
$2{,}0 \geq a > 1{,}0$	Holzfenster (auch Doppelfenster) mit Profilen nach DIN 68121 – Holzfenster-Profile – ohne Dichtung[1])
$\leq 1{,}0$	alle Fensterkonstruktionen (bei Holzfenstern mit Profilen nach DIN 68121) mit alterungsbeständiger, weichfedernder, leicht auswechselbarer Dichtung[1])

[1]) Auf ausreichenden Luftwechsel aus Gründen der Hygiene, der Begrenzung der Luftfeuchte und der Zuführung von Verbrennungsluft ist zu achten! (DIN 4108 T2 Abschn. 5.2.4).

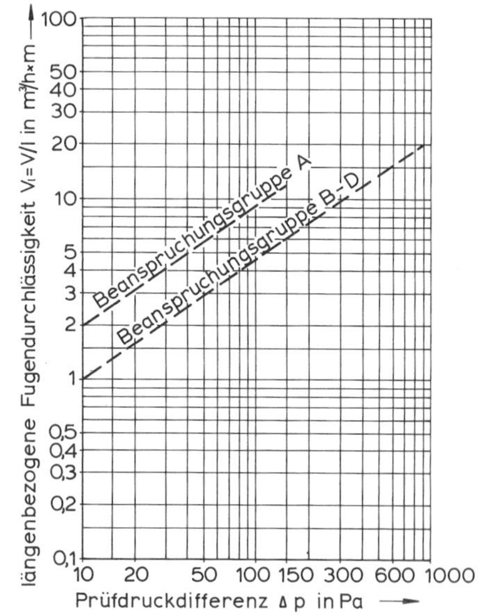

5.9 Längenbezogene Fugendurchlässigkeit

Zu beachten ist, daß die bei der Prüfung festgestellten Mittelwerte für die Fugendurchlässigkeit lediglich für ein – meistens besonders sorgfältig hergestelltes Musterfenster und für den Neuzustand gelten und allein nicht als Bewertungsmaßstab für alle anderen mit gleichen Konstruktionsmerkmalen gebauten Fenster ausreichen.

Allein durch laufende Gütekontrolle bei der Herstellung kann gewährleistet werden, daß Fenster auch den in Prüfzeugnissen belegten Eigenschaften entsprechen.

Weiterhin ist festzuhalten, daß für die Fugendichtigkeit und damit für den Schall- und Wärmeschutz eines Fensters auch die richtige Ausbildung der Anschlüsse an das Bauwerk entscheidend ist (s. Abschn. 5.2.5).

5.2.2 Schlagregendichtheit

Schlagregendichtheit ist (nach DIN 18055) der Schutz, der ein Fenster bei gegebener Windstärke, Regenmenge und Beanspruchungsdauer gegen das Eindringen von Wasser in das Innere des Gebäudes bietet. In die Rahmenkonstruktion eingedrungenes Wasser muß so abgeführt werden, daß keine Schäden am Fenster auftreten können und daß nirgends Wasser aus der Rahmenkonstruktion in den Baukörper eindringt. Die Einordnung der Fenster in die Beanspruchungsgruppe A bis D (s. Abschn. 5.2.1) hinsichtlich ihrer Schlagregensicherheit erfolgt auf Grund genormter Prüfungen an Musterfenstern.

Die Schlagregendichtheit ist abhängig von

— Ausbildung der Falze zwischen Blend- und Flügelrahmen,

— Art und Lage der Falzdichtungen,

— Entwässerung des Falzraumes (Entwässerungsöffnungen mind. 5 × 20 mm, Abstand < 30 cm),

— Druckausgleich zwischen Außenluft und Falzraum.

Bevorzugt werden Fensterbauarten, bei denen Schlagregen- und Winddichtung in verschiedenen Ebenen mit mindestens 15 mm Abstand liegen (2stufige Systeme).

Dichtungen. Um die Anforderungen an Fugendichtigkeit und Schlagregendichtheit nach DIN 18055 zu erfüllen, müssen alle Fenster – ausgenommen solche der niedrigsten Beanspruchungsgruppe A – elastische Fugendichtungen haben. Fugendichtungen bestehen meistens aus EPDM oder speziell eingestellten PVC-Kunststoff-Profilen. Sie müssen ausreichende Rückstelleigenschaften haben, hochelastisch und alterungsbeständig sein. Alle Dichtungen müssen so eingebaut sein, daß sie leicht ausgewechselt werden können.

Dichtungsprofile müssen vor Anstrichmitteln, die Öl- oder Nitrobestandteile enthalten, geschützt werden, um eine vorzeitige Alterung zu vermeiden.

5.2.3 Wärmeschutz

Zur Gewährleistung des ausreichenden Wärmeschutzes eines Gebäudes müssen alle Bauteile, die Räume gegen die Außenluft abgrenzen – also auch Fenster –, den Wärmedurchgang wirksam einschränken. Bei der Berechnung und Dimensionierung des erforderlichen Wärmeschutzes wird nach DIN 4108 bzw. der Wärmeschutzverordnung vom mittleren Wärmedurchgangskoeffizienten k_m ausgegangen. Er wird unter Berücksichtigung der Flächenanteile von geschlossenen Wandflächen, Fenstern, Fenstertüren usw.

ermittelt. Dabei darf der Wärmedurchgangskoeffizient k_F für Fenster den Wert von 3,1 W/m² · K (3,0 kcal/m² · h · K) nicht überschreiten. Im übrigen sind die Werte der nachstehenden Tabelle **5**.10 aus DIN 4108 T4 zu entnehmen.

Bei Fenstern mit einem Rahmenanteil von nicht mehr als 5% kann für den Wärmedurchgangskoeffizienten k_F der Wärmedurchgangskoeffizient k_V der Verglasung eingesetzt werden.

Weiter ist zu beachten, daß Bauart und Größe der Fenster sehr wesentlichen Einfluß auf die Größe des gemäß DIN 4108 zu berechnenden mittleren Wärmedurchgangskoeffizienten haben, der für den Gesamtwärmeschutz aller Außenflächen als Grenzwert festgesetzt ist (s. Abschn. 12.3.7 in Teil 1 dieses Werkes).

Nichttransparente Ausfachungen von Fensterwänden müssen den Anforderungen an leichte Bauteile nach DIN 4108 T2 entsprechen. Für Rahmen dürfen in diesen Bereichen nur Materialien der Gruppen 1, 2.1 oder 2.2 verwendet werden.

Tabelle **5**.10 Rechenwerte der Wärmedurchgangskoeffizienten für Verglasungen (k_V) und für Fenster und Fenstertüren einschließlich Rahmen (k_F) nach DIN 4108 T4

Spalte 1		2	3	4	5	6	7
	Beschreibung der Verglasung	Verglasung k_V in W/(m² · K)	Fenster und Fenstertüren einschließlich Rahmen k_F für Rahmenmaterialgruppe in W/(m² · K) 1	2.1	2.2	2.3	3
1	**Unter Verwendung von Normalglas**						
1.1	Einfachverglasung	5.8	5.2				
1.2	Isolierglas mit ≥ 6 bis ≤ 8 mm Luftzwischenraum	3,4	2,9	3,2	3,3	3,6	4,1
1.3	Isolierglas mit > 8 bis ≤ 10 mm Luftzwischenraum	3,2	2,8	3,0	3,2	3,4	4,0
1.4	Isolierglas mit > 10 bis ≤ 16 mm Luftzwischenraum	3,0	2,6	2,9	3,1	3,3	3,8
1.5	Isolierglas mit zweimal ≥ 6 bis ≤ 8 mm Luftzwischenraum	2,4	2,2	2,5	2,6	2,9	3,4
1.6	Isolierglas mit zweimal > 8 bis ≤ 10 mm Luftzwischenraum	2,2	2,1	2,3	2,5	2,7	3,3
1.7	Isolierglas mit zweimal > 10 bis ≤ 16 mm Luftzwischenraum	2,1	2,0	2,3	2,4	2,7	3,2
1.8	Doppelverglasung mit 20 bis 100 mm Scheibenabstand	2,8	2,5	2,7	2,9	3,2	3,7
1.9	Doppelverglasung aus Einfachglas und Isolierglas (Luftzwischenraum 10 bis 16 mm) mit 20 bis 100 mm Scheibenabstand	2,0	1,9	2,2	2,4	2,6	3,1
1.10	Doppelverglasung aus zwei Isolierglaseinheiten (Luftzwischenraum 10 bis 16 mm) mit 20 bis 100 mm Scheibenabstand	1,4	1,5	1,8	1,9	2,2	2,7

Für Sondergläser (s. Abschn. 5.3) wird der Wärmedurchgangskoeffizient k_V auf Grund amtlicher Prüfungen festgelegt.

Rahmenmaterialgruppen

Gruppe 1: Fenster mit Rahmen aus Holz, Kunststoff und Holzkombinationen (z. B. Holzrahmen mit Aluminiumbekleidung) ohne besonderen Nachweis bzw. wenn der Wärmedurchgangskoeffizient des Rahmens mit $k_R \leq 2{,}0$ W/(m² · K) durch Prüfzeugnis nachgewiesen ist.

Gruppe 2.1: Fenster mit Rahmen aus wärmegedämmten Metallprofilen, wenn der Wärmedurchgangskoeffizient des Rahmens mit $2{,}0 < k_R \leq 2{,}8$ W/(m² · K) auf Grund von Prüfzeugnissen nachgewiesen ist.

Gruppe 2.2: Fenster mit Rahmen aus wärmegedämmten Metallprofilen, wenn der Wärmedurchgangskoeffizient des Rahmens mit $2{,}8 < k_R \leq 3{,}5$ W/(m² · K) auf Grund von Prüfzeugnissen nachgewiesen ist.

Gruppe 2.3: Fenster mit Rahmen aus wärmegedämmten Metallprofilen, wenn der Wärmedurchgangskoeffizient des Rahmens mit $< 3{,}5\ k_R \leq 4{,}5$ W/(cm² · K) auf Grund von Prüfzeugnissen nachgewiesen ist.

Gruppe 3: Fenster mit Rahmen aus Stahl und Aluminium sowie wärmegedämmten Metallprofilen, die nicht in die Rahmenmaterialgruppen 2.1 bis 2.3 eingestuft werden können, ohne besonderen Nachweis.

5.2.4 Schallschutz

Hinsichtlich des Schallschutzes erfordern Fenster im Vergleich zu anderen raumbildenden Bauteilen meistens die sorgfältigsten Maßnahmen. Diese haben als Grundlage die DIN 4109 (z. Z. in Neubearbeitung) mit den Ergänzenden Bestimmungen vom September 1975 sowie die VDI-Richtlinien 2719, Schalldämmung von Fenstern.

Gegen Geräuscheinwirkung von außen müssen Fenster eine ausreichende Luftschall-Dämmwirkung haben, für die die Fugendichtigkeit (vgl. Abschn. 5.2.1), Dicke, Abstand und Einbauart der Glasscheiben sowie die Anschlüsse der Fenster an das Bauwerk (vgl. Abschn. 5.2.5) neben dem Schall-Einfallwinkel von Einfluß sind. Während übliche Zweischeiben-Isolierverglasungen ohne zusätzliche Maßnahmen wegen des relativ dünnen eingeschlossenen Luftpolsters und der damit verbundenen Resonanzerscheinungen keine entscheidende Verbesserung der Schall-Dämmwirkung ergeben, kann bei größerem Scheibenabstand und verschieden dicken Scheiben von Isolier- oder Doppelverglasungen eine deutliche Verbesserung erzielt werden. Erheblichen Einfluß auf die Schalldämmung von Fenstern hat jedoch die Fugendichtigkeit, wenn auch bisher zwischen Fugendurchlaßkoeffizient (vgl. Abschn. 5.2.1) und erreichter Schalldämmung keine Relationen festgelegt sind.

Neben der Fugendichtigkeit zwischen Flügel- und Blendrahmen ist jedoch auch auf dichte, mit dauerelastischem Material ausgefüllte Fugen zwischen Blendrahmen und Bauwerk zu achten. Gute Verankerung am Bauwerk und mit guten Verriegelungssystemen verbessert weiterhin den Schalldämmwert von Fenstern.

Die besten Ergebnisse können erzielt werden bei Doppelfenstern mit getrennten Blendrahmen, Kastenfenstern und besonders solchen Kastenfenstern, bei denen der Kastenrand mit schallschluckendem Material bekleidet ist. In jedem Fall ist jedoch die Gesamtdicke der verwendeten Scheiben (8 bis 12 mm) sowie der Scheibenabstand ($\geqq$ 150 mm bei Kastenfenstern) von Einfluß.

Nach der VDI-Richtlinie 2719, Tafel 3, werden Fenster in S c h a l l s c h u t z k l a s s e n eingeteilt, wobei die Zugehörigkeit von Fenstern zu diesen Schallschutzklassen durch amtliche Prüfzeugnisse zu belegen ist. Die nachstehende Tabelle **5**.11 aus DIN 4109, Ergänzende Bestimmungen vom September 1975, gibt hierfür Mindest-Konstruktionsmerkmale an.

Tabelle **5**.11 Ausführungsbeispiele für Fenster mit bewerteten Schalldämm-Maßen R_w von 25 bis 45 dB (Mindestausführung) nach DIN 4109

Bewertetes Schalldämm-Maß R_w in dB	Schallschutzklasse nach VDI 2719	Fensterart	Lichter Scheibenabstand in mm	Gesamtscheibendicken[1]) in mm	Zusätzliche Anforderungen an die Falzdichtungen
25	1	Keine besonderen Anforderungen an Fensterart. Scheibenabstand und -dicken			keine
30	2	Kastenfenster	Keine Anforderungen an Scheibenabstand und -dicken		
		Verbundfenster			weichfedernd, dauerelastisch, alterungsbeständig, leicht auswechselbar
		Einfachfenster mit Isolierverglasung[4])	8 bis 12	8	
35	3	Kastenfenster	keine Anforderungen		
		Verbundfenster	60	6	Sämtliche Flügel müssen bei Holzfenstern mindestens Doppelfalze, bei Metall- und Kunststoff-Fenstern mindestens 2 wirksame Anschläge haben
			40	8	
		Einfachfenster mit Isolierverglasung[4])	Isolierglas mit $R_w \geqq 37$ dB		
40	4	Kastenfenster	100	8	
			80	10	
		Verbundfenster[2])	80	10	
			60	14	
45	5	Doppelfenster mit getrennten Rahmen[3])	150	8	Jeder Flügel oder Blendrahmen muß mindestens ein umlaufendes Dichtungsprofil in derselben Ebene haben
			120	10	
			100	12	
$\geqq 50$	6	Kastenfenster mit getrennten Rahmen, Spezialdichtungen und schallschluckenden Leibungen	> 150	> 14	

[1]) Scheibendicken nach DIN 1249 T1. Bei Mehrscheibenverglasung sollen die Scheiben verschieden dick gewählt werden.

[2]) Jeder Flügel oder Blendrahmen muß mindestens zwei umlaufende Dichtungsprofile jeweils in derselben Ebene haben.

[3]) Eine schallschluckende Leibung ist sinnvoll, da sie bei durch Alterung der Falzdichtung entstehenden Fugenundichtigkeiten die Verluste teilweise ausgleichen kann.

Bei der Auswahl der erforderlichen schalldämmenden Fenster ist zunächst der vorhandene Außengeräuschpegel anhand von „Lärmschutzkarten" (nach DIN 18005 T2) zugrunde zu legen oder gemäß Tabelle **5**.12 (DIN 4109, Ergänzende Bestimmungen) überschlägig zu ermitteln.

Anhaltswerte für den zulässigen Geräuschpegel innerhalb von Räumen gibt der nachstehende Auszug aus Tafel 5 der VDI-Richtlinie 2719 in Tabelle **5**.13.

Tabelle **5**.12 Richtwerte zur Abschätzung des Außengeräuschpegels bei Straßenlärm (Auszug aus Tabelle A der Ergänzung zu DIN 4109)

Lärmsituation	Entfernung vom Fenster bis zur Straßenmitte in m	Außenlärmpegel in dB (A)
Autobahn 3000 bis 5000 Fahrzeuge/Std.	35 100	70 66 bis 70
Städt. Hauptverkehrsstraße Landstraße außerhalb Ortsbereich	10 35 100	70 66 bis 70 61 bis 65
Landstraße im Ortsbereich	10 35 100	66 bis 70 61 bis 65 56 bis 60
Wohnsammelstraße 50 bis 200 Fahrzeuge/Std.	10 25 35 100	66 bis 70 61 bis 65 56 bis 60 51 bis 55
Wohnstraße 50 Fahrzeuge/Std.	10 25 35	61 bis 65 56 bis 60 51 bis 55

Tabelle **5**.13 Anhaltswerte für zulässige Innengeräuschpegel (gültig für von außen in Aufenthaltsräume eindringenden Schall, aus Tafel 5 der VDI-Richtlinie 2719)

Raumart	Mittelungspegel L_m[1])[2]) in dB (A)	mittlere Maximalpegel (L_1) in dB (A)
Schlafräume nachts[3]): in reinen und allgemeinen Wohngebieten, Krankenhaus- und Kurgebieten in allen übrigen Gebieten	25 bis 30 30 bis 35	35 bis 40 40 bis 45
Wohnräume tagsüber[3]): in reinen und allgemeinen Wohngebieten, Krankenhaus- und Kurgebieten in allen übrigen Gebieten	30 bis 35 35 bis 40	40 bis 45 45 bis 50
Kommunikations- und Arbeitsräume, tagsüber: Unterrichtsräume, ruhebedürftige Einzelbüros, wissenschaftliche Arbeitsräume, Bibliotheken, Konferenz- und Vortragsräume, Arztpraxen, Operationsräume, Kirchen, Aulen	30 bis 40	40 bis 50
Büros für mehrere Personen	35 bis 45	45 bis 55
Großraumbüros, Gaststätten, Schalterräume, Läden	40 bis 50	50 bis 60

[1]) Für Flugverkehrsgeräusche äquivalenter Dauerschallpegel.
[2]) Ist $L_m < L_1 - 10$ dB, so ist bei der Ermittlung der Schallschutzklasse von L_1 auszugehen.
[3]) Hierbei ist von der lautesten Nachtstunde zwischen 22.00 und 6.00 Uhr auszugehen; sie ist weitgehend von den örtlichen Gegebenheiten abhängig. Da in der lautesten Nachtstunde erfahrungsgemäß der Mittelungspegel um etwa 5 dB unter dem am Tage herrschenden Wert liegt, sind die Anforderungen (Schallschutzklassen) für Schlaf- und Wohnräume gleich.

Das erforderliche Schallschutzmittel für die Fenster ergibt sich annähernd aus der Differenz zwischen dem festgestellten Außengeräuschpegel und dem zulässigen Innengeräuschpegel.

Der durch die Fenster erreichbare Schallschutz ist bei großen Beanspruchungen in der Regel durch sonstige bauliche Schallschutzmaßnahmen zu ergänzen. Das erreichte Ergebnis ist durch bauakustische Messungen zu überprüfen, die auch die Grundlage für etwa erforderliche Nachbesserungen sein können.

5.2.5 Bauwerkanschlüsse

Vom richtigen Einbau in der Wandöffnung hängt in großem Maße nicht nur die Funktionstüchtigkeit und Lebenserwartung der Fenster selbst ab, sondern auch die Vermeidung schwerwiegender Bauschäden an den seitlich, unten und oben angrenzenden Bauteilen.

Fenster stellen heute hochentwickelte und empfindliche Bauelemente dar, deren Einbau vom Architekten sorgfältig geplant und von der Montagefirma mit größter Sorgfalt ausgeführt werden muß.

Maßungenauigkeiten des Rohbaues (auch bei Einhaltung der nach DIN 18202 zulässigen Toleranzen), nachträgliche Verformungen angrenzender Bauteile (Durchbiegung von Stürzen und Decken, Kriechen und Schwinden von Betonbauteilen usw.), insbesondere schließlich die zu berücksichtigenden temperatur- und materialbedingten Längenänderungen von Fensterteilen erschweren diese Aufgabe sehr.

Die Anschlußfugen werden äußerlich beansprucht durch Schlagregen und der damit auch verbundenen Durchfeuchtung angrenzender Bauteile sowie durch Winddruck und -sog mit den dadurch bewirkten Durchbiegungen der Fensterelemente. Schließlich können im Anschlußbereich Wärmebrücken entstehen, die zu Feuchtigkeitsschäden an den inneren Fensterleibungen führen können.

Auch das Gewicht schwerer Fensterflügel in geöffnetem Zustand muß beim Einbau der Fenster berücksichtigt werden.

Wandöffnungen können ohne Anschlag, mit äußerem Anschlag oder mit innerem Anschlag (DIN 18050, s. Bild **5**.1) angelegt werden. Jede dieser Formen hat Vor- und Nachteile.

Leibungen mit Außenanschlag erfordern zusätzlichen Aufwand bei der Ausführung der Außenwände. Gemauerte Anschläge sind wegen der Steinformate entweder mit 12,5 cm Tiefe vorgegeben, oder es müssen besondere Anschlagsteine verwendet werden. Die Fenster sind wegen der in jedem Fall gegebenen mehr oder weniger großen äußeren Leibungstiefe relativ gut gegen Witterungsbeanspruchung geschützt. Die erforderliche Verbreiterung der Zargen (Blendrahmen) ergibt entsprechend breite Innenansichtsflächen, doch sind hier besonders gute Voraussetzungen für den Einbau von Leibungsdämmungen (s. u.) und für dichte Bauwerksanschlüsse gegeben. Der Fenstereinbau ist in der Regel nur von innen her möglich.

Leibungen mit äußerem Anschlag entstanden baugeschichtlich vor allem in den sturmreichen nordeuropäischen Küstengebieten. Der Winddruck preßt das gesamte Fenster – und auch die hier damals meistens nach außen aufschlagenden Fensterflügel – vorteilhaft auf die Dichtungen bzw. in die Falze. Heute werden Fenster mit äußerem Anschlag vorwiegend dort ausgeführt, wo große und schwere Fensterelemente mit Hebezeugen von außen eingebaut werden müssen.

Fensterleibungen ohne Anschlag sind im Rohbau am einfachsten herzustellen. Schmale Zargenprofile sind möglich. Die Bauwerksanschlüsse und die Eindichtung erfordern hier aber besonders sorgfältige Arbeit. Bei größerer Beanspruchung durch Schlagregen und Winddruck bzw. -sog sind anschlaglose Fensterleibungen daher problematisch.

Wärmedämmung. Insbesondere bei Außenwänden, die aus Material mit relativ schlechten Wärmedämmeigenschaften bestehen, ergeben sich im Bereich des Fensteranschlusses Wärmebrücken (Bild **5**.14a).

Durch zusätzliche Wärmedämmschichten von 1 bis 2 cm Dicke (z. B. aus Schaumstoff-Gipskartonplatten) ist hier der Tauwassergefahr zu begegnen. Bei sehr hoher Beanspruchung kann hier sogar eine Dampfsperre erforderlich werden, damit Kondensatbildung zwischen Leibungsdämmung und Außenwand verhindert wird (Bild **5**.14b). Wenn Außendämmungen vorhanden sind (Bild **5**.14c) oder wenn die Fenster bei mehrschaligem Mauerwerk im Bereich der Wärmedämmung eingebaut sind, sind zusätzliche Leibungsdämmungen natürlich nicht erforderlich.

Wenn Rolladenkästen o.ä. eingeplant werden müssen, werden besondere Wärmeschutzmaßnahmen im Bereich des Fenstersturzes erforderlich (Abschn. 5.2.6.1).

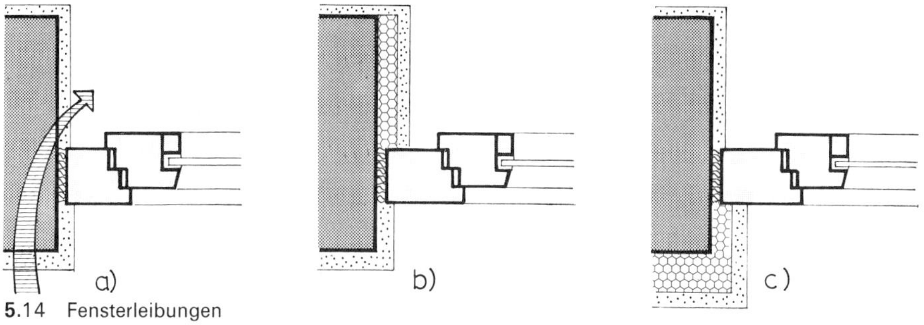

5.14 Fensterleibungen

a) Tauwassergefahr durch Wärmebrücke in der Leibung, insbesondere bei schlechter Wärmedämmung der Außenwand
b) Leibungsdämmung mit Schaumstoff-Gipskartonplatten (ggf. mit Dampfsperre)
c) Fensterleibung bei Außendämmung

An den Fensterbrüstungen sind Wärmedämmprobleme nicht gravierend, wenn in Heizkörpernischen ohnehin zusätzliche Wärmedämmungen vorhanden sind oder wenn durch Heizkörper kritische Abkühlungszonen erwärmt werden (Bild **5**.15, vgl. auch Abschn. 5.2.6 in Teil 1 dieses Werkes).

Wenn Leibungsdämmungen vorgesehen werden, müssen selbstverständlich entsprechend breite Blendrahmen für die Fenster eingeplant werden.

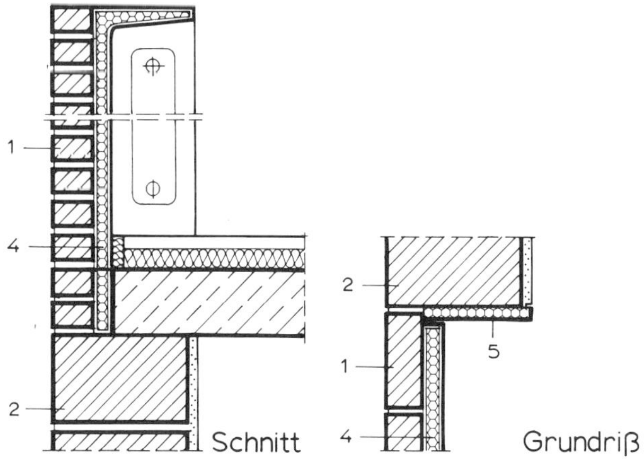

5.15
Heizkörpernische mit vorgefertigtem Wärmedämm-Element und Leibungsdämmung

1 Brüstungsmauerwerk
2 tragende Außenwand
3 Wärmedämmung
4 vorgefertigtes Wärmedämm-Element
5 Leibungsdämmung

Befestigung der Fenster. Die Blendrahmen der Fenster müssen spannungsfrei und so eingebaut werden, daß temperaturbedingte Bewegungen und Formänderungen benachbarter Bauteile zu keinen Zwängungen oder Belastungen führen können. Sonst sind Funktionsstörungen die Folge, und es kann sogar zu Aufwölbungen der Blendrahmen kommen. Die Verbindungen zum Bauwerk müssen also federn oder verschiebbar sein. Bewegungen dürfen auch nicht durch Putz oder sonstige angrenzende Bauteile verhindert werden. Allenfalls sehr kleine Fenster dürfen starr eingebaut werden (Bild **5**.16).

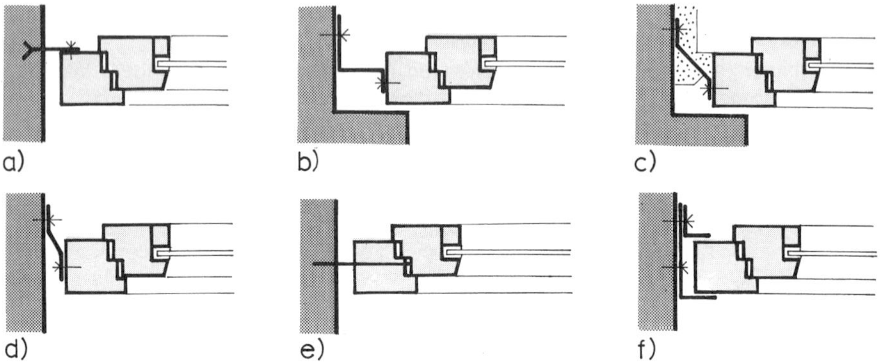

5.16 Befestigung von Blendrahmen (schematische Darstellung)
a) Starre Verbindung (Maueranker) – schlechte Ausführung!
b) Starre Verbindung durch Winkel – falsche Ausführung!
c) Dehnungsbehinderung durch falschen Beiputz
d) Befestigung mit Bandeisen, federndes Element
e) Verschiebbarer Anschluß mit Steckdübel als gleitende Verbindung
f) Verschiebbarer Anschluß durch U-förmige Zarge

Die Befestigungen sollen einen Mindestabstand von 10 cm von den Ecken haben und einen Höchstabstand von 80 cm. Für Kunststoff-Fenster wird von manchen Herstellern ein Abstand von höchstens 60 cm empfohlen. Besonderes Augenmerk ist bei breiten Fenstern mit Rolladen der oberen Aussteifung zu widmen. Es empfiehlt sich hier, Rolladen möglichst zu unterteilen, so daß an diesen Stellen auch eine Befestigung zwischen Blendrahmen und Rohbau möglich wird.

Wenn Aluminium- oder Kunststoff-Hohlprofile mit Durchsteckdübeln (Bild **5**.16e und **5**.18c) befestigt werden, ist unbedingt sicherzustellen, daß keine Feuchtigkeit über die Entwässerungsrillen in den Brüstungsbereich eindringen kann.

Alle Befestigungsteile müssen korrosionsgeschützt sein.

Die Ausführung von Fugenanschlüssen in Abhängigkeit von der Beanspruchung ist nach Tabelle **5**.17 (Institut für Fenstertechnik Rosenheim) zu planen.

In dieser Tabelle sind die Beanspruchungen von außen berücksichtigt. Raumseitige Beanspruchungen können zusätzliche Maßnahmen an der Innenseite erfordern.

Die Fugendichtung zwischen den feststehenden Teilen des Fensters und der Wand richtet sich nach Lage, Größe und Beanspruchung der Fuge. Außerdem muß die sachgemäße Ausführung der Fugendichtung ohne ein übertriebenes Maß an Sorgfalt auf der Baustelle möglich sein. Das verwendete Dichtungsmaterial muß fäulnisbeständig und unverrottbar sein, sich u. U. bei der Montage der Fenster vorübergehend zusammenpressen lassen, muß Bewegungen zwischen Blendrahmen und Bauwerk

Tabelle **5.**17 Ausführung von Fugenanschlüssen

Beanspruchung	**Beanspruchungsgrößen**				
Zu erwartende Fugenbewegungen	≤1 mm	<4 mm	>4 mm		
Beanspruchungsgruppen nach DIN 18055 Bl. 2 Schlagregensicherheit und Fugendurchlässigkeit	A	B, C			
Erschütterungen	Normale Verkehrsbelastung	Starke Verkehrsbelastung			
Beanspruchungsgruppen	**1***)	**2**	**3.1**	**3.2**	**3.3**
Anschlußausbildung	Blendrahmen eingeputzt	Abdichtung mit Fugendichtungsmasse	Abdichtung mit Fugendichtungsmasse und Bewegungsausgleich in der Konstruktion	Anschluß mit Zarge	Anschluß mit Bauabdichtungsfolie
A Putzfassade mit stumpfem Anschlag	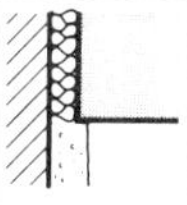	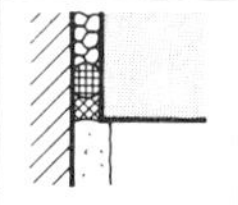	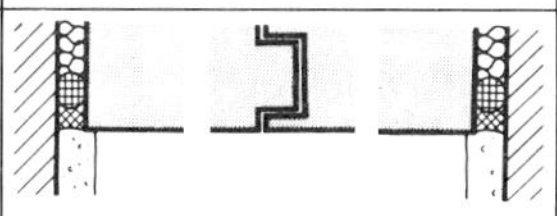		
B Putzfassade mit Innenanschlag	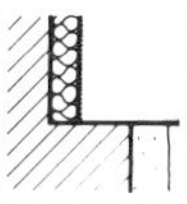	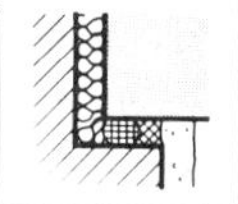	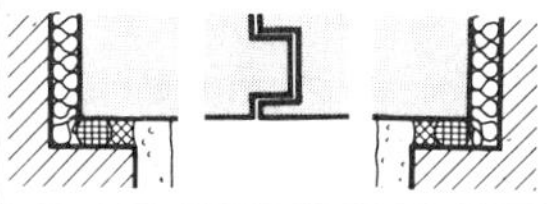		
C Fassade mit stumpfem Anschlag bei Sichtbeton, Naturstein, metallischen oder keramischen Baustoffen		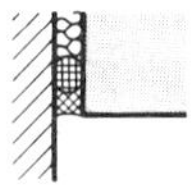	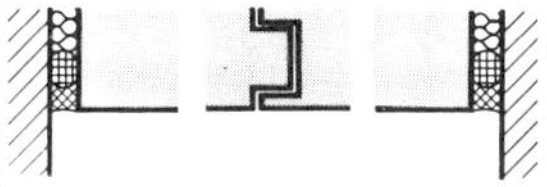	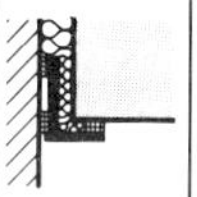	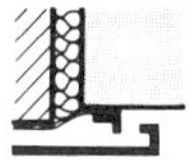
D Fassade mit Innenanschlag bei Sichtbeton, Naturstein, metallischen oder kerml-schen Baustoffen		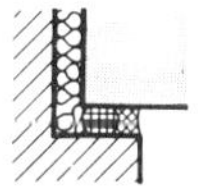	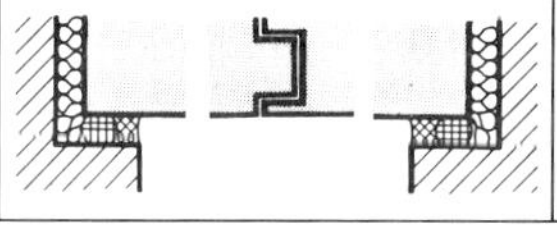		

*) nur für Holzfenster

auch auf Dauer ausgleichen können und muß sich im übrigen allen Unebenheiten in der Fuge dicht anschmiegen und alle Hohlräume zwischen Bauwerk und Fenster voll ausfüllen. Bewährt haben sich neben dem Ausstopfen mit loser Mineralwolle selbstklebende mit Dichtungsmitteln getränkte Schaumstoff-Dichtungsbänder, die nach dem Zusammenpressen wieder aufquellen und das – sorgfältig ausgeführte – Ausstopfen mit loser Mineralwolle. Sehr dichte Anschlüsse werden durch das Ausschäumen mit w e i c h eingestelltem speziellem Montageschaum erzielt. Bei unsachgemäßer Ausschäumung entstehen aber sehr feste Verbindungen zu den angrenzenden Bauteilen, durch die die erforderliche Ausdehnung von Kunststoff- und Aluminiumkonstruktionen fast unmöglich werden kann.

Bei der Ausführung der Bauwerksanschlüsse unterscheidet man

— einstufige Abdichtung. Die Dichtung ist hierbei unmittelbar Witterungseinflüssen ausgesetzt.

Anschlüsse zwischen Blendrahmen und Putz sind nur bei geringer Beanspruchung ohne zusätzliche Maßnahmen möglich. Am besten werden Putzanschlußprofile verwendet, die mit dauerelastischer Fugenmasse angedichtet werden (Bild **5**.18a). Nur bei Betonflächen, Naturstein oder keramischem Material können dauerelastische Dichtstoffe direkt einwandfrei angeschlossen werden (Bild **5**.18b und c).

— zweistufige Abdichtung. Die Dichtungsfuge wird bei dieser Ausführung durch zusätzliche Abdeckprofile vor Witterungseinflüssen und damit vor zu rascher Alterung geschützt. Diese Ausführung sollte Regelausführung sein (Bild **5**.18d).

— Folienanschlüsse. Bei Anschlüssen an zweischaliges Mauerwerk oder beim Einbau von Fenstern im Zusammenhang mit hinterlüfteten Fassadenbekleidungen sind Bauwerksanschlüsse durch bitumenverträgliche Kunststoff- oder gewebeverstärkte Gummifolien herzustellen. Sie müssen vielfach bereits im Rohbau mit eingebaut sein und werden beim Fenstereinbau angeklebt oder mit Klemmprofilen angeschlossen (Bild **5**.18e und f; vgl. auch Abschn. 5.2.4 und 5.2.5 in Teil 1 dieses Werkes).

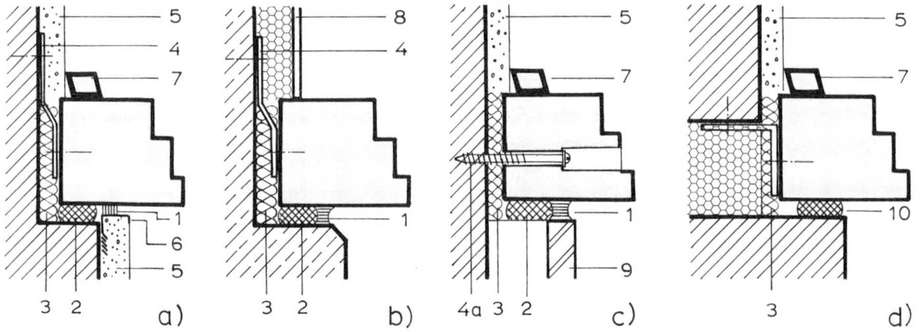

5.18 Abdichtung der Fugen zwischen Bauwerk und Blendrahmen

a) Fenster in Leibung mit Anschlag (Bauwerk mit Außenputz)
b) Fenster in Leibung mit Anschlag und Leibungsdämmung (außen Sichtbeton)
c) Fenster in stumpfer Leibung (außen Fassadenverkleidung mit Naturstein-Platten)
d) Fenster in Anschlag bei zweischaligem Mauerwerk

1 dauerelastische Dichtung (Versiegelung)
2 Fugendichtband
3 Fuge mit loser Mineralwolle ausgestopft oder ausgeschäumt
4 Flach-Bankeisen
5 Innenputz
6 Putzabschlußprofil
7 Deckleiste
8 Gipskartonplatte
9 Natursteinbekleidung, hinterlüftet
10 Fugendichtband ohne Versiegelung (z. B. illmod®)

Brüstung. Wenn die Fenster nicht Bestandteil einer vorgehängten Fassade sind (Bild **5**.19a; vgl. auch Abschn. 5.7 in Teil 1 dieses Werkes), schließen sie unten an eine gemauerte (Bild **5**.19b) oder aus Fertigteilen (Bild **5**.19c) hergestellte Brüstung an. Bei Fensterelementen, die bis auf den Fußboden herabreichen, muß der Abschluß am Rand der Geschoßdecken und der Anschluß des Fußbodens innen berücksichtigt werden (Bild **5**.19d). Bei Fenstertüren ist darüber hinaus neben dem Anschluß an den Gehbelag von Balkons und Terrassen auch der einwandfreie Anschluß der dort in der Regel vorhandenen Abdichtungen (gemäß DIN 4122) sicherzustellen. In der Regel ist eine Höhendifferenz von 15 cm zwischen dem oberen Abdichtungsrand und der anschließenden Außenfläche einzuplanen (s. Abschn. 8.5 in Teil 1 dieses Werkes).

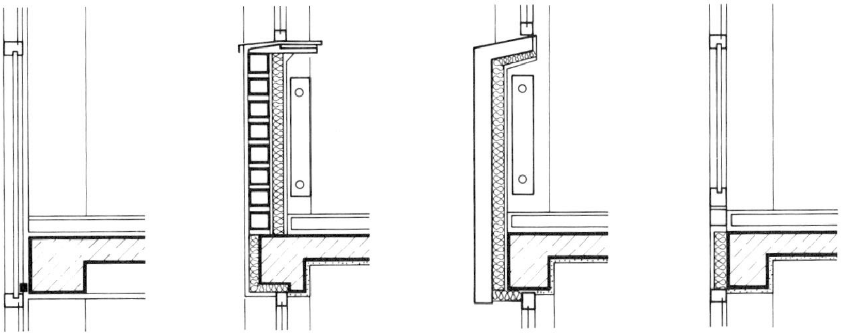

a) b) c) d)

5.19 Brüstungsanschlüsse
a) Vorhangfassade
b) gemauerte Brüstung mit Heizkörpernische
c) Fertigteil-Brüstung mit Heizkörpernische
d) Fenstertür oder raumhohes Fensterelement

Fensterbrüstungen dienen nicht nur als Absturzsicherung, sondern werden meistens auch zur Anbringung von Heizflächen genutzt sowie bei Skelettbauten zur Querverteilung von Installationen. Die Anordnung von Heizflächen unter den Fenstern ist heizungstechnisch am günstigsten, weil Fenster innerhalb von Außenwänden die stärksten Abkühlungsflächen sind. Der durch Heizkörper an der Fensterbrüstung erzeugte Warmluftstrom wirkt der Kondensatbildung an Fensterscheiben und besonders an Metall-Rahmen entgegen und läßt Zugluft aus Undichtigkeiten oder beim Lüften eindringende Kaltluft erwärmt in den Raum strömen. Innere Fensterbänke, die als Ablageflächen erwünscht sind oder die Heizkörper optisch verkleiden sollen, dürfen daher den notwendigen Luftstrom nicht behindern (Bild **5**.20 und **5**.21).

Die innere Brüstungsabdeckung oder die Abdeckung von Heizkörpernischen wird meistens mit Natur- oder Kunststeinfensterbänken ausgeführt, die im Mörtelbett oder auf Konsolen verlegt werden, oder aus kunststoffbeschichteten Holz-Preßstoffprofilen (z.B. Werzalit), wobei mit durchgehenden Luftschlitzen oder angesetzten, ausreichend bemessenen Gitterprofilen ggf. für den Warmluft-Durchlaß von Heizkör-

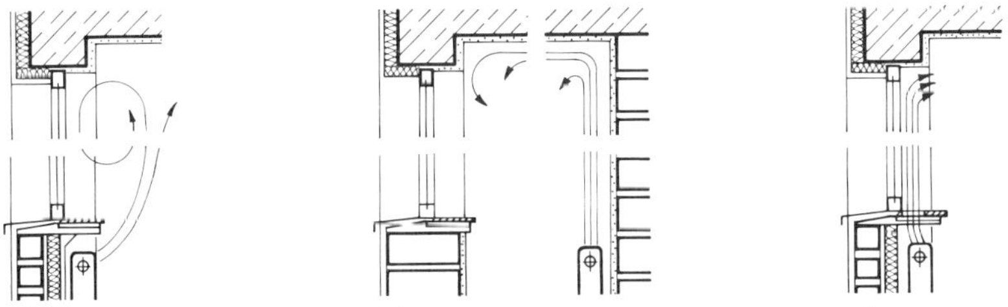

a) b) c)

5.20 Fensterbrüstungen mit Heizkörpern
a) Ungünstige Fensterbankausbildung: Warme Heizkörperluft erreicht nicht den unteren Fensterteil, Tauwassergefahr im unteren Fensterbereich
b) Falsche Heizkörperstellung: Abgekühlte Raumluft erreicht nur den oberen Fensterbereich. Zugerscheinungen und Tauwassergefahr
c) Richtige Heizkörperanordnung: Die vom Heizkörper erhitzte Luft streicht am Fenster vorbei und vermindert Kondensatbildung an Scheiben und Rahmen

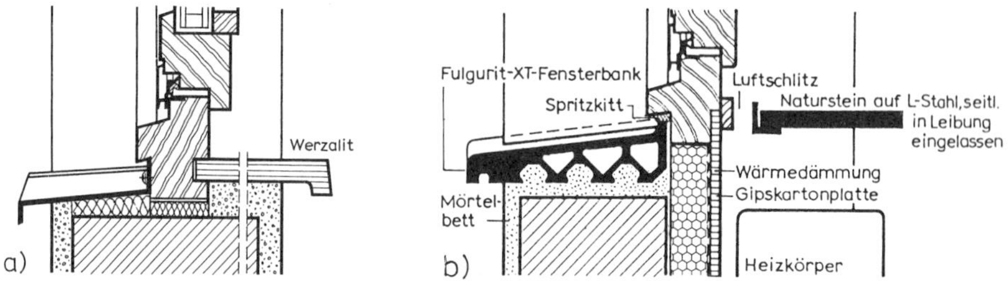

5.21 Brüstungsabdeckung a) ohne Heizkörper, b) mit Heizkörper

pern gesorgt wird. Der Anschluß an den unteren Blendrahmen der Fenster ist abhängig von dessen Materialart. Meistens werden die Fensterbänke in entsprechende Nutungen eingeschoben oder unter Ausfälzungen gesetzt und die verbleibenden Fugen ggf. dauerelastisch gedichtet (Bild **5**.21 a).

Wenn durch Heizkörpernischen der Querschnitt der Außenwand geschwächt ist, muß der notwendige Wärmeschutz durch zusätzliche Wärmedämmungen gewährleistet sein, die bei gemauerten oder Fertigteilbrüstungen in der Regel innen angebracht werden, um die Aufheizung der Brüstungsschale nach Möglichkeit zu verhindern. Es muß gewährleistet sein, daß keine Wärmebrücken z. B. durch Heizkörperkonsolen, Auflagerkonsolen für Fensterbänke oder von innen nach außen durchgehende Fensterbänke entstehen und der Wärmeschutz dem der übrigen Außenwände entspricht (Bild **5**.21 b). Wegen der Komplizierung der Bauarbeiten und wegen der gegebenen Fehlerquellen sollte auf Heizkörpernischen verzichtet werden, wenn Heizkörper wegen ihrer Bautiefe ohnehin nur teilweise in dem begrenzten Raum der Nischen Platz finden würden (s. auch Abschn. 5.2.6 in Teil 1 dieses Werkes).

Äußere Brüstungsabdeckungen (Fensterbänke) können in herkömmlichen Ausführungen aus Klinkerplatten, Spaltplatten oder gemauerten Rollschichten bestehen (Bild **5**.22a bis c), aus Faserzement- oder Leichtbeton-Formteilen (Bild **5**.21 b) oder aus Natur- bzw. Betonwerkstein (Bild **5**.22d). Um für das Fenster sichere Aufstandsflächen und gute Abdichtung zu bilden, müssen derartige Fensterbänke mindestens 50 mm hinter die äußere Fensterebene (bei Rolladen bis 100 mm) entsprechend genauer Detaillierung geführt werden. Seitliche Aufkantungen oder Wasserrillen sowie ausreichender vorderer Überstand und Profilierungen mit Tropfkanten müssen für die einwandfreie Ableitung von Schlagregen sorgen.

Äußere Brüstungsabdeckungen werden heute vielfach mit Aluminiumfensterbänken ausgeführt, die mit Dichtungsprofilen auf die unteren Blendrahmen aufgeschraubt werden (Bild **5**.22e und f). Temperaturbedingte Längenänderungen müssen bei Aluminiumfensterbänken besonders beachtet werden. Beim Anschluß an Außenputz werden besondere Putzanschlußprofile verwendet. Seitliche Aufkantungen greifen hinter Fassadenverkleidungen oder unter seitliche Aussparungen, oder es werden Putzanschluß-Randaufkantungen verwendet (Bild **5**.22g). Falsch ist, wenn der erforderliche Zwischenraum zwischen Fensterbank und Baukörper nur durch dauerelastische Abdichtungen gesichert wird. Stöße für lange Aluminiumfensterbänke zeigt Bild **5**.22h.

Leichtmetallfensterbänke sind auf der Unterseite möglichst mit einem Antidröhnbelag zu versehen. Der Zwischenraum zum Brüstungsmauerwerk ist mit loser Mineralwolle auszustopfen oder auszuschäumen.

Es sind ferner äußere Brüstungsabdeckungen möglich mit handwerklich gefertigten Zink- oder Kupferblechverwahrungen.

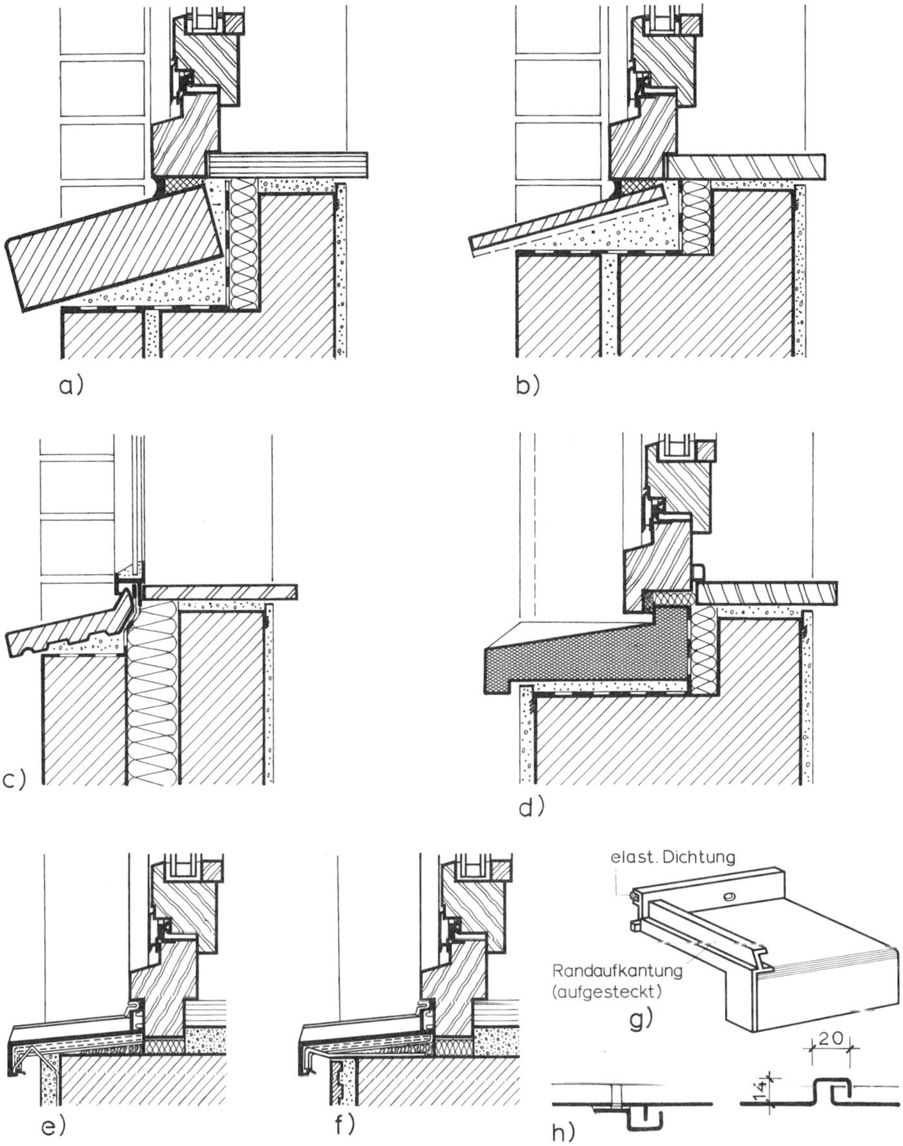

5.22 Brüstungsabdeckungen (Fensterbänke) außen

a) gemauerte Rollschicht
b) Spaltplatten
c) Natur- oder Betonwerkstein
d) Keramik-Formstein
e) Leichtmetallfensterbank; Mittelhalterung für Putzfassaden
f) –; Mittelhalterung für nachträgliche Montage
g) –; seitliche Randaufkantung für Putzanschluß
h) –; Stöße

5.2.6 Sonnen-, Sicht- und Einbruchschutz

5.2.6.1 Rolläden

In vielen Gegenden gelten Rolladen als üblicher Sonnen- und Sichtschutz und dienen zur Verbesserung des Wärmeschutzes während der Nacht, zur Verbesserung des Schallschutzes und bedingt auch als Einbruchschutz.

Die technischen Anforderungen an Rolladen sind in DIN 18073 und DIN 18358 enthalten, ferner in den Technischen Richtlinien des Bundesverbandes Rolladen + Sonnenschutz e. V.

Im Hinblick auf den sommerlichen Wärmeschutz werden in DIN 4108 T2 Abschn. 7 Empfehlungen für Gebäude ohne raumlufttechnische Anlagen gegeben. Durch geeignete Sonnenschutzeinrichtungen kann die Aufheizung der Räume bei einer Folge heißer Sommertage erheblich herabgesetzt werden.

Rolladen tragen aber auch erheblich zur Verminderung des Wärmeverlustes von Fenstern bei. Die Wärmedämmwirkung ist am günstigsten bei einem Abstand von ca. 40 mm zwischen Rolladen und Fenster. Dicht schließende Rolladen mit ausgeschäumten Kunststoffprofilen und mit Führungsschienen, die weichfedernde PVC-Einlagen haben (Bild **5**.29c), können den Wärmeschutz von Fenstern um mehr als 50% verbessern. Bisher bestehen jedoch auf diesem Gebiet noch keine Festlegungen.

Der zeitweilige Schallschutz von Fenstern kann ebenfalls durch Rolladen verbessert werden. Messungen haben bei einem Mindestabstand von 100 mm zwischen Rolladen und Fenster eine Verbesserung des Schallschutzes von bis zu 10 dB ergeben, wenn außer den für optimalen Wärmeschutz genannten Maßnahmen dafür gesorgt wird, daß ein möglichst dichter oberer Abschluß entsteht.

Beim Einbau von Rolläden (auch bei Rollgittern) müssen zur Aufnahme der hochgezogenen, aufgewickelten Rolladenballen („Panzer"), für die seitlichen Führungen und die Bedienungseinrichtungen die erforderlichen Vorkehrungen teilweise bereits im Rohbau getroffen werden.

Grundsätzlich ist zu beachten:

1. In jedem Fall sind Rolladenanlagen bereits bei der Rohbauplanung zu berücksichtigen, weil die Rolladenkästen in der Regel unter dem Sturz liegen. Das ergibt u. U. einen großen Abstand zwischen Fensteroberkante und Deckenunterkante (Bild **5**.23a), oder der Sturz muß als Überzug ausgebildet werden (Bild **5**.23b). Bei Fensterbreiten bis etwa 1,25 m läßt sich der Rolladenkasten bei entsprechender Randbewehrung der Decke auch unmittelbar unter die Decke legen (Bild **5**.23c). Sonst können tragende Rolladenkästen eingebaut werden (Bild **5**.23d). Nur in mindestens 30 cm dicken Wänden lassen sich Rolladenballen auch für hohe Fenster oder Fenstertüren vollständig einbauen (Bild **5**.23c). Bei Platzmangel für den Rolladenkasten muß gegebenenfalls ein dünneres oder ein Spezialprofil für den Rolladen gewählt werden (s. Bild **5**.28).

   Rolladen mit Elektroantrieb können auch oberhalb der Geschoßdecke – etwa in einem nicht ausgebauten Bereich des Dachraumes untergebracht werden (Bild **5**.23e) oder in Vordächern eingeschossiger Bauten (Bild **5**.23f). Auch Fenster mit schräg verlaufenden Stürzen können mit Rolladen ausgestattet werden, wenn die Rolladenkästen in der Brüstung untergebracht werden und der Panzer über Seilführungen mit Umlenkung hochgezogen wird (Bild **5**.23g) oder es werden Spezialprofile verwendet, die sich beim Aufrollen auf schräg liegende Walzen in den Führungen parallel zueinander verschieben.

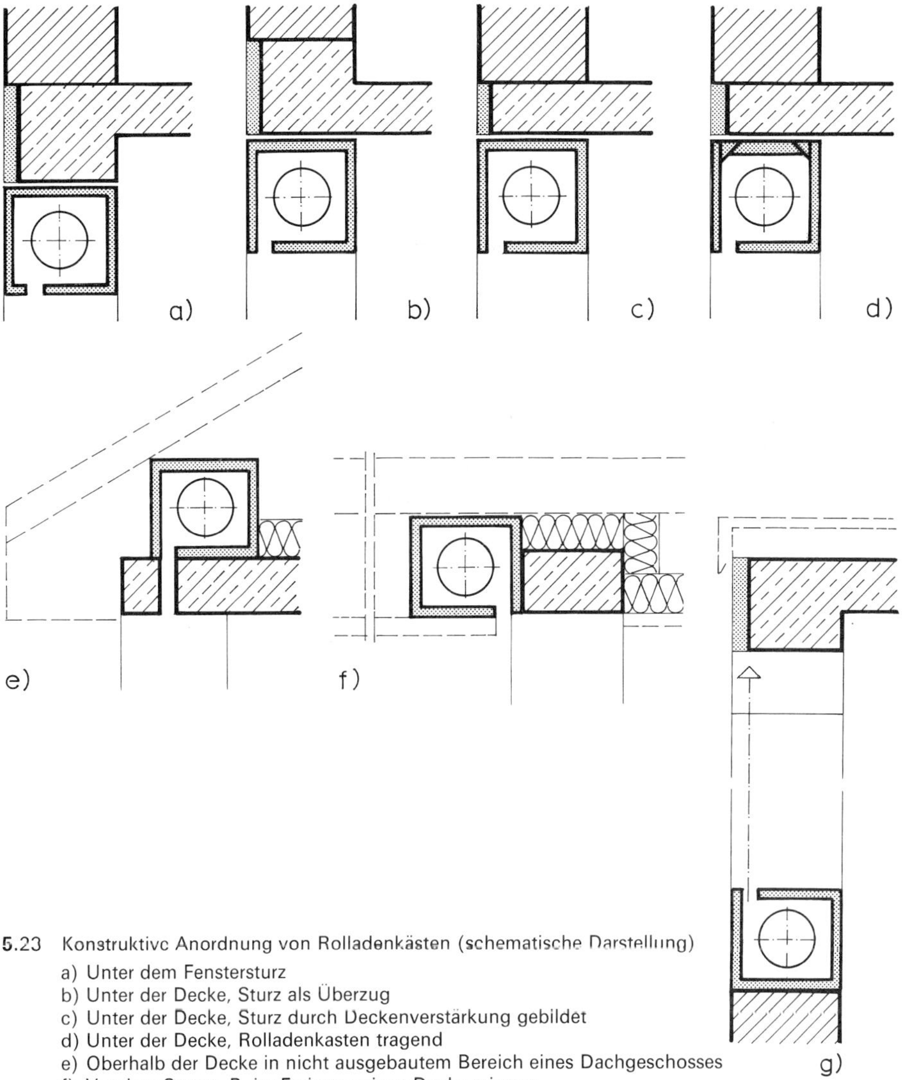

5.23 Konstruktive Anordnung von Rolladenkästen (schematische Darstellung)
a) Unter dem Fenstersturz
b) Unter der Decke, Sturz als Überzug
c) Unter der Decke, Sturz durch Deckenverstärkung gebildet
d) Unter der Decke, Rolladenkasten tragend
e) Oberhalb der Decke in nicht ausgebautem Bereich eines Dachgeschosses
f) Vor dem Sturz z. B. im Freiraum eines Dachgesimses
g) In der Brüstung

2. Je höher das Fenster, um so größer ist der Rolladenballen. Bei dünnen Wänden ragt der erforderliche Rolladenkasten daher in den Innenraum hinein (Bild **5**.23a).
3. Die Temperatur im Rolladenkasten unterscheidet sich nicht wesentlich von der Außentemperatur. Durch den Gurtauslaß strömt Raumluft in den Rolladenkasten; der mitgeführte Wasserdampf schlägt sich dort bei kaltem Wetter nieder. Es ist also deshalb darauf zu achten, daß alle Teile im Rolladenkasten rost- und ggf. fäulnisgeschützt sind und daß alle Kastenwände so gedämmt sind, daß sich an den Abschlüssen zum Innenraum hin kein Tauwasser bildet.

4. Rolladenkästen sind nach DIN 4108 T2 hinsichtlich des Wärmeschutzes wie Außenwände zu behandeln. Um die damit erforderliche Begrenzung des Wärmedurchganges auf $k < 1{,}32\ \mathrm{W/m^2K}$ zu erreichen, müssen Abschlüsse des Rolladenkastens, insbesondere Revisionsdeckel mit mindestens 20 mm Dämmstoff der Klasse 0,02 isoliert werden.
5. Rolladenkästen können in Verbindung mit schalldämmenden Fenstern nur eingebaut werden, wenn durch geeignete konstruktive Gestaltung für die Ausschaltung von Schallbrücken gesorgt ist.

Es werden heute fast nur noch vorgefertigte Rolladenkästen verwendet (Bild **5**.24). Sie können auch als tragende Elemente den erforderlichen Fenstersturz ersetzen (Bild **5**.25).

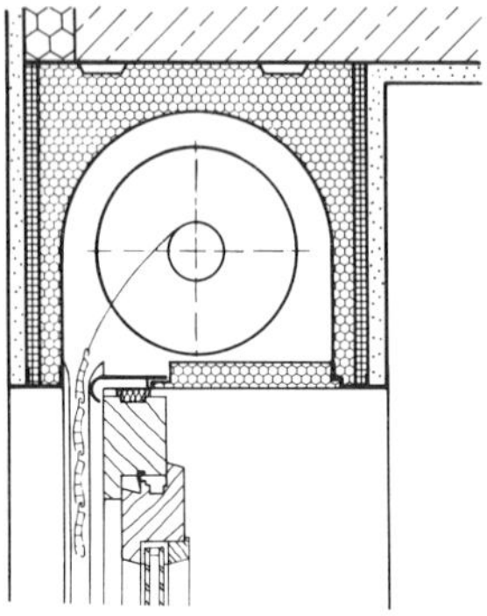

5.24 Vorgefertigte Rolladenkasten

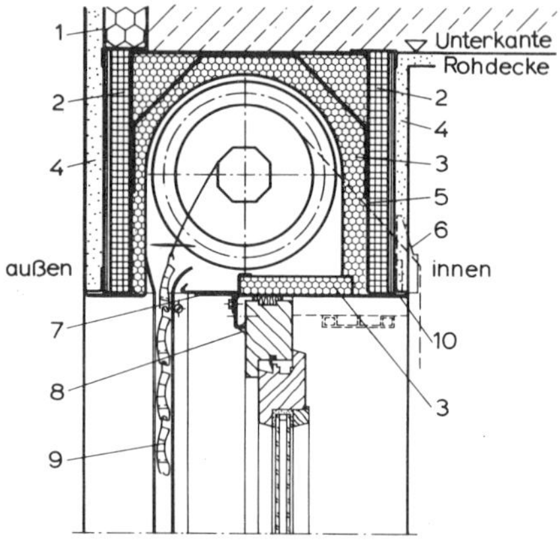

5.25 Tragender Rolladenkasten (STUROKA)

1 Betondecke mit Wärmedämmung am Rand
2 Wärmedämmung mit Putzträger
3 Wärmedämmung innen, Styropor hart, schwer entflammbar
4 Putz
5 tragender Stahlmantel, verzinkt
6 Gurtleiter
7 Montageklappe
8 Fensteranschlagprofil mit Dichtung
9 Kunststoffrolladen
10 Putzabzugleiste

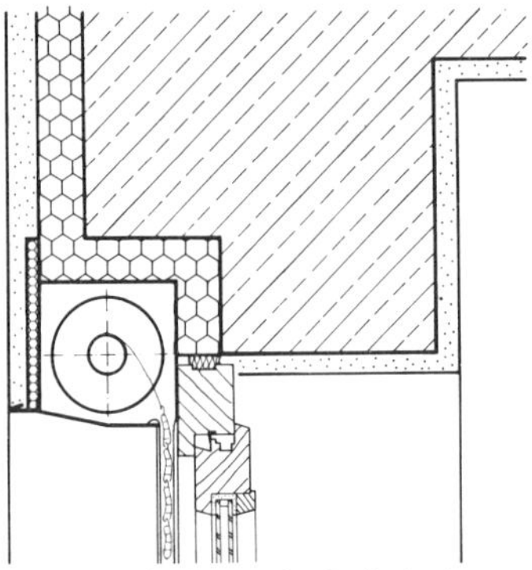

5.26 Außenliegender Rolladenkasten

Rolladenkästen stellen immer Schwachpunkte in der Wärmedämmung der Außenwand dar. Besser sind in dieser Hinsicht vorgefertigte Rolladenkästen, die mit zusätzlicher umlaufender Wärmedämmung vor der Fensterebene eingebaut werden (Bild **5**.26).

Mit geringen Einbautiefen können auch Faltrolladen vor der Fensterebene verwendet werden (Bild **5**.27).

Rolladen („Rolladenpanzer") werden heute überwiegend aus Kunststoffhohlprofilen in den verschiedensten Formen mit Deckbreiten von 25 bis 60 mm hergestellt. Die Profile haben eine Standarddicke von 14 mm für Öffnungen bis etwa 4 m² mit Breiten bis etwa 2,50 m. Die bei größeren Flächen gegebene Gefahr der Ausbeulung

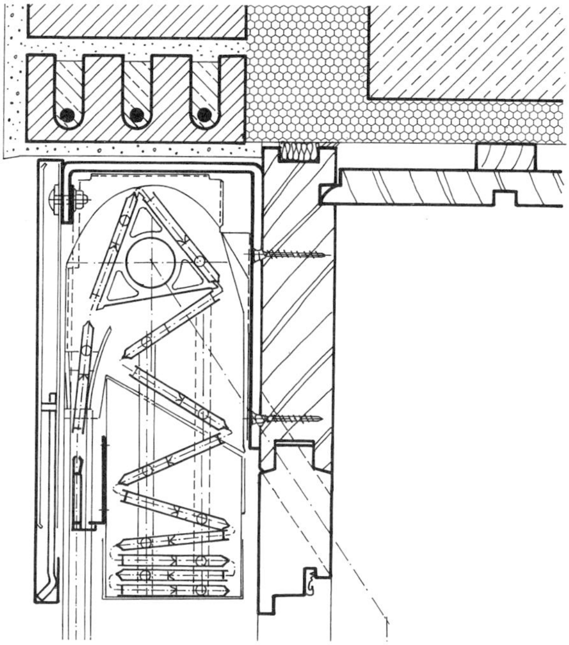

5.27 Faltrolladen

des geschlossenen Rolladens kann durch ausgeschäumte Profile gemindert werden. Für große Breiten werden sonst Leichtmetall-Verstärkungen in die Hohlstäbe eingeschoben. Wenn auch die Farbbeständigkeit von Kunststoffen ständig verbessert wurde, sollte hellen Einfärbungen der Vorzug gegeben werden (Bild **5**.28a).

Für große Öffnungsbreiten werden rollgeformte Aluminiumprofile (Bild **5**.28b) verwendet, die zur Erhöhung der Stabilität meistens ausgeschäumt sind. Bei höheren Sicherheits- und Stabilitätsanforderungen werden stranggepreßte Aluminiumprofile verwendet, die ähnliche Querschnitte wie die in Bild **5**.28a gezeigten Kunststoffprofile haben. Leichtmetall-Profile werden lackiert, folienbeschichtet oder technisch eloxiert geliefert.

Bei Kunststoff- und Aluminiumrolladen sind Steckprofile am meisten verbreitet (Bild **5**.28a und b). Rolladenleisten aus Holz werden durch gegeneinander verschiebliche, ineinandergreifende Draht- oder Blechkammern aus rostgeschütztem Stahl miteinander verbunden (Bild **5**.28c). Bei allen diesen Verbindungen sitzen die Stäbe dicht aufeinander, wenn der Rolladen vollständig herabgelassen ist. Wird der Aufzuggurt angezogen, so entstehen schmale Lichtschlitze.

Wenn z. B. bei nachträglichem Einbau nur wenig Platz zur Verfügung steht, werden – ebenso wie für Rolltore – nicht ausziehbare Stabprofile verwendet, die bei geringeren Ballendurchmessern in herabgelassenem Zustand dicht geschlossene Rolladenflächen ergeben.

Holzrolladen werden zunehmend wieder eingesetzt, nachdem durch lasierende Anstriche das früher gegebene Problem des Oberflächenschutzes mit der bei Lackfarben sehr aufwendigen Erneuerung der Anstriche gelöst ist. Neben den genormten Stabprofilen (Bild **5**.28c) wurden in letzter Zeit konkave, raumsparende Profile ähnlich den Kunststoffprofilen entwickelt.

Z 28
Rolladenstab (Althausrenovierung; Althaussanierung, Fertigelemente)

Maximal-Breite
bei Fensterhöhen von 1,40 m bis etwa 1,6 m

Ballendurchmesser
bei 42 mm ∅ Walze:

Rolladenhöhe in cm	Ballen-∅ in cm
100	10,5
120	11,5
140	12,0
160	12,8
200	14,0
220	15,0

Z 50
Rolladenstab für universelle Verwendung, auch für beengte Platzverhältnisse

Maximal-Breite
bei Fensterhöhen von 1,40 m unverstärkt bis etwa 2,5 m mit Metallverstärkung bis etwa 2,5 m

Ballendurchmesser
bei 60 mm ∅ Walze:

Rolladenhöhe in cm	Ballen-∅ in cm
100	16,0
120	17,0
140	18,0
160	18,0
200	20,0
220	21,5

R 14
Profil ähnlich Holzrollladen. Rostfreie Kettenverbindung (großer Lichteinfall möglich)

Maximal-Breite
bei Fensterhöhen von 1,40 m
R 11 unverstärkt bis etwa 3,0 m
R 14 unverstärkt bis etwa 3,5 m
mit Metallverstärkung bis etwa 4,5 m

Ballendurchmesser
bei 60 mm ∅ Walze:

Rolladenhöhe in cm	Ballen-∅ in cm
100	16,5
120	18,0
140	18,5
160	19,5
200	22,0
220	23,0

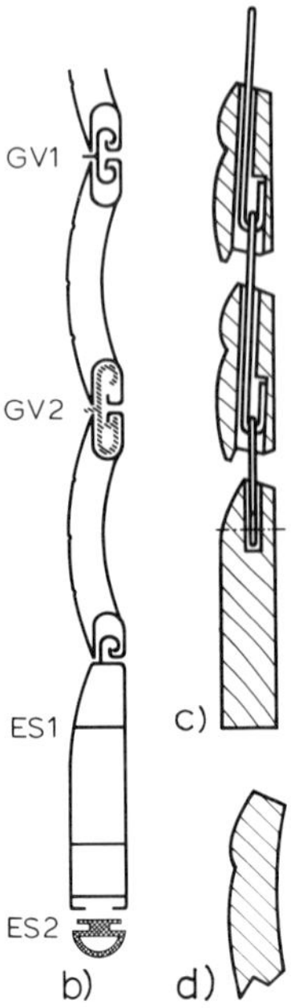

5.28 Rolladenprofile
a) Kunststoff-Rolladenprofile (Kömmerling)
b) Aluminium-Rolladenprofile (roco 61) mit enger Alu-Verbindung (GV 1), verstellbarer Kunststoff-Verbindung mit Lichtschlitzen (GV 2) und Endschiene mit Anschlußleiste aus PVC (ES 1 und 2)
c) Holzrolladen mit Drahtklammern (auseinandergezogenen), Schlußleisten aus Hartholz (herkömmliche Profile)
d) modernes Profil für Holzrolladen

Die Tabellen im Bild **5**.28 geben einen Anhalt für die bei gegebener Fensterhöhe entstehenden „Ballen"-Durchmesser (vollständig aufgewickelter Rolladen) und die damit nötigen Abmessungen der Rolladenkästen.

Die Rolladenwalzen müssen entsprechend dem Rolladengewicht so dimensioniert sein, daß die Durchbiegung < $^1/_{500}$ der Fensterbreite ist. Die früher üblichen einfachen Gabellager sind heute meistens durch Kugellager abgelöst.

Die Rolladen werden seitlich in Laufschienen aus Aluminiumprofilen geführt – zur Geräuschdämmung bei Windanfall auch mit innenliegenden Kunststoff-Führungen –, die bei Holzfenstern auf ausgeschnittenen Beiholzleisten, bei Kunststoff- oder Metallfenstern auf entsprechenden Zusatzprofilen befestigt werden. Die Laufschienen müssen so weit vor der Fensterebene liegen, daß die Rolladen auch bei einer gewissen zu berücksichtigenden Durchbiegung an allen Teilen des Fensters einwandfrei vorbeigleiten können (Bild **5**.29).

Bewegt werden kleinere Rolladen mit Hilfe von 18 bis 23 mm breiten Flachgurten, die über die Gurtscheibe laufend die Rolladenwalze drehen. Der Zuggurt läuft von der Gurtscheibe, die auf der Achse der Rolladenwalze sitzt, durch einen Schlitz des Rolladenkastenbodens oder der Rückwand des Rolladenkastens auf einen Gurtroller, der

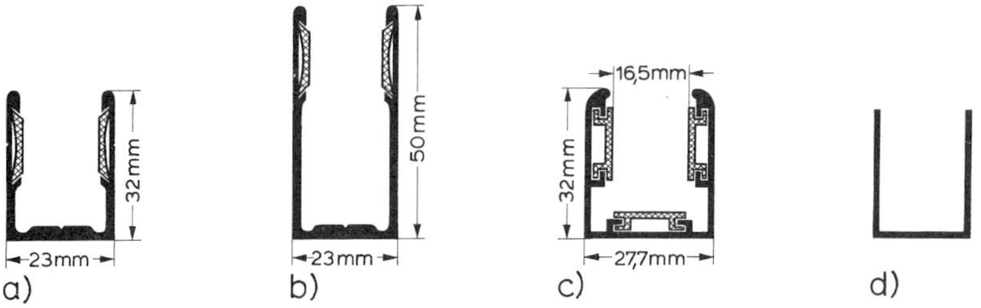

5.29 Rolladenführungsschienen
a) und b) mit zweiseitiger PVC-Einlage und verstärktem Rücken, mit Bohrrille zur besseren Befestigung
c) mit dreiseitiger PVC-Einlage für geräuscharmen und leichten Lauf
d) einfache Schiene aus Aluminium für Kunststoff- oder Holzprofile 14,5 mm: 20/20/20 × 1,5 mm. Bei Überbreiten: 27/18/27 × 1,5 mm, 30/20/30 × 1,5 mm oder ähnlich

durch Federkraft den Gurt einrollt und in einem Mauerkasten (Einlaßroller) in der Leibung oder in der Wand untergebracht ist. Mit Hilfe des Gurtrollers kann der Rolladen in jeder Stellung festgehalten werden (Bild **5**.30).

Statt der Zuggurte werden auch Stahldrahtseile verwendet, die in Kunststoffleitrohren unter Putz verlegt werden können. Das Seil – an allen Umlenkstellen (bis 30°) durch Nylontüllen geschützt – wird mit einer Handwinde in einem kleinen, neben der Fensterbrüstung eingeputzten Windenkasten aufgerollt (z. B. Arga-Sicherheitswinde). Zur Bedienungserleichterung können Rolladen – insbesondere bei großen Abmessungen – durch Elektromotoren bewegt werden. Derartige Elektroantriebe bestehen aus Rohrmotoren (eingebaut in die hohlen Gurtwalzen) oder bei schweren Rolltoren aus seitlich eingebauten Getriebemotoren.

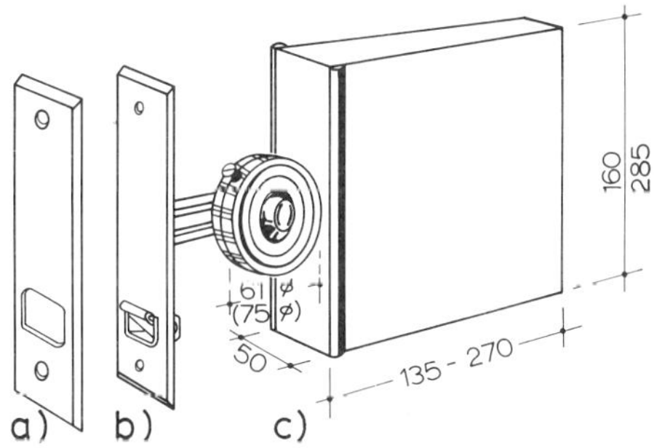

5.30
Gurtwickler mit Mauerkasten und Abdeckung
a) Kunststoff-Abdeckung
b) Gurtwickler
c) Mauerkasten aus Blech oder Kunststoff

Als E i n b r u c h s i c h e r u n g wirken Rolladen nur, wenn sie Sicherungen gegen gewaltsames Hochdrücken von außen aufweisen. Am wirksamsten sind Verriegelungsbolzen, die durch den Fensterrahmen hindurch in entsprechende Aussparungen der Rolladenstäbe eingreifen oder seitliche Einreiber an den Rolladenstäben, die in die Rolladenschienen greifen. Die – besonders für Rolladen mit Motorantrieb – verwendeten automatisch wirkenden Klemm- oder Scharniersicherungen sind meistens nicht besonders wirksam oder lassen sich verhältnismäßig leicht außer Funktion setzen (Bild **5**.31).

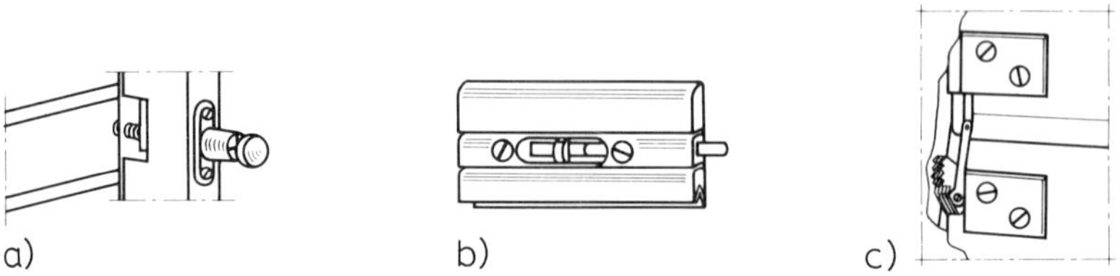

5.31 Rolladensicherungen (GAH)
a) Stiftriegel (DBGM)
b) Einlaßriegel GAH-Fix (DBGM)
c) Patentierter vollautomatischer Rolladenklemmverschluß

Zugjalousien (Jalousetten)

aus dünnen, hell lackierten Aluminiumlamellen dienen zum Schutz vor übermäßiger Sonnen- oder Lichteinstrahlung und – in Sonderausführungen – auch zur Abdunklung von Räumen. Jalousetten ermöglichen in herabgelassenem Zustand, bei waagerechter Stellung der im Querschnitt leicht gewölbten Lamellen, eine angenehme Raumbelichtung, weil die Lamellen nur die unmittelbare Sonneneinstrahlung, kaum aber das Tageslicht abhalten und nur wenig den Ausblick behindern. Sie lassen sich auf ein geringes Maß (Pakethöhe 6 bis 10% der Jalousiehöhe) zusammenziehen, so daß sie bei 35 mm breiten Lamellen sogar zwischen den Scheiben eines Verbundfensters untergebracht werden können. Allerdings verdecken sie hier – hochgezogen – immer einen Streifen der Fensterfläche.

Jalousettenanlagen als Sonnenschutz sind außen vor den Fenstern anzubringen, weil nur so die auftreffende Wärmestrahlung wieder an die Außenluft abgestrahlt wird. Sie können mit Verkleidungsblenden vor den Fenstern, frei vor Fassaden oder hinter Fassadenschürzen eingebaut werden (Bild **5**.32).

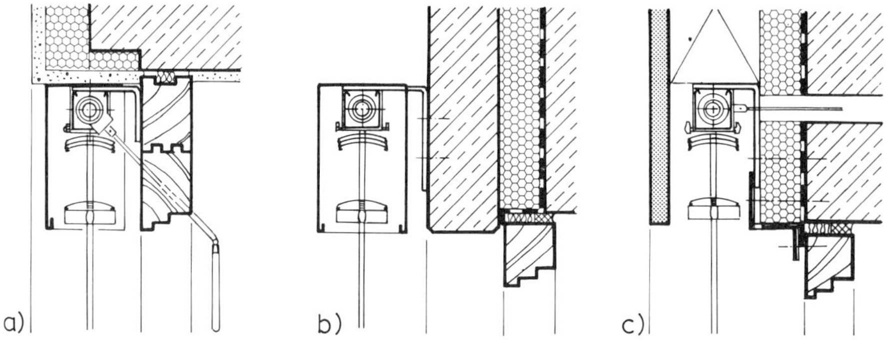

5.32 Einbau von Außenjalousetten
a) Anbringung am Fenster
b) Anbringung vor der Fassade
c) Anbringung hinter vorgehängter Fassade

Sie werden mit Zugbändern aus Polyesterschnüren oder Seilen aus rostfreiem Stahl zu einem flachen Stapel zusammen- und hochgezogen.

Außenliegende Jalousetten müssen mit einer ausreichenden Windsicherung ausgestattet sein. Je nach Flächengröße und Windbeanspruchung sind Führungen in Form von kunststoffummantelten Spanndrähten (Bild **5**.33a) oder Führungsschienen (Bild

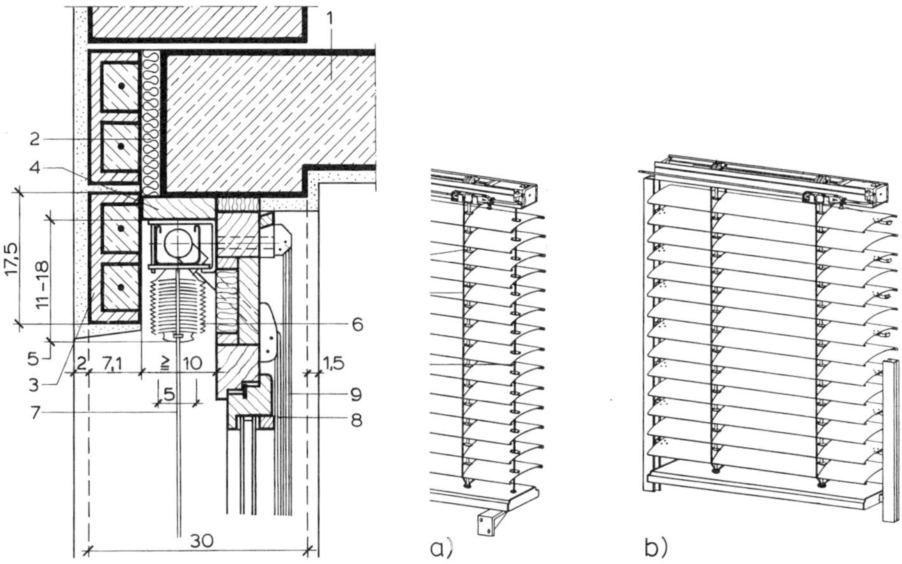

5.33 Außenjalousette

A Schnitt

1 Stahlbetondecke
2 Wärmedämmung
3 vorgefertigter Flachziegelsturz als Jalousieblende
4 angedübeltes Brett zur Jalousienbefestigung
5 Pakethöhe = 50 mm breiter Lamellenstapel mit Ober- und Unterschiene
6 Leitkordel (Terylene)
7 Windsicherung (Nylonspanndraht)
8 Zugband
9 Wendeschnüre zum Verstellen der Lamellenneigung

B Windsicherung von Außenjalousetten (WAREMA)

a) mit Spanndraht
b) mit Führungsschiene

5.33 b) vorzusehen. Dadurch soll auch die Geräuschentwicklung bei Windeinwirkung nach Möglichkeit herabgesetzt werden.

Im übrigen müssen größere Jalousettenanlagen insbesondere in Gebäuden, bei denen eine dauernde Aufsicht nicht gewährleistet ist, durch Windüberwachungsanlagen gesichert werden, die bei aufkommendem Sturm die Jalousetten automatisch hochziehen.

Fensterläden

Als Sonnenschutz, zum Schutz gegen Einblick und auch als Einbruchsicherung werden Klapp- oder Schiebefensterläden ausgeführt. Sie werden als Holz-, Kunststoff- oder Aluminium-Läden hergestellt und bestehen aus Rahmen mit Füllungen aus eingeschobenen, schräggestellten Leisten, die die Lüftung und einen gewissen Lichtdurchfall erlauben. Sein Drehlager hat der Klappladen an Stützkloben (bzw. Plattenstützkloben) die am Fensterrahmen angeschraubt oder im Mauerwerk befestigt werden können. Im geschlossenen Zustand wird der Laden oben und unten durch Schubriegel festgestellt (Bild **5**.34).

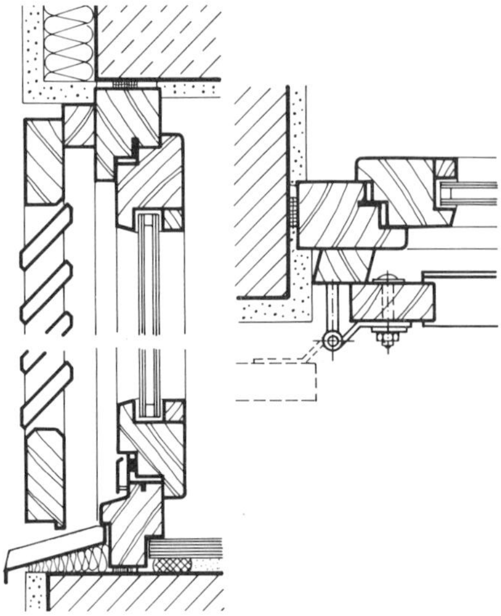

5.34 Klappladen

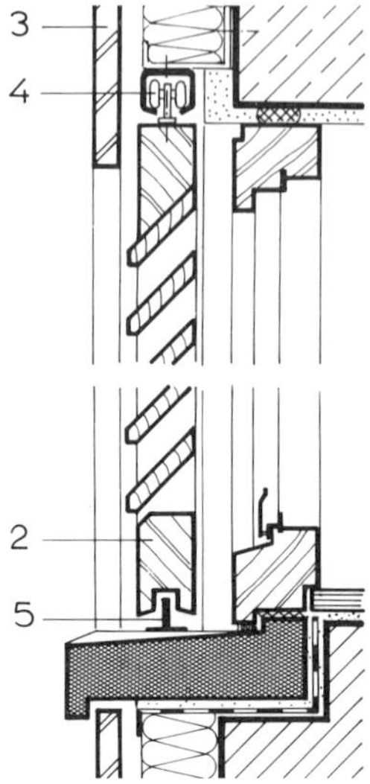

5.35 Schiebeladen
1 Blendrahmen
2 Schiebeladen
3 Gesimsverbretterung
4 Laufwerk
5 Führungsschiene mit Verriegelung

Schiebeläden

Schiebeläden unterscheiden sich von äußeren Klappläden nur in der Art der Aufhängung. Sie eignen sich besonders als Einbruchsschutz für große Fensteröffnungen, wenn Klappläden wegen zu großer Flügelgewichte nicht in Frage kommen. Die obere Führung muß vor der Fassade durch Schutzkästen (vgl. Bild **5**.32b) oder bei eingeschossigen Gebäuden am besten durch einen entsprechenden Dachvorsprung witterungsgeschützt sind (Bild **5**.35).

5.3 Verglasungen

5.3.1 Glasarten und Lieferformen

Für die Verglasung von Fenstern wird Flachglas verwendet (Preßglas wird am Bau in Form von Glasbausteinen, Glasdachsteinen u. ä. verwendet).

Flachglas (DIN 1249 und 1259) wird geliefert als

- **Fensterglas** (die Qualität „Fensterglas" in Dicken von 3 bis 19 mm wird heute nur noch für untergeordnete Zwecke, z. B. Einfachverglasungen in Gewächshäusern, verwendet. Die früheren Dickenbezeichnungen ED, MD, DD und Dickglas sind entfallen).
- **Spiegelglas** stellt die übliche Glasqualität für Fensterverglasungen dar. Es wird hergestellt als Floatglas (auf Metallbad gegossen), mit und ohne Drahtnetzeinlagen (die frühere Qualität „Chauvelglas" mit parallelen Längsdrähten wird nicht mehr hergestellt).

Spiegelglas ohne Drahteinlage wird geliefert als:

Spiegelglas Dicken:		Spiegelrohglas Dicken:	
3 mm ± 0,2 mm	10 mm ± 0,3 mm	6 mm ± 1,0 mm	10 mm ± 1,0 mm
4 mm ± 0,2 mm	12 mm ± 0,3 mm	8 mm ± 1,0 mm	12 mm ± 1,0 mm
5 mm ± 0,2 mm	15 mm ± 0,5 mm		
6 mm ± 0,2 mm	19 mm ± 1,0 mm		
8 mm ± 0,2 mm			

Spiegelglas mit Drahtnetzeinlage (Drahtspiegelglas) wird in ca. 6 mm Dicke geliefert. Die Maschenweite der quadratischen Drahteinlage ist 12,7 mm.

— **Gußglas**

Für die Verglasung von Fenstern kommen folgende Gußglasarten in Frage:

Gußglas ohne Drahteinlage, eine oder beide Seiten ornamentiert, als Ornamentglas (Dicke 4, 6 oder 8 mm)

Gußglas mit Drahtnetzeinlage (Maschenweite der quadratischen Einlage 12,7 mm) glatt gewalzt oder eine bzw. beide Oberflächen ornamentiert, als Drahtglas bzw. Drahtornamentglas (Dicke: 7 mm und 9 mm).

Sondergläser

Auf der Basis von Spiegelglasqualitäten werden für besondere Einsatzgebiete hergestellt:

— Gläser mit Sicherheitseigenschaften gegenüber mechanischen Belastungen

Einscheiben-Sicherheitsglas (ESG) besteht aus Spiegelglas, Spiegelrohglas oder Sonnenschutzglas, das durch Wärmebehandlung vorgespannt wird, nachdem es in die benötigte Größe und Form geschnitten und an den erforderlichen Stellen gegebenenfalls durchbohrt worden ist. Das vorgespannte Glas kann nicht mehr bearbeitet werden. Bei gewaltsamer Zerstörung zerfällt es in kleine Krümel und nicht in gefährliche Glassplitter. Infolge der Vorspannung ist es 4- bis 6mal biegefester als Normalglas, außerdem besitzt es eine hohe Temperaturwechselbeständigkeit. Einscheiben-Sicherheitsgläser werden für besonders beanspruchte Verglasungen (z. B. Verglasung von Turnhallen und Sportstätten), insbesondere aber für Ganzglas-Türanlagen, Treppengeländer u. ä. verwendet.

Verbund-Sicherheitsgläser (VSG, auch Panzerglas) bestehen aus 2 oder mehreren Glasscheiben, die durch hochelastische Kunststoff-Zwischenschichten zusammengeklebt sind. Verbund-Sicherheitsgläser lassen sich durch Schneiden, Bohren usw. bearbeiten. Bei Zerstörung entstehen keine losen, scharfkantigen Glassplitter. Die Farbbeständigkeit hängt von der innenliegenden Kunststoff-Folie ab. In Verbund-Sicherheitsglas können Schleifen aus Feinsilberdraht eingelegt werden, die bei Beschädigung über elektrische Meldeanlagen Einbruchalarm auslösen. Verbund-Sicherheitsgläser, besonders wenn sie aus Glasscheiben unterschiedlicher Dicke bestehen, werden auch für sehr wirksame Schallschutzverglasungen eingesetzt.

— Gläser mit Sicherheitseigenschaft gegenüber erhöhten thermischen Belastungen (Brandschutz)

Brandschutzgläser werden mit oder ohne Drahtnetzeinlagen, mit höher liegendem Schmelzpunkt oder als mehrscheibige Verglasungen mit Spezialzwischenlagen hergestellt. Sie können auf Grund besonderer Zulassungsbescheide im Zusammenhang mit entsprechenden Fenster- und Türkonstruktionen verwendet werden.

— Gläser mit besonderen lichttechnischen Eigenschaften werden hergestellt z. B. als stark streuende, reflektierende, reflexarme, IR- und UV-absorbierende Gläser (Sonnenschutzglas),
— Wärmeschutzgläser.

Für besondere Verglasungen kommt weiter in Frage
— Mundgeblasenes Glas als Echtantikglas, Antikglas, Butzenglas usw.
— Sonstige Gläser wie z. B. Farbglas, Opakglas usw.

Mehrscheiben-Isolierglas

Für die Verglasung von Fenstern in Aufenthaltsräumen kommen wegen der erhöhten Anforderungen an den Wärmeschutz heute nur noch Mehrscheiben-Isoliergläser in Frage.

Sie bestehen aus 2 oder 3 mit 8 bis 24 mm Abstand (Scheibenzwischenraum SZR) hintereinanderliegenden Scheiben, die luftdicht miteinander verbunden sind (Bild **5**.36).

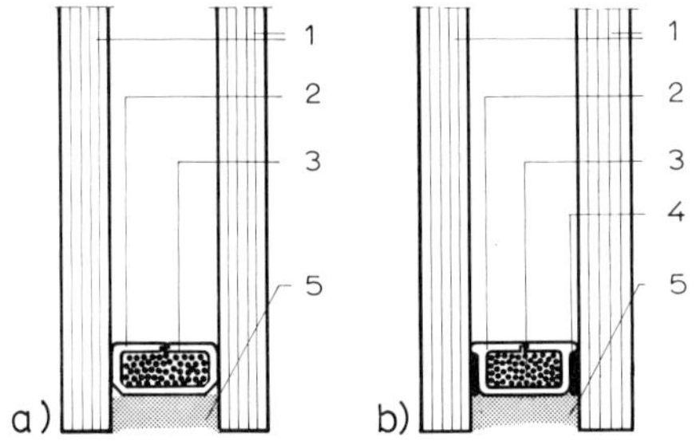

5.36 Zweischeiben-Isolierglas
a) einfach gedichteter Randverbund
b) doppelt gedichteter Randverbund
1 Spiegelglas
2 Abstandhalter
3 Trockenmittel
4 Dichtung
5 Versiegelung

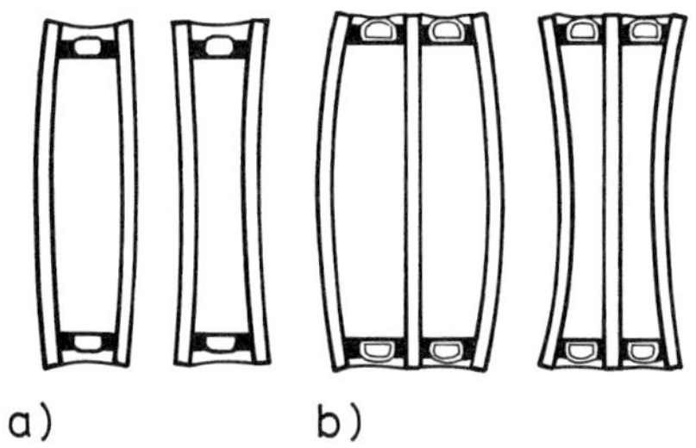

5.37 „Isolierglaseffekt" (schematisch)
a) Zweischeiben-Isolierglas
b) Dreischeiben-Isolierglas

Der Scheibenzwischenraum ist mit trockener Luft gefüllt, die unter dem Druck steht, der bei der Produktion herrschte (Schallschutz-Mehrscheibenisoliergläser haben spezielle Gasfüllungen). Werden Mehrscheibenisoliergläser nach dem Einbau anderen Temperaturen ausgesetzt, kommt es durch Ausdehnung oder Volumenminderung der eingeschlossenen Luft in Verbindung mit dem Außendruck zu Verformungen der Scheiben („Isolierglaseffekt", Bild **5**.37), der bei 3fach-Scheiben besonders ausgeprägt sein kann. Bei großen Scheibenformaten ist dieser Effekt – abgesehen von optischer Verzerrung der Durchsicht in extremen Fällen – unbedenklich und muß als normal betrachtet werden. Problematisch kann dieser Effekt jedoch bei kleinformatigen Isolierglasscheiben werden (z. B. Sprossenfenster, s. Abschn. 5.3.3.4) oder bei schmalen, langen Formaten. Weil sich solche Scheiben den Druckschwankungen nur schlecht anpassen können, kommt es oft zu Glasbruch.

Neben den Standardausführungen mit 2 oder 3 Scheiben, Scheibendicken von 4 bis 8 mm, Scheibenzwischenraum 8 bis 12 mm, werden Mehrscheiben-Isoliergläser in verschiedenen Spezialausführungen hergestellt für

— Wärmeschutzverglasungen. Die Scheiben erhalten hierbei mehr oder weniger farbneutrale Edelmetallbeschichtungen, teilweise auch Einlagen aus Wärmedämmvliesen.
— Schallschutzverglasungen. Die Dicke der Scheiben wird im Massenverhältnis auf die jeweiligen Anforderungen abgestimmt; Scheibenzwischenraum 12 bis 24 mm, Schallschutzklassen 3 bis 5 (VDI 2719), 37 bis 45 dB. Die Gläser können zusätzliche Gießharzzwischenschichten haben.
— Sonnenschutzverglasungen. Spezialgläser oder edelmetallbeschichtete Gläser mit besonderer Reflexionswirkung insbesondere gegen UV- und Infrarotstrahlung.
— Lichtstreuverglasungen. Hierbei werden Kombinationen mit Dekorgläsern verwendet.
— Einbruchhemmende Verglasungen. Unterschieden werden durchwurfhemmende (A), durchbruchhemmende (B), durchschußhemmende Verglasungen (C) sowie Verglasungen gegen Sprengwirkung (D) und Sonder-Gläser für Bank- und Postschalter (DIN 52290).

Bei fast allen Ausführungen sind Kombinationen mit Drahtgläsern, Ornamentgläsern und Sicherheitsgläsern (z. B. für Überkopfverglasungen) möglich.

Für den Einbau in Schrägverglasungen u. ä. werden Mehrscheiben-Isoliergläser auch mit falzartiger Randausbildung geliefert („Stufengläser", Bild **5**.39). Beim Einbau müssen die Randverklebungen durch Metallfolien gegen Sonneneinwirkung geschützt werden.

Eine Sonderform der Zweischeiben-Isoliergläser stellen Gläser mit verschweißten Kanten dar, die unter Beachtung der Normen für Fenster- und Türöffnungen und für Fenster- und Türprofile mit den sich dabei ergebenden Falzmaßen für Objekte mit großen Stückzahlen kostengünstig eingesetzt werden können (Bild **5**.38).

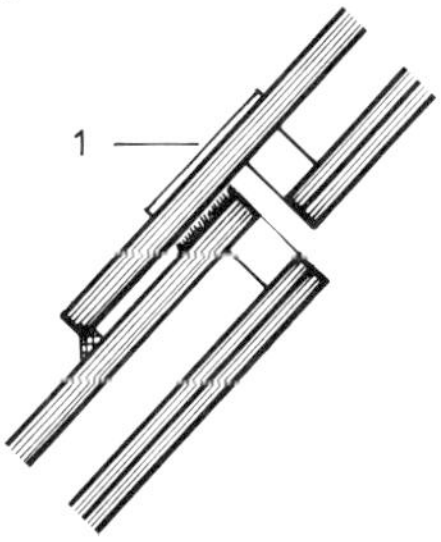

5.38 Stoßüberdeckung bei Mehrscheiben-Isoliergläsern in Schrägverglasungen
1 aufgeklebter UV-Schutz

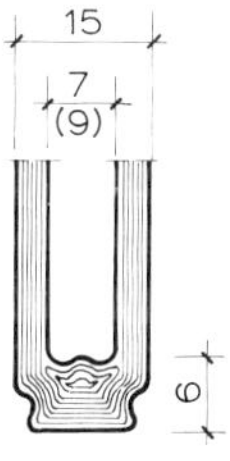

5.39 GADO-Doppelscheiben
Glasdicke 2mal 3 mm und 2mal 4 mm
Scheibenzwischenraum 9 bzw. 7 mm

Für die Beurteilung der visuellen Qualität von Mehrscheiben-Isolierglas aus Spiegelglas bestehen ausführliche Richtlinien des Bundesinnungsverbandes des Glashandwerkes, Hadamar.

Alle Isolierglasscheiben werden unter Berücksichtigung von Toleranzen, Falzmaßen der zu verglasenden Öffnungen und der erforderlichen Falztiefen auch in Sonderformen, z. B. mit trapezförmigen oder halbkreisförmigen Zuschnitten, geliefert, können aber an der Baustelle auf keinen Fall in irgendwelcher Weise nachgearbeitet werden.

Isolierglasscheiben dürfen nur stehend auf Unterlagen gelagert werden, die gewährleisten, daß keine Beschädigungen entstehen. Beim Transport muß darauf geachtet werden, daß keine Verwindungen auftreten.

Müssen Glasscheiben auf der Baustelle gelagert werden, so sind sie in einem trockenen, regelmäßig belüfteten Raum hochkant und mit Luftzwischenraum aufzustellen. Staub mit Nässe schadet der Glasoberfläche. Auf dem Transport entstehen zuweilen „Scheuerflecken" durch Aneinanderreiben feuchter Glasflächen. Sie lassen sich durch zwischen die Scheiben gelegtes Papier vermeiden. Irisierende, bläulich beschlagene oder erblindende Scheiben sind auch dann nicht abzunehmen, wenn sich der Belag noch abwischen läßt.

5.3.2 Bemessung der Glasscheiben

Bei der Fenster- und Türverglasung ist die Scheibendicke von der Scheibengröße abhängig sowie von der Lage der verglasten Außenfläche über Gelände (Windlast s. DIN 1055 T4 und DIN 18056). Die Dicke von Scheiben läßt sich aus dem Diagramm (Bild **5**.40) bestimmen.

Die nachstehenden Berechnungsverfahren gelten daher in der Regel für die Außenscheiben von Isolierverglasungen.

Dem Diagramm liegt eine maximale Windbelastung von 0,60 kN/m², eine zul. Biegespannung von 30 N/mm² und eine Verglasungshöhe von ≦ 8,00 m über Gelände zugrunde.

Da Scheibendicken nicht beliebig lieferbar sind, ist entsprechend dem Berechnungsergebnis jeweils die nächst höhere handelsübliche Glasdicke zu wählen.

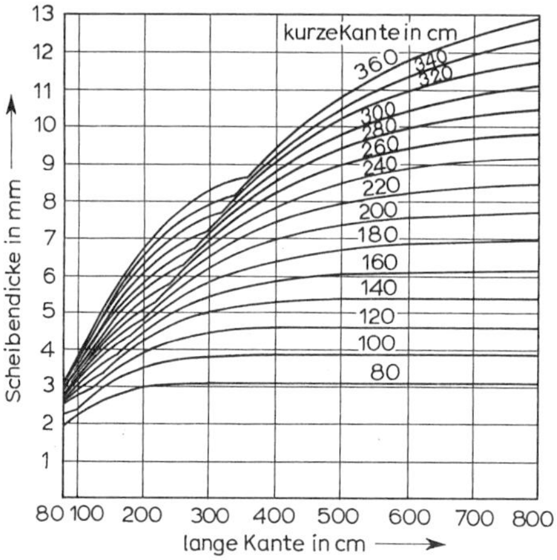

5.40
Glasdicken in Abhängigkeit von Scheibenflächen Gebäudehöhen bis 8,00 m, Winddruck nach DIN 1055 T1

Beispiel Scheibengröße 190 × 140 cm, Mindestglasdicke aus dem Diagramm = 4,2 mm, Handelsdicke = 5 mm

Für Einbauhöhen > 8,00 m oder bei höheren Winddruckbelastungen an turmartigen Gebäuden sind die in der nachstehenden Tabelle enthaltenen Zuschlagfaktoren zu berücksichtigen.

Beispiel Einbauhöhe 8 bis 20 m über Gelände, Scheibengröße 109 × 140 cm, Mindestglasdicke aus dem Diagramm = 4,2 mm, Umrechnungsfaktor aus Tabelle **5**.41 = 1,27; 4,2 × 1,27 = 5,33 mm, gewählt: Handelsdicke 6 mm

Tabelle **5**.41 Faktoren zur Berücksichtigung der Verglasungshöhe (nach DIN 1055 T4)

Verglasungshöhe über Gelände in m	Staudruck q in kN/m²	normales Bauwerk Beiwert $c = 1{,}2$ Windlast w in kN/m²	Faktor	turmartiges Bauwerk Beiwert $c = 1{,}6$ Windlast w in kN/m²	Faktor
≦ 8	0,50	0,60	1,00	0,80	1,16
8 bis 20	0,80	0,96	1,27	1,28	1,46
20 bis 100	1,10	1,32	1,48	1,76	1,72
> 100	1,30	1,56	1,61	2,08	1,87

(Als turmartig gilt ein Bauwerk, dessen Höhe für mindestens eine Ansicht größer als das Fünffache der durchschnittlichen Breite ist.)

Für die Innenscheiben kann angenommen werden, daß die äußere Scheibe die Windlast aufnimmt und auch bei Sogverhältnissen den Druck auf die innere Scheibe über den geschlossenen Luftzwischenraum überträgt. Wenn keine besonderen Verhältnisse vorliegen, kann die Dicke der Innenscheibe das 0,7fache der zuvor für die Außenscheibe bestimmten Dicke mittragen.

5.3.3 Einbau von Verglasungen

Über die Ausführung von Verglasungsarbeiten enthalten die Verdingungsordnung für Bauleistungen in Teil C (DIN 18361) und DIN 18545 besondere Bestimmungen.

Außerdem geben die ständig überarbeiteten Schriften der Beratungsstelle des Glaserhandwerks Richtlinien, z. B. über Glas-Abdichtungsmaterialien, Klotzungen, Ganzglaskonstruktionen mit Glaszementverbindungen usw.

Unterschieden werden

- Verglasungen mit Dichtstoffen
- Verglasungen mit Dichtprofilen
- Verglasungen mit Dichtprofilen und elastischen Dichtstoffen.

5.3.3.1 Verglasungen mit Dichtstoffen

Anforderungen an die Glasfalze

Bei der Verglasung werden unterschieden:

- Verglasungen mit ausgefülltem Falzraum (Va). Diese frühere Standardausführung ist nur noch für Holzfenster zugelassen (Bild **5**.42a).

Bei Verglasungen mit ausgefülltem Glasfalz muß der Falzraum so beschaffen sein, daß eine hohlraumfreie Ausfüllung möglich ist.

- Verglasungen mit dichtstofffreiem Falzraum (Vf). Diese Ausführung ist für Aluminium- und Kunststoff-Fenster vorgeschrieben (Bild **5**.42b).

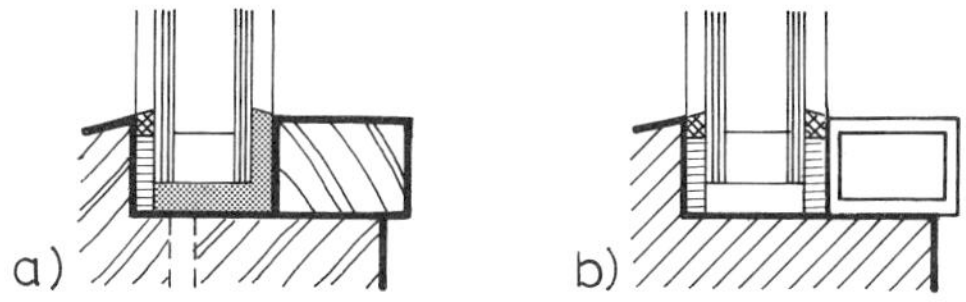

5.42
Verglasungssysteme
a) verfüllter Falzraum
b) dichtstofffreier Falzraum

Lufteinschlüsse in Falzraumfüllungen führten in Verbindung mit Undichtigkeiten der Verglasung zu Feuchtigkeitsanreicherung im Falzraum und zu Bedingungen, die Ursache für Schäden am Randverbund von Isolierglasscheiben waren. Daher wird – auch bei Holzfenstern – jetzt die Verglasung mit dichtstofffreiem Falzraum vorgezogen. Dabei muß durch Öffnungen zwischen Falzraum und Außenluft für die Abführung von Tauwasser und für Dampfdruckausgleich gesorgt werden (Bild **5**.43).

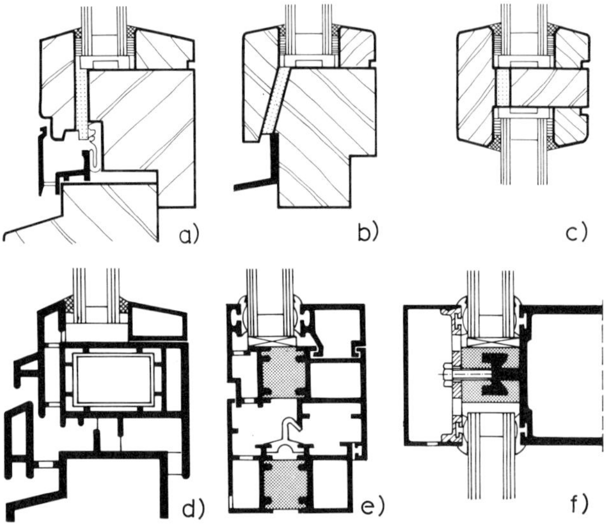

5.43 Möglichkeiten des Dampfdruckausgleiches
a) Fensterflügel Holz
b) Festverglasung Holz
c) Sprosse (Druckausgleich über seitliche Falzkammern)
d) Kunststoff-Flügel
e) wärmegedämmtes Aluminium-Fenster
f) Pfosten bzw. Riegel von festverglaster Aluminium-Fassade

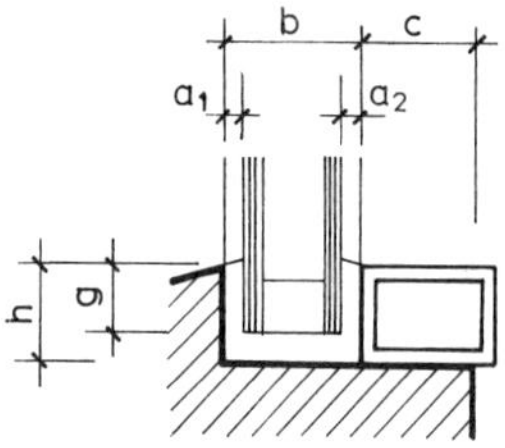

5.44 Maße von Glasfalzen

Öffnungen zum Dampfdruckausgleich sind in Vorkammern zu führen und dürfen nicht direkt Winddruck ausgesetzt werden. Wenn das bei Festverglasungen nicht möglich ist, sind Abdeckkappen vor den Öffnungen anzubringen mit höchstens 60 cm Abstand. Auf keinen Fall soll der Dampfdruckausgleich zum Innenraum möglich sein, da sonst mit überhöhtem Schwitzwasseranfall im Falzraum gerechnet werden muß.

Vor dem Verglasen müssen alle Glasfalze, insbesondere in den Ecken, ganz eben und sauber sein, damit die Scheiben nicht durch Pressungen an den Ecken und Kanten beschädigt werden und die Scheiben fachgerecht verklotzt werden können.

Die Abmessungen der Glasfalze richten sich nach DIN 18545 T1 (Bild **5**.44).

Die Falzhöhe *h* muß mindestens betragen bei einer größten Scheibenseite

bis 100 cm:	18 mm
über 100 bis 250 cm:	18 mm
über 250 bis 400 cm:	20 mm

Bei kleinen Scheiben bis 50 cm Kantenlänge kann die Falztiefe auf 14 mm reduziert werden. In jedem Fall muß die Randverklebung der Isolierglasscheiben vor Sonneneinstrahlung geschützt bleiben.

Der Glaseinstand *g* soll ⅔ der Falztiefe, jedoch nicht mehr als 20 mm betragen. Das Maß *a* für die innere und äußere Dichtstoffvorlage ist Tabelle **5**.43 zu entnehmen.

Tabelle **5**.45 Mindestdicken der Dichtstoffvorlagen a_1 und a_2 nach DIN 18545 Teil 1

Längste Seite der Verglasungseinheit	Werkstoff des Rahmens				
	Holz	Kunststoff, Oberfläche		Metall, Oberfläche	
		hell	dunkel	hell	dunkel
in cm	a_1 und a_2[1]) in mm				
bis 150	3	4	4	3	3
über 150 bis 200	3	5	5	4	4
über 200 bis 250	4	5	6	4	5
über 250 bis 275	4	–	–	5	5
über 275 bis 300	4	–	–	5	–
über 300 bis 400	5	–	–	–	–

[1]) Die Dicke der inneren Dichtstoffvorlage a_2 darf bis zu 1 mm kleiner sein. Nicht angegebene Werte sind im Einzelfall mit dem Dichtstoffhersteller zu vereinbaren.

Glashalteleisten

Glashalteleisten sind in der Regel auf den Fenster*innen*seiten anzuordnen. Nur bei Hallenbädern und bei Schaufenstern sind außenliegende Glashalteleisten zugelassen bzw. zweckmäßig. In diesen Fällen müssen sie außen zusätzlich zum Rahmen hin abgedichtet werden und mit korrosionsgeschützten Befestigungsmitteln montiert werden.

Im übrigen müssen Glashalteleisten mindestens 14 mm auf dem Glasfalz aufliegen. Sie müssen leicht abnehmbar sein. Die Befestigungspunkte müssen mindestens 5 cm von den Rahmenecken entfernt sein und sollen Höchstabstände von 35 cm haben. Glashalteleisten müssen ebenso wie der Falzgrund vor dem Verglasen ausreichend korrosionsgeschützt sein bzw. bei Holzfenstern durch Voranstriche geschützt sein, die mit den Dichtstoffen verträglich sind.

Dichtstoffe

Man unterscheidet nach der noch gültigen DIN 18361 (Ausg. 1979)

— erhärtende Dichtstoffe (Kitte)

— plastisch bleibende Dichtstoffe (Spezialkitte)

— elastisch bleibende Dichtstoffe (Versiegelungsmassen)

ferner

— Vorlegebander und Dichtprofile.

Alle Dichtstoffe und Dichtprofile müssen im Sinne der DIN 52460 (Prüfung von Materialien für Fugen im Hochbau; Begriffe) verträglich sein.

In DIN 18545 T2 sind für Dichtstoffe die Anforderungsgruppen A–E definiert, in die die Hersteller ihre Produkte eigenverantwortlich einordnen (Tabelle **5**.46).

Bei der Verglasung mit formbaren *erhärtenden Dichtstoffen* kommt der jahrhundertelang bewährte billige Glaserkitt (15% Leinöl und 85% mineralische Füllstoffe, z. B. Kreide) heute nur noch für kleinere Holzfenster mit geringer Beanspruchung mit Einfachverglasung in untergeordneten Räumen in Frage.

Tabelle **5**.46 Verglasungssysteme (DIN 18545 Teil 3)[1])

Beanspruchungsgruppe		1	2	3	4	5
Verglasungssysteme mit ausgefülltem Falzraum						
Kurzbezeichnung		Va 1	Va 2	Va 3	Va 4	Va 5
Schematische Darstellung		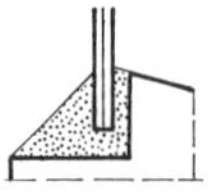	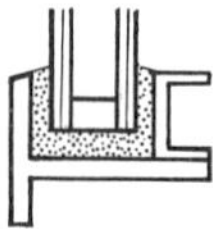	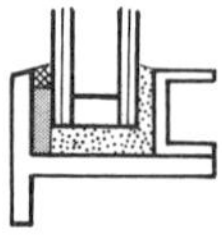	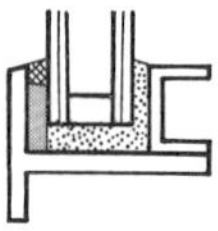	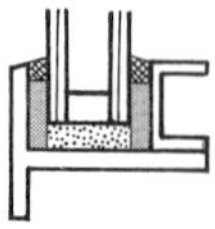
Dichtstoff-gruppe nach DIN 18545 Teil 2	für Falzraum	A[1])	B	B	B	B
	für Ver-siegelung	–	–	C	D	E
Verglasungssysteme mit dichtstofffreiem Falzraum						
Kurzbezeichnung				Vf3	Vf4	Vf5
Schematische Darstellung				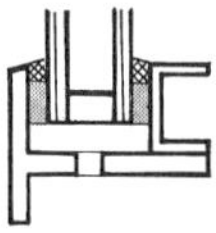	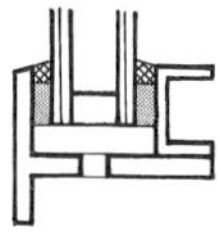	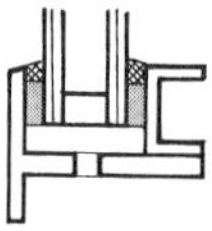
Dichtstoff-gruppe nach DIN 18545 Teil 2	für Falzraum			–	–	–
	für Ver-siegelung			C	D	E

Erläuterung: Dichtstoff des Falzraumes Dichtstoff der Versiegelung Vorlegeband

[1]) Für das Verglasungssystem Va 1 dürfen auch Dichtstoffe der Gruppe 8 eingesetzt werden, wenn sie von den Herstellern dafür empfohlen werden.

V Verglasungssystem
a ausgefüllter Falzraum
f dichtstofffreier Falzraum
1 bis 5 Beanspruchungsgruppen für die Verglasung von Fenstern

Beim Verglasen werden zunächst die Glasfalze mit einer Dichtstoffvorlage ausgelegt, in das die Scheibe mit Spielraum eingelegt und durch Glaserstifte oder Weißblechecken befestigt wird. Darauf wird der Falz mit Kitt verstrichen. Der Kittfalz liegt außen. Der Fensteranstrich bedeckt auch die Kittfase.

In ähnlicher Technik werden Stahlfenster verglast, nachdem der erste Deckanstrich aufgebracht und getrocknet ist. Jedoch werden hier Spezialkitte verwendet (Leinölkitt ist für Metallfenster und auch Kunststoff-Fenster ungeeignet).

Für die Verglasung von Mehrscheiben-Isoliergläsern dürfen nur nicht aushärtende formbare Dichtstoffe verwendet werden. Sie müssen blasenfrei und unter den vom Hersteller festgelegten Temperaturbedingungen eingebracht werden. Bei verfülltem Falzraum (Bild **5**.42 a) und bei der Verglasung von Verbundsicherheitsgläsern dürfen nur Dichtstoffe mit der Kennzeichnung VSG verwendet werden. Im übrigen sind die Technischen Richtlinien für das Verglasen von Mehrscheiben-Isolierglas [13] genau zu beachten.

Verklotzung

Fensterflügel erhalten ihre Steifigkeit (Diagonalaussteifung) erst in Verbindung mit der Verglasung. Auch zur einwandfreien Abtragung des Glasgewichtes auf den Rahmen müssen daher die Scheiben „verklotzt" werden: In den Zwischenraum zwischen Scheibe und Falzbett (vgl. Bild **5**.44, Maß h bis g) werden mindestens 100 mm lange Klötzchen aus Hartholz, Hartgummi oder Neoprene eingeschoben, die 2 mm breiter als die Dicke der Scheiben sein müssen. Bei besonders großflächigen bzw. schweren Isolierscheiben ist die Klotzlänge zu vergrößern. Der Abstand der Klötze von den Scheibenecken muß mindestens eine Klotzlänge betragen. An keiner Stelle dürfen die Scheiben den Rahmen berühren, und es müssen starre Einspannungen vermieden werden (Bild **5**.47).

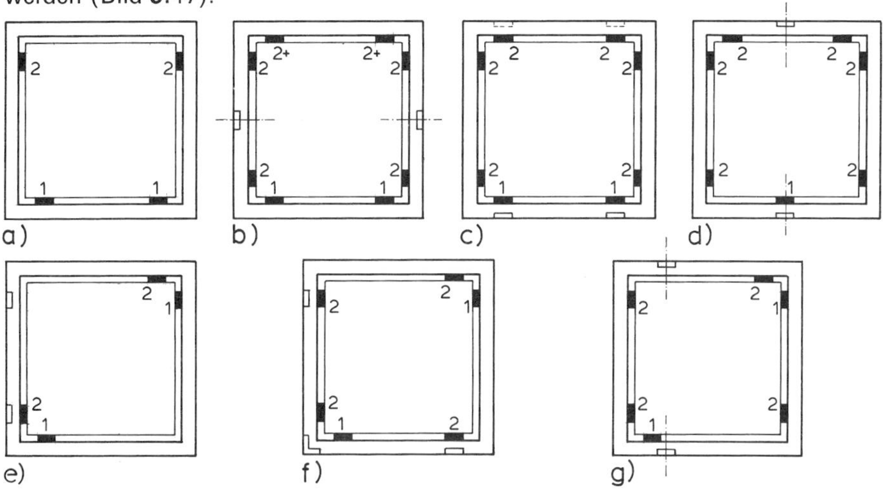

5.47 Verklotzen von Fensterscheiben

Die Tragklötzchen sowie die Abstandsklötzchen sollen je nach Scheibengewicht mindestens 100 mm lang und 2 mm breiter als die Isolierglasscheiben sein.

Die obere Reihe zeigt symmetrische, die untere Reihe asymmetrische Verklotzungen.

Die mit + gekennzeichneten Abstandsklötzchen werden bei umgeschlagenem Flügel zu Tragklötzchen.

a) feststehende Verglasung
b) Schwingflügel
c) Klappflügel, Kippflügel
d) Wendeflügel, mittig
e) Drehflügel
f) Drehkippflügel
g) Wendeflügel, außermittig

Die Verklotzung darf den Dampfdruckausgleich und Wasserableitungen aus dem Falzraum nicht behindern. Bei glattem Falzgrund müssen bei dichtstofffreiem Falzgrund daher Klotzbrücken verwendet werden. Stege und Nuten sind in ähnlicher Weise stabil zu überbrücken (Bild **5**.48, vgl. auch Bild **5**.43). Im übrigen müssen die Klötze verkantungsfrei und vollflächig auf Scheibe und Falzgrund aufliegen.

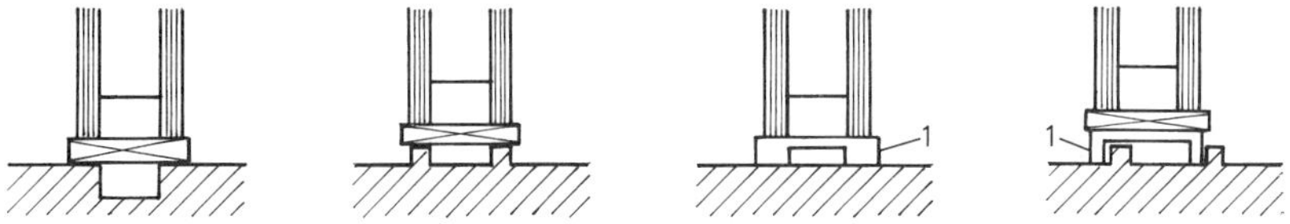

5.48 Verklotzung bei dichtstofffreiem Falzraum 1 Klotzbrücken

Tabelle **5**.49 Beanspruchungsgruppen zur Verglasung von Fenstern

Beanspruchungsgruppen	1	2	3		4		5	
Verglasungssysteme nach DIN 18545 Teil 5 Schematische Darstellung	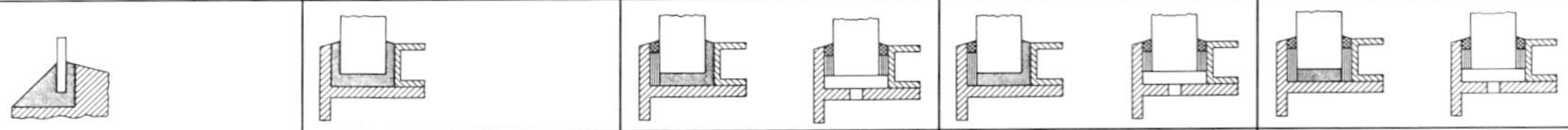							
Kurzzeichen	Va 1	Va 2	Va 3	Vf 3	Va 4	Vf 4	Va 5	Vf 5
Beanspruchung aus								
Bedienung	**Zuordnung über die Öffnungsart**							
	Festverglasung, Drehfenster, Drehkippfenster							
			Schwingfenster, Hebefenster und Fenster mit vergleichbarer Beanspruchung					
Umgebungseinwirkung	**Zuordnung über Einwirkung von der Raumseite**							
						Feuchtigkeit		
						Mechanische Beschädigung		

Scheibengröße — **Zuordnung über Rahmenmaterial, Kantenlänge und Dichtstoffvorlage**

Rahmenmaterial	Dichtstoffvorlage	Farbton	1	2	3	4	5
Aluminium, Aluminium-Holz, Stahl	3 mm	hell			Kantenlänge bis 0,80 m	bis 1,00 m	bis 1,50 m
		dunkel			bis 0,80 m	bis 1,00 m	bis 1,50 m
	4 mm	hell			bis 1,50 m	bis 2,00 m	bis 2,50 m
		dunkel			bis 1,25 m	bis 1,50 m	bis 2,00 m
	5 mm	hell			bis 1,75 m	bis 2,25 m	bis 3,00 m
		dunkel			bis 1,50 m	bis 2,00 m	bis 2,75 m
Holz	3 mm		Kantenlänge bis 0,80 m	bis 1,00 m	bis 1,50 m	bis 1,75 m	bis 2,00 m
	4 mm				bis 1,75 m	bis 2,50 m	bis 3,00 m
	5 mm				bis 2,00 m	bis 3,00 m	bis 4,00 m
Kunststoff	4 mm	hell			Kantenlänge bis 0,80 m	bis 1,00 m	bis 1,50 m
		dunkel			bis 0,80 m	bis 1,00 m	bis 1,50 m
	5 mm	hell			bis 1,50 m	bis 2,00 m	bis 2,50 m
		dunkel			bis 1,25 m	bis 1,50 m	bis 2,00 m
	6 mm	dunkel			bis 1,50 m	bis 2,00 m	bis 2,50 m

Scheibengröße — **Belastung der Glasauflage in Abhängigkeit der Gebäudehöhe**

Gebäudehöhe	Lastannahme	Scheibengröße bis 0,5 m^2	bis 0,8 m^2	bis 1,8 m^2	bis 6,0 m^2	bis 9,0 m^2
8 m	0,60 kN/m^2	Belastung bis 0,16 N/mm	bis 0,22 N/mm	bis 0,35 N/mm	bis 0,70 N/mm	bis 0,90 N/mm
20 m	0,96 kN/m^2	bis 0,25 N/mm	bis 0,35 N/mm	bis 0,55 N/mm	bis 1,10 N/mm	bis 1,40 N/mm
100 m	1,32 kN/m^2	bis 0,35 N/mm	bis 0,50 N/mm	bis 0,75 N/mm	bis 1,50 N/mm	bis 1,90 N/mm

Beanspruchungsgruppen

Die Auswahl der geeigneten *Verglasungsbauart* erfolgt auf Grund der Beanspruchungen, denen die Fenster ausgesetzt sind aus

- Winddruck und -sog, abhängig von der Gebäudehöhe (erforderliche Glasdicke s. Abschn. 5.3.2)
- Scheibengrößen (Kantenlänge, Rahmenmaterial, Dichtstoffvorlage)
- Einwirkung von der Raumseite (Feuchtigkeit, mechanische Beanspruchungen)
- Öffnungsart.

Für die Auswahl der geeigneten Konstruktion gibt die Tabelle **5**.49 des Instituts für Fenstertechnik e. V., Rosenheim, Empfehlungen.

Beispiel zur Anwendung von Tab. 5.49

Für einen 13 m hohen Verwaltungsbau sind dunkelgrüne Aluminiumfenster mit Mehrscheibenisolierglas vorgesehen. Es handelt sich um Drehkippfenster. Die größte Flügelabmessung beträgt 1,20 m × 1,65 m.

1. Öffnungsart:	Drehkipp	→ BG 1
2. Belastung von der Raumseite (normal oder erhöht):	normal	→ BG 1
3. Beanspruchung aus		
— Rahmenmaterial:	Aluminium	
— Farbe:	dunkel	→ BG 4
— Dichtstoffvorlage (gewählt):	5 mm	
— Kantenlänge:	1,65 m	
Höchste ermittelte Beanspruchungsgruppe:		→ BG 4

Erforderliche BG: Verglasung entsprechend Verglasungstabelle IFT: BG 4

Gewähltes Verglasungssystem: Verglasungssystem DIN 18545 – Vf4

Geeigneter Dichtstoff zur Versiegelung: Dichtstoff DIN 18545 – D (s. Tab. **5**.46).

5.3.3.2 Verglasung mit Dichtprofilen

Aluminium- und Kunststoff-Fenster werden in der Regel mit Dichtprofilen aus Neoprene (Polychloroprene), EPDM (früher APTK), PVC weich oder Silikon verglast. Sie werden in die Rahmenprofile eingerollt oder eingeschoben und beziehen den erforderlichen Anpreßdruck entweder aus dem Profil-Eigendruck, aus einstellbaren Druckelementen in den Glasleisten oder selbstnachstellenden Federelementen (Bild **5**.50).

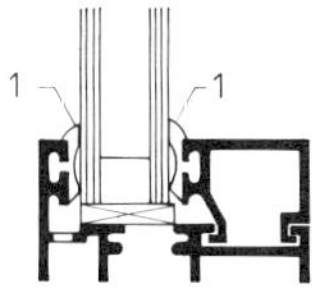

5.50 Verglasung mit Dichtprofil
1 Dichtprofil

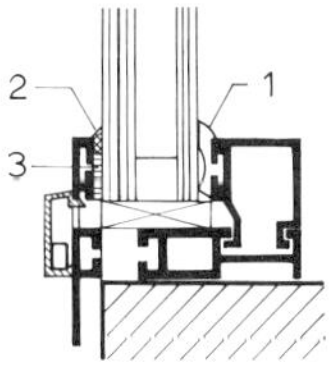

5.51 Verglasung mit Dichtprofil und elastischen Dichtstoffen
1 Dichtprofil
2 Versiegelung
3 Vorlegeband

Dichtprofile müssen auf das Fenstersystem abgestimmt sein und die Dickentoleranzen der Scheiben aufnehmen können. An den Ecken sind die Profile dicht auf Gehrung zu verbinden (z. B. durch Verklebung oder Vulkanisation). Vorgefertigte Eck-Formstücke erleichtern die Ausführung.

5.3.3.3 Verglasung mit Dichtprofilen und elastischen Dichtstoffen

Bei diesem Verglasungssystem werden raumseitig Dichtprofile und auf der Außenseite Vorlegebänder mit Versiegelung verwendet (Bild **5**.51). Die Anforderungen an Glasfalze, die Entwässerung und den Dampfdruckausgleich der Falze usw. entsprechen den in Abschn. 5.3.3.1 gemachten Angaben.

5.3.3.4 Sprossenfenster

Neben der Problematik kleinformatiger Mehrscheiben-Isoliergläser (vgl. Abschn. 5.3.1) ergeben sich für Sprossenfenster auch gestalterische Schwierigkeiten, denn die erforderlichen Falztiefen (s. Bild **5**.44) ergeben bei Holzfenstern recht klobige Sprossenabmessungen. Sie können allenfalls durch Profilierungen optisch etwas gemildert werden (Bild **5**.52a). Bei Aluminium- und Kunststoff-Fenstern beträgt die Sprossenbreite bei allen Systemen sogar ca. 70 mm (Bild **5**.52b). Hinzu kommt, daß Sprossenaufteilungen in der Regel zu einer erheblichen Verschlechterung des Schallschutzes der Fenster führen.

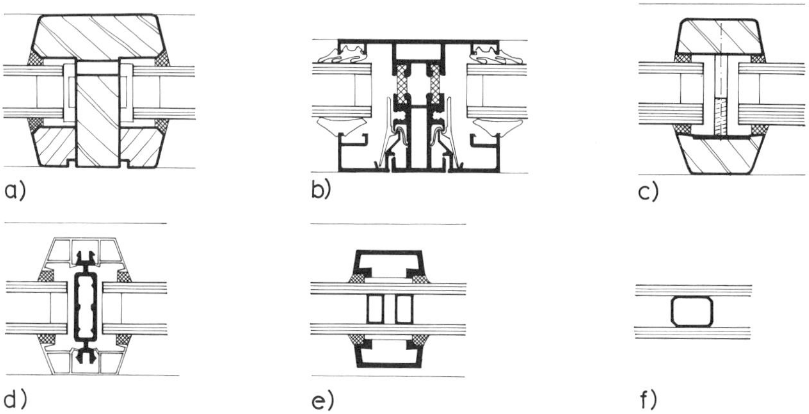

5.52 Sprossen

a) Holzsprosse, b) Aluminiumsprosse, c) Holzsprosse mit Aluminiumsteg, d) Kunststoffsprosse mit Aluminiumsteg, e) imitierte aufgeklebte Sprosse, f) imitierte eingebaute Sprosse

Aus allen diesen Gründen wird auf verschiedene Weise versucht, die Sprossen zwar optisch in Erscheinung treten zu lassen, sie jedoch technisch anders auszuführen.

Eine Verringerung der Sprossenbreite ist bei Holz- und Kunststoff-Fenstern möglich, wenn Leichtmetallstege die Glashalteprofile verbinden (Bild **5**.52c und d). Der optische Eindruck von Sprossenfenstern kann auch annähernd erreicht werden, wenn bei durchlaufender Verglasung die Sprossenprofile lediglich vorgesetzt werden (Bild **5**.52e) oder bei der Fabrikation der Verglasung zwischen die Scheiben gesetzt werden (Bild **5**.52f). Derartige Imitationen sind jedoch nicht nur gestalterisch, sondern auch bauphysikalisch fragwürdig. Insbesondere, wenn Sonnen- oder Wärmeschutzgläser verwendet werden, kommt es durch unterschiedliche Erwärmung der Scheiben in der Fläche und im abgeschatteten Sprossenbereich zu Spannungen in den Gläsern, die oft zum Bruch führen. Abhilfe ist allenfalls durch Erhöhung der Glasdicken oder durch Verwendung vorgespannter Gläser möglich.

5.3.4 Schrägverglasungen (Überkopfverglasungen)

Für Eingangsüberdachungen, Pergolen, besonders aber für die in letzter Zeit in überaus vielfältigen Formen (z. B. wie in Bild **5**.53) gebauten Glasarchitekturen für Erker, Glasvorbauten, Dachaufbauten und Wintergärten mit fest verglasten geneigten Dachflächen werden besondere Anforderungen an die Glaskonstruktion gestellt.

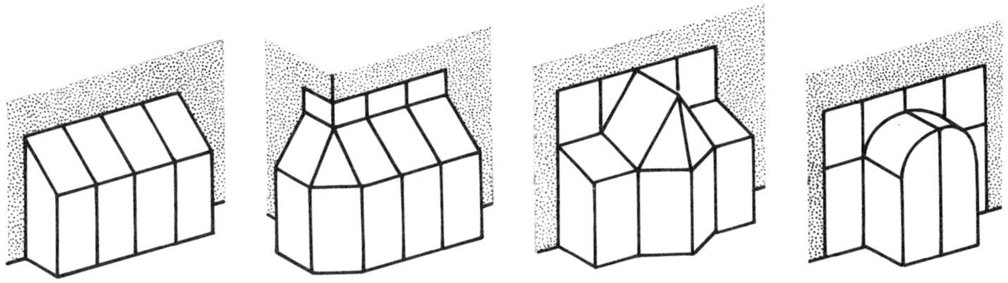

5.53 Erker und Glasvorbauten

Neben der gestalterischen Bereicherung werden derartige Glaskonstruktionen auch unter dem Aspekt der Energieeinsparung und zur Steigerung des Nutzungswertes eingesetzt.

Durch die Nutzung der Sonnenenergie für Heizung im Winter und für Brauchwasserbereitung im Sommer wurden an Vergleichsobjekten von Einfamilienhäusern nach Berechnungen und Messungen verschiedener Autoren Energieeinsparungen bis 15% erzielt. Für die vielfältigen Problemstellungen auf diesem Gebiet – allein für Fragen der Be- und Entlüftung und der Regelung von Sonneneinstrahlung und Beschattung – muß allerdings auf Spezialliteratur verwiesen werden.

Konstruktiv sind bei Schrägverglasungen („Überkopfverglasungen") zusätzlich zu den Anforderungen an senkrechte Verglasungen und Fenster besondere Beanspruchungen zu berücksichtigen, insbesondere, wenn derartige Konstruktionen an öffentliche Verkehrsflächen angrenzen.

Die zu beachtenden Vorschriften sind in den einzelnen Bundesländern nicht einheitlich. In der Regel wird verlangt:

— Die Vorschriften für Wände, Decken und Dächer sind sinngemäß hinsichtlich Standfestigkeit und Brandschutz zu beachten:

  Somit sind Berechnungen zur Standsicherheit der Konstruktionen und der Verglasung auf der Grundlage von DIN 1055 erforderlich. Es wird nach den bisherigen Erfahrungen empfohlen, mit Hinblick auf die Verglasung mit Mehrscheiben-Isoliergläsern dabei Durchbiegungen von höchstens $^1/_{500}$ der Spannweiten anzustreben.

— Für Arbeiten, die von Dächern auszuführen sind (z. B. Reparaturen an den Verglasungen) müssen sicher benutzbare Vorrichtungen angebracht sein.

— Verglaste Flächen müssen gegen Betreten von angrenzenden Dachterrassen o. ä. durch Umwehrungen gesichert sein.

— Niederschlagwasser muß so abgeleitet werden, daß Bauteile nicht durchfeuchtet werden.

— An öffentlichen Verkehrsflächen und über Ausgängen können Sicherungen gegen das Herabfallen von Eis, Schnee oder Glasstücken verlangt werden.

Für die Verglasung sind zu verwenden:

— Für Einfachverglasungen und für die raumseitige Scheibe von Mehrschichtisolierglas:

  Gußglas mit Drahtnetzeinlage, Verbund-Sicherheitsglas, Einscheiben-Sicherheitsglas, ferner für Einfachverglasungen Scheiben aus Acrylglas.

– Für Mehrscheiben-Isolierverglasung und für Doppelverglasungen darf die äußere Scheibe aus Spiegelglas bzw. Fensterglas bestehen.

Schrägverglasungen sollten mindestens 10° geneigt sein, damit ablaufendes Niederschlagwasser sicher abgeleitet wird und auch am unteren Rand oder an Scheibenstößen über Profile abläuft.

Konstruktionen, an die keine besonderen Anforderungen hinsichtlich des Wärmeschutzes gestellt werden müssen wie z. B. Vordächer u. ä., können mit Einfachverglasung auf Walz-, Voll- oder Hohlprofilen aus Holz, Stahl oder Aluminium ausgeführt werden (Bild **5**.54, **1**.256 und **1**.257). Es sind dann aber vorsorglich Kondensatfangrinnen vorzusehen.

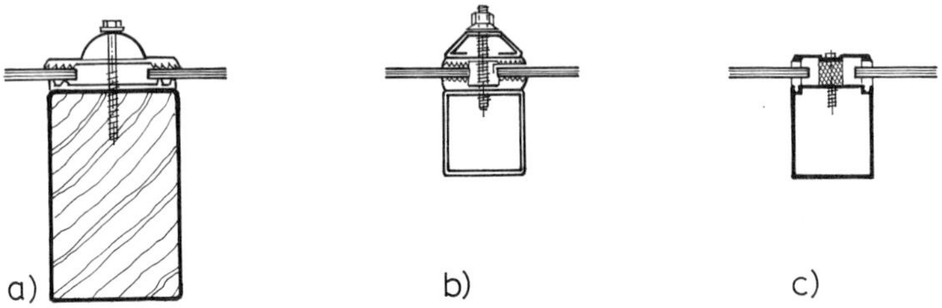

5.54 Schrägverglasungen mit Einfach-Gußdrahtglas
a) Holz-Unterkonstruktion, b) Stahlrohr-Unterkonstruktion, c) Aluminium-Unterkonstruktion

Für Wintergärten, Erker und Anbauten an Aufenthaltsräume kommen nur Mehrscheiben-Isolierverglasungen in Frage, die auf speziell für Schrägverglasungen entwickelten Kunststoff- oder Aluminiumprofilsystemen eingebaut werden. Holzkonstruktionen sind nur dann problemlos, wenn keine Querriegel in den Schrägflächen nötig sind.

Grundsätzlich ist bei der Planung der Scheibeneinbau von außen zu berücksichtigen, da die schweren und empfindlichen Isolierglasscheiben kaum einwandfrei über Kopf montiert werden können. Die Verglasung erfolgt in der Regel mit Dichtprofilen und dichtstofffreien Falzräumen.

Besonderes Augenmerk muß der Belüftung und Entwässerung der Falze gewidmet werden, damit der empfindliche Glasverbund der Isoliergläser keinesfalls ständig der Feuchtigkeit ausgesetzt wird. Die Falzräume von Querriegeln und Pfosten müssen dabei ein zusammenhängendes Entwässerungssystem bilden (Bild **5**.55). Wichtig ist dabei, daß durch entsprechend geformte Profile die Dichtungsebene von der Wasserebene getrennt ist (Bild **5**.56) – eine Forderung, die bei einfachen Rohr- oder Holzprofi-

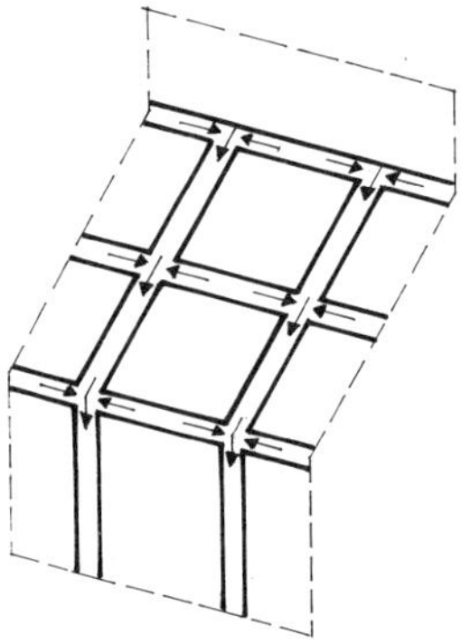

5.55 Falzentwässerung von Schrägverglasungen

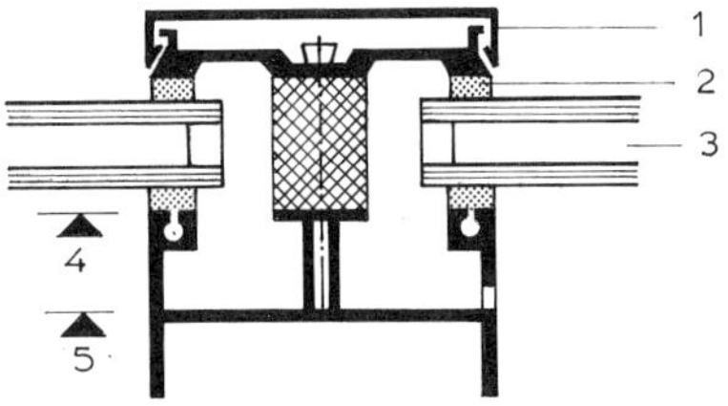

5.56 Sprossenprofil mit Wasserführungsebene
1 Glashalteleiste mit Deckkappe
2 Dichtung
3 Isolierglas
4 Dichtungsebene
5 Wasserebene

len nicht zu verwirklichen ist. Jede – auf Dauer fast unvermeidliche – kleine Undichtigkeit zwischen Scheibe und Dichtprofil führt sonst sofort zum Wassereinbruch in den Innenraum.

Nach Möglichkeit sollten die Felder von Schrägverglasungen ohne Querriegel bzw. ohne Glasstöße ausgeführt werden. Wenn das wegen der Größe der Baukörper oder weil sich zu lange und schmale – bauphysikalisch problematische (vgl. Abschn. 5.2) – Glasformate ergeben, können Glasstöße mit Stufenglas ausgeführt werden (Bild **5**.38).

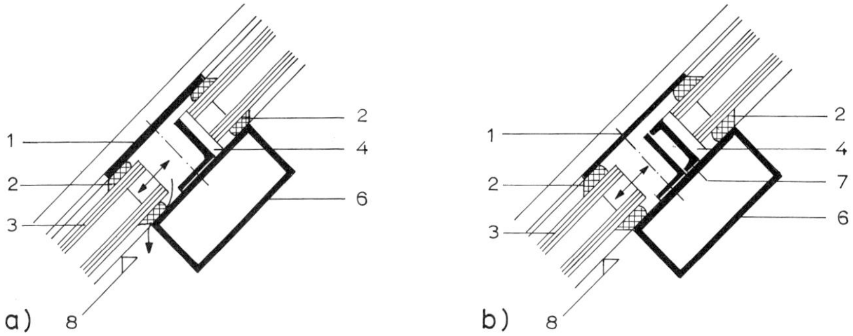

5.57 Glasstoß in Schrägverglasung
a) ohne Einlegewinkel, b) mit Einlegewinkel
1 Klemmleiste
2 Außendichtung
3 Isolierglas
4 Klotzung
5 Klotzbrücke
6 Einlegewinkel als Wasserführung
7 Riegelprofil
8 Dichtungsebene gleich Wasserebene am Riegel

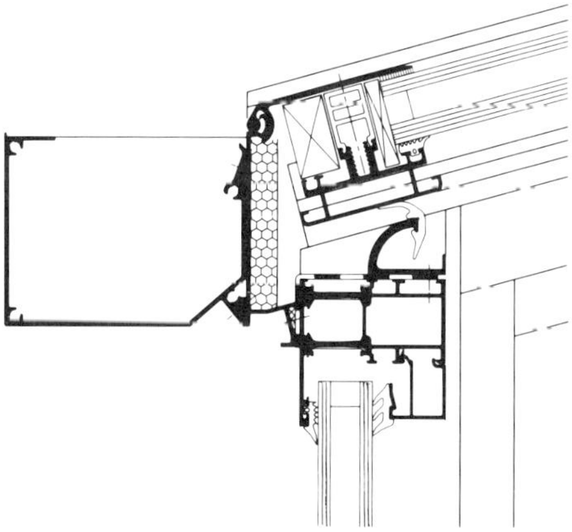

5.58 Traufdetail mit Regenrinne für Wintergarten (Schrägverglasung hier mit nicht wärmegedämmten Leichtmetallprofilen), WICONA

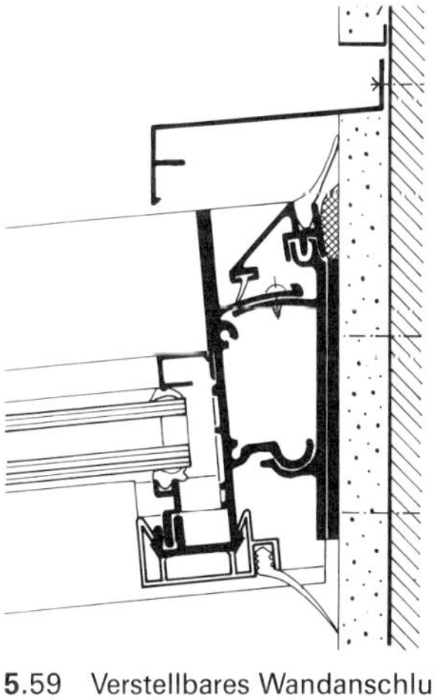

5.59 Verstellbares Wandanschlußsystem für Wintergärten (HUECK)

Wenn Quersprossen oder -riegel eingebaut werden müssen (z. B. zur Queraussteifung der Gesamtkonstruktion), sind Winkelbleche im Falzraum vorteilhaft, die am oberen Stoß etwa eindringendes Wasser sicher in die seitlichen Entwässerungsräume ableiten (Bild **5**.57).

Die Übergänge abgewinkelter schräg verglaster Flächen können bei kleineren Erkern ohne Dachrinnen ausgeführt werden (s. Punkt c in Bild **5**.60).

Eine Ausführung mit Dachrinne für einen großen Wintergarten zeigt Bild **5**.58.

Die seitlichen Anschlüsse an die Fassade werden ähnlich wie bei Fenstern ausgeführt.

Für den oberen Wandanschluß werden vorteilhaft verstellbare Anschlußsysteme montiert (Bild **5**.59).

In Bild **5**.60 sind Gesamtschnitte für Erkeranlagen mit wärmegedämmten Profilen gezeigt.

In Punkt a und b ist ein Querriegel und der untere Abschluß für eine Ausführung mit nicht verglastem, wärmegedämmtem Brüstungsfeld dargestellt.

An den Knickpunkten sind hier Sprossenprofile entsprechend zugeschnitten und verschweißt (Punkte c und d in Bild **5**.60), oder es werden verstellbare Profile verwendet (Punkt f in Bild **5**.60).

Eine aussteifende Quersprosse kann wie in Punkt e ausgeführt werden. Für Sprossen, die größere Glasflächen unterteilen, ist in Punkt g ein Beispiel gezeigt.

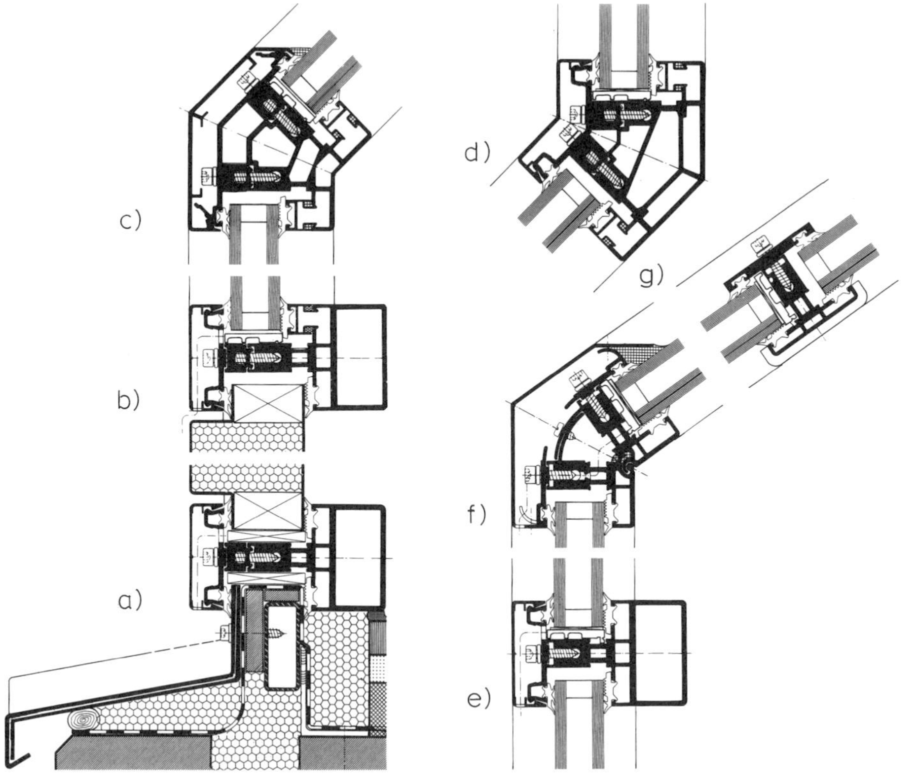

5.60 Schrägverglasungssysteme (WICONA)

5.3.5 Hängende Verglasungen

Großflächige, insbesondere sehr hohe Verglasungen von Schaufenstern oder ganzen Fassadenflächen können nur bei Unterteilung in kleinere Teilflächen mit den in Abschn. 5.3.3 bereits beschriebenen Verglasungsverfahren ausgeführt werden. Das Eigengewicht der Scheiben würde sonst zu Verformungen und damit zur Überbeanspruchung der Dichtungen führen.

Große Verglasungsflächen werden daher vielfach in „hängender Verglasung" ausgeführt. Dabei werden die Scheiben am oberen Rand mit starken Metallklammern gefaßt und an den Fassadenrändern bzw. entsprechenden Unterkonstruktionen aus Stahlprofilen aufgehängt (Bild **5**.61 a und b).

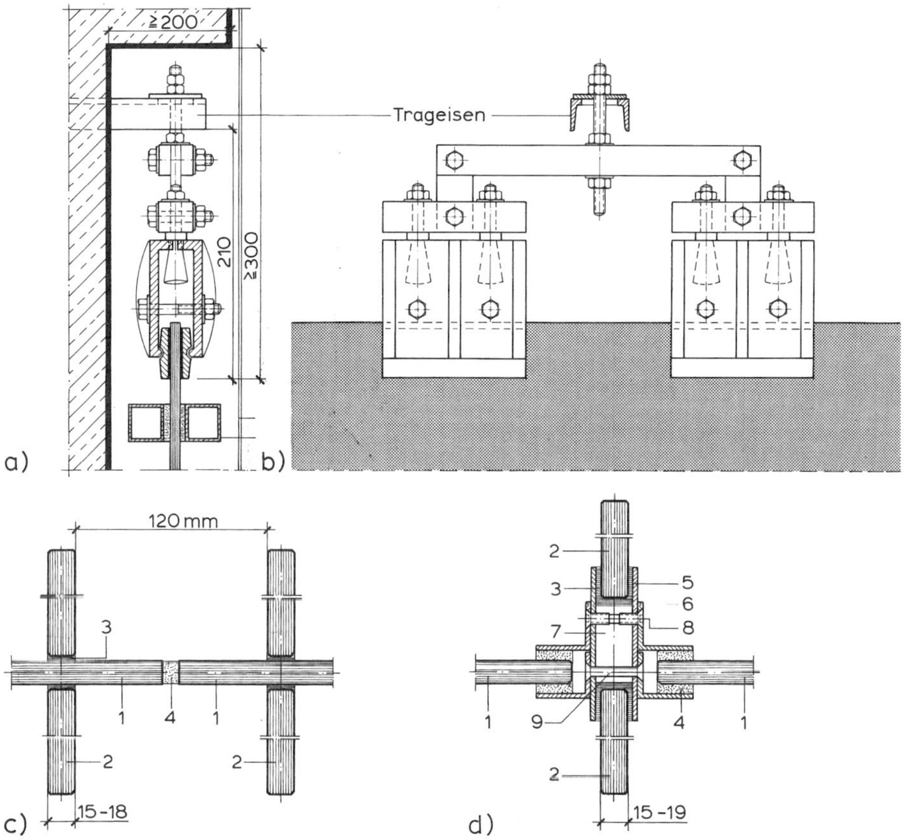

5.61 Aussteifung hängender Verglasung
a) und b) Hängende Verglasung (patentierte Ausführung Fa. Glasbau H. Hahn, Frankfurt/Main)
c) Vierfach-Glasstabilisierung (DBP)
d) kombinierte Glas-Metall-Sprosse (DBP und ausländisches Patent)

1 Hauptscheibe
2 Glasstabilisierung
3 Glaszement
4 weiche Abdichtung
5 Edelstahlprofil
6 Edelstahl-L-Profil
7 Stahlprofil
8 Verschraubung
9 Niet

Für senkrechte Unterteilungen können übliche Aluminiumprofile verwendet werden. Technisch besteht aber auch die Möglichkeit zur Ausführung von reinen Glaskonstruktionen. Mit Hilfe moderner Klebemittel können die senkrechten Stöße der Glasflächen bei kleineren Scheiben lediglich elastisch verklebt werden. Die Aussteifung wird durch aufgeklebte Stabilisierungsstreifen aus Glas bewirkt (Bild **5**.61 c).

Bei sehr hohen Glaselementen muß die Aussteifung mit kombinierten Glas-Metall-Sprossen ausgeführt werden (Bild **5**.61 d).

Am unteren Rand werden die hängenden Glasflächen in nutartigen Profilen so eingedichtet, daß Vertikalbewegungen (z. B. infolge von Durchhängungen der Deckenränder oder Riegel) ausgeglichen werden können.

5.4 Beschläge

5.4.1 Allgemeines

Für die Ausführung von Beschlagarbeiten ist DIN 18357 (VOB Teil C) maßgebend, doch werden dort nur allgemeine Hinweise gegeben, ohne auf die für die verschiedenen Fensterbauarten wichtigen Bedingungen einzugehen.

Bei der außerordentlichen Vielfalt der auf dem Markt befindlichen Fensterbeschläge können im Rahmen dieses Buches nur einige allgemein geltende Grundsätze für die richtige Auswahl und die Bau- und Funktionsarten gemacht werden. Selbstverständlich müssen alle Beschläge nicht nur der gewünschten Funktion, Größe und Beanspruchung eines Fensters entsprechen, sondern auch der gewählten Fensterbauart hinsichtlich des Baustoffes (Holz-, Holz-Aluminium-, Aluminium-, Kunststoff- oder Stahlfenster). Konstruktionsmerkmale der Beschläge werden dabei – weil leichter verständlich – überwiegend für Holzfenster dargestellt. Sie gelten sinngemäß aber auch für Fenster aus anderen Materialien.

In fast allen Fällen muß unterschieden werden zwischen Beschlägen, die „aufliegend", d. h. äußerlich sichtbar auf Flügel- oder Blendrahmen montiert werden, und solchen, die ganz oder teilweise „verdeckt", d. h. innerhalb von Ausfräsungen im Falzbereich von Holzfenstern oder in Hohlräumen von Kunststoff- oder Metallprofilen eingebaut werden. Einige Anwendungsbeispiele zeigen die Abbildungen in Abschn. 5.5.

Die W a h l des Beschlags ist in erster Linie abhängig von Fenstergröße (Gewicht), Beanspruchung und Zweck. Danach bestimmen sich Form und Preis.

Die K o s t e n setzen sich aus Beschlagspreis und Einbaukosten zusammen. Der Beschlagspreis wird nicht zuletzt davon mitbestimmt, wie viele Einzelelemente auf Lager gehalten werden müssen oder ob der Beschlagsmechanismus aus einigen wenigen montagefertigen Bauteilen, die sich beim Anschlagen leicht an die vorhandenen Rahmengrößen anpassen lassen, zusammensetzbar ist.

Die Wahl des Beschlages ist rechtzeitig zu treffen, weil die Dimensionen der Rahmenhölzer und die Beschläge aufeinander abgestimmt werden müssen.

Die Auswahl der Beschlagfabrikate ist im übrigen auch abhängig von den bei den Fensterherstellern jeweils vorhandenen Spezialwerkzeugen, Einbaulehren usw. und daher oft nur bedingt vom Planer zu treffen.

Im übrigen müssen alle Beschläge so beschaffen sein, daß auch bei nicht sachgemäßer Bedienung Gefahren ausgeschlossen sind. So müssen z. B. Drehkipp-Beschläge gegen

Fehlbedienung mit möglichem Herausfallen des Flügels gesichert sein. Schiebetürbeschläge für schwere Flügel sollen kurz vor der Schließstellung blockieren. Schwingflügel sollen Sicherung gegen völliges Umschlagen z. B. durch Winddruck aufweisen.

Bedienungsgriffe müssen in günstiger Greifhöhe liegen. Für Rollstuhlbenutzer soll sie nicht höher als 1,05 m liegen.

Ebenso ist auf den Mindestabstand zwischen äußerster Flügelrahmenkante und innerer Leibung zu achten. Er beträgt je nach Beschlag 25 bis 50 mm. Auch ist es wichtig zu wissen, daß die Kippflügellüftung nur dann befriedigend arbeitet, wenn sie weder durch eine zu enge oder zu tiefe Fensterleibung noch durch ein zu geringes Ausstellmaß behindert wird. Andrerseits ist bei zu großer Öffnung an diesen Stellen – vor allem in sehr hoch gelegenen Geschossen – nicht mehr mit zugfreier Lüftung zu rechnen.

5.4.2 Fensterbänder

Die bewegliche Verbindung der Fensterflügel mit dem Blendrahmen wird bei Dreh- und Kippfenstern durch die „Bänder" gebildet. Dafür werden heute überwiegend Einbohrbänder verwendet, für deren Zapfen mit Hilfe von Anschlaglehren Bohrungen in das Flügelholz hergestellt werden. Die Zapfen werden bei Holzfenstern direkt, bei Metall- und Kunststoffprofilen in eingelassene Hülsen eingeschraubt und ggf. durch Stifte gesichert (Bild **5**.62 und Bild **5**.63). Durch Heraus- oder Hereindrehen der Bandteile können jederzeit – auch nachträglich – Justierungen vorgenommen werden. Derartige Bänder gibt es in den verschiedensten Ausführungen, für schwere Flügel z. B. mit mehreren Zapfen, mit Nylon- oder Kugellager, für Montagen bei beengten Platzverhältnissen auch mit losem Stift (Bild **5**.63 b).

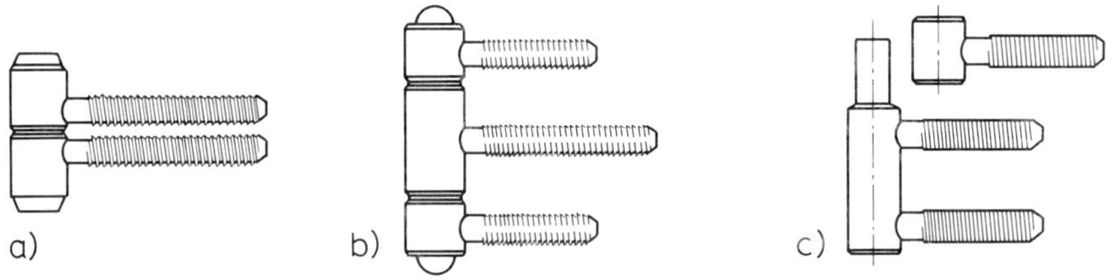

5.62 Einbohrbänder
a) Normalband für Fensterflügel
b) Band mit losem Stift
c) Band mit zweilappigem Tragteil

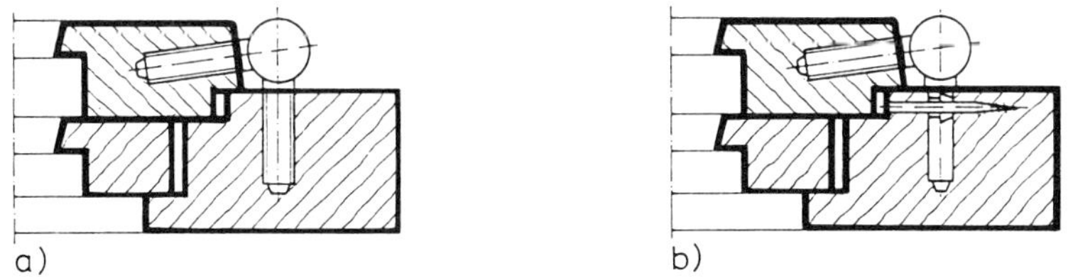

5.63 Einbohr-Zapfenband
a) Gewinde an beiden Zapfen
b) Flügelzapfen mit Gewinde, Rahmenzapfen mit Stift

Die früher weit verbreiteten Fitschbänder oder Fischbänder (französisch la fiche = Türband), deren Bandlappen in Flügel- bzw. Blendrahmen „eingestemmt" oder mit Spezialsägen eingelassen wurden, werden kaum noch verwendet (Bild **5**.64).

Besonders für größere Metallfenster und -fenstertüren werden auch Zapfenbänder verschiedener Bauart verwendet. Bild **5**.65 zeigt den typischen Aufbau derartiger Bänder, die mit exzentrischen Justierbuchsen nachstellbar sind.

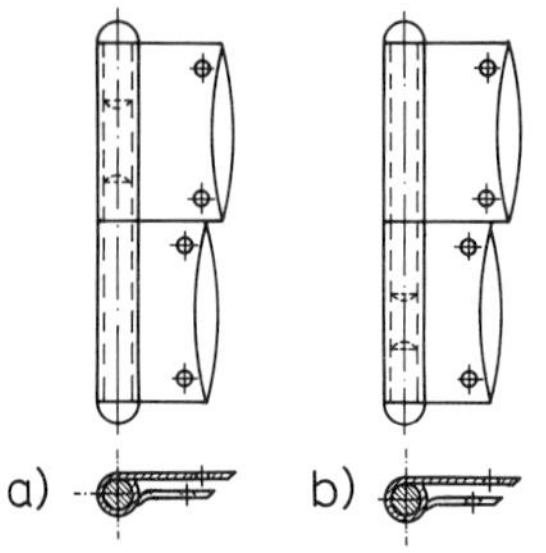

5.64 Einstemmbänder (dargestellt sind Linksbänder, Rechtsbänder spiegelbildlich)
a) mit festem Stift
b) mit losem Stift, rechts und links verwendbar

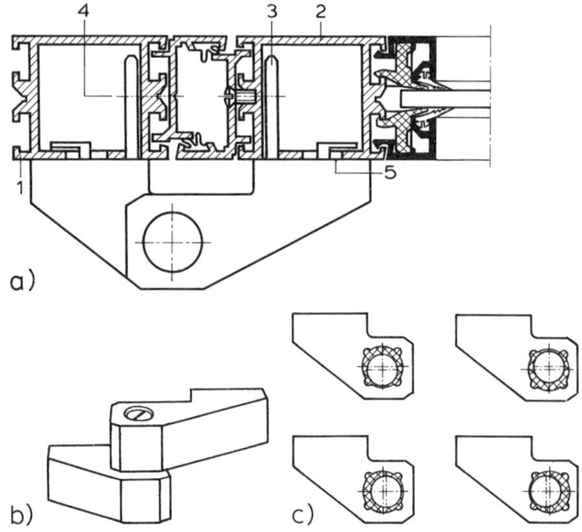

5.65 Zapfenband an Alu-Drehflügeltür
a) waagerechter Schnitt
1 Blendrahmen
2 Flügelrahmen
3 Zapfen
4 unsichtbare Verschraubung
5 zweiter Auflagerpunkt
b) Isometrie des Zapfbandes
c) Justierachse, in 4 Stellungen einsetzbar

5.4.3 Fensterverschlüsse

Zu unterscheiden sind einfache Verschlüsse für Dreh- und Kippfenster und solche für Drehkipp-, Wende-, Schwing-, Hebe-Schiebefenster u. ä. in der ersten Gruppe handelt es sich um Fenster mit Drehung des ganzen Flügels um eine Achse nach innen oder nach außen bei normaler Beanspruchung durch Fenstergewicht und Windlasten, Fensterbeschläge der zweiten Gruppe ermöglichen Bewegungen in mehr als einer Richtung (z. B. Drehen und Kippen oder Heben und Schieben). Die beiden Funktionen, nämlich den Flügel im Blendrahmen beweglich zu lagern und zu verriegeln, müssen dabei u. U. an derselben Stelle des Rahmens ausgeübt oder mit demselben Griff ausgelöst werden. Die Entwicklung dieser oft recht komplizierten, fast ausnahmslos durch Patente geschützten Beschläge, deren Formen kaum noch überschaubar sind, macht ständig Fortschritte.

Der erhöhten Beanspruchung durch Eigengewicht und Windlast entsprechend, werden bei Gestaltung neuer Fensterbeschläge allseitige Verriegelung, allseitige Dichtung, verdeckte Anbringung, Betriebssicherheit, gute Form und angemessener Preis angestrebt.

Besonders wichtig ist aber auch, daß die Beschläge in den genormten Fensterprofilen möglichst allseitig gleichartige Fräsungen bzw. Aussparungen erfordern, einfach und rationell angeschlagen und ggf. für Reparaturen leicht austauschbar sind.

Im übrigen haben sich, von seltenen Sonderfällen abgesehen, die äußeren Formen, nicht aber die Grundfunktionen der einzelnen Beschlagelemente verändert. Nach wie vor werden die Flügel mit Hilfe von Bändern, Zapfenlagern oder Rollen beweglich (drehbar oder verschiebbar) gelagert und an einem oder – viel besser – an mehreren Punkten ihres Rahmens durch Einreiber- oder durch Stangenverschlüsse von Hand verriegelt und gleichzeitig fest an den Blendrahmen gezogen.

Von den einfachen alten Fensterverschlüssen werden Vorreiber und Ruderverschlüsse kaum mehr eingebaut, obwohl sie leicht anzubringen sind und kleine Fenster hinreichend dicht anpressen.

5.4.3.1 Einreiberverschlüsse

Sie werden für kleine einflügelige Fenster und ebensolche Fenster mit festem Mittelpfosten verwendet. Bei Einreiberverschlüssen dreht sich die Zunge des Einreibers in einen aus dem Flügelrahmenholz gefrästen Schlitz, der auf der Falzfläche durch ein Führungsblech geschlossen wird. Gedreht wird mit einem Griff („Olive"). Die Zunge greift in das Schließblech, das auf die entsprechend ausgestemmte Falzkante des Blendrahmens oder Pfostens aufgeschraubt wird (Bild **5**.66). Von dem Anzug, der hier in diesem einfachen Falle durch die oben konische Schlitzverbreiterung im Schließblech bewirkt wird, hängt das Dichtschließen der Fuge im Rahmenüberschlag ab.

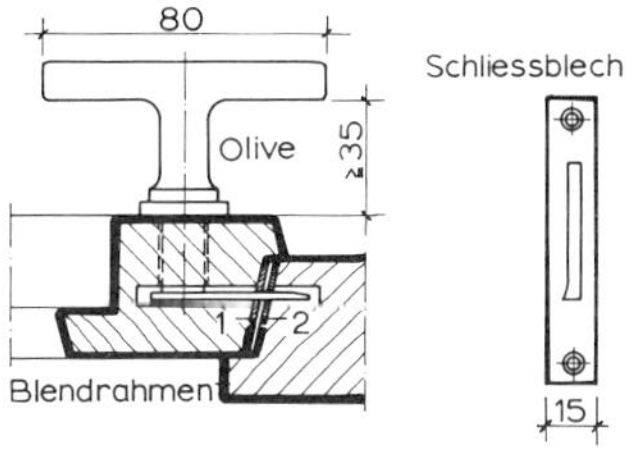

5.66
Einreiberverschluß
1 Führungsblech
2 Schließblech

5.4.3.2 Einlaßgetriebe

Einlaßgetriebe mit Stangenverschlüssen (Bild **5**.67) werden für Fenster ohne feststehende Pfosten verwendet. Sie verriegeln das Fenster an 3 Stellen, und zwar greifen die Riegelstangen oben und unten in Keilkloben oder in Rollkloben (Bild **5**.68) und in der Mitte mit Zungen in Schließbleche. Der Getriebekasten ist in das Flügelholz eingelassen, die Verschlußstangen in die darüber geschraubte Schlagleiste. Beim Drehen des Griffes greift die mit dem Dorn vernietete Zunge durch den Ausschnitt der Stulpschiene und zieht den Flügel etwas zusammen; gleichzeitig werden die Gelenkstücke verschoben. Dadurch werden die angeschlossenen Riegelstangen nach oben und unten gedrückt.

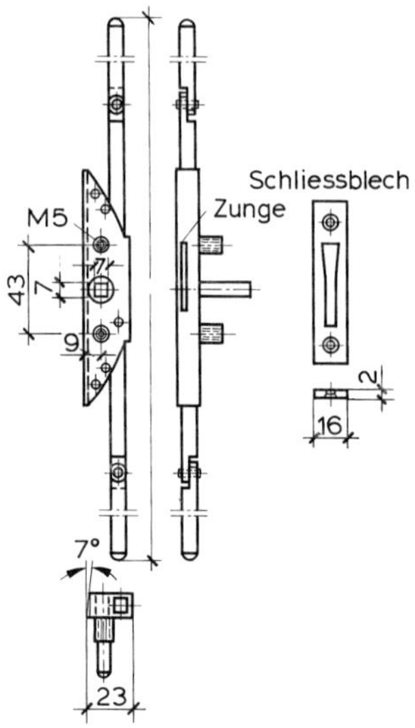

5.67 Einlaßgetriebe

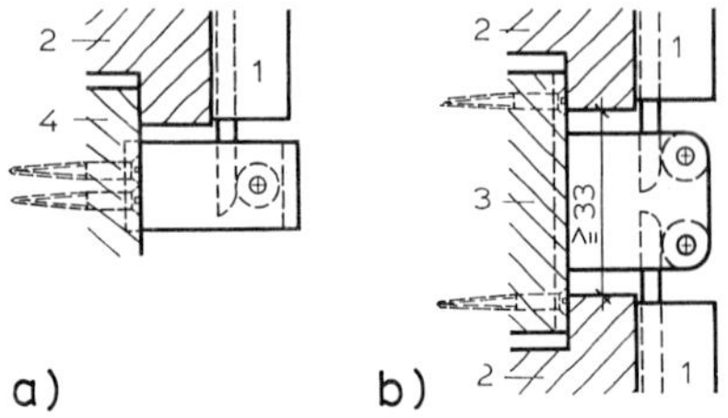

5.68 Roll- (a) und Doppelrollkloben (b)
1 Schlagleiste
2 Flügelholz
3 Riegel
4 Blendrahmen

5.4.3.3 Kantengetriebe

Kantengetriebe sind so eingerichtet, daß die Riegelstangen dicht hinter der durch die ganze Höhe des Fensterflügels reichenden Stulpschiene liegen. Die Riegelstangen sind mit 2 bis 4 Rollzapfen verbunden, die durch schlitzartige Ausschnitte der Stulpschiene reichen und in entsprechend geformte, in die Falzkante des Blendrahmens eingelassene Schließbleche greifen (Bild **5**.69).

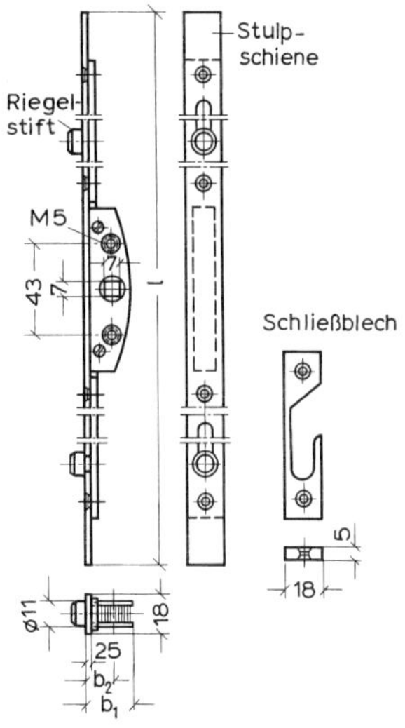

5.69 Kantengetriebe

5.4.4 Funktionsbeschläge

Die nachfolgend in Beispielen für Holzfenster beschriebenen Beschlagsysteme sind für die verschiedenen speziellen Öffnungsarten (s. Bild **5**.2) der Fenster konstruiert und enthalten in der Regel neben den entsprechenden Beschlagsteilen auch die nötigen speziellen Bänder und Verschlüsse.

5.4.4.1 Oberlichtfensterbeschläge

Oberlichtfenster sind Kippflügel, die oberhalb eines Kämpfers so hoch liegen, daß sie nicht unmittelbar mit der Hand, sondern nur über eine Zug- oder Treibstange und ein Hebelsystem bewegt werden können. Die Hebel, die in mehreren Drehpunkten die Ausstellscheren bewegen, müssen kräftig genug sein, um die Kippflügel beim Schließen wieder fest in die Rahmen zu drücken.

Möglich ist die Ausbildung von Oberlichtfenstern auch aus horizontal miteinander gekoppelten Flügeln (Gruppenoberlichtfenster). Anlagen dieser Art werden gegebenenfalls pneumatisch oder elektrisch angetrieben. Für das Getriebe bzw. als Bedienungsraum muß 4 bis 4,5 cm Breite zwischen Flügelkante und Leibung vorhanden sein. Zur Reinigung der äußeren Glasfläche ist die Verbindung des Hebels mit dem Flügelrahmen meistens aushängbar. Eine Sicherheitsschere hält den ausgeklappten Flügel (Bild **5**.70).

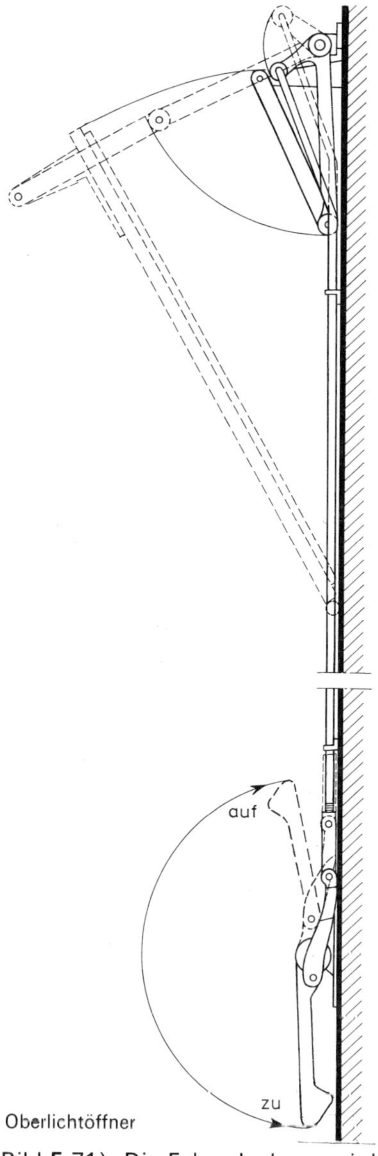

5.70 Oberlichtöffner

5.4.4.2 Drehkippfenster-Beschläge

Bei den meisten üblichen Raumhöhen von 2,50 m bis 3,00 m werden statt der Oberlichtfenster einflüglige Drehkippfenster verwendet, die bei Dauerlüftung parallel zum unteren Flügelholz nach innen gekippt werden.

In der Regel werden Beschläge mit Einhandverschluß eingebaut (Drehen, Kippen und Schließen des Fensters mit demselben Handhebel). Die über den Handhebel ausgeübten Zug- oder Druckkräfte müssen an drei Fensterecken um je 90° umgelenkt werden, um mit Hilfe von Treibstangen je nach Hebelstellung Rollzapfen oder Drehlager oder beides zu bewegen (Bild **5**.71). Die Eckumlenkung wird durch Stahlbänder bewerkstelligt, in welche die Treibstangen jeweils eingehängt sind. Auf diese Weise ist es möglich, die waagerechten Rahmenteile in der Mitte nochmals zu verriegeln.

Die Ausstellschere hält den gekippten Fensterflügel an 2 Punkten des Flügelrahmens fest, so daß eine zugfreie Dauerlüftung möglich ist.

Getriebe, Treibstangen, Ausstellschere und Eckumlenkungen liegen unsichtbar im Rahmen.

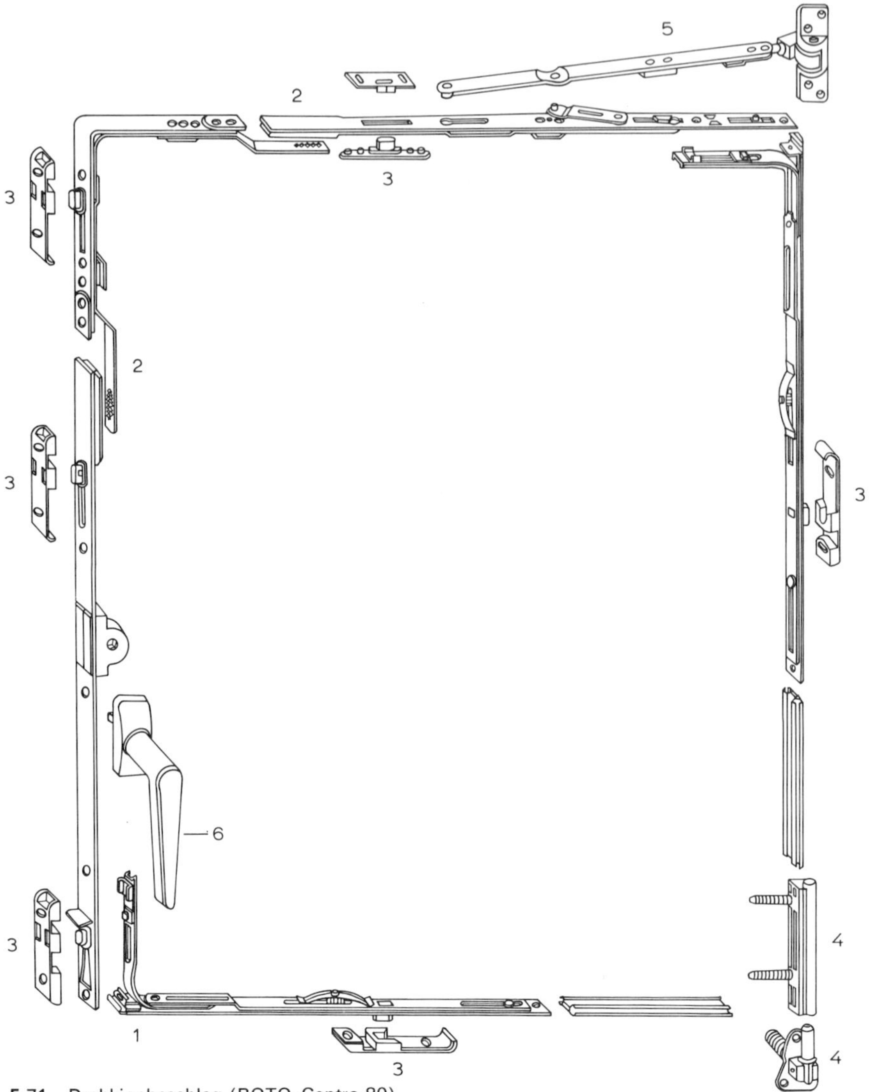

5.71 Drehkippbeschlag (ROTO-Centro 80)

1 Schließstück mit Einstiegsicherung
2 veränderbarer Verbindungsteil
3 Verriegelung
4 Eckband mit Ecklager
5 Ausstellschere
6 Halbolive für Einhandbedienung

Alle Drehkippbeschläge müssen Sicherungen gegen Fehlbedienung haben, die verhindern, daß die Flügel herausfallen können. Die meisten Beschläge weisen auch Sicherungen auf, die verhindern, daß Flügel in Kippstellung von außen bedient und geöffnet werden können.

Bei sehr breiten Flügeln sind Beschläge, in denen die Bedienungsfunktionen (Öffnen durch Kippen bzw. Öffnen durch Drehen) getrennt sind, günstiger.

5.4.4.3 Schiebefensterbeschläge

Schiebefenster werden senkrecht oder waagerecht verschoben, um große Öffnungen für Lüftung und ungestörte Aussicht freizugeben. Der besondere Vorteil aller Schiebefenster besteht darin, daß die geöffneten Fensterflügel nicht in den Raum hineinstehen.

Vertikalschiebefenster moderner Konstruktion werden in zwei übereinanderstehende Flügel geteilt. Die die Öffnung querteilenden Flügelrahmen sollten so hoch über dem Fußboden liegen, daß sie weder dem im Raum Sitzenden noch dem dort Stehenden die Aussicht versperren.

Von der früher üblichen Bauweise, bei der Gegengewichte oder Federn die Vertikalbewegung der Flügel ermöglichten, ist man abgegangen. Statt dessen werden oberer und unterer Flügel eines Vertikalschiebefensters untereinander als Gegengewichte ausgenutzt (z. B. Vertikalschiebefensterbeschlag GU-900). Damit werden zwar geringere seitliche Profiltiefen durch den Fortfall von Gewichtskästen erzielt, doch können derartige Fenster nicht voll geöffnet werden (Bild **5**.72 d). Für die recht komplizierte – und kostspielige – Beschlagsgarnitur, insbesondere für die Seilzugführung der Flügel, wird ein kastenartiger Raum im oberen Blendrahmen derartiger Vertikalschiebefenster benötigt.

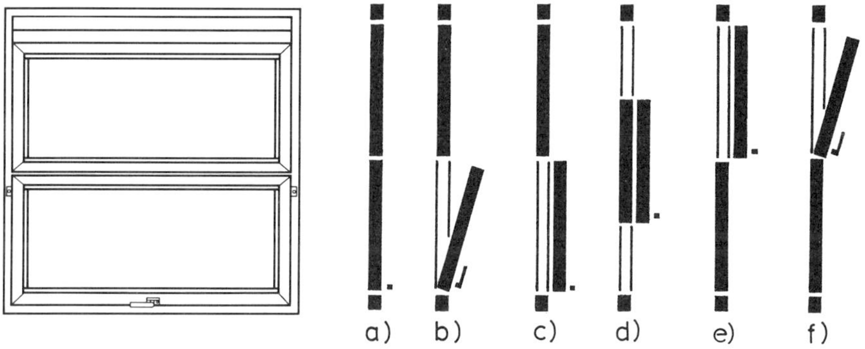

5.72 Vertikalschiebefenster (Gretsch-Unitas GU 900) und Betätigungsmöglichkeiten
a) Schlußstellung
b) Kippstellung
c) Parallelstellung unten
d) maximale Öffnungsstellung
e) Parallelstellung oben
f) Oberlichteffekt (nur bei ungleicher Scheibenhöhe möglich)

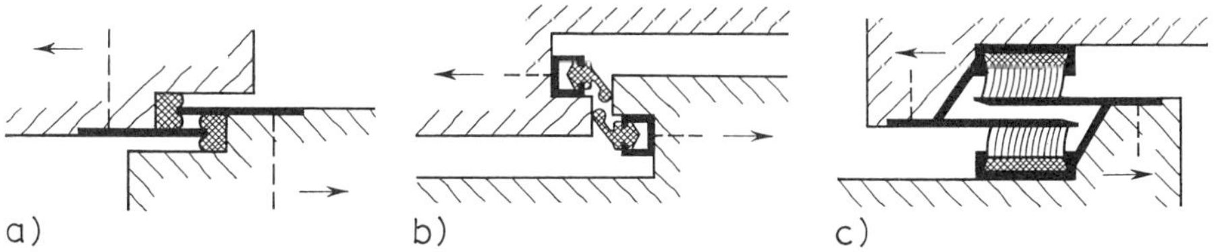

5.73 Schiebefenster-Dichtungen (Schema)
a) Weichgummistreifen
b) Lippendichtung
c) Bürstendichtung

Ein besonderes Problem entsteht bei Schiebefenstern für das Putzen der Scheiben. Es wird bei Vertikalschiebefenstern dadurch gelöst, daß die Flügel aus ihrer Vertikalführung ausgeklinkt und mit Hilfe besonderer Ausstellscheren nach innen geklappt werden können. Der Vertikalschiebefensterbeschlag GU-900 ermöglicht es, beide Flügel des Fensters in geschlossenem Zustand in eine Ebene zu bringen. Die verschiedenen Flügelstellungen zeigt Bild **5**.72 a bis f.

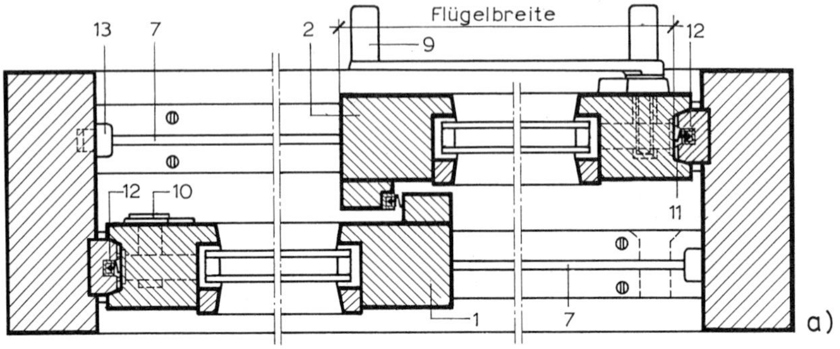

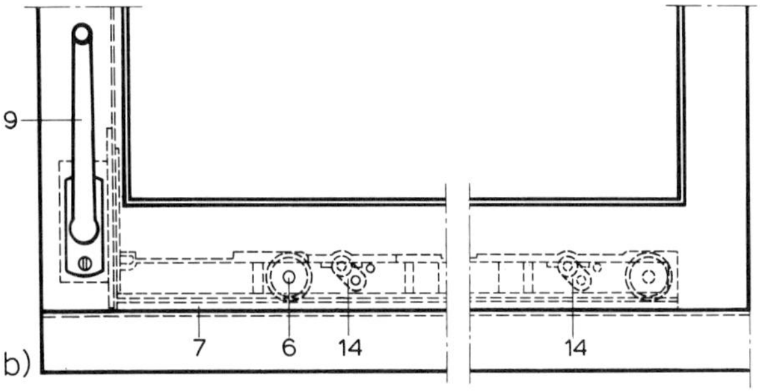

5.74
Horizontal-Schiebefenster in Holzzarge (mit Hebeschiebefensterbeschlag von Gretsch-Unitas GmbH, Stuttgart

a) Vertikalschnitt (Flügeldicke ≧ 50 mm)
b) Horizontalschnitt
c) schematische Darstellung der Laufwagenanordnung mit Hebevorrichtung

1 äußerer Flügel
2 innerer Flügel
3 äußere Falzleiste mit Zarge verdübelt
4 Führung für verriegelten, feststehenden Flügel
5 Dichtungswinkel
6 Laufwagen
7 Laufschiene
8 Dichtung der untersten Fuge
9 Handkurbel
10 Deckrosette für einsteckbare Handkurbel
11 Vertikalfugendichtung
12 Lippendichtung der Vertikalfuge
13 Gummipuffer
14 Schwinglasche, deren oberes Lager den Flügel um 5 mm anhebt, wenn beim Öffnen der Laufwagen das untere Schwinglaschenlager nach links zieht
15 Leichtmetall-Rohrschwelle mit aufgestecktem, wärmedämmendem Kunststoffprofil

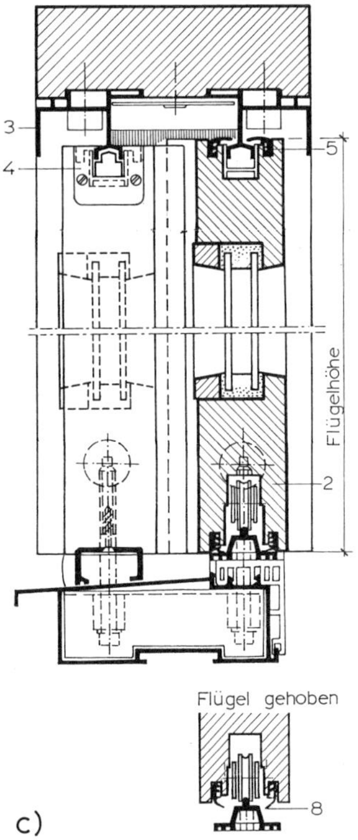

Horizontalschiebefenster haben Flügel, die sich hintereinander oder seitlich hinter feststehende Flügel oder in Mauerschlitze schieben lassen, so daß die gesamte Fensteröffnung frei wird (Bild **5**.74). Die Flügel ruhen bei kleineren Fenstern auf Kunststoffgleitern, sonst auf Rollen. Die Dichtung der Flügel untereinander und gegen den Blendrahmen wird durch Schleif- oder Preßdichtungen bewirkt (Bild **5**.73).

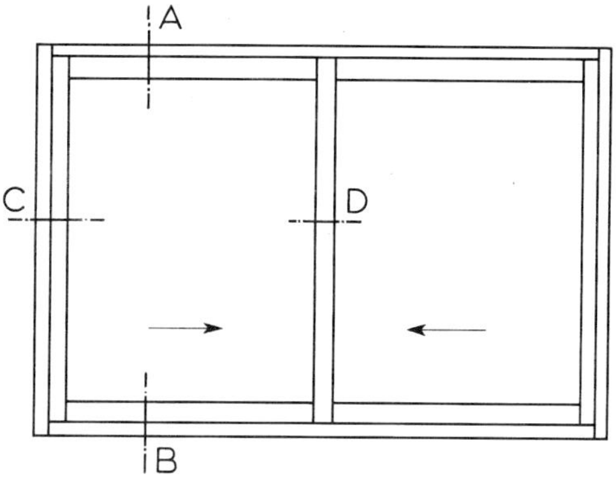

5.75
Hebeschiebtür in wärmegedämmter Aluminium-Konstruktion (WICONA)
a) senkrechter Schnitt A–B
b) waagrechter Schnitt C, seitlicher Wandanschluß
c) waagrechter Schnitt D, Mittelstoß

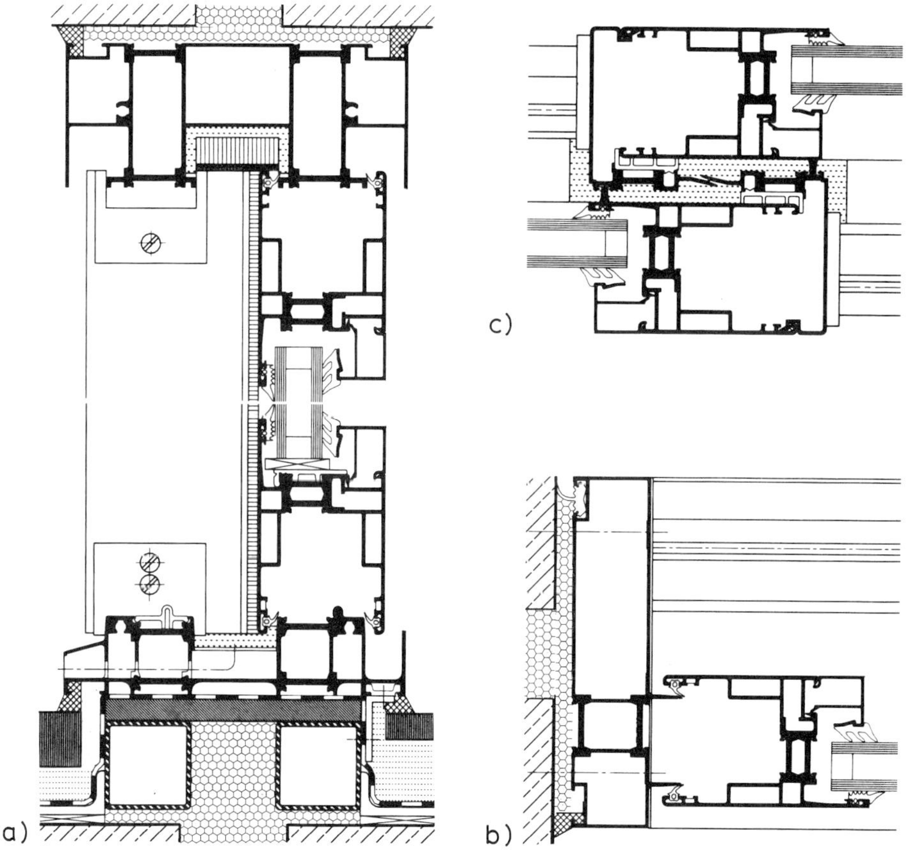

Türhohe Horizontalschiebefenster, z. B. als großflächige Terrassen- oder Balkonfenster, werden als Hebeschiebefenster ausgebildet. Bei ihnen ruhen die beweglichen Flügel auf Rollenwagen, die in den unteren Flügelrahmen eingelassen sind und auf Edelstahlschienen laufen (Bild **5**.74). Für den inneren Flügel wird mit einer Handkurbel beim Öffnen die Verriegelung des Fensters gelöst und im Rollenwagen der Flügel gleichzeitig so angehoben, daß sich die Anpreßdichtungen unten und oben lösen. Dann kann der Flügel seitlich bewegt werden. Der andere Flügel kann nur mit einer einsteckbaren Handkurbel geöffnet werden. Der Rahmen von Holz-Hebeschiebefenstern wird unten von Aluminiumrohrschwellen in wärmegedämmter Ausführung oder mit rückseitig aufgesteckten Kunststoff-Wärmedämmprofilen gebildet (Bild **5**.75).

5.4.4.4 Schwingflügelfensterbeschläge

Schwingflügelfenster lassen ein schnelles und bequemes Öffnen auch großer Fensterflächen zu (Flügelgewicht $\leq$ 350 kg). Das Drehlager ermöglicht eine Drehung um 180°, so daß die Außenfläche der Scheiben leicht vom Zimmer aus zu reinigen ist. Die Drehung wird in jeder Stellung gebremst. Durch Schlüssel können zwei verschiedene Öffnungsbegrenzungen eingestellt werden. Verriegelt wird das Fenster in der Mitte des unteren Flügelholzes und an allen vier Ecken durch einen Hebelgriff. Bei sehr breiten Fenstern werden zwei Verriegelungen angebracht.

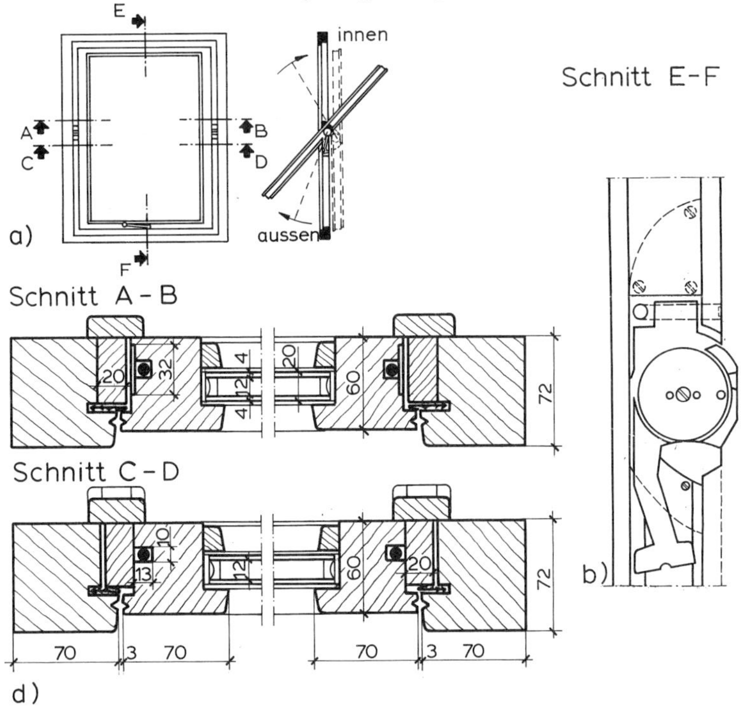

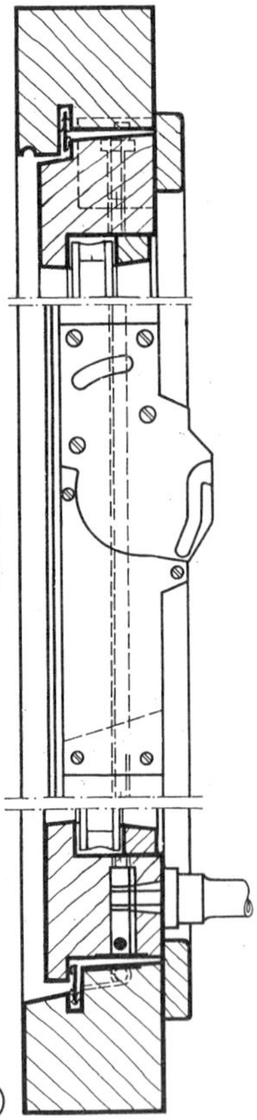

5.76 Schwingflügelfenster
a) Ansicht von innen mit Schnittschema
b) Ansicht des Drehlagers am Flügelholz
c) Vertikalschnitt mit Drehlager am Blendrahmen
d) Horizontalschnitte A–B und C–D

Die Belastung der Flügelrahmen ist infolge der mittigen Aufhängung der Schwingflügel bei großen Flügelabmessungen statisch günstiger als beim Drehflügel; daher sind bei gleicher Rahmendicke größere Flügelmaße möglich.

Bei der Bemessung der senkrechten Flügelrahmenteile muß sichergestellt sein, daß die Flügel in geöffnetem Zustand nicht durchhängen, weil dadurch Isolierglasscheiben beschädigt und funktionsunfähig werden können.

Nachteilig bei allen Schwingflügelfenstern ist, daß die auf der sonnenbestrahlten Hauswand entstehende warme Luftströmung unter dem teilweise geöffneten Flügel in den Raum geleitet wird (ebenso wie der Straßenlärm oder Geräusche aus daruntergelegenen Räumen) und daß sie in geöffnetem Zustand keine Aussichtsfenster, wie z. B. die Schiebefenster, sind.

Schwingflügelfenster sind weiterhin problematisch im Zusammenhang mit Rollläden oder Jalousettenanlagen außen. Das Funktionsprinzip eines Schwingflügelbeschlages zeigt Bild **5**.76.

5.4.4.5 Wendeflügelfensterbeschläge

Bei bequemer Handhabung bieten Wendeflügelfenster eine sehr intensive Lüftungsmöglichkeit, und beim Öffnen bleibt die halbe Fensterbreite in voller Höhe für die Aussicht frei. Die sichtbaren Lagerteile sind klein, und die Flügel werden weniger als bei Schwingflügelfenstern auf Biegung beansprucht, wenn stehende Rechteckformate für die Fenster gewählt werden. Bild **5**.77 zeigt die wichtigsten Konstruktionsdetails eines Wendeflügelfensters.

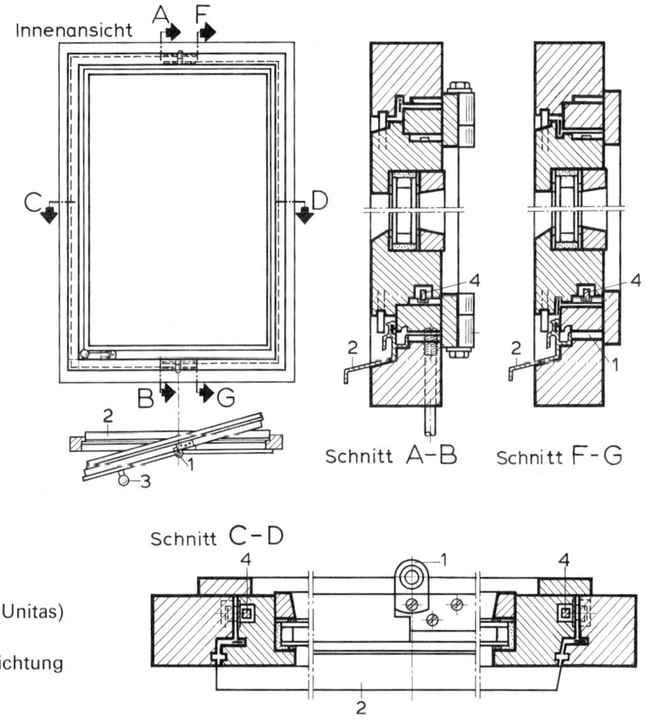

5.77
Wendeflügelfenster (Gretsch-Unitas)

1 Drehlager
2 Regenschutzschiene mit Dichtung
3 Handkurbel
4 Verriegelungsgestänge

Kennzeichnend für Schwing- und Wendeflügelkonstruktionen ist, daß eine Hälfte des Flügels von innen, die andere von außen in den Falz schlägt. Zwar können die Flügel mit Kantengetrieben, die über Handkurbel zentral bedient werden, mindestens vierfach in den Falzen verriegelt werden, doch ist unvermeidlich, daß eine Hälfte eines jeden Flügels durch die Windlasten in den Falz hinein- und die andere Hälfte aus dem Falz herausgedrückt wird. Ein gemeinsames konstruktives Merkmal beider Konstruktionen sind die in Bild **5**.76 und **5**.77 gekennzeichneten Falzleisten, die auf der einen Seite des Drehlagers im Flügelrahmen, auf der anderen Seite im Blendrahmen eingebaut sind und so den Wechsel des Falzaufschlages erlauben.

Derartige Schwing- oder Wendeflügelfenster erlauben nur mit Spezialbeschlägen das vollständige Schwenken der Fenster.

Wendeflügelfenster können mit Schleifdichtungen so konstruiert werden, daß sie sich um 180° drehen lassen, daß die Innenseite nach außen weist, aber bündig im Rahmen liegt. Auf diesen „Karussellfenstern" können Jalousettenanlagen so angebracht werden, daß sie innenliegend wettergeschützt – insbesondere sturmsicher – als Sichtschutz und außenliegend als sehr wirksamer Sonnenschutz dienen.

5.5 Ausführungsarten und Konstruktionsbeispiele

5.5.1 Allgemeines

Wenn man von Sonderanforderungen absieht – wie z. B. besonders große Abmessungen, extreme Beanspruchungen (z. B. Fenster für Hallenbäder) – können im Fensterbau fast alle Aufgaben mit jeder Baustoffgruppe gelöst werden. Die in den Abschn. 5.1 bis 5.4 behandelten allgemeinen Anforderungen an Fenster und die daraus resultierenden konstruktiven Grundsätze gelten sinngemäß für Fenster aus allen in Frage kommenden Fensterbaustoffen.

Es kann nicht Aufgabe dieses Werkes sein, einen vollständigen Überblick über alle Konstruktions- und Gestaltungsmöglichkeiten im Fensterbau zu geben. In den nachfolgenden Abschnitten werden daher nur die besonderen Konstruktionsbedingungen und -anforderungen für die jeweiligen Fensterbaustoffe behandelt und einige typische Ausführungsbeispiele gezeigt.

5.5.2 Holzfenster

5.5.2.1 Allgemeines

Erfahrungen mit Holzfenstern sind Jahrhunderte alt. Wo Rahmenquerschnitte und Holzverarbeitung den neuen Beanspruchungen – insbesondere durch die meistens geforderte Großflächigkeit bei hohem Winddruck und vermehrter Schallbelästigung – angepaßt werden können, werden sich die Holzfenster wegen der vielen guten Eigenschaften des Holzes auch weiter behaupten.

Voraussetzung für einwandfreie Funktion und die Lebensdauer von Holzfenstern ist die Beachtung folgender konstruktiver Grundregeln:

1. Falzdichtungen müssen umlaufend in einer Ebene eingebaut und in den Ecken dicht miteinander verbunden sein (Bild **5**.78). Über die Wasserkammer der Wetterschutzschiene muß ein Druckausgleich möglich sein. Falzdichtungen müssen leicht auswechselbar und mit den üblichen Anstrichen verträglich sein.

2. Bei Holzfenstern werden die Mitteldichtungen im unteren Blendrahmen mit Wetterschutzschienen kombiniert, die auch für die Ableitung des aus den seitlichen Falzen ablaufenden Regenwassers sorgen und als zusätzliche Winddichtung wirken (Bild **5**.79). Wetterschutzschienen müssen seitlich gegen die senkrechten Blendrahmenteile durch Dichtstoff sorgfältig abgedichtet werden, damit kein Wasser in die Fensterecken dringen kann. Wetterschutzschienen sind in den verschiedensten Profilierungen auf dem Markt und sind vielfach auch so ausgebildet, daß der untere Blendrahmen mit überdeckt wird (Bild **5**.79b).

   Wetterschutzschienen müssen seitlich an den Rahmen dicht anschließen. Ihre Wasseraustrittsöffnungen (Querschnitt ≧ 4/20 mm) müssen durch eine Tropfnase vor direktem Windanfall geschützt liegen, und der Abstand von der Unterkante der Tropfnase bis zur Ablauffläche des Blendrahmens muß mindestens 10 mm betragen.

3. Vor dem Einbau müssen alle Holzfenster durch ölige Holzschutzmittel gem. DIN 68800 gegen Pilz- und Insektenbefall imprägniert werden. Teil des Holzschutzes gegen Pilzschäden bildet dabei die mit einer derartigen Behandlung verbundene Vorbeugung gegen den Befall des Bläuepilzes, der zwar die Haltbarkeit von Fensterhölzern zunächst nicht direkt beeinflußt, aber immer zu Anstrichschäden führt.

   Die Schutzimprägnierungen werden am besten im Tauchverfahren aufgebracht. Sie müssen auf jeden Fall verträglich mit nachfolgenden lasierenden oder deckenden Anstrichen sein. Für die Oberflächenbehandlung von Holzfenstern werden daher von vielen Herstellern sogenannte „Anstrichsysteme" angeboten, bei denen die verschiedenen notwendigen Anstriche besonders aufeinander abgestimmt sind (s. Abschn. 5.5.2.4).

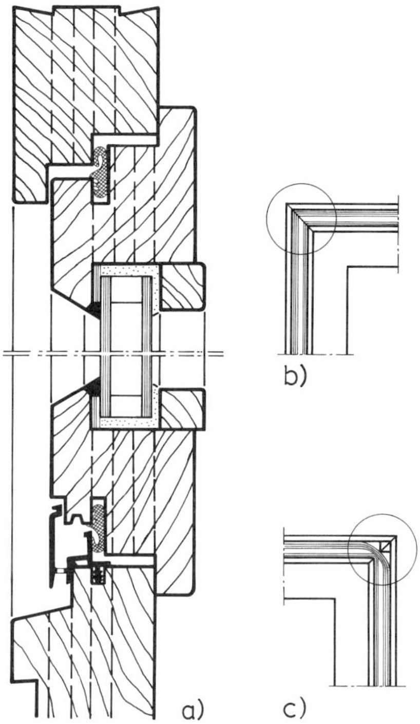

5.78 Falzdichtungen
a) senkrechter Schnitt
b) Ecke geklebt oder geschweißt
c) schlechte Ausführung: Profil im Falz herumgezogen

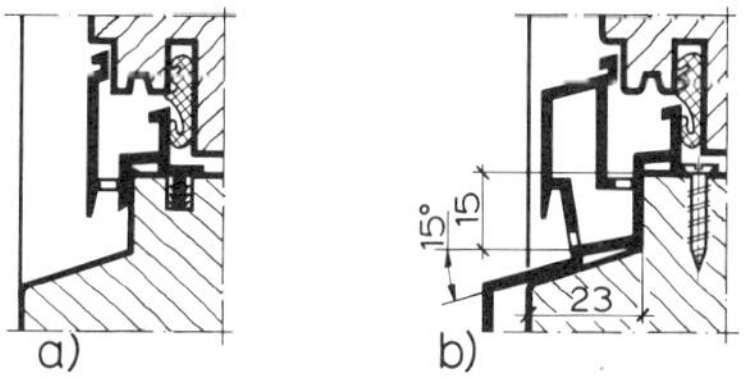

5.79 Wetterschutzschienen
a) Wetterschutzschiene (BUG)
b) Wetterschutzschiene mit Abdeckung des unteren Blendrahmenteiles (BUG)

5.5.2.2 Holz

Holz für den Fensterbau muß die folgenden Eigenschaften aufweisen:

- Widerstandsfähigkeit gegen äußere Einwirkungen, insbesondere gegen Befall pflanzlicher und tierischer Schädlinge,
- Standfestigkeit auch bei wechselnden Feuchtigkeits- und Temperaturverhältnissen,
- Verträglichkeit mit Anstrichen,
- gute Verarbeitbarkeit.

Die Qualitätsanforderungen für Hölzer zur Herstellung von Fenstern sind in DIN 68360 T1 festgelegt. Man unterscheidet:

- Holz für Außenanwendung, deckend zu behandeln,
- Holz für Außenanwendung, nicht deckend zu behandeln.

Die Merkmale gelten für das fertige Teil.

Der Feuchtigkeitsgehalt des Holzes darf 15% – bezogen auf das Darrgewicht – nicht überschreiten.

Nach den vom Institut für Fenstertechnik e.V., Rosenheim, herausgegebenen Richtlinien sind u.a. folgende Holzarten für den Fensterbau geeignet (Tab. **5**.80):

Tabelle **5**.80 Für den Fensterbau geeignete Holzarten

Holzart	**Holzfarbe (Splint)**	**Kern**
Kiefer	hell gelblichweiß	rötlichweiß, nachbräunend, Spätholz dunkler
Fichte	Splint und Kern nicht zu unterscheiden, Frühholz gelblichweiß, Spätholz rötlichgelb	
Teak	grau	gelb, später hell- bis dunkelbraun, oft schmale schwarze Adern
Afzella	grau	gelblich bis hellbraun, später rötlichbraun
Afrormosia	weiß, vergilbend	grünlich, später gelbbraun bis oliv
Agba	rötlichgrau	gelbbraun
Redwood	gelblich	hellrot, nachbräunend, Spätholz dunkler
Sipo	rötlichgrau	rötlichbraun, später braunviolett
Dark Red Meranti	graurosa	rotbraun, oft heller
Pitch Pine	gelblich, Spätholz rötlich	rötlichbraun, Spätholz dunkler
Oregon Pine	fast weiß	gelblichbraun, nachdunkelnd, Spätholz dunkel
Niangon	rötlichgrau	hell- bis dunkelrotbraun

Ferner gelten als geeignet: Hemlock, Pitch Pine, Carolina Pine sowie Wenge, Kambala (Iroko) und Sapeli-Mahagoni.

Unter dem Aspekt der besseren Ausnutzung von Fensterholz werden lamellierte Holzprofile verwendet. Dabei werden die Hölzer sperrholzartig verleimt (Bild **5**.81).

5.81
Lamellierte Holzfensterprofile

Zu beachten ist dabei:
- Leimfugen dürfen nicht direkt der Bewitterung ausgesetzt sein,
- Querschnitte müssen symmetrisch aufgebaut sein,
- bei der Verarbeitung müssen enge Feuchtigkeitstoleranzen für die zu verleimenden Hölzer eingehalten werden (13% ± 2%).

Von den einheimischen Hölzern wird für die Fensterherstellung am meisten Kiefernholz verwendet. Es ist besonders haltbar wegen seines relativ hohen Harzgehaltes. Voraussetzung ist aber, daß Splintholz nicht an Stellen eingebaut wird, an denen besonders hohe Feuchtigkeitseinwirkung erwartet werden muß (z. B. untere Rahmenhölzer, Glasfalze). Bei dunklen Anstrichen tritt bei Sonneneinstrahlung Harz aus.

5.5.2.3 Profile

Fensterprofile für die Herstellung von nach innen aufgehenden Dreh-, Drehkipp- und Kippfenstern sind in DIN 68121 T1 für Doppel- und Isolierverglasungen festgelegt. Holzprofile für schwing-, Wende- und Hebefensterrahmen sollen in DIN 68121 T3 festgelegt werden (Tabellen **5**.82 und **5**.83).

Tabelle **5**.82 Profile für Einfachfenster mit Isolierverglasung (DIN E 68121 T1)

Kurzzeichen des Profils	Mindestdicke des Profils in mm
IV 56	55
IV 63	62
IV 68	66
IV 78	76
IV 92	90

Tabelle **5**.83 Profile für Verbundfenster

Kurzzeichen des Profils	Mindestdicke des Außenflügels in mm	Mindestdicke des Innenflügels in mm
DV 32/44	30	42
DV 36/56	34	55
DV 44/44	42	42

Die Breite der Fensterhölzer nach DIN 68121 T1 wurde so gewählt, daß die Querschnitte auch hochkant aus Bohlen mit handelsüblichen Abmessungen geschnitten werden können. Die Maße sind Mindestmaße.

Die Profilierung aller horizontal verlaufenden Fensterteile wie Flügel- und Blendrahmen, Riegel und Sprossen sind mit einer Neigung von mindestens 15° auszuführen, damit Regenwasser – ggf. auch bei gekippten Flügeln – rasch abfließt.

Profilkanten sind nach DIN 68121 T2 sorgfältig abzurunden (Radius mindestens 2 mm), weil der durch Anstriche gebildete Schutzfilm an scharfen Kanten geschwächt wird und dort zuerst Oberflächenschäden entstehen können.

Für die Einzelabmessungen der Rahmen- und Flügelhölzer enthält E DIN 68121 genaue Angaben für alle Profilgruppen. Als Beispiele sind Schnitte für die Profilgruppe IV 56 (Bild **5**.84), IV 78 (Bild **5**.85) und DV 32/44 (Bild **5**.86) gezeigt. Bei der Falzausbildung sind verschiedene Varianten vorgesehen (Bild **5**.87).

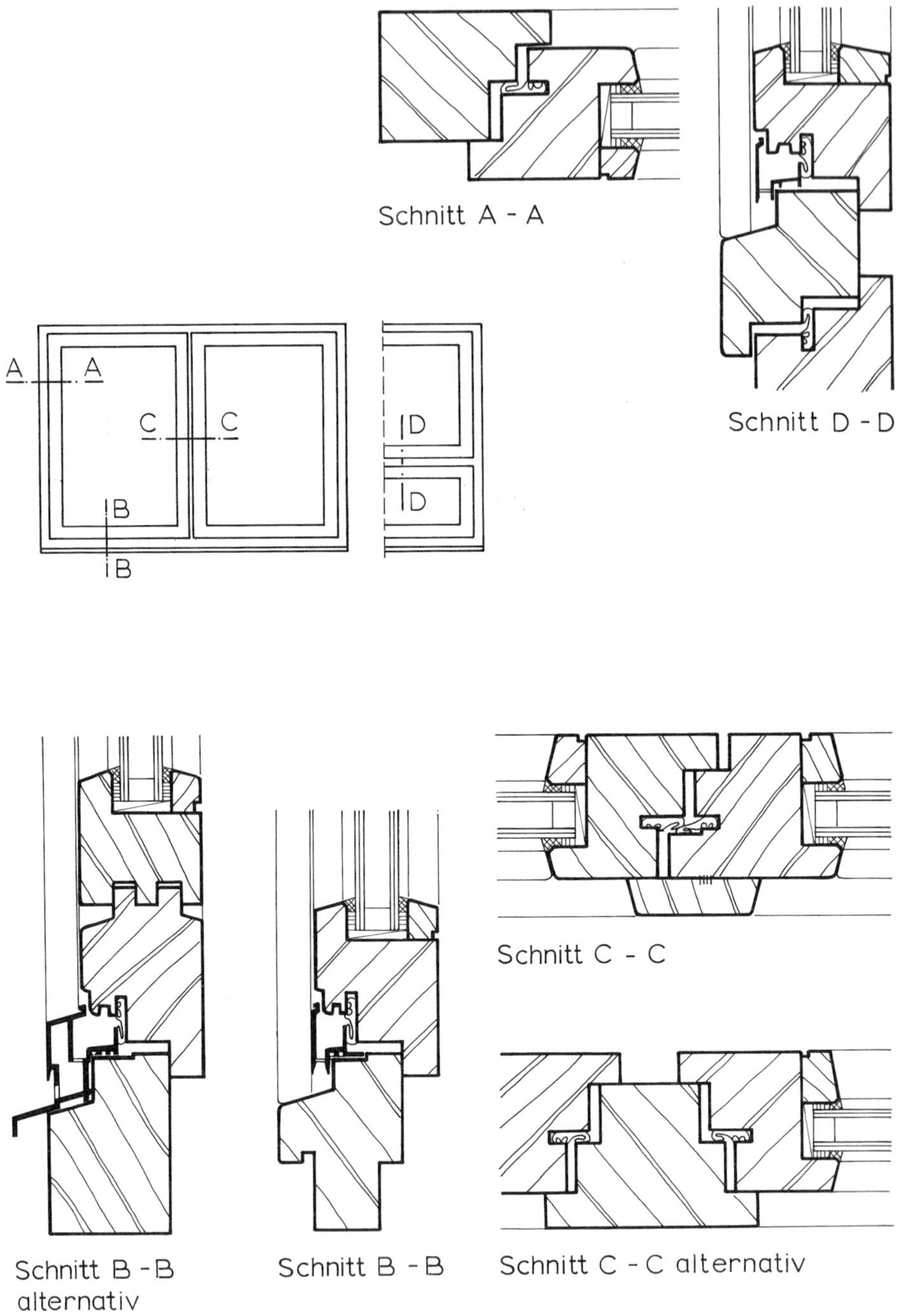

5.84 Einfachfenster mit Isolierverglasung IV 56 – DIN 68121 T1

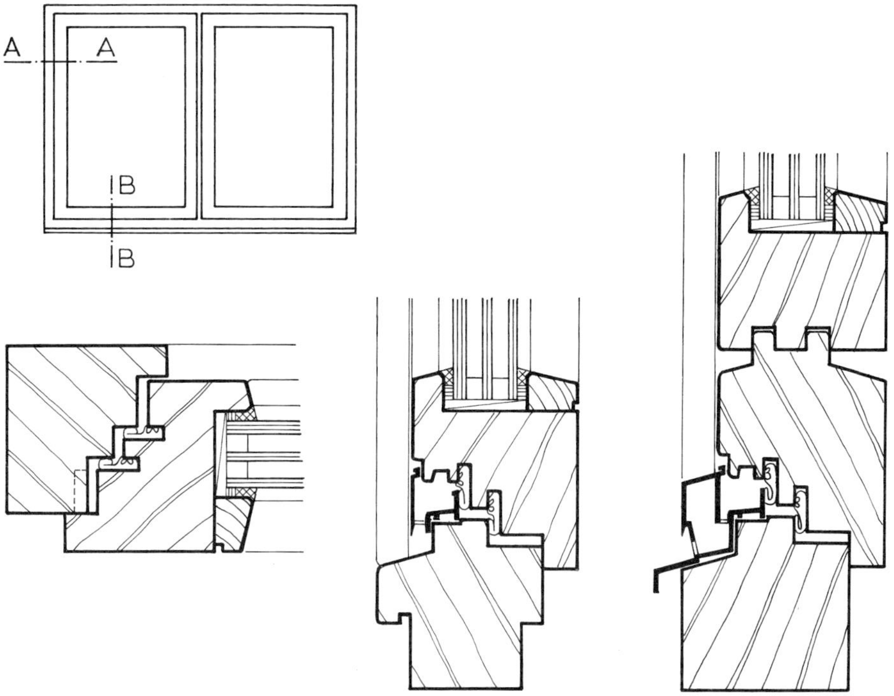

Schnitt A - A Schnitt B - B Schnitt B1 - B1

5.85 Schallschutzfenster IV 78 – DIN 68121 T1

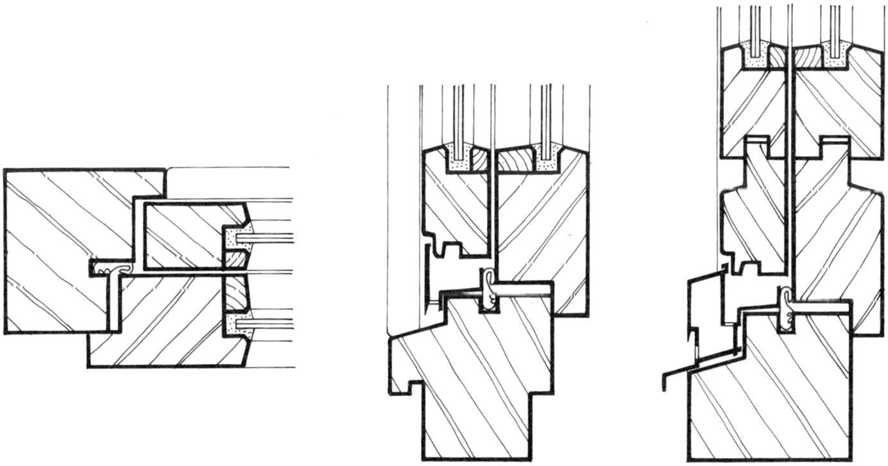

Schnitt A - A Schnitt B - B Schnitt B1 - B1

5.86 Verbundfenster DV 32/44 – DIN 68121 T1

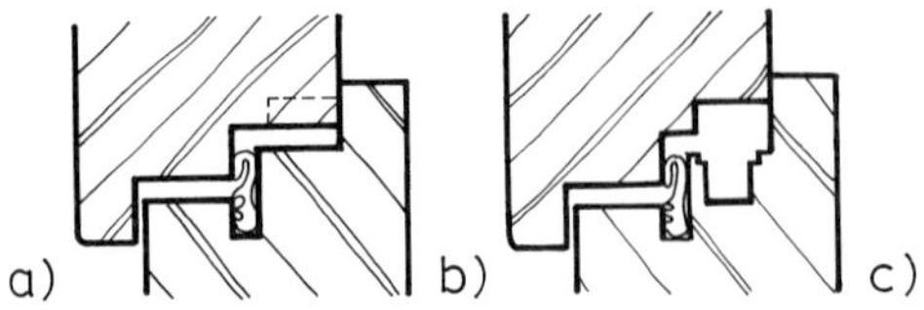

5.87 Möglichkeiten der Falzausbildung

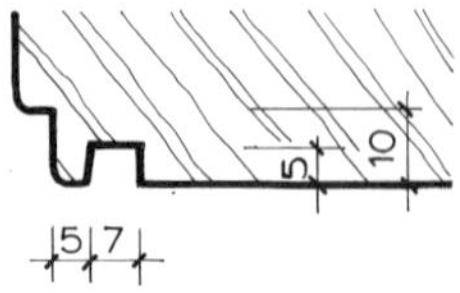

5.88 Wasserabreißnut

Die Anforderungen an die Glasfalze sind in Abschnitt 5.3.3 behandelt.

Die Wasserabreißnut im unteren Flügelrahmen ist nach Bild **5**.88 auszuführen.

Für die bei den einzelnen Profilgruppen möglichen Flügelabmessungen sind in E DIN 68121 T1 Angaben enthalten. Als Beispiel sind die Tabellen für die Profilgruppe IV 56 – Flügelholzbreite 78 und 92 mm – gezeigt (Tabellen **5**.89 und **5**.90).

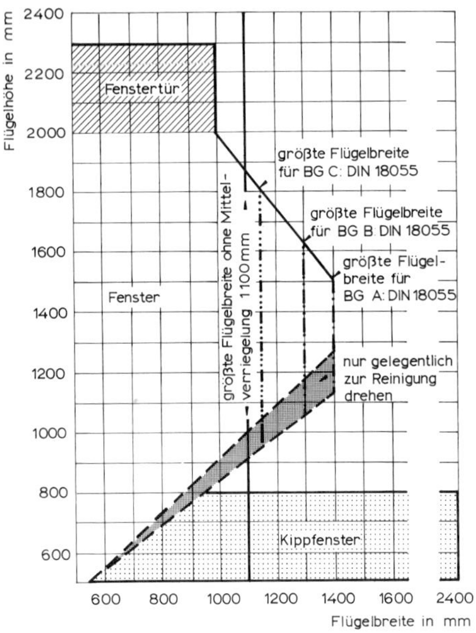

5.89 Flügelabmessungen für Profilgruppe IV 56, Flügelholzbreite 78 mm

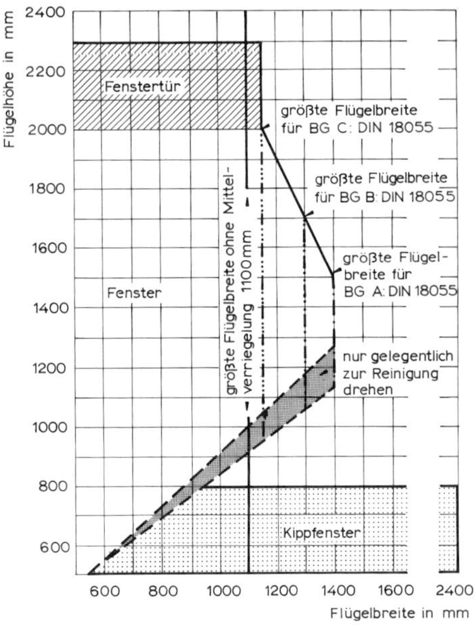

5.90 Flügelabmessungen für IV 56, Flügelholzbreite 92 mm

Die Rahmenverbindungen sind in der Regel als Schlitz/Zapfenverbindung auszuführen. Für Holzdicken bis 45 mm sind Einfachzapfen (Bild **5**.91) zugelassen, im übrigen sind Doppelzapfen vorzusehen.

Bevor die Rahmenecken kalt verleimt und mit einem Leichtmetallstift von sternförmigem Querschnitt (Sternnagel) gesichert werden, sind die Falze und Profile an die Rahmenstücke anzufräsen.

Für andere Rahmenverbindungen wie z. B. Dübel oder Keilzinken ist vom Hersteller ein Eignungsnachweis zu fordern.

Für die Beurteilung der Verarbeitung von Holzfenstern gibt es Richtlinien von der Gütegemeinschaft Holzfenster e. V., Frankfurt/M.

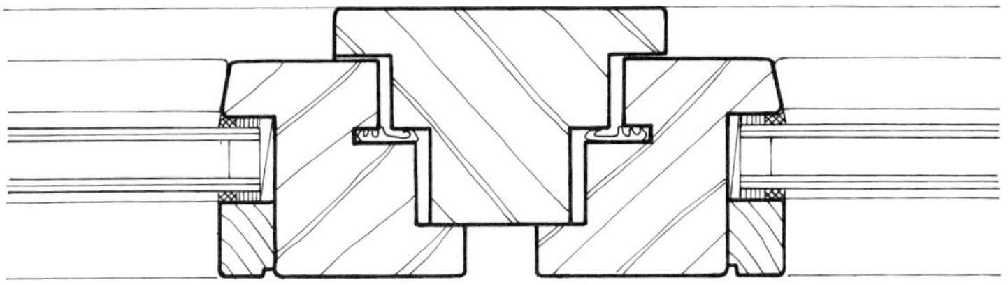

a)

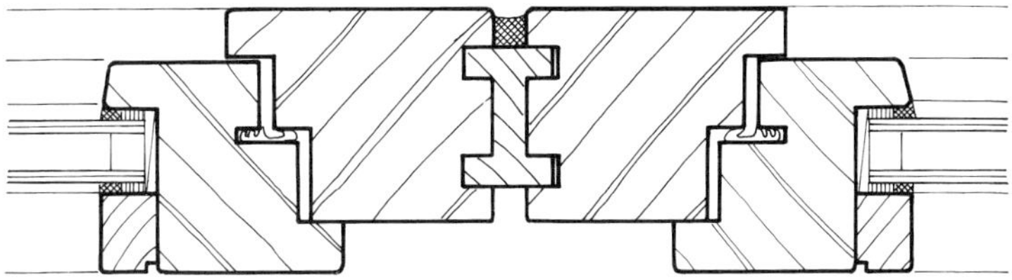

b)

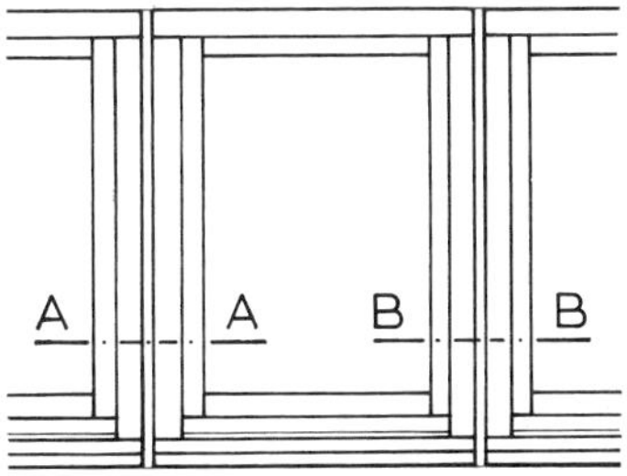

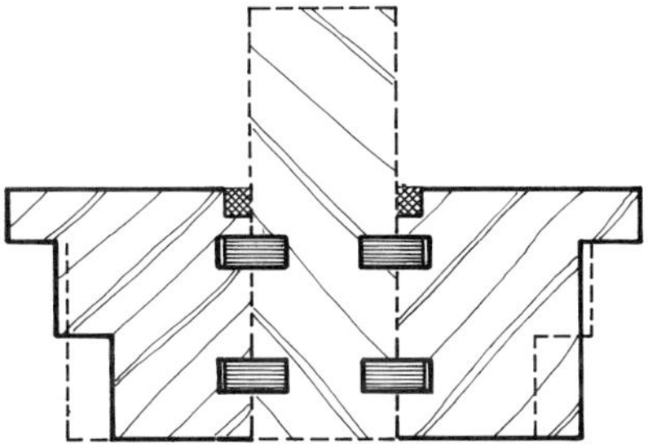

c)

5.91 Mehrflüglige Fenster

a) Ausführung mit festem Mittelpfosten (A–A)
b) Kombination von Einzelfenstern (B–B)
c) Verstärkte Ausführung bei Kombination hoher Fensterelemente

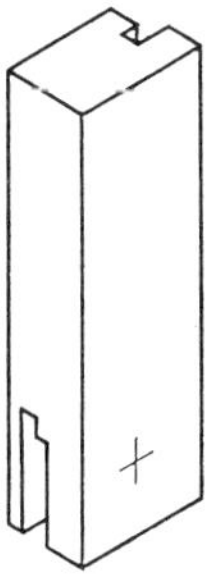

a)

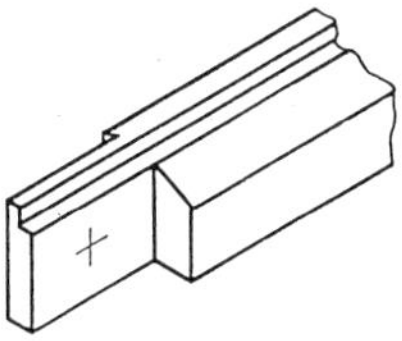

b)

5.92
Eckverbindungen mit Einfachzapfen (Blendrahmen)

a) aufrechtes Blendrahmenholz
b) unteres Blendrahmenholz

Mehrflüglige Fenster können ohne Mittelpfosten (Schnitt C–C in Bild **5**.84), mit festem Mittelpfosten (Bild **5**.92a) oder durch Kombination mehrerer Einzelfenster gebildet werden (Bild **5**.92b).

Bei Fenstertüren sind die unteren Blendrahmenteile bei Schäden an der anschließenden Balkon- oder Terrassenabdichtung und bei Ausführungsfehlern sehr fäulnisgefährdet. Es werden daher hier vielfach Leichtmetall-Hohlprofile verwendet (Bild **5**.93).

Fenstertüren werden heute seltener mit Hebeflügeln ausgeführt. Mit Spezialbeschlägen können derartige Flügel aus der unteren dichtenden Bodenschwelle zum Öffnen angehoben werden (Bild **5**.94). Die erforderlichen Hubbewegungen beanspru-

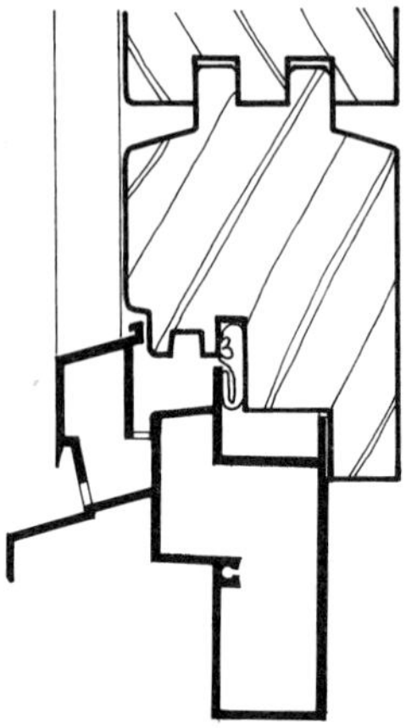

5.93 Leichtmetall-Hohlprofil für unteren Blendrahmen von Fensteröffnungen

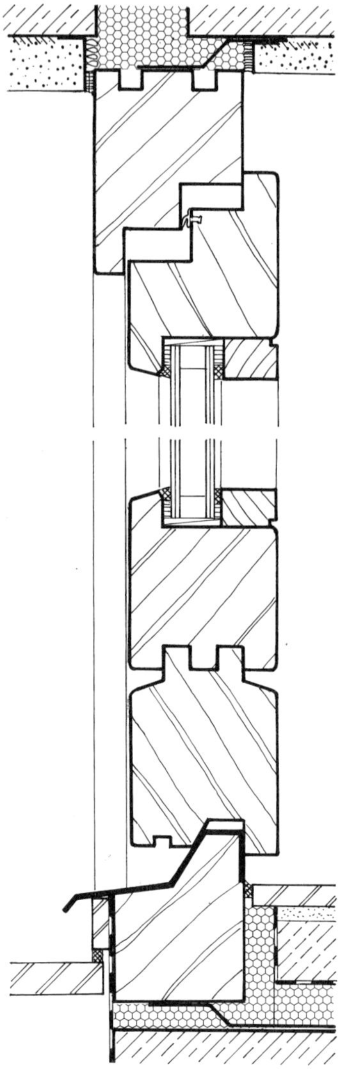

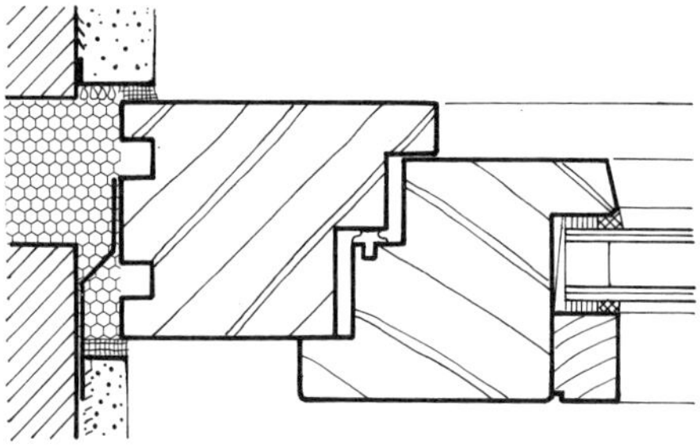

5.94 Fenstertür für Hebetür

chen die heute geforderten Falzdichtungen meistens zu stark, so daß Fenstertüren – mit entsprechend verstärkter Dimensionierung – heute meistens wie Fenster konstruiert sind.

Bei Fenstertüren und auch bei fest verglasten Fensterelementen ist zur Verbesserung des Spritzwasserschutzes für die unteren Glasfälze und als Schutz der Verglasungen gegen mechanische Beschädigungen vielfach eine Verbreiterung der unteren Blendrahmen- bzw. Flügelprofile nötig. Dafür werden gefälzte Profilkombinationen wie in Bild **5**.94 verwendet. Wichtig ist, daß an den Stoßstellen keine zu engen Fugen entstehen, in denen das Auftragen von Holzschutz- und Anstrichmitteln problematisch wird und in denen sich Schlagregenwasser stauen kann.

Fest verglaste oder mit nichttransparenten Füllungen ausgeführte Teile von Fensterelementen können mit innen aufgesetzten oder eingesetzten Deckplatten hergestellt werden (Bild **5**.95). In Füllungen ist eine Dampfsperre vorzusehen, und die Vorschriften hinsichtlich des erforderlichen Wärmeschutzes sind zu beachten (DIN 4108 T2).

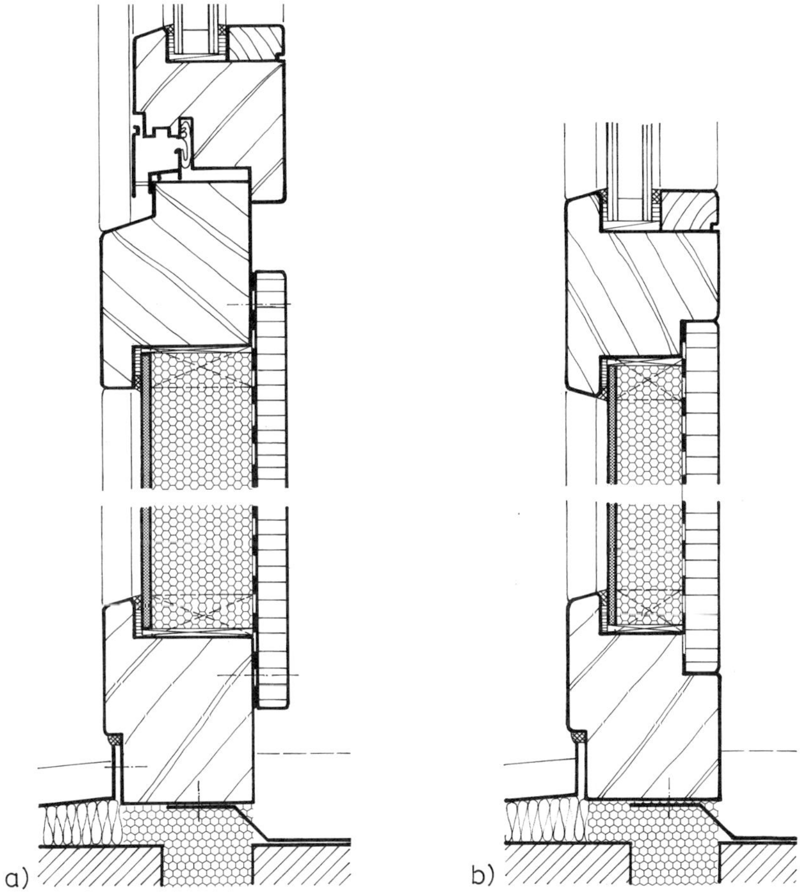

5.95 Brüstungen mit nicht transparenten Ausfachungen

a) Deckplatte innen aufgesetzt

b) Deckplatte innen in Rahmen eingesetzt

5.5.2.4 Oberflächenbehandlung

Für die Oberflächenbehandlung der fertigen Fenster stehen filmbildende, deckende Anstrichmittel oder lasierende, sogenannte „offenporige" kombinierte Anstrich- und Holzschutzmittel zur Verfügung.

In Anlehnung an DIN 18363 (VOB Teil C, Anstricharbeiten), an die Empfehlungen des Instituts für Fenstertechnik e.V., Rosenheim, sowie des Arbeitsausschusses Anstrich und Holzschutz ordnen die Anstrichmittelhersteller ihre Anstrichsysteme einschließlich Holzschutz in eigener Verantwortung in die Anstrichgruppen A bis C ein unter Beachtung der Holzarten (I bis III) und des Farbtones (1 bis 7).

Einteilung der Holzarten

Holzart I:

- harzhaltige Nadelhölzer, z.B. Kiefer, Oregon Pine, Pitch Pine, Lärche[1])

Holzart II:

- harzarme Nadelhölzer, z.B. Fichte, Redwood

Holzart III:

- Laubhölzer, z.B. Sipo, Dark Red Meranti, Teak, Afzelia, Eiche

Farbtongruppen von Anstrichen

Farbton: Lasuranstriche

- hell: farblos bis hell getönt (für Anwendung im Freiluftklima nicht geeignet)
- mittel: mittelbraun bis mittelrot
- dunkel: dunkelbraun bis anthrazit

Farbton: Deckende Anstriche

- hell: weiß bis chromgelb, z.B. elfenbein RAL 1014, lichtgrau RAL 7035, maisgelb RAL 1006
- mittel: chromgelb bis blaulila, z.B. gelborange RAL 2000, feuerrot RAL 3000, lichtblau RAL 5012
- dunkel: blaulila bis anthrazit, z.B. silbergrau RAL 7001, lehmbraun RAL 8003, moosgrün RAL 6005

Lasierende Anstriche müssen eine Trockenschichtdicke von mindestens 60 μ, deckende Anstriche eine solche von mindestens 100 μ aufweisen. Farblose Lasuren bieten dem Holz keinen ausreichenden Schutz gegen UV-Strahlung und sind daher für Außenanstriche nicht zu verwenden. Besser sind mittlere und dunkle Farbtöne.

Anhand der vom Institut für Fenstertechnik e.V., Rosenheim, herausgegebenen Tab. **5**.93 ist – unter Berücksichtigung der zu erwartenden klimatischen Beanspruchung – die Möglichkeit gegeben, die geeignete Anstrichgruppe auszuwählen.

Zur Festlegung der Anstrichgruppe müssen bekannt sein:

- Erstanstrich – E – oder Renovierungsanstrich – R –
- Holzart
- Klimabeanspruchung
- Farbton
- Lasuranstrich oder deckender Anstrich

Bei der Ausführung von Renovierungsanstrichen R ist zu unterscheiden in Überholungsanstrich RÜ und Erneuerungsanstrich RE. Bei Überholungsanstrich darf der Altanstrich nur geringe Anstrichschäden aufweisen und muß als Anstrichträger geeignet sein. Ist der alte Anstrich zerstört, müssen die Anstrichreste entfernt und eine tragfähige Holzoberfläche wieder hergestellt werden. Die Einschränkung bei Nadelholz und dunklem Anstrich ist zu beachten.

[1]) Bei mittleren bis dunklen Farbtönen muß mit Beeinträchtigung des Anstriches durch Harzaustritt gerechnet werden.

Tabelle **5**.96 Anstrichgruppen für Fenster und Außentüren (Institut für Fenstertechnik e.V., Rosenheim)

Oberflächenschutz		Lasuranstrich			Deckender Anstrich			
Holzartengruppe		I	II	III	I	II	III	
Beanspruchung	Farbton							
Außenraumklima (indirekte Bewitterung)	ohne Einschränkung	1	A	A	A	C	C	C
Freiluftklima bei normaler direkter Bewitterung	hell	2				C	C	C
	mittel	3	B	B	B	C	C	C
	dunkel	4	B	B	B	C	C	C
Freiluftklima bei extremer direkter Bewitterung	hell	5				C	C	C
	mittel	6		B	B	C	C	C
	dunkel	7		B	B		C	C

Erstanstrich: E Renovieranstrich: R Überholungsanstrich: RÜ Erneuerungsanstrich: RE

Ergibt sich eine Anstrichgruppe in einem weißen Feld, so gelten die Empfehlungen mit der Einschränkung, daß durch Harzfluß und/oder Rißbildungen im Holz und in den Rahmenverbindungen eine Beeinträchtigung der Oberfläche und des Anstriches auftreten kann (s. auch DIN 68360 Teil 1).

Anwendungsbeispiel:

Für ein Wohngebäude mit 3 Geschossen in exponierter Hanglage ist der Einbau von Holzfenstern aus Fichte vorgesehen. Es muß mit direkter Sonneneinstrahlung und starker Schlagregenbelastung gerechnet werden. Die Fenster sollen mit dunklem deckenden Anstrich behandelt werden.

1. Ausführung: Erstanstrich → E
2. Holzart: Fichte → Holzartengruppe II
3. a Klima: Exponierte Hanglage mit direkter Sonneneinstrahlung und starker Schlagregenbelastung; b Farbton: Dunkel → Zeile 7
4. Art des Anstriches: Deckend → Gruppe C

Erforderliche Anstrichgruppe: Anstrich entsprechend Anstrichgruppentabelle IFT: C 7/II–E

5.5.3 Aluminiumfenster

5.5.3.1 Allgemeines

Als Baustoff für Fenster und Fassaden hat Aluminium eine außerordentliche Bedeutung gewonnen. Aluminiumkonstruktionen zeichnen sich aus durch

- dekoratives Aussehen bei vielfältiger Möglichkeit der Oberflächenbehandlung,
- Anspruchslosigkeit in Unterhaltung und Pflege bei sehr hoher Lebensdauer,
- große Herstellungsgenauigkeit der Profile und damit verbunden sehr geringe Toleranzen sorgfältig gefertigter Konstruktionen (z. B. hohe Fugendichtigkeit),
- gute Bearbeitbarkeit,
- geringes Gewicht.

Aus diesen Eigenschaften ergibt sich die große Wirtschaftlichkeit von Aluminiumkonstruktionen im Fensterbau, obwohl die Investitionskosten gegenüber Fenstern gleicher Größe aus anderen Materialien zunächst höher liegen.

Im allgemeinen werden Aluminiumfenster aus Halbzeugen hergestellt, die von verschiedenen Herstellern als Profilsysteme, teilweise ergänzt durch passendes Zubehör wie Bänder, Beschläge, Dichtungen, Rolladenführungen usw. angeboten werden. Der Fensterhersteller wird anhand von speziellen Profilisten, Kombinationsvorschlägen, Statik- und Bemessungstabellen sowie von entsprechenden Bauanleitungen in die Lage versetzt, Fenster für den speziellen Bedarfsfall zusammenzubauen.

Die für die Fenster verwendeten Strangpreßprofile werden überwiegend aus der Legierung AlMgSi0,5 F22 (DIN 1725 und 1748) hergestellt. Für die technischen Lieferbedingungen gilt DIN 17615 T1 und T3. In DIN 4113 T1 sind Festigkeitswerte und zulässige Belastungen festgelegt.

Profilsysteme für Aluminiumfenster werden hergestellt als einteilige ungedämmte Strangpreßprofile (Bild **5**.97) für Fenster- und Türkonstruktionen, an die wie z. B. im Innenbereich keine Anforderungen an den Wärmeschutz gestellt werden oder dort, wo durch entsprechende Warmluftführung vor den Fenstern Tauwasserbildung entgegengewirkt werden kann (s. Bild **5**.20).

Wärmegedämmte Profile (Aluminium-Kunststoff-Verbundprofile) bestehen aus Strangpreßprofilen, bei denen die innere und äußere Schale thermisch durch Kunststoffstege oder Hartschaum voneinander getrennt sind (Bild **5**.98). Für die Anforderungen an den Wärmeschutz gilt DIN 4108 T4. Danach darf der *k*-Wert für Fenster 3,1 W/m²K nicht überschreiten. Für nichttransparente Füllungen (Paneele) gelten die Anforderungen an leichte Bauteile (DIN 4108 T2).

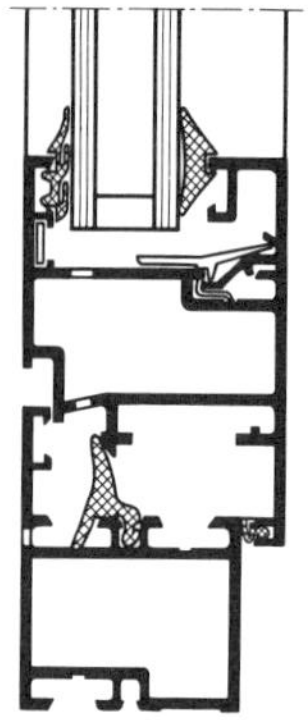

5.97 Ganzaluminium-Fenster

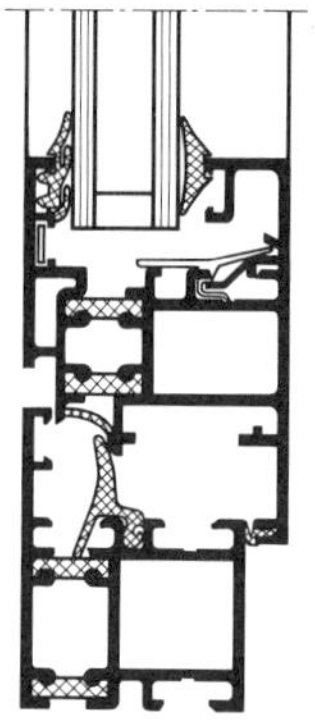

5.98 Wärmegedämmtes Aluminiumfenster

Die Profilsysteme werden formal unterschieden als flächenbündige, flächenversetzte und „integrierte" Konstruktionen (Bild **5**.99).

Bei „integrierten" Systemen ist der Außenanschlag des zweischaligen Blendrahmens so breit, daß der Flügelrahmen dahinter angeordnet werden kann (Bild **5**.100). Die Glasdichtung kann dabei zugleich die äußere Anschlagdichtung sein und die Wärmebrücke unterbrechen. Ähnlich wirken Konstruktionen mit umfassender Glasdichtung (Bild **5**.101).

Mit allen Systemen lassen sich die in Abschnitt 5.1 beschriebenen Fensterbauarten herstellen sowie Sonderkonstruktionen wie Schallschutzfenster, einbruchhemmende Fenster und großflächige Schaufensterverglasungen.

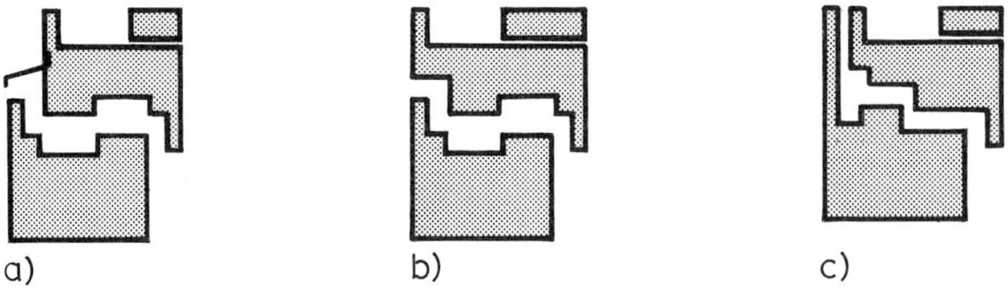

5.99 Profilsysteme (schematische Darstellung)
a) flächenversetzt
b) flächenbündig
c) „integriert" (Blendrahmen verdeckt außen den Flügelrahmen)

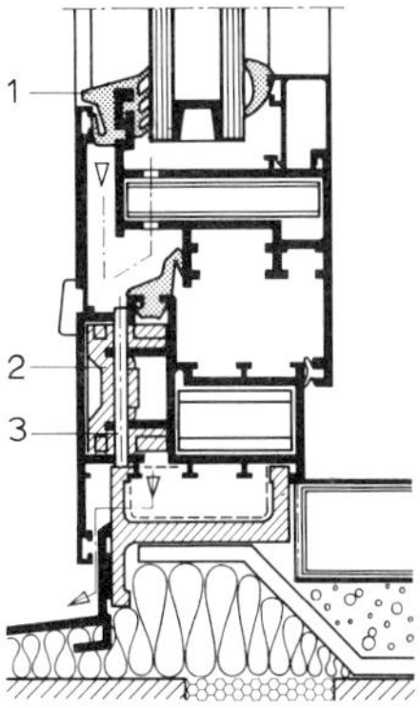

5.100 Wärmegedämmtes Aluminiumfenster mit integriertem Flügel
1 Glasdichtung, zugleich äußere Anschlagdichtung und Unterbrechung der Wärmebrücke
2 Blendrahmen zweischalig, thermisch entkoppelt
3 Verbindungsstift

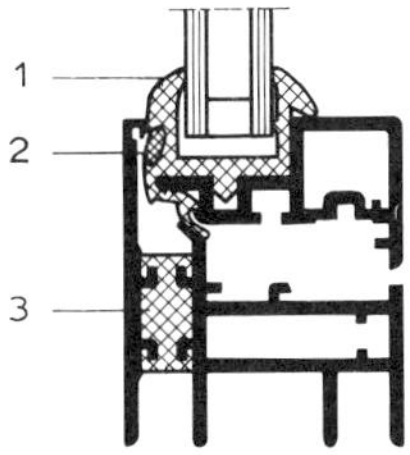

5.101 Wärmegedämmtes Aluminiumfenster mit umfassender Glasdichtung
1 Glasdichtung
2 Hartkunststoff-Feder
3 thermische Trennung

Auch bei Aluminiumfenstern müssen die Profilsysteme eine Trennung von Wind und Regensperre (s. Abschn. 5.2) ermöglichen. Die Falze müssen den in Abschn. 5.3.3 genannten Anforderungen entsprechen. Alle Stahlteile von Unterkonstruktionen, Einbauzargen, Befestigungsmitteln sind zu verzinken. Nur Teile, die nach dem Einbau zugänglich bleiben, dürfen auf andere Weise gegen Korrosion geschützt werden.

Bei der Verarbeitung und beim Einbau sind die „Einbaurichtlinien für Aluminiumfenster RAL-RG 636/1" zu beachten. Allgemeine Technische Vorschriften für die Ausschreibung von Aluminiumfenstern hat das Institut für Fenstertechnik e. V. Rosenheim herausgegeben [17].

5.5.3.2 Oberflächenbehandlung

Die Oberflächenbehandlung der im Strangpreßverfahren hergestellten Rohprofile erfolgt zunächst mechanisch, indem bei geschweißten Verbindungen die Schweißgrate entfernt und dann die Profile geschliffen werden. Danach kann mit Schwabbelscheiben poliert oder mit Stahlbürsten mattiert werden. Die chemische Vorbehandlung besteht aus der Entfettung, dem Beizen, dem Chromatieren und Phosphatieren (DIN 50939). Je nach gewünschter oder für die nachfolgende anodische Oxydation erforderlicher Oberflächenbeschaffenheit wird nach den Bearbeitungsklassen E0 bis E6 unterschieden (Tab. **5**.102):

Tabelle **5**.102 Oberflächenbehandlung nach DIN 17611

Kurzzeichen	oberflächenabtragende Vorbehandlung	Oberflächenzustand	
E 0	keine		
E 1		geschliffen	
E 2		gebürstet	
			gebeizt[1])
	mechanisch		anodisiert
E 3		poliert	verdichtet
E 4		geschliffen gebürstet	
E 5		geschliffen poliert	
E 6	chemisch	gebeizt	anodisiert verdichtet

Kurzzeichen	Struktur und Aussehen der anodisierten Oberfläche	Auswirkung auf normale Oberflächenfehler (Preßriefen, leichte mechanische Beschädigungen
E 0	Preßoberfläche	wenig verändert
E 1	gleichmäßig, etwas stumpf aussehend, je nach verwendetem Schleifkorn grobe bis feine Schleifriefen einheitlicher Richtung	bis vollständig beseitigt
E 2	gleichmäßig, im Gegensatz zu E1 matt glänzend, sichtbare Bürstenstriche	je nach Tiefe, z.T. beseitigt
E 3	gleichmäßig glänzend	
E 4	gleichmäßig matt glänzend wie E2	
E 5	glatt und glänzend	bis vollständig beseitigt
E 6	zahlreiche Variationsmöglichkeiten von stumpf bis mattschimmernd	teilweise bis weitgehend ausgeglichen

[1]) Dieser Beizprozeß vor dem eigentlichen Anodisieren dient der Reinigung der Oberflächen und der Beseitigung der natürlichen Oxydhaut. Eine Oberflächenabtragung ist damit nicht bezweckt. Er ist als normalerweise notwendiger Bestandteil des Verfahrens in DIN 17611 nicht ausdrücklich erwähnt.

Nach der Vorbehandlung und nochmaliger gründlicher Reinigung erfolgt die anodische Oxydation.

Die anodische Oxydation beruht in verschiedenen Verfahren je nach gewünschter Färbung auf elektrochemischen Vorgängen, bei denen auf der Oberfläche des Aluminiums in einem Elektrolytbad unter Einwirkung von elektrischem Strom eine künstliche Oxydschicht mit einer Mindestschichtdicke von 20 μ erzeugt wird. Neben metallblanken Oberflächen (Naturton) können Oxydschichten verschiedener Färbung durch Nachbehandlung mit organischen oder anorganischen Farbstoffbädern hergestellt werden.

Die Kennzeichnung der Standardfarben ist nach dem Farbfächer des Eloxalverbandes festgelegt (Tabelle **5**.103).

Tabelle **5**.103 Standard-Farbfächer des Eloxalverbandes

Kurzzeichen	Farbe	Kurzzeichen	Farbe
C- 0	farblos	C-33	mittelbronze
C-31	leicht bronze	C-34	dunkelbronze
C-32	hellbronze	C-35	schwarz

Eloxierte Aluminiumflächen sind sehr empfindlich gegen mechanische Beschädigungen, insbesondere aber gegen die Einwirkung von Kalk- oder Zementmörtel, Farben und verschiedenen am Bau verwendete Lösungsmittel. Die Profile müssen daher – am besten durch selbstklebende Kunststoff-Folien – sorgfältig geschützt werden.

Aus diesen Gründen, aber auch wegen der nicht begrenzten farblichen Gestaltungsmöglichkeit werden zunehmend Aluminium-Fensterprofile mit Lackierungen bzw. Beschichtungen hergestellt. Diese sind relativ unempfindlich gegen Verschmutzung und mechanische Beschädigungen und können bei Beschädigungen ausgebessert werden.

Der Farbauftrag kann durch (lösungsmittelhaltige) „Naßlackierung" auf Polyurethan- oder Acrylharzbasis elektrostatisch oder mit der Druckluftpistole vorgenommen werden. Meistens wird jedoch heute die Pulverbeschichtung angewendet. Bei diesem Verfahren werden Farbstoffe auf Polyurethan- oder Polyesterharzbasis trocken aufgetragen (fertige Schichtdicke 60 bis 80 μ) und bei 180 bis 200 °C eingebrannt.

5.5.3.3 Konstruktion

Bei den B a u w e r k s a n s c h l ü s s e n (vgl. Tab. **5**.17) von Aluminiumfenstern muß neben den in Abschn. 5.2.5 dargestellten Grundregeln die im Vergleich zu Fenstern aus Holz oder Stahl größere L ä n g e n ä n d e r u n g infolge von Temperatureinflüssen beachtet werden. Es sind ausreichend bemessene Bewegungsfugen nicht nur zwischen Aluminiumkonstruktion und Bauwerk bzw. Verankerung mit dem Bauwerk, sondern auch innerhalb größerer Fenster- und Fassadenelemente einzuplanen.

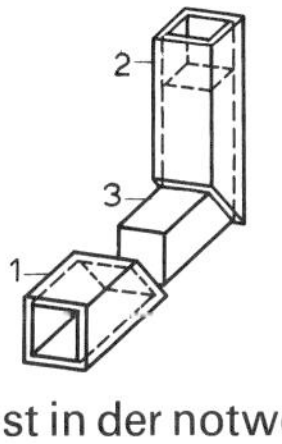

5.104
Rahmen-Eckverbindung in schematischer Darstellung
1 und 2 Hohlprofile
3 Eckwinkel

Beim Zusammenbau der Fenster werden die Profile zunächst in der notwendigen Länge zugeschnitten, die notwendigen Aussparungen für Beschläge, Griffe, Verbindungsteile, Entwässerung usw. durch Fräsen, Stanzen oder Bohren hergestellt und alle Teile sorgfältig entgratet und gereinigt. Die Eckverbindungen der Blend- und Flügelrahmen werden dann auf verschiedene Weise mechanisch hergestellt oder stumpf geschweißt. Bei mechanischer Eckverbindung werden Spezialeckwinkel in die Hohlprofile der Rahmen eingeschoben (Bild **5**.104) und dort eingestanzt bzw. eingepreßt oder durch verdeckt angeordnete Schrauben, Bolzen oder Keilstifte fixiert. Zusätzlich werden derartige Eckverbindungen fast immer mit kaltaushärtenden Zweikomponenten-Metallklebern geklebt und gleichzeitig abgedichtet. Derartige Verbindungen können für Profile hergestellt werden, die bereits eine fertige Oberflächenbehandlung aufweisen.

Von dafür besonders ausgerüsteten Großbetrieben werden Eckverbindungen auch durch Abbrenn-Stumpfschweißung hergestellt. Derartige Schweißverbindungen können aber nur für nicht vorbehandelte Profile angewendet werden. Nach dem Entfernen der Schweißgrate und mechanischer Nacharbeit erfolgt die Oberflächenbehandlung in besonderen Arbeitsgängen.

Da die Formgebung von Aluminiumprofilen fast keiner Beschränkung unterliegt, können sämtliche Fensterarten mit allen in Frage kommenden Funktionsbeschlägen und passend zu allen Bauwerksanschlüssen ohne Schwierigkeiten hergestellt werden.

Dichtungen werden als Mitteldichtungen und Aufschlagdichtungen in verschiedenen Kombinationen je nach Profilsystem und Anforderungen an die Fenster verwendet. Bei integrierten Flügeln bilden das Verglasungsprofil gleichzeitig Mittel- bzw. Anschlagdichtung.

Mitteldichtungen werden in den Blend- oder Flügelrahmen allseitig in einer Ebene umlaufend eingebaut und liegen dabei außerhalb der Witterungszone. In den Rahmenecken werden die Dichtungsprofile verklebt bzw. verschweißt.

Aus der großen Fülle möglicher Konstruktionen zeigt Bild **5**.105 Schnitte für ein Fenster mit wärmegedämmten Profilen und Bild **5**.106 eine Fensterkonstruktion mit inte-

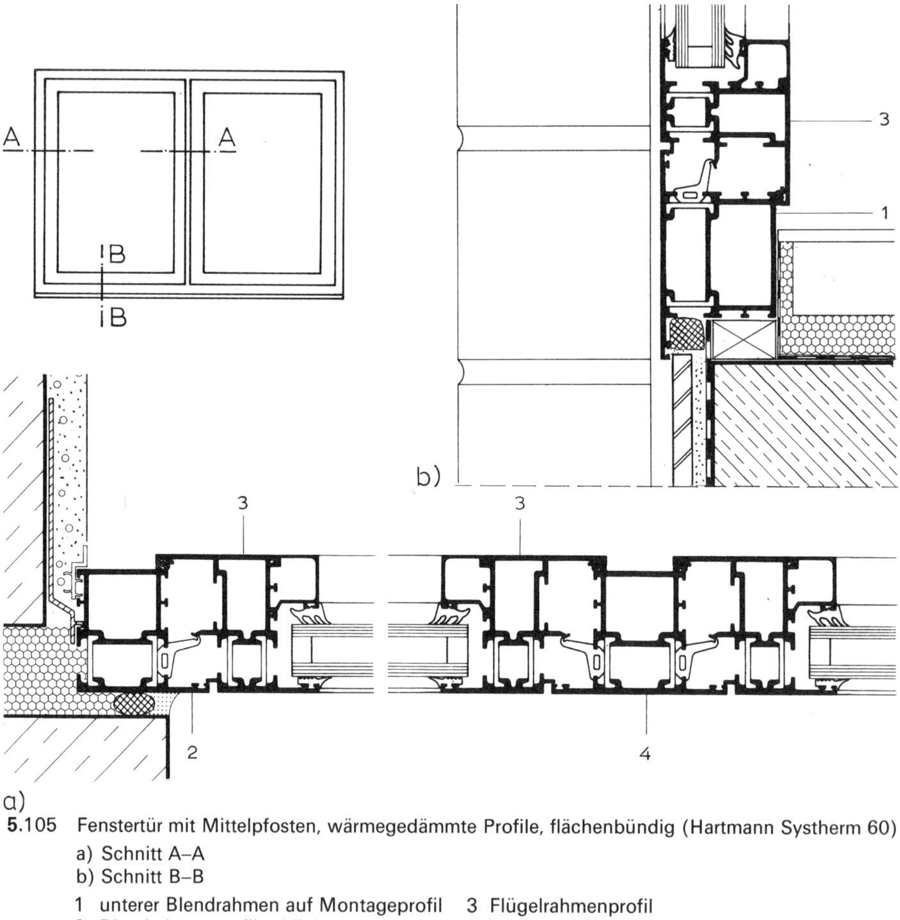

5.105 Fenstertür mit Mittelpfosten, wärmegedämmte Profile, flächenbündig (Hartmann Systherm 60)
a) Schnitt A–A
b) Schnitt B–B

1 unterer Blendrahmen auf Montageprofil
2 Blendrahmenprofil seitlich
3 Flügelrahmenprofil
4 Pfostenprofil

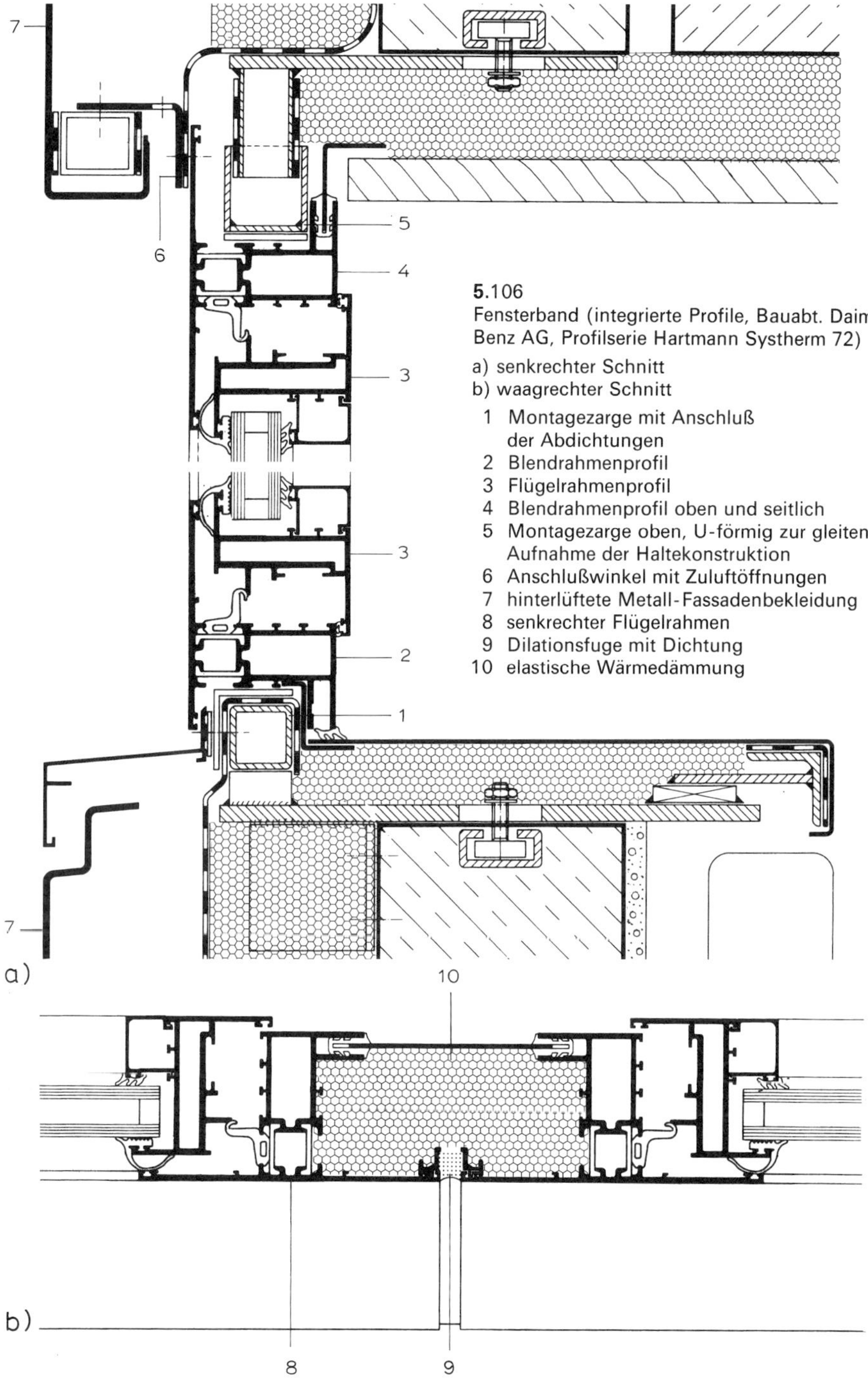

5.106
Fensterband (integrierte Profile, Bauabt. Daimler-Benz AG, Profilserie Hartmann Systherm 72)

a) senkrechter Schnitt
b) waagrechter Schnitt

1 Montagezarge mit Anschluß der Abdichtungen
2 Blendrahmenprofil
3 Flügelrahmenprofil
4 Blendrahmenprofil oben und seitlich
5 Montagezarge oben, U-förmig zur gleitenden Aufnahme der Haltekonstruktion
6 Anschlußwinkel mit Zuluftöffnungen
7 hinterlüftete Metall-Fassadenbekleidung
8 senkrechter Flügelrahmen
9 Dilationsfuge mit Dichtung
10 elastische Wärmedämmung

grierten Flügeln im Zusammenhang mit einer hinterlüfteten Metall-Fassadenbekleidung. Eine Ausführungsmöglichkeit für großflächige Fensterelemente mit teilweise fester Verglasung ist in Bild **5**.107 dargestellt. Vertikal- und Horizontalschnitte einer Hebe-Schiebe-Türanlage zeigt Bild **5**.74.

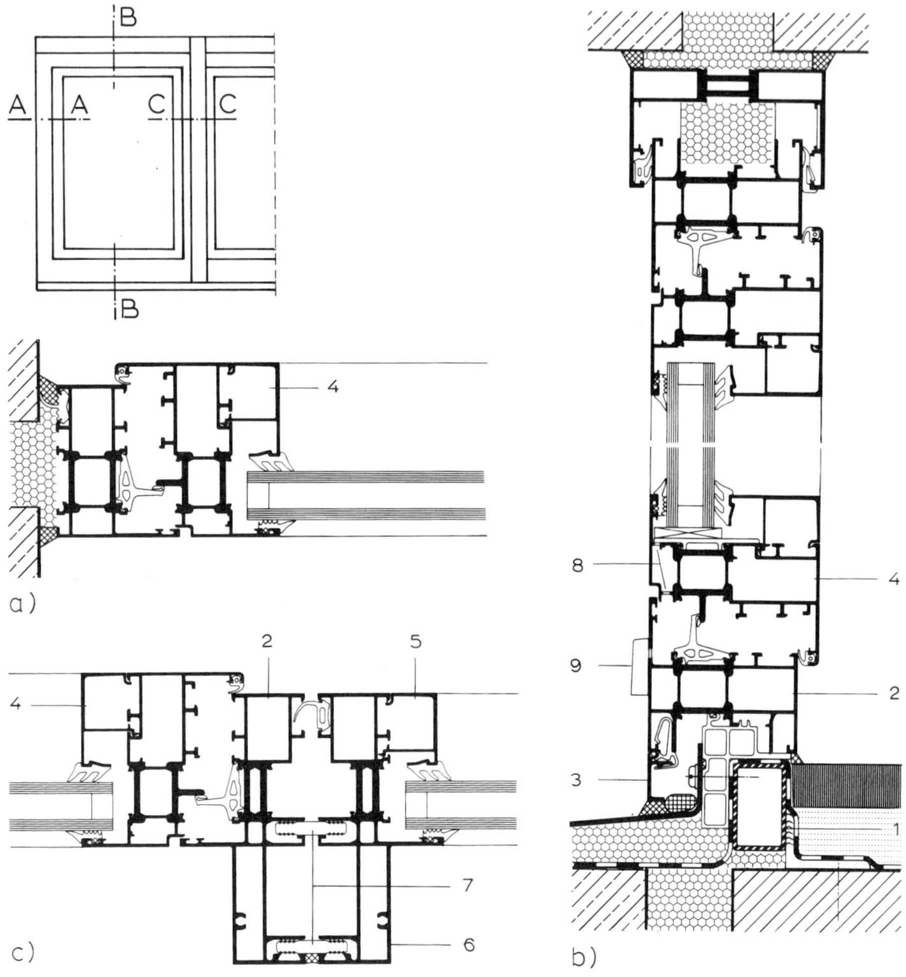

5.107 Großformatiges Fensterelement (WICONA L 70A)

a) Horizontalschnitt A–A
b) Vertikalschnitt B–B
c) Horizontalschnitt C–C durch Mittelpfosten

1 Montagezarge mit Anschluß der Dichtungsbahn
2 Blendrahmenprofil
3 Ergänzungsprofil
4 Flügelprofil
5 Blendrahmenprofil mit Ergänzung für Fensterverglasung
6 Verstärkungsprofil
7 Dilationsausgleichsprofil
8 Falzkammerentwässerung
9 Abdeckkappe für Abflußöffnungen (schematisch)

Schallschutzfenster können aus Aluminiumprofilen wegen ihrer sehr guten Fugendichtigkeit auch für sehr hohe Anforderungen hergestellt werden. Neben wärmegedämmten Rahmen mit mehrfachen Dichtungsanschlägen weisen derartige Fenster entweder Isolierverglasungen oder Doppelverglasungen (Scheiben – auch aus Spezialschallschutzgläsern – unterschiedlicher Dicke in getrennten Flügelrahmen) auf, oder sie sind als Kastenfenster ausgebildet, bei denen die Kastenwände mit schallschluckenden Materialien ausgekleidet sind (Bild **5**.108 und **5**.109). Die für Schallschutzklassen nach VDI-Richtlinie 2719 erzielbaren Werte für das bewertete Schalldämm-Maß R_w bei verschiedenen Fensterbauarten zeigt die Tabelle **5**.11 in Abschn. 5.2.4.

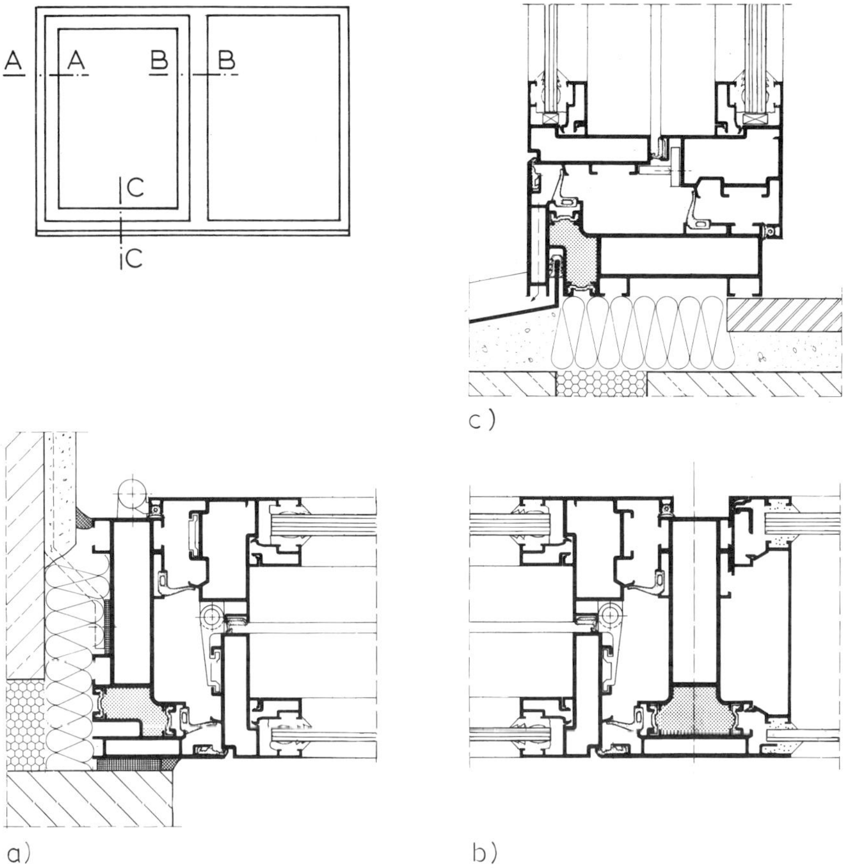

5.108 Schalldämmmfenster, Verbundkonstruktion (FWB-Aluminium, Serie FS)
a) Schnitt A–A Wandanschluß
b) Schnitt B–B Mittelpfosten
c) Schnitt C–C Bürstenanschluß

Der erzielte Schallschutz von Fenstern ist ganz wesentlich von den Bauwerksanschlüssen abhängig. Entsprechend den erforderlichen Schallschutzklassen (s. Tabelle **5**.11) sind mindestens vorzusehen:

– Schallschutzklassen 1 und 2: Vollfugige Hinterfüllung mit Dämm-Material (lose Mineralwolle, Ausschäumung, aufquellende Dichtungsbänder)

– Schallschutzklasse 3: Zusätzlich dauerelastische Abdichtung auf Hinterfüllprofilen auf der Außenseite

– Schallschutzklassen 4 und 5: Zusätzliche dauerelastische Abdichtung auch auf der Innenseite.

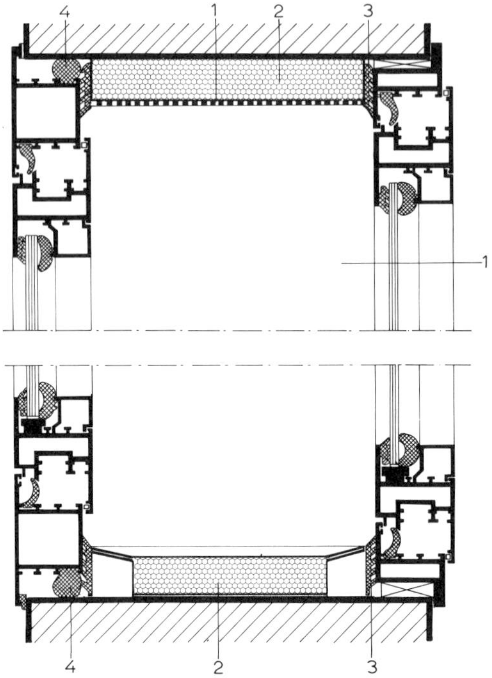

5.109
Schallschutz-Kastenfenster (Eberspächer), Scheiben mit unterschiedlicher Glasdicke und großem Abstand
1 Lochabdeckung
2 Schallschluckmaterial
3 elastischer Rahmenanschluß
4 elastischer Bauwerksanschluß

Einbruchhemmende Fenster gewinnen beim Objektschutz zunehmende Bedeutung. In Verbindung mit der Arbeitsgemeinschaft Sicherheitstechnik sind vom Institut für Fenstertechnik e. V. Rosenheim Richtlinien für die Prüfung derartiger Fenster herausgegeben. Je nach Sicherungsgrad werden die Klassen EF 1 bis EF 3 unterschieden.

Die Fenster können in beliebigen Konstruktionsarten hergestellt werden. Der Falzbereich ist jedoch so auszubilden, daß ein Eingriff mit Einbruchswerkzeugen wie z. B. Montiereisen, Brechstangen, Keilen usw. erschwert ist. Fenstergriffe müssen sperr- oder abschließbar sein und mit Sicherungen gegen Aufbohren ausgestattet sein. Für die Verglasung sind einbruchhemmende Gläser nach DIN 52 290 T 3 und T 4 zu verwenden.

Schaufenster. Im Schaufensterbau werden selbsttragende Aluminiumkonstruktionen und solche mit Unterkonstruktion unterschieden. Große Schaufensterrahmen z. B. mit Doppelverglasung bedürfen meist einer Unterkonstruktion in Form eines Stahlrahmens, auf den das Aluminium-Grundprofil aufgeschraubt wird, das den Kern der Alu-Konstruktion bildet. Das Deckprofil wird durch kurze Zwischenstücke, die vor der Montage unter die Deckprofile geschoben werden (Abstand 50 bis 60 cm), mit Schrauben, die von außen nicht sichtbar sind, an das Grundprofil gezogen.

Die Ecken der Aluminium-Schaufenster werden mit flachen, eingeschobenen Spezialwinkeln verschraubt, die das auf Gehrung geschnittene Grundprofil verbinden.

Mit Hilfe der Zwischenstücke werden die Profile auch an den Ecken fest zusammengezogen. Die Winkel werden an waagerechten wie an senkrechten Rahmenecken verwendet. Metalldeckleisten und Glasfalzleisten werden entweder auf gezahnte Klemmfedern, auf Stahlklammern oder auf eingeschraubte konische Stifte geschoben oder gedrückt, die in kleine Nuten der Profilleisten greifen.

Die Bilder **5**.110 bis **5**.113 zeigen den Aufbau von üblichen Schaufensterkonstruktionen.

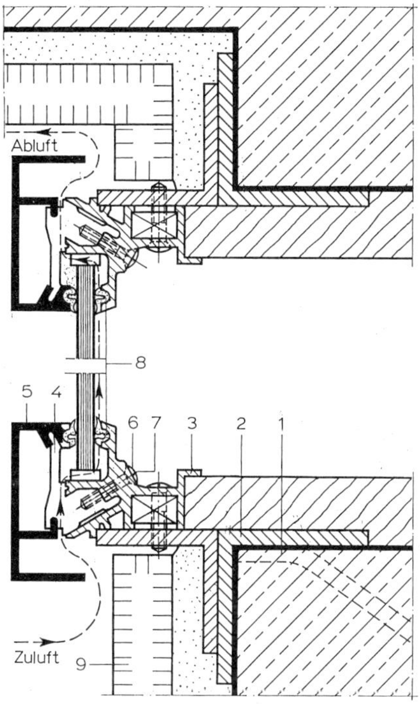

5.110 Aufbau eines Aluminium-Schaufensterrahmens
1 Anker
2 Unterkonstruktion (Stahlrahmen aus verschweißten L-Profilen)
3 Alu-Grundprofil
4 Zwischenstücke in Abständen von 50 bis 60 cm
5 Deckprofil
6 Schraube zum Anpressen der Zwischenstücke (und damit der Deckprofile mit den Dichtungsprofilen) an das Grundprofil
7 Bohrung für Kondenswasser (neben der Schraube)
8 Dichtungsprofile in Abständen für Lüftung durchbrochen
9 Natursteinbekleidung

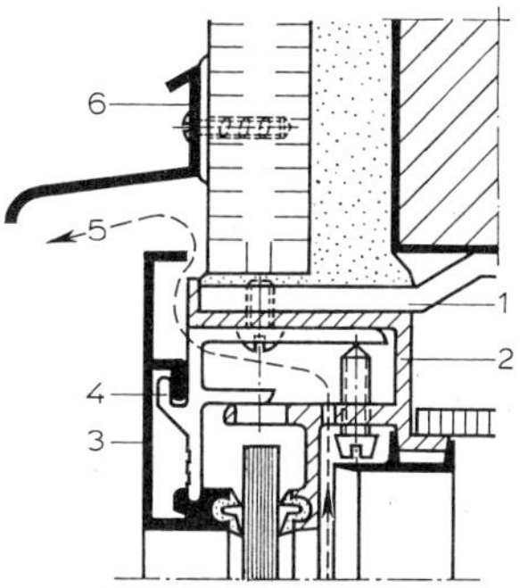

5.111 Oberer Teil eines selbsttragenden Aluminium-Schaufensters (WICONA)
1 Anker
2 Grundprofil
3 Deckprofil
4 Zwischenstück
5 Lüftung
6 Regenschutzschiene

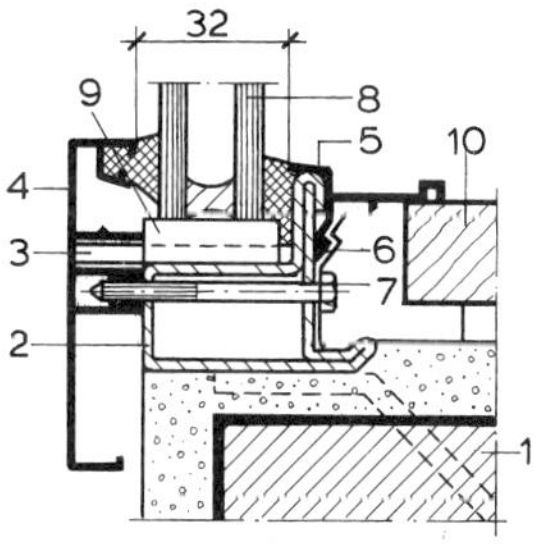

5.112 Schaufenstersockel
1 Verputztes Mauerwerk
2 feuerverzinktes SB-Grundprofil
3 Flachstahl
4 Deckprofil (Alu) außen
5 Rinnenprofil (Alu) innen
6 Klemmfeder
7 selbstschneidende Blechschraube
8 Isolierverglasung
9 Verklotzung
10 Schaufensterboden

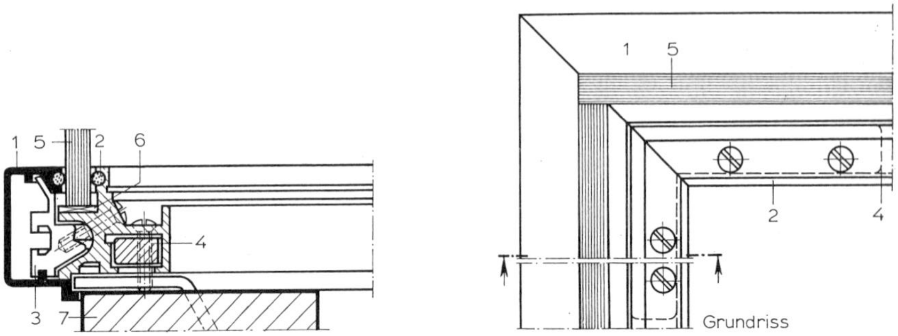

5.113 Befestigung der auf Gehrung geschnittenen Profile an einer Schaufensterecke (Werkstoff Pantal)

1 Außendeckprofil
2 Grundprofil
3 Zwischenstück zum Festklammern des Deckprofils
4 waagerecht liegender Verbindungswinkel
5 Fensterscheibe
6 Hartholz- oder Vulkanfiberklötzchen
7 Sockel

5.5.4 Aluminium-Holz-Fenster

In Aluminium-Holz-Fenstern ergänzen sich die guten Eigenschaften von Holz- und von Aluminiumfenstern. Während der Werkstoff Holz mit die besten Eigenschaften hinsichtlich der Wärmedämmung bei Fenstern hat und problemlos den tragenden Teil einer – nicht zu großen – Fensterkonstruktion bilden kann, bildet die äußere Aluminiumschale einen hervorragenden Schutz gegen Witterungseinflüsse. Aluminium-Holz-Fenster erfordern zwar im allgemeinen höhere Herstellungskosten als Ganzaluminiumkonstruktionen, doch sind sie gegenüber wärmegedämmten Aluminiumfenstern durchaus konkurrenzfähig. Aluminium-Holz-Fenster werden daher besonders bei solchen Objekten verwendet, wo bei bestem Wärmeschutz eine pflege- und unterhaltungsarme Außenschale, aber auch der im Wohnungsbau oft gewünschte Materialcharakter des Holzes bevorzugt wird.

Der Zusammenbau von zwei so unterschiedlichen Materialien wie Holz und Aluminium erfordert selbstverständlich besondere Vorkehrungen, wenn die Gesamtkonstruktion ihren Zweck erfüllen soll. Die Profilierung weist einen mittleren Anschlagfalz auf und ist für den Flügelrahmen umlaufend gleich. Die Außenflächen von Flügel- und Blendrahmen liegen in einer Ebene, auf der die Aluminiumprofile montiert werden. Die Aluminiumprofile müssen auf der Holzkonstruktion so aufliegen, daß eine Hinterlüftung (mindestens 7 mm Luftzwischenraum) möglich ist. Damit sich unter Temperatureinfluß die Aluminiumteile gegenüber den Holzteilen frei bewegen können, sind verschiebbare Laschenverbindungen zwischen beiden Bauteilen erforderlich (Bild **5**.114). Zusammen mit der innenliegenden hölzernen Glasleiste bildet das Aluminiumprofil des Flügelrahmens den Glasfalz. Die Glasscheiben werden wegen der auftretenden Längenänderung zwischen Aluminium- und Holzprofilen mit Dichtungsprofilen eingebaut.

Die notwendige elastische Anschlagdichtung ist in den Blendrahmenteil der Aluminiumprofile mit eingearbeitet. Bei den meisten Aluminiumsystemen sind die Profile an den Ecken stumpf geschweißt (s. Abschn. Aluminiumfenster).

Auch aus Aluminium-Holz-Systemen lassen sich alle Arten von ein- und mehrflügeligen Fenster (Bild **5**.115), Fensterkombinationen und geschoßhohen Elementen auch als Verbundfenster (Bild **5**.116) zusammenbauen.

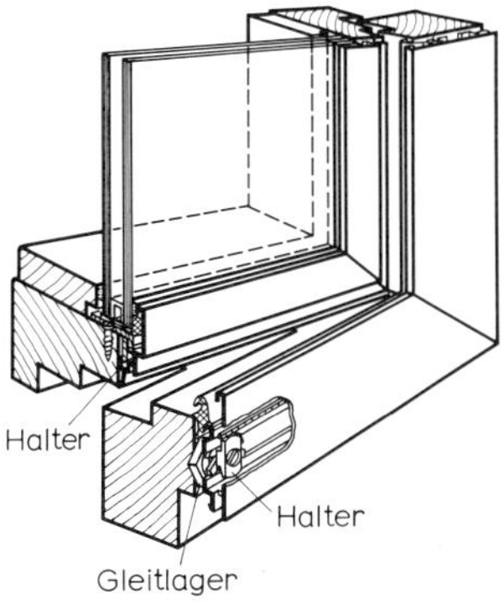

5.114 Aluminium-Holz-Fenster, Befestigung der Aluminiumteile

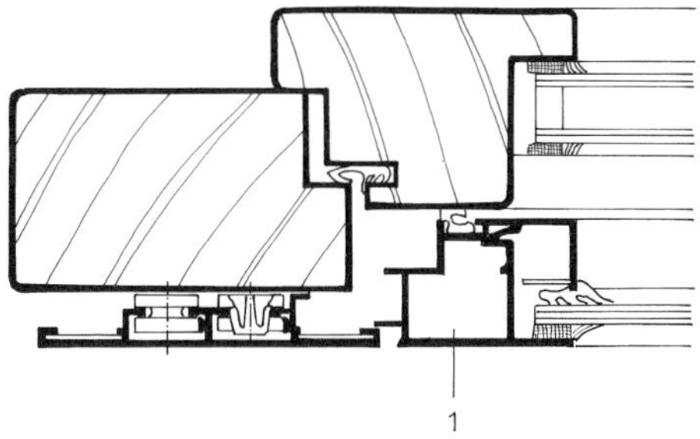

5.116 Aluminium-Holzfenster als Verbundfenster (SCHÜCO CONNEX 503)

1 Außenflügel in Leichtmetallkonstruktion

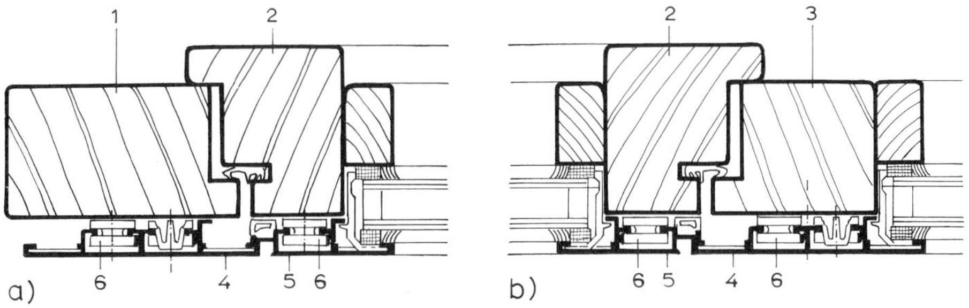

5.115 Aluminium-Holzfenster als Dreh-, Kipp- bzw. Drehkippfenster (SCHÜCO CONNEX 503)

a) seitlicher Anschlag
b) Flügel an Pfosten mit Fensterverglasung

1 Blendrahmen aus Holz
2 Flügelrahmen aus Holz
3 Pfosten aus Holz
4 Leichtmetallbekleidung des Blendrahmens bzw. Pfostens
5 Leichtmetallbekleidung des Flügelrahmens
6 Schiebestück für Befestigung

Die Güteanforderungen müssen im übrigen denen von Holz- bzw. Aluminiumfenstern entsprechen sowie der „Richtlinie für Anforderungen und Prüfung des Verbundes zwischen Aluminium- und Holzprofilen von Aluminium-Holz-Fenstern RAL-RG 424/2".

5.5.5 Stahlfenster

Für untergeordnete Räume und im Industriebau werden Stahlfenster aus T- oder L-Stahl oder warm gewalzten Sonderprofilen verwendet.

Für Stahlfenster werden heute allgemein nur noch Hohlprofile verwendet, die im Kaltwalzverfahren aus hochwertigem Bandstahl hergestellt werden. Sie haben eine hohe Biege- und Torsionsfestigkeit.

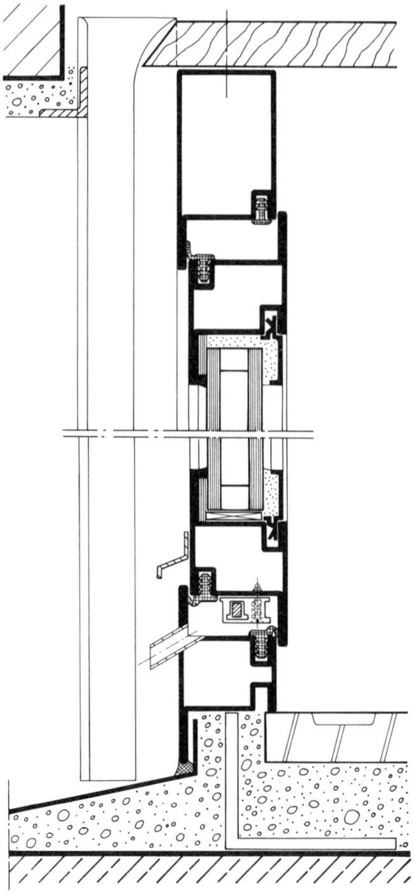

5.117 Stahlfenster aus Hohlprofilen (RP-Rohr)

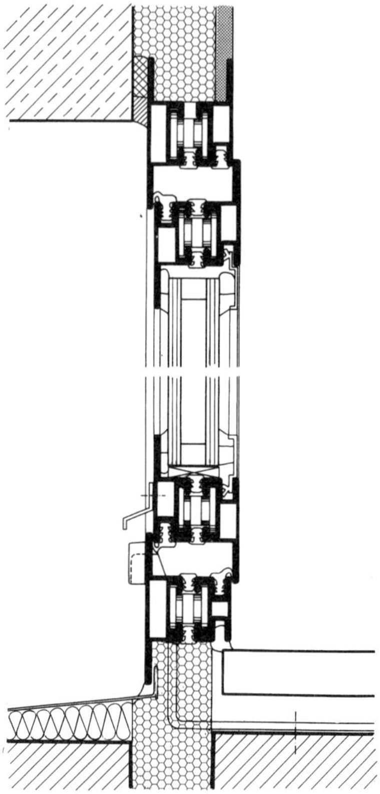

5.118 Thermisch getrennte Stahl-Fensterkonstruktion [3]

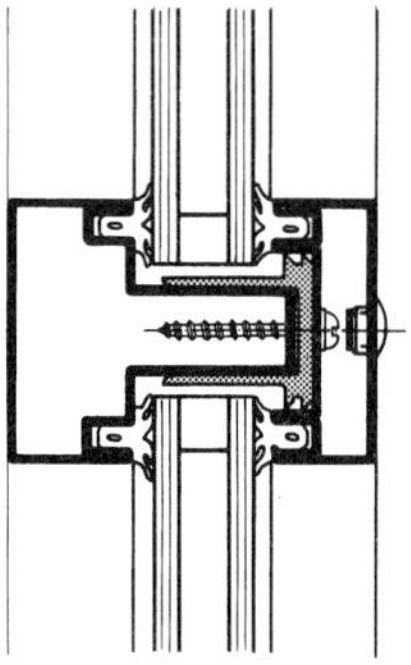

5.119 Sprosse für Fensterfassade [3], Glasleiste thermisch vom Pfosten getrennt

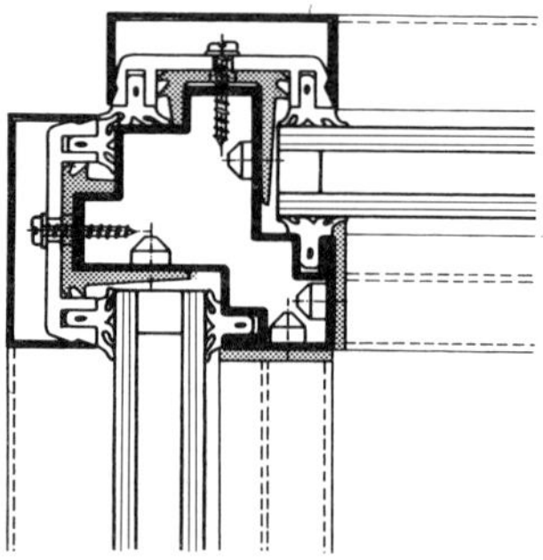

5.120 Sonderprofil für Außenecken [3], Glasleisten vom Pfostenprofil thermisch getrennt

Im Hinblick auf den erforderlichen Wärmeschutz werden einfache Rohrprofile nur für untergeordnete Räume verwendet oder dort, wo auf Wärmeschutz verzichtet werden kann (Bild **5**.117).

Für wärmegedämmte Fenster- und Türkonstruktionen werden Profilrohrsysteme mit thermischer Trennung oder mit zusätzlich eingearbeiteten Wärmeschutzprofilen verwendet (Bild **5**.118 und **5**.119).

Für Fassadenkonstruktionen stehen eine große Zahl von Sonderprofilen – auch gebogene Rohre – zur Verfügung (Bild **5**.120).

Zum Rostschutz werden Profilstahlrohre in der Regel werkseitig feuerverzinkt (Zinkschichtdicke 70 μ). Auch galvanisch und sendzimierverzinkte Rohre sind im Handel.

Rahmenkonstruktionen werden durch Stumpfschweißung zusammengefügt. Dabei wird natürlich an den Schnittstellen die Verzinkung beschädigt und muß sachgemäß nachgebessert werden. Dazu wird auf die metallblanken Stellen Verzinkungsausbesserungslot überschmolzen und das noch flüssige Lot sofort mit der Stahlbürste eingerieben. Die fertigen Konstruktionsteile werden anschließend leicht überschliffen, mit Lösungsmitteln, Salmiak oder Spezialreinigern behandelt und ggf. nachgewaschen und erhalten dann Haftanstrich und Decklackierung.

Nicht verzinkte Konstruktionen erhalten nach der Reinigung bzw. Entrostung eine Rostschutzbehandlung mit Bleimennige, Zinkstaubbeschichtung o.ä., einen oder mehrere Zwischenanstriche und einen Deckanstrich (Gesamtdicke 100 μ).

5.5.6 Kunststoff-Fenster

Nach fortlaufender Weiterentwicklung der Ausgangsstoffe und der Verarbeitungstechnik haben Kunststoff-Fenster als Alternative zu Holz- und Metallfenstern insbesondere im Wohnungsbau einen immer größeren Marktanteil errungen.

Als Rohmaterial für extrudierte Profile, die von den Herstellern in fast unübersehbarer Vielfalt entwickelt wurden, dient heute ein besonders schlagzähes PVC (Polyvinylchlorid) nach DIN 7748. Bei Wärmedämmeigenschaften, – Typ PVC – U – D – E 072-15-23 (Pulver) bzw. PVC – U – G – E 072-15-23 (Granulat) –, die denen von Holz nahekommen, bietet derartiges PVC ein leicht verarbeitbares, gegen Verunreinigungen am Bau durch Kalk, Gips und Zement unempfindliches und auch gegen Verkratzen relativ widerstandsfähiges Material. Kratzer können gegebenenfalls ausgeschliffen und nachgearbeitet werden. Nach wie vor erreichen allerdings die aus PVC – einem thermoplastischen Kunststoff – hergestellten Profile nicht die gleiche Temperaturbeständigkeit wie die anderen Fensterbaumaterialien. Es muß auch beachtet werden, daß bei winterlichen Außentemperaturen Kunststoffe die notwendige Elastizität weitgehend verlieren können. Bei direkter Sonnenbestrahlung können helle Profile bis etwa 45 °C, dunkle jedoch bis 80 °C erwärmt werden. Dann kann es bei starker Belastung der Profile (z. B. durch hohe Glasgewichte oder evtl. Verspannungen beim Einbau usw.) infolge molekularer Veränderungen im Material durch sog. „kalten Fluß" zu Verformungen kommen. Aus diesen Gründen und auch weil die Farbbeständigkeit eingefärbter PVC-Profile auf Dauer noch nicht bei allen Fabrikaten gewährleistet erscheint, sollten helle Profile bevorzugt werden.

Kunststoff-Fensterprofile werden – bei meist gleichem Rohstoff (z. B. Hostalen Z) – in zahlreichen in sich geschlossenen Systemen hergestellt, die dem Verarbeiter (ähnlich wie bei Aluminium- und Stahlfenstern) den Zusammenbau der verschiedensten Fenstertypen erlauben.

Unterschieden werden folgende Systemarten:

– extrudierte Mehrkammerhohlprofile (Bild **5**.121)
– PUR-Hartschaumprofile (Bild **5**.122)
– Profile mit geschäumtem Kernmaterial (Bild **5**.123).

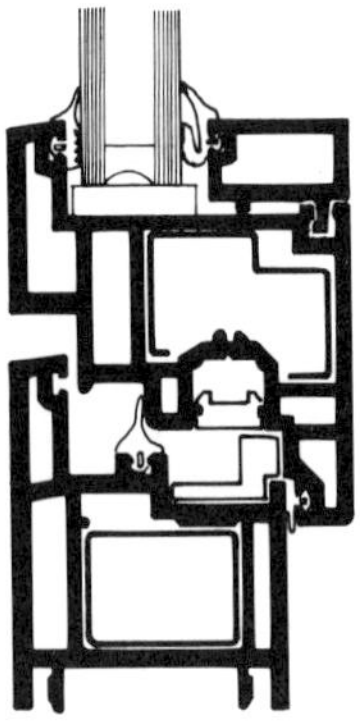

5.121 Kunststoff-Fenster aus Mehrkammer-Hohlprofilen (Helmitin)

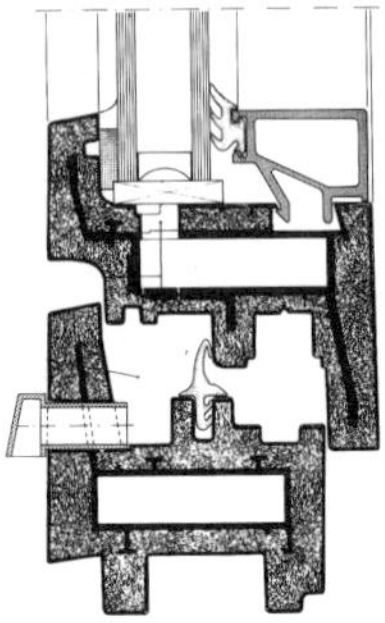

5.122 Hartschaumfenster mit integrierten Aluminium-Hohlprofilen (Fulgurit-Isopur)

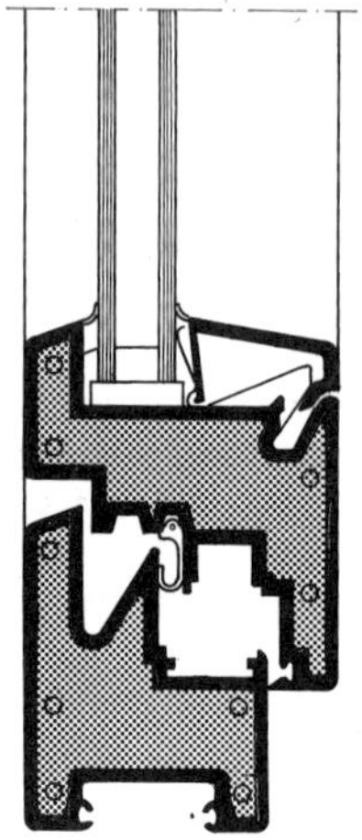

5.123 Kunststoff-Fenster aus Vollprofilen (SCHOECK)

Mit weißen Profiloberflächen liegen bisher die meisten Erfahrungen bei Kunststoff-Fenstern vor. Farbige Profile verursachen eine höhere Erwärmung der Fenster und sind in ihrer Farbbeständigkeit nicht immer dauerhaft. Farbige Fensterprofile werden angeboten als

– in der Masse durchgefärbte Profile,
– coextrudierte Profile (weiße Kernmasse, beim Extrudieren mit eingefärbtem PVC bzw. PMMA-Folie überzogen),
– beschichtete Profile (Beschichtung mit PMMA-Folie),
– mit Lack beschichtete Profile.

Die in Abschn. 5.3.3 gemachten Ausführungen über Falzabmessungen, Falzentwässerung, Dampfdruckausgleich usw. gelten für Kunststoff-Fenster sinngemäß.

Die notwendige Steifigkeit von Rahmen, die nur aus Kunststoff bestehen, wird meist durch eine ausgiebige Unterteilung der mehr oder weniger dickwandigen Hohlprofile (2 bis 5 mm) in kleine, oft zusätzlich noch durch Rippen gegliederte Hohlräume erreicht. Trotzdem sind die Flügelmaße dieser Fenster bei Einfachverglasung auf ≈ 1,50 m × 1,50 m bzw. die Fensterflächen auf ≈ 2,50 m² beschränkt.

Bei größeren Fensterflächen reicht die Festigkeit des Kunststoffs allein nicht aus, um Eigengewicht und Windlast einwandfrei über Beschläge und Verschlüsse in die tragenden Bauteile abzuleiten. Um vor allem die erforderliche Verwindungssteifigkeit zu erreichen, enthalten daher größere Kunststoff-Fenster eingeschobene Verstärkungen aus Stahl- oder Aluminium-Profilen.

Bei der Eckverbindung kommt es darauf an, sowohl die Metallverstärkung je zweier Rahmenschenkel wie ihren Kunststoff-Mantel dicht zu verschweißen. Außerdem müssen sich diese beiden Vorgänge fast gleichzeitig abspielen. Ein Verschweißen der Verstärkungsprofile ist hier wegen der erforderlichen Schweißtemperatur nicht möglich; die Metallverbindungen müssen geklebt werden. Ein Verfahren (Lifty-Lux) verwendet dabei kammartig ausgefräste Eckverbindungsstücke aus Metall, die in die Rahmenrohre eingeklebt werden und eine genaue, sichere Verbindung an den Rahmenecken gewährleisten. Vor dem Verschweißen des Kunststoff-Mantels mit Hilfe einer Heizplatte (Schweißspiegel), die eine Aussparung hat (Bild **5**.124) in die beim genauen Einrichten die schon mit Metallkleber versehenen „Kammzinken" hineinragen, wird die Lage aller Teile fixiert. Unmittelbar nach Erreichen der Schweißtemperatur werden die Rahmenschenkel so weit auseinandergezogen, daß der Schweißspiegel ausgefahren und die Schweißflächen sowie die Kammverbindungen endgültig zusammengepreßt werden können. Der Vorteil dieses Verfahrens wird vor allem darin gesehen, daß die Verwendung einer e i n t e i l i g e n Heizplatte die Steuerung des Schweißvorganges vereinfacht und verbilligt und trotzdem eine sichere Eckverbindung ermöglicht.

5.124
Verschweißen des Kunststoff-Mantels mit einteiligem Schweißspiegel

1 Schweißspiegel (hier mit Aussparung für Kammzinken) unmittelbar vor der Schweißung
2 verkämmter Metalleckverbinder, geöffnet
3 Metallrohrrahmen
4 PVC-Profil
5 Rahmenecke nach der PVC-Schweißung, geschlossen (Kamm mit Metallkleber)

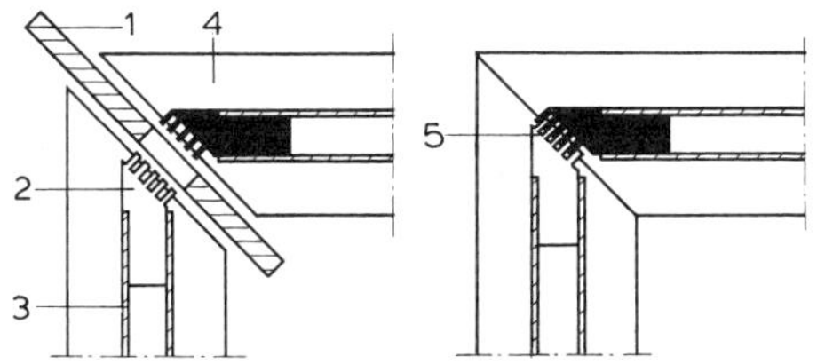

Ein anderes Verfahren nimmt geteilte Schweißspiegel mit ihren komplizierten Steuereinrichtungen beim Stumpfschweißen des Kunststoff-Mantels in Kauf, um an den Fensterecken gepreßte Stahl-Eckwinkel von U-förmigem Querschnitt und hoher Festigkeit in die Stahlrohre der Rahmenschenkel einschieben und mit einem Metallkleber einkleben zu können.

Bevor der Kleber aushärtet, wird der vollständig geschlossene Kunststoff-Mantel durchgehend stumpf verschweißt. Da die Abschmelzdicke des verwendeten Kunststoff-Mantels einkalkuliert ist, liegt nach abgeschlossenem Kunststoffschweißvorgang die Gehrungsfläche in der Symmetrieachse.

Nach dem Abkühlen werden die entstandenen Schweißwülste abgestochen und die Schweißstellen ausgeputzt und nachpoliert.

Alle Profilsysteme haben elastische Falz- oder Mitteldichtungen und erhalten eine Verglasung mit entsprechenden Dichtungsprofilen. Es ist auch möglich, die Glasscheiben zwischen Dichtungsprofile einzusetzen, die zusätzlich eine Versiegelung erhalten.

Beim Einbau der Beschläge muß darauf geachtet werden, daß Bänder und Verriegelungen keine größeren Abstände als 60 bis 70 cm haben.

Beim E i n b a u e n der Kunststoffrahmen in die Fensteröffnungen ist (im Gegensatz zum Metallfenstereinbau, wo auf empfindliche Korrosionsschutzschichten Rücksicht genommen werden muß) eine Beschädigung des schützenden Kunststoff-Mantels nicht zu befürchten, da die verwendeten Kunststoffe gegenüber Zement oder Kalk unempfindlich sind.

Bei Kunststoff-Fenstern ohne Metallrohrkern sollte der gegenseitige Maueranker-abstand $\leqq 70$ cm, der Ankerabstand von den Fensterecken $\geqq 10$ cm sein.

Die Maueranker sollen möglichst dort liegen, wo Riegel, Bänder oder sonstige belastende Beschlagteile am Rahmen angebracht sind. Die temperaturbedingten Längenänderungen von Kunststoff-Fenstern liegen etwa in der Größenordnung wie bei Aluminiumfenstern. Bei der Planung müssen daher ausreichende Dehnfugen berücksichtigt werden, die Anker müssen die temperaturbedingten Längenausdehnungen der Rahmenschenkel zulassen.

Auch die Fugendichtung zwischen Kunststoff-Rahmenfläche und Putz muß – nicht nur im Hinblick auf Dehnrisse, die hier unvermeidlich sind – mindestens ebenso sorgfältig wie bei allen anderen Fensterbaustoffen ausgeführt werden. Die größeren Zwischenräume zwischen Rahmen und Mauerwerk sind auszustopfen (Wärme- und Schalldämmung) oder auszuschäumen, die verbleibenden schmalen Fugen mit einem elastoplastischen Dichtungsmittel zu dichten oder – bei geeignetem anschließendem Material – mit einem Lippenprofil abzudecken.

Als Beispiele für die große Zahl der möglichen Kombinationen sind Horizontal- und Vertikalschnitte für ein zweiflügeliges Fenster (Bild **5**.125) und für eine Hebeschiebetür gezeigt (Bild **5**.126).

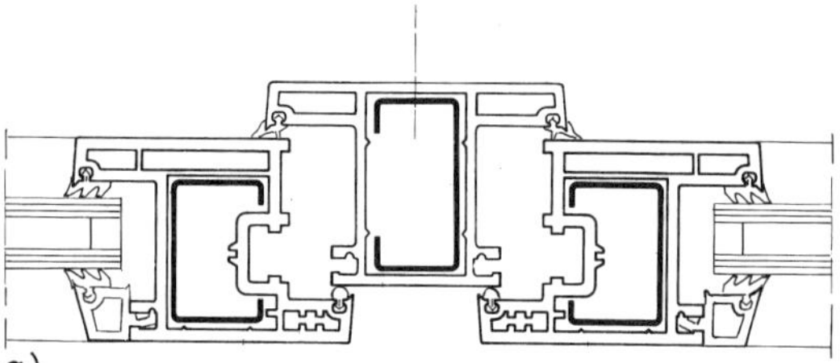
a)

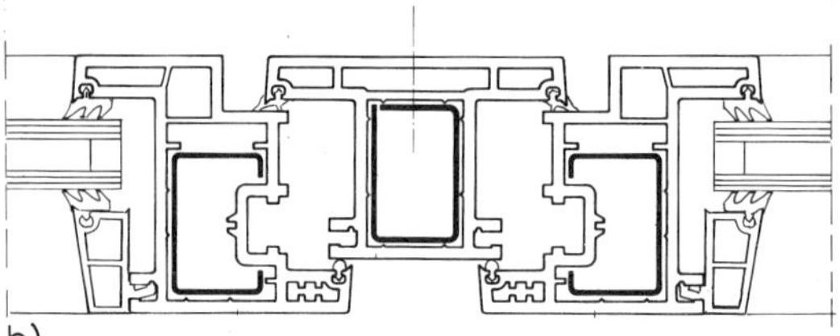
b)

5.125
Kunststoff-Fenster (Kömmerling, Combidur VK)
a) flächenversetzte Ausführung
b) flächenbündige Ausführung

Zunehmend werden Kunststoff-Fenstersysteme aus Vollprofilen entwickelt. Die in Bild **5**.123 als Beispiel gezeigten Fensterprofile haben einen mit Glasfasersträngen verstärkten tragenden Kern aus einer wärmedämmenden porösen Spezialmasse. Die Oberflächen bestehen aus üblichen Kunststoffen und sind außen acrylbeschichtet. Die Eckverbindungen können bei derartigen Profilen durch Verschrauben oder Dübeln, im gezeigten Beispiel auch mit einer speziellen dübelartigen Kunststoff-Injektion hergestellt werden.

Bei dem in Bild **5**.124 und Bild **5**.127 gezeigten Fenstersystem ist in ein beschichtetes Kunststoff-Vollprofil ein Leichtmetall-Hohlprofil integriert, das dem Fenster eine hohe Stabilität verleiht.

Auch mit derartigen Profilsystemen lassen sich praktisch alle Fensterbauarten ausführen.

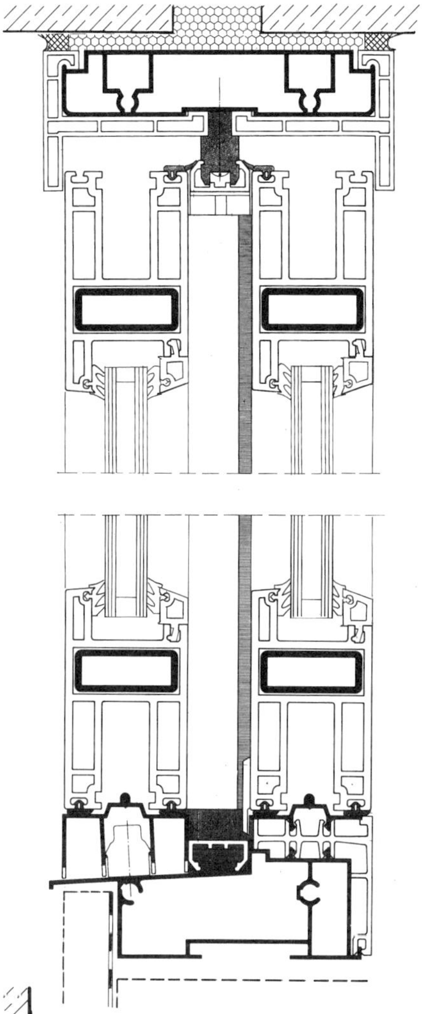

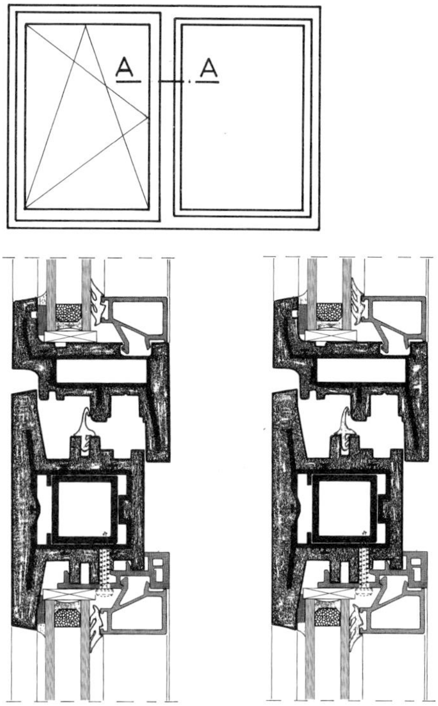

5.127 Kunststoff-Fenster in PU-Aluminium-Massivbauweise (Fulgurit-Isopur)

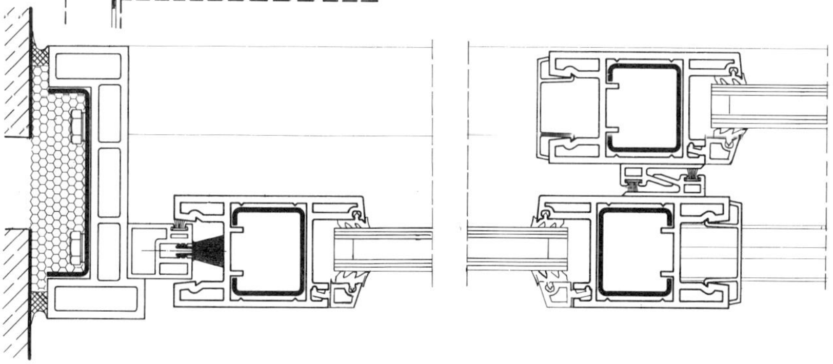

5.126 Kunststoff-Hebeschiebetür (Kömmerling-Combidur)

5.6 DIN-Normen

DIN-Nr.		Ausgabe-Datum	Titel
107		4.74	Bezeichnung mit links und rechts im Bauwesen
1052	T1	10.69	Holzbauwerke; Berechnung und Ausführung
E		8.84	
1055	T4	5.77	Lastannahmen für Bauten; Verkehrslasten, Windlasten
1249	T1	8.81	Flachglas im Bauwesen; Fensterglas; Begriff, Maße
	T4	8.81	–; Gußglas, Begriff, Maße
	T11	9.86	–; Glaskanten; Begriff, Kantenformen und Ausführung
1259	T1	9.86	Glas; Begriffe für Glasarten und Glasgruppen
	T2	9.86	–; Begriffe für Glaserzeugnisse
4108	T1	8.81	Wärmeschutz im Hochbau; Größen und Einheiten
	T2	8.81	–; Wärmedämmung und Wärmespeicherung; Anforderungen und Hinweise für Planung und Ausführung
	T3	8.81	–; Klimabedingter Feuchteschutz; Anforderungen und Hinweise für Planung und Ausführung
	T4	12.85	–; Wärme- und feuchteschutztechnische Kennwerte
	T5	8.81	Wärmeschutz im Hochbau; Berechnungsverfahren
4109	T1	9.62	Schallschutz im Hochbau; Begriffe
E	T1	10.84	–; Einführung und Begriffe
	T2	9.62	–; Anforderungen
E	T2	10.84	–; Luft- und Trittschalldämmung in Gebäuden; Anforderungen, Nachweise und Hinweise für Planung und Ausführung
	T3	9.62	–; Ausführungsbeispiele
E	T3	10.84	–; Luft- und Trittschalldämmung in Gebäuden; Ausführungsbeispiele mit nachgewiesener Schalldämmung für Gebäude in Massivbauart
	T5	4.63	–; Erläuterungen
E	T5	10.84	–; Schallschutz gegenüber Geräuschen aus haustechnischen Anlagen und aus Betrieben; Anforderungen, Nachweise und Hinweise für Planung und Ausführung
E	T6	10.84	–; Bauliche Maßnahmen zum Schutz gegen Außenlärm
E	T7	10.84	–; Luft- und Trittschalldämmung in Gebäuden
5034	Bbl 1	11.63	Innenraumbeleuchtung mit Tageslicht; Berechnung und Messung
	Bbl 2	6.66	–; Vereinfachte Bestimmung lichttechnisch ausreichender Fensterabmessungen
	T1	2.83	Tageslicht in Innenräumen; Allgemeine Anforderungen
	T2	2.85	–; Grundlagen
E	T4	12.81	–; Vereinfachte Bestimmung von Mindestfenstergrößen für Wohnräume
E 18005	T1	4.82	Schallschutz im Städtebau; Berechnungs- und Bewertungsgrundlagen
18055		10.81	Fenster; Fugendurchlässigkeit, Schlagregensicherheit und mechanische Beanspruchung, Anforderungen und Prüfung
18057		11.81	Betonfenster; Betoneinzelfenster, Betonfensterflächen, Bemessung, Anforderungen, Prüfung
E 18057		11.87	
18073[1])		3.81	Rollabschlüsse, Sonnenschutz- und Verdunkelungsanlagen im Bauwesen; Begriffe, Anforderungen
18077		10.66	Rolläden; Zubehörteile

Fortsetzung s. nächste Seite

DIN-Normen, Fortsetzung

DIN-Nr.		Ausgabe-Datum	Titel
18202	T1	1.85	Maßtoleranzen im Hochbau; zulässige Abmaße für die Bauausführung; Wand- und Deckenöffnungen, Nischen-, Geschoß- und Podesthöhen
18355[1])		10.79	VOB Verdingungsordnung für Bauleistungen Teil C: Allgem. Techn. Vorschriften für Bauleistungen: Tischlerarbeiten
18357		10.79	–; Beschlagarbeiten
18358		9.76	–; Rolladenarbeiten
18361		10.79	–; Verglasungsarbeiten
18545	T1	8.82	Abdichten von Verglasungen mit Dichtstoffen, Anforderungen an Glasfalze
	T2	5.85	–; Dichtstoffe; Bezeichnung, Anforderungen, Prüfung
	T3	10.83	–; Verglasungssysteme
52175		1.75	Holzschutz; Begriff, Grundlagen
52290	T1	5.81	Angriffhemmende Verglasungen; Begriffe
E	T1	11.87	
	T2	5.81	–; Prüfung auf durchschußhemmende Eigenschaft und Klasseneinteilung
52293		10.83	Prüfung von Glas; Prüfung der Gasdichtheit von gasgefülltem Mehrscheiben-Isolierglas
52303	T1	8.84	Prüfverfahren für Flachglas im Bauwesen; Bestimmung der Biegefestigkeit; Prüfung bei zweiseitiger Auflagerung
	T2	3.83	Prüfung von Glas; Bestimmung der Biegefestigkeit; Prüfung von Profilbauglas
52337		9.85	Prüfverfahren für Flachglas im Bauwesen; Pendelschlagversuche
52338		9.85	–; Kugelfallversuch für Verbundglas
52344		5.84	Prüfung von Glas; Klimawechselprüfung an Mehrscheiben-Isolierglas
52345		4.80	–; Bestimmung der Taupunkttemperatur an Mehrscheiben-Isolierglas, Prüfung im Laboratorium
52349		8.77	–; Bruchstruktur von Glas für bauliche Anlagen
52619	T2	2.85	Wärmeschutztechnische Prüfungen; Bestimmung des Wärmedurchlaßwiderstandes und Wärmedurchgangskoeffizienten von Fenstern; Messung an der Verglasung
	T3	2.85	–; Bestimmung des Wärmedurchlaßwiderstandes und Wärmedurchgangskoeffizienten von Fenstern; Messung an Rahmen
68121	T1	3.73	Holzfenster-Profile; Dreh-, Drehkipp- und Kippfenster
E	T1	10.86	Holzprofile für Fenster und -türen; Maße, Güteanforderungen
E	T2	10.86	–; Allgemeine technische Details
68360	T1	5.81	Holz für Tischlerarbeiten; Gütebedingungen bei Außenanwendung
	T2	5.81	–; Gütebedingungen bei Innenanwendung
EN 42		1.81	Prüfverfahren für Fenster; Prüfung der Fugendurchlässigkeit
EN 77		1.81	–; Prüfung der Widerstandsfähigkeit bei Wind
EN 78		1.81	–; Form des Prüfberichtes
EN 85		1.81	Prüfverfahren an Türen; Prüfung von Türblättern gegen harten Stoß
EN 86		1.81	Prüfverfahren für Fenster; Prüfung der Schlagregendichtheit unter statischem Druck
EN 107		2.82	–; Mechanische Prüfungen

[1]) z.Z. in Neubearbeitung

Ferner sind zu beachten: Wärmeschutzverordnung, Bundesgesetzblatt 1982, T1 Nr. 7 und VDI-Richtlinien 2719 „Schalldämmung von Fenstern"

5.7 Literatur

[1] Aluminiumzentrale e.V. Düsseldorf: Fensterbau mit Aluminium

[2] Baubeschlag Taschenbuch. Duisburg 1987

[3] Beratungsstelle für Stahlverwendung: Merkblatt 300: Profilstahlrohre für Fenster und Türen. Düsseldorf 1984

[4] Deutscher Glaserkalender 1987. Schorndorf 1987

[5] Froelich, H.; Schmid, J., u.a.: Konstruktionsmerkmale für Fenster, in: Fenster und Fassade 4/85

[6] Hartmann & Co.; Handbuch für Architekten (Aluminiumkonstruktionen). Hamburg 1985

[7] Hepp, B.; Schmid, J.: Fenster-Anforderungssysteme. In: DAB 11.85

[8] Institut des Glaserhandwerkes für Verglasungstechnik und Fensterbau, Hadamar. Technische Richtlinien des Glaserhandwerkes: Dichtstoffe für Verglasungen und Anschlußfugen, 1986

[9] –: Klotzungsrichtlinien für ebene Glasscheiben. 1979

[10] –: Richtlinien für die Verglasung von Stahlfenstern. 1976

[11] –: Richtlinien für den Bau und die Verglasung von Metallrahmen-Schaufenstern und gleichartigen Konstruktionen. 1980

[12] –: Glas im Bauwesen; Einteilung der Glaserzeugnisse. 1981

[13] –: Verglasen mit Mehrscheiben-Isolierglas. 1986

[14] –: Überkopfverglasungen. 1987

[15] Institut für Fenstertechnik e.V., Rosenheim: Zusätzliche Vorschriften zur Ausschreibung von Holzfenstern

[16] –: Zusätzliche Vorschriften zur Ausschreibung von Holzfenstern, zur Ausschreibung von Aluminium-Holzfenstern

[17] –: Zusätzliche Vorschriften zur Ausschreibung von Holzfenstern, zur Ausschreibung von Aluminiumfenstern. Rosenheim 1987

[18] –: Zusätzliche Vorschriften zur Ausschreibung von Holzfenstern, zur Ausschreibung von Kunststoff-Fenstern aus PVC hart/weiß

[19] –: Zusätzliche Vorschriften zur Ausschreibung von Holzfenstern, Richtlinien zur Prüfung einbruchhemmender Fenster

[20] Klindt, L.; König, R.: Die Konstruktion von Kunststoff-Fenstern. Köln-Braunsfeld 1980

[21] Pracht, K.: Fenster, Planung, Gestaltung und Konstruktion. Stuttgart 1982

[22] Pracht, K.: Moderne Erker an Fassade und Dach, Planung und Gestaltung. Stuttgart 1982

[23] Reitmeyer, U.: Holzfenster. Stuttgart 1980

[24] Schild, E.: Bauschadenverhütung im Wohnungsbau – Schwachstellen –, Außenwände und Öffnungsanschlüsse. Wiesbaden–Berlin 1977

[25] Schmid, J.; Stiell, W.: Entwicklung der Fenstertechnik. In: DAB 4/86

[26] VEGLA Vereinigte Glaswerke GmbH.: Technische Informationen 1982

6 Türen

Türen trennen und verbinden Außen- und Innenraum sowie Räume mit unterschiedlicher Nutzung. Dementsprechend unterscheidet man Außentüren und Innentüren.[1]) Von der jeweiligen Zweckbestimmung werden Lage, Größe, Form, Material und Konstruktion des Türblattes, die Art der Rahmenausbildung und die Qualität der Beschläge bestimmt. Daneben sind immer auch gestalterische und wirtschaftliche Gesichtspunkte zu beachten. Außen- und Innentüren gibt es in einer Vielzahl von Formen und Materialien. Sie werden aus Holz, Aluminium, Stahl, Kunststoff und Glas, in Einzel- oder Serienfertigung hergestellt.

6.1 Allgemeines

Außentüren sind meist integrierter Bestandteil einer Hauseingangsanlage, beispielsweise bestehend aus Vordach, Türnische oder Windfang, Schuhabstreifer, Klingel-, Sprech-, Briefkastenanlage, Beleuchtung, Hausnummern-, Namensschild usw. Sie bestimmen – zusammen mit den Fenstern – weitgehend das äußere Erscheinungsbild eines Gebäudes und müssen daher neben funktionellen immer auch formalen Ansprüchen gerecht werden.

Außentüren, darunter versteht man Hauseingangs-, Laubengang- und Kellerausgangstüren, bilden die Nahtstelle zwischen Innen- und Außenraum. Sie trennen Bereiche mit unterschiedlichen, meist gegensätzlichen klimatischen Bedingungen. Daraus resultierend müssen Außentüren

- allen Witterungseinflüssen und klimatischen Beanspruchungen standhalten,
- eine hohe mechanische Festigkeit und Verformungsstabilität aufweisen,
- einen ausreichenden Wärme-, Schall- und Feuchteschutz erbringen,
- durch den Einbau von Boden- und Falzdichtungsprofilen fugendicht schließen sowie
- mit einbruchhemmenden Bändern, Garnituren und Schlössern ausgerüstet sein.

Innentüren trennen und verbinden Räume mit unterschiedlicher Nutzung und Gestaltung. Sie sind Öffnung und Abschluß zugleich. Zweck und Anspruch der Räumlichkeiten bestimmen auch hier weitgehend Form, Konstruktion und Materialwahl der vielfältig gestaltbaren Elemente. Im Innenbereich unterscheidet man Wohnungsabschluß-, Zimmer- und Sondertüren. Die wesentlichsten Grundanforderungen an normale Innentüren sind

- Dauerfunktionstüchtigkeit,
- Widerstandsfähigkeit bei mechanischer Beanspruchung,
- Verformungsstabilität bei klimatischer Beanspruchung,
- ausreichender Mindestschallschutz,
- Einbruchhemmung, vor allem bei Wohnungseingangstüren.
- Zusätzliche Anforderungen kommen bei den Sondertüren, wie sie in Abschn. 6.7 näher erläutert sind, noch hinzu.

---

[1]) Unter dem Bauteil „Tür" versteht man allgemein das komplette Türelement, bestehend aus einem beweglichen Türblatt und einem fest mit der Wand verbundenen Türrahmen (auch Türzarge genannt).

Raumöffnungen – Fenster wie Türen – beeinflussen immer auch die Gebrauchstüchtigkeit des jeweiligen Raumes. Innentüren sollten daher nie ohne Bezug zu ihrer Umgebung geplant werden. Immer müssen die davor, daneben und dahinterliegenden Bereiche in die Überlegungen mit einbezogen werden. Im einzelnen sind zu beachten (Bild **6.1**):

- Nutzungszweck, Dimension und Zuschnitt der zu erschließenden Räumlichkeiten,
- Lage, Anordnung und Größe der zu planenden Tür sowie weiterer Raumöffnungen,
- Verteilung der Ruhe- bzw. Verkehrszonen und der damit zusammenhängenden Mobiliaranordnung,
- Aufschlagrichtung des Türflügels unter Berücksichtigung der vorgenannten Punkte sowie der Wegführung (Raumerschließung/Raumerlebnis), Anordnung natürlicher und künstlicher Lichtquellen, ggf. der Fluchtrichtung u. a. m.,
- Betonung oder nahezu unsichtbare Einbindung des Türelementes in die Wandfläche durch entsprechende Materialfestlegung, Farbgebung, Detailausbildung und Beschlagwahl.

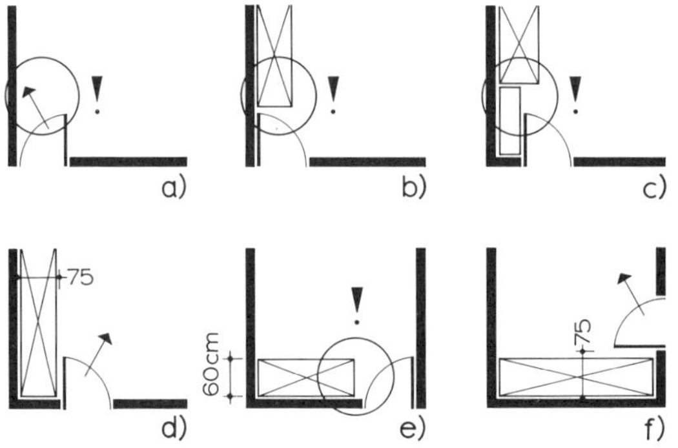

6.1
Türlage und Aufschlagrichtung
a) falsche Raumerschließung: einengend, Raum nicht überschaubar
b), c) unbefriedigende Türlage und Mobiliaranordnung, Verlust an Stellfläche
d) richtige Türanordnung: zum Raum hinführend, ausreichend bemessene Schrankstellfläche (vgl. hierzu DIN 18011, Stellflächen im Wohnungsbau)
e) ungünstige Türanordnung bei schmalen und langen Räumen
f) günstigere Erschließung und größere Möbelstellfläche im Vergleich zu e)

6.2 Einteilung und Benennung: Überblick

1. Einteilung nach dem Verwendungszweck

Stellvertretend für eine Vielzahl von Möglichkeiten sollen hier nur einige Beispiele erwähnt werden:

- Hauseingangs- und Kellerausgangstüren (Außentüren),
- Windfang-, Flur- und Wohnungsabschlußtüren,
- Zimmertüren, Klosett- und Badezellentüren,
- repräsentativ ausgebildete Türen, wie beispielsweise Konzertsaal- und Konferenzraumtüren,
- Türen für besondere Zwecke, wie beispielsweise Hotelzimmer- und Krankenhauszimmertüren,
- Sonderausführungen, wie Schall-, Feuer-, Einbruch- und Strahlenschutztüren u. a.

2. Einteilung nach der Bewegungsrichtung

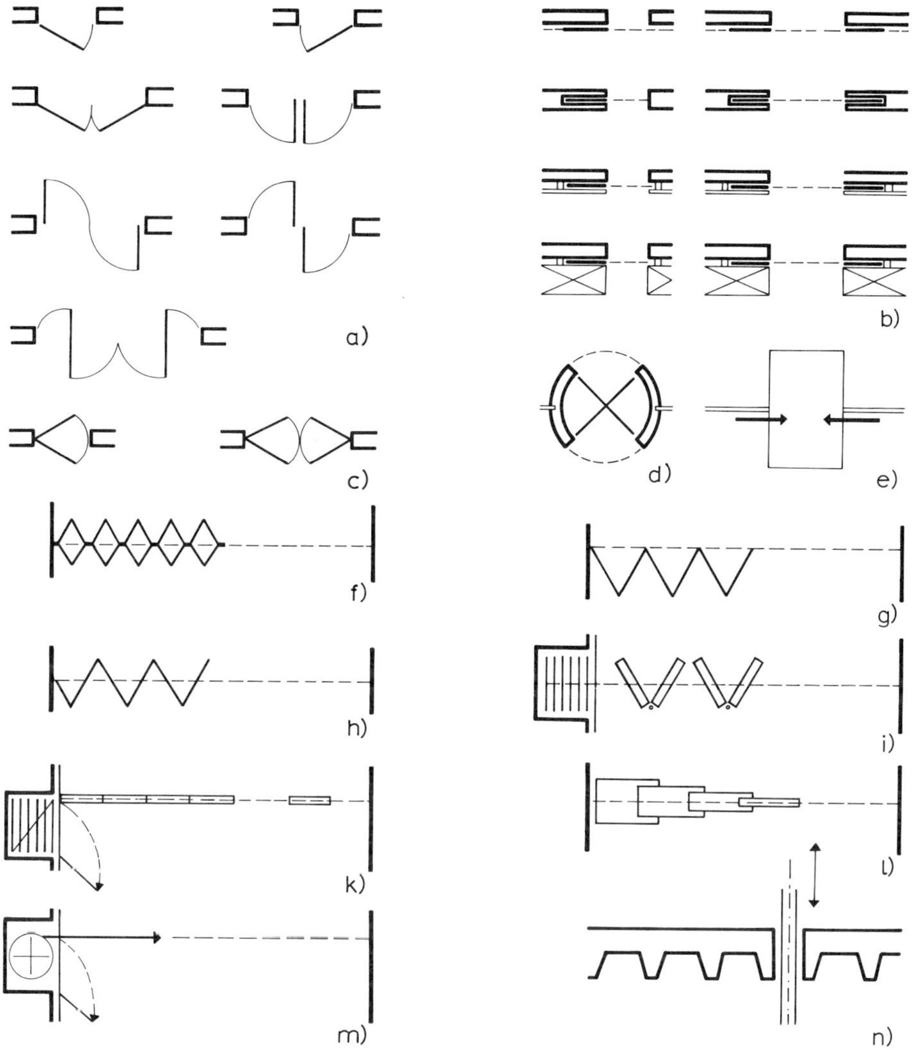

6.2 Einteilung nach der Bewegungsrichtung

a) Drehflügeltüren (ein- und zweiflügelig),
b) Schiebetüren (ein- und zweiflügelig),
c) Pendeltüren (ein- und zweiflügelig),
d) Drehkreuztür, e) automatische Schiebetür (ein- und zweiflügelig), f) Harmonikatür, bzw. Harmonikawand (Metallscherengerüst beidseitig mit Kunstleder oder Holzlamellen bekleidet), g) Falttür bzw. Faltwand, seitlich geführt (Holzlamellen mit Scharnieren verbunden), h) Falttür bzw. Faltwand, mittig geführt (mit einem halben Flügel beginnend), i) Paarwand (aus beweglichen Plattenpaaren), k) Bewegliche Trennwand aus Einzelelementen (auch Element- oder Schiebewand genannt), l) Teleskopwand, m) Rollwand, vertikal oder horizontal angeordnet (ein- oder zweischalig), n) Hub- und Versenkwand

3. Einteilung nach der Türrahmenausbildung

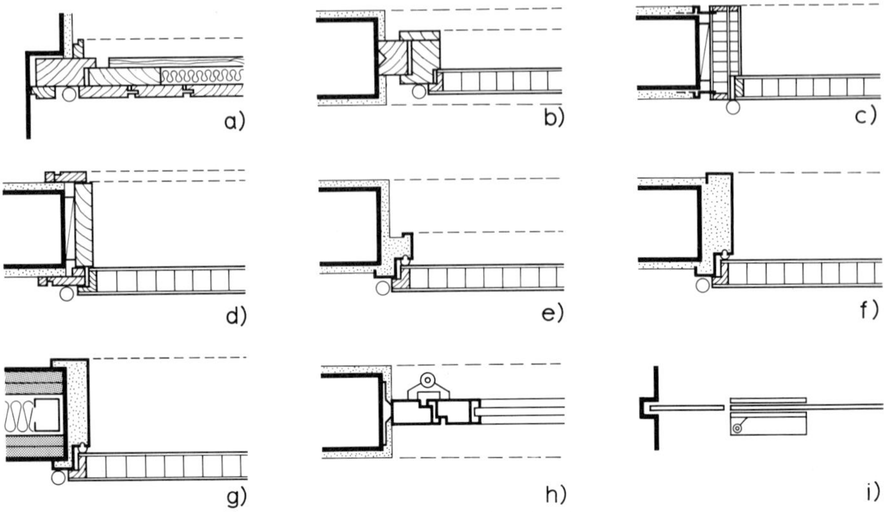

6.3 Einteilung nach der Türrahmenausbildung (nur Flügeltüren)

a) Blendrahmentür (Holz), b) Blockrahmentür (Holz), c) Zargenrahmentür (Holz), d) Futterrahmen mit Bekleidungen (Holz), e) Stahlzargentür: Eckzarge, f) Stahlzargentür: Umfassungszarge, g) Stahlzargentür: Umfassungszarge für Plattenwände, h) Metallrahmentür, i) Ganzglastür (rahmenloser Einbau)

4. Einteilung nach der Türblattausbildung

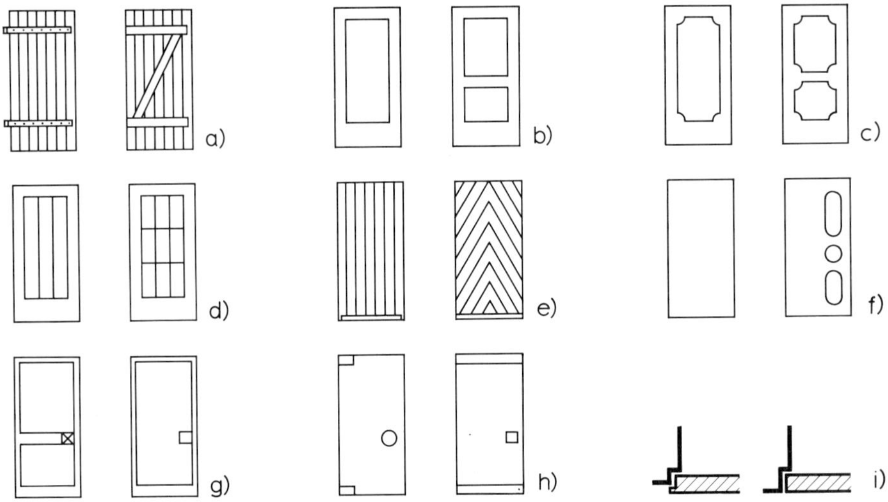

6.4 Einteilung nach der Türblattausbildung

a) Latten- oder Brettertüren, b) Rahmentüren mit Glasfüllungen, c) Rahmentüren mit Holzfüllungen, d) Sprossentüren mit Glasfüllungen, e) aufgedoppelte Türen (Außentüren), f) glatte Sperrtüren (ggf. mit Sehschlitzen), g) Metallrahmentüren mit Füllungen aller Art, h) Ganzglastüren, i) Falztüren oder Stumpftüren

6.3 Allgemeine Anforderungen

Türen zählen zu den am meisten durch Gebrauch beanspruchten Bauteilen. Sie haben eine ganze Reihe von Anforderungen zu erfüllen, die je nach Bauaufgabe und Verwendungszweck der Räume bzw. Gebäudeteile von unterschiedlicher Wichtigkeit sein können. Ausgehend von den jeweiligen funktionellen und nutzungsbedingten Ansprüchen sind die entsprechenden Prioritäten immer wieder neu zu setzen, um so unnötige Forderungen auszuschließen und die Baukosten niedrig zu halten. Auf folgende Anforderungen (Hauptgruppen) wird nachstehend näher eingegangen:

— Schallschutz
— Wärmeschutz
— Feuchteschutz
— geometrische und maßliche Festlegungen
— montagetechnische Anforderungen.

6.3.1 Schallschutz

Aufgrund der wachsenden Lärmbelästigungen im Außenbereich (Verkehrslärm) und der gestiegenen Erwartungen im Innenbereich (Schutz vor Geräuschen aus Treppenräumen, Minderung der Verständlichkeit durch Türen von Praxen o. ä.) haben sich die Anforderungen an die Schalldämmung von Außen- und Innentüren beträchtlich erhöht.

6.3.1.1 Anforderungen an die Schalldämmung von Türen

Die im Entwurf vorliegende Neufassung der DIN 4109 (Okt. 84) sieht erstmals Anforderungen an die Schalldämmung von Türen vor. Dabei wird grundsätzlich zwischen Schutz gegen Schallübertragung aus f r e m d e n und aus e i g e n e n Wohn- oder Arbeitsbereichen unterschieden.

Tabelle **6**.5 Anforderungen an die Schalldämmung von Türen gegen Schallübertragung aus einem f r e m d e n Wohn- oder Arbeitsbereich (Auszug aus DIN E 4109 T2 Tab. 1)

	Bauteile	Mindestanforderungen R_w[1]) in dB	Vorschläge für einen erhöhten Schallschutz R_w[1]) in dB
Geschoßhäuser mit Wohnungen und Arbeitsräumen	Türen zwischen Hausfluren, Treppenräumen und Wohnfluren; Dielen von Wohnungen, Wohnheimen, Arbeitsräumen	27	≥ 37
Beherbergungsstätten, Krankenanstalten und Sanatorien	Türen zwischen Fluren und Krankenräumen	27	≥ 37
	Türen zwischen Fluren und Übernachtungsräumen	32	≥ 37
Schulen und Unterrichtsstätten	Türen zwischen Fluren und Unterrichtsräumen o. ä.	27	–

[1]) Bei Türen gilt statt R'_w der Wert R_w

Tabelle **6**.5 zeigt einen Auszug aus DIN E 4109 T2 Tab. 1 mit Anforderungen an die Schalldämmung von Türen gegen Schallübertragung aus einem fremden Wohn- oder Arbeitsbereich. Entsprechende Werte für den Schallschutz von Türen in Büro- und Verwaltungsgebäuden sind DIN E 4109 T2 Tab. 2 zu entnehmen und bleiben hier unberücksichtigt. Alle genannten R_w-Werte beziehen sich auf betriebsfertige Türen, bestehend aus Zarge, Türblatt mit Beschlägen und den notwendigen Dichtungen (jedoch ohne Schallnebenwege). S. hierzu auch Abschn. 12.5.3.3 in Teil 1 dieses Werkes.

6.3.1.2 Anforderungen an die Schalldämmung von Wänden

In Tab. 1 und 2 der DIN E 4109 T2 sind auch Anforderungen an die Luftschalldämmung von Treppenhauswänden, Wänden zwischen Fluren und Krankenräumen, Übernachtungsräumen u. ä. genannt. Da derartige Bauwerksteile häufig aus Flächenteilen unterschiedlicher Schalldämmung zusammengesetzt sind (z. B. Tür in einer Wand), wird das resultierende Schalldämm-Maß der Gesamtwand dadurch in der Regel wesentlich gesenkt. Dies gilt vor allem, wenn es sich um schwere Trennwände handelt. Da die in Tab. 1 und Tab. 2 genannten Richtwerte durch Nebenwegübertragungen, wie beispielsweise Türen, jedoch nicht verschlechtert werden dürfen, sind die jeweils erforderlichen Schalldämm-Maße der einzubauenden Türen vorab rechnerisch zu ermitteln. Ein Rechenbeispiel sowie weitere Angaben hierzu s. Abschn. 12.5.3 in Teil 1 dieses Werkes.

6.3.1.3 Prüfung der Schalldämmung von Türen

Bei der Beurteilung der Luftschalldämmung von Türen wird vielfach vom labormäßig ermittelten Schalldämm-Maß eines allein im Prüfstand eingekitteten Türblattes ausgegangen. Dies führt in der Praxis zu übertriebenen Erwartungen an die Schalldämmeigenschaften gebrauchsfertiger Türen. Um die Problematik der Übertragbarkeit der in Laboruntersuchungen ermittelten Schalldämmwerte von Innentüren auf die reale Situation am Bau besser zu verstehen, sollen die einzelnen Prüfmethoden im folgenden kurz erläutert werden. Bei der Prüfung der Luftschalldämmung von Türen ist zu unterscheiden zwischen:

1. Laborprüfungen

a) **Prüfung des Türblattes allein** (abgekittet in einem Prüfstand **ohne** Schallnebenwege). Hierbei wird der Schall ausschließlich durch das zu prüfende Bauteil übertragen. Das dabei gewonnene Schalldämm-Maß ist nur für den Türenkonstrukteur (Herstellerwerk) von Bedeutung. Ein Prüfzeugnis, das nur die Schalldämmwerte eines Türblattes widergibt, hat für den Planer **keine** Aussagekraft.

b) **Prüfung des betriebsfertig eingebauten Türelementes** (in einem Prüfstand **ohne** Schallnebenwege).[1]) Das Türelement besteht aus Zarge, Türblatt mit Beschlägen und den notwendigen Dichtungen. Die Schallübertragung von einem Raum zum anderen erfolgt ausschließlich über das geprüfte Bauteil unter Ausschluß der Nebenwege wie Decken-, Wandanschlüsse u. ä. Das dabei gewonnene **Labor-Schalldämm-Maß** R_w ist für den Planer bzw. die ausschreibende Stelle von größter Wichtigkeit. Es ist eine Art Planzahl oder Rechengröße (ähnlich dem k-Wert im Wärmeschutz), mit der der Planer beispielsweise in die Lage versetzt werden soll, die Gesamtschalldämmung eines aus mehreren Teilflächen bestehenden Bauwerksteiles (z. B. Wand mit Tür) besser berechnen zu können.

2. Güteprüfungen von Türen am Bau (Baumusterprüfung)

Die Prüfung des betriebsfertig eingebauten Türelementes wird am Bau mit der dort tatsächlich vorhandenen Flanken- bzw. Nebenwegübertragung durchgeführt. Das dabei ermittelte **Bau-Schalldämm-Maß** R'_w kann dann bis zu 15 dB schlechter ausfallen, als der labormäßig ermittelte R_w-Wert. Planer und ausschreibende Stellen sollten sich daher das geforderte Angebot an Schalldämmtüren immer durch ein im betriebsfertigen Zustand gemessene Baumusterprüfung belegen lassen. Auch der

[1]) Auf die Möglichkeit der Prüfung eines betriebsfertigen Türelementes in einem Prüfstand mit simulierten Nebenwegen soll hier nicht näher eingegangen werden, da die Prüfkriterien (Prüfvorgaben) hierfür noch zu ungenau definiert sind.

Hinweis auf eine spätere meßtechnische Überprüfung der fertig eingebauten Türen sollte bereits im Leistungsverzeichnis stehen, da eine derartige Ankündigung die Ausführungsqualität erfahrungsgemäß beträchtlich steigert.

6.3.1.4 Einflüsse auf die Schalldämmung betriebsfertig eingebauter Türen

Das schalltechnische Verhalten eingebauter Türelemente wird bestimmt durch

- das Türblatt,
- Falzdichtung,
- Bodendichtung,
- Schallnebenwege,
- Verformungsstabilität,
- Türbeschläge.

1. Türblatt. Die Schalldämmung eines Türblattes wird maßgeblich von seinem Aufbau und Flächengewicht bestimmt. Grundsätzlich unterscheidet man zwischen einschaligen (ein- oder mehrschichtig) und doppelschaligen Türblattkonstruktionen.

Bei einschalig ausgebildeten Türblättern hängt das bewertete Schalldämm-Maß R_w im wesentlichen von der flächenbezogenen Masse und der Biegesteifigkeit der einzelnen Schichten ab. Wie Tabelle **6**.6 verdeutlicht, kann die Schalldämmung derartiger Türblätter einmal durch die Erhöhung des Türblattgewichtes (Flächengewicht), zum anderen durch Einlage mehrerer Plattenschichten, die untereinander nur geringfügig mechanisch gekoppelt sind (Spanplatten oder Weichfaserplatten lose verbunden), verbessert werden. Immerhin sind mit einschaligen Türblättern Schalldämm-Maße bis über 40 dB erreichbar.

Tabelle **6**.6 Schalldämm-Maße R_w von einschalig ausgebildeten Türblattkonstruktionen [2]

Türblattaufbau		Türblattdicke in mm	Flächengewicht in kg/m²	Schalldämm-Maß R_w in dB (ca. Werte)
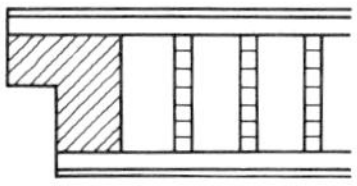 Hohlraumtürblatt	mit Stegeinlage	40	12,3	27
 Homogenes Türblatt	mit Röhrenspaneinlage	40	15,4	32
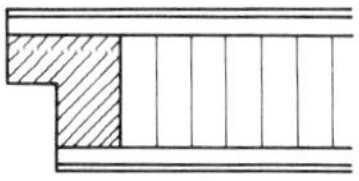 Homogenes Türblatt (einschichtig)	mit Vollspaneinlage	40	24,6	34
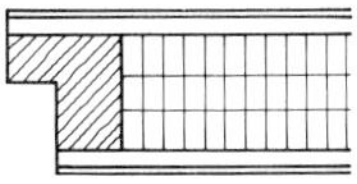 Sandwichkonstruktion (mehrschichtig)	mit Einlagen aus mehreren Spanplatten			
	– 2 Dreischichtplatten	42	18,0	29
	– 3 Strangpreßplatten (punktverleimt)	41	26,0	39
	– 3 Strangpreßplatten (genagelt)	40	26,0	40
	– 5 Strangpreßplatten (genagelt)	68	33,0	41

Zweischalig ausgebildete Türblätter aus Holz oder Metall erbringen im allgemeinen bessere Schalldämmwerte als einschalige Elemente. Tab. **6**.7. Die beiden äußeren Schalen sollten ein möglichst hohes Gewicht aufweisen (z. B. Stahlblech oder mehrfach verleimte Furniertafeln, ggf. mit Bleiblechbeschichtung auf der Innenseite), gleichzeitig jedoch möglichst dünn und biegeweich sein und ein Minimum an starrer Verbindung miteinander haben. Außerdem sollte der Schalenabstand möglichst groß und der Hohlraum mit porösem, schallabsorbierendem Dämmaterial (Mineralwolle) gefüllt sein. Mit diesen mehrschaligen Konstruktionen können bewertete Schalldämm-Maße bis 50 dB erreicht werden. Aus der Addition der vorgenannten Einzelschichten ergeben sich unter Umständen jedoch auch Türblattdicken zwischen 65 und 90 mm. Vgl. hierzu auch Abschn. 6.7.1, Schallschutztüren.

Tabelle **6**.7 Schalldämm-Maße R_w von mehrschalig ausgebildeten Türblattkonstruktionen [3], [4]

Türblattaufbau		Türblatt-dicke in mm	Flächen-gewicht in kg/m²	Schalldämm-Maß R_w in dB (ca. Werte)
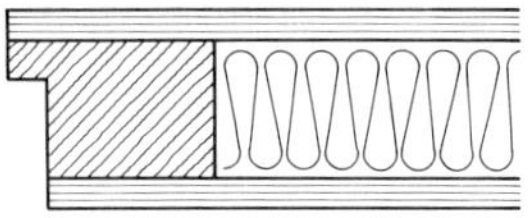	mit Furnierplatten und Mineralwolle	60	20	35
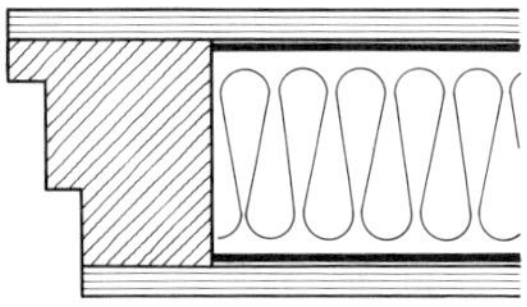	mit Furnierplatten, Bleiblech und Mineralwolle	85	46	45
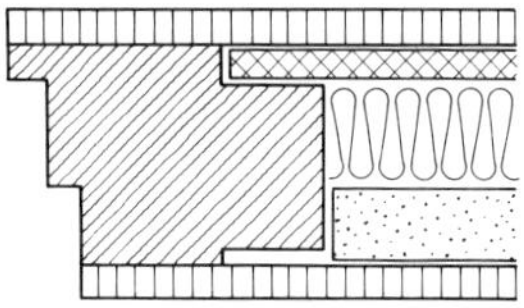	mit Spanplatten, Promatectplatte, Mineralwolle und Weichfaserplatte	85	64	44

2. Türdichtungen mindern die Schallübertragung und Wärmeverluste, dämpfen die Schließgeräusche, verhindern Zugluft, ggf. auch den Durchtritt von Rauch, und schirmen Innenräume gegen Staub, Nässe und Kälte von außen ab. Man unterscheidet:

— Falzdichtungen (Dichtung zwischen Türblatt und Zarge)

— Bodendichtungen (Dichtung zwischen Türblatt und Boden).

Bei der Bewertung der Einflüsse auf die Schalldämmung betriebsfertiger Türen stehen die Falz- und Bodendichtungen mit an erster Stelle. Sie sind meist höher zu veranschlagen als die Konstruktion des Türblattes selbst. Während bei fest eingebauten Bauteilen (z. B. Wand) die Höhe der Luftschalldämmung vor allem eine Frage des Flächengewichtes ist, ist bei beweglichen Raumabschlüssen dies vorwiegend ein Problem der Dichtung, insbesondere der unteren Türfuge (Bodenfuge).

Falzdichtung. Die dreiseitig umlaufende Falzdichtung muß so beschaffen sein, daß sie zulässige Verformungen des Türblattes (Verarbeitungs- und Werkstofftoleranzen, hygrothermisch bedingte Verformungen usw.) auszugleichen vermag und bei geschlossener Tür in ihrer gesamten Länge an der Türblattfläche dicht anliegt. Die Einpressung der Dichtung sollte mindestens 2 mm betragen und die aufzubringende Schließkraft (bei normalen Türen zwischen 15 und 25 N/m) so bemessen sein, daß sie auch von Kindern und Behinderten erbracht werden kann. Untersuchungen haben ergeben [2], daß Lippendichtungen aufgrund ihres größeren Einfederungsweges bei gleichzeitig minimalem Kraftaufwand für Zargendichtungen geeigneter sind als Kammer- oder Schlauchprofile. Vgl. hierzu Bild **6**.50 sowie Abschn. 6.4.4, Boden- und Falzdichtungen.

Bodendichtung. Die Dichtung der Fuge zwischen Türblatt und Boden ist bis heute noch nicht in allen Teilen zufriedenstellend gelöst, obwohl gerade Undichtigkeiten in diesem Bereich sich am nachteiligsten auf die Luftschalldämmung von Türelementen auswirken.

Außentüren, die den Witterungseinflüssen unmittelbar ausgesetzt sind, sowie Wohnungseingangstüren, die häufig unterschiedliche klimatische und akustische Bereiche trennen, sollten immer an eine Anschlagschwelle stoßen, so wie dies in Abschn. 6.4.4 näher erläutert ist. Bild **6**.51. Dabei muß der Schwelleneinstand jedoch so niedrig wie möglich gehalten werden (zwischen 10 und 15 mm), damit auch Rollstuhlfahrer dieses Hindernis ohne allzu große Kraftanstrengung überwinden können (zulässige Höchstabmessung 25 mm).

Bei Zimmertüren wird in der Regel auf Anschlagschwellen verzichtet, da sie beim Durchgang als störend empfunden werden (Stolpergefahr, umständliche Reinigung), in Anbetracht der meist zentralbeheizten Räume ihren Sinn weitgehend verloren haben und auch ästhetisch nicht befriedigen.

Bodendichtungen in Form von Höckerschwellen oder vollautomatisch absenkbaren Profildichtungen werden überall dort eingebaut, wo schwellenlose Übergänge gefordert sind. Bei beiden Dichtungsarten ist auf einen sorgfältigen Einbau zu achten, da sonst mit erheblichen Schallnebenwegen gerechnet werden muß. Weitere Einzelheiten hierzu s. Abschn. 6.4.4, Türdichtungen.

3. Baulich bedingte Schallnebenwege können die Schallschutzleistung eines ansonsten hochwertigen Türelementes stark mindern. Sie lassen sich vermeiden bzw. ausschalten durch beispielsweise (Einzelheiten s. Abschn. 6.3.5, Montagetechnische Anforderungen sowie Abschn. 6.7.3, Schallschutztüren):

- sorgfältige Dämmung und Abdichtung der Bauanschlußfuge zwischen Holzzarge und Wandleibung,
- sattes Verfüllen des Hohlraumes zwischen Stahlzarge und Bauwerk mit Zementmörtel,
- ausreichend dicke Stahlprofile bei Metallzargen in leichten Trennwänden,
- sorgfältige Dämmung benachbarter Lüftungskanäle und Installationsdurchbrüche,
- Trennung des schwimmenden Estrichs im Schwellenbereich unterhalb von Bodendichtungen (Trennfuge im Estrich),
- luftdichten Einbau von Höckerschwellen, Flachschwellen usw. auf Höhe des angrenzenden Bodenbelages u. a. m.

6.3.2 Wärmeschutz

Im Hinblick auf die Wärmeverluste eines Gebäudes stellen Türen und Fenster in Außenwänden die schwächsten Stellen dar. Ihr Wärmedämmwert ist im allgemeinen schlechter als der der angrenzenden Wandflächen. Zum Vergleich: Der k-Wert einer nach DIN 4108 ausreichend gedämmten Außenwand darf maximal 1,39 W/m^2K betragen, während der vorgeschriebene Höchstwert für Fenster und Fenstertüren nach der zweiten Wärmeschutzverordnung (gültig seit 1984) bei 3,1 W/m^2K liegt.

Bezüglich der wärmetechnischen Erfassung von **Außentüren** ist in dieser Verordnung festgelegt, daß, wenn die Fläche einer Außentür nicht größer als 5 m^2 ist und der Glasflächenanteil $\leqq 10\%$ beträgt, so darf für die Tür der k-Wert der sie umgebenden Außenwand eingesetzt werden. Beim rechnerischen Nachweis kann man demnach solche Türen vernachlässigen und muß sie nicht gesondert erfassen. Bei größeren Türen und/oder solchen mit größerem Glasflächenanteil empfiehlt sich eine Ermittlung des tatsächlichen *k*-Wertes, weil sonst mit dem hohen Wert $k = 5{,}2\ W/m^2 K$ (Einfachfenster) für die Tür gerechnet werden muß. Bei außenliegenden Türen mit einem Glasanteil über 10%, die unmittelbar in beheizte Räume führen, sind Doppel- oder Isolierverglasungen einzubauen.

Aufgrund steigender Energiepreise taucht das Problem des Wärmeschutzes auch bei **Wohnungseingangstüren** vermehrt auf, wenn diese beispielsweise an unbeheizte Treppenhäuser angrenzen. Obwohl in DIN 4108 und in der Wärmeschutzverordnung für solche Türen noch keine Anforderungen festgelegt sind, sollte im Interesse der Benutzer (Energieeinsparung) und hinsichtlich der Dauerfunktionstüchtigkeit des Türblattes (Temperatur- und Feuchtigkeitsgefälle) der Wärmedurchgangskoeffizient (*k*-Wert) derartiger Türen zwischen 1,5 und 2,5 $W/m^2 K$ liegen. Wärmeverluste entstehen bei Türen (und Fenstern) einmal durch (Bild **6**.8)

- **Transmissionswärmeverlust** (Wärmedurchgang durch Bauteile = Wärmedurchgangskoeffizient *k*), also über Rahmen, Türblatt, Verglasung sowie durch
- **Lüftungswärmeverlust** (Undichtigkeit der Fugen = Fugendurchlaßkoeffizient *a*). Entsprechende Werte sind in DIN 4701 T 2 Tab. 9 angegeben.

Eine Verbesserung der Wärmedämmwerte ist beispielsweise zu erreichen durch mehrschichtige oder mehrschalige Türblattkonstruktionen mit hochwertigen Dämmstoffeinlagen, wärmegedämmte Metallrahmenprofile sowie durch den Einbau von Doppel- und Isolierverglasungen. Beträchtliche Wärmeverluste und damit auch Schallübertragungen sind möglich, wenn die Bauanschlußfuge zwischen Blendrahmen und Bauwerk nicht genügend sorgfältig gedämmt und abgedichtet wurde. Tauwasseranfall, Schimmel- und Sporenbildung im Bereich der Leibung können die Folge sein. S. hierzu auch Absch. 6.3.5, Montagetechnische Anforderungen.

Die Undichtigkeit von Türen kann durch den Einbau von Falz- und Bodendichtungen wesentlich gemindert werden. Neben einer spürbaren Energieeinsparung werden damit auch Anforderungen des Schallschutzes und des Rauchschutzes erfüllt. Die Anordnung der Dichtungen muß so erfolgen, daß eine umlaufende Dichtungsebene ohne Unterbrechung, auch im Bereich der Bodenschwelle, möglich ist. Einzelheiten hierzu s. Abschn. 6.4.4, Türdichtungen.

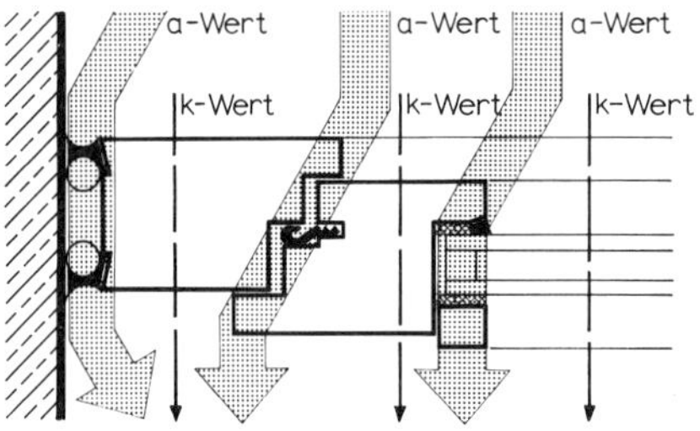

6.8
Schematische Darstellung: Wärmeverluste bei Außentüren und Fenstern
Transmissionswärmeverlust: *k*-Wert
Lüftungswärmeverlust: *a*-Wert

6.3.3 Feuchteschutz

Feuchteschutz und Wärmeschutz sind eng verbunden, da Feuchteschäden an Bauteilen oft Folge ungenügender oder fehlender Wärmedämmung sind. Außerdem wird die Wärmedämmfähigkeit von Baustoffen ganz wesentlich vom jeweiligen Feuchtegehalt beeinflußt.

Wenn eine Tür Bereiche mit unterschiedlichen Klimaten trennt, dann wirken auf die beiden Oberflächen des Türblattes unterschiedliche Temperaturen und unterschiedliche Feuchtigkeiten ein. Dieses Differenzklima kann zu einer Verformung des Türblattes führen. Die Größe und Richtung der Verformung hängt im wesentlichen von den eingesetzten Werkstoffen und vom Aufbau des Türblattes ab. So unterscheidet man [2]:

- **Werkstoffe wie Metalle,** bei denen nur temperaturbedingte Änderungen der Abmessungen auftreten, sowie
- **Holz und Holzwerkstoffe,** bei denen sowohl temperaturbedingte als auch feuchtebedingte Änderungen auftreten.

Wie Bild **6**.9 verdeutlicht, führen temperatur- und feuchtebedingte Veränderungen im Differenzklima zu gegenläufigen Bewegungen.

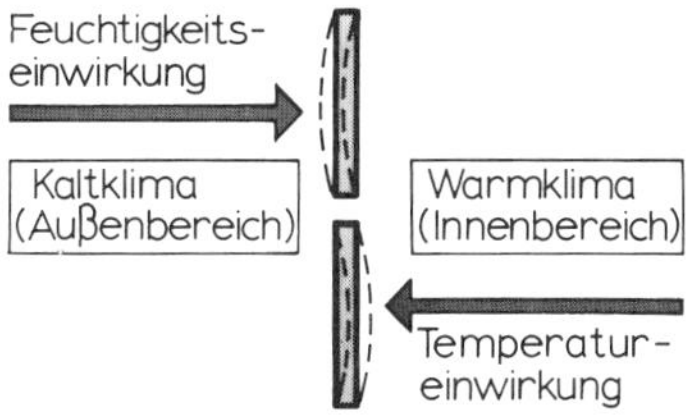

6.9
Schematische Darstellung der Verformungen von Türblättern bei Einwirkung eines Differenzklimas

Hinsichtlich des Türblattaufbaues wird zwischen symmetrisch und asymmetrisch aufgebauten Türblättern unterschieden.

1. **Ein symmetrisch aufgebautes Türblatt** besteht beispielsweise aus einer Mittellage mit darauf beidseitig angeordneten, jeweils gleichartigen Deckplatten und Decklagen. Vgl. hierzu Abschn. 6.5.2.4, Sperrtüren nach DIN 68706. Ein derartiges Türblatt bleibt bei hygrothermischer Beanspruchung nur dann verformungsfrei, wenn es in jeder Beziehung symmetrisch aufgebaut und gefertigt wurde (gleiche Plattenart und -qualität, Verleimungsart, Oberflächenbehandlung usw.). Nachträglich **einseitig** aufgeleimte Platten, Leisten, Furniere, Schichtstoffplatten sowie einseitig aufgetragener deckender Anstrich führen in der Regel zu Verformungen des Türblattes.
2. **Bei asymmetrisch aufgebauten Türblättern** ist die Mittellage einseitig mit einer Deckplatte beschichtet. Da sich derartige Türblattkonstruktionen bereits bei geringer Klimaänderung deformieren, ist ihr Einsatz problematisch und auf Sonderfälle beschränkt. Eine gewisse Ausnahme bilden Türblätter, die einen umlaufenden Stahlrahmen auf Höhe der Mittellage aufweisen. Dieser muß dann allerdings so dimensioniert sein, daß Platten, Stäbe u.ä. einseitig auf das Türblatt aufgebracht werden können, ohne daß er sich verzieht. Ein solcher Rahmen kann sich jedoch nachteilig auf den Wärme- und Schallschutz eines Türblattes auswirken. Vgl. hierzu auch Abschn. 6.5.2, Aufgedoppelte Türblätter.

Innentüren (Sperrtüren) werden entsprechend ihrer Belastungsfähigkeit klassifiziert und verschiedenen Türenklassen zugeordnet (Güte- und Prüfbedingungen für Innentüren aus Holz und Holzwerkstoffen gemäß RAL-RG 426). Die Klassenbildung berücksichtigt den späteren Verwendungszweck der Türblätter. Dabei werden sowohl die klimatischen Belastungen durch unterschiedliche Temperaturen und relative Luftfeuchtigkeit als auch die Belastungen mechanischer Art wie Stöße, Verdrehungen und dergleichen berücksichtigt.

Wie aus Tabelle **6**.10 zu ersehen ist, werden drei Klima-Belastungskategorien unterschieden: Klimabelastung I, II und III. Für die zu erwartenden mechanischen Belastungen wird von insgesamt drei Beanspruchungsstufen ausgegangen: N = normal, M = mittlere, S = starke mechanische Beanspruchungen. Diese Einsatzempfehlung soll eine Erleichterung bei der Auswahl von Türblättern bringen und bei der Erstellung von Leistungsverzeichnissen verstärkt berücksichtigt werden.

Tabelle **6**.10 Einsatzempfehlungen für Innentüren aus Holz und Holzwerkstoffen (Gütegemeinschaft Innentüren, Gießen/Lahn)

Einsatzstelle	**Hygrothermische Beanspruchung**			**Mechanische Beanspruchung**		
	I	**II**	**III**[1])	**N**	**M**	**S**
	normale Klima-Beanspruchung Warme Seite: 25 °C, 40% RL kalte Seite: 18 °C, 60% RL	**mittlere Klima-Beanspruchung** Warme Seite: 25 °C, 40% RL kalte Seite: 13 °C, 70% RL	**hohe Klima-Beanspruchung** Warme Seite: 25 °C, 40% RL kalte Seite: 3 °C, 85% RL	**normale**	**mittlere** **Beanspruchung**	**starke**
Wohnungsinnentüren zum:						
– Wohnzimmer	•			•		
– Eßzimmer	•			•		
– Arbeitszimmer	•			•		
– Schlafzimmer	•			•		
– Kinderzimmer	•			•		
– Küche	•			•		
– Bad[2])	•			•		
– WC[2])	•			•		
– Abstellraum[2])	•			•		
Wohnungsabschlußtür		•[3])	•[3])		•	
Türen zu nicht ausgebauten Dachgeschossen		•[3])	•[3])	•		
Kellerabgangstüren		•[3])	•[3])	•		
Gewerbliche und sonstige Räume:						
– Büroräume	•			•[3])	•[3])	
– Schulräume	•				•[3])	•[3])
– Kindergärten	•				•	
– Krankenhäuser	•				•[3])	•[3])
– Hotelzimmer	•			•[3])	•[3])	
– Kasernen	•				•[3])	•[3])
– Laborräume	•			•[3])	•[3])	
– Bad in Hotels, Schulen ...		•			•	
– WC in Hotels, Schulen ...		•			•	
– Kantinen		•			•	
– Eingänge von Praxen, öfftl. Verwaltungen		•[3])	•[3])		•[3])	•[3])

[1]) Basis: CEN-Norm EN 79 RL = Relative Luftfeuchtigkeit
[2]) In Bereichen mit langfristig höherer Luftfeuchtigkeit (z. B. immer offenstehendes Fenster) werden Türen der Klimakategorie II empfohlen
[3]) Auswahl unter Berücksichtigung der zu erwartenden Beanspruchung

Außentüren bilden die Nahtstellen zwischen innen und außen (Freiluft- und Außenklima). Wenn ihre Oberflächentemperatur auf der Innenseite unter der Taupunkttemperatur der Raumluft liegt, schlägt sich der in der Raumluft befindliche Wasserdampf auf ihren Oberflächen nieder. Soll eine Tauwasserbildung verhindert werden, dürfen die Bauteile einen Höchst-Wärmedurchgangskoeffizienten (*k*-Wert) nicht überschreiten. So darf beispielsweise bei einer Raumlufttemperatur von 20 °C und einer relativen Raumluftfeuchte von 50% bei einer Außentemperatur von −15 °C die Tür einen *k*-Wert von maximal 3,3 W/m^2 K haben. Erhöht sich jedoch die relative Raumluftfeuchte von 50 auf 60%, so ist bereits ein *k*-Wert von 2,1 W/m^2 K erforderlich. Fallen noch größere Mengen an Wasserdampf an, so sind Türen mit einem Wärmedurchgangskoeffizienten zwischen 1 ... und 2 W/m^2 K empfehlenswert.

Wie Bild **6.**11 zeigt, sind derart hochwertige Türblattkonstruktionen zwischenzeitlich auf dem Markt erhältlich. Das dargestellte Haustürblatt, lieferbar in den Dicken 45, 55 und 70 mm, besteht aus einem umlaufenden Hartholzrahmen mit eingeleimten Stabilisatoren (Alu-Streifen) an den Längsseiten. Sie dienen der Verstärkung des Rahmenbereiches, der Erhöhung des Stehvermögens und der Ausreißfestigkeit der Beschläge (Einbruchschutz). Die schall- und wärmedämmende Einlage setzt sich aus PUR-Hartschaum- und Spanplatten zusammen (Sandwichkonstruktion). In die 5fach verleimte Furnierholz-Deckplatte ist eine dünne Alu-Zwischenlage vollflächig eingearbeitet. Diese Schicht dient als Dampfsperre, bewirkt einen Temperaturausgleich und gewährleistet ein hohes Stehvermögen des gesamten Türblattes. Die Verleimung entspricht der Beanspruchungsgruppe B4 (DIN 68602, Holzleimverbindungen). Wärmedämmwert $k = 1{,}5$ W/m^2 K, Schalldämmwert: Bewertetes Bau-Schalldämm-Maß R'_w 37 dB. Weitere Beispiele wärmegedämmter Außentüren s. Abschn. 6.5.2.3 und Abschn. 6.5.2.4, Sperrtüren.

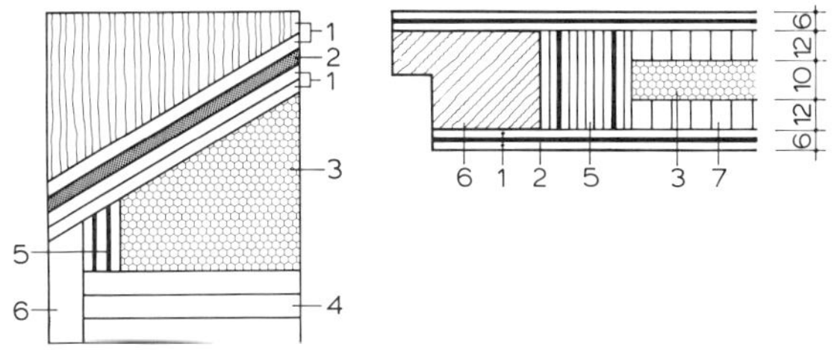

6.11
Konstruktionsbeispiel eines wärmegedämmten Haustürblattes mit eingeleimten Stabilisatoren an den Längsseiten und vollflächig aufgebrachten Dampfsperren aus Aluminiumblech.

1 Holzfurniere
2 Aluminiumblech
3 PUR-Hartschaumeinlage
4 dreifaches Friesholz
5 Stabilisator (zwei Alu-Streifen in Furnierlagen eingebettet)
6 umlaufender Hartholzrahmen
7 Holzspanplatte

Westag & Getalit, Rheda-Wiedenbrück

6.3.4 Geometrische und maßliche Festlegungen

Vereinbarungen über Maßordnungen, Fugenausbildung und Toleranzen im Bauwesen sind wichtige Voraussetzungen für die Planung und Herstellung von Bauteilen und Bauhalbzeugen. Sie bestimmen auch weitgehend den Grad der Zusammenfügbarkeit und Austauschbarkeit einzelner Bauelemente, ohne Nacharbeiten vornehmen zu müssen.

6.3.4.1 Genormte Wandöffnungen für Türen

Die Vorzugsmaße für Wandöffnungen, in die Türelemente eingebaut werden sollen, sind in DIN 18100 (Ausg. 10.83) festgelegt. Tabelle **6.**12. Sie sind aus der **Maßordnung im Hochbau** DIN 4172 (Oktameterordnung) abgeleitet.[1]) Nach dieser Norm

[1]) Modular koordinierte Wandöffnungen s. DIN 18000.

ergeben sich die Nennmaße[1]) aus den Baurichtmaßen[2]). Bei fugenlosen Bauteilen soll das Nennmaß gleich dem Baurichtmaß sein, bei Wandbauarten mit Fugen ist das Nennmaß der Öffnungen um den Fugenanteil größer. In welcher Weise Bauricht- und Nennmaße in Abhängigkeit voneinander stehen, zeigt Bild **6**.13. Daraus ergibt sich:

— Baurichtmaß + 10 mm = Nennmaß der Wandöffnungsbreite
— Baurichtmaß + 5 mm = Nennmaß der Wandöffnungshöhe.

DIN 18100 gilt somit gleichermaßen für Mauerwerksbauten mit den üblichen Fugenbreiten (Stoßfuge = 10 mm) wie für fugenlose Bauarten (z. B. Betonwände, Gipsdielen- oder Ständerwerkwände).

Beispiel **Baurichtmaße für Wandöffnungen nach Tabelle 6**.12:
875 mm für die Breite, 2000 mm für die Höhe.
Tatsächliche Nennmaße (Eintragung in die Ausführungszeichnung):
Bei Bauart ohne Fugen: 875 × 2000 mm. Bei Bauart mit Fugen: 885 × 2005 mm.
Zulässige Kleinst- und Größtmaße sind DIN 18100 zu entnehmen. Die wichtigsten Maßbezeichnungen, so wie sie auch in Tabelle **6**.16 verwendet sind, beinhaltet Bild **6**.14.

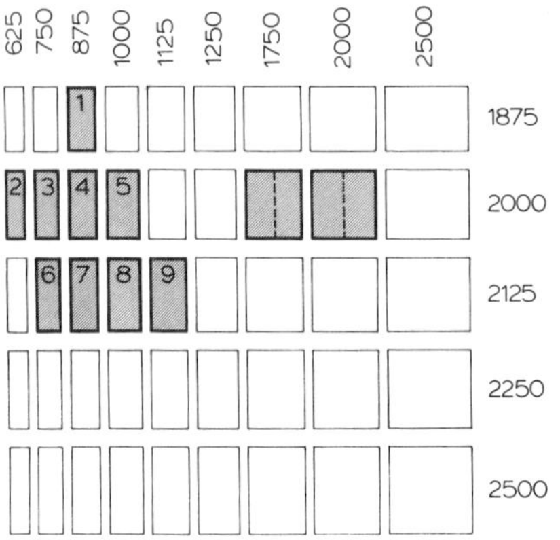

6.12
Baurichtmaße für Wandöffnungen (Türen) nach DIN 4172 (Auszug aus DIN 18100)

Dick umrandete Felder: Vorzugsgrößen

Für die mit einer Ziffer gekennzeichneten Größen werden in Tab. **6**.16 (Auszug aus DIN 18101) genaue Maße für Zargen und Türblätter angegeben. Die Zahl entspricht der jeweiligen Zeilennummer in der Tabelle. Vgl. hierzu auch Tab. **6**.75, Maße für Stahlzargen (Auszug aus DIN 18111).

Wandöffnungen dieser Vorzugsgrößen sind in der Regel zweiflügelig. Sind in Ausnahmefällen andere Größen erforderlich, so sollen deren Baurichtmaße ganzzahlige Vielfache von 125 mm (gemäß DIN 4172) sein.

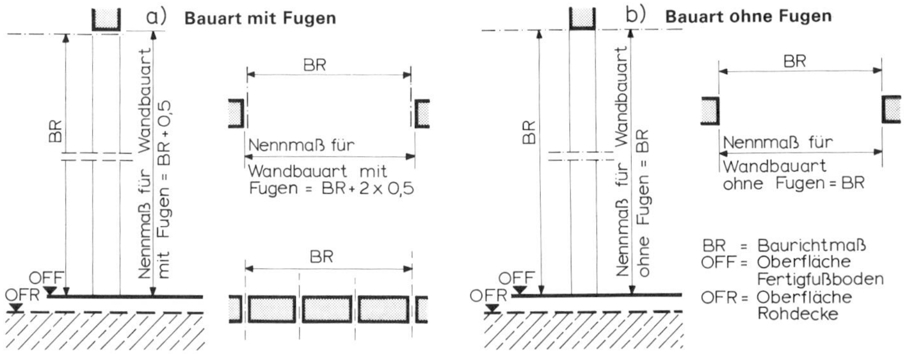

6.13 Ableitung der Nennmaße aus den Baurichtmaßen entsprechend DIN 4172

[1]) Das **Nennmaß** ist ein Maß, das zur Kennzeichnung von Größe, Gestalt und Lage eines Bauteils oder Bauwerks angegeben und in Zeichnungen eingetragen wird.

[2]) Das **Baurichtmaß** (BR) entsteht beim Aneinanderreihen der Bauteile als Maß von Mitte Fuge bis Mitte Fuge an beiden Enden eines Bauteils. Vgl. hierzu auch Abschn. 5.2.2.2, Teil 1 dieses Werkes.

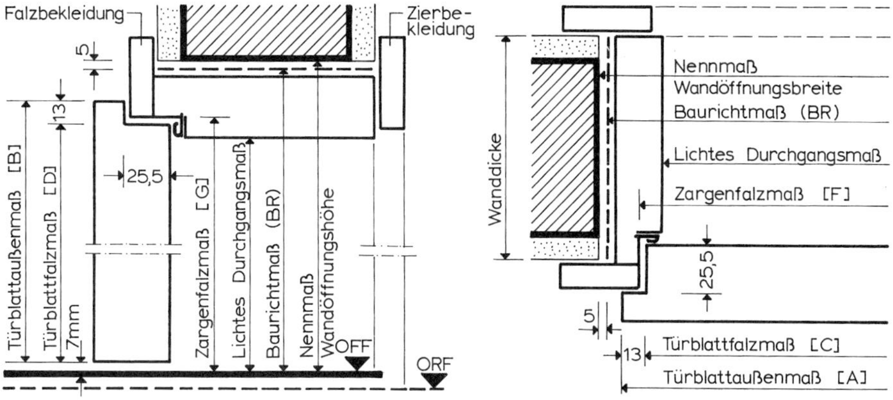

6.14 Die wichtigsten Maßbezeichnungen, beispielhaft dargestellt an einem Türelement aus Holz. Vgl. hierzu auch Tab. **6**.16

6.3.4.2 Türblattgrößen, Bandsitz und Schloßsitz

Die gegenseitige maßliche Abhängigkeit zwischen Türblatt und Türzarge sowie die Lage der Türbänder und des Türschlosses (Bandsitz und Schloßsitz) regelt DIN 18101. Diese Norm gilt für einflügelige gefälzte Türen, so wie sie üblicherweise im Wohnungsbau vorkommen. Sie gilt nicht für Sondertüren, wie beispielsweise Feuerschutztüren, Rauchschutztüren u. ä.

Die Festlegung der wichtigsten Maße und ihrer Lage zu bestimmten Bezugskanten oder der Bezugsebenen soll sowohl dem problemlosen Zusammenbau der einzelnen Bauteile einer Tür dienen, als auch die Austauschbarkeit eines Türblattes in einer Zarge ohne Nacharbeiten sicherstellen. Um dies zu erreichen, geht man in DIN 18101 von folgenden Annahmen aus:

- **Seitliche Bezugskante** für die Maße an Türzarge und Türblatt ist der seitliche Zargenfalz der Bandseite.
- **Obere Bezugskante** für die Maße an Türzarge und Türblatt ist der obere Zargenfalz.
- **Untere Bezugskante bei Stahlzargen** ist die Fußbodeneinstandsmarkierung.
- **Untere Bezugskante bei Holzzargen** ist die Unterkante der Zargenseitenteile. Diese untere Bezugskante entspricht der planmäßigen Lage der Oberfläche des fertigen Fußbodens (OFF). Da sich die Nennmaße für die Höhe auf OFF beziehen, sollte die Anbringung von sogenannten „Meterrissen" (1000 mm über OFF) an den Wänden selbstverständlich sein. Der maßgenaue Einbau von Türzargen wird dadurch wesentlich erleichtert.
- **Die Falzmaße** betragen 13 × 25,5 mm.
- **Die Türblattdicke** liegt üblicherweise bei 40 mm (je nach Decklage zwischen 39 und 42 mm).

Die in Bild **6**.15 dargestellte **Bezugslinie** ist eine gedachte Linie bei einem Türband, deren Abstand vom oberen Zargenfalz die Höhenlage der Türbänder festlegt. In DIN 18268, Türbänder, ist festgehalten, daß die Hersteller von Türbändern in ihren Katalogen alle erforderlichen Anschlußmaße anzugeben haben, damit die Einbaulage eindeutig erkennbar wird. Erst diese exakte Festlegung der Bandbezugslinien ermöglicht das Zusammenspiel von Türblatt, Türbänder und Türzarge und erlaubt eine rationelle Montage industriell oder handwerklich hergestellter Türelemente. Einige Bänder mit den ihnen zugeordneten Bezugslinien sind in Abschn. 6.4.1 gezeigt.

Die wesentlichen Maße für gefälzte Türblätter und Türzargen enthält Tabelle **6**.16.

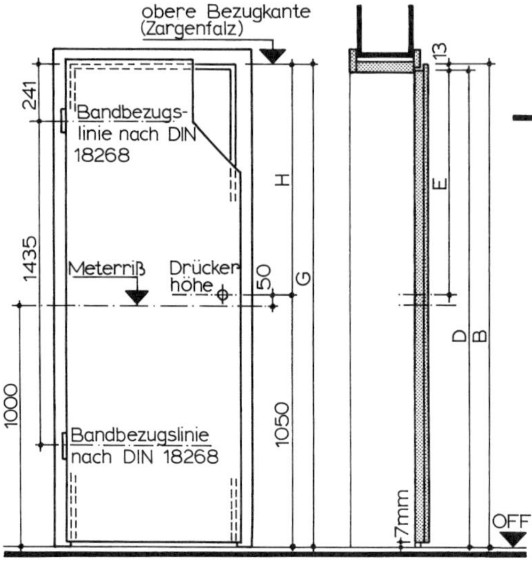

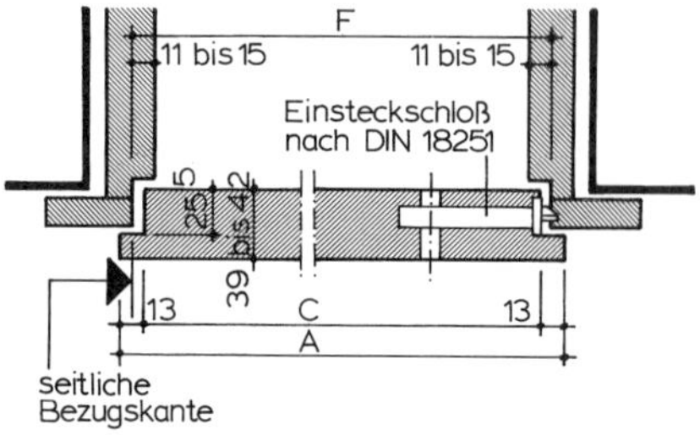

6.15
Darstellung der wichtigsten Maße (Bezugslinien) für gefälzte Türblätter und Türzargen sowie Band- und Schloßsitz nach DIN 18101. Die entsprechenden Einzelmaße sind Tabelle **6**.16 zu entnehmen. Vgl. hierzu auch Tabelle **6**.12, Baurichtmaße für genormte Wandöffnungen.

Tabelle **6**.16 Maße für gefälzte Türblätter und Türzargen in mm (Auszug aus DIN 18101 Tab. 1)

	Baurichtmaße		Maße an Türblatt					Maße an der Türzarge		
	Wandöffnungen für Türen (s. DIN 18100)		Türblattaußenmaße („Typmaße")		Türblattfalzmaße Nennmaße		Oberkante Türfalz bis Mitte Schloßnuß	lichte Zargenbreite im Falz (seitliche Bezugskante auf der Bandseite)	lichte Zargenhöhe im Falz (obere Bezugskante)	obere Bezugskante bis Unterkante Fallenloch (Schließblech)
	Breite	Höhe	Breite *A*	Höhe *B*	Breite *C*	Höhe *D*	Höhe *E*	Breite *F*	Höhe *G*	Höhe *H*
1	875	1875	860	1860	834	1847	804	841	1858	808
2	625	2000	610	1985	584	1972	929	591	1983	933
3	750	2000	735	1985	709	1972	929	716	1983	933
4	875	2000	860	1985	834	1972	929	841	1983	933
5	1000	2000	985	1985	959	1972	929	966	1983	933
6	750	2125	735	2110	709	2097	1054	716	2108	1058
7	875	2125	860	2110	834	2097	1054	841	2108	1058
8	1000	2125	985	2110	959	2097	1054	966	2108	1058
9	1125	2125	1110	2110	1084	2097	1054	1091	2108	1058

6.3.4.3 Planungshinweise

Es würde den Rahmen dieses Werkes sprengen, wollte man auf alle Verordnungen, Richtlinien u. ä. näher eingehen, die bei einer Gebäudeplanung im Zusammenhang mit den Türen zu beachten sind. Beispielhaft sollen deshalb nur einige Aspekte genannt und kurz erläutert werden.

Nach der Arbeitsstättenverordnung § 10 Abs. 1 (Türen, Tore) müssen die Türen in begehbaren Räumen so angeordnet sein, daß von jeder Stelle des Raumes eine bestimmte Entfernung zum nächstgelegenen Ausgang nicht überschritten wird. Die in der Luftlinie gemessene Entfernung soll höchstens betragen:

a) in Räumen, ausgenommen Räume nach b) bis e) 35 m
b) in brandgefährdeten Räumen ohne Sprinklerung 25 m
c) in brandgefährdeten Räumen mit Sprinklerung 35 m
d) in giftstoffgefährdeten Räumen 20 m
e) in explosionsgefährdeten Räumen 10 m

Die Ausgänge müssen unmittelbar ins Freie oder in Flure oder Treppenräume führen, die Rettungswege im Sinne des Bauordnungsrechts der Länder sind. Türen im Verlauf von Rettungswegen dürfen in aufgeschlagenem Zustand die nutzbare Laufbreite nicht einengen, außerdem müssen sie gekennzeichnet sein, sich von innen ohne fremde Hilfsmittel jederzeit leicht öffnen lassen und in Fluchtrichtung aufschlagen.

Lichtdurchlässige Türflächen müssen nach der Arbeitsstättenverordnung brandsicher sein und demnach aus Sicherheitsglas gemäß DIN 18361 oder einem Kunststoff mit vergleichbaren Eigenschaften bestehen. Glastüren und andere Glasflächen, die überwiegend aus einem durchsichtigen Werkstoff bestehen, haben auf beiden Seiten in etwa 1 m Höhe eine über die Türbreite verlaufende Handleiste aufzuweisen und müssen in Augenhöhe so gekennzeichnet sein, daß sie deutlich wahrgenommen werden können. Vgl. hierzu auch Abschn. 6.8, Ganzglastüren.

Die Türabmessungen richten sich nach der Zahl der Personen im Einzugsbereich des Ausganges und der Nutzung des Raumes.

Tabelle **6**.17 Türabmessungen (Auszug aus den Arbeitsstättenrichtlinien)

Zahl der Personen im Einzugsbereich des Ausgangs	Baurichtmaße bei Gefahrengrad (in cm) normal	brandgefährdet
bis 5	87,5	100
bis 20	100	125
bis 100	125	150
bis 250	175	200
bis 400	225	–

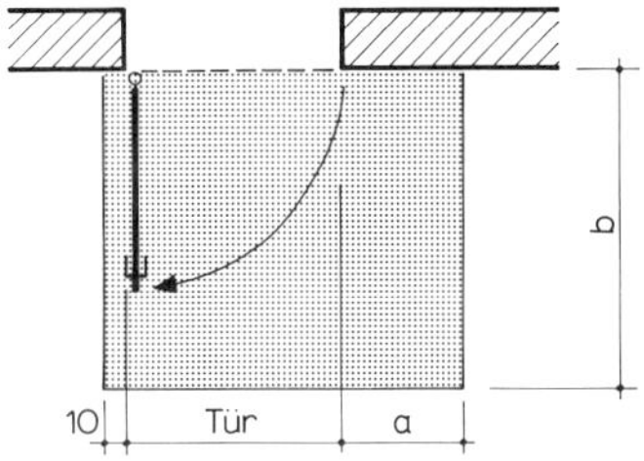

a	*b*
25	170
35	160
45	150
55	140

Zwischenwerte interpolieren

6.18 Bewegungsfläche vor Türen in behindertenfreundlichen Wohnungen nach DIN 18025

Im Wohnungsbau sind Türöffnungen so zu bemessen und grundrißlich derart anzuordnen, daß der ungehinderte Transport von Möbeln, Geräten usw. gewährleistet ist und möglichst viel Möbelstellfläche erhalten bleibt. Vgl. hierzu DIN 18011 und 18022, Stellflächen im Wohnungsbau, sowie Bild **6**.1.

Haushalte, denen ein **Rollstuhlbenutzer** angehört, haben einen größeren Wohnflächenbedarf als vergleichbare Normalhaushalte. Einzelheiten s. DIN 18025, Wohnungen für Schwerbehinderte. Alle Türen für Rollstuhlbenutzer müssen eine lichte Durchgangsbreite von mind. 85 cm und höchstens 110 cm haben. Selbst bei den schmalsten Zargenkonstruktionen (Stahlzargen nach DIN 18111 s. Tab. **6**.75) ist diese Mindestbreite nur erreichbar mit einer Wandöffnungsbreite des Baurichtmaßes von 100 cm.

An Wohnungseingangstüren, an Sanitärraumtüren und an Türen, die ins Freie führen, sind Schwellen oder Niveauunterschiede von höchstens 25 mm zulässig. Weitere Schwellen oder Niveauunterschiede innerhalb von Behinderten-Wohnungen sind unzulässig. Außerdem muß vor Türen (in der Aufschlagrichtung) immer eine Bewegungsfläche nach den in Bild **6**.18 dargestellten Abmessungen vorhanden sein.

Hauseingangstüren schlagen in der Regel nach innen auf. Eingangstüren von großen Gebäuden und Räumen, in denen sich regelmäßig viele Menschen aufhalten (z. B. Verwaltungsgebäude, Hotels, Gaststätten, Kinos, Schulen, Theater u. a.) müssen immer nach außen aufschlagen (Fluchtrichtung). Die jeweiligen Landesbauordnungen und Richtlinien sind bei der Planung zu beachten.

Die lichte Durchgangshöhe von Haustüren ist im allgemeinen größer als die der Innentüren. Sie wird bei Innentüren üblicherweise mit etwa 200 cm angenommen. Dabei ist jedoch zukünftig zu bedenken, daß die jüngere Generation immer größer wird. Raumverbindende Türelemente sollten aus gestalterischen Gründen ohne Sturz, d. h. in voller Raumhöhe ausgeführt werden.

6.3.5 Montagetechnische Anforderungen

An Außentüren, Innentüren und Sondertüren (Schutztüren) werden sehr unterschiedliche Anforderungen hinsichtlich ihres Einbaues gestellt. So muß die Bauanschlußfuge (Bauwerksfuge) bei Außentüren schlagregendicht und luftundurchlässig sein, um unkontrollierbare Schall- und Luftnebenwege sowie Wärmeverluste zu vermeiden. Bei normalen Innentüren wird vor allem auf eine preiswerte und problemlose, gleichzeitig jedoch sichere Befestigungsart geachtet. Die montagetechnischen Anforderungen bei Schutztüren sind überwiegend von ihrem späteren Nutzungszweck bestimmt. Das mit dem Bauwerk fest verbundene Teil kann bestehen aus

- Blendrahmen/Blockrahmen aus Holz, Metall, Kunststoff,
- Zargen aus Holz und Holzwerkstoffen, mit und ohne Bekleidungen,
- Zargen aus Metall, wie beispielsweise Stahl, Aluminium.

6.3.5.1 Einbau, Dämmung, Abdichtung

Blendrahmen kommen vor allem bei Haustüren, Windfang- und Wohnungseingangstüren, Flurabschlußtüren u. ä. vor. S. Bild **6.**19 sowie Abschn. 6.5.1, Türrahmen. Sie können mit Anschlag (Innenanschlag) oder ohne Anschlag (stumpfer Einbau) montiert werden. Unter Innenanschlag versteht man die raumseitige Aussparung (Mauerfalz) für den Anschlag des Türrahmens. Seine Breite soll zwischen 50 und 62,5 cm liegen.

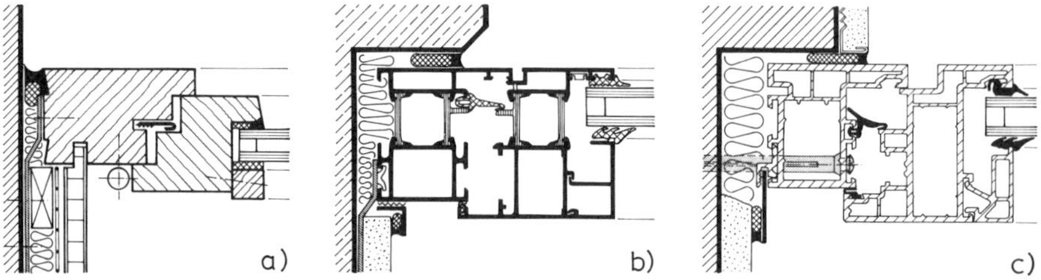

6.19 Konstruktionsbeispiele: Blendrahmenanschlüsse am Bauwerk
a) Stumpfer Anschlag: Blendrahmen aus Holz mit Federanker an Sichtbetonwand befestigt
b) Innenanschlag: Wärmegedämmte Alu-Profile mit Klemm-Federanker. Fa. Schüco
c) Innenanschlag: Kunststoff-Rahmenprofile mit Rohrdübel (Spreizdübel). Fa. Schüco

Beim stumpfen Anschlag kann die Tür praktisch an jeder Stelle der Leibung befestigt werden. Einschränkungen können unter Umständen durch den Aufbau der Wandkonstruktion (vorgesetzte Schale, wärmegedämmte Putzfassade o. ä.) vorgegeben sein.

Die Befestigung des Blendrahmens am Bauwerk erfolgt in Form von federnden oder gleitenden Verbindungen (Ausdehnungskoeffizienten beachten) mit gekröpften Federankern, Ankerlaschen, Bandeisen oder mit Rohrdübeln (Spreizdübelprinzip). Beim letzteren wird der Blendrahmen im Falzbereich durchbohrt. Starre Befestigungen, beispielsweise mit Mauerpratzen, sind wegen der im Außenbereich zu erwartenden Bewegungen – verursacht durch Temperatur, Feuchtigkeit, Erschütterungen – zu vermeiden.

Die Dämmung der Anschlußfuge zwischen Blendrahmen und Bauwerk soll Kältebrücken im Bereich der Türleibung verhindern. Die Fuge wird deshalb mit Dämmstoff satt ausgestopft (Lichtprobe veranlassen). Geeignet sind Glaswolle, Steinwolle und PUR-Füllschaum. Beim größeren Fugenbewegungen, wie sie vor allem bei Kunststoff- und Metallrahmen auftreten können, ist der Mineralfaserdämmung der Vorzug zu geben.

Die Abdichtung der Bauanschlußfuge nach außen erfolgt mit elastischen Dichtstoffen (spritzbare Silikondichtstoffe). Ein Vorfüllprofil aus beispielsweise geschlossenzelligem Polyethylenschaum begrenzt die Fuge in ihrer Tiefe. Erst nach dem Ausspritzen darf diese überputzt, verkleidet oder mit Abdeckwinkeln/Leisten abgedeckt werden. Die Einbaurichtlinien der Herstellerfirmen sind in jedem Fall zu beachten. Vgl. hierzu auch Abschn. 5.2.5, Bauwerkanschlüsse bei Fensterkonstruktionen.

Zargen aus Holz und Holzwerkstoffen. Bei Innentüren wird die Art der Fugendämmung zwischen Holzzarge und Leibung vom jeweiligen Verwendungszweck des Raumes und damit von den an das jeweilige Türelement gestellten Anforderungen bestimmt. Die Zargen normaler Innentüren werden heute vorzugsweise angeschraubt, eingeschäumt oder mit Tellerankerbeschlägen sicher befestigt. S. hierzu nachfolgenden Abschn. 6.3.5.2, Befestigungstechniken. Für Wärmedämmzwecke kann der Hohlraum auch vollvolumig ausgeschäumt sein. Bei den Sondertüren sind eine ganze Reihe weitergehender, jeweils spezieller Anforderungen zu erfüllen, so wie sie in Abschn. 6.7 im einzelnen erläutert sind.

Stahlzargen im Mauerwerk. Hier muß der Hohlraum zwischen Zarge und Bauwerk – auch im Bereich des oberen Querstückes – satt mit Zementmörtel hinterfüllt werden. Ob dies auch tatsächlich erreicht wurde, läßt sich nachträglich leicht durch Beklopfen aller Teile kontrollieren. Auch bei Metallzargen in leichten Trennwänden muß der Hohlraum zu den Ständerprofilen hin entweder satt ausgestopft oder ausgegossen sein.

6.3.5.2 Befestigungstechniken und Befestigungsmittel

Holzzargen von Innentüren werden üblicherweise in Höhe der Bänder und des Schließbleches an den Leibungen der Wandöffnungen befestigt. Breitere oder doppelflügelige Türen sind auch am Türsturz zu arretieren. Grundsätzlich unterscheidet man sichtbare und unsichtbare Befestigungsarten [5]. Im einzelnen sind zu nennen:

Sichtbare Befestigungsarten

a) **Nageltechnik.** Das sichtbare Nageln ist die einfachste Methode, eine Holzzarge in der Wandöffnung zu befestigen. Wie Bild **6.**20a zeigt, müssen bei dieser heute kaum mehr gebräuchlichen Einbauart nagelbare Dübelsteine in die Leibung der Maueröffnung eingesetzt sein. Nach der Montage werden die schräg eingeschlagenen Stahlnägel in der Holzzarge versenkt und ausgekittet. Bild **6.**57 a. Einfache, preisgünstige, vor allem beim Einbau von gestrichenen Türen bevorzugte Befestigungsart (Altbausanierung). Nachteil: die Nagelstellen zeichnen sich unter Umständen in der Anstrichfläche ab.

b) **Schraubtechnik.** Beim sichtbaren Schrauben wird der Zargenrahmen nach dem Spreizdübelprinzip (z. B. mit Rohrdübeln) an der Mauerleibung befestigt. Die Schraubenköpfe können entweder versenkt und ausgekittet oder sichtbar bleiben (Linsenkopfschrauben), oder auf Spezial-Schraubköpfe werden sichtbare Kunststoff-Abdeckkappen aufgesteckt. Einfache, dauerhafte und preisgünstige Befestigungsart.

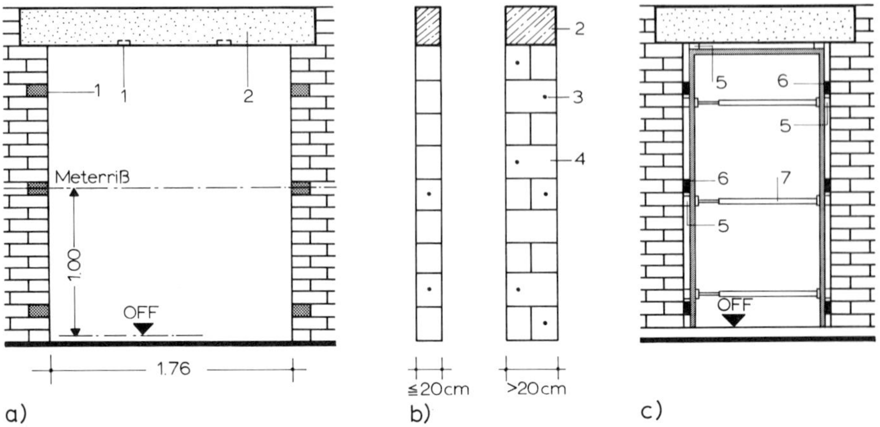

6.20 Schematische Darstellung einiger Befestigungsarten von Holztürzargen in Wandöffnungen

a) Derzeit kaum mehr gebräuchliche Befestigungsart: nagelbare Dübelsteine in Wand und Betonsturz (Drittelspunkten) eingelassen. Wandöffnung für zweiflügeliges Türelement.

b) Notwendige Befestigungspunkte (Bohrlöcher für Spreizdübel) bei unsichtbarer Verschraubung und Zargenmontage mit Tellerankern gemäß Bild **6**.21.

c) Unsichtbare Befestigung durch punktweises Einschäumen oder Verkleben von Holztürzargen in Wandöffnungen. Die Keile und aussteifenden Spreizen werden später wieder entfernt.

1 nagelbare Dübelsteine
2 Betonsturz
3 Bohrlöcher für Spreizdübel
4 Hohlblocksteine o.ä.
5 Holzkeile
6 Schäumstellen bzw. Klebestellen
7 aussteifende Spreizen

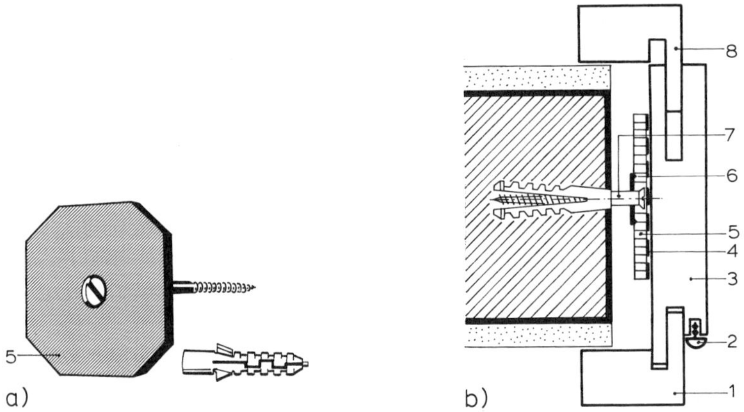

6.21 Unsichtbare Befestigung von Holztürzargen mit Telleranker (Elepart-System, Velbert)

a) Telleranker aus Sperrholz (∅60 und 90 mm)

b) Einbaubeispiel

1 Falzbekleidung
2 Falzdichtung
3 Türzarge/Futterstück
4 Klebefläche
5 Sperrholzscheibe (Teller)
6 Verbindungsscheibe aus Metall
7 Spreizdübel/Dübelschraube
8 Zierbekleidung

Unsichtbare Befestigungsarten

a) **Schäumtechnik.** Das Einschäumen mit Einkomponenten-Polyurethan-Schaum (1 K-PU-Schaum) ist derzeit die rationellste Methode, Türzargen ohne großen zeitlichen Aufwand fest einzubauen. Um eine dauerhafte Verbindung zwischen Wand und Türzarge zu bekommen, müssen die Befestigungsstellen frei von Staub und sonstigem losen Material sein. Aus Gründen der Wirtschaftlichkeit sollte der Abstand zwischen Wand und Zarge nicht mehr als 20 mm betragen (ggf. Distanzbrett einkleben).

Die einzubauende Zarge ist lot-, winkel- und fluchtgerecht sowie in der Höhe genau passend (Meterriß beachten!) auszurichten und zu verkeilen. Um den bei der Expansion des Schaumes entstehenden Druck abfangen zu können, sind auf Höhe der Befestigungsstellen aussteifende Spreizen anzubringen. Bild **6**.20c. Nach dem Einschäumen beginnt der punkt- oder streifenweise aufgebrachte Schaum sich nach allen Seiten auszudehnen (auf etwa das Zweifache seines Austrittvolumens), wodurch es zu einer innigen Verbindung von Wandleibung und Türzarge kommt. Entscheidend für die Schaumqualität sind Temperatur (Dosentemperatur von 20 bis 25 °C), Luftfeuchte und Feuchte der Werkstoffe (trockenes Mauerwerk ggf. anfeuchten). Nach Aushärtung des Schaumes – sie ist in der Regel über Nacht abgeschlossen – werden die Keile und Spreizen wieder entfernt.

Anders verhält es sich beim Zweikomponenten-Polyurethan-Schaum (2K-PU-Schaum). Dieser härtet weitgehend unabhängig von Luft- und Werkstoffeuchte, innerhalb von 15 bis 30 Minuten, vollkommen aus. Diese 2 K-PU-Schäume weisen jedoch einen großen verarbeitungstechnischen Nachteil auf: Nach Inbetriebnahme der Kartuschen oder Aerosoldosen muß der Inhalt innerhalb weniger Minuten verarbeitet sein. Abstellen und Wiederinbetriebnahme ist bei diesen Systemen nicht möglich. Dies führt in der Praxis oft zu erheblichen Problemen. Weiterentwicklungen sind auf diesem Gebiet zu erwarten.

b) **Befestigungsbeschläge.** Für die unsichtbare Befestigung von Holzzargen sind eine Vielzahl verschiedenartiger Beschläge auf dem Markt (Bandeisen, Hessenkrallen, Schraubanker, Mauerklammern u. a. m.). Meist werden sie nur noch regional oder für ganz bestimmte Zwecke eingesetzt, da für ihre Montage längere Einbauzeiten und teilweise hohe Materialkosten zu veranschlagen sind. Ferner benötigen sie – je nach Beschlagart – ein um 20 bis 25 mm größeres Wandöffnungsmaß, als nach DIN 18100 üblich ist. Außerdem müssen die Zargen bereits vor dem Tapezieren eingebaut sein. Als Befestigungsmittel bei Sichtmauerwerk und Sichtbeton-Wandflächen sind sie ebenfalls ungeeignet.

Eine Ausnahme bilden die Tellerankerbeschläge. Sie bestehen aus einem Spreizdübel, einer Kreuzschlitzschraube (zugleich zur Distanzregulierung) und einer daran befestigten Sperrholzscheibe, die als Leimfläche dient. Bild **6**.21. Bei Wanddicken bis zu etwa 20 cm sind je Öffnungsseite drei Befestigungspunkte, bei dickeren Wänden die doppelte Anzahl vorzusehen. Bild **6**.20b. Während der Abbindezeit des Leimes (etwa zwei Stunden) sind auf Höhe der Befestigungsstellen Futterspreizen einzuspannen, damit die Leimflächen gepreßt anliegen. Bild **6**.20c. Problemlose, sehr sichere, beim Einbau von Sicherheitstüren und im gehobenen Innenausbau bevorzugte Befestigungsart (preiswerte Alternative zur Schäumtechnik).

6.4 Türbeschläge für Holzzargen und Holztürblätter

Türbeschläge bedarf es zum Anschlagen, Öffnen, Schließen und ggf. Feststellen der Türblätter. Die einfachste Ausrüstung eines Türelementes besteht demnach aus einem oberen und unteren Band, einem Schloß mit Schließblech sowie einer Drückergarnitur. Dazu können noch weitere Sonderbeschläge hinzukommen. Zu einer funktionstüchtigen Tür gehören immer auch Falzdichtungen, bei Bedarf mit Bodendichtungen. Die Beschlagteile können aus Stahl, Edelstahl, Aluminiumlegierungen oder Kunststoffen gefertigt sein.

Links- und Rechtsbestimmung bei Türen

Türen, Bänder, Schlösser, Garnituren und Zargen sind nach DIN 107 mit DIN-LINKS oder DIN-RECHTS zu bezeichnen. Bild **6**.22. Als Regel für die Bezeichnung gilt, daß Türen von derjenigen Seite betrachtet werden, nach der die Flügel aufschlagen

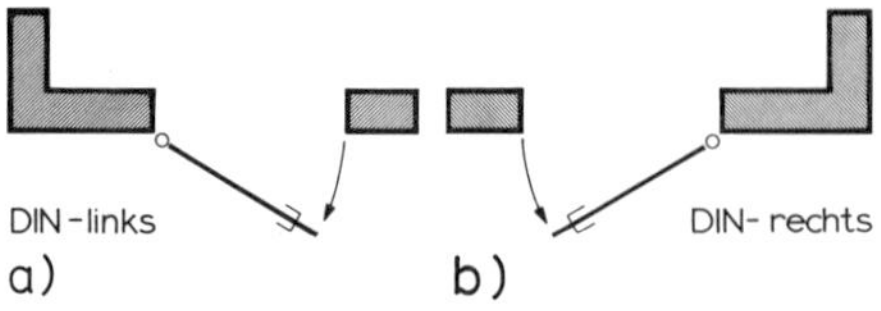

6.22
Links- und Rechtsbezeichnung von Türen nach DIN 107
a) Linkstür (linkes Band, linkes Schloß usw.)
b) Rechtstür (rechtes Band, rechtes Schloß usw.)

(Anschlagseite). Liegen die Türbänder links vom Betrachter, so handelt es sich um eine Linkstür mit den zugehörigen Links-Schlössern, Links-Bändern usw. Liegen die Türbänder auf der rechten Seite, so handelt es sich um eine Rechtstür. Diese Regel gilt sowohl für gefälzte wie ungefälzte Türen.

Zur Unterscheidung von linken und rechten Bändern ist immer dasjenige Bandteil maßgebend, das am Türflügel befestigt wird.

6.4.1 Türbänder

Türbänder müssen in der Lage sein, am Türblatt auftretende Kräfte in die Zarge abzuleiten. Entsprechende Güteanforderungen je nach Nutzungsart einer Tür enthalten die Güte- und Prüfbestimmungen RAL-RG 607/8. Sie gelten für normale Türbänder im privaten und öffentlichen Bereich sowie für Sicherheitstürbänder für den Verschluß von einbruchhemmenden Türen. Im einzelnen sind folgende Einsatzbereiche angeführt [6]:

Bereich I: Türbänder für Türen im privaten Wohnbereich.

Bereich II: Türbänder für Türen im öffentlichen Bereich, wie z. B. Türen für Schulen, Kasernen, Krankenhäuser und Behindertenanlagen sowie Außentüren für Wohnbauten.

Bereich III: Sicherheitstürbänder. Türen aus den Bereichen I und II mit erhöhtem Sicherheits- und Schutzbedürfnis (einbruchhemmende Türen nach DIN 18103 und DIN 18105).

Die den jeweiligen Beschlägen zugeordneten RAL-Gütezeichen sind den Herstellerkatalogen zu entnehmen und entsprechende Einsatzbereiche bei Abfassung der Leistungsverzeichnisse zu berücksichtigen.

Bei der Bandauswahl sind grundsätzlich folgende Kriterien zu beachten:

a) **Türblattkonstruktion** (z. B. gefälzte oder ungefälzte Türblattkanten). Daraus läßt sich unter anderem die Art der Bandabwinkelung (sog. „Kröpfung") ableiten.

b) **Zargenkonstruktion** (z. B. Holzzarge oder Metallzarge, mit Einfach- oder Doppelfalz). Je nach Zargenart und -ausbildung ergeben sich daraus unterschiedliche Befestigungstechniken. Vgl. hierzu auch Abschn. 6.6.1, Türzargen.

c) **Belastbarkeit** (z. B. zulässige Belastung durch ein Türblatt). Entsprechende Belastungswerte sind den Herstellerunterlagen zu entnehmen. Normale Türen erhalten üblicherweise zwei Türbänder; höhere, breitere oder schwerere Türflügel je drei Bänder. Nach Herstellerangaben [7] erhöhen sich bei Einsatz eines dritten Bandes die angegebenen Belastungswerte um etwa 30%.

d) **Öffnungsrichtung** (z. B. DIN-LINKS oder DIN-RECHTS nach DIN 107) wie zuvor beschrieben und in Bild **6**.22 dargestellt.

Es kann nicht Aufgabe dieses Werkes sein, einen umfassenden Überblick über alle auf dem Markt befindlichen Beschlagarten zu geben; zu vielfältig sind die Ausführungsmöglichkeiten – sowohl in technischer als auch formaler Hinsicht. In den nachfolgenden Abschnitten werden deshalb nur einige wichtige Beschlagtypen in Form von Abbildungen und Einbauskizzen kurz vorgestellt. Für die Ausführung der Beschlagarbeiten ist die VOB Teil C, DIN 18357 maßgebend.

6.4.1.1 Bänder für gefälzte und ungefälzte Türen an Blend- und Blockrahmen

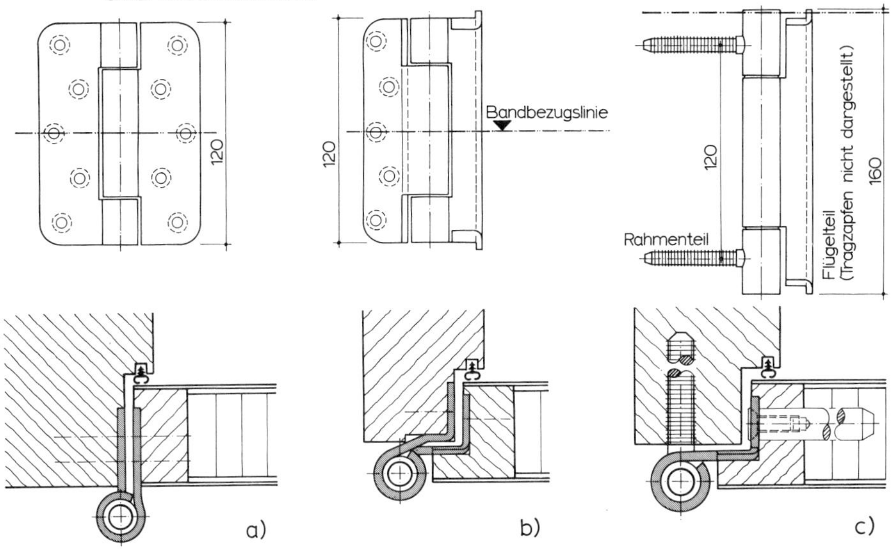

6.23 Bänder für stumpfe und gefälzte Türen an Blend- und Blockrahmen

a) Lappen-Band für stumpfe Tür, b) Lappen-Winkelband (gekröpft) für gefälzte Tür, c) Zapfen-Lappen-Einbohrband (Kombiband) für gefälzte Tür. Simonswerk, Rheda-Wiedenbrück

6.4.1.2 Bänder für gefälzte und ungefälzte Türen an Futterzargen

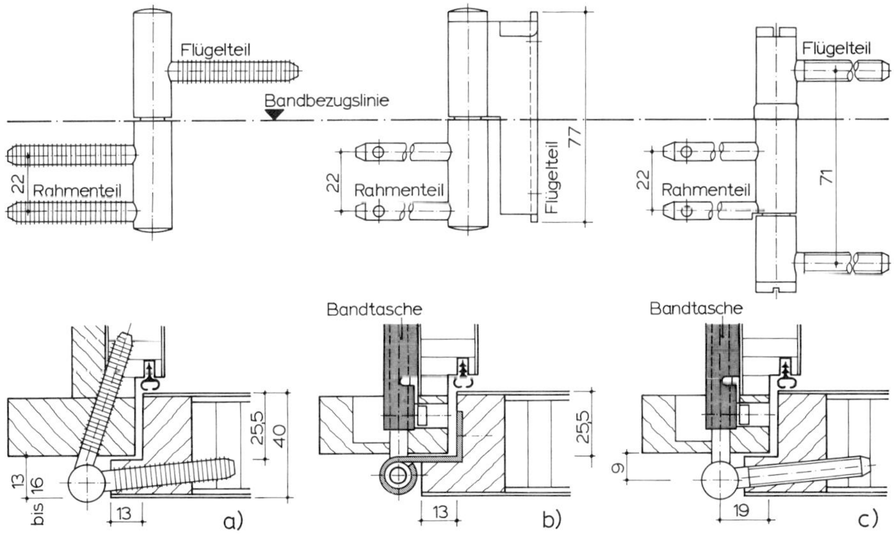

6.24 Bänder für gefälzte Türen an Futterzargen

a) zweiteiliges Einbohrband mit verdrehsicherem Rahmenteil, b) Lappen-Einbohr-Band mit Bandtasche (Kombiband), c) dreiteiliges Zapfen-Einbohr-Band mit Bandtasche. Nach Vorlagen Simonswerk, Rheda-Wiedenbrück

Zum Anschlagen von gefälzten und ungefälzten Türblättern (Falz- und Stumpftüren) an Blendrahmen oder Futterzargen eignen sich vor allem Lappen-Bänder (Aufschraubbänder), Einbohrbänder, Zapfen-Einbohr-Bänder, Kombibänder (z. B. Lappen-Einbohr-Bänder) sowie Sonderbeschläge.

- **Lappen-Bänder** (Aufschraubbänder). Bild **6**.23. Diese Bänder gibt es je nach Fälzungsart des Türblattes mit geraden oder gekröpften Lappen (= abgewinkelte Lappen). Bei starker Beanspruchung der Tür können die Bänder noch zusätzlich mit Tragzapfen (Tragbolzen) ausgestattet sein. Entsprechend ihrer Materialdicke werden die Bandlappen in den Türfalz bzw. Falzbekleidung eingelassen und mit Schrauben befestigt. Die Ecken der Lappen sind üblicherweise abgerundet, so daß die Vertiefungen maschinell ausgefräst werden können. Sichere, problemlose, häufig angewandte Befestigungsart.
- **Einbohrbänder** (Bild **6**.24 a). Das Einbohrband gibt es in zwei- oder mehrteiliger Ausführung, jeweils mit 2, 3 oder 4 Zapfen versehen. Es eignet sich vor allem zum Anschlagen von gefälzten Türen, da bei Stumpftüren im Bereich der Einbohrstellen unschöne Auskerbungen an den Türkanten entstehen. Zum Vorbohren der Löcher werden jeweils passende Bohrlehren verwendet, so daß ein maßgenaues Anschlagen gewährleistet ist. Je nach Zapfenausbildung können diese entweder eingedreht (mit Gewinde), eingeschlagen (sägeartig ausgebildetes Gewinde) oder verstiftet bzw. verschraubt werden (glatte Zapfen mit Bohrung). Den tiefenverstellbaren Bändern wird allgemein der Vorzug gegeben.

  Bild **6**.24 b, c und Bild **6**.25 verdeutlichen die Befestigungsart mit Bandtaschen (Aufschraubtaschen), so wie sie bei den sog. **Zapfen-Einbohr-Bändern** üblich sind. Hier werden die Rahmenzapfen durch die Falzbekleidung in die Bandtaschen gesteckt und damit kraftschlüssig verbunden, während die Flügelzapfen seitlich in den Türüberschlag einzudrehen sind. Dieser Überschlag darf keinesfalls zu knapp bemessen sein (mind. 13, besser 15 bis 16 mm). Einbohrbänder gewährleisten eine einfache und schnelle Montage (ohne Stemm- und Fräsarbeiten), eine nachträgliche Korrektur des Bandsitzes sowie hohe Belastbarkeit.
- **Kombibänder** (Bild **6**.23 c und Bild **6**.24 b). Hier sind die beiden Bandteile unterschiedlich ausgebildet. So kann beispielsweise am Zargenrahmen ein Einbohrband und am Türblatt ein Aufschraubband befestigt sein. Durch derartige Bänder-Kombinationen können die Vorzüge der einzelnen Befestigungsarten noch besser ausgenutzt werden.
- **Kunststoffbänder** (Bild **6**.26). Diese Bänder bestehen aus einem tragenden Gerüst aus verzinktem Stahl und aus Kunststoffteilen, die entweder unmittelbar aufgespritzt oder erst nachträglich in Form

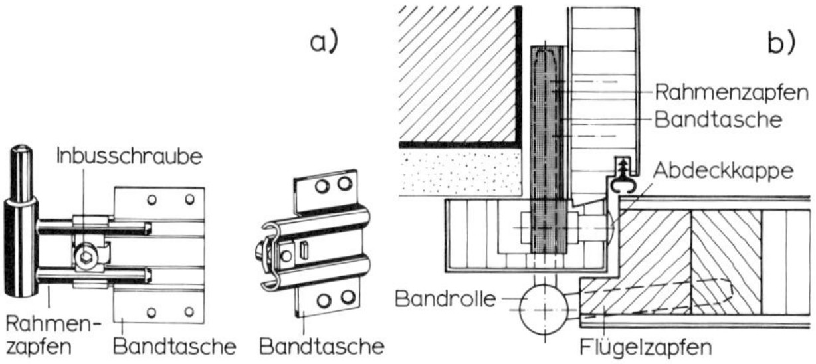

6.25
Bandtaschen (Anschraubtaschen) zur kraftschlüssigen Befestigung von Zapfen-Einbohr-Bändern an gefälzten Holzzargen
a) Bandtasche mit eingeschobenem Rahmenzapfen
b) Einbaubeispiel

Simonswerk, Rheda-Wiedenbrück

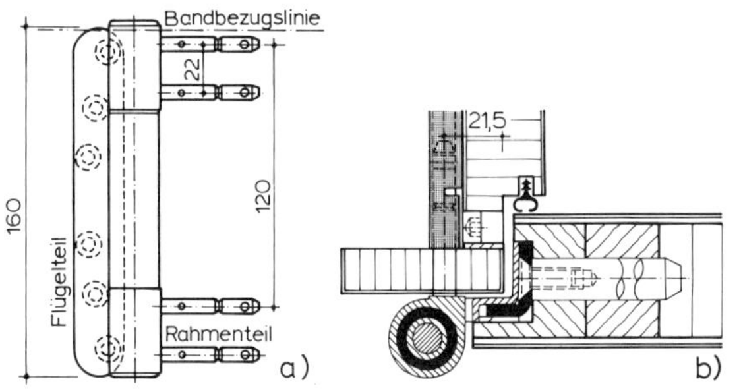

6.26
Dreiteiliges Kombiband aus Stahl/Kunststoff für gefälzte Türen in Holzzargen mit Zapfen-Einbohr-Band (Rahmenteil) in einer Bandtasche und Zapfen-Lappen-Band (Flügelteil)
a) Ansicht
b) Einbaubeispiel

H. Wilke, Arolsen, HEWI-Beschläge

von Abdeckkappen bzw. Steckhülsen aufgesetzt werden. Während der Stahl den Bändern eine hohe Festigkeit verleiht, erbringt der Kunststoff optimale Gleiteigenschaften, hohe Verschleißfestigkeit und ein ansprechendes Design (Farben- und Formenvielfalt). Bei den Kunststoffteilen aus Nylon ist keine störende elektrostatische Aufladung und auch keine Staubbindung zu befürchten. Sie zeichnen sich besonders durch hervorragende thermische Eigenschaften, chemische Beständigkeit, Licht- und Witterungsbeständigkeit sowie hohe Festigkeit aus. Die relativ einfach zu montierenden Bänder gibt es passend für nahezu alle Türausbildungen, Zargen- und Anschlagarten sowie Türblattgewichte.

6.4.1.3 Bänder für einfache Türen

Obwohl derartige Bänder im gehobenen Ausbau kaum mehr vorkommen, sollen sie im Hinblick auf die Altbausanierung und kostengünstiges Bauen nicht unerwähnt bleiben. Im einzelnen sind das Einstemm- und Aufschraubband sowie Lang- und Winkelband zu nennen.

- **Einstemmband** (Bild **6**.27a). Dieses Band, auch Fitschen genannt, besteht aus zwei Lappen mit je einer Rolle und einem fest vernieteten oder lose einschiebbaren Stift. Die Lappen werden in den Blendrahmen und das Türblatt eingestemmt und von außen mit Schrauben oder Stahlstiften arretiert. Nachteil: sichtbare Köpfe an der Türblattaußenseite. Sichere, jedoch relativ umständliche, kaum mehr eingesetzte Befestigungsart.
- **Einfaches Aufschraubband** (Bild **6**.27b). Es eignet sich zum Anschlagen von Stumpf- und Falztüren (glatte und gekröpfte Ausführung) und wird noch relativ häufig eingesetzt. Während bei den neueren Modellen die Ecken der Lappen für den maschinellen Einbau abgerundet sind, weisen die früher verwendeten Bänder eckige Bandlappen auf.
- **Langband** (Bild **6**.27c). Diese Bänder werden auch Ladenbänder genannt, da sie u.a. zum Anschlagen von Holzfensterläden sowie einfachen Latten- und Brettertüren benutzt werden. Die Befestigung an den Querriegeln erfolgt mit Nägeln oder Schrauben. Der Kloben, um dessen Dorn sich das Band dreht, wird bei massiven Wänden ankerartig eingemauert oder bei Fachwerkwänden an die Holzstiele angeschraubt.

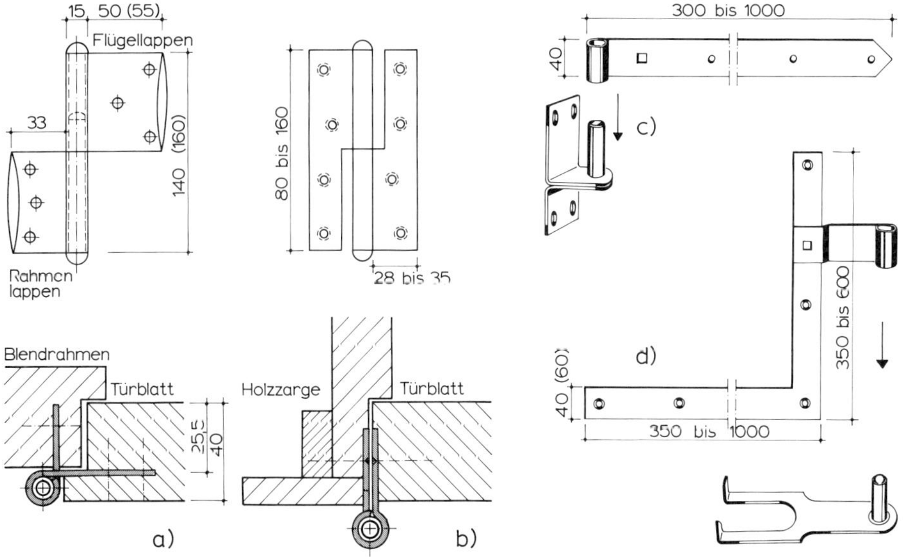

6.27 Bänder für einfache Türen

a) Türanschlag mit Einstemmband (Fitschen)
b) Türanschlag mit geradem Aufschraubband (Stumpftür)
c) Langband mit Haken zum Aufschrauben
d) Winkelband mit Haken zum Einmauern

Simonswerk, Rheda-Wiedenbrück

– **Winkelband** (Bild **6**.27d). Es eignet sich vor allem zum Anschlagen von schweren Rahmentüren (z. B. Stalltüren), wobei der kräftige Flachstahlwinkel auf den Rahmenfriesen aufgeschraubt wird. An dem querliegenden Teil des Beschlages sitzt das Auge, das um den Dorn eines Hakens läuft, der ebenfalls eingemauert oder angeschraubt sein kann.

6.4.1.4 Sonderbeschläge

Die Aufzählung aller möglichen Sonderbeschläge würde den Rahmen dieser Abhandlung bei weitem sprengen. Von besonderem Interesse sind jedoch Türschließer, Pendeltürbänder sowie steigende Bänder. Vgl. hierzu auch Bild **6**.79, Bänder an Stahlzargen.

Türschließer (Bild **6**.28 bis **6**.30). Sie sind überall dort notwendig, wo der Einbau selbstschließender Türen erwünscht (Bauherr) oder gar geboten ist (Vorschriften), und wo die Tür im Normalfall geschlossen sein muß. Derartige Schließmittel sind durchaus üblich an Haustüren von Mehrfamilienhäusern (Zugangskontrolle) und vom Gesetzgeber vorgeschrieben an Türen mit Schutzfunktionen, wie Feuer- und Rauchschutztüren. Vgl. hierzu Abschn. 6.7. Selbstschließende Türen benötigen auf ihrem gesamten Schließweg eine Schließkraft. Die hierfür notwendige Energie muß vom Benutzer beim Öffnen der Tür zusätzlich aufgebracht werden, so daß bei derartigen Türen – im Vergleich zu Normaltüren – stets ein größerer Kraftaufwand erforderlich ist. An genormten Schließmitteln sind besonders zu nennen:

– **Federbänder** (DIN 18262). Hier wird die aufzuwendende Energie in einer zylindrischen Schrauben-Dreh-Feder gespeichert. Nach dem Loslassen des Flügels schlägt die Tür mit Schwung ungebremst in die Zarge ein, wodurch sich erhebliche Belästigungen und auch Gefahren für die Verkehrssicherheit ergeben. Derart ungebremste Schließmittel sollten nur an wenig begangenen Türen angebracht werden.

Zu den Schließmitteln mit hydraulisch gedämpfter Schließbewegung rechnet man

– **Kurbeltrieb-Türschließer** (DIN 18263 T1) sowie

– **Zahntrieb-Türschließer** (DIN 18263 T2). Sie werden am oberen Rand einer Tür montiert (sog. Obertürschließer). Wie Bild **6**.28a zeigt, wird der Schließer im allgemeinen auf dem Türblatt an der Bandseite befestigt und über Gestänge mit der Zarge oberhalb des Türflügels verbunden. Zwischenzeitlich sind auch flach anliegende Gleitschienen-Türschließer mit ansprechendem Design und moderner Farbgebung erhältlich. Bild **6**.28b.

– **Bodentürschließer** (DIN 18263 T3), deren Gehäuse weitgehend unsichtbar in den Fußboden eingelassen sind, zählen ebenfalls zu den hydraulisch gefämpften Schließmitteln. Auch hier wird die beim Öffnen der Tür entstehende Energie in einer Feder gespeichert. Bei einsetzender Schließbewegung wird der Schwung jedoch so weit hydraulisch gebremst, daß ein vollständiges Schließen des Türflügels aus jedem Öffnungswinkel heraus – ordnungsgemäße Einstellung des Gerätes vorausgesetzt – gesichert ist.

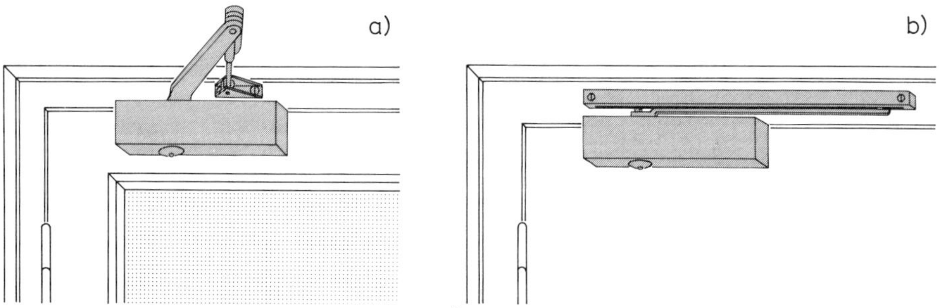

6.28 Türschließer mit einstellbarer Schließkraft, Öffnungsdämpfung und Schließverzögerung
a) Zahntrieb-Türschließer (DIN 18263 T2)
b) Gleitschienen-Türschließer (nicht genormt)

DORMA-Baubeschläge, Ennepetal

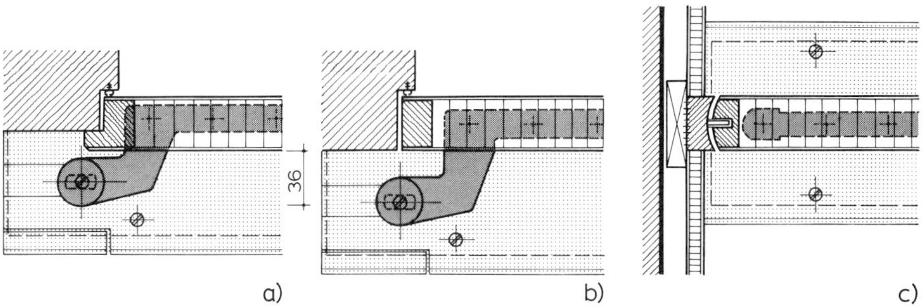

6.29 Schematische Darstellung exzentrisch und zentrisch angeordneter Bodentürschließer. Vgl. hierzu auch Bild **6.103** und **6.104**

a) gefälzte Anschlagtür, Drehpunkt exzentrisch angeordnet
b) stumpfe Anschlagtür, Drehpunkt exzentrisch angeordnet
c) Pendeltür mit zentrisch angeordnetem Bodentürschließer

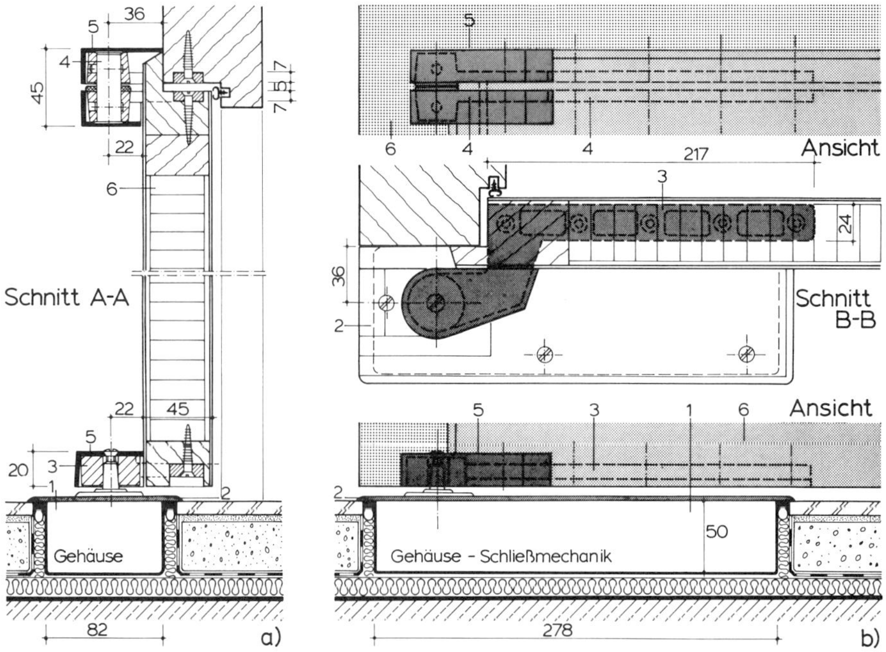

6.30 Konstruktionsbeispiel: Gefälzte Holztür mit eingebautem Bodentürschließer (GEZE STOP TS 500)

a) Vertikalschnitt A–A
b) obere und untere Ansicht sowie Horizontalschnitt B–B

1 Gehäuse mit Schließmechanik
2 Deckplatte aus Edelstahl
3 untere Türschiene
4 oberes Zapfenband mit Bandzapfen
5 Abdeckkappen aus Metall
6 Holztürblatt

Nach Vorlagen der Vereinigten Baubeschlagfabriken Gretsch & Co., Leonberg

Bodentürschließer gibt es für alle Arten von Anschlagtüren (Links- und Rechtstüren) mit **exzentrisch** angeordnetem Drehpunkt sowie für Pendeltüren mit **zentrisch** angeordnetem Drehpunkt. Bild **6**.29. Ferner ist zu unterscheiden zwischen Bodentürschließern, die unabhängig von der Türlagerung nur die Schließbetätigung erbringen, und solchen, die auch Tragfunktion übernehmen. Beachtenswert ist weiter, daß sog. Universal-Bodentürschließer für alle Anschlagarten und Türkonstruktionen aus Holz, Metall oder Ganzglas geeignet sind. Vgl. hierzu auch Bild **6**.103.

Bild **6**.30 zeigt beispielhaft eine gefälzte Holztür mit einem exzentrisch angeordneten Bodentürschließer. Dieser besteht aus einem in den Estrich eingelassenen Gehäuse mit darin eingebauter Schließmechanik, einer unteren Türschiene, auf der das Türblatt sitzt, und einem oberen Zapfenband zur Türblattbefestigung. Das in den Fußboden eingelassene Gehäuse ist mit einer Deckplatte aus Edelstahl abgedeckt. Bodentürschließer haben den Vorteil, daß neben der eigentlichen Schließmechanik meist auch eine stufenlose Schließverzögerung, Feststellvorrichtung sowie Öffnungsdämpfung (Schutz vor einer zu heftig aufgeworfenen Tür) eingebaut sind. Außerdem stören keine weiteren Beschlagteile wie Bänderrollen o.ä. die Türansicht.

Pendeltürbänder (Bild **6**.31 bis **6**.32). Neben den vorgenannten Bodentürschließern, die auch bei Pendeltüren eingesetzt werden können, gibt es noch spezielle Pendeltürbänder mit Feder (DIN 18265). Hierbei handelt es sich um einstellbare, doppelt wirkende mechanische Schließmittel, die eine Tür tragen und durch die vorgespannte Schraubenfeder ohne Bremsung schließen. Das in Bild **6**.31 dargestellte

- **Bommer-Pendeltürband** besteht aus zwei sichtbaren Rollen, die durch einen Steg fest miteinander verbunden sind, und zwei beweglichen Bandlappen, von denen je einer an die Längskante des Blendrahmens und des Türflügels angeschlagen wird. Die Rollen sind im Inneren mit kräftigen auswechselbaren Schraubenfedern bestückt. Diese bewirken, daß die Türflügel nach Ingangsetzung selbsttätig, meist hart federnd zurückfallen und nach einigem Hin- und Herpendeln in Ruhestellung übergehen. Gespannt werden die Federn nach der Montage durch einen Stahlstift mit anschließender Sicherung der Spiralfedern (Arretierungsstift).

  Pendeltüren, ein- oder zweiflügelig, schlagen durch die Türumrahmung (Blendrahmen) nach beiden Seiten hin aus. Daher lassen sie sich auch nicht, wie beispielsweise eine Falztür, völlig abdichten. Meist werden Bürsten- oder Gummidichtungen in die abgerundeten Türlängskanten eingelassen. Um Zusammenstöße zu vermeiden (z.B. Kellnergang), sollten die Türblätter von Pendeltüren immer Glasfüllungen oder Sehschlitze aufweisen.

- **Beim Hawgood-Pendeltürband** (Bild **6**.32) sitzt die Federkraft in runden Zapfen, die in den Blendrahmen eingelassen werden. Es gibt Bänder mit je einem oder zwei Zapfen, deren Feinmechanik jedoch immer unsichtbar ist. Das jeweilige Türblatt wird in den U-förmigen Schuh des Bandes eingeschoben und daran befestigt. Eine unsichtbar eingebaute Arretierung ermöglicht eine Offenstellung der Tür von 90° nach beiden Seiten hin. Da die Federkraft in den Zapfen nicht nachgestellt werden kann, muß das jeweils zulässige Türblattgewicht genau eingehalten werden.

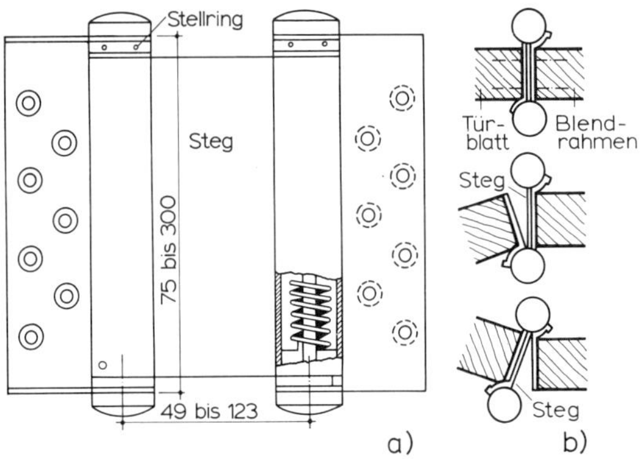

6.31 Bommer-Pendeltürband
a) Ansicht
b) Wirkungsweise

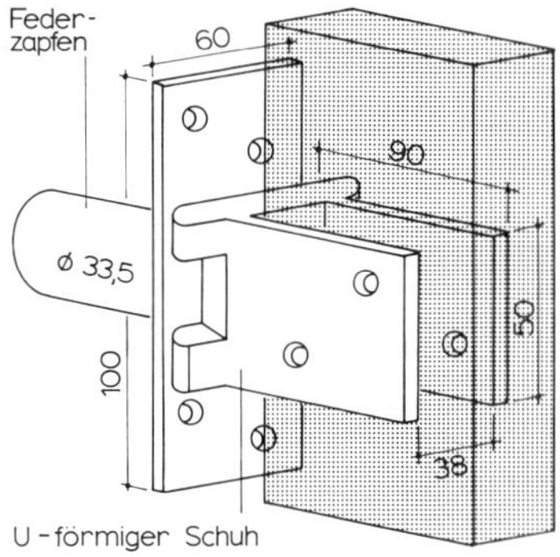

6.32 Hawgood-Pendeltürband (mit einem Federzapfen)

Steigende Bänder (Bild **6**.33). Sie heben den Türflügel beim Öffnen, beispielsweise über einen Teppich, hinweg. Je nach Bedarf fällt das Türblatt wieder selbsttätig zurück oder geht bei weiterer Türöffnung in Ruhestellung über, ohne daß die Tür selbsttätig zuschlägt. Da der Steigvorgang unmittelbar beim Öffnen der Tür einsetzt, muß der obere Falz tiefer ausgefräst oder schräg abgehobelt werden.

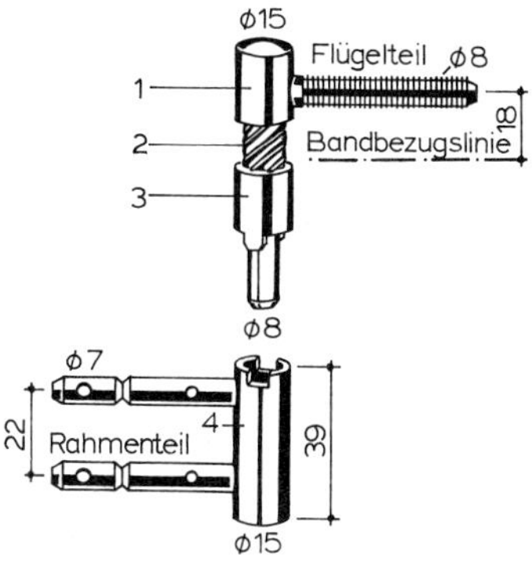

6.33
Einbohrband für steigende, gefälzte Innentüren aus Holz

1 Flügelteil, steigend
2 Gewinde/Spindel
3 Hülse mit Arretierungsnocke
4 Rohrmantel/Rahmenteil

Simonswerk, Rheda-Wiedenbrück

6.4.2 Türschlösser

Zum Schließen, Öffnen und Sichern von Türen dienen Schlösser mit den zugehörigen Schließwerken und Sicherungssystemen, Schließblechen sowie Türgarnituren. Nach der Art der Verbindung von Türblatt und Schloß unterscheidet man aufschraubbare Kastenschlösser und Einsteckschlösser.

Kastenschlösser (Bild **6**.34). Obwohl derartige Schlösser nur noch selten verwendet werden, sollen sie im Hinblick auf die Altbausanierung an dieser Stelle nicht unerwähnt bleiben.

Kastenschlösser werden auf den Türrahmen, und zwar auf der Bandseite der Tür, aufgeschraubt. Der Schloßkasten besteht aus einem Schloßblech, auf dem die Schloßteile befestigt sind, dem Gehäuserand und dem aufgeschraubten Deckblech. Der Rand wird auf der Stirnseite durch den 40 bis 45 mm breiten Stulp (der über die Türkante greift), auf den drei anderen Seiten des Schlosses durch den 25 bis 30 mm breiten Umschwelf gebildet. Der Stulp weist die Ausschnitte für die vortretenden Verschlußteile auf. Wird das Kastenschloß wie üblich auf der Bandseite angeschlagen, so greifen Falle und Riegel in einen Schließhaken; liegt das Schloß auf der gegenüberliegenden Türblattseite, so ist anstelle des Schließhakens ein Schließblech zu verwenden.

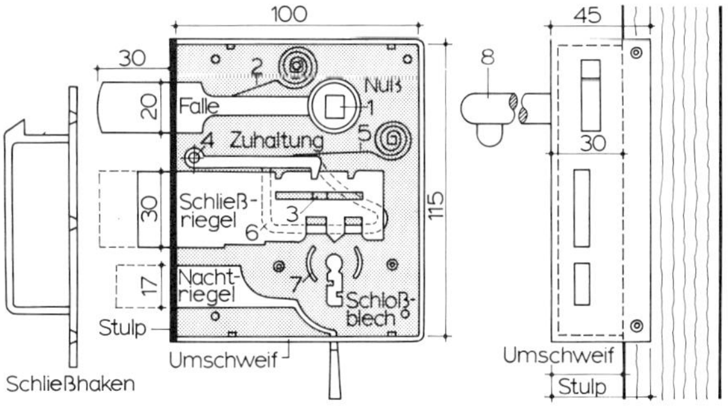

6.34
Kastenschloß (vereinfachte Darstellung)

1 Nuß mit quadratischem Vierkantloch
2 Rückholfeder für die Falle
3 Führungsstift für den Schließriegel
4 Drehpunkt der Zuhaltung
5 Feder für die Zuhaltung
6 Zuhaltungsbogen
7 Sicherungsreifchen für Schlüssel
8 Türdrücker

6.4.2.1 Einsteckschlösser

Einsteckschlösser für Wohnungseingangstüren und Innentüren sind in DIN 18251 genormt. Diese im gesamten Innenausbau vorwiegend eingesetzten Schlösser können ein Buntbart-, Zuhaltungs- oder Zylinderschließwerk haben oder auch nur einen einfachen Riegel für Badtüren aufweisen. Die wesentlichsten Teile eines Einsteckschlosses und ihre Benennung zeigt Bild **6**.35. Im einzelnen ist besoonders hinzuweisen auf:

- Die keilförmige Falle, die durch den Drücker – bei eingebautem Wechsel auch mit dem Schlüssel – bewegt wird und zur Feststellung der Tür im Zargenrahmen dient,
- dem Wechsel, der eine Betätigung der Falle mit dem Schlüssel gestattet. An der Außenseite der Haus- oder Wohnungseingangstür bedarf es dann eines Knopfes (Knopfschild) zum Zuziehen, an der Türinnenseite eines Drückers,
- die Nuß, in deren quadratisches Vierkantloch der Drückerstift genau passend eingeschoben wird,
- die Zuhaltung, die eine einfache Art der Sicherung darstellt (s. Zuhaltungsschloß),
- den Riegel, der durch ein- oder zweimaliges Herumdrehen des Schlüssels (= eintouriges oder zweitouriges Schloß), in waagerechter Richtung herausgeschoben wird. Festgestellt wird der Schloßriegel in der jeweiligen Lage durch die Zuhaltung,
- das Schlüsselloch oder die Schließzylinder-Aussparung, die der jeweiligen Schlüsselart bzw. Zylinderform entsprechend aus dem Schloß und/oder Deckblech ausgeschnitten werden,
- den Stulp, der am Schloßkasten einseitig (für Falztüren) oder mittig (für Stumpftüren) befestigt ist. Schlösser für zweiflügelige Türen erhalten bei Bedarf einen schrägen Stulp,
- das Dornmaß, das von Vorderkante Stulp bis Mitte Nuß bzw. Mitte Schlüsselloch gemessen wird und bei üblichen Innentüren 55 mm, bei höheren Sicherheitsanforderungen 65 mm beträgt,
- die sog. Entfernung, die von Mitte Nuß bis Mitte Schlüsselloch bzw. Schließzylinder reicht,
- die Drückerhöhe, die von Mitte Nuß bis Oberfläche Fußboden (OFF) gemessen wird und normalerweise 1050 mm beträgt (DIN 18101).

DIN 18251 unterscheidet drei **Schloßklassen** mit steigenden Sicherheitsanforderungen:

Klasse 1: Leichtes Innentürschloß (ohne Güteanforderungen)

Klasse 2: Mittelschweres Schloß für Innentüren

Klasse 3: Mittelschweres Schloß für Wohnungsabschlußtüren.

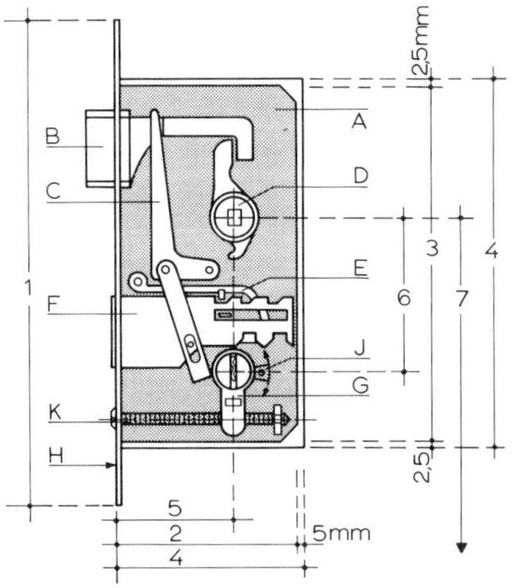

6.35
Bezeichnung der Teile und wichtigsten Maße eines Einsteckschlosses mit eingebautem Profilzylinder

A Schloßkasten/Schloßblech
B keilförmige Falle
C Wechsel
D Nuß mit quadratischem Vierkantloch
E Zuhaltung
F Riegel
G Schlüsselloch oder Zylinder-Aussparung
H Stulp
J Schließbart (umlegbar)
K Stulpschraube = Zylindersicherung

1 Stulplänge
2 Kastenbreite
3 Kastenhöhe
4 Ausnehmung (Ausfräsung im Türblatt)
5 Dornmaß
6 sog. Entfernung
7 Drückerhöhe: von Oberfläche Fußboden (OFF) bis Mitte Drücker – Nuß = 1050 mm

Normale Zimmertüren mit geringen Anforderungen an den Verschluß werden meist mit Buntbartschlössern in leichter Ausführung und 55 mm Dornmaß, ggf. nur eintourig schließend, ausgerüstet. Größere Sicherheit bieten bereits Zuhaltungsschlösser. Überall dort jedoch, wo höhere und höchste Anforderungen an die Sicherheit gestellt werden, sind Schlösser mit Schließzylinder (Zylinderschlösser) einzuplanen.

Bild 6.36 zeigt ein Einsteckschloß für Wohnungsabschlußtüren nach DIN 18251, vorgerichtet für Profilzylinder. Diese Schlösser werden üblicherweise in mittelschwerer Ausführung, meist mit Wechsel und mit zweitourig verschließbarem Riegel für Falz- und Stumpftüren angeboten. Das Dornmaß kann 55 bis 65 mm betragen, der Riegel muß einer Mindestbelastung von 6 kN standhalten. Es wird empfohlen, nur solche Schlösser für Wohnungsabschlußtüren zu verwenden, die aus einer güteüberwachten Fertigung stammen. Nähere Angaben über RAL-gekennzeichnete Sicherheits-Einsteckschlösser erteilt [6].

Ein Haustürschloß ist in Bild 6.37 dargestellt. Diese von der vorgenannten Norm nicht erfaßten Schlösser werden in mittelschwerer bis schwerer Ausführung – mit und ohne Wechsel – zweitourig schließend, für gefälzte und ungefälzte Türen gebaut (auch Behördenschlösser genannt). Das Dornmaß beträgt hier üblicherweise 65 mm oder darüber. Auf die in Bild **6**.36 und **6**.37 angegebenen, unterschiedlichen Stulpbreiten wird hingewiesen.

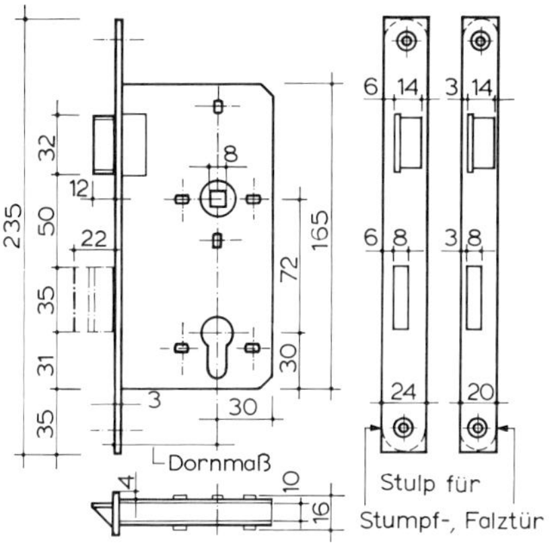

6.36 Einsteckschloß für **Wohnungsabschlußtüren,** mittelschwer, vorgerichtet für Profilzylinder

BKS-Gesellschaft, Velbert

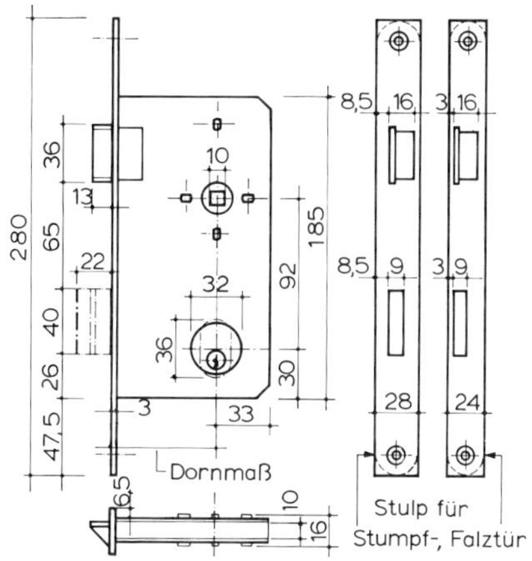

6.37 Einsteckschloß für **Haustüren,** mittelschwer, vorgerichtet für ovale und runde Schließzylinder

BKS-Gesellschaft, Velbert

Hochwertige Qualitätsschlösser in mittelschwerer bis schwerer Ausführung weisen eine ganze Reihe beachtenswerter Merkmale auf. So ist in der Regel der verzinkte Schloßkasten insgesamt staub- und spänedicht ausgebildet, so daß Funktionsstörungen durch Eindringen von Fremdkörpern in das Innenwerk des Schlosses ausgeschlossen sind. Durchgehende, aufbohrgeschützte Schraublöcher im Nuß- und Schlüssellochbereich ermöglichen eine sichere Verschraubung der Türschilder (Schraubstiftverbindung s. Bild **6**.49). Das unangenehme Flattern des Türdrückers wird durch eine selbstspannende Klemmnuß, gelagert in starken Kunststoffringen, verhindert. Geräuschabsorber im Fallenbereich bewirken eine schalldämpfende Fallenfunktion. Außerdem ermöglicht ein eingebauter Graphitkanal (mit Abdeckschraube im Stulp) das Schmieren der Innenteile. Kräftige, elastische Drückerhochhaltefedern sorgen dafür, daß selbst bei starker Beanspruchung kein Nachlassen der Federkraft zu verzeichnen ist.

6.4.2.2 Sicherungsarten der Schlösser

Buntbartschloß. Die geringste Sicherheit bietet aufgrund seiner einfachen Schloßkonstruktion das Buntbartschloß. Es hat nur eine Sperrhalterung, die durch den Schlüsselbart so angehoben wird, daß der Riegel bewegt werden kann. Dieser wird durch ein- oder zweimaliges Drehen des Schlüssels (ein- oder zweitourig) vorgeschlossen. Der Schutz gegen unbefugtes Öffnen besteht lediglich in der Verschiedenartigkeit der Schlüsselloch-Schweifungen = Schlüsselbartformen. Bild **6**.38. Das Buntbartschloß gilt daher nicht als Sicherheitsschloß.

Zuhaltungsschloß. Das Zuhaltungsschloß – auch Chubbschloß genannt – bietet eine größere Sicherheit als das Buntbartschloß. Es hat mehrere Sperrzuhaltungen, die durch den gestuften Schlüsselbart so angehoben werden, daß der Riegel bewegt werden kann. Die Zuhaltungen liegen unmittelbar oberhalb des Schlüsselloches zu einem „Paket" zusammengefaßt flach übereinander. Der Riegel wird durch zweimaliges Drehen des Schlüssels (zweitourig) vorgeschoben. Beim Zuhaltungsschloß besteht die Variationsmöglichkeit in der Anzahl der unterschiedlichen Schlüsselbartformen und in den unterschiedlichen Einschnitten des Schlüsselbartes; jede Bartabstufung hebt beim Öffnen eine Zuhaltung an. Bild **6**.38b.

Zylinderschloß. Beim Zylinderschloß ist – im Gegensatz zu allen anderen Schlössern – der Sicherheitsmechanismus vom Schließmechanismus getrennt. Daher kann ein Schließzylinder beispielsweise in ein gewöhnliches Buntbartschloß eingebaut werden und dort die dem einfachen Schloß weitgehend fehlende Funktion der Sicherung übernehmen. Der Schließzylinder ist demnach ein jederzeit austauschbarer Teil des Schlosses; er kann als Profil-, Rund- oder Ovalzylinder ausgebildet sein. Bild **6**.39.

Die Wirkungsweise eines Schließzylinders ist in Bild **6**.40 dargestellt. Es zeigt einen Doppelzylinder, die eine Hälfte ohne Schlüssel, die andere mit eingestecktem passendem Schlüssel. Dieser ordnet die unter Federdruck stehenden Kern- und Gehäusestifte so ein, daß ihre Trennungslinie zwischen Zylinderkern und Gehäuse in einer Ebene liegt. Dadurch kann der Zylinderkern gedreht, der Schlüsselbart bewegt und damit das Schloß betätigt werden. Im anderen Teil des dargestellten Doppelzylinders ragen die Stifte in den Schlüsselkanal und verhindern so (ohne passenden Schlüssel) eine Drehung des Zylinderkerns.

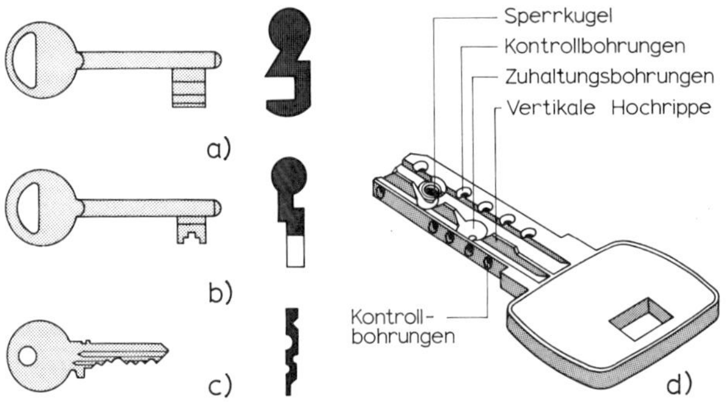

6.38 Schematische Darstellung einiger Schlüsselformen (Beispiele)
a) Schlüssel für Buntbartschloß
b) Schlüssel für Zuhaltungsschloß
c) Schlüssel für Zylinderschloß
d) Schlüssel für Zylinderschloß (System DOM ix)

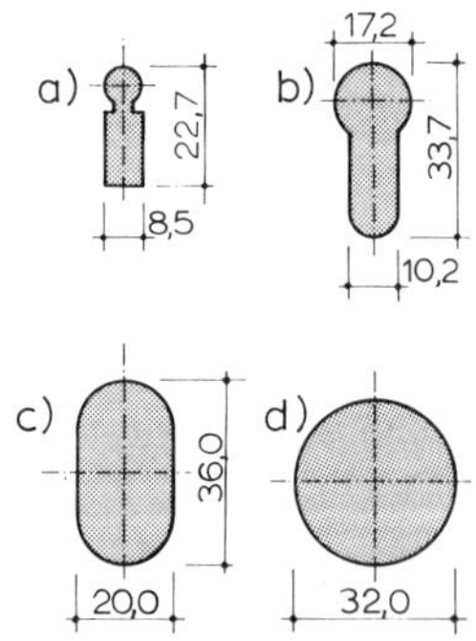

6.39 Schlüsselloch- und Zylinderlochformen für
a) Zuhaltungsschlüssel (ZH)
b) Profilzylinder (PZ)
c) Ovalzylinder (OZ)
d) Rundzylinder (RZ)

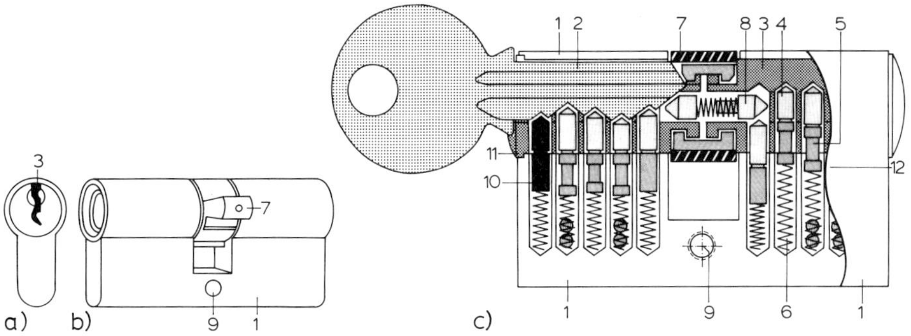

6.40 Schematische Darstellung eines Profilzylinders (Doppelzylinder)
a) Ansicht des Profilzylinders
b) Gehäuse für Doppelzylinder mit gemeinsamem Schließbart
c) Längsschnitt mit passendem Schlüssel

1 Zylindergehäuse
2 Zylinderschlüssel
3 Schlüsselkanal
4 Kernstift
5 Gehäusestift
6 Stiftfeder
7 Schließbart, umlegbar
8 automatische Aufsperrsicherung
9 Stulpschraubenbohrung (= Zylindersicherung, vgl. Bild **6**.35)
10 gehärtete Stahlstifte (Bohrschutz)
11 durchgehende Trennungslinie (= Schloß kann betätigt werden)
12 höhenversetzte Stifte (= gesperrtes Schloß)

ZEISS IKON, Berlin

Beim DOM „Kugelsystem" (Bild **6**.38d) betätigt eine im Schlüssel beweglich gelagerte Stahlkugel erst nach Überspringen eines tief im Schließzylinder liegenden Hindernisses eine von außen unerreichbare, zusätzliche Sperrsicherung. Widerrechtliche Manipulationen am Schlüssel und am Zylinder werden dadurch stark erschwert. Das Kopieren des Kugelschlüssels ohne die komplizierten Fertigungseinrichtungen erfordert einen so großen technischen Aufwand, daß das unbefugte Anfertigen eines Nachschlüssels fast unmöglich ist.

Hochwertige Schlösser haben eine ganze Reihe von Forderungen bezüglich der Sicherheit zu erfüllen. Von besonderer Bedeutung sind:

- **Nachschließsicherheit.** Darunter versteht man den Schutz, den der Zylinder gegen unbefugtes Öffnen mit ähnlichen Schlüsseln bietet. Dies setzt eine hohe Präzision voraus: Zylindergehäuse, Zylinderkern, Kernstifte und zugeordnete Schlüssel dürfen nur äußerst geringe Toleranzen aufweisen.
- **Aufsperrsicherheit.** Damit bezeichnet man den Widerstand, den der Zylinder gegen gewaltlose Öffnungsversuche mit Sperrwerkzeugen bietet. Um dies zu verhindern, sind in den meisten Zylindern automatische Aufsperrsicherungen eingebaut.
- **Aufbruchsicherheit.** Darunter ist der Widerstand des Zylinders gegen jede Art von Gewaltanwendung zu verstehen. Dies ist vor allem eine Frage der Stabilität, vor allem der Zylinderkerne.
- **Aufbohrsicherheit.** Der Bohrschutz besteht darin, daß die vorderen Stiftpaare sowie andere im Zylinderkern bzw. Gehäuse eingepreßten Spezialstifte aus gehärtetem Stahl sind.
- **Abtastsicherheit.** Maßnahmen gegen das Abtasten der Stufensprünge der Zuhaltungen sollen verhindern, daß die Anfertigung von Nachschlüsseln ohne Kopie des Originalschlüssels möglich ist.
- **Funktionssicherheit.** Darunter versteht man das zuverlässige Zusammenwirken aller mechanischen Schloßteile über eine lange Gebrauchsdauer hin.

Die Zylinder müssen auch gegen Herausziehen oder -drehen gesichert sein. Besonders zu beachten ist, daß Schließzylinder abgebrochen werden können, wenn diese zu weit aus dem Türschild herausragen. Bei Leichtmetall- bzw. Stahlrohr-Rahmentüren liegt dies oft an der fehlenden Rosette. Normale Holztürblätter sind im allgemeinen 40 mm dick. Bei beidseitiger Verwendung von Langschildern, die eine Dicke von rund 8 mm aufweisen, beträgt der Überstand normal liegender Doppelschließzylinder (Grundlänge 61 mm) dann nur wenige Millimeter. Für Türen, bei denen die Grundlänge nicht ausreicht, werden einseitig und beidseitig verlängerte Zylinder geliefert, so daß die Zylinderenden mit den Türschildern weitgehend bündig liegen. Bild **6**.41. Weitere Einzelheiten sind der Spezialliteratur [8], [9], [10] sowie Abschn. 6.4.2.3, Türgarnituren und Abschn. 6.7.5, Einbruchhemmende Türen, zu entnehmen.

Bild **6**.42 zeigt einen sog. Kurzzylinder, der aus zwei getrennten Einzelzylindern besteht. Der Außenzylinder enthält zwei Verbindungsbolzen, die durch das in der Tür eingesetzte Schloß hindurchgreifen und auf die sich der Innenzylinder aufschieben läßt. Wenn beide Zylinder am Schloß fest anliegen, verriegeln sich die Verbindungsbolzen selbsttätig. Damit ist u. a. eine nahezu stufenlose Anpassung der Zylinderlänge an die verschiedensten Türdicken möglich. Die Verriegelung kann nur wieder mit Hilfe des passenden Schlüssels von der Innenseite der Tür gelöst werden.

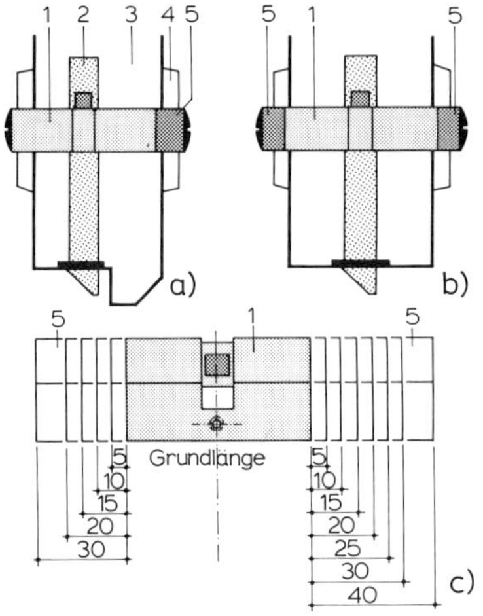

6.41 Schematische Darstellung verlängerter Schließzylinder
a) einseitig verlängerter Doppelzylinder
b) beidseitig verlängerter Doppelzylinder
c) mögliche Verlängerungen
1 Grundlänge/Gehäuselänge (unterschiedlich je nach System)
2 Türschloß
3 Türblatt
4 Türschild
5 Verlängerungen

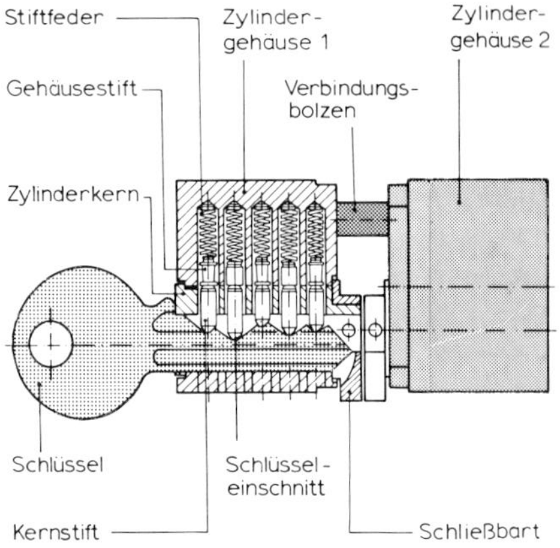

6.42 Schematische Darstellung zweier Kurzzylinder: zwei getrennte Einzelzylinder werden beim Einbau durch Verbindungsbolzen fest miteinander verbunden (selbsttätige Verriegelung)

BKS-Gesellschaft, Velbert

6.4.2.3 Schließbleche

Falle und Schließriegel greifen in ein passend ausgeschnittenes Schließblech, das üblicherweise in die Falzkante der Türzarge (Falzbekleidung) eingelassen und festgeschraubt wird (wahlweise erhältlich mit runden oder kantigen Ecken). Ausgehend von der oberen Bezugskante an der Türzarge ist der Sitz des Schloßbleches in DIN 18101 geregelt. Allgemein unterscheidet man Winkelschließbleche für gefälzte Türen mit breitem oder schmalem Schenkel sowie Lappenschließbleche für stumpf einschlagende Türen, jeweils für Links- und Rechtstüren geeignet. Bild **6**.43a, b. Winkelschließbleche mit schmalem Schenkel haben den Vorteil, daß dieser bei geschlossener Tür verdeckt unter dem Türfalz liegt. Bild **6**.43c. Die Falle muß immer fest verspannt, d.h. ohne Spiel am Schließblech anliegen. Bild **6**.43d zeigt ein sog. Sicherheits-Winkelschließblech, wie sie bei einbruchhemmenden Türen gemäß DIN 18103 gefordert sind. Vgl. hierzu auch Abschn. 6.7.5.

Bei zweiflügeligen Türen und bei besonders dicken einflügeligen Drehtüren muß die Türblatt-Längskante auf der Schloßseite unter Umständen abgeschrägt werden. Schloß-, Stulp- und Schließblech sind dann entsprechend der jeweiligen Türblattdicke in „schräger Ausführung" zu wählen. Die jeweils vorteilhafteste Gradzahl der Kantenschräge ist einer sog. „Schrägentabelle" zu entnehmen. Weitere Einzelheiten hierzu s. [10].

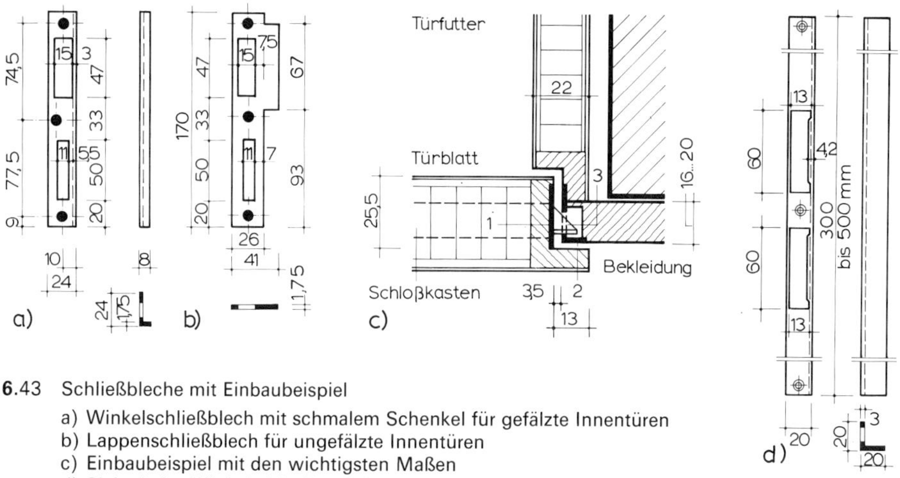

6.43 Schließbleche mit Einbaubeispiel

a) Winkelschließblech mit schmalem Schenkel für gefälzte Innentüren
b) Lappenschließblech für ungefälzte Innentüren
c) Einbaubeispiel mit den wichtigsten Maßen
d) Sicherheits-Winkelschließblech für gefälzte Wohnungsabschluß- und Haustüren

1 Schloßstulp
2 Winkelschließblech mit schmalem Schenkel
3 Falle

6.4.2.4 Schließanlagen

Schließanlagen werden überall dort eingerichtet, wo Sicherheit und Zweckmäßigkeit dies verlangen. Individuelle Wünsche können ebenso wie spezielle organisatorische und sicherheitstechnische Erfordernisse bei der Erstellung eines Schließplanes berücksichtigt werden. Meist nach Stockwerken getrennt, werden die Raumbezeichnungen bzw. -nummern den Grundrißplänen entnommen und in entsprechende Schließplanformulare eingetragen. Bereits bei der Bestellung der ersten Schlüssel sollte der Gesamtumfang der späteren Schließeinrichtung ungefähr bekannt sein. Nachschlüssel für die jeweilige Schließanlage werden nur bei Vorlage eines Sicherungsscheines geliefert. Man unterscheidet folgende Anlagenarten:

- **Hauptschließanlage** (Bild **6**.44a). Jedes Schloß hat seine eigene Schließung und damit seinen eigenen Schlüssel, der zu keinem anderen Schloß paßt. Es gibt jedoch einen Hauptschlüssel, mit dem alle Schlösser der Anlage geschlossen werden können. Diese Anlagen eignen sich für Einfamilienhäuser, Wohnheime, Schulen sowie kleinere Büro- und Fabrikbauten.
- **Generalhauptschlüsselanlage** (Bild **6**.44b). Wird eine Schließanlage in eine oder mehrere Gruppen unterteilt, denen jeweils eine Hauptgruppe übergeordnet ist, so spricht man von einer Generalhauptschlüsselanlage. Die Schließungen sämtlicher Schlösser sind verschieden, und die Einzelschlüssel

passen nur in die dazugehörigen Schlösser. Der Gruppenschlüssel dagegen schließt alle Schlösser einer Gruppe, der Hauptgruppenschlüssel alle Schlösser eines Hauptbereiches und der Generalhauptschlüssel alle Schlösser der Anlage. Diese Anlagen eignen sich für Verwaltungs- und Bankgebäude, Hotels, Krankenhäuser, Hochschulen usw.

- **Zentralschloßanlage** (Bild **6**.44c). Diese Anlage eignet sich für Mehrfamilienhäuser. Alle Schlösser der Wohnungsabschlußtüren haben unterschiedliche Schließungen, so daß kein Mieter mit seinem Schlüssel in die Wohnung eines anderen gelangen kann. Jeder Mieter kann jedoch mit seinem Wohnungstürschlüssel die gemeinsam benutzten Türen, wie beispielsweise Haustür, Kellertür usw. betätigen. Zentralschloßanlagen lassen sich auch in Hauptschlüsselanlagen einfügen. Diese Kombination empfiehlt sich dann, wenn beispielsweise Wohnungen und Geschäfts- oder Büroräume in einem Gebäude untergebracht sind.

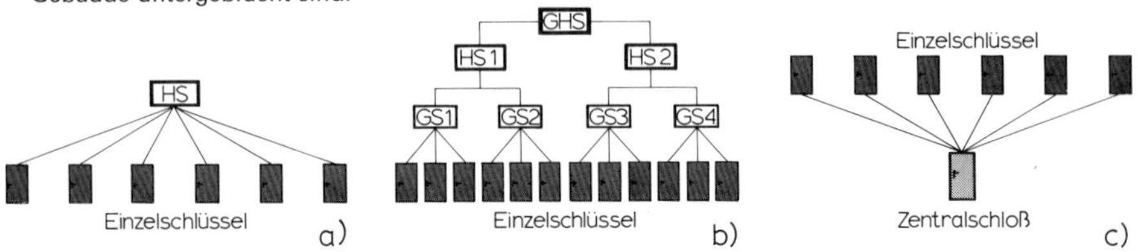

6.44 Schließanlagen
a) Hauptschlüsselanlage
b) Generalhauptschlüsselanlage
c) Zentralschloßanlage

6.4.3 Türgarnituren

Zum Schließen und Öffnen von Türen bedarf es besonderer Beschläge wie beispielsweise Drücker-, Knopf- oder Wechselgarnituren mit Schildern (Lang- oder Kurzschild sowie Rosetten). Alle Teile werden in vielfältiger Form angeboten und aus verschiedenen Materialien (Kunststoff, Aluminium, Edelstahl, Messing u.a.) hergestellt. Türschilder dienen allgemein dem Schutz der Türblattoberflächen, außerdem können ihnen Aufgaben bezüglich des Feuer- und Einbruchschutzes zugeordnet werden. Sie weisen Ausnehmungen für Schlüssel oder Schließzylinder, Drücker- bzw. Knopfgarnituren auf und werden immer von der Innenseite (Öffnungsseite) her befestigt. Im wesentlichen unterscheidet man folgende Garniturenarten:

a) **Drückergarnituren** (Bild **6**.45a bis b). Sie bestehen aus zwei Drückern (Stiftteil und Lochteil) mit zwei Türschildern bzw. -rosetten.

   Bild 6.46a zeigt eine Zimmertür- oder Haustürgarnitur. Die Tür ist von innen und außen mit einem Schlüssel verschließbar (Ausnehmung für Schlüssel oder Schließzylinder). Die unverschlossene Tür kann von beiden Seiten mit dem Türdrücker geöffnet werden. Anstelle von Türdrückern können auch auf einer oder beiden Türseiten Drehknöpfe angebracht sein.

b) **Wechselgarnituren** (Bild **6**.45c bis d). Sie bestehen innen aus einem Drücker mit Türschild oder -rosette, außen aus einem nicht drehbaren Knopfschild bzw. Einzelknopf. Die Verbindung erfolgt durch einen sog. Wechselstift.

   Bild 6.46b zeigt eine Wohnungsabschluß- oder Haustür-Wechselgarnitur. Die Tür ist von innen und außen mit einem Schlüssel verschließbar (Ausnehmungen für Schlüssel oder Schließzylinder). Die unverschlossene Tür kann von innen mit dem Türdrücker, von außen dagegen nur mit dem Schlüssel geöffnet werden, da der Knopf feststehend ist. Wechselgarnituren sind nur in Verbindung mit einem Wechselschloß verwendbar. S. hierzu Bild **6**.35.

c) Badezellen- und Klosettürgarnituren (Bild **6**.45e bis f). Sie bestehen aus zwei Drückern und zwei Türschildern oder -rosetten.

Bild 6.46c zeigt eine Frei-Besetzt-Garnitur. Die Tür ist von innen mit der Riegelolive verschließbar, außen wird ein Frei-Besetzt-Zeichen in einem Fenster angezeigt. Die unverschlossene Tür ist von beiden Seiten mit dem Türdrücker zu öffnen. Diese Garnituren sind nur in Verbindung mit einem Badezellen- oder Klosetttürschloß verwendbar.

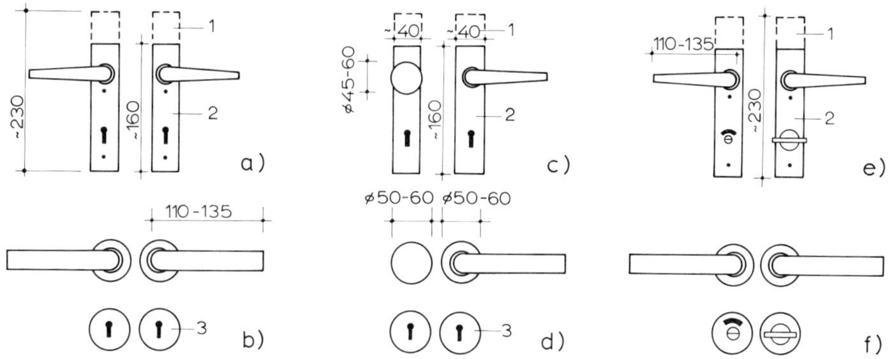

6.45 Drückergarnituren und Schlüsselschilder
a) bis b) Zimmertür- oder Haustürgarnitur
c) bis d) Wohnungsabschluß- oder Haustür-Wechselgarnituren
e) bis f) Badezellen- und Klosettürgarnitur. Langschild (1), Kurzschild (2), Rosette (3)

OGRO-Baubeschläge, Velbert

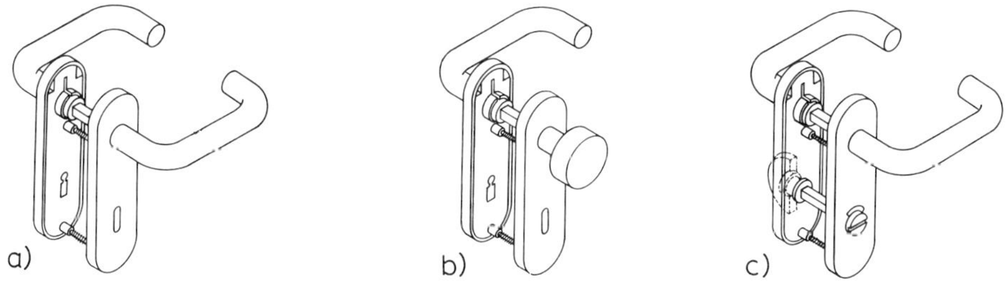

6.46 Türgarnituren
a) Zimmertür- oder Haustürgarnitur
b) Wohnungsabschluß- oder Haustür-Wechselgarnitur
c) Badezellen- oder Klosettürgarnitur

HEWI-Beschläge, Arolsen

Ein Vierkantstift, der durch die vierkantförmige Nuß des Schloßkastens gesteckt wird, verbindet die Türdrücker bzw. -knöpfe fest miteinander, indem er sichtbar oder unsichtbar mit diesen verschraubt, verkeilt oder verklemmt wird. Ziel zahlreicher Patente ist es, die Türdrücker so zu verbinden, daß weder Schrauben sich lösen, noch Stifte herausfallen können und die Drückerverbindung sich auch nicht lockert.

So wird die in Bild **6**.47 dargestellte Drückersicherung durch einen Federhebel erreicht. Wird die unterseitig angeordnete Madenschraube angezogen, so spannt und klemmt diese den Federhebel und Vierkantstift derart, daß die Drücker dadurch rüttelsicher festsitzen.

Bild **6**.48 zeigt eine schraubenlose Drückerverbindung. Am Ende des Vierkantstiftes sitzt ein Federbolzen, der nach dem Zusammenstecken der Drücker in eine Bohrung des Gegendrückers einrastet. Da der Federbolzen formschlüssig in der Bohrung sitzt, kann die Verbindung auch nur mit geeignetem Werkzeug wieder gelöst werden. Eine weitere kräftige Druckfeder verspannt die beiden Drücker – die her aus Stahl und Kunststoff (Nylon) bestehen – in Richtung der Nußachse.

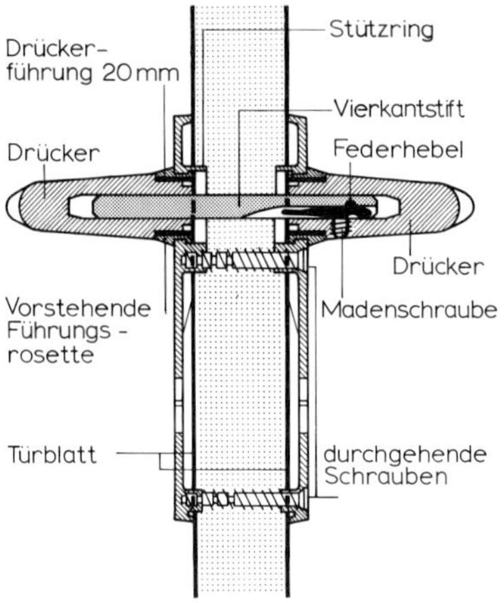

6.47 Türdrückersicherung durch Federhebel und Madenschraube (Vertikalschnitt)

WEHAG-Beschläge, Heiligenhaus

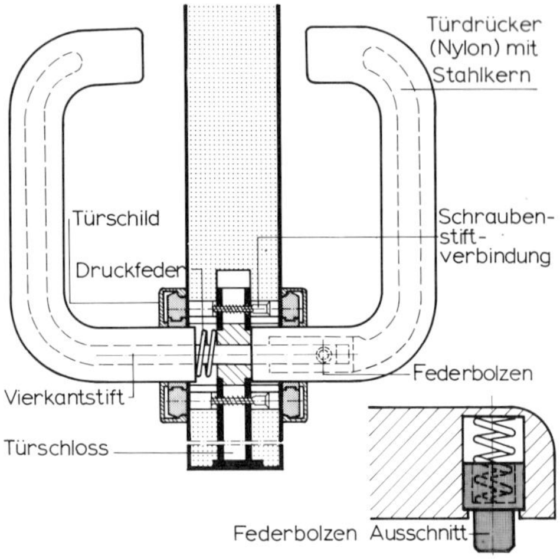

6.48 Türdrückersicherung durch Federbolzen mit Stift (Horizontalschnitt)

HEWI-Beschläge, Arolsen

6.4.3.1 Sicherheitstürschilder

Ein Sicherheitstürschild hat nach DIN 18257 die Aufgabe, auf der Angriffsseite (Außenseite) einer Tür ein gewaltsames Entfernen oder mechanisches Zerstören des Schließzylinders zu behindern und zusätzlich den Tourstift (Riegel) des Schlosses zu schützen. In der vorgenannten Norm sind eine ganze Reihe von Anforderungen im einzelnen aufgeführt, die von Sicherheitstürschildern erfüllt werden müssen. Es wird daher empfohlen, an Türen von Räumen, die gegen Einbruch geschützt werden sollen, nur solche Türschildgarnituren zu verwenden, die aus einer güteüberwachten Fertigung stammen. Nähere Angaben über RAL-gekennzeichnete Sicherheitstürschildgarnituren erteilt [6].

S. hierzu auch Abschn. 6.7.5, Einbruchhemmende Türelemente.

Bild **6**.49 zeigt einen güteüberwachten Sicherheitsbeschlag, dessen 10 oder 14 mm dicker Außenschild sich aus mehreren Schichten zusammensetzt (Manganstahl-Unterschild mit Keramikeinlage) und so die besonders gefährdeten Schloß- und Zylinderteile ganzflächig gegen Aufbohrversuche o. ä. schützt. Mehrere unsichtbare Schraubenstiftverbindungen gewährleisten eine sichere, gegen Anbohren und Abreißen geschützte Verbindung mit dem auf der Innenseite angebrachten Stahlunterschild bzw. Deckschild. Die abgeschrägten Seitenflächen des Außenschildes verhindern außerdem das Ansetzen von Zangen oder Schraubenziehern. Der Schließzylinder ist durch formschlüssige Umfassung im Beschlag eingebettet und so gegen Abdrehen oder Abbrechen geschützt.

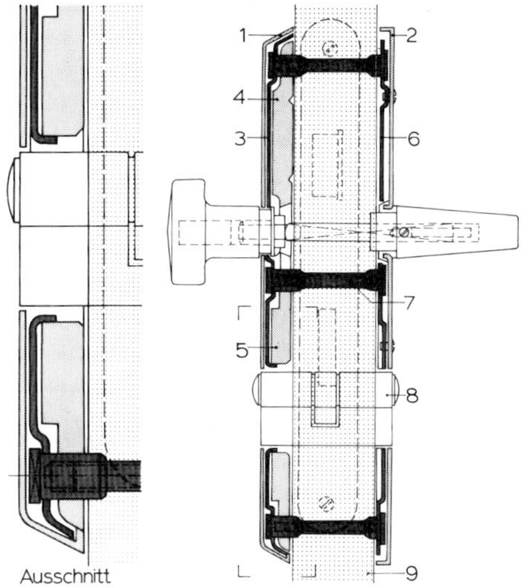

6.49
Sicherheitstürschildgarnitur mit RAL-Gütezeichen (Vertikalschnitt durch Sicherheitsbeschlag GRANIT 2)

1 Außendeckschild
2 Innendeckschild
3 Manganstahl-Unterschild
4 Aluminium-Füllstück
5 Keramikeinlage (Anbohrschutz durch Manganstahl und Keramikeinlage)
6 Stahl-Unterschild
7 Schraubstiftverbindung
8 Profilzylinder
9 Türblatt

FSB-Beschläge, Brakel

6.4.4 Türdichtungen

Wie in Abschn. 6.3.1, Schallschutz, näher erläutert, wird das schalltechnische Verhalten von Türen ganz wesentlich von den Falz- und Bodendichtungen bestimmt.

a) **Falzdichtungen.** Holz- und Stahltürzargen neuerer Bauart sind mit einem dreiseitig umlaufenden Dichtungsprofil ausgestattet. Es ist darauf zu achten, daß Falzprofil und Bodendichtung immer in einer Ebene angeordnet sind und überall dicht anliegen. Manche Schallschutztüren (s. Abschn. 6.7.1) weisen zwei oder drei Dichtungsebenen auf (Doppelfalzzargen). Die Funktion der Dichtung wird vorrangig durch ihre Formgebung und das Material bestimmt. Man unterscheidet (Bild **6**.50):

- **Hohlkammer-Dichtungsprofile.** Aufgrund ihres geringen Federweges ungeeignet zum Ausgleich größerer Toleranzen. Sie erbringen jedoch eine beachtliche Dämpfung der Schließgeräusche.
- **Lippen-Dichtungsprofile.** Größerer Toleranzausgleich möglich durch höheren Einfederungsweg, bei gleichzeitig geringerem Kraftaufwand. Schalltechnisch günstiger als Hohlraumprofile.

Die Profile bestehen entweder aus hochelastischem, verschweißbarem und in jeder Einfärbung lieferbarem PVC (Thermoplaste) oder aus synthetischem Gummi (Elastomere), die durch Vulkanisieren miteinander verbunden werden. In jedem Fall sollten sie unempfindlich gegen Säuren, Laugen und Haushalts-Reinigungsmittel, dauerelastisch, formstabil, alterungs-, witterungs- und lichtbeständig sein. In der Regel werden die Dichtungsprofile in den oberen Ecken auf Gehrung zugeschnitten und ggf. verschweißt bzw. vulkanisiert. Zu beachten ist auch, daß die Dichtungsschnüre genügend lang eingebaut werden, preß an den Fußbodenbelag anschließen und bei normaler Wärme- und Kälteeinwirkung sich nicht übermäßig dehnen bzw. schrumpfen. Der Profilfuß muß so ausgebildet sein, daß die Dichtung nach Abschluß der Malerarbeiten

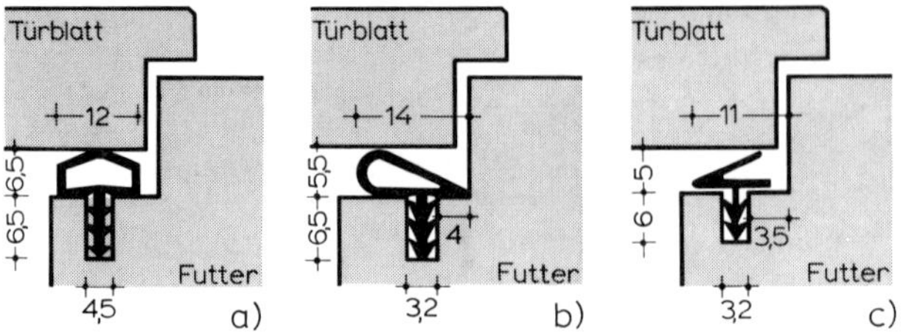

6.50
Zargendichtungen zum Einbau in Holztürzargen (Profilmaße ohne Einpressung)
a) bis b) Hohlkammerdichtungen
c) Lippendichtung (V-Dichtung)

Athmer, Arnsberg

ohne großen Aufwand in eine entsprechend ausgebildete Nut eingedrückt und jederzeit wieder ausgewechselt werden kann. Auf ihre Anstrichverträglichkeit ist zu achten (Gefahr von Erweichung, Verfärbung usw.).

b) Anschlagschwellen. Außentüren und Wohnungseingangstüren schlagen am Fußboden in der Regel gegen eine Anschlagschwelle. Bild **6**.68, **6**.69 und **6**.77. Auch bei höheren und höchsten Anforderungen an die Schalldämmung von Türen ist ein Schwellenanschlag unumgänglich. Bild **6**.87, **6**.88 und **6**.99. Dieser besteht in der Regel aus einem Winkelstahl, Flachstahl oder einer Spezial-Profilschiene mit Dichtung. Die Schwelle muß so angeordnet sein, daß Anschlagschiene und Türzargenfalz bzw. die jeweiligen Dichtungsprofile immer eine ringsumlaufende Dichtungsebene ergeben. Dadurch wird auch bei Außentüren das am Türblatt bzw. im Zargenfalz herabrinnende Wasser sicher nach außen abgeleitet.

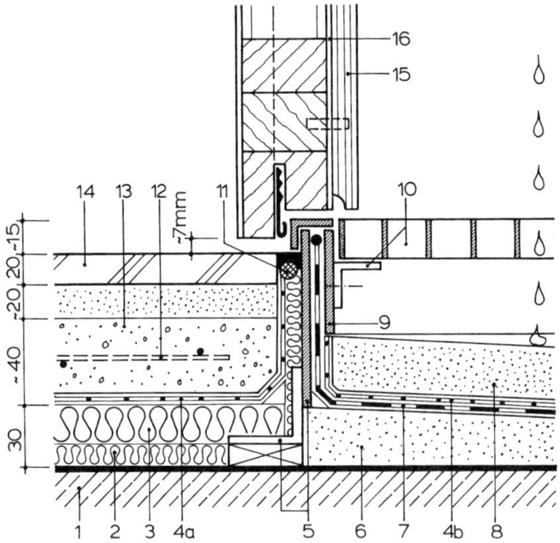

6.51
Konstruktionsbeispiel: Schwellenanschlag einer Haustür mit Schuhabstreiferrost und Metallrahmen, Abdichtung und Gefälleestrich

1 Rohdecke
2 Trittschalldämmung
3 Wärmedämmung
4a) Abdeckung (PE-Folie 0,2 mm)
4b) Gleit- und Schutzfolie
5 feuerverz. Flachstahl, 4 bis 5 mm, mit angeschweißten Laschen und Distanzklötzen
6 Gefälleestrich
7 Abdichtung nach DIN 18195
8 Schutzestrich, oberflächenvergütet
9 feuerverz. Flachstahl, 3 bis 4 mm, angeschraubt, mit oberseitiger Fugendichtung
10 Schuhabstreifer (Rahmen mit Rost)
11 Randfuge mit dauerelastischer Dichtmasse
12 Estrichbewehrung
13 Zementestrich
14 Natursteinplatten in Mörtelbett
15 Wetterschenkel mit Blechverwahrung
16 Türblatt mit unlaufender Dichtung

Bild **6**.51 zeigt den Schwellenanschlag einer Haustür, der so ausgebildet ist, daß keine nennenswerten Höhendifferenzen vorkommen und trotzdem kein Spritzwasser von außen in die Fußbodenkonstruktion eindringen kann. Zu beachten ist jedoch, daß die Anschlußfuge zwischen Schwelle und Winkelrahmen des Schuhabstreifers oberseitig besonders sorgfältig abgedichtet bzw. abgedeckt werden muß.

c) **Bodendichtungen** werden überall dort eingebaut (Innen- und Außentüren), wo schwellenlose Übergänge gefordert sind. Wie aus Bild **6**.52a bis f zu ersehen ist, unterscheidet man im Prinzip drei Dichtungssysteme, nämlich

- Höcker- und Auflaufschwellendichtungen,
- automatisch absenkbare Profildichtungen sowie
- Dichtungen in Form von akustisch wirksamen Resonatoren (Schallschluckkammern).

Bei allen Dichtungsarten ist darauf zu achten, daß die baulich- und systembedingten Schallnebenwege möglichst weitgehend ausgeschaltet werden. So ist bei höheren Schallschutzanforderungen im Schwellenbereich eine Trennfuge im schwimmenden Estrich vorzusehen und die Unterseite der Höckerschwellen möglichst dicht auszubilden. Außerdem darf bei den sich automatisch absenkenden Bodendichtungen das Dichtungsprofil nicht einfach im Teppichflor enden. Wie Bild **6**.53 verdeutlicht, muß es sich vielmehr gegen eine Flachschwelle pressen, die auf ihrer Unterseite luftdicht abgeschlossen ist. Im übrigen sind bei den automatisch absenkbaren Bodendichtungen zum Teil deutliche Qualitätsunterschiede festzustellen (systembedingte Schallnebenwege, frühzeitiger Verschleiß von Dichtungsprofilen u. ä.), so daß von den Herstellerfirmen immer vollständige Prüfzeugnisse (Baumusterprüfungen) angefordert werden sollten. Weitere Angaben hierzu s. Abschn. 6.3.1.

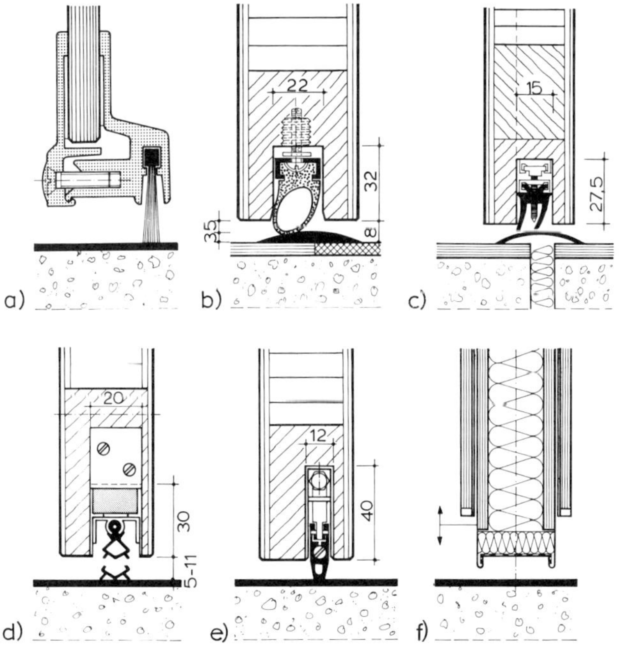

6.52
Bodendichtungen (vgl. hierzu auch Bild **6**.53, **6**.88 und **6**.98)

a) Schleifdichtung. Schleifender Bodenkamm aus Naturroßhaaren an einer Ganzglastür befestigt. Athmer, Arnsberg
b) Höckerschwellendichtung. Höhenjustierbares Dichtungsprofil in der Türblattunterkante mit Höckerschwelle. Jost & Co.
c) Auflaufschwellendichtung. Elastische Bodenschwelle mit Doppellippen-Auflaufdichtung. Wirus-Werke, Gütersloh
d) Bodendichtung mit automatischer Absenkmechanik (Typ „Schall-Ex").
e) Bodendichtung mit automatischer Absenkmechanik (Typ „Kältefeind"). Athmer, Arnsberg
f) Resonatorendichtung. Schema einer höhenverstellbaren Schallschluckkammer in der Türblattunterkante

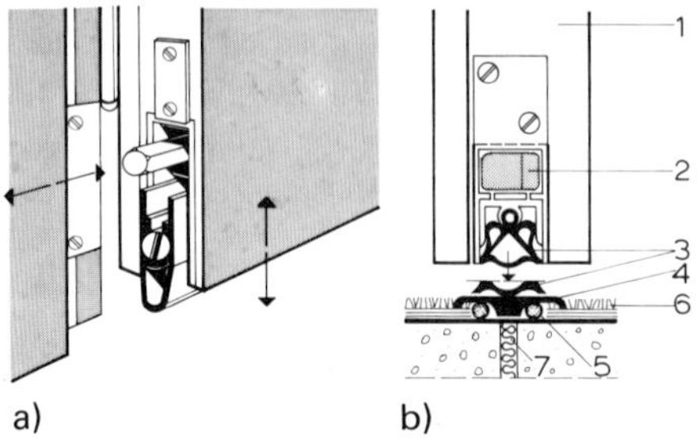

6.53
Automatische Türabdichtungen

a) Das absenkbare Dichtungsprofil wird durch mechanische Krafteinwirkung beim Schließvorgang auf den Fußbodenbelag gedrückt. (Typ „Kältefeind")
b) Schallhemmende automatische Türabdichtung (Typ „Schall-Ex") mit dichtem Flachschwellenanschluß bei Teppichböden und Trennfuge im schwimmenden Estrich

1 Türblatt
2 seitliche Druckplatte
3 Dichtungsprofil
4 Flachschwelle aus Metall
5 Silikon-Abdichtung
6 Teppichbelag
7 Trennfuge im Estrich

Athmer, Arnsberg

6.5 Türelemente aus Holz und Holzwerkstoffen

Türelemente aus Holz werden entweder in Einzel- oder Serienfertigung hergestellt. Individuell geplante Türen – bei denen häufig handwerkliche Konstruktionen die Gestaltungsideen bestimmen – werden den funktionellen und ästhetischen Anforderungen unserer Zeit genauso gerecht, wie die auf modernsten Anlagen industriell hergestellten Fertigtüren, die stetigen Qualitätsprüfungen unterliegen. Um die Entwicklung von den traditionellen Türkonstruktionen zum seriell gefertigten Türelement besser zu verstehen, werden im folgenden zuerst die nach handwerklichen Grundsätzen gearbeiteten Türkonstruktionen aufgezeigt und erst dann die Auswahlkriterien für Fertigtürelemente besprochen. Derartige Grundkenntnisse sind nicht zuletzt auch im Hinblick auf eine fachgerechte Altbausanierung unerläßlich.

6.5.1 Türrahmen (Türzargen)

Jede Drehflügeltür besteht aus zwei Teilen: einem fest an der Wand verankerten Türrahmen (auch Türzarge genannt) und einem beweglichen Teil, dem Türblatt. Von der Art, wie der Türrahmen ausgebildet und in der Wandöffnung befestigt ist, hängt es weitgehend ab, welchen Belastungen und Anforderungen die Tür genügt, wie geräuscharm und dicht sie schließt und wie die Türansicht insgesamt wirkt. In jedem Fall muß der Türrahmen mit der Wand unverrückbar fest verbunden sein, da an ihm der Türflügel angeschlagen ist und somit auch die Lasten über ihn abgetragen werden. Nach der Bauart unterscheidet man:

6.5.1.1 Blendrahmen

Blendrahmen werden entweder in einen Mauerfalz (Bild **6**.54 a) oder vor eine Wandfläche (Bild **6**.54 b) oder ohne Anschlag in eine Wandöffnung gesetzt (Bild **6**.54 c) und mit Rohrdübeln (Spreizdübelprinzip) oder Ankerlaschen am Bauwerk befestigt. Die Rahmen sind aus Massivholz und haben einen rechteckigen Querschnitt. Sie werden vor allem bei Hauseingangs-, Windfang-, Wohnungsabschluß- und Kellertüren verwendet. Je nach Einsatzort muß die Anschlußfuge zwischen Rahmen und Bauwerk ausreichend dicht – ggf. schlagregendicht und luftundurchlässig – ausgebildet sein. Vgl. hierzu Abschn. 6.3.5.1, Montagetechnische Anforderungen.

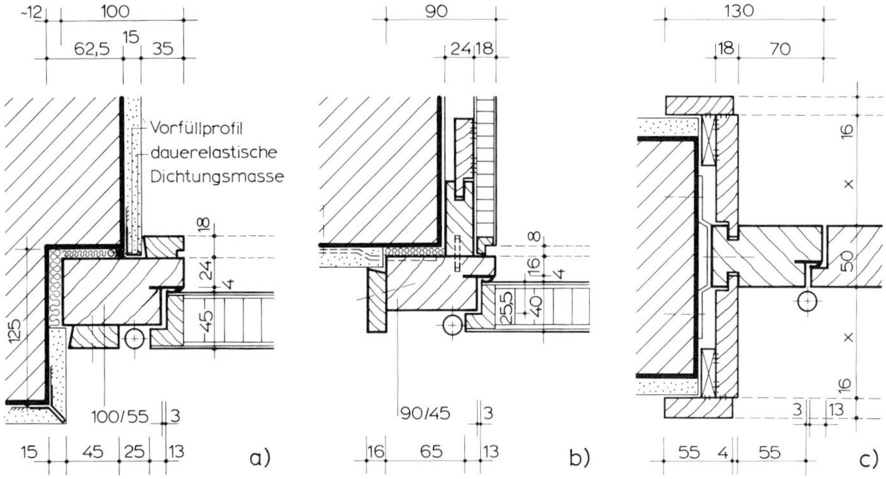

6.54 Einbaubeispiele – Blendrahmen

a) Blendrahmen in einem Mauerfalz (Außentür)
b) Blendrahmen vor einer Wandfläche (Innentür)
c) Blendrahmen in einer Wandöffnung (Innentür mit reduziertem lichtem Durchgangsmaß)

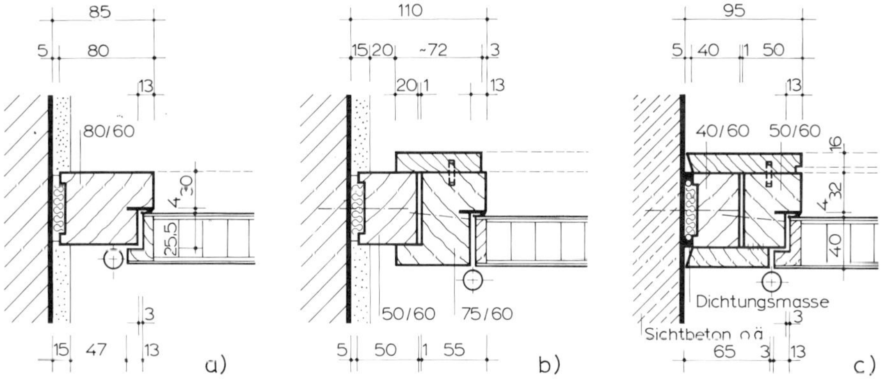

6.55 Einbaubeispiele – Blockrahmen

a) Blockrahmen eingeputzt, alle Teile zum Streichen gerichtet (anfallende Beiputzarbeiten und Rißbildung zwischen Putz und Holzrahmen beachten)
b) Blockrahmen mit zurückgesetzter, ringsumlaufender Schattenfuge. Der bereits im Rohbaustadium montierte und beigeputzte Blindrahmen ermöglicht den erst späteren Einbau des sichtbaren Blockrahmens mit fertiger Oberfläche (unsichtbare Befestigung an der Wand). Weitere Rahmenausbildung s. Bild **6**.68
c) Blockrahmen auf Sichtbeton-, Putzfläche o. ä. nachträglich aufgesetzt. Anschlußfuge ringsumlaufend gedämmt, abgedichtet und beidseitig verkleidet. Der Blockrahmen kann auch einteilig ausgebildet sein (Bautoleranzen beachten).

6.5.1.2 Blockrahmen

Blockrahmen bestehen, ähnlich wie die Blendrahmen, aus zwei seitlichen und einem oberen Querriegel aus Massivholz mit annähernd quadratischem Querschnitt. Wie Bild 6.55a bis c zeigt, werden die Riegel entweder eingeputzt oder auf eine Putz- bzw. Sichtbetonfläche aufgesetzt und mit Ankerlaschen oder Rohrdübeln am Bauwerk befestigt. Schall- und Wärmeschutz fordern zwischen Wand und Rahmen eine sorgfältige Dichtung der Bauwerksfuge. Blockrahmen kommen vor allem bei Hauseingangs- und Wohnungsabschlußtüren, Pendeltüren sowie bei sturzlosen, raumhohen Innentüren vor. Bei der Festlegung der Wandöffnungsmaße nach DIN 18100 sind die – im Vergleich zu den Zargentüren – meist beträchtlich größeren Blockrahmenquerschnitte besonders zu berücksichtigen.

6.5.1.3 Zargenrahmen

Zargenrahmen, wie sie in Bild 6.56a bis c dargestellt sind, decken die Leibungen der Wandöffnungen vollflächig ab. Ihre Tiefe entspricht in der Regel der jeweiligen Wanddicke. Ein Überstand der Zargenkanten gegenüber den angrenzenden Wandflächen ist ebenfalls möglich (Sockelleistenanschluß beachten). Der Zargenrahmen kann aus Vollholz, Sperrholz- oder Spanplatten (mit Vollholzanleimern) bestehen und entweder sichtbar oder unsichtbar an der Leibung befestigt sein. Materialgerechte Anschlüsse zwischen Putz und Holzzarge (= umlaufende Trenn- bzw. Schattenfuge) lassen sich mit Putzschienen aus verzinktem Streckmetall herstellen, die gleichzeitig als Putzhilfe (Schablone) und Kantenschutz dienen. Vgl. hierzu auch Abschn. 8 sowie [11].

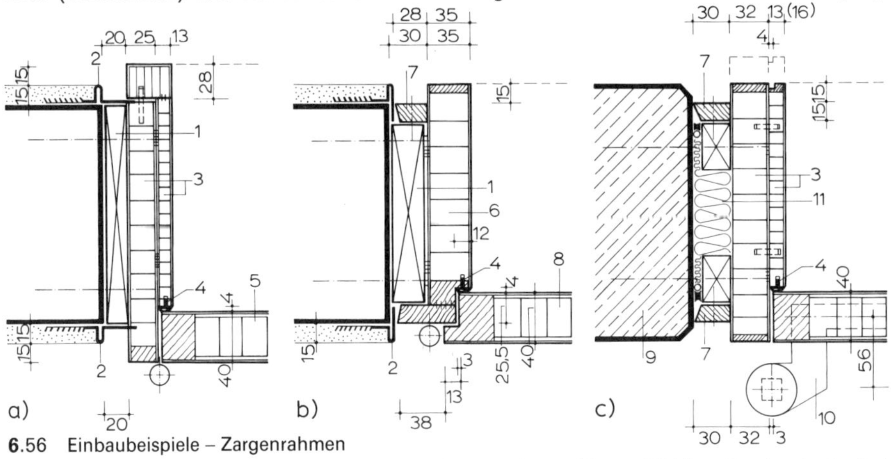

6.56 Einbaubeispiele – Zargenrahmen

a) aufgedoppelter Zargenrahmen mit Blindfutter und ungefälztem Türblatt. Das bereits im Rohbaustadium genau winkel- und lotrecht montierte Blindfutter mit Putzschienen ermöglicht den erst späteren Einbau des Zargenrahmens mit fertiger Oberfläche (unsichtbare Befestigung)

b) ausgefälzter Zargenrahmen mit Blindfutter und gefälztem Türblatt

c) aufgedoppelter Zargenrahmen mit gedämmtem und abgedichtetem Anschluß an Sichtbetonwand, ungefälztem Türblatt und Bodentürschließer

1 Blindfutter
2 verzinkte Putzschiene
3 aufgedoppelter Zargenrahmen
4 Dichtungsprofile
5 ungefälztes Türblatt
6 ausgefälzter Zargenrahmen
7 eingepaßte Deckleisten
8 gefälztes Türblatt
9 Sichtbetonwand o.ä.
10 Bodentürschließer
11 Mineralfaserdämmstoff oder PUR-Schaum

6.5.1.4 Futterrahmen mit Bekleidungen

Bild **6**.57a bis e zeigt Futtertüren, die nach handwerklichen Grundsätzen gearbeitet sind. Die Tiefe des Türfutters entspricht in etwa der jeweiligen Wanddicke. Es deckt die Leibung der Wandöffnung ab, während die beidseitig aufgebrachten Bekleidungen (Falz- und Zierbekleidung) die Wandkanten vor Beschädigungen schützen und gleichzeitig die Anschlußfuge zwischen Wand und Futter verkleiden. Futter und Bekleidungen bilden zusammen einen Falz, in den das Türblatt – gefälzt oder ungefälzt – einschlägt. Futtertüren werden vor allem im Wohnbereich eingesetzt.

Bis zu einer Wanddicke von 11,5 cm kann das Türfutter aus etwa 22 mm dickem Vollholz[1]) gefertigt sein. Bei größeren Wanddicken verwendet man Sperrholz- oder Spanplatten. Die beiden oberen Ecken des Futterrahmens sind entweder gezinkt oder gefedert und fest miteinander verleimt oder werden mit Spannbeschlägen verbunden. Vor Ort wird das Futter auf den Estrich oder Fertigfußboden aufgesetzt und sichtbar oder unsichtbar an der Leibung der Wandöffnung befestigt.

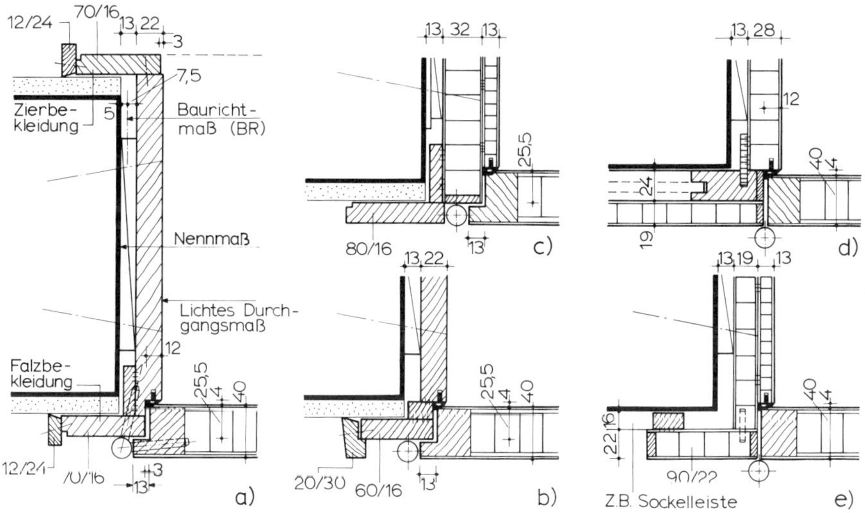

6.57 Einbaubeispiele – Futterrahmen mit Bekleidungen

a) Futter, Bekleidungen und Deckleisten aus Vollholz (z. B. Fichte natur für Anstrich). Falztiefe aus dem Futterrahmen ausgefälzt. Falzmaße nach DIN 68706, Sperrtüren.

b) Futter, Bekleidung und Deckleiste aus Vollholz. Aufdoppelung der Falzbekleidung durch eine aufgeleimte Leiste (= Falztiefe).

c) Falzbildung durch aufgedoppeltes Futter (z. B. Sperrholz- oder Spanplatten, furniert). Eckverstärkung durch eingeleimte Leiste (z. B. für Einbohrbänder). Unsichtbare Futterbefestigung.

d) Stumpftür flächenbündig mit der Wandvertäfelung liegend (Unterkonstruktion + Vertäfelung ≅ Türblattdicke + Falzdichtung). Alle Teile zum Furnieren gerichtet, mit Anleimern.

e) Stumpftür bündig mit der Bekleidung liegend. Ausgeprägte Nutbildung durch Aufdoppelung der Falzbekleidung mit einer Leiste (z. B. geeigneter Anschluß an Sichtbetonwand o. ä.). Falzbildung durch aufgedoppelten Futterrahmen.

---

[1]) s. Fußnote S. 432

In die Falzbekleidung sind die Beschläge, wie Türbänder auf der einen und das Schließblech auf der anderen Seite, einzulassen. Bild **6**.57 zeigt einige Falzausbildungen. Die oberen Ecken der Bekleidungen können stumpf gedübelt, durch Schlitzzapfen verbunden oder zur Hälfte überplattet und die Frontseite ggf. auf Gehrung geschnitten sein. Bei deckend zu streichenden Türen wird die fertige Falzbekleidung auf die Futterkante geleimt und gestiftet, bei furnierten Bekleidungen durch Dübel o. ä. unsichtbar mit dem Futter verbunden.

Die Zierbekleidung wird erst nach dem Einbau des Futters aufgebracht. Unebenheiten in der angrenzenden Putzfläche können durch eine umlaufende Nute in der Bekleidung oder durch Deckleisten – die erst nach dem Tapezieren der Wandfläche aufzubringen sind – abgedeckt werden.

Türschwellen sind in zentralbeheizten Räumen nicht mehr notwendig und im Hinblick auf Rollstuhlbenutzer sogar hinderlich. Zur Überbrückung unterschiedlicher Fußbodenhöhen und als unterer Anschlag, beispielsweise bei Wohnungseingangstüren, dienen Metallschienen aus Flach- oder Winkelstahl. Schwellenlose Bodendichtungen s. Abschn. 6.4.4.

6.5.1.5 Fertigtürelemente

Im Gegensatz zu den in den Abschnitten zuvor erläuterten, nach handwerklichen Regeln gefertigten Türrahmen, handelt es sich bei den Fertigtürelementen um serienmäßig hergestellte, einbaufertige Bauteile. Sie bestehen in der Regel aus einem an die jeweilige Wandstärke anpaßbaren Zargenrahmen, der zusammen mit dem Türblatt – in gleicher Holzart oder anderweitiger Oberflächenbeschichtung – als handlich verpackte Einheit angeboten wird. Um nachträgliche Beschädigungen der fertigen Oberflächen zu vermeiden, sollte das Türelement erst nach weitgehender Fertigstellung der übrigen Ausbauarbeiten eingebaut werden.

Das einbaufertige Bauelement ist im Sinne der Baurationalisierung nicht mehr wegzudenken. Die Verwendung derartiger Fertigteile setzt jedoch eine Maßkoordination bei der Bauplanung, die Einhaltung der in DIN 18100 genormten Öffnungsmaße für Türen sowie die Beachtung der in DIN 18202 genannten Ebenheitstoleranzen von Wandflächen bei der Bauausführung voraus.[2]) Beim Verputzen der Wände sollten deshalb Putzbretter in die Wandöffnungen gestellt (Abzugskanten für den Putzer) und neben den Öffnungen Meterrißmarkierungen (bauseits) als Bezugspunkte zur maßgerechten Montage angebracht werden.

Holz-Normzargen weisen unterschiedliche Konstruktionen mit zum Teil erheblichen Preisdifferenzen auf. Es gibt sie in streichfähiger, vorgrundierter, endlackierter sowie in furnierter und kunststoffbeschichteter Ausführung. Bild **6**.58a bis c. Als wesentliche Auswahlkriterien gelten:

---

[1]) DIN 68360 Teil 1, Holz für Tischlerarbeiten, schreibt die Gütebedingungen von **Vollholz** bei Außenanwendung, Teil 2 dieser Norm die Gütebedingungen von Vollhölzern bei Innenanwendung vor (z. B. Innentüren aus Massivholz). Gemäß dieser Norm sind die Anforderungen an das Holz nach der jeweils vorgesehenen **Oberflächenbehandlung** in zwei Gruppen eingeteilt. Man unterscheidet:

a) **deckend** zu behandelnde Vollholzteile (Holzstruktur und -farbe werden vom Anstrich verdeckt)

b) **nichtdeckend** zu behandelnde Vollholzteile (der Untergrund bleibt nach der Behandlung sichtbar).

In den vorgenannten Normen sind die für die beiden Gruppen jeweils geltenden Merkmale über die Beschaffenheit des zu verwendenden Vollholzes genau aufgeführt. Diese Merkmale gelten immer für das fertige Teil (z. B. Vollholztür) – unabhängig von der Güteklasse des Schnittholzes – aus dem es hergestellt ist.

[2]) Der bei Ausschreibungen und auf Bauzeichnungen früher übliche Zusatz „Maße sind am Bau zu nehmen" ist bei Verwendung von Fertigteilen nicht zulässig, da hier unveränderliche Normmaße gelten.

— einfache Montage und Befestigungsmöglichkeit,
— Anpassungsfähigkeit an die jeweilige Wandstärke (Tiefenverstellbarkeit),
— ausreichende Stabilität und Beständigkeit gegen Stoß (Kantenbereich),
— funktionsgerechte Befestigung der Beschläge (Türgewicht, Türsicherung),
— geräuscharmes und dichtes Schließen (Falz- und ggf. Bodendichtung),
— ansprechende Oberflächengestaltung und Formgebung.

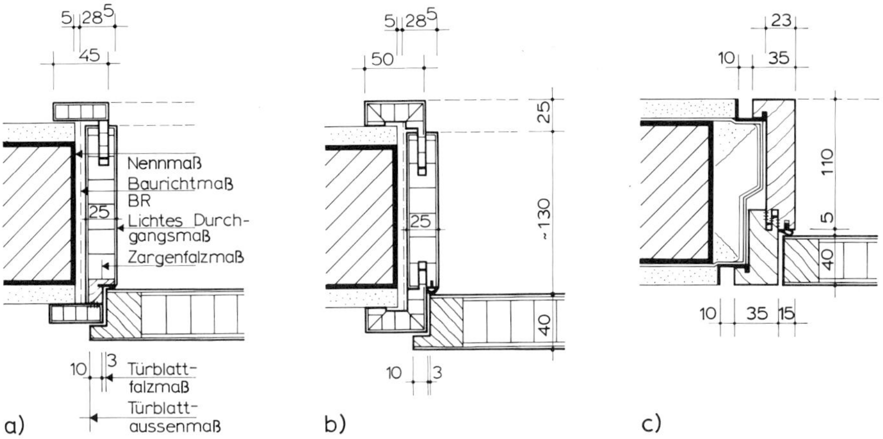

6.58 Einbaubeispiele – Fertigtürelemente
a), b) Tiefenverstellbare Zargenrahmen mit fertigen Oberflächen (Westag & Getalit, Wirus-Werke)
c) Zargenrahmen mit umlaufender Schattennute und Bandeisenbefestigung (Neuform-Türenwerk, Erdmannshausen)

Holz-Normzargen mit einteiligem Zargenrahmen. Wie Bild **6.59** zeigt, gibt es einteilige Zargenrahmen mit und ohne Bekleidungen. Diese kompakten Zargen sind relativ einfach herzustellen und zeichnen sich durch ein hohes Maß an Stabilität aus. Die Tiefenverstellbarkeit ist zwar teilweise begrenzt; bei Einhaltung der genormten Öffnungsmaße und Ebenheitstoleranzen ist dies jedoch von untergeordneter Bedeutung.

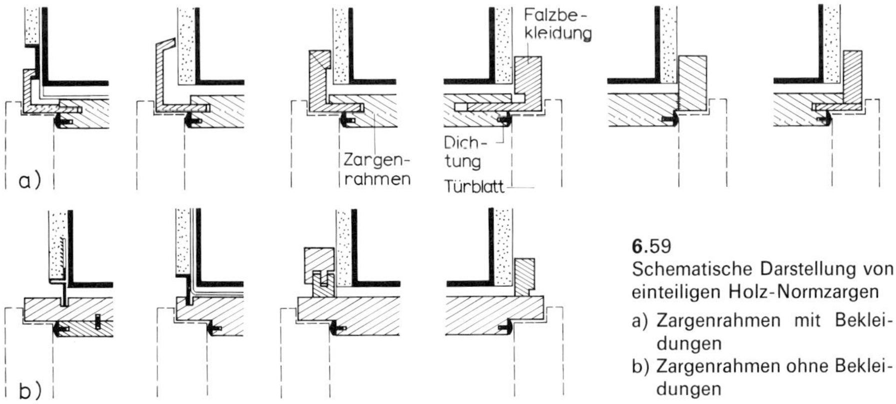

6.59 Schematische Darstellung von einteiligen Holz-Normzargen
a) Zargenrahmen mit Bekleidungen
b) Zargenrahmen ohne Bekleidungen

Holz-Normzargen mit mehrteiligem Zargenrahmen. Als Vorteil der mehrteiligen Zargenrahmen gilt, daß sie in der Tiefe ausreichend verstellbar sind und somit bei Bedarf an nahezu jede Wandstärke angepaßt werden können. Bild **6**.60. Die direkte, zunächst sichtbare Befestigung ist problemlos, da durch ein zweites, aufgeschobenes und fest verleimtes Zargenstück (Aufdoppelung) alle Befestigungspunkte unsichtbar abgedeckt werden. Nachteilig kann sich der verhältnismäßig große Fertigungsaufwand und die teilweise geringere Stabilität auswirken.

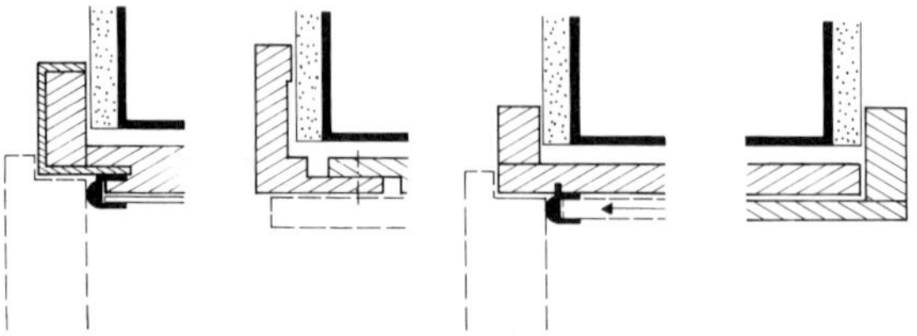

6.60 Schematische Darstellung von mehrteiligen Holz-Normzargen mit Bekleidungen

Die Einzelteile der Türzargen werden vor Ort zusammengebaut und meist unter Verwendung von Schrauben, Leim und Spezial-Spannbeschlägen fest miteinander verbunden. Bild **6**.61. Die Eckverbindungen der Bekleidungen können entweder stumpf (senkrecht durchlaufende Seitenfriese) oder auf Gehrung ausgebildet sein. Die Gefahr einer Beschädigung ist bei einer Gehrung im allgemeinen größer als bei der stumpfen Eckverbindung.

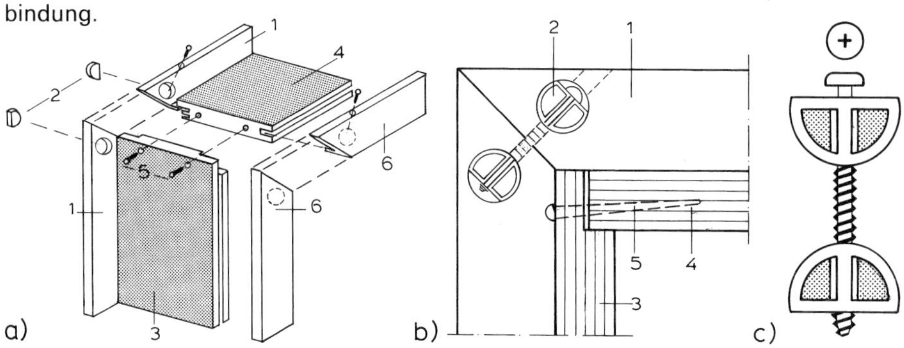

6.61 Schematische Darstellung des Zusammenbaus von Fertigtürelementen

a) Einzelteile, für die Montage werkseitig vorbereitet.
b) Eckverbindungen von Türbekleidung und Zargenrahmen
c) Universal-Eckverbinder (Spannbeschlag) Elepart-System, Velbert

1 Falzbekleidung
2 Eckverbinder (Spannbeschlag)
3 Seitenzarge
4 Querzarge
5 Schrauben für die Eckverbindung der Zargenteile (verleimt und verschraubt)
6 Zierbekleidung

6.5.2 Türblattkonstruktionen aus Holz und Holzwerkstoffen

Das die Türöffnung schließende, bewegliche Teil eines Türelementes nennt man Türblatt. Wie Bild **6**.4 verdeutlicht, können Türblätter in vielerlei Formen, Materialien und Konstruktionen in Einzel- oder Serienfertigung hergestellt werden. **Drehflügeltüren** kommen im Bauwesen am häufigsten vor. Bei dieser Türart wird das Türblatt um eine Längskante gedreht und schlägt – gefälzt oder ungefälzt – auf bzw. in den Türzargenrahmen.

Auch an dieser Stelle sollen zuerst die nach handwerklichen Grundsätzen gearbeiteten Türblattkonstruktionen aufgezeigt und erst dann die Auswahlkriterien für die industriell hergestellten Fertigtürblätter besprochen werden. Man unterscheidet:

— Latten- und Brettertüren,
— Rahmentüren,
— aufgedoppelte Türen,
— glatte Türen (Sperrtüren).

6.5.2.1 Latten- und Brettertüren

Lattentüren (Bild **6**.62a). Sie eignen sich zum Abschluß von Keller-, Lager- und Dachbodenräumen und bestehen aus ungehobelten oder gehobelten Latten (25 bis 35 mm dick, 40 bis 50 mm breit), die in Abständen von 20 bis 25 mm auf Quer- und Strebeleisten (30 mm dick, 100 bis 120 mm breit) genagelt oder geschraubt werden. Die Strebe muß, dem statischen Kräfteverlauf entsprechend, diagonal (von oben außen nach unten zum Angelpunkt) gerichtet sein. Lattentüren gestatten Einblick in die dahinter liegenden Räume und lassen Luft und Licht eindringen.

Stumpf verleimte Türen (Bild **6**.62b). Derartige Vollholztüren bestehen aus etwa 30 mm dicken und bis zu 120 mm breiten Brettern, die stumpf aneinandergeleimt und durch zwei auf Grat eingeschobene Querleisten von 40 mm Dicke und etwa 120 mm Breite verbunden bzw. gegen Verwerfen gesichert sind. Die Gratleisten dürfen nicht fest eingeleimt, auch nicht genagelt oder geschraubt werden, da das Vollholz des Türblattes immer „arbeitet" (unterschiedliche Schwindrichtungen von Lang- und Querholz beachten).

Brettertüren (Bild **6**.62c). Die setzen sich aus 25 bis 30 mm dicken und 120 bis 160 mm breiten, gehobelten und gespundeten Einzelbrettern (= angefräste Nut und Feder) zusammen, die auf 30 mm dicke und 120 mm breite Quer- und Strebeleisten genagelt oder geschraubt sind. Dienen derartige Brettertüren als Außentüren (z. B. Schuppentüren), so liegen die Quer- und Strebeleisten auf der Innenseite der Tür. In diesem Fall können die senkrechten Brettfugen außenseitig noch mit Deckleisten abgedeckt werden, die oben und unten in einen rings um das Türblatt laufenden Leistenrahmen enden.

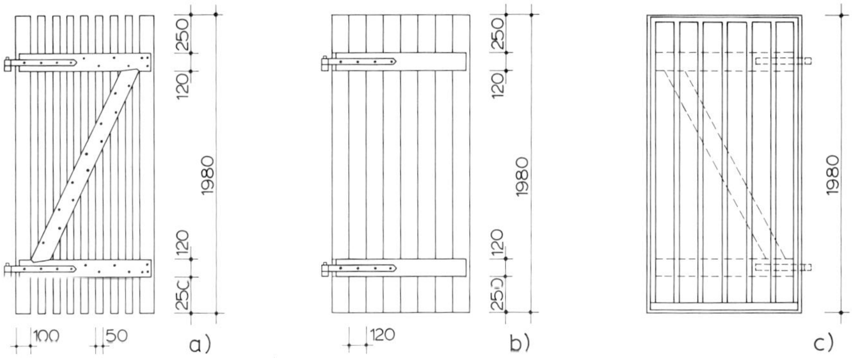

6.62 Einfache Latten- und Brettertüren
a) Lattentür mit Quer- und Strebeleisten
b) Stumpf verleimte Tür mit auf Grat eingeschobenen Querleisten
c) Gespundete Brettertür mit Quer- und Strebeleisten auf der Innenseite und außenseitigen Deckleisten

6.5.2.2 Rahmentüren

Rahmentüren bestehen aus Rahmenfriesen, ggf. einem oder mehreren waagerechten Mittelfriesen und eingesetzten Füllungen unterschiedlichster Art. Bild **6**.63. Sie finden als Außen- und Innentüren Verwendung und bilden oft die Unterkonstruktion für aufgedoppelte Türen. Für die Außentüren eignet sich nur gesundes, fehlerfreies Vollholz (s. Fußnote S. 432), Rahmentüren für den Innenbereich können aus Massivholz oder

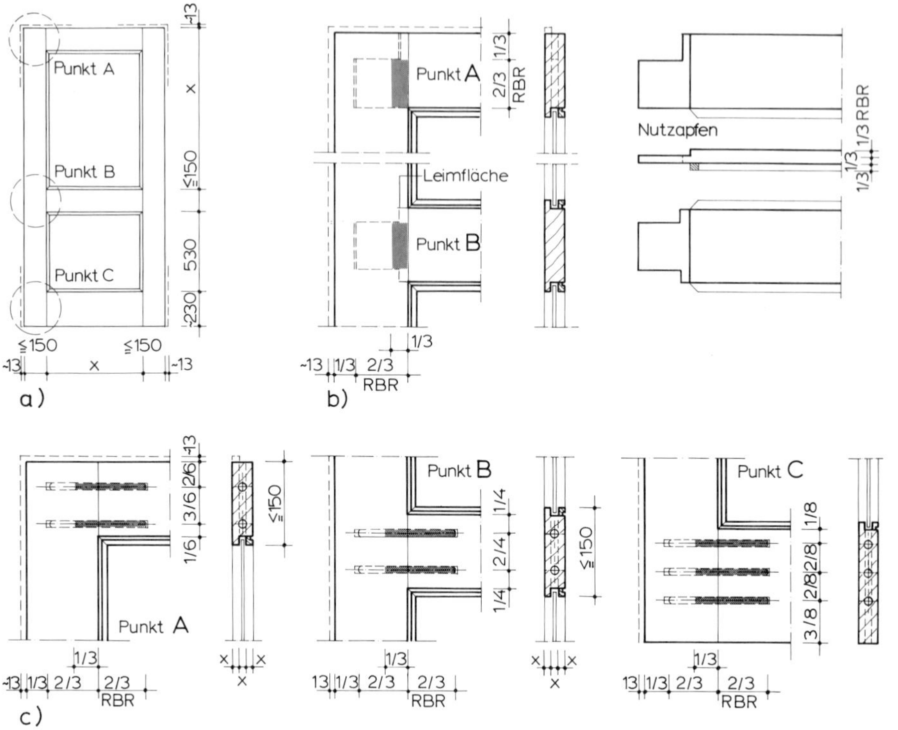

6.63 Konstruktionsbeispiel: Einfache Rahmentür aus Vollholz (Innentür/Einzelfertigung)

a) Ansicht der Rahmentür
b) Verbindung der Rahmenfriese durch Nutzapfen
c) Verbindung der Rahmenfriese durch Dübel

Punkt A: obere Eckverbindung
Punkt B: Mittelfries-Verbindung
Punkt C: untere Eckverbindung

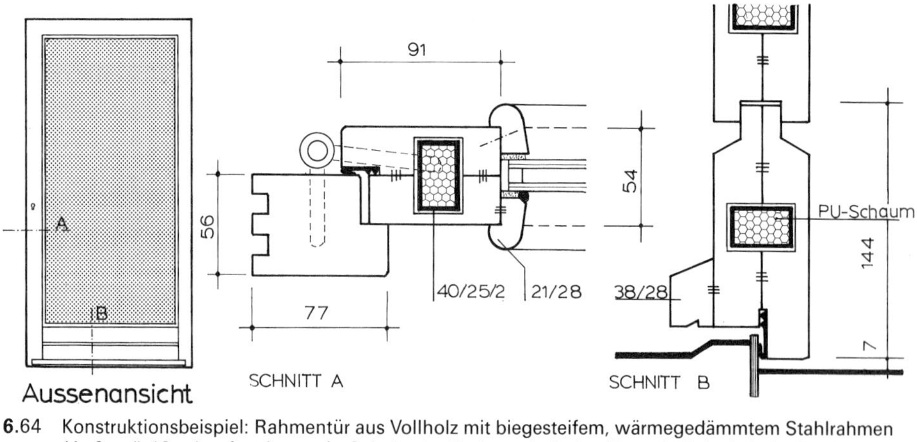

6.64 Konstruktionsbeispiel: Rahmentür aus Vollholz mit biegesteifem, wärmegedämmtem Stahlrahmen (Außentür/Serienfertigung). Schnitt A: Horizontalschnitt (Ausschnitt), Schnitt B: Vertikalschnitt (Ausschnitt). Fa. Hovesta GmbH, Kruft

Sperrholzplatten (Tischlerplatten) gefertigt sein. Das Zusammenfügen der Rahmenfriese erfolgt entweder durch Schlitzzapfen oder Dübelverbindungen. Die beiden seitlichen Rahmenfriese und der obere Querfries sind in der Regel gleich breit (120 bis 150 mm), während der untere Rahmenfries häufig breiter angenommen wird (220 bis 280 mm). Die Friesdicke liegt normalerweise zwischen 40 und 45 mm, je nach Türblattgröße auch darüber.

Die Friese gestemmter Vollholz-Rahmentüren (Bild **6**.63b) werden durch Zapfenverbindungen verbunden: An den Querfriesen angeschnittene Nutzapfen greifen in die durchlaufenden senkrechten Rahmenhölzer und werden mit diesen punktweise verleimt ($\frac{1}{3}$ des Zapfens). Die früher üblicherweise durchgestemmten und von außen verkeilten, im Türfalz sichtbaren Zapfenverbindungen werden heute kaum mehr eingesetzt (unterschiedliche Schwindrichtungen von Längs- und Querholz beachten!). Mögliche Profilierungen (Kehlungen) an den Rahmenfriesen müssen so ausgebildet sein und zusammengefügt werden (Kehlstoß), daß bei Außentüren kein Wasser in die Gehrung eindringen kann.

Gedübelte Rahmentüren (Bild **6**.63c) sind einfacher und damit preiswerter herzustellen. Bis zu 150 mm Rahmenfriesbreite sind zwei Dübel, über 150 mm Friesbreite drei Dübel vorzusehen. Der Dübeldurchmesser beträgt in der Regel 16 mm ($\frac{2}{5}$ der Friesdicke), die Dübellänge $2 \times \frac{2}{3}$ der Friesbreite. Bei Außentüren sollten die gedübelten Querfriese aus Vollholz immer noch zusätzlich eine angeschnittene Feder zur Sicherung der Fugen aufweisen. Vgl. hierzu [12], [13]. Bei Innentüren können die Rahmenteile auch aus furnierten und mit Anleimern versehenen Sperrholzplatten (Tischlerplatten) bestehen, die stumpf zusammengedübelt sind. Bild **6**.66.

Waagerechte Mittelfriese gliedern je nach Bedarf das Türblatt. Sind Einsteckschlösser vorgesehen, ist darauf zu achten, daß in Schloßhöhe (DIN 18101) möglichst kein Querfries angeordnet wird, da sonst beim Einfräsen der Schloßtasche der Zapfen bzw. die Dübel weggefräst werden. Sind die senkrechten Rahmenfriese jedoch genügend breit angelegt, braucht darauf keine Rücksicht genommen zu werden.

Die unteren Querfriese sind aus konstruktiven (Aussteifung) und formalen Gründen bei Außentüren, Fenstertüren usw. häufig sehr breit gewählt. Damit derart breite Vollholz-Rahmenfriese ungehindert arbeiten (Quellen, Schwinden) können – ohne Spannungen und damit Verformungen des Türblattes auszulösen –, werden diese aus zwei Teilen hergestellt und durch eine nach oben gerichtete angefräste Feder (Schlagregen beachten) unverleimt miteinander verbunden. Bild **6**.64. Außerdem wird stirnseitig jeder Teil für sich in die seitlichen Rahmenfriese eingezapft (Nutzapfen) oder gedübelt und nur punktweise verleimt ($\frac{1}{3}$ der Zapfen- bzw. Dübellänge), so daß die seitlichen Friese ungehindert von außen nach innen schwinden können.

Rahmenfüllungen können aus den verschiedenartigsten Materialien wie beispielsweise Vollholz, Sperrholz, Einfachglas, Isolierglas, Faserzementplatten u.a. bestehen. Witterungseinflüsse, Schutz vor Einbruch, Forderungen an die Wärme- und Schalldämmung, Tageslicht sowie gestalterische Absichten bestimmen weitgehend Materialwahl und Einbauart. Wie Bild **6**.65 zeigt, können Füllungen in Nute eingeschoben, in Fälze eingelegt oder stumpf zwischen beidseitig angebrachte Falzstäbe angeordnet werden. Außerdem können sie auch zweischalig ausgebildet sein (Sandwichkonstruktion mit Dämmaterial und innenseitiger Dampfbremse bzw. -sperre). Bei Füllungen, die der Witterung ausgesetzt sind, ist außerdem darauf zu achten, daß das Regenwasser rasch ablaufen und in keine nach innen fallenden Fugen oder Nuten eindringen kann. Holzflächen, auf oder zwischen denen Wasser stehen bleibt, verfaulen trotz Oberflächenbehandlung früher oder später.

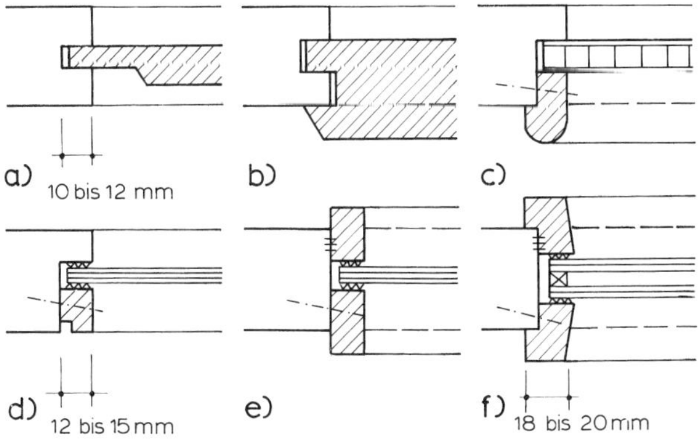

6.65
Rahmenfüllungen für Innentüren (Beispiele)
a) eingenutete Vollholzfüllung
b) überschobene Füllung
c) einseitig verleistete Sperrholzfüllung
d) einseitig verleistete Glasscheibe
e) zweiseitig verleistete Glasscheibe
f) zweiseitig verleistete Isolier-Glasscheibe

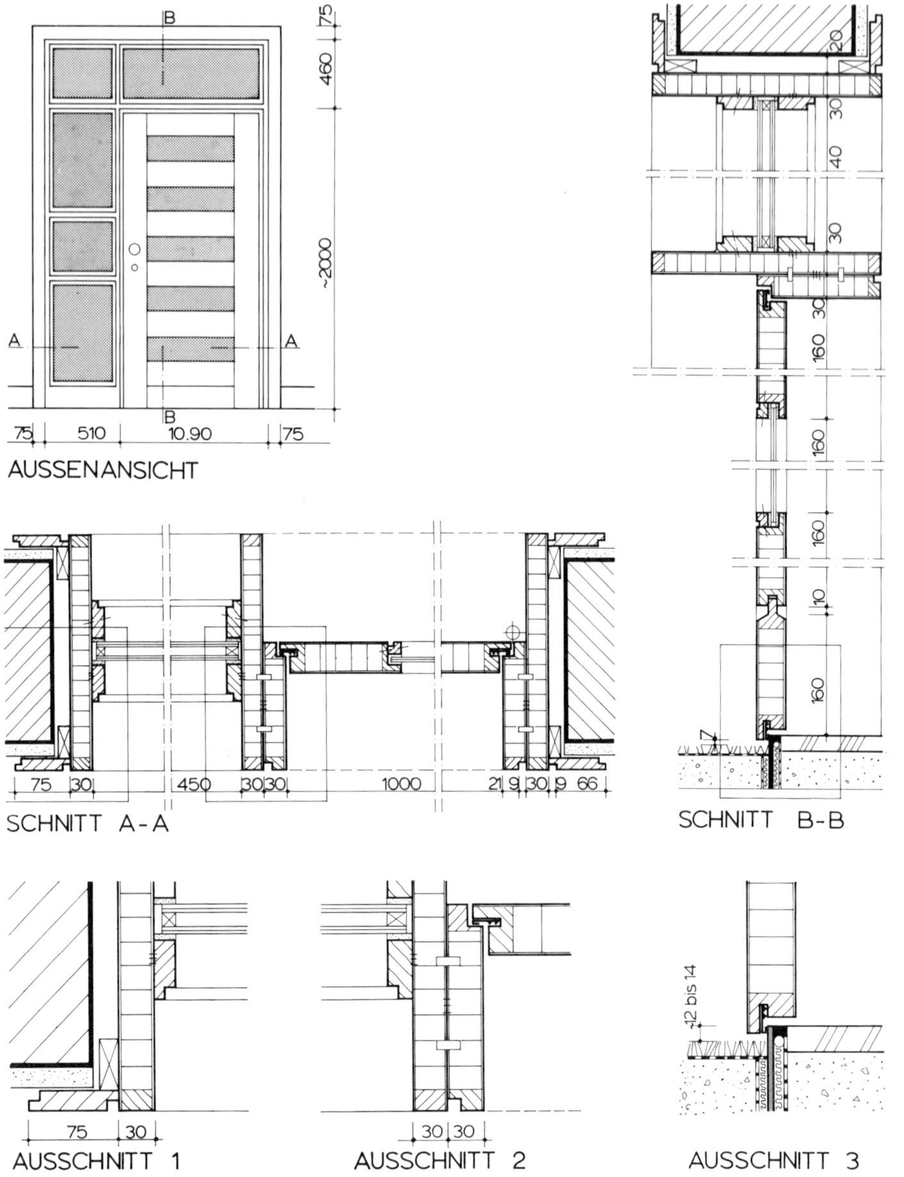

6.66 Konstruktionsbeispiel: Wohnungsabschluß-Türelement (Einzelanfertigung) mit verglastem Seiten- und Oberteil

Alle Rahmenfriese des Türblattes sind aus Sperrholzplatten (Tischlerplatten), alle Zargenteile aus Holzspanplatten mit Vollholz-Kantumleimern.

Schnitt A–A: Horizontalschnitt durch verglastes Seitenteil und Türblatt

Schnitt B–B: Vertikalschnitt durch verglastes Oberteil und Türblatt

6.5.2.3 Aufgedoppelte Türen

Aufgedoppelte Holztüren bestehen aus einer tragenden Unterkonstruktion – in Form eines gestemmten oder gedübelten Holzrahmens bzw. einer biegesteifen Sperrtür –, auf die ein- oder beidseitig Beplankungen (Aufdoppelungen) angebracht werden. Aufgrund ihres konstruktiven Aufbaues eignen sie sich vor allem als Außentüren (Hauseingangstüren); aber auch Türblätter von Innentüren können ein- oder beidseitig (symmetrisch/asymmetrisch) aufgedoppelt sein.

Aufgedoppelte Außentüren aus Holz

Außentüren haben eine ganze Reihe von technischen Anforderungen zu erfüllen, so wie sie in Abschn. 6.1 im einzelnen angeführt sind. Darüber hinaus sind bei Holzaußentüren vor allem zu beachten [4]:

- die richtige Werkstoffauswahl und Werkstückdimensionierung,
- eine fachgerechte Konstruktion des Türblattes und dessen Einbau in den Türrahmen,
- eine ausreichende Befestigung des Türrahmens am Bauwerk sowie optimale Dichtung der Anschlußfuge,
- die richtige Verglasung sowie funktionsgerechte Auswahl und Dimensionierung der Beschläge, einschließlich Falz- und Bodendichtungen.

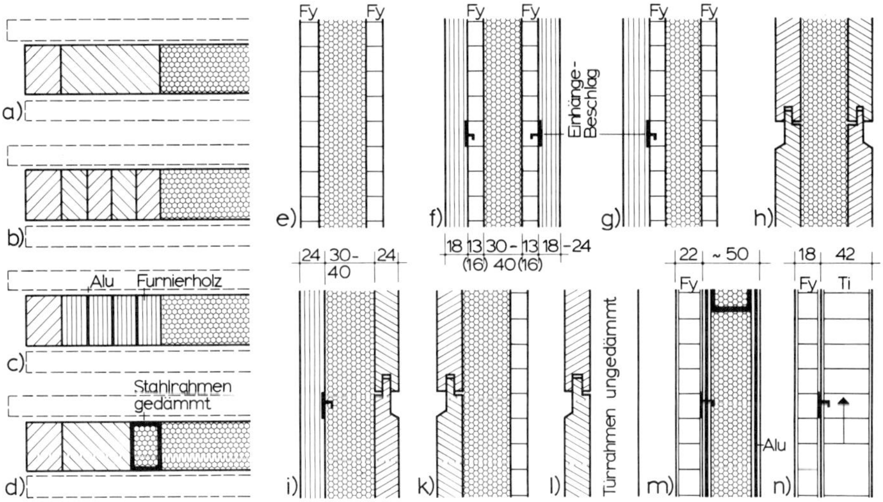

6.67 Schematische Darstellung aufgedoppelter Türblätter (Beispiele)

Querschnitte durch tragende Rahmenkonstruktionen (Unterkonstruktionen): a) normaler Massivholzrahmen, b) lamellierter Massivholzrahmen, c) Rahmenkonstruktion mit Stabilisatoren (Furnierholz mit Alu-Streifen; vgl. Bild **6**.11), d) Massivholzrahmen mit Stahlrahmen

Längsschnitte durch symmetrisch oder asymmetrisch aufgebaute Holztürblätter mit und ohne Aufdoppelung:

e) zweischaliges Türblatt fest verleimt, als biegesteifes Tragelement, f) Tragelement mit beidseitiger Aufdoppelung (schweres Türblatt, vgl. hierzu Bild **6**.68), g) Tragelement mit einseitiger Aufdoppelung, h) Massivholzrahmen symmetrisch aufgedoppelt, i) Massivholzrahmen asymmetrisch aufgedoppelt, k) Massivholzrahmen asymmetrisch aufgedoppelt, l) Massivholzrahmen einseitig aufgedoppelt, m) Türblatt, einseitig aufgedoppelt, mit gedämmtem Stahlrahmen und vollflächiger Alu-Beschichtung zwischen den Furnierlagen (vgl. Bild **6**.11), n) Türblatt, einseitig aufgedoppelt, aus Stäbchen-Tischlerplatte

Ein symmetrisch aufgebautes Türblatt besteht zunächst aus einer biegesteifen Rahmenkonstruktion – beispielsweise aus lamellierten Fichtehölzern – die bei zu erwartenden, hohen hygrothermischen Beanspruchungen noch zusätzlich mit Stahlprofilen oder sogar einem umlaufenden Stahlrahmen verstärkt sein kann. Bild **6.**67 und **6.**68. Bei hohen Anforderungen an den Schallschutz werden auf diese Grundkonstruktion beidseitig jeweils etwa 13 (16) mm dicke Holzspanplatten gleicher Art fest aufgeleimt, so daß Grundrahmen und Spanplattenbeplankung in statischer Hinsicht zusammen ein biegesteifes Tragelement abgeben. Dieses Tragelement ist nur dann weitgehend verformungsfrei, wenn es in jeder Beziehung symmetrisch aufgebaut und gefertigt wurde. Jede größere Abweichung in der Symmetrie des konstruktiven Aufbaues führt zum Verzug des Türblattes. Vgl. hierzu auch Abschn. 6.3.3. Alle weiteren zusätzlichen Aufdoppelungen in Form von Profilhölzern, Tafeln usw. dürfen daher nur lose, d. h. mittels Schrauben, Einhängebeschlägen o. ä. an der Tragkonstruktion befestigt werden. Da derart lose aufgebrachte Verkleidungen keinen kraftschlüssigen Verbund mit der Unterkonstruktion haben, können Verformungen dieser Aufdoppelungen sich auch nicht negativ auf die Gesamt-Türblattkonstruktion auswirken. Ganz vermeiden lassen sie sich bei Holztüren nicht, doch handelt es sich hierbei meist um keine bleibenden Verformungen.

Bei weniger hohen Anforderungen an den Schallschutz können die Aufdoppelungen bei symmetrisch aufgebauten Außentüren auch unmittelbar auf eine biegesteife Rahmenkonstruktion lose aufgeschraubt werden. Bild **6.**67 h. Gleichdicke und gleichgerichtete Aufdoppelungen auf beiden Seiten des Rahmens verhindern bei diesen Türen am ehesten eine Verformung des Türblattes.

Auf marktgängige, symmetrisch aufgebaute, glatte **Sperrtüren** können ebenfalls Aufdoppelungen gleicher Beschaffenheit lose aufgebracht werden. Auch hier ist darauf zu achten, daß das tragende Türblatt selbst genügend biegesteif ausgebildet ist. Bild **6.**67 m bis n. Besonders geeignet sind Türblätter mit eingebauter Rahmenverstärkung (Stabilisatoren oder Stahlrahmen) und beidseitig aufgebrachten Deckplatten mit vollflächig eingebetteten Alublechen. Bild **6.**11.

Ein asymmetrisch aufgebautes Türblatt besteht ebenfalls aus einem biegesteifen Grundrahmen, der jedoch einseitig oder auch beidseitig mit ungleichartigen Platten, Profilhölzern o. ä. beplankt ist. Bild **6.**67 i bis k und **6.**68. Bei derartigen Türen, die sich bei unsachgemäßer Konstruktion bereits bei geringer Klimaänderung deformieren können, ist die tragende Unterkonstruktion besonders biegesteif auszubilden. Außerdem dürfen auch hier ungleiche Werkstoffe immer nur lose am Tragrahmen befestigt werden. Eine einseitige oder gar diagonal verlaufende Aufdoppelung verbietet sich von selbst, wenn der Grundrahmen zu schwach ausgebildet ist.

In die Hohlräume aufgedoppelter Türblätter wird hochwertiges, bei Außentüren feuchtigkeitsunempfindliches Dämmaterial allseitig dicht eingelegt. Damit keine Durchfeuchtung (Tauwasserbildung) innerhalb der Konstruktion auftreten kann, muß das Dämmaterial auf der Innenseite (Warmseite) mindestens mit einer Dampfbremse (PE-Folie) oder bei höheren Raumluftfeuchten mit einer Dampfsperre (Aluminiumblech) möglichst dicht abgedeckt werden. Geeignet sind auch Dämmaterialien mit hohem Wasserdampfdurchlaßwiderstand (z. B. extrudierte PS-Hartschaumplatten). S. hierzu auch Abschn. 6.3.3, Feuchteschutz von Türen sowie Bild **6.**68 und **6.**69.

Die Aufdoppelung von Außentüren besteht meist aus Profilbrettern, Tafeln, Leisten oder Stäben, die – überfälzt oder genutet – wahlweise sichtbar oder unsichtbar an der Tragkonstruktion befestigt werden. Die häufig verwendeten Profilbretter, üblicherweise in gespundeter Ausführung, sind zwischen 18 und 24 mm dick und sollten möglichst nicht breiter als 100 bis 120 mm sein. Sie können horizontal, vertikal oder in anderer Form aufgebracht werden. Die Längen- und Breitenverbindungen der einzelnen Bretter müssen so ausgebildet sein, daß kein Wasser in die Nuten eindringen kann. Vor allem bei Außentüren mit horizontaler Verbretterung müssen die angefrästen (= gespundeten Federn) immer nach oben gerichtet sein. Bild **6.**68.

6.68
Konstruktionsbeispiel: Aufgedoppelte Haustür aus Holz mit fest verglastem Seitenteil (Einzelfertigung)

a) Außenansicht des Türelementes.
b) Schnitt A–A: Türelement mit angenutetem Blendrahmen für Innenanschlag und wärmegedämmtem Türblatt mit asymmetrischer Aufdoppelung.
c) Variante zu A–A: Türelement mit zweiteiligem Umfassungsrahmen (Blind- und Türrahmen) für stumpfen Anschlag. Der bereits im Rohbaustadium vormontierte Blindrahmen ermöglicht den erst späteren Einbau des fertigen Türelementes. Wärmegedämmtes Türblatt mit symmetrisch aufgeleimter Spanplattenbeplankung, angefedertem Umleimer und einseitiger Profilholzaufdoppelung.
d) Schnitt B–B: Schwellenanschlag des Türblattes mit Schuhabstreiferrost und Außenabdichtung.
e) Variante zu B–B: Schwellenanschlag des Türblattes mit Anschlagwinkel und Außenabdichtung.
f) Schnitt C–C: Fester Bodenanschluß des verglasten Seitenteiles mit durchlaufendem Stahlwinkel.

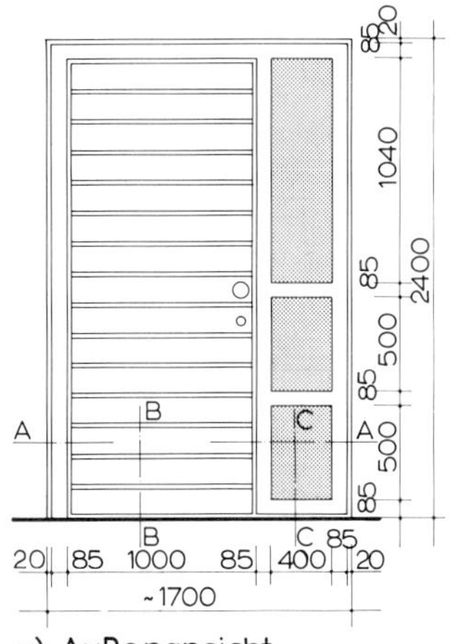

a) Außenansicht

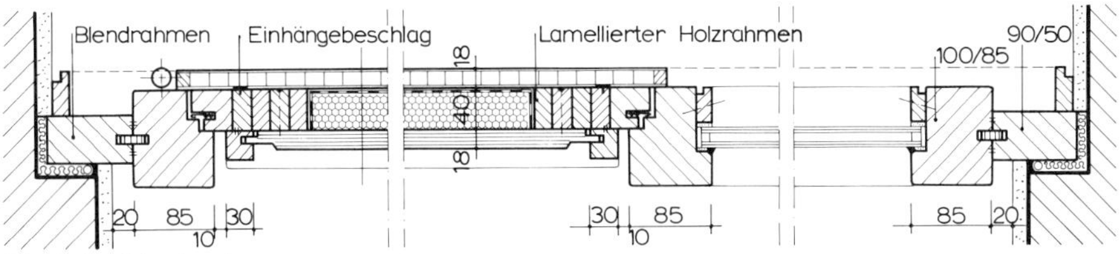

b) Schnitt A-A

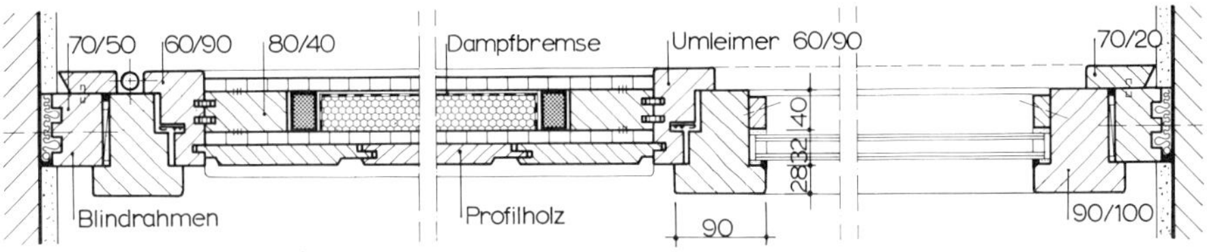

c) Variante zu A-A

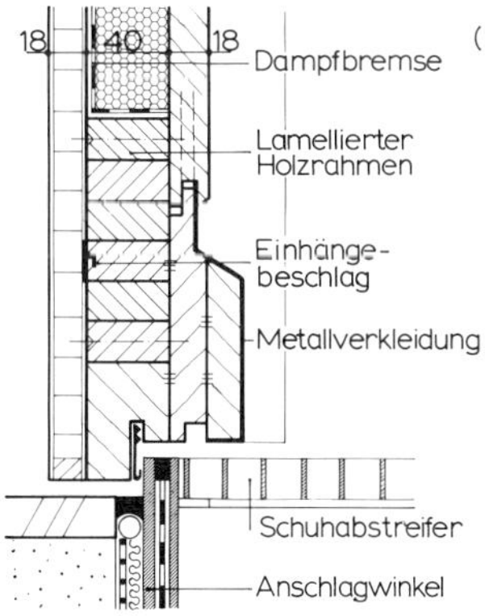

d) Schnitt B-B

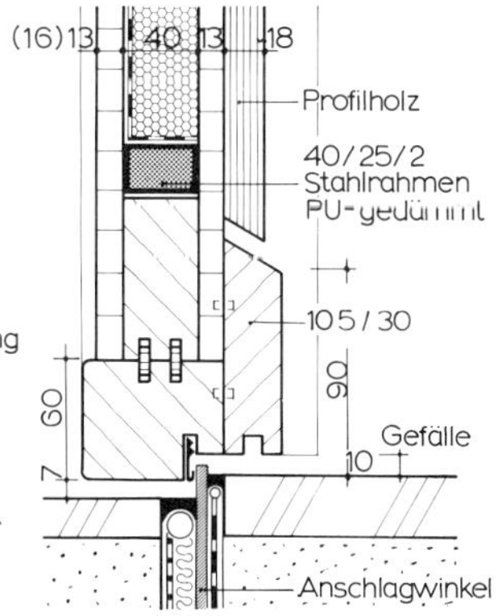

e) Variante zu B-B

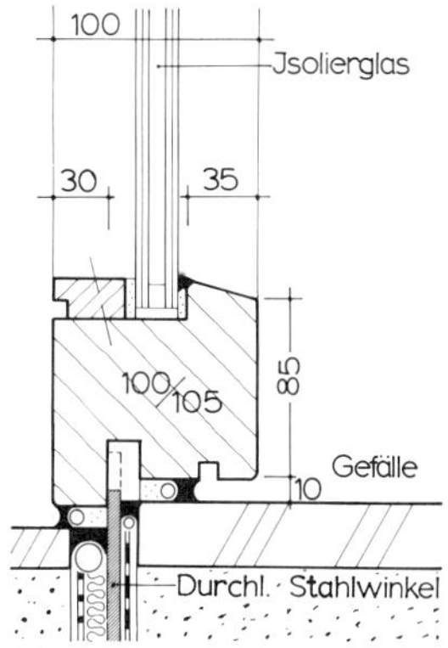

f) Schnitt C-C

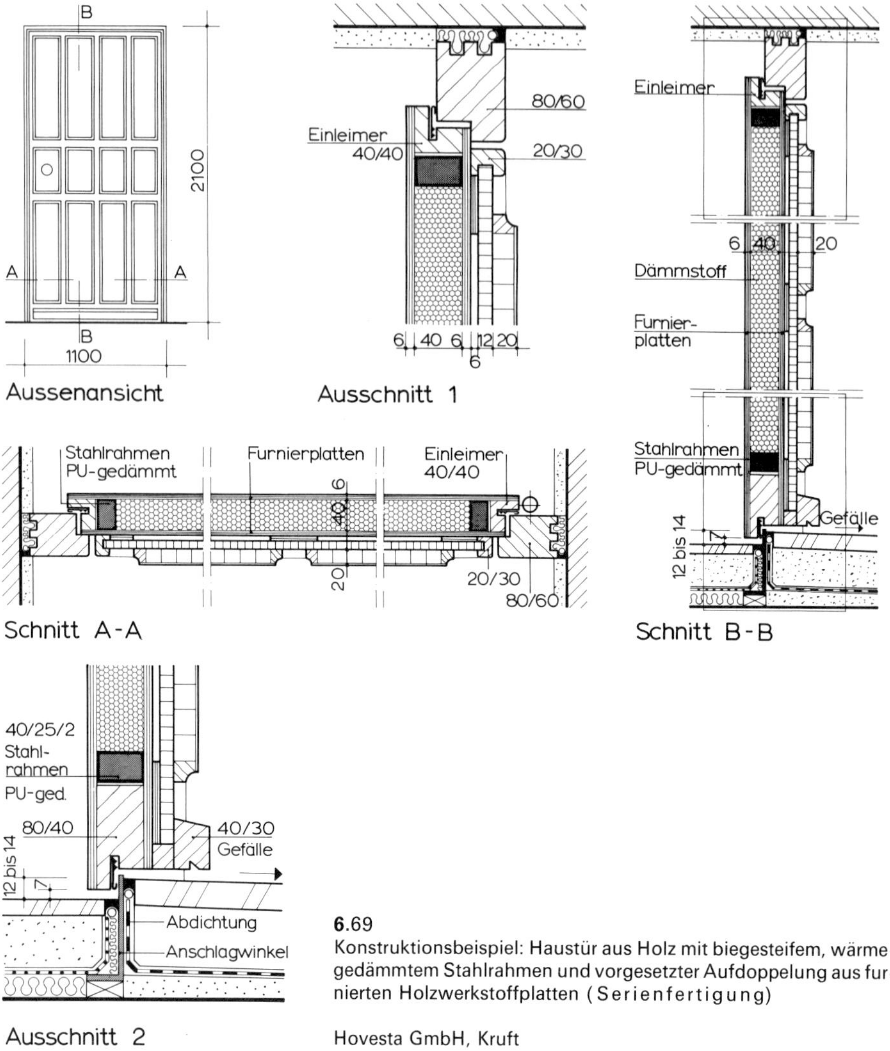

6.69
Konstruktionsbeispiel: Haustür aus Holz mit biegesteifem, wärmegedämmtem Stahlrahmen und vorgesetzter Aufdoppelung aus furnierten Holzwerkstoffplatten (Serienfertigung)

Hovesta GmbH, Kruft

Wetterschenkel aus Holz oder Metall weisen direkten Schlagregen von der Schwelle ab. Sie werden in das untere Rahmenholz des Türblattes entweder eingegratet, eingenutet und verleimt oder von der Türblattinnenseite her verschraubt. An ihrer Unterkante erhalten sie zum sicheren Abtropfen des Niederschlagwassers eine Wassernut.

Der Blendrahmen (Türrahmen) hat die Aufgabe, das Türblatt zu tragen, den Verschluß des Türblattes und eine optimale Falzdichtung zu ermöglichen sowie eine sichere Befestigung am Bauwerk, mit guter Dämmung und Dichtung der Anschlußfugen zu gewährleisten. Weitere Einzelheiten hierzu s. Abschn. 6.3.5, Montagetechnische Anforderungen.

Außentüren sind mit mindestens einem, meist allseitig umlaufenden Dichtungsprofil ausgestattet und schlagen am Fußboden gegen Anschlagschwellen, so wie dies in Abschn. 6.4.4 näher erläutert ist. Bild **6**.68. Im Hinblick auf den geforderten Schall- und Wärmeschutz sowie Wind- und Schlagregendichtheit sind Doppelfälze mit zwei Dichtungsebenen durchaus üblich und empfehlenswert.

Die ausgewählten Bänder müssen eine ausreichende Tragfähigkeit aufweisen. Bei sehr schweren und überhohen Türen kann ein drittes Band zweckmäßig sein. Verwendet werden vor allem gekröpfte Lappenbänder mit oder ohne Tragzapfen, Kombibänder, starke Einbohrbänder sowie Bodentürschließer. Vgl. hierzu auch Abschn. 6.4.1, Türbänder.

Werden Außentürblätter und, wie Bild **6**.68 zeigt, auch die unmittelbar neben der Tür befindlichen Öffnungen fest verglast, so wird die Mehrscheiben-Isolierverglasung in einen Falz gelegt und innenseitig (Einbruchschutz) mit Glasleisten befestigt. Das Einglasen erfolgt in den meisten Fällen mit Vorlegebändern und spritzbaren Dichtstoffen. Weitere Einzelheiten s. Abschn. 5.3, Einbau von Verglasungen. Angaben über die wärmetechnische Erfassung von Außentüren s. Abschn. 6.3.2.

Bevorzugte einheimische Holzarten sind Kiefer, Lärche, Fichte und Eiche, von den überseeischen Holzarten eignen sich u.a. Sipo, Red Meranti, Teak, Mahagoni und Pitchpine. Die Hölzer müssen der in DIN 68360 T1, Holz für Tischlerarbeiten (Gütebedingungen bei Außenanwendung) geforderten Qualität entsprechen und eine Holzfeuchtigkeit zwischen 12% und 15% aufweisen. S. hierzu auch Fußnote Seite 432. Spanplatten dürfen nur mit einer V100 oder V100G Verleimung verwendet werden. Leime müssen nach DIN 68602 der Beanspruchungsgruppe B4 entsprechen. Weitere Einzelheiten sind der Spezialliteratur [14] zu entnehmen.

Aufgedoppelte Innentüren aus Holz

Aufgedoppelte Innentüren sind häufig integrierter Bestandteil angrenzender Wandbekleidungen. Die Sichtflächen der Türblattaufdoppelung und der Wandbekleidung liegen dabei bündig, so daß die Vertäfelung, Verbretterung oder einfach das Furnierbild großflächig, d.h. ohne nennenswerte Unterbrechungen, durchläuft. Werden dabei noch Bodentürschließer eingesetzt, so sind auch kaum Beschlagteile erkennbar. Wie Bild **6**.70 zeigt, kann der tragende Teil des aufgedoppelten Türblattes entweder aus einer Rahmenkonstruktion oder aus einer einbaufertigen glatten Sperrtür bestehen. Hierfür sind besonders biegesteife Volltürblätter aus Tischlerplatten (Stäbchenplatten) sowie Hohlraumtürblätter mit eingebauten Rahmenstabilisatoren geeignet. Die zuvor genannten Konstruktionsregeln bezüglich der Aufbringung von Aufdoppelungen sind auch bei Sperrtüren voll zu beachten: Einseitiges Aufleimen von Platten, Tafeln, Leisten oder Stäben führt fast immer zum Verziehen des Türblattes. Daher müssen auch bei Innentüren alle zusätzlichen Aufdoppelungen lose, d.h. mit Schrauben, Einhängebeschlägen oder punktweise Verleimungen aufgebracht werden.

6.5.2.4 Glatte Türblätter (Sperrtüren)

Türblätter mit glatten, ebenen Flächen – ohne Rahmen, Füllungen, Aufdoppelung o.ä. – werden sowohl im Außen- wie Innenbereich eingesetzt. Sie finden Verwendung als Hauseingangs-, Laubengang- und Kellerausgangstüren, im Innenbereich als Wohnungsabschluß-, Zimmer- und Sondertüren. Da an die einzelnen Türgruppen sehr unterschiedliche Anforderungen gestellt werden, weisen sie hinsichtlich ihres konstruktiven Aufbaues – trotz annähernd gleicher Oberflächenbeschaffenheit – deutliche Unterschiede auf. Nach der Art der Mittellagenausbildung (Einlage) unterscheidet man (Bild **6**.71):

a) **Kompakttürblätter** (Volltürblätter) aus beispielsweise Vollspan- oder Röhrenspanplatten, Vollholzstäben (Tischlerplatten), Mehrschichteinlagen aus Holzfaser-, Holzspan-, Gipskartonplatten (Verbundkonstruktionen) usw.

b) **Hohlraumtürblätter** aus beispielsweise hochkant stehenden waben-, raster-, spiral-, wellen- oder stegförmig verleimten Karton-, Furnierholz-, Holzfaser-, Vollholz- oder Spanplattenstreifen.

c) **Schalentürblätter** (Sandwichtürblätter) beispielsweise mit Dämmstoffeinlagen aus Mineralwolle, Polyurethanschaum o.ä.

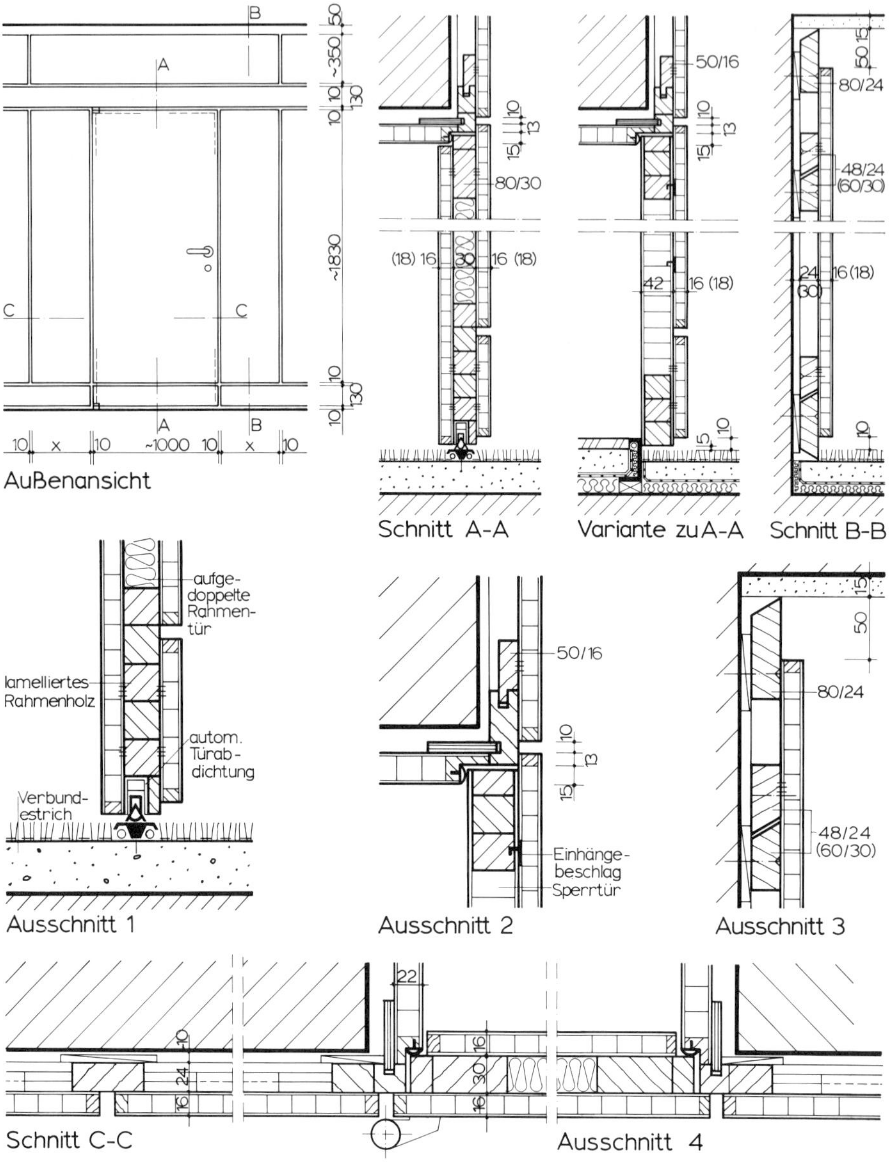

6.70 Aufgedoppelte Innentür als integrierter Bestandteil der angrenzenden Wandbekleidung

Schnitt A–A: Beidseitig aufgedoppelte Rahmentür mit Dämmstoffeinlage, Boden- und Falzdichtungen gegen Schallübertragung. Obere Wandbekleidung mit Nutklötzen lose eingehängt.

Variante zu A–A: Einseitig aufgedoppelte Sperrtür. Die lose Befestigung der Bekleidung (Einhängebeschläge) soll ein Verziehen des Türblattes ausschließen.

Schnitt B–B: Vertikalschnitt durch eine raumhohe Wandbekleidung, lose eingehängt in eine konisch ausgebildete Unterkonstruktion.

Schnitt C–C: Horizontalschnitt durch Wandbekleidung und beidseitig aufgedoppelte Rahmentür.

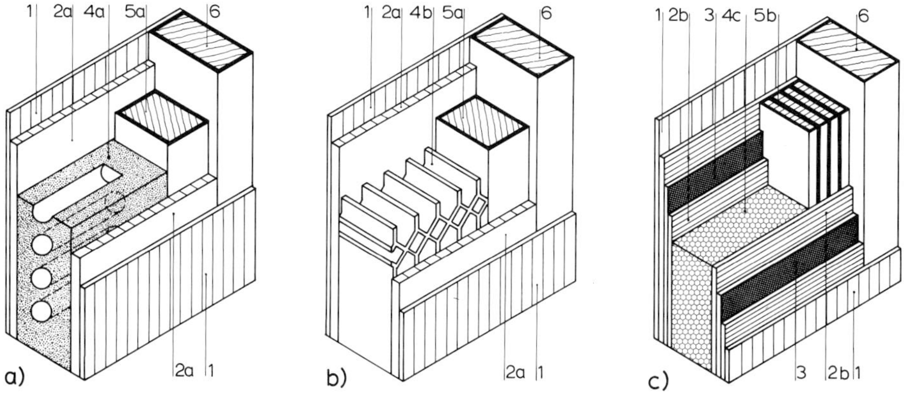

6.71 Aufbau und Konstruktion von glatten Türblättern (Sperrtüren). Beispiele.
a) Einlage aus stranggepreßter Röhrenspanplatte (Kompakttürblatt)
b) Einlage aus Kartonwaben (Hohlraumtürblatt)
c) Einlage aus Polyurethanschaum (Schalen- bzw. Sandwichtürblatt)

1 Decklage (Deckfurnier)
2a Deckplatte (Furnierholz-, Span- oder Hartfaserplatte)
2b Deckplatte (Sperrfurniere mit Aluminiumblech)
3 Alu-Blech (Dampfsperre)
4a Einlage aus Röhrenspanplatte
4b Einlage aus Kartonwaben
4c Einlage aus Polyurethanschaum
5a umlaufender Vollholzrahmen
5b Furnierplatten mit Alu-Stabilisatoren
6 verdeckter Hartholz-Anleimer

Sperrtüren sind in DIN 68706 genormt. Die darin festgelegten Konstruktionsmerkmale gelten nur für Innentüren allgemeiner Art. Sondertüren, wie sie in Abschn. 6.7 näher erläutert sind, und auch Außentüren werden von dieser Norm nicht erfaßt.

Eine Sperrtür ist ein glattes, symmetrisch aufgebautes Türblatt, im wesentlichen aus Holz und/oder Holzwerkstoffen hergestellt. Sie besteht in der Regel aus einem Rahmen, einer Einlage und den beidseitig darauf aufgebrachten Deckplatten. Bild **6**.72. Die Deckplatten können jeweils noch mit einer Decklage beschichtet sein.

Der umlaufende Rahmen sorgt für Stabilität und Verwindungssteifigkeit. Er besteht üblicherweise aus 35 bis 45 mm breiten, die Einlage allseitig umschließenden Vollholzfriesen. Zusammen mit den Anleimern können diese Friese eine Breite von bis zu 75 mm aufweisen und an den für Schloß- und Bandsitz gemäß DIN 18101 festgelegten Stellen innerseitig noch besonders verstärkt sein. Auch die unteren Doppelquerfriese sind meist breiter angelegt, damit das Türblatt bei Bedarf gekürzt werden kann.

Die Einlage ist der vom Rahmen und den Deckplatten umschlossene innere Teil eines Türblattes. Sie steift zusammen mit dem Rahmen die Sperrtür aus und gewährleistet, daß der Abstand zwischen den beiden Deckplatten an jeder Stelle des Türblattes gleich bleibt. Die Einlage kann aus den zuvor genannten Materialien oder einem anderen, auf den jeweiligen Verwendungszweck der Tür abgestimmten Werkstoff bestehen und darf Hohlräume aufweisen. Bild **6**.71 zeigt beispielhaft einige Einlagen.

Die beiden Deckplatten geben dem Türblatt seine endgültige Stabilität, da sie mit dem Rahmen und der Einlage verleimt sind. Üblicherweise bestehen sie aus Furnierplatten (DIN 68705 T2), dünnen Holzspanplatten (DIN 68761), harten Holzfaserplatten (DIN 68750) sowie anderen geeigneten Werkstoffen. Die in der Regel zwischen 3,0 und 6,0 mm dicken Deckplatten müssen so beschaffen sein, daß sich weder die Einlage noch die Rahmenfriese auf der Türblattoberfläche abzeichnen.

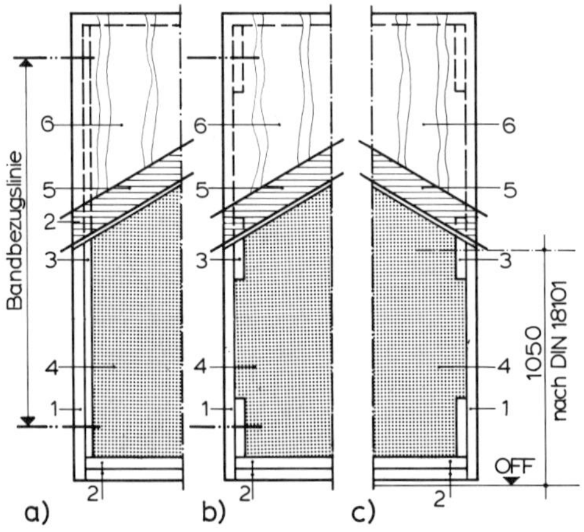

6.72
Konstruktionsmerkmale einer Sperrtür
a) Türblatt mit umlaufenden Rahmenfriesen und zusätzlicher Verstärkungsleiste
b) Türblatt mit umlaufenden Rahmenfriesen und eingeleimter Bandverstärkung
c) Türblatt mit umlaufenden Rahmenfriesen und eingeleimter Schloßverstärkung
1 umlaufender Rahmen
2 unteres Doppelfries
3 Rahmenverstärkung an den für Schloß- und Bandsitz festgelegten Stellen
4 Einlage je nach Art des Türblattes
5 Deckplatte (Furnierholz-, Span- oder Hartfaserplatte)
6 Decklage (Furnier, Schichtstoffplatte o. ä.)

Die Decklage wird als äußerste Schicht auf die Deckplatte aufgeleimt – sofern sie nicht ohnehin Bestandteil der Deckplatte ist. Übliche Decklagen sind Furniere (DIN 4079), Dekorative Schichtstoffplatten (DIN 16926) sowie Kunststoff-Folien. Um derartige Decklagen auch noch nachträglich auf Sperrtüren aufleimen zu können, muß die Einlage von Hohlraumtürblättern so druckfest sein, daß sie den zum Überfurnieren erforderlichen Preßdruck von 0,25 N/mm^2 bei 80° C aufnehmen kann.

Sperrtüren werden seriell hergestellt und entweder als Halbfabrikate zur Weiterbearbeitung (streich- oder furnierfähig) angeboten oder in Form von Fertigprodukten mit werkseitig aufgebrachten Edelholz-, Schichtstoff-, Folien- oder Kunstharzlack-Oberflächen eingebaut. Je nach Art der Decklage liegt die Türblattdicke zwischen 39 und 42 mm. Die Falztiefe beträgt üblicherweise 25,5 mm, die Falzbreite 13,0 mm.

Da die Kanten der umlaufenden Rahmenfriese im gehobenen Innenausbau meist nicht unbehandelt bleiben können, müssen entsprechende Vorleimer oder Beschichtungen aufgebracht werden. Die Kantenausbildung eines Türblattes sollte immer auf den jeweiligen Türentyp abgestimmt und nach dem späteren Einsatzort der Tür ausgewählt werden. Neben technisch/funktionalen Gesichtspunkten (z. B. Schlagfestigkeit u. a.) sind immer auch gestalterische Kriterien zu berücksichtigen. Folgende Kantenausbildungen sind üblich (Bild **6**.73):

– **Der Einleimer** ist eine an den Längskanten des Türblattes eingeleimte Hartholzleiste, die beiderseits von den Deckplatten überdeckt wird. Er kann farblich durch Beizen, Lackieren o. ä. an die Türblattoberfläche angepaßt werden.
– **Die Kantenbeschichtung** mit Furnier oder Kunststoff-Folie wertet das Türblatt auf. Kante und Türblattoberfläche bilden optisch eine Einheit, da Deckplatte und Decklage durch die Beschichtung überdeckt sind.
– **Der verdeckte Anleimer** ist eine an den Längskanten des Türblattes angeleimte Hartholzleiste, die nur noch von der Decklage überdeckt wird. Er gibt der Türkante ein einheitliches Aussehen und verleiht ihr zudem eine hohe Stoßfestigkeit. Der verdeckte Anleimer kann in jeder geeigneten Holzart ausgeführt werden oder auch aus besonders schlagfestem Kunststoff (Polystyrol) bestehen. Beachtenswert ist, daß derartige Kunststoffanleimer nachhobelbar ausgebildet sind. Weitere Einzelheiten hierzu s. [15].
– **Der sichtbare, unverdeckte Anleimer** ist ebenfalls eine Vollholzleiste, die entweder zweiseitig (an den Längskanten) oder auch dreiseitig umlaufend an der Sperrtür angebracht wird. Die Fuge zwischen Anleimer und Decklage auf der Oberfläche der Tür ist sichtbar. Ein unverdeckter Hartholzanleimer ergibt einen ausgezeichneten Kantenschutz und verleiht der Tür ein unverwechselbares Aussehen. Er ist in allen geeigneten Holzarten (z. B. Limba, Rotholz, Sipo, Eiche, Esche, Buche u. a.) herstellbar und immer auch nachhobelbar.

An Sperrtüren werden eine ganze Reihe von Anforderungen gestellt. Zu nennen sind vor allem Schallschutz, Wärmeschutz und Feuchteschutz. Einzelheiten hierzu sind den Abschnitten 6.3.1 bis 6.3.3 zu entnehmen. Weitere Forderungen wie beispielsweise Feuerschutz, Strahlenschutz und Einbruchhemmung sind in Abschn. 6.7, Sondertüren (Schutztüren) angesprochen.

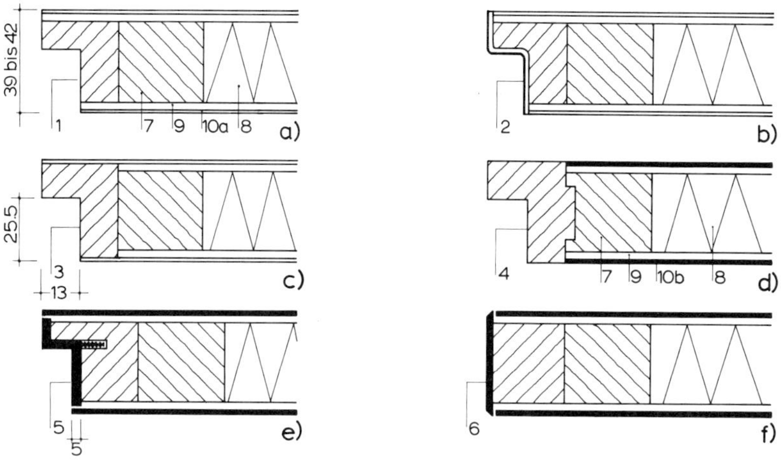

6.73 Kanten- und Falzausbildungen an Sperrtüren

a) Falztür mit Einleimer
b) Falztür mit Kantenbeschichtung
c) Falztür mit verdecktem Anleimer
d) Falztür mit unverdecktem Anleimer
e) Falztür mit Kunststoffanleimer
f) Stumpftür mit Schichtstoffkante

1 Einleimer
2 Kantenbeschichtung (Folie)
3 verdeckter Anleimer
4 unverdeckter Anleimer
5 Kunststoffanleimer
6 Schichtstoffkante
7 umlaufender Holzrahmen
8 Einlage
9 Deckplatte
10a Decklage (Furnier)
10b Decklage (Schichtstoff)

6.6 Türelemente aus Metall

Anstelle der herkömmlichen Türelemente aus Holz werden in Verwaltungs-, Industrie-, Schul- und Krankenhausbauten, aber auch im Wohnungsbau (Mehrfamilienhäuser) vermehrt Türelemente aus Metall eingebaut. Sie zeichnen sich durch ganz bestimmte Vorzüge aus, die in den nachstehenden Abschnitten im einzelnen erläutert werden.

6.6.1 Türzargen

Stahlzargen haben sich zu einem modernen Ausbauelement entwickelt. Ihre wesentlichen Vorteile sind:

- Unempfindlichkeit gegen Stoß, Feuchtigkeit und Temperatureinflüsse,
- wahlweise als DIN-LINKS oder DIN-RECHTS Zarge verwendbar,
- Einbau entweder gleichzeitig mit dem Hochführen der Wände oder erst später in bereits vorhandene Wandöffnungen,
- problemlose Befestigung an den unterschiedlichsten Wandarten (Mauerwerk, Betonfertigteile, Trennwände usw.) durch ausgereifte Verankerungssysteme,
- kraftschlüssige Verbindung zwischen Zarge und Wand,
- aussteifende Funktion beim Einbau in leichte Trennwände,
- hohe Tragfestigkeit, auch schwerste Türblätter, in Verbindung mit einem geeigneten Bandbefestigungssystem,
- geräuscharmer und dichter Türverschluß,
- relativ günstige Herstellungskosten durch serielle Fertigung (Standardzargen),
- Angebot zahlreicher Sonderzargen für besondere Funktionen und Anforderungen wie beispielsweise Brandschutz, Schallschutz, Strahlenschutz, Einbruchschutz, Hygiene oder Korrosionsschutz,
- unauffällige, raumsparende Bauform, farblich anpassungsfähig an jedes Türblatt und jede Einrichtung, bei gleichzeitig geringen Wartungskosten.

Stahlzargen für normale Beanspruchungen werden üblicherweise aus 1,5 mm dickem, feuerverzinktem Stahlblech hergestellt. Bei Zargen, die weitergehenden Anforderungen genügen müssen, wie beispielsweise beim Einsatz von besonders schweren Türblättern, bei starken mechanischen Belastungen in Schulen, Kasernen o. ä. sowie bei hohen Schallschutzanforderungen an das gesamte Türelement, ist eine Materialdicke von mind. 2,0 mm erforderlich. Die Stahlbleche werden im Abkant- oder Walzverfahren kaltprofiliert, in den beiden oberen Ecken auf Gehrung geschnitten, mit den notwendigen (vorgestanzten) Öffnungen, Bandtaschen, Mauerschutzkasten, Anker sowie Meterriß- und Fußbodeneinstandsmarkierungen versehen und anschließend maßgenau zu Rahmen verschweißt. Die untere Querverbindung wird aus Winkel- oder Flachstahl hergestellt.

Die hohen Anforderungen, die heute an die Stahlzarge gestellt werden, verlangen einen umfassenden Korrosionsschutz der gesamten Zargenoberfläche, einschließlich der Kanten und Bearbeitungsflächen. Ein sicherer Korrosionsschutz wird vor allem durch den Einsatz von feuerverzinktem Stahlblech und einer zusätzlichen – nach Abschluß des Produktionsvorganges werkseitig aufgebrachten – Grundbeschichtung nach dem Elektrophorese-Verfahren erreicht. Diese sog. EC-Tauchgrundierung ist außerdem als Grundlage für den weiteren Farbaufbau mit handelsüblichen Kunstharzlacken bestens geeignet. In Sonderfällen, d. h. bei höchsten Korrosionsschutzanforderungen, können die Stahlzargen auch aus Edelstahl rostfrei (Chrom-Nickel-Stahl) gefertigt sein.

6.6.1.1 Standard-Stahlzargen

Übliche Stahlzargen für gefälzte Türblätter bis 60 kg Gewicht sind in DIN 18111 T1 (Ausg. 1.85) genormt. Zargen für Sondertüren, wie sie in Abschn. 6.7 näher erläutert sind, werden von dieser Norm nicht erfaßt.

Die wichtigsten Fachbegriffe und Maße können Bild **6**.74a bis d entnommen werden. Wie Tab. **6**.75 zeigt, ergeben sich die Abmessungen der Stahlzargen aus den Baurichtmaßen gemäß DIN 18100 und den Türblattgrößen nach DIN 18101. In diesem Zusammenhang sind auch die Tabelle **6**.12, Wandöffnungen für Türen sowie Tabelle **6**.16, Maße für gefälzte Türblätter und Zargen zu beachten.

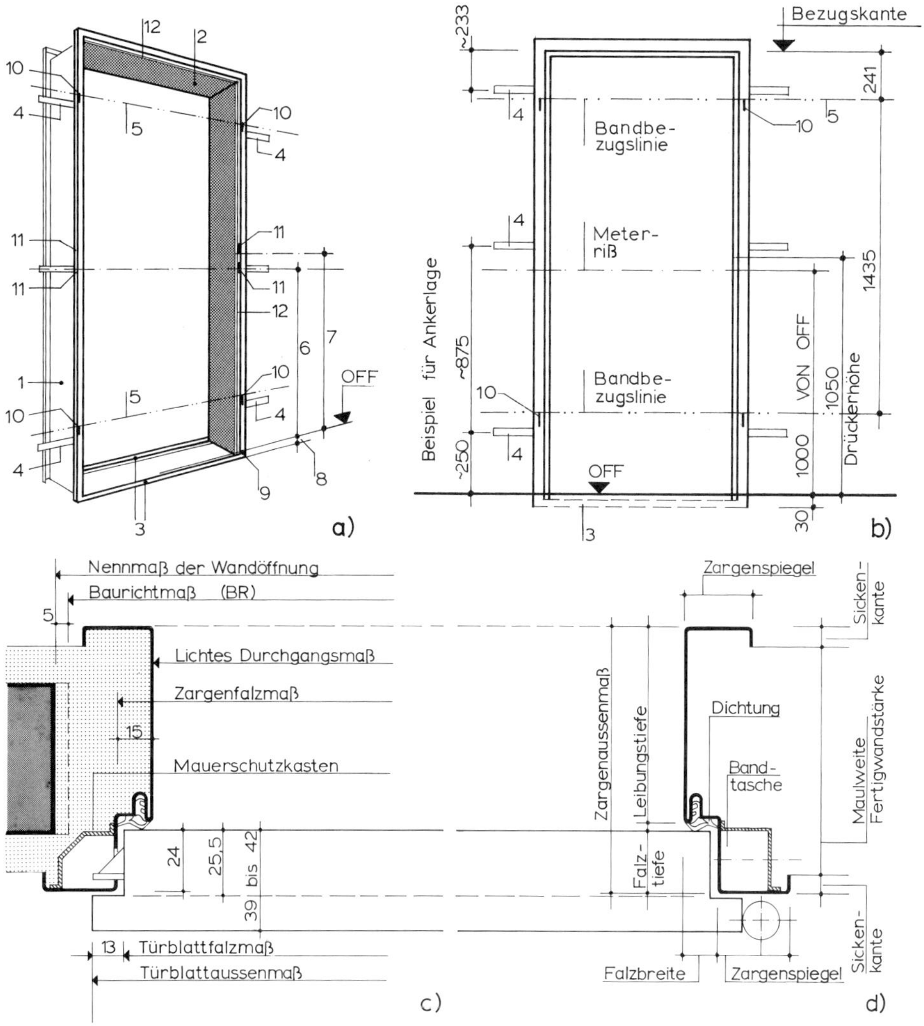

6.74 Stahlzargen: Benennung und Maße

a) Übersicht – Gesamtansicht
b) Maßangaben
c) Maßbezeichnungen
d) Fachbezeichnungen

1 Seitenprofil der Zarge
2 Querprofil der Zarge
3 Distanzprofil
4 Maueranker
5 Bandbezugslinie
6 Meterrißmarkierung
7 Drückerhöhe

OFF = Oberfläche Fertigfußboden

8 Fußbodeneinstand
9 Fußbodeneinstandsmarkierung
10 Stanzung für Bandschlitz (beidseitig) mit rückseitiger Bandtasche
11 Stanzung für Schloßfalle und Schloßriegel (beidseitig) mit rückseitigem Mauerschutzkasten
12 Dichtungsprofil

Tabelle **6**.75 Maße von Stahlzargen (Standardzargen) für gefälzte Türblätter (Auszug aus DIN 18111 T1)

	Baurichtmaß (s. DIN 18100) Breite × Höhe	Nennmaß der Wandöffnung Breite × Höhe	Zargenfalzmaß Breite × Höhe $\pm 1^{\ 0}_{-2}$	Lichtes Zargendurchgangsmaß Breite × Höhe	Türblattaußenmaß (s. DIN 18101) Breite × Höhe
1	875 × 1875	885 × 1880	841 × 1858	811 × 1843	860 × 1860
2	**625 × 2000**[1])	**635 × 2005**	**591 × 1983**	**561 × 1968**	**610 × 1985**
3	**750 × 2000**[1])	**760 × 2005**	**716 × 1983**	**686 × 1968**	**735 × 1985**
4	**875 × 2000**[1])	**885 × 2005**	**841 × 1983**	**811 × 1968**	**860 × 1985**
5	**1000 × 2000**[1])	**1010 × 2005**	**966 × 1983**	**936 × 1968**[2])	**985 × 1985**
6	750 × 2125	760 × 2130	716 × 2108	686 × 2093	735 × 2110
7	875 × 2125	885 × 2130	841 × 2108	811 × 2093	860 × 2110
8	1000 × 2125	1010 × 2130	966 × 2108	936 × 2093[2])	985 × 2110
9	1125 × 2125	1135 × 2130	1091 × 2108	1061 × 2093[2])	1110 × 2110

[1]) Diese Größen sind Vorzugsgrößen (Lagerzargen).
[2]) Nur diese Größen sind geeignet für Rollstuhlbenutzer (lichte Durchgangsbreite mindestens 850 mm, s. DIN 18025 Teil 1).

Die Vorteile der standardmäßig hergestellten Stahlzargen sind: Kurze Lieferzeiten, wahlweise als DIN-LINKS oder DIN-RECHTS verwendbar, passend für alle genormten – gefälzten und ungefälzten – Holz- oder Metalltürblätter, bei relativ günstigem Preis. Sonderprofile sind möglich, aber auch teurer. Stahlzargen werden vorzugsweise geliefert als (Bild **6**.76)

a) Umfassungszargen bei Wanddicken ≦ 270 mm (einschließlich beidseitigem Putz),

b) Eckzargen üblicherweise bei Fertigwanddicken ≧ 300 mm.

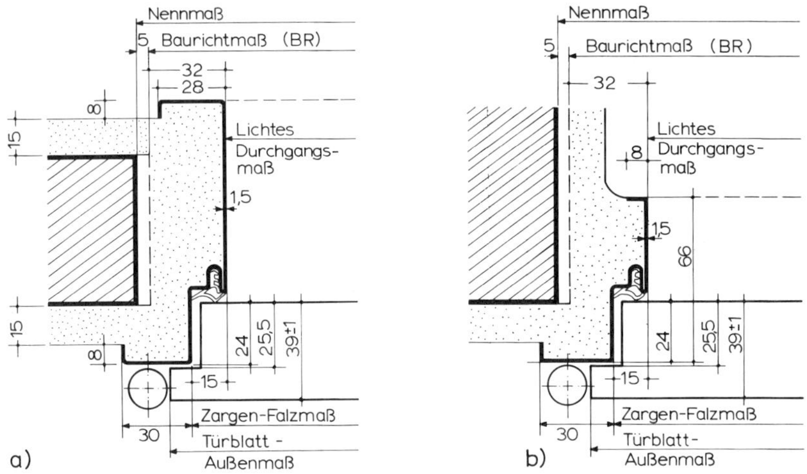

6.76 Standardzargen für gefälzte Türblätter (Beispiele)
a) Umfassungszarge
b) Eckzarge

Den Umfassungszargen wird aus Stabilitätsgründen im allgemeinen der Vorzug gegeben. Eckzargen sind zwar billiger als Umfassungszargen, erfordern jedoch Mehrkosten an Verputzer- und Tapezierarbeiten. Falls Eckzargen verwendet werden, empfiehlt es sich, die gegenüberliegende Ecke der Leibung entweder durch eine sog. Gegenzarge oder eingeputzte Kantenschutzschienen zu schützen.

Standardzargen weisen bestimmte Konstruktionsmerkmale auf. Neben der zuvor erläuterten Werkstoffverarbeitung und Oberflächenbehandlung sind besonders zu nennen:

Bodeneinstand. Der übliche Bodeneinstand der seitlichen Zargenprofile in den Estrich beträgt 30 mm. Steck- bzw. Schnellbauzargen, die erst nach dem Wandaufbau in die vorhandenen Öffnungen eingesetzt werden, sind dagegen zur Montage auf den fertigen Fußboden gerichtet.

Bodeneinstandsmarkierung. Als zusätzlicher Orientierungspunkt für den Estrich- bzw. Bodenleger und als Hilfe zur genauen Ausrichtung der Zarge ist eine Fußbodeneinstandsmarkierung am unteren Ende des Zargenprofils angebracht. Diese Markierung entspricht der Lage des Fertigfußbodens OFF.

Meterrißmarkierung. An jedem Zargenseitenteil ist im Bereich des Schließschlitzes eine weitere Markierung in Form einer Kerbe eingestanzt. Das Abstandsmaß von dieser Markierung bis zur Oberfläche des Fertigfußbodens OFF beträgt exakt 1,00 m. Beim Zargeneinbau muß die Markierungskerbe mit dem bauseits an der Wandfläche angebrachten Meterriß in der Höhe übereinstimmen. Diese Meterrißmarkierung dient auch allen anderen Ausbaufirmen als Bezugspunkt.

Distanzprofile. Die am unteren Ende der Zargenprofile angebrachten Querverbindungen dienen als Aussteifung der Zarge während des Transportes und als Einbauhilfe. Sie bestehen aus Winkel- oder Flachstahlschienen, die normalerweise nach der Montage der Stahlzarge wieder herausgetrennt werden (Abbindezeit des Zementmörtels beachten). Wie Bild **6**.77 verdeutlicht, können diese Winkelschienen bei unterschiedlichen Fußbodenhöhen auch als Anschlagschienen – mit und ohne Dichtungsprofilen – ausgebildet sein. Beim Verbleib sind die Schienen durch Unterfüttern mit Mörtel gegen Durchbiegen zu sichern.

Mauerschutzkasten, Bandtaschen. An beiden Zargenseitenteilen befinden sich Vorrichtungen zur Abdeckung der Schließschlitze (Mauerschutzkasten) und zur Aufnahme der Bänder (Bandtaschen), die so ausgebildet sein sollten, daß kein Mörtel in die Aussparungen eindringen kann. Da diese Schutzkästen an den Stahlzargenseiten jedoch meist nicht dicht angeschweißt, sondern nur angepunktet sind, müssen die Kastenfugen vor dem Zargeneinbau ggf. noch mit Selbstklebeband o.ä. besonders abgedichtet werden.

Verankerungssystem. Ausgereifte Verankerungssysteme ermöglichen eine weitgehend problemlose Befestigung der Zarge an der Wand. Je nach Wandbauart werden die Anker entweder werkseitig an der Zarge fest angeschweißt oder lose mitgeliefert. Immer sollten sie jedoch an den Stellen eingebaut werden, wo die Kräfte – vor allem resultierend aus Türaufhängung und Verschluß – auf die Zargenseiten einwirken. Entsprechende Maßangaben sind Bild **6**.74b zu entnehmen. Bei einer Zargenbreite von über 1,00 Meter empfiehlt es sich, auch das obere Querprofil durch einen Anker am Sturz oder Rohdecke zu arretieren.

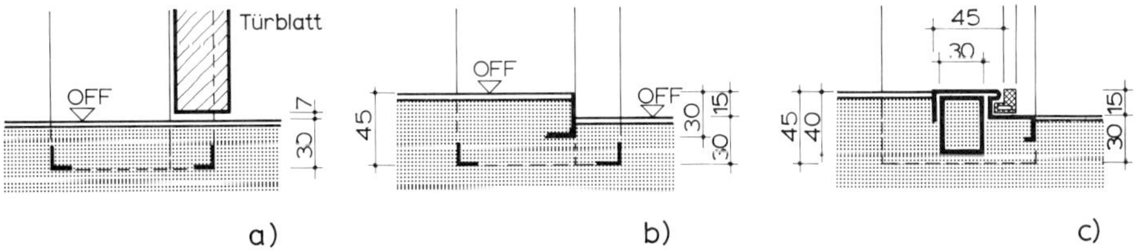

6.77 Stahlzargen mit Distanzprofilen und Bodenschwellen
a) Distanzprofile zwischen die Zargenseiten geschweißt, genietet oder geschraubt (20 × 15 × 1,5 mm)
b) mit eingeschweißter Bodenschwelle (Anschlagschiene 30 × 20 × 3 mm)
c) Bodenschwelle mit Gummidichtung und untergeschweißtem Vierkantrohr zur Aussteifung

Wulf-Handelsgesellschaft, Anröchte-Effeln

Bild **6**.78a bis f zeigt verschiedenartige **Verankerungssysteme.** Demnach weisen Zargen, die eingemauert bzw. einbetoniert werden, angeschweißte Anker auf. Erfolgt der Einbau erst später in die bereits vorhandene Wandöffnung, so kommen meist lose Klemmanker zum Einsatz. Sie werden im Zargenspiegel an beliebiger Stelle eingeklemmt und an der Wandfläche festgeschraubt. Damit erübrigt sich das früher übliche, nachträgliche Stemmen von Ankerlöchern. Stahlzargen, die in Gasbeton- oder Gipsdielen-Plattenwände eingesetzt werden, sind mit sog. Schiebeankern ausgerüstet, die je nach Fugenlage in der Höhe justierbar sind. Der Einbau in nichttragende Montagetrennwände hängt im wesentlichen von der jeweiligen Zargenart ab. Einteilige Umfassungszargen müssen vor oder während der Wandmontage eingebaut werden. Das Einsetzen mehrteiliger Umfassungszargen kann dagegen auch nach dem Wandaufbau, ggf. sogar erst nach Abschluß der Malerarbeiten, erfolgen. Weitere Einzelheiten hierzu s. [16], [17] sowie Bild **6**.84.

Ganz gleich, ob die Stahlzargen eingemauert, einbetoniert oder nach Abschluß der Rohbauarbeiten in die fertigen Wandöffnungen eingesetzt werden, immer sind sie lot-, winkel- und fluchtgerecht und in der Höhe genau passend einzubringen. Eine nachträgliche Korrektur ist meist ausgeschlossen. Um ein Ausbiegen der Zargenseiten nach innen während des Einbaues zu vermeiden, werden Distanzbretter eingeklemmt und so die Zargen ausgespreizt. Dieses Ausspreizen ist beim Beton- bzw. Mauerwerksbau fast immer erforderlich, da der Hohlraum zwischen Leibung und Zarge in der Regel mit erdfeuchtem Zementmörtel (Mischung 1:4) satt ausgegossen wird. Eine Hinterfüllung mit Montageschaum ist ebenfalls möglich (noch nicht genormt), wenn an das Türelement keine besonderen Anforderungen gestellt werden und nur normale Belastungen zu erwarten sind. Vgl. hierzu Abschn. 6.4.1.6, Schäumtechnik.

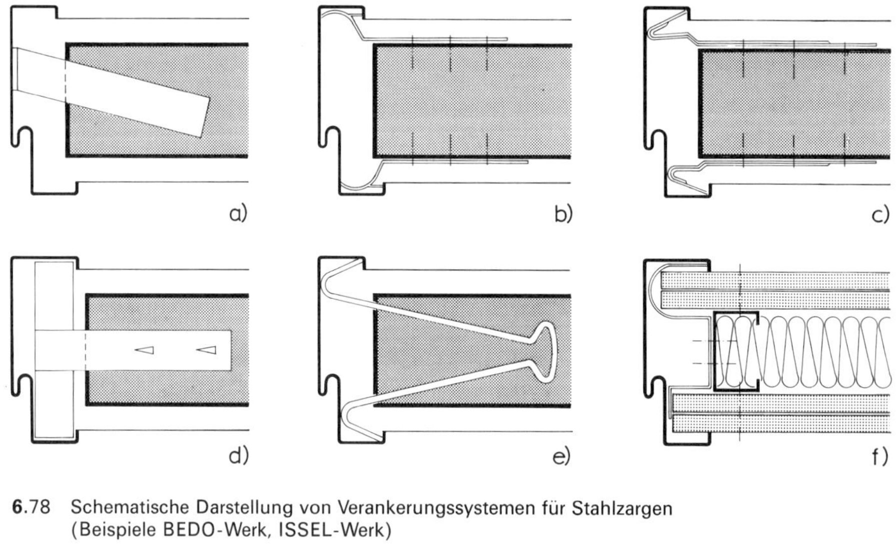

6.78 Schematische Darstellung von Verankerungssystemen für Stahlzargen (Beispiele BEDO-Werk, ISSEL-Werk)

a) angeschweißter Maueranker (Wandbauart Mauerwerk)
b), c) lose mitgelieferte Klemmanker (Wandbauart Mauerwerk)
d), e) lose mitgelieferte Schiebeanker (Gasbeton- oder Gipsdielenwand)
f) angepunkteter Hutanker (nichttragende, leichte Trennwand)

Bandauswahl. Bei der Bandauswahl sind die in Abschn. 6.4.1 im einzelnen erläuterten Kriterien, wie beispielsweise die Belastbarkeit der Bänder, zu beachten. Ausgehend vom Türflügelgewicht erhalten normale Türen üblicherweise zwei Bänder (Flügelteil-Rahmenteil), höhere, breitere oder schwerere Türblätter je drei Bänder. Bild **6**.79. Die entsprechenden Herstellerangaben (Belastungswerte) sind zu beachten.

Bandaufnahmeelement. Bild **6**.80 zeigt Aufnahmeelemente zur Befestigung von Türbändern an Stahlzargen. Wie der Schnitt durch die Bandtasche verdeutlicht, schließt das Klemmstück zunächst bündig mit dem Zargenspiegel ab (wahlweise DIN-LINKS oder DIN-RECHTS verwendbar). Erst bei Betätigung der Inbus-Stellschraube weicht es seitlich nach innen zurück und gibt den Schlitz zum Einstecken des Bandes (Rahmenteil) frei. Danach wird die Stellschraube wieder angezogen und der Bandlappen festgeklemmt. Bei dem in Bild **6**.80 b dargestellten Aufnahmeelement muß das Kunststoff-Füllstück dagegen ganz entfernt werden, um das Band in den Schlitz einschieben zu können.

Wird die Bandtasche nicht genutzt, wird der überstehende Teil des Füllstückes abgeschliffen und die Fläche überstrichen. Mittels dieser dreidimensional verstellbaren Aufnahmeelemente lassen sich die Türblätter auch später noch nachregulieren bzw. die Bänder jederzeit austauschen.

Dichtungsprofil. Stahlzargen sind üblicherweise mit einer umlaufenden Nut im Bereich des Falzes versehen, in die nach Abschluß der Malerarbeiten Dichtungsprofile eingezogen werden. Diese dämpfen die Schließgeräusche, mindern die Schallübertragung und verhindern Zugluft. Wie in Abschn. 6.4.4 näher beschrieben, wird die Funktion der Dichtung vorrangig durch ihre Formgebung und das Material bestimmt.

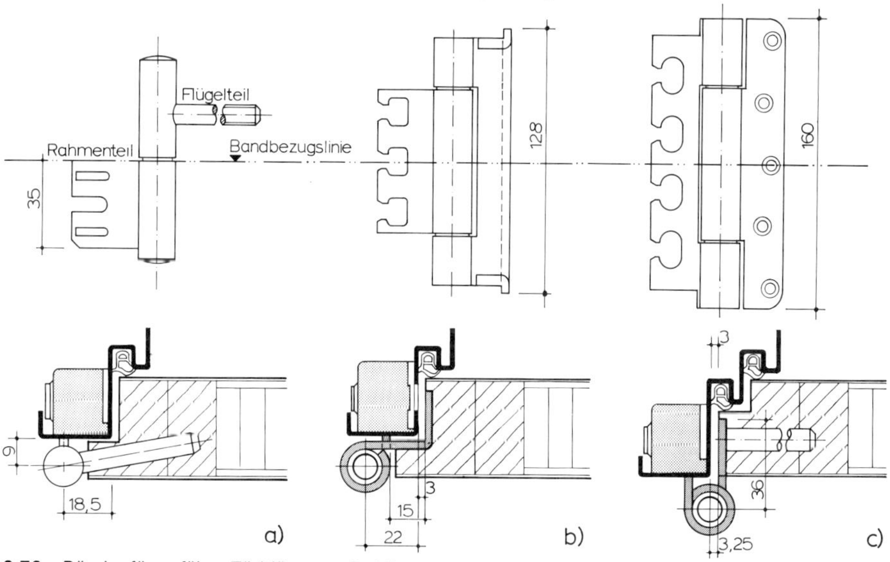

6.79 Bänder für gefälzte Türblätter an Stahlzargen

a) Einbohrband mit verdrehsicherem Rahmenteil
b) Winkelband mit verdrehsicherem Rahmenteil
c) Lappen-Zapfen-Band für Türblatt an Doppelfalz-Stahlzarge, flächenbündig einliegend

Nach Vorlagen Simonswerk, Rheda-Wiedenbrück

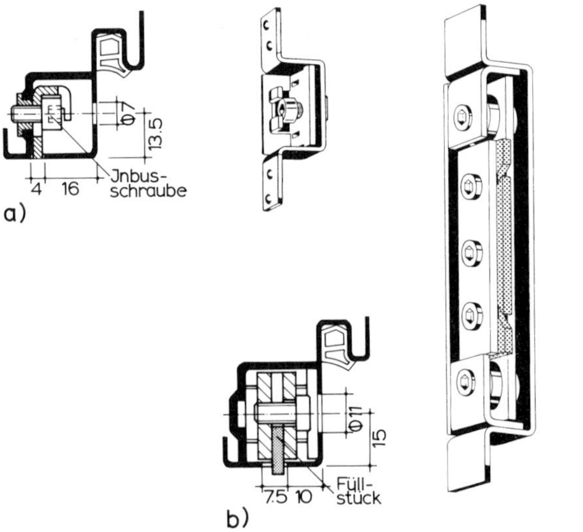

6.80 Aufnahmeelemente (Hinterschweißtaschen) zur Befestigung von Türbändern an Stahlzargen
a) Bandtasche mit einziehbarem Klemm- und Zentrierstück
b) dreidimensional verstellbares Aufnahmeelement für schwere Objektbänder (mit herausnehmbarem Füllstück)

Nach Vorlagen Simonswerk, Rheda-Wiedenbrück

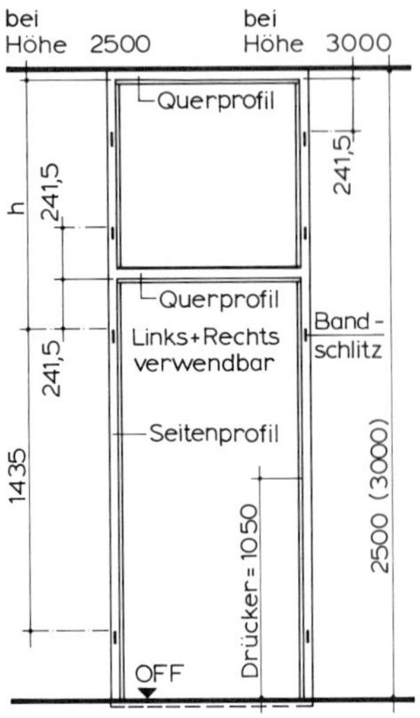

6.81 Raumhohe Stahlzarge mit Kämpfer (Querprofil) und Oberlichtfeld zur Aufnahme einer Verglasung oder aufgesetzten Holzoberblende. Die angegebenen Maße sind nicht genormt.

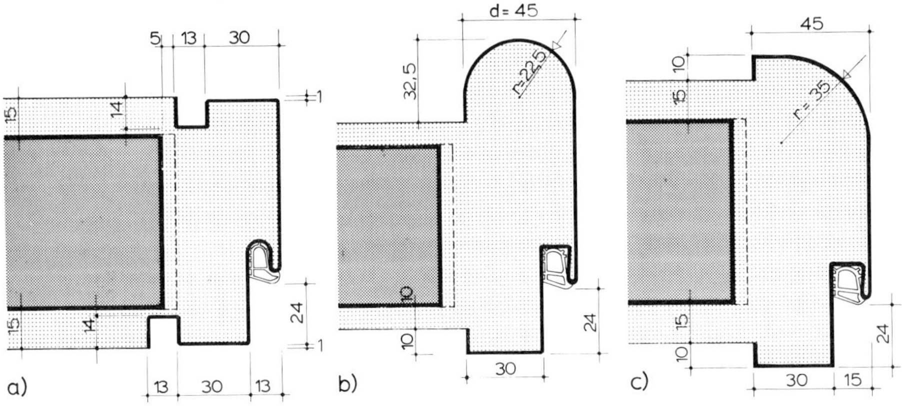

6.82 Schematische Darstellung von Sonderzargen
a) Umfassungszarge mit beidseitig umlaufender Schattennut (Schattennutzarge)
b), c) Stahlzargen mit besonderer Formgebung für moderne Innenraumgestaltung

Wulf-Handelsgesellschaft, Anröchte-Effeln

6.6.1.2 Sonderzargen

Unter Sonderzargen versteht man Zargen, die besondere Funktionen und Anforderungen zu erfüllen haben. In Abweichung zu den in DIN 18111 T1 genannten Standardzargen sind an Sonderausführungen beispielsweise zu nennen:

Raumhohe Stahlzargen (Oberlichtzarge), Doppelfalzzargen für schalldämmende Türen, Stahlzargen für nichttragende leichte Trennwände, Schattennutzargen, Sonderzargen für Feuerschutz- und Strahlenschutztüren, Glasbaustein- und Dehnungsfugenzargen, Pendeltür- und Schiebetürumfassungszargen, Sonderzargen aus Aluminium oder Nirosta für Hygiene- und Feuchtbereiche sowie im Auftrag gefertigte, objektgebundene Sonderzargen. Es kann nicht Aufgabe dieses Werkes sein, auf alle diese Sonderausführungen im einzelnen einzugehen; zu vielfältig sind die Ausführungsmöglichkeiten – sowohl in technischer als auch formaler Hinsicht. Im folgenden werden deshalb nur einige wichtige Sonderkonstruktionen kurz vorgestellt.

a) **Raumhohe Stahlzargen** (Bild **6**.81). Überall dort, wo beispielsweise Tageslicht in einen etwas dunkleren Flurbereich fallen soll oder wo eine großzügige Raumgestaltung angestrebt wird, sind raumhohe Stahlzargen von Vorteil. Sie werden angeboten mit Kämpfer (Querprofil) und Oberlichtfeld, vorgerichtet zur Aufnahme von Einfach-, Doppel- oder Isolierverglasung. Weitere verglaste Seitenfelder sind ebenfalls möglich. Statt des Oberlichtes mit trennendem Querprofil kann das Türblatt optisch auch ohne Unterbrechung raumhoch in Form einer aufgesetzten Holzoberblende hindurchlaufen.

b) **Schattennutzargen** (Bild **6**.82). Zargen mit beidseitiger U-Fuge eignen sich sowohl für den Fertigteilbau (Betongießverfahren) als auch zum nachträglichen Einbau in Sichtbeton-, Sichtmauerwerk- oder Rohwände mit Putzbeschichtung. Für den Putzer dient die geringfügig überstehende Endsicke der U-Fuge als Abziehkante, so daß sich immer ein sauberer Wandanschluß ergibt. Aufgrund der dreiseitig umlaufenden Fuge ist auch eine deutliche optische Hervorhebung des Zargenrahmens gegenüber den angrenzenden Wandflächen gegeben, die durch eine entsprechende Farbgebung noch gesteigert werden kann.

c) **Zargen aus Aluminium.** Bild **6**.83 zeigt Alu-Türzargen mit fix und fertiger Oberfläche (eloxiert oder einbrennlackiert), die erst nach Fertigstellung der Wände und des Fußbodens eingebaut werden. Übliche Einputzanker sind nicht erforderlich. Die unsichtbare Befestigung erfolgt an der Türleibung mittels variabler Aufschraubanker. Der Alu-Zargenrahmen selbst besteht aus zwei ineinanderschiebbaren Teilstücken, die durch Feststellschrauben – unsichtbar im Falzbereich liegend – dauerhaft miteinander verbunden werden. Die Rahmenecken sind auf Gehrung geschnitten und mit Verstärkungswinkel verschraubt. Die Bandunterkonstruktion ist für alle handelsüblichen Türbänder vorgerichtet.

d) **Zargen für fest eingebaute, nichttragende Gipskarton-Trennwände.** Der Zeitpunkt des Zargeneinbaues hängt im wesentlichen von der gewählten Zargenart ab. Einteilige Umfassungszargen, wie in Bild **6**.78f dargestellt, müssen vor oder während der Errichtung des Metallständerwerkes eingebaut werden. Für das nachträgliche Einsetzen in die Wandöffnungen der bereits fertig montierten Trennwände wurden mehrteilige Umfassungszargen – sog. Schnellbauzargen – entwickelt. Wie Bild **6**.84 verdeutlicht, werden die einzelnen Seiten- und Querprofile bei der Montage im Bereich der Eckgehrungen durch jeweils zwei Gehrungsschlüssel und einen Verbindungsnagel fest miteinander verbunden. Die kraftschlüssige Verbindung mit der Trennwand erbringen je Zargenseite drei Spannschlösser, die unsichtbar im Falzbereich liegen. Dieser werden mit Inbusschrauben angezogen, so daß sich eine sichere Klemmverbindung zwischen Zarge und Trennwand ergibt. Eingefügte Gummidichtungen verdecken die im Falz liegenden Bohrungen.

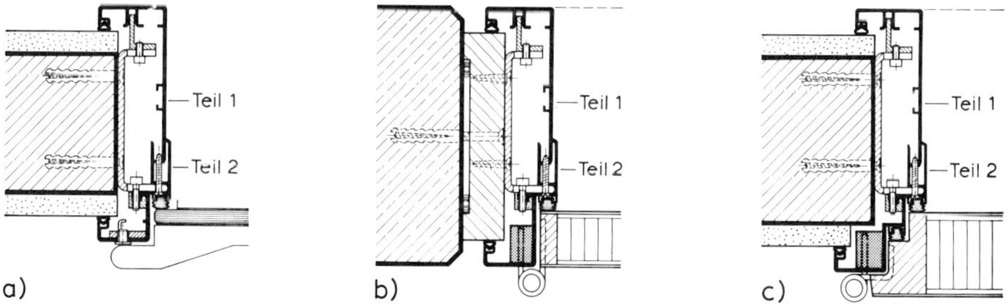

6.83 Zweiteilige Alu-Türzargen mit fertiger Oberfläche zum nachträglichen Einbau gerichtet (nach Fertigstellung der Wandflächen und Verlegung des Fußbodenbelages)
a) Zarge für Normalfalz- und Ganzglastüren
b) Zarge für Stumpftüren (ungefälztes Türblatt)
c) Zarge für Doppelfalztüren

Küffner, Alu-Türzargen, Rheinstetten-Forchheim

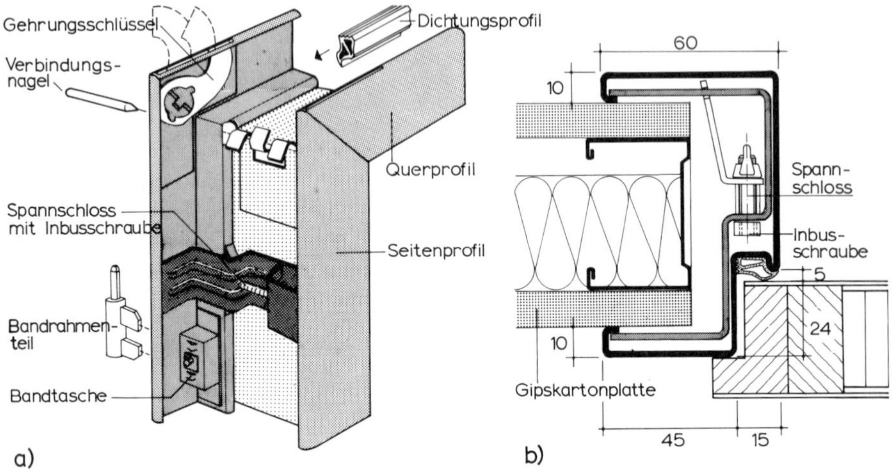

6.84 Mehrteilige Schnellbauzarge zum nachträglichen Einbau in nichttragende Gipskarton-Trennwände
a) Isometrische Darstellung
b) Horizontalschnitt

BEDO-Werk, Schwerte

6.6.2 Türblattkonstruktionen aus Metall

Türblätter aus Metall zeichnen sich vor allem aus durch ihre weitgehende Widerstandsfähigkeit gegen mechanische Beanspruchung, Unempfindlichkeit gegen Feuchtigkeit und Temperatureinflüsse sowie durch ihre meist sehr günstigen Schalldämmwerte. Den erhöhten Anforderungen des Wärmeschutzes genügen neu entwickelte, hohlraumgedämmte bzw. thermisch getrennte Konstruktionen, so wie sie beim Fenster- und Fassadenbau gleichermaßen eingesetzt werden. Sie werden als Außen- und Innentüren im gesamten Bauwesen (Wohnungs-, Verwaltungs-, Industrie-, Schul- und Krankenhausbau) vorzugsweise als Dreh-, Pendel-, Falt- und Schiebetüren verwandt. Außerdem eignen sie sich in besonderem Maße als Schutztüren für besondere Belastungen bzw. Anforderungen. Vgl. hierzu Abschn. 6.7, Sondertüren.

Korrosionsschäden an Stahlkonstruktionen – verursacht durch Witterungseinflüsse oder aggressive Bestandteile der Luft – sind durch vorbeugende Maßnahmen auszuschließen. Geeignet sind farbige Beschichtungen (Anstriche bzw. Lackierungen), die den Stahl vor Korrosion schützen und ihm gleichzeitig ein dekoratives, freundliches Aussehen geben. Dies wird beispielsweise erreicht durch Kunstharzbeschichtungen, Naß-in-Naß-Kunststoffbeschichtungen oder Pulverbeschichtungen. Dabei geht man allgemein von einer Fertigungsbeschichtung und zwei bis vier Grund- bzw. Deckbeschichtungen aus.

Korrosionsschutz wird auch erreicht durch einen metallischen Überzug. Der im Stahlbau gebräuchlichste Überzug ist das Feuerverzinken, das in entsprechenden Bädern (Stückverzinkung) erfolgt. Korrosionsschutz dieser Art ist in der Regel dauerhafter als der vorgenannte durch Beschichtungssysteme.

Den besten Schutz erzielt man jedoch durch die Kombination von *Verzinkung mit ein bis drei Lackbeschichtungen*, dem sog. Duplex-System. Weitere Einzelheiten hierzu s. DIN 55928, Korrosionsschutz von Stahlbauten durch Beschichtungen und Überzüge sowie [18].

Mit der Möglichkeit der Kontaktkorrosion unter Einwirkung von Feuchtigkeit muß gerechnet werden, wenn verschiedene Metalle oder Legierungen mit unterschiedlichem elektrischem Potential (Spannungsunterschied) in ein und derselben Konstruktion verarbeitet werden. Es ist deshalb empfehlenswert, bereits bei der Planung bzw. Konstruktion von Bauteilen, bei denen verschiedene Metalle oder Legierungen zusammengefügt werden sollen, sog. *Korrosionstabellen* zu beachten. Sie zeigen an, ob es möglich ist, bestimmte Metalle/Legierungen unmittelbar miteinander zu verbinden, ohne die Kontaktflächen gegeneinander isolieren zu müssen (z. B. durch Zwischenlagen aus Neoprene, Fiber, Butyl oder ähnlich neutralen Werkstoffen). So ist den Tabellen zu entnehmen, daß bei ungünstigen Flächenverhältnissen der Werkstoffe zueinander, beispielsweise feuerverzinkter Stahl nicht mit Kupfer in Kontakt kommen sollte. Dies gilt auch für Verbindungen zwischen Aluminiumlegierungen und Kupfer, Zinn oder Blei sowie zwischen Aluminium und Zink bzw. verzinktem Stahl und legiertem oder unlegiertem Stahl. Die Bauteile sind außerdem so anzuordnen, daß die Korrosionsprodukte edlerer Werkstoffe (= positives Potential) möglichst nicht auf unedlere Werkstoffe (= negatives Potential) verschleppt werden können (z. B. durch Regenwasser). Weitere Einzelheiten sind [19] zu entnehmen.

Des weiteren muß immer beachtet werden, daß beispielsweise Aluminiumflächen sehr empfindlich gegen die Einwirkung von Kalk- oder Zementmörtel, Farben sowie verschiedener Lösungsmittel sind. Daher dienen Haftfolien bzw. Haftpapiere dem vorübergehenden Schutz der fertigen Oberfläche bei Lagerung, Transport, Bearbeitung und Montage. Sie müssen sich allerdings leicht und ohne Rückstände wieder entfernen lassen.

6.6.2.1 Türen aus Stahlblech

Glatte Stahlblechtüren bestehen im allgemeinen aus 1,0 bis 1,5 mm dicken, beidseitig verzinkten Stahlblechtafeln, die so gefälzt sind, daß ein in der Ansicht fugenloses, hohlkastenförmiges Türblatt entsteht. Bild **6**.85. Diese dreiseitig aufgefälzte Schalenkonstruktion wird durch einen innenliegenden, meist umlaufenden Rahmen aus Flachstahl oder Vierkantrohr ausgesteift. Je nach Nutzung bzw. zu erwartender Beanspruchung können noch weitere Versteifungen aus senkrecht verlaufenden ᒣ- oder ┌-förmigen Stahlprofilen eingebracht und wechselweise mit einer der beiden Deckbleche punktweise verschweißt werden. Die schall- und wärmedämmenden Einlagen sind mit den beiden äußeren Schalen vollflächig verleimt, so daß ein vorzeitiges Abrutschen verhindert und gleichzeitig der Blechtür der metallische Körperklang genommen wird. Der Einbau dieser Türen erfolgt normalerweise in handelsüblichen Stahlzargen. Glatte Türen aus Stahlblech werden angeboten als

- **leichte Innentür** (Alternative zur glatten Sperrtür aus Holz), 40 mm dick, mit aussteifendem Holzrahmen und engmaschiger Wabeneinlage sowie gefälzten Stahlblechtafeln mit fix und fertiger Oberfläche (Fertigtür),
- **strapazierfähige Mehrzwecktür** (Außen- und Innentür für Verwaltungs-, Schul-, Gewerbe- und Industriebau), etwa 50 mm dick, mit umlaufendem Stahlrahmen und vertikaler Zusatzaussteifung sowie vollflächig eingeleimten Schall- bzw. Wärmedämmstoffen aus Polyurethan-Hartschaum oder Mineralfaserplatten. Bild **6**.85. Die feuerverzinkten Deckbleche erhalten werkseitig meist nur eine Außengrundierung, geeignet für bauseitige Beschichtungen. Eine Weiterentwicklung dieser Mehrzwecktür stellt die
- **Feuerschutztür aus Stahl** dar, so wie sie in Abschn. 6.7 näher beschrieben ist.

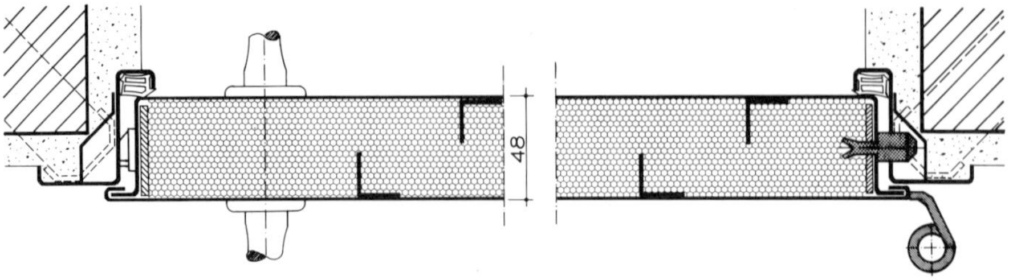

6.85 Konstruktionsbeispiel einer dreiseitig gefälzten, doppelwandigen Stahlblechtür mit umlaufendem Stahlrahmen, senkrechten Profilen als Zusatzaussteifung und einer schall- bzw. wärmedämmenden Einlage (handelsübliche Mehrzwecktür)

Firma Hörmann, Steinhagen

6.6.2.2 Türen aus Stahlrohrprofilen

Das Ausgangsmaterial für die Herstellung von Profilstahlrohren ist warmgewalzter Bandstahl auf Rollen. Dieser wird durch mehrere hintereinanderliegende Walzenpaare zu einem oben offenen Schlitzrohr geformt, das durch anschließendes Schweißen geschlossen wird. Die gewünschte Profilierung dieser Rundrohre erfolgt durch Kaltziehen über eine Ziehmatrize. Bei komplizierten Profilquerschnitten wird dieser Vorgang wiederholt. Danach werden die auf Gehrung geschnittenen Rahmenecken stumpf verschweißt. Auf die möglichen Oberflächenbehandlungen wurde bereits hingewiesen. Weitere Einzelheiten hierzu sind der weiterführenden Spezialliteratur [20] zu entnehmen.

Wie Bild **6**.86a und b verdeutlicht, wird zwischen thermisch nicht getrennten (ungedämmten) und thermisch getrennten (wärmedämmenden) Profilkonstruktionen unterschieden. Thermisch getrennte Profile werden im wesentlichen durch einfaches Zusammenkuppeln zweier Rohr-Halbschalen mittels H-förmigen Kunststoff-Halteexzentern hergestellt. So entstehen Bauelemente, die den Forderungen der Wärmeschutzverordnung genügen. Die Dimensionierung dieser Profile ist nicht nur nach den statischen und wärmeschutztechnischen Erfordernissen zu treffen, sie hängt auch von den eingesetzten Beschlägen und der vorgesehenen Verglasung ab.

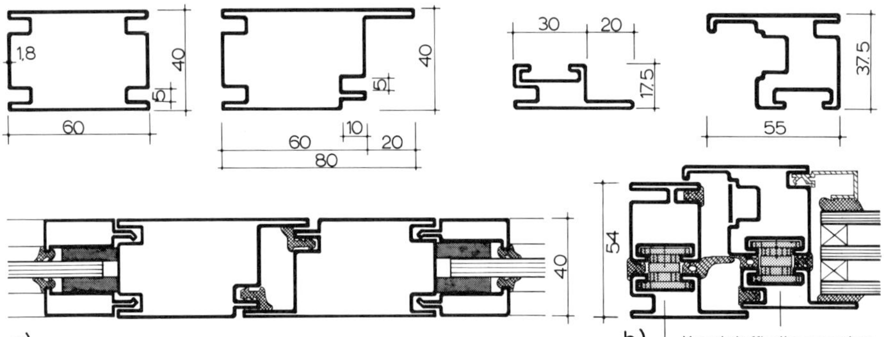

6.86 RP-Stahlprofilrohre für Türen und Tore
a) thermisch nicht getrennte (ungedämmte) Profile
b) thermisch getrennte (wärmedämmende) Profile

Mannesmann-Röhrenwerk, Wickede

6.6.2.3 Türen aus Stahl-Aluminium-Kombinationsprofilen

Bei dieser Mischkonstruktion besteht der tragende Kern aus Stahlrohrprofilen, die auf einer oder auf beiden Seiten mit Aluminium-Deckschalen verkleidet werden. Bild **6**.87. Die Schalenbauweise ergibt kubische Formen und vermeidet Fugen für zusätzliche Glasfalzstäbe. Weitere Vorteile dieser Bauweise sind: Die unempfindliche Stahlrahmenkonstruktion kann zur Herstellung der Bauabdichtung sowie der Wand- und Deckenanschlüsse schon frühzeitig montiert werden. Erst nach Abschluß aller groben Bauarbeiten werden die dekorativ behandelten Deckschalen aus Aluminium montiert, so daß Beschädigungen durch den Baustellenbetrieb weitgehend vermieden werden. Da die Deckschalen im Abstand von 40 bis 60 cm mit Kunststoffklammern an den Stahlgrundprofilen befestigt sind, lassen sie sich im Bedarfsfall auch einzeln auswechseln. Die Rahmenkonstruktion und Verglasung werden hiervon nicht berührt.

Mit dieser Schalenbauweise können sowohl thermisch getrennte wie ungedämmte Konstruktionen hergestellt werden. Außerdem lassen sich mit dieser Bauweise Rauch- und Feuerschutztüren entwickeln, die sich nur in der Funktion, nicht aber im Aussehen von den üblichen Aluminiumtüren unterscheiden. Vgl. hierzu Bild **6**.93.

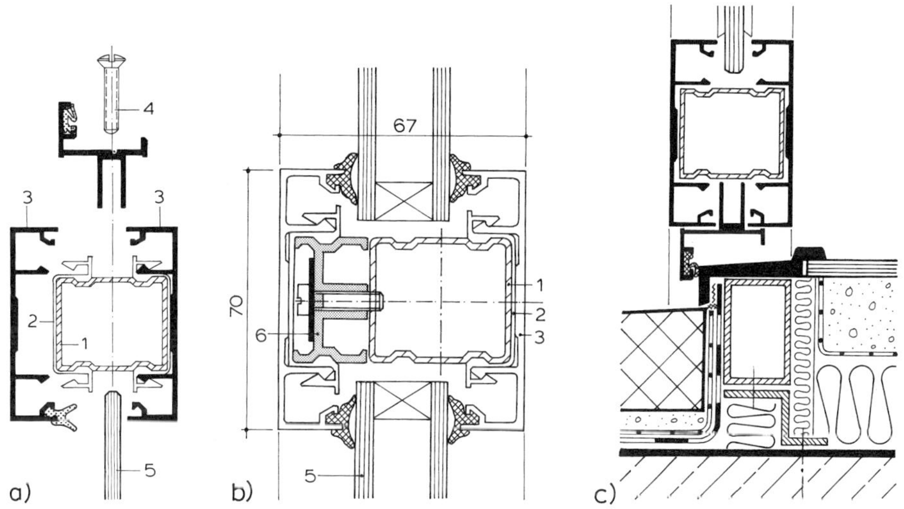

6.87 Stahl-Aluminium-Kombinationsprofile für Türen, Tore und Schaufensteranlagen (Metallbausystem GLISSA G)

a) Darstellung des Konstruktionsprinzips am Beispiel eines ungedämmten Profils
b) thermisch getrenntes Profil mit Isolierverglasung
c) Vertikalschnitt durch einen Schwellenanschlag

1 Rohrprofil aus Stahl (tragender Kern)
2 Kunststoffklammern zur Befestigung der Alu-Deckschalen
3 Aluminium-Deckschalen
4 Montageschraube
5 Glasscheiben mit beidseitiger Profildichtung
6 Isolierprofil für thermisch getrennte Profile

Metallbau-Bedarf GmbH, Willich

6.6.2.4 Türen aus selbsttragenden Aluminiumprofilen

Die Rahmenprofile für Türen (und Fenster) werden im Strangpreßverfahren aus einer Aluminium-Legierung hergestellt. Diese Legierung ist sehr korrosionsbeständig, gut anodisierbar und von hoher Festigkeit. Bereits bei ihrer Herstellung erhalten die Hohlkastenprofile alle für Zusammenbau und Funktion der Türen erforderlichen Ausformungen, so daß eine problemlose Verarbeitung und Montage gewährleistet ist. Die Verbindung der auf Gehrung geschnitteten Rahmenprofile erfolgt bei den meisten Konstruktionen mechanisch, durch in den Profilhohlraum dicht und fest eingebaute Eckwinkel. Der feste Verbund wird durch maschinelles Einstanzen bzw. Pressen der Profilwandungen in dafür vorgesehene Nuten des Eckwinkels erreicht. Außerdem werden alle mechanischen Eckverbindungen noch zusätzlich mit Metallklebstoff verklebt.

Neben den bereits erwähnten Eigenschaften ist Aluminium außerdem noch unempfindlich gegen Feuchtigkeit und Witterungseinflüsse sowie mechanische Beanspruchung. Als nachteilig kann das hohe Wärmeleitvermögen, vor allem bei durchgehenden, nicht gedämmten Elementen angesehen werden. Zur Vermeidung von Schwitzwasserbildung und um die Forderungen der Wärmeschutzverordnung einhalten zu können, kommen im Wohnungs- und Verwaltungsbau heute nur noch thermisch getrennte (wärmedämmende) Konstruktionen zur Verwendung.

Neben der mechanischen Oberflächenbehandlung durch Schleif- oder Bürstenbänder gibt es noch die dekorative Behandlung in Form von anodischer Oxidation (Eloxieren) oder farblicher Beschichtung (Naß- oder Pulverbeschichtung) in allen RAL-Farben. Weitere Einzelheiten sind Abschn. 5.5.3 sowie der weiterführenden Spezialliteratur [21] zu entnehmen.

Bild **6**.88 zeigt thermisch getrennte Profilkonstruktionen. Die thermische Entkoppelung, gleichzeitig aber auch der form- und kraftschlüssige Verbund der inneren und äußeren Profilschale, erfolgt mittels durchlaufender Dämmstege aus glasfaserverstärktem Polyamid. Hohe Querzugs- und Schubfestigkeitswerte erlauben, daß beide Profilschalen zum Abtrag von Druck-, Zug-, Schub- oder Verwindungskräften herangezogen werden. Damit können wärmegedämmte Profile in gleich schlanker Kontur wie ungedämmte Ganzaluminiumprofile ausgeführt werden.

6.6.2.5 Türen aus Aluminium-Kunststoff-Verbundprofilen

An dieser Stelle soll nicht grundsätzliches über Türanlagen aus Kunststoff vermerkt, sondern nur eine neuartige Verbundkonstruktion aus Aluminium-Tragprofilen und PVC-Hartschaumummantelung kurz erläutert werden. Bild **6**.89. Im Kern besteht das System aus einem stabilen Aluminiumprofil, das mit PVC-hart-Integralschaum ummantelt wird. Beide Materialien gehen eine unlösbare Verbindung ein, wobei das Metallprofil für eine optimale Stabilität und Verwindungssteifigkeit, der PVC-Schaummantel für eine gute Wärmedämmung sorgt.

Hatte man bisher im Kunststoff-Fenster- und Türenbau erst nachträglich Metallrohre als Versteifung in die Kunststoffprofile eingelegt und nur die Kunststoffecken stumpf verschweißt, so werden bei diesem neuartigen System die voll integrierten Aluminium-Profile in der Ecke mit einem kompakten Aluminium-Winkel zu einer unlösbaren Einheit verbunden. Außerdem werden sowohl die Eckwinkel als auch die Schnittflächen der auf Gehrung geschnittenen Verbundprofile mit einem 2-Komponentenkleber dauerhaft verklebt. Die Rahmen können je nach Wunsch und Bausituation in verschiedenen Ansichtsbreiten und Oberflächen geliefert werden.

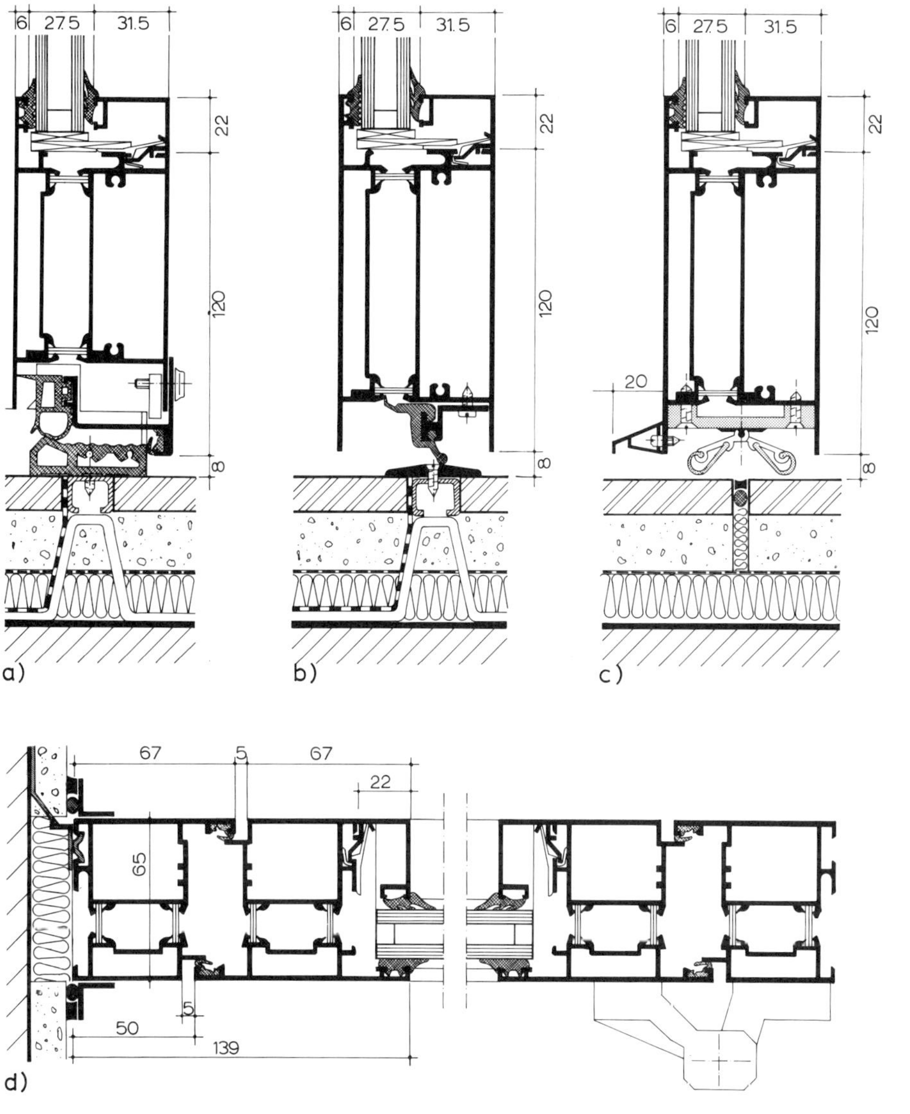

6.88 Thermisch getrennte, innen- und außenseitig flächenbündige Türblattkonstruktionen aus selbsttragenden Aluminiumprofilen (Typ: ISKOTHERM 74). Alle Konstruktionen weisen eine innere und eine äußere, ringsumlaufende Anschlagdichtung auf.

a) Vertikalschnitt durch Türflügel-Fußpunkt mit höhenverstellbarem Türanschlag (max. 10 mm)
b) bis c) Vertikalschnitte durch Türflügel-Fußpunkte mit Bodendichtungen
d) Horizontalschnitt durch Anschlagtür nach außen öffnend

SCHÜCO-Systeme, Bielefeld

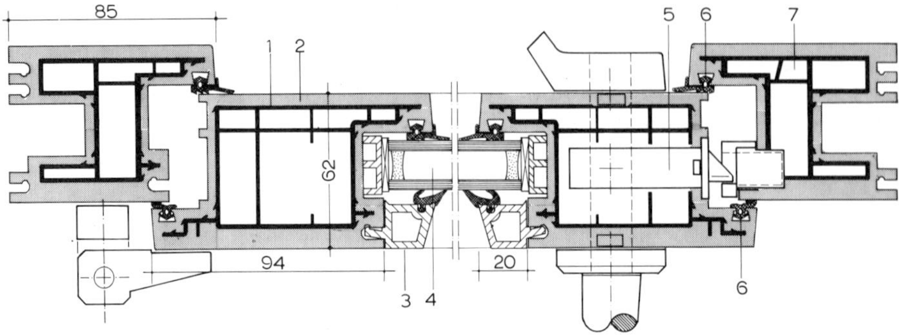

6.89 Konstruktionsbeispiel einer Außentür aus Aluminium-Kunststoff-Verbundprofilen (System „COMBIDUR AV"). Die Konstruktion weist eine innere und eine äußere, ringsumlaufende Anschlagdichtung auf.

1 integriertes Aluminiumprofil
2 PVC-Hartschaum
3 Glasleiste
4 Isolierglas mit beidseitiger Profildichtung
5 Schloßkasten
6 innere und äußere Anschlagdichtung
7 Blendrahmenprofil

Kömmerling-Kunststoffwerke, Pirmasens

6.7 Sondertüren (Schutztüren)

An Schutztüren werden spezifische Anforderungen gestellt, die diese jeweils nur bei kompletter Elementlieferung und Ausrüstung erfüllen können. Ein Zusammenbau derartiger Türen auf der Baustelle aus angelieferten Einzelteilen ist ausgeschlossen. Man unterscheidet:

— Feuerschutztüren
— Rauchschutztüren
— Schallschutztüren
— Strahlenschutztüren
— Einbruchhemmende Türen
— Schußhemmende Türen
— Naß- und Feuchtraumtüren
— Wohnungsabschlußtüren u. a. m.

6.7.1 Feuerschutztüren (Feuerschutzabschlüsse)

Der Begriff Feuerschutzabschlüsse ist in DIN 4102 T5 definiert. Danach sind Feuerschutzabschlüsse selbstschließende Türen in ein- oder zweiflügeliger Bauart und andere selbstschließende Abschlüsse (z. B. Klappen, Tore), die dazu bestimmt sind, im eingebauten Zustand den Durchtritt eines Feuers durch Öffnungen in Wänden oder Decken eines Gebäudes zu verhindern. Sie bestehen aus mit der Wand fest verbundenen Teilen (z. B. Zarge), einem oder mehreren beweglichen Teilen (z. B. Türblatt) sowie den zum Befestigen oder Verschließen notwendigen Beschlägen, Schlössern usw.

Maßgebend für Anforderungen an den baulichen Brandschutz sind die Bauordnungen der Länder und die Verordnungen für Gebäude besonderer Art und Nutzung (z. B. Geschäftshaus-, Versammlungsstättenverordnung u. a. m.) sowie eine Vielzahl weiterer

Richtlinien und Erlasse. Danach sind Feuerschutzabschlüsse so herzustellen und einzubauen, daß die Übertragung von Feuer während einer bestimmten Zeitdauer verhindert wird. Diese Feuerwiderstandsdauer muß durch Prüfungen nach DIN 4102 T5 nachgewiesen werden. Dementsprechend werden die Bauteile in Feuerwiderstandsklassen nach Tabelle **6**.90 eingestuft.

Tabelle **6**.90 Feuerwiderstandsklassen T nach DIN 4102 T5

Feuerwiderstandsklasse	Feuerwiderstandsdauer in Minuten
T 30	≧ 30
T 60	≧ 60
T 90	≧ 90
T120	≧ 120
T180	≧ 180

Die Brauchbarkeit nicht genormter Bauarten kann allerdings nicht allein durch Prüfzeugnisse nach dieser Norm beurteilt werden. Vielmehr sind weitere Eignungsnachweise erforderlich, die im Rahmen der allgemeinen bauaufsichtlichen Zulassung erbracht werden müssen. Der Zulassungsbescheid wird vom Institut für Bautechnik in Berlin erstellt. Feuerschutztüren, die nicht in allen Einzelheiten dem Zulassungsbescheid entsprechen, dürfen nicht mit dem amtlich zugewiesenen Kennzeichnungsschild versehen werden. Folgende allgemeine Hinweise sind besonders zu beachten:

- Feuerschutztüren müssen immer als eine komplette, einbaufertige Einheit hergestellt, angeboten und eingebaut werden, bestehend aus Türblatt, Zarge und allen Beschlägen, einschließlich Türschließer.
- Zwischen Wand und Türelement besteht eine Wechselwirkung: Der Einbau einer Feuerschutztür darf nur in Wände erfolgen, die der allgemeinen bauaufsichtlichen Zulassung entsprechen.
- Die Schutzwirkung wird nur dann erzielt, wenn die Übergänge (z. B. Anschlüsse zwischen Wand und Zarge) die gleichen Feuerwiderstände aufweisen, wie die Schutztürflächen selbst. So müssen Stahlzargen beispielsweise mit Mörtel satt hinterfüllt und voll eingeputzt werden.
- Da sich auch die Eigenschaften von Beschlägen, Schlössern, Schließmitteln und anderen Zubehörteilen auf das Brandverhalten und die Funktionstüchtigkeit des Feuerschutzabschlusses auswirken können, dürfen nur diejenigen Zubehör- und Beschlagteile verwendet werden, die den jeweiligen Normen bzw. bauaufsichtlichen Zulassungsbescheiden entsprechen. Für Beschläge, die nicht im Zulassungsbescheid erwähnt sind, sind entsprechende Eignungsnachweise zu erbringen.
- Für dekorative Oberflächen dürfen nur Materialien verwendet werden, die den im Zulassungsbescheid angeführten gleichwertig sind.

Feuerschutztüren können ihren Zweck – ein Schadensfeuer durch die Türöffnung nicht durchzünden zu lassen – nur erfüllen, wenn sie im Brandfall dicht geschlossen sind. Die dafür vorgesehenen Türschließmittel müssen daher jederzeit zuverlässig arbeiten

Selbstschließende Türschließer für Feuerschutzabschlüsse:

a) Einstellbare, nicht tragende Federbänder nach DIN 18262,

b) Federband und tragendes Konstruktionsband nach DIN 18272,

c) Türschließer mit hydraulischer Dämpfung nach
   - DIN 18263 T1: Kurbeltrieb-Türschließer
   - DIN 18263 T2: Zahntrieb-Türschließer
   - DIN 18263 T3: Boden-Türschließer.

Nähere Angaben über Türschließer s. Abschn. 6.4.1.1, Sonderbeschläge.

Normgerechte Einsteckschlösser für Feuerschutzabschlüsse:

a) Einfallenschlösser nach DIN 18250 T1,

b) Dreifallenverschluß nach DIN 18250 T2.

Einsteckschlösser stellen eine gewisse Schwachstelle des dämmenden Türblattes dar. Daher wird die Schloßtasche mit besonderem Isoliermaterial wie beispielsweise Asbestpappe oder einem anderen gleichwertigen Werkstoff ausgefüttert. S. hierzu Bild **6**.91.

Falls die Raumabschlüsse lichtdurchlässige Elemente (Verglasungen) enthalten, müssen auch diese und deren Halterungen den in DIN 4102 genannten Anforderungen entsprechen. Im wesentlichen unterscheidet man zwei Arten von

Brandschutzverglasungen

– **G-Verglasungen** behalten im Brandfall ihre raumabschließende Wirkung, verhindern also während einer bestimmten Zeitdauer entsprechend ihrer Feuerwiderstandsklasse (G 30 bis G 180) den Flammen- und Brandgasdurchtritt. Sie verhindern jedoch nicht den Durchgang der Hitzestrahlung (strahlendurchlässige Verglasung). Derartige Verglasungen haben keine Hitzeschildfunktion im Sinne der DIN 4102 T2, sondern gelten nur als „gegen Feuer widerstandsfähige Verglasungen" gemäß Teil 5 der DIN 4102. G-Verglasungen finden im wesentlichen dort Verwendung, wo mit dem Auftreten von Brandrauch, nicht aber mit Wärmestrahlung zu rechnen ist.

– **F-Verglasungen** sind Bauteile aus Glas, die ebenfalls rauch- und flammendicht ausgebildet sein müssen, die aber darüber hinaus auch noch den Durchtritt der Hitzestrahlung durch thermische Isolation verhindern (strahlenundurchlässige Verglasung). Dies geschieht in der Regel durch eine glasklare Zwischenschicht (Gelschicht), die in dem Scheibenzwischenraum zweier (oder mehrerer) Sicherheitsgläser eingelagert ist. Wenn im Brandfall die dem Feuer zugewandte erste Scheibe zerspringt, schäumt diese Brandschutzschicht auf und bildet mit ihrem verdampfenden Wassergehalt für die zweite Scheibe eine hochwärmedämmende Isolierschicht. In Abhängigkeit von der Gelschichtdicke lassen sich so Feuerwiderstandszeiten von 30, 60 und 90 Minuten erzielen (F30 bis F90). Brandschutzgläser (G- und F-Verglasungen) dürfen nur in allgemein bauaufsichtlich zugelassene Bauelemente – gemäß Zulassungsbescheiden des Instituts für Bautechnik – eingebaut werden.

Brandschutzleisten/Brandschutzplatten. In manchen Fällen darf im Brandfall durch den Luftspalt zwischen Türblatt und Zarge kein Rauch und auch keine Hitze durchdringen. Zur Fugenabdichtung feuerwiderstandsfähiger Bauteile werden deshalb am Zargenfalz oder am jeweiligen Türblattfalz bauaufsichtlich zugelassene Brandschutzleisten angeordnet, die bei Feuereinwirkung aufschäumen und so den Durchtritt verhindern. Diese Leisten bestehen in ihrem Kern aus einer Palusol-Brandschutzplatte, die von einer dünnen Hülle umgeben ist, welche die Ausdehnung nicht behindert. Die Palusol-Brandschutzplatte kann jedoch auch direkt in Form eines dreiseitig umlaufenden Streifens in den Türblattfalz einer Holztür eingelassen und mit einer vorgesetzten dünnen Holzleiste, Furnier o. ä. geschützt sein. Vgl. hierzu Bild **6**.95 bis **6**.97.

Feststellanlagen für Feuer- und Rauchschutztüren. Besteht aus betrieblichen Gründen die Notwendigkeit, Feuer- und Rauchschutztüren zeitweise offen zu halten, so dürfen nur bauaufsichtlich zugelassene Feststellanlagen eingesetzt werden. Rauch- und Temperaturmelder ermöglichen einen gesteuerten Schließvorgang. Sie werden als Auslösevorrichtungen zusammen mit Elektro-Haftmagneten oder elektromagnetischen Türschließern verwendet. Feststellanlagen an Feuer- und Rauchschutztüren dürfen nur angebracht werden, wenn die Notwendigkeit hinreichend begründet ist und für jeden Einzelfall die Genehmigung der Baubehörde vorliegt.

6.7.1.1 Feuerschutztüren aus Stahl

Feuerhemmende einflügelige Stahltüren sind in DIN 18082 Teil 1 und 3 beschrieben. Dabei handelt es sich um selbstschließende Türen ohne Verglasung, die dazu bestimmt

1 Einsteckschloß nach DIN 18250 T1 mit Schlüssellochblende
2 Ankerlochaussparung im Beton ≧ 80, im Mauerwerk ≧ 95 mm
3 Stahlschild mit Kennzeichnung
4 Kugellagerring (gehärtet)
5 Meterrißmarkierung (Kerbe)
6 Verstärkungswinkel für Türschließer
7 Lage der Z-Stahlzarge
8 Maueranker 35 × 2 mm, freie Länge 140 mm
9 Schutzkasten
10 Z-Stahlzarge, eingeputzt, 54 × 50 × 3 mm
11 Schloßtaschen-Auskleidung mit Asbestpappe
12 Dämmstoff aus Mineralfaser-Einlage
13 Sicherungszapfen
14 Federband (DIN 18262)
15 umlaufende Flachstahlverstärkung

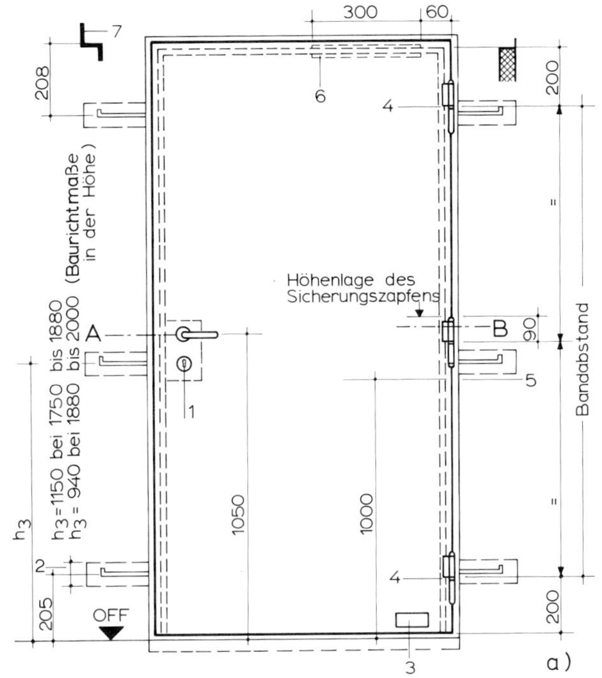

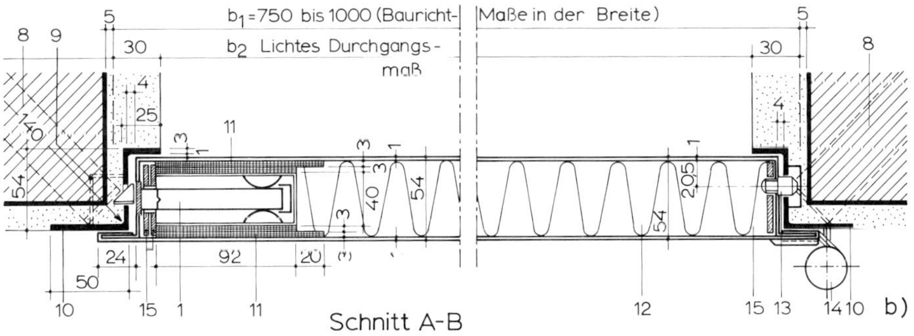

6.91 Feuerschutztür nach DIN 18082 T1 (Ausg. 1.85): Feuerhemmende einflügelige T30-1-Stahltür, Bauart **A** (vereinfachte Darstellung, Maße in mm)

a) Ansicht; Baurichtmaße der Wandöffnungen in der Breite von 750 bis 1000, in der Höhe von 1750 bis 2000 m

b) Schnitt A–B durch Schloßtasche und bandseitigem Sicherungszapfen sind, Öffnungen in raumabschließenden Wänden von mind. 240 mm Dicke bei Mauerwerk bzw. 140 mm Dicke bei Stahlbeton zu verschließen. Bild **6**.91. Türen, die den Festlegungen dieser Normen entsprechen, gelten ohne besonderen Nachweis als T30-Türen nach DIN 4102 T5. Die Normung dieser bewährten Feuerschutzabschlüsse ist noch nicht in allen Teilen abgeschlossen.

DIN 18082 T1 (Ausg. 1.85) beschreibt T30-1-Stahltüren der **Bauart A** (Türblattdicke 54 mm) zur Verwendung in Wandöffnungen von 750 bis 1000 mm Breite und von 1750 bis 2000 mm Höhe (Baurichtmaße).

DIN 18082 T3 (Ausg. 1.84) erfaßt T30-1-Stahltüren der **Bauart B** (Türblattdicke 62 mm) für Wandöffnungen von 750 bis 1250 mm Breite und von 1750 bis 2250 mm Höhe (Baurichtmaße).

Bild **6**.91 zeigt eine einflügelige Feuerschutztür der **Bauart A** gemäß DIN 18082 T1. Der Türflügel besteht aus zwei 1,0 mm dicken Feinblechen, die zu einem allseitig geschlossenen 54 mm dicken Türkasten zusammengefügt sind, und zwar so, daß an drei Türflügelkanten umbördelte Anschlagfalze von 24 mm Breite entstehen. Weitere Flach- bzw. Winkelstahlverstärkungen sind zur inneren Aussteifung des Türkastens, zur Verstärkung des Schloßbereiches und zur Befestigung des Türschließers eingeschweißt. Auf der Bänderseite ist ein Sicherungszapfen untergebracht, der beim Schließen der Tür in die Zarge eingreift, um im Falle eines Brandes ein Ausbiegen des Türflügels zu verhindern. Als Dämmstoff kommen nichtbrennbare Mineralfaser-Einlagen (DIN 18089 T1) in Frage, wobei diese den Türkasten vollständig ausfüllen müssen. Die Stahlzarge besteht aus einem ˥L-förmigen Stahlprofil von 3 bis 4 mm Dicke, an deren Längsseiten je drei Maueranker angeschweißt sind. Der Türflügel ist an zwei Konstruktionsbändern aufgehängt. Als Schließmittel sind ein nichttragendes Federband auf halber Türkastenhöhe oder ein obenliegender Türschließer mit hydraulischer Dämpfung möglich.

6.7.1.2 Feuerschutztüren aus gedämmten Rohrrahmen mit großflächiger Verglasung

An manche Feuerschutztüren wird aus Gründen der Verkehrssicherheit die Forderung nach Durchsicht erhoben. Besonders in Krankenhäusern, Heimen, Hotels usw., wo Flucht- und Rettungswege in Fluren und Treppenhäusern jederzeit passierbar sein müssen, sind die großflächig verglasten Feuerschutzabschlüsse von großem Vorteil. Passend zu den ein- oder zweiflügeligen Türanlagen gibt es auch verglaste Trennwandelemente. Ihre Aufteilung wird durch die maximal zugelassene Scheibengröße (z. B. 1000 bis 2000 mm) bestimmt. Die großflächige Verglasung besteht in jedem Fall aus Brandschutzgläsern (G- bzw. F-Verglasung), so wie sie bereits zuvor beschrieben wurden. Feuerschutztüren mit großflächiger Verglasung sind im wesentlichen nach zwei Konstruktionsprinzipien aufgebaut.

a) **Thermisch geschützte Konstruktion.** Türflügel und Blendrahmen bestehen aus jeweils einteiligen tragenden Stahlrohrprofilen, deren thermischer Schutz durch Ummantelung mit bauaufsichtlich zugelassenen Silikat-Platten erfolgt. Als äußere Verkleidung kommen wahlweise eloxierte bzw. einbrennlackierte Aluminium-Deckschalen in Frage. Bild **6**.92.

   Der thermische Schutz einteiliger Stahlrohrprofile kann jedoch auch mit dünnen, aufklebbaren Alsiflex-Wärmedämmstreifen erreicht werden. Hierbei handelt es sich um ein filzartiges Material aus keramischer Faser für anspruchsvolle Hochtemperatur-Wärmedämmung. Bild **6**.93.

b) **Thermisch getrennte Konstruktion** (Bild **6**.94). Türflügel und Blendrahmen bestehen hier aus jeweils zwei tragenden Stahlrohrrahmen. Zwischen den beiden Profilteilen verläuft ein feuerbeständiger Dämmkern aus Silikat-Platten (z. B. Promatect H), der in einer Ebene mit den Brandschutzgläsern liegt und so die thermische Trennung bewirkt. Insgesamt ist aber alles zu einer stabilen Konstruktion verbunden. Auch hier erfolgt die äußere Verkleidung mit eloxierten oder farbig beschichteten Deckprofilen.

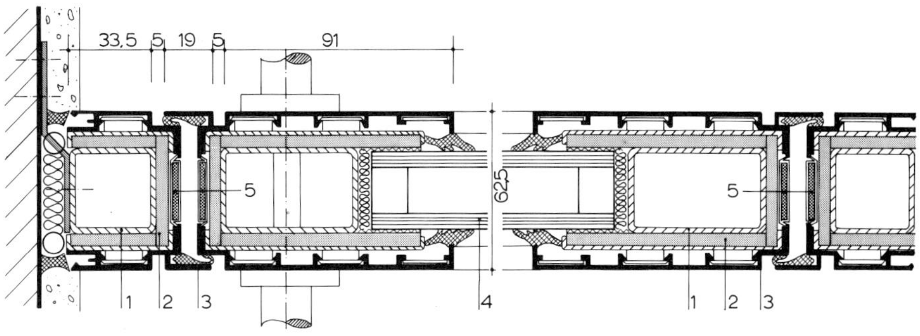

6.92 Konstruktionsbeispiel einer T30-1-Aluminium-Feuerschutztür mit thermisch geschützten Stahlrohrprofilen und großflächiger Verglasung

1 einteiliges Stahlrohrprofil
2 thermischer Schutz durch Calcium-Silikat-Platten
3 Aluminium-Deckschale
4 Brandschutzglas
5 Palusol-Brandschutzleiste

Hörmann KG, Steinhagen

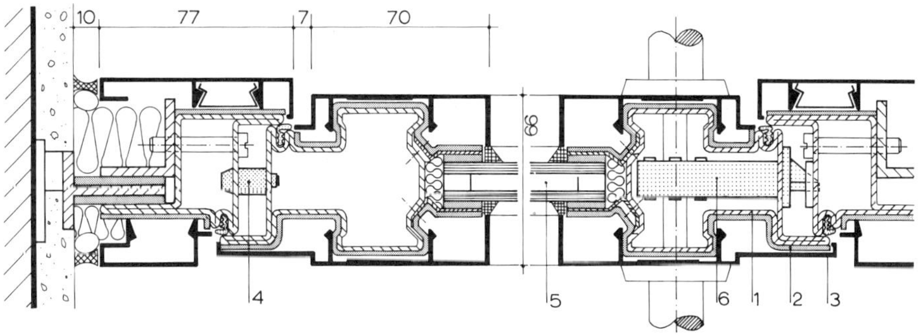

6.93 Konstruktionsbeispiel einer T30-1-Aluminium-Feuerschutztür (Typ GLISSA 1) mit thermisch geschützten Stahlrohrprofilen und großflächiger Verglasung. Vgl. hierzu auch Bild **6**.87.

1 einteiliges Stahlrohrprofil
2 thermischer Schutz durch hochdämmende, aufklebbare Alsiflex-Dämmstreifen
3 Aluminium-Deckschale
4 Sicherungszapfen
5 Brandschutzglas
6 Schloßkasten

Metallbau-Bedarf GmbH, Willich

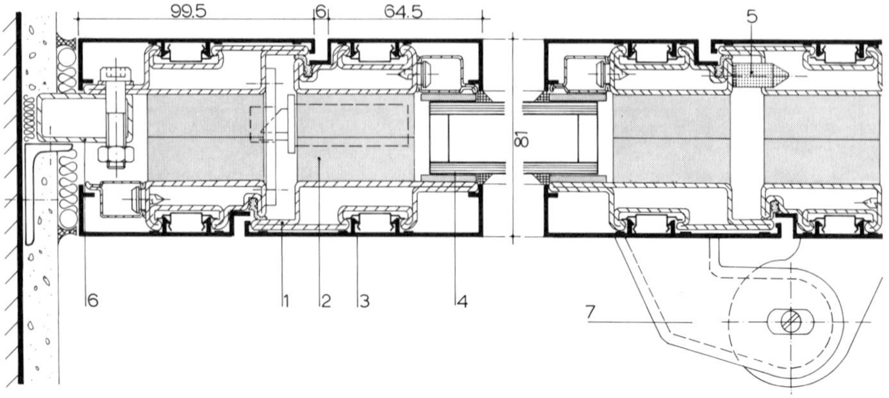

6.94 Konstruktionsbeispiel einer T30-1-Aluminium-Feuerschutztür (Typ SCHÜCO V) mit thermisch getrennten Stahlrohrprofilen und großflächiger Verglasung

1 zweiteiliges Stahlrohrprofil
2 thermischer Schutz (Trennung) durch feuerbeständige Fiber-Silikat-Platten (Promatect H)
3 Aluminium-Deckschalen
4 Brandschutzglas
5 Sicherungszapfen
6 dreiseitig umlaufender Montagerahmen
7 kugelgelagertes Türband

SCHÜCO, Bielefeld

6.7.1.3 Feuerschutztüren aus Holz oder Holzwerkstoffen

Neben den Feuerschutzabschlüssen aus Metall gibt es auch eine ganze Reihe von Brandschutz-Türelementen aus Holz oder Holzwerkstoffen in T30-, T60- und sogar T90-Ausführung. Besondere Bedeutung kommt hierbei der Werkstoffauswahl, dem konstruktiven Aufbau des Türblattes sowie der Fugenabdichtung zwischen Türblatt und Zarge zu. Auch diese Türelemente müssen nach DIN 4102 T5 geprüft und bauaufsichtlich vom Institut für Bautechnik, Berlin, zugelassen sein. Die im Zulassungsbescheid festgeschriebenen Auflagen bezüglich der Zargenbeschaffenheit (Stahl- oder Holzzarge), Kleinst- bzw. Größtabmessungen der lichtdurchlässigen Türflächen (Brandschutzgläser), Veredelungsmaterialien für die Türblattaußenfläche (Furniere, Schichtstoffplatten o. ä.), Schließmittel und sonstigen Beschlägen sind genauestens einzuhalten.

Der konstruktive Aufbau der Türblätter und die dabei verwendeten Werkstoffe können sehr unterschiedlich sein. Zahlreiche Konstruktionen befinden sich zur Zeit im Entwicklungs-, Prüf- und Zulassungsstadium. Im wesentlichen zeichnen sich die Türblätter durch folgende Konstruktionsmerkmale aus:

a) In die Kanten von Spezialspanplatten wird im Hochdruckverfahren feuerresistentes Duroplast eingepreßt. Dadurch entsteht eine Kantenverdichtung, die das Brandverhalten des Türblattes in der Randzone wesentlich erhöht. Außerdem sorgen die in die Türkanten eingelassenen Brandschutzumleimer im Brandfall für einen dichten Verschluß der Fuge zwischen Türblatt und Zarge. Bild **6**.95a.

b) Zweischalige Sandwichkonstruktion, bestehend aus einem inneren Hartholzrahmen mit beidseitiger Beplankung aus schwer entflammbaren Holzspanplatten und einer Einlage im Kern aus nichtbrennbaren leichten Materialien (z. B. Mineralfaserplatten). Auch hier sind Brandschutzumleimer im Kantenbereich vorgesehen. Werden auf derartige Konstruktionen auch noch Dämmschichten aus nichtbrennbaren Silikat-Asbest-Platten oder anderen hochtemperaturbeständigen Werkstoffen aufgebracht, so sind Türen bis T90 erreichbar. Bild **6**.95b.

c) Mit mehrschichtig aufgebauten Spanplattentüren können ebenfalls sehr günstige Brandschutzwerte (bis T90) erzielt werden. Dabei werden mehrere Schichten normal- bzw. schwerentflammbare Spanplatten zusammengefügt und die Türblattaußenflächen beidseitig entweder mit dünnen, aber hoch temperaturbeständigen Wärmedämmplatten oder mit Brandschutzplatten – die unter Hitzeeinwirkung aufschäumen – vollflächig beschichtet und die Sichtfläche mit Furnieren, Schichtstoffplatten o. ä. veredelt. Auch hier sind im Kantenbereich Brandschutzumleimer vorgesehen. Bild **6**.95c.

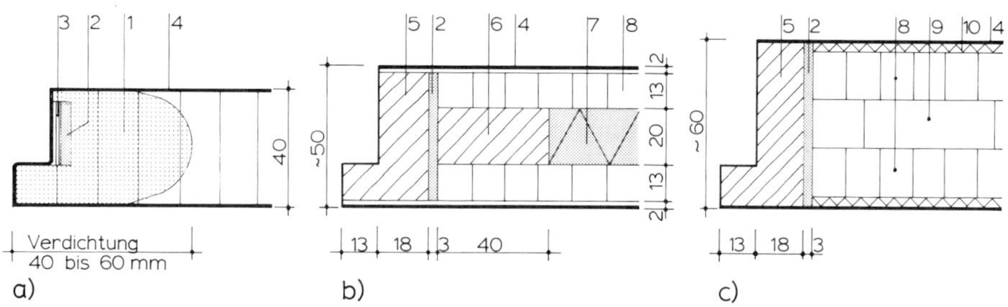

6.95 Schematische Darstellung des konstruktiven Aufbaues von Feuerschutztürblättern aus Holz oder Holzwerkstoffen

a) kantenverdichtete Spezialspanplatte (feuerresistentes Duroplast o. ä)
b) zweischalige Sandwichkonstruktion mit nichtbrennbarer Einlage
c) mehrschichtig aufgebautes Verbundtürblatt mit hochtemperaturbeständiger Beschichtung

1 verdichtete Spanplattenkante
2 umlaufende Palusol-Brandschutzplatte
3 Abdeckung aus Furnier- oder Fiberstreifen
4 Sichtfläche aus Furnier oder Schichtstoffplatte
5 Hartholzeinleimer
6 umlaufender Hartholzrahmen
7 nichtbrennbare Einlage aus Mineralfaserplatten o. ä.
8 schwerentflammbare Spanplatten
9 normalentflammbare Spanplatte
10 hochtemperaturbeständige Wärmedämmplatte oder unter Hitzeeinwirkung aufschäumende Brandschutzplatte

Bild **6**.96 zeigt ein einflügeliges T30-1-Brandschutz-Türelement aus kantenverdichteten Spezialspanplatten mit dreiseitig durchlaufendem Brandschutzumleimer und Furnierabdeckung. Eine im Zulassungsbescheid genau festgelegte Türfläche des Türblattes besteht aus Brandschutzglas. Der Einbau des feuerhemmenden Abschlusses ist nur in Wände aus Mauerwerk (Dicke $\geqq$ 115 mm) oder Stahlbeton (Dicke $\geqq$ 100 mm) gestattet, wobei der Hohlraum zwischen Stahlzarge und Leibung mit Mörtel satt ausgegossen und dicht eingeputzt sein muß.

Die in Bild **6**.97 dargestellte T30-1-Brandschutztür besteht aus einem umlaufenden Doppel-Hartholzrahmen mit einer Flachpreßspanplatte als Einlage, beiderseits beplankt mit schwerentflammbaren Spanplatten. An die Holzumfassungszarge schließt sich im

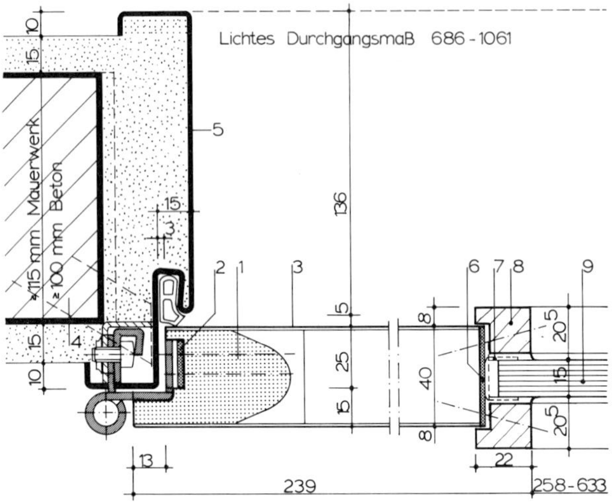

6.96
Konstruktionsbeispiel einer einflügeligen feuerhemmenden T30-1-Feuerschutztür (KELLERSPAN TYP S) aus kantenverdichteten Spezialspanplatten mit dreiseitig umlaufendem Brandschutzeinleimer und großflächiger Verglasung

1 kantenverdichtete Spezialspanplatte (feuerresistentes Duroplast)
2 Palusol-Brandschutzplatte mit Furnierabdeckung o. ä.
3 Türblattoberfläche aus Holzfurnier oder Schichtstoffplatte
4 Maueranker 20 × 1,5 × 125 mm
5 Stahlumfassungszarge mit Türfalzdichtung
6 Palusol-Brandschutzplatte
7 verzinkte Stahlblechwinkel
8 Glasleiste aus Massivholz
9 Brandschutzglas nach Angabe

Schwab Svedex-Türenwerk GmbH, Reutlingen

Bereich der Falzbekleidung nahtlos die unter Hitzeeinwirkung aufschäumende Palusol-Brandschutzplatte mit Furnierabdeckung an. Die Fuge zwischen Zarge und Leibung ist bauseits mit Asbestschaum oder gleichwertigem Werkstoff auszufüllen. Anstelle der beschriebenen Holzzarge können auch Eck- oder Umfassungszargen aus Stahl eingesetzt werden.

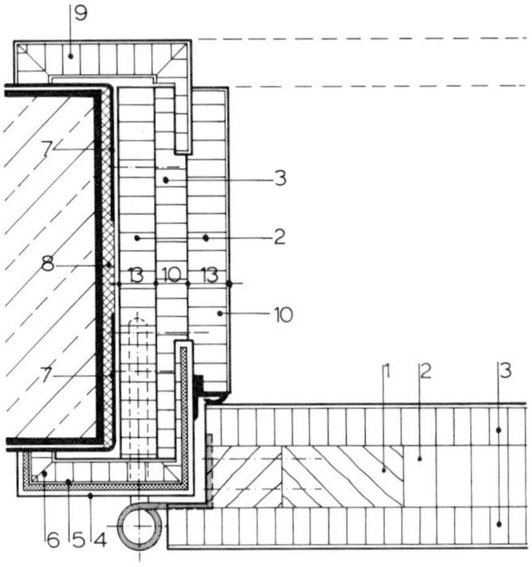

6.97
Konstruktionsbeispiel einer einflügeligen feuerhemmenden T30-1-Feuerschutztür aus beidseitig beplanktem Holzrahmen und Holzumfassungszarge mit Brandschutzumleimer

1 umlaufender Doppel-Hartholzrahmen
2 normalentflammbare Holzspanplatte
3 schwerentflammbare Holzspanplatte
4 Absperrfurnier, 2 mm dick
5 Palusol-Brandschutzplatte
6 eingeleimte Falzbekleidung
7 Montageanker
8 Asbestschaum oder gleichwertiger Werkstoff
9 Zierbekleidung, Spanplatte furniert
10 Holzumfassungszarge, furniert

Karl Danzer KG, Kehl

6.7.2 Rauchschutztüren

Im Brandfall sind Menschen, die sich in den betroffenen Gebäuden befinden, nicht nur durch das Feuer selbst, sondern auch durch den dabei entstehenden Rauch gefährdet. Für die Rettung flüchtender Personen und für die Arbeit der Feuerwehr ist es entscheidend, daß die Rettungswege möglichst rauchfrei bleiben. Während Feuerschutztüren der unmittelbaren Feuer- und Hitzeeinwirkung standhalten müssen, sollen Rauchschutztüren diejenigen Teile des Gebäudes rauchfrei halten, die nicht direkt neben dem Brandherd liegen. Viele geprüfte und amtlich zugelassene Feuerschutzabschlüsse verhindern jedoch nicht nur den Feuerdurchtritt, sondern gleichzeitig auch die Rauchausbreitung.

Die entsprechenden Anforderungen sind in DIN 18095 T1 (Ausg. 9.86) festgelegt. Nach dieser Norm sind Rauchschutztüren selbstschließende, ein- oder zweiflügelige Drehtüren, die in geschlossenem Zustand den Durchtritt von Rauch in ausreichendem Maße behindern. Es werden zwei Türklassen unterschieden:

- **Klasse A** läßt an der Türunterkante einen Luftspalt bis zu 7 mm Höhe zu. Der Rauch kann hier weitgehend ungehindert unter der Tür hindurchdringen. Derartige Türen mit ihrer viel zu hohen Leckrate dürften den üblichen Anforderungen in der Praxis kaum genügen.
- **Klasse B.** Der geforderte Prüfdruck liegt bei diesen Türen fünfmal höher als bei der Klasse A. Bei einem Überdruck von 50 Pa darf durch die Tür – sowohl bei Raumtemperatur als auch bei 200 °C Prüftemperatur – pro Stunde nicht mehr als 20 m^3 Rauchvolumen entweichen.

Um diese hohen, jedoch realistischen Werte zu erreichen, müssen dreiseitig umlaufende Falzdichtungen und im Schwellenbereich Auflaufdichtungen oder mechanisch absenkbare Bodendichtungen eingebaut, alle Glas- oder Paneelfüllungen in Dichtungsprofile eingelegt sowie die Wand- und Deckenanschlüsse dauerelastisch dicht ausgebildet werden. Bild **6**.92 und **6**.93. Zum selbsttätigen Schließen sind Türschließer mit hydraulischer Dämpfung nach DIN 18263 vorzusehen. Zum Offenhalten der Rauchschutztüren – beispielsweise bei starkem Publikumsverkehr – sind bauaufsichtlich zugelassene Feststellanlagen einzubauen, die geeignet sind, die Funktion der Türschließer kontrolliert unwirksam zu machen. Sie bestehen im allgemeinen aus Feststellvorrichtung, Auslösevorrichtung (Rauchmelder) und Stromversorgung (Netzgleichrichter). Siehe hierzu Abschn. 6.7.1, Feststellanlagen.

6.7.3 Schallschutztüren

Schallschutztüren werden als Raumabschluß vor allem in Wohnheimen, Hotels, Krankenhäusern, Konferenzräumen, Chefbüros, Anwalts- und Arztpraxen eingebaut.

Die Luftschalldämmung normaler, handelsüblicher Zimmertüren liegt im allgemeinen bei etwa 20 dB. Wie Tabelle **6**.5 verdeutlicht, müssen nach der im Entwurf vorliegenden Neufassung der DIN 4109 (10.84) bestimmte Funktionstüren zukünftig wesentlich höhere Anforderungen erfüllen. Bei der Beurteilung der Schalldämmung einer Tür ist jedoch darauf zu achten, daß nicht der Schalldämmwert eines Türblattes maßgebend ist, sondern nur der R_w-Wert des betriebsfertig eingebauten Türelementes – bestehend aus Zarge, Türblatt, Beschlägen und Dichtungen. Da der Türhersteller jedoch keinen Einfluß auf die bauliche Umgebung seiner Tür hat, werden diese betriebsfertigen Türelemente in Prüfständen ohne Berücksichtigung der Schallnebenwege geprüft (**Labor**-Schalldämm-Maß R_w).

Wie in Abschn. 6.3.1, Prüfung der Schalldämmung von Türen, bereits erläutert, sollten sich daher Planer und ausschreibende Stellen das geforderte Angebot an Schallschutz-

6.98
Vergleichende Gegenüberstellung betriebsfertiger Schallschutztüren und unterschiedlich aufgebauter, **einschaliger** Türblattkonstruktionen

a) einschichtig aufgebautes Türblatt mit Falzdichtung und Auflaufschwellendichtung
b) mehrschichtig aufgebautes Türblatt mit Falzdichtung, Türblattdichtung und Auflaufschwellendichtung
c) mehrschichtig aufgebautes Türblatt mit doppelter Falzdichtung, Türblattdichtung, Auflauf- und absenkbarer Bodendichtung

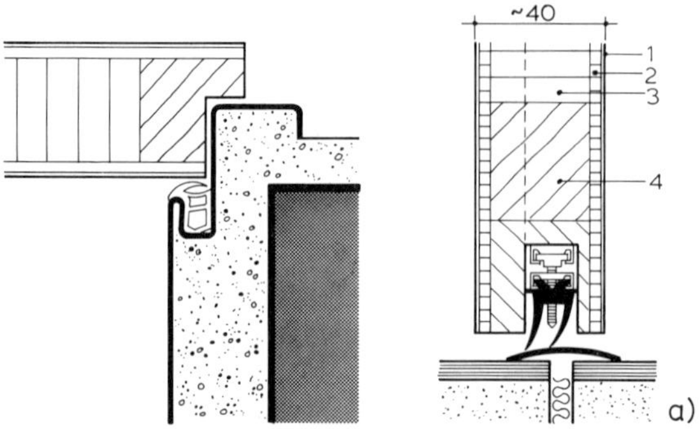

Schalldämmwert der Türblattkonstruktion Rw=34 dB
Schalldämmwert der betriebsfertigen Tür Rw= 29 dB

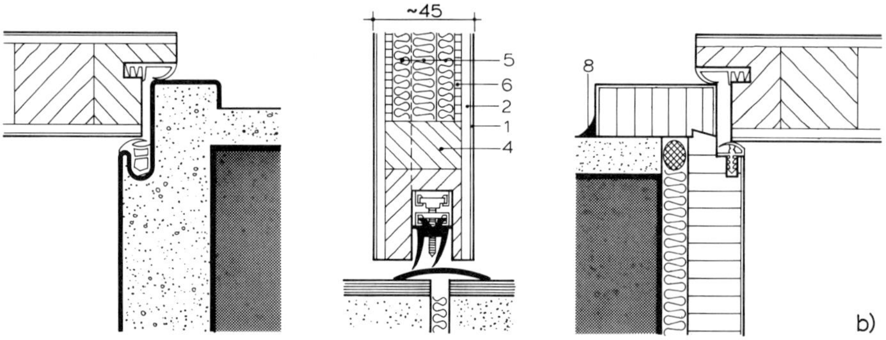

Schalldämmwert der Türblattkonstruktion Rw=42 dB
Schalldämmwert der betriebsfertigen Tür Rw=39 dB

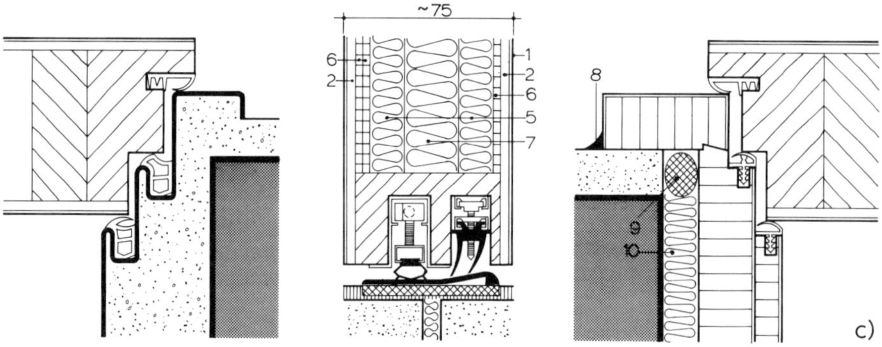

Schalldämmwert der Türblattkonstruktion Rw= 45 dB
Schalldämmwert der betriebsfertigen Tür Rw=42 dB

1 Deckfurnier oder Schichtstoffplatte
2 Hartfaserplatte, etwa 4,7 mm
3 stranggepreßte Holzspanplatte
4 Doppelrahmen
5 Weichfaserplatten, je 13 mm dick
6 Hartfaserplatte, etwa 2,7 mm
7 Weichfaserplatte, 20 mm
8 dauerelastische Dichtungsmasse (Silikon o. ä.)
9 elastischer Schaumstoffstreifen
10 Mineralwolle

Nach Vorlagen der Wirus-Werke, Gütersloh

türen immer noch zusätzlich durch eine am Bau in betriebsfertigem Zustand gemessene Baumusterprüfung belegen lassen (**Bau**-Schalldämm-Maß R'_w).

Selbstverständlich müssen Schallschutztüren auch möglichst dicht schließen, da sonst die Schalldämmfähigkeit einer Türblattkonstruktion über die Fugen verloren geht. Dabei ist die Abdichtung der Bodenfuge – neben wirksamen Falzdichtungen – die wichtigste Voraussetzung für schalldämmende Türen. Vgl. hierzu Abschn. 6.4.4, Türdichtungen.

Vergleichende Gegenüberstellung betriebsfertiger Schallschutztüren

— **Einschalige**, jedoch unterschiedlich aufgebaute Türblattkonstruktionen zeigt Bild **6**.98. Es ist daraus zu ersehen, daß bei den einschichtig ausgebildeten Türblättern der Schalldämmwert vor allem durch Erhöhung des Flächengewichtes verbessert werden kann, während die schalltechnische Wirkung mehrschichtig aufgebauter Türblätter (Verbundkonstruktionen) vor allem von der Art der Verbindung der einzelnen Schichten untereinander abhängig ist. Je loser diese Schichten miteinander verbunden sind, desto höher ist die Dämmung. Vgl. hierzu auch Tab. **6**.6 in Abschn. 6.3.1, Schallschutz.

— **Zweischalig** ausgebildete schalldämmende Türblätter erbringen im allgemeinen noch bessere Schalldämmmwerte als einschalige Elemente. Vgl. hierzu auch Tab. **6**.7. Das in Bild **6**.99a und b dargestellte Holztürblatt besteht aus einem umlaufenden Aluminiumrahmen, an den beidseitig je eine 18 mm dicke Schale aus Holzspanplatten angebracht und der Hohlraum mit Mineralfasereinlagen verfüllt ist. Vorstehende Kanten des Alu-Rahmens pressen sich als Schneidendichtung in ringsumlaufende Gummiprofile.

  Das in Bild **6**.99c gezeigte Metalltürblatt besteht ebenfalls aus einem verwindungssteifen Metallprofilrahmen. Daran befestigt sind hohlkastenförmig zusammengefügte, körperschallgedämmte (entdröhnte) Stahlblechtafeln mit nichtbrennbarer Mineralfasereinlage. Auch hier pressen sich vorstehende Kanten als Schneidendichtung in weiche Gummiprofile. Derartige zweischalige Stahlblechtüren ergeben besonders hohe Luftschalldämmwerte. Dies ist auf die sehr schweren, bezogen auf ihr Flächengewicht jedoch sehr biegeweichen, dünnwandigen Stahlblechschalen zurückzuführen.

  Derart schwere und dicke Türblätter müssen in der Regel mit Spezialbändern, z. B. mit verlängerten Bandlappen, angeschweißten Tragbolzen o. ä. angeschlagen werden. Außerdem sind entsprechend kräftige Einsteckschlösser bzw. Drückergarnituren auszuwählen.

Hinzuweisen ist noch, daß sich auch durch unsachgemäße Montage die Schallschutzleistung einer Tür stark vermindern kann. So ist bei der Montage von Holzumfassungszargen darauf zu achten, daß die Zarge absolut lot-, winkel- und fluchtgerecht und in der Höhe genau passend eingebaut und an der Leibung mit Spreizdübeln oder Tellerankern gesichert wird. Der verbleibende Hohlraum ist mit Mineralwolle satt auszustopfen und auf Höhe der Mauerkanten mit Dichtungsbändern (vorkomprimierte Schaumgummibänder o. ä.) zu schließen. Außerdem sind die Fugen zwischen den Bekleidungen und den Wandflächen sehr sorgfältig mit dauerelastischem Dichtstoff abzudichten. Dagegen ist das vollvolumige Hinterschäumen der Zarge mit PUR-Schaum schalltechnisch ungünstig und sollte bei Schallschutztüren unterbleiben.

Weitere Einzelheiten sind den Montageanleitungen der Herstellerfirmen zu entnehmen. Angaben über den Einbau von Stahlzargen in Mauerwerk s. Abschn. 6.3.5.1.

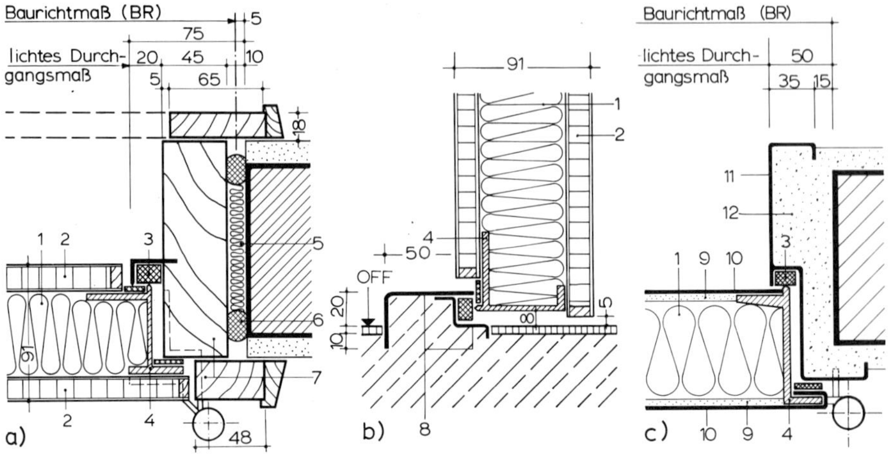

6.99 Zweischalige betriebsfertige Schallschutztüren aus Holz und Metall

a) Horizontaler Schnitt durch Holztürblatt mit Futter und Bekleidung

b) Vertikaler Schnitt durch Holztürblatt und eingegossener Anschlagschwelle (bei Stahlzargen). Bewertetes Schalldämmaß R_w = 45 dB.

c) Horizontaler Schnitt durch Metalltürblatt mit Stahlzarge und eingegossener Anschlagschwelle wie bei b). Bewertetes Schalldämmaß R_w = 48 dB.

1 Mineralfaser-Dämmschicht
2 Holzspanplatte, 18 mm
3 umlaufende Gummidichtung
4 umlaufender Alu- bzw. Stahlrahmen
5 Mineralwolle
6 dauerelastische Dichtmasse
7 Futter und Bekleidung
8 eingegossene Anschlagschwelle mit Gummidichtung
9 entdröhnende Schicht
10 Stahlblechschalen
11 Stahl-Umfassungszarge
12 Vergußbeton

Grünzweig + Hartmann (G+H Montage), Ludwigshafen

6.7.4 Strahlenschutztüren

Strahlenschutztüren sind für den Einsatz in Röntgenräumen von Kliniken und Arztpraxen, in Laboratorien und in Räumen wissenschaftlicher Forschung bestimmt. Die notwendigen Anforderungen sowie Angaben über die Herstellung und Montage von Strahlenschutztüren enthält DIN 6834 T1 bis T5. Zur Schwächung der abzuschirmenden Strahlung muß Blei verwendet werden. Die Gesamtdicke der Bleifolie ist von der zu erwartenden Strahlenintensität und somit von der Art der eingesetzten Röntengeräte abhängig.

Den notwendigen Strahlenschutz über die gesamte Türblattfläche erbringen die in beiden Deckplatten eingebetteten Bleifolien. Die Dicke der beiden Bleifolien zusammenaddiert ergibt den sog. Bleigleichwert (Schwächungsgrad). Der erforderliche Bleigleichwert ist von der zu erwartenden Strahlenbelastung abhängig und wird vom Hersteller der Röntgengeräte angegeben. Übliche Strahlenschutztüren weisen einen Bleigleichwert von 1 bis 5 mm auf.

Wie Bild **6.**100a zeigt, bestehen die Deckplatten selbst aus einer mehrfach verleimten, etwa 6 mm dicken Furnierplatte oder einer entsprechenden Hartfaserplatte mit darin eingelegter Bleifolie. Als Türeinlage wird meist eine Röhrenspanplatte mit guten schalldämmenden Eigenschaften verwendet. Geeignete Veredelungsmaterialien für die Türblattoberflächen sind Furniere, Kunstschichtstoffplatten o.ä. Durch

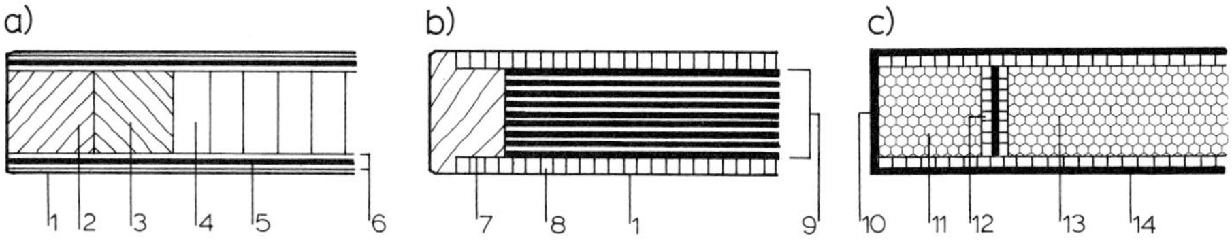

6.100 Schematische Darstellung von Türblatt-Sonderkonstruktionen (Beispiele)
a) Türblatt einer Strahlenschutztür
b) Türblatt einer schußhemmenden Tür
c) Türblatt einer Feuchtraumtür

1 Decklage (Furnier, Schichtstoffplatte o. ä.)
2 Einleimer
3 umlaufender Holzrahmen
4 Röhrenspanplatte
5 Bleifolie (je nach Anforderung 1 bis 5 mm dick)
6 7fach aufgebaute Furnierplatte mit Bleieinlage
7 verdeckter Anleimer aus Hartholz
8 Spanplatte mit Decklage
9 Einlage aus 33fach verleimtem Panzerholz
10 PVC-Anleimer
11 wasserbeständiger Polyurethan-Rahmen
12 Aluminium-Stabilisator
13 wasserunempfindliche Hartschaum-Einlage
14 Schichtstoffplatte auf Leimträger

Westag & Getalit, Rheda-Wiedenbrück

die Bleikaschierung des Türblattes und die dadurch bedingte Gewichtserhöhung sind stärkere Bänder vorzusehen. Schlösser müssen so abgeschirmt oder angeordnet sein – ggf. mit versetzter Nuß- und Schlüssellochdurchführung – daß an keiner Stelle der Tür deren Schutzwert unterbrochen ist.

Üblicherweise werden ein- oder zweiflügelige Türen eingebaut, die als Drehflügel in eine Stahlzarge schlagen. Aus raumbedingten Gründen können auch Schiebetüren zweckmäßig sein. Als Türzarge ist eine mindestens 2,5 mm dicke Stahlumfassungszarge mit umlaufender Dichtung und etwa 50 mm Bodeneinstand vorzusehen. Durch innenseitiges Auskleiden der Stahlzargen mit Blei in der gesamten Umfassung oder ggf. auch nur im Falzbereich ist ein Strahlenschutz der angrenzenden Räume möglich. Weitere Angaben, vor allem im Hinblick auf die zu verwendenden Sonderbeschläge und Montagerichtlinien sind den entsprechenden DIN-Normen bzw. Anweisungen der Herstellerfirmen zu entnehmen.

6.7.5 Einbruchhemmende Türen

Über die Hälfte aller Einbrüche werden – so die Kriminalstatistik – durch die Haus- und Wohnungseingangstüren verübt. Meist sind es sog. Gelegenheitstäter, die durch einen Einbruch auf schnelle Weise an das Geld oder den Besitz anderer gelangen wollen. Die meisten geben jedoch auf, wenn sie überraschend auf zusätzliche Sicherheitseinrichtungen stoßen. Demgemäß sind einbruchhemmende Türen dazu bestimmt, dem Versuch einer gewaltsamen Beschädigung oder Zerstörung einzelner Bauteile der Tür eine gewisse Zeit Widerstand zu leisten. Nach DIN 18103 bestehen derartige Türelemente aus einem Türblatt, einer Holz- oder Stahlzarge mit den erforderlichen Befestigungsmitteln, mehreren Türbändern, einem oder mehreren Türschlössern sowie Beschlägen wie Türdrücker, Türschilder usw. Alle Teile müssen aufeinander abgestimmt und als Einheit geprüft sein. Der Einbau der Tür hat nach Montageanleitung des Herstellers zu erfolgen. Um beschlagtechnisch eine möglichst hohe Sicherheit zu gewährleisten, sollen folgende güteüberwachte Schloß- und Beschlagteile [6] verwandt werden:

- **Sicherheitsschlösser** (Einsteckschlösser) der Klasse 3 nach DIN 18251 (s. hierzu Abschn. 6.4.2.1, Schloßklassen sowie Bild **6**.36 bis **6**.37),
- **Schließzylinder** (Profilzylinder) der Klasse 3 mit Anbohrschutz nach DIN 18252 (s. Abschn. 6.4.2.2, Sicherungsarten sowie Bild **6**.41),

- **Sicherheitsschließbleche** (s. Abschn. 6.4.2.3, Schließbleche sowie Bild **6**.43),
- **Sicherheitstürschilder** nach DIN 18257 (s. Abschn. 6.4.3.1, Türgarnituren sowie Bild **6**.49),
- **Sicherheitstürbänder** des Einsatzbereiches III nach RAL-RG 607/8 (s. Abschn. 6.4.3.1, Türbänder sowie Bild **6**.23 bis **6**.25),
- **Angriffshemmende Verglasungen** nach DIN 52290 (s. Abschn. 6.8, Ganzglastüren und Ganzglasanlagen).

Die vorgenannten beschlagtechnischen Verbesserungen haben selbstverständlich nur dann einen Sinn, wenn auch das Türblatt selbst einbruchhemmende Eigenschaften aufweist. Nach den in DIN 18103 festgelegten Prüfverfahren darf die Tür an keinem der Angriffspunkte – unter Stoßbelastung bei gleichzeitig ruhender Belastung – so stark beschädigt oder zerstört werden, daß ein Eindringen in den zu schützenden Bereich möglich wird. Bei einem Angriff sind neben der Türblattfläche vor allem der Schloß- und Bandbereich besonderen Belastungen ausgesetzt. Entsprechende Verstärkungen des Türblattrahmens, beispielsweise durch eingebaute Stabilisatoren, so wie sie in Bild **6**.11 dargestellt sind, bewirken eine merklich verbesserte Ausreißfestigkeit aller Beschlagteile.

Bei erhöhten Sicherheitsanforderungen sind Türblätter aus Stahlblech, die sich nach außen von einer „normalen" Tür nicht unterscheiden, einzubauen. Bei diesen Türen besteht die Sicherheitsschloßanlage aus einem Getriebemittelschloß mit einem unteren oder oberen Rollzapfen bzw. Schwenkriegel. Auf der Bandseite weisen sie drei bis fünf Sicherungsbolzen auf, die beim Schließen der Tür exakt in die Metallzarge eingreifen (5-, 7-, 9fach-Verriegelung).

6.7.6 Wohnungsabschlußtüren

Wohnungsabschlußtüren (Wohnungseingangstüren) sind in DIN 18105 genormt. Diese Norm stellt bestimmte Anforderungen an Abschlußtüren, die von Hausfluren oder Treppenräumen in Wohnungen, Appartements oder Hotelzimmer führen. In diesem Zusammenhang wird auch auf den Forschungsbericht [2] des Instituts für Fenster- und Türentechnik, verwiesen. An Wohnungsabschlußtüren werden demnach folgende Anforderungen gestellt:

- **Schallschutz.** Der mangelnde Schallschutz der bisher üblichen Wohnungsabschlußtüren ist seit Jahren Gegenstand von Beanstandungen. Er soll nunmehr durch Anforderungen in DIN E 4109 T2 (z.Z. in Überarbeitung) verbessert werden. Vgl. hierzu Abschn. 6.3.1, Schallschutz, insbesondere Tab. **6**.5.
- **Wärmeschutz.** Das Problem des Wärmeschutzes taucht auch bei Wohnungseingangstüren vermehrt auf, wenn diese beispielsweise an unbeheizte Treppenhäuser o.ä. anschließen. Einzelheiten hierzu s. Abschn. 6.3.2, Wärmeschutz.
- **Hygrothermische und mechanische Belastung.** Klimatische Belastungen können durch unterschiedliche Temperaturen und relative Luftfeuchtigkeit entstehen, mechanische Belastungen durch Stöße, Verdrehungen o.ä. Siehe hierzu Abschn. 6.3.3, Feuchteschutz, insbesondere Tab. **6**.10, Einsatzempfehlungen für Innentüren (Türenklassen).
- **Geometrische und maßliche Festlegungen.** Wohnungsabschlußtüren sollen den Vorzugsmaßen für Wandöffnungen nach DIN 18100 entsprechen. Für Rollstuhlbenutzer muß das lichte Durchgangsmaß der Breite mind. 85 cm betragen. Einzelheiten hierzu s. Abschn. 6.3.4, Genormte Wandöffnungen für Türen sowie Tab. **6**.12 bis **6**.16 und **6**.18.
- **Montagetechnische Anforderungen.** Die dauerhafte Einhaltung aller Anforderungen wird nicht zuletzt durch die Qualität des Einbaus in die Wandöffnung bestimmt. Dementsprechend sind Wohnungsabschlußtüren – ähnlich wie Feuerschutztüren – zukünftig als einbaufertige, komplette Bauteile zu konstruieren und einzubauen. Vgl. hierzu Abschn. 6.3.5, Montagetechnische Anforderungen.

– **Einbruchschutz.** Wohnungsabschlußtüren müssen ausreichend einbruchhemmend sein. Die einbruchhemmende Eigenschaft ist durch Prüfungen nach DIN 18103 nachzuweisen. Einzelheiten hierzu s. Abschn. 6.7.5, Einbruchhemmende Türen.
– **Feuerschutz und Rauchschutz.** In Abstimmung mit DIN 18103 muß ein Kompromiß zwischen den Wünschen der Polizei nach möglichst großer Einbruchhemmung und der Forderung der Feuerwehr, im Gefahrenfall notfalls gewaltsam eine Tür öffnen zu können, gefunden werden. S. hierzu Abschn. 6.7.1, Feuerschutztüren sowie 6.7.2, Rauchschutztüren.

6.8 Ganzglastüren und Ganzglasanlagen

Ganzglastüren und Ganzglasanlagen ergeben großzügige, transparente Raumabschlüsse, weitgehend ohne störende Rahmen, nur mit den notwendigsten Beschlägen ausgerüstet, Die Türen sind wahlweise als Pendel- oder Anschlagtüren – jeweils ein- oder mehrflügelig – lieferbar. Vgl. hierzu auch Abschn. 7, Ganzglas-Schiebewände sowie Falt- und Harmonika-Türanlagen.

Glas kann passive und aktive Sicherheit bieten. Unter passiver Sicherheit versteht man den Schutz des Menschen vor Verletzungen durch das Glas selbst. Hierfür gibt es verschiedene Glasarten:
– Einscheiben-Sicherheitsglas (ESG),
– Verbund-Sicherheitsglas (VSG).

Aktive Sicherheit ist der Schutz des Eigentums oder des Menschen gegenüber Angriffen durch Dritte mit Hilfe von Sondergläsern. Angriffhemmende Verglasungen nach DIN 52290 T1 bis T4 gibt es je nach Schutzwirkung (Widerstandsklassen) als:
– Durchbruch- und durchwurfhemmende Gläser,
– Durchschuß- und sprenghemmende Gläser.

Um Glasunfälle zu vermeiden und hochwertige Güter vor Einbruch zu sichern, müssen bei Ganzglastüren und Ganzglasanlagen immer Sicherheitsgläser verwendet werden. Man unterscheidet:

Einscheiben-Sicherheitsglas (ESG) ist ein sogenanntes vorgespanntes Glas, bei dem durch rasche Abkühlung der erhitzten Glastafel in der Oberfläche eine Durckspannung erzeugt wird, während das Scheibeninnere unter Zugspannung steht. Durch diese Vorspannung erreicht das Glas zwar eine hohe Biegebruchfestigkeit und Temperaturwechselbeständigkeit, es ist jedoch nachträglich nicht mehr bearbeitbar. Jede weitere Bearbeitung hätte den Zerfall des Glases zur Folge. Die Glastafel muß deshalb vor dieser Wärmebehandlung auf Größe zugeschnitten, die Kanten bearbeitet und alle erforderlichen Lochbohrungen (z. B. für Türgriffe) vorher vorgenommen werden. Bei gewaltsamer Zerstörung zerfällt diese Art von Sicherheitsglas in stumpfkantige, ungefährliche Bruchstucke, die niemanden ernsthaft verletzen.

Einscheiben-Sicherheitsglas kann aus durchsichtigem oder eingefärbtem Kristallspiegelglas, strukturiertem Spiegelrohglas und aus Sonnenschutzglas in Dicken von 4 bis 15 (21) mm hergestellt werden. Verwendet wird es vor allem für Ganzglastüren und Ganzglasanlagen, Sicherheitsverglasungen in Sporthallen, Ganzglaskonstruktionen bei Treppengeländern und Brüstungen, außerdem bei anwendungsfertigen Produkten wie Duschkabinen usw.

Verbund-Sicherheitsglas (VSG) besteht aus zwei oder mehreren Glastafeln, die jeweils durch klardurchsichtige, zähelastische, hochreißfeste Folien fest zu einer Einheit verbunden sind. Bei gewaltsamer Zerstörung haften die Bruchstücke an der Folie

(= splitterbindendes Glas), so daß kein Totalverlust der Verglasung wie beim Einscheiben-Sicherheitsglas befürchtet werden muß. Durch die Kombination verschieden dikker Glas- und Folienschichten lassen sich auch unterschiedliche Sicherheitseigenschaften gegen Durchbruch, Beschuß und Explosion schaffen. Außerdem gibt es Verbund-Sicherheitsglas in einschaligem Aufbau und als Isolierglas, so daß auch die Anforderungen des Wärmeschutzes mit denen der Sicherheit kombinierbar sind. In die Verbundschicht können auch dünne Drähte für Alarmanlagen, zu Heizzwecken usw. eingelegt sein.

Verbund-Sicherheitsglas wird überall dort eingesetzt, wo Licht gebraucht und ein Höchstmaß an Sicherheit verlangt wird, wie beispielsweise bei Schaufenster- und Türverglasungen von Juwelier-, Pelz- und Antiquitätengeschäften, in Banken, Museen, Rechenzentren usw., aber auch in Schulen, Kindergärten und Privathäusern sowie bei Schrägdachverglasungen u.ä. Zu beachten ist jedoch, daß Verbund-Sicherheitsglas – im Gegensatz zum Einscheiben-Sicherheitsglas – immer in eine **Rahmenkonstruktion** gelegt werden muß (UV-Strahlung/offener Glasrand). Rahmenlose Ganzglas-Türanlagen werden demnach nahezu ausnahmslos aus Einscheiben-Sicherheitsgläsern hergestellt. Außerdem ist Verbund-Sicherheitsglas in der Regel auch teurer als Einscheiben-Sicherheitsglas. Weitere Einzelheiten sind der Spezialliteratur [22] zu entnehmen.

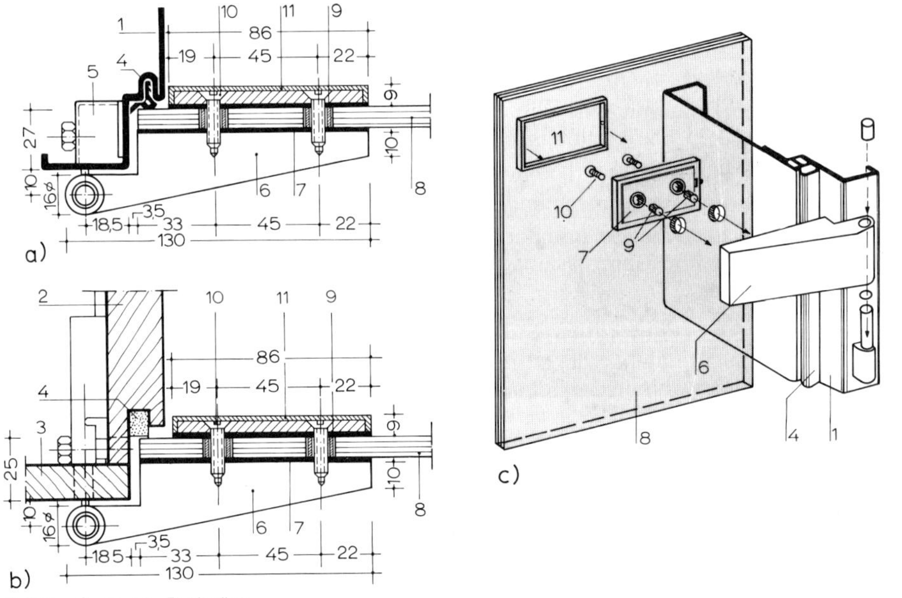

6.101 Ganzglas-Fertigtüren

a) in Stahlzarge für gefälzte Türen
b) in Holzzarge mit Bekleidung (VEGLA, Vereinigte Glaswerke, Aachen)
c) Darstellung des Zusammenbaues eines Ganzglas-Türscharniers (FLACHGLAS AG, Gelsenkirchen)

1 Stahlzarge
2 Holzzarge
3 Falzbekleidung
4 Falzdichtung
5 Bandtasche
6 Türscharnier
7 Klemmplatte mit Preßspan-Zwischenlage
8 Einscheiben-Sicherheitsglas
9 Kunststoffhülsen
10 Befestigungsschraube
11 Abdeckplatte

1. Ganzglas-Fertigtüren

Die rahmenlosen Türblätter bestehen aus 8 mm dickem Einscheiben-Sicherheitsglas. Ihre Außenmaße 709 × 1972/834 × 1972/959 × 1972 sind auf die Baurichtmaße nach DIN 18100 abgestimmt. Die mit allen erforderlichen Beschlagteilen ausgerüsteten, in verschiedenartigen Oberflächenstrukturen bzw. Farbtönungen erhältlichen Standard-Türblätter eignen sich somit zum Einbau in Norm-Stahlzargen für gefälzte Türen oder Holzzargen mit Bekleidung. Bild **6.**101 a und b. Dreiseitig umlaufende Dichtungen sorgen für einen geräuscharmen, zugdichten Verschluß. Bild **6.**101 c. Von der Norm abweichende Sonderabmessungen mit maximalen Türblattaußenmaßen 1000 × 2100 mm sind möglich.

2. Ganzglas-Türanlagen

Ganzglas-Türanlagen sind ideale Bauelemente für großflächige, transparente Raumabschlüsse, so wie sie beispielsweise in Verwaltungs- und Ladenbauten, Hotel- und Theaterfoyers, aber auch in Privathäusern erwünscht sind. Bild **6.**102. Sie bestehen meist aus einem oder mehreren Standard-Türflügeln – mit den Regelabmessungen 946 × 2090 oder 996 × 2090 mm – um die sich fest eingebaute Seiten – und/oder Oberlichtglasflächen gruppieren. Die Türen sind wahlweise als Pendel- oder Anschlagtüren lieferbar. Aus Sicherheitsgründen müssen alle Teile aus Einscheiben-Sicherheitsglas sein.

Die zulässigen Minimal- bzw. Maximalabmessungen für Sondertürflügel und feststehende Glasflächen sind den jeweiligen Produkt-Diagrammtafeln der Herstellerfirmen zu entnehmen. Je nachdem, wie groß die Anlage ist und ob sie mit oder ohne Aussteifungsgläser ausgeführt wird, ist mit Glasdicken zwischen 10 und 12 mm zu rechnen. Die sich aus dem Einsatz von Standard-Türflügeln ergebenden Vorteile – wie beispielsweise kürzere Lieferzeiten und relativ günstige Preise – sollten zunächst immer genutzt und teure Sonderanfertigungen möglichst vermieden werden.

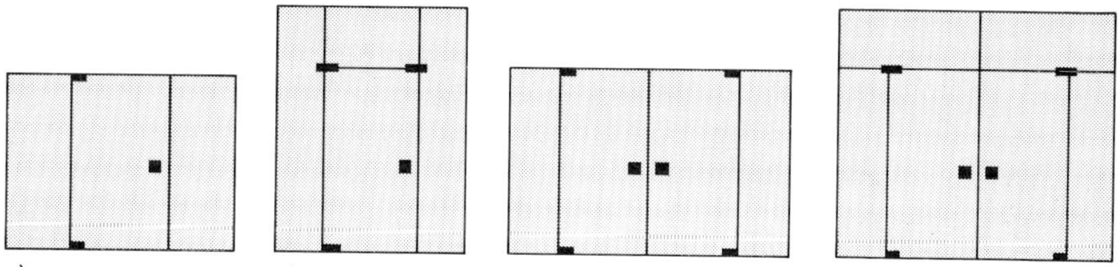

6.102 Ganzglas-Türanlagen. Alle hier gezeigten Anlagetypen (Beispiele) sind ausbaufähig mit zusätzlichen Oberlichtern und Seitenteilen.

a) einflügelig mit türhohen Seitenteilen
b) einflügelig mit raumhohen Seitenteilen und Oberlicht
c) zweiflügelig mit türhohen Seitenteilen
d) zweiflügelig mit türhohen Seitenteilen und zweigeteiltem Oberlicht

Das Ganzglas-Türblatt wird an der oberen und unteren Ecke durch angeklemmte Zapfenbänder (Ober- und Unterteil) aus Leichtmetall gehalten. Bild **6.**103. Zwischen diesen Klemmbeschlägen und der Glasscheibe muß immer eine den Klemmdruck ausgleichende, elastische Zwischenlage aus Preßspan o. ä. liegen. Der Türflügel kann wahlweise mit einem Eckschloß, Mittelschloß (in Türgriffhöhe), mit einem in die untere, durchlaufende Türschiene oder in den Fußboden eingebautem Schloß ausgerüstet sein. Zapfenbänder, Türschienen sowie alle anderen Beschläge einschließlich Bodentürschließer werden vom Glaswerk mitgeliefert bzw. sind an den einzelnen Glasteilen bereits vormontiert. Auch alle für diese Beschlagteile erforderlichen Glasausschnitte und Lochbohrungen werden werkseitig festgelegt. Bild **6.**104.

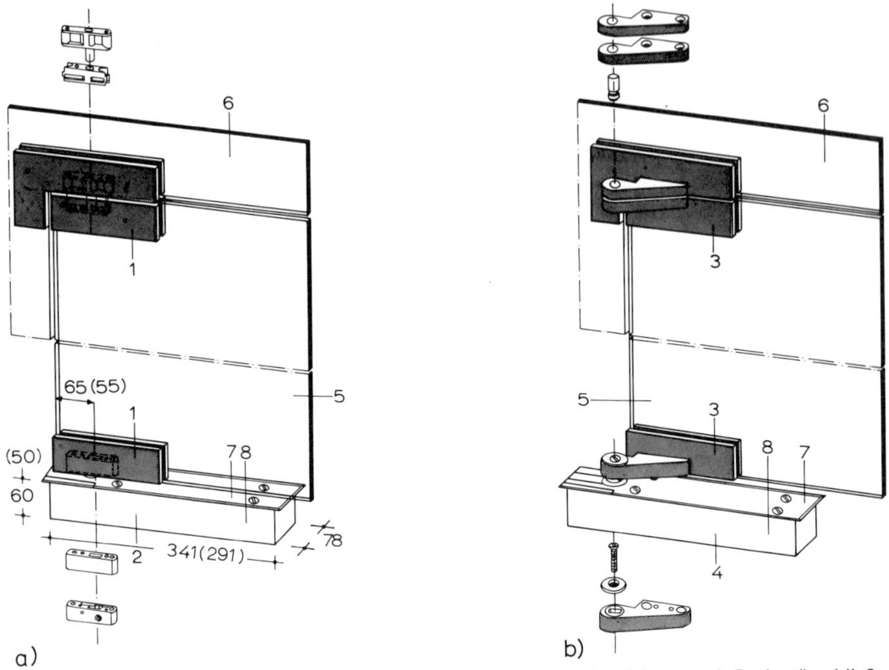

6.103 Ganzglas-Türanlagen. Schematische Darstellung des Türblatteinbaues mit Bodentürschließern, jeweils DIN-links und DIN-rechts verwendbar

a) Ganzglas-Pendeltür

b) Ganzglas-Anschlagtür, jeweils mit Glasoberlicht

1 / 1 und 2 angeklemmte Zapfenbänder (Oberteil/Unterteil, Drehpunkt mittig angeordnet) mit Bodentürschließer für Pendeltür

3 / 3 und 4 angeklemmte Zapfenbänder (Oberteil/Unterteil, Drehpunkt exzentrisch angeordnet) mit Bodentürschließer für Anschlagtür

5 Ganzglas-Türblatt

6 Glasoberlicht

7 Deckplatte aus Edelstahl rostfrei

8 Gehäuse des Bodentürschließers

DORMA-Baubeschlag GmbH, Ennepetal

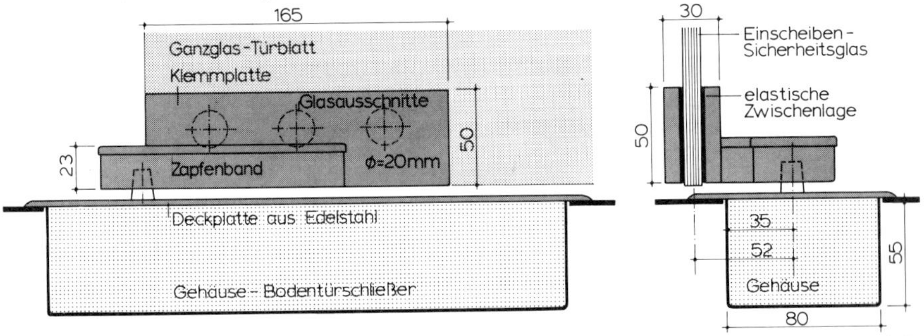

6.104 Schematische Darstellung eines an ein Ganzglas-Türblatt angeklemmten Zapfenbandes mit Bodentürschließer

VEGLA, Vereinigte Glaswerke, Aachen

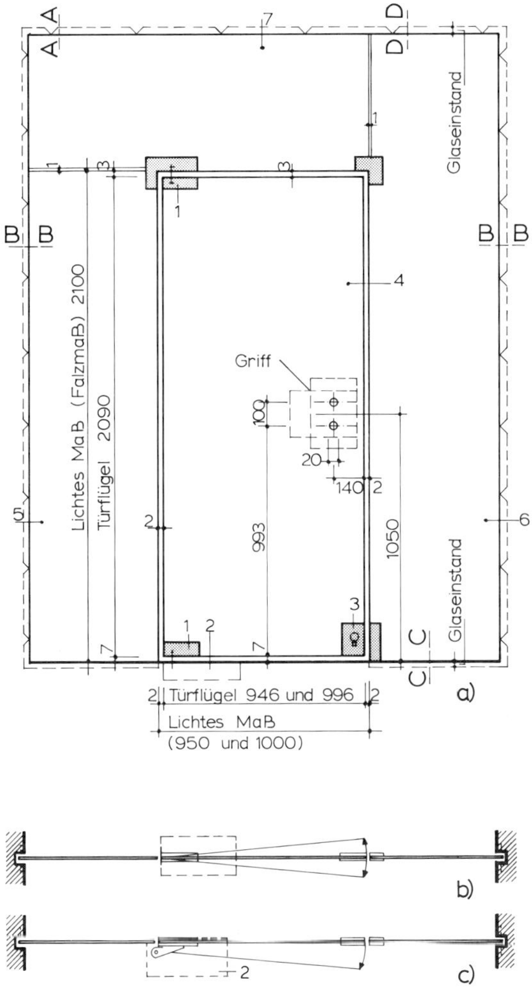

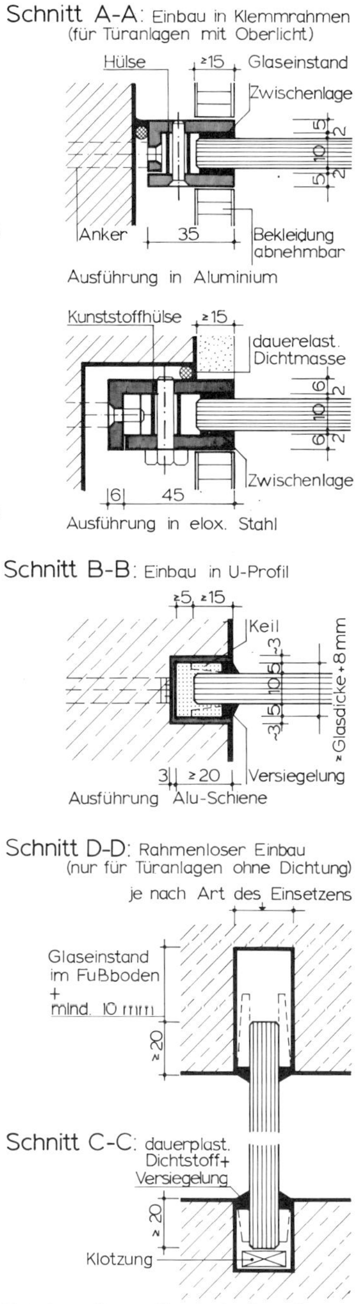

Bei vier-seitigem Glaseinstand muß an einer Seite (vorzugsweise oben) eine abnehmbare Glasleiste vorgesehen werden

6.105
Ganzglas-Türanlage

a) Ansicht
b) Horizontalschnitt – Pendeltür
c) Horizontalschnitt – Anschlagtür

Schnitte A–A bis D–D: Einbaudetails

1 angeklemmte Zapfenbänder
2 Bodentürschließer
3 Eckschloß
4 Ganzglas-Türflügel
5 türhohes Seitenteil
6 raumhohes Seitenteil
7 Oberlichtteil

Nach Vorlagen VEGLA, Vereinigte Glaswerke, Aachen

Besondere Wünsche sind bereits bei der Auftragserteilung anzugeben, da Einscheiben-Sicherheitsglas nach dem Vorspannen nicht mehr bearbeitet werden kann. Weitere Einzelheiten, insbesondere über Kantenbearbeitung, Lochbohrungen, Bohrlochabstände und Glasausschnitte sind den Herstellerunterlagen [22], [23] zu entnehmen.

Bild **6**.105a zeigt eine Ganzglas-Türanlage in der Ansicht, die aus mehreren Teilen besteht. Die Darstellung dient zur Erläuterung der Einbaumöglichkeiten und der erforderlichen Abstände der Glasteile untereinander. So ist die Türflügelbreite immer 4 mm (2 + 2 mm) kleiner als das lichte Durchgangsmaß und die Flügelhöhe 10 mm (7 + 3 mm) kleiner als die lichte Öffnungshöhe anzunehmen. Einbaumöglichkeiten feststehender Glasflächen wie Seiten-, Mittel- und Oberlichtteile zeigen die Schnitte A–A bis D–D des Bildes **6**.105. Demnach müssen alle Türanlagen mit Oberlicht oben einen Klemmrahmen gemäß Schnitt A–A erhalten. Feststehende Seitenteile können wahlweise in ein U-Profil (Schnitt B–B) oder rahmenlos eingebaut werden (Schnitt C–C und D–D). Auch bei rahmenlosem Einbau muß bei vierseitigem Glaseinstand an einer Seite – vorzugsweise oben – eine abnehmbare Glasleiste vorgesehen werden.

Um die Befestigungsschrauben der Metallrahmen durch die Glasfläche führen zu können, mußten bislang die Ränder der Scheiben genau nach Vorgabe ausgeschnitten werden (V-förmig dargestellte Glasrandausschnitte s. Bild **6**.105a). Neuentwickelte Klemmvorrichtungen ermöglichen den fachgerechten Einbau feststehender Glasflächen aus Sicherheitsglas jetzt auch ohne diese Randausschnitte. Hierdurch wird der Montageaufwand wesentlich verringert.

Folgende allgemeine Verarbeitungshinweise sind beim Einbau von Ganzglas-Türanlagen zu beachten [22]:

- Einscheibensicherheitsglas darf nachträglich keinesfalls mehr bearbeitet werden.
- Die Scheiben sollen möglichst nicht naß werden. Naß gewordene Gläser (z. B. beim Transport) sind umgehend zu trocknen. Außerdem dürfen die Scheiben nicht direkt auf den Boden, sondern nur auf Holzleisten o. ä. abgestellt werden.
- Beim Einsetzen in Klemmrahmen, U-Profil oder Mauerwerk oder beim Montieren von Beschlägen ist in jedem Falle zwischen Glas und Metall bzw. Mauerwerk ein Trennmaterial, wie beispielsweise Preßspan o. ä. einzulegen.
- Trotz der hohen Biegebruch- und Schlagfestigkeit der Scheiben ist beim Einbau mit größter Sorgfalt zu verfahren, da schon kleine Beschädigungen der Glaskante zur Zerstörung der ganzen Scheibe führen können.
- Werden Ganzglas-Türanlagen vor Abschluß der Putzarbeit eingebaut, so sind sie zum Schutz gegen Kratzer und Ätzungen (z. B. Kalkspritzer) mit Papier zu bekleben.
- Für die Standfestigkeit von Ganzglas-Türanlagen sind außer den Metallbeschlägen keine zusätzlichen Verbindungsmittel erforderlich (Firmenauskünfte einholen).
- Muß der Stoß von feststehenden Scheiben (Seiten- und Oberlichtteile) staubdicht ausgeführt werden, so können hierfür elastisch bleibende Materialien verwandt werden.
- Es ist darauf zu achten, daß alle Teile (Rahmen und Verglasungen) einwandfrei gefluchtet eingebaut werden, da sonst durch das Verziehen der Gläser die Optik beeinträchtigt wird.

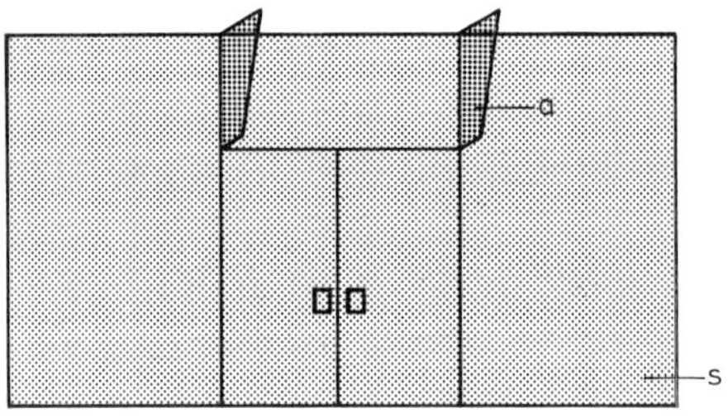

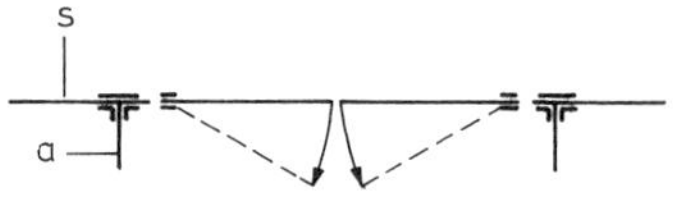

6.106
Ganzglas-Türanlage. Stabilisierung der Seitenteile (S) durch Aussteifungsgläser (a) im Bereich des Oberlichtteiles

Bei Ganzglas-Türanlagen mit Oberlicht und Seitenteilen sind bei Überschreitung bestimmter Abmessungen Aussteifungsgläser im Bereich der Oberlichtteile oder in Höhe der gesamten Türanlage erforderlich. Bild **6.**106. Diese stehen senkrecht zu den Glaswänden und werden von einer Klemmkonstruktion, die starr mit dem angrenzenden Bauteil verbunden ist (z. B. Rohdecke, Unterzug, Rohfußboden), gehalten. Die Glasdicke von Aussteifungsgläsern beträgt etwa 12 mm. Bei Pendeltüranlagen ist eine beidseitige Aussteifung empfehlenswert.

Schwer erkennbare Scheiben von Ganzglas-Türanlagen bzw. Fensterwänden oder von Anlagen in öffentlichen Gebäuden mit Publikumsverkehr müssen deutlich erkennbar gemacht werden, beispielsweise durch Griffleisten, Ätzungen, Beschriftung o. ä. An besonders gefährdeten Stellen kann die Bauaufsichtsbehörde das Anbringen von Schutzgeländern oder ähnlichem vorschreiben.

6.9 DIN-Normen

DIN-Nr.		Ausgabe-Datum	Titel
107		4.74	Bezeichnung mit links oder rechts im Bauwesen
4079		5.76	Furniere; Dicken
4102	T1	5.81	Brandverhalten von Baustoffen und Bauteilen; Baustoffe; Begriffe, Anforderungen und Prüfungen
	T2	9.77	–; Bauteile; Begriffe, Anforderungen und Prüfungen
	T4	3.81	–; Zusammenstellung und Anwendung klassifizierter Baustoffe, Bauteile und Sonderbauteile
	T5	9.77	–; Feuerschutzabschlüsse, Abschlüsse in Fahrschachtwänden und gegen feuerwiderstandsfähige Verglasungen; Begriffe, Anforderungen und Prüfungen
4108	T1 bis T5	8.81	Wärmeschutz im Hochbau
E 4109	T1 bis T5	10.84	Schallschutz im Hochbau
4172		7.55	Maßordnung im Hochbau
4701	T1	3.83	Regeln für die Berechnung des Wärmebedarfs von Gebäuden; Grundlagen der Berechnung
	T2		–; Tabellen, Bilder, Algorithmen
6834	T1	9.73	Strahlenschutztüren für medizinisch genutzte Räume
	T2		–, Drehflügeltüren, einflügclig, mit Richtzarge, Maße
	T3		–; Drehflügeltüren, zweiflügelig, mit Richtzarge, Maße
	T4		–; Schiebetüren, einflügelig, Maße
	T5		–; Schiebetüren, zweiflügelig, Maße
16926		1.86	Dekorative Schichtpreßstoffplatten A; Einteilung, Anforderungen und Prüfung
18000		5.84	Modulordnung im Bauwesen
E 18011		5.84	Wohnungen; Maße und Zuordnung von Räumen
18022		11.67	Küche, Bad, WC, Hausarbeitsraum; Planungsgrundlagen für den Wohnungsbau
E 18025	T1	7.81	Wohnungen für Schwerbehinderte; Planungsgrundlagen; Wohnungen für Rollstuhlbenutzer
18056		6.66	Fensterwände; Bemessung und Ausführung

Fortsetzung s. nächste Seite

DIN-Normen, Fortsetzung

DIN-Nr.		Ausgabe-Datum	Titel
18082	T1	1.85	Feuerschutzabschlüsse; Stahltüren T30–1; Bauart A
	T3	1.84	–; –; Bauart B
18089	T1	1.84	–; Einlagen für Feuerschutztüren; Mineralfaserplatten; Begriff, Bezeichnung, Anforderungen, Prüfung
E	T2	1.84	–; –; Mineralfasermatten; Begriffe, Bezeichnung, Anforderungen, Prüfung
E 18095	T1	8.83	Türen; Rauchschutztüren; Begriffe und Anforderungen
	T2		–; –; Bauartprüfung der Dauerfunktionstüchtigkeit und Dichtheit
18100		10.83	–; Wandöffnungen für Türen; Maße entsprechend DIN 4172
18101		1.85	–; Türen für den Wohnungsbau; Türblattgrößen, Bandsitz und Schloßsitz; Gegenseitige Abhängigkeit der Maße
18103		11.83	–; Einbruchhemmende Türen; Begriffe, Anforderungen und Prüfungen
V 18105		1.84	–; Wohnungsabschlußtüren; Begriff und Anforderungen
18111	T1	1.85	Türzargen; Stahlzargen; Standardzargen für gefälzte Türen
18164	T1	6.79	Schaumkunststoffe als Dämmstoffe für das Bauwesen; Dämmstoffe für die Wärmedämmung
E 18165	T1	6.85	Faserdämmstoffe für das Bauwesen; Dämmstoffe für die Wärmedämmung
18201		12.84	Toleranzen im Bauwesen; Begriffe, Grundsätze, Anwendung
18202		5.86	Toleranzen im Hochbau; Bauwerke
18250	T1	7.79	Schlösser; Einsteckschlösser für Feuerschutzabschlüsse; Einfallenschloß
	T2		–; –; Dreifallenverschluß
18251		11.83	–; Einsteckschlösser für Wohnungsabschlußtüren und Innentüren
18252		11.64	Schließzylinder mit Stiftzuhaltungen für Türschlösser; Begriffe, Güteanforderungen
18255		7.79	Baubeschläge; Türdrücker für Wohnungsabschlußtüren, Zimmertüren und Badtüren
18256	T1		–; Türschilder mit Drückerführung, Langschilder
	T3		–; –; Kurzschilder
E 18257		3.86	–; Sicherheitstürschilder, Anforderungen
18262		5.69	Einstellbares, nicht tragendes Federband für Feuerschutztüren
18263	T1	3.80	Baubeschläge; Türschließer mit hydraulischer Dämpfung für Feuerschutztüren; Kurbeltrieb-Türschließer; Größenbestimmung, Anforderungen, Prüfungen
	T2		–; –; Zahntrieb-Türschließer
	T3	5.81	–; –; Boden-Türschließer
18264		9.78	–; Türbänder mit Feder
18265			–; Pendeltürbänder mit Feder
18268		1.85	–; Türbänder; Bandbezugslinie
E 18272		9.84	Feuerschutzabschlüsse; Bänder für Feuerschutztüren; Federband und Konstruktionsband
18355		10.79	VOB Verdingungsordnung für Bauleistungen, Teil C: Allgemeine Technische Vorschriften für Bauleistungen, Tischlerarbeiten
18357			–; –; Beschlagarbeiten
18361			–; –; Verglasungsarbeiten

Fortsetzung s. nächste Seite

DIN-Normen, Fortsetzung

DIN-Nr.		Ausgabe-Datum	Titel
52290	T1	5.81	Angriffhemmende Verglasungen; Begriffe
	T2		–; Prüfung auf durchschußhemmende Eigenschaft und Klasseneinteilung
55928	T1	11.76	Korrosionsschutz von Stahlbauten durch Beschichtungen und Überzüge; Allgemeines
68360	T1	5.81	Holze für Tischlerarbeiten; Gütebedingungen bei Außenanwendung
	T2		–; Gütebedingungen bei Innenanwendung
68601		3.74	Holz-Leimverbindungen; Begriffe
68602		4.79	Beurteilung von Klebstoffen zur Verbindung von Holz und Holzwerkstoffen; Beanspruchungsgruppen, Klebfestigkeit
68705	T2	7.81	Sperrholz; Sperrholz für allgemeine Zwecke
68706	T1	1.80	Sperrtüren; Begriffe, Vorzugsmaße, Konstruktionsmerkmale für Innentüren
68750		4.58	Holzfaserplatten; Poröse und harte Holzfaserplatten; Gütebedingungen
E 68751		8.85	Kunststoffbeschichtete dekorative Holzfaserplatten; Begriffe, Anforderungen
V 68761	T1	8.81	Spanplatten; Flachpreßplatten für allgemeine Zwecke; FPY-Platte
	T4	2.82	–; –; FPO-Platte
68764	T1	9.73	–; Strangpreßplatten für das Bauwesen; Begriffe, Eigenschaften, Prüfung, Überwachung
E 68765		8.85	–; Kunststoffbeschichtete dekorative Flachpreßplatten; Begriffe, Anforderungen

6.10 Literatur

[1] WIRUS-Report: Zur Planung und Ausschreibung von Schallschutztüren. 3/84. WIRUS-Werke, Gütersloh

[2] Feldmeier, F.; Küchler, A.; Schmid, J.; Sieberath, U. (Institut für Fenstertechnik e.V., Rosenheim): Wohnungseingangstüren. Forschungsbericht im Auftrag des Bundesministeriums für Raumordnung, Bauwesen und Städtebau, Bonn. Ausg.: 1983

[3] Schulz, P.: Schallschutz, Wärmeschutz, Feuchteschutz, Brandschutz im Innenausbau. Stuttgart 1980

[4] Gösele, K.; Schüle, W.. Schall, Wärme, Feuchte. 8. Aufl. Wiesbaden–Berlin 1985

[5] Vallendor, D.: Befestigungsmöglichkeiten für Fertigtürelemente aus Holzwerkstoffen. Obersasbach 1976

[6] Güte- und Prüfbestimmungen RAL-RG 607/8 (Auszug): Güteanforderungen an RAL-Türbänder. Hrsg.: Gütegemeinschaft Schlösser und Beschläge e.V., Velbert

[7] Simonswerk – Baubeschlagtechnik: Hauptkatalog 1986. Simonswerk GmbH, Rheda-Wiedenbrück

[8] Faktoren der Sicherheit (Sicherheitsschlösser). Hrsg.: DOM Sicherheitstechnik, Brühl/Köln

[9] Sicherheit durch Präzision (Techn. Unterlagen). Hrsg.: ZEISS IKON AG, Goerzwerk, Berlin

[10] Baubeschlag-Taschenbuch. Hrsg.: G. Wohlfahrt, Duisburg 1986

[11] Nutsch, W.: Handbuch der Konstruktion. 2. Aufl. Stuttgart 1975

[12] Fachkunde für Schreiner. 11. Aufl., Wuppertal 1980

[13] Holzfachkunde für Tischler, B. G. Teubner, Stuttgart 1985

[14] Informationsdienst Holz: Haustüren für Wohnbauten. Hrsg.: Arbeitsgemeinschaft Holz e.V., Düsseldorf

[15] WIRUS-Report: Kantenausbildungen an Türen – abgestimmt auf den Verwendungsort. **4**/85. WIRUS-Werke, Gütersloh

[16] BEDO-Kompendium: Stahlzargen und Türblätter. Hrsg.: BEDO-Werk, Schwerte. 2. Aufl. 84/1

[17] Merkblatt 114: Zargen und Türen. Hrsg.: Beratungsstelle für Stahlverwendung, Düsseldorf. 6. Aufl. 1982

[18] Eller, H.: Korrosionsschutz im Stahlbau. Deutsche Bauzeitschrift (DBZ) **9**/84

[19] van Eijnsbergen, J. F. H.: Kontaktkorrosion. Das Bauzentrum **2**/1982

[20] RP-Stahlrohrkonstruktionen (Techn. Information). Hrsg.: Mannesmann-Röhrenwerk, Wickede (1984)

[21] Handbuch für Architekten (Aluminium-Konstruktionen). Hrsg.: W. Hartmann & Co., Hamburg (1985)

[22] Technische Information: Einscheiben- und Verbund-Sicherheitsglas. Hrsg.: VEGLA, Vereinigte Glaswerke GmbH, Aachen (1986)

[23] Technische Information: Ganzglas-Türanlagen. Hrsg.: Flachglas AG, Gelsenkirchen (1981)

7 Horizontal verschiebbare Tür- und Wandelemente

Großflächig verschiebbare Tür- und Wandelemente dienen der variablen Raumnutzung. Sie trennen benachbarte Bereiche, in denen gleichzeitig und ohne sich gegenseitig zu stören, verschiedenartige Funktionsabläufe stattfinden sollen; sie bieten andererseits aber auch die Möglichkeit großzügiger Raumverbindungen. Das vielfältige Angebot teilt sich nach Art des Einbaus, der Größe und der Funktion auf in (vgl. hierzu Bild **6**.2):

- Schiebetüren,
- Harmonikatüren und Harmonikawände,
- Falttüren und Faltwände,
- bewegliche Elementwände und
- Sonderkonstruktionen, wie beispielsweise Teleskopwände, Rollwände, Hub- und Versenkwände (bleiben hier unberücksichtigt).

7.1 Schiebetüren

Schiebetüren werden in der Regel an einem Laufwerk aufgehängt und in ihrer ganzen Breite seitlich verschoben (ein- oder beidseitig). Gegenüber den Drehflügeltüren haben sie den Vorteil, daß sie beim Öffnen keinen Drehraum beanspruchen und auch nicht in die meist sparsam bemessene Verkehrsfläche hineinragen. Schiebetüren sind jedoch auf Grund ihrer Bewegungsrichtungen umständlicher zu öffnen und daher im allgemeinen für stark begangene Durchgangstüren weniger geeignet (Ausnahme: Schiebetüren mit vollautomatischem Türantrieb). Außerdem lassen sie sich nur ungenügend abdichten und benötigen neben der Türöffnung immer eine etwa gleich große, feststehende Wand- oder Glasfläche zur Unterbringung des oder der aufgeschobenen Schiebetürflügel. Schiebetüren können ein-, zwei- oder mehrflügelig ausgebildet sein. Bild **6**.2b verdeutlicht, wie sie angeordnet bzw. geführt werden können:

- sichtbar vor einer feststehenden Wand- oder Glasfläche,
- unsichtbar in Mauernischen bzw. Wandtaschen,
- unsichtbar hinter Vertäfelungen, Einbauschränken o. ä.

Mehrflügelige Türen sind als K l a p p s c h i e b e t ü r e n (ein Flügel wird auf den anderen aufgeklappt und zusammen in eine Wandtasche geschoben) oder als T e l e s k o p - s c h i e b e t ü r e n (kulissenartige Führung parallel laufender Schiebetüren) auszubilden. Schiebetüren können aus glatten Sperrtüren, beschichteten Vollspanplatten, mehrschichtig aufgebauten Schalenkonstruktionen, Rahmentüren mit verschiedenartigen Füllungen sowie aus Ganzglas oder Metall hergestellt werden.

7.1.1 Schiebetüren aus Holz oder Holzwerkstoffen

Die Ausbildung der Türumrahmung hängt weitgehend von der grundrißlichen Anordnung des Türelementes und damit von der Lage des Türflügels zu den angrenzenden Bauteilen ab. Läuft die Schiebetür beispielsweise mittig in einer Mauernische oder

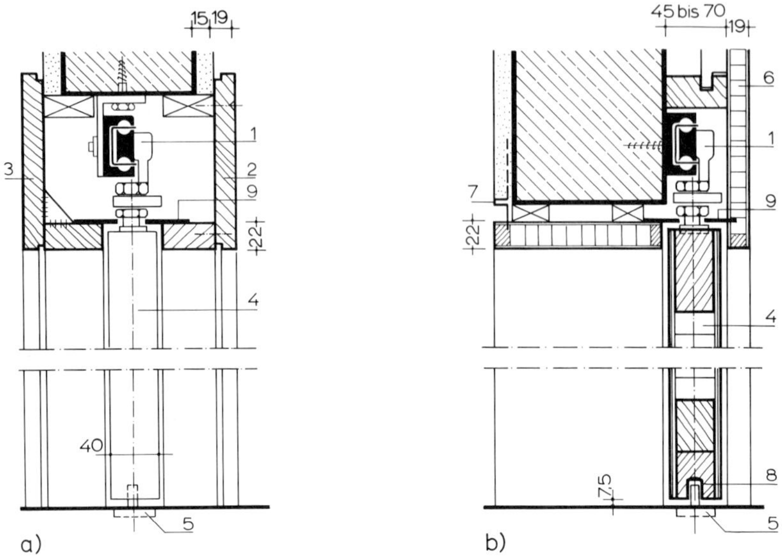

7.1 Konstruktionsbeispiele: Schiebetürelemente aus Holz und Holzwerkstoffen (Einzelanfertigung)

a) in einer Mauernische bzw. Wandtasche mittig laufend (Decken- bzw. Sturzbefestigung)
b) unsichtbar hinter einer Wandvertäfelung laufend (Wandbefestigung des Laufwerkes)

1 Kugel-Schiebetürbeschlag GEZE-PERKEO
2 abnehmbare Bekleidung
3 fest eingebaute Zargenhälfte (Halbfutter)
4 Schiebetürflügel
5 Führungsnocke
6 abnehmbare Vertäfelung
7 Putzschiene (Protektorschiene)
8 U-förmige Laufnute
9 Sperrholzleiste o. ä. als Nutabdeckung

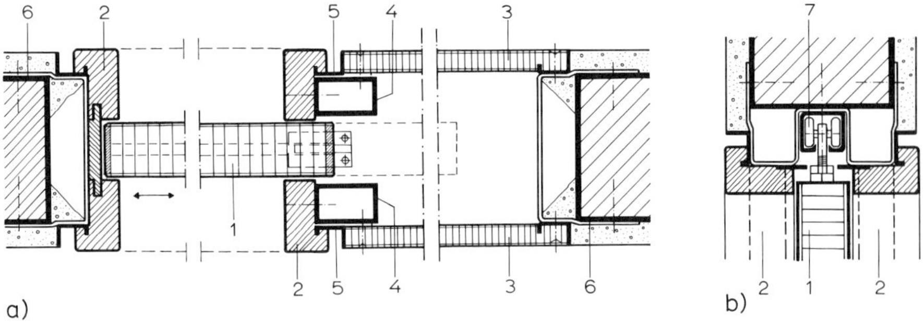

7.2 Konstruktionsbeispiel: Schiebetüranlage aus Holzwerkstoffen (Serienfertigung)

a) Horizontalschnitt, b) Vertikalschnitt

1 Schiebetürflügel
2 Zargenhälfte (Halbfutter)
3 Wandtasche (Verkleidung)
4 Stahlrohr zur Aussteifung
5 U-förmige Metallprofile (Schattenfuge, Putzleiste)
6 verzinkte Bandeisen (zugl. Montagebügel)
7 Rollen-Schiebetürbeschlag

Neuform-Türenwerk, H. Glock, Erdmannshausen

Wandtasche, so besteht die Türumrahmung aus zwei gleich großen Zargenhälften (Halbfutter). Bild **7**.1 a. Um das Laufwerk auch nach dem Einbau noch warten und den Türflügel in der Höhe justieren oder ggf. aus- bzw. einhängen zu können, sollte zumindest eine obere Zargenhälfte abnehmbar ausgebildet sein. Schiebetüren werden entweder in Einzelfertigung hergestellt oder als Fertigelement angeboten. Bild **7**.1 bis **7**.4. Weitere Beispiele sind der Spezialliteratur [1], [2] zu entnehmen.

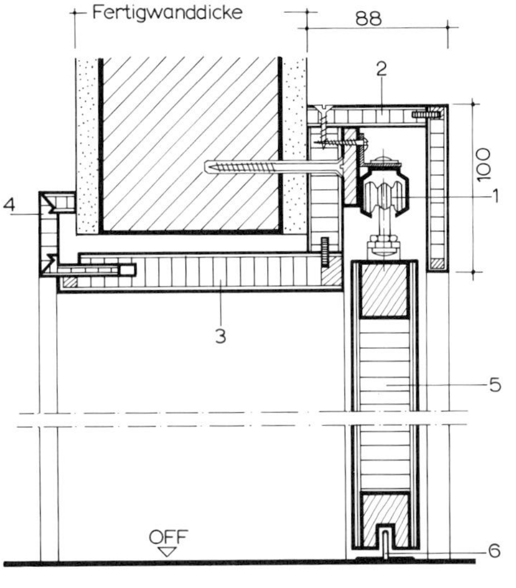

7.3 Konstruktionsbeispiel: Schiebetürelement aus Holzwerkstoffen (Serienfertigung)

1 Schiebetürbeschlag GEZE-ROLLAN
2 abnehmbare Winkelblende
3 fest eingebaute Holzzarge
4 Zierbekleidung
5 Schiebetürflügel vor der Wand laufend
6 Führungsnocke mit U-förmiger Laufnute

WIRUS-Werke, Gütersloh

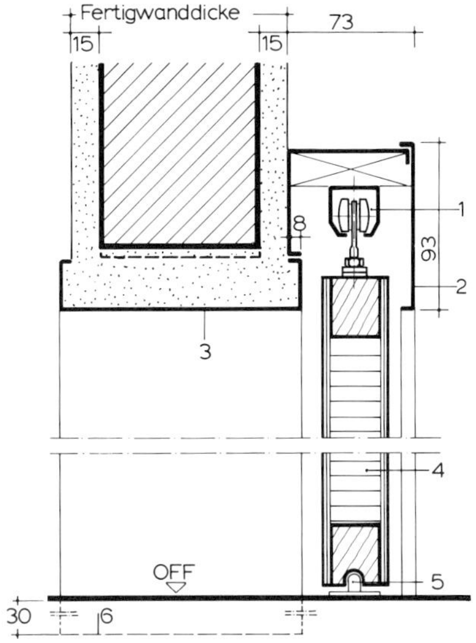

7.4 Konstruktionsbeispiel: Schiebetüranlage aus Stahlblech mit Holztürblatt

1 Laufwerk
2 abnehmbare Metallblende
3 Stahlzarge (Umfassungszarge)
4 Schiebetürflügel vor der Wand laufend
5 Führungsnocke mit U-förmiger Laufnute
6 Bodeneinstand

BEDO-Werk, Schwerte

Schiebetürbeschläge müssen ein leichtes, geräuscharmes Öffnen und Schließen der Türflügel ermöglichen. Vgl. hierzu VOB Teil C, DIN 18357, Beschlagarbeiten sowie [3]. Im einzelnen werden benötigt:

a) **Das Laufwerk,** an dem der Schiebetürflügel aufgehängt ist. Vorwiegend werden Rollenbeschläge (auch Laufrohrbeschläge genannt) und Kugel-Schiebetürbeschläge verwandt.

Einen Rollen- bzw. Laufrohrbeschlag zeigt Bild **7**.5. Meist doppelpaarig angeordnete, kugelgelagerte Nylon- oder Stahlrollen laufen in einer nahezu geschlossenen Laufschiene, so daß kaum mit Schmutzeinfall zu rechnen ist. Die doppelpaarige Rolle, in Verbindung mit einem Pendelgelenk, gewährleistet eine stets gleichmäßige Belastung des Laufwerkes und ein lotrechtes Hängen des Türflügels.

Bei dem in Bild **7**.6 dargestellten Kugel-Schiebetürbeschlag hängt das Türblatt nicht an Rollen, sondern an einer Tragschiene mit doppelter Stahlkugelführung, die sich in einer Laufschiene nahezu geräuschlos bewegt. Ein Flattern des Türflügels ist ausgeschlossen. Auch hier sorgen Pendelaufhänger dafür, daß der Flügel stets lotrecht hängt.

Die Höhen- und Seitenverstellbarkeit ist bei beiden Beschlagarten auch nach dem Einbau jederzeit gegeben. Verstellbare Anschraubwinkel ermöglichen den Einbau beider Beschlagarten sowohl an der Wand und seitlich am Unterzug, als auch an der Decke bzw. Unterkante Sturz. Entsprechend der jeweiligen Türflügelgewichte sind die Laufwerke jeweils von Fall zu Fall zu bestimmen. Bei hohen und schmalen Schiebetüren können sich u. U. ungünstige Laufeigenschaften ergeben. Die Aufhängungen sind bei derart schmalen Türen möglichst nahe an die Längskanten des Türflügels zu legen. Das Laufwerk wird im allgemeinen vor dem Aufstellen der

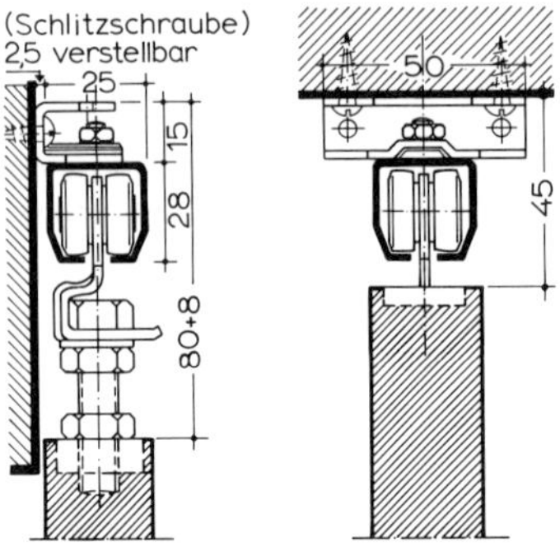

7.5 Rollen-Schiebetürbeschlag
a) Wandbefestigung, b) Deckenbefestigung

HELM-Beschläge, Hespe und Woelm, Heiligenhaus

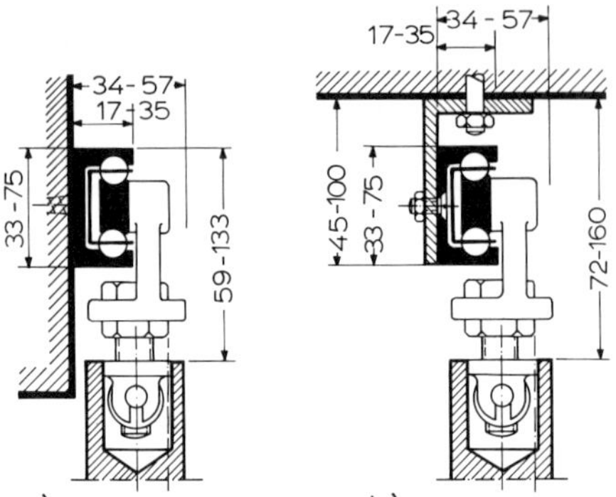

7.6 Kugel-Schiebetürbeschlag
a) Wandbefestigung, b) Deckenbefestigung

Vereinigte Baubeschlagfabriken Gretsch & Co., Leonberg (GEZE-PERKEO)

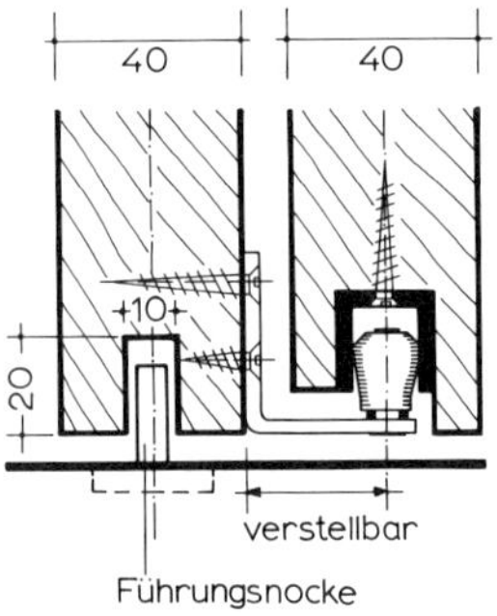

7.7 Schiebetürflügel parallel voreinander laufend, mit tiefenverstellbarer Führungsrolle (Langloch)

HELM-Beschläge, Hespe und Woelm, Heiligenhaus

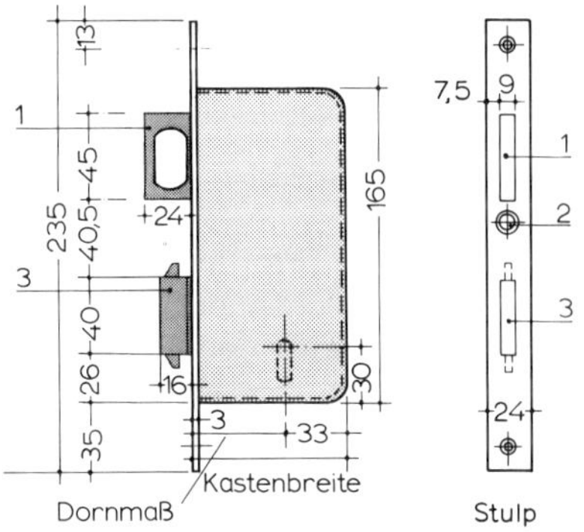

7.8 Einsteck-Schiebetürschloß mit Ziehgriff, Flügelriegel und Druckknopf im Stulp (für einflügelige Schiebetür)

1 Ziehgriff durch
2 Druckknopf im Stulp auslösbar
3 Flügelriegel

BKS-Gesellschaft, Velbert

zweiten Schale der Wandtasche montiert. Besonders kräftige, freitragende Spezial-Schiebetürbeschläge können aber auch noch nachträglich montiert werden. Diese Sonderbeschläge laufen freitragend in die Mauernische oder Wandtasche und werden nur im Bereich der Türöffnung sorgfältig befestigt.

b) **Einstellbare Türstopper** innerhalb des Laufwerkes sowie weitere, an der verdeckten Längskante des Türflügels montierte Puffer sorgen für die Laufbegrenzung. Sie sind so anzubringen, daß der Türflügel an allen Endstoppern gleichzeitig anschlägt.

c) **Eine Führungsnocke** (Alu-Schiene, Kunststoffrolle o. ä.) meist am Fußboden angeschraubt, sorgt für die exakte Führung des ansonsten freihängenden Türflügels. Sie gleitet in einer an der Türblattunterkante eingefrästen Nute und hält so die Schiebetür während des ganzen Öffnungsweges in der Spur. Bild **7**.7. In den Fußboden eingelassene, durchlaufende U-förmige Führungsschienen (Verschmutzungsgefahr) oder auf den Fußboden aufgeschraubte Sattelschienen (Stolperschienen) sollten im gehobenen Innenausbau vermieden werden

d) **Schiebetürschlösser** – Einsteckschlösser mit üblichen Schließ- und Sicherungsarten – sind mit Ziehgriff und Flügelriegel ausgerüstet. Bild **7**.8. Flügelriegelschlösser, meist ohne Vierkantnuß, sind nur mit einem Klappringschlüssel (umklappbarer Gelenkschlüssel) zu bedienen. Anstelle der üblichen Drückergarnituren werden

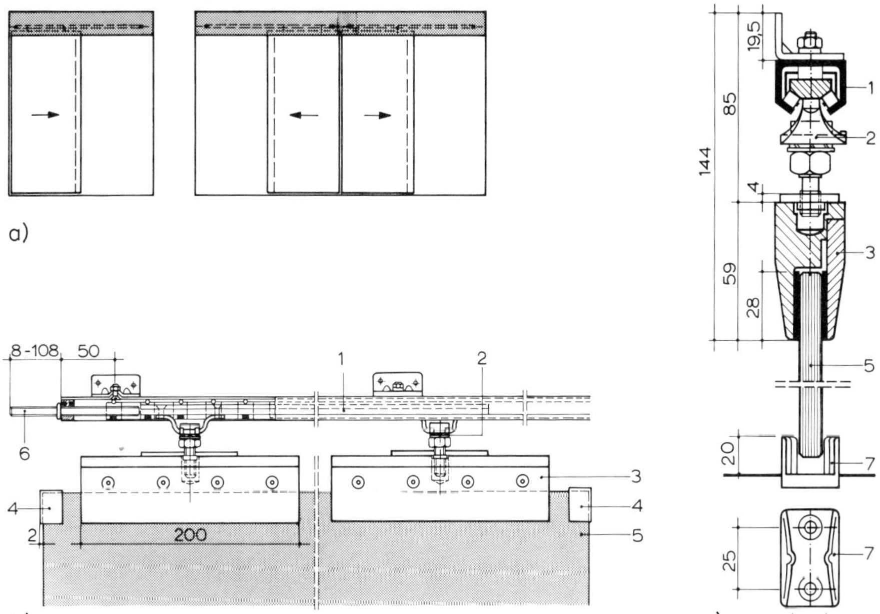

7.9 Schiebetürbeschlag für Ganzglastüren mit Laufwerk nach dem Rollenlagerprinzip.
a) Ansichten (ein- und zweiflügelige Anlagen)
b) Schiebetürbeschlag
c) Vertikalschnitt (Ausschnitt)

1 Laufwerk (Schiene) für Wandbefestigung
2 Laufwagen
3 Klemmbeschlag (Klemmschuh)
4 Glasschutzecken
5 Einscheiben-Sicherheitsglas
6 verstellbarer Anschlagbolzen
7 Bodenführung aus Kunststoff

DORMA-Baubeschlag GmbH, Ennepetal

e) **Griffmuscheln** aus Holz, Metall oder Kunststoff in den Türflügel eingelassen (Mindestdicke der Türblätter 42 mm), so daß die Schiebetür jeweils in ihrer ganzen Breite in die Wandtasche eingeschoben werden kann. Durch einen Knopf im Stulp des Schlosses ist der Ziehgriff auslösbar. An ihm kann die Schiebetür wieder herausgezogen werden.

7.1.2 Ganzglas-Schiebetüren

Ganzglas-Schiebetüren können ein- oder zweiflügelig ausgebildet sein. Die Glasflügel bestehen im allgemeinen aus 10 bis 12 mm dicken Einscheiben-Sicherheitsgläsern, an deren oberen Ecken Klemmbeschläge mit den dazugehörenden Laufrollen angebracht sind. Bild **7**.9. Um mögliche Bautoleranzen besser ausgleichen zu können, werden die Glasflügel, ähnlich wie die Holz- bzw. Metallschiebetüren, oben freihängend aufgehängt und am Fußboden durch Führungsnocken oder Führungsrollen in der richtigen Spur gehalten. Die Begrenzung des Laufweges kann im Laufwerk über verstellbare Anschlagbolzen und/oder Stopper erfolgen.

7.1.3 Automatische Schiebetüranlagen

Schiebetüren mit automatischem Türantrieb finden überall dort Anwendung, wo ein schnelles, präzises Öffnen und Schließen von Türen erforderlich ist und der Benutzer überdies nur schwer in der Lage ist, den üblichen Türöffnungsvorgang selbst vorzunehmen. Sie sind besonders geeignet als Abschluß stark frequentierter Zugänge von Einkaufszentren, Versammlungsstätten, Krankenhäusern, Verwaltungsbauten, Alten- und Pflegeheimen, Schalterhallen von Bahnhöfen, Flughäfen usw. Eine hohe Flügelgeschwindigkeit in Öffnungsrichtung erlaubt die schnelle Freigabe, aber auch den sofortigen Wiederverschluß einer breiten Türöffnung (Heizkostenersparnis). Automatische Schiebetüren werden auch überall dort eingesetzt, wo die bauseitigen Gegebenheiten vor und hinter der Tür keinen Bewegungsraum für Drehtürflügel zulassen, zu den Seiten hin jedoch ausreichend Platz zur Verfügung steht. Sie dürfen auch im Zuge von Rettungswegen eingebaut werden, sofern sich ihre Flügel im Notfall von Hand aus ihrer seitlichen Führung herausdrücken lassen und so zu Türen mit Drehflügeln in Fluchtrichtung werden. Voraussetzung ist eine amtliche Baumusterprüfung als Nachweis der Brauchbarkeit. Auf die von den gewerblichen Berufsgenossenschaften herausgegebenen „Richtlinien für kraftbetätigte Fenster, Türen und Tore" [4] wird hingewiesen.

Grundsätzlich besteht jede automatische Schiebetüranlage aus drei Hauptkomponenten:

— Impulsgeber (Impulsgeräte),

— Schaltkasten mit verschiedenen Befehlsstellungen und Offen-Haltezeiteinstellung,

— Antriebssystem.

Die Steuerung (Befehl zum Öffnen) der Türanlage erfolgt über vollautomatische Impulsgeber wie beispielsweise Kontaktmatten (im Fußboden eingelassen), Radarbewegungsmelder (über der Tür angebracht), Lichtschranken (vertikal oder horizontal wirkend) oder über halbautomatische Impulsgeber wie Schalter, Drucktaster u.ä. Generell gilt, daß der Abstand zwischen der Türautomatik und dem Impulsgeber so bemessen sein muß, daß man die Türanlage bei normaler Gang- oder Fahrgeschwindigkeit ohne Behinderung passieren kann.

7.10
Konstruktionsbeispiel: Automatische Schiebetüranlage (Ganzaluminiumkonstruktion)

a), b) Funktionsprinzip der Radarsteuerung mit einstellbarem Wirkungsbereich
c) Horizontalschnitt durch Türanlage
d) Vertikalschnitt durch Türanlage mit Isolierverglasung (Sicherheitsglas)
e) Vertikalschnitt durch Türanlage mit Einfachverglasung (Sicherheitsglas)

1 Trägerwinkel aus Aluminium bis 5,00 m freitragend
2 abnehmbare Winkelverkleidung
3 Elektromotor (Antrieb mit vollelektronischer Steuerung)
4 Laufrolle
5 feststehendes Seitenteil
6 Schiebetürflügel
7 Türblattführung mit integriertem Einbruchschutz
8 Seitendichtung
9 Fotozelle (elektron. Klemmschutz)
10 Oberlichtverglasung

BLASI GmbH, Mahlberg

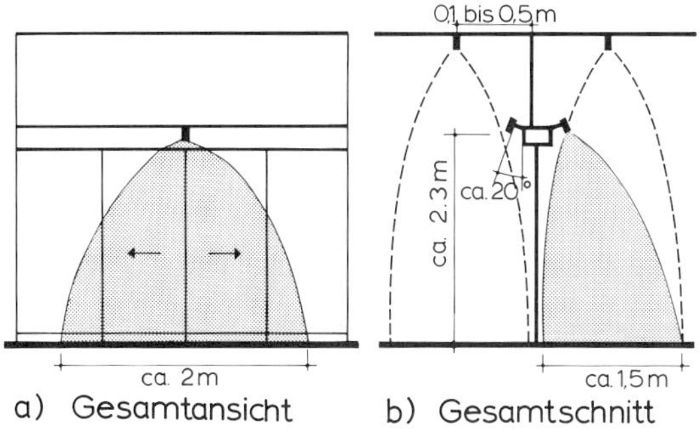

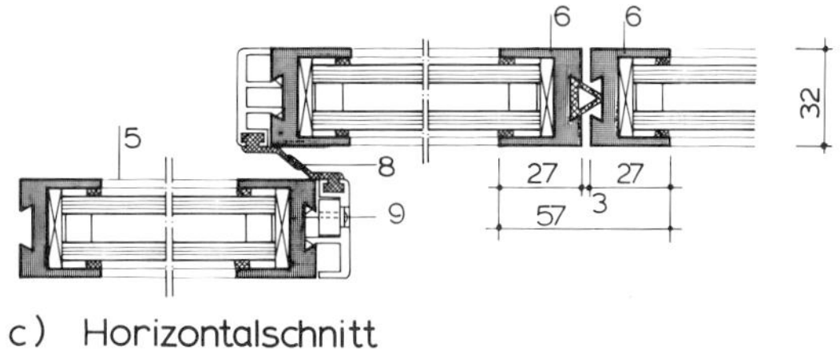

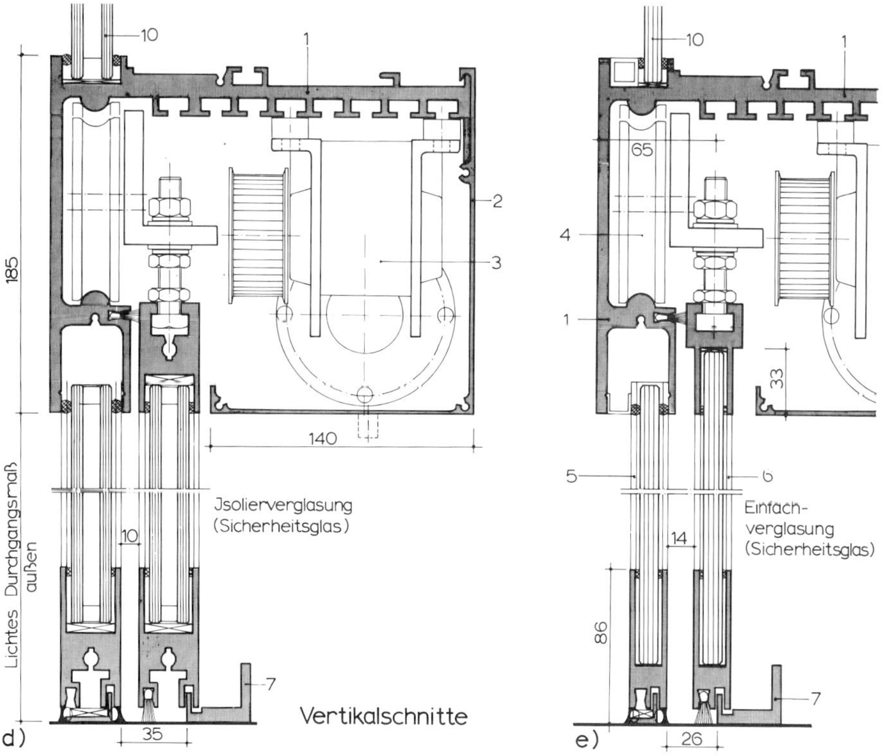

Bild **7**.10 zeigt die wichtigsten Konstruktionsmerkmale einer automatischen Schiebetüranlage. Die Schiebetürautomatik ist zu einer kompakten Einheit zusammengefaßt, die komplett auf einem freitragenden Trägerwinkel aus Aluminium an Ort und Stelle montiert wird (z. B. als Kämpferprofil einer Türanlage mit Oberlichtverglasung). Jede Anlage muß mit einer automatischen Wendeschaltung versehen sein, die ein sofortiges Öffnen der Türflügel bei Einklemmgefahr bewirkt. In der gezeigten Anlage ist eine Reflexfotozelle im unmittelbaren Türbereich als zusätzliche Sicherheitseinrichtung eingebaut. Bei Stromausfall müssen sich die Türflügel selbsttätig öffnen (Übergang zu manuellem Betrieb).

7.2 Harmonikatüren und Harmonikawände

Harmonikatüren weisen gegenüber den Drehflügeltüren die gleichen Vorteile auf wie die Schiebetüren. Während diese jedoch seitlich in ihrer ganzen Breite verschiebbar sein müssen und immer eine der Türöffnung entsprechend große Wandfläche beanspruchen, benötigen die gefalteten Pakete der Harmonikatüren seitlich wesentlich weniger Platz. Vgl. hierzu Bild **6**.2. Harmonikatüren eignen sich daher zum Verschluß von größeren Wandöffnungen, beispielsweise im Wohnbereich, wo eine normale Drehflügeltür aus räumlichen Gründen als störend empfunden würde. Die großflächigeren Harmonikawände sind entsprechend ihrer Größe stabiler konstruiert und dienen vor allem der Unterteilung von Kantinen, Gaststätten, Vereinsräumen, Kirchen und Gemeindesälen. Ihr Anwendungsfeld ist überall dort, wo bei relativ leichter Bedienung mittlere Schalldämmwerte erreicht werden sollen.

Harmonikatüren und -wände sind zweischalig ausgebildete, einbaufertige Raumabschlußelemente, die in ein- oder zweiflügeliger Ausführung mittig an einem Laufwerk aufgehängt und harmonikaförmig zusammengeschoben werden. Sie bestehen im Inneren aus einem verzinkten, robusten Stahlscherengitter-Gerüst, das beidseitig entweder mit furnierten Holzspanplattenstreifen (Holzharmonikatür s. Bild **7**.11) oder einem Bespannungsmaterial aus schwerem geschäumtem Spezialkunstleder vollflächig verkleidet ist (Kunstlederharmonikatür s. Bild **7**.12c bis d). Die Flügelpakete laufen kugelgelagert in einer oberen Laufschiene und bedürfen in der Regel am Fußboden keiner weiteren Führung (durchlaufender Bodenbelag). Beidseitig umlaufende Schleifdichtungen, gegen Fußboden und (Unterdecke abdichtend sowie schalldämmende Spezialeinlagen (z. B. Schwermatte mit Mineralwolle) verbessern die Schalldämmwerte.

Harmonikatüren und -wände werden nahezu ausnahmslos nach Aufmaß einzeln gefertigt. Durch den Einbau von Weichen o. ä. sind die Pakete in verschiedene Richtungen ausfahrbar, so daß sie in Nischen oder Taschen eingefahren und ggf. unsichtbar verstaut werden können. Dazu müssen Decke und Fußboden genau parallel und waagerecht liegen, die seitlichen Anschläge lot- und fluchtgerecht stehen. Die Verkleidung der Wandleibungen, Stürze usw. werden in der Regel bauseits hergestellt, wobei die Oberflächen der Harmonikaelemente mit denen der angrenzenden Wandvertäfelungen aufeinander abgestimmt sein können. Griffe auf beiden Türseiten ermöglichen ein leichtes Herausziehen und Feststellen der Harmonikatür bzw. -wand an jeder beliebigen Stelle, während ein Doppelhaken-Sicherheitsschloß den dichten Abschluß sichert. Da die Führung im Decken- und Fußbodenbereich, die verschiedenartigen Faltungen der Elemente und ihre Parkmöglichkeiten sowie ihre Ausrüstung mit Beschlägen und Garnituren von einer derartigen Vielfalt sind, muß von einer Beschreibung aller Möglichkeiten abgesehen werden. Nähere Angaben sind den Herstellerunterlagen zu entnehmen.

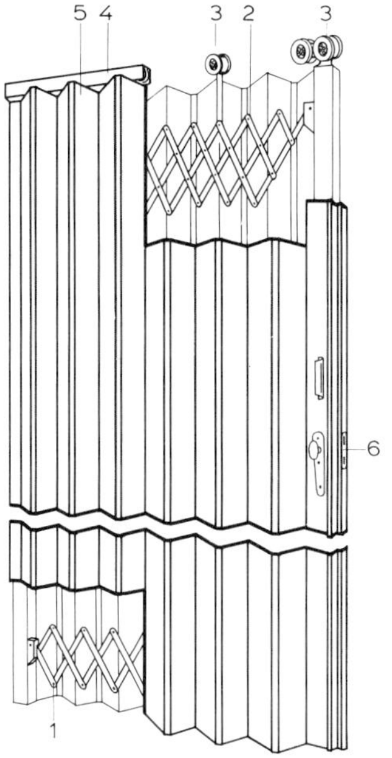

7.11 Konstruktiver Aufbau einer Holzharmonikatür ohne Bodenführung (System LIGNACORD)

1 Einfach-Stahlscherenreihe
2 Doppel-Stahlscherenreihe
3 kugelgelagerte Laufrollen
4 Laufschiene
5 beiderseitige Bekleidung mit Spanplattenstreifen
6 Doppelhaken-Sicherheitsschloß

Hüppe-Raumsysteme, Oldenburg

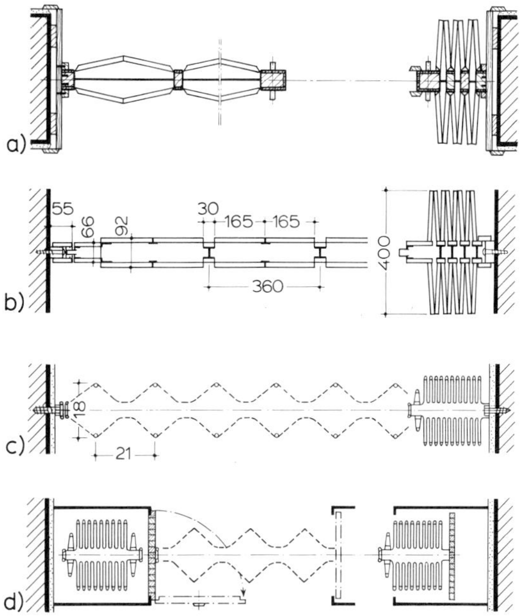

7.12 Schematische Darstellung einiger Einbaubeispiele von Holz- und Kunstlederharmonikatüren

a) ein- oder zweiflügelige Holzharmonikatür mit Futterrahmen und Bekleidung
b) ein- oder zweiflügelige Holzharmonikatür. Beim Aufschieben werden nur die Segmente bewegt, die zum Öffnen und Schließen der Tür bzw. Wand benötigt werden.
c) bis d) ein- oder zweiflügelige Kunstlederharmonikatüren mit und ohne Paketverkleidung

Hüppe-Raumsysteme, Oldenburg

7.3 Falttüren und Faltwände

Falttüren und -wände bestehen aus einer Anzahl gelenkig, meist durch Scharniere miteinander verbundener Flügel, die an einem Laufwerk – mit oder ohne Bodenführung – aufgehängt sind und sich durch Zusammenklappen zurückschieben lassen. Sie werden aus Holz/Holzwerkstoffen oder Metall oder in einer Kombination beider Werkstoffgruppen ein- oder mehrschalig hergestellt. Größere Raumabschlüsse sollten möglichst zweiseitig aufschiebbar ausgebildet sein und aus Gründen der Zweckmäßigkeit möglichst einen Durchgangsflügel aufweisen. Bild **6**.2 verdeutlicht, wie sie angeordnet und geführt werden. Demnach unterscheidet man:

1. **Faltwände mit exzentrischer Aufhängung** (Bild **7**.13). Sie bestehen aus gleich breiten Flügeln (etwa 600 bis 900 mm), die sich auf Grund ihrer exzentrischen Aufhängung immer nur nach einer Raumseite hin ausfalten lassen. Das Laufwerk kann wahlweise an einer Sturzunterkante oder Wandfläche montiert werden (Flügelgewichte beachten). Die Tragrollen sind an der oberen Ecke eines jeden zweiten Flügels, die Bodenführungsrollen genau lotrecht darunterliegend, an der unteren Flügelecke angeordnet. Diese Bodenrollen sind wegen der außermittigen Belastung im gefalteten Zustand unbedingt erforderlich und laufen in einer im Fußboden eingelassenen U-förmigen Schiene (Verschmutzungsgefahr beachten).

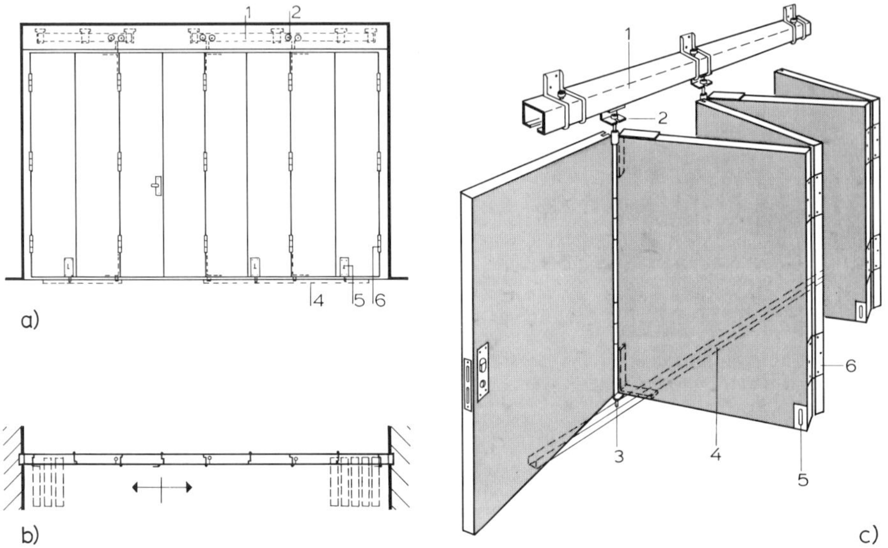

7.13 Schematische Darstellung einer Faltwand mit exzentrischer Aufhängung (gleich breite Flügel)
a) Ansicht der Faltwand
b) Horizontalschnitt
c) Schema der Faltwand (Hespe und Woelm, Heiligenhaus)
1 Laufrohr mit Befestigungsmuffen
2 Tragrolle (Trägerwinkel mit aufgesetztem Rollapparat)
3 Führungsrolle
4 U-förmige Bodenschiene
5 Feststellriegel
6 kugelgelagerte Scharniere

2. **Faltwände mit zentrischer Aufhängung** (Bild **7**.14). Auf Grund ihrer zentrischen Aufhängung falten sie sich zur einen Hälfte nach innen, zur anderen nach außen und beginnen an der Wand immer mit einem halben Flügel. Die übrigen Flügel sind gleich breit (etwa 600 bis 900 mm). Bei dieser Wandart sitzen die Tragrollen in der Mitte eines jeden zweiten Flügels. Auf Grund des sich daraus ergebenden Gleichgewichtes ist eine Bodenführung bei kleineren Flügelgruppen nicht erforderlich, bei breiteren Anlagen sind die Bodenführungsrollen lotrecht unter den Laufrollen montiert. Diese Faltwandart wird von der Beschlagindustrie auch als H a r m o n i k a w a n d bezeichnet.

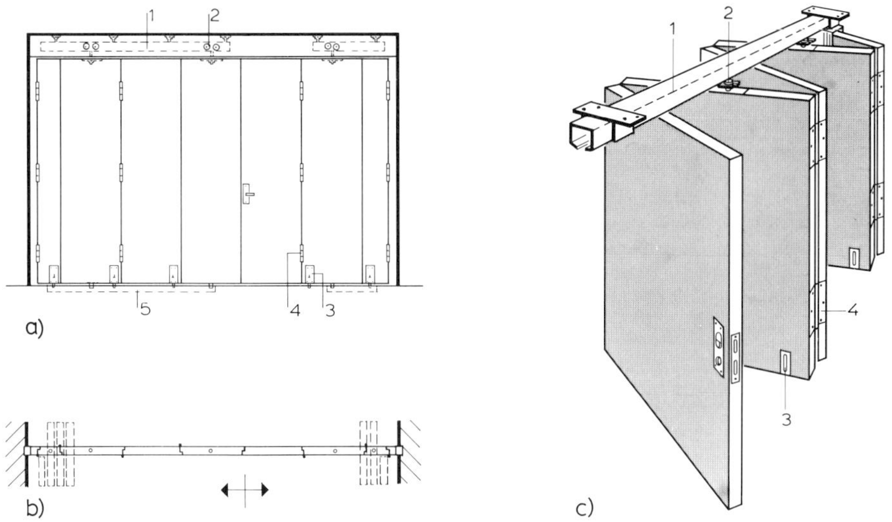

7.14 Schematische Darstellung einer Faltwand mit zentrischer Aufhängung (an der Wand mit einem halben Flügel beginnend)

a) Ansicht der Faltwand
b) Horizontalschnitt
c) Schema der Faltwand (Hespe und Woelm, Heiligenhaus)

1 Laufrohr mit Befestigungsmuffen
2 Tragrolle
3 Feststellriegel
4 kugelgelagerte Scharniere
5 U-förmige Bodenschiene

Alle Faltwandarten haben gemeinsam, daß die einzelnen Flügel durch jeweils zwei, bei hohen Elementen auch durch drei oder vier kugelgelagerte Scharniere miteinander verbunden sind. Ähnlich wie bei den Schiebetüren sollte auch hier die im Bereich des Laufwerkes liegende Bekleidung bzw. Wandvertäfelung abnehmbar sein, um ggf. Reparaturen oder eine nachträgliche Höhenjustierung der Faltwand vornehmen zu können. Einzelheiten bezüglich des konstruktiven Aufbaues der einzelnen Türflügel und der notwendigen Schalldämm-Maßnahmen, die beim Einbau derartiger Wandanlagen beachtet werden müssen, s. Abschn. 7.4, Bewegliche Elementwände.

Ganzglas-Falttüranlagen

In Eingänge, die je nach Bedarf teilweise oder in der gesamten Breite zur Verfügung stehen sollen, können Ganzglas-Falttüranlagen in verschiedenen Größen und Ausführungen eingebaut werden. Sie eignen sich vor allem als beweglicher, transparenter Abschluß von Hallen und Foyers oder als großflächiger Raumteiler in Ladenstraßen und Warenhäusern.

Ganzglas-Falttüranlagen bestehen aus rahmenlosen Ganzglas-Türflügeln, an deren oberen und unteren Enden durchlaufende Türschienen mit den dazugehörigen Trag- bzw. Führungsrollen angeklemmt sind. Bis zu fünf Türflügel können zusammenhängend seitlich verschoben und zu einem Paket zusammengefaltet werden. Falttüranlagen aus Einscheiben-Sicherheitsglas können mit oder ohne Gehflügel ausgestattet sein, wobei der Gehflügel als Pendeltür oder als Anschlagtür ausgebildet sein kann. Alle erforderlichen Beschlagteile werden vom Glaswerk mitgeliefert. Vgl. hierzu auch Abschn. 6.8, Ganzglastüren.

Wie Bild **7**.15 verdeutlicht, gibt es Ganzglas-Falttüren wahlweise mit exzentrischer oder zentrischer Aufhängung. Bei beiden Systemen sind Bodenführungsrollen mit den entsprechenden U-förmigen Schienen vorzusehen. Um ein nachträgliches Verstellen (Höhenjustierung) der Tragrollen zu ermöglichen, ist auch hier in der bauseits anzubringenden Verkleidung eine Revisionsklappe o. ä. vorzusehen.

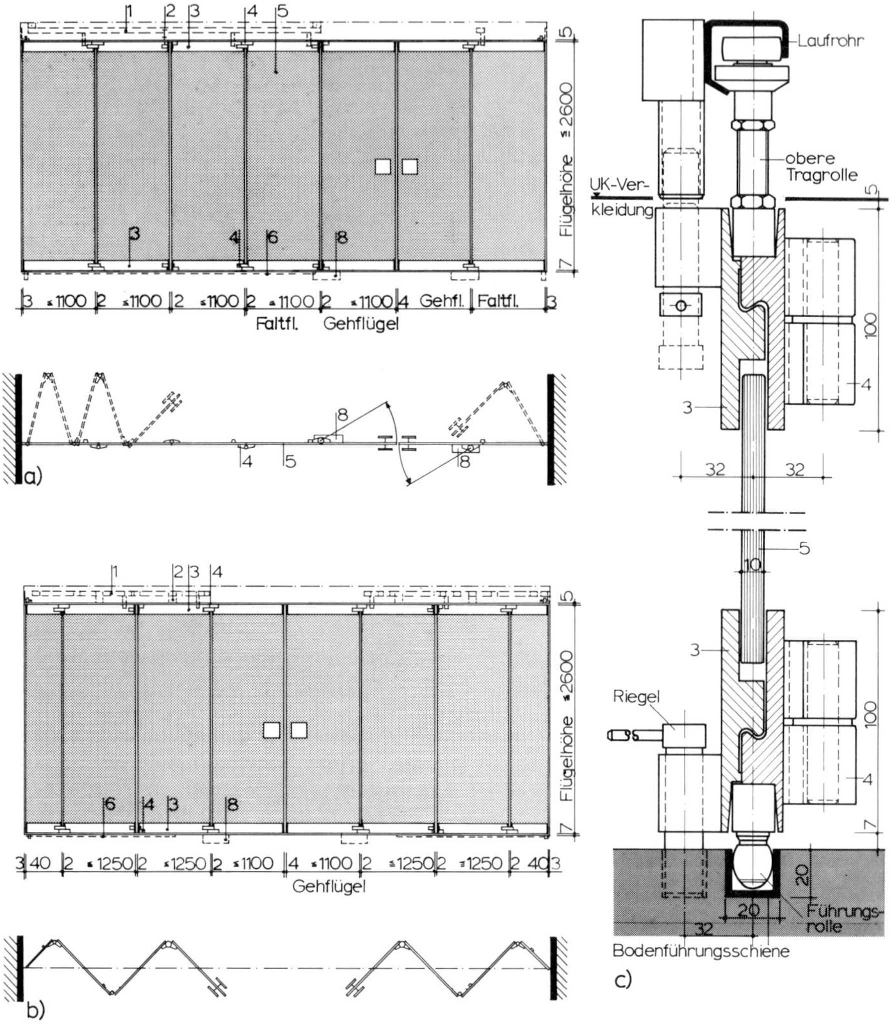

7.15 Ganzglas-Falttüranlage aus Einscheiben-Sicherheitsglas

a) Ansicht und Horizontalschnitt von einer exzentrisch aufgehängten Falttüranlage
b) Ansicht und Horizontalschnitt von einer zentrisch aufgehängten Falttüranlage
c) Vertikalschnitt durch eine exzentrisch aufgehängte Falttüranlage

1 Laufrohr
2 Tragrolle
3 angeklemmte Türschienen
4 Gelenkbänder
5 Türflügel mit Einscheiben-Sicherheitsglas
6 Bodenführungsschiene
7 Bodenführungsrolle
8 Bodentürschließer

VEGLA, Vereinigte Glaswerke, Aachen

7.4 Bewegliche Elementwände

Die Forderung, eine begrenzte Grundfläche jederzeit so aufteilen zu können, daß sie wechselnden Anforderungen genügt, führte zur Entwicklung von beweglichen Elementwänden. Dabei handelt es sich um schalldämmende, bewegliche Wände ohne Bodenführung, die aus raumhohen, unabhängig voneinander bedienbaren Einzelelementen bestehen. Bild **7**.16. Sie werden vorzugsweise in Schulen, Mehrzweckhallen, Kongreß- und Sportzentren sowie in gastronomischen Objekten eingesetzt. Die zusammengeschobenen Elemente ergeben eine geschlossene, vollkommen glatte Wand ohne sichtbare Metallprofile oder Beschlagteile. Als Oberflächenmaterial werden vorzugsweise Holzfurniere, Schichtstoffplatten, Kunstleder sowie alle anderen im gehobenen Innenausbau üblichen Materialien verwendet. Die derzeit angebotenen Wände haben einen sehr ähnlichen Aufbau, so daß im allgemeinen von folgenden Gegebenheiten ausgegangen werden kann:

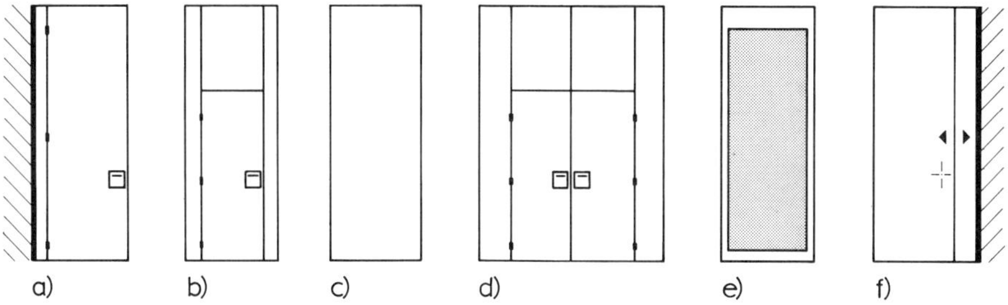

7.16 Schematische Darstellung allgemein üblicher Element-Typen beweglicher Trennwände
a) fest angeschlagenes Türelement
b) einflügelige Durchgangstür
c) Vollwand-Element
d) zweiflügelige Durchgangstür
e) Fenster-Element
f) Teleskop-Element

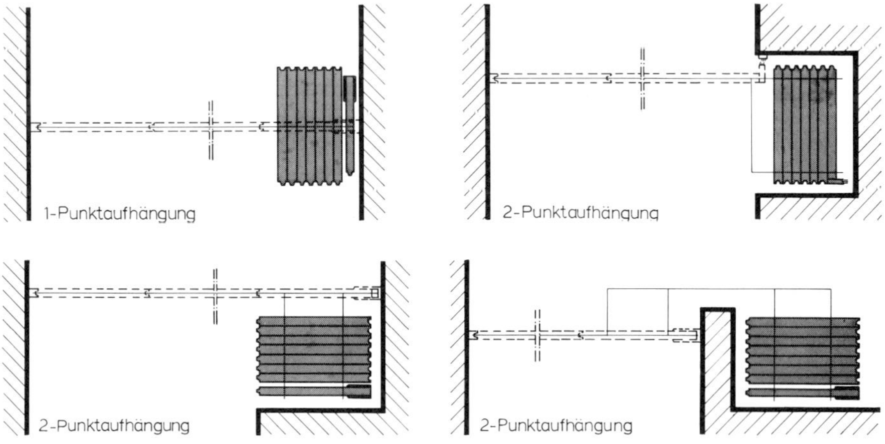

7.17 Schematische Darstellung verschiedener Parkmöglichkeiten beweglicher Elementwände

— Die verfahrbaren Elementwände werden an Deckenschienen aus Stahl oder Aluminium aufgehängt. Bodenführungsschienen sind aus optischen und Verschmutzungsgründen unerwünscht. Für die Elementaufhängung gibt es zwei Möglichkeiten: Die einfachere 1-Punktaufhängung, bei der die Gefahr des Verkantens der Elemente und damit Beschädigung der Decke bzw. des Fußbodenbelages nie ganz auszuschließen ist, und die aufwendigere, aber heute übliche 2-Punktaufhängung. Bild **7**.17. Auf Grund ihres Gewichtes erfordern verschiebbare Wände ein hochwertiges Laufrollensystem. Besonders geeignet sind sog. Kreuzrollen, die ein leichtes, geräuscharmes Verschieben der Elemente nach allen Richtungen (ohne Drehscheiben und Weichen) gestatten. Die Elemente der geöffneten Wand können beliebig in einer separaten Nische, hinter einer vorspringenden Wand oder einem Pfeiler oder einfach seitlich geparkt werden.

— Die einzelnen Plattenelemente bestehen im Innern aus einem tragenden, verwindungssteifen Metallrahmen, der beidseitig punktförmig (freihängend) mit etwa 16 mm dicken Spanplatten beplankt ist. Bild **7**.18. Die Paneele können auch aus einer selbsttragenden Konstruktion aus verzinkten Stahlblechtafeln in zweischaliger Bauweise gefertigt sein. Entsprechend der jeweils geforderten Schalldämmung wird der Hohlraum zwischen den Paneelen mit Mineralwolle gefüllt und das notwendige Flächengewicht der Elemente durch Aufkleben von Stahlblechen, Schwermatten oder Gipskartonplatten erreicht. Daraus ergeben sich Wanddicken von 80 bis 160 mm, je nach Elementhöhe und gefordertem Schalldämmwert.

— Die Abdichtung der Elemente gegen den Baukörper, ihre dichte Verbindung untereinander und die Begrenzung der baulichen Schallnebenwege sind weitere wichtige Schalldämm-Maßnahmen. Jedes Wandelement besitzt nach oben und unten ausfahrbare, beweglich gelagerte Doppeldichtungen, die über eine Spindelmechanik – ausgelöst durch eine Steckkurbel – gegen Fußboden und Deckenschiene gepreßt werden. Bild **7**.18 und **7**.19. Diese federgelagerten, mit einer Anpreßkraft von 15 bis 20 N/mm^2 versehenen Dichtleisten geben jedem Element eine gute Standfestigkeit, dichten gegen Fußboden und Deckenschiene schalldämmend ab und gleichen Toleranzen sowie nachträgliche Veränderungen des Bauwerks (z. B. Deckendurchbiegungen) bis zu einer Höhendifferenz von beispielsweise zweimal 40 mm selbsttätig aus.

— Die vertikale Verbindung der Elemente untereinander erfolgt bei einer hochwertigen Wand einmal durch formschlüssige Nut-Feder-Profile mit eingearbeiteten Mehrfachdichtungen, zum anderen durch eine kraftschlüssige Verbindung. Bild **7**.20. Dies kann entweder mechanisch durch zwei versenkt angeordnete Schließhaken oder durch die gegenseitige Anziehungskraft zweier, in der Nut-Feder-Schiene verlaufender Magnetbänder geschehen.

— Auch der Wandanschluß muß bei einer schalldämmenden Elementwand sehr sorgfältig ausgeführt werden. Im allgemeinen wird hierzu eine sog. Wandanschlußleiste verwendet, die im Prinzip nichts anderes darstellt als das Endstück eines normalen Elementes, das mit der Raumwand dicht verbunden ist und in dessen Nut-Feder-Profil das erste aufzustellende Wandelement eingeschoben wird. Um auch das letzte Element der beweglichen Trennwand einfügen zu können, ist ein gewisser Spielraum gegenüber dem Wandanschluß notwendig. Dieser verbleibende Zwischenraum wird meist durch ein aus dem letzten Element ausfahrbaren Teleskop verschlossen. Bild **7**.20c.

Aus Gründen der Zweckmäßigkeit sollte jede größere, bewegliche Elementwand eine allseits flächenbündig eingebaute Durchgangstür erhalten. Diese sollte keine

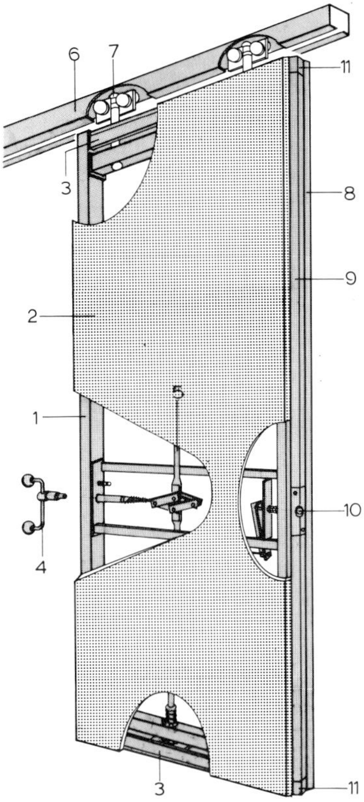

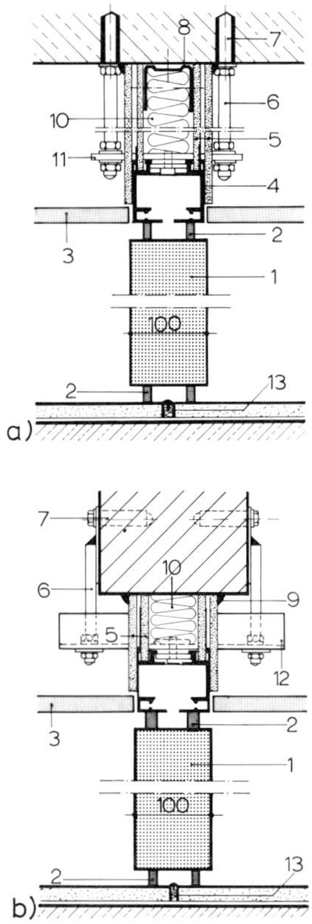

7.18 Schematische Darstellung des Aufbaues und der Mechanik eines beweglichen Trennwandelementes (System VARIFLEX)

1 Rahmen aus Aluminiumhohlkammer- und Stahlrohrprofilen
2 Spanplattenbekleidung (16 mm) mit Schwermatten und Hohlraumfullung
3 horizontale Abdichtung (oben/unten) durch ausfahrbare Dichtleisten
4 Steckkurbel
5 Getriebemechanik
6 Deckenschiene aus Aluminium
7 Laufwagen mit Kreuzrollen (Zweipunkt-Aufhängung)
8 vertikale Abdichtung (Nut-Feder-Profil mit Lippendichtungen)
9 kraftschlüssige Verbindung durch Magnetbänder
10 Abdrückmechanismus
11 zusätzliche Eckabdichtung

Hüppe-Raumsysteme, Oldenburg

7.19 Beispiele von Laufschienen-Abhängungen (System VARIFLEX)

a) Abhängung an einer Betondecke
b) Abhängung an einem Unterzug

1 bewegliche Elementwand
2 ausfahrbare Dichtleisten
3 abgehängte Unterdecke
4 Deckenschiene aus Aluminium
5 Gipskartonplatten (je 12,5 mm dick)
6 Gewindestange mit höhenjustierbarer Halteplatte/Konsole
7 Dübel nach Angabe
8 Stahlblechprofil
9 dauerelastische Dichtmasse
10 Mineralfaserwolle
11 Halteplatte
12 Konsole
13 Trennfuge im schwimmenden Estrich

Hüppe-Raumsysteme, Oldenburg

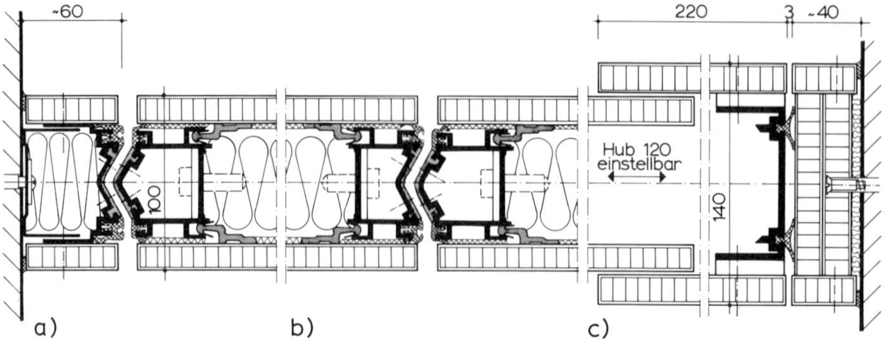

7.20 Horizontalschnitt durch eine bewegliche Elementwand (System VARIFLEX)
a) Wandanschluß: erstes Element mit Schloßleiste
b) vertikale Elementverbindung: Nut-Feder-Profil mit Lippendichtungen und beidseitig angeordneten Magnetbändern
c) Wandanschluß: letztes Element mit ausfahrbarem Teleskop

Hüppe-Raumsysteme, Oldenburg

Bodenschwelle haben, sondern dreiseitig umlaufende Doppeldichtungen sowie eine nach unten ausfahrbare Dichtleiste aufweisen. Generell ist jedoch zu beachten, daß Durchgangstüren in der Regel die Schalldämmwerte einer Wand verringern.

— Die Begrenzung der baulichen Schallnebenwege über die flankierenden Bauteile ist genauso wichtig wie die schalltechnischen Maßnahmen am trennenden Bauteil, der beweglichen Trennwand selbst. Der Einbau einer Elementwand mit einem Schalldämm-Maß R'_w von beispielsweise 45 bis 50 dB hat nur dann einen Sinn, wenn die Schall-Längsleitung über die flankierenden Bauteile wie Fußboden, Wand, Decke, Fassade usw. weitgehend reduziert werden kann. Bild **7.**19 und **7.**20. Das Problem der horizontalen Schall-Längsleitung tritt vor allem auf entlang schwimmender Estriche und schalleitender Fußbodenbeläge (durchlaufende Trennfuge oder Verbundestrich vorsehen), schalleitender Unterdeckenplatten und ungedämmter Deckenhohlräume (horizontale Dämmung und/oder vertikale Abschottung einplanen) sowie bei undichten Randanschlüssen. Dazu kann noch die Schall-Längsleitung über Fassaden- bzw. Fensterelemente, Ver- und Entsorgungsleitungen sowie über Lüftungskanäle hinzukommen. Die geforderte Schalldämmung kann außerdem nur erreicht werden, wenn auch die zwangsläufig auftretenden Bautoleranzen im Rahmen der Grenzen liegen, die die beweglichen Trennwandsysteme auffangen können. Weitere Einzelheiten sind Abschn. 11.3.3.1 und Abschn. 12.5 in Teil 1 dieses Werkes sowie der weiterführenden Spezialliteratur [5] zu entnehmen.

7.5 Literatur

[1] Nutsch, W.: Handbuch der Konstruktion. 2. Aufl. Stuttgart 1975
[2] Fachkunde für Schreiner. 11. Auflage, Wuppertal 1980
[3] Baubeschlag-Taschenbuch. Hrsg.: G. Wohlfahrt, Duisburg 1986
[4] Richtlinien für kraftbetätigte Fenster, Türen und Tore. Hrsg.: Hauptverband der gewerblichen Berufsgenossenschaften, Bonn (1984)
[5] Panitz, E.: Bewegliche Elementwände, technischer Stand und Anwendung. Hüppe-Raumsysteme, Oldenburg (1983)

8 Mineralputze, Kunstharzputze und Wärmedämmsysteme

8.1 Allgemeines

Putz ist ein an Wänden oder Decken ein- oder mehrlagig in bestimmter Dicke aufgetragener Belag aus Putzmörteln oder Beschichtungsstoffen, der seine endgültigen Eigenschaften erst durch Verfestigung am Baukörper erreicht. Je nach Belagdicke und Art der verwendeten Mörtel bzw. Beschichtungsstoffe übernehmen Putze bestimmte bauphysikalische Aufgaben. Zugleich dienen sie der Oberflächengestaltung eines Bauwerkes. Von folgenden Normen ist auszugehen:

- **DIN 18550 T1 (Ausg. 1.85)** beschreibt als übergeordnete Norm die Putzeigenschaften und notwendigen Fachbegriffe, außerdem legt sie die Anforderungen an die Putze entsprechend ihrer Aufgaben fest.
- **DIN 18550 T2 (Ausg. 1.85)** enthält die Regeln für die Herstellung und Verarbeitung von Putzmörteln mit mineralischen Bindemitteln.
- **DIN 18550 T3 (Norm-Entwurf)** beinhaltet Angaben über Wärmedämmputzsysteme aus Mörteln mit mineralischen Bindemitteln. Mit ihrem Erscheinen ist in Kürze zu rechnen.
- **DIN 18558 (Ausg. 1.85)** gilt für die Herstellung und Verarbeitung von Kunstharzputzen mit Beschichtungsstoffen aus organischen Bindemitteln.

An Außen- und Innenputze werden sowohl allgemeine als auch ganz spezifische Anforderungen gestellt. Im einzelnen sind zu nennen:

Allgemeine Anforderungen. Gute und gleichmäßige Haftung am Putzgrund und gute Haftung der einzelnen Lagen aneinander (ohne Hohlräume) sowie gleichmäßiges Gefüge innerhalb der einzelnen Lagen. Festigkeit bzw. Widerstand gegen Abrieb und Oberflächenbeschaffenheit sind dem jeweiligen Putzgrund und der Putzanwendung – unter Berücksichtigung der Putzweise – anzupassen. Sollen noch Beschichtungen oder Tapeten auf einen Putz aufgebracht werden, so kann dies besondere Maßnahmen erforderlich machen. Auch die Wasserdampfdurchlässigkeit der Putze – innen wie außen muß auf den Wandaufbau insgesamt abgestimmt sein. Es ist dafür zu sorgen, daß keine unzulässige Feuchtigkeitserhöhung in der Wand durch innere Kondensation auftritt. Werden an Putze Anforderungen hinsichtlich des Brandverhaltens gestellt, ist DIN 4102 zu beachten.

Außenputze müssen darüber hinaus vor allem noch witterungsbeständig sein, d.h. insbesondere der Einwirkung von Feuchtigkeit und wechselnden Temperaturen widerstehen sowie einen den jeweiligen Beanspruchungsgruppen entsprechenden Regenschutz gewährleisten. Die Wasserdampfwanderung zwischen innen und außen darf dadurch jedoch nicht unterbunden werden und der Außenputz keinesfalls als Dampfsperre wirken, hinter der es zu Tauwasserbildung kommen könnte.

Innenputze müssen zusätzliche Anforderungen vor allem als Träger von Anstrichen und schweren Tapeten sowie besondere Aufgaben des baulichen Brand- und Schallschutzes übernehmen. Außerdem muß der Innenputz in bewohnten Räumen so beschaffen sein, daß er Wasserdampf (Luftfeuchte) rasch aufnehmen, speichern und bei Bedarf langsam wieder abgeben kann (klimaregulierende Wirkung).

8.2 Einteilung und Benennung: Überblick

Nach DIN 18550 und DIN 18558 sind grundsätzlich zu unterscheiden:

– **Putze mit mineralischen Bindemitteln (Mineralputze)**
  Für ihre Herstellung werden Putzmörtel verwendet.
– **Putze mit organischen Bindemitteln (Kunstharzputze)**
  Zu ihrer Herstellung dienen Beschichtungsstoffe.

Putzmörtel

Putzmörtel werden den Putzmörtelgruppen PI bis PV zugeordnet, wenn sie die entsprechenden mineralischen Bindemittel enthalten. Zu unterscheiden sind:

1. Putzmörtel nach dem Zustand
   – Frischmörtel (gebrauchsfertiger, verarbeitbarer Mörtel)
   – Festmörtel (verfestigter Mörtel)
2. Putzmörtel nach dem Ort der Herstellung
   – Baustellenmörtel (auf der Baustelle zusammengesetzte und gemischte Mörtel)
   – Werkmörtel (im Werk zusammengesetzte, gemischte und überwachte Mörtel)
   – Werktrockenmörtel (im Werk gefertigte, überwachte, lagerfähige, verarbeitungsgerechte Mischung)
3. Putzmörtel nach der Art des Bindemittels
   – Baukalke
   – Putz- und Mauerbinder
   – Zemente
   – Baugipse
   – Anhydritbinder
4. Putzmörtel nach der Art des Zuschlages
   – mineralischer Zuschlag
   – organischer Zuschlag, jeweils mit dichtem oder porigem Gefüge.

Beschichtungsstoffe

Beschichtungsstoffe dienen zur Herstellung von Kunstharzputzen und bestehen aus organischen Bindemitteln in Form von Kunststoffdispersionen. Nach Anwendung und Bindemittelanteil werden zwei Beschichtungsstofftypen unterschieden:

– P Org 1 – für Kunstharzputz als Außen- und Innenputz
– P Org 2 – für Kunstharzputz als Innenputz

Putzgrund

Putzgrund ist der Bauteil, der geputzt wird. Zur Vorbereitung des Putzgrundes gehören geeignete Maßnahmen, die einen festen und dauerhaften Verbund zwischen Putz und Putzgrund fördern. Dies wird beispielsweise erreicht durch das Aufbringen eines

– Spritzbewurfes (bei mineralisch gebundenen Putzen)
– Grundanstriches (bei Kunstharzputzen).

Putzträger

Putzträger verbessern das Haften des Putzes. Ungeeigneter Putzgrund (z. B. Holz-, Metall-, Kunststoffteile) ist mit einem Putzträger zu überspannen. Es können verwendet werden:

– metallische Putzträger
– Holzwolle-Leichtbauplatten
– Mehrschicht-Leichtbauplatten
– Ziegeldrahtgewebe
– Schilfrohrmatten
– Gipskarton-Putzträgerplatten u. a.

Putzaufbau

Eine Putzlage ist eine in einem Arbeitsgang ausgeführte Putzschicht. Der Spritzbewurf zählt nicht als Putzlage. Dem Aufbau nach unterscheidet man:

— einlagige Putze

— mehrlagige Putze

Die unteren Lagen werden Unterputz, die oberste Lage wird Oberputz genannt. Kunstharzputze auf Wand- und Deckenflächen eignen sich nur als Oberputz.

Putzsysteme

Unter Putzsystem versteht man das ganzheitliche Zusammenwirken von Putzgrund und Putzlage(n). Die an einen Putz gestellten Anforderungen müssen demnach von allen Schichten zusammen dauerhaft erfüllt werden.

Putzanwendung

Entsprechend seiner örtlichen Lage im Bauwerk und der dadurch gegebenen Beanspruchungsart sind zu unterscheiden:

1. Außenputz
   — Außenwandputz (auf über dem Sockel liegenden, aufgehenden Flächen)
   — Kellerwand-Außenputz (im Bereich der Erdanschüttung)
   — Außensockelputz (oberhalb der Erdanschüttung)
   — Außendeckenputz (auf Deckenunterseiten, die der Witterung ausgesetzt sind).

2. Innenputz
   — Innenwandputz für Räume üblicher Luftfeuchte (einschließlich der häuslichen Küchen und Bäder)
   — Innenwandputz für Feuchträume
   — Innendeckenputz für Räume üblicher Luftfeuchte (einschließlich der häuslichen Küchen und Bäder)
   — Innendeckenputz für Feuchträume.

Putzarten

Nach den zu erfüllenden Anforderungen werden unterschieden:

1. Putze, die allgemeinen Anforderungen genügen

2. Putze, die zusätzlichen Anforderungen genügen.
   — wasserhemmender Putz
   — wasserabweisender Putz
   — Außenputz mit erhöhter Festigkeit
   — Innenwandputz mit erhöhter Abriebfestigkeit
   — Innenwand- und Innendeckenputz für Feuchträume.

3. Putze für Sonderzwecke
   — Wärmedämmputz
   — Putz als Brandschutzbekleidung.

Putzweisen

Die Putzweise kennzeichnet die Putze nach der Art ihrer Oberflächenbearbeitung und der dadurch entstehenden Oberflächenstruktur.

— Geglätteter Putz

— Gefilzter Putz

— Geriebener Putz oder Reibeputz (auch genannt: Münchner Rauhputz, Wurmputz, Madenputz, Altdeutscher Putz usw.)

— Kellenwurfputz

— Spritzputz

— Kratzputz

— Rollputz

— Modellierputz

— Buntsteinputz u.a.

Allgemeine Technische Vorschriften für **Putz- und Stuckarbeiten** (Stoffe, Ausführung, Nebenleistung, Abrechnung) sind VOB Teil C, DIN 18350 (Ausg. 11.85) zu entnehmen.

8.3 Ausgangsstoffe

8.3.1 Mineralische Bindemittel

Mineralische Bindemittel im Sinne der DIN 18550 sind Baukalke, Putz- und Mauerbinder, Zemente, Baugipse sowie Anhydritbinder.

1. Baukalke (DIN 1060)

Baukalke werden durch Brennen von Kalksteinen unterhalb der Sintergrenze (900 bis 1200 °C) gewonnen. Aufgrund ihres unterschiedlichen Erhärtungsverhaltens unterscheidet man folgende Baukalkarten:

Luftkalke	Wasserkalk
— Weißkalk	Hydraulischer Kalk
— Dolomitkalk	Hochhydraulischer Kalk

a) **Luftkalke** verfestigen vorwiegend durch Aufnahme von Kohlendioxid aus der Luft[1]): Karbonaterhärtung. Sie erhärten nicht unter Wasser (reine Luftbindemittel), bleiben jedoch nach dem Erhärtungsvorgang – im Gegensatz zu Gips – wasserunlöslich. Weiß- bzw. Dolomit-Kalkmörtel besitzen gute Verarbeitungseigenschaften (Geschmeidigkeit, Dehnungsfähigkeit). Nach längerer, meist monatelanger Abbindezeit – während der keine luftabsperrende Tapeten oder dichte Anstriche aufgebracht werden dürfen – entstehen Innen- und Außenputze geringer Festigkeit, jedoch mit hoher Wasserdampfdurchlässigkeit.

b) **Wasserkalke** verfestigen sich vorwiegend durch Aufnahme von Kohlendioxid bei gleichzeitig schwachhydraulischer Erhärtung. Nach einer Lagerung an der Luft[1]) von längstens 7 Tagen sind sie unter Wasser beständig. Sonst weitgehend ähnliche Eigenschaften wie bei den Luftkalken.

c) **Hydraulische und Hochhydraulische Kalke** zeichnen sich vor allem durch ihre hydraulischen Erhärtungsfähigkeiten aus. Die Mörtel sind unter Wasser beständig, sofern sie eine gewisse Zeit (5 Tage bzw. 3 Tage) an der Luft[1]) gelagert haben, d. h. vorhärten konnten. Außerdem binden sie schneller ab und erreichen eine höhere Festigkeit als die Luftkalke. Sie sind besonders geeignet für Außenputze, die ungünstigen Witterungsverhältnissen und mechanischen Beanspruchungen ausgesetzt sind. Vgl. hierzu auch Abschn. 8.4.1, Putzmörtel.

Handelsformen: Baukalke werden in ungelöschtem (Einsumpfzeit von etwa 10 bis 12 Stunden beachten) oder gelöschtem Zustand (im Auslieferungszustand sofort verarbeitbar) geliefert. Die Verarbeitungsanweisungen der Lieferwerke sind zu beachten. Auf die entsprechende Spezialliteratur [1] wird verwiesen.

2. Zemente (DIN 1164)

Zement ist ein hydraulisches Bindemittel, das im wesentlichen aus Kalkstein, Kieselsäure, Tonerde und Eisenoxid besteht. Das entsprechende Rohstoffgemisch wird oberhalb der Sintergrenze (1400 bis 1500 °C) gebrannt und anschließend fein gemahlen. Durch Reaktion mit Wasser erhärtet Zement sowohl an der Luft als auch unter Wasser und bleibt nach der Erhärtung auch unter Wasser fest. Die Druckfestigkeit von Zement muß nach 28 Tagen mindestens 25 N/mm^2 betragen (Vergleich: Geforderte Mindestdruckfestigkeit bei Hochhydraulischem Kalk 5 N/mm^2).

Normenzemente sind Portlandzement, Eisenportlandzement, Hochofenzement und Traßzement. Einzelheiten über die verschiedenen Zementarten, Festigkeitsklassen usw. können DIN 1164 sowie Abschn. 4.2.1 und 5.2.1.3, Teil 1 dieses Werkes, entnommen werden.

---
[1]) Nach dem Anmachen mit Wasser.

3. Baugipse (DIN 1168)

Gips kommt in der Natur als Mineral (Gipsgestein) vor oder fällt als Nebenprodukt der chemischen Industrie an (Chemierohgips). Durch thermische Behandlung (z. B. in Drehöfen) wird dem Rohgips das Kristallwasser teilweise oder vollständig entzogen. Dieses beim Brennen entzogene Wasser wird dem feingemahlenen Gips später beim Anmachen jedoch wieder zugeführt, und er erhärtet an der Luft ausschließlich durch Kristallisation (Hydration). Gipse – sowie alle Gipsbaustoffe – bleiben wasserlöslich und verlieren bei langanhaltender, starker Feuchtigkeitseinwirkung merklich ihre Festigkeit (Gefügezerstörung). Gips darf daher weder in Außenwandputzen noch als Innenputz in Räumen mit langzeitig einwirkender Feuchtigkeit (z. B. in Hallenbädern) verwendet werden. Vorübergehend auftretender Feuchtigkeitsanfall, wie er beispielsweise in häuslichen Bädern und Küchen vorkommt, sowie rasche Wiederabgabe mindern die Festigkeit dagegen nicht.

Der zeitlich unterschiedliche Verlauf des Abbindevorganges, der durch werkseitig beigegebene Zusätze (sog. Stellmittel) beeinflußt werden kann, ist ein wesentliches Unterscheidungsmerkmal der einzelnen Gipssorten. Nach DIN 1168 wird zwischen Baugipsen ohne und mit werkseitig beigegebenen Zusätzen unterschieden.

Baugipse ohne werkseitig beigegebene Zusätze:

a) **Stuckgips.** Bei niedrigen Temperaturen gebrannt, verhältnismäßig rasch versteifend. Verwendung bei Innenputzen (Gipsputz, Gipskalkputz) für Stuck-, Form- und Rabitzarbeiten sowie für die Herstellung von Gipsbauplatten.

b) **Putzgips.** Bei höheren Temperaturen gebrannt, beginnt früher zu versteifen und ist dennoch länger an der Putzfläche bearbeitbar als Stuckgips. Verwendung bei Innenputzen (Gipsputz, Gipssandputz, Gipskalkputz) sowie für Rabitzarbeiten.

Baugipse mit werkseitig beigegebenen Zusätzen:

a) **Maschinenputzgips.** Die Stellmittel ermöglichen einen kontinuierlichen maschinellen Putzauftrag. Der werkseitig vorgemischte Gips wird während des Putzvorganges fortlaufend (meist aus Silos o. ä.) in die Putzmaschine gefüllt, das erforderliche Wasser richtig dosiert zugesetzt, homogen gemischt, als Mörtel über eine Schlauchleitung transportiert und auf den Putzträger aufgespritzt. Geeignet für einlagige Innenputze (Wand- und Deckenputz); mehrlagiges Putzen ist zu vermeiden.

b) **Haftputzgips.** Mit Zusätzen (z. B. Kunstharz) zur Verbesserung der Haftung versehen. Er wird verarbeitungsgerecht geliefert, weitere Zuschläge bzw. Zusätze dürfen nicht beigegeben werden. Haftputzgips ist besonders zum Verputzen von schwierigen, d. h. glatten und schwachsaugenden Putzgründen – wie beispielsweise Stahlbetondecken – bestimmt. Der einlagige Auftrag des Innenputzes erfolgt von Hand; mehrlagiges Putzen ist zu vermeiden.

c) **Fertigputzgips.** Versteift langsam, Füllstoffe (z. B. Perlit, Sand) sind werkseitig zugesetzt, weitere Zusätze dürfen nicht beigegeben werden. Fertigputzgips ist das Standardmaterial zum einlagigen Verputzen von Mauerwerksflächen. Er eignet sich besonders für gut saugende Putzgründe. Das Anmachen des Mörtels und Aufziehen erfolgt von Hand, mehrlagiges Putzen ist zu vermeiden. Vgl. hierzu auch die ausgewiesene Spezialliteratur [2], [8], [9].

Baugipse dürfen zwar mit Luftkalken, jedoch niemals mit Zementen oder hydraulischen Kalken vermischt bzw. verarbeitet werden, da die Gefahr der Gefügezerstörung durch sog. Treiben (Kristallwasseranreicherung) besteht. Außerdem weist Gipsputz – wie alle Gipsbauteile – ein günstiges Brandverhalten auf: Gips bindet eine verhältnismäßige große Wassermenge, die im Brandfall die Bauteiloberfläche in Form eines Wasserdampfschleiers schützt. Weiter ist zu beachten, daß Gips auf Stahl unter Einwirkung von Feuchtigkeit eine stark rostfördernde Wirkung hat (Gegenmaßnahmen: Lackieren oder Verzinken der Stahlteile). Dagegen werden Blei und Kupfer durch Gips nicht angegriffen.

Anhydritbinder (DIN 4208), Putz- und Mauerbinder (DIN 4211) sind weitere mineralische Bindemittel, die jedoch hier unberücksichtigt bleiben.

8.3.2 Organische Bindemittel

Als Bindemittel von Beschichtungsstoffen für Kunstharzputze werden Polymerisatharze in Form von Dispersionen oder Lösungen verwendet. Der Bindemittelgehalt des Beschichtungsstoffes ist in Abhängigkeit von der Kornzusammensetzung des Zuschlags gemäß DIN 18558 festgelegt.

8.3.3 Zuschläge

Baukalke und Zemente müssen durch Zuschläge gemagert werden, weil diese mineralischen Bindemittel für sich allein beim Erhärten schwinden. Baugipse und Anhydritbinder dagegen bedürfen an sich keines Magerungsmittels (Ausnahme: Gezielte Beeinflussung bestimmter Eigenschaften). Außerdem schwinden Baugipse nicht, im Gegensatz zu Baukalk und Zement. Für die Herstellung von Mörtel- und Kunstharzputzen sind folgende Zuschläge geeignet:

1. Mineralischer Zuschlag. Mineralischer Zuschlag ist nach DIN 18550 bzw. DIN 18558 ein Gemenge (Haufwerk) aus ungebrochenen und/oder gebrochenen Körnern von natürlichen und/oder künstlichen mineralischen Stoffen. Man unterscheidet:

a) Zuschlag mit dichtem Gefüge (z. B. Natursand, Brechsand o. ä.)

b) Zuschlag mit porigem Gefüge (z. B. Perlit, Blähton).

Korngröße, -form, -zusammensetzung, -festigkeit und Reinheit des Sandes sind für das Verhalten und die Widerstandsfähigkeit eines Mörtels oder Putzes ebenso wichtig wie die Art und Güte des Bindemittels. Schädliche Bestandteile wie Lehm, Ton, Kohle, Eisen, Sulfate u. ä. dürfen die Zuschläge entweder gar nicht oder nur in solchen Mengen enthalten, daß sie die Eigenschaften der Putze nicht beeinträchtigen.

Mörtelsande zur Herstellung von Putzen mit mineralischen Bindemitteln sollen eine möglichst geringe Hohlräumigkeit besitzen. Am vorteilhaftesten sind gemischtkörnige Sande, da sie u. a. weniger Bindemittel benötigen und bessere Verarbeitungseigenschaften ergeben. Günstig sind Sande, deren Massenanteil an Körnung 0 bis 0,25 mm zwischen 10 und 30% liegt. Größe und Anteil des Grobkorns richten sich immer nach der Putzanwendung. Für die einzelnen Putzanwendungen sind jeweils empfohlene Korngruppen in Tabelle **8**.1 angegeben.

Tabelle **8**.1 Empfohlene Korngruppen nach DIN 18550 T2

Zeile	Putzanwendung	Mörtel für	Korngruppe/Lieferkörnung nach DIN 4226 Teil 1 in mm
1	Außenputz	Spritzbewurf	0/4[1]), (0/8)[1])
2		Unterputz	0/2, 0/4
3		Oberputz	je nach Putzweise
4	Innenputz	Spritzbewurf	0/4[1])
5		Unterputz	0/2, 0/4
6		Oberputz	0/1, 0/2[2])

[1]) Der Anteil an Grobkorn soll möglichst groß sein.

[2]) Bei oberflächengestaltenden Putzen ist das Grobkorn nach der Putzweise zu wählen.

Der Spritzbewurf erfordert stets einen grobkörnigen Sand, damit eine rauhe Oberfläche entsteht, an der sich der nachfolgende Putz festklammern kann.

2. Organischer Zuschlag. Organischer Zuschlag ist ein Gemenge aus Körnern organischer Stoffe. Man unterscheidet:

a) Zuschlag mit dichtem Gefüge (z. B. Kunststoffgranulate)

b) Zuschlag mit porigem Gefüge (z. B. geschäumte Kügelchen aus Kunststoff).

8.3.4 Zusätze für Putzmörtel

Zusatzmittel, die dem jeweiligen Mörtelgemisch nur in geringen Mengen zugegeben werden, beeinflussen die Mörteleigenschaften durch chemische und/oder physikalische Wirkung, so daß sie besonderen Anforderungen besonders genügen. Es dürfen nur Zusätze verwendet werden, die keinen schädigenden Einfluß auf den Putz ausüben. So dürfen sie insbesondere die Festigkeit und Beständigkeit des Mörtels, den Korrosionsschutz der Putzbewehrung oder des Putzträgers und das Erhärten des Bindemittels nicht beeinträchtigen. Man unterscheidet:

- **Luftporenbildner.** Durch gleichmäßig verteilte kleine Luftporen werden die Kapillaren unterbrochen, wodurch die Wasseraufnahmefähigkeit des Putzes verringert wird. Des weiteren wird die Verarbeitbarkeit des Mörtels durch die Gleitwirkung der Luftporen verbessert (Plastifizierungsmittel) und das Mörtelgewicht aufgrund der eingeschlossenen Luft reduziert, so daß dickere Putzlagen in einem Arbeitsgang aufgebracht werden können (s. Leichtputze, Wärmedämmputze). Diese Porenbildner dürfen jedoch nur in kleinen Mengen beigegeben werden, da ein zu hoher LP-Gehalt zu wesentlichen Festigkeitsminderungen führt.
- **Hydrophobierungsmittel** (wasserabweisende Zusätze). Sie bewirken, daß das von außen an den fertigen Putz herangetragene Wasser (z. B. Schlagregen) abgewiesen wird, indem sie die Benetzbarkeit der Kapillarwände so stark herabsetzen, daß der Kapillarsog praktisch unterbleibt. Die Wasserdampfdurchlässigkeit darf dadurch jedoch nur unwesentlich gemindert werden. Hydrophobierende Zusatzmittel können nachfolgende Schichten auf dem Putz, wie beispielsweise Anstriche o. ä., und deren Haftung beeinflussen.
- **Dichtungsmittel.** Sie machen den Putz weitgehend wasserundurchlässig (Verstopfung der Poren bei Wasserandrang). Eingesetzt werden sie fast ausschließlich bei Putzen aus reinem Zementmörtel (Außenputze unter der Erdoberfläche und Sockelputze). Bei höherem Wasserdruck wird die wasserabweisende Wirkung in den Kapillaren jedoch überwunden, so daß bituminöse Anstriche oder sogar Dichtungsbahnen eingesetzt werden müssen.
- **Erstarrungsbeschleuniger.** Sie bewirken eine Beschleunigung des Erstarrungsbeginns des Mörtels. Auch sie dürfen nur in geringen Mengen zugegeben werden, da sie sonst die Endfestigkeit des Putzes vermindern.
- **Haftverbessernde Zusatzmittel.** Sie verbessern den Haftverbund zwischen Putzmörtel und Putzgrund.
- **Frostschutzmittel.** Sie würden Putzarbeiten auch bei niedrigeren Temperaturen zulassen. Nach DIN 18550 sollen derartige Zusätze jedoch nicht verwendet werden.
- **Farbmittel.** Diese müssen zur Herstellung eines gefärbten Putzes lichtbeständig, kalk- und zementbeständig sein, damit sie durch die Bindemittel oder Zuschlagstoffe nicht verfärbt oder zerstört werden. Farbpigmente dürfen nun in solchen Mengen verwendet werden, daß ein nachteiliger Einfluß auf den Putz unterbleibt.

8.4 Putzmörtel und Beschichtungsstoffe

8.4.1 Putzmörtel

Putzmörtel ist nach DIN 18550 T1 ein Gemisch, das aus einem oder mehreren miteinander verträglichen mineralischen Bindemitteln, gemischtkörnigem Zuschlag mit einem überwiegenden Kornanteil zwischen 0,25 und 4 mm sowie Anmachwasser besteht. Bei Mörteln aus Baugipsen und Anhydritbindern kann der Zuschlag entfallen. Durch Beigabe von Zusätzen können bestimmte Eigenschaften erreicht werden.

Putzmörtel werden den in Tabelle **8**.2 genannten Mörtelgruppen P I bis P V zugeordnet, sofern sie die fort angeführten mineralischen Bindemittel enthalten und die in Tabelle **8**.4 angegebenen, sich auf Erfahrung gründenden Mischungsverhältnisse (Bindemittel zu Zuschlag) aufweisen. Derart zusammengesetzte Mörtel erreichen die in Tabelle **8**.3 genannten Mindestdruckfestigkeiten und können ohne weitere Nachweise für die in Abschn. 8.6 angeführten Putzsysteme verwendet werden. Bei der Wahl der Mörtelgruppen ist jedoch immer zu berücksichtigen, ob der Putz später noch mit anderen Stoffen beschichtet werden soll.

Tabelle **8**.2 Putzmörtelgruppen nach DIN 18550 T1

Putzmörtel-gruppe	Art der Bindemittel
P I	Luftkalke, Wasserkalke, Hydraulische Kalke
P II	Hochhydraulische Kalke, Putz- und Mauerbinder, Kalk-Zement-Gemische
P III	Zemente
P IV	Baugipse ohne und mit Anteilen an Baukalk
P V	Anhydritbinder ohne und mit Anteilen an Baukalk

Tabelle **8**.3 Druckfestigkeit nach DIN 18550 T1

Putzmörtelgruppe	Mindestdruckfestigkeit in N/mm²
P I a, b	keine Anforderungen
P I c	1,0
P II	2,5
P III	10,0
P IV a, b, c	2,0
P IV d	keine Anforderungen
P V	2,0

8.4.1.1 Putzmörtelgruppen

Kalkmörtel der Mörtelgruppe P1 (s. Tab. **8**.4) ergeben stark saugende, elastische, wenig druckfeste und nicht immer ausreichend witterungsbeständige Putze mit hoher Wasserdampfdurchlässigkeit. Sie eignen sich vor allem für mechanisch nicht stärker beanspruchte Innenputze, gegebenenfalls auch für Außenputze, an die keine besonderen Feuchtigkeits- bzw. Festigkeitsanforderungen gestellt werden. Um die Beständigkeit und Festigkeit von Kalkputzen zu erhöhen, können geringe Zementzusätze beigegeben werden. Wasserabweisend werden sie durch Zugabe hydrophobierender Zusätze oder durch Aufbringen eines Anstriches. Da bei diesen Putzen jedoch Monate vergehen, bis eine ausreichende Erhärtung eintritt, dürfen beispielsweise Silikatanstriche – die zwar eine große Härte erreichen, aber auch hohe Spannungen aufbauen – erst nach etwa einem halben Jahr auf den Kalkputz aufgebracht werden. Außerdem eignen sich reine Kalkputze, so wie sie an historischen Gebäuden häufig angetroffen werden, nicht als Unterputz für kunstharzgebundene Putze und Anstriche. S. hierzu Abschn. 9.3.

Tabelle **8**.4 Mischungsverhältnisse in Raumteilen nach DIN 18550 T 2 (Ausg. 1.85) für Baustellenmörtel

Zeile	Mörtelgruppe		Mörtelart	Baukalke DIN 1060 Teil 1: Luftkalk Wasserkalk: Kalkteig	Luftkalk Wasserkalk: Kalkhydrat	Hydraulischer Kalk	Hochhydraulischer Kalk	Putz- und Mauerbinder DIN 4211	Zement DIN 1164 Teil 1	Baugipse ohne werkseitig beigegebene Zusätze DIN 1168 Teil 1: Stuckgips	Putzgips	Anhydritbinder DIN 4208	Sand[1])
1	P I	a	Luftkalkmörtel	1,0[2])									3,5 bis 4,5
2					1,0[2])								3,0 bis 4,0
3		b	Wasserkalkmörtel	1,0									3,5 bis 4,5
4					1,0								3,0 bis 4,0
5		c	Mörtel mit hydraulischem Kalk			1,0							3,0 bis 4,0
6	P II	a	Mörtel mit hochhydraulischem Kalk oder Mörtel mit Putz- und Mauerbinder				1,0 oder 1,0						3,0 bis 4,0
7		b	Kalkzementmörtel	1,5 oder 2,0					1,0				9,0 bis 11,0
8	P III	a	Zementmörtel mit Zusatz von Kalkhydrat		≤ 0,5				2,0				6,0 bis 8,0
9		b	Zementmörtel						1,0				3,0 bis 4,0
10	P IV	a	Gipsmörtel							1,0[3])			
11		b	Gipssandmörtel							1,0[3]) oder 1,0[3])			1,0 bis 3,0
12		c	Gipskalkmörtel	1,0 oder 1,0						0,5 bis 1,0 oder 1,0 bis 2,0			3,0 bis 4,0
13		d	Kalkgipsmörtel	1,0 oder 1,0						0,1 bis 0,2 oder 0,2 bis 0,5			3,0 bis 4,0
14	P V	a	Anhydritmörtel									1,0	≤ 2,5
15		b	Anhydritkalkmörtel	1,0 oder 1,5								3,0	12,0

1) Die Werte dieser Tabelle gelten nur für mineralische Zuschläge mit dichtem Gefüge.
2) Ein begrenzter Zementzusatz ist zulässig.
3) Um die Geschmeidigkeit zu verbessern, kann Weißkalk in geringen Mengen, zur Regelung der Versteifungszeiten können Verzögerer zugesetzt werden.

Hinweis: Die in Tabelle **8**.4 angegebenen Mischungsverhältnisse sind unter Berücksichtigung des Mischverfahrens dem jeweiligen Kornaufbau des Zuschlages (z. B. Sand) anzupassen und müssen dabei innerhalb der angegebenen Grenzen liegen.

Wie in Abschn. 8.3.1, Baukalke, bereits erwähnt, hängt es von der Handelsform des Baukalkes ab, ob er unmittelbar verarbeitet werden kann oder ob eine Einsumpfdauer bzw. Mörtelliegezeit (s. DIN 1060) einzuhalten ist. Erhärtungs- und Abbindevorgang laufen beim Kalkmörtel parallel. Da das Abbinden (Karbonisation) jedoch primär von dem nur in verhältnismäßig geringen Mengen vorhandenen Kohlendioxid der Luft abhängt, kann sich das Abbinden von Luftkalkmörteln unter Umständen über Wochen und Monate hinziehen. Es ist daher ratsam, Beschleunigungsmaßnahmen wie beispielsweise kräftiges Lüften, Aufstellung von Propangasbrennern (keine Koksöfen!) usw. zu veranlassen, damit dauernd neues Kohlendioxid an den Putz herangeführt und das bei der Karbonisation frei werdende Wasser (Teil der sog. Neubaufeuchtigkeit) rascher weggeführt wird. Zugluft muß dabei vermieden werden, da sonst unter Umständen Putzrisse durch eine zu rasche Oberflächentrocknung entstehen können [3].

Kalkzementmörtel der Mörtelgruppe P II (s. Tab. **8**.4) ergeben sehr widerstandsfähige (Mindestdruckfestigkeit 2,5 N/mm^2), ausreichend elastische, schwachsaugende Putze mit ausreichender Wasserdampfdurchlässigkeit. Sie eignen sich hauptsächlich für stark beanspruchte Außenputze (Standardmörtel), denen jedoch trotz ihrer niederschlaghemmenden Eigenschaften in der Regel noch wasserabweisende Zusätze beigegeben werden. Als Innenputz werden sie überall dort eingesetzt, wo starke mechanische Beanspruchungen zu erwarten sind. Vgl. hierzu Abschn. 8.7.5 und 8.7.6, Mineralisch gebundene Außen- und Innenputze. Bei den hydraulisch erhärtenden Mörteln ist besonders darauf zu achten, daß die Verarbeitungszeit (Versteifungsbeginn) nicht überschritten wird.

Zementmörtel der Mörtelgruppe P III (s. Tab. **8**.4) ergeben sehr feste (Mindestdruckfestigkeit 10 N/mm^2), kaum saugende, wenig elastische, starre Putze mit geringer Wasserdampfdurchlässigkeit. Sie eignen sich hauptsächlich für Außenputze zum Abdichten von Bauteilen, die ständiger Feuchtigkeitseinwirkung ausgesetzt sind (z. B. Außenputze unter der Erdoberfläche) sowie für Sockelputze. Durch Zugabe von Dichtungsmitteln oder Aufbringen von entsprechenden Dichtungsanstrichen (Beschichtungen) können sie wasserundurchlässig ausgeführt werden. Vgl. hierzu Abschn. 8.7.5, Kellerwandaußenputz. Zum Verputzen von aufgehenden Wänden (Fassadenbereich) sind sie nur dann geeignet, wenn ein sehr harter und dichter Putzgrund, zum Beispiel Beton, vorhanden ist. Werden Zementmörtel auf weniger feste Mauerwerkstoffe aufgebracht, so kommt es wegen ihrer großen Härte zu Spannungsrissen, durch die Niederschlagwasser ungehindert eindringen kann.

Gipshaltige Mörtel der Mörtelgruppe P IV (s. Tab. **8**.4) ergeben stark saugende und schnell trocknende Putze, die vorübergehenden Feuchtigkeitsanfall rasch aufnehmen, aber ebenso schnell durch Verdunsten wieder abgeben. Gipshaltige Mörtel eignen sich aufgrund der Wasserlöslichkeit des Putzes nur zur Herstellung von Innenputzen. Sie sind auch nicht verwendbar in Räumen mit langzeitiger Feuchtigkeitseinwirkung (z. B. in Schwimmbädern). Zum Einsatz in häuslichen Küchen und Bädern sind sie jedoch gut geeignet, da sie die dort vorübergehend auftretenden Feuchtigkeitsspitzen ausgleichen und rasch abbauen. Festigkeit und Härte der Putze mit Gips hängen wesentlich von der Gipsart, vom Gipsanteil und gegebenenfalls von der Höhe des Sand- bzw. Perlitzuschlages ab. Vgl. hierzu Abschn. 8.7.6, Innenputz.

Besondere Hinweise (DIN 18550 T2): Werden Luftkalk oder Wasserkalk mit Stuckgips oder Putzgips gemeinsam verarbeitet, so ist der Gips kurz vor dem Putzen getrennt in Wasser einzustreuen und dann mit dem bereits angemachten Kalkmörtel zu vermischen.

Baugipse oder Anhydritbinder dürfen nicht zusammen mit hydraulischen Bindemitteln, wie beispielsweise hydraulisch erhärtende Kalke, Putz- und Mauerbinder sowie Zement, verarbeitet werden.

Bereits im Zustand des Erstarrens befindliche Mörtel, die hydraulische Bindemittel, Baugips oder Anhydritbinder enthalten, dürfen nicht durch erneute Wasserzugabe wieder verarbeitbar gemacht werden.

8.4.1.2 Zubereitung und Lieferform der Putzmörtel

Baustellenmörtel. Früher wurden die Putzmörtel von den Verarbeitern auf der Baustelle selbst zusammengesetzt und gemischt. Heute werden die Baustellenmörtel entsprechend der Tabelle **8**.4 ausgeführt. Für solche Mörtel gelten dann die zuvor erwähnten Festigkeitsanforderungen als erfüllt, und sie können ohne weitere Nachweise für die in den Tabellen **8**.6 bis **8**.9 angegebenen Putzsystemen verwendet werden. Im Hinblick auf die Mörtelzubereitung auf der Baustelle sind die Mischungsverhältnisse in Raumteilen angegeben (Zumeßbehälter mit Meßmarken), obwohl eine wesentlich genauere Zumessung der Mörtelstoffe mit Gewichtsteilen zu erzielen ist (Vorteil der Werkmörtelzubereitung). Die Mörtelstoffe sind innig miteinander zu vermengen. Daher ist die Maschinenmischung dem Mischen von Hand immer vorzuziehen. Die für jedes Gerät vorgeschriebene Mischdauer ist unbedingt einzuhalten.

Auf der Baustelle zusammengestellte Mörtelmischungen führen oftmals – soweit keine geschulten Fachkräfte oder keine zweckmäßigen Geräte zum Einsatz kommen – zu Mängeln. Diese können zum Beispiel entstehen durch Beimischung ungeeigneter oder mit schädlichen Bestandteilen behafteter Zuschläge, ungenau dosierter Zusatzstoffe u. v. m. Diese Bedenken und nicht zuletzt wirtschaftliche Überlegungen (hoher Lohnkostenanteil) führten während der letzten Jahrzehnte dazu, daß immer mehr Werkmörtel – vor allem lagerfähige Trockenmörtel – verarbeitet werden.

Werkmörtel unterliegen einer ständigen Güteüberwachung (Eigen- und Fremdüberwachung durch Prüfstellen). Sie garantiert, daß nur geeignete Rohstoffe verarbeitet, normgerechte Mischungsverhältnisse eingehalten und Zusatzmittel (z. B. wasserabweisende Substanzen = Hydrophobierungszusätze) in genauer Dosierung beigegeben werden. Außerdem läßt sich eine gleichmäßige farbige Struktur des durchgefärbten Oberputzes nur mit Werkmörteln erzielen. Auch sie müssen den Anforderungen der Mörtelgruppen (Mindestdruckfestigkeit) entsprechen und für die in Abschn. 8.6 angeführten Putzsysteme verwendbar sein. Fertigputzgips, Haftputzgips, Maschinenputzgips und andere, wie zum Beispiel Edelputze, gelten als Werktrockenmörtel.

8.4.2 Beschichtungsstoffe

Beschichtungsstoffe für die Herstellung von Kunstharzputzen bestehen nach DIN 18558 aus organischen Bindemitteln in Form von Dispersionen oder Lösungen und aus Zuschlägen/Füllstoffen mit überwiegendem Kornanteil >0,25 mm. Der Bindemittelgehalt des Beschichtungsstoffes ist in Abhängigkeit von der Kornzusammensetzung des Zuschlags festzulegen. Kornzusammensetzung und Korngröße sind variabel und bestimmen zusammen mit der Verarbeitungsart die Schichtdicke und die Oberflächenstruktur des Kunstharzputzes. Die Beschichtungsstoffe werden im Herstellerwerk gefertigt und verarbeitungsfähig geliefert. Sie sind stets in Verbindung mit einem Grundanstrich zu verarbeiten. Mit Ausnahme geringer Zugaben von Verdünnungsmitteln zur Regulierung der Konsistenz sind Veränderungen der Beschichtungsstoffe unzulässig. Nach Anwendung und Bindemittelanteil werden zwei Typen von Beschichtungsstoffen unterschieden:

- **Beschichtungsstoff-Typ P Org 1:** für Außen- und Innenputz
- **Beschichtungsstoff-Typ P Org 2:** nur für Innenputze.

Weitere Einzelheiten sind der vorgenannten Norm für Kunstharzputze zu entnehmen. Vgl. hierzu auch Abschn. 8.8, Kunstharzputz sowie die Tabellen **8**.6 bis **8**.9.

8.5 Putzaufbau

Putzlagen

Eine Putzlage ist nach DIN 18550 eine in einem Arbeitsgang ausgeführte Putzschicht. Dies kann durch einen oder mehrere Anwürfe des gleichen Mörtels oder durch Auftragen des Beschichtungsstoffes (einschließlich des erforderlichen Grundanstrichs) geschehen. Es gibt ein- und mehrlagige Putze (Bild **8**.5).

Unterputz – werden die unteren Lagen

Oberputz – wird die oberste Lage genannt.

Kunstharzputze werden nur als oberste Lage verwendet. Der Spritzbewurf zählt nicht als Putzlage; er dient lediglich der Vorbereitung des Putzgrundes. Auf die wichtige Steuerungsfunktion des Spritzbewurfes (= gleichmäßiges Saugverhalten des Untergrundes) wird in Abschn. 8.7.1 hingewiesen.

Putzdicke

Die mittlere Dicke von mineralischen Putzen, die allgemeinen Anforderungen genügen, muß gemäß DIN 18550 T2 betragen bei

— Außenflächen 20 mm (zulässige Mindestdicke 15 mm),

— Innenflächen 15 mm (zulässige Mindestdicke 10 mm).

Die Bemühungen um eine Rationalisierung der Verputzarbeiten führten zur Entwicklung von Werkmörteln mit besonderen Eigenschaften, die einen Putzaufbau in nur einer Lage gestatten. Nach der Norm sind zugelassen:

— einlagige Innenputze 10 mm (zulässige Mindestdicke 5 mm)

Die jeweils zulässigen Mindestdicken müssen sich auf einzelne Stellen beschränken.

Die Dicke von mineralisch gebundenen Putzen, die zusätzlichen Anforderungen genügen sollen, ist so zu wählen, daß diese Anforderungen sicher erfüllt werden. Es sind in der Norm genannt:

— einlagige Außenputze 15 mm (wasserabweisende Putze aus Werkmörtel) erforderliche Mindestdicke 10 mm.

Die Mindestdicke von Wärmedämmputzen muß 20 mm betragen.

Die Schichtdicke des Kunstharzputzes richtet sich nach der Korngröße des Größtkorns und/oder der gewünschten Oberflächenstruktur. Bei Bauteilen, an die besondere brand- oder schallschutztechnische Anforderungen gestellt werden, kann eine bestimmte Putzdicke zur Erfüllung der Aufgaben erforderlich sein. Vgl. hierzu Abschn. 8.9 und 8.10.

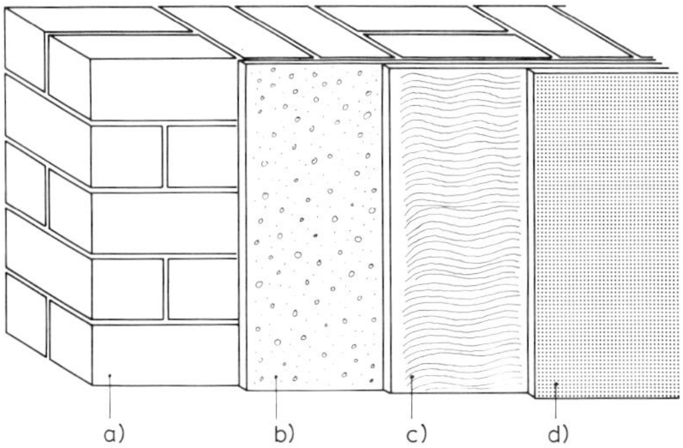

8.5
Schematische Darstellung des Aufbaues eines zweilagigen Außenputzes gemäß DIN 18550
a) Mauerwerk (Putzgrund)
b) Spritzbewurf (zählt nicht als Putzlage)
c) Unterputz (z.B. Kalkzementmörtel P IIb)
d) Oberputz (z.B. mineralischer Putz oder Kunstharzputz)

8.6 Putzsysteme

Nach DIN 18550 T1 sind die an einen Putz zu stellenden Anforderungen vom Putzsystem in seiner Gesamtheit zu erfüllen. Demnach sollen die Eigenschaften der verschiedenen Putzlagen eines Systems so aufeinander abgestimmt sein, daß die in den Berührungsflächen der einzelnen Putzlagen und des Putzgrundes auftretenden Spannungen (z. B. durch Schwinden oder Temperaturdehnungen) aufgenommen werden können. Bei mineralisch gebundenen Putzen kann diese Forderung im allgemeinen dann als erfüllt angesehen werden, wenn die Festigkeit des Oberputzes geringer als die Festigkeit des Unterputzes ist oder beide Putzlagen gleich fest sind.

Noch immer gilt die alte Handwerkerregel – für Innenputze wie Außenputze –, wonach die Festigkeit des Putzes von innen nach außen, d. h. zur jeweiligen Putzoberfläche hin, abnehmen soll: Nie hart auf weich putzen! Diese Regel ist auch sinngemäß bei der Festigkeitsabstufung zwischen dem Putzgrund und dem Unterputz anzuwenden. Ausnahmen ergeben sich bei Kellerwand-Außenputz, Sockelputz und Wärmedämmputzsystemen.

Mörtel höherer Festigkeit binden schneller ab. Sie verbinden sich intensiv mit dem Putzgrund und bilden eine gute Unterlage für den weniger festen, elastischen Oberputz, der Spannungen aus Temperaturunterschieden und Feuchtigkeit aufnehmen kann, ohne zu reißen. Würde der festere Putz über dem weicheren Putz liegen, wären Risse und sogar Absprengungen die unvermeidbare Folge.

Des weiteren gilt es zu beachten, daß Putze mit dunkler Oberfläche durch Sonneneinstrahlung thermisch stärker als helle Putze beansprucht werden. Dies gilt insbesondere bei Wänden mit hoher Wärmedämmung. S. hierzu Abschn. 8.11, Wärmegedämmte und verputzte Außenbauteile.

Für eine Vielzahl von Putzsystemen ist die Eignung durch Erfahrung nachgewiesen. Diese sog. „bewährten Putzsysteme" sind in den Tabellen **8**.6 bis **8**.9 zusammengefaßt. Hier sind für unterschiedliche Anwendungsbereiche Mörtelgruppen für die Herstellung des Unterputzes und Mörtelgruppen bzw. Beschichtungsstoffe für den zugehörigen Oberputz aufgeführt. Werden diese Putzsysteme angewendet, so kann bei sachbezogener und fachgerechter Ausführung davon ausgegangen werden, daß die jeweiligen Anforderungen an den Putz erfüllt werden. Bei Außenputzen muß jedoch sichergestellt sein, daß Unterputze für Kunstharzputze überwiegend hydraulisch erhärten. Diese Forderung gilt bei Verwendung von Mörteln der Gruppen P II und P III als erfüllt.

Bei Verwendung sog. „anderer Putzsysteme", d. h. die von den Angaben der genannten Tabellen abweichen, ist immer eine Eignungsprüfung notwendig. Im einzelnen unterscheidet man (DIN 18550 T1):

– **Tabelle 8.6: Putzsysteme für Außenwandputze**
– **Tabelle 8.7: Putzsysteme für Außendeckenputze**
– **Tabelle 8.8: Putzsysteme für Innenwandputze**
– **Tabelle 8.9: Putzsysteme für Innendeckenputze**

Hinweis: Sind in den angegebenen Tabellen nur in einer Spalte Mörtelgruppen oder Beschichtungsstofftypen genannt, so bedeutet dies, daß die jeweiligen Anforderungen von einem damit hergestellten einlagigen Putz erfüllt werden können.

Tabelle **8.6** Putzsysteme für Außenwandputze nach DIN 18550 T1 (Ausg. 1.85)

Zeile	Anforderung bzw. Putzanwendung	Mörtelgruppe bzw. Beschichtungsstoff-Typ für		Zusatzmittel[2])
		Unterputz	Oberputz[1])	
1	ohne besondere Anforderung	–	P I	
2		P I	P I	
3		–	P II	
4		P II	P I	
5		P II	P II	
6		P II	P Org 1	
7		–	P Org 1[3])	
8		–	P III	
9	wasserhemmend	P I	P I	erforderlich
10		–	P I c	erforderlich
11		–	P II	
12		P II	P I	
13		P II	P II	
14		P II	P Org 1	
15		–	P Org 1[3])	
16		–	P III[3])	
17	wasserabweisend[5])	P I c	P I	erforderlich
18		P II	P I	erforderlich
19		–	P I c[4])	erforderlich[2])
20		–	P II[4])	
21		P II	P II	erforderlich
22		P II	P Org 1	
23		–	P Org 1[3])	
24		–	P III[3])	
25	erhöhte Festigkeit	–	P II	
26		P II	P II	
27		P II	P Org 1	
28		–	P Org 1[3])	
29		–	P III	
30	Kellerwand-Außenputz	–	P III	
31	Außensockelputz	–	P III	
32		P III	P III	
33		P III	P Org 1	
34		–	P Org 1[3])	

Tabelle **8.7** Putzsysteme für Außendeckenputze nach DIN 18550 T1 (Ausg. 1.85)

Zeile	Mörtelgruppe bzw. Bschichtungsstoff-Typ bei Decken ohne bzw. mit Putzträger		
	Einbettung des Putzträgers	Unterputz	Oberputz[1])
1	–	P II	P I
2	P II	P II	P I
3	–	P II	P II
4	P II	P II	P II
5	–	P II	P IV[2])
6	P II	P II	P IV[2])
7	–	P II	P Org 1
8	P II	P II	P Org 1
9	–	–	P III
10	–	P III	P III
11	P III	P III	P II
12	P III	P II	P II
13	–	P III	P Org 1
14	P III	P III	P Org 1
15	P III	P II	P Org 1
16	–	–	P IV[2])
17	P IV[2])	–	P IV[2])
18	–	P IV[2])	P IV[2])
19	P IV[2])	P IV[2])	P IV[2])
20	–	–	P Org 1[3])

[1]) Oberputze können mit abschließender Oberflächengestaltung oder ohne diese ausgeführt werden (z. B. bei zu beschichtenden Flächen).
[2]) Nur an feuchtigkeitsgeschützten Flächen.
[3]) Nur bei Beton mit geschlossenem Gefüge als Putzgrund.

Fußnoten zu Tabelle **8.6**

[1]) Oberputze können mit abschließender Oberflächengestaltung oder ohne diese ausgeführt werden (z. B. bei zu beschichtenden Flächen).
[2]) Eignungsnachweis erforderlich (s. DIN 18550 T2 Abschn. 3.4).
[3]) Nur bei Beton mit geschlossenem Gefüge als Putzgrund.
[4]) Nur mit Eignungsnachweis am Putzsystem zulässig.
[5]) Oberputze mit geriebener Struktur können besondere Maßnahmen erforderlich machen.

Tabelle **8.8** Putzsysteme für Innenwandputze nach DIN 18550 T1 (Ausg. 1.85)

Zeile	Anforderungen bzw. Putzanwendung	Mörtelgruppe bzw. Beschichtungsstoff-Typ für Unterputz	Oberputz[1]) [2])
1	nur geringe Beanspruchung	–	P Ia, b
2		P Ia, b	P Ia, b
3		P II	P Ia, b, P IVd
4		P IV	P Ia, b, P IVd
5	übliche Beanspruchung[3])	–	P Ic
6		P Ic	P Ic
7		–	P II
8		P II	P Ic, P II, P IVa, b, c, P V, P Org 1, P Org 2
9		–	P III
10		P III	P Ic, P II, P III, P Org 1, P Org 2
11		–	P IVa, b, c
12		P IVa, b, c	P IVa, b, c, P Org 1, P Org 2
13		–	P V
14		P V	P V, P Org 1, P Org 2
15		–	P Org 1, P Org 2[4])
16	Feuchträume[5])	–	P I
17		P I	P I
18		–	P II
19		P II	P I, P II, P Org 1
20		–	P III
21		P III	P II, P III, P Org 1
22		–	P Org 1[4])

[1]) Bei mehreren genannten Mörtelgruppen ist jeweils nur eine als Oberputz zu verwenden.
[2]) Oberputze können mit abschließender Oberflächengestaltung oder ohne diese ausgeführt werden (z. B. bei zu beschichtenden Flächen).
[3]) Schließt die Anwendung bei geringer Beanspruchung ein.
[4]) Nur bei Beton mit geschlossenem Gefüge als Putzgrund.
[5]) Hierzu zählen nicht häusliche Küchen und Bäder.

Tabelle **8.9** Putzsysteme für Innendeckenputze[1]) nach DIN 18550 T1 (Ausg. 1.85)

Zeile	Anforderungen bzw. Putzanwendung	Mörtelgruppe bzw. Beschichtungsstoff-Typ für Unterputz	Oberputz[2]) [3])
1	nur geringe Beanspruchung	–	P Ia, b
2		P Ia, b	P Ia, b
3		P II	P Ia, b, P IVd
4		P IV	P Ia, b, P IVd
5	übliche Beanspruchung[4])	–	P Ic
6		P Ic	P Ic
7		–	P II
8		P II	P Ic, P II, P IVa, b, c, P Org 1, P Org 2
9		–	P IVa, b, c
10		P IVa, b, c	P IVa, b, c, P Org 1, P Org 2
11		–	P V
12		P V	P V, P Org 1, P Org 2
13		–	P Org 1[5]), P Org 2[5])
14	Feuchträume[6])	–	P I
15		P I	P I
16		–	P II
17		P II	P I, P II, P Org 1
18		–	P III
19		P III	P II, P III, P Org 1
20		–	P Org 1[5])

[1]) Bei Innendeckenputzen auf Putzträgern ist gegebenenfalls der Putzträger vor dem Aufbringen des Unterputzes in Mörtel einzubetten. Als Mörtel ist Mörtel mindestens gleicher Festigkeit wie für den Unterputz zu verwenden.
[2]) Bei mehreren genannten Mörtelgruppen ist jeweils nur eine als Oberputz zu verwenden.
[3]) Oberputze können mit abschließender Oberflächengestaltung oder ohne diese ausgeführt werden (z. B. bei zu beschichtenden Flächen).
[4]) Schließt die Anwendung bei geringer Beanspruchung ein.
[5]) Nur bei Beton mit geschlossenem Gefüge als Putzgrund.
[6]) Hierzu zählen nicht häusliche Küchen und Bäder.

8.7 Putze mit mineralischen Bindemitteln: Mineralputz als Außen- und Innenputz

8.7.1 Putzgrund

Putzgrund ist der Bauteil, der geputzt werden soll. In der Regel handelt es sich dabei um Wand- oder Deckenflächen, die so maßgerecht sein müssen, daß der Putz in gleichmäßiger Dicke aufgetragen werden kann. Die zu beachtenden Ebenheitstoleranzen für Flächen von Wänden und Unterseiten von Decken sind in DIN 18202 (Ausg. 5.86) festgelegt. Abweichungen von den vorgeschriebenen Maßen sind nur im Rahmen der von dieser Norm bestimmten Grenzen zulässig. Wie Tabelle **9**.2, in Teil 1 dieses Werkes, zeigt, wird zwischen nichtflächenfertigen (z. B. Unterseiten von Rohdecken) und flächenfertigen Untergründen (z. B. verputzte Wände) unterschieden.

Weist der Putzgrund erhebliche Unebenheiten auf, so sind diese vor Beginn des Putzens auszugleichen. Entsprechend dem Aufbau des nachfolgenden Putzes ist entweder ein Mörtel der Gruppe P II oder IV oder V zu verwenden. Ehe weitergeputzt wird, ist eine ausreichende Erhärtung der Ausgleichsschicht abzuwarten.

8.7.1.1 Beschaffenheit und Vorbereitung des Putzgrundes

Die Beschaffenheit des Putzgrundes ist für eine gute Haftung des Putzes von großer Bedeutung. Daher sollte jeder Putzausführung eine sorgfältige Prüfung des Putzgrundes auf Putzfähigkeit vorausgehen.

Ein guter Putzgrund muß sauber, staubfrei und frostfrei sein. Er soll außerdem möglichst homogen aus einem Baustoff hergestellt sein, keine schlecht vermörtelten Fugen aufweisen, eine gewisse Rauhigkeit und normale Saugfähigkeit besitzen und in bezug auf Längenänderungen bzw. Schwinden und Quellen unproblematisch sein. Beton als Putzgrund muß im Oberflächenbereich trocken und saugfähig sein.

Wo sich die Verwendung unterschiedlicher Wandbaustoffe – mit teilweise sehr unterschiedlichen Eigenschaften – nicht vermeiden läßt (inhomogener Putzgrund), ist die Schaffung eines einheitlichen Putzgrundes, beispielsweise durch einen Spritzbewurf, erforderlich. Die Notwendigkeit einer derartigen Putzgrundvorbereitung richtet sich nach Art und Beschaffenheit des Putzgrundes und nach den Eigenschaften des nachfolgenden Putzmörtels. Folgende Maßnahmen kommen in Betracht:

a) **Verunreinigungen** durch anhaftende Fremdstoffe wie Staub, Mörtelspritzer, Betonschlämme u. ä. sowie Ausblühungen aller Art (insbesondere Salze von Sulfaten), Ölflecke oder Rückstände von Entschalungsmitteln sind zu entfernen.

b) **Bei glattem Putzgrund** hängt der Verbund vor allem von der Saugfähigkeit des Untergrundes ab; ggf. ist er noch zusätzlich aufzurauhen oder mit einem Spritzbewurf zu versehen. Sehr glatte, nicht saugende Putzgründe müssen mit einem dem nachfolgenden Putz entsprechenden Haftanstrich oder mit einem flächigen Putzträger beschichtet werden.

c) **Unterschiedliches Saugverhalten** der Baustoffe erfordert in der Regel eine Vorbehandlung des Putzgrundes.

- Stark saugender Putzgrund ist ausreichend vorzunässen und mit einem volldeckenden, grobkörnigen Spritzbewurf zu behandeln, dessen Oberfäche nicht weiter bearbeitet werden darf. Unter Umständen kann auch eine Grundierung die zu große Saugfähigkeit mindern.
- Unterschiedlich saugender Putzgrund, meist aus verschiedenartigen Baustoffen bestehend (z. B. Mischmauerwerk), ist ebenfalls mit einem volldeckenden Spritzbewurf vorzubehandeln, soweit nicht zusätzliche Putzträger erforderlich sind.

– Schwach saugender Putzgrund ist mit einem nicht voll deckenden (warzenförmigen) Spritzbewurf zu versehen. Auch hier darf die möglichst grobkörnige Oberfläche nicht weiter bearbeitet werden.
– Gleichmäßig und normal saugender Putzgrund (z. B. Vollziegelmauerwerk) wird im allgemeinen nur ausreichend vorgenäßt. Ansonsten kann hier auf einen Spritzbewurf verzichtet werden. Auch in anderen Fällen kann ein Spritzbewurf entfallen, wenn beispielsweise ein Putzmörtel besonderer Zusammensetzung verwendet wird.

d) **Bei Beton als Putzgrund** ist zur Putzgrundvorbereitung im allgemeinen ein Spritzbewurf aufzubringen (Ausnahme: Maschinenputz- und Haftputzgipse). Dabei wird in der Regel Mörtel der Mörtelgruppe P III verwendet. Vgl. hierzu Abschn. 8.7.6.5, Putze auf Beton.

e) **Alte mineralische Putze** können, soweit sie tragfähig und genügend saugfähig sind, eine rauhe Oberfläche aufweisen und sofern sie vorher nicht gestrichen waren (z. B. mit Dispersionsfarben), ohne weiteres mit einem mineralischen Putzsystem überarbeitet werden.

f) **Alte Anstriche** stellen in der Regel keinen tragfähigen Putzgrund dar und sollten deshalb vor dem Aufbringen neuer mineralischer Putze weitgehend entfernt werden.

Ein Spritzbewurf hat demnach die Aufgabe, die Haftung des Putzes auf glattem, wenig saugfähigem oder stark saugendem Putzgrund zu verbessern. Dies wird erreicht, wenn er eine ausreichende Festigkeit und eine rauhe Oberfläche (hoher Grobkornanteil) aufweist. Man unterscheidet:

– voll deckender Spritzbewurf,
– nicht voll deckender (warzenförmiger) Spritzbewurf.

Je nach Festigkeit des Putzgrundes und entsprechend dem Aufbau des nachfolgenden Putzes kommt als Spritzbewurf entweder ein Zementmörtel der Mörtelgruppe P III oder Kalkzementmörtel der Mörtelgruppe P II in Frage. Auf den Spritzputz darf erst geputzt werden, wenn er ausreichend erhärtet ist (Wartezeit mind. 12 Stunden). Dies gilt insbesondere beim Aufbringen von Putz aus Mörteln der Gruppe P IV und P V auf einen Spritzbewurf aus Zementmörtel.

8.7.1.2 Konstruktive und bautechnische Forderungen

Mangelhafte bauliche Konstruktionen sowie fehlerhafte Putzanschlüsse führen ebenso wie ungenugend vorbereitete Putzgründe zu Schäden, die später oft nicht mehr zu beheben sind. Risse in Putzen können verschiedene Ursachen haben.

– **Baugrundbedingte Risse.** Bewegungen bzw. Verformungen von Baukörpern können sich zum Beispiel durch unterschiedliche Setzungen des Baugrundes, Veränderungen des Grundwasserstandes, Erschütterungen aus Straßen- und Luftverkehr usw. ergeben. Dabei kann es sich um Bewegungen von Bauteilen handeln, die als Putzgrund dienen, oder solchen, die an verputzte Bauteile anschließen. Kein Putz ist selbstverständlich in der Lage, derartige Bewegungen zu überbrücken oder gar zu verhindern. Daher sind an den gefährdeten Stellen Bewegungsfugen einzuplanen. Spezielle Dehnungsfugenprofile, die unmittelbar auf dem Putzgrund befestigt (z. B. Mauerwerk/Beton) und später eingeputzt werden, decken die Fugen ab und nehmen gleichzeitig die Bewegungen der Bauteile auf. S. Bild **8**.10 und **9**.24 (Teil 1 d. W.).
– **Konstruktionsbedingte Risse.** Sie entstehen beispielsweise aufgrund zu hoher Auflasten, Deckendurchbiegungen o. ä. Vor allem aber Temperatur- und Feuchtigkeitseinflüsse (z. B. mangelnde Wärmedämmung von Betonbauteilen) bewirken Längen- und Formänderungen, die häufig zu Putzrissen (z. B. Deckenschubrissen) führen.

– **Putzgrundbedingte Risse.** Auch sie werden vor allem verursacht durch wechselnde thermische und feuchtigkeitsbedingte Einflüsse. So sind zum Beispiel die thermischen Längenänderungskoeffizienten aller Baumetalle wesentlich größer als die von verputztem Mauerwerk; noch größere weisen die Kunststoffe auf. Feuchteänderungen wiederum verursachen das Schwinden und Quellen von Holz- und Holzwerkstoffen, so daß derartige Materialien als direkter Putzgrund ungeeignet sind und immer mit einem Putzträger überspannt werden müssen. Ähnliches gilt für Rolladenkästen, Stürze usw. mit Abdeckungen aus Holzwolle-Leichtbauplatten; werden diese nicht richtig vorbehandelt, so entstehen Risse im Bereich der Anschlußstellen. Ebenso sind alle Ecken und Kanten besonders gefährdet und daher durch spezielle Kantenschutzprofile zu sichern. S. hierzu Bild **8**.11 und **8**.12.
– **Putzbedingte Risse.** Ein Grund für derartige Risse kann eine falsche Zusammensetzung des Putzmörtels sein (ungeeigneter Sand, zu hoher Bindemittelanteil usw.). Auch die Verarbeitung des Putzmörtels bei Wind und/oder Sonne führt zu Rissen der Putzschale.

Wandflächen, die verputzt werden sollen, müssen vor aufsteigender und rückseitig einwirkender Feuchtigkeit geschützt sein. Auch mangelhafte Mauerabdeckungen, vorspringende Gebäudesockel, ungenügend durchdachte Putzanschlüsse an Fenstersimsen usw. begünstigen das Eindringen von Feuchtigkeit in den Putzgrund. Ausblühungen und Abplatzungen (Frostschäden) sind die Folge. Ist die oberste Geschoßdecke eines Bauwerkes zu verputzen (z. B. Massivbetondecke mit darüberliegendem Flachdach), so muß vor Beginn der Putzarbeiten die oberseitige Wärmedämmung einschließlich Abdichtung aufgebracht sein, um die Bildung von Kondenswasser zu verhindern.

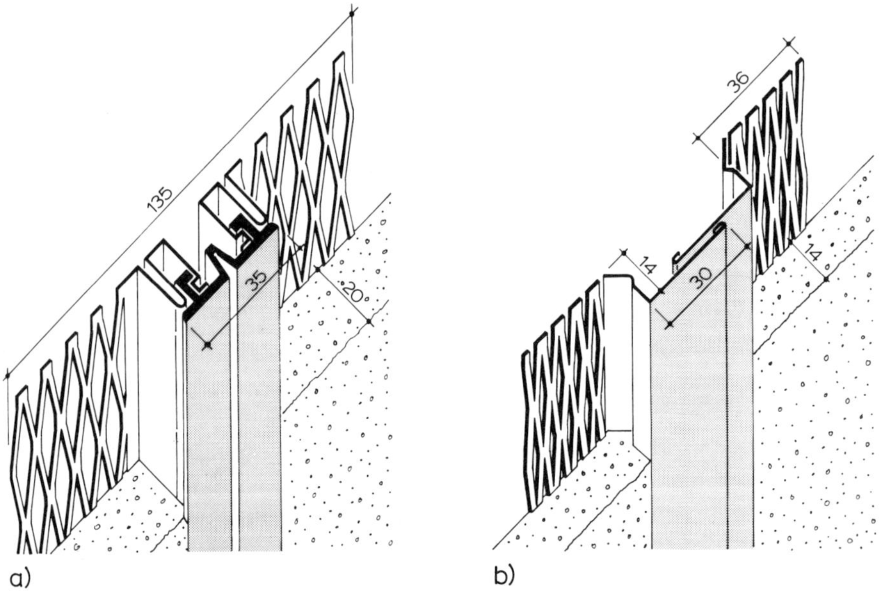

8.10 Dehnungsfugenprofile (Gebäude-Trennfugenprofile) für Außen- und Innenputz (Beispiele)
a) Fugenabdeckung durch bewegliches Mittelteil
b) Fugenabdeckung durch Kombination der Profile

Protektorwerk, Gaggenau

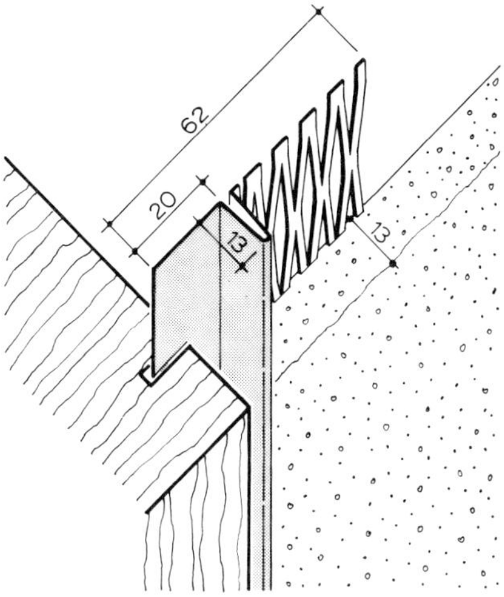

8.11 Anschlußprofil für den Innenputz (Beispiel). Holzbauteil und Putzschale sind durch eine Sichtfuge, die farblich abgesetzt sein kann, getrennt.

Protektorwerk, Gaggenau

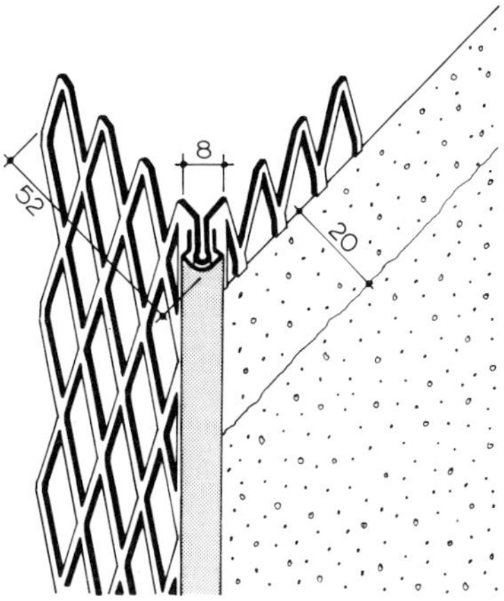

8.12 Kantenschutzprofil für den Außenputz (Beispiel). Die Profilkante ist mit einem schlagzähen PVC-Überzug gegen Abrieb und Korrosion geschützt und liegt mit der fertigen Putzkante bündig. Vgl. hierzu Bild 8.24

Protektorwerk, Gaggenau

8.7.2 Putzbewehrung und Putzträger

Putzbewehrungen sind Einlagen (Armierungen) im Putz – zum Beispiel in Form von Drahtgitternetzen oder Glasgittergeweben – die auf schwierigem Untergrund eine Verbesserung der Zugfestigkeit des Putzes bewirken und damit zur Verminderung der Rißbildung beitragen. Sie werden in der Regel in die obere Zone des Unterputzes mit einer seitlichen Bahnenüberlappung von etwa 100 mm eingebettet. Vgl. hierzu auch die nachstehenden Angaben zur Putzgrundvorbereitung von Holzwolle-Leichtbauplatten sowie die Abschnitte 8.11.3 und 8.11.4, Wärmedämmsysteme.

Putzträger nach DIN 18550 sind flächig ausgebildet und dienen dazu, das Haften des Putzes zu verbessern oder eine vom tragenden Untergrund weitgehend unabhängige Putzkonstruktion zu ermöglichen. Sie müssen beständig sein (z. B. gegenüber wechselnden Temperatur- und Feuchtigkeitseinflüssen), ein dauerndes Haften des Putzes gewährleisten sowie normgerecht und nach den Vorschriften der Hersteller befestigt werden. Vgl. hierzu auch VOB Teil C DIN 18350, Putz- und Stuckarbeiten sowie DIN 4121, Drahtputzdecken. Als Putzträger kommen vor allem in Frage: Metallische Putzträger, Holzwolle-Leichtbauplatten (DIN 1101), Mehrschicht-Leichtbauplatten (DIN 1104), Ziegeldrahtgewebe, Rohrmatten sowie Gipskarton-Putzträgerplatten für den Innenbereich.

Alle als Putzgrund ungeeignete Bauteile, beispielsweise Balken oder Ständer aus Holz, Stahlträger, Kunststoffrohre u. a. sind vor dem Putzauftrag mit einem Putzträger zu überspannen. Dieser muß allseitig mindestens 100 mm auf den umgebenden geeigneten Putzgrund übergreifen und auf diesem – nicht auf dem überspannten Bauteil – befestigt werden. Damit sich der Bauteil darunter frei bewegen kann, muß der Putzträger selbst ausreichend dimensioniert sein, um seine tragende Funktion erfüllen zu können (Brückenfunktion). Werden Holzbauteile überspannt, ist außerdem vorher noch ein genügend breiter Streifen aus Bitumenbahnen aufzubringen, um ein mögliches Quellen durch eindringende Mörtelfeuchtigkeit zu verhindern. Folgende Putzträgerarten kommen zum Einsatz:

1. Metallputzträger

a) **Rippenstreckmetall** besteht in der Regel aus 0,2 bis 0,5 mm dickem, verzinktem Stahlblech, das so eingeschnitten bzw. profiliert ist, daß es zu einer Putzträgerfläche mit Grätenstruktur auseinandergezogen werden kann. Diese besteht dann abwechselnd aus parallel verlaufenden, 10 mm oder 4 mm hohen Rippen (Hoch- bzw. Flachripp) und aussteifenden 2,5 mm hohen Sicken mit dazwischenliegenden Grätenfeldern. Bild **8**.13 und **8**.16. Die üblicherweise 0,60 × 2,50 m großen Tafeln sind nicht völlig ausgebreitet (gestreckt), so daß die schräg stehenden Gräten auftretende Spannungen ausgleichen können. Die einzelnen Tafeln werden überlappt angeordnet und mit den Sicken nach unten so auf den Untergrund aufgedübelt, daß sie in Sickenhöhe vom Putzgrund abstehen. Somit kann sich der scharf angeworfene Mörtel mit der Grätenstruktur allseitig innig verklammern und auch mit dem Putzgrund (meist Spritzbewurf) kraftschlüssig verbinden. Die Putzdicke über den Streckmetalltafeln sollte mindestens 15 mm betragen.

b) **Punktgeschweißte Drahtgitter** sind Putzträger aus etwa 1 mm dicken, verzinkten Stahldrähten mit einer Maschenweite von beispielsweise 12,7 × 12,7 mm. Sie werden in Form von Rollen oder Matten geliefert und allseitig überlappt mittels Spreizdübel und Abstandhalter auf den Untergrund aufgedübelt. Bild **8**.14. Die Höhe des Abstandhalters richtet sich nach der jeweils aufzubringenden Putzdicke. Sie bewirken in jedem Fall, daß sich der mit Druck aufgebrachte Mörtel allseitig mit dem abstehenden Gitterputzträger verklammern und mit dem Putzgrund kraftschlüssig verbinden kann. Derartige Drahtgitter eignen sich auch für das vollflächige Überspannen von gerissenen Fassaden bei normalem mineralischem Putzaufbau sowie für die Bewehrung von Wärmedämmputzen.

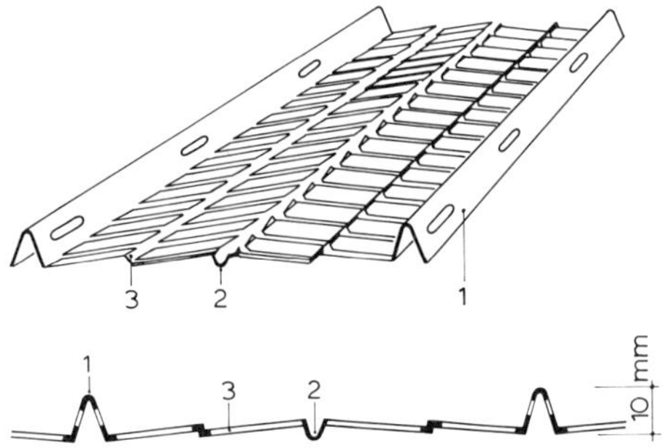

8.13 Schematische Darstellung von Rippenstreckmetall. Vgl. hierzu auch Bild **8**.16
1 Rippe mit Lochung, 10 mm hoch
2 gegenüberliegende Sicke, 2,5 mm hoch, zur Aussteifung der Grätenfelder und als Abstandhalter zum Putzgrund
3 Grätenfelder

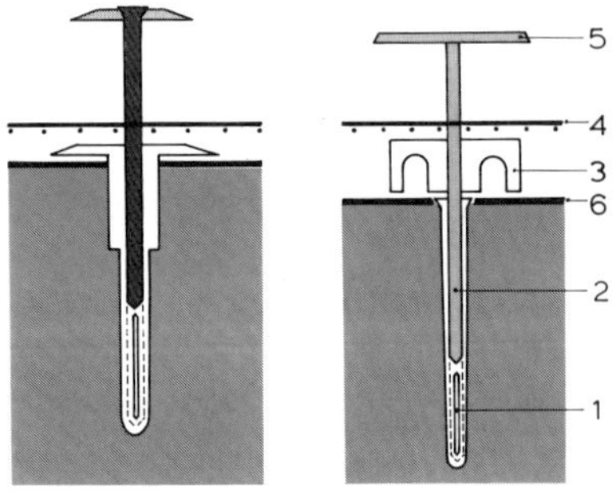

8.14 Schematische Darstellung der Befestigung von punktgeschweißtem Drahtgitter auf dem Putzgrund
1 Spreizdübel
2 Nagel
3 Abstandhalter je nach aufzubringender Putzdicke
4 punktgeschweißtes Drahtgitter (als Putzträger oder Putzbewehrung)
5 Halteteller aus Kunststoff
6 Putzgrund

Bekaert, Bad Homburg

2. Wärmedämmende Putzträgerplatten

Zu den wärmedämmenden Putzträgerplatten zählt man die Holzwolle-Leichtbauplatten und Mehrschicht-Leichtbauplatten. Vgl. hierzu auch Abschn. 8.11.3, Wärmedämmverbundsysteme aus Hartschaum- oder Mineralfaserplatten.

- **Holzwolle-Leichtbauplatten** nach DIN 1101 werden aus langfaseriger Holzwolle unter Verwendung mineralischer Bindemittel (Zement oder Magnesit) hergestellt.
- **Mehrschicht-Leichtbauplatten** nach DIN 1104 T1 bestehen aus Schaumkunststoffplatten (Polystyrol) mit einseitiger oder beidseitiger Deckschicht aus zement- oder magnesitgebundener Holzwolle (Zweischicht- oder Dreischichtplatten).

Entscheidend für die Dauerhaftigkeit aller Leichtbauplatten ist einmal die konservierende Mineralisierung der Holzwollefasern (damit die Platten bei Feuchtigkeitseinwirkung möglichst wenig quellen), zum anderen die mehrfache Schutzimprägnierung gegen pflanzliche und tierische Schädlinge sowie gegen Feuereinwirkung. Holzwolle-Leichtbauplatten und Mehrschicht-Leichtbauplatten müssen trocken sein, wenn sie verarbeitet werden. Die Platten kann man entweder anbetonieren (zusätzliche Absicherung durch Kunststoffanker), mit Mörtel anblenden (Dünnbettmörtel nach DIN 18156 T2) oder auf Lattenrost nageln bzw. schrauben. Die Platten werden dicht gestoßen und im Verband verlegt; bei Wänden sollen die Plattenlängsseiten waagerecht liegen. Übliches Plattenformat: 2000 × 500 mm, Sonderformate auf Anfrage. Für die Verarbeitung von Holzwolle-Leichtbauplatten gilt DIN 1102, für die Mehrschicht-Leichtbauplatten DIN 1104 T2.

Die weitere Putzgrundvorbereitung richtet sich danach, welche Plattenart verwendet und an welchem Ort – außen oder innen – sie angebracht wurden. Folgende Regeln müssen beachtet werden:

Putzanleitung für Außenputz auf Holzwolle-Leichtbauplatten

- **Ausführung A** mit Drahtgitternetz als Bewehrung im Spritzbewurf. Die Holzwolle-Leichtbauplatten sind ganzflächig mit punktgeschweißtem und verzinktem Drahtgitter (Maschenweite etwa 20 × 20 mm) so zu überspannen, daß sich Stoßüberlappungen von mindestens 50 mm ergeben und die Bewehrung mindestens 100 mm auf benachbarte Bauteile übergreift. Die Bewehrung kann mit Breitkopfstiften auf den Platten befestigt oder in die Laschen von Spezial-Befestigungsdübeln eingehängt werden. Bild **8**.14. Der Abstand der Bewehrung zu den Leichtbauplatten muß so bemessen sein, daß eine vollständige Umhüllung der Drähte durch den Spritzbewurf möglich ist. Schwachstellen wie zum Beispiel Ecken von Fenstern und Türen sind doppelt zu armieren. Leichtbauplatten, die Witterungseinflüssen ausgesetzt sind, sollten – damit sie trocken bleiben – möglichst unmittelbar nach dem Ausschalen mit der Bewehrung und einem volldeckenden Spritzbewurf versehen werden. Dieser besteht aus gemischtkörnigem Zementmörtel der Mörtelgruppe P III. Er muß erhärtet, trocken und rissig geworden sein, bevor mit dem Auftrag des Unterputzes begonnen werden darf. Üblicherweise ist von einer Standzeit von ungefähr 4 Wochen auszugehen. Der Unterputz und Oberputz müssen in bekannter Weise aufeinander abgestimmt sein (Härteabstufung, Schlagregenschutz). Sie können aus Mörtel der Mörtelgruppe P I, P Ic oder P II bestehen. Das jeweils passende Putzsystem ist Tabelle **8**.6 zu entnehmen, wobei die mittlere Putzdicke (Unterputz + Oberputz) 20 mm betragen muß. Damit sich der Putz unter Sonneneinstrahlung nicht zu stark erwärmt (Wärmestau bei Wärmedämmaterialien), sollten möglichst helle Fassadenfarben ausgewählt werden.
- **Ausführung B** mit Glasgittergewebe als Bewehrung im Unterputz. Auch hier ist unmittelbar nach dem Ausschalen ein volldeckender Spritzbewurf aus Zementmörtel aufzubringen, der ebenfalls vollständig erhärten und austrocknen muß. Die in den Unterputz einzubettende ganzflächige Bewehrung besteht aus Glasgitter-Armierungsgewebe, das eine Maschenweite von etwa 8 mm aufweist. Zunächst wird eine erste Schicht Unterputzmörtel (ca. $^1/_3$ der Gesamt-Unterputzdicke) aufgebracht und grob abgezogen. Darin wird das Gewebe eingebettet (Bahnenüberlappungen 100 mm, zu anderen Bauteilen mindestens 200 mm) und anschließend die zweite Schicht des Unterputzes naß in naß aufgebracht. Vor dem Aufbringen des Oberputzes muß der Unterputz ausreichend erhärtet und trocken sein. Weitere Einzelheiten sind dem vom Bundesverband der Leichtbauplattenindustrie herausgegebenen Merkblatt [4] zu entnehmen. Vgl. hierzu auch Abschn. 8.11.4, Wärmedämmputzsysteme.

Putzanleitung für Innenputz auf Holzwolle-Leichtbauplatten

Sie entspricht weitgehend der zuvor beschriebenen Außenputz-Ausführung **A**. Die gesamte Fläche der Holzwolle-Leichtbauplatten ist ebenfalls mit dem Drahtgitternetz in vorgenannter Weise zu überspannen und darauf ein gemischtkörniger volldeckender Spritzbewurf aus Zementmörtel aufzubringen. Vor dem Auftrag der nächsten Putzlage müssen Spritzbewurf – und die unter Umständen feucht gewordenen Platten – ausgetrocknet sein. Geeignete Putzsysteme für Innenwandputze sind Tabelle **8**.8 zu entnehmen. Bei Verwendung von fertigen Werkmörteln sind die Verarbeitungsrichtlinien der Hersteller zu beachten. Im Innenbereich kann auch ein sog. Trockenputz aus Gipskarton-Bauplatten nach DIN 18180 mit Gipskleber (Ansetzbinder) vollflächig auf die Leichtbauplatten aufgeklebt werden. Derartige Bekleidungen, bestehend aus Dämmplatten mit hoher dynamischer Steifigkeit (z. B. PS-Hartschaumplatten) und Putzschale, verschlechtern jedoch die Schalldämmung von Wänden durch verstärkte Flankenübertragung. S. hierzu Abschn. 12.5, Schallschutz, in Teil 1 dieses Werkes.

3. Sonstige Putzträgerplatten, -gewebe und -matten

a) **Putzträgerplatten aus gebranntem Ton** werden überall dort angesetzt, wo auf stoßfeste Untergründe und rissefreie, optisch einheitliche Putzflächen besonderen Wert gelegt wird (z. B. als Putzgrund von Betonteilen wie Stürze, Pfeiler, Massivdeckenteile). Aufgrund gleicher Materialeigenschaften zeichnen sich die mit Tonplatten bekleideten Bauteile nach dem Verputzen nicht vom übrigen Ziegelmauerwerk ab. Die Tonplatten, deren Oberflächen zur besseren Putzhaftung profiliert sind, werden entweder aufbetoniert (in die Schalung gestellt oder gelegt) oder nachträglich mit Zementmörtel angeblendet.

b) **Ziegeldrahtgewebe** ist ein Putzträger, der aus einem Drahtgewebe besteht, an dessen Kreuzungsstellen rautenförmige Tonkreuzchen aufgepreßt und ziegelhart gebrannt sind. Bild **8**.15. Der Ziegeldraht ist ein formbares und formbeständiges Bauelement, aus dem sich große Flächen in ebener oder gewölbter Ausbildung herstellen lassen. Das Material ist beständig gegen Temperaturschwankungen und nichtbrennbar und erfüllt somit in allen Fällen die höchsten Anforderungen des Brandschutzes. Es wird in Rollen von 5 m Länge und 1 m Breite, in einer Materialdicke von 6 bis 8 mm (Maschenweite 20 mm) geliefert. An den Stoßstellen müssen sich die Bahnen seitlich mindestens 3 cm überlappen, so daß die Tonkreuze ineinandergreifen. Im Abstand von je 10 cm sind die Stöße mit Bindedraht zu verrödeln. Da dieser Putzträger flexibel ist, wird bei größeren Flächen, insbesondere wenn eine gewölbte Ausbildung erfolgt (Rabitzkonstruktionen), eine zusätzliche Unterkonstruktion aus Trag- und Bewehrungsstäben (Stahlarmierung) erforderlich. Vgl. hierzu Abschn. 8.7.6.6, Hängende Drahtputzdecken nach DIN 4121.

c) **Rohrmatten aus Schilfrohrstengeln** sind als Putzträger kaum mehr im Gebrauch. Sie werden an dieser Stelle nur noch erwähnt, weil sie im Hinblick auf die Altbausanierung von einem gewissen Interesse sein können.

Die Rohrmatten bestehen aus 80 bis 300 cm langen Schilfrohrstengeln, die durch verzinkte Stahldrähte zu Matten zusammengebunden sind (Handelsform: Einfache oder doppelte Rohrmatten). In dieser Form dienen sie als Putzträger, beispielsweise für Deckenbekleidungen an Holzbalkendecken. Dabei werden sie mit verzinkten Rohrhaken – straff gespannt – auf eine aus Holzlatten bestehende Schalung (mit etwa 15 mm breiten Fugen) geheftet. Die Matten müssen immer quer zur Schalung aufgebracht, die Stöße gut miteinander verzahnt und durch einen Spanndraht gesichert sein. Dickere Rohrmatten sind stumpf zu stoßen und die Stoßstellen mit einem etwa 200 mm breiten Drahtgewebe zu überdecken. Vor dem Putzauftrag ist stets ein Spritzbewurf aufzubringen.

d) **Gipskarton-Putzträgerplatten** eignen sich vorwiegend zur Herstellung von fugenlosen Deckenbekleidungen und Unterdecken. Nach der trockenen Montage der Platten auf einer Unterkonstruktion wird anschließend noch eine Putzschicht aufgebracht. Diese Decken zeichnen sich vor allem – im Vergleich zu den in Abschn. 8.7.6.6 beschriebenen sog. Hängenden Drahtputzdecken – durch wesentlich kürzere Montage- und Trockenzeiten sowie geringeres Flächengewicht aus. Weitere Einzelheiten s. Abschn. 10.6.3 in Teil 1 dieses Werkes.

In diesem Zusammenhang ist nochmals auf den sog. Trockenputz aus Gipskarton-Bauplatten nach DIN 18180 hinzuweisen. Da diese Platten lediglich mittels Kleber (Ansetzbinder) an senkrechten Bauteilen befestigt werden, ergeben sich auch hier – im Vergleich zu den feucht eingebrachten Mörtelputzen – wesentlich kürzere Montage- und Trockenzeiten. Dies gilt auch für die Gipskarton-Verbundplatten (Gipskartonplatten mit werkseitig aufkaschierten Mineralfaser- oder Hartschaumplatten), die im Innenbereich sowohl für Schallschutz- als auch Wärmedämmzwecke eingesetzt werden. Dabei ist jedoch immer zu beachten, daß Dämmstoffe mit hoher dynamischer Steifigkeit (z. B. PS-Hartschaumplatten) den bestehenden Schallschutz negativ beeinflussen können, sowohl im Schalldurchgang als auch in der Schall-Längsleitung.

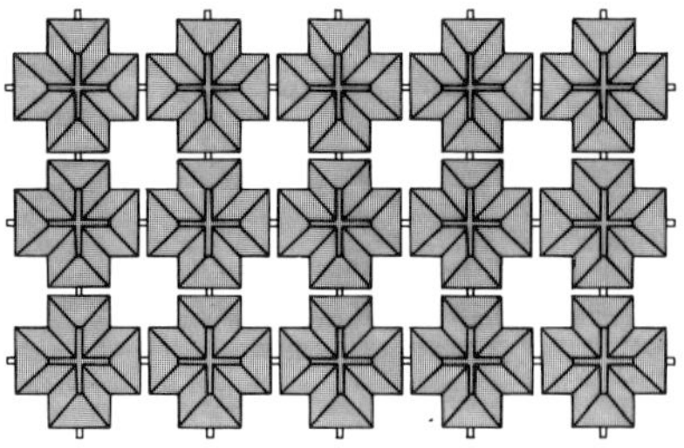

8.15
Schematische Darstellung eines Ziegeldrahtgewebes, geeignet als Putzträger zur Herstellung ebener oder gewölbter, nichtbrennbarer Rabitzkonstruktionen. Vgl. hierzu auch Abschn. 8.7.6, Hängende Drahtputzdecken.

8.7.3 Putzausführung

Witterungseinflüsse

Außenputzarbeiten dürfen nach DIN 18550 nicht vorgenommen werden, wenn die zu putzenden Flächen vom Regen getroffen werden oder Nachtfröste zu erwarten sind. So können zum Beispiel durch starken Schlagregen die Putzoberfläche beschädigt, noch nicht erhärtete Bindemittel gelöst und an die Putzoberfläche geschwemmt werden. Bei Frost lassen sich Außenputzarbeiten nur durchführen, wenn die Arbeitsstelle vollständig gegen die Außentemperatur abgeschlossen ist und der so entstehende Arbeitsraum bis zum ausreichenden Erhärten des Putzes beheizt werden kann. Außerdem sind die jeweils geltenden „Richtlinien für den Winterbau" zu beachten.

Ähnlich ungünstig wirkt sich ein zu schneller Wasserentzug aus dem frischen Putz durch Zugluft (Folge: „verbrannter" Oberputz) oder zu starke Sonneneinstrahlung aus. Daher gilt die Putzregel: nicht in, sondern mit der Sonne putzen! Weitere Schutzmaßnahmen sind: Verhängen der Fassade mit Folien oder Jutegewebe, Annässen des Putzgrundes und ggf. Feuchthalten des Frischputzes (vorteilhafte Nachbehandlung bei Kalk- und Zementmörtel).

Innenputzarbeiten dürfen erst begonnen werden, wenn sichergestellt ist, daß die Temperatur der Innenräume nicht unter + 5 °C liegt bzw. während der Putzarbeiten auch nicht darunter absinken kann. Dieser Temperaturbereich ist vor allem bei allen Kalkputzen deshalb kritisch, weil der Putz nicht mehr „abbindet", d. h. die zu Karbonat erhärtenden Bindemittel können bei dieser Temperatur keine Kohlensäure mehr aufnehmen. Vgl. hierzu auch Abschn. 8.3.1 und 8.4.1. Alle Öffnungen müssen daher zumindest behelfsmäßig verschlossen sein. Nach Abschluß der Innenputzarbeiten sind die Räume häufig kurzfristig zu lüften.

Putzgerüste, An- und Abrüsten

Putzgerüste sollen freistehen und einen Wandabstand von etwa 30 cm haben. Damit soll erreicht werden, daß die Handwerker Hand in Hand arbeiten können – vorausgesetzt alle Gerüstlagen sind gleichzeitig besetzt – so daß horizontale Nahtstellen bzw. Arbeitsfugen in Höhe der einzelnen Gerüstbretter vermieden werden. S. hierzu auch Abschn. 3.1, Baugerüste.

Im Mauerwerk aufliegende Gerüstriegel (= einfach stehende Gerüste) oder die Verankerung der Gerüste mit herkömmlichen Mauerhaken sollten keinesfalls mehr eingesetzt werden, da die hierbei entstehenden Mauerlöcher erst nachträglich ausgemauert und verputzt werden können. Solche Ausbesserungen zeichnen sich später an der Putzoberfläche immer ab. Moderne Gerüstverankerungen, die keine Schäden im Putz verursachen, sind so konstruiert, daß nichtrostende Hülsen im Mauerwerk (eingeputzt) verbleiben und durch eine farblich angleichbare Kunststoffkappe verschlossen werden. Spätere Wiedereinrüstungen sind so ohne Beschädigung der Putzfassade möglich.

Das Abrüsten ist mit größter Sorgfalt vorzunehmen, da die Putzflächen nach der Fertigstellung sehr stoßempfindlich sind und jede nachträgliche Ausbesserung fast immer sichtbar bleibt.

Aufbringen des Mörtels

Der Mörtelauftrag kann von Hand oder mit einer Maschine erfolgen. Die einzelnen Putzlagen sind – außen wie innen – möglichst gleichmäßig dick aufzubringen und sorgfältig zu verziehen oder zu verreiben. Mit dem Auftragen der jeweils nächsten Lage ist so lange zu warten, bis die vorhergehende so fest ist, daß sie die neue Lage tragen kann. Dies gilt auch für den Spritzbewurf, auf den der Unterputz erst aufgebracht werden darf, wenn der Mörtel ausreichend erhärtet ist, frühestens jedoch nach 12 Stunden. Der Unterputz ist vor dem Auftragen des Oberputzes gegebenenfalls aufzurauhen und je nach Mörtelart und Witterungsbedingungen anzunässen.

— **Der von Hand aufgetragene Mörtel** wird entweder mit der Kelle kräftig angeworfen oder mit dem Aufziehbrett bzw. Traufel kräftig auf den Putzgrund aufgezogen, so daß er sich mit diesem gut verzahnt. Anschließend wird er in der Regel mit der Abziehlatte oder Kartätsche eingeebnet. Besonders ebene Putzflächen entstehen, wenn Putzlehren aus Mörtel (= lot- und fluchtgerecht aufgebrachte, jeweils 10 bis 15 cm breite Mörtelstreifen) im Abstand von etwa 1 bis 1,5 m angelegt oder Putzbretter beispielsweise an den Türleibungen befestigt werden. Vgl. hierzu auch Abschn. 6.5.1, Fertigtürelemente.

  Bei allen Beiputzarbeiten und Ausbesserungen ist darauf zu achten, daß in jeder Putzlage immer nur Mörtel gleicher Zusammensetzung verarbeitet wird, da sonst Rißbildungen, Farbveränderungen o. ä. auftreten können.

— **Die maschinelle Verarbeitung** geeigneter Putzmörtel führt – im Vergleich zum Mörtelauftrag mit der Hand – zu wesentlich höheren Putzleistungen und damit zu Kosteneinsparungen (Senkung des Lohnkostenanteils, der Standkosten für das Gerüst usw.).

  Der heute üblicherweise verwendete Werktrockenmörtel wird entweder als Sackware in die Putzmaschine eingefüllt oder – bei umfangreicheren Bauvorhaben – aus einem Silo oder Container kontinuierlich durch eine pneumatische Förderanlage eingeblasen. Das Anmachen erfolgt durch intensives Mischen in der Putzmaschine. Dabei ist die werkseitig angegebene Mindestmischdauer einzuhalten und die Wasserdosierung entsprechend der gewünschten Mörtelkonsistenz vorzunehmen. Der weichplastische Mörtelbrei wird dann in Schläuchen bis an die Verarbeitungsstelle gepumpt und durch die dem Spritzkopf zugeführte Druckluft gleichmäßig kräftig, querreihig und ggf. in mehreren dünnen Schichten auf den Putzgrund gespritzt. Diese Art des Mörtelauftrages zeichnet sich durch einen geringen Materialverlust aus. Außerdem wird durch den Anspritzdruck eine verbesserte Haftung erzielt, da der Mörtel relativ gut in die Poren und Vertiefungen des Putzgrundes eindringt. Auch hier ist der Mörtel sofort nach dem Auftragen mit der Abziehlatte oder Kartätsche lot- und fluchtgerecht abzuziehen und je nach Putzart bzw. Putzweise weiter zu bearbeiten. Angaben über Ausführung, Aufmaß und Abrechnung sind VOB Teil C, DIN 18350, Putz- und Stuckarbeiten, zu entnehmen.

8.7.4 Putzweise

Die Putzweise kennzeichnet die Putze nach der Art (Verfahren) ihrer Oberflächenbehandlung und der dadurch entstehenden Oberflächenstruktur. Grundsätzlich ist zu unterscheiden zwischen

— rein dekorativen Putzweisen mit schmückender Wirkung,

— Putzweisen, die zur Vorbereitung eines tragenden Untergrundes für weitere Beschichtungen dienen und

— Putzweisen, die von der Putzzusammensetzung, Auftragsstärke und ihrer Oberflächenstruktur her eine schützende oder beispielsweise bauphysikalische Funktion zu erfüllen haben.

Für Außenputze sollten nur solche Putzweisen gewählt werden, die das Niederschlagwasser gut ableiten, durch Staub und Ablagerungen aus der Luft nicht so schnell verschmutzen und sich auch sonst handwerksgerecht ausführen lassen. Auch Lage, Höhe und Standort eines Bauwerks spielen bei der Auswahl eine Rolle. Im wesentlichen sind zu nennen (vgl. hierzu auch DIN 18550 T2):

a) **Gefilzter oder geglätteter Putz.** Seine Oberfläche wird üblicherweise mit der Filzscheibe bzw. Glättkelle (Traufel) hergestellt. Als glatter Innenputz eignet er sich auch zur Aufnahme weiterer Beschichtungen wie Anstriche, Tapeten usw.

   G i p s p u t z, der frisch aufgebracht, eben abgezogen und eine bereits ausreichend versteifte Oberfläche hat, wird zunächst leicht angenäßt, mit der Filzscheibe gefilzt und ggf. anschließend sorgfältig mit der Traufel geglättet.

Auf Kalkputz, eben abgezogen und gefilzt, kann gegebenenfalls noch eine feinsandige Schlämme sehr dünn aufgetragen und vorsichtig eingerieben werden. Dabei darf es jedoch zu keiner Sinterhautbildung (Bindemittelanreicherung) an der Oberfläche durch zu langes und zu kräftiges Verreiben kommen. Diese würde die Entstehung von Schwindrissen fördern, bei Luftkalkmörteln das Erhärten der tieferen Schichten hemmen (Karbonaterhärtung), und insgesamt eine weitgehend saugunfähige Oberfläche ergeben.

b) **Geriebener Putz oder Reibeputz.** Das Zuschlaggemenge dieses Putzes enthält unter anderem ein Rollkorn (Rundkorn), das beim Reiben rillenartige Vertiefungen in der sonst ebenen Putzoberfläche hinterläßt. Durch waagerechtes, senkrechtes oder kreisförmiges Reiben können unterschiedliche Strukturbilder erzeugt werden. Je nach Art des verwendeten Werkzeugs (Holzscheibe, Traufel o. ä.) wird er als Münchener Rauhputz, Rillenputz, Wurmputz, Madenputz, Rindenputz, Altdeutscher Putz usw. bezeichnet. Bevorzugte Struktur auch für kunstharzgebundene Putze.

c) **Kellenwurfputz.** Der Mörtel wird durch Anwerfen mit der Kelle aufgetragen. Seine Oberflächenstruktur hängt einmal von der Kornzusammensetzung und Mörtelkonsistenz, zum anderen von der Anwurftechnik des jeweiligen Putzers ab (Probeputzflächen anbringen lassen). In der Regel wird ein Zuschlag grober Körnung bis etwa 10 (12) mm verwendet. Die rauhe Oberfläche des Kellenwurfputzes vermittelt immer einen rustikalen Eindruck und belebt so auch großflächige Fassaden. Je nach Korn- bzw. Bindemittelzusammensetzung neigen derartige Putzstrukturen aber auch mehr zum Verschmutzen, so daß sie nicht für Hochbaufassaden oder Fassaden, die extremen Wetterbedingungen ausgesetzt sind, verwendet werden sollen.

d) **Kratzputz.** Seine gleichmäßige, porige Oberfläche wird durch das Kratzen des sich erhärtenden Putzes mit einem Nagelbrett o. ä. erzeugt. Diese Putzweise ist besonders vorteilhaft, da durch das Kratzen die bindemittel- und damit spannungsreiche Oberfläche des im allgemeinen 8 bis 10 mm dicken Oberputzes entfernt wird. Der richtige Zeitpunkt des Kratzens richtet sich nach dem Erhärtungsverlauf des Putzes. Es darf damit begonnen werden, wenn das Korn beim Kratzen herausspringt (charakteristische Putzstruktur, bedingt durch die jeweilige Korngröße) und nicht mehr im Nagelbrett hängen bleibt. Anschließend muß der Putz noch gründlich mit einem Handbesen abgefegt werden. Der Kratzputz gilt als bevorzugte Putzweise für alle Edelputze (vgl. Abschn. 8.7.5.4). Die Verarbeitungsrichtlinien der Hersteller sind zu beachten [5].

e) **Spritzputz.** Diese Putzweise beruht auf einer alten Putztechnik (Besenspritzputz). Der feinkörnige, dünnflüssige Mörtel wird heute üblicherweise mit einem Spritzputzgerät oder spezieller Spritzpistole durch zwei- oder mehrlagiges Aufsprenkeln (Auftragrichtung jeweils ändern) aufgetragen. Es entsteht eine gleichmäßige, feinkörnige Oberfläche, die meist mehr schmückende als schützende Wirkung hat. Sie eignet sich u. a. auch zur Renovierung alter Kratzputzfassaden, die lediglich optisch unansehnlich geworden sind.

f) **Kellenstrichputz.** Der angeworfene und eben abgezogene Mörtel wird mit der Kelle oder Traufel derart fächer- oder schuppenförmig verstrichen, daß der einzelne Kellenstrich bewußt sichtbar bleibt (dekorative Oberflächenbehandlung).

g) **Rollputz.** Er entsteht durch Überrollen des aufgetragenen Frischmörtels mit einer glatten Gummiwalze.

h) **Waschputz.** Aufgrund seiner speziellen Rezeptur ist er besonders stoßfest und auch hohen Feuchtigkeitsbelastungen gewachsen (Unterputz der Mörtelgruppe P III). Er wird daher vorrangig überall dort eingesetzt, wo es zu starken Beanspruchungen wie zum Beispiel im Sockelbereich, in öffentlichen Treppenhäusern, Fluren usw. kommt. Außerdem bietet der Waschputz interessante gestalterische Möglichkeiten durch eine Vielzahl verschiedener Gesteinskörnungen und Grundeinfärbungen. Seine Struktur erhält er durch Abwaschen der an der Oberfläche befindlichen, noch nicht erhärteten Bindemittelschlämme. Mit einer weichen Bürste wird so lange gewaschen, bis die Steinkörnung klar zum Vorschein kommt, wobei diese keinesfalls herausgewaschen werden darf. Der verbliebene Zementschleier wird mit einem Spezialreinigungsmittel entfernt.

Die Oberflächenstruktur kunstharzgebundener Putze (DIN 18558) entspricht weitgehend den vorgenannten Strukturen mineralisch gebundener Putze. Besonders zu erwähnen sind jedoch noch die sogenannten **Buntsteinputze** (Mosaikputz). Sie enthalten, ähnlich wie der Waschputz, natürlich vorkommende oder gefärbte Steine in den verschiedensten Korngrößen, die allerdings nicht mit mineralischen Bindemitteln, sondern mit durchsichtig auftrocknenden Kunstharzen gebunden sind. Da diese Beschichtungsstoffe keine deckenden Pigmente enthalten, trocknet Buntsteinputz klar auf und bedarf keiner weiteren Oberflächenbehandlung.

8.7.5 Mineralisch gebundene Außenputze

An den Außenputz werden ganz besondere Anforderungen gestellt. Neben der äußeren Gebäudegestaltung durch entsprechende Struktur- und Farbgebung hat er vor allem bauphysikalische Aufgaben zu erfüllen. Für die Putzauswahl sind seine örtliche Lage im Bauwerk, die daraus erwachsene Beanspruchungsart sowie die Beschaffenheit des jeweiligen Putzgrundes von Bedeutung. Dabei müssen gemäß DIN 18550 T1 die an einen Putz zu stellenden Anforderungen grundsätzlich vom Gesamtsystem, d.h. von allen Schichten einer Wand (z.B. Putzgrund, Putzlagen, Anstriche) zusammen dauerhaft erfüllt werden. Bewährte Putzsysteme sind zusammengestellt in

- **Tabelle 8.6 für Außenwandputze,**
- **Tabelle 8.7 für Außendeckenputze.**

8.7.5.1 Außenputze, die allgemeinen Anforderungen genügen

Auf die allgemeinen Anforderungen wie Haftung, gleichmäßiges Gefüge, Festigkeit, Brandverhalten, Wasserdampfdurchlässigkeit – die jede Putzart erfüllen muß – wurde bereits in Abschnitt 8.1 hingewiesen. Bei Außenputzen ist insbesondere auf die Wasserdampfdurchlässigkeit zu achten. Da diese bei Kunstharzputzen wesentlich geringer sein kann als bei mineralisch gebundenen Putzen, mußte in der Putznorm ein Grenzwert festgelegt werden, um unzulässige Feuchtigkeitserhöhungen in der Wand infolge innerer Kondensation zu vermeiden. Bei Außenputzen darf demnach die diffusionsäquivalente Luftschichtdicke s_d bei keiner Putzlage den Wert von 2,0 m überschreiten. Da mineralische Putze diese Anforderungen erfahrungsgemäß erfüllen, ist für derartige Putze kein Nachweis erforderlich. Für Kunstharzputze ist der Nachweis vom Hersteller des Beschichtungsstoffes zu führen. Vgl. Abschn. 12.4.6 (Teil 1 d.W.).

8.7.5.2 Außenputze, die zusätzlichen Anforderungen genügen

Wie Tabelle **8**.6 verdeutlicht, gibt es darüber hinaus Außenputze, die zusätzlichen Anforderungen genügen müssen. In DIN 18550 T1 sind im einzelnen genannt:

1. **Witterungsbeständigkeit des Putzsystems.** Es muß dem immer wiederkehrenden Wechsel von Regen und Wind, Sonnenschein und Frost standhalten, ohne Schaden zu nehmen. Als witterungsbeständig ohne besonderen Nachweis gilt ein Putzsystem, wenn es entsprechend Tabelle **8**.6 und **8**.7 aufgebaut ist.

2. **Schlagregenschutz durch Außenputz.** In der DIN 4108 T3 sind erstmals Angaben über den Schlagregenschutz von Außenwänden enthalten. Diese Angaben sollen dazu beitragen, erhöhte Wandfeuchtigkeit durch Regeneinwirkungen zu vermeiden, um einen dem Wandbaustoff entsprechenden Wärmeschutz zu erzielen. Je weniger Feuchtigkeit sich in einer Wand befindet, desto höher ist der Wärmedurchlaßwiderstand. In diesem Zusammenhang ist zu beachten, daß die heute verwendeten leichten und porösen Wandbaustoffe mehr Wasser aufnehmen als die früher eingesetzten, schweren und dichten Baustoffe.

   Regenschutz kann durch konstruktive Maßnahmen (zweischaliges Mauerwerk, vorgesetzte Bekleidung) oder durch Außenputz, der entsprechend der Beanspruchung zu wählen ist, erreicht werden. Bei der Beurteilung der Schlagregenbeanspruchung sind die regionalen klimatischen Bedingungen, die örtliche Lage und die Gebäudeart (Höhe) zu berücksichtigen. Entsprechend den in DIN 4108 T3 angeführten drei Beanspruchungsgruppen werden die Außenputze wie folgt eingeteilt:

Beanspruchungsgruppe I (geringe Schlagregenbeanspruchung): Keine Anforderungen hinsichtlich des Regenschutzes.

Beanspruchungsgruppe II (mittlere Schlagregenbeanspruchung): **wasserhemmende Außenputze.** Putzsysteme nach Tabelle **8.**6 (Zeilen 9 bis 16) erfüllen die an diese Gruppe gestellten Anforderungen.

Beanspruchungsgruppe III (starke Schlagregenbeanspruchung): **wasserabweisende Außenputze.** Putzsysteme gelten als wasserabweisend, wenn sie nach Tabelle **8.**6 (Zeilen 17 bis 24) aufgebaut sind, ggf. unter Verwendung geeigneter Zusatzmittel. Hierbei müssen die den Regenschutz hauptsächlich bewirkende(n) Putzlage(n) folgende Anforderungen erfüllen:

$w \cdot s_d \leq 0{,}2\ \text{kg/m h}^{0,5}$

$w \leq 0{,}5\ \text{kg/m}^2\text{h}^{0,5}$

$s_d \leq 2{,}0\ \text{m}$.

Untersuchungen [6] ergaben, daß die Feuchtigkeitsverhältnisse in beregneten Außenputzwänden abhängen von der Wasserabgabe in den Trocknungsperioden. Die Wasseraufnahme eines verputzten Mauerwerks bei Beregnung erfolgt durch Kapillarleitung (immer von der feuchten zur trockenen Seite hin), wobei primär die Wasseraufnahme des Außenputzes maßgebend ist (kennzeichnende Größe: Wasseraufnahmekoeffizient w). Die Wasserabgabe in den Trocknungsperioden erfolgt zunächst durch Verdampfung an der Oberfläche und wird im späteren Verlauf durch den Rücktransport der Feuchtigkeit infolge von Kapillarleitung und Dampfdiffusion bestimmt. Der maßgebende Einfluß ist dabei der Wasserdampfdurchlaßwiderstand der Putzschicht (kennzeichnende Größe für die Wasserabgabe in den Trocknungsperioden: diffusionsäquivalente Luftschichtdicke s_d). Maßgebend für die Einstufung eines Putzsystems als wasserabweisend ist demnach die Erfüllung der Forderung $w \cdot s_d \leq 0{,}2$ kg/m · h^{0,5}. Wasseraufnahme und Wasserabgabe müssen in einem solchen Verhältnis zueinander stehen, daß die Außenwand – langfristig gesehen – trocken bleibt bzw. austrocknen kann. Weitere Einzelheiten sind der Spezialliteratur [6] sowie Abschn. 12.4 in Teil 1 dieses Werkes zu entnehmen.

Wie bereits zuvor erwähnt, kann der Regenschutz gemäß DIN 4108 T3 durch konstruktive Maßnahmen (z. B. Bekleidung) oder durch geeignete Außenputze erreicht werden. Nicht aufgeführt sind die Anstriche, obwohl in der Praxis Außenputze häufig mit Anstrichen versehen werden. Der Grund ist darin zu suchen, daß in einer Norm nur auf genormte Stoffe hingewiesen wird und Fassadenanstriche nicht genormt sind. Vertreter der Mörtel- und Bindemittelindustrie haben deshalb gemeinsam eine Richtlinie für die Bewertung von **wasserabweisenden Putz/Anstrich Systemen** erarbeitet, die jedoch noch nicht genormt ist: Ein wasserabweisendes Putz/Anstrich-System wird demnach aus einem wasserhemmenden Putz und einem wasserabweisenden Anstrich gebildet. Beide Eigenschaften müssen durch Prüfungen nachgewiesen werden. Einzelheiten sind der Spezialliteratur [7] zu entnehmen.

3. **Außenputz mit erhöhter Festigkeit.** Mineralisch gebundene Außenputze, die als Träger von Beschichtungen auf organischer Basis (z. B. kunstharzgebundene Oberputze) dienen sollen oder die starker mechanischer Beanspruchung ausgesetzt sind, müssen nach DIN 18550 T1 eine Druckfestigkeit von mind. 2,5 N/mm^2 erreichen. Werden Putzsysteme nach Tabelle **8.**6 (Zeilen 25 bis 39) gewählt, so bedarf es keines besonderen Festigkeitsnachweises.

4. **Kellerwandaußenputz.** Kellerwandaußenputze als Träger von Beschichtungen (z. B. Abdichtungen gegen Feuchtigkeit) müssen aus Mörteln mit hydraulischen Bindemitteln hergestellt werden (Mörtelgruppe P III) und eine Mindestdruckfestig-

keit von 10 N/mm² erreichen. Obwohl hierfür in der Norm Mauerwerk aus Steinen der Druckfestigkeitsklasse 6 verlangt wird, sollten zur Vermeidung von Schäden besser Steine der Druckfestigkeitsklasse 12 oder Beton mit einer Festigkeitsklasse $\geq$ B 15 ausgeschrieben werden.

Hinweis: Kunstharzputze dürfen nicht als Kellerwandaußenputz, d.h. im Bereich der Erdanschüttung, verwendet werden.

5. **Außensockelputz.** Außensockelputze müssen ausreichend fest, wenig wassersaugend und widerstandsfähig gegen kombinierte Einwirkung von Feuchtigkeit und Frost sein. Putze mit mineralischen Bindemitteln müssen eine Mindestdruckfestigkeit von 10 N/mm² erreichen. Werden Putzsysteme nach Tabelle **8.**6 (Zeilen 31 bis 34) verwendet, so bedarf es keines besonderen Festigkeitsnachweises. Außensockelputze der Mörtelgruppe P III auf Mauerwerk der Steinfestigkeitsklasse $\leq$ 6 dürfen ausnahmsweise eine Mindestdruckfestigkeit von 5 N/mm² haben. Dieses Putzsystem muß dann wasserabweisend ausgerüstet sein.

Die Sockelfläche zwischen erdberührter Kellerwand und aufgehender Außenwand stellt eine Übergangszone dar, die vor allem durch Spritzwasser und Stoßbeanspruchung stark belastet ist. Ihre Höhe richtet sich im wesentlichen nach der Höhenlage, dem Material und der Oberflächenbeschaffenheit der jeweils angrenzenden Regenaufschlagfläche (Geländeoberfläche). Im Regelfall sollte sie 30 cm betragen. Der Außenwandsockel muß eine vertikale Abdichtung aufweisen, die bis zur oberen horizontalen Wandabdichtung hochgeführt und auch nahtlos an die vertikale Kelleraußenwand-Abdichtung angeschlossen wird. Neben Sperrbeton oder Dichtungsbahnen (immer mit Vormauerung o.ä. als Schutz) kann für die vertikale Sockelabdichtung auch Sperrputz (Mörtelgruppe P III mit Dichtungsmittel) verwendet werden. Vgl. hierzu auch Abschn. 12.3.4 in Teil 1 dieses Werkes.

Die Putzzone der aufgehenden Außenwände ist von der Dichtungszone des Bauwerkes möglichst deutlich abzusetzen (bessere Wasserableitung). Der Sockelputz sollte hinter den Wandputz zurückspringen, zumindest bündig mit diesem liegen, keinesfalls jedoch überstehen (Regenstau, Frostschäden, Schmutzablagerungen). Um ein Hinterwandern des Sockelputzes durch abfließendes Regenwasser auszuschließen, ist in der Fuge zwischen Sockel- und Wandputz eine Schiene, die eine einwandfreie Tropfnase bildet, anzubringen. Diese wird mit Ansetzmörtel auf Zementbasis (kein Gips oder gipshaltiges Material verwenden!) auf dem aufgehenden Mauerwerk befestigt. S. hierzu Bild **8.**23.

8.7.5.3 Leichtputze auf wärmedämmenden Wandbaustoffen

Im Zuge der Verbesserung des baulichen Wärmeschutzes wurden im Laufe der letzen Jahre vermehrt wärmedämmende, d.h. leichte und poröse Außenwandbaustoffe (z.B. Leichtmauerziegel, Gasbeton, leichte Bimssteine usw.) eingesetzt. Sie zeichnen sich gegenüber den herkömmlichen Mauerziegeln durch einen wesentlich höheren Wärmedämmwert, aber auch geringere Rohdichte (Eigengewicht) und Steinfestigkeit aus. Gleichzeitig kommen Leichtmauermörtel zur Verwendung, so daß Festigkeit und Wärmedämmwert der Mörtelgruppe in etwa der Steinqualität entsprechen. Auf diese leichten Wandbaustoffe wurden zunächst die herkömmlichen, relativ schweren und starren mineralischen Putze aufgetragen und dabei oftmals gegen die alte Putzregel – nie hart auf weich zu putzen – verstoßen. Außenwände unterliegen jedoch erheblichen Temperaturschwankungen. Besonders bei wärmedämmenden Wandbaustoffen führt Sonnenbestrahlung im Außenputz – vor allem bei Putzen mit dunkler Oberfläche – zu hohen thermischen Beanspruchungen (Wärmestau, Spannungen, Verformungsbestrebungen), die die Festigkeitseigenschaften der herkömmlichen starren Außenputze übersteigen. Es kommt zu Ablösungserscheinungen, die schließlich in Einzelfällen so weit führen, daß sogar die äußere Zone der Mauersteine mit abgezogen/abgesprengt wird. Diese Putzschäden führten zur Entwicklung sog. **Leichtputze** (Leichtunter- und Leichtoberputz) mit geringeren Festigkeiten. Diese reduzierte Festigkeit wird über den

Kornaufbau, die Art der eingesetzten Bindemittel (hoher Kalkanteil), das Verhältnis Bindemittel zu Zuschlag sowie insbesondere durch luftporenbildende Zusatzmittel gesteuert. S. hierzu Abschn. 8.3.4, Zusätze für Putzmörtel. Entsprechend der Festigkeit von beispielsweise Porotonziegeln mit 7,5 N/mm² sollte die Festigkeit des erhärteten Leichtputzmörtels den Wert von 4,0 N/mm² nicht übersteigen.

— **Leichtunterputze** werden überwiegend aus Werktrockenmörtel (DIN 18557) hergestellt. Sie entsprechen in der Regel den Eigenschaften der Mörtelgruppe P II nach DIN 18550. Neben Luftporenbildnern und mineralischen Leichtzuschlägen (z. B. Bims, Blähton, Blähperlit u. a.) kommt bei einigen Produkten dieser Art auch noch ein EPS-Zuschlag (geschäumte Polystyrol-Kügelchen) hinzu. Damit ergibt sich ein fließender Übergang von den Leichtputzen zu den Wärmedämmputzen, wie sie in Abschn. 8.11.2 beschrieben sind. Außerdem werden noch hydrophobierende Zusätze (wasserhemmende Eigenschaft) beigegeben. Die wichtigsten Nennwerte für die Beurteilung der Leichtunterputze sind der Wärmeausdehnungskoeffizient, Elastizitätsmodul und die Zugfestigkeit.

Der Werktrockenmörtel wird mit Wasser angesetzt und der Unterputz – einheitlichen Putzgrund vorausgesetzt – in einem Arbeitsgang aufgetragen. Stark saugendes Mauerwerk muß gegebenenfalls noch vorgenäßt werden. Bei schwierigem, ungleichmäßigem Untergrund (Mischmauerwerk, Holzwolle-Leichtbauplatten an Stürzen usw.) sollte zur Untergrundegalisierung nach DIN 18550 immer ein Spritzbewurf aufgebracht werden. Diese feste und starre Schicht ist jedoch bei porösem Mauerwerk wegen der unterschiedlichen Festigkeit nicht sinnvoll. Die Notwendigkeit des Spannungsabbaues wird in diesen Fällen am zweckmäßigsten durch den Auftrag des Leichtunterputzes in zwei Arbeitsgängen erzielt. Der erste Materialauftrag sollte mindestens 24 Stunden stehen, bevor mit dem zweiten Auftrag bis zur endgültigen Unterputzdicke aufgeputzt wird. Im Bereich von Holzwolle-Leichtbauplatten, Rolladenkästen usw. ist eine Putzarmierung (Glasgittergewebe) naß in naß überlappend einzuarbeiten.

— **Leichtoberputz** darf entsprechend des Festigkeitsgefälles auf keinen Fall fester als der Unterputz sein und erst nach dessen Durchtrocknung (Aushärtungszeit, je nach Produkt, 1 bis 3 Wochen) aufgetragen werden. Er entspricht in der Regel den Eigenschaften der Mörtelgruppe P II, ist hydrophob eingestellt und weist ein günstiges Dampfdiffusionsverhalten auf. Leichtober- und Leichtunterputz müssen als System aufeinander abgestimmt sein, damit eine gute Haftung der einzelnen Lagen aneinander gegeben ist und Putzrisse dadurch weitgehend vermieden werden.

Die derzeit vorgezeichnete Entwicklung, immer leichtere und porösere Wandbaustoffe einzusetzen, ist noch nicht abgeschlossen und muß mit einer gewissen Zurückhaltung beobachtet werden. Schließlich gibt es neben der Verbesserung des baulichen Wärmeschutzes auch noch andere Gesichtspunkte – wie beispielsweise statisches Gefüge und Schallschutz – die bei der Erstellung eines Bauwerkes zu berucksichtigen sind.

8.7.5.4 Edelputz

Früher wurden Putzmörtel von den Verarbeitern an der Baustelle selbst zusammengesetzt und aufbereitet. Wie in Abschn. 8.4.1, Lieferform der Putzmörtel, bereits näher erläutert, haben sich heute vorwiegend Werkmörtel (Werktrockenmörtel) durchgesetzt.

Die ersten Putzmörtel, die werkmäßig hergestellt wurden, waren die „Edelputze" (eine Bezeichnung der Industrie). Unter Edelputzen versteht man heute Trockenmörtel aus mineralischen Bindemitteln und Zuschlagstoffen, mit denen weiße oder eingefärbte Außen- und Innenputze mit abschließender Oberflächenbehandlung (vorwiegend Kratzputztechnik) hergestellt werden können. Sie ergeben einen witterungsbeständigen, dehnungsfähigen, durch Beimischung von Zusätzen (Hydrophobierungsmittel) wasserabweisenden, gleichzeitig jedoch wasserdampfdurchlässigen Außenputz

(Mörtelgruppe P I und P II) sowie einen stoß- und abriebfesten Innenputz (Mörtelgruppe P I). Die zugesetzten Farbstoffe und Pigmente sind licht-, wetter- und bindemittelbeständig. Da die gesamte Mörtelmasse durchgefärbt ist, ergeben sich gleichmäßige Flächen, die im Vergleich zu den nachträglich gestrichenen Putzen gegen mechanische Beanspruchungen (z. B. Stoß, Erosion) wesentlich unempfindlicher sind.

Der Edelputz-Trockenmörtel wird an der Baustelle nur noch mit Wasser vermengt und wahlweise von Hand oder mit der Maschine aufgetragen. Edelputze sind lieferbar für die verschiedensten Putzweisen. Als günstigste Oberflächengestaltung wird die Kratzputztechnik angesehen. Einzelheiten hierzu s. Abschn. 8.7.4, Putzweisen.

a) **Zweilagen-Edelputze.** Herkömmliche Zweilagen-Edelputze (Außen- und Innenputze) bestehen aus einem Spritzbewurf, einem etwa 15 mm dicken Unterputz und einer etwa 8 bis 10 mm dicken, in einem Zuge aufgetragenen Edelputzlage (Oberputz). Besonders zu beachten ist, daß vor dem Auftrag der obersten Putzlage alle sonstigen Arbeiten – beispielsweise an der Fassade – beendet sein müssen, da sich Ausbesserungen am Oberputz nicht unsichtbar vornehmen lassen.

b) **Einlagen-Edelputze.** Die Bemühungen um eine Rationalisierung der Verputzarbeiten führten während der letzten Jahre zur Entwicklung von Werkmörteln geringeren Gewichtes, die einen Putzaufbau in nur einer Lage – gegebenenfalls sogar ohne Spritzbewurf – gestatten. Derartige Mörtel können durch Verwendung leichter Zuschlagstoffe (anstelle des üblichen Sandes) und durch Zusatz von luftporenbildenden Mitteln (LP-Zusätze) hergestellt werden. Dadurch wird für den Putz die gewünschte Gewichtsminderung erreicht und die Herstellung einlagiger Putze in geringer Schichtdicke von 20 mm möglich (Mindestdicke 15 mm). Die wasserabweisende Eigenschaft der Außenputze wird durch Beigabe von Hydrophobierungsmitteln noch weiter verstärkt.

Der mögliche Wegfall des Spritzbewurfes bei der Erstellung eines Einlagen-Außenputzes ist zwar technisch möglich, entbindet den Auftragnehmer jedoch nicht von seiner Prüfungspflicht des Putzgrundes nach VOB Teil C, DIN 18350. Bei der heute üblichen Bauweise (z. B. Mischmauerwerk, verschiedenartige Putzträger) stellt der Spritzbewurf eine Vorbehandlung des Putzgrundes dar, die bei Außenputzen nach wie vor überwiegend notwendig sein wird.

8.7.6 Mineralisch gebundene Innenputze

Auch an den Innenputz werden ganz bestimmte Anforderungen gestellt. Neben seiner Bedeutung für die Innenraumgestaltung hat er vor allem bauphysikalische Aufgaben zu erfüllen. Für die Auswahl des Innenputzes sind – ähnlich wie beim Außenputz – seine örtliche Lage im Bauwerk (z. B. als Wand- oder Deckenputz), die daraus erwachsenden Anforderungen (z. B. Stoß- und Abriebfestigkeit) sowie die Beschaffenheit des jeweiligen Putzgrundes von Bedeutung. Nach DIN 18550 T1 ist auch beim Innenputz zu beachten, daß die an einen Putz zu stellenden Anforderungen grundsätzlich vom Gesamtsystem zu erfüllen und somit alle Bauteile, Putzlagen und sonstigen Schichten einer Wand aufeinander abgestimmt sein müssen. Bewährte Putzsysteme sind zusammengestellt in

– **Tabelle 8.8 für Innenwandputze**
– **Tabelle 8.9 für Innendeckenputze.**

8.7.6.1 Innenputze, die allgemeinen Anforderungen genügen

Auf die allgemeinen Anforderungen wie Haftung, gleichmäßiges Gefüge, Festigkeit, Brandverhalten, Wasserdampfdurchlässigkeit – die jede Putzart erfüllen muß – wurde bereits in Abschn. 8.1 hingewiesen. Innenputze eignen sich insbesondere zur Herstellung ebener und fluchtgerechter Flächen, die gegebenenfalls mit Anstrichen, Tapeten und Kunstharzputzen beschichtet werden können und dann eine bestimmte Mindestdruckfestigkeit aufweisen müssen. Verputzte Innenflächen von bewohnten Räumen sollten außerdem die Fähigkeit besitzen, Wasserdampf (Luftfeuchte) aufnehmen, zu speichern und zur gegebenen Zeit langsam an die Raumluft wieder abgeben zu können (klimaregulierende Wirkung). Innenputze sollten deshalb mindestens 10 mm dick sein. Auch beim Innenputz gilt die Regel, daß die Festigkeit des Putzes vom Putzgrund zur Putzoberfläche hin abnehmen soll (Festigkeitsgefälle).

— Innenputze für nur geringe Beanspruchungen, an die keine Festigkeitsanforderungen gestellt werden (Mörtelgruppe P I a, P I b und P IV d), zeigen die Tabellen **8**.8 und **8**.9, jeweils Zeilen 1 bis 4.

— Innenputze für übliche Beanspruchungen, an die beispielsweise Anforderungen als Träger von Anstrichen, Tapeten oder Kunstharzputzen gestellt werden, müssen eine Mindestdruckfestigkeit von 1,0 N/mm^2 aufweisen. Ein Nachweis ist nicht erforderlich, wenn Putze nach Tabelle **8**.8 (Zeilen 5 bis 15) und Tabelle **8**.9 (Zeilen 5 bis 13) gewählt werden.

8.7.6.2 Innenputze, die zusätzlichen Anforderungen genügen

An Innenputze können eine ganze Reihe weiterer Anforderungen gestellt werden. DIN 18550 T1 nennt im einzelnen:

1. **Innenwandputze mit erhöhter Abriebfestigkeit.** Innenwandflächen, die mechanischer Beanspruchung ausgesetzt sind (z. B. in Treppenhäusern, in Fluren von öffentlichen Gebäuden und Schulen), erfordern Putze mit einer Mindestdruckfestigkeit von 2,0 N/mm^2 sowie Putzoberflächen erhöhter Abriebfestigkeit. Die Anforderungen an eine erhöhte Abriebfestigkeit werden von Putzsystemen nach Tabelle **8**.8 (Zeilen 7 bis 15), mit Ausnahme von Mörtelgruppe P I als Oberputz, erfüllt.

2. **Innenwand- und Innendeckenputz für Feuchträume.** Derartige Innenputze müssen gegen langzeitig einwirkende Feuchtigkeit beständig sein. Feuchtraumbeständige Putzsysteme sind den Tabellen **8**.8 und **8**.9 zu entnehmen. Putzsysteme, die Bindemittel nach DIN 1168 T1 (Baugipse) und DIN 4208 (Anhydritbinder) beinhalten, scheiden für diese Putzanwendung aus. Durchaus geeignet sind jedoch derartige Gipsputze für Räume üblicher Luftfeuchte einschließlich der häuslichen Küchen und Bäder.

8.7.6.3 Putze mit Gips

Gipsputze eignen sich als Wand- und Deckenputz für sämtliche Innenräume, die keiner langzeitig einwirkenden Feuchtigkeit ausgesetzt sind. Die verschiedenen Gipssorten sind in Abschn. 8.3.1, Mineralische Bindemittel, im einzelnen erläutert. Putzgipse gehören in die Mörtelgruppe P IV, die verschiedenen Untergruppen sind in Tabelle **8**.4 angeführt.

Die Vorteile von Gipsputzen sind: Festigkeit und Härte (einstellbar durch geeignete Gipssorten bzw. Sand- und Kalkbeimischungen), gute Haftfestigkeit (als Deckenputz, bei Rabitzarbeiten usw.), feuchtigkeitsregulierende Wirksamkeit (Puffer bei Feuchtigkeitsspitzen vor allem in häuslichen Küchen und Bädern), anpaßbare Versteifungszeiten (wichtig beim Einsatz von Putzmaschinen), kurzer Abbindevorgang (keine langanhaltende Baufeuchtigkeit), geeignet zur Herstellung von Flächen, an deren Glätte hohe Anforderungen gestellt werden, relativ günstige Wärmedämmeigenschaften sowie idealer Baustoff für feuerhemmend bzw. feuerbeständig auszubildende Konstruktionen (bei Hitzeeinwirkung entsteht ein schützender Dampfschleier durch entweichendes Kristallwasser).

Bewährte Putzsysteme sind den Tabellen **8**.8 und **8**.9 zu entnehmen.

a) **Einlagige Gipsputze** (s. Abschn. 8.5, Putzaufbau) werden aus Maschinenputzgips, Haftputzgips und Fertigputzgips hergestellt, die verarbeitungsfähig als Werktrockenmörtel geliefert werden. Im Hinblick auf die Haftung ist zwischen putzfreundlichen Untergründen (z.B. Ziegel-, Kalksandstein-, Hohlblockmauerwerk, saugendem Beton) sowie schwierigen Putzgründen (z.B. schwach saugendem, glattem Beton) zu unterscheiden. Auf diese Gegebenheiten ist die Wahl der Gipssorten abzustimmen. Bei einlagigen Innenputzen beträgt die mittlere Putzdicke 10 mm.

b) **Mehrlagige Putze mit Gips.** Bei der Ausführung mehrlagiger Putze mit Gips ist durch die Wahl entsprechender Mörtel bzw. Mörtelmischungen (s. Abschn. 8.4.1, Mörtelgruppen, sowie Tabelle **8**.4) dafür zu sorgen, daß der Unterputz zumindest die gleiche Festigkeit wie der Oberputz erreicht. In Gipskalk- oder Kalkgipsputzen nimmt die Festigkeit mit steigendem Gipsgehalt des Mörtels zu. Wird der Oberputz unter Verwendung von Gips hergestellt, sollte auch beim Unterputz Gips verwendet werden. Die Dicke der mehrlagig verarbeiteten, gipshaltigen Putze beträgt im Mittel etwa 15 mm. Weitere Einzelheiten sind der Spezialliteratur [2], [8] zu entnehmen.

8.7.6.4 Putze mit Kalk

Putze mit Kalk eignen sich als Wand- und Deckenputze für alle Innenräume. Die verschiedenen Kalksorten sind in Abschn. 8.3.1, Mineralische Bindemittel, im einzelnen erläutert. Die Mörtelart ist nach den zu erwartenden Beanspruchungen des Putzes und der Beschaffenheit des Putzgrundes auszuwählen. Entsprechende Hinweise über die Mörtelgruppen bzw. Mischungsverhältnisse sind Tabelle **8**.4, bewährte Putzsysteme den Tabellen **8**.8 und **8**.9 zu entnehmen.

Da die Mörtel aus Luftkalken und Wasserkalken überwiegend dadurch erhärten, daß sie Kohlendioxid aus der Luft aufnehmen (Karbonaterhärtung), andererseits für den Verlauf dieser Reaktion auch Feuchtigkeit benötigen (ein völlig trockener Luftkalkmörtel kann nicht erhärten), ist dafür Sorge zu tragen, daß die für die Erhärtung des Innenputzes erforderliche Mindestfeuchtigkeit durch Nachnässen erhalten bleibt und eine gute Raumlüftung gewährleistet ist. Damit dieser Abbindevorgang nicht verhindert wird (Folge: Festigkeitseinbuße), dürfen auch die Putze – vor allem die Luftkalkputze der Mörtelgruppe P I – nicht zu früh, d.h. nicht vor ausreichender Erhärtung, durch schnell härtende Oberputze (z.B. Stuckgips) abgedeckt werden. Die Erhärtung des Unterputzes muß vorher weitgehend abgeschlossen sein. Vielfach wird eine solch gipsreiche Feinputzschicht noch aufgebracht, um eine möglichst glatte Oberfläche zu erreichen. Dieser Putzaufbau muß jedoch zu Schäden führen, weil gegen eine der wichtigsten Putzerregeln, wonach der Oberputz nicht härter als der Unterputz sein darf (Festigkeitsgefälle), verstoßen wird.

8.7.6.5 Putze auf Beton

Zum Verputzen von Decken und Wänden aus Beton haben sich vor allem Kalkzementsowie Gipsputze (Maschinenputzgips, Haftputzgips) bewährt. In jedem Fall sollte der Zustand der Betonoberfläche rechtzeitig vor Beginn der Putzarbeiten geprüft werden. Sie kann durch eine Vielzahl von Fremdstoffen wie zum Beispiel Schmutz, Staub, Mörtelspritzer, Schalöl oder lose hängende Kalksinterhaut verunreinigt sein. Bei Beginn der Putzarbeiten müssen außerdem die Feuchtigkeitsabgabe des Betons in der Oberfläche abgeschlossen und der Putzgrund saugfähig sein. Die Saugfähigkeit ist stets vor Putzbeginn in Form einer Benetzungsprobe zu prüfen. Alle nicht putzbaren Bauteile (z.B. Holz-, Stahl-, Kunststoffteile) sind mit einem Putzträger, wie in Abschn. 8.7.2 besprochen, zu überspannen und alle Stahlteile dauerhaft gegen Rost zu schützen.

Flächen aus Ortbeton, vor allem aber von Betonfertigteilen, zeichnen sich häufig durch eine sehr dichte und glatte Oberfläche aus. Als Putzgrundvorbereitung wird im allgemeinen ein Spritzbewurf mit grober Sandkörnung aufgebracht. Hierfür ist Mörtel der

Mörtelgruppe P III oder Mörtel entsprechender Zusammensetzung zu verwenden. Auf den Spritzbewurf darf erst geputzt werden, wenn dieser ausreichend erhärtet ist. Von dieser Putzgrundvorbereitung ausgenommen sind die verarbeitungsfähig gelieferten Maschinenputzgipse und Haftputzgipse, die unmittelbar einlagig, im Mittel etwa 10 mm dick, genau nach Herstellerangabe aufzutragen sind. Bei Verwendung derartiger Gipsputze auf Betonfertigteilen sowie an Dachdecken (unter Flachdächern) ist allerdings eine besondere Vorbereitung des Betonuntergrundes in Form einer Haftbrücke bzw. Haftgrundierung notwendig. Einzelheiten sind der entsprechenden Spezialliteratur [9] zu entnehmen.

8.7.6.6 Putz für Drahtputzdecken (Rabitzarbeiten)

Hängende Drahtputzdecken nach DIN 4121 bestehen aus Abhängern, der Unterkonstruktion, dem Putzträger und dem Putz. S. hierzu die Bilder **8.**13 (Rippenstreckmetall), **8.**16 (Putzträgerdecke) und Bild **8.**17 (Drahtputzdecke). Da bei ihrer Herstellung hohe Lohnkostenanteile anfallen und relativ viel Feuchtigkeit in den Bau gebracht wird (Bauverzögerung), werden fugenlose und gewölbeartig ausgeführte Unterdecken heute vorwiegend in Trockenbauweise aus Gipskarton-Bauplatten bzw. Gipskarton-Putzträgerplatten hergestellt. Vgl. hierzu Abschn. 10.6.3, Fugenlose Decken aus Gipskartonplatten, in Teil 1 dieses Werkes.

- **Als Abhänger** eignen sich Rundstähle von ≥ ∅ 5 mm oder andere Spezialabhänger mit gleicher Zugfestigkeit. Alle Teile aus Stahl müssen – vor allem in Räumen mit hoher Luftfeuchtigkeit – ausreichend gegen Korrosion geschützt sein. Mindestens 3 Abhänger je m^2 sind in möglichst gleichen Abständen anzuordnen und normgerecht an den tragenden Deckenteilen zu befestigen. Einzelheiten über die Art der Befestigung der Abhänger an den verschiedenen Deckensystemen sind DIN 4121 zu entnehmen. In der Regel sollten bereits bei der Herstellung der Rohdecken geeignete Vorrichtungen für das Anbringen der Abhänger vorgesehen werden (z. B. einbetonierte Ankerschienen o. ä.). Beim nachträglichen Eintreiben von Bolzen oder Einsetzen von Dübeln sind gemäß DIN 4121 eine Reihe von Voraussetzungen bzw. Forderungen zu beachten (z. B. Betongüte, Mindestdicke des Bauteils, Bolzendurchmesser und Eindringtiefe des Bolzens, Anordnung der Eintreibstellen, Prüfzeugnisse der Dübelhersteller, Kippdübel bei Hohlkörperdecken u. a.).
- **Die Unterkonstruktion** (Tragkonstruktion) besteht aus Tragstäben ≥ ∅ 7 mm oder aus anders geformten Profilschienen mit gleicher Tragfähigkeit und darüber kreuzweise aufgelegten Querstäben von ≥ ∅ 5 mm. Auf die Querstäbe kann verzichtet werden, wenn ein Metallputzträger mit größerer Eigensteifigkeit verwendet wird, so daß die Putzdecke zwischen den Tragstäben nicht durchhängen kann. Der Abstand der Tragstäbe richtet sich nach der zugelassenen oder nachgewiesenen Tragfähigkeit des Putzträgers.
- **Die Metallputzträger** sind straff zu spannen und sorgfältig an der Unterkonstruktion zu befestigen. Werden Anforderungen an den Brandschutz gestellt, so sind die Stöße der Tafeln in jedem Fall etwa 100 mm zu überlappen und die einzelnen Putzträgerbahnen durch Verrödelung mit Draht zu verbinden. Vgl. hierzu Abschn. 8.9, Brandschutztechnisch wirksame Putzbekleidungen.

Hängende Drahtputzdecken sind gegen seitliches Verschieben zu sichern, indem die Tragkonstruktion fest mit den angrenzenden Wänden verbunden wird. Die Decken sind jedoch freischwebend auszubilden und eine Trennfuge von mind. 8 mm vorzusehen, wenn starke Temperaturschwankungen (z. B. bei Deckenstrahlungsheizungen, Erschütterungen o. ä.) zu erwarten sind. Der Putzträger ist mit geeignetem Mörtel nach DIN 18550, Mörtelgruppe P II (mit Dehnungsfugen in Abständen von etwa 5 m) oder P IV (ohne Dehnungsfugen) auszudrücken, so daß auf der Sichtseite der Putz den Putzträger ≥ 15 mm überdeckt. Die fertige Putzdecke soll einschließlich des eingebetteten Putzträgers mindestens 25 mm und nicht mehr als 50 mm dick sein. Werden Anforderungen an den Brand- und Schallschutz gestellt, sind DIN 4102 bzw. DIN 4109 zu beachten. Auf die in Abschn. 10 in Teil 1 dieses Werkes behandelten „Leichten Deckenbekleidungen und Unterdecken" (DIN 18168) wird hingewiesen.

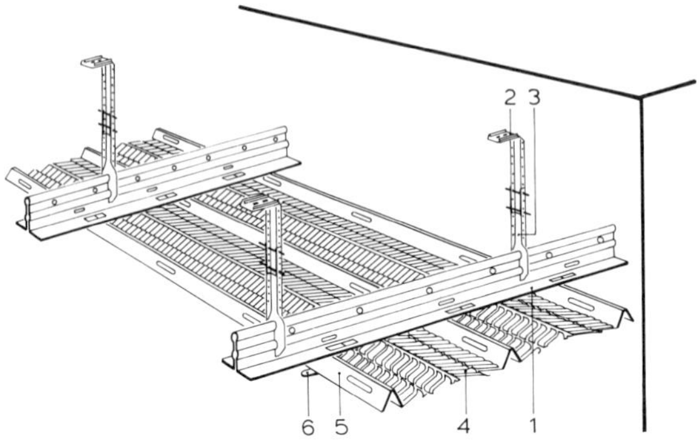

8.16
Putzträgerdecke aus Rippenstreckmetall und verzinkter Metallunterkonstruktion

Die Unterkonstruktion besteht aus T-förmigen Tragschienen mit angestanzten, zunächst senkrecht nach unten stehenden Laschen, die maßlich genau auf die Versteifungsrippen des Rippenstreckmetalls abgestimmt sind. Bei der Montage werden die Streckmetallbahnen von unten so zwischen die Laschen geschoben, daß diese von beiden Seiten um die Versteifungsrippen gebogen werden können. Vgl. hierzu auch Bild **8**.13

1 T-förmige Tragschiene
2 Noniusabhänger
3 Justierstab
4 Rippenstreckmetall (Grätenfeld)
5 Versteifungsrippe mit Lochung
6 umgebogene Lasche

Profil-Vertrieb GmbH, Gaggenau

8.7.6.7 Putz für Holzbalkendecken

Geputzte Unterdecken können an Holzbalkendecken entweder unmittelbar oder auf Abstand angebracht werden.

Unmittelbar an Deckenholzbalken zu befestigende Putzträgertafeln (z. B. Rippenstreckmetall, Holzwolle-Leichtbauplatten, Rohrgewebe, Ziegeldrahtgewebe) sind rechtwinklig zu den Balken anzuordnen und so zu befestigen, daß sich die Holzbalken oberhalb des Putzträgers frei bewegen können. Die in den Normen für die Anbringung der jeweiligen Putzträgerart festgelegten Forderungen über Art, Mindestabmessungen, Einbauweise und Korrosionsbeständigkeit der Befestigungsmittel sind unbedingt zu beachten. Einzelheiten s. Abschn. 8.7.2, Putzträger. Werden Anforderungen an den Schallschutz gestellt, sind nach DIN 4109 T3 Balken und Unterdecke zu trennen, d.h. zwischen Holzbalken und Putzträger noch zusätzliche Längs- bzw. Querleisten (geringere Berührungsfläche) oder Federbügel mit unterlegten Dämmstreifen anzubringen. Vgl. hierzu Abschn. 9.3.4, Schallschutz von Holzbalkendecken sowie Abschn. 10.3.3, Schallschutz von leichten Unterdecken, in Teil 1 dieses Werkes.

Die Konstruktion der auf Abstand angebrachten Unterdecke aus Putz entspricht weitgehend dem zuvor beschriebenen Aufbau der „Hängenden Drahtputzdekken" (DIN 4121). Die Abhänger sind hierbei seitlich an den Holzbalken normgerecht zu befestigen (Schrauben, Haken). Putzauftrag und Auswahl der Mörtelgruppen erfolgt wie bei den Drahtputzdecken. Fugenlose Deckenbekleidungen und Unterdecken an Holzbalkendecken werden heute jedoch vorwiegend in Trockenbauweise aus Gipskarton-Bauplatten bzw. Gipskarton-Putzträgerplatten hergestellt. Einzelheiten hierzu s. Abschn. 10.6.3 in Teil 1 dieses Werkes.

8.8 Putze mit organischen Bindemitteln: Kunstharzputz als Außen- und Innenputz

Für die Herstellung von Kunstharzputzen nach DIN 18558 werden Beschichtungsstoffe aus organischen Bindemitteln und vorwiegend groben Zuschlägen (Füllstoffen) verwendet. Als Bindemittel kommen Polymerisatharze in Form von Dispersionen oder Lösungen in Frage, als Zuschlag werden Sande in den Korngrößen von 0,2 bis 4 (15) mm zugesetzt. Art und Mengenverhältnis der verwendeten Sande ergeben die gewünschten Oberflächenstrukturen, die im wesentlichen den in Abschn. 8.7.4 beschriebenen Putzweisen entsprechen. Die Beschichtungsstoffe werden im Werk gefertigt und verarbeitungsfähig geliefert. Je nach Anwendungsgebiet gibt es zwei Beschichtungsstoff-Typen

— **P Org 1 – für Kunstharzputz als Außen- und Innenputz**
— **P Org 2 – für Kunstharzputz als Innenputz.**

An den Typ P Org 1 werden naturgemäß wesentlich höhere Anforderungen (z. B. Witterungsbeständigkeit, Frostbeständigkeit, Regendichtigkeit) gestellt, als an den Typ P Org 2, der nur für den Innenbereich gedacht ist.

Die Trocknung der Kunstharzputze erfolgt nicht, wie bei den meisten mineralischen Putzen durch chemische Reaktionen (Ausnahme Gipsputze), sondern rein physikalisch durch Verdunstung des enthaltenen Wassers bzw. Lösungsmittels. Dabei tritt eine immer engere Aneinanderlagerung, d. h. dauerhafte Verklebung der Kunstharzteile mit den Füllstoffen, Pigmenten sowie dem Untergrund ein. Die Folge ist eine Art Verschweißung zu einer festen, wasserunlöslichen und wasserabweisenden Schicht, die jedoch ausreichend wasserdampfdurchlässig bleibt. Es entstehen zähelastische, rissefreie Oberflächen, die sich unter anderem durch eine äußerst geringe Wasseraufnahme bei Schlagregen (Regendichtigkeit) und Frostunempfindlichkeit auszeichnen. Bemerkenswert ist auch die Vielfalt der Gestaltungsmöglichkeiten durch Struktur und Farbe.

Während in der DIN 18550 T1 (Hauptnorm) alles wesentliche über die Putze – Mineralputze und Kunstharzputze – behandelt wird, befaßt sich die DIN 18558 speziell mit Kunstharzputzen als Oberputz bei Putzsystemen. In der DIN 18556 sind die Prüfbedingungen für Kunstharzputze festgelegt. Bewährte Putzsysteme für verschiedene Anwendungsbereiche sind den Tabellen **8**.6 bis **8**.9 zu entnehmen.

Da bei Kunstharzputzen die **Wasserdampfdurchlässigkeit** wesentlich geringer sein kann als bei mineralisch gebundenen Putzen, mußte in DIN 18550 T1 ein Grenzwert festgelegt werden, um unzulässige Feuchtigkeitserhöhungen in der Wand infolge innerer Kondensation zu vermeiden. Bei Außenputzen darf demnach der dazu herangezogene Kennwert, die diffusionsäquivalente Luftschichtdicke s_d (Wasserdampfdurchlaßwiderstand) bei keiner Putzlage den Wert von 2,0 m überschreiten. Für Kunstharzputze ist der Nachweis vom Hersteller des Beschichtungsstoffes zu führen.

Nachdem in der Putznorm eindeutige Werte festgelegt sind, müssen diese in der Praxis auch beachtet und eingehalten werden. Der im Einzelfall tatsächlich gegebene Wasserdampf-Diffusionswiderstand bestimmt sich einmal aus der materialspezifischen Diffusionswiderstandszahl μ (gespr. mü), zum anderen – und das wird häufig vernachlässigt – von der von Fall zu Fall sich verändernden Schichtdicke. Erst beide Werte zusammen multipliziert ($u \cdot s$ in m) ergeben die in der Norm angegebene diffusionsäquivalente Luftschichtdicke s_d und damit in der Praxis vergleichbare Resultate (amtliche Prüfzeugnisse anfordern). Grundsätzlich gilt, daß der Diffusionswiderstand der Außenwandbeschichtung nicht höher liegen darf als der der anderen verwendeten Wandbaustoffe. S. hierzu auch Abschn. 12.4.6 in Teil 1 dieses Werkes.

Regel: Der Diffusionswiderstand $\mu \cdot s$ der einzelnen Schichten sollte von innen nach außen **abnehmen** – der Wärmedurchlaßwiderstand s/λ der Schichten von innen nach außen jedoch **zunehmen.**

Anwendung und Ausführung

Kunstharzputze, aus relativ hochwertigen Rohstoffen hergestellt, sind nicht zum Ausgleich grober Wandunebenheiten gedacht. Vielmehr werden sie in den meisten Fällen als **Oberputz** (Schlußbeschichtung) auf mineralischem Unterputz (mehrlagige Ausführung) oder auch unmittelbar auf den Beton, ohne Unterputz, einlagig aufgebracht. Außerhalb des Geltungsbereiches der DIN 18558 kommen Kunstharzputze auch auf anderen ebenen Untergründen zum Einsatz, wie zum Beispiel auf Bauteilen aus Gasbeton, Holzspanplatten, zementgebundenen Platten usw. In jedem Fall muß der zu beschichtende Untergrund fest und tragfähig, sauber und frei von Trennmitteln, trocken und saugfähig sein. Zur Untergrundvorbereitung gehört auch zwingend ein vorheriger **Grundanstrich,** der nach Vorschrift des Herstellers aufgebracht werden muß.

Frisch aufgezogene mineralische Unterputze der Mörtelgruppe P II müssen ausreichend erhärtet und lufttrocken sein, bevor sie mit einem Kunstharzoberputz beschichtet werden dürfen. Die Wartezeit richtet sich nach den bestehenden Witterungsverhältnissen und der Zusammensetzung des Unterputzmörtels. Eine Mindestwartezeit von 14 Tagen ist vorzusehen; ungünstige Witterungsverhältnisse können aber wesentlich längere Wartezeiten erforderlich machen. Sehr bewährt hat sich [10], wenn die Unterputzlage leicht abgerieben und mit einem Sägeblatt gleichmäßig aufgerauht wird.

Auf Beton als Putzgrund kann Kunstharzputz unmittelbar, d. h. ohne Unterputz aufgebracht werden. Aber auch hier ist immer ein vorheriger Grundanstrich erforderlich. Durch diesen Grundanstrich wird unter anderem ein einheitliches Saugen des Untergrundes erreicht und damit auch eine gleichmäßigere Strukturierung des Oberputzes. Die Beschichtungsstoffe werden verarbeitungsfähig geliefert. Die Putzdicke richtet sich nach dem jeweiligen Größtkorn-Durchmesser und der gewünschten Oberflächenstruktur. In der Regel werden Kunstharzputze in Dicken bis zu 5 mm, gegebenenfalls auch bis zu 10 mm aufgetragen. Der Putzanschluß in der Fläche muß immer naß erfolgen; außerdem darf nach dem Auftrocknen nicht mehr nachgerieben werden, da sonst unschöne Flecken in der Oberfläche entstehen können. Bei der Verarbeitung von Beschichtungsstoffen muß die Mindesttemperatur für die Abbindung bei $+5\,°C$ liegen. Des weiteren dürfen sie nicht bei direkter oder starker Sonneneinstrahlung sowie Wind- und Regeneinwirkung aufgebracht werden. Auch ist die frisch aufgetragene Beschichtung vor Frost zu schützen. Da die Verfestigung durch Trocknung erfolgt, kann diese bei hoher relativer Luftfeuchte und/oder niedrigen Temperaturen stark verzögert werden. Die rückseitige Abdichtung von Bauteilen gegen Feuchtigkeit nach DIN 18195 muß gewährleistet sein. Auf mineralische Untergründe aufgetragen, entsprechen Kunstharzputze der hier beschriebenen Zusammensetzung im Brandverhalten mindestens der Baustoffklasse B 1 nach DIN 4102. Auf eine interessante Gegenüberstellung und einen Vergleich von Kunstharzputz und Mineralputz [11] wird besonders hingewiesen.

8.9 Brandschutztechnisch wirksame Putzbekleidungen

DIN 4102 „Brandverhalten von Baustoffen und Bauteilen" konkretisiert als technische Baubestimmung (Ausführungsnorm) die einzelnen brandschutztechnischen Begriffe, die in den baurechtlichen Vorschriften (z. B. Landesbauordnungen) Verwendung finden. Sie enthält ferner die Bedingungen für die Einteilung der Baustoffe nach ihrem Brandverhalten und deren Bezeichnung sowie die Prüfbedingungen für Bauteile und deren Einstufung in Feuerwiderstandsklassen.

Während die Eignung von Baustoffen (T1), Bauteilen (T2) oder Sonderbauteilen (T3, T5, T6) für Zwecke des vorbeugenden Brandschutzes im Hochbau in der Regel durch ein Prüfzeugnis einer amtlich anerkannten Prüfanstalt nachzuweisen ist, enthält **DIN 4102 Teil 4** eine Zusammenstellung klassifizierter Baustoffe, Bauteile und Sonderbauteile, deren Brandverhalten bekannt ist (geprüft nach DIN 4102 T1 und T2) und die ohne besonderen Nachweis unter den angegebenen Voraussetzungen eingesetzt werden dürfen. Somit ist Teil 4 der DIN 4102 eine für Planung und Ausführung gleichermaßen wichtige Norm. Weitere Angaben über den allgemeinen baulichen Brandschutz sind Abschn. 12.6.1, in Teil 1 dieses Werkes, zu entnehmen.

Baustoffe werden nach ihrer Brennbarkeit in Baustoffklassen eingeteilt: Klasse A (nicht brennbar), Klasse B (brennbar) mit weiteren Untergliederungen, die DIN 4102 T1 entnommen werden können. Auf die Prüfzeichen- und Kennzeichnungspflicht bestimmter Baustoffe wird verwiesen.

Bauteile werden nach ihrem Brandverhalten (Feuerwiderstandsdauer) klassifiziert und in Feuerwiderstandsklassen eingestuft (F30 bis F180). Eine zusätzliche Kennzeichnung weist auf die Brennbarkeit der für das jeweilige Bauteil verwendeten Baustoffe hin: A–AB–B.

1. Vorbeugender baulicher Brandschutz mit Putzbekleidungen

Die Feuerwiderstandsdauer und damit auch die Feuerwiderstandsklasse eines Bauteils hängt nach DIN 4102 T4 im wesentlichen von folgenden Einflüssen ab:

- Brandbeanspruchung (z. B. ein- oder mehrseitig)
- verwendeter Baustoff oder Baustoffverbund
- Bauteilabmessungen (z. B. Querschnittsabmessungen)
- bauliche Ausbildung (z. B. Anschlüsse, Befestigungen)
- statisches System (z. B. bestimmte oder unbestimmte Lagerung)
- Ausnutzungsgrad der Festigkeiten der verwendeten Baustoffe infolge äußerer Lasten
- Anordnung von Bekleidungen (z. B. Putze, Ummantelungen, Unterdecken, Vorsatzschalen usw.).

Die Feuerwiderstandsfähigkeit von Bauteilen kann demnach unter anderem durch Bekleidungen aus Putz erhöht werden. Dabei ist nach DIN 4102 zu unterscheiden zwischen Putzen, die ohne, und solchen, die mit Putzträgern auf die zu schützenden Bauteile aufgebracht werden.

a) **Putzbekleidungen, die ohne Putzträger** erstellt werden, sind aus gut haftenden Putzen der Mörtelgruppe P II oder P IVa, P IVb und P IVc nach DIN 18550 herzustellen. Vgl. hierzu Tab. **8.4**. Eine ausreichende Haftung am Putzgrund ist gegeben, wenn dieser die Anforderungen der Putznorm erfüllt, einen mindestens 5 mm dicken (voll deckenden) Spritzbewurf erhält und aus Beton gemäß den in DIN 4102 T4 gemachten Angaben besteht. Die Brauchbarkeit von Putzbekleidungen, die brandschutztechnisch notwendig sind und die nicht durch Putzträger am Bauteil gehalten werden, ist besonders nachzuweisen (z. B. durch eine allgemeine bauaufsichtliche Zulassung).

b) **Putzbekleidungen, die durch nichtbrennbare Putzträger** am Bauteil gehalten werden, können aus den obenerwähnten Putzen der Mörtelgruppe P II oder P IV sowie aus brandschutztechnisch besonders geeigneten Dämmputzen hergestellt werden. Genannt werden in der Norm: zweilagige Vermiculite- oder Perlite-Zementputze sowie zweilagige Vermiculite- oder Perlite-Gipsputze in normgerechter Mischung. Als nichtbrennbare Putzträger eignen sich Drahtgewebe, Ziegeldrahtgewebe oder Rippenstreckmetall. Sie sind an dem zu schützenden Bauteil fest zu verankern, die Stöße der Tafeln 100 mm zu überlappen und mit Draht zu verrödeln. Die Spannweite der Putzträger darf höchstens 500 mm betragen. S. hierzu auch Abschn. 8.7.2.

Die Putzdicke wird nach DIN 4102 T4 als Mindestputzdicke über Putzträger angegeben. Alle in der Norm angeführten Tabellenwerte gehen davon aus, daß der Putz die vorgenannten Putzträger voll ausfüllt und mindestens 10 mm durch sie hindurchdringt, so daß die Gesamtputzdicke in der Regel ≥ 10 mm dicker als die Putzdicke über Putzträger ist. Als weitere nichtbrennbare Putzträger kommen Gipskarton-Putzträgerplatten sowie Holzwolle-Leichtbauplatten (DIN 1101) in Frage. Hierbei ist jedoch zu beachten, daß nach DIN 4109 (Schallschutz im Hochbau) vollflächig oder punktweise an Decken und Wänden angeklebte oder anbetonierte und verputzte Holzwolle-Leichtbauplatten oder Platten ähnlich hoher dynamischer Steifigkeit die Schalldämmung der Bauteile verschlechtern.

2. Brandschutztechnische Hinweise für die Bemessung von Bauteilgruppen

Putzbekleidungen bei Stahlbeton- und Spannbetonbauteilen

Die Bewehrungsstäbe derartiger Bauteile werden in brandschutztechnischer Hinsicht von der Betondeckung (Abstand der Stahloberfläche bis zur Bauteiloberfläche) geschützt. Wenn jedoch bei diesen Bauteilen die mögliche Betondeckung beispielsweise konstruktiv begrenzt ist oder Bauteile hinsichtlich des Brandschutzes nachträglich noch verstärkt werden müssen, so kann nach DIN 4102 T4 der für höhere Feuerwiderstandsklassen verlangte Achsabstand (Achsabstand der Bewehrung zur beflammten Betonoberfläche) durch Putzbekleidungen ersetzt werden. Einzelheiten sind DIN 4102 T4 zu entnehmen.

Putzbekleidungen bei Stahlbauteilen

Stahl erleidet eine Festigkeitseinbuße, wenn er hohen Temperaturen ausgesetzt ist. Die kritische Temperatur des Stahls (crit T) ist die Temperatur, bei der die Streckgrenze (Fließgrenze) des Stahls auf die im Bauteil vorhandene Stahlspannung absinkt. Um zu erreichen, daß sich Stahlbauteile bei Brandbeanspruchung nur auf eine Stahltemperatur $< 500\,°C$ erwärmen und um sie entsprechenden Feuerwiderstandsklassen zuordnen zu können, ist im allgemeinen eine Bekleidung aus Putz, Gipskartonplatten o. ä. erforderilch. Ihre Bemessung richtet sich nach dem Verhältniswert U/A, d. h. nach dem Verhältnis von beflammtem Umfang zu der zu erwärmenden Querschnittsfläche. In diesem Zusammenhang ist zu unterscheiden, ob es sich um eine profilfolgende oder profilunabhängige kastenförmige Ummantelung bei vier-, drei- oder einseitiger Beflammung handelt. Die Dicke der Bekleidung wird außerdem beeinflußt von der Wärmeleitfähigkeit des jeweils eingesetzten Bekleidungsmaterials. Die in der DIN 4102 T4 im einzelnen beschriebenen Putzbekleidungen werden durch nichtbrennbare Putzträger wie Rippenstreckmetall, Drahtgewebe o. ä. am Bauteil gehalten. Sie sind mit Klemm- oder Schraubbefestigungen ausreichend fest zu verankern. S. hierzu auch Abschn. 12.6.1 in Teil 1 dieses Werkes.

Deckenbekleidungen und Unterdecken aus Putz

Unterdecken haben bezüglich des baulichen Brandschutzes vor allem zwei Forderungen zu erfüllen:

- Sie müssen so beschaffen sein, daß ein entstandener Brand sich nicht unkontrolliert – beispielsweise horizontal – auf dem Wege über den oberen Raumabschluß (Deckenhohlraum) ausbreiten kann.
- Sie müssen die jeweils darüberliegende, tragende Geschoßdecke vor zu intensiver Brandbeanspruchung von unten schützen, so daß ein Übergreifen des Brandes in das darüberliegende Geschoß verhindert oder so lange wie möglich verzögert wird.

Diese Aufgabe übernimmt in der Regel die jeweilige Gesamtkonstruktion, bestehend aus Tragdecke und Unterdecke. Zu beachten ist jedoch, daß sowohl die Deckenkonstruktion (Tragdecke) als auch die Unterdecke so ausgebildet sein können, daß sie jeweils auch allein den Durchgang des Feuers verhindern. Im Normalfall geht man außerdem immer von einer Brandbeanspruchung von **unten**, d. h. von der Raumseite der Unterdecke aus. Sonderfälle sind in diesem Zusammenhang zu beachten. Nach DIN 4102 T4 werden unterschieden:

1. Deckenkonstruktionen (Tragdecken), die allein einer Feuerwiderstandsklasse angehören: **Deckenkonstruktion selbständig**
2. Deckenkonstruktionen (Tragdecken), die eine Feuerwiderstandsklasse nur mit Hilfe einer Unterdecke erreichen: **Deckenkonstruktion mit Unterdecke**
3. Unterdecken, die bei Brandbeanspruchung von unten allein einer Feuerwiderstandsklasse angehören: **Unterdecke selbständig.**

Aus Gründen des Brandschutzes nennt DIN 4102 T4 noch weitere Konstruktionshinweise, die bei der Ausbildung von Unterdecken in jedem Fall zu beachten sind. Diese beziehen sich im einzelnen auf

- Anschlüsse von Unterdecken an Massivwänden (Bild **8**.18),
- Anschlüsse von Unterdecken an nichttragende Trennwände,
- Einbauten wie Leuchten usw. in Unterdecken,
- Anbringung zusätzlicher Bekleidungen,
- Brandlast im Deckenhohlraum,
- Dämmschichten im Deckenzwischenbereich.

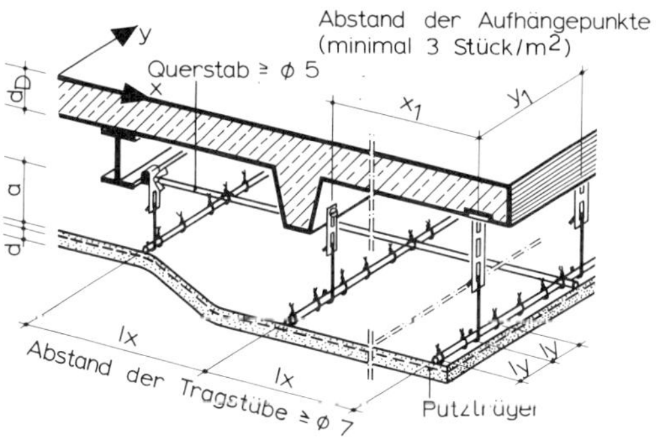

8.17 Brandschutztechnische Bezeichnungen bei Unterdecken (Schema). Beispiel: Hängende Drahtputzdecke nach DIN 4121. Vgl. hierzu auch Abschn. 8.7.6.

X_1, Y_1 = Abstände der Aufhängepunkte in x- und y-Richtung
l_x = max. Abstände der Tragstäbe
l_y = Abstände der Putzträgerbefestigungspunkte
a = Abhängehöhe (Abstand zwischen UK I-Träger bzw. Balken und OK Putzträger)
d = Mindestputzdicke über Putzträger je nach Mörtelgruppe

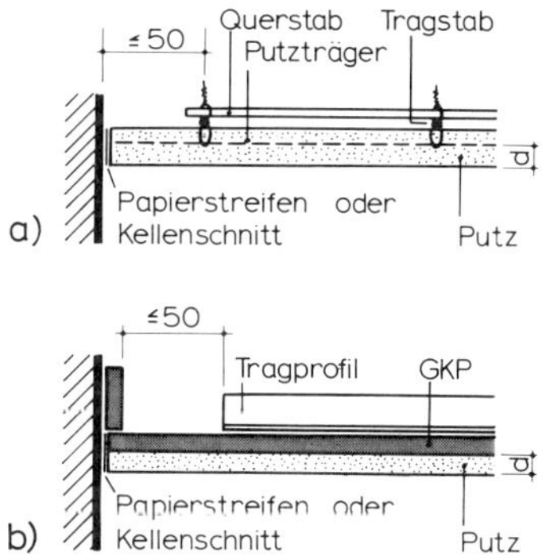

8.18 Dichte Wandanschlüsse von Unterdecken an Wänden aus Mauerwerk oder Beton (Schema). Weitere Anschlüsse s. Abschn. 10.3.4 in Teil 1 dieses Werkes.

a) Hängende Drahtputzdecke nach DIN 4121
b) Putz auf Gipskarton-Putzträgerplatten (GKP) nach DIN 18180 bis DIN 18181

Weitere Einzelheiten sind Abschn. 10.3.4 in Teil 1 dieses Werkes zu entnehmen. Klassifizierte Unterdeckenkonstruktionen mit den entsprechenden Bemessungen zeigt DIN 4102 T4. Für die Ausführung von Unterdecken, die tragenden Decken aus Stahl, Stahlbeton, Spannbeton oder Holz eine bestimmte Feuerwiderstandsklasse verleihen, sind außerdem die Normen DIN 18168, Leichte Deckenbekleidungen und Unterdecken, sowie DIN 4121, Hängende Drahtputzdecken, zu beachten.

S. hierzu auch Abschn. 8.7.6 sowie die Bilder **8.**17 und **8.**18.

8.10 Schallschutztechnisch wirksame Putzbekleidungen

Beim Schallschutz ist, wie bereits in den Abschnitten 9.3.4 und 10.3.3 in Teil 1 dieses Werkes erläutert, grundsätzlich zu unterscheiden zwischen Maßnahmen der Schalldämmung – d.h. Minderung der Schallübertragung zwischen benachbarten Räumen – und der Schallabsorption im Raum selbst (Raumakustik).

Schalldämmende Wirkung von Bekleidungen an Decken- und Wandflächen

Durch geeignete Schalldämmaßnahmen gilt es, Menschen in angrenzenden Räumen vor störender Luftschall- und Körperschallübertragung zu schützen. So sind beispielsweise bei einer neu zu planenden oder vorhandenen Rohdecke (Altbau) die Dämmaßnahmen so zu wählen, daß immer beide Anforderungen erfüllt werden. Diese umfassen die gesamte Deckenkonstruktion, nämlich Rohdecke (Massivdecke oder Holzbalkendecke) und Deckenauflage.

Eine weitere Verbesserung läßt sich erreichen, wenn auf der Deckenunterseite eine biegeweiche Schale in Form einer Unterdecke angebracht wird. Diese verbessert, sofern sie bestimmte konstruktive Voraussetzungen erfüllt, vor allem die Luftschalldämmung, weniger die Trittschalldämmung. Sie kann daher eine gute Deckenauflage nur bedingt ersetzen. Entsprechende Rechenwerte sind den Tabellen des Abschnittes 12.5.4.3, Teil 1 dieses Werkes, zu entnehmen. Unterdecken müssen im besonderen (Einzelheiten s. Abschn. 10.3.3 in Teil 1 dieses Werkes):

- flächendicht und fugendicht (elastischer seitlicher Anschluß) und biegeweich ausgebildet sein (Mindestabstand von zwei Befestigungsstellen $\geq$ 500 mm),
- einen genügend großen Abstand von der Tragdecke aufweisen (mindestens 50 mm, besser 100 mm) und der Deckenhohlraum mit einem mindestens 50 mm (besser 100 mm) dicken Dämmaterial gefüllt sein.
- eine möglichst geringe Berührungsfläche mit der Tragdecke aufweisen (punktförmig und nicht starr, Federbügel mit Dämmstoffzwischenlage usw.) sowie
- genügend schwer ausgebildet sein. Beispielsweise bei leichten Tragdecken (Holzbalkendecken) Beschwerung der Deckenbekleidung durch zusätzliches Anbringen einer zweiten Lage Gipskartonplatten, Putz auf Putzträgerplatten o. ä.

Schall wird jedoch nicht nur über die Trenndecke selbst von Raum zu Raum übertragen, sondern auch über Nebenwege (Flankenübertragung), beispielsweise längs angrenzender Wände, Stützen usw. Demnach müssen sowohl die trennenden als auch die flankierenden Bauteile eine ausreichende Schalldämmung aufweisen. Dies gilt auch für die Wände, die entweder genügend schwer (Flächengewicht $\geq$ 300 kg/m^2) oder in geeigneter Weise zweischalig ausgebildet sein müssen (z. B. durch Anbringen biegeweicher Vorsatzschalen in Form von Gipskarton-Verbundplatten). Vgl. hierzu Abschn. 11.3.3 sowie Abschn. 12.5 in Teil 1 dieses Werkes.

Schallabsorbierende Wirkung von Bekleidungen an Decken- und Wandflächen

Schallenergie, die von einer Schallquelle ausgestrahlt wird, kann von den Begrenzungsflächen des Raumes ungeschwächt reflektiert (bei harten und glatten Oberflächen) oder mehr oder weniger absorbiert werden (bei weichen und offenporigen Oberflächen). Schallabsorbierende Decken- und Wandflächen dienen je nach Zweckbestimmung des Raumes der Senkung des Lärmpegels (Werkhalle) oder der gezielten Regulierung der Nachhallzeit (Vortragssaal).

Zur Verbesserung der Raumakustik stehen verschiedene Akustiksysteme zur Verfügung.

a) **Schallabsorbierender Akustikputz.** Schallabsorbierender Putz – auf mineralischer Basis und mit Leichtzuschlagstoffen, Luftporenbildner u. a. versetzt – kann auf allen trockenen und tragfähigen Decken- und Wandflächen im Innenbereich fugenlos in drei Lagen aufgetragen werden. Bild **8.**19. Die Gesamtputzdicke des offenporigen Putzes beträgt etwa 20 bis 25 mm. Damit ist es möglich, gebogene, schiefwinklige oder anders geformte Flächen – unabhängig von Plattenformaten – schallabsorbierend herzustellen. Der mit diesem Putz erzielte Einfluß auf die Nachhallzeit eines Raumes ist beachtlich. Derart poröse Putze sind jedoch nur geeignet für Flächen ohne mechanische Beanspruchung. S. hierzu auch Abschn. 8.7.5.3, Leichtputze.

b) **Schallabsorbierende Akustikdecke (Gipskarton-Absorber).** Diese fugenlose Akustikdecke besteht aus 12,5 mm dicken Gipskarton-Lochplatten (Lochbild 12/20/46), die an einem höhenversetzten Tragrost (Metallunterkonstruktion) befestigt werden. Direkt auf die Lochplatten ist eine 30 mm dicke Schallschluckauflage (Mineralfilzplatten) vollflächig aufzubringen. Nach der Deckenmontage werden auf die Unterseite der Lochplatten Vliesbahnen aufkaschiert und darauf noch eine Dekorschicht aufgespritzt. Bild **8.**20. Diese hoch wirksame Akustikdecke zeichnet sich

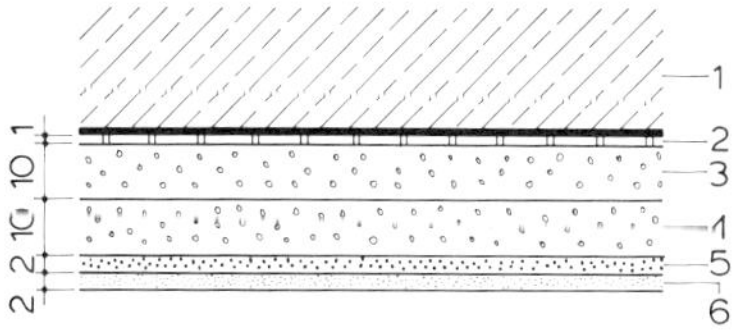

8.19 Schallabsorbierender Akustikputz mit Dekorbeschichtung. S. hierzu auch Abschn. 8.7.5.3, Leichtputze.

1 Putzgrund (Mauerwerk, Beton)
2 Grundierung (Haftvermittler)
3 erste Putzlage: Akustikputz M (mittel)
4 zweite Putzlage: Akustikputz M (mittel)
5 dritte Putzlage: Akustikputz F (fein)
6 Dekorschicht (z. B. Sprenkelschicht)

Stotmeister GmbH, Stühlingen

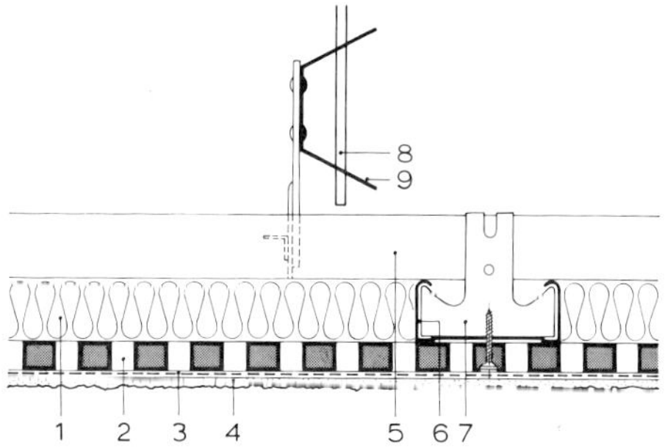

8.20 Abgehängte Akustikdecke (Gipskarton-Absorber) mit fugenloser homogener Putzoberfläche

1 Schallschluckmaterial, 30 mm
2 Gipskarton-Lochplatte, 12,5 mm
3 Glasvliesbahn aufgeklebt
4 Dekorputzbeschichtung
5 Grundprofil
6 Tragprofil
7 Ankerwinkel
8 Draht mit Öse
9 Schnellaufhänger

Stotmeister GmbH, Stühlingen

durch eine homogene fugenlose Oberfläche, ohne sichtbare Plattenfugen oder Lochungen aus. Absorbierende wie reflektierende Flächen können ohne optische Unterschiede hergestellt werden.

c) **Schallabsorbierende Wandbekleidung.** Die vorgenannte Absorberkonstruktion wird auch als schallschluckende Wandvorsatzschale eingesetzt. Im Bereich OFF bis 2 m Höhe sollten jedoch keine Gipskarton-Lochplatten, sondern Gipskarton-Schlitzplatten montiert werden. Die fugenlose Schlußbeschichtung ist, wie die gesamte Wandkonstruktion, auch größeren mechanischen Beanspruchungen gewachsen.

8.11 Wärmegedämmte und verputzte Außenbauteile

Auf Grund der Verteuerung der Energierohstoffe und damit der Heizkosten haben sich die Anforderungen an den Wärmeschutz von Außenbauteilen in den letzten Jahren wesentlich erhöht. Grundlage für die Bemessung des Wärmeschutzes bilden die Bestimmungen der DIN 4108 und die jeweils neueste Wärmeschutzverordnung. Alle Dämmaßnahmen müssen immer so berechnet werden, daß ein wirtschaftlich optimaler Wärmeschutz erreicht wird. Dies setzt jedoch voraus, daß alle Außenbauteile wie beispielsweise Fenster, Türen, Keller- und Dachdecken sowie alle Außenwandflächen in die Wärmedämmaßnahmen einbezogen werden.

Bei Außenwänden ist eine Verbesserung des Wärmeschutzes grundsätzlich möglich durch

— Vergrößerung der Wanddicke,
— Einsatz eines hoch wärmedämmenden Wandbaustoffes (z. B. monolithische Bauweise mit Leichtmauerziegel/Leichtmauermörtel, Gasbeton usw.)
— Anordnung einer zusätzlichen Dämmschicht im Wandquerschnitt.

Auf Grund dieser Annahmen lassen sich die in Bild **5**.14, Teil 1 dieses Werkes, dargestellten einschaligen und zweischaligen Außenwandkonstruktionen ableiten. Im Zusammenhang mit wärmegedämmten **Putzfassaden** sind folgende Wandaufbauten von besonderem Interesse:

1. Einschalige Wand aus **wärmedämmenden** Wandbaustoffen, beidseitig verputzt.
2. Einschalige Wand mit **außenliegender** Wärmedämmung, beidseitig verputzt.
3. Einschalige Wand mit **innenliegender** Wärmedämmung, beidseitig verputzt.

Demnach kann die Wärmedämmung entweder außen- oder innenseitig auf eine Außenwandfläche aufgebracht werden (Altbau/Neubau). In jedem Fall entstehen bauphysikalische Veränderungen im Wandgefüge, die rechtzeitig vor Beginn der Baumaßnahmen überprüft werden müssen. Als Faustregel für eine einwandfreie Ausbildung der Außenwand in diffusions- wie wärmeschutztechnischer Hinsicht kann gelten:

— Der Diffusionswiderstand der einzelnen Schichten sollte von innen nach außen **abnehmen**,
— der Wärmedurchlaßwiderstand der Schichten von innen nach außen jedoch **zunehmen**.

8.11.1 Außendämmung von Wänden

Die außenseitig aufgebrachte Wärmedämmung weist bauphysikalisch überwiegend Vorteile auf. Dadurch, daß alle Bauteile gleichmäßig ummantelt und lückenlos gedämmt werden (z. B. auch Fensterstürze und Fensterleibungen, einbindende Decken und Zwischenwände, Ringanker, Heizkörpernischen, außenliegende Rohrleitungen usw.) ist die tragende Wandkonstruktion nur geringfügigen Temperaturschwankungen ausgesetzt. Somit halten sich thermisch bedingte Baukörperbewegungen (Rißbildung in der Wandscheibe durch Längenänderungen, Spannungen und Verformungen) in Grenzen. Des weiteren übernimmt die Außenwand eine temperaturregulierende Funktion (Wärmespeichervermögen, dadurch verzögerte Außentemperatureinflüsse). Da die Taupunktlage bei außenseitiger Wärmedämmung weit nach außen verlegt wird (Frostbeanspruchung nur der äußersten Oberflächenschicht der tragenden Wand), kann auch keine Tauwasserbildung im Inneren der tragenden Bauteile entstehen (Folge: behagliches Innenraumklima).

Da der Diffusionswiderstand der einzelnen Schichten von innen nach außen abnehmen soll, eignen sich für die Außendämmung an aufgehenden Bauteilen vor allem PS-Hartschaumplatten mit niedriger Rohdichte (15 bis 20 kg/m^3) und geringem Diffusionswiderstand ($\mu = 40$ bis 50) sowie nichtbrennbare, diffusionsoffene Mineralfaserplatten. Einzelheiten hierzu sowie Rechenbeispiele s. Abschn. 12.4.6 in Teil 1 dieses Werkes.

8.11.2 Innendämmung von Wänden

Die Innendämmung von Außenwänden wird überall dort bevorzugt, wo Räume rasch und in der Regel nur für kurze Zeit aufgeheizt werden sollen (z. B. Versammlungsstätten) sowie überall dort, wo erhaltenswerte Altbaufassaden (z. B. Fachwerk- und reich gegliederte Stuckfassaden) aufgrund denkmalpflegerischer Gesichtspunkte nicht verändert werden dürfen. Auch bei Sichtbeton-, Klinker- und Natursteinfassaden werden in der Regel innenseitige Dämmaßnahmen vorgenommen, um das äußere Erscheinungsbild der Gebäude zu erhalten.

Innendämmungen verändern jedoch das bauphysikalische Verhalten von Außenwänden ganz wesentlich. Bei niedriger Außentemperatur und mit zunehmender Dicke der Innendämmung sinkt die Temperatur im tragenden Wandbauteil stark ab, wodurch sich die Lage des Taupunktes weit nach innen, d. h. zur Raumseite hin, verschiebt. Die wärmespeichernde Wirkung der schweren Wandteile geht verloren und im Übergangsbereich zwischen tragender Wand und Innendämmung kann es im Winter zur Kondensation von eindiffundierender Raumfeuchte kommen.

8.11.2.1 Tauwasserbildung im Innern von Bauteilen

Ein gewisses Maß an Tauwasserbildung in Bauteilen ist nach DIN 4108 T 3 unschädlich, wenn durch die Erhöhung des Feuchtegehaltes der Bau- und Dämmstoffe der Wärmeschutz und die Standsicherheit der Bauteile nicht gefährdet werden und die im Winter anfallende Feuchtigkeit während der Trocknungsperiode im Sommer wieder abgegeben werden kann. Entsprechende Hinweise auf Außenwände, für die kein rechnerischer Nachweis des Tauwasseranfalles infolge Dampfdiffusion erforderlich ist, sind der vorgenannten Norm zu entnehmen. Werden die dort genannten Bedingungen nicht erfüllt, ist eine Diffusionsberechnung nach DIN 4108 T 5 notwendig. Rechenbeispiele hierzu s. Abschn. 12.4.6 in Teil 1 dieses Werkes.

Auch bei der Innendämmung sollte zunächst immer von der Regel – wonach der Diffusionswiderstand der einzelnen Schichten von innen nach außen abnehmen soll – ausgegangen werden. Dieser Vorsatz kann jedoch häufig nicht eingehalten werden (z. B. bei dichten Wandbaustoffen), so daß die Innendämmung entgegen dieser Regel aufgebracht wird. Dabei kommt der jeweiligen Schichtenkombination eine große Bedeutung zu. Je dampfdichter das vorgegebene Außenbauteil (Mauerwerk, Betonwand) ist und je höher sich die jeweilige Raumluftfeuchte darstellt, desto sorgfältiger muß die Innendämmung in ihrem Dampfdiffusionswiderstand darauf abgestimmt werden. Das kann einmal über die Art und Dicke des gewählten Materials (z. B. PS-Hartschaumplatten, Mineralfaserplatten) oder im Extremfall (z. B. Schwimmbad) durch zusätzliche Anordnung einer raumzugewandten Dampfbremse/Dampfsperre erfolgen.

— **Bei Außenwänden aus herkömmlichen Wandbaustoffen** (z. B. Hochlochziegel) und bei Annahme üblicher Wohnraumbedingungen ergeben sich bei richtiger Dimensionierung und sorgfältiger Ausführung der Innendämmung (z. B. dichte Plattenstöße) kaum Tauwasserprobleme, wenn die diffusionsäquivalente Luftschichtdicke (Diffusionswiderstand) s_d der innenliegenden Schichten mindestens 0,5 m beträgt. Man kann hierfür die üblichen PS-Hartschaumplatten mit Rohdichten von 15 kg/m^3 sowie Mineralfaserplatten – meist in Form von Gipskarton-Verbundplatten – verwenden. Dabei ist zu beachten, daß Hartschaumplatten mit hoher dynamischer Steifigkeit – innenseitig mit einem Naß- oder Trockenputz versehen – eine erhebliche Verschlechterung der Schalldämmung durch Flankenübertragung bewirken. Durch Innendämmungen mit Mineralfaserplatten wird der Luftschallschutz dagegen in der Regel verbessert.

— **Bestehen die Außenwände aus dichteren Mauersteinen** (z. B. KS-Vollsteine), so sind PS-Hartschaumplatten mit einem höheren Diffusionswiderstand (Rohdichte 30 kg/m^3) einzusetzen. Handelt es sich aber um Außenwände von Feuchträumen, so ist der Einsatz von PS-Extruder-Hartschaumplatten angezeigt. Diese zeichnen sich einmal aus durch einen relativ hohen Diffusionswiderstand ($\mu = 100$ bis 150) und hohe Druckfestigkeit (Rohdichte 30 bis 50 kg/m^3), zum anderen nehmen sie aufgrund ihrer geschlossenzelligen Struktur praktisch kaum Feuchtigkeit auf.

— **Die Innendämmung von relativ dampfdichten Betonwänden** (Rohdichte etwa 2400 kg/m^3) ist besonders sorgfältig auszuführen. Würde ein derart dichtes Bauteil innenseitig mit einem Dämmaterial niedriger Rohdichte beplankt, käme es im Winter im Grenzbereich Außenwand/Innendämmung zu ganz erheblichem Tauwasserausfall. Auf Grund der nahezu diffusionsdichten Wand könnte dieses Wasser auch nicht in der Trocknungsperiode im Sommer in ausreichendem Maße nach außen entweichen. Die Innendämmung von Betonwänden muß deshalb immer mit zusätzlicher, raumseitig aufgebrachter **Dampfbremse/Dampfsperre** (nicht exakt abgrenzbar) ausgeführt werden. Auch hierbei sind möglichst diffusionsdichte Dämmplatten zu verwenden. Bei Feuchträumen bzw. in Naßräumen (z.B. Schwimmbädern) besteht die Dämmung aus PS-Extruder-Hartschaumplatten, ebenfalls zuzüglich einer hochwertigen Dampfsperre. Diese zeichnet sich vor allem durch dichtgeschlossene Fugen der einzelnen Dampfsperrbahnen untereinander und dampfdichte Bahnenanschlüsse an die angrenzenden Bauteile aus.

8.11.2.2 Tauwasserbildung auf der Oberfläche von Bauteilen

Sie kann infolge mangelhaften Wärmeschutzes oder zu hoher Raumluftfeuchtigkeit auftreten. Bei Einhaltung der Mindestwerte nach DIN 4108 T2 werden – normale Raumlufttemperaturen und relative Luftfeuchten sowie entsprechende Heizung und

Lüftung vorausgesetzt – Mängel durch Tauwasserbildung in der Regel vermieden. Schadstellen treten vor allem an ungedämmten, ungenügend oder fehlerhaft gedämmten Stellen auf (Wärmebrücken). Dementsprechend sind Stockflecken und Schimmelpilze vor allem an inneren Fensterleibungen, Außenwandaußenecken, im Bereich zwischen Dachdecke und Außenwand, an Stürzen und Deckenflächen unter Kragplatten sowie an Außenwandflächen hinter großflächigen Schrankwänden vorzufinden. Diese Mängel sind jedoch nicht – wie dies immer wieder behauptet wird – auf den verbesserten Wärmeschutz der Gebäude zurückzuführen. Vielmehr sind folgende Ursachen in diesem Zusammenhang zu bedenken:

— Bei Sanierungsmaßnahmen an Altbauten stehen im Hinblick auf die Energieeinsparung der Austausch alter undichter Fenster gegen neue wesentlich dichtere an erster Stelle. Dieser Austausch wird häufig als Einzelmaßnahme durchgeführt, ohne gleichzeitig die übrigen Außenbauteile den Anforderungen der DIN 4108 anzupassen. Die Folge sind Tauwasserschäden aufgrund mangelnder Wärmedämmung, insbesondere im Bereich der zuvor genannten Wärmebrücken.
— Während bei den alten Fenstern über die Undichtigkeiten der Fugen eine ständige Frischluftzufuhr – und damit auch der Abtransport von Wasserdampf und Kohlendioxid – stattfand, kann der Mindestluftwechsel bei den neuen, sehr dichten Fenstern (Fugendurchlaßkoeffizient s. Wärmeschutzverordnung) nur durch gezielte Lüftungsmaßnahmen (mehrfache Stoßlüftung) erreicht werden. Die heute vermehrt festzustellenden Feuchteschäden sind vor allem auf zu hohe Raumluftfeuchten und damit auf falsches Lüften zurückzuführen. Die Annahme, der Feuchtetransport aus den Räumen würde über die Wasserdampfdiffusion durch die Wand in ausreichendem Maße stattfinden (aufgrund des Dampfdruckgefälles im Winter von innen nach außen), ist nicht richtig. Mengenmäßig ist dieser Feuchtetransport über die Diffusion sehr gering, so daß auch ein noch so günstiger Wandaufbau die gezielte Raumlüftung zwecks Feuchteabfuhr nicht ersetzen kann.
— Im Zuge der Energieeinsparung wird gleichzeitig die Heizung gedrosselt – in den Schlafzimmern häufig sogar ganz ausgeschaltet. Die Folgen sind (insbesondere bei neuen dichten Fenstern) eine weitere Erhöhung der relativen Luftfeuchtigkeit sowie ein weiteres Absinken der Oberflächentemperaturen auf den Außenbauteilen. Die Tendenz zur übermäßigen Heizenergieeinsparung fördert somit das Risiko der Tauwasserbildung auf den Oberflächen der Außenbauteile und damit auch der Schimmelpilzbildung. Die Bedeutung der Mindestbeheizung von Räumen sollte wieder verstärkt beachtet werden; außerdem sollte man darauf verzichten, krasse Temperaturunterschiede innerhalb einer Wohnung zu erzeugen, da nennenswerte Mengen an Heizenergie dadurch sowieso nicht einzusparen sind.
— Raumhohe Schrankwände vor Außenwandflächen wirken bauphysikalisch wie eine zusätzlich innen angebrachte Wärmedämmung. Der Temperaturverlauf innerhalb der Außenwand wird dadurch nachhaltig verändert, so daß die raumseitige Oberflächentemperatur der Wand um einige Grade abfällt und somit die Kondensationsgefahr in diesem Bereich wächst. Der Einbau derart großflächiger Schrankwände vor Außenwänden sollte deshalb unterbleiben. Läßt er sich nicht vermeiden, so muß zum einen auf einen genügend großen Abstand zwischen Wand und Möbel geachtet und zum anderen für eine ausreichende Luftzirkulation hinter dem Möbel (Lüftungsschlitze im Sockel- und Deckenbereich) gesorgt werden. Einzelheiten sind der Spezialliteratur [12], [13], [14], [15], [16] zu entnehmen.

8.11.3 Wärmedämmverbundsysteme

Wärmedämmverbundsysteme (auch Thermohaut oder Fassaden-Vollwärmeschutz-System genannt) bestehen aus mehreren fest miteinander verbundenen, jeweils ganz spezifische Aufgaben übernehmende Schichten, die jedoch als System insgesamt aufeinander abgestimmt sein müssen. Sie haben sich als Außenwanddämmung seit drei Jahrzehnten bewährt und setzen sich im einzelnen zusammen aus (Bild **8**.21 und **8**.22):

— Tragwand (meist nur noch nach statischen Gesichtspunkten dimensioniert)
— Klebemasse (mit jeweils unterschiedlichen Zement- bzw. Kunststoffanteilen)
— Wärmedämmschicht (meist aus PS-Hartschaum- oder Mineralfaserplatten)
— Armierungsschicht (Glasgittergewebe mittig in einen Klebemörtel eingebettet)
— Außenputz (wahlweise Kunstharzputz oder mineralisch gebundener Putz).

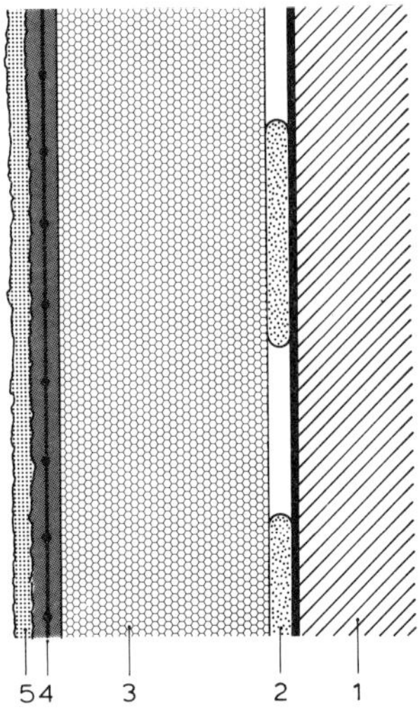

8.21 Wärmedämmverbundsystem: Aufbau und Kennzeichnung der Schichten

1 Tragwand (Wandbaustoff)
2 Klebemörtel (Klebemasse)
3 Dämmstoff (Hartschaum- oder Mineralfaserplatten)
4 Armierungsschicht (Glasgittergewebe in Klebemörtel)
5 Außenputz (Kunstharzputz oder mineralisch gebundener Putz)

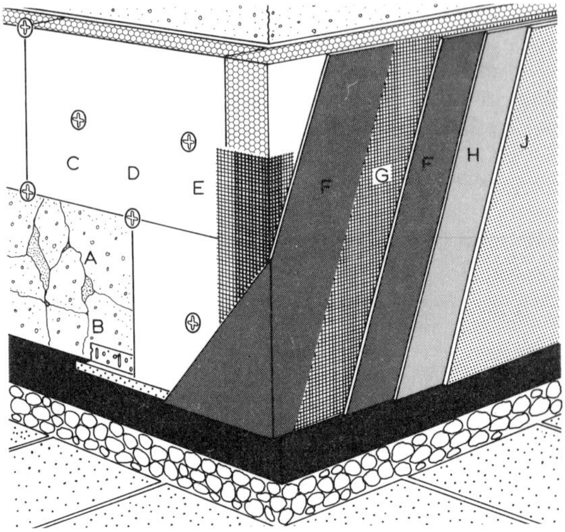

8.22 Wärmedämmverbundsystem: Schematische Darstellung der Verarbeitungsschritte

A Vorbereitung des Untergrundes (Altbau/Neubau)
B Anbringen der Sockelschienen mit Spreizdübel
C Ankleben der Dämmplatten mit Klebermörtel
D Zusätzliche Verdübelung (nur bei mangelhafter Tragfähigkeit des Untergrundes; zwingend notwendig bei Mineralfaserplatten)
E Anbringen der Eckverstärkung (Glasgittergewebe oder Kantenprofil)
F Aufbringen einer zweilagigen Armierungsschicht (Klebermörtel)
G Einarbeiten des Glasgittergewebes „naß in naß"
H Auftrag einer Grundierung (soweit erforderlich)
J Auftrag des Außenputzes (Kunstharzputz oder mineralisch gebundener Putz)

1. **Tragwand/Untergrund.** Wärmedämmverbundsysteme können auf jeden tragfähigen Untergrund mit ausreichender Oberflächenfestigkeit aufgebracht werden. Die Wände müssen trocken, eben, schmutz-, staub-, öl- und fettfrei, Innenputze und Estriche vor Verlegebeginn weitgehend ausgetrocknet sein. Wird eine Außendämmung auf zu nasse Wände aufgebracht, führt dies zu Schäden. Dies gilt insbesondere dann, wenn die Dämmung kurz vor oder während der Heizperiode aufgebracht wird. Es muß auch sichergestellt sein, daß kein Wasser hinter das System gelangen kann. Daher müssen Fenster, Rolladenkästen und vor allem die Horizontalabdeckungen (z. B. Fensterbänke, Dacheindeckungen) vor Verlegebeginn montiert sein.

2. **Wärmedämmschicht.** Die Mindestrohdichten der an aufgehenden Bauteilen angebrachten PS-Hartschaumplatten betragen 15 bzw. 20 kg/m^3, die Plattenmaße üblicherweise 500 × 1000 mm. Ihre Kanten können mit stumpfem Stoß, mit Stufenfalz oder Nut und Feder, die Plattenoberflächen glatt oder mit Rillen versehen sein. Es ist unbedingt erforderlich, diese Platten werkseitig längere Zeit abzulagern (etwa 2 Monate), damit ihr Schwundprozeß größtenteils beendet ist, bevor sie verarbeitet werden. Beim Einsatz von zu frischen Platten würde es zu Rißbildung an den Stoßfugen kommen. Im Bereich der Sockelzone und besonders bei Erdberüh-

rung werden überwiegend PS-Extruder-Hartschaumplatten angebracht, die sich durch hohe mechanische Festigkeit und vernachlässigbare Wasseraufnahme auszeichnen. Mineralfaserplatten werden aus Naturgestein hergestellt und dabei die bei hoher Temperatur im Düsenblasverfahren gewonnenen Mineralfasern durch Zusatz eines Kunstharzes zu festen Platten gebunden. Mit diesem Zusatz wird gleichzeitig die Hydrophobierung erzielt, wodurch die Platten in ihrer ganzen Dicke wasserabweisend eingestellt sind. Sie sind nichtbrennbar und deshalb vor allem im Hochhausbereich als Außendämmung einsetzbar. Im Vergleich zu den üblichen PS-Hartschaumplatten zeichnen sie sich jedoch durch einen deutlich höheren Preis aus.

- **Baurechtliche Zulassung.** Für Wärmedämmverbundsysteme gibt es keine eigene Norm, sie bedürfen auch keiner allgemeinen bauaufsichtlichen Zulassung. Für die Verarbeitung gelten demnach ausschließlich die Herstellervorschriften. Allerdings ist bei den Verbundsystemen mit Mineralfaserplatten eine spezielle Vorschrift (Institut für Bautechnik, Berlin) für die zusätzliche mechanische Verankerung mittels Dübel zu beachten (je m^2 Wandfläche mind. 5 Dübel, im Randbereich mind. 12. Dübel).
- **Brandschutz.** Zusammengehörige Systeme mit Hartschaumplatten sind als schwerentflammbar (Baustoffklasse B 1), Systeme mit Mineralfaserplatten und mineralischem Putz als nichtbrennbar (Brennstoffklasse A) einzuordnen. Ihr jeweiliger Einsatz im Fassadenbereich richtet sich nach der Gebäudehöhe. Für Außenwandverkleidungen bei Gebäuden mit geringer Höhe (max. 7 m Traufhöhe) gelten keine Vorschriften. Bei Gebäuden bis zur Hochhausgrenze (max. 22 m) muß die Oberfläche mindestens in Baustoffklasse B 1/schwerentflammbar, bei Gebäuden über Hochhausgrenze in Brandstoffklasse A/nichtbrennbar ausgeführt werden. Weitere Einzelheiten sind [17] zu entnehmen.

Die Dämmplatten werden mit Klebemassen/-mörtel auf die tragende Konstruktion aufgeklebt (vollflächige oder Punkt-Streifen-Verklebung) und je nach Beschaffenheit des Untergrundes bzw. Art des Dämmaterials noch zusätzlich mit Spreizdübeln gesichert. Diese feste Verbindung mit dem Untergrund ist notwendig, da sich der Nachschwindevorgang bei Hartschaumplatten über mehrere Jahre hinzieht (etwa 3 bis 5 Jahre) und somit die Schwind- und Kontraktionskräfte in sog. Zwängungsspannung gehalten werden müssen. Sie verhindert jegliche Eigenbewegung der Dämmplatten und damit auch die Rißbildung in den Putzbeschichtungen oberhalb der Stoßfugen. Vor Beginn der Klebearbeiten sind in Sockelhöhe auf Gehrung geschnittene Sockelabschlußschienen mit Dübelschrauben zu befestigen. Die Dämmplatten werden dann im Verbund (versetzte Vertikalfugen), dicht und preß gestoßen sowie flucht- und lotgerecht angesetzt. Im Bereich der Gebäudeecken sind die Platten zu verzahnen und der am Plattenstoß ggf. herausquellende Kleber sofort zu entfernen. Nach 3 Tagen hat der Kleber so weit abgebunden, daß weitergearbeitet werden kann.

3. **Armierungsschicht.** Auf die Dämmplatten wird eine zum System gehörende Armierungsschicht, bestehend aus Armierungsmasse und Glasgittergewebe, aufgebracht. Im Regelfall entspricht die Armierungsmasse den Mischungen, die auch zum Kleben der Dämmplatten verwendet werden. Sie wird zweilagig (je 2 bis 3 mm dick) „naß in naß" aufgetragen, so daß das Glasgittergewebe mittig in der Armierungsschicht zu liegen kommt und eine Bahnenüberlappung von etwa 10 cm aufweist. Die Armierungsschicht ist für die Qualität des gesamten Dämmsystems von ausschlaggebender Bedeutung, da sie den durch thermischen Einflüsse entstehenden Zug- und Druckspannungen (Winter-/Sommertemperaturen) standhalten und auch noch ausreichend wasserdampfdurchlässig sein muß.

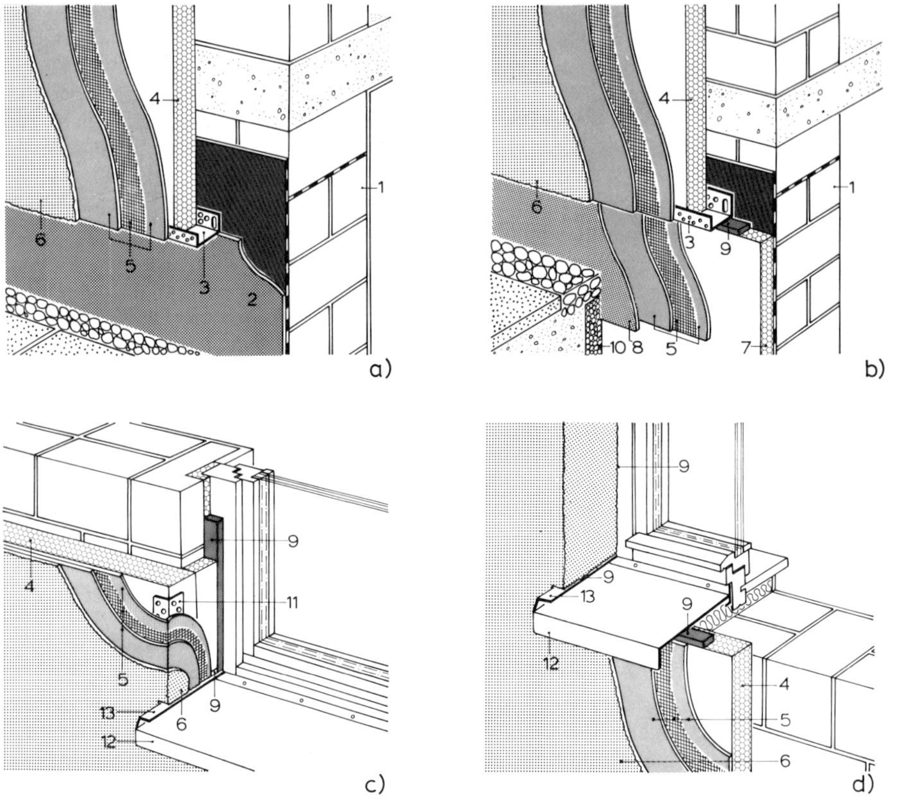

8.23 Konstruktionsbeispiele wärmegedämmter und verputzter Außenteile (Wärmeverbundsystem)

a) **Sockelausbildung.** Zur Vermeidung von Wärmebrücken, Fassadendämmung mindestens 30 cm unter UK Kellerdecke führen, jedoch mindestens 30 cm oberhalb Geländeoberfläche enden lassen. Vertikale Abdichtung bis hinter Dämmung hochziehen und an horizontale Dichtung anschließen.

b) **Fassaden-/Kellerwanddämmung.** Kellerwanddämmung (Perimeterdämmung) mindestens 30 cm über Erdreich hochziehen und elastisch/dicht an überstehende Sockelschiene anschließen. Vertikale und horizontale Abdichtung wie zuvor gemäß DIN 18195.

c) **Fenster-/Türleibungen** außenseitig grundsätzlich mitdämmen (Tauwasserbildung!) und Anschlußfuge zwischen Fassadendämmplatte und Fensterrahmen mit Fugendichtband abdichten. Armierungsschicht und Außenputz über das Dichtband ziehen und mit Kellenschnitt vom Rahmen trennen (unsichtbare Ausführung).

d) **Fensterbankanschlüsse.** Metallfensterbänke mit seitlicher Aufkantung ([-Profil) und Dehnungspuffer, ausreichendem Fassadenüberstand (etwa 3 cm) und mit Gefälle nach außen anbringen. Alle Anschlußfugen, wie zuvor beschrieben, mit unsichtbarem Fugendichtband elastisch dicht ausbilden.

e) **Rolladenkastenanschlüsse.** Profilschiene auf Höhe des Rolladenkasten-Sturzes anbringen und außenseitig mit Armierungsschicht und Putzlage beschichten (unsichtbare Ausführung). Anschlußfugen an Rolladenschienen, wie bei c) beschrieben, mit unsichtbarem Fugendichtband elastisch ausbilden.

Fortsetzung s. nächste Seite

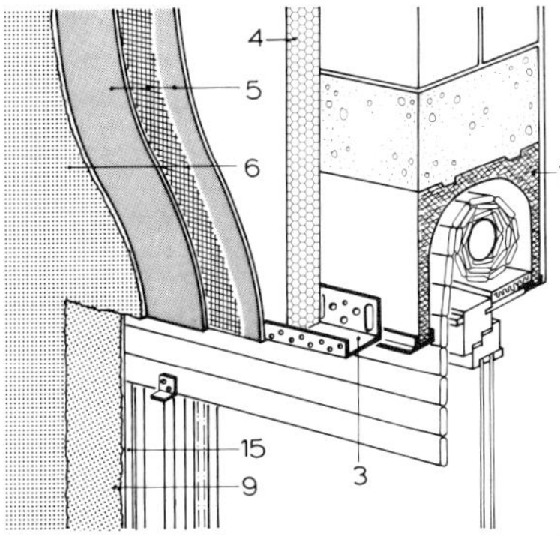

e)

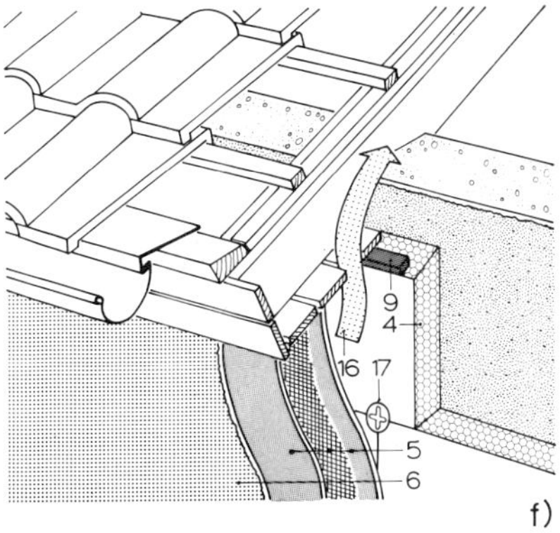

f)

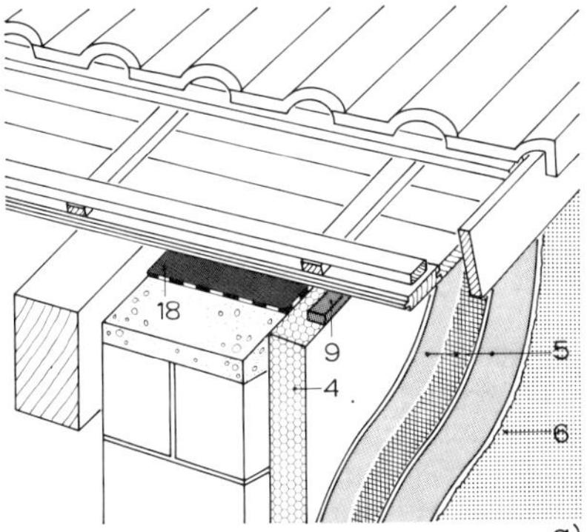

g)

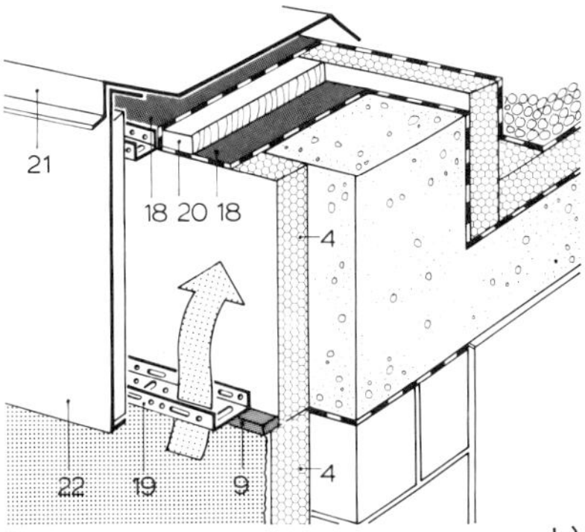

h)

f) bis g) **Steildachanschlüsse** (vereinfachte Darstellung). Dachüberstände – vor allem am Ortgang – niemals zu knapp bemessen, Zuluftöffnungen im Bereich der Traufenverkleidung keinesfalls verschließen und bei ausgebauten Dachgeschossen Fassadendämmung an Dachdämmung lückenlos anschließen. Alle Anschlußfugen, wie unter c) beschrieben, ausbilden.

h) **Flachdachanschlüsse.** Fassadendämmung lückenlos an Dachdämmung anschließen, Attika-Aufkantungen auch innenseitig (zur Dachfläche hin) dämmen und vorgegebene Bewegungsfugen übernehmen (ggf. mit sichtbarem Dehnungsfugenprofil). Zuluftprofile ausreichend bemessen und Metallabdeckungen mit beweglichen Schiebenähten montieren. Für die Dachausbildung selbst sind die „Flachdachrichtlinien" zu beachten.

1 Kellermauerwerk mit horizontaler und vertikaler Abdichtung
2 Sockel/Sperrputz
3 Sockelschiene
4 Fassadendämmplatte
5 Armierungsschicht mit Glasgittergewebe
6 Außenputz
7 Perimeterdämmung
8 Sockelbeschichtung
9 elastisches Fugendichtband
10 Dränplatten mit Schutzvlies
11 Eckschutz
12 Metallfensterbank
13 [-Profil/Dehnungspuffer
14 Rolladenkasten
15 Rolladenschiene
16 Hinterlüftung
17 Spreizdübel
18 Bitumenbahn o.ä.
19 Zuluftprofil
20 Randbohle
21 Abdeckprofil
22 Metallblende o.ä.

Nach Vorlagen Capatect Dämmsysteme GmbH, Ober-Ramstadt

4. **Außenputz.** Für die Oberflächenbeschichtung kommen – je nach System – sowohl Kunstharzputze als auch Mineralputze in Frage. Einige Putze erfordern eine vorherige Grundierung (Voranstrich). Da die Farbe einen wesentlichen Einfluß auf die Oberflächentemperatur hat (dunkle Flächen erwärmen sich bei Besonnung wesentlich stärker als helle Flächen) und um die thermische Belastung möglichst gering zu halten, dürfen nur helle Außenfarben gewählt werden. Um unzulässige Feuchtigkeitserhöhungen in der Wand zu vermeiden, darf außerdem die diffusionsäquivalente Luftschichtdicke s_d der Putze (Armierungsschicht und Putzschicht zusammen) gemäß DIN 18550 T1 nicht größer als 2,0 m sein. Des weiteren dürfen stets nur System-Komponenten von einem Hersteller verwendet werden, da sonst alle Gewährleistungsansprüche verlorengehen.

Schon im Planungsstadium ist der Detailausbildung große Aufmerksamkeit zu schenken. Es würde jedoch den Rahmen dieser Abhandlung bei weitem sprengen, wollte man auf alle Anschlüsse näher eingehen. An dieser Stelle sollen deshalb nur einige wichtige Problembereiche angesprochen und mit Bild **8.**23a bis h einige Detaillösungen vorgestellt werden. Bei diesen Bildbeispielen wurden die an das Dämmsystem angrenzenden Bauteile und Schichtenfolgen – im Hinblick auf eine bessere Übersichtlichkeit – bewußt nur schematisch dargestellt. Auf die weiterführende Spezialliteratur [18], [19], [20], [21] wird hingewiesen.

8.11.4 Wärmedämmputzsysteme

Zur Verbesserung der Wärmedämmung von Außenwänden (Altbau/Neubau) eignen sich auch Wärmedämmputzsysteme, bestehend aus mehreren aufeinander abgestimmten Putzlagen. Sie bedürfen in der Regel einer bauaufsichtlichen Zulassung. Mit dem Erscheinen des Norm-Entwurfes DIN 18550 T3 für Wärmedämmputzsysteme aus Mörteln mit mineralischen Bindemitteln ist in Kürze zu rechnen.

Wärmedämmputzsysteme bestehen üblicherweise aus einem 20 bis 60 mm dicken Unterputz – dem eigentlichen Wärmedämmputz – und aus einem etwa 8 bis 10 mm dicken Oberputz, der vor allem schützende Funktionen übernimmt. Bild **8.**24b.

Der Dämmputz/Unterputz ist ähnlich wie ein herkömmlicher mineralischer Putz aufgebaut: als Bindemittel werden hydraulischer Kalk und Zement, Zusätze zur Verbesserung der Verarbeitbarkeit (Luftporenbildner) sowie Hydrophobierungsmittel verwendet. Anstelle des üblichen Zuschlages Sand, mit dichtem Gefüge, treten jedoch entweder

— organische Zuschläge (expandiertes Polystyrol – EPS – in Form von 1 bis 3 mm großen Kügelchen) oder
— anorganische Zuschläge (Leichtzuschlagstoffe nach DIN 4226 T2 – Blähton, Blähschiefer, Bims – sowie Perlite und Vermiculite) oder
— ein Gemisch aus den vorgenannten organischen/anorganischen Zuschlägen.

Die besonderen Wärmedämmeigenschaften werden überwiegend mit den Polystyrol-Hartschaumkügelchen erreicht, die jedoch andererseits eine geringere mechanische Festigkeit des Dämmputzes/Unterputzes bewirken. Die Wärmeleitfähigkeit derartiger EPS-Dämmputze liegen bei 0,07 bis 0,10 W/(mK), die üblichen Rohdichten zwischen 200 und 300 kg/m^3. Damit besitzt ein Dämmputz bei gleicher Dicke eine über 12mal bessere Dämmwirkung als ein herkömmlicher Kalk-Zement-Putz mit 0,87 W/(mK). Im Vergleich zu einer Dämmplatte aus PS-Hartschaum [0,040 W/(mK)] ist die Dämmwirkung eines Wärmeputzes jedoch nur etwa halb so hoch. Als Besonderheit ist bei allen Dämmputzen zu beachten, daß zur Berechnung des Wärmedurchlaßwiderstandes nur der eigentliche Dämmputz/Unterputz herangezogen werden darf. Der Oberputz bleibt dabei unberücksichtigt. Aufgrund des Polystyrolzusatzes (geschäumte Kügelchen) sind die EPS-Dämmputze nur der Baustoffklasse B 1/schwerentflammbar zuzuordnen.

Der Oberputz nach DIN 18550 T 2 ist – ebenso wie der Dämmputz – aus Werktrockenmörtel herzustellen und soll den Eigenschaften eines Putzes aus den Mörtelgruppen P I oder P II vergleichbar sein. Nur ein qualitativ hochwertiger, wasserabweisender Oberputz kann eine Durchfeuchtung und damit eine Verminderung der Wärmedämmung verhindern. Daher werden alle Dämmputze nur zusammen mit einem passenden Oberputz als System zugelassen. An ihn werden vor allem Anforderungen hinsichtlich des Regenschutzes (wasserabweisender Putz nach DIN 18550 T 1), Witterungsbeständigkeit, mechanische Festigkeit (Stoßbeanspruchung) sowie Wasserdampfdurchlässigkeit gestellt. Außerdem ist praktisch jede gewünschte und bekannte Putzoberfläche herstellbar. S. hierzu Abschn. 8.7.4, Putzweise.

Bei Wärmedämmputzsystemen richtet sich das Verhältnis zwischen den Druckfestigkeiten von Unterputz zu Oberputz nach der Art der verwendeten Zuschläge. Nach der bereits mehrfach angeführten Putzregel muß die Festigkeit des Oberputzes immer geringer sein als die Festigkeit des Unterputzes. Das Festigkeitsgefälle bei den Dämmputzen verläuft jedoch genau umgekehrt: Der Oberputz ist härter als der darunterliegende Dämmputz. Die langjährige Anwendung hat aber gezeigt, daß dadurch nicht zwangsläufig Schäden auftreten müssen – vorausgesetzt, der Unterschied in der Festigkeit beider Lagen liegt innerhalb der festgelegten Grenzen. Vgl. hierzu auch Abschn. 8.7.5, Leichtputze auf wärmedämmenden Wandbaustoffen.

Verarbeitung. Vor dem Aufbringen des Dämmputzes ist eine besonders sorgfältige Untergrundbeurteilung vorzunehmen. Bei neuem, gleichmäßig saugendem Mauerwerk sind keine besonderen Maßnahmen erforderlich, unterschiedlich saugende Untergründe bedürfen jedoch eines Spritzbewurfes. Bei Untergründen mit erhöhter Rißbildungsgefahr ist eine Putzarmierung in Form eines Glasgittergewebes vorteilhaft, das in die obere Zone des Dämmputzes – vor Aufbringung des Oberputzes – eingebettet wird. Holzwolle-Leichtbauplatten sind, wie in Abschn. 8.7.2 näher beschrieben, zu überspannen und ein Spritzbewurf aufzubringen, Altbaufassaden meist vollflächig mit einem Putzträger-System zu versehen. Die Verarbeitungsrichtlinien der Hersteller sind in jedem Fall zu beachten.

Um einen gleichmäßig dicken, planebenen Putzauftrag und wirksamen Kantenschutz zu erreichen, ist es ratsam, Sockel-, Dehnungsfugen- und Putzabschlußprofile an Fensterleibungen, Hauskanten und dergleichen anzubringen. Bild **8**.24.

Dem fertigen Werktrockenmörtel darf außer Wasser sonst nichts mehr zugesetzt werden. Der Dämmputz/Unterputz wird in Schichtdicken von max. 50 bis 60 mm in einem Arbeitsgang aufgetragen und eben abgezogen, wobei Reiben oder Filzen zu vermeiden ist. Ist aus wärmetechnischen Gründen ein dickerer Dämmputz erforderlich, so kann nach ausreichender Wartezeit (mehrere Tage) eine zweite Lage aufgetragen werden. Dabei sind die jeweiligen Verarbeitungsrichtlinien genauestens einzuhalten. Nach einer Austrocknungszeit von mindestens 1 Tag pro 1 cm Dämmputzdicke wird der jeweils zugelassene System-Oberputz aufgetragen. Bei der farblichen Gestaltung ist darauf zu achten, daß nur helle Farbtöne gewählt werden, da dunkle Farben bei thermischer Beanspruchung zu Spannungen und damit zur Rißbildung führen können.

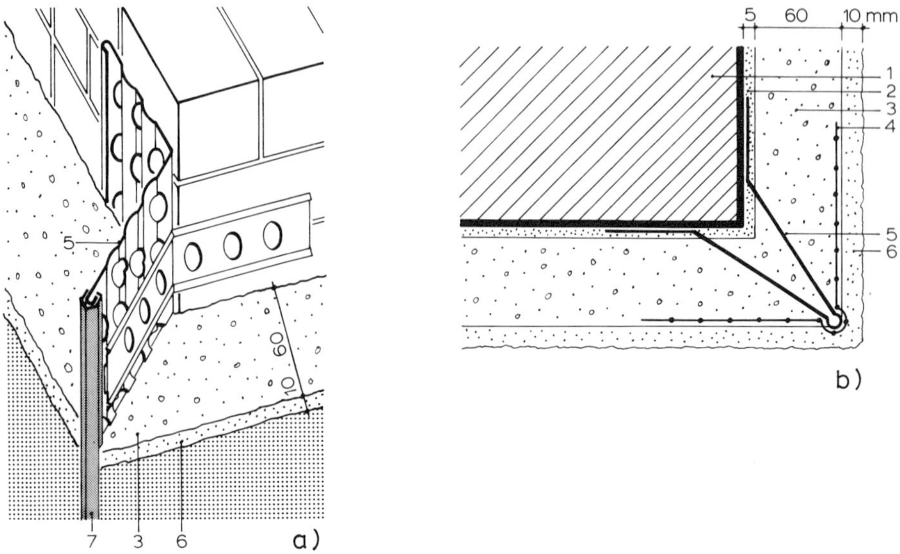

8.24 Kantenausbildung bei Wärmedämmputzsystemen

a) Kantenprofile mit PVC-Überzug. Die Profile werden mit Ansetzmörtel auf Zementbasis am Untergrund befestigt. Der mit Druck aufgespritzte Mörtel verklammert sich allseitig kraftschlüssig durch die Lochungen der Profile hindurch. Die PVC-Überzüge werden nicht verputzt und sind nach dem Putzvorgang möglichst rasch zu reinigen. Vgl. hierzu auch Bild **8**.12.

b) Kantenprofile ohne PVC-Überzug. Dieses Profil eignet sich für die Unterputzanbringung, d.h. die Schiene wird unsichtbar in den Dämmputz eingebaut und im Bereich der Kante ein Glasgittergewebestreifen als zusätzliche Armierung eingebettet. In einer Dicke von etwa 8 bis 10 mm wird der Oberputz um die Ecke herumgeführt.

1 Putzgrund
2 Spritzbewurf
3 Dämmputz/Unterputz
4 Glasgittergewebe
5 Kantenprofil
6 Oberputz
7 PVC-Überzug

Protektorwerk, Gaggenau

8.12 DIN-Normen

DIN-Nr.	Ausgabe-Datum	Titel
1045	12.78	Beton und Stahlbeton; Bemessung und Ausführung
1053 T1	11.74	Mauerwerk; Berechnung und Ausführung
T2	7.84	–; Mauerwerk nach Eignungsprüfung; Berechnung und Ausführung
1060 T1	1.86	Baukalk; Begriffe, Anforderungen, Lieferung, Überwachung
1101	3.80	Holzwolle-Leichtbauplatten; Maße, Anforderungen, Prüfung
1102		–; Verarbeitung

Fortsetzung s. nächste Seite

DIN-Normen, Fortsetzung

DIN-Nr.			Ausgabe-Datum	Titel
	1104	T1		Mehrschicht-Leichtbauplatten aus Schaumkunststoffen und Holzwolle; Maße, Anforderungen, Prüfung
		T2		–; Verarbeitung
	1164	T1	11.78	Portland-, Eisenportland-, Hochofen- und Traßzement; Begriffe, Bestandteile, Anforderungen, Lieferung
		T2		–; Überwachung
		T3		–; Bestimmung der Zusammensetzung
	1168	T1	1.86	Baugipse; Begriffe, Sorten und Verwendung; Lieferung und Kennzeichnung
		T2	7.75	–; Anforderungen, Prüfung, Überwachung
	1960		10.79	VOB Verdingungsordnung für Bauleistungen, Teil A; Allgemeine Bestimmungen für die Vergabe von Bauleistungen
	1961			–; Teil B; Allgemeine Vertragsbedingungen für die Ausführung von Bauleistungen
	4102	T1	5.81	Brandverhalten von Baustoffen und Bauteilen; Baustoffe; Begriffe, Anforderungen und Prüfungen
		T2	9.77	–; Bauteile; Begriffe, Anforderungen und Prüfungen
		T4	3.81	–; Zusammenstellung und Anwendung klassifizierter Baustoffe, Bauteile und Sonderbauteile
	4103	T1	7.84	Nichttragende innere Trennwände; Anforderungen, Nachweise
		T2	12.85	–; Trennwände aus Gips-Wandbauplatten
E		T4	4.85	–; Unterkonstruktion in Holzbauart
	4108	Bbl1	4.82	Wärmeschutz im Hochbau; Inhaltsverzeichnisse; Stichwortverzeichnis
		T1	8.81	–; Größen und Einheiten
		T2		–; Wärmedämmung und Wärmespeicherung; Anforderungen und Hinweise für Planung und Ausführung
		T3		–; Klimabedingter Feuchteschutz; Anforderungen und Hinweise für Planung und Ausführung
		T4	12.85	–; Wärme- und feuchteschutztechnische Kennwerte
		T5	8.81	–; Berechnungsverfahren
	4109	T1	9.62	Schallschutz im Hochbau; Begriffe
E		T1	10.84	–; Einführung und Begriffe
E		T2		–; Luft- und Trittschalldämmung in Gebäuden; Anforderungen, Nachweise und Hinweise für Planung und Ausführung
E		T3		–; –; Ausführungsbeispiele mit nachgewiesener Schalldämmung für Gebäude in Massivbauart
E		T7		–, –; Rechenverfahren und Ausführungsbeispiele für den Nachweis des Schallschutzes in Skelettbauten und Holzhäusern
	4121		7.78	Hängende Drahtputzdecken; Putzdecken mit Metallputzträgern, Rabitzdecken; Anforderungen für die Ausführung
	4208		3.84	Anhydritbinder
	4211		12.76	Putz- und Mauerbinder
	4226	T1	4.83	Zuschlag für Beton; Zuschlag mit dichtem Gefüge; Begriffe, Bezeichnung und Anforderungen
		T2		–; Zuschlag mit porigem Gefüge (Leichtzuschlag); Begriffe, Bezeichnung und Anforderungen
E	4232		3.85	Wände aus Leichtbeton mit haufwerksporigem Gefüge; Bemessung und Ausführung
	18163		6.78	Wandbauplatten aus Gips; Eigenschaften, Anforderungen, Prüfung

Fortsetzung s. nächste Seite

DIN-Normen, Fortsetzung

DIN-Nr.		Ausgabe-Datum	Titel
18164	T1	6.79	Schaumkunststoffe als Dämmstoffe für das Bauwesen; Dämmstoffe für die Wärmedämmung
E 18165	T1	6.85	Faserdämmstoffe für das Bauwesen; Dämmstoffe für die Wärmedämmung
18168	T1	10.81	Leichte Deckenbekleidungen und Unterdecken; Anforderungen für die Ausführung
	T2	12.84	–; Nachweis der Tragfähigkeit von Unterkonstruktionen und Abhängern aus Metall
18169		12.62	Deckenplatten aus Gips; Platten mit rückseitigem Randwulst
18180		8.78	Gipskartonplatten; Arten, Anforderungen, Prüfung
18181		1.69	Gipskartonplatten im Hochbau; Richtlinien für die Verarbeitung
E 18182	T1	10.83	Zubehör für die Verarbeitung von Gipskartonplatten; Profile aus Stahlblech
18184		12.81	Gipskarton-Verbundplatten mit Polystyrol- oder Polyurethan-Hartschaum als Dämmstoff
18201		12.84	Toleranzen im Bauwesen; Begriffe, Grundsätze, Anwendung, Prüfung
18202		5.86	Toleranzen im Hochbau; Bauwerke
18350		11.85	VOB Verdingungsordnung für Bauleistungen, Teil C; Allgemeine Technische Vorschriften für Bauleistungen; Putz- und Stuckarbeiten
18363		10.79	–; –; Anstricharbeiten
18366			–; –; Tapezierarbeiten
18550	T1	1.85	Putz; Begriffe und Anforderungen
	T2		–; Putze aus Mörteln mit mineralischen Bindemitteln; Ausführung
18556			Prüfung von Beschichtungsstoffen für Kunstharzputze und von Kunstharzputzen
18557		5.82	Werkmörtel; Herstellung, Überwachung und Lieferung
18558		1.85	Kunstharzputze; Begriffe, Anforderungen, Ausführung
51043		8.79	Traß; Anforderungen, Prüfung
52212		1.61	Bauakustische Prüfungen; Bestimmung des Schallabsorptionsgrades im Hallraum
E 52617		12.84	Bestimmung des Wasseraufnahmekoeffizienten von Baustoffen
53778	T1	8.83	Kunststoffdispersionsfarben für Innen; Mindestanforderungen
	T2		–; Beurteilung der Reinigungsfähigkeit und der Wasch- und Scheuerbeständigkeit von Anstrichen
	T3		Kunststoffdispersionsfarben; Bestimmung des Kontrastverhältnisses und der Helligkeit von Anstrichen
	T4		–; Prüfung auf Überstreichbarkeit nach festgelegter Trocknungszeit
55945		8.83	Lacke, Anstrichstoffe und ähnliche Beschichtungsstoffe; Begriffe
68800	T1	5.74	Holzschutz im Hochbau; Allgemeines
E EN 233		6.85	Wandbekleidungen in Rollenform; Festlegungen für fertige Papiertapeten, Vinyltapeten und Kunststoffwandbekleidungen
E EN 234		6.85	–; Festlegungen für Wandbekleidungen für nachträgliche Behandlung
E EN 235		6.85	–; Begriffe

8.13 Literatur

[1] Piltz, Härig, Schulz: Technologie der Baustoffe, Eigenschaften und Anwendung. 8. Aufl. Heidelberg 1985

[2] Volkart, K.: Bauen mit Gips. Von Baugipsen und Gipsbauelementen und deren Verwendung. Hrsg.: Bundesverband der Gips- und Gipsbauplattenindustrie, Darmstadt. 11. Aufl. 1986

[3] Volkart, K.: Die Erhärtung von Mörteln mit Gips und Kalk. Hrsg.: Bundesverband der Gips- und Gipsbauplattenindustrie, Darmstadt

[4] Außenputz auf Holzwolle-Leichtbauplatten und Mehrschicht-Leichtbauplatten: Hrsg.: Bundesverband der Leichtbauplattenindustrie. Ausg. 1985

[5] Information „Edelputz". Mitteilungen der Bayerischen Edelputzindustrie. Hrsg.: Bayerischer Industrieverband Steine und Erden, Fachgruppe Edelputz, München

[6] Künzel, H.: Regenschutz von Außenwänden. Der Stukkateur **5** (1985)

[7] Künzel, H.: Wasserabweisende Putz/Anstrich-Systeme. Der Stukkateur **6** (1986)

[8] Technische Information: Verarbeitung einlagiger Gipsputze

[9] Merkblatt: Putzen auf Beton (Hinweise für Gipsputze auf Beton). Hrsg.: [8] und [9]: Bundesverband der Gips- und Gipsbauplattenindustrie, Darmstadt

[10] Bader, H.-P.: Kunstharzputze, Eigenschaften, Bewährung. Kunststoffe im Bau. **4** (1985)

[11] Bader, H.-P.: Kunstharzputz und Mineralputz im Vergleich. Deutsches Architektenblatt (DAB) **1** (1985)

[12] Gertis, K.: Wärmedämmung innen oder außen? Deutsche Bauzeitschrift (DBZ) **5** (1987)

[13] Künzel, H.: Richtiges Heizen und Lüften in Wohnungen. Zeitschrift für Wärmeschutz, Kälteschutz, Schallschutz, Brandschutz (wksb) **22** (1987)

[14] Oswald, R.: Nachträglicher Wärmeschutz von Außenwänden. Deutsches Architektenblatt (DAB) **10** (1984)

[15] Oswald, R.: Sanierungsmaßnahmen bei Außenwänden und Fenstern. Deutsches Architektenblatt (DAB) **6** (1987)

[16] Zimmermann, G.: Harte Schaumkunststoffe im Bauwesen. Deutsches Architektenblatt (DAB) **2** (1987)

[17] Pätzold, H.-P.: Brandschutz und baurechtliche Zulassung bei Wärmedämmverbundsystemen. Capatect Dämmsysteme GmbH, Ober-Ramstadt. **6** (1985)

[18] Fassaden-Vollwärmeschutz-System mit PS-Hartschaum. Güteschutzgemeinschaft Hartschaum e.V., Frankfurt. **4** (1986)

[19] Wärmedämmverbundsysteme. Seminar-Handbuch 66. Institut für das Bauen mit Kunststoffen e.V., Darmstadt (IBK). **11** (1984)

[20] Planung eines Wärmedämmverbundsystems. Stotmeister GmbH, Stühlingen (1986)

[21] Merkblatt 21: Wärmedämmung im Verbundsystem an Fassaden und anderen Bauteilen. Hrsg.: Bundesausschuß Farbe- und Sachwertschutz, Frankfurt (1982)

9 Beschichtungen (Anstriche) und Wandbekleidungen (Tapeten) auf Putzgrund

9.1 Beschichtungen: Allgemeine Grundbegriffe

Anstriche werden auf Außen- und Innenputzen zum Zwecke der Sachwerterhaltung (Schutzfunktion), aus Gründen der Hygiene (Verminderung der Verschmutzung, Erleichterung der Reinigung) sowie aus gestalterischen Gründen (Farbgebung) aufgebracht.

Anstrich ist eine aus Anstrichstoffen hergestellte Beschichtung auf einem Untergrund, auf dem er nach dem Trocknen haftet. Er kann aus einer oder mehreren Schichten bestehen. Mehrschichtige Anstriche bezeichnet man als Anstrichsystem.

Anstrichstoff ist ein flüssiger bis pastenförmiger Beschichtungsstoff, der vorwiegend durch Streichen, Rollen oder Spritzen aufgetragen wird. Anstrichstoffe ergeben im allgemeinen nach physikalischer Trocknung oder chemischer Reaktion einen festen Anstrich, auch Beschichtung genannt.

Beschichtung ist der Oberbegriff (Sammelbegriff) für eine oder mehrere in sich zusammenhängende, aus Anstrich-/Beschichtungsstoffen hergestellten Schichten auf einem Untergrund. Mehrschichtige Beschichtungen bezeichnet man als Beschichtungssystem.

1. Anstrichstoff

Farbige Anstrichstoffe, auch Anstrichmittel genannt, bestehen im einzelnen aus:

a) **Farbmitteln,** die der Farbgebung dienen. Nach ihren Eigenschaften wird zwischen löslichen Farbstoffen (z. B. Holzbeizen, Druckfarben) – die im Bauwesen von untergeordneter Bedeutung sind – und unlöslichen **Pigmenten** organischer oder anorganischer Herkunft unterschieden (z. B. natürliche Pigmente aus aufbereiteten Erden oder synthetische Pigmente). Für Anstrichstoffe am Bau werden unlösliche Pigmente verwendet. Sie werden durch Bindemittel miteinander und mit dem Untergrund verbunden und haben deckende Wirkung. Je nach ihrem Verwendungszweck müssen sie licht-, kalk- und zementecht sowie wetter- und UV-beständig sein.

b) **Bindemitteln,** die der nichtflüchtige Anteil eines Anstrichstoffes sind (ohne Pigment und Füllstoff). Das Bindemittel verbindet die Pigmentteilchen untereinander und mit dem Untergrund und bestimmt somit weitgehend die Haltbarkeit des Anstriches. Man unterscheidet wasserverdünnbare Bindemittel (z. B. Kalk, Zement, Wasserglas, Dispersionen) und lösungsmittelverdünnbare Bindemittel (z. B. Lacke, Leinöl-Firnis).

c) **Verdünnungsmitteln,** die zur Verbesserung der Verarbeitbarkeit zugesetzt werden und nach dem Anstrichauftrag wieder verflüchtigen, sowie **Füllstoffen** (z. B. Kreide), die den Anstrichstoffen unter Umständen zur Strukturgebung beigemengt werden.

2. Anstrichaufbau

Ein Anstrichsystem (Beschichtungssystem) kann je nach Lage und Beschaffenheit der zu streichenden Putzfläche, den an sie gestellten Anforderungen und gestalterischen Absichten sehr unterschiedlich aufgebaut sein. Zu beachten ist auch, daß allen Anstricharbeiten immer eine äußerst sorgfältige Untergrundprüfung bzw. Untergrundvorbehandlung vorausgehen muß. Im einzelnen unterscheidet man:

— **Grundanstrich** (Grundierung), der aus einer oder mehreren Schicht(en) bestehen kann und einmal zur Haftverbesserung zwischen Untergrund und nachfolgenden Anstrichen, zum anderen zur Untergrundverfestigung sowie Verminderung der Saugfähigkeit des Untergrundes dient. Hierbei können auch Spezialgrundierungen (Tiefengrund) notwendig werden. Zwischen Grund- und Deckanstrich eines Anstrichsystems kann je nach Bedarf ein bzw. mehrere Zwischenanstrich(e) liegen (evtl. mit Gewebeeinbettung zur Rißüberbrückung).

— **Deckanstrich** (Schlußanstrich), der aus einer oder mehreren Schicht(en) besteht und insgesamt mit den Stoffen der darunterliegenden Anstrichschichten abgestimmt sein muß. Er übernimmt den Schutz der unter ihm liegenden Schichten und gibt dem Anstrichsystem die geforderten Oberflächeneigenschaften. Zu beachten ist jedoch, daß der Begriff „Deckanstrich" nichts über das Deckvermögen des Anstriches (z. B. verdecken von Farbunterschieden o. ä.) aussagt. Weitere Einzelheiten sind DIN 55945 (Ausg. 8.83), Beschichtungsstoffe, zu entnehmen.

3. Abnutzungsbeanspruchung (Beständigkeit)

Anstriche auf mineralischen Untergründen sind nach der geforderten Beanspruchung auszuführen. Nach DIN 18363, Anstricharbeiten, unterscheidet man:

— **Wischbeständigkeit.** Sie ist die Eigenschaft eines Anstriches, bei leichtem, trockenem Reiben nicht abzufärben. Da sie grundsätzlich von allen Anstrichen zu erbringen ist, wird diese Grundforderung in der vorgenannten Norm nicht mehr besonders angeführt.

— **Waschbeständigkeit.** Sie weist ein Anstrich auf, wenn er mit Schwamm und Wasser unter Zusatz eines neutralen Feinwaschmittels gewaschen werden kann, ohne daß sich das Reinigungswasser färbt.

— **Scheuerbeständigkeit.** Sie weist ein Anstrich auf, wenn er mit einer Bürste und Wasser unter Zusatz eines neutralen Feinwaschmittels gescheuert werden kann, ohne daß der Anstrich beschädigt wird oder das Reinigungswasser sich färbt.

Hinweis: Kunststoffdispersionsfarben für Innen sind in DIN 53778 T1 genormt. Danach dürfen für Innenanstriche nur Dispersionsfarben der Güteklasse W „waschbeständig" oder der Güteklasse S „scheuerbeständig" verwendet werden. Die Güteklasse „wischbeständig" wurde in diese Norm nicht mehr aufgenommen. Diese Eigenschaft wird grundsätzlich von allen Anstrichen gefordert. An Glanzgradstufen werden genannt: Hochglänzend (HG), glänzend (G), seidenglänzend (SG), seidenmatt (SM) sowie matt (M).

— **Wetterbeständigkeit.** Sie weist ein Anstrich auf, wenn er unter normalen Witterungseinflüssen (Temperatur- und Feuchtigkeitsschwankungen) noch nach 2 Jahren in zweckentsprechendem Zustand ist.

Die Entwicklung auf dem Gebiet der Beschichtungsstoffe während der letzen Jahrzehnte führte zu einem nahezu unüberschaubaren Angebot an Anstrichstoffen, Lacken und ähnlichen Produkten mit den unterschiedlichsten Eigenschaften, Auftragstechniken, Oberflächenstrukturen usw. Immer neue Produkte für ganz spezifische Einsatzgebiete kommen auf den Markt und erfordern eine sehr differenzierte Auswahl, die letztlich nur noch in enger Zusammenarbeit mit den Fachberatern getroffen werden kann. Diese Beratungsdienste sollten rechtzeitig in Anspruch genommen werden, damit unkorrigierbare Fehlentscheidungen vermieden werden. Firmenneutrale Merkblätter bzw. Technische Richtlinien der Berufsverbände können dabei eine wertvolle Hilfe sein.

Vgl. hierzu [4] bis [5]. Alle wichtigen anstrichtechnischen Begriffe über Beschichtungsstoffe (Anstrichstoffe, Lacke) sind in DIN 55945 (Ausg. 8.83) festgelegt. Bei der Abfassung von Leistungsverzeichnissen sollte man sich dieser Begriffe bedienen, um Mißverständnisse von vornherein auszuschließen. Angaben über Werkstoffe, Ausführung und Abrechnung von Anstricharbeiten sind VOB Teil C, DIN 18363 zu entnehmen. Auf die weiterführende Spezialliteratur [1], [2] wird hingewiesen.

Eine Zusammenstellung über mögliche gesundheitliche Gefahren, die von Baustoffen ausgehen können, enthält [3].

9.2 Besondere Merkmale einiger Beschichtungsstoffe

Deckende Anstrichsysteme für Außen- und Innenputze

1. Leimfarbe ist ein Anstrichstoff mit Leim als wasserlöslichem Bindemittel, der seine Löslichkeit in Wasser nach dem Trocknen nicht verliert. Der nur wischbeständige Innenanstrich bleibt empfindlich gegen Nässe und Feuchtigkeit und kann durch Abwaschen entfernt werden. Alte Leimfarbenanstriche sind kein geeigneter Untergrund für Tapeten oder weitere Anstriche. Die heute kaum mehr gebräuchliche Leimfarbentechnik ist weitgehend von den Dispersionsfarbenanstrichen verdrängt worden.

2. Kalkfarbe ist eine wäßrige Aufschlämmung von gelöschtem Kalk, der zugleich Bindemittel und Pigment darstellt. Kalkfarbenanstriche – innen und außen einsetzbar – erhärten durch Aufnahme von Kohlendioxid (Karbonaterhärtung s. Abschn. 8.3.1) und sind besonders geeignet für kalk- und zementhaltige Putzflächen (Hinweis: Fresko-Maltechnik auf feuchtem Kalkputz). Ungeeignet sind alle Untergründe, die bereits einmal mit Öl-, Lack-, Dispersionsfarben o. ä. gestrichen wurden sowie stark gipshaltige Putze. Kalkfarbenanstriche sind preiswert, wasserdampfdurchlässig und je nach Zusätzen wischbeständig bzw. wetterbeständig. Sie kommen heute nur noch in Sonderfällen (landwirtschaftlichen Bauten, historische Putzfassaden) zur Anwendung, da sie sich unter Einwirkung von saurer Atmosphäre (Industrieabgase) zersetzen.

3. Kalk-Weißzementfarbe besteht aus Weißzement und Kalkfarbe und erhärtet vorwiegend hydraulisch. Daher sind Kalk-Weißzementfarben gegenüber schwefeliger Säure aus dem Regenwasser weniger empfindlich als Kalkfarben, jedoch genauso wasserdampfdurchlässig. Zusätze, wie Kunststoffdispersionen in geringen Mengen, verbessern die Bindefähigkeit und Verarbeitbarkeit. Der Effekt des „Schlämmanstriches" wird durch Feinsandzuschläge erzielt. Kalk-Weißzementanstriche kommen noch in untergeordneten Bereichen zur Anwendung. Besonders geeignet sind mineralische Untergründe, jedoch keinesfalls gipshaltige Putze.

4. Silikatfarbe (zweikomponentig) besteht aus kieselsäurereichem Wasserglas (flüssiges Bindemittel, auch als „Fixativ" bezeichnet) und wasserglasbeständigen Pigmenten zur Farbgebung. Die Erhärtung erfolgt physikalisch (Verdunstung des Wassers) und chemisch (kristalline Versteinerung). Diese sogenannte Verkieselung bewirkt eine widerstandsfähige Verbindung der Pigmente untereinander und eine vorzügliche Verankerung mit dem Untergrund. Silikatfarbenanstriche können auf alle mineralischen Untergründe (Kalk- und Zementputz, Ziegelmauerwerk, Naturstein, Beton) aufgebracht werden. Ungeeignet sind gipshaltige Putze und Flächen mit alten organischen Beschichtungen. Silikatfarbenanstriche sind licht-, säure- und wetterbeständig, geeignet für Außen- und Innenanstriche. Des weiteren zeichnen sie sich durch hohe Wasserdampf- und Gasdurchlässigkeit aus, so daß sie auch auf kalkreiche Putze aufgetragen werden können. Da sie aufgrund ihrer kristallinen Versteinerung auch gegen Einwirkung saurer Atmosphäre (Industrieabgase) beständig sind und ein relativ günstiges Anschmutzverhalten aufweisen, gewinnen sie für den Schutz historischer Fassaden (Denkmalschutz) immer größere Bedeutung. Mit der Verarbeitung sollten jedoch nur erfahrene Firmen beauftragt und die Beratungsdienste der Herstellerfirmen rechtzeitig in Anspruch genommen werden.

Die jeweiligen Verarbeitungsrichtlinien sind unbedingt einzuhalten. Verschmutzte Untergründe und alte mineralische Anstriche werden mit einer Ätzflüssigkeit (1:5 mit Wasser verdünnt) und harter Bürste gründlich gereinigt und mit reinem Wasser nachgewaschen. Öl-, Latex- und Dispersionsfarben sind restlos zu entfernen. Bei stark saugenden Untergründen ist ein Grundanstrich auf Wasserglasbasis erforderlich. Bereits einige Stunden vor der Verarbeitung soll das Farbpulver (Pigment) mit dem kristallklaren Bindemittel (Fixativ) genau nach Herstellervorschrift gemischt werden (Einsumpfzeit). Bei stark saugendem Untergrund wird dem ersten Anstrich entsprechend mehr Fixativ (keinesfalls Wasser!) zugegeben und zügig mit der Bürste – naß in naß – aufgetragen. Der zweite Anstrich erfolgt meist unverdünnt. Zwischen jedem Anstrich müssen 12 Stunden Trockenzeit liegen, um eine ausreichende Erhärtung und Verkieselung zu erreichen. Ihre hohe Wasseraufnahmefähigkeit wird meist durch eine nachfolgende Hydrophobierung (wasserabweisende farblose Imprägnierung) gemindert.

5. Dispersions-Silikatfarbe (einkomponentig) – früher Silikat-Organfarbe genannt – ist eine Weiterentwicklung der zuvor beschriebenen reinen Silikatfarbe. Durch Zusatz von bis zu 5% Dispersionsbindemittel kann sie in streichfertigem Zustand geliefert werden, ohne dadurch ihre typisch mineralischen Eigenschaften zu verlieren. Dazu gehören neben einer hohen Wasserdampfdurchlässigkeit auch die vorgenannte Verkieselung mit dem mineralischen Untergrund. Eine Art „Filmbildung", wie sie bei kunstharzgebundenen Anstrichen vorgegeben ist, findet nicht statt. Sie läßt sich auch wesentlich problemloser als die reinen Silikatfarben verarbeiten. Mischungsfehler und Schäden infolge unsachgemäßer Verarbeitung – wie sie bei den mehrkomponentig aufgebauten reinen Silikatfarben unter Umständen auftreten können – sind weitgehend ausgeschlossen. Eine leichte Kreidung ist allerdings im Laufe der Jahre möglich. Hochwertigen Dispersions-Silikatfarben werden bereits werkseitig Hydrophobierungsmittel zugesetzt, um einen verbesserten Feuchteschutz (Regenschutz) zu bewirken. Dadurch wird die vorgegebene Oberflächenstruktur des Untergrundes, beispielsweise bei historischen Gebäuden, jedoch nicht verändert.

6. Dispersionsfarbe (Kunststoffdispersionsfarbe) – auch Kunststofflatexfarbe genannt – besteht aus einem Dispersionsbindemittel gemäß DIN 55947 (in Wasser dispergierte/fein verteilte Polymerisatharze), Pigmenten und Füllstoffen. Während das Wasser verdunstet bzw. vom Untergrund aufgenommen wird, verfließen die Kunstharzteilchen ineinander und verschweißen schließlich langsam miteinander, so daß eine geschlossene (mikroporöse) weitgehend wasserundurchlässige Beschichtung entsteht, die jedoch ausreichend wasserdampfdurchlässig ist. Da sich diese filmartige Beschichtung mit Wasser nicht wieder auflösen läßt, sind für die Entfernung dieser Anstriche spezielle Abbeizmittel erforderlich. Durch Zugabe unterschiedlicher Arten/Mengen von Bindemitteln bzw. Füllstoffen lassen sich Dispersionsfarbenanstriche mit ganz verschiedenen Eigenschaften und Oberflächenstrukturen herstellen. So ergeben sich gut deckende, wetterbeständige Außenanstriche – vgl. hierzu auch Kunstharzputze – sowie wasch- und scheuerbeständige Innenanstriche für Decken- und Wandflächen gemäß DIN 53778. Sie haften auf fast allen festen und tragfähigen Untergründen wie Putz, alle Arten von Beton, Sichtmauerwerk, Gipskartonplatten, Rauhfasertapeten usw., lassen sich einfach verarbeiten, sind farbig beliebig abtönbar (klare, kräftige Farbtöne) und sehr wirtschaftlich. Zu beachten ist, daß durch zu niedrige Temperaturen (untere Grenze +5 °C) und/oder zu hohe relative Luftfeuchtigkeit die Trocknung bzw. Filmbildung um Wochen verzögert oder ganz verhindert werden kann (Folge: nicht waschbeständige Anstriche). Die Wartezeit bis zur Anstrichausführung auf Neuputzen der Mörtelgruppe P II und P III beträgt mindestens 3 Wochen. Putze der Mörtelgruppe P I (Luftkalkmörtel) dürfen mit Dispersionsfarben nicht beschichtet werden. Auf die in Abschn. 9.3 angesprochenen Zusammenhänge von Wasserdampfdurchlässigkeit und kapillarer Wasseraufnahme wird verwiesen.

7. Polymerisatharzfarben trocknen durch Verdunstung des Lösungsmittels. Während die Dispersionsfarben auf wäßriger Basis aufgebaut sind, stellen die Polymerisatharzfarben lösungsmittelhaltige Systeme dar, wobei heute vor allem Anstriche auf Acryllatbasis eingesetzt werden. Sie zeichnen sich durch leichte Verarbeitbarkeit, sehr rasche Trocknung, gute Alterungsbeständigkeit, Lichtbeständigkeit und ausreichende Wasserdampfdurchlässigkeit aus. Diese kann durch Zugabe von Siloxanen noch erhöht werden. Polymerisatharzfarbenanstriche sind vor allem für mineralische Untergründe geeignet und werden in steigendem Umfang verwendet. Weitere Anstrichsysteme bleiben im Rahmen dieser Abhandlung unberücksichtigt. Auf die weiterführende Spezialliteratur [1], [2] wird verwiesen.

Farblose Anstrichsysteme für Außenputze

Imprägnierungsmittel (Hydrophobierungsmittel) werden für den farblosen Fassadenschutz verwendet. Sie dienen dazu, mehr oder weniger stark saugende mineralische Wandbaustoffe (Kalksandsteine, Ziegelmauerwerk, alle Arten von Beton, Natursteine, Mineralputze) wasserabweisend auszurüsten, ohne ihre Wasserdampfdurchlässigkeit nennenswert zu mindern. Durch das Imprägnieren sind die häufig auftretenden Folgeschäden stetiger Fassadendurchfeuchtung weitgehend vermeidbar (z. B. Verfärbungen und Verschmutzungen, Salzausblühungen, Pilz- und Moosbefall, Frostschäden, Schäden durch saure Atmosphäre usw.). Außerdem behalten imprägnierte Bauteile ihre ursprüngliche Wärmedämmfähigkeit. Ein Imprägniermittel muß unter anderem alkali- und UV-beständig sein, klebfrei auftrocknen und möglichst tief in den Wandbaustoff eindringen. Dabei werden die oberflächennahen Poren mit einer hauchdünnen Schicht ausgekleidet, die jedoch äußerlich nicht erkennbar ist. Das Imprägnierungsmittel besteht im Regelfall aus dem eigentlichen Wirkstoff (z. B. Silikonharz) und einem Lösungsmittel (z. B. Alkohol). Es werden hauptsächlich verwendet:

— Silane (löslich in Alkohol)

— Silikonharze (löslich in organischen Lösungsmitteln)

— Siloxane (löslich in Alkoholen und Kohlenwasserstoffen) u. a. m.

a) **Silanimprägnierungen** weisen ein sehr hohes Eindringvermögen auf. Außerdem kann man sie auf noch feuchten Untergründen verarbeiten. Sie sind jedoch relativ teuer.

b) **Silikonharzimprägnierungen** lassen sich problemlos auf allen saugfähigen Untergründen verarbeiten, wobei diese möglichst trocken sein sollten. Sie weisen geringere Eindringtiefe auf, ergeben jedoch einen wirksameren Oberflächenschutz als die Silane und sind preisgünstiger.

c) **Siloxanimprägnierungen** weisen ein gutes Eindringvermögen auf, können auf feuchtem Untergrund eingesetzt werden und sind relativ preiswert.

Die Verarbeitung der sehr unterschiedlichen Imprägnierungsmittel wird von der Art des Baustoffes bestimmt. Üblicherweise werden sie mit Sprüh- und Flutgeräten bis zur völligen Sättigung des Untergrundes aufgebracht. Vor jeder Imprägnierung hat eine gründliche Reinigung der Fassade zu erfolgen. Bei sachgemäßer Ausführung der Imprägnierung ist mit einer Wirkungsdauer von bis zu 10 (15) Jahren zu rechnen. Weiterentwicklungen sind zu erwarten. Hinzuweisen ist noch, daß Imprägnierungsmittel keine Dichtungsmittel sind und sie daher auch nicht zur Imprägnierung/Abdichtung von Flächen, die unter Wasserdruck stehen, verwendet werden können.

9.3 Beschichtungen (Anstriche) auf mineralischen Außenputzen

Außenputz und das jeweilige Anstrichsystem sind immer aufeinander abzustimmen. Der Putz ist einerseits auf die nachfolgende Oberflächenbehandlung einzustellen, andererseits darf der Anstrich das materialbedingte Verhalten der Putzlagen nicht nachteilig beeinflussen. Somit bestimmen Putzart und Beschaffenheit des Untergrundes, ebenso wie der jeweilige Anstrichstoff bzw. Anstrichtechnik, Wirkung und Haltbarkeit des Anstrichsystems.

Bauphysikalische Anforderungen

Anforderungen bezüglich des klimabedingten Feuchteschutzes sind in DIN 4108 T3 festgelegt. Im Zusammenhang mit den Fassadenbeschichtungen sind dies vor allem:

— Erhaltung einer möglichst hohen Wasserdampfdurchlässigkeit

— Begrenzung der kapillaren Wasseraufnahme (Regenschutz).

Die Tauwasserbildung im Innern von Bauteilen ist abhängig vom Temperaturverlauf in der Wand und vom Wasserdampfdiffusionswiderstand der einzelnen Baustoffschichten. Die wesentlichen Kenngrößen sind in Abschn. 12.4.6 in Teil 1 dieses Werkes beschrieben. Durch das Aufbringen von Beschichtungen auf eine Außenwand können sich die Verhältnisse im Innern des Bauteils bezüglich Tauwasserbildung ändern. Wie in Abschn. 8.7.5 bereits erläutert, darf vor allem im Grenzbereich zwischen Beschichtung und Untergrund kein Tauwasser anfallen. Der Einfluß der Beschichtung ist vernachlässigbar, wenn ihre diffusionsäquivalente Luftschichtdicke $s_d \leq 2$ m beträgt. Während diese Forderung bei Neubauten kaum Probleme aufwirft, können bei der Renovierung von Altbauten – insbesondere wenn bereits früher relativ dichte Fassadenbeschichtungen aufgetragen wurden – Berechnungen des Diffusionswiderstandes der verschiedenen Wandschichten notwendig werden (Glaserdiagramm). An dieser Stelle wird nochmals darauf hingewiesen, daß beim Anstrich von reinen Kalkputzen (Mörtelgruppe P I) auch immer eine ausreichende Kohlendioxiddurchlässigkeit gegeben sein muß.

Durch Beregnung der Fassade kann Wasser durch kapillaren Transport in Außenbauteile eindringen. Maßnahmen zur Begrenzung der Wasseraufnahme – wie beispielsweise hinterlüftete Außenwandbekleidungen sowie wasserabweisende oder wasserhemmende Außenputze – sind in DIN 4108 T3 angeführt. Die wesentlichen Kenngrößen sind in Abschn. 12.4.6, Teil 1 dieses Werkes, beschrieben. Fassadenbeschichtungen können die Wasseraufnahme ebenfalls wirksam mindern, dabei darf die Wasserabgabe während der Trocknungsperiode jedoch nicht nachteilig beeinträchtigt werden. Wie in Abschn. 8.7.5, Schlagregenschutz, bereits erwähnt, sind Anstrichsysteme in DIN 4108 T3 zur Erzielung eines entsprechenden Regenschutzes nicht aufgeführt, da Fassadenanstriche nicht genormt sind. Vertreter der Mörtel- und Bindemittelindustrie haben deshalb in einer Richtlinie [6] vereinbart, daß ein **wasserabweisendes Putz/Anstrich-System** aus einem wasserhemmenden Putz und einem wasserabweisenden Anstrich gebildet wird.

Die kapillare Wasseraufnahme bzw. Wasserdampfdurchlässigkeit beeinflußt den Feuchtehaushalt einer Außenwand maßgeblich. Dabei spielt die Größe und Verteilung der Poren (Porenstruktur) eine wichtige Rolle. Vergleicht man die Wirkungsweise der mineralischen Anstriche mit denen der kunstharzgebundenen Anstrichmittel, so stellt man fest, daß mineralische Anstriche aus Kalk, Weißzement und Wasserglas (Silikatfarbe) die größeren Poren des Putzes „verstopfen" und so die kapillare Wasseraufnahme in gewünschtem Maße herabsetzen, ohne die Wasserdampfdurchlässigkeit des Putzes zu beeinträchtigen: Eine rasche Feuchtigkeitsabgabe ist nach wie vor möglich. Die kunstharzgebundenen Anstriche aus Dispersionen u. ä. bieten demgegenüber einen wesentlich besseren Wetterschutz, da sie beispielsweise gegen anfallenden Schlagregen nahezu dicht sind. Entsprechend niedriger ist jedoch ihre Wasserdampfdurchlässigkeit. Bei diesen Anstrichen bzw. Kunstharzbeschichtungen kann die in die Wand eingedrungene Feuchtigkeit nur noch wesentlich verlangsamt nach außen entweichen. Eine ausreichend hohe Wasserdampfdurchlässigkeit ($s_d \leq 2$ m) ist daher in jedem Fall zu fordern.

Putz als Anstrichuntergrund

Seit jeher gilt die wichtige Malerregel: Jeder Anstrich ist nur so gut, wie sein Untergrund dies zuläßt. Die einwandfreie Beschaffenheit des Untergrundes ist daher eine unerläßliche Voraussetzung für die Haltbarkeit des Anstrichs.

Außenputze auf mineralischer Basis müssen DIN 18550 T1 und T2 entsprechen. Sie können ein- oder mehrlagig mit unterschiedlicher Oberflächenstruktur aufgebracht sein. Neben den allgemeinen Anforderungen, die jede Putzart erfüllen soll, müssen Außenputze vor allem den in Abschn. 8.7.5 angeführten zusätzlichen Anforderungen genügen. Danach sollen sie witterungsbeständig, ausreichend fest und tragfähig sein, um Anstriche/Beschichtungen aufnehmen zu können. Vgl. hierzu Tabelle

Tabelle **9**.1 Putzmörtelgruppen n. DIN 18550 T1 mit der jeweils geforderter Mindestdruckfestigkeit [4]

Putzmörtelgruppe nach DIN 18550			Mindestdruckfestigkeit
P Ia und P Ib	Luftkalk- und Wasserkalkmörtel		keine Anforderungen
P Ic	Hydraulischer Kalkmörtel		1,0 N/mm²
P IIa P IIb	Hochhydraulischer Kalkmörtel Kalk-Zementmörtel		2,5 N/mm²
P IIIa P IIIb	Zementmörtel mit Zusatz von Kalkhydrat Zementmörtel		10,0 N/mm²
P IVa P IVb P IVc	Gipsmörtel Gipssandmörtel Gipskalkmörtel	nur für feuchtigkeitsgeschützte Außendecke	2,0 N/mm²
P IVd	Kalkgipsmörtel	nur für feuchtigkeitsgeschützte Außendecke	keine Anforderungen

8.6, Zeilen 25 bis 29. Die jeweiligen Putzmörtelgruppen mit den entsprechenden Mindestdruckfestigkeiten sind Tabelle **9**.1 zu entnehmen. Außerdem muß der Außenputz richtig aufgebaut sein, so daß die Festigkeit der einzelnen Lagen nach außen hin abnimmt (Festigkeitsgefälle). Bei Neuputzen muß bereits aus der Leistungsbeschreibung erkennbar sein, welche nachfolgende Oberflächenbehandlung vorgesehen ist.

Oberflächenbehandlung

Die Auswahl der Werkstoffe richtet sich nach den zu erwartenden Beanspruchungen, der Beschaffenheit des (Anstrich)Untergrundes und nach gestalterischen Gesichtspunkten. Die Beschichtungen sind entsprechend VOB Teil C, DIN 18363, Anstricharbeiten, auszuführen. Die jeweilige Eignung der Beschichtungsstoffe auf verschiedenen Putzuntergründen ist Tabelle **9**.2 zu entnehmen. Für den Beschichtungsaufbau sind die Angaben der Hersteller zu beachten.

Tabelle **9**.2 Eignung der Beschichtungsstoffe auf verschiedenen Außenputzen [4]

Zeile	Beschichtungsstoffe	Mörtelgruppen nach DIN 18550					
		P Ia/b	P Ic	P IIa/b	P III	P IVa/c nur für feuchtigkeitsgeschützte Außenflächen	P IVd nur für feuchtigkeitsgeschützte Außenflächen
1	Silikatfarben	+	+	+	+	–	+
2	Dispersions-Silikatfarben	+	+	+	+	+	+
3	Silicon-Emulsionsfarben	+	+	+	+	+	+
4 4.1	Strukturbeschichtungen[1]) Silikat-, Silicon-Emulsionsbasis	+	+	+	+	+	+
4.2	Weißzementbasis	–	+	+	+	–	–
5	Dispersionsfarben, wetterbeständig	–	–	+	+	+	–
6	Gefüllte Dispersionsfarben, wetterbeständig	–	–	+	+	+	–
7	Kunstharzputze nach DIN 18558	–	–	+	+	+	–
8	Dispersionslackfarben	–	–	+	+	+	–
9	Polymerisatharz-Lackfarben	–	–	+	+	+	–
10	Kunstharzlackfarben und Reaktionslackfarben	–	–	+	+	+	–

\+ geeignet – ungeeignet

[1]) Beschichtungen mit putzartigem Aussehen auf Basis von Silikaten, Silicon-Emulsionen oder Weißzement mit Kunststoffdispersionen vergütet

Wie Tabelle **9**.2 verdeutlicht, sind Putze der Mörtelgruppe P I gemäß den Zeilen 1 bis 4.1 nur als Träger für vorwiegend mineralische Beschichtungsstoffe geeignet. Bei Beschichtungen mit kunstharzgebundenen Beschichtungsstoffen entsprechend den

Zeilen 4.2 bis 10 muß der Putz der Mörtelgruppe P II oder P III entsprechen. Danach sind Putze der Mörtelgruppe P I für diese Beschichtungsstoffe nicht geeignet. Zu beachten ist auch, daß kalk- oder zementhaltige Putze in Verbindung mit Feuchtigkeit immer alkalisch reagieren. Eine nachhaltige Neutralisation ist nicht möglich. Die ausgewählten Beschichtungsstoffe müssen daher alkalibeständig sein. Weitere Einzelheiten sind der Spezialliteratur [4] zu entnehmen.

Wie in Abschn. 8.3.1 bereits erwähnt, erhärten Luftkalkmörtel überwiegend dadurch, daß sie langsam – von außen nach innen – Kohlendioxid aus der Luft aufnehmen und dabei der gelöschte Kalk wieder in Calciumcarbonat (Kalkstein) umgewandelt wird. Der Verlauf dieser Reaktion ist abhängig vom Feuchtigkeitsgehalt des Mörtels und vom Eindringvermögen des Kohlendioxids in die Mörtelporen. Diese Umkristallisation kann dann nicht – oder nur sehr verlangsamt – stattfinden, wenn eine dichte, filmbildende Beschichtung vorgenannter Art aufgebracht und so das Kohlendioxid bzw. Regenwasser vom Putz ferngehalten wird (Dauer des Abbindeprozesses 1 bis 2 Jahre). Die Folge davon sind mürbe Mörtel mit geringer Festigkeit. Kunstharzgebundene Beschichtungen erfordern daher als Anstrichuntergrund einen Putz aus hydraulisch erhärtendem Mörtel (Mörtelgruppe P II oder P III), der auch bei Luftabschluß die notwendige Festigkeit erreicht. Putze der Mörtelgruppe P I sind vor allem an alten Bauwerken (historischen Gebäuden) anzutreffen.

9.4 Beschichtungen (Anstriche) auf mineralischen Innenputzen

Putz als Anstrichuntergrund

Innenputze auf mineralischer Basis müssen ebenfalls DIN 18550 T1 und T2 entsprechen. Sie können ein- oder mehrlagig mit unterschiedlicher Oberflächenstruktur aufge-

Tabelle **9**.3 Putzmörtelgruppen nach DIN 18550 T1 mit der jeweils geforderten Mindestdruckfestigkeit und Beanspruchung als Innenputz [5]

Mörtelgruppe nach DIN 18550	Beanspruchung	Mindestdruckfestigkeit
P Ia und P Ib Luftkalk- und Wasserkalkmörtel	nur für geringe Beanspruchung	keine Anforderungen
P Ic Hydraulischer Kalkmörtel	übliche Beanspruchung	1,0 N/mm²
P IIa Hochhydraulischer Kalkmörtel P IIb Kalk-Zementmörtel	höhere mechanische Beanspruchung, Putze in Naß- und Feuchträumen	2,5 N/mm²
P IIIa Zementmörtel mit Zusatz von Kalkhydrat P IIIb Zementmörtel	hohe mechanische Beanspruchung, Putze in Naß- und Feuchträumen	10,0 N/mm²
P IVa Gipsmörtel¹) P IVb Gipssandmörtel¹) P IVc Gipskalkmörtel¹)	für übliche Beanspruchung	2,0 N/mm²
P IVd Kalkgipsmörtel¹)	nur für geringe Beanspruchung	keine Anforderungen
P Va Anhydritmörtel¹) P Vb Anhydritkalkmörtel¹)	für übliche Beanspruchung	2,0 N/mm²

¹) nur für feuchtigkeitsgeschützte Außendecken

bracht sein. Neben den allgemeinen Anforderungen, die jede Putzart erfüllen soll, müssen Innenputze vor allem den in Abschn. 8.7.6 angeführten zusätzlichen Anforderungen genügen. Danach sollen sie ausreichend fest und tragfähig sein, um Anstriche/Beschichtungen oder auch Tapeten (s. Abschn. 9.5) aufnehmen zu können. Auch auf ihre Feuchtigkeitsbeständigkeit und das Festigkeitsgefälle der einzelnen Putzlagen ist zu achten (Tab. **8**.8). Bei mineralischen Innenputzen, an die übliche Anforderungen als Träger von **Anstrichen** und **Tapeten** gestellt werden, müssen die Mörtel eine Mindestdruckfestigkeit von 1,0 N/mm² aufweisen. Siehe hierzu Tabelle **9**.3. Demnach sind Putze der Mörtelgruppe P Ia, P Ib und P IVd für kunstharzgebundene Beschichtungen oder Tapezierungen nicht geeignet. Auch bei der Ausführung von Innenputzen (Neuputzen) muß bereits in der Leistungsbeschreibung erkennbar sein, welche nachfolgende Oberflächenbehandlung vorgesehen ist.

Die Eignung bzw. Beschaffenheit des (Anstrich) Untergrundes sind vor Beginn der Malerarbeiten zu überprüfen. Der Putz muß zum Zeitpunkt der vorgesehenen Oberflächenbehandlung tragfähig (fest) und ausreichend trocken sein. Im allgemeinen ist eine Standzeit von mindestens vier Wochen erforderlich. Der Zeitraum ist auch von den klimatischen Verhältnissen im Bau, von der Putzart und Putzdicke und

Tabelle **9**.4 Eignung der Beschichtungsstoffe auf verschiedenen Innenputzen [5]

Beschichtungsstoffe	Mörtelgruppen nach DIN 18550						
	P Ia/b	P Ic	P II	P III	P IVa/b/c	P IVd	P V
Kalkfarben	+	+	+	+	–	–	–
Kalk-Weißzementfarben	+	+	+	+	–	–	–
Silikatfarben	+	+	+	+	○	○	○
Dispersions-Silikatfarben	+	+	+	+	○	○	○
Strukturbeschichtungen auf Dispersions-Silikatbasis	+	+	+	+	○	○	○
Leimfarben	+	+	+	+	+	+	+
Dispersionsfarben waschbeständig	–	+	+	+	+	–	+
scheuerbeständig nach DIN 53778	–	+	+	+	+	–	+
Dispersionslackfarben	–	–	+	+	+	–	+
Gefüllte Dispersionsfarben	–	–	+	+	+	–	+
Dispersionsfarben mit Rauhfasereffekt	–	–	+	+	+	–	+
Kunstharzputze nach DIN 18558	–	–	+	+	+	–	+
Dispersions-Plastikfarben	–	–	+	+	+	–	+
Mehrfarben-Effektlackfarben	–	–	+	+	+	–	+
Polymerisatharzlackfarben	–	+	+	+	+	–	+
Alkydharzlackfarben	–	–	–	–	+	–	+
Epoxidharz- und Polyurethanlackfarben	–	–	+	+	+	–	+

\+ geeignet
– ungeeignet
○ nur mit geeignetem Grundbeschichtungsstoff nach Herstellerangabe

von der vorgesehenen Oberflächenbehandlung abhängig. Die Putzoberfläche muß saugfähig, frei von Schmutz sowie losen bzw. schlecht haftenden Teilen sein. Sie darf keine Kalksinterschichten, abblätternde Altanstriche, Bindemittelanreicherungen, Ausblühungen o. ä. sowie keine die Haft beeinträchtigenden Rückstände von Putzzusätzen aufweisen. Sind Risse vorhanden, so sind entsprechende Maßnahmen (z. B. Armierungsspachtelung) vorzusehen. Die Putzoberfläche muß außerdem fluchtgerecht und frei von störenden Unebenheiten sein. Die entsprechenden Ebenheitstoleranzen sind Tabelle **9**.2, Teil 1 dieses Werkes, zu entnehmen.

Oberflächenbehandlung

Die Auswahl der Werkstoffe richtet sich nach den zu erwartenden Beanspruchungen, der Beschaffenheit des (Anstrich)Untergrundes und nach gestalterischen Anforderungen. Die Beschichtungen sind entsprechend VOB Teil C, DIN 18363, Anstricharbeiten, auszuführen. Die jeweilige Eignung der Beschichtungsstoffe ist Tabelle **9**.4 zu entnehmen. Für den Beschichtungsaufbau sind die Angaben der Hersteller zu beachten. Weitere Einzelheiten s. [5].

9.5 Wandbekleidungen (Tapeten) auf mineralischen Innenputzen

Der Oberbegriff „Wandbekleidungen" umfaßt alle Arten flexibler Gewebe, die als Bahnen in Rollenform geliefert und an Wänden oder Decken mit einem Kleber vollflächig angebracht werden. In den Normentwürfen DIN EN 235, 234 und 233 sind alle in Frage kommenden Wandbekleidungen in Rollenform (Tapetenarten) einzeln angeführt, die Begriffe für ihre Reinigung und ihr Entfernen vom Untergrund (Tabellen mit kennzeichnenden Symbolen) eingehend erläutert sowie Wandbekleidungen für nachträgliche Behandlung (z. B. Beschichtung mit Anstrichstoffen) beschrieben.

Tapezierarbeiten sind entsprechend VOB Teil C, DIN 18366 auszuführen. Für die Beurteilung des (Tapezier)Untergrundes gelten die gleichen Voraussetzungen wie für die zuvor in Abschn. 9.4 erläuterten Beschichtungen (Anstriche) auf mineralischen Innenputzen. Die jeweilige Eignung des Untergrundes für die Art der Tapeten ist Tabelle **9**.5 zu entnehmen. Weitere Einzelheiten siehe [5].

Tabelle **9**.5 Eignung der Wandbekleidungen (Tapeten) auf verschiedenen Innenputzen [5]

Wandbekleidungen (Tapeten)	Mörtelgruppen						
	P Ia/b	P Ic	P II	P III	P IVa/b/c	P IVd	P V
leichte Tapeten	–	+	+	+	+	–	+
schwere Tapeten	–	–	+	+	+	–	+
Spezialtapeten	Nur nach Angabe des Herstellers						
Wandbekleidungen für nachträgliche Behandlung							
Rauhfaser nach DIN 6742 und Beschichtung	–	+	+	+	+	–	+
Glasfasergewebe und Beschichtung	–	–	+	+	+	–	+

9.6 DIN-Normen

DIN-Nr.		Ausgabe-Datum	Titel
1060	T1	1.86	Baukalk; Begriffe, Anforderungen, Lieferung, Überwachung
1164	T1	11.78	Portland-, Eisenportland-, Hochofen- und Traßzement; Begriffe, Bestandteile, Anforderungen, Lieferung
1168	T1	1.86	Baugipse; Begriffe, Sorten und Verwendung; Lieferung und Kennzeichnung
4102	T1	5.81	Brandverhalten von Baustoffen und Bauteilen; Baustoffe; Begriffe, Anforderungen und Prüfungen
	T2	9.77	–; Bauteile; Begriffe, Anforderungen und Prüfungen
4108	T1	8.81	Wärmeschutz im Hochbau; Größen und Einheiten
	T2		–; Wärmedämmung und Wärmespeicherung; Anforderungen und Hinweise für Planung und Ausführung
	T3		–; Klimabedingter Feuchteschutz; Anforderungen und Hinweise für Planung und Ausführung
E 4109	T1	10.84	Schallschutz im Hochbau; Einführung und Begriffe
E	T2		–; Luft- und Trittschalldämmung in Gebäuden; Anforderungen, Nachweise und Hinweise für Planung und Ausführung
4208		3.84	Anhydritbinder
4211		12.76	Putz- und Mauerbinder
18164	T1	6.79	Schaumkunststoffe als Dämmstoffe für das Bauwesen; Dämmstoffe für die Wärmedämmung
E 18165	T1	6.85	Faserdämmstoffe für das Bauwesen; Dämmstoffe für die Wärmedämmung
18168	T1	10.81	Leichte Deckenbekleidungen und Unterdecken; Anforderungen für die Ausführung
18180		8.78	Gipskartonplatten; Arten, Anforderungen, Prüfung
18181		1.69	Gipskartonplatten im Hochbau; Richtlinien für die Verarbeitung
18350		11.85	VOB Verdingungsordnung für Bauleistungen, Teil C; Allgemeine Technische Vorschriften für Bauleistungen; Putz- und Stuckarbeiten
18363		10.79	–; –; Anstricharbeiten
18366			–; –; Tapezierarbeiten
18550	T1	1.85	Putz; Begriffe und Anforderungen
	T2		–; Putze aus Mörteln mit mineralischen Bindemitteln; Ausführung
18558		1.85	Kunstharzputze; Begriffe, Anforderungen, Ausführung
52212		1.61	Bauakustische Prüfungen; Bestimmung des Schallabsorptionsgrades im Hallraum
53778	T1	8.83	Kunststoffdispersionsfarben für Innen; Mindestanforderungen
	T2		–; Beurteilung der Reinigungsfähigkeit und der Wasch- und Scheuerbeständigkeit von Anstrichen
	T3		Kunststoffdispersionsfarben; Bestimmung des Kontrastverhältnisses und der Helligkeit von Anstrichen
	T4		–; Prüfung auf Überstreichbarkeit nach festgelegter Trocknungszeit
55945		8.83	Lacke, Anstrichstoffe und ähnliche Beschichtungsstoffe; Begriffe
E EN 233		6.85	Wandbekleidungen in Rollenform; Festlegungen für fertige Papiertapeten, Vinyltapeten und Kunststoffwandbekleidungen
E EN 234		6.85	–; Festlegungen für Wandbekleidungen für nachträgliche Behandlung
E EN 235		6.85	–; Begriffe

9.7 Literatur

[1] Piltz, Härig, Schulz: Technologie der Baustoffe, Eigenschaften und Anwendung. 8. Aufl. Heidelberg 1985

[2] Gatz, K.: Lexikon der Anstrichtechnik. Teil **1**, Grundlagen. Teil **2**, Anwendung. 6. Aufl. München 1983

[3] Fischer, M.: Gesundheitliche Gefahren von Baustoffen – Erfahrungen und Erkenntnisse. Deutsches Architektenblatt (DAB) **6** (1986)

[4] Merkblatt 9: Beschichtungen auf Außenputzen. Hrsg.: Bundesausschuß Farbe- und Sachwertschutz. Frankfurt (1987)

[5] Merkblatt 10: Beschichtungen, Tapezier- und Klebearbeiten auf Innenputzen. Hrsg.: Bundesausschuß Farbe- und Sachwertschutz. Frankfurt (1986)

[6] Künzel, H.: Wasserabweisende Putz/Anstrich-Systeme. Der Stukkateur **5** (1985)

Sachverzeichnis

Abfangträger 242
Abflußbeiwert (Regen) 137
Abgas|klappen 215
– schornsteine 226
Abluftöffnungen 229
Abnutzungsbeanspruchungen (Anstriche) 559
–, Scheuerbeständigkeit 559
–, Waschbeständigkeit 559
–, Wetterbeständigkeit 559
–, Wischbeständigkeit 559
absenkbare Profildichtung (Türen) 427, 444
Absteifung 240 f.
Abstützungen 231
Akustik|putz 543
– Putzdecke 543
Altdeutsche Deckung 111
– Doppeldeckung 113 f.
Aluminium 126
– fenster 365 ff.
– –, Bauwerksanschluß 369
– –, Dichtungen 370
– –, einbruchhemmende 374
– –, flächenbündige 366
– –, flächenversetzte 366
– –, integrierte 366
– –, Konstruktion 369 f.
– –, Oberflächenbehandlung 367
– –, Profilsysteme 367
– –, Rahmen-Eckverbindung 360
– –, Regensperre 367
– –, Schallschutzfenster 373
– –, wärmegedämmte 366
– –, Windsperre 367
– Kunststoffverbundtüren 460, 462
– Stahlrohr-Kombinationstüren 459
– -Holz-Fenster 376 f.
– türen (gedämmt/ungedämmt) 460 f.
– Zargen 455
angriffhemmende Verglasungen 476 f.
Anhydritbinder 507
Ankerschienen 25
Anleimer (Sperrtüren) 446
–, unverdeckt 446 f.
–, verdeckt 446 f.
anodische Oxidation 368
Anschlagschwellen (Türen) 426, 451
Anschluß von Feuerstätten 213
Anstrichaufbau 558 f.
–, Deckanstrich 559
–, Grundanstrich 559
–, Zwischenanstrich 559
Anstriche (Beschichtungen) 558 ff.
Anstrich|gruppen 364
– stoffe 558, 560 ff., 564
– –, Bindemittel 558
– –, Farbmittel 558
– –, Verdünnungsmittel 558
– systeme 558 ff., 560 ff., 564, 565 ff.
Antennendurchgang 151, 205
Antritts|pfosten 278
– stufe 245, 278
Arbeits|gerüst 231
– stättenverordnung (Türen) 403
Armierungsschicht 547 ff.
Asbestzement s. Faserzement
Attika 177
aufgedoppelte Holztüren 439 ff.
aufgesattelte Treppen 272
Auflast (Flachdach) 175
Aufschiebling 24
Aufschnittdeckung 102
Aufstellschere 348
Auftritt 248, 250, 254, 257
Ausbau von Dachräumen 152 f.
Ausgleichstreppen 245
Auslegergerüst 235, 237
Außengeräuschpegel 307
Außenputze (allgemein) 503, 505, 528 ff., 537 f., 562 ff.
–, Außenwandputze 516, 537 f.
–, Außendeckenputze 516, 537 f.
– (mineralisch gebunden) 505, 528 ff., 547 ff., 552 f.
– –, allgemeine Anforderungen 503, 528
– –, zusätzliche Anforderungen 528 f.
Außensockelputz 530
Austrittsstufe 245
Außentüren 387, 404, 436, 439, 441 f., 456 ff.
–, Einbruchschutz 417 ff., 421, 424 f., 475
–, Feuchteschutz 396, 439
–, Wärmeschutz 395, 404, 436, 461 f.
Außenwanddämmung 544 ff., 547 ff., 552 ff.
automatische Schiebetüranlagen 492 f.

Balken|lage 43
– schmiege 52
Band|taschen (Türen) 410, 449, 451, 454
– sitz 401 ff., 409 ff., 453
Bau|anschlußfuge (Türen) 405 f.
– musterprüfung (Türen) 392
– Schalldämmaß (Türen) 392 f., 473 f.
– gerüste (s. Gerüste) 231 f.
– gipse 507
– holz 19
– –, Schnittklassen 20
– kalke 506
– –, Wasserkalke 506
– stellenmörtel (Putz) 511, 513
Beanspruchungsgruppen I bis III (Schlagregenschutz) 529
befahrbare Flachdächer 197
Befestigungstechniken (Türen) 405
–, Beschläge 407
–, Mittel 405
–, Nageltechnik 405
–, Schäumtechnik 407
–, Schraubtechnik 405
–, sichtbar 405 ff.
–, unsichtbar 406 ff.
begehbare Flachdächer 195
begrünte Flachdächer 198
behindertenfreundliche Wohnungen (Türen) 403
belüftete Flachdächer 199 ff.
belüftetes Dach 153
–, Belüftungsquerschnitte 155

Belüftungsquerschnitte (Dach) 155f.
Bequemlichkeitsformel 255
Beschichtungen (Anstriche) 558ff., 566ff.
–, Beschichtungsstoffe 560ff., 564, 566
–, Beschichtungssysteme 558ff., 560ff., 564, 566
Beschichtungen (Anstriche) auf mineralischen Außenputzen 562ff.
– auf mineralischen Innenputzen 565ff.
Beschichtungsstoffe (Kunstharzputz) 503f., 513, 537f., 547, 552ff., 565f.
– Typ P Org 1 (Außen- und Innenputz) 513
– Typ P Org 1 (Innenputz) 513
Beschläge (Fenster) 342f.
Beschlagarbeiten 342, 408
Beton als Putzgrund 519, 534, 538
– dachstein-Deckung 109f.
bewegliche Elementwände 499ff.
Bezugslinie (Türbänder) 401f., 409, 449, 453
Biberschwanzdeckung 96f.
Bimsbetonplatten 91
Bindehölzer 72
Bindemittel (Anstrich) 558
– (Kunstharzputz) 508, 513
– (Mineralputz) 506f.
Binder 31
– konstruktionen 71
Bitumenschindel-Deckung 122
Blei 126
– deckung 127
Blendrahmen 404f., 428f., 436, 441f.
– anschlüsse 404f.
– dämmung 405
– montage 405
Block|rahmen (Türen) 429, 441
– treppen 271
Bockgerüste 238
Boden|dichtungen 427
– türschließer 412ff., 480
Bohlen 20
– schiftung 52
Bolzen 62f.
Brandschutz durch Putzbekleidungen 538ff.
–, Bemessung von Bauteilgruppen 540f.
–, vorbeugender Brandschutz 539
– –, bei Deckenbekleidungen und Unterdecken 540f.
– –, bei Stahlbauteilen 540
– –, bei Stahlbetonbauteilen 540
– (Türen) 464
– glas 325
– leisten 464
– platten 464
– Türelemente (s. Feuerschutztüren)
– Verglasungen 464
brandschutztechnische Bezeichnungen (Unterdecken) 541
Brennbarkeitsklassen 250
Bretter 19, 20
Brettschichtträger 54, 60, 83f.
Brüstung 312f., 315
Bügelgerüste 238
Buntbartschloß 418f.
Buntsteinputze 527

Chauvelglas 324
Chubbschloß 418

Dachabdichtung 11, 170ff.
Dachausbau 152ff.
–, Brandschutz 160
–, Dämmstoffdicke 154
–, Einbau von Wärmedämmungen 155
–, Innenflächen 160
–, Schallschutz 159
–, Wärmeschutz 153f.
Dachbahnen 179f.
– bauarten (bauphysikalisch) 153
– deckerarbeiten 94ff.
– deckung 11, 94ff.
– deckungsbänder (Metall) 133
– dichtungsbahnen 179f.
– fanggerüst 231, 233
– fenster 160f.
– flächenfenster 161, 163
– formen 11
– gauben (-gaupen) 160
– –, formen 165
– –, einbau 165
Dachgauben|wangen 168
– –, vorgefertigte 170
– graben 108
– häuschen 164
– haken 150
– latten 94
– neigung 95, 156f.
– neigungsgruppen (Flachdächer) 172
– pappe-Deckung 135
– reiter 165
Dachrinnen 137f.
– stuhl 30
– teile, Bezeichnungen 12
–, Ablaufstutzen 148
–, Beheizung 145
–, Bemessung 137f.
–, Notüberlauf 145
–, Schiebestücke 141
–, Sicherheitsrinne 145
–, innenliegend 146
Dachtragwerke, handwerkliche Ausführung 49ff.
–, Ingenieurmäßige Holztragwerke 53ff.
–, vorgefertigte Konstruktionselemente 68, 77f.
– als Zimmermannskonstruktion 21ff.
– aus Holz 15ff.
– aus Stahl 85ff.
– aus Stahlbeton 91f.
Dachziegel, Übersicht 97
Dachzubehör 149f.
Dächer 11ff.
–, Aussteifung 14
–, DIN-Normen 206f.
–, Konstruktionsgrundregeln 13
–, Lastabtragung 11
–, Literatur 208
–, zeichnerische Darstellung 14
– über zusammengesetzten Grundrissen 44f.
Dämmputz 552ff.
–, Oberputz 553
–, Unterputz 552
–, Verarbeitung 553f.
Dampfbremse/Dampfsperre 546
Dampfdruckausgleichsschicht 182, 184
Dampfsperre 156, 157, 182, 184, 200
Deckanstrich 559

Deckenbekleidungen und Unterdecken (Brandschutz) 541 ff.
–, Deckenkonstruktion mit Unterdecke 541
–, Deckenkonstruktion selbständig 541
–, Unterdecke selbständig 541
deckende Anstrichsysteme (Putz) 560 ff.
Deckgebinde 110
Deck|lage (Sperrtüren) 446
– platten 445
Dehnfugenblech 217
Dehnungs|ausgleich 131
– fugenprofile 520
Dichtstoffe, nicht aushärtende 332
Dichtstoffvorlage 331
Dichtungsmittel (Putz) 509
diffusionsäquivalente Luftschichtdicke 184
Diffusionsberechnung 545
Dilations-Dachrinne 141
Dispersions|farbe 561
– Silikatfarbe (einkomponentig) 561
Doppel|dach 98
– kremper 102, 107
– stehfalzdeckung 126 f.
– wulstziegel 108
Draht|gitter 522 f.
– putzdecken, hängend 535
Drehkippbeschläge 347
Dreieckgaube 164
Dreieckstrebenbau 79 f.
Druckfestigkeit (Putzmörtel) 510, 563, 565
DSB-Träger 80 f.
Dübel besonderer Bauart 58
– steine, nagelbar 406
– verbindungen 57 f.
Duo-Dach 186, 191

Eckzargen (Stahl) 450
Edelputz 531 f.
–, einlagig 532
–, zweilagig 532
Einbohrbänder 343
Einbohrband (Türen) 409, 415, 453 f.
einbruchhemmende Fenster 374
– Türen 475 ff.
– Verglasung 327
Einbruchsschutz 316 f.
Eindeckrahmen 161 f., 164
Einfachfenster 358
eingeschobene Treppen 275
Einhandverschluß 347
Einholm|treppe 285
– treppen 274
Einlaß|dübel 58
– getriebe 345
Einleimer (Sperrtüren) 446 f.
Einpreßdübel 58
Einreiber 345
Einscheiben-Sicherheitsglas 477 ff.
Einsteckschloß (Türen) 416 ff., 464
–, Schloßklassen 416
–, für Feuerschutztüren 464
–, Schloßteile 416
–, Sicherungsarten 418
Einstemmbänder 343
Elementwände, beweglich 499 ff.
Eloxal 368
Englisches Schieferdach 114
EPS-Dämmputze 552 f.
Erker 337

Fachwerk|binder 71, 74
– Brettbinder 76
– knoten 59, 61
– träger 54, 68
Fahrgerüste 240
Falt|rolladen 318
– türen 495 ff., 498
– – wände 495 ff.
– werke 92
Falz|ausbildung (Türen) 401 f., 413, 421, 426, 447
– dichtungen 354, 425 f., 453
– entwässerung 338
– grund 333
– raum 329 f.
– ziegeldeckung 103 f.
Fanggerüst 231
farblose Anstrichsysteme (Putz) 561 f.
Farbmittel (Anstrich) 558
– (Putz) 509
Farbtongruppen (Fenster) 364
Faserzement-Dachplatten 115 f.
– -Wellplatten-Deckung 116 f.
– –, Formteile 119 f.
Fassaden|bekleidung (Metall) 131
– beschichtungen (Anstriche/Putz) 563 f.
Fenster 297 ff.
–, Anforderungen 301
–, Anschlag 298, 308
–, Art der Verglasung 299
–, Ausführungsarten 354 ff.
–, aus Holz 354 ff.
–, aus Aluminium 365 ff.
–, aus Kunststoff 379 ff.
–, aus Stahl 377 ff.
–, DIN-Normen 384
–, Bänder 343
– bänke 314
– band 371
– bank 315
–, Bauarten 299
–, Baustoffe 300
–, Bauwerksanschlüsse 308 f.
–, Beanspruchungsgruppen 301
–, Befestigung 310
–, Beschläge 342 f.
–, Bezeichnungen 298, 300
–, Brüstung 312 f., 315
–, Dichtungen 303
–, Einbauarten 299
– element 372
– fläche 164
–, Flügelarten 298
–, Fugendichtung 310 f.
–, Fugendurchlässigkeit 302
–, Funktionsbeschläge 347
– glas 324
–, Größe 297
–, Konstruktionsbeispiele 354 ff.
– läden 323
–, Leibung 308
–, Leibungsdämmung 309
–, Nichttransparente Ausfachung 303
–, Öffnungsarten 298, 300
–, Rahmengruppen 305
–, Schallschutz 305
–, Schallschutzklassen 305
–, Schlagregendichtheit 303
–, Teile (Bezeichnung) 300
– tür 370
– türen 362
–, Verschlüsse 344 f.
–, Wärmeschutz 303
Fersenversatz 24
Fertigputzgips 507

Fertigtürelemente 432 ff.
Festigkeitsgefälle (Oberputz/ Unterputz) 515
Feststellanlagen für Feuer-/ Rauchschutztüren 464, 471
Feuchteschutz (Türen) 396 ff.
–, Differenzklima 397
Feuchtraum|putze 533
– tür 475
Feuerschutz|abschlüsse (s. Feuerschutztüren)
– türen (Feuerschutzabschlüsse) 462 ff., 465 ff.
– – aus Holz/Holzwerkstoffen 468 ff.
– – aus Metall 465 ff.
– – –, thermisch geschützte Konstruktionen 466 f.
– – –, thermisch getrennte Konstruktionen 466 f.
Feuerwiderstandsklassen 250
First 110
– anschlußziegel 108
– bohle 33
– entlüftung 105, 110, 130
– ziegel 103, 105
Fischbänder 344
Fitschbänder 344
Flachdach 170 ff.
– Abdichtung 178 f.
–, Antennendurchgang 205
– auf Holzkonstruktionen 194
–, Auflast 175, 190
–, Arbeitsablauf 178 f.
–, Bauarten 171, 187
–, Baustoffe 179 f.
–, Beanspruchungen 171
–, befahrbare 197
–, begehbare 195
–, begrünte 198
–, belüftete 199
– –, Lüftungsquerschnitte 200
–, Brandschutz 174
–, Dachneigungsgruppen 172, 180
–, Dachüberstand 177
–, Dampfdruckausgleichsschicht 182
–, Dampfsperre 183
–, Dehnfugen 186
–, einschalige mit nicht genützter Oberfläche 183
– auf Stahlbetonplatten 185
– mit geklebter bit. Abdichtung 187
Flachdach auf Trapezblechkonstruktionen 191
– auf Gas- und Leichtbetonplatten 192
– aus wasserundurchlässigem Beton 193
–, Entwässerung 175, 203
–, Feuchtigkeitsschutz 173
–, Gefälle-Estrich 204
–, gefällelos 175
–, Gefälleschichten 183
–, Gully 204
–, lose verlegte Dachbahnen 188
– mit genutzter Oberfläche 194 f.
–, Neigungsgruppen 172
–, Oberflächenschutz 173
– pfanne 103 f.
– ränder 176 f., 188
–, Randausbildung 176
–, Randfixierung 188
–, Sanitärentlüftungen 205
–, Trennschicht 185
–, Wärmedämmstoffe 182
–, Wärmeschutz 172
–, Windbeanspruchung 174
–, Zubehör 203 f.
–, zweischalige 199
– Belüftungsquerschnitte 200
Flachglas 324
Flachziegeldeckung 96 f.
Flächenverglasungen (Dach) 160
Flankenübertragung (Schall) 542
Flatterfolie 152
Fledermausgaube 164, 169 f.
Fluchtwege 251
Flügelarten (Fenster) 298
Flugsparren 33
Frostschutzmittel (Putz) 509
Füllstab 54
Fugendurchlässigkeit (Fenster) 302
Fugenprofile 520
Funktionsbeschläge (Fenster) 347 f.
Fußpfette 30 f.
–, Verankerung 33
Futterrahmen mit Bekleidungen 431 f.

GADO-Glas 327
Gang-Nail-System 69
Ganzglas|türen 477 ff.
– Falttüranlagen 497 f.
– Fertigtüren 478 f.
– Schiebetüren 492 ff.
– Türanlagen 477 ff., 479 ff.
Gasbetonplatten 91 f.
Gasfeuerstätten 226
Gaubenformen 165
Gebäude-Trennfugenprofile 520
Gehbereich 245, 255, 258
Gefälleschichten 183
Geländer 291 f.
–, Handlauf 291
– felder 292
–, Pfosten 294
–, Stäbe 293
gefilzter Putz 526 f.
geglätteter Putz 526 f.
Generalhauptschließanlage 421 f.
gemauerte Treppen 261
Gerbergelenk 57
Gerüst|gruppen 231
– lagen 231
Gerüste 231 f.
–, Absturzkante 233
– besonderer Bauart 240
–, Bauteile 232
–, Bezeichnungen 232
–, Bretter 233
–, DIN-Normen 244
–, Literatur 244
–, Ketten 235
–, Seitenschutz 233
Geschoßtreppen 245
Gespärre 22
gestemmte Treppen 276
gesundheitliche Gefahren (Baustoffe) 560
Gipse (s. Baugipse)
gipshaltige Mörtel (Putz) 512
Gipskarton-Putzträgerplatten 524
– Verbundplatten (Vorsatzschalen) 524, 542
Gipsputze 507, 533 f.
–, einlagig 534
–, mehrlagig 534
Gitter|folie 152
– träger 79 f.
– tragwerke (Stahl) 88
Glanzgradstufen (Anstriche) 559
Glas 324 ff., 464, 477 ff.
–, Arten 324

Glas, Bemessung 328
–, Brandschutzverglasungen 464
– dicken 328
–, Einscheiben-Sicherheitsglas 477 ff.
–, Falze 329
–, Ganzglastüren/-anlagen 477 ff.
– halteleisten 331
–, Lieferformen 324
–, Qualität 327
–, Verbund-Sicherheitsglas 478 f.
Glaserkitt 331
Glasgittergewebe (Putzbewehrung) 523, 547 ff.
Glasvorbauten 337
Gleit-Kipp-Lager 185
– lager 178
Grat|sparren 45 f., 49 f.
– ziegel 103, 105
Greim-Bauweise 68
Grundanstrich (Kunstharzputze) 538, 559
Gummi-Dichtungsbahnen 181
Gußglas 324

Hänge|dachrinnen 139
– gerüste 238
hängende Drahtputzdecken 535
– Verglasungen 341
Hänge|säule 37, 39
– werk 37, 40
Hafte (Metall) 127
Haftputzgips 507, 535
Hahnenbalken 25
Harmonika|türen 494 ff.
– wände 494 ff.
Hauptschließanlage (Türen) 421 f.
Hebe|flügel 362
– schiebefenster 352
– schiebetür 350, 372, 383
Heizkörpernische 309, 314
Herzkehle 113
Hirnholz 56, 60
hochhydraulische Kalke 506
Hochleistungsschornsteine 224
Hohlkastenträger (Holz) 77
Hohlpfannendeckung 101 f.
Hohlprofile (Stahl) 378
Hohlraumtürblätter (Holz/Holzwerkstoffe) 443
Hohlstegplatten 91
Hohlwulstdeckung 127
Hohlziegeldeckung 100 f.
Holländische Pfannen 101
Holz 15 f.
–, Abmessungen 20
– fehler 15
–, Gütebedingungen 20
–, Güteklassen 21
– schutz 16 f.
– verbindungen 54 f.
–, zulässige Spannungen 21
Holzfenster 356 f.
–, Anstrichsysteme 355
–, Einfachfenster 358
–, Falze 329, 354, 360
–, Fenstertüren 362
–, Flügelabmessung 360
–, Hebeflügel 362
–, Holzarten 356, 364
–, Holzschutzmittel 355
–, mehrflüglige 361
–, nichttransparente Ausfachung 363
–, Oberflächenbehandlung 355
– –, Anstrichgruppen 364
– –, Farbtongruppen 364
– –, Lasuren 364
– –, Renovierungsanstrich 364
– –, Trockenschichtdicke 364
–, Profile 357
–, Rahmenverbindung 360
–, Schallschutzfenster 359
–, Verbundfenster 359
–, Wasserabreißnut 360
Holzschutz 16 f.
–, Einbringverfahren 18
– klassen 18
– mittel 17
– –, Kennzeichnung 18
– –, Biologischer 19
Holztreppen 270 f.
–, Bauarten 271
–, Tragholme 273
–, Trittstufen 274
– wangen 277
–, wangenfreie 288
Holzwolle-Leichtbauplatten 523
Holzzarge 405, 432
– –, einteilig 433
– –, mehrteilig 434
Horizontal-Schiebefenster 351
HP-Schalen 93
hydraulische Kalke 506
Hydrophobierungsmittel (Putz) 509
hygrothermische Beanspruchung (Türen) 398

Ingenieurmäßige Holztragwerke 53 ff.
Innendämmung von Wänden 544 ff.
–, Tauwasserbildung 545
–, Wärmebrücken 547
Innenentwässerung (Flachdach) 175
Innengeräuschpegel 307
innenliegende Räume (Lüftung) 227 f.
Innenputze (allgem.) 503, 505, 532 ff., 537 f., 565 ff.
–, Innenwandputz 517, 537 f.
–, Innendeckenputz 517, 537 f.
– (mineral. gebunden) 505, 532 ff., 565 ff.
– –, allgem. Anforderungen 532 f.
– –, zusätzl. Anforderungen 533
– – –, erhöhte Abriebfestigkeit 533
– – –, Feuchtraumputze 533
Innentüren 387, 391 ff., 396 ff., 402 ff., 407 ff., 412 ff., 428 ff., 432 ff., 438 ff., 443 ff.
–, Sperrtüren 397, 444 ff., 449 ff.
Imprägnierungsmittel 561 f.
Impulsgeber (automat. Schiebetüranlagen) 492 f.
Isolierglas 326
–, Randverbund 326
–, Lagerung 328
– effekt 326
Isolierschornsteine 221 f.

Jalousetten 322 f.

Kämpfstegträger 78
Kaiserstiehl 47
Kalke (s. Baukalke)
Kalkfarbe 560
Kalkmörtel (Putz) 510

Kalkputze 506, 510, 534, 565
Kalk-Weißzementfarbe 560
Kalkzementmörtel (Putz) 512
Kaltdach 153, 172, 199ff.
–, Belüftungsquerschnitte 155
Kamine (s. Schornsteine) 210ff.
Kantenausbildung (Türblätter) 447
Kantengetriebe 345
Kantenschutzprofile 521, 554
Kantholz 19
Kappleiste 107, 129
Kastenschloß (Türen) 415
Kehlbalken 25
–, Anschluß 27
– -Walmdach 43
Kehle 106, 113
–, eingebundene 99
–, untergelegte 100
Kehlsattel 149
Kehlsparren 45, 49f.
Keilzinkenverbindung 70
Kellenstrichputz 527
Kellenwurfputz 527
Kellerwandaußenputz 529
Kieseinpressung 191
Klappläden 323
Klebemörtel|-masse 547ff.
Klebepfosten 241
Klemmbolzen 57f.
Klotzbrücke 333
Kompakttürblätter (Holz/Holzwerkstoffe) 443
Kondensat 221
Konsolgerüste 238
Kontaktkorrosion 126
–, Metall 457
Kopfband 30f.
Korngruppen (Putze) 508
Korrosion 85f., 379, 456f.
– schäden 456
– schutz 85f.
– tabellen 456
Krallendübel 57
Kratzputz 527
Krempziegel 101
Kronendach 98
Krümmling 281f.
Krüppelwalm 44
Kugelschiebetürbeschlag 489f.
Kunstharzputze (organ. Putze) 503f., 513, 537f., 547ff., 552, 565f.
Kunstharzputze, Ausführung/Aufbau 538
Kunstlederharmonikatür 494ff.
Kunststoff|dachbahnen 180
– dichtungsbahnen 180
– dispersionsfarben (Innen) 559
Kunststoff-Fenster 379ff.
– –, Eckverbindung 380
– –, Einbau 381
Kupfer 126
Kurzschnittpfanne 102

Labor|prüfung (Türen) 392
– Schalldämmaß (Türen) 392, 471
Längsschnittpfanne 102
Lärmschutzkasten 306
Lamellentreppe 268
lamellierte Holzprofile 356
Lasuren 364
Lauflinie 245, 255, 258
Leer|gebinde 31
– gespärre 51
Legschindeln 121
Leibungsdämmung 309
Leichtputze 530f.
–, Leichtunterputz 530f.
–, Leichtoberputz 531
Leim|farbe 560
– verbindungen 70f.
Leinölkitt 332
Leistendeckung 126f., 131
–, Deutsche 131f.
–, Belgische 131f.
Leitergerüste 238f.
Licht|bänder 161
–, Sprossensysteme 161
– kuppel 203
– streuverglasung 327
liegender Stuhl 28, 36
Links-/Rechtsbezeichnung (Türen) 407f.
Litera-Schablonen 114
lose verlegte Abdichtungen 189
– – Dachbahnen 181
Lotschmiege 52
Lüfter|gaube 108
– stein 108
Lüftung 227f.
–, Einzelschachtanlage 228
–, Sammelschachtanlage 228
Lüftungs|gaube 130
– querschnitte (Dach) 155
Lüftungs|schächte 227f.
– wärmeverlust 396
Luftabsperrklappen 215
Luftkalke 506, 565
Luftporenbildner (Putz) 509

Mansard|binder 71
– stein 108
Maschinenputzgips 507, 535
Maueranker (Stahlzargen) 452
mechanische Beanspruchung (Türen) 398
Mehrscheiben-Isolierglas 326
Mehrschicht-Leichtbauplatten 523
Metalldeckungen 123ff.
–, Ausführungsarten 127ff.
–, Belüftung 124
– in handwerkl. Ausführung 124f.
– mit nichtindustriell vorgefestigten Elementen 132f.
Metalltürblätter 456ff.
MERO-System 90
Mineralfaserplatten 545, 547ff.
mineralische Bindemittel 506f.
–, Anhydritbinder 507
–, Baukalke 506
–, Baugipse 507
–, Putz- und Mauerbinder 507
–, Zemente 506
Mineralputze (mineralisch gebundene Putze) 503f., 518ff., 528ff., 532ff.
Mischungsverhältnisse – Baustellenmörtel (Putze) 511
Mindest-Dachneigung 95
Mittel|dichtung 355
– pfette 30f.
Mönch-Nonnen-Dachdeckung 100f.
Mörtelgruppen (Putz) 510f., 563f., 565f., 567
–, Kalkmörtel (PI) 510
–, Kalkzementmörtel (PII) 512
–, Zementmörtel (PIII) 512
–, gipshaltige Mörtel (PIV) 512
Mörtelsande (Putze) 508
Mollersche Konstruktion 47
Montage|schaum (Türen) 407
– schornstein 221
– treppe (Stahl) 286

Nagel|abstände 66f.
– belastung 64f., 68
– formen 63
– löcher 63
– platten 69
– technik (Türen) 405
– verbindungen 63f.
Naßlackierung 369
Nennmaß 399f.
nichtbelüftetes Dach 153
nichttransparente Ausfachung 363
Nockenblech 167
Notüberlauf (Dachrinne) 145
notwendige Treppen 245

Obergurt 54
Oberputz 514, 553
Öffnungsarten (Fenster) 298, 300
Olive 345
organische Bindemittel 508, 513
Ortgang 106f.
– rinne 107
– ziegel 108
Ovalzylinder 418

Palusol-Brandschutzplatte 464
Pappdach 137
Pendeltürbänder 414
–, Bommer-Pendeltürband 414
–, Hawgood-Pendeltürband 414
Pfette 28
Pfetten|anker 69
– dächer 13, 28ff.
– –, Bezeichnungen 30
– –, Formen 28, 29
– walmdächer 41
Podest 245, 249, 279
Polymerisatharzfarben 561
Polyurethan-Schaum 407
–, einkomponentig 407
–, zweikomponentig 407
Preßglas 324
Preßziegel 96
Profil|bleche 133
– blechkonstruktionen 87f.
– schiene 129
– träger 86
– zylinder 418f.
PS-Extruder-Hartschaumplatten 546, 549
PS-Hartschaumplatten 545, 547ff.
Pultdach 105, 130
Pulverbeschichtung 369
Putz (allgem. Anforderungen) 503, 528 532f.
– auf Beton 519, 534, 538
– mit erhöhter Abriebfestigkeit 529, 533
– als Anstrichgrund 562ff., 565ff.
– arten 505, 515ff., 528ff., 532ff., 537f.
– aufbau 505, 514
– bewehrungen 521, 523
– dicke 514
Putzgerüste 525
– gips 507
– grund 504, 518ff., 521
– –, Beschaffenheit 518
– –, Vorbereitung 518ff.
– –, Arten 519
– lagen 514
– mörtel 503f., 510ff.
– mörtelgruppen 510ff., 563f., 565f., 567
– profile 520f., 554
– risse 519f.
– systeme 505, 515
– träger 504, 521ff., 524
– – decken 535f.
– weisen 505, 526f.
– –, gefilzter/geglätteter Putz 526f.
– –, geriebener Putz (Reibeputz) 527
– –, Kellenwurfputz 527
– –, Kratzputz 527
– –, Spritzputz 527
– –, Kellenstrichputz 527
– –, Rollputz 527
– –, Waschputz 527
– –, Buntsteinputz 527

Rabitzarbeiten 535f.
Rähm 26
Rahmen|füllungen (Türen) 437
– gruppen (Fenster) 303
– türen (Holz/Holzwerkstoffe) 435f.
Rauchschutztüren 471
Raum|fachwerk 48
– hohe Stahlzarge 454
– tragwerke (Holz) 84
– – (Stahl) 90
Rechteckschablonen 114
Reetdeckung 122
Regenfallrohre 137, 147f.
–, Bemessung 137f.
–, Befestigung 148
Regenwasserabfluß 137
Reibeputz 527
Renovierungsanstrich 364
Ringbeildübel 57
Rinnen|ablaufstutzen 148
– halter 141
Rippenstreckmetall 522
Rispenband 24
Risse im Putz 519f.
Rohrdeckung 122f.
Rohrmatten (Putzträger) 524
Rolladenkasten 317f.
–, außenliegender 318
–, tragender 318
–, vorgefertigter 318
Rolladenpanzer 316
Rolläden 316
–, Einbruchssicherung 322
– gurtwickler 320
–, Laufschienen 320
– profile 320
– walzen 320
Rollenschiebetürbeschlag 489f.
Roll|kloben 346
– putz 527
– stuhlbenutzer (Türabmessungen) 403
– zapfen 345
Romano-Kremper 101
Rost|schutz 85f., 379, 456
Rosttragwerke 84
Rund|holzdübel 57
– zylinder 418

Sambatreppe 291
Sanitär|entlüftung 151
– entlüftungen 205
Schablonendeckung 115
Schäftung 70
Schalen 92
Schalentürblätter (Holz/Holzwerkstoffe) 443
Schallabsorbierende|r Wandbekleidung 544
– Akustikdecke 543
– Akustikputz 543
Schalldämmung durch Unterdecken 542f.
– – Putzbekleidungen 542f.
Schallnebenwege 542

Schallnebenwege (Türen) 395, 471, 502
Schallschutz (Dach) 159f.
– (Türen) 391 ff., 471
– türen 471
– –, einschalig 471
– –, mehrschalig 471
– fenster 359
– fenster (Aluminium) 373
Schamotte-Rauchrohr 217
Schare (Metall) 126
Scharschindeln 121
Schattennutzargen 455
Schaufenster 374
Schaumglas 184
Scherzapfen 23, 24
Scheuerbeständigkeit (Anstriche) 559
Schiebe|fenster 349
– kasten (Dachrinne) 130
– läden 323
– türbeschläge 489 ff.
– türen (Holz/Holzwerkstoffe) 487 ff.
– – Beschläge 489
– –, Ganzglas-Schiebetüren 492 ff.
– –, automat. Schiebetüranlagen 492 ff.
Schiefer-|Decksteine 110
– deckung 110f.
Schifter 45f.
Schiftsparren 45, 49f.
Schiftung 49
Schindeldeckung 121
Schlagregendichtheit (Fenster) 303
Schlagregenschutz 528f.
–, Beanspruchungsgruppen I bis III 529
Schleppgaube 164, 166f.
Schließanlagen (Türen) 421 f.
–, Generalhauptschließanlage 421 f.
–, Hauptschließanlage 421 f.
–, Zentralschloßanlage 421 f.
Schließ|bleche 420f., 476
– zylinder 418f., 475
Schlösser (Türen) 415 ff.
–, Buntbartschloß 418
–, Einsteckschloß 416 ff., 464
–, Kastenschloß 415
–, Schiebetürschloß 490 ff.
–, Sicherungsarten 418f.
–, Zuhaltungsschloß 418
–, Zylinderschloß 418 ff.
Schloßsitz (Türen) 401
Schlüssel|lochformen 418
– schilder 423
Schnee|fanggitter 150
– stoppstein 108
Schnell|baugerüst 237
– bauzarge (f. Trennwände) 455
Schnitt|klassen (Bauholz) 19
– maß 250
– – formel 255
Schornstein 210 ff.
–, DIN-Normen 230
– aus Formsteinen 219
– aus Stahl 224
–, Außenflächen 214, 217f.
–, Brandschutz 214
–, Baustoffe 213
–, Bauvorschriften 211
–, dreischalig 216
– – aus Formsteinen 221
–, Einfassung (-verwahrung) 149
–, einschalig 216
– – aus Formsteinen 219
–, Funktionsschema 210
–, gemauert 225f.
–, geschoßhohe Fertigelemente 221
– höhe 211
– kopf 216f.
– –, vorgefertigt 218
–, Mauerverband 226
– mündung 211
–, Querschnitte 212
–, Reinigung 213
–, Verziehung 212
–, Wärmedämmgruppen 215
–, Wärmeschutz 215
–, zweischalige 216
Schrägverglasungen 337f.
Schraubtechnik (Türen) 405
Schulterwange 212
Schuppenschablonen 113
schußhemmende Tür 475
Schutz|dach 231, 234
– gerüst 231
– türen (Sondertüren) 462 ff.
– –, Einbruchhemmende Türen 475 ff.
– –, Feuchtraumtüren 475
– –, Feuerschutztüren 462 ff.
– –, Metall 465 ff.
– –, Holz/Holzwerkstoff 468 ff.
– –, Rauchschutztüren 471
– –, Schallschutztüren 471 ff.
Schutztüren, Schußhemmende Türen 475
– –, Strahlenschutztüren 474 f.
– –, Wohnungsabschlußtüren 476
Schwellenanschlag (Türen) 426, 451
Schwebezapfen 35
Schwenksteinkehle 100
Schwingflügelfenster 352
Sechskantschrauben 62
Sicherheits|formel 255
– glas 325
– rinne 145
Sichtschutz 316f.
Silanimprägnierungen 562
Silikatfarbe, zweikomponentig 560f.
–, einkomponentig 561
Silikonharzimprägnierungen 562
Siloxanimprägnierungen 562
Sonder|gläser 325
– nägel 63
– stahlzargen 454 ff.
– –, raumhohe Stahlzargen 455
– –, Schattennutzargen 455
– –, Aluminiumzargen 455
– –, Zargen für leichte Trennwände 455
– –, Schnellbauzarge 455
– türen (s. Schutztüren)
Sonnenschutz 316f.
– glas 326
Sparren 31 f.
–, Befetigung 32
– abstand 94
– anker 69
– dächer 13, 21 ff.
– –, Fußpunkte 24
– –, Traufe 25
– gesims 143
– halter 24
– verbindungen 22f.
Sperrbetondächer 193
Sperrtüren 397, 443 ff., 446 ff.
–, hygrothermische Beanspruchung 398
–, mechanische Beanspruchung 398
–, Kompakttürblätter (Volltürblätter) 443
–, Hohlraumtürblätter 443
–, Schalentürblätter (Sandwichtürblätter) 443

Sperrtüren, Konstruktionsmerkmale 446
–, Anleimer/Einleimer 446
–, Kanten- und Falzausbildung 447
S-Pfannen 101
Spiegelglas 324
Spindeltreppe 246, 264, 269, 287
Spließdach 99
Sprengwerk 28, 34
Spritz|bewurf 519
– putz 527
Sprossen 340
– fenster 336
Stab|anschlüsse 55f.
– dübel 56, 61 f.
Stahlbausysteme 89
Stahlbeton-Hallenbausysteme 91 f.
– platten (vorgefertigt) 91
– träger 91
– treppen 265f.
– –, vorgefertigte 267
Stahlblech-Holz-Verbindung 68
– türen 457f., 465f.
Stahlfachwerkträger 89
Stahlfenster 377f.
Stahlrohr|gerüste 235
– türen 458
Stahlschornsteine 224
Stahltreppen 284f.
Stahlzargen (Türen) 405, 448ff., 451 ff.
–, Bandtaschen 451
–, Benennung/Maße 449, 450f.
–, Bodeneinstand 451
–, Eckzargen 450
–, Mauerschutzkasten 451
–, Meterrißmarkierung 451
–, Sonderstahlzargen 454f.
–, Standardstahlzargen 448f.
–, Umfassungszargen 450
–, Verankerungssysteme 451
Stand|rinne 144
– rohr 148
– –, Übergang 148
– rost 150
– roste 214
Stangengerüst 234
Stapelbauweise 84
Stelzlager 196
Stehender Stuhl 30
Steigung (Treppe) 248, 250, 254
Steiltreppen 291
Stemmklotz 56
Stiel 26, 30f.
Stichort 112
Stirnversatz 24, 55
Stoßverbindungen 56
Strackort 112
Strangdachziegel 96
Streben 33
–, Anschluß 35
Strahlenschutztüren 474f.
Strömungssicherung 226
Strohdeckung 122f.
Stuckgips 507
Stützkloben 323
Stufen 264, 265
–, Beläge 267
–, Kantenschutz 265
–, Heizung 270
– glas 339
Stuhlsäulen 34
Sturmdeckung 175

Tapeten auf Innenputzen 566f.
Tauwasserbildung 545f., 562
– im Innern von Bauteilen 545f.
– auf der Oberfläche von Bauteilen 546f.
Teller|ankerbeschläge (Türen) 407
– dübel 191
Terrassenflächen 195
Thermohaut 547ff.
–, Konstruktionsbeispiele (Details) 550f.
Titan-Zink 125
Tragbolzentreppen 290
Traggerüst 231
Transmissionswärmeverlust 396
Trapez|bleche 87f.
– träger 71
Treiblade 241
Trennwandelemente, beweglich 499ff.
Treppen 245ff.
–, Auge 256
–, Auflager 252f., 271, 272
–, Auftritt 248, 250
–, Bauarten 260f.
–, Bezeichnungen 245, 247
–, Brandschutz 250
Treppen, Durchganghöhe 249
–, Geländerhöhe 249
–, Geländer 291 f.
–, Gestaltung 256
–, Grundrisse 246
–, Handlauf 291
– holm 245
– in Hochhäusern 251
–, Kopfhöhe 249
–, Krümmling 257, 279
–, Laufbreite 251
–, Lichtraumprofil 249
– neigung 254
–, Planung 254
–, Schallschutz 251
–, Schnittmaß 250
–, Sonderformen 288
–, Spindel 245
–, Steigung 248, 250
–, Steigungsverhältnis 254f.
– stufen 245, 247, 264, 277, 284, 285
–, Treppenlauf 245
–, Vorschriften 248
– wange 245
Trauf|platte 109
– platten 98
Trigonit-Träger 82
Trittstein 150
Trockenschichtdicke 364
Trogplatten 92
TT-Platte 92
Türbänder (Holzzargen) 401, 408ff.
Türbänder (Stahlzargen) 449, 453f., 476
Türblätter 393ff.
–, Abmessungen 401
–, Bezugskanten 401
–, Falzmaße 401 f. (Maßbezeichnungen)
Türelemente: Holz/Holzwerkstoffe 387, 428ff.
Türelemente: Metall 447ff.
Türen, Einteilung nach Aufschlagrichtung 388
– Verwendungszweck 388
– Bewegungsrichtung 389
– Zargenausbildung 390
– Türblattausbildung 390
Türdichtungen 394, 425f., 453
–, Falzdichtungen 394, 425f.
– Bodendichtungen 394
Türgarnituren 422
–, Drückergarnituren 422

Türgarnituren, Wechselgarnituren 422
–, Badzellen- und Klosettürgarnituren 423
–, Schiebetürgarnituren 490 ff.
Türblattkonstruktionen (Holz/Holzwerkstoffe) 435 ff., 438 ff., 441 f., 445, 472 f.
Türblattkonstruktionen (Metall 456 ff.
–, Sonderkonstruktionen (Schutztüren) 462 ff., 465 ff., 468 ff.
Türrahmen/Türzarge (Holz/Holzwerkstoffe) 401, 428 ff.
–, Blendrahmen 428 f.
–, Blockrahmen 429
–, Zargenrahmen 430
–, Futterrahmen mit Bekleidungen 431 f.
–, Fertigtürelemente 432 f.
Türschilder 423 ff.
Türschließer (selbstschließend) 412 f.
Türschlösser 415 ff.
–, Kastenschloß 415
–, Einsteckschloß 416 ff.
–, Sicherheitstürschlösser 475
–, Schiebetürschlösser 490 ff.
Türzarge (Metall) 447 ff.
Turmdächer 47

Überholungsanstrich 364
Überkopfverglasung 337
Umfassungszargen (Stahlzargen) 450
Umkehrdächer 182, 184, 189 f., 196
Unter|dach 153
– decke/Brandschutz (s. Deckenbekleidungen)
– gurt 54
– putz 514, 552
– schneidung 254
– spannbahn 152
– spannung 87

Vegetationsflächen (Flachdach 198
Verankerungssystem (Stahlzargen) 451 f.
Verbund|fenster 359
– Sicherheitsglas 478 f.
Verdünnungsmittel (Anstrich) 558
Verglasung 299
–, Anforderung an Glasfalze 329
–, Bauart 335
–, Beanspruchungsgruppen 332, 334
–, Dichtstoffe 331 f.
–, Dichtstoffvorlage 331
Verglasungen 324 ff.
–, Einbau 329 f.
–, hängende 341
– mit Dichtprofilen 335 f.
– mit Dichtstoffen 329
– mit elastischen Dichtstoffen 336
–, Sprossenfenster 336
–, Systeme 332
–, Überkopf- 337
–, Verklotzung 333
–, Vorlegeband 331
Verglasungs|arten 299
– höhe 329
– systeme 329
Verklotzung 333
Versatz 24
Versottung 215
Verspreizung 243
Vertikalschiebefenster 349
Verziehen (Treppe) 257 f.
Vollwandträger (Holz) 77
Vorholz 23
Vorsatzschalen (Gipskarton-Verbundplatten) 542
Vorschnittdeckung 102

Wabenträger 86
Wärmebrücken 547
Wärmedämmende Wandbaustoffe 544
Wärmedämm|putzsysteme 552 ff.
–, Oberputz 553
–, Unterputz 552
–, Verarbeitung 553 f.
– systeme 503, 544 ff., 547 ff., 552 ff.
– verbundsysteme 547 ff.
– –, Konstruktionsbeispiele (Details) 550 f.
Wärmedämmung (Außenwände) 153 f., 544
–, aufliegend 158
–, Außendämmung 545
– Dämmstoffdicke (Dach) 154
Wärmedämmung, Einbau 155
–, Innendämmung 545 f.
Wärmedurchlaßwiderstand 184
Wärmeschutz (Fenster) 316
– (Türen) 395
Walmdächer 40 f.
Wandanschluß 107, 108, 129
Wandbekleidungen (Tapeten) auf Innenputzen 567 f.
Wandöffnungen (Türen) 399, 402
–, Baurichtmaß 399 f.
–, Nennmaß 399 f.
Wangenfreie Treppe 288
Warmdach 153, 172, 183 f.
Waschbeständigkeit (Anstriche) 559
Waschputz 527
wasserabweisendes Putz/Anstrich-System 529, 563
Wasserdampf-|Diffusionswiderstand 184
– Durchlaßwiderstand (diffusionsäquivalente Luftschichtdicke) 503, 528 f., 537, 546, 560 f., 562 f.
– –, Diffusionswiderstandszahl μ 537, 562
Wasserkalke 506
Wechsel 22
Wendeflügelfenster 353
Wendeltreppe 246, 263
Wendeltreppen 280, 287
Wendelung 257
Werk|mörtel 513
– trockenmörtel 513
Werksteintreppen 262
Wetterbeständigkeit (Anstriche) 559
Wetterschutzschienen 355
Wind|rispe 22
– strebe 34
Winkelstein 108
Wintergarten 337
Wischbeständigkeit (Anstriche) 559
Wohnungsabschluß/Türelement 387, 438
– türen 476 ff.

X-Träger 89

Zahnkranzdübel 57
Zangen 30 f.
Zapfenbänder 344

Zargenrahmen (Holz/ Holzwerkstoffe) 430
Zeltdächer 46
Zemente 506
Zementmörtel (Putz) 512
Zentralschloßanlage 421 f.
Ziegeldeckungen 96 ff.
Ziegeldrahtgewebe (Putzträger) 524
Zink 125
Zugjalousien 322 f.
Zugregler 221
Zuhaltungsschloß 418 f.
Zuluft, Kanal 229
–, Öffnungen 229
Zusätze (Putzmörtel) 509
–, Luftporenbildner 509
–, Hydrophobierungsmittel 509
–, Dichtungsmittel 509
–, Erstarrungsbeschleuniger 509
–, Frostschutzmittel 509
–, Farbmittel 509
Zuschläge (Putze) 508, 552
–, mineral. Zuschlag 508, 552
–, organ. Zuschlag 509, 552
Zweischalige Flachdächer 199 ff.
– über Stahlbetondecken 200
–, Leichtkonstruktionen 201
–, Lüftungsquerschnitte 200
–, vorgefertigte 202
Zwischenanstrich 559
Zylinder|schloß 418 ff.
– lochformen 418